BREVET ÉLÉMENTAIRE

COURS
D'ARITHMÉTIQUE

PAR

UNE RÉUNION DE PROFESSEURS

LIVRE DU MAÎTRE

1925

LIBRAIRIE GÉNÉRALE
77, Rue de Vaugirard. — PARIS (VI)

TOURS
A. MAME & FILS
ÉDITEURS

PARIS
J. DE GIGORD
RUE CASSETTE, 15

N° 157 A

AVIS IMPORTANT

Le texte de plusieurs problèmes du livre de l'élève n'est pas rigoureusement identique au texte correspondant du livre du Maître. Le tableau suivant indique les Nᵒˢ de ces problèmes, ainsi que les modifications à apporter à l'énoncé pour le rendre conforme à celui du livre du Maître.

N°   95 : 6° ligne, (unités)   lire : dizaines.
—   1 200 : 4° — (double-dal.) —   double-l.
—   1 397 : 6° — texte à compléter.
—   1 402 : 5° — texte à compléter.
—   1 406 : 4° — texte à compléter.
—   1 687 : 2° — (24ᶠ,374) lire : 24ᶠ,375.
—   1 764 : 3° — (taux)   lire : revenus.
—   1 820 : 3° — (12ᶠ,20) —   13ᶠ,20.
—   1 865 : 4° — (5ᶠ,75) —   5ᶠ,76.
—   1 978 : 5° — (175ᵏᵍ) —   165ᵏᵍ.
—   2 005 : 2° — (940ᵍ) —   975ᵍ.
—   2 023 : 3° — (un litre) —   2 litres.
—   2 047 : 4° — (20ᶠ) —   520ᶠ.
—   2 068 : 3° — (16 462ᵐᵉ) —   16 224ᵐ².
—   2 148 : 4° — (250ᶠ) —   270ᶠ.

Les modifications suivantes ne concernent que les exemplaires du *premier tirage* du livre de l'élève.

N°   66 : 3° (60 × 27 — 13)   lire : 60 + 27 — 13.
—   92 : 3° ligne, (5..ᶠ..) —   5..ᶠ00.
—   177 : 1ʳᵉ — (302ᶠ,80) —   305ᶠ,30.
—   190 : 2° — (19ᵐ,2 et 22ᶠ,5) —   21ᵐ,8 et 20ᶠ.
—   194 : 3° — (par couteau) —   en tout.
—   195 : 2° — (5ᶠ,85) —   17ᶠ,55.
—   198 : 1ʳᵉ — (0ᶠ,55) —   55ᶠ.
—   207 : 4° — (0ᶠ,80) —   1ᶠ,50.
—   237 : 3° — (4 fois) —   5 fois.
—   292 : 4° — (58ᶠ) —   8ᶠ.
—   312 : 5° — (490ᶠ) —   520ᶠ.
—   348 : 3° — (6ᶠ) —   5ᶠ.
—   359 : 5° — (8ᶠ,75) —   28ᶠ,75.
—   380 : 6° — (7 760ᶠ) —   8 060ᶠ.
—   762 : 3° — (174ᶠ) —   714ᶠ.
—   800 : 3° — (152ᶠ,50) —   153ᶠ.
—   813 : 3° — (0ᶠ,65) —   1ᶠ,65.
—   835 : 2° — (714ᶠ) —   762ᶠ.
—   936 : 5° — (36ᶜˡ) —   36ᶜᵍ.
—   1 000 : 2° — (7 bornes) —   37 bornes.

N° 1 004 : 6ᵉ ligne, texte à compléter.
— 1 045 : 3ᵉ — (11/8) lire : 11/7.
— 1 049 : 4ᵉ — (6^{m2},12) — 6^{m2},16.
— 1 052 : 4ᵉ — (719^f,10) — 382^f,50.
— 1 055 : 3ᵉ — (0^m,90) — 0^m,70.
— 1 073 : 2ᵉ — (42^{m2},9975) — 42^{m2},98.
— 1 082 : 4ᵉ — (22^f,05) — 22^f,20.
— 1 115 : 3ᵉ — (54^a,59) — 54^a,60.
— 1 144 : 3ᵉ — (2^m,5) — 12^{mm},5.
— 1 161 : 3ᵉ — (5ma,80) — 5ma,89.
— 1 180 : 6ᵉ — ($4\ 545^f$,75) — $4\ 518^f$.
— 1 195 : 6ᵈ — ajouter $\pi = 22/7$.
— 1 202 : 3ᵉ — (3^{dm3},87) lire : 3^{dm3},897.
— 1 216 : 2ᵉ — (48^f) — 48^f,75.
— 1 216 : 3ᵉ — (141^f,60) — 101^f,60.
— 1 218 : 2ᵉ — ajouter 5 600 feuilles.
— 1 260 : 3ᵉ — ($1\ 340^g$) lire : $1\ 342^g$,50.
— 1 263 : 5ᵉ — (25^{dag}) — 25^{dag},11.
— 1 362 : 1ʳᵉ — (11^{km},5) — 12^{km},5.
— 1 362 : 3ᵉ — (2 heures) — 2^h 1/2.
— 1 380 : 2ᵉ — (218^{km}) — 252^{km},56.
— 1 387 : 3ᵉ — (6^{km}) — 3^{km}.
— 1 395 : 1ʳᵉ — (9^h) — $9^h 35^m$.
— 1 412 : 2ᵉ — (8^{mn} et 3^{mn}) — $4^m 30^s$ et 5^{mn}.
— 1 435 : rectifier les nombres.
— 1 439 : » »
— 1 445 : 8ᵉ ligne (8^{mn}) lire : 84^{mn}.
— 1 491 : 3ᵉ — (10^h) — 10^j.
— 1 494 : 4ᵉ — (6^j) — 10^j.
— 1 578 : 4ᵉ — (404^f) — 408^f.
— 1 581 : 3ᵉ — (231^f,50) — 231^f,80.
— 1 600 : 1ʳᵉ — (2^{cm}) — 22^{cm}.
— 1 614 : 4ᵉ — (765^f) — 264^f.
— 1 667 : 2ᵉ — ($4\ 220^f$) — $4\ 200^f$.
— 1 673 : 4ᵉ — (5 %) — 4,50 %.
— 1 685 : 5ᵉ — ($16\ 984^f$,55) — $16\ 984^f$,80.
— 1 711 : 2ᵉ — ($3\ 232^f$) — 32^f.
— 1 733 : 2ᵉ — (860^f) — 860^f,60.
— 1 757 : 2ᵉ — ($2\ 000^f$) — $2\ 100^f$.
— 1 893 : 5ᵉ — ajouter : Taux 3,75 %
— 1 907 : 2ᵉ — (3/12) lire : 5/12.

COURS D'ARITHMÉTIQUE

BREVET ÉLÉMENTAIRE

COURS D'ARITHMÉTIQUE

PAR

UNE RÉUNION DE PROFESSEURS

LIVRE DU MAITRE

LIBRAIRIE GÉNÉRALE

77, RUE DE VAUGIRARD — PARIS, VIᵉ.

| A. MAME & FILS | J. DE GIGORD |
| TOURS | 15, RUE CASSETTE, PARIS |

Nº 157 A

SOLUTIONS

DES

EXERCICES ET PROBLÈMES

PREMIÈRE PARTIE

—

NUMÉRATION

Exercices sur la numération.

1. *Quelles sont les plus hautes unités dans un nombre de 5 chiffres ? de 7 chiffres ? de 11 chiffres ?*

R. — Les plus hautes unités sont, dans un nombre de

5 chiffres : les **dizaines de mille**
7 chiffres : les **unités de million**
11 chiffres : les **dizaines de milliard.**

2. *Quel est le plus petit nombre de 2 chiffres ? de 3 chiffres ? de 4 chiffres ? de n chiffres ?*

R. — Le plus petit nombre de 2 chiffres est 10 ; de 3 chiffres, 100 ; de 4 chiffres, 1 000. Le plus petit nombre de n chiffres est formé de l'unité suivie de ($n - 1$) zéros.

3. *Quel est le plus grand nombre de 2 chiffres ? de 3 chiffres ? de 4 chiffres ? de n chiffres ?*

R. — Le plus grand nombre de 2 chiffres est 99 ; de 3 chiffres, 999 ; de 4 chiffres, 9 999. Le plus grand nombre de n chiffres est formé de **n fois le chiffre 9.**

4. *Quel est le plus petit nombre formé de 4 chiffres significatifs différents ? Quel est le plus grand ?*

R. — Le plus petit est 1 234 ; le plus grand est **9 876.**

5. *Combien y a-t-il de nombres de 2 chiffres? de 3 chiffres? de 4 chiffres ? de n chiffres ?*

R. — Les nombres de 2 chiffres vont de 9 à 99 ; ceux de 3 chiffres vont de 99 à 999 ; ceux de 4 chiffres vont de 999 à 9 999, etc... Il y a donc :

$$99 - 9 = \mathbf{90} \quad (\text{soit } 9 \times 10) \text{ nombres de 2 chiffres}$$
$$999 - 99 = \mathbf{900} \quad (- 9 \times 10^2) \text{ nombres de 3 chiffres}$$
$$9\,999 - 999 = \mathbf{9\,000} \quad (- 9 \times 10^3) \text{ nombres de 4 chiffres}$$
$$\text{et} \qquad\qquad\qquad\qquad 9 \times 10^{n-1} \text{ nombres de } n \text{ chiffres.}$$

6. *Combien faut-il de caractères pour paginer : 1º une arithmétique de 315 pages ? 2º un dictionnaire de 1152 pages ?*

1º L'arithmétique comprend : 9 pages de 1 chiffre, 90 pages de 2 chiffres, et $315 - 99 = 216$ pages de 3 chiffres.

R. — Il faudra pour la paginer :

$$9 + 2 \times 90 + 3 \times 216 = \mathbf{837 \text{ chiffres.}}$$

2º Le dictionnaire comprend : 9 pages de 1 chiffre, 90 pages de 2 chiffres, 900 pages de 3 chiffres, et $1\,152 - 999 = 153$ pages de 4 chiffres.

R. — Il faudra pour le paginer :

$$9 + 2 \times 90 + 3 \times 900 + 4 \times 153 = \mathbf{3\,501 \text{ chiffres.}}$$

7. *La pagination d'un livre a exigé 546 caractères ; combien ce livre compte-t-il de pages ? Combien en compterait-il si sa pagination avait exigé 2460 caractères ?*

1º Le nombre de pages cherché est compris entre 100 et 1 000.
Pour paginer les 99 premières pages il a fallu $9 + 2 \times 90 = 189$ caractères. Les autres pages comptent chacune 3 chiffres et ont exigé $546 - 189 = 357$ caractères. Elles sont donc au nombre de $357 : 3 = 119$.

R. — Le livre compte $99 + 119 = \mathbf{218 \text{ pages.}}$

2º Pour marquer les pages de 1 à 999 il faut :

$$9 + 2 \times 90 + 3 \times 900 = 2\,889 \text{ caractères.}$$

Le livre dont la pagination exige 2 460 caractères n'a donc pas 999 pages.
Pour marquer les 99 premières pages, il faut

$$9 + 2 \times 90 = 189 \text{ caractères.}$$

Les autres pages comptant chacune 3 chiffres, exigent

$$2\,460 - 189 = 2\,271 \text{ caractères ;}$$

elles sont donc au nombre de $2\,271 : 3 = 757$.

R. — Le livre compterait $99 + 757 = \mathbf{856 \text{ pages.}}$

8. *On écrit la suite naturelle des nombres sans séparer les chiffres. 1º Quel est dans cette suite, le chiffre qui occupe le 435º rang? 2º Quel rang occupe le chiffre 5 du nombre 215 dans cette suite ?*

1º Pour écrire les 99 premiers nombres, on a posé

$$9 + 180 = 189 \text{ chiffres.}$$

Entre le 189º et le 435º chiffre, il y a $435 - 189 = 246$ chiffres et, par conséquent, $246 : 3 = 82$ nombres de 3 chiffres.

Le dernier de ces nombres est : $99 + 82 = 181$.

R. — Le chiffre qui occupe le 435e rang est donc **1**.

2° Pour écrire les nombres de 1 à 215, on a posé :

$$9 + 2 \times 90 + 3 \times (215 - 99) = 537 \text{ chiffres}.$$

R. — Le chiffre 5 de 215 occupe donc le **537e rang**.

9. *Si l'on écrivait la suite des nombres entiers de 1 à 10 000, combien de fois tracerait-on le chiffre 9 ?*

Le chiffre 9 serait employé :

1° Comme *chiffre des unités*, 1 fois par dizaine ; comme il y a 1 000 dizaines dans 10 000, il serait employé ainsi **1 000 fois**.

2° Comme *chiffre des dizaines*, 10 fois par centaine (90, 91, 92,... 99) comme il y a 100 centaines dans 10 000, il serait employé ainsi 10 fois $\times$ 100 = **1 000 fois**.

3° Comme *chiffre des centaines*, 100 fois par mille (900, 901, 902,... 999) comme il y a 10 mille dans le nombre donné, il serait employé ainsi 100 fois $\times$ 10 = **1 000 fois**.

4° Comme *chiffre des mille*, 1 000 fois par dizaine de mille (9 000, 9 001, 9 002,... 9 999) ; il serait employé ainsi **1 000 fois**.

R. — On tracerait donc le chiffre 9 :

$$1\,000 + 1\,000 + 1\,000 + 1\,000 = 4\,000 \text{ fois}.$$

10. *En écrivant un zéro à la droite d'un nombre entier, on a augmenté ce nombre de 567. Quel est ce nombre ?*

Soit a le nombre ; en écrivant 1 zéro à sa droite on le rend 10 fois plus grand et il devient égal à $10a$. Il est donc augmenté de $10a - a = 9a$.

Or $\quad 9a = 567$; donc $a = 567 : 9 = 63$.

R. — Le nombre cherché est **63**.

11. *Quel changement éprouve le nombre 5 875 quand on intercale un zéro entre le 8 et le 7 ?*

En intercalant le zéro, on obtient le nombre 58 075.

Or $\qquad 58\ 075 = 580$ centaines $+ 75$ unités ;

et $\qquad 5\ 875 = 58$ centaines $+ 75$ unités.

En retranchant membre à membre on a :

$$58\ 075 - 5\ 875 = 580 \text{ cent.} - 58 \text{ cent.}$$
$$= 58 \text{ cent.} \times (10 - 1) = 58 \text{ cent.} \times 9.$$

R. — Le nombre est augmenté de $5\ 800 \times 9 =$ **52 200**.

12. *Dans un nombre de deux chiffres, le chiffre des dizaines est A, et on intercale un zéro entre les deux chiffres du nombre. 1° Trouver l'accroissement de valeur du nombre ; 2° Qu'arrive-t-il quand on intercale successivement 1, 2, 3... n zéros ?*

Soit u le chiffre des unités ; le nombre peut s'écrire : $10A + u$.

1° Si on intercale le zéro entre les deux chiffres le nombre égale $100A + u$. Il est donc augmenté de :

$$100A + u - (10A + u) = 90A = \mathbf{10A \times 9,}$$

2º Si on intercale :

$$2 \text{ zéros} : \quad 1\,000A - 10A = 990A = 10A \times 99$$
$$3 \text{ zéros} : \quad 10\,000A - 10A = 9\,990A = 10A \times 999$$
$$4 \text{ zéros} : 100\,000A - 10A = 99\,990A = 10A \times 9\,999$$

$$n \text{ zéros, l'augmentation sera} \quad 10A \times \overset{n}{99\ldots.9}.$$

Règle. — *Lorsqu'on intercale 1, 2, 3... zéros entre deux chiffres d'un nombre, l'accroissement de valeur du nombre est égal à 9 fois, 99 fois, 999 fois ... la valeur relative primitive de la partie du nombre à gauche des zéros et il est indépendant de la partie du nombre à droite des zéros.*

13. *Écrire en chiffres ordinaires les nombres suivants :*

1º XXXIV	34	4º LXIX	69	7º MXI	1011
2º XIX	19	5º XCIV	94	8º MDCXLIV	1644
3º XLIX	49	6º CDXCII	492	9º MCMXXIV	1924

14. *Écrire en chiffres romains les nombres suivants :*

1º	47 **XLVII**	5º 1514	**MDXIV**
2º	95 **XCV**	6º 1900	**MCM**
3º	409 **CDIX**	7º 1919	**MCMXIX**
4º	749 **DCCXLIX**	8º 3579	**MMMDLXXIX**

*** 15.** *Écrire les nombres entiers compris entre 5 et 18 : 1º dans le système de numération à base 7 ; 2º dans le système à base 12.*

Base 10 : 6, 7, 8, 9, 10, 11, 12, 13, 14, 15, 16, 17

Base 7 : 6, 10, 11, 12, 13, 14, 15, 16, 20, 21, 22, 23.

Base 12 : 6, 7, 8, 9, a, b, 10, 11, 12, 13, 14, 15.

*** 16.** *Les nombres 88, 126, 774, 1 230 étant écrits dans le système décimal, les écrire dans le système à base 6.*

88	6		126	6			774	6				1230	6			
28	14	6	00	21	6		17	129	6			30	205	6		
4	2	2		3	3		54	09	21	6		0	25	34	6	
								0	3	3	3		1	4	5	

88 s'écrit **224** ; 126 s'écrit **330** ; 774 s'écrit **3 330** ; 1 230 s'écrit **5 410**.

*** 17.** *Les nombres 5, 10, 30, 100, 745, 12 045 étant écrits dans le système à base 8, les écrire dans le système décimal.*

5 contenant 5 unités simples s'écrira **5**.

10 contenant 1 unité du 2º ordre ou $8 \times 1 = 8$ unités simples, s'écrira **8**.

30 contenant 3 unités du 2º ordre ou $8 \times 3 = 24$ unités simples, s'écrira **24**.

100 contenant 1 unité du 3º ordre ou $8^2 \times 1 = 64$ unités simples s'écrira **64**.

745 contient $\begin{cases} 5 \text{ unités du 1}^{\text{er}} \text{ ordre ou} & 5 \\ 4 \quad - \quad 2^{\text{e}} \text{ ordre} \quad 8 \times 4 = & 32 \\ 7 \quad - \quad 3^{\text{o}} \text{ ordre} \quad 8^2 \times 7 = & 448. \end{cases}$

745 s'écrira : $(5 + 32 + 448) = 485$.

$$12\,045 \text{ contient} \begin{cases} 5 \text{ unités du } 1^{\text{er}} \text{ ordre ou} & 5 \\ 4 \quad - \quad 2^{\text{e}} \text{ ordre} & 8 \times 4 = 32 \\ 2 \quad - \quad 4^{\text{e}} \text{ ordre} & 8^3 \times 2 = 1\,024 \\ 1 \quad - \quad 5^{\text{e}} \text{ ordre} & 8^4 \times 1 = 4\,096. \end{cases}$$

12 045 s'écrira : $(5 + 32 + 1\,024 + 4\,096) = 5\,157$.

*** 18.** *Écrire dans le système à base 5 les nombres 236 et 1 040 écrits dans le système à base 7.*

1re *opération.* — Écrivons les deux nombres dans le système décimal :

$$236 = \begin{cases} 6 \text{ unités du } 1^{\text{er}} \text{ ordre ou} & 6 \\ 3 \quad - \quad 2^{\text{e}} \text{ ordre} - 7 \times 3 = 21 \\ 2 \quad - \quad 3^{\text{e}} \text{ ordre} - 7^2 \times 2 = 98 \end{cases} \text{ Total } \mathbf{125}.$$

$$1040 = \begin{cases} 4 \text{ unités du } 2^{\text{e}} \text{ ordre ou } 7 \times 4 = 28 \\ 1 \text{ unité du } 4^{\text{e}} \text{ ordre ou } 7^3 \times 1 = 343 \end{cases} \text{ Total } \mathbf{371}.$$

2e *opération.* — Écrivons ces derniers nombres dans le système à base 5.

```
125|5                 371| 5
 25|25|5               21|74|5
  0| 0|5|5              1|24|14|5
        0|1               4| 4|2
```

R. — **125** s'écrit **1 000** ; 371 s'écrit **2 441**.

*** 19.** *Un nombre écrit dans un système à base x est représenté par 12 523. Déterminer cette base sachant que dans le système décimal le nombre s'écrit 1 923.*

La base est inférieure à 10. En effet si elle était égale ou supérieure à 10, le nombre 12 523 contenant une unité du 5e ordre vaudrait au moins 10 000 unités, il ne serait donc pas égal à 1 923 unités.

La base étant x, l'unité du 2e ordre est x, celle du 3e ordre est x^2, celle du 4e ordre est x^3, celle du 5e ordre est x^4 et le nombre 12 523 peut s'écrire :

$$x^4 + 2x^3 + 5x^2 + 2x + 3.$$

On a donc : $\quad x^4 + 2x^3 + 5x^2 + 2x + 3 = 1\,923.$

D'où $\quad x^4 + 2x^3 + 5x^2 + 2x = 1\,923 - 3 = 1\,920.$

Et, en mettant x en facteur :

$$x(x^3 + 2x^2 + 5x + 2) = 1\,920.$$

Or x divise le 1er membre de l'égalité, donc x divise aussi **1 920**.

Ainsi la base x est un diviseur de 1 920, inférieur à 10. Par conséquent x est égal à 2, 3, 4, 5, 6, ou 8.

Le chiffre 5 se trouvant dans le nombre 12 523, la base est supérieure à 5 ; elle est donc égale à 6 ou à 8.

En donnant à x la valeur 8, le 1er terme x^4 de la 1re égalité devient $8^4 = 4\,096$; ce seul terme est déjà supérieur à 1 923. Donc 8 est à rejeter.

R. — La base x égale, par conséquent, **6**.

DEUXIÈME PARTIE

ADDITION

Calcul mental.

20. *Effectuer mentalement les sommes suivantes :*

1° 76 + 80 ; 150, **156**
2° 86 + 56 ; 136, **142**
3° 47 + 75 ; 117, **122**
4° 48 + 52 ; 50, **100**
5° 84 + 56 ; 90, **140**
6° 48 + 29 ; 78, **77**
7° 59 + 63 ; 123, **122**
8° 27 + 98 ; 127, **125**
9° 96 + 77 ; 177, **173**
10° 457 + 199 ; 456 + 200, **656**
11° 297 + 656 ; 300 + 653, **953**
12° 474 + 998 ; **1472**

21. *Effectuer mentalement les sommes suivantes :*

1° 159 + 79 = 160 + 80 — 2 = **238**
2° 137 + 63 = 140 + 60 = **200**
3° 315 + 87 = 315 + 85 + 2 = **402**
4° 125 + 77 = 125 + 75 + 2 = **202**
5° 575 + 28 = 575 + 25 + 3 = **603**
6° 256 + 47 = 256 + 44 + 3 = **303**
7° 6 + 17 + 24 + 99 = (6 + 24) + 16 + 100 = **146**
8° 13 + 25 + 7 + 76 = (13 + 7) + (25 + 75) + 1 = **121**
9° 235 + 992 + 165 = (235 + 165) + 1 000 — 8 = 1 400 — 8 = **1 392.**

SOUSTRACTION

Exercices théoriques.

22. *La différence de 2 nombres est 64. Quelle serait leur différence : 1° si le grand nombre était diminué de 40 ? 2° si le petit nombre était augmenté de 15 ?*

1° La différence serait diminuée de 40 ; elle serait **24.**
2° — — diminuée de 15 ; — **49.**

23. *La différence de 2 nombres est 24. Que devient la différence : 1° si l'on retranche 24 du grand nombre ? 2° si l'on ajoute 24 au petit nombre ?*

La différence devient **nulle** dans les deux cas.

24. *Qu'obtient-on : 1° en additionnant le petit nombre d'une soustraction avec la différence ? 2° en retranchant la différence du grand nombre ?*

1° On obtient le **grand nombre**.
2° On obtient le **petit nombre**.

25. *La différence de 2 nombres est 30. Que devient-elle : 1° si l'on ajoute à la fois 12 au grand nombre et 7 au petit nombre ? 2° si l'on retranche à la fois 15 du grand nombre et 3 du petit nombre ?*

1° La différence augmente de $12 - 7 = 5$ et devient **35**.
2° La différence diminue de $15 - 3 = 12$ et devient **18**.

26. *La somme de deux nombres est 48,85 et leur différence 2,75. Quels sont ces deux nombres ?*

Représentons par a et b les deux nombres ($a > b$). On a :
$$a + b = 48,85$$
$$a - b = 2,75.$$

En additionnant membre à membre, on trouve :
$$2a = 51,60 ; \quad \text{d'où} \quad \mathbf{a = 25,80.}$$

En retranchant membre à membre, on a :
$$2b = 46,10 ; \quad \text{d'où} \quad \mathbf{b = 23,05.}$$

27. *Généraliser la question précédente ; représenter la somme par s et la différence par d.*

En reprenant le raisonnement précédent, on aurait successivement :
$$a + b = s$$
$$a - b = d.$$
$$2a = s + d \quad \text{d'où} \quad \mathbf{a} = \frac{\mathbf{s + d}}{2}$$
$$2b = s - d \quad \text{d'où} \quad \mathbf{b} = \frac{\mathbf{s - d}}{2}.$$

Ainsi le grand nombre égale la demi-somme plus la demi-différence, et le petit nombre, la demi-somme moins la demi-différence.

28. *La somme des deux termes d'une soustraction et du reste égale 164,80. Quel est le grand nombre ? Quel est le petit, sachant qu'il surpasse le reste de 22 ?*

1° Remarquons que la somme du petit nombre p et de la différence d est égale au grand nombre g. On a donc :
$$g + (p + d) = 2g = 164,80.$$

R. — Le grand nombre est $g = \mathbf{82,40.}$

2° On connaît la somme et la différence du petit nombre et du reste : $p + d = 82,40$ et $p - d = 22$; on en déduit le petit nombre.

R. — Le petit nombre est $p = \dfrac{82,40 + 22}{2} = \mathbf{52,2.}$

29. *Trouver un nombre de deux chiffres dont la somme soit 14, et tel que si l'on intervertit l'ordre des chiffres, le nombre augmente de 18.*

Désignons le chiffre des unités par u et le chiffre des dizaines par d. Le nombre peut alors s'écrire $10d + u$ et le nombre renversé $10u + d$. Ce dernier nombre étant le plus grand, nous pouvons écrire :

$$10u + d - (10d + u) = 18$$
$$10u + d - 10d - u = 18$$
$$9u - 9d = 18$$
$$9(u - d) = 18$$
$$u - d = 2.$$

On connaît la somme $u + d = 14$ et la différence $u - d = 2$. On en déduit :

$$u = \frac{14 + 2}{2} = 8 \quad \text{et} \quad d = \frac{14 - 2}{2} = 6.$$

R. — Le nombre cherché est **68**.

30. *Trouver un nombre de deux chiffres dont la somme soit 10, et tel que si l'on intervertit l'ordre des chiffres, le nombre diminue de 36.*

Ici le nombre cherché est supérieur au nombre renversé. On aura donc, en adoptant les conventions de la solution précédente :

$$10d + u - (10u + d) = 36$$
$$9d - 9u = 36$$
$$d - u = 4.$$

Puisque $d + u = 10$ et $d - u = 4$, on a :

$$d = \frac{10 + 4}{2} = 7 \quad \text{et} \quad u = \frac{10 - 4}{2} = 3.$$

R. — Le nombre cherché est **73**.

31. *Trouver un nombre de 2 chiffres, sachant que la somme de ses chiffres est 14, et que si de ce nombre, on retranche le nombre obtenu en renversant l'ordre de ses chiffres on trouve 36 pour différence.*

La solution est identique à celle du n° précédent.

$$10d + u - (10u + d) = 36.$$

d'où l'on tire $$d - u = 4.$$

Puisque $d + u = 14$ et $d - u = 4$, on a :

$$d = \frac{14 + 4}{2} = 9 \quad \text{et} \quad u = \frac{14 - 4}{2} = 5.$$

R. — Le nombre cherché est **95**.

32. *Un nombre est formé de 3 chiffres consécutifs ; démontrer que la différence entre ce nombre et le nombre renversé est toujours 198.*

Représentons le chiffre des centaines du plus grand des deux nombres par c ; le chiffre des dizaines par d, et le chiffre des unités par u. Les deux nombres peuvent alors s'écrire :

$$100c + 10d + u$$
$$100u + 10d + c.$$

Leur différence égale :

$$99c - 99u \quad \text{ou} \quad 99 \times (c - u).$$

Les chiffres étant consécutifs, on a : $c - u = 2$.

Donc la différence $99 \times (c - u)$ égale $99 \times 2 = \mathbf{198}$.

33. *La différence entre deux nombres est 42. On les augmente chacun de 8 ; le plus grand devient alors le quadruple du plus petit. Quels sont ces nombres ?*

Les deux nombres étant augmentés d'une même quantité, leur différence 42 ne varie pas.

D'autre part, la différence des nombres modifiés égale 4 fois — 1 fois = 3 fois le petit. Ainsi

$$3 \text{ fois le petit nombre modifié} = 42$$
$$\text{Le petit nombre modifié} = 14.$$

R. — Avant d'ajouter 8, le petit nombre était $14 - 8 = \mathbf{6}$, et le plus grand $6 + 42 = \mathbf{48}$.

34. *Peut-on faire la soustraction en commençant par la gauche des nombres proposés ? Comment s'y prendrait-on ? Pourquoi n'emploie-t-on pas ordinairement ce procédé ? Raisonner sur l'exemple suivant : 87 546 — 19 398.*

(Arithm., n° 93.)

35. *En retranchant 2 792 de 3 241, un enfant a négligé toutes les retenues. Dire à l'aide d'un raisonnement, et sans faire l'opération exacte, de combien le résultat trouvé diffère du résultat réel.*

Pour pouvoir effectuer la soustraction, l'enfant a dû ajouter au grand nombre successivement 1 dizaine, 1 centaine et 1 mille, soit en tout $10 + 100 + 1\ 000 = 1\ 110$.

Négligeant les retenues, il n'a rien ajouté au petit nombre.

Le résultat trouvé est donc trop grand de **1 110**.

36. *Indiquer deux manières de calculer les expressions suivantes :*

$$1^{\text{o}}\ 45 + (63 - 17) = \begin{cases} a) & 45 + 46 = 91 \\ b) & 45 + 63 - 17 = 108 - 17 = 91; \end{cases}$$

$$2^{\text{o}}\ 78 - (67 - 39) = \begin{cases} a) & 78 - 28 = 50 \\ b) & 78 - 67 + 39 = 11 + 39 = 50. \end{cases}$$

37. *Indiquer le procédé le plus avantageux pour calculer chacune des expressions suivantes :*

$$1^{\text{o}}\ (134 + 77 + 16) - 75 = 184 + 2 + 16 = 152;$$
$$2^{\text{o}}\ (120 + 17 + 80) - 97 = (120 + 97) - 97 = 120;$$
$$3^{\text{o}}\ 190 + (168 - 158) = 190 + 10 = 200;$$
$$4^{\text{o}}\ 145 - (135 - 117) = 145 - 135 + 117 = 10 + 117 = 127.$$

38. *Même exercice.*

1° 235 + (165 — 98) = 235 + 165 — 98 = 400 — 98 = 302;
2° 378 — (247 — 37) = 378 — 210 = 168;
3° 578 — (175 — 37) = 578 — 175 + 37 = 403 + 37 = 440;
4° 446 + (154 — 89) = 446 + 154 — 89 = 600 — 89 = 511.

39. *Trouver la valeur des expressions suivantes :*

1° 38 — 12 + 27 + 15 — 7.
    (38 + 27 + 15) — (12 + 7) = 80 — 19 = **61.**
2° 98 — 13 — 24 — 17 + 8.
    (98 + 8) — (13 + 24 + 17) = 106 — 54 = **52.**
3° 145 — 37 — 29 + 72.
    (145 + 72) — (37 + 29) = 217 — 66 = **151.**
4° 201 — 49 — 79 — 48.
    201 — (49 + 79 + 48) = 201 — 176 = **25.**

40. *Chasser les parenthèses et effectuer :*

1° 118 + (25 — 17 + 29 — 14 — 9).
    118 + 25 — 17 + 29 — 14 — 9 = 172 — 40 = **132.**
2° 179 — (36 — 17 + 45 — 36 — 11).
    179 — 36 + 17 — 45 + 36 + 11 = 243 — 81 = **162.**

41. *Chasser les parenthèses.*

1° $N — (a + b) = N — a — b.$
2° $N + (c — d) = N + c — d.$
3° $N + (a — b — c + d — e + f) = N + a — b — c + d — e + f.$
4° $N — (l — m + n — o — p + q) = N — l + m — n + o + p — q.$

Calcul mental.

42. *Effectuer mentalement les soustractions suivantes :*

1° 80 — 50 = **30**   3° 2 800 — 700 = **2 100**
2° 78 — 45 = **33**   4° 1 645 — 435 = **1 210.**

43. *Même exercice.*

1° 135 — 29 = 135 — 30 + 1 = **106.**
2° 243 — 38 = 243 — 40 + 2 = **205.**
3° 148 — 79 = 148 — 80 + 1 = **69.**
4° 1 335 — 198 = 1 335 — 200 + 2 = **1 137.**
5° 2 560 — 989 = 2 560 — 1 000 + 11 = **1 571.**
6° 1 101 — 892 = 1 101 — 900 + 8 = **209.**

44. *Même exercice.*

1° 264 — 165 = 264 — 164 — 1 = 100 — 1 = **99**
2° 375 — 278 = 375 — 275 — 3 = 100 — 3 = **97**
3° 517 — 289 = 517 — 300 + 11 = 217 + 11 = **228**
4° 1 924 — 1 492 = 1 924 — 1 500 + 8 = 424 + 8 = **432**
5° 6 537 — 5 519 = 6 537 — 5 520 + 1 = 1 017 + 1 = **1 018**
6° 8 005 — 2 797 = 8 005 — 2 800 + 3 = 5 205 + 3 = **5 208.**

45. *Même exercice.*

1° 4,75 — 3,25 = **1,50**		3° 12,85 — 5,95 = **6,90**
2° 9,90 — 4,75 = **5,15**		4° 15,50 — 9,75 = **5,75.**

46. *Effectuer les opérations suivantes par l'addition.*

2ᶠ — 1ᶠ,25 = 0ᶠ,25 + 50 = 0ᶠ,75
5ᶠ — 3ᶠ,75 = 0ᶠ,25 + 1ᶠ = 1ᶠ,25
10ᶠ — 5ᶠ,95 = 0ᶠ,05 + 2ᶠ + 2ᶠ = 4ᶠ,05
10ᶠ — 7ᶠ,15 = 0ᶠ,10 + 0ᶠ,25 + 0ᶠ,50 + 2ᶠ = 2ᶠ,85
20ᶠ — 13ᶠ,85 = 0ᶠ,05 + 0ᶠ,10 + 1ᶠ + 5ᶠ = 6ᶠ,15
20ᶠ — 17ᶠ,45 = 0ᶠ,05 + 0ᶠ,50 + 2ᶠ = 2ᶠ,55.

47. *Effectuer les opérations suivantes à l'aide des compléments.*

```
1°  + 1 245      + 1 245          2°  + 5 885,25      + 5 885,25
    —   487      +   513              — 1 232,75      + 8 767,25
    +   868      +   868              + 4 830,95      + 4 830,95
    —   735      +   265              — 2 947,45      + 7 052,55
    —   139      +   861              — 1 828,35      + 8 171,65
    +   972      +   972              — 1 417,60      + 8 582,40
              —————————                            —————————————
                 4 724                               43 290,05
              —  3 000                             — 40 000,00
              —————————                            —————————————
                 1 724                                3 290,05


3°  + 12 815,20      + 12 815,20
    —  7 219,15      +  2 780,85
    +  2 185,85      +  7 814,15
    + 22 179,75      + 22 179,75
    —  8 777,70      +  1 222,30
    — 12 535,95      + 87 464,05
                   ——————————————
                     134 276,30
                   — 130 000,00
                   ——————————————
                       4 276,30
```

MULTIPLICATION

Calcul mental.

48. *Multiplication par 21, 31, 41... 101.*

35 × 21 = 700 + 35 = 735	24 × 2,1 = 48 + 2,4 = 50,4
45 × 21 = 900 + 45 = 945	35 × 4,1 = 140 + 3,5 = 143,5
85 × 41 = 3 400 + 85 = 3 485	44 × 5,1 = 220 + 4,4 = 224,4
28 × 51 = 1 400 + 28 = 1428	15 × 8,1 = 120 + 1,5 = 121,5

42 × 101 = 4 200 + 42 = 4 242
57 × 101 = 5 700 + 57 = 5 757
85 × 201 = 17 000 + 85 = 17 085
75 × 401 = 30 000 + 75 = 30 075

49. *Quel est le prix de 15ᵐ d'étoffe à 3ᶠ,10 le mètre? à 4ᶠ,10 ? à 8ᶠ,10?*

$$3^f,10 \times 15 = 45 + 1,5 = 46^f,50$$
$$4^f,10 \times 15 = 60 + 1,5 = 61^f,50$$
$$8^f,10 \times 15 = 120 + 1,5 = 121^f,50$$

50. *A 5ᶠ,50 le volume, que coûteraient 21 volumes? 31 volumes ? 51 volumes ? 81 volumes ? 101 volumes?*

$$5^f,50 \times 21 = 110 + 5,50 = 115^f,50$$
$$5^f,50 \times 31 = 165 + 5,50 = 170^f,50$$
$$5^f,50 \times 51 = 275 + 5,50 = 280^f,50$$
$$5^f,50 \times 81 = 440 + 5,50 = 445^f,50$$
$$5^f,50 \times 101 = 550 + 5,50 = 555^f,50$$

51. *Multiplication par 19, 29, 39... 99.*

$$35 \times 19 = 700 - 35 = 665 \qquad 24 \times 1,9 = 48 - 2,4 = 45,6$$
$$45 \times 29 = 1\,350 - 45 = 1\,305 \qquad 15 \times 2,9 = 45 - 1,5 = 43,5$$
$$85 \times 39 = 3\,400 - 85 = 3\,315 \qquad 35 \times 3,9 = 140 - 3,5 = 136,5$$
$$28 \times 49 = 1\,400 - 28 = 1\,372 \qquad 18 \times 4,9 = 90 - 1,8 = 88,2.$$

$$42 \times 99 = 4\,200 - 42 = 4\,158$$
$$57 \times 99 = 5\,700 - 57 = 5\,643$$
$$85 \times 199 = 17\,000 - 85 = 16\,915$$
$$75 \times 399 = 30\,000 - 75 = 29\,925$$

52. *A 8ᶠ,50 le kg., que coûtent 9 kg. de café ? 19 kg. ? 29 kg. ? 99 kg. ?*

$$8^f,50 \times 9 = 85^f - 8^f,50 = 76^f,50$$
$$8^f,50 \times 19 = 170^f - 8^f,50 = 161^f,50$$
$$8^f,50 \times 29 = 255^f - 8^f,50 = 246,^f50$$
$$8^f,50 \times 99 = 850^f - 8^f,50 = 841^f,50$$

53. *Multiplication par 0,95 ; 1, 95 ; 2,95 ; 3,95...*

$$16 \times 0,95 = 16 - (1,6 : 2) = 16 - 0,8 = 15,2$$
$$26 \times 1,95 = 52 - (2,6 : 2) = 52 - 1,3 = 50,7$$
$$32 \times 1,95 = 64 - (3,2 : 2) = 64 - 1,6 = 62,4$$
$$34 \times 2,95 = 102 - (3,4 : 2) = 102 - 1,7 = 100,3$$
$$45 \times 3,95 = 180 - (0,45 \times 5) = 180 - 2,25 = 177,75$$
$$52 \times 4,95 = 260 - (0,52 \times 5) = 260 - 2,60 = 257,40$$

54. *A 3ᶠ,95 le canif, quel est le prix de 4 canifs? de 12 canifs ? de 16 canifs ? de 18 canifs ? de 28 canifs?*

$$3^f,95 \times 4 = 16 - (0,4 : 2) = 16 - 0,20 = 15^f,80$$
$$3^f,95 \times 12 = 48 - (1,2 : 2) = 48 - 0,60 = 47^f,40$$
$$3^f,95 \times 16 = 64 - (1,6 : 2) = 64 - 0,80 = 63^f,20$$
$$3^f,95 \times 18 = 72 - (1,8 : 2) = 72 - 0,90 = 71^f,10$$
$$3^f,95 \times 28 = 112 - (2,8 : 2) = 112 - 1,40 = 110^f,60$$

55. *Quel est le prix de 12ᵐ d'étoffe à 4ᶠ,95 le mètre ? à 5ᶠ,95 ? à 6ᶠ,95 ? à 9ᶠ,95 ? à 19ᶠ,95 ?*

$$4^f,95 \times 12 = 60 - 0,60 = 59^f,40$$
$$5^f,95 \times 12 = 72 - 0,60 = 71^f,40$$
$$6^f,95 \times 12 = 84 - 0,60 = 83^f,40$$
$$9^f,95 \times 12 = 120 - 0,60 = 119^f,40$$
$$19^f,95 \times 12 = 240 - 0,60 = 239^f,40$$

56. *Multiplication par 22, 23, 44, 55...*

$16 \times 22 = 320 + 32 = 352$ $1,75 \times 44 = 70 + 7 = 77$

$31 \times 33 = 930 + 93 = 1\,023$ $4,5 \times 66 = 270 + 27 = 297$

$1,25 \times 88 = 100 + 10 = 110$ $2,4 \times 55 = 120 + 12 = 132.$

57. *Produit de nombres compris entre 10 et 20.*

$13 \times 17 = 200 + 21 = 221$ $17 \times 18 = 250 + 56 = 306$

$15 \times 12 = 170 + 10 = 180$ $19 \times 12 = 210 + 18 = 228$

$16 \times 13 = 190 + 18 = 208$ $14 \times 19 = 230 + 36 = 266$

$18 \times 14 = 220 + 32 = 252$ $16 \times 17 = 230 + 42 = 272$

58. *Produit de 2 nombres terminés par 1.*

$31 \times 41 = 1\,271$ $91 \times 81 = 7\,371$

$61 \times 31 = 1\,891$ $71 \times 51 = 3\,621$

$81 \times 51 = 4\,131$ $5,1 \times 31 = 158,1$

$71 \times 61 = 4\,331$ $8,1 \times 61 = 494,1$

59. *Produit de 2 nombres terminés par 9.*

$39 \times 29 = (40 \times 30) - (40 + 30) + 1 = 1\,200 - 70 + 1 = 1\,131$

$49 \times 19 = (50 \times 20) - (50 + 20) + 1 = 1\,000 - 70 + 1 = 931$

$59 \times 69 = (60 \times 70) - (60 + 70) + 1 = 4\,200 - 130 + 1 = 4\,071$

$89 \times 39 = (90 \times 40) - (90 + 40) + 1 = 3\,600 - 130 + 1 = 3\,471$

$79 \times 49 = (80 \times 50) - (80 + 50) + 1 = 4\,000 - 130 + 1 = 3\,871$

$69 \times 29 = (70 \times 30) - (70 + 30) + 1 = 2\,100 - 100 + 1 = 2\,001$

$4,9 \times 39 = (49 \times 39) : 10 = 1\,911 : 10 = 191,1$

$2,9 \times 79 = (29 \times 79) : 10 = 2\,291 : 10 = 229,1.$

60. *Carré d'un nombre terminé par 5.*

35^2	85^2	95^2	155^2	245^2
1 225	7 225	9 025	24 025	60 025
15^2	75^2	65^2	135^2	295^2
2 025	5 625	4 225	18 225	87 025

61. *Carré d'un nombre de 2 chiffres terminé par 1.*

(Voir Arithm., n° 147, Application.)

31^2	51^2	61^2	71^2	41^2	81^2	91^2
961	2 601	3 721	5 041	1 681	6 561	8 281

62. *Carré d'un nombre de 2 chiffres terminé par 9.*

(Voir Arithm., n° 148, Application.)

29^2	59^2	49^2	69^2	39^2	79^2	89^2
841	3 481	2 401	4 761	1 521	6 241	7 921

63. *Produit de 2 nombres équidistants d'un nombre rond.*

(Voir Arithm., n° 149, Application.)

$26 \times 34 = 30^2 - 4^2 = 884$ $46 \times 54 = 50^2 - 4^2 = 2\,484$

$34 \times 46 = 40^2 - 6^2 = 1\,564$ $67 \times 73 = 70^2 - 3^2 = 4\,891$

$57 \times 63 = 60^2 - 3^2 = 3\,591$ $88 \times 92 = 90^2 - 2^2 = 8\,096$

$68 \times 72 = 70^2 - 2^2 = 4\,896$ $77 \times 83 = 80^2 - 3^2 = 6\,391$

64. *Produit de 2 nombres voisins de 100.*

$$101 \times 105 = \mathbf{10\ 605} \qquad 92 \times 98 = \mathbf{9\ 016}$$
$$106 \times 102 = \mathbf{10\ 812} \qquad 97 \times 93 = \mathbf{9\ 021}$$
$$109 \times 104 = \mathbf{11\ 336} \qquad 95 \times 94 = \mathbf{8\ 930}$$
$$107 \times 109 = \mathbf{11\ 663} \qquad 93 \times 96 = \mathbf{8\ 928}$$

65. *Effectuer les multiplications suivantes en réduisant le nombre des produits partiels.*

35 248	18 975	35 248	18 975
945	642	279	426
31 723 2	11 385 0	317 232	113 850
1 586 160	796 950	9 516 96	7 969 50
33 309 360	**12 181 950**	**9 834 192**	**8 083 350**

1re *multiplication.* — Le 1er produit partiel est le produit de 35 248 par 9 (*centaines*). Le 2^e produit partiel est le produit de 35 248 par 45 ; on l'a obtenu en multipliant par 5 le 1er produit partiel (35 248 $\times$ 9 $\times$ 5 = 35 248 $\times$ 45).

2e *multiplication.* — 1er produit partiel : 18 975 $\times$ 6 (*centaines*). 2e produit partiel : 18 975 $\times$ 42 ; on l'a obtenu en multipliant par 7 le résultat précédent (18 975 $\times$ 6 $\times$ 7 = 18 975 $\times$ 42).

3e *multiplication.* — 1er produit partiel : 35 248 $\times$ 9. 2e produit partiel : 35 248 $\times$ 27 (*dizaines*) ; on l'a obtenu en multipliant par 3 le résultat précédent

$$(35\ 248 \times 9 \times 3 = 35\ 248 \times 27).$$

4e *multiplication.* — 1er produit partiel : 18 975 $\times$ 6. 2e produit partiel : 18 975 $\times$ 42 (*dizaines*) ; on l'a obtenu en multipliant par 7 le résultat précédent

$$(18\ 975 \times 6 \times 7 = 18\ 975 \times 42).$$

Exercices théoriques.

66. *Effectuer de deux manières les produits suivants :*

$$1^o\ (18 + 27 + 32) \times 5 = \begin{cases} a)\ 77 \times 5 = \mathbf{385}. \\ b)\ 18 \times 5 + 27 \times 5 + 32 \times 5 = \mathbf{385} \end{cases}$$

$$2^o\ (45 - 15 + 18) \times 9 = \begin{cases} a)\ 48 \times 9 = \mathbf{432} \\ b)\ 45 \times 9 - 15 \times 9 + 18 \times 9 = \mathbf{432} \end{cases}$$

$$3^o\ 15 \times (60 + 27 - 13) = \begin{cases} a)\ 15 \times 74 = \mathbf{1\ 110} \\ b)\ 15 \times 60 + 15 \times 27 - 15 \times 13 = \mathbf{1\ 110} \end{cases}$$

$$4^o\ 27 \times (35 - 18 + 35) = \begin{cases} a)\ 27 \times 52 = \mathbf{1\ 404} \\ b)\ 27 \times 35 - 27 \times 18 + 27 \times 35 = \mathbf{1\ 404}. \end{cases}$$

67. *Même exercice.*

$$1^o\ (18 + 15) \times (17 + 13) = 33 \times 30 = \mathbf{990}$$
$$= 18 \times 17 + 15 \times 17 + 18 \times 13 + 15 \times 13 = \mathbf{990}.$$

$$2^o\ (29 - 12) \times (19 - 17) = 17 \times 2 = \mathbf{34}$$
$$= 29 \times 19 - 12 \times 19 - 29 \times 17 + 12 \times 17 = \mathbf{34}.$$

3º $(18 + 32) \times (29 - 19) = 50 \times 10 = 500$
      $= 18 \times 29 + 32 \times 29 - 18 \times 19 - 32 \times 19 = 500.$

4º $(38 - 11) \times (15 + 2) = 27 \times 17 = 459$
      $= 38 \times 15 - 11 \times 15 + 38 \times 2 - 11 \times 2 = 459.$

68. *Effectuer les opérations suivantes :*

1º $(a + b + c) \times n = $ **an + bn + cn.**
2º $(p + q - r) \times m = $ **pm + qm - rm.**
3º $(a + b)(c + d) = $ **ac + bc + ad + bd.**
4º $(p + q)(r - s) = $ **pr + qr - ps - qs.**

69. *Mettre en facteur commun :*

1º $8 \times 3 + 8 \times 17 + 8 \times 5 = $ **8 × (3 + 17 + 5).**
2º $7 \times 9 + 9 \times 18 + 6 \times 9 = $ **9 × (7 + 18 + 6).**
3º $15 \times 24 - 15 \times 17 = $ **15 × (24 - 17).**
4º $37 \times 17 - 17 \times 28 = $ **17 × (37 - 28).**

70. *Mettre en facteur commun :*

1º $25 \times 9 - 13 \times 9 + 9 = $ **9 × (25 - 13 + 1).**
2º $47 \times 8 + 18 \times 8 - 8 = $ **8 × (47 + 18 - 1).**
3º $m + bm - cm + dm = $ **m (1 + b - c + d).**
4º $h + ah + bh - dh = $ **h (1 + a + b - d).**

71. *Comment obtiendrez-vous mentalement la somme et
la différence.*

1º *des produits :* 613×35 *et* 613×15 ?

Somme $= 613 \times (35 + 15) = 613 \times 50 = (613 : 2) \times 100.$
Différence $= 613 \times (35 - 15) = 613 \times 20 = (613 \times 2) \times 10.$

2º *des produits :* $5 \times 324 \times 11$ *et* $5 \times 7 \times 324$?

S. $= 5 \times 324 \times (11 + 7) = 5 \times 324 \times 18 = 324 \times 90 = 324 \times (100 - 10).$
D. $= 5 \times 324 \times (11 - 7) = 5 \times 324 \times 4 = 324 \times 20 = 324 \times 2 \times 10.$

72. *Mettre en facteur commun :*

1º $113 \times 32 + 113 \times 19 - 113 = 113 \times (32 + 19 - 1) = $ **113 × 50.**
2º $108 \times 48 - 17 \times 54 + 45 \times 54 - 17 \times 108$
$= 54 \times (2 \times 48 - 17 + 45 - 17 \times 2) = 54 \times (96 + 45 - 51)$
      $= $ **54 × 90.**

73. *La somme de deux nombres est 47, la différence de
leurs carrés est 611. Quels sont ces deux nombres ?*

Soient a et b les deux nombres $(a > b)$. On a :

$$a + b = 47$$
et
$$a^2 - b^2 = 611$$
ou
$$(a + b) \times (a - b) = 611.$$

En remplaçant dans cette égalité $a + b$ par sa valeur 47, on a :
$$47 \times (a - b) = 611$$
d'où l'on tire :
$$a - b = 13.$$

Connaissant la somme $a + b$ et la différence $a - b$, on en déduit :

$$a = \frac{47 + 13}{2} = 30 \quad \text{et} \quad b = \frac{47 - 13}{2} = 17.$$

R. — Les nombres sont **30** et **17**.

74. *Écrire la somme* 4 900 + 490 + 49 *successivement sous la forme d'un produit de 2 facteurs, de 3 facteurs, de 4 facteurs.*

$$4\ 900 + 490 + 49 = 49 \times (100 + 10 + 1) = 7 \times 7 \times 111$$
$$= 7 \times 7 \times 3 \times 37.$$

75. *La différence de deux nombres est 17, celle de leurs carrés est 731. Trouver ces deux nombres.*

Soient a et b les deux nombres $(a > b)$. On a :

$$a - b = 17$$
et
$$a^2 - b^2 = 731$$
ou
$$(a + b) \times (a - b) = 731.$$

En remplaçant dans cette égalité $a - b$ par sa valeur 17 on a :

$$(a + b) \times 17 = 731$$

d'où l'on tire :
$$a + b = 43.$$

Connaissant $a + b$ et $a - b$, on en déduit :

$$a = \frac{43 + 17}{2} = 30 \ ; \quad b = \frac{43 - 17}{2} = 13.$$

R. — Les nombres sont **30** et **13**.

76. *Démontrer que pour multiplier 57 par 63, il suffit de retrancher le carré de 3 du carré de 60.*

En effet :
$$57 \times 63 = (60 - 3) \times (60 + 3)$$
$$= 60 \times 60 - 3 \times 60 + 60 \times 3 - 3 \times 3$$
$$= 60^2 - 3^2.$$

77. *Démontrer que le produit de deux nombres diminue lorsqu'on augmente le plus grand et qu'on diminue le plus petit d'une unité.*

Application. — *La somme de deux nombres est 16. Comment choisir les deux nombres pour que leur produit soit le plus grand possible?*

Soient a et b les deux nombres $(a > b)$. Leur produit est ab.
Si on augmente a de 1 et qu'on diminue b de 1, le produit est

$$(a + 1) \times (b - 1) = ab + b - a - 1 = ab + b - (a + 1).$$

Le produit ab augmente de b et diminue de $a + 1$.

Or
$$b < a + 1.$$

Donc, en définitive, le **produit ab diminue.**

Application. — Si les nombres sont *égaux*, chacun a pour valeur 16 : 2 = 8, et leur produit est 8×8 ou 8^2.

Si les nombres sont *inégaux* on peut représenter le plus grand par $8 + n$ et le plus petit par $8 - n$. Leur produit est alors

$$(8 + n) \times (8 - n) = 8^2 + 8n - 8n - n^2 = 8^2 - n^2.$$
$$\text{Or} \qquad\qquad 8^2 - n^2 < 8^2.$$

Donc le produit est le plus grand possible lorsque les facteurs sont égaux.

78. *Soit le produit 45×34. On ajoute 6 unités au multiplicateur. On demande de combien d'unités il faut diminuer le multiplicande pour que le produit primitif soit retrouvé.*

Soit n le nombre qu'il faut retrancher du multiplicande pour que le produit primitif ne soit pas modifié. On a :

$$(45 - n) \times (34 + 6) = 45 \times 34 - 34n + 45 \times 6 - 6n.$$
$$= 45 \times 34 + 270 - 40n,$$

Le produit primitif est augmenté de 270 et diminué de $40n$; pour qu'il ne change pas de valeur il faut que :
$$40n = 270$$
$$\text{d'où} \qquad\qquad n = 270 : 40 = 6,75.$$

R. — Il faut diminuer le multiplicande de **6,75**.

79. *Soit le produit 456×34. On augmente le multiplicateur de 1 ; de combien faut-il augmenter le multiplicande pour que le nouveau produit surpasse le 1er de 526?*

Soit n le nombre à ajouter au multiplicande. Le nouveau produit est :

$$(456 + n) \times (34 + 1) = 456 \times 34 + 34n + 456 + n$$
$$= 456 \times 34 + 456 + 35n.$$

Il surpasse le produit primitif de $456 + 35\,n$. On a donc :
$$456 + 35n = 526$$
$$\text{d'où} \qquad\qquad n = \frac{526 - 456}{35} = 2.$$

R. — Il faut augmenter le multiplicande de **2**.

80. *Si l'on ajoute 11 à chacun des deux facteurs d'un produit, ce produit augmente de 1 188. Quels sont les deux facteurs, sachant que leur différence est 7?*

Soient a et b les facteurs cherchés ; leur produit est ab. Si on les augmente tous deux de 11, le nouveau produit est :

$$(a + 11) \times (b + 11) = ab + 11b + 11a + 121.$$

Il surpasse le produit primitif de $11a + 11b + 121$. On a donc :
$$11a + 11b + 121 = 1\,188$$
$$11a + 11b = 1\,067$$
$$a + b = 1\,067 : 11 = 97.$$

On connaît $a + b = 97$ et $a - b = 7$: On en déduit :
$$a = \frac{97 + 7}{2} = 52 \quad \text{et} \quad b = \frac{97 - 7}{2} = 45.$$

R. — Les deux facteurs sont **52** et **45**.

81. *Soit le produit* 48 × 36. *Que devient ce produit si l'on diminue* 48 *et si l'on augmente* 36 *d'un même nombre* A ? *Comment doit être choisi ce nombre* A : 1° *pour que le produit primitif augmente* ; 2° *pour qu'il diminue* ; 3° *pour qu'il ne change pas ?*

Si l'on effectue le produit modifié, on a :

$$(48 - A) \times (36 + A) = 48 \times 36 - 36A + 48A - A^2$$
$$= 48 \times 36 + 12A - A^2.$$

Le produit 48 × 36 augmente de 12A et diminue de A^2.

En définitive :

1° Il augmente si $A^2 < 12A$, donc si **A** < **12**.
2° Il diminue si **A** > **12**.
3° Il ne change pas si **A** = **12**.

82. *Le produit de* 2 *nombres est* 238. *Si l'on ajoute* 5 *au multiplicande, le produit devient* 308. *Trouver les* 2 *nombres et démontrer le principe appliqué.*

Soient a et b les deux facteurs ; en ajoutant 5 au facteur a, le produit devient :

$$(a + 5) \times b = ab + 5b.$$

Le produit primitif est augmenté de $5b$ ou de 308 — 238 = 70.

Donc $$b = \frac{70}{5} = 14 \quad \text{et} \quad a = \frac{238}{14} = 17.$$

R. — Le multiplicande est **17** et le multiplicateur **14**.

Principe appliqué : (Voir *Arith.*, n° 137, p. 68).

83. *Le produit de deux nombres est* 630 ; *si l'on ajoute* 4 *au multiplicateur, le produit devient* 798. *Trouver ces deux nombres.*

Soient a et b les deux facteurs ; en ajoutant 4 au facteur b, le produit devient :

$$a \times (b + 4) = ab + 4a.$$

Il surpasse le produit primitif de $4a$ ou de 798 — 630 = 168.

Donc $$a = \frac{168}{4} = 42 \quad \text{et} \quad b = \frac{630}{42} = 15.$$

R. — Le multiplicande est **42** et le multiplicateur **15**.

84. *L'un des facteurs d'un produit est le quadruple de l'autre. Si l'on ajoute* 6 *à chacun des facteurs, le produit est augmenté de* 456. *Quels sont ces deux facteurs ?*

Soient a et b les deux facteurs ; le produit modifié est :

$$(a + 6) \times (b + 6) = ab + 6b + 6a + 36.$$

Il surpasse le produit primitif de $6a + 6b + 36$.

Donc $6a + 6b + 36 = 456$
                             $6a + 6b = 420$
                             $a + b = 420 : 6 = 70.$

Mais $a = 4b$; donc $a + b = 5b = 70$

d'où $b = 70 : 5 = 14$ et $a = 14 \times 4 = 56.$

R. — Les facteurs sont **56** et **14.**

85. *Que devient le produit de deux nombres entiers quand on multiplie chaque facteur par 4 ? Sachant que dans ces conditions le produit a augmenté de 90, en déduire la valeur de ce produit, puis les deux facteurs.*

Soient a et b les deux facteurs ; le nouveau produit sera :
$$4a \times 4b = 16ab.$$

Il surpasse le produit primitif de $16ab - ab = 15ab$. On a donc
                             $15ab = 90$
d'où $ab = 90 : 15 = 6.$

R. — Ces nombres entiers ayant pour produit 6, ne peuvent être que **1** et **6** ou **2** et **3.**

86. *Que devient le produit de 3 facteurs quand on multiplie chacun de ces facteurs par 3 ?*

Soient a, b et c les 3 facteurs ; le nouveau produit sera
$$3a \times 3b \times 3c = 27abc.$$

R. — Le produit abc a été multiplié par 3^3 ou **27.**

87. *En multipliant un nombre par 86, il se trouve augmenté de 46 070. Quel est ce nombre ?*

Soit a le nombre ; en le multipliant par 86 on a pour produit $86a$.

Le nombre est augmenté de $86a - a = 85a.$

Donc $85a = 46 070$;   d'où $a = 542.$

R. — Le nombre est **542.**

88. *On a multiplié 45 845 par 1 000; déterminer par une multiplication la quantité dont on a ainsi augmenté ce nombre.*

R. — Le nombre a été augmenté de 999 fois sa valeur (n° 87).

Soit de $45 845 \times 999 = $ **45 799 155.**

89. *Une élève veut multiplier un nombre par 80. Elle le multiplie par 8, mais elle oublie de mettre un zéro à la droite du produit. Elle trouve une différence de 7 992. Quel est le multiplicande?*

Le produit devait contenir 80 fois le multiplicande ; or il ne le contient que 8 fois ; l'erreur commise est donc égale à 80 fois — 8 fois = 72 fois le multiplicande.

R. — Le multiplicande est $7 992 : 72 = $ **111.**

90. *Donner un nombre de 2 chiffres qui soit égal à 8 fois la somme de ses chiffres.*

Soient a le chiffre des dizaines et b le chiffre des unités. On a :

$$10a + b = 8 \times (a + b)$$
ou
$$10a + b = 8a + 8b$$
d'où
$$2a = 7b$$

et en divisant les deux membres par $2b$:

$$\frac{a}{b} = \frac{7}{2}.$$

Comme a et b sont des nombres d'un seul chiffre ils sont respectivement égaux à 7 et à 2.

R. — Le nombre cherché est donc **72**.

91. *Trouver deux nombres entiers consécutifs sachant que si on ajoute à leur produit le plus grand de ces nombres, on obtient une somme égale à 441.*

Soient a et $a + 1$ les deux nombres ; on peut écrire :

$$a \times (a + 1) + (a + 1) = 441$$
ou
$$a^2 + 2a + 1 = 441$$
ou encore
$$(a + 1)^2 = 441$$
d'où
$$a + 1 = \sqrt{441} = 21.$$

R. — Les deux nombres sont **20** et **21**.

92. *On a trouvé dans un livre de compte, la ligne suivante, en partie effacée :*

$$.. \text{hl de vin à } 36^{\text{f}},80 \text{ l'hl., } 5..^{\text{f}},00$$

Les chiffres à la place desquels sont des points, sont complètement illisibles. Comment rétablir cette ligne du livre de compte ?

Le nombre d'hl. est un nombre de 2 chiffres compris entre 10 et 20 ; en effet :

$36^{\text{f}},80 \times 10$ ou 368^{f} est inférieur à 5 centaines de francs.
$36^{\text{f}},80 \times 20$ ou 736^{f} est supérieur à 5 centaines de francs.

D'autre part ce nombre de 2 chiffres se termine par 5, car 5 est le seul chiffre qui multiplié par 8 donne un produit terminé par 0. Ce nombre est donc 15, et la ligne complétée devient :

15 hl. de vin à $36^{\text{f}},80$ l'hl., $552^{\text{f}},00$.

93. *Dans les multiplications suivantes, les points remplacent des chiffres manquants ; rétablir chacun de ces chiffres. Expliquer.*

$$
1^{\text{o}} \qquad
\begin{array}{r}
.8.. \\
6 \\
\hline
.5\,022
\end{array}
\qquad\qquad
3^{\text{o}} \qquad
\begin{array}{r}
4\,556 \\
5\,.4. \\
\hline
36\,... \\
..... \\
..... \\
..... \\
\hline
..187\,8..
\end{array}
$$

$$
2^{\text{o}} \qquad
\begin{array}{r}
.1\,.0. \\
8 \\
\hline
5.0\,440
\end{array}
$$

1re *Opération.* — Représentons le multiplicande par *m8du*.

Le produit de 6 par *u* étant terminé par 2, la valeur de *u* est 2 ou bien 7.

La 1re valeur est à rejeter car dans ce cas, la retenue serait 1 ; or quel que soit le chiffre *d*, le produit de 6 par *d*, augmenté de la retenue 1, ne peut être terminé par 2.

Ainsi **u = 7** et la retenue égale 4.

Le produit de 6 par *d*, augmenté de la retenue 4, étant terminé par 2, la valeur de *d* est 3 ou bien 8.

Le chiffre 3 convient car dans ce cas, la retenue est 2 et le produit suivant $6 \times 8 + 2 = 50$ se termine par 0.

Le chiffre 8 est à rejeter car alors la retenue serait 5 et le produit suivant $6 \times 8 + 5 = 53$ ne se terminerait pas par 0.

Ainsi **d = 3.**

Enfin le chiffre **m égale 5,** car 5 est le seul chiffre dont le produit par 6, augmenté de la retenue 5, se termine par 5.

$$\begin{array}{r} 5\,837 \\ 6 \\ \hline 35\,022 \end{array}$$

2e *Opération.* — Le **1er chiffre du multiplicande est visiblement 5.**

Le produit de 8 par le 3e chiffre se termine par 4 ; le 3e chiffre est par conséquent 3 ou 8.

Seul le chiffre 3 convient, car alors la retenue étant 2, le produit suivant $8 \times 1 + 2 = 10$ se termine par 0, tandis que avec le chiffre 8, le produit suivant se terminerait par 4.

Le 3e chiffre du multiplicande est donc 3.

Le **5e chiffre ne peut être que 7,** seul chiffre dont le produit par 8, augmenté de la retenue 1, soit compris entre 50 et 60.

$$\begin{array}{r} 71\,305 \\ 8 \\ \hline 570\,440 \end{array}$$

3e *Opération.* — L'examen des derniers chiffres du 1er produit partiel montre que le 1er chiffre du multiplicateur est 8.

On peut alors compléter le 1er produit partiel et calculer le 2e produit ainsi que le 4e.

En retranchant, colonne par colonne, la somme des produits partiels connus, de la somme totale, on trouve les premiers chiffres du 3e produit partiel.

$$\begin{array}{r} 4\,556 \\ 5\ .48 \\ \hline 36\,448 \\ 182\,24 \\ \ldots \ldots \\ 22\,780 \\ \hline \ldots 187\,8.. \end{array} \qquad \begin{array}{r} 4\,556 \\ 5\,748 \\ \hline 36\,448 \\ 18\,224 \\ 3\,189\,2 \\ 22\,780 \\ \hline 26\,187\,888 \end{array}$$

L'examen de ces chiffres permet de voir qu'ils ont été obtenus en multipliant 4 556 par 7. Le multiplicateur est donc 5 748.

*** 94.** *Un nombre de 6 chiffres commence à gauche par 1. Si l'on faisait passer le chiffre 1 du 1er au dernier rang, on obtiendrait un nouveau nombre qui serait juste le triple du nombre primitif. Trouver le nombre primitif.*

1re *Solution.* — Soit *n* le nombre de 6 chiffres.

En supprimant 1 à sa gauche, le nombre diminue de 100 000 ; il devient donc *n* — 100 000.

Si l'on place alors 1 à la droite du nouveau nombre, on le

multiplié par 10 et il devient $(n - 100\,000) \times 10 + 1$. Or, par hypothèse $(n - 100\,000) \times 10 + 1 = 3\,n$
d'où l'on tire $n = 142\,857$.

R. — Le nombre primitif est **142 857**.

2ᵉ Solution. — Soit 1abcde le premier nombre ; le second sera abcde1.

Représentons par x la partie abcde, et remarquons que dans le 1ᵉʳ nombre x exprime des *unités* et dans le 2ᵉ nombre, des *dizaines*.

Le 1ᵉʳ nombre est alors $100\,000 + x$ et le 2ᵉ nombre $10x + 1$.

Et l'on a : $10x + 1 = 3(100\,000 + x)$
d'où l'on tire $x = 42\,857$.

R. — Le nombre primitif est **142 857**.

3ᵉ solution. — On a, par hypothèse :
$$abcde1 = 3 \times (1abcde).$$

Le produit de 3 par e est terminé par 1, il en résulte que $e = 7$, car 7 est le seul chiffre dont le produit par 3 (21) soit terminé par 1.

On a donc $abcd71 = 3 \times (1abcd7)$.

Le produit de 3 par d, augmenté de la retenue 2, est terminé par 7. Sans la retenue il est terminé par $7 - 2 = 5$. Il en résulte que $d = 5$, car 5 est le seul chiffre dont le produit par 3 soit terminé par 5.

On a donc $abc571 = 3 \times (1abc57).$

Le produit de 3 par c, augmenté de la retenue 1, est terminé par 5. Sans la retenue il est terminé par $5 - 1 = 4$. Par suite $c = 8$, car 8 est le seul chiffre dont le produit par 3 soit terminé par 4.

On a donc : $ab8571 = 3 \times (1ab857).$

On établirait de la même manière que $b = 2$ et que $a = 4$.

*** 95.** *En multipliant 683 par un nombre de trois chiffres, on a obtenu 56 006. L'examen de ce produit permet-il de dire immédiatement qu'on s'est trompé dans l'opération ? Et en effet, on a écrit le 3ᵉ produit partiel exactement au-dessous du 2ᵉ produit partiel. Trouver le multiplicateur sachant que le chiffre des centaines surpasse de 2 le chiffre des dizaines.*

1° **Le produit est erroné.** — Le plus petit nombre de 3 chiffres est 100. Le produit doit donc être au moins égal à $683 \times 100 = 68\,300$. Par conséquent 56 006 est un résultat erroné.

2° **Recherche du multiplicateur.** — *Chiffre des unités.* — Le chiffre des unités du produit a été obtenu en multipliant le chiffre des unités de 683 par le chiffre des unités du multiplicateur. Ce dernier chiffre ne peut être que 2, car c'est le seul chiffre dont le produit par 3 se termine par 6.

Chiffres des dizaines et des centaines. — Le 1ᵉʳ produit partiel est $683 \times 2 = 1\,366$. La somme des 2 autres produits partiels est donc
$56\,006 - 1\,366 = 54\,640$ ou 5 464 dizaines.

En plaçant le 3° produit partiel exactement au-dessous du 2°, on a fait du chiffre des centaines du multiplicateur un chiffre des dizaines. Il s'ensuit que 5 464 dizaines peuvent être considérées comme le produit de 683 par un nombre de dizaines égal à la somme du chiffre des dizaines et du chiffre des centaines du multiplicateur.

La somme de ces deux chiffres est donc : 5 464 : 683 = 8. La différence de ces mêmes chiffres étant 2 par hypothèse, on a :

$$\text{Chiffre des } \textit{centaines} = \frac{8+2}{2} = 5 \, ; \quad \text{chiffre des } \textit{dizaines} \; \frac{8-2}{2} = 3.$$

R. — Le multiplicateur est **532**.

*** 96.** *Le produit d'un nombre de 3 chiffres par 7 est terminé à droite par 171. Trouver ce nombre en expliquant votre manière de procéder.*

Soit *cdu* le nombre. Le produit de 7 par *u* est terminé par 1 ; il en résulte que u = **3**, car 3 est le seul chiffre dont le produit par 7 soit terminé par 1.

Le produit de 7 par *d*, augmenté de la retenue 2, est terminé par 7. Sans la retenue, il est terminé par 7—2=5. Il s'ensuit que **d** = 5, car 5 est le seul chiffre dont le produit par 7 soit terminé par 5.

$$\begin{array}{r} 453 \\ 7 \\ \hline 3\,171 \end{array}$$

Le produit de 7 par *c*, augmenté de la retenue 3 est terminé par 1. Sans la retenue il est terminé par 8. Il s'ensuit que c = **4,** car 4 est le seul chiffre dont le produit par 7 soit terminé par 8.

R. — Le nombre cherché est **453.**

97. *Trouver deux nombres sachant que : 1° si on les augmente chacun d'une unité, leur produit augmente de 51 ; 2° si on augmente le plus petit d'une unité et si on diminue le plus grand d'une unité, leur produit augmente de 33.*

Soient *a* et *b* les deux nombres ($a > b$). Leur produit est *ab*. L'énoncé fournit d'abord l'égalité :

$$(a + 1) \times (b + 1) = ab + 51$$

d'où l'on tire : $a + b = 50.$

L'énoncé fournit encore l'égalité :

$$(a - 1) \times (b + 1) = ab + 33$$

d'où l'on tire : $a - b = 34.$

Connaissant $a + b$ et $a - b$, on en déduit :

$$a = \frac{50 + 34}{2} = 42 \quad \text{et} \quad b = \frac{50 - 34}{2} = 8.$$

R. — Les deux nombres sont **42** et **8.**

98. *Un nombre de 2 chiffres est égal à 4 fois la somme de ses chiffres. Si on le multiplie par 3, on obtient un produit égal au carré de la somme de ses chiffres. Quel est ce nombre ?*

Désignons par b le chiffre des dizaines et par a le chiffre des unités. L'énoncé fournit d'abord l'égalité :

$$10b + a = 4(b + a)$$

d'où l'on tire

$$b = \frac{a}{2}.$$

D'autre part, l'énoncé permet d'écrire :

$$3 \times (10b + a) = (a + b)^2.$$

Remplaçons dans cette égalité b par sa valeur $\frac{a}{2}$. On a :

$$3 \times (5a + a) = \left(a + \frac{a}{2}\right)^2$$

ou

$$18a = \left(\frac{3a}{2}\right)^2 = \frac{9a^2}{4}.$$

D'où l'on tire : $a = 8$ et par suite $b = 4$.

R. — Le nombre cherché est **48**.

DIVISION

Calcul mental.

99. *Division par 2, par 4.*

46 : 2 = **23**	1 834 : 2 = **917**
82 : 2 = **41**	2 674 : 2 = **1 337**
74 : 2 = **37**	8 229 : 2 = **4 114,5**
67 : 2 = **33,5**	26,70 : 2 = **13,85**
29 : 2 = **14,5**	34,90 : 2 = **17,45**
55 : 2 = **27,5**	18,75 : 2 = **9,875.**

100. *Résoudre l'exercice précédent en prenant pour diviseur 4.*

46 : 4 = **11,5**	1 834 : 4 = **458,5**
82 : 4 = **20,5**	2 674 : 4 = **668,5**
74 : 4 = **18,5**	8 229 : 4 = **2 057,25.**
67 : 4 = **16,75**	26,70 : 4 = **6,675**
29 : 4 = **7,25**	34,90 : 4 = **8,725**
55 : 4 = **13,75**	18,75 : 4 = **4,6875.**

101. *Quel est le prix d'un poulet, si la couple se vend* 22ᶠ,50 ? 26ᶠ,70 ? 25ᶠ,30 ? 23ᶠ,70 ? 27ᶠ,50 ? 29ᶠ,90 ?

22,50 (11ᶠ,25) ; 26,70 (13ᶠ,35) ; 25,30 (12ᶠ,65) ; 23,70 (11ᶠ,85) ; 27,50 (13ᶠ,75) ; 29,90 (14ᶠ,95).

102. *A* 2ᶠ *le mètre, quelle longueur d'étoffe a-t-on pour* 11ᶠ ? *pour* 27ᶠ ? *pour* 46ᶠ,40 ? *pour* 52ᶠ,20 ? *pour* 33ᶠ,50 ? *pour* 45ᶠ,70 ?

11ᶠ (5ᵐ,50) ; 27ᶠ (13ᵐ,50) ; 46ᶠ,40 (23ᵐ,20) ; 52ᶠ,20 (26ᵐ,10) ; 33ᶠ,50 (16ᵐ,75) ; 45ᶠ,70 (22ᵐ,85).

103. *A combien revient un ouvrage, si pour 4 exemplaires on paie 18ᶠ ? 26ᶠ ? 31ᶠ ? 27ᶠ ? 23ᶠ ?*

18ᶠ (4ᶠ,50) ; 26ᶠ (6ᶠ,50) ; 31ᶠ (7ᶠ,75) ; 27ᶠ (6ᶠ,75) ; 23ᶠ (5ᶠ,75).

104. *Division par 3, par 6.*

96 : 3 = 32	6,90 : 3 = 2,30
42 : 3 = 14	2,70 : 3 = 0,90
54 : 3 = 18	9,72 : 3 = 3,24.
276 : 3 = 92	42,30 : 3 = 14,10
924 : 3 = 308	10,80 : 3 = 3,60
816 : 3 = 272	20,40 : 3 = 6,80.

105. *Résoudre l'exercice précédent en prenant pour diviseur 6.*

96 : 6 = 16	6,90 : 6 = 1,15
42 : 6 = 7	2,70 : 6 = 0,45
54 : 6 = 9	9,72 : 6 = 1,62
276 : 6 = 46	42,30 : 6 = 7,05
924 : 6 = 154	10,80 : 6 = 1,80
816 : 6 = 136	20,40 : 6 = 3,40.

106. *Division par 12, 15, 18, etc...*

168 : (4 × 3) ; 42 ; 14	450 : (9 × 2) ; 50 ; 25
408 : (4 × 3) ; 102 ; 34	504 : (9 × 2) ; 56 ; 28
936 : (3 × 4) ; 312 ; 78	954 : (9 × 2) ; 106 ; 53
360 : (3 × 5) ; 120 ; 24	280 : (7 × 5) ; 40 ; 8
165 : (3 × 5) ; 55 ; 11	945 : (9 × 5) ; 105 ; 21
210 : (3 × 5) ; 70 ; 14	1 008 : (9 × 8) ; 112 ; 14.

107. *Multiplication et division par 0,50 ; 5 ; 50 ; 0,05.*

12 × 0,50 = 6	15 : 0,50 = 30
38 × 0,50 = 19	18 : 0,50 = 36
104 × 0,05 = 5,2	135 : 0,05 = 2 700
320 × 0,05 = 16	117 : 0,05 = 2 340
48 × 5 = 240	21 : 5 = 4,20
37 × 50 = 1 850	35 : 5 = 7
228 × 50 = 11 400	215 : 50 = 4,30
470 × 50 = 23 500	305 : 50 = 6,10.

108. *Multiplication et division par 0,25, 2,5 ; 25.*

88 × 0,25 = 22	15 : 0,25 = 60
208 × 0,25 = 52	21 : 0,25 = 84
316 × 0,25 = 79	35 : 0,25 = 140
224 × 2,5 = 560	305 : 25 = 12,20
484 × 2,5 = 1210	275 : 25 = 11
812 × 2,5 = 2 030	415 : 2,5 = 166.

109. *Multiplication et division par 0,125 ; 1,25 ; 12,5 ; 125.*

56 × 0,125 = **7**	11 : 0,125 = **88**
248 × 0 125 = **31**	31 : 0,125 = **248**
328 × 1,25 = **410**	215 : 1,25 = **172**
840 × 1,25 = **1 050**	605 : 1,25 = **484.**
64 × 12,5 = **800**	15 : 12,5 = **1,2**
168 × 12,5 = **2100**	211 : 12,5 = **16,88**
408 × 125 = **51 000**	305 : 125 = **2,44**
872 × 125 = **109 000**	710 : 125 = **5,68.**

110. *Multiplication et division par 15, 1,5 ; 0,15.*

18 × 1,5 = **9** × 3 = **27**	18 : 1,5 = **36** : 3 = **12**
42 × 1,5 = **21** × 3 = **63**	42 : 1,5 = **84** : 3 = **28**
206 × 0,15 = **10,3** × 3 = **30,9**	306 : 0,15 = **6 120** : 3 = **2 040**
410 × 0,15 = **20,5** × 3 = **61,5**	420 : 0,15 = **8 400** : 3 = **2 800.**
420 × 15 = **6 300**	333 : 15 = **22,2**
214 × 15 = **3 210**	213 : 15 = **14,2**
606 × 15 = **9 090**	606 : 15 = **40,4**
818 × 15 = **12 270**	918 : 15 = **61,2.**

111. *Multiplication et division par 75 ; 0,75 ; 7,5.*

44 × 0,75 = **33**	33 : 0,75 = **44**
84 × 0,75 = **63**	69 : 0,75 = **92**
128 × 7,50 = **960**	126 : 7,5 = **16,8**
324 × 7,50 = **2 430**	213 : 7,5 = **28,4.**
48 × 75 = **3 600**	48 : 75 = **0,64**
18 × 75 = **1 350**	18 : 75 = **0,24**
364 × 75 = **27 300**	363 : 75 = **4,84**
608 × 75 = **45 600**	606 : 75 = **8,08.**

112. *Multiplication par un facteur ayant pour partie décimale 0,25 ; 0,50 ou 0,75.*

12 × 3,25 = 36 + 3 = **39**	42 × 3,50 = 126 + 21 = **147**
48 × 5,25 = 240 + 12 = **252**	64 × 5,50 = 320 + 32 = **352**
120 × 4,25 = 480 + 30 = **510**	206 × 4,50 = 824 + 103 = **927**

16 × 2,75 = 32 + 12 = **44**
24 × 3,75 = 72 + 18 = **90**
44 × 5,75 = 220 + 33 = **253.**

Exercices théoriques.

113. *Effectuer de deux manières les opérations suivantes :*

1° (18 + 30 + 54 + 78) : 6 $\begin{cases} a) \ 180 : 6 = \mathbf{30} \\ b) \ \dfrac{18}{6} + \dfrac{30}{6} + \dfrac{54}{6} + \dfrac{78}{6} = \mathbf{30.} \end{cases}$

2° (153 — 85 + 68 — 17) : 17 $\begin{cases} a) \ 119 : 17 = \mathbf{7} \\ b) \ \dfrac{153}{17} - \dfrac{85}{17} + \dfrac{68}{17} - \dfrac{17}{17} = \mathbf{7.} \end{cases}$

114. *Peut-on de plusieurs façons diviser par 7 le produit suivant :* $27 \times 35 \times 63 \times 77 \times 108$? *Si on divise par 7 tous les facteurs divisibles par 7, et par 9 tous les facteurs divisibles par 9, par combien est divisé le produit ?*

1º On effectue le produit et on divise le résultat par 7. Ou bien, on divise par 7 l'un des facteurs suivants : **35, 63** ou **77**.

2º Si l'on divise par 7 tous les facteurs divisibles par 7, c'est-à-dire 35, 63 et 77 et par 9 tous les facteurs divisibles par 9, c'est-à-dire, 27, 63 et 108 le produit est divisé par

$$7 \times 7 \times 7 \times 9 \times 9 \times 9 = 250\ 047.$$

115. *Sachant que* $28\ 677 = 734 \times 39 + 51$, *peut-on dire, sans calcul, que 39 est le quotient à 1 près de 28 677 par 734 ? 734 est-il le quotient à 1 près de 28 677 par 39 ? Justifier la réponse.*

1º 39 est le quotient à 1 près de 28 677 par 734 ; car les relations caractéristiques de la division sont ici vérifiées. On a, en effet :

$$28\ 677 = 734 \times 39 + 51$$
$$51 < 734$$

2º 734 n'est pas le quotient à 1 près de 28 677 par 39 ; car alors, la seconde relation $r < d$, n'est pas vérifiée, puisque $51 > 39$.

116. *Quand le quotient est-il : plus petit que le dividende ? plus grand que le dividende ? plus grand que 1 ? plus petit que 1 ?*

1º Quotient comparé au dividende : $\qquad d \times q = D$

$$
\begin{array}{lll}
q < D & \text{si} & d > 1 \\
q = D & \text{si} & d = 1 \qquad \text{Exemples :} \\
q > D & \text{si} & d < 1
\end{array}
\qquad
\left\{
\begin{array}{l}
8 \times 3 = 24 \\
1 \times 24 = 24 \\
0,3 \times 80 = 24
\end{array}
\right.
$$

2º Quotient comparé à l'unité : $\qquad d \times q = D$

$$
\begin{array}{lll}
q > 1 & \text{si} & d < D \\
q = 1 & \text{si} & d = D \qquad \text{Exemples :} \\
q < 1 & \text{si} & d > D
\end{array}
\qquad
\left\{
\begin{array}{l}
6 \times 4 = 24 \\
24 \times 1 = 24 \\
120 \times 0,2 = 24.
\end{array}
\right.
$$

117. *On a divisé un nombre par 5 ; le reste est zéro. Combien le dividende contient-il de fois le quotient ?*

$D = 5 \times 9 + 0$. **Le dividende contient 5 fois le quotient.**

118. *On divise un nombre par 0,2. Combien le quotient contient-il de fois le dividende ?*

L'égalité $d \times q = D$, devient ici : $0,2 \times q = D$, ou

$$q \times 0,2 = D.$$

Le multiplicateur égalant les 0,2 ou le 1/5 de l'unité, le produit D égale le 1/5 du multiplicande q ; par suite, $q = 5$ fois D.

— Le quotient contient 5 fois le dividende.

119. *Quel est le diviseur lorsque le dividende contient le quotient exactement 2 fois ? 4 fois ? 5 fois ? 10 fois? 25 fois ?*

D'après l'énoncé D égale $2q$, $4q$, $5q$, $10q$ $25q$.

Or $d = \dfrac{D}{q}$; donc $d = \dfrac{2q}{q} = 2$; $d = \dfrac{4q}{q} = 4$;... $d = \dfrac{25q}{q} = 25$.

R. — Le diviseur est 2, 4, 5, 10, 25.

120. *Quel est le diviseur lorsque le quotient contient le dividende exactement 2 fois ? 4 fois ? 5 fois ? 15 fois? 25 fois ?*

D'après l'énoncé q égale $2D$, $4D$, $5D$, $15D$, $25D$.

Or $d = \dfrac{D}{q}$; donc $d = \dfrac{D}{2D} = \dfrac{1}{2}$; $d = \dfrac{D}{4D} = \dfrac{1}{4}$;... $d = \dfrac{D}{25D} = \dfrac{1}{25}$.

R. — Le diviseur est $\dfrac{1}{2}$, $\dfrac{1}{4}$, $\dfrac{1}{5}$, $\dfrac{1}{15}$, $\dfrac{1}{25}$.

121. *Quel changement éprouve le quotient : 1º si l'on augmente le dividende d'un nombre égal au diviseur? 2º si l'on diminue le dividende d'un nombre égal au diviseur?*

Le quotient doit indiquer combien de fois le dividende contient le diviseur.

Or le dividende contiendra le diviseur 1 fois de plus dans le 1er cas et 1 fois de moins dans le 2e cas. Donc

1º le quotient sera **augmenté de 1.**

2º le quotient sera **diminué de 1.**

Autre solution : 1º $D + d = dq + d = d \times (q + 1)$
2º $D — d = dq — d = d \times (q — 1)$.

122. *Que devient le quotient d'une division exacte si l'on rend le dividende 2, 3, 4 fois plus grand ? 2, 3, 4 fois plus petit ?*

Le quotient devient 1º 2, 3, 4... fois plus **grand** ; 2º 2, 3, 4... fois plus **petit**. En effet :

$$1º\ D \times n = dq \times n = d \times (nq)$$

$$2º\ \dfrac{D}{n} = \dfrac{dq}{n} = d \times \dfrac{q}{n}.$$

123. *Que devient le quotient d'une division exacte si l'on rend le diviseur 2, 3, 4 fois plus grand ? 2, 3, 4 fois plus petit ?*

Le quotient devient : 1º 2, 3, 4... fois plus **petit** ; 2º 2, 3, 4... fois plus **grand**.

En effet, si dans l'égalité D $= dq$, le facteur d devient n fois plus grand ou plus petit, l'égalité ne sera maintenue que si le facteur q devient n fois plus petit ou plus grand.

124. *De combien de manières peut-on rendre le quotient d'une division exacte : 1° 4 fois plus grand ? 2° 4 fois plus petit ?*

1° On rend le quotient 4 fois plus grand, soit en multipliant le dividende par 4, soit en divisant le diviseur par 4.

2° On rend le quotient 4 fois plus petit, soit en divisant le dividende par 4, soit en multipliant le diviseur par 4.

125. *Quel est le dividende d'une division dont le quotient est 891, le diviseur 1 011 et le reste le plus grand possible ?*

Si le reste est le plus grand possible, il est égal au diviseur diminué de 1 ; il est donc égal à 1 011 — 1 ou 1 010.

R. — Le dividende est : 1 011 × 891 + 1 010 = **901 811.**

126. *Quel est le nombre qui multiplié par 0,0016 donne 1 pour produit ?*

Soit n ce nombre ; on a :

$$n \times 0,0016 = 1,$$

$$n = \frac{1}{0,0016} = \frac{10\,000}{16} = 625.$$

R. — Le nombre est **625.**

127. *De deux nombres, le plus petit est 9,03, et le quotient du plus petit par le plus grand est 0,0035. Quel est le plus grand ?*

En représentant le plus grand par g, on peut écrire :

$$\frac{9,03}{g} = 0,0035, \quad \text{ou} \quad 9,03 = g \times 0,0035.$$

R. — Le grand nombre est : $g = \dfrac{9,03}{0,0035} = \dfrac{90\,300}{35} = \mathbf{2\,580.}$

128. *Un élève s'est trompé dans le choix des termes d'une division : il a pris le diviseur pour le dividende et réciproquement et a trouvé au quotient 0,03125. Trouver le vrai quotient.*

La division proposée fournit l'égalité :

$$D = d \times q$$

et celle que l'élève a faite donne :

$$d = D \times 0,03\,125.$$

Portons cette valeur de d dans la 1re égalité, nous aurons :

$$D = D \times 0,03\,125 \times q,$$

ou, en divisant les deux membres par D :

$$1 = 0,03\,125 \times q$$

d'où

$$q = \frac{1}{0,03125} = \frac{100\,000}{3\,125} = 32.$$

R. — Le quotient est **32.**

129. *Un enfant doit diviser 6 875 par un certain nombre, mais le 7 du dividende étant mal fait, il le prend pour un 1. Il en résulte que le quotient qu'il obtient est inférieur de 5 unités à celui qu'il doit obtenir et que le reste ne change pas. Calculez le diviseur.*

En désignant par d, q et r le diviseur, le quotient et le reste de l'opération à faire, on peut écrire :

$$6\,875 = dq + r \qquad (1)$$

et
$$6\,815 = d \times (q - 5) + r = dq - 5d + r. \qquad (2)$$

Si l'on retranche membre à membre (2) de (1), on a :

$$6\,875 - 6\,815 = dq + r - dq + 5d - r$$
$$60 = 5d.$$

R. — Le diviseur est $60 : 5 = $ **12.**

130. *La somme de 2 nombres est 70 et leur quotient exact 6. Quels sont ces 2 nombres ?*

Soient a et b les deux nombres ($a > b$). On a :

$$a + b = 70$$

et
$$a = 6b.$$

En portant cette valeur de a, dans la 1re égalité, on a :

$$6b + b = 70$$

d'où
$$b = 10 \quad \text{et} \quad a = 10 \times 6 = 60.$$

R. — Les nombres sont : **60** et **10.**

131. *La différence de 2 nombres est 12 et leur quotient exact 3. Quels sont ces 2 nombres ?*

Soient a et b les deux nombres ($a > b$). On a :

$$a - b = 12$$
$$a = 3b.$$

En portant cette valeur de a, dans la 1re égalité, on a :

$$3b - b = 12$$

d'où
$$b = 6 \quad \text{et} \quad a = 6 \times 3 = 18.$$

R. — Les nombres sont : **18** et **6.**

132. *La somme de 2 nombres est 444 ; en divisant le plus grand par le plus petit, le quotient est 4 et le reste 24. Quels sont ces 2 nombres ?*

Soient a et b les deux nombres ($a > b$). On a :

$$a + b = 444$$
$$a = 4b + 24.$$

En portant cette valeur de a dans la 1re égalité, on a :

$$4b + 24 + b = 444$$

d'où
$$b = 84 \quad \text{et} \quad a = 84 \times 4 + 24 = 360.$$

R. — Les nombres sont : **360** et **84.**

133. *La différence de deux nombres est 512. Si l'on divise le plus grand nombre par le plus petit, on obtient 15 pour quotient et 8 pour reste. Trouver les deux nombres.*

Soient a et b les deux nombres ($a > b$). On a :

$$a - b = 512$$
$$a = 15b + 8.$$

En portant cette valeur de a dans la 1re égalité, on a :

$$15b + 8 - b = 512$$

d'où $\qquad b = 36$ et $a = 36 \times 15 = \mathbf{548}.$

R. — Les nombres sont : **548** et **36**.

134. *Le quotient de deux nombres est 6 et le reste de la division est 47. Si l'on additionne le dividende, le diviseur et le reste on obtient 591. Trouver le dividende et le diviseur.*

On a : $\qquad\qquad D = d \times 6 + 47 \qquad\qquad$ (1)

et $\qquad\qquad\quad D + d + 47 = 591$

d'où $\qquad\qquad\qquad\qquad D = 544 - d \qquad\qquad$ (2)

En portant cette valeur de D dans l'égalité (1), on a :

$$544 - d = 6d + 47$$

d'où $\qquad d = 71$ et $D = 71 \times 6 + 47 = 473.$

R. — Le dividende est **473** et le diviseur **71**.

135. *Le quotient d'une division est 4 et le reste 15. Si l'on additionne le dividende, le diviseur, le quotient et le reste, on obtient un total de 124. Trouver le diviseur et le dividende.*

On a : $\qquad\qquad D = d \times 4 + 15 \qquad\qquad$ (1)

et $\qquad\qquad\quad D + d + 4 + 15 = 124$

d'où $\qquad\qquad\qquad\qquad D = 105 - d \qquad\qquad$ (2)

En portant cette valeur de D dans l'égalité (1) on a :

$$105 - d = 4d + 15$$

d'où $\qquad d = 18$ et $D = 18 \times 4 + 15 = 87.$

R. — Le dividende est **87** et le diviseur **18**.

136. *Dans une division qui se fait exactement, la somme du dividende, du diviseur et du quotient est 47; la somme du dividende et du diviseur dépasse le quotient de 37. Trouver le dividende, le diviseur et le quotient.*

L'énoncé fournit les 2 égalités suivantes :

$$(D + d) + q = 47$$
$$(D + d) - q = 37.$$

On connaît la somme et la différence de la quantité entre parenthèses et de q; on en déduit :

$$D + d = \frac{47 + 37}{2} = 42 \quad \text{et} \quad q = \frac{47 - 37}{2} = 5.$$

Le quotient 4 indique que D égale 4d. Par suite,

$$D + d = 6d = 42$$
$$d = 7.$$

R. — Le dividende vaut $7 \times 5 = 35$, le diviseur 7 et le quotient **5**.

137. *Le quotient d'une division est 7. Si l'on multipliait le dividende et le diviseur par 4, la somme du dividende, du diviseur et du reste augmenterait de 246, et la somme du quotient et du reste augmenterait de 15. Trouver le dividende, le diviseur et le reste de cette division.*

Soient D, d, q et r le dividende, le diviseur, le quotient et le reste de la division.

Si l'on multiplie le dividende et le diviseur par 4, le quotient ne change pas, mais le reste est multiplié par 4.

La somme du dividende, du diviseur et du reste est augmentée

de
$$4D + 4d + 4r - (D + d + r) = 3D + 3d + 3r = 246$$
d'où
$$D + d + r = 246 : 3 = 82. \qquad (1)$$

La somme du quotient et du reste est augmentée de
$$7 + 4r - (7 + r) = 3r = 15$$
d'où
$$r = 5 \qquad (2)$$

En portant cette valeur de r dans l'égalité (1), on a :
$$D + d + 5 = 82$$
d'où l'on tire
$$D = 77 - d.$$

L'égalité fondamentale D = dq + r devient alors
$$77 - d = d \times 7 + 5$$
d'où
$$d = 9 \quad \text{et} \quad D = 9 \times 7 + 5 = 68.$$

R. — Le dividende vaut **68**, le diviseur **9** et le reste **5**.

138. *La division de 742 par 58 donne 12 pour quotient et 46 pour reste. De combien d'unités au plus peut-on augmenter le dividende sans que le quotient change? De combien peut-on le diminuer?*

On a :
$$742 = 58 \times 12 + 46.$$

1º Si l'on augmente le dividende d'un nombre n qui ne modifie pas le quotient, le reste est augmenté de n et devient 46 + n.
$$742 + n = 58 \times 12 + (46 + n).$$

Ce nouveau reste doit être inférieur au diviseur. On a donc
$$46 + n < 58$$
d'où
$$n < 58 - 46 \quad \text{ou} \quad n < 12.$$

R. — On peut ajouter au plus **11** unités au dividende.

2º Si l'on retranche n du dividende, le reste diminue de n et devient 46 — n.
$$742 - n = 58 \times 12 + (46 - n).$$

Mais le reste ne peut diminuer de n que si n est inférieur ou au plus égal à 46.

R. — On peut **retrancher** au plus **46** unités du dividende.

Règle. — *Le plus grand nombre que l'on puisse* **ajouter** *au* **dividende** *sans modifier le quotient est égal à la différence moins 1 entre le diviseur et le reste.*

2° *Le plus grand nombre que l'on puisse* **retrancher du dividende** *sans modifier le quotient est égal au reste.*

139. *Diviser 140 par 38 ; déterminer ensuite le plus grand nombre que l'on puisse ajouter ou retrancher au diviseur sans changer le quotient.*

On a :
$$140 = 38 \times 3 + 26.$$

1° Si l'on ajoute au diviseur un nombre n qui ne modifie pas le quotient, le produit du diviseur par le quotient devient $(38 + n) \times 3 = 38 \times 3 + 3n$; il augmente de $3n$; par suite, le reste doit diminuer de $3n$ et devenir $26 - 3n$:
$$140 = (38 + n)3 + (26 - 3n).$$

Mais le reste ne peut diminuer de $3n$ que si on a :
$$3n < 26 \quad \text{d'où} \quad n < 8,2/3.$$

R. — Le plus grand nombre que l'on puisse **ajouter** au diviseur est **8.**

2° Si l'on retranche du diviseur un nombre n qui ne modifie pas le quotient, le produit du diviseur par le quotient devient :
$$(38 - n) \times 3 = 38 \times 3 - 3n ;$$
il diminue de $3n$; par suite, le reste doit augmenter de $3n$ et devenir $26 + 3n$:
$$140 = (38 - n) \times 3 + (26 + 3n).$$

Mais le nouveau reste $26 + 3n$ doit être inférieur au nouveau diviseur $38 - n$. On a donc :
$$26 + 3n < 38 - n$$
$$4n < 38 - 26 \quad \text{ou} \quad n < 3.$$

R. — Le plus grand nombre que l'on puisse **retrancher** du diviseur est **2.**

140. *On divise un nombre entier par 36, le reste est 15. Entre quelles limites peut varier le nombre qu'il faut ajouter au dividende pour que le quotient augmente d'une unité ?*

Représentons le nombre par D. On a :
$$D = 36 \times q + 15.$$

Tout nombre inférieur à $36 - 15$ ou 21, ajouté au dividende, ne modifie pas le quotient (Exerc. n° 138).

Si l'on ajoute 21 à D, le quotient augmente de 1 et le reste est 0. En effet :
$$D + 21 = 36 \times q + 15 + 21 = 36 \times q + 36 = 36 \times (q + 1).$$

Mais le nouveau dividende D + 21 peut augmenter de 35 et devenir D + 56, sans que le quotient change.

R. — Le nombre à ajouter au dividende peut varier de **21** à **56**.

141. *En divisant 2 nombres entiers on a trouvé 30 pour quotient et 64 pour reste. Si l'on avait ajouté 179 au dividende sans changer le diviseur, le quotient aurait été exactement égal à 31. Quels sont ces nombres ?*

Soient D le dividende et d le diviseur. L'énoncé fournit les égalités

$$D = 30d + 64 \qquad (1)$$
$$D + 179 = 31d. \qquad (2)$$

Dans l'égalité (2), remplaçons D par sa valeur ; nous aurons :

$$30d + 64 + 179 = 31d,$$

ou

$$30d + 243 = 31d$$

d'où $d = 243$ et $D = 243 \times 30 + 64 = 7\,354.$

R. — Le dividende est **7 354** et le diviseur **243**.

142. *On a divisé un nombre A par 647, et on a obtenu 97 pour quotient et 432 pour reste. On ajoute à A le nombre 6 950.*

Trouver, sans calculer la valeur de A, le quotient et le reste du nouveau dividende par le diviseur primitif. Raisonner.

On a

$$A = 647 \times 97 + 432.$$

Ajoutons 6 950 aux deux membres de l'égalité : nous aurons

$$A + 6\,950 = 647 \times 97 + 432 + 6\,950 = 647 \times 97 + 7\,382.$$

Mais

$$7\,382 = 647 \times 11 + 265.$$

Donc

$$A + 6\,950 = 647 \times 97 + 647 \times 11 + 265.$$

ou

$$A + 6\,950 = 647 \times (97 + 11) + 265 \quad \text{avec} \quad 265 < 647.$$

Ces deux relations expriment que la division du nouveau dividende A + 6 950 par 647 donnera pour **quotient** 97 + 11 ou **108** et pour **reste 265**.

143. *La somme de deux nombres est 341, le quotient 16, et le reste le plus grand possible. Trouver ces deux nombres.*

Soient D le plus grand des deux nombres et d le plus petit ; le reste de leur division étant le plus grand possible égale $d - 1$. On a donc :

$$D = 16d + (d - 1) = 17d - 1$$
$$D + d = 341.$$

Remplaçons dans cette dernière égalité D par sa valeur :

$$17d - 1 + d = 341$$
$$18d = 342 \quad \text{d'où} \quad d = 19.$$

R. — Le diviseur égale **19** et le dividende $341 - 19 = $ **322**.

144. *Le quotient à l'unité près d'un nombre entier par 4 est 15. Trouver le dividende sachant qu'il est le plus grand possible. De combien peut-on diminuer au plus le dividende sans que le quotient à l'unité près change?*

1° Soient D le nombre et r le reste de la division de D par 4.

On a : $$D = 4 \times 15 + r.$$

Puisque D est le plus grand possible, r est le plus grand possible ; par conséquent $r = 3$.

On a donc : $$D = 4 \times 15 + 3 = 63.$$

2° Le plus grand nombre que l'on puisse retrancher du dividende sans modifier le quotient est égal au reste. (N° 138.)

145. *Existe-t-il un nombre tel qu'en divisant 2 536 par ce nombre on trouve 15 pour quotient et 166 pour reste?*

Si ce nombre existait, nous pourrions, en le représentant par n, écrire

$$2\,536 = n \times 15 + 166$$

d'où

$$n = \frac{2\,536 - 166}{15} = 158.$$

Ainsi le nombre serait égal à 158. Mais 158 ne peut être le diviseur d'une division qui donne 166 comme reste, puisque dans toute division on doit avoir $r < d$.

R. — Il n'existe pas de nombre répondant à la question.

146. *La division de 118 875 par 2 511 étant effectuée, on veut en faire une seconde en conservant le dividende et en prenant le quotient obtenu pour diviseur. Déduire de la 1re opération le nouveau quotient et le nouveau reste.*

La division de 118 875 par 2 511 fournit l'égalité :

$$118\,875 = 2\,511 \times 47 + 858 ;$$

qui peut s'écrire :

$$118\,875 = 47 \times 2\,511 + 858.$$

Cette égalité n'exprime pas la division de 118 875 par 47 ; puisque $858 > 47$; mais comme $858 = 47 \times 18 + 12$, elle peut s'écrire :

$$118\,875 = 47 \times 2\,511 + 47 \times 18 + 12$$

ou

$$118\,875 = 47 \times (2\,511 + 18) + 12 \quad \text{avec} \quad 12 < 47.$$

Ces dernières relations expriment que la division de 118 875 par 47 donnera pour quotient $2\,511 + 18$ ou 2 529 et pour reste **12**.

147. *En divisant 916 par 37, on a pour quotient 24 et pour reste 28 ; dire, sans effectuer la division de 916 par 38, quels seront le nouveau quotient et le nouveau reste.*

La division de 916 par 37 fournit l'égalité :

$$916 = 37 \times 24 + 28.$$

Si dans cette égalité on remplace le diviseur par 38 ou par 37 + 1, le produit du diviseur par le quotient devient (37 + 1) × 24 ; il augmente de 24, il faut donc pour conserver l'égalité, diminuer le reste de 24 et l'on a :

$$916 = (37 + 1) \times 24 + (28 - 24)$$
ou
$$916 = 38 \times 24 + 4 \quad \text{avec} \quad 4 < 38.$$

Ces deux dernières relations permettent d'affirmer que la division de 916 par 38 donnera **24 pour quotient** et **4 pour reste**.

148. *Le quotient de deux nombres entiers plus grands que 1 est 5. Si l'on augmentait le grand nombre de 1, le quotient serait aussi augmenté de 1. D'autre part, si l'on ajoute au double du grand nombre le triple du petit, on obtient une somme égale à 103. Trouver les deux nombres.*

Soient a et b les deux nombres ($a > b$) et r le reste de la division.

On a
$$a = 5b + r.$$

Le reste est le plus grand possible puisqu'il suffit d'ajouter 1 au dividende pour augmenter le quotient de 1 ; il est donc égal au diviseur moins 1.

Par suite :
$$a = 5b + (b - 1)$$
ou encore
$$a = 6b - 1.$$

D'autre part l'énoncé permet d'écrire :
$$2a + 3b = 103.$$

ou, en remplaçant a par sa valeur :
$$2(6b - 1) + 3b = 103$$
d'où l'on tire
$$b = 7.$$

R. — Le grand nombre est $7 \times 6 - 1 = 41$ et le petit nombre **7**.

149. *Expliquer pourquoi en divisant par la somme de ses chiffres un nombre composé des 3 mêmes chiffres, on obtient un quotient constant.*

Tout nombre composé des 3 mêmes chiffres peut s'écrire :
$$100a + 10a + a \quad \text{ou} \quad 111a$$

et la somme des chiffres est
$$a + a + a \quad \text{ou} \quad 3a.$$

Comme le quotient ne change pas quand on divise le dividende et le diviseur par un même nombre, on peut remplacer la division de $111a$ par $3a$ par la division de 111 par 3 qui donne pour quotient 37. Ainsi quel que soit a, le **quotient est 37**.

150. *En divisant un certain nombre par 113, on obtient pour reste 4 ; en le divisant par 108, on trouve le même quotient mais le reste est 39. Quels sont le dividende et le quotient ?*

Si l'on représente le nombre par D, on peut écrire :

$$D = 113 \times q + 4$$

et

$$D = 108 \times q + 39$$

d'où

$$113 q + 4 = 108 q + 39$$
$$q = 7.$$

R. — Le quotient est **7** et le dividende $113 \times 7 + 4 = $ **795.**

151. *Le diviseur d'une division est 37, le reste 12. On augmente le dividende de 179. Dites ce que deviennent le quotient et le reste de l'opération.*

On a :

$$D = 37 \times q + 12 \qquad (1)$$

Ajoutons 179 aux 2 membres de l'égalité ; nous aurons :

ou

$$D + 179 = 37 \times q + 12 + 179$$
$$D + 179 = 37 \times q + 191. \qquad (2)$$

Mais

$$191 = 37 \times 5 + 6.$$

L'égalité (2) peut donc s'écrire :

ou

$$D + 179 = 37 \times q + 37 \times 5 + 6$$
$$D + 179 = 37 \times (q + 5) + 6 \text{ avec } 6 < 37.$$

Ces deux dernières relations caractérisent la division de $D + 179$ par 37 ; le **quotient est augmenté de 5** et le **reste de l'opération est 6.**

EXERCICES SUPPLÉMENTAIRES

*** 152.** *Parmi les nombres entiers inférieurs à 200, quels sont ceux qui peuvent servir de dividende dans une division de nombres entiers dont le quotient est 4 et le reste 35 ? Indiquer les diviseurs correspondants aux dividendes trouvés.*

On doit avoir :

$$D = d \times 4 + 35.$$

La plus petite valeur de d est 36, puisque le diviseur doit être supérieur au reste.

D'autre part, on doit avoir : D ou $4 d + 35 < 200$

ou

d'où

$$4d < 165$$
$$d < 41 \ 1/4.$$

La plus grande valeur du diviseur est donc 41.

R. — On peut donner à d les valeurs **36, 37, 38, 39, 40, 41.**

Les dividendes correspondants sont **179, 183, 187, 191, 195, 199.**

*** 153.** *On multiplie le dividende et le diviseur d'une division par 12, le reste augmente de 154. Trouver le diviseur, le quotient et le reste de la première opération sachant que le dividende de la première opération égalait 44.*

Soient d, q et r, le diviseur, le quotient et le reste de la 1re opération.

On peut écrire :

$$44 = d \times q + r.$$

Si l'on multiplie le dividende et le diviseur par 12, le reste est multiplié par 12 et devient $12r$ ou, d'après l'énoncé, $r + 154$.

Donc $\qquad\qquad 12r = r + 154$
d'où $\qquad\qquad\qquad r = 14.$

La 1re égalité devient ainsi $44 = d \times q + 14$
d'où $\qquad\qquad\qquad d \times q = 30.$

Ainsi le diviseur d est un facteur de 30 ; d'autre part il est supérieur au reste 14 ; donc il égale 15 ou 30.

R. — Si **d = 15, q = 2** ; si **d = 30, q = 1.** Dans les 2 cas **r = 14.**

*** 154.** *Dans une division, 542 est le dividende et 12 le quotient. Trouver les nombres qui peuvent servir de diviseurs et de restes et montrer qu'il n'en existe pas d'autres.*

Soit d un des diviseurs cherchés.
La division de 542 par d est caractérisée par la relation :

$$d \times 12 \leq 542 < d \times (12 + 1).$$

1° De $d \times 12 \leq 542$, on tire : $d \leq \dfrac{542}{12}$; d'où $d \leq 45\dfrac{2}{12}$.

Ainsi le diviseur d, qui est un nombre entier, ne peut être supérieur à 45.

2° De $d \times 13 > 542$, on tire : $d > \dfrac{542}{13}$, d'où $d > 41\dfrac{9}{13}$.

Ainsi le diviseur d ne peut être inférieur à 42.

R. — Les seules divisions qui répondent à la question sont :

$$542 = 45 \times 12 + 2 ; \qquad \text{diviseur } \mathbf{45} ; \qquad \text{reste } \mathbf{2}$$
$$542 = 44 \times 12 + 14 ; \qquad \text{diviseur } \mathbf{44} ; \qquad \text{reste } \mathbf{14}$$
$$542 = 43 \times 12 + 26 ; \qquad \text{diviseur } \mathbf{43} ; \qquad \text{reste } \mathbf{26}$$
$$542 = 42 \times 12 + 38 ; \qquad \text{diviseur } \mathbf{42} ; \qquad \text{reste } \mathbf{38}.$$

*** 155.** *Après avoir divisé 102 par un certain nombre, on recommence l'opération avec un dividende et un diviseur 3 fois plus petits et on obtient un reste inférieur de 12 unités au reste précédent. Trouver le quotient et le diviseur de la 1re division.*

En prenant un dividende et un diviseur 3 fois plus petits, on a trouvé un reste 3 fois plus petit, donc égal au 1 /3 du reste primitif.
Le reste a donc diminué de ses 2 /3 ou de 12.

Le reste primitif égale donc $\dfrac{12 \times 3}{2} = 18.$

La division primitive fournit l'égalité
$$102 = d \times q + 18 ; \quad \text{avec} \quad 18 < d.$$
d'où $\qquad\qquad 84 = d \times q.$

Le diviseur d est un facteur de 84, supérieur à 18. Or les facteurs ou diviseurs de 84 sont : 1, 2, 3, 4, 6, 7, 12, 14, 21, 28, 42, 84.

R. — On peut donc prendre pour **diviseurs : 21, 28, 42, 84.**

Les **quotients** correspondants seront : **4, 3, 2, 1.**

*** 156.** *En divisant deux nombres l'un par l'autre, on a trouvé pour quotient 23 et pour reste 9. Si on augmente le dividende de 35 sans toucher au diviseur, le quotient devient 24 et le reste 2. Trouver le dividende et le diviseur primitifs. Quels nombres aurait-on pu ajouter au dividende sans que le quotient soit changé ?*

Soient D le dividende et d le diviseur. On a :

$$D = d \times 23 + 9.$$

1° Ajoutons 35 aux 2 membres de l'égalité, nous avons :

$$D + 35 = d \times 23 + 9 + 35 = 23d + 44.$$

Or, d'après l'énoncé :

$$D + 35 = 24d + 2$$

donc
$$24d + 2 = 23d + 44$$

d'où
$$d = 42 \quad \text{et} \quad D = 42 \times 23 + 9 = 975.$$

R. — Le **diviseur** primitif est **42** et le **dividende 975.**

2° On aurait pu ajouter $(42 - 9) - 1 = 32$ unités au dividende sans changer le quotient. (N° 138).

*** 157.** *En divisant un nombre entier par 17, on obtient 8 pour quotient et 7 pour reste. Que deviendra le quotient si on multiplie le dividende seul par 5 ?*

Soit D le nombre ; on a :

$$D = 17 \times 8 + 7. \tag{1}$$

Multiplions par 5 les 2 membres de l'égalité ; nous aurons :

$$D \times 5 = (17 \times 8) \times 5 + 7 \times 5$$

ou
$$D \times 5 = 17 \times (8 \times 5) + 35 \tag{2}$$

Cette égalité n'exprime pas la division de $D \times 5$ par 17, puisque $35 > 17$.

Mais
$$35 = 17 \times 2 + 1.$$

L'égalité (2) peut donc s'écrire :

$$D \times 5 = 17 \times (8 \times 5) + 17 \times 2 + 1.$$

ou
$$D \times 5 = 17 \times (8 \times 5 + 2) + 1 \text{ avec } 1 < 17.$$

Elle exprime ainsi que la division de $D \times 5$ par 17 donnera pour quotient $8 \times 5 + 2$ et pour reste 1.

R. — *Le quotient sera* **multiplié par 5** *et de plus* **augmenté du** *nombre de fois que le produit du reste par 5 contient le diviseur.*

***158.** *La division de deux nombres entiers A et B donne pour quotient Q et pour reste R. On augmente le dividende A de 15 et le diviseur B de 5 ; le quotient et le reste ne changent pas. Trouver le quotient.*

On a :
$$A = B \times Q + R \tag{1}$$

et
$$A + 15 = (B + 5) \times Q + R$$

ou
$$A + 15 = B \times Q + 5Q + R. \tag{2}$$

En retranchant l'égalité (1) de l'égalité (2), on trouve :

$$15 = 5Q \quad \text{d'où} \quad Q = 3.$$

R. — Le quotient est 3.

159. *Le diviseur d'une division de nombres entiers est 48 ; le reste est 34. Si on multiplie le dividende par 25 sans toucher au diviseur, le reste ne change pas, mais le quotient est multiplié par 26. Calculer le quotient et le dividende primitifs.*

Soient D le dividende primitif et q le quotient ; on a :

$$D = 48 \times q + 34. \qquad (1).$$

Multiplions les deux membres de l'égalité par 25.

$$D \times 25 = 48 \times (q \times 25) + 34 \times 25 \qquad (2)$$

D'autre part l'énoncé permet d'écrire :

$$D \times 25 = 48 \times (q \times 26) + 34 \qquad (3)$$

En comparant (2) et (3), on voit que

$$(48 \times q) \times 25 + 34 \times 25 = (48 \times q) \times 26 + 34$$
$$\text{d'où} \quad 34 \times 25 - 34 = (48 \times q) \times 26 - (48 \times q) \times 25$$
$$816 = 48 \times q$$
$$q = 17.$$

R. — Le quotient primitif est **17** ; et le dividende

$$48 \times 17 + 34 = \textbf{850}.$$

*** 160.** *Démontrer que dans toute division le reste est toujours inférieur à la moitié du dividende.*

Dans toute division on a :

$$r < d$$

et à fortiori

$$r < dq.$$

Ajoutons r aux 2 membres de cette inégalité ; nous aurons :

$$r + r < dq + r$$
$$2r < D$$

d'où

$$r < \frac{D}{2}.$$

*** 161.** *Quels sont les nombres entiers inférieurs à 100 qui, divisés par 17, donnent un reste égal au quotient ?*

Soit N l'un des nombres cherchés ; on a :

$$N = 17 \times q + q \quad \text{ou} \quad N = 18q.$$

D'autre part on a : N ou $18q < 100$

d'où

$$q < \frac{100}{18} \quad \text{c'est-à-dire} \quad q < 5\frac{5}{9}.$$

Ainsi le nombre N est le produit de 18 par l'un des 5 premiers nombres entiers.

R. — Les nombres cherchés sont donc : **18, 36, 54, 72, 90.**

***162.** *Quels sont les nombres qui, divisés par 37, donnent un quotient égal au reste ?*

Soit N l'un des nombres cherchés ; on a les relations :

$$N = 37 \times q + q \quad \text{et} \quad q < 37$$

ou

$$N = 38q.$$

Ainsi N est le produit de 38 par un nombre inférieur à 37.

R. — Les nombres cherchés sont donc :

$$38 \; ; \; 38 \times 2 = \textbf{76} \; ; \; 38 \times 3 = \textbf{114} \; ;.... \; 38 \times 36 = \textbf{1 368}.$$

***163.** *La division de 2 nombres entiers donne 356 pour quotient et 4 623 pour reste. De combien d'unités peut-on augmenter en même temps le dividende et le diviseur sans changer le quotient ?*

Soient D le dividende et d le diviseur ; on a :

$$D = d \times 356 + 4\ 623.$$

Si l'on ajoute n unités au dividende, le reste augmente de n. Si d'autre part on ajoute n unités au diviseur, le produit $(d + n) \times 356$ augmente de $356n$; le reste diminuera de $356\ n$, et l'on aura :

$$D + n = (d + n) \times 356 + 4\ 623 + n - 356n.$$
$$D + n = (d + n) \times 356 + 4\ 623 - 355n.$$

Pour que cette égalité exprime la division de D $+ n$ par $d + n$ il faut que l'on ait :

$$355n < 4\ 623 \quad \text{d'où} \quad n < 13\ 8/355.$$

R. — On peut augmenter le dividende et le diviseur de tout nombre égal ou inférieur à **13**.

***164.** *Trouver le diviseur et le quotient d'une division sachant que le dividende est égal à 529 565 et que les restes successifs obtenus dans la détermination du quotient sont 246, 222, 542.*

Puisque l'opération a donné 3 restes successifs, le quotient compte 3 chiffres. Représentons par x le chiffre des centaines, par y le chiffre des dizaines et par z le chiffre des unités du quotient.

Le 1er dividende partiel est 5 295 ; en le divisant par d, on a :

$$5\ 295 = dx + 246$$

d'où
$$dx = 5\ 295 - 246 = 5\ 049. \qquad (1)$$

Le 2e dividende partiel est 2 466 ; en le divisant par d, on a :

$$2\ 466 = dy + 222$$

d'où
$$dy = 2\ 466 - 222 = 2\ 244. \qquad (2)$$

Le 3e dividende partiel est 2 225 ; en le divisant par d, on a :

$$2\ 225 = dz + 542$$

d'où
$$dz = 2\ 225 - 542 = 1\ 683. \qquad (3)$$

Les égalités (1) (2) et (3) montrent que d est un diviseur commun des nombres 5 049, 2 244 et 1 683, donc un diviseur du p. g. c. d. de ces nombres.

Le p. g. c. d. de 5 049, 2 244 et 1 683 est 561 ; et les diviseurs de 561 sont 1, 3, 11, 17, 33, 51, 187, 561.

D'autre part le diviseur d doit être supérieur au reste ; donc $d > 542$. Par conséquent, la seule valeur de d qui convienne à la question est $d = 561$.

De l'égalité (1) $dx = 5\ 049$,   on tire : $x = 5\ 049 : 561 = 9$

     —   (2) $dy = 2\ 244$,   on tire : $y = 2\ 244 : 561 = 4$

     —   (3) $dz = 1\ 683$,   on tire : $z = 1\ 683 : 561 = 3$.

R. — Le diviseur est **561** et le quotient **943.**

*** 165.** *On multiplie le dividende et le diviseur d'une division par 3/7. Il arrive ainsi que le reste de la 2ᵉ division est inférieur de 40 unités au 1ᵉʳ reste. Trouver le diviseur et le quotient de la 1ʳᵉ division sachant que le 1ᵉʳ dividende était 3 270.*

Soient d le diviseur, q le quotient et r le reste de la 1ʳᵉ division.

On a : $$3\ 270 = d \times q + r. \qquad (1)$$

Si l'on multiplie le dividende et le diviseur par 3/7, le reste est multiplié par 3/7, donc diminué de ses 4/7 ou de 40.

Par suite $$r = \frac{40 \times 7}{4} = 70.$$

L'égalité (1) devient alors : $$3\ 270 = d \times q + 70 \qquad \text{avec} \qquad 70 < d$$

d'où $$d \times q = 3\ 200.$$

Ainsi d est un diviseur de 3 200, supérieur à 70.

Les diviseurs de 3 200 sont : 1, 2, 4, 5, 8, 10, 16, 20, 25, 32, 40, 50, 64, 80, 100, 128, 160, 200, 320, 400, 640, 800, 1 600, 3 200.

Les valeurs de d qui conviennent au problème sont donc :

80, 100, 128, 160, 200, 320, 400, 640, 800, 1 600, 3 200.

Les valeurs correspondantes de q sont :

40, 32, 25, 20, 16, 10, 8, 5, 4, 2, 1.

PROBLÈMES SUR LES 4 OPÉRATIONS

Gain ; économies. — Prix d'achat, de vente, etc.

166. *Une automobile part de Bordeaux pour Paris par Tours. Parvenue à 58ᵏᵐ au delà de Tours, elle éprouve une panne et ne peut achever le parcours. Combien lui reste-t-il de km. à faire ? La distance de Bordeaux à Tours est de 353ᵏᵐ et de Bordeaux à Paris 585ᵏᵐ.*

L'automobile avait à parcourir 585ᵏᵐ.

Elle a parcouru 353 + 58 = 411ᵏᵐ.

R. — Il lui reste donc à faire : 585 — 411 = **174ᵏᵐ.**

167. *Une école de 4 classes compte en tout 138 élèves. Dans la 1re classe il y a 24 élèves ; dans la 2e classe, 9 de plus qu'en 1re ; dans la 3e classe, 22 de moins que dans la 1re et la 2e réunies. Combien la 4e classe compte-t-elle d'élèves ?*

Élèves dans les $\Big($ en 1re .... 24 $\Big)$
3 premières $\Big\{$ — 2e .... 24 + 9 = 33 $\Big\}$ Total 92.
classes $\Big($ — 3e ... (24+33) — 22 = 35 $\Big)$

R. — La 4e classe compte : 138 — 92 = **46 élèves.**

168. *La somme de 6 000f a été partagée entre 4 personnes de la manière suivante : la 1re a reçu 1 255f,30 ; la 2e 114f,80 de plus que la 1re ; la 3e autant que les deux premières moins 1 000f ; la 4e a eu le reste. Quelle a été la part de la 4e ?*

Les 3 premières personnes ont reçu :

la 1re .... 1 255,30 $\Big)$ Total
la 2e .... 1 255,30 + 114,80 = 1 370,10 $\Big\}$ 4 250f,80.
la 3e ......(1 255,30 + 1 370,10) — 1 000 = 1 625,40 $\Big)$

R. — La 4e a reçu : 6 000f — 4 250f,80 = **1 749f,20.**

169. *Trois personnes ont des avoirs tels que si la 1re prend sur le sien 4 540f pour les donner à la 2e, et 2 560f pour les donner à la 3e, les 3 avoirs seront égaux. Calculer l'avoir des deux premières sachant que celui de la 3e se monte à 14 440f.*

Si la 1re personne donne 4 540f à la 2e et 2 560f à la 3e, celle-ci aura :

$$14\ 440^f + 2\ 560^f = 17\ 000^f.$$

La 1re et la 2e auront alors de même chacune 17 000f.
Avant de recevoir 4 540f, la 2e personne avait donc :

$$17\ 000^f — 4\ 540^f = 12\ 460^f.$$

Avant de donner 4 540f et 2 560f, la 1re avait

$$17\ 000^f + 4\ 540^f + 2\ 560^f = 24\ 100^f.$$

R. — La 1re personne a **24 100f** et la 2e **12 460f.**

170. *Si l'on me donnait 1 275f, je pourrais payer 2 895f que je dois et il me resterait 90f. Combien ai-je ?*

Si l'on me donnait 1 275f, j'aurais en tout 2 895 + 90 = 2 985f.

R. — Je n'ai donc que 2 985f — 1 275f = **1710f.**

171. *Si l'on me donnait 415f, il ne me manquerait plus que 195f pour acquitter une facture de 910f. Quelle somme ai-je ?*

Il me manque 415f + 195f = 610f pour acquitter la facture.

R. — Je n'ai donc que 910f — 610f = **300f.**

172. *Deux frères ont des fortunes différentes ; si le 1er donnait 12 500ᶠ au 2ᵉ, chacun posséderait alors 38 750ᶠ. Calculer la fortune de chacun.*

R. — Fortune du 1er : 38 750ᶠ + 12 500ᶠ = 51 250ᶠ.
Fortune du 2ᵉ : 38 750ᶠ — 12 500ᶠ = 26 250ᶠ.

173. *Mon pré avait 28 ares de plus que celui de mon voisin. Je lui ai cédé une parcelle du mien et il possède alors 12 ares de plus que moi. Quelle est la surface de la parcelle cédée ?*

Pour que les prés aient même superficie, je dois céder à mon voisin 28 : 2 = 14 ares.
Et pour que mon voisin ait 12 ares de plus que moi, je dois encore lui céder 12 : 2 = 6 ares.

R. — La parcelle cédée mesure 14 + 6 = **20 ares.**

174. *Un marchand a un tonneau de 2ʰˡ et un autre dont on ignore la contenance. Il les remplit tous deux de vin à 1ᶠ,20, qu'il revend 1ᶠ,50 le litre ; il gagne ainsi 108ᶠ. Combien le deuxième tonneau contient-il de litres ?*

Nombre total { Bénéfice par litre : 1ᶠ,50 — 1ᶠ,20 = 0ᶠ,30.
de litres   { Nombre de litres de vin 108 : 0,30 = 360ˡ.

R. — Contenance du 2ᵉ tonneau : 360ˡ — 200ˡ = **160ˡ.**

175. *Une barrique est pleine d'un vin estimé 385ᶠ. On en retire 80ˡ et le reste ne vaut plus que 245ᶠ. Trouver la contenance de la barrique.*

Les 80ˡ soutirés valent 385ᶠ — 245ᶠ = 140ᶠ.
Prix du litre de vin : 140ᶠ : 80 = 1ᶠ,75.

R. — La contenance de la barrique est de 385 : 1,75 = **220ˡ.**

176. *Pour 24 journées à 7ᶠ,50 une ouvrière a reçu 6ᵐ d'étoffe à 7ᶠ,75 le mètre, une paire de bottines et 60ᶠ,75 en argent. Quel est le prix de la paire de bottines ?*

L'ouvrière a droit à 7ᶠ,50 × 24 = 180ᶠ.

Elle a reçu { Une étoffe valant 7ᶠ,75 × 6 = 46ᶠ,50 } Total
{ Une somme de............. 60ᶠ,75 } 107ᶠ,25.

R. — La paire de bottines vaut donc 180ᶠ — 107ᶠ,25 = **72ᶠ,75.**

177. *Une paysanne a reçu 305ᶠ,30 pour 456 œufs vendus 3ᶠ,10 la douzaine, 8 poulets vendus 22ᶠ,50 la paire et des oies valant chacune 32ᶠ,50. Combien a-t-elle vendu d'oies ?*

Prix de vente des œufs 3ᶠ,10 × (456 : 12) = 117ᶠ,80 } Total
des poulets.... 22ᶠ,50 × 4 = 90ᶠ { 207ᶠ,80.
des oies 305ᶠ,30 — 207ᶠ,80 = 97ᶠ,50 }

R. — La paysanne a vendu 97,50 : 32,50 = **3 oies.**

178. *Une fermière emporte au marché une somme de 125ᶠ,50. Elle vend 30ᵏᵍ de beurre à 7ᶠ,50 le 1/2 kg. et 12 poulets à 23ᶠ, la paire. Elle achète d'abord 6ᵐ de drap, puis 12ᵐ de toile à 10ᶠ,50 le mètre et divers articles de ménage coûtant ensemble 113ᶠ,50. Sachant qu'il lui reste encore 219ᶠ, trouver le prix d'achat du mètre de drap.*

Avoir de la fermière
1° Somme emportée................ 125ᶠ,50
2° P. de vente du beurre 7ᶠ,50 × 2 × 30 = 450ᶠ
3° P. de vente des poulets., 23ᶠ × 6 = 138ᶠ
Total 713ᶠ,50.

Somme consacrée aux achats : 713ᶠ,50 — 219ᶠ = 494ᶠ,50.
La toile et les articles de ménage ont coûté :

$$(10^f,50 \times 12) + 113^f,50 = 239^f,50.$$

Donc le drap a coûté :

$$494^f,50 — 239^f,50 = 255^f.$$

R. — Le mètre de drap a coûté : 255ᶠ : 6 = **42ᶠ,50.**

179. *On met en souscription un meuble valant 1.700ᶠ. On demande : 1° le nombre des billets émis ; 2° la valeur de chacun d'eux, sachant qu'en mettant le billet à 3ᶠ,50 on perdrait autant qu'on gagnerait en le mettant à 5 francs.*

Il n'y aura ni gain ni perte si le prix du billet est aussi distant de 3ᶠ,50 que de 5ᶠ ; donc s'il vaut (3,50 + 5) : 2 = 4ᶠ,25.

R. — Nombre des billets : 1.700 : 4,25 = **400 billets.**

180. *Une paysanne vend 16 poules et, avec la somme reçue, achète 4 porcelets qu'elle engraisse et revend le triple du prix d'achat. Cette nouvelle somme lui permet d'acheter 2 veaux qu'elle revend quand ils ont doublé de valeur, l'un pour 480ᶠ et l'autre pour 720ᶠ. Trouver le prix de vente d'une poule.*

Prix d'achat des veaux : $\dfrac{480 + 720}{2} = 600^f.$

Prix d'achat des porcelets : 600 : 3 = 200ᶠ.

R. — Prix de vente d'une poule : 200 : 16 = **12ᶠ,50.**

181. *Si tu multiplies la somme que j'ai par 10, que tu divises le produit par 11, que tu multiplies le quotient par 3 et que tu ajoutes 50 au résultat, tu trouveras 200. Quelle somme ai-je ?*

Avant d'ajouter 50, la somme valait 200 — 50 = 150.
Ce dernier nombre est le triple du quotient de la division par 11 ; le quotient est donc 150 : 3 = 50.
Le produit qui a été divisé par 11, égalait 50 × 11 = 550.

R. — La somme cherchée est 550 : 10 = **55ᶠ.**

182. *Le tiers d'un nombre a été multiplié par 32 et le produit obtenu divisé par 224 ; en ajoutant 16 au quotient, on a eu pour résultat 30. Sur quel nombre a-t-on opéré ?*

Avant d'être augmenté de 16 le quotient valait 30 — 16 = 14.
Le nombre qui a été divisé par 224 était 224 × 14 = 3 136.
Le tiers du nombre cherché vaut donc 3 136 : 32 = 98.

R. — Le nombre cherché est 98 × 3 = **294.**

183. *Un employé a économisé en 4 ans 4 235ᶠ. La
1ʳᵉ année, ses dépenses se sont élevées à 4 300ᶠ. Celles de la
2ᵉ année ont surpassé de 255ᶠ celles de la 1ʳᵉ et de 175ᶠ
celles de la 4ᵉ, mais ont été inférieures de 375ᶠ à celles de
la 3ᵉ. Calculer le traitement annuel de l'employé.*

$$
\begin{array}{lll}
\textit{Dépenses} & \text{1ʳᵉ année} \ldots\ldots\ldots & 4\,300^f \\
\textit{de} & \text{2ᵉ} \quad — \quad 4\,300 + 255 = 4\,555^f & \text{Total} \\
\textit{l'employé} & \text{3ᵉ} \quad — \quad 4\,555 + 375 = 4\,930^f & 18\,165^f. \\
\textit{en 4 ans} & \text{4ᵉ} \quad — \quad 4\,555 — 175 = 4\,380^f
\end{array}
$$

Le gain de l'employé, en 4 ans, est la somme de ses dépenses
et de ses économies, soit : 18 165ᶠ + 4 235 = 22 400ᶠ.

R. — Le traitement annuel est de 22 400ᶠ : 4 = **5 600ᶠ.**

184. *Je ne gagne pas assez pour dépenser 320ᶠ par mois,
il me manquerait 66ᶠ à la fin de l'année. Or je veux économiser 900ᶠ par an. Quel est mon gain annuel? Combien
puis-je dépenser par mois?*

Mon gain annuel : 320ᶠ × 12 — 66ᶠ = **3 774ᶠ.**
Je puis dépenser en tout : 3 774ᶠ — 900ᶠ = 2 874ᶠ.

R. — Je puis dépenser par mois : 2 874ᶠ : 12 = **239ᶠ,50.**

185. *Une famille qui a dépensé en moyenne 18ᶠ,40 par
jour a été obligée d'emprunter 146ᶠ à la fin de l'année.
L'année suivante, elle veut payer cette dette et en outre
économiser 657ᶠ. Combien peut-elle dépenser par jour?*

Revenus de la famille : 18ᶠ,40 × 365 — 146ᶠ = 6 570ᶠ.
Pour payer sa dette, et de plus, économiser 657ᶠ, cette famille
ne pourra dépenser que : 6 570ᶠ — (146 + 657) = 5 767ᶠ.

R. — Elle pourra dépenser par jour : 5 767ᶠ : 365 = **15ᶠ,80.**

186. *Un horloger achète 25 montres et 8 pendules pour
2 120ᶠ. Il revend toutes les montres pour 1 700ᶠ et les pendules pour 1 080ᶠ et il fait le même bénéfice sur une montre
que sur une pendule. Trouver le prix d'achat d'une montre
et celui d'une pendule.*

Prix de vente total : 1 700ᶠ + 1 080ᶠ = 2 780ᶠ.
Bénéfice total : 2 780ᶠ — 2 120ᶠ = 660,ᶠ
Bénéfice par objet : 660ᶠ : (25 + 8) = 660ᶠ : 33 = 20ᶠ.
Prix de vente d'une montre : 1 700ᶠ : 25 = 68ᶠ.
Prix de vente d'une pendule : 1 080ᶠ : 8 = 135ᶠ.

R. — Prix d'achat d'une **montre** : 68ᶠ — 20ᶠ = **48ᶠ.**
Prix d'achat d'une **pendule** : 135ᶠ — 20ᶠ = **115ᶠ.**

187. *On a acheté un terrain de 14 ares. On en revend 10 ares pour le triple de leur prix d'achat, puis les 4 ares restants avec une perte de 12ᶠ par are. Cette vente a produit un bénéfice net de 400ᶠ. Trouver le prix d'achat de l'are du terrain.*

Si les 4 ares restants avaient été vendus sans perte, le bénéfice net se serait élevé à :

$$400^f + (12^f \times 4) = 448^f.$$

D'autre part, le prix de vente des 10 ares équivaut au prix d'achat de $10 \times 3 = 30$ ares.

Les 448ᶠ de bénéfice représentent donc le prix d'achat de :

$$(30 + 4) - 14 = 20 \text{ ares.}$$

R. — Prix d'achat d'un are : $448^f : 20 = \mathbf{22^f,40.}$

Solution algébrique. — Soit x le prix d'achat de l'are. On a :

$$3x \times 10 + (x - 12) 4 = 14x + 400 ;$$

d'où $\qquad\qquad x = 22,40.$

188. *Un marchand achète une pièce de vin de 225 litres. Il met ce vin dans des bouteilles de 0ˡ,60 qu'il vend 1ˡ,40 l'une. Les frais divers représentent le tiers du prix d'achat de la pièce. Sachant que le marchand a réalisé un bénéfice net de 105ᶠ, trouver le prix d'achat du litre de vin.*

Prix de vente du vin en bouteilles. $1^f,40 \times \dfrac{225}{0,6} = 525^f.$

Prix de revient de la pièce (= Prix de vente — Bénéfice) :

$$525^f - 105^f = 420^f.$$

420ᶠ représentent les 4/3 du prix d'achat.
Le prix d'achat du vin est donc : $420^f \times 3/4 = 315^f.$

R. — Prix d'achat du litre : $315^f : 225 = \mathbf{1^f,40.}$

189. *Un marchand a fait confectionner des gilets de flanelle avec une étoffe coûtant 8ᶠ,50 le mètre. Pour la façon et les fournitures il a payé 3ᶠ par gilet. Combien a-t-il fallu de mètres de flanelle par gilet, sachant qu'en revendant 5 demi-douzaines de gilets pour 810ᶠ, il gagne 53ᶠ,40 par douzaine ?*

Prix de revient d'un gilet :

Prix de vente d'une douzaine : $\dfrac{810 \times 2}{5} = 324^f.$

Prix de revient $\qquad 324^f - 53^f,40 = 270^f,60.$

Prix de revient d'un gilet : $270^f,60 : 12 = 22^f,55.$

Prix de la flanelle par gilet : $22^f,55 - 3^f = 19^f,55.$

R. — Il a fallu par gilet : $19,55 : 8,50 = \mathbf{2^m,30}$ **de flanelle.**

190. *Un tailleur a mis 15 jours pour faire 6 complets. Il a employé 21ᵐ,30 de cheviotte à 20ᶠ le mètre, et a* *dépensé, en outre 17ᶠ,75 par complet pour les fournitures. A quel prix a-t-il vendu chaque complet, sachant que son travail lui a rapporté 26ᶠ,10 par jour?*

Prix de vente total | Prix de l'étoffe : $20^f \times 21,3 = 426^f$.
Prix des fournitures : $17^f,75 \times 6 = 106^f,50$
Gain total du tailleur : $26^f,10 \times 15 = 391^f,50$ | Total 924^f.

R. — Prix d'un complet : $924^f : 6 = 154^f$.

191. *Un jardinier pépiniériste a loué une pièce de terre pour le prix annuel de 120ᶠ. Il y plante des arbres à raison de 0ᶠ,90 l'un. Les frais de culture coûtent tous les ans 0ᶠ,30 par arbre, conservé ou non. Au bout de 3 ans, la moitié des arbres a péri et le pépiniériste vend le reste 2 100ᶠ, en faisant un bénéfice de 843ᶠ,60. Trouver combien il a vendu d'arbres et quel a été le prix de vente de chacun.*

Prix de revient des arbres | Il égale le prix de vente diminué du bénéfice et des frais de location, soit :
$2\,100^f - (843^f,60 + 120^f \times 3) = 896^f,40$.

Prix de revient d'un arbre | Achat + entretien : $0^f,90 + (0^f,30 \times 3) = 1^f,80$.
Sur 2 arbres plantés un seul est vendu ; celui-ci revient donc à $1^f,80 \times 2 = 3^f,60$.

R. — Nombre d'arbres vendus : $896,40 : 3,60 = $ **249 arbres**.
P. de vente d'un arbre : $2\,100^f : 249 = 8^f,43$ soit **8ᶠ,45**.

192. *J'ai acheté une pièce de vin de 220ˡ pour 290ᶠ,40. Je mets ce vin dans des bouteilles contenant chacune 2/3 de litre et qui coûtent 32ᶠ le cent. Quel sera le prix d'une bouteille verre et vin compris?*

Nombre de bouteilles : $220 : \dfrac{2}{3} = \dfrac{220 \times 3}{2} = 330$.

Prix des bouteilles vides : $0^f,32 \times 330 = 105^f 60$.
Prix des bouteilles pleines : $105^f,60 + 290^f,40 = 396^f$.

R. — Prix d'une bouteille : $396^f : 330 = $ **1ᶠ,20**.

193. *Un confiseur a employé pour faire des confitures 49ᵏᵍ,500 de groseilles à 0ᶠ,90 le kg. et 45ᵏᵍ de sucre à 3ᶠ le kg. Il compte le combustible pour 6ᶠ. Sachant qu'il a obtenu 59ᵏᵍ,250 de confitures, trouver le prix de revient du kg. de confitures et le prix auquel il doit vendre le pot de 250 grammes pour gagner 0ᶠ,45 sur chacun. Les pots lui reviennent à 22ᶠ le cent.*

Prix de revient total | Prix des groseilles : $0^f,90 \times 49,5 = 44^f,55$
Prix du sucre .... $3^f, \times 45 = 135^f$
Prix du combustible .... 6^f | Total 185^f55.

R. — Prix de revient du kg. : $185^f,55 : 59,25 = $ **3ᶠ,13**.

Prix de vente d'un pot : $\dfrac{3^f,13}{4} + 0^f,45 + 0^f,22 = $ **1ᶠ,45**.

194. *Un marchand a acheté 600 couteaux à 142^f,50 la grosse. On lui en a donné 13 pour 12. S'il les revend 1^f,25 pièce, combien gagnera-t-il en tout ?*

Prix de vente total { Nombre de couteaux vendus : 600 × 13 /12 = 650.
{ Prix de vente : 1^f,25 × 650 = 812^f,50.

Prix d'achat total : 142^f,50 × $\dfrac{600}{12 \times 12}$ = 593^f,75.

R. — Bénéfice total : 812^f,50 — 593^f,75 = **218^f,75.**

195. *Un libraire achète 960 brochures à 1^f,20 l'une et en reçoit 13 pour 12. Il les revend à raison de 17^f,55 la douzaine avec 13e. Combien devrait-il vendre la douzaine sans 13e pour réaliser le même bénéfice ?*

Prix d'achat total : 1^f,20 × 960 = 1 152^f.

Bénéfice total { Le bénéfice porte sur 960 : 12 = 80 douzaines (avec 13e).
{ Chaque douzaine est achetée 1^f,20 × 12 = 14^f,40 et vendue 17^f,55.
{ Bénéfice sur une douzaine : 17^f,55 — 14^f,40 = 3^f,15.
{ Bénéfice total : 3^f,15 × 80 = 252^f.

Prix de vente total : 1 152^f + 252^f = 1 404^f.

Nombre de douzaines reçues { N. de volumes reçus : $\dfrac{13 \times 960}{12}$ = 1 040.
{ N. de douzaines reçues : 1 040 : 12.

R. — Prix de vente de la douz. : 1 404^f : $\dfrac{1 040}{12}$ = **16^f,20.**

196. *Un libraire achète 5 douzaines de volumes à raison de 3^f,25 le volume ; on lui donne 13 volumes pour 12 et on lui diminue de 54^f le montant de sa facture. Quel bénéfice réalisera-t-il s'il vend séparément chaque volume 3^f,50 ?*

Prix d'achat net { Prix d'achat brut : 3^f,25 × 12 × 5 = 195^f.
{ Prix d'achat net : 195^f — 54^f = 141^f.

Prix de vente { Nombre de volumes vendus : 13 × 5 = 65.
{ Prix de vente : 3^f,50 × 65 = 227^f,50.

R. — Bénéfice réalisé : 227^f,50 — 141^f = **86^f,50.**

197. *Un libraire a acheté un certain nombre de volumes à 3^f,20, à condition qu'on lui en donnerait 13 pour 12. Il en a reçu 910. Combien doit-il revendre le volume, s'il veut gagner 892^f sur le tout en donnant gratuitement 15 exemplaires ?*

Nombre de volumes payés : 910 × 12 /13 = 840.
Prix d'achat total : 3^f,20 × 840 = 2 688^f.
Prix de vente total : 2 688^f + 892^f = 3 580^f.

R. — Prix de vente du volume : $\dfrac{3 580^f}{910 - 15}$ = **4^f.**

198. *Un faïencier avait acheté 2 000 assiettes à 55ᶠ le cent. Il en casse un certain nombre et revend le reste à raison de 0ᶠ,75 l'assiette, en faisant un bénéfice de 385ᶠ. Combien a-t-il cassé d'assiettes ?*

Prix d'achat total : 55ᶠ × 20 = 1 100ᶠ.
Prix de vente total : 1 100ᶠ + 385ᶠ = 1 485ᶠ.
Nombre d'assiettes vendues : 1 485 : 0,75 = 1 980.

R. — Il s'est cassé : 2 000 — 1 980 = **20 assiettes.**

199. *Une pièce de toile écrue avait été achetée à raison de 5ᶠ,25 le mètre et avait coûté 393ᶠ,75. Le blanchissage a raccourci cette toile de 0ᵐ,04 par mètre. A quel prix faut-il revendre le mètre pour gagner 70ᶠ,65 sur le tout ?*

Longueur de la pièce de toile écrue : 393,75 : 5,25 = 75ᵐ.
Au blanchissage, elle s'est raccourcie de 0ᵐ,04 × 75 = 3ᵐ.
Prix de vente total : 393ᶠ,75 + 70ᶠ,65 = 464ᶠ,40.

R. — Prix de vente du mètre : $\dfrac{464ᶠ,40}{75 - 3}$ = **6ᶠ,45.**

200. *Une revendeuse achète 18 douzaines d'œufs à 3ᶠ la douzaine et reçoit le 13ᵉ en sus. Elle en casse 3. Combien doit-elle revendre chacun des œufs restants si elle veut gagner 38ᶠ,4 sur le tout ?*

Prix d'achat total : 3ᶠ × 18 = 54ᶠ.
Prix de vente total : 54ᶠ + 38ᶠ,40 = 92ᶠ,40.
Nombre d'œufs vendus : 13 × 18 — 3 = 231.

R. — Prix de vente d'un œuf : 92ᶠ,40 : 231 = **0ᶠ,40.**

201. *Un faïencier achète un lot d'assiettes qu'il se propose de revendre 1ᶠ,70 pièce. Dans le transport il s'en casse 12. Il augmente alors le prix de vente de chaque assiette de 0ᶠ,30 et touche ainsi la somme qu'il s'était fixée. Combien avait-il acheté d'assiettes ?*

Les assiettes cassées devaient rapporter 1ᶠ,70 × 12 = 20ᶠ,40.
Le prix de vente des assiettes non cassées a dû être augmenté de 20ᶠ,40.
L'augmentation étant de 0ᶠ,30 par assiette, le nombre d'assiettes vendues est de 20,40 : 0,30 = 68.

R. — Le faïencier avait acheté 68 + 12 = **80 assiettes.**

202. *Une paysanne avait acheté à sa voisine des œufs à 2ᶠ,80 la douzaine. En les portant au marché, elle en casse 9. Comme elle peut revendre les autres 0ᶠ,28 pièce, elle ne fait ni perte ni gain. Combien avait-elle acheté d'œufs ?*

Prix d'achat des œufs cassés : $\dfrac{2ᶠ,80 × 9}{12}$ = 2ᶠ,10.

Le prix de vente total des œufs restants a dû être augmenté de $2^f,10$.

Or l'augmentation de prix par œuf est de :

$$0^f,28 - \frac{2,80}{12} = \frac{3,36}{12} - \frac{2,80}{12} = \frac{0,56}{12} = \frac{7}{150}.$$

Nombre d'œufs vendus : $2,10 : \frac{7}{150} = 45$.

R. — Nombre d'œufs achetés : $45 + 9 = $ **54 œufs.**

Partages en parties égales.

203. *Paul partage un sac de noisettes entre ses frères et sœurs. S'il prenait sa part, chacun aurait 24 noisettes. Comme il laisse sa part aux autres, ceux-ci reçoivent chacun 4 noisettes de plus. Combien Paul a-t-il de frères et sœurs et combien a-t-il distribué de noisettes ?*

Le partage des 24 noisettes de Paul permet de donner 4 noisettes de plus à chacun de ses frères et sœurs.
Paul a donc : $24 : 4 = 6$ frères et sœurs.

R. — Il a distribué : $(24 + 4) \times 6 = $ **168 noisettes.**

204. *Un homme en mourant laisse $22\,500^f$ à chacun de ses enfants ; mais l'un d'eux venant à mourir, sa part est divisée également entre les autres, ce qui porte à $28\,125^f$ la part de chacun. Trouver le montant de la succession et le nombre des enfants.*

Le partage des $22\,500^f$ du défunt permet d'augmenter de $28\,125^f - 22\,500^f = 5\,625^f$ la part de chaque survivant.
Les survivants sont donc au nombre de $22\,500 : 5\,625 = 4$.

R. — 1° Nombre des enfants : $4 + 1 = $ **5 enfants.**
2° Montant de la succession : $22\,500 \times 5 = $ **112 500^f.**

205. *Huit personnes doivent payer 230^f ; mais plusieurs d'entre elles n'ayant pu payer, les autres sont obligées de donner $17^f,25$ de plus que leur part. Combien de personnes n'ont pu payer ?*

Chaque personne devait payer : $\frac{230^f}{8} = 28^f75$.

Chaque personne solvable a payé : $28^f75 + 17^f25 = 46^f$.

Le nombre des personnes solvables égale donc : $\frac{230}{46} = 5$.

R. — Nombre des personnes insolvables : $8 - 5 = $ **3.**

206. *Quinze personnes font à l'hôtel un repas en commun. Douze d'entre elles s'entendent pour couvrir tous les frais et payent à cette fin outre leur quote-part, 2ᶠ,50 en plus. A combien s'élève la somme payée?*

Montant de la quote-part	Les 12 personnes qui ont couvert tous les frais ont versé 2ᶠ,50 × 12 = 30ᶠ en plus de leur quote-part. Ces 30ᶠ représentent les frais des 3 autres personnes. Chacune avait donc à payer 30ᶠ : 3 = 10ᶠ.

R. — La somme totale à payer était : 10ᶠ × 15 = **150ᶠ**.

207. *Une personne se proposait de faire un cadeau à 9 enfants en donnant à chacun 4ᵐ,40 d'une certaine étoffe. Il se présente 12 enfants au lieu de 9. Elle distribue alors une étoffe qui coûte 1ᶠ,50 par mètre de moins que la première et il se trouve qu'en dépensant exactement la même somme totale elle peut donner la même quantité d'étoffe, 4ᵐ,40, à chacun des 12 enfants. Quel est le prix du mètre de chaque étoffe ?*

Cette personne se proposait de donner 4ᵐ,40 × 9 = 39ᵐ,60 de le 1ʳᵉ étoffe.

En donnant aux 9 enfants 39ᵐ,60 de la 2ᵉ étoffe, elle dépense en moins 1ᶠ,50 × 39,60 = 59ᶠ,40.

Ces 59ᶠ,40 lui permettent de donner 4ᵐ,40 × 3 = 13ᵐ,20 de la 2ᵉ étoffe à 3 autres enfants. Donc :

R. — Un mètre de la **2ᵉ étoffe** vaut : 59ᶠ,40 : 13,20 = **4ᶠ,50**.
       Un mètre de la **1ʳᵉ étoffe** vaut : 4ᶠ,50 + 1ᶠ,50 = **6ᶠ**.

Solution algébrique. — Soit x le prix du mètre de la 1ʳᵉ étoffe. La personne dépenserait dans le 1ᵉʳ cas : $x × 4,4 × 9$, et dans le 2ᵉ cas $(x - 1,5) × 4,4 × 12$. Ces 2 sommes sont égales ; donc :

$$x × 4,4 × 9 = (x - 1,5) × 4,4 × 12$$

d'où
$$x = 6.$$

208. *Une marchande d'œufs a acheté un certain nombre de caisses contenant chacune 350 œufs. Combien a-t-elle reçu de caisses sachant que si la même quantité d'œufs avait été livrée par caisses de 600 œufs, la marchande aurait reçu 5 caisses de moins.*

Si la marchande avait acheté autant de caisses de 600 œufs qu'elle a acheté de caisses de 350 œufs, elle aurait reçu 600 × 5 = 3 000 œufs de plus.

La différence de contenu par caisse est 600 — 350 = 250.

R. — Nombre de caisses de 350 œufs : 3 000 : 250 = **12 caisses**.

Solution algébrique. — Soit x le nombre de caisses de 350 œufs :
on a :
$$350x = 600 (x - 5) ;$$
d'où
$$x = 12.$$

209. *Dans une salle de séances, les élèves d'une école sont groupés exactement par rangs de 8. Si on les avait* placés par rangs de 7, il y aurait eu exactement 2 rangées de plus. Combien l'école compte-t-elle d'élèves présents ?

Si dans le 2ᵉ cas, on s'était borné à former autant de rangées de 7 élèves qu'il y a de rangées de 8, on aurait placé 7 × 2 = 14 élèves en moins.

Chaque rangée en compterait 1 en moins ; le nombre des rangées est donc de 14 : 1 = 14.

R. — L'école compte 14 rangées de 8 élèves, soit **112 élèves**.

210. On a acheté 35ᵐ d'étoffe pour une certaine somme ; si le mètre avait coûté 2ᶠ,50 de moins, on aurait pu acheter 7ᵐ de plus pour la même somme. Quel est le prix du mètre de cette étoffe ?

Si le mètre avait coûté 2ᶠ,50 de moins, les 35ᵐ auraient coûté 2ᶠ,50 × 35 = 87ᶠ,50 de moins, et cette somme aurait permis l'achat de 7 autres mètres.

Le prix du mètre serait donc : 87ᶠ,50 : 7 = 12ᶠ,50.

R. — Le prix réel du mètre est 12ᶠ,50 + 2ᶠ,50 = **15ᶠ**.

211. Un terrassier a creusé un fossé en 12 jours. S'il avait travaillé 2 heures de moins par jour, il aurait mis 4 jours de plus pour faire le travail. Combien a-t-il travaillé d'heures par jour ?

S'il avait travaillé 2ʰ de moins par jour pendant 12 jours, il aurait encore à fournir 2ʰ × 12 = 24 heures de travail.

Comme il mettrait 4 jours pour fournir ces 24ʰ, c'est que sa journée ne serait que de 6 heures.

R. — Le terrassier a travaillé : 6 + 2 = **8ʰ** par jour.

212. Un marchand a une pièce d'étoffe qu'il veut partager en coupons d'égale longueur. S'il donne à chacun 3ᵐ,25 de long, il lui restera 0ᵐ,25 ; s'il donne à chacun 3ᵐ,75, il en fera 3 de moins et il ne restera rien. Quelle est la longueur de la pièce ?

Pour obtenir, dans le 2ᵉ cas, autant de coupons que dans le 1ᵉʳ cas, il faudrait employer 3ᵐ,75 × 3 + 0ᵐ,25 = 11ᵐ,50 de plus que dans le 1ᵉʳ cas.

La différence de longueur par coupon étant de 0ᵐ,50, le nombre de coupons serait de 11,50 : 0,50 = 23.

R. — La longueur de la pièce est de 3ᵐ,75 × 20 = **75ᵐ**.

213. On veut couper des serviettes dans une pièce de toile de 0ᵐ,60 de large. Si on donne à ces serviettes 0ᵐ,72 de long, il reste un morceau de toile de 0ᵐ²,0960, tandis que si on leur donne 0ᵐ,04 de plus de longueur, il ne reste rien, mais on obtient 3 serviettes de moins. Trouver : 1° le nombre des serviettes dans chaque cas ; 2° la longueur de la pièce.

La toile qui reste, dans le 1er cas, a 0,096 : 0,60 = 0m,16 de longueur.

Pour obtenir dans le 2e cas, autant de serviettes que dans le 1er cas, il faudrait employer 0m,76 × 3 + 0m,16 = 2m,44 de plus que dans le 1er cas.

Pour chaque serviette, il faudrait 0m,04 de plus. Le nombre de serviettes dans le 1er cas est donc de 2,44 : 0,04 = 61.

R. — 1º **61** serviettes de **0m,72** ou **58** de **0m,76**.

2º Longueur de la pièce : 0m,76 × 58 = **44m,08.**

214. *Une personne a acheté une pièce de toile pour faire des serviettes. Elle calcule que si elle donne 0m,95 de longueur à chaque serviette, il lui restera 0m,60 de toile non utilisée. Si elle les fait de 0m,98, elle en fera 2 de moins et il lui restera 0m,40 de toile non utilisée. Évaluer : 1º le nombre de serviettes que l'on pourrait faire dans l'un et l'autre cas ; 2º la longueur de la pièce.*

Pour faire, dans le 2e cas, autant de serviettes que dans le 1er cas, il faudrait 0m,98 × 2 + (0m,60 — 0m,40) = 2m,16 de plus.

La différence de longueur par serviette étant de

$$0m,98 — 0m,95 = 0m,03,$$

le nombre de serviettes serait de 2,16 : 0,03 = 72.

R. — 1º **72** serviettes de **0m,95** ou **70** de **0m,98.**

2º Longueur de la pièce : 0m,98 × 70 + 0m,40 = **69m.**

215. *Un pépiniériste a reçu un lot de jeunes plants de poiriers. En les groupant par paquets de 15, il lui en reste 8 ; s'il les groupe par paquets de 12, il constate qu'il lui manque un plant pour avoir 3 paquets de plus que dans le 1er cas. Déterminer le nombre de plants qu'il a reçus.*

Dans le second mode de groupement, les 3 paquets en plus contiendraient 12 × 2 + 11 = 35 plants ; soit les 8 plants de reste et 35 — 8 = 27 plants pris dans les paquets de 15, à raison de 3 par paquet.

Il y avait donc 27 : 3 = 9 paquets de 15 plants.

R. — Le pépiniériste disposait de 15 × 9 + 8 = **143 plants.**

2º solution. Représentons par x le nombre de paquets de 15 plants. Le nombre total de plants reçus s'écrira :

dans le 1er cas $\quad 15x + 8$ et dans le 2e cas, $12(x + 3) — 1$.

Or $\quad\quad\quad 15x + 8 = 12(x + 3) — 1$

ou $\quad\quad\quad 15x + 8 = 12x + 36 — 1$

d'où $\quad\quad\quad\quad x = 9.$

R. — Nombre de plants reçus : 15 × 9 + 8 = **143.**

Partages en parties inégales.

2 parts. — **On connaît** leur *somme* **et leur** *différence.*

216. Problème type. — On a partagé 28ᶠ entre Paul et Charles ; le 1ᵉʳ a eu 4ᶠ de plus que le 2ᵉ. Trouver la part de chacun.

(*Voir Arith.,* p. 127.)

217. *Une pièce de drap de 52ᵐ,80 a été partagée en 2 coupons dont l'un mesure 15ᵐ,60 de plus que l'autre. Trouver la valeur de chaque coupon, si le drap vaut 32ᶠ,50 le mètre.*

Longueur des coupons :

$$1^{\text{er}}\text{ coupon :} \quad \frac{52^{\text{m}},80 + 15^{\text{m}},60}{2} = 34^{\text{m}},20 ;$$

$$2^{\text{e}}\text{ coupon :} \quad \frac{52^{\text{m}},80 - 15^{\text{m}},60}{2} = 18^{\text{m}},60.$$

R. — Valeur du 1ᵉʳ **coupon** : 32ᶠ,50 × 34,20 = **1 111ᶠ,50.**
Valeur du 2ᵉ **coupon** : 32ᶠ,50 × 18,60 = **604ᶠ,50.**

218. *Deux voisines ont acheté en commun un coupon de 26ᵐ,50 de toile pour 225ᶠ,25. Au partage, l'une d'elles a payé 55ᶠ,25 de plus que l'autre. Combien de mètres de toile chacune a-t-elle ?*

$$\text{L'une des voisines a reçu} \quad \frac{26^{\text{m}},50 \times 55,25}{225,25} = 6^{\text{m}},50 \text{ de plus.}$$

$$\textbf{R.} \text{ — Elle a reçu en tout :} \quad \frac{26^{\text{m}},50 + 6^{\text{m}},50}{2} = 16^{\text{m}},50.$$

L'autre a reçu : 26ᵐ,50 — 16ᵐ,50 = **10ᵐ.**

219. *Pierre et Paul ont ensemble 316 points. Si Pierre en donnait 58 à Paul, leurs parts seraient égales. Combien chacun a-t-il de points ?*

Si Pierre doit donner 58 points à Paul pour que les avoirs soient égaux, c'est qu'il a 58 × 2 = 116 points de plus que Paul.

$$\textbf{R.} \text{ — Pierre a } \frac{316 + 116}{2} = \textbf{216 points} \text{ et Paul } \frac{316 - 116}{2} = \textbf{100.}$$

220. *On a payé 36ᶠ,50 pour un lièvre, un poulet et un canard. Trouver le prix du lièvre et le prix du canard, sachant que le poulet a coûté 8ᶠ,75 et que le lièvre vaut 7ᶠ,25 de plus que le canard.*

Le lièvre et le canard coûtent 36^f,50 — 8^f,75 = 27^f,75.

R. — Prix du lièvre : $\dfrac{27^f,75 + 7^f,25}{2}$ = 17^f,50.

Prix du canard : 27^f,75 — 17^f,50 = 10^f,25.

2 parts. — On connaît la *somme* et le *rapport* des parts.

221. Problème type. — Partager une pièce d'étoffe de 35^m en deux coupons, de manière que le 1er soit 4 fois plus long que le 2e.

(*Voir Arith.,* p. 128.)

222. *Deux caisses contiennent ensemble 720 oranges. Sachant que l'une en contient 3 fois plus que l'autre, trouver le prix de chaque caisse à 3^f,20 la douzaine d'oranges.*

Le nombre total 720 représente 3 fois + 1 fois = 4 fois le contenu de la plus petite caisse.
Cette caisse contient 720 : 4 = 180 oranges soit 15 douzaines.

R. — Prix de la plus petite caisse : 3^f,20 × 15 = **48^f**.
Prix de la plus grande : 48^f × 3 = **144^f**.

223. *Deux coupons de drap mesurent ensemble 41^m,20. Si l'on prélevait 8^m sur chaque coupon, la longueur du 1er serait alors le double de celle du second. Trouver la longueur de chaque coupon.*

Si l'on prélevait 8^m sur chaque coupon, la longueur totale serait réduite à 41^m,20 — (8^m × 2) = 25^m,20 et représenterait 2 fois + 1 fois = 3 fois la nouvelle longueur du 2e coupon.
Nouvelle longueur du 2e coupon : 25^m,20 : 3 = 8^m,40.
Nouvelle longueur du 1er coupon : 8^m,40 × 2 = 16^m,80.

R. — Le 1er coupon mesure 16^m,80 + 8^m = **24^m,80**.
Le 2e coupon mesure 8^m,40 + 8^m = **16^m,40**.

224. *La somme de deux nombres est 65 et leur quotient 4. Quels sont ces deux nombres ?*

Le quotient 4 indique que le dividende contient 4 *fois* le diviseur.
La somme 65 égale donc 4 fois + 1 fois = 5 *fois* le diviseur.

R. — Le diviseur ou le petit nombre est 65 : 5 = **13**.
Le dividende ou le grand nombre est 13 × 4 = **52**.

225. *Pierre et Léon ont ensemble 165^f,50. Quel est l'avoir de chacun sachant que si Pierre avait 13^f de plus son avoir vaudrait 6 fois celui de Léon?*

Si Pierre avait 13ᶠ de plus, ils auraient ensemble

$$165^f,50 + 13^f = 178^f,50$$

et cette somme vaudrait 6 fois + 1 fois = 7 *fois* l'avoir de Léon.

R. — Avoir de **Léon** : 178ᶠ,50 : 7 = **25ᶠ,50**.
Avoir de **Pierre** : 165ᶠ,50 — 25ᶠ,50 = **140ᶠ**.

226. *Partager 696ᶠ entre deux personnes de manière que la 1ʳᵉ ait 3 fois autant que la 2ᵉ et 32ᶠ en plus.*

Si on diminuait la 1ʳᵉ part de 32ᶠ, la somme des parts serait alors 696ᶠ — 32ᶠ = 664ᶠ, et égalerait 3 fois + 1 fois = 4 fois la part de la 2ᵉ personne.

R. — Part de la **2ᵉ** personne : 664ᶠ : 4 = **166ᶠ**.
Part de la **1ʳᵉ** personne : 696ᶠ — 166ᶠ = **530ᶠ**.

227. *Deux personnes jouent au billard à 1ᶠ la partie. L'une a 69ᶠ et l'autre 30ᶠ. Au bout d'un certain nombre de parties, la 1ʳᵉ qui les a gagnées toutes, possède 5 fois autant que la 2ᵉ et 3ᶠ de plus. Combien ont-elles joué de parties?*

Le total des avoirs est 69ᶠ + 30ᶠ = 99ᶠ ; il ne change pas.
A la fin du jeu, si on le diminue de 3ᶠ, il représente 5 fois + 1 fois = 6 *fois* l'avoir de la 2ᵉ personne.
A la fin du jeu, la 2ᵉ personne a (99ᶠ — 3) : 6 = 16ᶠ ; elle a perdu 30ᶠ — 16ᶠ = 14ᶠ, elle a donc joué 14 parties.

R. — Elles ont joué **14 parties**.

228. *Trouver deux nombres sachant que leur somme est 156 et que le premier dépasse le triple du second de 16.*

Si on diminue le 1ᵉʳ nombre de 16, la somme des nombres devient 156 — 16 = 140, et représente 3 fois + 1 fois = 4 *fois* le second nombre.

R. — Le second nombre est 140 : 4 = **35**.
Le premier nombre est 156 — 35 = **121**.

2 parts. — On connaît la *différence* **et le** *rapport* **des parts.**

229. Problème type. — On a partagé une étoffe en 2 coupons qui diffèrent de 64ᵐ. Trouver leur longueur, sachant que le 1ᵉʳ est 5 fois plus long que le 2ᵉ.

(*Voir Arith.*, p. 129.)

230. *Une personne partage une certaine somme entre un neveu et un cousin. Le 1ᵉʳ reçoit 140 000ᶠ de plus que le second. Trouver la part de chacun sachant que celle du neveu vaut 9 fois celle du cousin.*

La différence 140 000ᶠ représente 9 fois — 1 fois = 8 *fois* la part du cousin.

R. — Part du cousin : 140 000ᶠ : 8 = **17 500ᶠ**.
Part du neveu : 17 500ᶠ × 9 = **157 500ᶠ**.

231. *Deux associés se partagent le bénéfice d'une affaire. La part du premier, qui vaut 7 fois la part du second, la surpasse de 75.234ᶠ. Quelle est la part de chaque associé ?*

La différence 75 234ᶠ représente 7 fois — 1 fois = 6 fois la part du 2ᵉ.

R. — Part du 2ᵉ **associé** ; 75 234ᶠ : 6 = **12 539ᶠ**.
Part du 1ᵉʳ **associé** ; 12 539ᶠ × 7 = **87 773ᶠ**.

232. *Un marchand a acheté deux pièces d'étoffe ; l'une mesure 50ᵐ de plus que l'autre. Trouver la longueur de chaque pièce sachant que s'il prélevait 6ᵐ sur chaque pièce, l'une aurait une longueur double de l'autre.*

S'il prélevait 6ᵐ sur chaque pièce, la différence de longueur des coupons restants serait encore de 50ᵐ, et elle serait égale à la nouvelle longueur de la 2ᵉ pièce.

R. — La longueur réelle de la 2ᵉ **pièce** est donc 50ᵐ + 6ᵐ = **56ᵐ**.
La longueur de la 1ʳᵉ **pièce** est 56ᵐ + 50ᵐ = **106ᵐ**.

233. *Une somme a été partagée entre 2 personnes. La 1ʳᵉ a reçu 5 fois autant que la seconde plus 15ᶠ. Trouver les 2 parts sachant qu'elles diffèrent de 183ᶠ.*

Si la part de la 1ʳᵉ était diminuée de 15ᶠ, la différence des parts serait 183ᶠ — 15ᶠ = 168ᶠ et représenterait 5 fois — 1 fois = 4 fois la part de la 2ᵉ.

R. — Part de la 2ᵉ **personne** : 168ᶠ : 4 = **42ᶠ**.
Part de la 1ʳᵉ **personne** : 183ᶠ + 42ᶠ = **225ᶠ**.

234. *Au bout de 12 jours de travail, un ouvrier et son apprenti ont touché des sommes qui diffèrent de 117ᶠ. Calculer le gain journalier de chacun sachant que l'ouvrier a reçu 3 fois autant que l'apprenti plus 3 francs.*

Si l'on diminue de 3ᶠ la somme touchée par l'ouvrier, la différence des sommes reçues sera 117ᶠ — 3ᶠ = 114ᶠ, et représentera 3 fois — 1 fois = 2 fois la somme touchée par l'apprenti. L'apprenti a donc reçu en tout

114ᶠ : 2 = 57ᶠ et l'ouvrier 57ᶠ + 117ᶠ = 174ᶠ.

R. — Gain journalier de l'ouvrier : 174ᶠ : 12 = **14ᶠ,50**.
Gain journalier de l'apprenti : 57ᶠ : 12 = **4ᶠ,75**.

235. *Un père a 48 ans et son fils 14 ans. Dans combien d'années l'âge du père sera-t-il le triple de celui du fils ?*

La différence des âges est 48 — 14 = 34 ans et reste invariable. A l'époque cherchée, cette différence représentera :

3 fois — 1 fois = 2 fois l'âge du fils.

Le fils aura alors

34 : 2 = 17 ans. Ce sera donc dans 17 — 14 = 3 ans.

R. — Dans **3 ans**.

236. *En 1923, un père avait 41 ans et son fils 13 ans. En quelle année l'âge du père était-il le quintuple de celui du fils?*

La différence des âges est 41 — 13 = 28 ans et reste invariable.
A l'époque cherchée, cette différence représentait :

$$5 \text{ fois} - 1 \text{ fois} = 4 \text{ fois l'âge du fils.}$$

Le fils avait alors 28 : 4 = 7 ans, donc 6 ans de moins.

R. — La date cherchée est 1923 — 6 = **1917.**

237. *Deux personnes ont des fortunes qui diffèrent de 41 000ᶠ. Chaque année l'avoir de chacune d'elles s'accroît de 1 500ᶠ, et, au bout de 4 ans, l'une possède 5 fois autant que l'autre. Calculer l'avoir primitif de chaque personne.*

La différence des fortunes n'a pas varié.
Au bout de 4 ans, cette différence représente

$$5 \text{ fois} - 1 \text{ fois} = 4 \text{ fois la } 2^e \text{ fortune à cette date.}$$

La 2ᵉ fortune vaut alors 41 000ᶠ : 4 = 10 250ᶠ. Pendant les 4 années, elle s'est accrue de 1 500ᶠ × 4 = 6 000ᶠ.

R. — La 2ᵉ personne avait : 10 250ᶠ — 6 000ᶠ = **4 250ᶠ.**
La 1ʳᵉ personne avait : 4 250ᶠ + 41 000ᶠ = **45 250ᶠ.**

238. *Deux pièces d'étoffe mesurent l'une 120ᵐ, l'autre 46ᵐ. On détache de chaque pièce un même nombre de mètres et la 1ʳᵉ pièce est alors 3 fois plus longue que la 2ᵉ. Combien a-t-on enlevé de mètres à chaque pièce.*

La différence des longueurs 120ᵐ — 46ᵐ = 74ᵐ, est constante.
Quand on a détaché le même nombre de mètres, la différence des longueurs représente 3 fois — 1 fois = 2 fois la longueur réduite de la 2ᵉ pièce.
La deuxième mesure alors 74ᵐ : 2 = 37ᵐ.

R. — On a donc enlevé à chaque pièce 46ᵐ — 37ᵐ = **9ᵐ.**

3, 4, 5... parts. — On connaît leur *somme* et leur *différence* 2 à 2.

239. Problème type. — Partager 5 000ᶠ entre 3 personnes de manière que la 1ʳᵉ ait 600ᶠ de plus que la 2ᵉ et celle-ci 400ᶠ de plus que la 3ᵉ.

(*Voir Arith.,* p. 130.)

240. *Une pièce d'étoffe mesurant 127ᵐ a été partagée en 3 coupons. Le 1ᵉʳ a 7ᵐ de plus que le 2ᵉ et celui-ci a 14ᵐ de plus que le 3ᵉ. Quelle est la longueur de chaque coupon?*

Soit x la longueur du 2ᵉ coupon ; la longueur du 1ᵉʳ sera $x + 7$ et celle du 3ᵉ $x - 14$, et l'on aura :

$$x + 7 + x + x - 14 = 127$$

ou $\qquad 3x = 134 \qquad$ d'où $\qquad x = 44^m \, 2/3$.

R. — Le 1ᵉʳ coupon a $44^m \, 2/3 + 7 = 51^m \, 2/3$; le 2ᵉ coupon $44^m \, 2/3$ et le 3ᵉ coupon $44^m \, 2/3 - 14^m = 30^m \, 2/3$.

241. *Partager* $52\,350^f$ *entre 3 personnes de manière que la* 1ʳᵉ *ait* $3\,275^f$ *de plus que la* 3ᵉ *et celle-ci* $1\,100^f$ *de plus que la* 2ᵉ.

Si l'on représente par x la part de la 3ᵉ personne, on peut écrire :

$$x + 3\,275 + x - 1\,100 + x = 52\,350.$$

d'où l'on tire $\qquad x = 16\,725.$

R. — La 1ʳᵉ personne aura $16\,725^f + 3\,275^f = \mathbf{20\,000^f}$.
$\qquad$ La 2ᵉ aura $16\,725^f - 1\,100^f = \mathbf{15\,625^f}$ et la 3ᵉ $\mathbf{16\,725^f}$.

242. *Trois balles de café pesant ensemble* $108^{kg},70$, *ont coûté* $815^f,25$. *La* 1ʳᵉ *pèse* $23^{kg},70$ *de moins que les deux autres ensemble; la* 3ᵉ *pèse* $12^{kg},10$ *de moins que la* 1ʳᵉ. *Trouver le poids et le prix de chaque balle.*

Si on augmentait le poids de la 1ʳᵉ balle de $23^{kg},70$, le poids total des 3 balles serait de : $108^{kg},70 + 23^{kg},70 = 132^{kg},40$.

La 1ʳᵉ balle pèserait alors autant que les deux autres ensemble, soit : $132^{kg},40 : 2 = 66^{kg},20$.

Le poids réel de la 1ʳᵉ **balle** est donc

$$66^{kg},20 - 23^{kg},70 = \mathbf{42^{kg},50}.$$

Celui de la 3ᵉ **balle** est $42^{kg},50 - 12^{kg},10 = \mathbf{30^{kg},40}$.
Celui de la 2ᵉ **balle** est $66^{kg},20 - 30^{kg},40 = \mathbf{35^{kg},80}$.
Prix du kg. de café : $815^f,25 : 108,70 = 7^f,50$.

R. — La 1ʳᵉ **balle** vaut : $7^f,50 \times 42,50 = \mathbf{318^f,75}$.
$\qquad$ La 2ᵉ **balle** vaut : $7^f,50 \times 35,80 = \mathbf{268^f,50}$.
$\qquad$ La 3ᵉ **balle** vaut : $7^f,50 \times 30,40 = \mathbf{228^f}$.

243. *On a partagé* 108^f *entre 3 frères; la part du* 2ᵉ *est égale à la demi-somme des parts des deux autres et au double de leur différence. Trouver les trois parts.*

En désignant la 1ʳᵉ part par A, la 2ᵉ par B et la 3ᵉ par C, on a :

$$A + B + C = 108 \qquad (1)$$
$$2B = A + C \qquad (2)$$
$$\frac{B}{2} = A - C \qquad (3)$$

Si l'on ajoute (2) et (3) et si l'on retranche (3) de (2), on a :

$$A = \frac{5B}{4} \qquad \text{et} \qquad C = \frac{3B}{4}.$$

Alors (1) devient $\dfrac{5B}{4} + B + \dfrac{3B}{4} = 108$; d'où B $= 36$.

Par suite $\quad$ A $= \dfrac{5 \times 35}{4} = 45$; $\quad$ C $= \dfrac{3 \times 36}{4} = 27$.

R. — 1ʳᵉ part $\mathbf{45^f}$; 2ᵉ part $\mathbf{36^f}$; 3ᵉ part $\mathbf{27^f}$.

3, 4, 5... parts. — On connaît leur *somme* et leur *rapport* 2 à 2.

244. Problème type. — Partager 42 920ᶠ entre 3 personnes, de manière que la 1ʳᵉ ait le double de la 2ᵉ et celle-ci le triple de la 3ᵉ.

(*Voir Arith.*, p. 131.)

245. *Une personne achète pour la somme de 175ᶠ une table, un lit et une montre. Le prix du lit est le triple de celui de la table; la montre coûte autant que le lit. Trouver le prix des 3 objets.*

La somme totale 175ᶠ représente 1 fois + 3 fois + 3 fois = 7 fois le prix de la table.

R. — Prix de la **table** : 175ᶠ : 7 = **25ᶠ.**
Prix du lit : 25ᶠ × 3 = **75ᶠ.** — Prix de la **montre** : **75ᶠ.**

246. *Une gratification de 292ᶠ,50 est partagée entre trois employés. Le 1ᵉʳ reçoit le double de la part du 2ᵉ plus 2ᶠ,50 ; le 2ᵉ reçoit 25ᶠ de moins que le 3ᵉ. Trouver la part de chacun.*

$$292^f,50 \begin{cases} 1^{er}\dots\dots\dots\dots & 2 \text{ parts} + 2^f,50 \\ 2^e\dots\dots\dots\dots & 1 \text{ part} \\ 3^e\dots\dots\dots\dots & 1 \text{ part} + 25^f \end{cases}$$

Si l'on diminue de 2ᶠ,50 la gratification du 1ᵉʳ employé et de 25ᶠ celle du 3ᵉ, le total des gratifications n'égalera plus que 292ᶠ,50 — (2ᶠ,50 + 25ᶠ) = 265ᶠ.

Ces 265ᶠ représenteront alors 2 + 1 + 1 = 4 parts égales à celle du 2ᵉ employé.

R. — Part du 2ᵉ employé : 265ᶠ : 4 = **66ᶠ,25.**
Part du 3ᵉ   —   66ᶠ,25 + 25ᶠ = **91ᶠ,25.**
Part du 1ᵉʳ   —   (66ᶠ,25 × 2) + 2ᶠ,50 = **135ᶠ.**

247. *Un fermier a vendu un cheval, une vache et un veau pour une somme totale de 5 780ᶠ. Trouver le prix de vente de chaque animal sachant que la vache vaut 3 fois plus que le veau et 740ᶠ de moins que le cheval.*

Représentons par V le prix du veau ; le prix de la vache sera 3 V et celui du cheval 3 V + 740 ; et nous aurons :

$$V + 3 V + 3 V + 740 = 5 780$$
$$V = 720.$$

R. — Prix du **cheval** : (720 × 3) + 740 = **2 900ᶠ.**
Prix de la **vache** : 720 × 3 = **2 160ᶠ.** Prix du **veau** : **720ᶠ.**

248. *Une personne a acheté pour 623ᶠ un meuble et 2 coupons d'étoffe, l'un de toile à 8ᶠ le mètre, l'autre de drap à 28ᶠ le mètre. Le coupon de drap lui a coûté 2 fois* *plus que le coupon de toile et* 63^f *de moins que le meuble. Calculer :* 1° *le prix du meuble ;* 2° *la longueur de chaque coupon.*

Représentons par x le prix du coupon de toile ; le prix du coupon de drap sera $2x$ et le prix du meuble $2x + 63$; et nous aurons :

$$x + 2x + 2x + 63 = 623$$
$$x = 112.$$

R. — Prix du meuble : $(112^f \times 2) + 63 = 287^f$.

Longueur du coupon de toile : $112 : 8 = $ **14 mètres.**

Longueur du coupon de drap : $\dfrac{112 \times 2}{28} = $ **8 mètres.**

3, 4, 5... parts. — **On connaît les** *sommes* **des nombres additionnés 2 à 2.**

249. Problème type. — Trouver la valeur de 3 sommes, sachant que la 1re et la 2e valent ensemble 650^f; la 1re et la 3e, 750^f; la 2e et la 3e, 900^f.

(*Voir Arith..* p. 131.)

250. *Trouver 3 nombres tels que la somme du* 1er *et du* 2e *égale* 310, *celle du* 1er *et du* 3e 256 *et celle du* 2e *et du* 3e 174.

<table>
<tr><td>

$$1^{er} + 2^e = 310$$
$$1^{er} + 3^e = 256$$
$$2^e + 3^e = 174$$
____
$$2 \text{ fois } (1^{er} + 2^e + 3^e) = 740$$
$$1^{er} + 2^e + 3^e = 370$$

</td><td>

$$x + y = 310 \quad (1)$$
$$x + z = 256 \quad (2)$$
$$y + z = 174 \quad (3)$$
____
$$2(x + y + z) = 740$$
$$x + y + z = 370 \quad (4)$$

</td></tr>
<tr><td>

De cette dernière égalité, retranchons successivement les 3 premières, nous aurons :

$$3^e \text{ n.} : 370 - 310 = 60.$$
$$2^e \text{ n.} : 370 - 256 = 114.$$
$$1^{er} \text{ n.} : 370 - 174 = 196.$$

R. — 1er **196,** 2e **114,** 3e **60.**

</td><td>

De (4), retranchons successivement (1) (2) et (3), nous aurons :

$$z = 370 - 310 = 60$$
$$y = 370 - 256 = 114$$
$$x = 370 - 174 = 196.$$

R. — $x =$ **196;** $y =$ **114;** $z =$ **60.**

</td></tr>
</table>

251. *Trois bourses contiennent de l'argent; dans les deux premières il y a* 795^f, *dans la première et la troisième* 851^f, *enfin dans la deuxième et la troisième* 1 012^f; *combien y a-t-il dans chaque bourse séparément ?*

$$1^{re} + 2^e = 795^f$$
$$1^{re} + 3^e = 851^f$$
$$2^e + 3^e = 1\,012^f$$
____
$$2 \text{ fois } (1^{re} + 2^e + 3^e) = 2\,658^f$$
$$1^{re} + 2^e + 3^e = 1\,329^f$$

De cette dernière égalité retranchons successivement les 3 premières, nous obtiendrons les résultats suivants :

R. — 1re **317^f;** 2e **478^f;** 3e **534^f.**

252. *Trois ouvriers travaillent chez un fabricant ; le 1ᵉʳ et le 2ᵉ ont gagné 388ᶠ,80 en 18 jours ; le 1ᵉʳ et le 3ᵉ, 414ᶠ en 15 jours ; le 2ᵉ et le 3ᵉ, 600ᶠ en 20 jours. Combien chacun d'eux gagne-t-il par jour ?*

En calculant le gain journalier des divers groupes, on ramène le problème au précédent.

$$1^{er} + 2^e = 388^f,80 : 18 = 21^f,60$$
$$1^{er} + 3^e = 414^f : 15 = 27^f,60$$
$$2^e + 3^e = 600^f : 20 = 30^f$$

$$2 \text{ fois } (1^{er} + 2^e + 3^e) = \ldots\ldots\ldots\ldots\, 79^f,20$$
$$1^{er} + 2^e + 3^e = 39^f,60.$$

$$3^e = 39^f,60 - 21^f,60 = 18^f$$
$$2^e = 39^f,60 - 27^f,60 = 12^f$$
$$1^{er} = 39^f,60 - 30^f = 9^f,60.$$

R. — Gain journalier du 1ᵉʳ, **9ᶠ60** ; du 2ᵉ **12ᶠ** ; du 3ᵉ, **18ᶠ**.

253. *Pour 1ᵏᵍ de sucre, 1/2ᵏᵍ de café et 1/2ᵏᵍ de chocolat, on payerait 9ᶠ,60 ; pour 1ᵏᵍ de café, 1/2ᵏᵍ de sucre et 1/2ᵏᵍ de chocolat, 12ᶠ,45 et pour 1ᵏᵍ de chocolat, 1/2ᵏᵍ de sucre et 1/2ᵏᵍ de café, 11ᶠ,35. Calculer, d'après cela, le prix du kg. de chacune de ces trois denrées.*

Représentons le prix du kg. de sucre par x, du kg. de café par y et du kg. de chocolat par z ; nous aurons :

$$x + \frac{y}{2} + \frac{z}{2} = 9,60, \quad \text{ou} \quad 2x + y + z = 19,20 \quad (1)$$

$$y + \frac{x}{2} + \frac{z}{2} = 12,45, \quad \text{ou} \quad 2y + x + z = 24,90 \quad (2)$$

$$z + \frac{x}{2} + \frac{y}{2} = 11,35, \quad \text{ou} \quad 2z + x + y = 22,70 \quad (3)$$

$$4(x + y + z) = 66,80$$
$$x + y + z = 16,70 \quad (4)$$

Retranchons (4) successivement de (1) (2) et (3), nous obtiendrons les résultats suivants :

R. — Prix du kg. de **sucre** 2ᶠ,50 ; du kg. de **café** 8ᶠ,20 ; du kg. de **chocolat** 6ᶠ.

254. *Un marchand a vendu aux mêmes conditions une 1ʳᵉ fois 2ᵏᵍ de fromage et 2ᵏᵍ de confitures pour 17ᶠ,60 ; une 2ᵉ fois 3ᵏᵍ de confitures et 3ᵏᵍ de chocolat pour 27ᶠ,60 et une 3ᵉ fois, 5ᵏᵍ de fromage et 5ᵏᵍ de chocolat pour 62ᶠ. En déduire le prix de vente du kg. de chaque espèce de marchandise.*

Désignons le prix du kg. de fromage par x; du kg. de confiture par y; du kg. de chocolat par z ; nous aurons :

$$2x + 2y = 17,6 \quad \text{d'où} \quad x + y = 8,8 \quad (1)$$
$$3y + 3z = 27,6 \quad \text{d'où} \quad y + z = 9,2 \quad (2)$$
$$5x + 5z = 62 \quad \text{d'où} \quad x + z = 12,4 \quad (3)$$

$$2(x + y + z) = 30,40$$
$$x + y + z = 15,20. \quad (4)$$

En retranchant successivement (1), (2) et (3) de (4), nous obtiendrons les résultats suivants :

R. — Prix du kg. de chocolat 6^f,40, du kg. de fromage 6^f, du kg. de confitures 2^f,80.

255. *Une somme a été partagée entre 4 personnes : la part de la 1re plus celle de la 2e valent 2 690^f,40 ; la part de la 3e plus celle de la 2e valent 3 090^f,45 ; la 3e et la 4e part valent ensemble 3 319^f,60 ; enfin la 4e et la 2e part valent ensemble 3 189^f,95. Dire la somme à partager et la part de chaque personne.*

$$1^{re} + 2^e = 2\ 690,40 \qquad (1)$$
$$2^e + 3^e = 3\ 090,45 \qquad (2)$$
$$3^e + 4^e = 3\ 319,60 \qquad (3)$$
$$2^e + 4^e = 3\ 189,95 \qquad (4)$$

Ajoutons (2) et (3), nous aurons :

$$2^e + 3^e + 3^e + 4^e = 6\ 410,05. \qquad (5)$$

Retranchons (4) de (5) ; il restera :

$$3^e + 3^e = 3\ 220,10.$$

La 3^e part vaut donc :   3 220,10 : 2 = 1 610^f,05 ⎫
La 2e part vaut : 3 090,45 — 1 610,05 = 1 480^f,40 ⎪ Total
La 1re part vaut : 2 690,40 — 1 480,40 = 1 210^f ⎬ 6 010^f.
La 4e part vaut : 3 319,60 — 1 610,05 = 1 709^f,55 ⎭

R. — 6 010^f ; 1re 1 210 ; 2e 1 480^f,40 ; 3e 1 610^f,05 ; 4e 1 709^f,55.

Calcul des quantités.

(N^{os} **256** à **261**. *Voir Arith.*, p. 132.) — **262.** *Deux coupons de drap de même longueur ont coûté ensemble 3 307^f,50. Sachant que 1 mètre du 1er coupon vaut 36^f et que 12^m du 2e coupon ont même valeur que 9^m du 1er, trouver la longueur commune des coupons.*

Le mètre du 2e coupon vaut $\dfrac{36^f \times 9}{12} = 27^f$.

Pour 1^m de chaque coupon on payerait 36^f + 27^f = 63^f.

R. — Longueur commune des coupons : 3 307,50 : 63 = **52^m,50.**

263. *Dans une usine où l'on emploie un nombre égal d'hommes, de femmes et d'enfants, il a fallu 3 078^f pour payer les ouvriers après une semaine de 6 jours de travail. Les hommes gagnent 15^f par jour, les femmes 8^f,50 et les enfants 5^f. Combien cette usine emploie-t-elle d'ouvriers de chaque catégorie ?*

Pour payer les ouvriers il faut 3 078^f : 6 = 513^f par jour.
Pour payer 1 ouvrier de chaque catégorie il faut par jour :

$$15^f + 8^f,50 + 5^f = 28^f,50.$$

R. — Nombre d'ouvriers de chaque catégorie : 513 : 28,50 = **18.**

264. *Une bicyclette coûtant 540ᶠ a été payée en billets de 100ᶠ et de 20ᶠ. Le nombre de billets de 20ᶠ surpasse de 9 le nombre de billets de 100ᶠ. Combien a-t-on donné de billets de chaque sorte ?*

En ôtant de la somme versée 9 billets de 20ᶠ, il reste le même nombre de billets de 100ᶠ et de 20ᶠ valant ensemble :

$$540^f - 20^f \times 9 = 360^f.$$

Or 1 billet de 100ᶠ et 1 billet de 20ᶠ valent ensemble 120ᶠ.

R. — Nombre de **billets de 100ᶠ** : 360 : 120 = **3.**
Nombre de **billets de 20ᶠ** : 3 + 9 = **12.**

265. *Deux pièces d'étoffe ont la même longueur ; 3ᵐ de l'une valent autant que 2ᵐ de l'autre, et le prix de ces 5ᵐ est de 27ᶠ. Sachant que la différence des prix des deux pièces est de 101ᶠ,25, on demande la longueur commune de chaque pièce.*

Puisque 3ᵐ de la 1ʳᵉ pièce ont même valeur que 2ᵐ de la 2ᵉ pièce, 27ᶠ représentent le prix de 3ᵐ + 3ᵐ = 6ᵐ de la 1ʳᵉ pièce ou le prix de 2ᵐ + 2ᵐ = 4ᵐ de la 2ᵉ pièce.
Prix du mètre de la 1ʳᵉ pièce : 27ᶠ : 6 = 4ᶠ,50.
Prix du mètre de la 2ᵉ pièce : 27ᶠ : 4 = 6ᶠ,75.
Différence de prix par mètre : 6ᶠ,75 — 4ᶠ,50 = 2ᶠ,25.

R. — Longueur des pièces : 101,25 : 2,25 = **45 mètres.**

266. *En achetant une pièce de drap 30ᶠ,50 le mètre, je payerai 152ᶠ,50 de plus qu'en l'achetant 28ᶠ le mètre. Quelle est sa longueur ?*

Différence de prix par mètre : 30ᶠ,50 — 28ᶠ = 2ᶠ,50.

R. — Longueur de la pièce : 152,50 : 2,5 = **61 mètres.**

267. *En revendant une pièce de drap 32ᶠ,80 le mètre, on gagnerait 154ᶠ, tandis qu'en la revendant 29ᶠ, on perdrait 55ᶠ. Trouver la longueur de la pièce.*

Différence des deux prix de vente : 154ᶠ + 55ᶠ = 209ᶠ.
Différence de prix par mètre : 32ᶠ,80 — 29ᶠ = 3ᶠ,80.

R. — Longueur de la pièce : 209 : 3,80 = **55 mètres.**

268. *En revendant une pièce de drap 36ᶠ,50 le mètre, on gagnerait 279ᶠ, tandis qu'en la revendant 35ᶠ, on ne gagnerait que 186ᶠ. Trouver la longueur de la pièce.*

Différence des deux prix de vente : 279ᶠ — 186ᶠ = 93ᶠ.
Différence de prix par mètre : 36ᶠ,50 — 35ᶠ = 1ᶠ,50.

R. — Longueur de la pièce : 93 : 1,50 = **62 mètres.**

269. *Un vigneron doit acheter une maison avec le produit de sa récolte. S'il vendait la barrique de vin 155ᶠ, il lui manquerait 830ᶠ ; s'il la vendait 160ᶠ, il ne lui manquerait* *plus que 200ᶠ. Trouver le nombre de barriques de vin récoltées et le prix de la maison.*

Différence des deux prix de vente : 830ᶠ — 200ᶠ = 630ᶠ.
Différence de prix par barrique : 160ᶠ — 155ᶠ = 5ᶠ.

R. — Nombre de barriques : 630 : 5 = **126 barriques.**
Prix de la maison : 160ᶠ × 126 + 200ᶠ = **20 860ᶠ.**

270. *Deux pièces de drap d'égale longueur ont coûté, l'une 1 428ᶠ, l'autre 1 249ᶠ,50. Sachant que le prix du mètre de la 1ʳᵉ surpasse de 3ᶠ,50 le prix du mètre de la 2ᵉ, on demande : 1º la longueur de chaque pièce; 2º le prix du mètre de chaque qualité.*

Différence de valeur des pièces : 1 428ᶠ — 1 249ᶠ,50 = 178ᶠ,50.

R. — Longueur de chaque pièce : 178,50 : 3,50 = **51 mètres.**
Prix du mètre de la **1ʳᵉ** qualité : 1 428 : 51 = **28ᶠ.**
Prix du mètre de la **2ᵉ** qualité : 28ᶠ — 3ᶠ,50 = **24ᶠ,50.**

271. *Un marchand avait un lot de café. En le vendant 8ᶠ,25 le kg., il aurait gagné 180ᶠ; en le vendant 3ᶠ,75 le demi-kg., il aurait perdu 360ᶠ. Or, il a cédé tout son café pour 5 975ᶠ. Combien en avait-il de kg. et quel est son bénéfice ?*

Différence des deux prix de vente : 180ᶠ + 360ᶠ = 540ᶠ.
Différence de prix par kg. : 8ᶠ,25 — (3ᶠ,75 × 2) = 0ᶠ,75.

R. — **Nombre de kg.** de café : 540 : 0,75 = **720ᵏᵍ.**
Prix d'achat du café : 8ᶠ,25 × 720 — 180ᶠ = 5 760ᶠ.

R. — **Bénéfice** réalisé : 5 975ᶠ — 5 760ᶠ = **215ᶠ.**

272. *Une personne a acheté 2 coupons de drap, l'un à 40ᶠ le mètre, l'autre qui mesure 3ᵐ de plus à 35ᶠ. Trouver la longueur de chaque coupon sachant que le 1ᵉʳ coûte 60ᶠ de moins que le 2ᵉ.*

Si le 1ᵉʳ coupon avait la même longueur que le 2ᵉ, sa valeur augmenterait de 40ᶠ × 3 = 120ᶠ.
Elle surpasserait la valeur du 2ᵉ coupon de 120ᶠ — 60ᶠ = 60ᶠ.
La différence de valeur par mètre est 40ᶠ — 35ᶠ = 5ᶠ.
La longueur commune serait de 60 : 5 = 12 mètres.

R. — **2ᵉ** coupon : **12ᵐ** ; **1ᵉʳ** coupon : 12ᵐ — 3ᵐ = **9ᵐ.**

273. *Dans une famille, le père gagne 1ᶠ,50 par heure et la mère 0ᶠ,90. Au bout de 25 jours, le père qui a travaillé 4 heures de plus par jour que la mère, a reçu 240ᶠ de plus que celle-ci. Combien chacun a-t-il fourni d'heures de travail par jour?*

Si le père avait fourni par jour le même nombre d'heures que la mère, il aurait reçu 1ᶠ,50 × 4 × 25 = 150ᶠ de moins.
La différence des sommes reçues par le père et la mère serait réduite à 240ᶠ — 150ᶠ = 90ᶠ.

Différence de gain par heure : 1f,50 — 0f,90 = 0f,60.
Nombre d'heures fournies par la mère : 90 : 0,60 = 150 heures.

R. — La mère a fourni par jour 150h : 25 = **6 heures.**
Le père — 6h + 4h = **10 heures.**

274. *Un tonneau a été rempli avec du vin à 160f et à 125f l'hectolitre. Sachant qu'il contient pour 307f,50 de vin et qu'il y a 75l de plus de la 2e qualité que de la 1re, trouver la capacité du tonneau.*

Si l'on pouvait ôter du tonneau 75l de 2e qualité, il y resterait des quantités égales de vin à 160f et à 125f et la valeur totale de ces vins serait de :

$$307^f,50 — (1^f,25 \times 75) = 213^f,75.$$

Or 1l de 1re qualité et 1l de 2e qualité valent ensemble :

$$1^f,60 + 1^f,25 = 2^f,85.$$

Le tonneau contiendrait alors : 213,75 : 2,85 = 75l de chaque sorte.

R. — Capacité du tonneau : 75l × 2 + 75l = **225 litres.**

275. *Un commerçant possède trois pièces d'étoffe, dont la 1re contient 9m de plus que la 2e et 20m de plus que la 3e. Le prix du mètre est de 11f pour la 1re, de 15f pour la 2e, de 16f pour la 3e. On demande la longueur de chaque pièce, sachant que leur valeur totale est de 1 435f.*

DONNÉES		En augmentant de 9m la longueur de la 2e pièce et de 20m la longueur de la 3e, les 3 pièces auront même longueur et leur valeur totale sera :
1re	xm à 11f	
2e	x — 9 à 15f	
3e	x — 20 à 16f	

$$1\,435^f + (15^f \times 9) + (16^f \times 20) = 1\,890^f.$$

Or 3m, dont un de chaque pièce, coûteraient

$$11^f + 15^f + 16^f = 42^f.$$

La longueur commune des pièces serait alors celle de la 1re, soit :

$$1\,890 : 42 = 45^m.$$

R. — La **1re pièce** mesure **45m** ;
la **2e pièce** : 45m — 9m = **36m.**
La **3e pièce** : 45m — 20m = **25m.**

276. *Un épicier a vendu du café à 8f le kg. et 6 fois plus de sucre à 2f,50 le kg. Sachant que le café lui a rapporté 210f de moins que le sucre, trouver combien il a vendu de kg. de chaque denrée.*

Quand l'épicier vend 1kg de café, il vend 6kg de sucre et la différence des deux prix de vente est :

$$2^f,50 \times 6 — 8^f = 15^f — 8^f = 7^f.$$

Autant de fois cette différence est contenue dans 210f, autant de fois l'épicier a vendu 1kg de café et 6kg de sucre.

R. — 210 : 7 = **30kg de café** et 30kg × 6 = **180kg de sucre.**

277. *Un hôtelier a acheté des poulets à 10ᶠ,50 l'un et des dindes à 35ᶠ l'une. Il a 5 fois plus de poulets que de dindes et a dépensé 262ᶠ,50. Combien a-t-il acheté de pièces de volailles de chaque sorte?*

Quand l'hôtelier achète 1 dinde, il achète 5 poulets et la dépense totale est : 35ᶠ + 10ᶠ,50 × 5 = 87ᶠ,50.

La dépense réelle est 262,50 : 87,50 = 3 *fois plus forte.*

R. — L'hôtelier a acheté 1 × 3 = **3 dindes** et 5 × 3 = **15 poulets.**

278. *Un tailleur a acheté un coupon de drap à 42ᶠ le mètre, un coupon de serge de même longueur à 28ᶠ le mètre et une pièce de calicot à 3ᶠ,50 le mètre. Sachant qu'il a payé le tout 1 820ᶠ et que la pièce de calicot est 6 fois plus longue que le coupon de drap, trouver combien il a acheté de mètres de chaque étoffe.*

Quand le tailleur achète 1ᵐ de drap, il achète 1ᵐ de serge et 6ᵐ de calicot et dépense en tout :

$$42^f + 28^f + (3^f,50 \times 6) = 91^f.$$

La dépense réelle est : 1 820 : 91 = 20 *fois plus forte.*

R. — Il a acheté **20ᵐ de drap,** 20ᵐ de serge et 20ᵐ × 6 = **120ᵐ de calicot.**

279. *Un épicier a du vin à 5ᶠ, à 3ᶠ,50 et à 2ᶠ,80 la bouteille. Il a 2 fois plus de bouteilles de la 3ᵉ qualité que de la 2ᵉ et 7 fois plus de la 3ᵉ que de la 1ʳᵉ. Combien a-t-il de bouteilles de chaque qualité sachant que leur valeur totale est de 3 685ᶠ ?*

Quand l'épicier a 14 bouteilles de la 3ᵉ qualité il en a 7 de la 2ᵉ qualité et 2 de la 1ʳᵉ qualité ; et la valeur totale de ces bouteilles est :

$$(5^f \times 2) + (3^f,50 \times 7) + (2^f,80 \times 14) = 73^f,70.$$

La valeur totale réelle est : 3 685 : 73,7 = 50 *fois plus forte.*

R. — Il y a 2 × 50 = **100 bouteilles de la 1ʳᵉ qualité ;** 7 × 50 = **350 de la 2ᵉ qualité,** et 14 × 50 = **700 de la 3ᵉ qualité.**

Calcul des prix.

(Nᵒˢ **280** à **285.** *Voir Arith.,* p. 136.). — **286.** *Un hôtelier a acheté 14 douzaines de verres et 216 assiettes. Il a payé la douzaine de verres au même prix que la douzaine d'assiettes. Quel est ce prix, sachant que la dépense totale a été de 422ᶠ,40?*

Nombre de douzaines : 14 + (216 : 12) = 14 + 18 = 32.

R. — Prix de la douzaine : 422ᶠ,40 : 32 = **13ᶠ,20.**

287. *Une ménagère veut acheter des poires ; si elle en prenait 40, il lui manquerait 0ᶠ,75, mais si elle n'en achetait que 15, il lui resterait 4ᶠ,25. On demande : 1° le prix d'une poire ; 2° de quelle somme dispose la ménagère.*

Différence des prix d'achat : 0,75 + 4ʳ,25 = 5ʳ.
Différence des nombres de poires achetées : 40 — 15 = 25.

R. — **Prix d'une poire** : 5ʳ : 25 = 0ʳ,20.
     Avoir de la ménagère : 0ʳ,20 × 40 — 0,75 = 7ʳ,25.

288. *Un marchand achète trois pièces d'étoffe de même qualité. La 1ʳᵉ a 35ᵐ,50 de moins que la 2ᵉ et celle-ci 7ᵐ de moins que la 3ᵉ. La première pièce coûte 360ʳ et la troisième 870ʳ. Calculer la longueur de chaque pièce et le prix du mètre.*

La 1ʳᵉ pièce mesure 35ᵐ,50 + 7ᵐ = 42ᵐ,50 de moins que la 3ᵉ et elle vaut 870ʳ — 360ʳ = 510ʳ de moins que la 3ᵉ.

R. — Prix du mètre d'étoffe : 510ʳ : 42,50 = 12ʳ.
     Longueur de la 1ʳᵉ pièce : 360 : 12 = 30ᵐ.
                  2ᵉ pièce : 30ᵐ + 35ᵐ,50 = **65ᵐ,50**.
                  3ᵉ pièce : 65ᵐ,50 + 7 = **72ᵐ,50**.

289. *Deux pièces de vin de même qualité ont coûté ensemble 672ʳ. L'une des pièces qui contient 114ˡ de moins que l'autre, est mise en bouteilles et on en remplit 148 bouteilles contenant chacune pour 1ʳ,50 de vin. On demande : 1° la contenance de chaque pièce ; 2° le prix du litre.*

Prix de la plus petite pièce : 1ʳ,50 × 148 = 222ʳ.
Prix de l'autre pièce : 672ʳ — 222ʳ = 450ʳ.
Différence de prix des deux pièces : 450ʳ — 222ʳ = 228ʳ.

R. — **Prix du litre de vin** : 228ʳ : 114 = 2ʳ.
     Contenance des pièces : 450 : 2 = 225ˡ et 222 : 2 = 111ˡ.

290. *Deux ouvriers travaillent ensemble ; le 1ᵉʳ qui gagne par jour 2ʳ,25 de plus que le second, travaille 18 jours et le second 24 jours. Celui-ci reçoit alors 49ʳ,50 de plus que l'autre. Trouver le gain journalier de chacun.*

Si le salaire journalier du 1ᵉʳ était égal à celui du 2ᵉ, son gain total diminuerait de 2ʳ,25 × 18 = 40ʳ,50.
La différence des gains des 2 ouvriers serait alors

$$49^r,50 + 40^r,50 = 90^r$$

et proviendrait de la différence des nombres de journées fournies :

$$24 — 18 = 6.$$

R. — Gain journalier du 2ᵉ ouvrier : 90ʳ : 6 = **15ʳ**.
     Gain journalier du 1ᵉʳ ouvrier : 15ʳ + 2ʳ,25 = **17ʳ,25**.

291. *Un fermier a vendu 11 moutons, 4 porcelets et 7 veaux pour une somme totale de 4 470ʳ. Sachant qu'un mouton vaut 25ʳ de plus qu'un porcelet et 150ʳ de moins qu'un veau, trouver le prix de chacun de ces animaux.*

Si l'on représente le prix d'un mouton par *m*, le prix d'un porcelet est *m* — 25 et celui d'un veau *m* + 150ᶠ ; et l'on a

$$11m + (m - 25) \times 4 + (m + 150) \times 7 = 4\,470^f$$

ou $$11m + 4m - 100 + 7m + 1\,050 = 4\,470^f.$$
$$m = 160^f.$$

R. — Prix d'un **mouton** 160ᶠ ; d'un **porcelet** 160ᶠ — 25 = **135ᶠ** ; d'un **veau** 160 + 150 = **310ᶠ**

292. *Une ménagère veut acheter une pièce de toile. On lui en présente deux ; la 1ʳᵉ a 65ᵐ et la 2ᵉ qui coûte 1ᶠ,50 de plus par mètre, a 52ᵐ. Trouver le prix du mètre de chaque pièce et la somme dont dispose la ménagère, sachant qu'il lui manquerait 8ᶠ pour payer la 2ᵉ pièce, et qu'il lui resterait 5ᶠ si elle achetait la 1ʳᵉ.*

Différence de prix des 2 pièces : 8 + 5 = 13ᶠ.

Si le prix du mètre de la 2ᵉ pièce était égal au prix du mètre de la 1ʳᵉ, la valeur totale de la 2ᵉ pièce diminuerait de :

$$1^f,50 \times 52 = 78^f.$$

La 2ᵉ pièce vaudrait 78 — 13 = 65ᶠ de moins que la 1ʳᵉ et cela parce qu'elle contient 65 — 52 = 13ᵐ de moins.

R. — Prix du mètre de la 1ʳᵉ **pièce** : 65ᶠ : 13 = **5ᶠ.**
Prix du mètre de la 2ᵉ **pièce** : 5ᶠ + 1ᶠ,50 = **6ᶠ,50.**
La ménagère dispose de (5ᶠ × 65) + 5 = **330ᶠ.**

293. *Un magasin est éclairé par 40 lampes électriques les unes de 100 bougies, les autres de 16 bougies. Pour les premières, qui sont au nombre de 7, on a payé 16ᶠ,80 de moins que pour les autres. Quel est le prix d'une lampe de chaque sorte sachant qu'une lampe de 100 bougies coûte autant que 3 de 16 bougies.*

Nombre de lampes de 16 bougies : 40 — 7 = 33.

Les 7 lampes de 100 bougies coûtent autant que 3 × 7 = 21 lampes de 16 bougies.

Donc 16ᶠ,80 représentent le prix de 33 — 21 = 12 lampes de 16 bougies.

R. — Prix d'une lampe de **16 bougies** : 16ᶠ,80 : 12 = **1ᶠ,40.**
Prix d'une lampe de **100 bougies** : 1ᶠ,40 × 3 = **4ᶠ,20.**

294. *Un ouvrier et son apprenti ont reçu pour un total de 27 jours de travail une somme de 324ᶠ. Sachant qu'une journée de l'ouvrier en vaut 4 de l'apprenti et que ce dernier a travaillé 3 jours de moins que l'ouvrier, trouver le salaire journalier de chacun.*

L'apprenti a travaillé $\dfrac{27 - 3}{2} = 12$ jours et l'ouvrier 15 jours.

Les 15 journées de l'ouvrier valent : 4 × 15 = 60 journées de l'apprenti.

Donc 324ᶠ représentent le prix de 12 + 60 = 72 journées de l'apprenti.

R. — Salaire journalier de **l'apprenti** : 324ᶠ : 72 = **4ᶠ,50.**
Salaire journalier de **l'ouvrier** : 4ᶠ,50 × 4 = **18ᶠ.**

295. *Pour 25ᵏᵍ de café, 30ᵏᵍ de chocolat et 50ᵏᵍ de sucre, on a payé 481ᶠ. Quel est le prix du kg. de chacune de ces denrées, sachant que 1ᵏᵍ de chocolat coûte 2 fois plus que 1ᵏᵍ de sucre et que 2ᵏᵍ de café coûtent autant que 3ᵏᵍ de chocolat.*

Soit x le prix du kg. de sucre. Le prix du kg. de chocolat sera

$2x$, et le prix du kg. de café, $\dfrac{2x \times 3}{2} = 3x$; et on aura :

$$3x \times 25 + (2x \times 30) + (x \times 50) = 481$$
$$75x + 60x + 50x = 481$$

d'où $x = 2,60.$

R. — Prix du kg. de café : $2ᶠ,60 \times 3 = 7ᶠ,80$;
    —   chocolat : $2ᶠ,60 \times 2 = 5ᶠ,20$;
    —   sucre............ $2ᶠ,60.$

296. *Une couturière a fait 3 douzaines de chemises, 2 douzaines de camisoles et 18 pantalons. Elle a reçu pour ce travail 352ᶠ,80. On sait qu'elle fait payer autant pour 5 camisoles que pour 4 chemises et que pour 6 pantalons. Trouver le prix d'une chemise, d'une camisole et d'un pantalon.*

La couturière a fait payer :

Pour $12 \times 3 = 36$ chemises autant que pour $\dfrac{5 \times 36}{4} = 45$ camisoles,

et pour 18 pantalons autant que pour $\dfrac{5 \times 18}{6} = 15$ camisoles.

Donc 352ᶠ,80 représentent le prix de la confection de :

$$12 \times 2 + 45 + 15 = 84 \text{ camisoles.}$$

R. — Prix d'une camisole : $352ᶠ,80 : 84 = 4ᶠ,20$;

    —   d'une chemise : $\dfrac{4ᶠ,20 \times 5}{4} = 5ᶠ,25$;

    —   d'un pantalon : $\dfrac{4ᶠ,20 \times 5}{6} = 3ᶠ,50.$

297. *Un propriétaire a acheté 3 domaines pour une somme totale de 290 000ᶠ. Le 1ᵉʳ mesure 37ʰᵃ,50 ; le 2ᵉ 1 250ᵃ et le 3ᵉ 7ʰᵃ,917. Les deux premiers, à surface égale, sont de même prix. D'autre part, 2ᵐ² du 1ᵉʳ plus 1ᵐ²,90 du 2ᵉ coûtent autant que 12ᵐ²,50 du 3ᵉ. Trouver le prix de l'hectare de chaque domaine.*

Puisque, à surface égale, les 2 premiers domaines ont même valeur, les 1 250ᵃ du 2ᵉ domaine valent 1 250ᵃ du 1ᵉʳ.

De même 12ᵐ²,50 du 3ᵉ domaine valant 2ᵐ² + 1ᵐ²,90 = 3ᵐ²,90 du 1ᵉʳ, les 7ʰᵃ,917 du 3ᵉ domaine valent

$$\dfrac{3ᵐ²,90 \times 70\,170}{12,50} = 21\,701ᵐ²,04 \text{ du 1ᵉʳ domaine.}$$

Donc la somme totale 290 000^f représente le prix de :

$$37^{ha},50 + 12^{ha},50 + 2^{ha},4\,701 = 52^{ha},4\,701 \text{ du } 1^{er}.$$

Prix de l'ha. du 1er domaine : 290 000^f : 52,4 701 = 5 526^f,95.

Prix de l'ha. du 3e domaine : $\dfrac{5\,526^f,95 \times 3,90}{12,50} = 1\,724^f,40.$

R. — Prix de l'ha. : 1° 5 526^f,95 ; 2° 5 526^f,95 ; 3° 1 724^f,40.

Calcul des quantités et des prix.

298. *Un épicier a acheté pour 700^f de chocolat et pour 1 680^f de thé. Le poids de la 1re denrée surpasse de 20^{kg} celui de la 2e. Sachant que 1^{kg} de thé coûte autant que 3^{kg} de chocolat, calculer le prix du kg. et le poids de chaque marchandise.*

Supposons que le kg. de chocolat coûte autant que le kg. de thé.

La valeur totale du chocolat serait alors 700^f × 3 = 2 100^f.

La différence des valeurs totales serait 2 100^f — 1 680 = 420^f et représenterait le prix des 20^{kg} de chocolat achetés en plus.

R. — **Prix du kg. de thé** $\dfrac{420^f}{20} = 21^f.$

Poids du thé $\dfrac{1\,680}{21} = 80^{kg}.$

Prix du kg. de chocolat $\dfrac{21^f}{3} = 7^f.$

Poids du chocolat $\dfrac{700}{7} = 100^{kg}.$

Solution algébrique. — Soit x le prix du kg. de chocolat ; le prix du kg. de thé sera $3x$. On a : *Poids du chocolat — Poids du thé = 20 kg.*

$$\frac{700}{x} - \frac{1\,680}{3x} = 20$$

d'où l'on tire : $x = 7$ et $3x = 21.$

299. *Un ouvrier a reçu pour un ouvrage 187^f,20 et son apprenti 52^f. Sachant que l'ouvrier a travaillé 2 jours de plus que l'apprenti et que son salaire vaut trois fois celui de l'apprenti, calculer le salaire et le nombre de journées de travail de chacun.*

Si le salaire de l'apprenti était égal à celui de l'ouvrier, l'apprenti aurait reçu 52^f × 3 = 156^f.

La différence des gains aurait été de 187^f,50 — 156^f = 31^f,20, et représenterait le prix des 2 journées que l'ouvrier a fournies en plus.

R. — 1° **Salaire de l'ouvrier** : 31^f,20 : 2 = 15^f,60.
— l'apprenti : 15^f,60 : 3 = 5^f,20.

2° **Nombre de journées de l'ouvrier** : 187,20 : 15,60 = 12 j.
— l'apprenti : 12 — 2 = 10 j.

Solution algébrique. — Soit x le salaire de l'apprenti ; le salaire de l'ouvrier sera $3x$. On a :

$$\frac{187,2}{3x} - \frac{52}{x} = 2$$

d'où l'on tire : $x = 5^f,20$ et $3x = 15^f,60$.

300. *Deux prairies ont coûté l'une 4 500ᶠ et l'autre 4 320ᶠ. La 1ʳᵉ contient 12 ares de moins que la 2ᵉ, mais le prix de l'are de la 1ʳᵉ est au prix de l'are de la 2ᵉ comme 5 est à 4. Trouver la superficie de chaque prairie et le prix de l'are de chaque parcelle.*

1ʳᵉ *solution.* — Si le prix de l'are de la 1ʳᵉ prairie était égal au prix de l'are de la 2ᵉ, la 1ʳᵉ coûterait :

$$\frac{4\,500^f \times 4}{5} = 3\,600^f.$$

La différence des valeurs totales serait de $4\,320^f - 3\,600^f = 720^f$ et représenterait le prix des 12 ares que la 2ᵉ contient en plus.

R. — 1° **Prix de l'are** de la 2ᵉ prairie : $720^f : 12 = \mathbf{60^f}$.
— 1ʳᵉ prairie : $60^f \times 5/4 = \mathbf{75^f}$.

2° **Superficie** de la 1ʳᵉ prairie : $4\,500 : 75 = \mathbf{60\ ares}$.
— 2ᵉ prairie : $60 + 12 = \mathbf{72\ ares}$.

2° *solution.* — Quand la 2ᵉ prairie vaut 4 320ᶠ, à surface égale, la 1ʳᵉ vaudrait $\dfrac{4\,320 \times 5}{4} = 5\,400^f$.

Donc l'are de cette prairie vaut $\dfrac{5\,400^f - 4\,500^f}{12} = 75^f$.

(Le reste comme ci-dessus.)

301. *Une vigne coûte 17 247ᶠ et une prairie d'étendue double 25 870ᶠ,50. L'hectare de vigne coûte 1 500ᶠ de plus que l'hectare de prairie. Trouver la surface et le prix de l'are de chaque terrain.*

Si la vigne avait même superficie que la prairie elle vaudrait :

$$17\,247^f \times 2 = 34\,494^f.$$

La différence des valeurs totales serait de

$$34\,494^f - 25\,870^f,50 = 8\,623^f,50$$

et proviendrait de la différence des prix par hectare.

1° **Surface** de la prairie : $8\,623,50 : 1\,500 = \mathbf{5^{ha},749}$.
— vigne : $5^{ha},749 : 2 = \mathbf{2^{ha},8745}$.

2° **Prix d'un are** de prairie : $25\,870^f,50 : 574,9 = \mathbf{45^f}$.
— de vigne : $45^f + 15^f = \mathbf{60^f}$.

Solution algébrique. — Soit x la surface en ha. de la vigne et $2x$ celle de la prairie. On aura :

Prix de l'ha. de vigne — *Prix de l'ha. de prairie* $= 1\,500^f$.

$$\frac{17\,247}{x} - \frac{25\,870,50}{2x} = 1\,500$$

d'où l'on tire : $x = 2,8745$.   *(Le reste comme ci-dessus.)*

302. *Deux champs, tels que la superficie de l'un est double de celle de l'autre, ont coûté ensemble 4 832^f,10. Sachant que 5 ares du 1er valent autant que 8 ares du 2e et que leur superficie totale est de 1^{ha} 6^a 20^{ca}, on demande le prix de l'are de chacun d'eux.*

1° *Calcul des superficies.*

Quand le 1er champ mesure 2 ares, le 2e mesure 1 are, et la superficie totale égale 3 ares.

La superficie du 1er est donc les 2/3 et celle du 2e le 1/3 de la superficie totale :

$$\textbf{R.} \text{ — Le 1}^{er} \text{ a : } \frac{106^a,20 \times 2}{3} = \textbf{70}^a\textbf{,80 ;}$$

$$\text{et le 2}^e : \frac{106^a,20}{3} = \textbf{35}^a\textbf{,40.}$$

2° *Calcul des prix.*

Les 70^a,80 du 1er champ ont même valeur que :

$$\frac{70^a,80 \times 8}{5} = 113^a,28 \text{ du 2}^e.$$

Donc : 113^a,28 + 35^a,40 = 148^a,68 du 2e valent 4 832^f,10.

R. — Prix de l'are du 2e : 4 832^f,10 : 148,68 = **32^f,50.**
Prix de l'are du 1er : 32^f,50 × 8/5 = **52^f.**

303. *Un commerçant a acheté de la toile et du calicot, en tout 645^m pour 3 225^f. On sait que 3^m de toile coûtent autant que 4^m de calicot et que l'achat comprend deux fois plus de calicot que de toile. Quels sont les prix respectifs du mètre de toile et du mètre de calicot ?*

1° *Calcul des longueurs.*

La longueur du coupon de toile est le 1/3 et celle du coupon de calicot, les 2/3 de la longueur totale.

$$\textbf{R.} \text{ — Il y a : } \frac{645}{3} = \textbf{215}^m \textbf{ de toile} \text{ et } \frac{645 \times 2}{3} = \textbf{430}^m \textbf{ de calicot.}$$

2° *Calcul des prix.*

Les 430^m de calicot ont même valeur que

$$\frac{430^m \times 3}{4} = 322^m,50 \text{ de toile.}$$

Donc : 215^m + 322^m,50 = 537^m,50 de toile valent 3 225^f.

R. — Prix du mètre de toile : 3 225^f : 537,50 = **6^f.**
Prix du mètre de calicot : 6^f × 3/4 = **4^f,50.**

Fausse position.

Problème type. — **304.** *Une somme de 213^f est composée de 54 pièces, les unes de 5^f et les autres de 2^f. Trouver le nombre de pièces de chaque espèce.*

(*Voir Arith.*, p. 140.)

305. *Quelqu'un prend un ouvrier, et il convient avec lui de lui donner 16ᶠ,50 par jour quand il ne le nourrira pas, et 8ᶠ,75 lorsqu'il le nourrira. Après 85 jours de travail, le maître doit à l'ouvrier 1 247ᶠ,50. Combien de jours l'ouvrier a-t-il été nourri ?*

Si l'ouvrier n'avait pris aucun repas chez son patron, il aurait reçu : 16ᶠ,50 × 85 = 1 402ᶠ,50.

Cette somme surpasse le gain réel de 1 402ᶠ,50 — 1 247ᶠ,50 = 155ᶠ.

En remplaçant 1 journée à 16ᶠ,50 par une journée à 8ᶠ,75, cet excédent diminue de 16,50 — 8,75 = 7ᶠ,75.

R. — Nombre de **journées à 8ᶠ,75** : 155 : 7,75 = **20 j.**

Solution algébrique. — Soit x le nombre de journées à 8ᶠ,75 ; 85 — x représentera le nombre de journées à 16ᶠ,50 et on aura :

$$16,50 (85 — x) + 8,75 x = 1 247,50$$

d'où $x = 20.$

306. *Un épicier a vendu 5 douzaines de pommes, les unes à raison de 0ᶠ,15 pièce, et les autres à raison de deux pour 0ᶠ,25. Combien en a-t-il vendu à 0ᶠ,15 pièce, s'il a reçu 8ᶠ,35 ?*

Si les 12 × 5 = 60 pommes avaient été vendues à raison de 2 pour 0ᶠ,25 l'épicier n'aurait reçu que 0ᶠ,25 × 30 = 7ᶠ,50.

Cette somme est inférieure de 8ᶠ,35 — 7ᶠ,50 = 0ᶠ,85 à la recette réelle.

En remplaçant 1 pomme 0ᶠ,25 : 2 = 0ᶠ,125 par 1 pomme à 0ᶠ,15 la recette augmente de 0ᶠ,15 — 0ᶠ,125 = 0ᶠ,025 ; pour qu'elle augmente de 0ᶠ,85 il faudra vendre 0ᶠ,85 : 0,025 = 34 pommes à 0ᶠ,15.

R. — Il a vendu **34 pommes à 0ᶠ,15.**

307. *Une marchande avait 90 oranges de deux qualités qu'elle a vendues en bloc pour 31ᶠ,50. Si elle avait vendu celles de 1ʳᵉ qualité 0ᶠ,40 pièce et celles de 2ᵉ qualité 0ᶠ,30, elle aurait reçu 0ᶠ,90 de moins. Combien avait-elle d'oranges de chaque qualité ?*

Dans le 2ᵉ cas, le prix de vente serait 31ᶠ,50 — 0ᶠ,90 = 30ᶠ,60.

Si elle avait vendu les 90 oranges à 0ᶠ,40, elle aurait reçu 0ᶠ,40 × 90 = 36ᶠ.

Cette somme surpasserait la recette faite dans le 2ᵉ cas de 36ᶠ — 30ᶠ,60 = 5ᶠ,40.

En remplaçant une orange à 0ᶠ,40 par une orange à 0ᶠ,30, l'excédent diminue de 0ᶠ,10 ; pour qu'il disparaisse il faudra vendre 5,40 : 0,10 = 54 oranges à 0ᶠ,30.

R. — **54 oranges de 2ᵉ qualité** et 90 — 54 = **36 de 1ʳᵉ qualité.**

308. *Un libraire a vendu pour une somme de 1 368ᶠ 450 volumes de deux prix différents : 3ᶠ,50 et 2ᶠ,75 en donnant 25 volumes pour 24. Combien a-t-il vendu de volumes de chaque prix ?*

Si aucun exemplaire n'avait été donné gratuitement, le libraire aurait reçu : 1 368^f × 25 /24 = 1 425^f.

Vendus tous à 3^f,50, les 450 exemplaires rapporteraient 3^f,50 × 450 = 1 575^f. L'excédent sur le prix de vente réel serait de 1 575^f — 1 425^f = 150^f

En remplaçant 1 volume à 3^f,50 par un volume à 2^f,75, cet excédent diminue de 3^f,50 — 2^f,75 = 0^f,75 ; pour qu'il disparaisse on doit vendre 150 : 0,75 = 200 volumes à 2^f,75 et par suite 450 — 200 = 350 à 3^f,50.

R. — 250 volumes à 3^f,50 et 200 à 2^f,75.

2e *solution.* — Nombre de volumes payés au libraire :

$$\frac{24 \times 450}{25} = 432.$$

A 3^f,5 l'un, ces volumes vaudraient 3^f,5 × 432 = 1 512^f.

Soit 1 512^f — 1 368^f = 144^f de trop.

Il y a donc $\dfrac{144}{3,5 - 2,75}$ = 192 volumes à 2^f,75.

R. — 192 volumes à 2^f,75 et 192 : 24 = 8 donnés.
432 — 192 = 240 à 3^f,5 et 240 : 24 = 10 donnés.

309. *Une personne a des pièces de 2^f et de 0^f,10 dont le total représente 109^f,80. Si dans ce nombre de pièces, il y avait autant de pièces de bronze que d'argent, la somme ne vaudrait plus que 75^f,60. Calculer : 1° le nombre total des pièces ; 2° le nombre des pièces de chaque espèce.*

1° *Calcul du nombre total de pièces.*

1 pièce de 2^f et 1 pièce de 0^f,10 font un total de 2^f,10.
Pour former un total de 75^f,60 il faut : 75,6 : 2,1 = 36 pièces de chaque sorte, donc en tout 36 × 2 = 72 pièces.

R. — Il y a en tout 72 pièces.

2° *Calcul du nombre de pièces de chaque sorte.*

S'il y avait 72 pièces de 2^f, la somme vaudrait 2^f × 72 = 144^f
Elle surpasserait la somme réelle de 144^f — 109,80 = 34^f,20.
En remplaçant 1 pièce de 2^f par 1 pièce de 0^f,10, cet excédent diminue de 2^f — 0^f,10 = 1^f,90 ; pour qu'il disparaisse il doit y avoir :

R. — 34,2 : 1,9 = 18 pièces de 0^f,10.
72 — 18 = 54 pièces de 2^f.

310. *Une bourse contient 45 pièces les unes de 20^f, les autres de 10^f. La somme produite par les pièces de 20^f dépasse l'autre de 330^f. Combien y a-t-il de pièces de chaque espèce ?*

1re *solution.* — Si la bourse ne contenait que des pièces de 20^f, la somme en pièces de 20^f vaudrait 20^f × 45 = 900^f et celle en pièces de 10^f serait nulle ; la différence serait donc de 900^f.

Cette différence surpasserait la différence réelle de

$$900^f - 330^f = 570^f.$$

Or chaque fois qu'on remplace une pièce de 20^f par une pièce de 10^f la différence entre la somme en pièces de 20^f et la somme en pièces de 10^f diminue de $20 + 10 = 30^f$; pour qu'elle diminue de 570^f, il faut qu'il y ait : $570 : 30 = 19$ pièces de 10^f.

R. — **19 pièces de 10^f** et $45 - 19 = $ **26 pièces de 20^f.**

2e *solution*. — On formerait des sommes égales en prenant

$$\frac{45}{3} = 15 \text{ pièces de } 20^f \text{ et } \frac{45 \times 2}{3} = 30 \text{ pièces de } 10^f.$$

Si l'on ajoute 1 pièce de 20^f à la 1re somme et qu'on retranche 1 pièce de 10^f de la 2e somme, la 1re surpassera la 2e de $20^f + 10^f = 30^f$; pour qu'elle la surpasse de 330^f, il faudra ajouter $330 : 30 = 11$ pièces de 20^f et retrancher 11 pièces de 10^f.

R. — Il y a donc $15 + 11 = $ **26 p. de 20^f** et $30 - 11 = $ **19 p. de 10^f.**

Solution algébrique. — Soit x le nombre de pièces de 20^f ; le nombre de pièces de 10^f sera : $45 - x$, et l'on aura :

$$20x - 10(45 - x) = 330$$

d'où
$$x = 26.$$

311. *Une personne répartit 80 ares de terrain en 2 lots. Le 1er estimé $2^f,40$ le m^2, vaut $5\,760^f$ de plus que le second estimé $1^f,80$ le m^2. Trouver l'étendue et la valeur de chaque lot.*

Si le 1er lot comprenait les 80 ares, il vaudrait

$$240^f \times 80 = 19\,200^f,$$

et la valeur du 2e lot serait nulle ; la différence des valeurs serait donc de $19\,200^f$. Elle surpasserait la différence réelle de $19\,200^f - 5\,760^f = 13\,440^f.$

Or chaque fois qu'on ôte 1 are au 1er lot pour le mettre au 2e lot la différence de valeur des lots diminue de

$$240^f + 180^f = 420^f ;$$

pour qu'elle diminue de $13\,440^f$, il faudra qu'il y ait :

$$13\,440 : 420 = 32 \text{ ares dans le } 2^e \text{ lot.}$$

R. — **1er lot 48 ares ; 2e lot 32 ares.**

312. *Un ouvrier s'engage à travailler chez un tailleur pendant le mois de janvier. Il est convenu que, pour chaque jour de travail, il recevra un salaire de $21^f,60$, mais que, pour chaque jour de chômage volontaire de sa part, il payera au contraire à son patron la somme de 10^f. Le compte réglé, il lui revient 520^f. Sachant que le mois de janvier a renfermé 4 dimanches, on demande combien l'ouvrier a fourni de journées de travail.*

Si l'ouvrier n'avait chômé aucun jour, il aurait touché :

$$21^f,60 \times (31 - 4) = 583^f,20.$$

Cette somme surpasse, la somme reçue de

$$583^f,20 - 520^f = 63^f,20.$$

Chaque jour de chômage, il perd $21^f,60 + 10^f = 31^f,60$.

Il a donc chômé $63,2 : 31,6 = 2$ jours.

R. — L'ouvrier a fourni $27 - 2 = $ **25 journées de travail.**

313. *Une ménagère a acheté du café à 8^f le kg., du sucre à $3^f,20$ le kg. et du chocolat à $6^f,20$ le kg., en tout 39 kg. qui lui ont coûté $208^f,80$. Combien a-t-elle pris de kg. de chaque marchandise sachant que le poids du sucre égale 5 fois celui du chocolat ?*

Si la ménagère avait acheté 39^{kg} de café, la dépense se serait élevée à $8^f \times 39 = 312^f$.

Elle surpasserait la dépense réelle de $312^f - 208^f,80 = 103^f,20$.

En remplaçant 6^{kg} de café par 5^{kg} de sucre et 1^{kg} de chocolat la dépense diminuera de

$$8^f \times 6 - (3^f,20 \times 5 + 6^f,20) = 48^f - 22^f,20 = 25^f,80.$$

Pour que la dépense diminue de $103^f,20$, il faudra faire cette substitution $103,20 : 25,8 = 4$ fois.

R. — Poids de **sucre** : $5^{kg} \times 4 = $ **20**^{kg}.
  — de **chocolat** : $1^{kg} \times 4 = $ **4**^{kg}.
  — de **café** : $39^{kg} - (20 + 4) = $ **15**^{kg}.

314. *Une usine emploie 1 500 ouvriers, hommes, femmes et enfants, dont les salaires journaliers sont respectivement 15^f, 10^f et 5^f ; calculer le nombre des ouvriers de chaque sorte, sachant que le nombre des femmes est égal à celui des enfants et que le total journalier des salaires est de $18\,000^f$.*

Si l'usine ne comptait que des hommes, la dépense journalière serait de $15^f \times 1\,500 = 22\,500^f$.

Elle surpasserait la dépense réelle de $22\,500^f - 18\,000^f = 4500^f$.

En remplaçant 2 hommes par 1 femme et 1 enfant, la dépense diminue de $15^f \times 2 - (10^f + 5^f) = 15^f$.

Pour quelle diminue de 4500^f, il faudra faire cette substitution $4\,500 : 15 = 300$ fois.

R. — Nombre de **femmes** : **300** ; Nombre d'**enfants** : **300** ;
  Nombre d'**hommes** : $1\,500 - (300 + 300) = $ **900.**

Remarque. — Le groupe des femmes étant égal à celui des enfants, on pourrait ramener le problème à la détermination de 2 groupes d'ouvriers gagnant les uns 15^f et les autres $\dfrac{10 + 5}{2} = 7^f,50$.

On partagerait ensuite le second groupe en 2 parties égales.

315. *Deux entrepreneurs achètent ensemble 400^{m3} de sable à $3^f,60$ le m^3. Le 2e en prend une quantité plus grande que le 1er et la transporte à 5^{km} de distance. Le 1er transporte la sienne à 3^{km}. On sait que les frais de transport sont de $1^f,20$ par m^3 et par km. et que le 2e entrepreneur a dépensé en tout $1\,488^f$ de plus que le 1er. Calculer la somme déboursée par chacun.*

Le m³ de sable revient au 1ᵉʳ à 3ᶠ,60 + 1ᶠ,20 × 3 = 7ᶠ,20 et au 2ᵉ à 3ᶠ,60 + 1ᶠ,20 × 5 = 9ᶠ,60.

Si le 2ᵉ avait pris tout le sable, il aurait payé :

$$9^f,60 \times 400 = 3\,840^f.$$

La dépense du 1ᵉʳ étant alors nulle, la différence des dépenses serait de 3 840ᶠ, et surpasserait la différence réelle de

$$3\,840^f - 1\,488^f = 2\,352^f.$$

Chaque fois que le 1ᵉʳ prend 1ᵐ³ de sable, la différence diminue de 9ᶠ,60 + 7ᶠ,20 = 16ᶠ,80 ; pour qu'elle diminue de 2 352ᶠ, le 1ᵉʳ devra transporter

$$2\,352 : 16,8 = 140^{m3} \text{ et le } 2^e \; 400^{m3} - 140^{m3} = 260^{m3}.$$

R. — Le 1ᵉʳ a déboursé 7ᶠ,20 × 140 = **1 008ᶠ.**
Le 2ᵉ   —   9ᶠ,60 × 260 = **2 496ᶠ.**

316. *Un marchand a commandé à une maison de confections des chemises et des gilets de flanelle de deux qualités, en tout 360 articles. Les chemises coûtent 15ᶠ,30 et 17ᶠ,40 et les gilets 10ᶠ,35 et 15ᶠ,75. Il y a neuf fois plus de chemises à 15ᶠ,30 qu'à 17ᶠ,40 et 3 fois plus de gilets à 10ᶠ,35 qu'à 15ᶠ,75. Déterminer le nombre de chemises et de gilets de chaque qualité, sachant que la facture se monte à 4 669ᶠ,20.*

Prix moyen d'une chemise : $\dfrac{15^f,3 \times 9 + 17^f,4}{10} = 15^f,51.$

Prix moyen d'un gilet : $\dfrac{10^f,35 \times 3 + 15^f,75}{4} = 11^f,70.$

(*Probl. de fausse position*). — Si l'on avait acheté 360 chemises à 15ᶠ,51, on aurait payé 15ᶠ,51 × 360 = 5 583ᶠ,60.
Cette somme surpasserait le prix d'achat réel de :

$$5\,583^f,60 - 4\,669^f,20 = 914^f,40.$$

Chaque fois que l'on remplace une chemise par un gilet, on diminue cet excédent de 15ᶠ,51 - 11ᶠ,70 = 3ᶠ,81.
Donc le nombre de gilets doit être de 914,40 : 3,81 = 240, et le nombre de chemises de : 360 - 240 = 120. Il y a donc :

R. $\dfrac{120 \times 9}{10} =$ **108 chemises à 15ᶠ,30** et $\dfrac{120}{10} =$ **12 à 17ᶠ,40 ;**

$\dfrac{240 \times 3}{4} =$ **180 gilets à 10ᶠ,35** et $\dfrac{240}{4} =$ **60 à 15ᶠ,75.**

Double achat, double vente, etc.

I. Problème type. — **317.** Pour 8ᵐ de drap et 5ᵐ de toile on a payé 252ᶠ. Trouver le prix du mètre de chaque étoffe, sachant que si l'on avait acheté 5ᵐ de drap et 5ᵐ de toile, on n'aurait payé que 166ᶠ,50.

(*Voir Arith.*, p. 141.)

318. *Un marchand de meubles a vendu 4 fauteuils, 8 chaises et 3 tables pour 854ᶠ. S'il avait vendu aux mêmes conditions 4 fauteuils, 14 chaises et 3 tables, il aurait reçu 992ᶠ. Sachant qu'un fauteuil coûte 25ᶠ de moins qu'une table, trouver le prix d'un fauteuil, le prix d'une chaise et le prix d'une table.*

$$\text{Prix de} \quad 4\,f + 14\,\text{ch} + 3\,t = 992^f \qquad (1)$$
$$\text{Prix de} \quad 4\,f + 8\,\text{ch} + 3\,t = 854^f \qquad (2)$$
$$\text{Prix de} \quad\quad\quad\quad 6\,\text{ch} \quad\quad = 138^f.$$

Le prix d'une chaise est 138ᶠ : 6 = 23ᶠ ; et celui de 8 chaises : 23ᶠ × 8 = 184ᶠ.

Portons cette valeur dans l'égalité (2) ; nous obtenons :

$$\text{Prix de} \quad\quad 4\,f + 3\,t = 854^f - 184^f = 670^f.$$

En remplaçant le prix d'une table par celui d'un fauteuil plus 25ᶠ la dernière égalité devient :

$$\text{Prix de} \quad\quad 4\,f + 3\,(f + 25) = 670^f$$
$$\text{ou prix de} \quad\quad 4\,f + 3\,f + 75 = 670^f.$$
$$\text{D'où} \quad\quad\quad\quad\quad\quad 7\,f = 595^f.$$
$$\text{Et} \quad\quad\quad\quad\quad\quad\quad\quad f = 85^f.$$

R. — Prix d'une **chaise 23ᶠ** ; d'un **fauteuil 85ᶠ** ; d'une **table** 85ᶠ + 25ᶠ = **110ᶠ.**

319. *Un tailleur achète 8ᵐ,50 de velours et 12ᵐ,60 de toile pour 309ᶠ,80. Une 2ᵉ fois il achète 15ᵐ,20 de velours et 12ᵐ,60 de toile pour 524ᶠ,20. Une 3ᵉ fois il achète 14ᵐ,20 de velours et 6ᵐ,80 de toile. Combien lui coûte cette 3ᵉ acquisition, sachant que les étoffes sont de la même qualité dans les 3 cas ?*

$$\text{Prix de} \quad 8^m,50\,V + 12^m,60\,T = 309^f,80. \qquad (1)$$
$$\text{Prix de} \quad 15^m,20\,V + 12^m,60\,T = 524^f,20. \qquad (2)$$
$$\text{Prix de} \quad 6^m,70\,V \quad\quad\quad\quad = 214^f,40.$$

Le prix du mètre de velours est : 214ᶠ,40 : 6,70 = 32ᶠ, et le prix de 8ᵐ,50 de velours : 32ᶠ × 8,50 = 272ᶠ.

En tenant compte de ce résultat, l'égalité (1) devient :

Prix de   12ᵐ,60 T = 309ᶠ,80 — 272ᶠ = 37ᶠ,80.

Le prix du mètre de toile est donc 37ᶠ,80 : 12,6 = 3ᶠ.

R. — La 3ᵉ acquisition coûte :

$$(32^f \times 14,2) + (3^f \times 6,8) = \textbf{474}^f\textbf{,80.}$$

II. — **320.** *Pour 12ᵐ de toile et 6ᵐ de drap, on a payé 276ᶠ. Si l'on avait acheté 9ᵐ de toile et 5ᵐ de drap, on aurait payé 227ᶠ. Trouver le prix du mètre de chaque étoffe.*

$$\text{Prix de} \quad 12^m\,T + 6^m\,D = 276^f. \qquad (1)$$
$$\text{Prix de} \quad 9^m\,T + 5^m\,D = 227^f. \qquad (2)$$

Pour avoir le même nombre de mètres de drap, supposons le

1er achat 5 fois plus grand et le 2° achat 6 fois plus grand ; nous aurons :

$$\text{Prix de } 60^m \text{ T} + 30^m \text{ D} = 1\,380^f.$$
$$\text{Prix de } 54^m \text{ T} + 30^m \text{ D} = 1\,362^f.$$
$$\text{Prix de } 6^m \text{ T} \dots\dots\dots = 18^f.$$

Le prix du mètre de toile est $18^f : 6 = 3^f$ et le prix de 9^m de toile : $3^f \times 9 = 27^f$.

En tenant compte de ce résultat l'égalité (2) devient :

$$\text{Prix de } 5^m \text{ D} = 227^f - 27^f = 200^f.$$

R. — Le mètre de drap coûte $200^f : 5 = 40^f$ et le mètre de toile 3^f.

Nota. La solution arithmétique des problèmes de ce genre n'étant qu'une solution algébrique déguisée, nous allons résoudre les problèmes suivants par l'algèbre.

321. *Une personne achète 10^{kg} de café et 18^{kg} de sucre pour $130^f,40$. Si elle avait pris 3 fois plus de sucre et 2 fois moins de café, elle aurait payé $191^f,20$. Quel est le prix du kg. de chaque denrée ?*

Soient x le prix du kg. de café et y le prix du kg. de sucre. On a :

$$10x + 18y = 130,40 \qquad (1)$$
$$5x + 54y = 191,20 \qquad (2)$$

Divisons par 2 les termes de l'équation (1) afin d'égaliser les coefficients de x.

$$5x + 9y = 65,20. \qquad (3)$$

En retranchant l'équation (3) de l'équation (2), on trouve

$$45\,y = 126.$$

R. — Prix du kg. de sucre $y = 2^f,80$.

Portons cette valeur de y dans l'équation (3), nous aurons :

$$5x + 25,20 = 65,20$$
$$5x = 40$$

R. — Prix du kg. de café $x = 8^f$.

322. *Dans une maison de commerce, on emploie 3 commis et 8 domestiques qui touchent $60\,300^f$ par an. Dans une autre maison, il y a 2 commis et 10 domestiques qui reçoivent $65\,000^f$ par an. Sachant que dans la 1re maison chaque commis touche $1\,000^f$ de moins et chaque domestique 100^f de plus que dans la 2e maison, calculer les appointements d'un commis et les gages d'un domestique dans chaque maison.*

Représentons par x les appointements d'un commis et par y les gages d'un domestique, dans la 1re maison. On a l'équation :

$$3x + 8y = 60\,300. \qquad (1)$$

Dans la 2e maison, chaque commis touche $x + 1\,000$ et chaque domestique $y - 100$; d'où l'équation :

$$2(x + 1\,000) + 10\,(y - 100) = 65\,000$$
ou $\qquad 2x + 2\,000 + 10y - 1\,000 = 65\,000$
$$2x + 10y = 64\,000. \qquad (2)$$

Pour avoir le même nombre d'x, multiplions par 3/2 les termes de l'équation (2), nous aurons :

$$3x + 15y = 96\,000. \qquad (3)$$

En retranchant (1) de (3), on a :

$$7y = 35\,700$$
$$y = 5\,100.$$

R. — Gages d'un domestique : 5 100ᶠ et 5 000ᶠ.

Portons la valeur de y dans l'équation (2) ; nous aurons

$$2x + 51\,000 = 64\,000$$
$$2x = 13\,000$$
$$x = 6\,500.$$

R. — Appointements d'un commis : 6 500ᶠ et 7 500ᶠ.

323. *Une femme a dépensé 762ᶠ pour acheter du drap et de la soie. Le mètre de drap lui a coûté 36ᶠ et le mètre de soie 28ᶠ,50. Si elle avait payé le drap 28ᶠ,50 et la soie 36ᶠ le mètre, elle aurait dépensé 56ᶠ,25 de plus. Combien a-t-elle acheté de mètres de drap et de mètres de soie ?*

Représentons par x le nombre de mètres de drap et par y le nombre de mètres de soie.

$$36x + 28,50y = 762 \qquad (1)$$
$$28,50x + 36y = 762 + 56,25 = 818,25. \qquad (2)$$

Multiplions l'équation (1) par 28,50 et l'équation (2) par 36.

$$1\,026x + 812,25y = 21\,717 \qquad (3)$$
$$1\,026x + 1\,296y = 29\,457. \qquad (4)$$

En retranchant (3) de (4), on trouve :

$$483,75y = 7\,740$$

R. — Nombre de mètres de soie : $y = 16^m$.

Portons cette valeur de y dans l'équation (1) :

$$36x + 456 = 762$$
$$36x = 306$$

R. — Nombre de mètres de drap : $x = 8^m{,}50$.

Autre solution. — Lorsque les coefficients de x et de y sont simplement intervertis comme dans le problème actuel, on peut procéder de la manière suivante :

1° Additionnons membre à membre (1) et (2) ; nous aurons :

$$64,50x + 64,50y = 1\,580,25$$
$$64,50\,(x + y) = 1\,580,25$$
$$x + y = 24^m{,}50.$$

2° Retranchons (1) de (2), nous aurons :

$$7,50y - 7,50x = 56,25$$
$$7,50\,(y - x) = 56,25$$
$$y - x = 7^m{,}50$$

Connaissant $y + x$ et $y - x$, on a :

$$y = \frac{24^m{,}50 + 7^m{,}50}{2} = 16^m \quad \text{et} \quad x = \frac{24^m{,}50 - 7^m{,}50}{2} = 8^m50.$$

324. *On a acheté aux mêmes conditions, une 1re fois 7m de cretonne et 4m de drap pour 188f ; une 2e fois 5m de cretonne et 8m de drap pour 340f ; une 3e fois 11m de cretonne et 6m,50 de drap. Combien doit-on pour le 3e achat ?*

Représentons par x le prix du mètre de cretonne et par y le prix du mètre de drap. Nous pouvons écrire :

$$7x + 4y = 188$$
$$5x + 8y = 340.$$

En résolvant ces équations, on trouve $x = 4$ et $y = 40$.

R. — On doit pour le 3e achat :

$$4^f \times 11 + 40^f \times 6,5 = 44^f + 260^f = 304^f.$$

325. *Dans une vente de terrains une personne a acheté 3ha de vigne et 8ha de prairie pour 23 000f ; une autre a acheté 6ha de vigne et 4ha de prairie pour 34 300f. Combien a payé une 3e personne qui a acheté 5ha de vigne et 5ha de prairie ?*

Représentons par x le prix de l'ha. de vigne et par y le prix de l'ha. de prairie. Nous pouvons écrire :

$$3x + 8y = 23 000$$
$$6x + 4y = 34 300.$$

En résolvant ces équations, on trouve $x = 5 066^f,66$ et $y = 975^f$.

R. — La 3e personne a payé :

$$5 066^f,66 \times 5 + 975^f \times 5 = 30 208^f,35.$$

326. *Le mois dernier, un boulanger a payé 21kg de viande en donnant 90kg de pain et une somme de 39f. Le mois précédent, il avait payé 18kg de viande en donnant 85kg de pain et une somme de 24f. Trouver les prix du kg. de viande et du kg. de pain.*

Représentons par x le prix du kg. de viande et par y le prix du kg. de pain ; nous pouvons écrire :

$$21x - 90y = 39$$
$$18x - 85y = 24.$$

En résolvant ces équations, on trouve $x = 7$ et $y = 1,20$.

R. — Le kg. de viande coûte 7f et le kg. de pain 1f,20.

327. *Dans un atelier, les salaires sont tels que 10 journées d'hommes valent 108f de plus que 6 journées de femme, tandis que 6 journées d'homme valent 12f de moins que 10 journées de femme. Trouver le salaire journalier d'un homme et celui d'une femme.*

Représentons par x le salaire d'un homme et par y le salaire d'une femme ; nous pouvons écrire :

$$\begin{array}{ll} 10x - 6y + 108 & 10x - 6y = 108 \\ 6x - 10y - 12 & \text{ou} \quad 6x - 10y = -12. \end{array}$$

En résolvant ces dernières équations, on trouve :

$$x = 18 \text{ et } y = 12.$$

R. — Salaire d'un homme **18ᶠ** ; salaire d'une femme **12ᶠ**.

Objets donnés en payement.

328. *Un marchand de bicyclettes prend un jeune employé auquel il promet pour l'année 1 800ᶠ et une bicyclette. Au bout de 9 mois, l'employé demande à se retirer et reçoit 1 235ᶠ et la bicyclette. On demande le prix de cette bicyclette.*

Si l'employé ne s'était pas retiré avant la fin de l'année, il aurait reçu pour les 3 derniers mois : 1 800ᶠ — 1 235ᶠ = 565ᶠ. Il gagne donc :

$$\text{Par mois } \frac{565^f}{3} \text{ et par an } \frac{565^f \times 12}{3} = 2\,260^f.$$

R. — La bicyclette est estimée : 2 260ᶠ — 1 800ᶠ = **460ᶠ**.

329. *Un propriétaire emploie deux vignerons qu'il paye, partie en argent, partie avec le vin produit par sa vigne, et auxquels il donne le même salaire journalier. Il emploie le 1ᵉʳ pendant 45 jours, et le 2ᵉ pendant 60 jours. Il donne au 1ᵉʳ 288ᶠ et 7ʰˡ,20 de vin ; et au 2ᵉ ,480ᶠ et 8ʰˡ de vin. Quelle est la valeur d'un hl. de vin et quel est le prix de la journée ?*

Le second vigneron recevrait pour 45 journées les 45/60 ou les 3/4 de ce qu'il reçoit pour 60 jours ; soit :

$$\frac{480^f \times 3}{4} = 360^f \quad \text{et} \quad \frac{8^{hl} \times 3}{4} = 6^{hl} \text{ de vin.}$$

Il recevrait 7ʰˡ,20 — 6ʰˡ = 1ʰˡ,20 en moins que le 1ᵉʳ, mais il toucherait 360ᶠ — 288ᶠ = 72ᶠ de plus en numéraire. Comme les salaires sont égaux, on en conclut que 1ʰˡ,20 de vin vaut 72ᶠ.

R. — L'hl. de vin coûte : 72ᶠ : 1,20 = **60ᶠ**.

Le gain total du 2ᵉ vigneron, en 45 j. serait de :

$$360^f + 60^f \times 6 = 720^f.$$

R. — Le prix de la journée est donc de 720ᶠ : 45 = **16ᶠ**.

330. *Un viticulteur emploie deux ouvriers au même prix pendant le mois de mai et les laisse se reposer 5 jours pendant ce mois. Il a donné au 1ᵉʳ 249ᶠ et 1ʰˡ,04 de vin et au second 323ᶠ et 24ˡ de vin. Quel est le prix de l'hectolitre de vin, et le salaire journalier de chacun ?*

Le 2ᵉ ouvrier a reçu 104ˡ — 24ˡ = 80ˡ de moins que le 1ᵉʳ, mais il a touché 323ᶠ — 249ᶠ = 74ᶠ de plus. Comme les salaires sont égaux, 80ˡ de vin valent 74ᶠ.

$$\textbf{R.} \text{ — Prix de l'hl. de vin : } \frac{74^f \times 100}{80} = 92^f,50.$$

Le gain total du 1er ouvrier en 31 — 5 = 26 jours est de

$$249^f + 92^f,50 \times 1,04 = 345^f,20.$$

R. — Salaire journalier : 345,20 : 26 = **13f,27.**

331. *Trois employées ont travaillé dans un magasin aux mêmes appointements mensuels, la 1re pendant 5 mois, la 2e pendant 9 mois et la 3e toute l'année. La 1re y a pris une robe, la 2e une paire de bottines et la 3e une robe et une paire de bottines de même valeur que les précédentes. Après déduction faite sur leurs appointements de la valeur des fournitures choisies par elles, la 1re a reçu en tout 1 350f, la 2e 2 608f et la 3e 3 350f. Trouver le prix de la robe, celui de la paire de bottines et les appointements mensuels de chaque employée.*

Les deux premières employées ont reçu ensemble pour 5 + 9 = 14 mois de travail :

1 350f + 2 608f = 3 958f, une robe et une paire de bottines.

Et la 3e pour 12 mois :

3 350f, une robe et une paire de bottines.

La différence 3 958f — 3 350f = 608f, représente le salaire de 14 — 12 = 2 mois.

R. — Appointements mensuels : 608f : 2 = **304f.**
Prix de la robe : 304f × 5 — 1 350f = **170f.**
Prix de la paire de bottines : 304f × 9 — 2 608f = **128f.**

332. *Un boulanger emploie 2 ouvriers, dont le 1er reçoit pour sa journée un salaire double de celui que reçoit l'autre. Pour 12 journées de travail, on donne au 1er 219f et 20kg de pain ; pour 9 journées, on donne au 2e 85f,80 et 4kg de pain. Quel est le prix d'un kg. de pain ?*

Données				
	1er ouvrier	12 j.	219f	20 kg.
	2e ouvrier	9 j.	85f,80	4 kg.

Si le salaire du 1er était égal à celui du 2e, il recevrait pour 12 journées :

$$\frac{219^f}{2} = 109^f,50 \quad \text{et} \quad \frac{20}{2} = 10^{kg} \text{ de pain.}$$

Et pour 9 journées, les 9/12 ou les 3/4 de ce qui précède, soit

$$\frac{109^f,50 \times 3}{4} = 82^f,125 \quad \text{et} \quad \frac{10^{kg} \times 3}{4} = 7^{kg},5 \text{ de pain.}$$

Il recevrait 7kg,5 — 4kg = 3kg,5 de pain de plus mais toucherait 85f,80 — 82f,125 = 3f,675 de moins. Donc 3kg,5 de pain valent 3f,675.

R. — Prix du kg. de pain : 3f,675 : 3,5 = **1f,05.**

Solution algébrique. — Soient x le salaire du 2e et y le prix du kg. de pain.

Le 1er ouvrier a reçu $24x = 219 + 20y$.
Le 2e ouvrier a reçu $9x = 85,8 + 4y$.

En résolvant ce système d'équations, on trouve $y = 1^f,05$.

333. *Une femme de journée, employée dans une épicerie, a reçu pour 15 journées de travail 168ᶠ,40 et 4ᵏᵍ de sucre. Une autre fois, pour 3 journées, pendant lesquelles son salaire journalier a été augmenté d'un tiers, elle a reçu 42ᶠ,20 et 2ᵏᵍ de sucre. Quel a été dans les deux cas son salaire ? A combien lui a-t-on compté le kg. de sucre ?*

Données				
	1ʳᵉ fois	15 j.	168ᶠ,40	4 kg.
	2ᵉ fois	3 j.	42ᶠ,20	2 kg.

La 2ᵉ fois le salaire valait 3/3 + 1/3 = 4/3 du salaire primitif. Supposons que la 2ᵉ fois le salaire n'ait pas été modifié. La femme de journée aurait reçu :

pour 3 journées : $\dfrac{42^f,20 \times 3}{4} = 31^f,65$ et $\dfrac{2^{kg} \times 3}{4} = 1^{kg},5$;

et pour 15 journées : $31^f,65 \times 5 = 158^f,25$ et $1^{kg},5 \times 5 = 7^{kg},5$.

Elle aurait reçu $168^f,40 - 158^f,25 = 10^f,15$ de moins et $3^{kg},50$ de sucre de plus que la 1ʳᵉ fois ; $3^{kg},50$ de sucre valent donc $10^f,15$.

R. — Prix du kg. de sucre : $10^f,15 : 3,50 = 2^f,90$.

Salaire primitif : $\dfrac{168^f,40 + (2^f,9 \times 4)}{15} = 12^f$.

Nouveau salaire : $12^f \times 4/3 = 16$.

Solution algébrique. — Soient x le salaire primitif et y le prix du kg. de sucre. La femme a reçu :

la 1ʳᵉ fois : $15x = 168,40 + 4y$

la 2ᵉ fois : $3 \times \dfrac{4x}{3} = 42,20 + 2y$.

En résolvant ce système on trouve $x = 12$ et $y = 2,9$.

Revision.

334. *Trois chasseurs conviennent de se partager également le gibier qu'ils tueront. A la fin de la journée, ils n'ont tué qu'un perdreau et un lièvre. Le 1ᵉʳ prend le perdreau ; le second prend le lièvre et donne 2ᶠ au 1ᵉʳ et 11ᶠ au 3ᵉ. De cette façon les parts sont égales. A quel prix ont été estimés le perdreau et le lièvre ?*

Part du 1ᵉʳ chasseur :	Prix du perdreau + 2ᶠ
Part du 2ᵉ	Prix du lièvre — (2 + 11ᶠ)
Part du 3ᵉ	11ᶠ.

Ces parts étant équivalentes, chacune égale 11ᶠ. D'où

R. — Prix du perdreau : $11^f - 2 = 9^f$.
Prix du lièvre : $11^f + 13^f = 24^f$.

335. *Un coutelier a vendu une 1ʳᵉ fois 9 douzaines de couteaux et une 2ᵉ fois 5 douzaines d'une qualité supérieure. Les 2 ventes lui ont rapporté la même somme. Quel est le* prix de vente d'un couteau de chaque qualité, sachant que ces prix diffèrent de $1^f,20$?

La 1re vente comprend $12 \times 9 = 108$ couteaux et la 2e $12 \times 5 = 60$.

Si les couteaux de qualité supérieure avaient été vendus au même prix que les autres, la 2e vente aurait rapporté $1^f,20 \times 60 = 72^f$ de moins que la 1re. Cette différence provient de la différence des quantités vendues ($108 - 60 = 48$).

R. — Prix d'un couteau dans la **1re vente** : $72^f : 48 = 1^f,50$.
Prix d'un couteau dans la **2e vente** : $1^f,50 + 1^f,20 = 2^f,70$.

336. *Deux ouvriers ont travaillé l'un 20 jours et l'autre 24 jours. Ils ont reçu la même somme comme salaire. Trouver leur gain journalier, sachant que le 1er gagne par jour 3^f de plus que le 2e.*

Si la journée du 1er avait été payée au même prix que celle du 2e, le 1er aurait touché $3^f \times 20 = 60^f$ de moins que le 2e.
Cette différence représente le prix de $24 - 20 = 4$ journées du 2e ouvrier.

R. — Prix d'une journée du 2e **ouvrier** : $60^f : 4 = 15^f$.
Prix d'une journée du 1er **ouvrier** : $15^f + 3 = 18^f$.

2e solution. — Puisque les sommes reçues sont égales, les gains journaliers sont en raison inverse des nombres de journées :

Le gain journalier du 1er vaut donc $\frac{24}{20}$ ou $\frac{6}{5}$ de celui du 2e.

La différence de ces gains (3^f) représente 1/5 du gain du 2e.

R. — Prix d'une journée du 2e **ouvrier** : $3^f \times 5 = 15^f$.
Prix d'une journée du 1er : $15^f + 3 = 18^f$.

337. *Un propriétaire a acheté du foin au prix de $0^f,80$ la botte. S'il avait payé la botte $0^f,05$ de moins, il aurait eu pour la même somme 30 bottes de plus. Trouver le nombre des bottes achetées.*

En payant les bottes $0^f,75$ au lieu de $0^f,80$, on diminue le prix d'achat total d'une somme qui permet d'acheter 30 bottes supplémentaires, c'est-à-dire d'une somme de $0^f,75 \times 30 = 22^f,50$. La diminution de prix par botte étant de $0^f,05$, le nombre de bottes égale $22,5 : 0,05 = 450$.

R. — Nombre de bottes achetées : **450.**

338. *Un terrassier a mis 15 jours pour creuser un fossé. S'il avait fait 2^m de plus chaque jour, il aurait fini le travail 2 jours plus tôt. Quelle est la longueur du fossé ?*

Dans le 1er cas, le terrassier fait 2^m de moins par jour que dans le 2e cas ; donc au bout de 13 jours, il lui reste à faire $2^m \times 13 = 26^m$. Comme il met 2 jours pour faire ces 26^m, il fait $26^m : 2 = 13^m$ par jour.

R. — Longueur du fossé : $13^m \times 15 = 195^m$.

2e solution. — Les nombres de mètres faits par jour sont en raison inverse des temps employés à creuser le fossé.

Dans le 1er cas, ce nombre de mètres est donc les 13/15 de celui du 2e cas.

La différence (2m) représente 2/15 du nombre de mètres qui seraient faits dans le 2e cas. Ce nombre de mètres est donc :

$$2^m \times 15/2 = 15^m.$$

R. — Longueur du fossé : $15^m \times 13 = 195^m$.

339. *Une maîtresse de maison avait disposé 9 couverts sur une table de* $1^m,6$ *sur* 2^m. *On lui annonce de nouveaux convives, ce qui l'oblige à rapprocher les couverts de* $0^m,20$. *Combien y a-t-il alors de couverts sur la table ?*

Périmètre de la table : $(1^m,60 + 2^m) \times 2 = 7^m,20$
Distance primitive des couverts : $7^m,20 : 9 = 0^m,80$
Distance définitive   — $0^m,80 - 0^m,20 = 0^m,60$.

R. — Nombre de couverts : $7,20 : 0,60 = $ **12**.

340. *Un père laisse en héritage à ses 3 fils une maison estimée* $35\,700^f$ *et 715 ares de vigne valant* $0^f,72$ *le* m^2. *L'aîné prend la maison et le second la vigne. Quelles sommes doivent-ils donner chacun au plus jeune pour que les 3 parts d'héritage soient égales ?*

Prix de la maison.................... $35\,700^f$
Prix de la vigne .... $72^f \times 715$ $51\,480^f$
Valeur totale de l'héritage .... $87\,180^f$.

Part de chaque héritier : $87\,180^f : 3 = 29\,060^f$.

R. — Le 1er donnera au 3e : $35\,700^f - 29\,060^f = $ **6 640f**.
    Le 2e donnera au 3e : $51\,480^f - 29\,060^f = $ **22 420f**.

341. *Trois amies sont allées dans un magasin pour y faire des achats. L'une d'elles, qui a réglé la dépense totale, a versé à la caisse* 264^f. *Elles ont oublié le montant des achats individuels ; l'une d'elles se souvient seulement qu'elle a dépensé* 17^f *de plus que l'une de ses amies et 3 fois moins que ses deux amies réunies. Quel a été le montant de la dépense de chacune ?*

L'une des jeunes filles ayant dépensé 3 fois moins que ses amies, la dépense totale 264^f représente 1 fois + 3 fois = 4 fois la dépense de cette jeune fille.

R. — La dépense de cette jeune fille égale : $264^f : 4 = $ **66f**.
    Une de ses amies a dépensé : $66^f - 17^f = $ **49f**.
    L'autre amie a dépensé : $264^f - (66^f + 49^f) = $ **149f**.

342. *Une personne rentre de la boucherie où elle a dépensé* 18^f. *Arrivé chez elle, elle essaie de refaire son compte ; elle a acheté pour des sommes égales du bœuf, du veau et du jambon, dont les prix sont proportionnels aux nombres 3,*

4 et 8. *Elle se souvient, d'autre part, que pour peser le veau, la bouchère a enlevé un poids de 250ᵍ après avoir pesé le bœuf. On demande quels sont les prix du bœuf, du veau et du jambon qui doivent être affichés pour que le compte soit exact.*

Chaque espèce de viande a coûté : 18ᶠ : 3 = 6ᶠ.

Si les prix du kg. sont proportionnels à 3, 4 et 8, les poids des diverses espèces de viande doivent être inversement proportionnels à ces nombres et, par conséquent, proportionnels à :

$$\frac{1}{3}, \quad \frac{1}{4} \quad \text{et} \quad \frac{1}{8} \quad \text{ou à} \quad 8, \ 6 \ \text{et} \ 3.$$

La différence des poids de bœuf et de veau (250ᵍ) égale les 8/8 — 6/8 = 2/8 ou le 1/4 du poids de bœuf. Le poids de bœuf est donc 250ᵍ × 4 = 1 000ᵍ = 1ᵏᵍ.

R. — Prix du kg. de **bœuf** : 6ᶠ : 1 = **6ᶠ**.
Prix du kg. de **veau** : 6ᶠ × 4/3 = **8ᶠ**.
Prix du kg. de **jambon** : 6ᶠ × 8/3 = **16ᶠ**.

343. *Un paysan a vendu pour 550ᶠ de blé. Avec cet argent il voudrait acheter 2 veaux et 4 agneaux. S'il achète d'abord les veaux, il lui manquera 10ᶠ pour acheter 2 agneaux ; s'il achète d'abord les agneaux, il ne lui restera que 430ᶠ pour les veaux. Trouver les prix respectifs d'un veau et d'un agneau.*

Prix des agneaux : 550ᶠ — 430ᶠ = 120ᶠ.
— d'un agneau : 120ᶠ : 4 = 30ᶠ.
Prix des veaux : 550ᶠ + 10ᶠ — (30ᶠ × 2) = 500ᶠ.
— d'un veau : 500ᶠ : 2 = 250ᶠ.

R. — Prix d'un **veau** 250ᶠ ; prix d'un **agneau** 30ᶠ.

344. *On veut couper des serviettes dans une pièce de toile. Si l'on donne à ces serviettes 0ᵐ,72 de longueur, il reste 0ᵐ,16 d'étoffe, tandis que si on leur donne 0ᵐ,76, il ne reste rien mais on obtient 3 serviettes de moins. Trouver : 1° le nombre de serviettes dans chaque cas ; 2° la longueur de la pièce.*

Pour obtenir autant de serviettes de 0ᵐ,76, qu'on en peut couper de 0ᵐ,72 dans la pièce donnée, il faudrait utiliser les 0ᵐ,16 restants et en outre disposer d'un coupon supplémentaire de 0ᵐ,76 × 3 = 2ᵐ,28.
La longueur d'étoffe nécessaire dans les deux cas diffère de

$$0^m,16 + (0^m,76 \times 3) = 2^m,44.$$

Or la différence de longueur par serviette est de

$$0^m,76 — 0^m,72 = 0^m,04.$$

R. — 1° Nombre de **serviettes** dans le 1ᵉʳ cas : 2,44 : 0,04 = **61** et dans le 2ᵉ cas : 61 — 3 = **58**.

2° Longueur de la **pièce** : 0ᵐ,72 × 61 + 0ᵐ,16 = **44ᵐ,08**.

Solution algébrique. — Soit x le nombre de serviettes que l'on obtiendrait dans le 1er cas. On a :

$$0,72x + 0,16 = 0,76 (x - 3).$$

d'où

$$x = 58.$$

345. *Quatre joueurs A, B, C, D conviennent qu'à chaque partie le perdant doublera l'argent des autres. Ils perdent chacun une partie dans l'ordre indiqué par leurs noms ; après quoi, ils ont chacun 48ᶠ. Quel était l'avoir de chacun en se mettant au jeu ?*

Il suffit de remonter du résultat final à l'avoir primitif de chaque joueur. Le résultat final peut s'écrire :

A	B	C	D
48	48	48	48

D a perdu la 4ᵉ partie ; au début de la partie les avoirs étaient :

24	24	24	120

C a perdu la 3ᵉ partie ; au début de la partie les avoirs étaient :

12	12	108	60

B a perdu la 2ᵉ partie ; au début de la partie les avoirs étaient :

6	102	54	30

A a perdu la 1ʳᵉ partie ; au commencement les avoirs étaient :

99	51	27	15

R. — A avait **99ᶠ** ; B, **51ᶠ** ; C, **27ᶠ** et D, **15ᶠ**.

346. *Deux ouvriers qui gagnent l'un 17ᶠ,50 et l'autre 15ᶠ par jour ont fourni à eux deux 60 journées de travail. Sachant que le 1er a reçu en paiement 335ᶠ de plus que le 2ᵉ, calculer le nombre de journées fournies par chacun.*

Si le 1er ouvrier avait fourni à lui seul les 60 journées, la différence des recettes eût été de 17ᶠ,50 × 60 = 1 050ᶠ, donc supérieure à la différence réelle de 1 050ᶠ — 335ᶠ = 715ᶠ.

Chaque fois que le 2ᵉ ouvrier fournit une journée cet excédent diminue de 17ᶠ,50 + 15ᶠ = 32ᶠ,50.

R. — Le 2ᵉ **ouvrier** a fourni 715 : 32,5 = **22 journées.**
Le 1er **ouvrier** = 60 — 22 = **38 journées.**

347. *Une paysanne a donné 6 douzaines d'œufs et une pièce de 5ᶠ pour avoir 4ᵐ de toile. Si elle avait donné 2 douzaines d'œufs de plus et pas d'argent, elle aurait eu 4ᵐ,50 de toile. En déduire le prix d'une douzaine d'œufs et le prix du mètre de toile.*

6 + 2 = 8 douzaines d'œufs valent autant que 4ᵐ,50 de toile.

Donc 6 douzaines valent autant que $\dfrac{4^m,50 \times 6}{8} = 3^m,375$.

Et la pièce de 5^f est le prix de $4^m - 3^m,375 = 0^m,625$ de toile.

R. — **Prix du mètre de toile :** $5^f : 0,625 = 8^f$.

Prix d'une douzaine d'œufs : $\dfrac{8^f \times 3,375}{6} = 4^f,50$.

348. *Dans une usine travaillent 45 hommes, 10 femmes et 15 enfants qui gagnent en tout 1 035^f par jour. Sachant que le salaire d'une femme surpasse de 5^f celui d'un enfant et est inférieur de 6^f à celui d'un homme, calculer le salaire d'un ouvrier de chaque catégorie.*

Soit x le salaire d'une femme ; le salaire d'un homme sera $x + 6$ et celui d'un enfant $x - 5$.

Les 45 hommes gagnent par jour $(x + 6) \times 45 = 45x + 270^f$
Les 10 femmes . . . . $10x$
Les 15 enfants $(x - 5) \times 15 = 15x - 75^f$

Ensemble ils gagnent par jour : $70x + 195^f$.

Or $70x + 195^f = 1\ 035^f$
d'où $70x = 840^f$
$x = 12^f$.

R. — Un **homme** gagne $12 + 6 = 18^f$; une **femme** 12^f et un **enfant** $12^f - 5^f = 7^f$.

349. *Un autobus qui fait le trajet de A à B a pris à l'aller 6 voyageurs en 1re classe et 8 en 2e classe qui ont payé en tout 52^f,80 ; au retour il en a pris 8 en 1re et 6 en 2e qui ont payé en tout 55^f. Sachant qu'un billet de 1re classe coûte 0^f,05 de plus par km. qu'un billet de 2e classe, trouver le prix de chaque billet et la distance des localités A et B.*

Représentons par x le prix d'un billet de 1re classe et par y le prix d'un billet de 2e classe. Nous pouvons écrire :

$$(1) \quad 6x + 8y = 52^f,80$$
$$(2) \quad 8x + 6y = 55.$$

Additionnons les équations (1) et (2)

$$14x + 14y = 107,80$$
d'où $x + y = 7,70.$

Retranchons l'équation (1) de l'équation (2).

$$2x - 2y = 2,20.$$
d'où $x - y = 1,10.$

Connaissant $x + y$ et $x - y$ on a immédiatement :

$$x = \frac{7,70 + 1,10}{2} = 4,40 \qquad y = \frac{7,70 - 1,10}{2} = 3,30.$$

R. — **Prix des billets :** en 1re classe $4^f,40$; en 2e classe $3^f,30$.

Différence totale des prix : $1^f,10$; différence pour 1^{km} : $0^f,05$.

R. — **Nombre de km. de A à B :** $1,10 : 0,05 = $ **22 km.**

350. *On a acheté un lot de marchandises se composant de 30^m de toile, 15^m de drap et 11^m de soie pour 1 377^f,50. Calculer le prix du mètre de chaque étoffe, sachant qu'en ajoutant au prix de 1^m de drap le prix de 1^m de toile, qui n'en est que le quart, on obtient précisément le prix du mètre de soie.*

Représentons par x le prix du mètre de toile ; le prix du mètre de drap sera $4x$ et celui du mètre de soie $5x$; nous aurons :

$$30x + 60x + 55x = 1\ 377,50$$

d'où
$$x = \frac{1\ 377,50}{145} = 9^f 50.$$

R. — Prix du mètre de toile : **9^f,50.**
Prix du mètre de drap : **9^f,50 × 4 = 38^f.**
Prix du mètre de soie : **9^f,50 × 5 = 47^f,5.**

351. *Dans une usine, on emploie 2 manœuvres pour 3 ouvriers et 25 ouvriers pour 1 contremaître. Le salaire journalier d'un manœuvre a été augmenté de 0^f,80, celui d'un ouvrier de 1^f,20 et celui d'un contremaître de 2^f. De ce fait la paye journalière a été augmentée de 2 720^f. Trouver le nombre des ouvriers, des manœuvres et des contremaîtres.*

Si l'usine comptait 300 ouvriers ; il y aurait :

$$\frac{300}{25} = 12 \text{ contremaîtres et } \frac{300 \times 2}{3} = 200 \text{ manœuvres.}$$

La paye journalière serait augmentée de :

$$0^f,80 \times 200 + 1^f,20 \times 300 + 2^f \times 12 = 160^f + 360^f + 24^f = 544^f.$$

Cette augmentation est $\frac{2\ 720}{544} = 5$ fois trop faible. D'où :

R. — Nombre des manœuvres : 200 × 5 = **1 000.**
ouvriers : 300 × 5 = **1 500.**
contremaîtres : 12 × 5 = **60.**

352. *Un fermier a acheté des moutons et des veaux en tout 31 animaux pour la somme de 6 330^f. A combien lui revient chaque mouton et chaque veau, sachant qu'il a acheté 11 moutons de plus que de veaux et qu'un mouton coûte 40^f de moins qu'un veau.*

On connaît la somme et la différence des nombres de moutons et de veaux ; ces nombres sont :

$$\frac{31 + 11}{2} = 21 \text{ moutons ;} \qquad \frac{31 - 11}{2} = 10 \text{ veaux.}$$

Si le prix d'un mouton était égal à celui d'un veau, le prix de

revient total serait augmenté de 40f × 21 = 840f ; il s'élèverait
à 6 330f + 840f = 7 170f.

R. — Un **veau** revient donc à $\dfrac{7\ 170^f}{21 + 10}$ = **231f,29**.

Un **mouton** revient à 231f,29 — 40f = **191f,29**.

353. *Un marchand avait une pièce de toile qu'il comptait
vendre 8f,25 le mètre de manière à faire un bénéfice total
de 132f. Comme il s'aperçoit que 10m sont invendables,
il augmente le prix de vente du mètre de 0f,75 et réalise
ainsi le bénéfice prévu. Calculer la longueur totale de la
pièce et son prix d'achat.*

Les 10m invendables occasionnent une diminution de
8f,25 × 10 = 82f,50 sur le prix de vente prévu.

Or, pour récupérer ces 82f,50 il suffit d'augmenter de 0f,75
le prix de vente des mètres restants. Le nombre des mètres restants est donc : 82,50 : 0,75 = 110m.

R. — Longueur totale de la pièce : 110m + 10m = **120m**.
Prix d'achat : 8f,25 × 120 — 132f = **858f**.

354. *On achète des pains de sucre de deux qualités. On
paye pour les uns 3 366f et pour les autres 1 860f. Sachant
qu'un pain de sucre de 2e qualité coûte 9f,60 de moins
qu'un pain de 1re qualité et que deux pains, un de chaque
qualité, coûtent ensemble 102f,60, trouver le nombre de
pains de chaque qualité achetés.*

On connaît la somme et la différence des prix des pains de sucre.

Un pain de 1re qualité coûte : $\dfrac{102^f,60 + 9^f,60}{2}$ = 56f,10.

2e qualité = 56f,10 — 9f,60 = 46f,50.

R. — On a acheté 3 366 : 56,1 = **60** pains de 1re **qualité**.
1 860 : 46,5 = **40** pains de 2e **qualité**.

355. *Un spéculateur a acheté 3 propriétés. La 1re lui a
coûté 7.000f de moins que la 2e et celle-ci 2 250f de plus
que la 3e. Il revend les propriétés en réalisant un bénéfice
total de 2 600f. Sachant qu'il a gagné 1 650f sur la vente
de la 1re, qu'il a perdu 1 750f sur la vente de la 3e et que la
2e a été vendue 36 700f, trouver à quel prix le spéculateur
avait acheté chaque propriété.*

Si la 3e propriété avait été vendue sans perte ni
gain, le bénéfice total aurait été de

Prix
d'achat
de la
2e
propriété
{ 2 600f + 1 750f = 4 350f.

Bénéfice réalisé en vendant la 2e propriété :
4 350f — 1 650f = 2 700f.

Prix d'achat de la 2e propriété :
36 700f — 2 700f = 34 000f.

Prix d'achat de la 1re **propriété** : 34 000f — 7 000f = **27 000f**.
Prix d'achat de la 3e **propriété** : 34 000f — 2 250f = **31 750f**.

356. *Un éleveur a vendu 72 moutons et 14 bœufs qu'il avait achetés 54 160ᶠ. Le bénéfice fait sur chaque bœuf est 10 fois plus fort que le bénéfice réalisé sur chaque mouton. Le prix de vente des moutons a été de 11 520ᶠ et celui des bœufs 49 000ᶠ. Trouver le prix d'achat d'un mouton et celui d'un bœuf.*

Bénéfice total { P. de vente total : 11 520ᶠ + 49 000ᶠ = 60 520ᶠ.
Bénéfice total : 60 520ᶠ — 54 160ᶠ = 6 360ᶠ.

Bénéfice sur un mouton { Le bénéfice fait sur les 14 bœufs est égal au bénéfice fait sur 14 × 10 = 140 moutons.
Donc 6 360ᶠ représentent le bénéfice fait sur 72 + 140 = 212 moutons.
Bénéfice sur un mouton : 6 360ᶠ : 212 = 30ᶠ.

Prix de vente d'un mouton : 11 520ᶠ : 72 = 160ᶠ.

R. — **Prix d'achat d'un mouton : 160ᶠ — 30ᶠ = 130ᶠ.**

Prix de vente d'un bœuf : 49 000ᶠ : 14 = 3 500ᶠ.
Bénéfice sur un bœuf : 30ᶠ × 10 = 300ᶠ.

R. — **Prix d'achat d'un bœuf : 3 500ᶠ — 300ᶠ = 3 200ᶠ.**

357. *Un propriétaire qui a acheté 450ᵐ³ de pierre, offre pour les payer une terre ou un pré valant ensemble 2 100ᶠ. S'il donne la terre, il devra encore 375ᶠ, s'il donne le pré, on devra lui rendre 75ᶠ. On demande : 1° la contenance de chaque terrain, sachant que la terre vaut 125ᶠ l'are et le pré 1ᶠ,45 le m² ; 2° le prix d'un m³ de pierre.*

Valeur de chaque terrain { Différence des valeurs : 375ᶠ + 75ᶠ = 450ᶠ.
Connaissant la somme et la différence des valeurs, on a :
Valeur du pré : $\dfrac{2\,100^f + 450^f}{2}$ = 1 275ᶠ,
Valeur de la terre : 2 100ᶠ — 1 275ᶠ = 825ᶠ.

R. — **Contenance du pré : 1 275 : 145 = 8ᵃ,79.**
Contenance de la terre : 825 : 125 = 6ᵃ,60.

Prix total de la pierre : 825ᶠ + 375ᶠ = 1 200ᶠ.

R. — **Prix du m³ de pierre : 1 200ᶠ : 450ᶠ = 2ᶠ,66.**

358. *Les salaires journaliers de deux ouvriers diffèrent de 2ᶠ,50. Le 1ᵉʳ dont le salaire est moins élevé, gagne en 21 jours 234ᶠ de moins que le 2ᵉ en 32 jours. Pendant combien de jours les deux ouvriers devraient-ils travailler ensemble pour que leurs salaires réunis forment la somme de 762ᶠ,50 ?*

Si le salaire du 1ᵉʳ était égal à celui du 2ᵉ ; son gain total augmenterait de 2ᶠ,50 × 21 = 52ᶠ,50.
La différence des gains des 2 ouvriers ne serait plus que 234ᶠ — 52ᶠ,50 = 181ᶠ,50 et représenterait le gain en 32 — 21 = 11 journées du 2ᵉ.

Salaire journalier du 2ᵉ ouvrier : 181.50 : 11 = 16ᶠ,50

du 1ᵉʳ ouvrier : 16ᶠ,50 — 2ᶠ,50 = 14ᶠ.

R. — Nombre de jours cherché : $\dfrac{762,50}{16,50 + 14}$ = 25 jours.

359. *Un fermier a destiné 3.600ᵏᵍ de foin à la nourriture de 27 têtes de bétail pendant 168 jours d'hiver ; après 42 jours de consommation, son bétail augmente de 3 têtes. Combien devra-t-il acheter de foin s'il ne veut pas diminuer la ration ? Quel sera le prix de ce supplément de fourrage, à raison de 28ᶠ,75 les 100ᵏᵍ ?*

Chaque tête de bétail consomme par jour : $\dfrac{3\ 600^{kg}}{27 \times 168}$ de fourrage.

En 168 — 42 = 126 jours, les 3 nouvelles têtes consommeront :

$$\dfrac{3\ 600^{kg} \times 3 \times 126}{27 \times 168} = 300^{kg}.$$

R. — Prix de ce fourrage : 28ᶠ,75 × 3 = 86ᶠ,25.

360. *Deux fontaines donnent 430ˡ d'eau, la 1ʳᵉ coulant pendant 4ʰ et la 2ᵉ pendant 3ʰ. En faisant couler la 1ʳᵉ pendant 3ʰ et la 2ᵉ pendant 4ʰ, elles donnent 15 litres de plus. Pendant combien de temps doivent-elles couler ensemble pour donner 5ʰˡ ?*

Soient x le nombre de litres fournis par heure par la 1ʳᵉ fontaine et y le nombre de litres fournis par la 2ᵉ fontaine ; on aura :

$$4x + 3y = 430 \qquad (1)$$
$$3x + 4y = 445 \qquad (2)$$

En additionnant membre à membre, on a :

$$7x + 7y = 875$$

d'où $\qquad x + y = 125.$

En retranchant (1) de (2), on a :

$$y - x = 15.$$

On connaît la somme et la différence des inconnues ; d'où

$$x = \dfrac{125 - 15}{2} = 55 ; \qquad y = \dfrac{125 + 15}{2} = 70.$$

R. — Pour donner 500ˡ, les fontaines mettront $\dfrac{500}{70 + 55} = 4^h.$

361. *Si l'on fait couler dans un réservoir une fontaine donnant 20ˡ d'eau en 3 minutes, au bout d'un certain temps, il manquera 40ˡ pour que le réservoir soit rempli. Si, au contraire, on avait fait couler pendant le même temps au lieu de la 1ʳᵉ fontaine, une autre donnant 52ˡ en 5 minutes, 72ˡ d'eau auraient débordé. Trouver la capacité du réservoir.*

Pendant le temps considéré, la 2ᵉ fontaine fournit $72^l + 40^l = 112^l$ de plus que la 1ʳᵉ.

Or, par minute, elle fournit $\dfrac{52^l}{5} - \dfrac{20^l}{3} = \dfrac{56^l}{15}$ de plus.

Le temps considéré égale donc $112 : 56/15 = 30$ minutes.

R. — Capacité du réservoir : $\dfrac{20^l}{3} \times 30 + 40^l = $ **240 litres.**

362. *Une personne a 47 ans, une autre a 32 ans. Combien y a-t-il de temps que l'âge de la première était : 1° le double, 2° le triple, 3° le quadruple de celui de la seconde ?*

La différence des âges est $47 - 32 = 15$ ans : elle est invariable.

1° Quand l'âge de la 1ʳᵉ était double de celui de la 2ᵉ, la différence des âges égalait 2 fois — 1 fois = 1 *fois* l'âge de la 2ᵉ.
La 2ᵉ avait 15 ans ; et il y a de cela $32 - 15 = $ **17 ans.**

2° Quand il était triple, la différence des âges égalait

3 fois — 1 fois = 2 fois l'âge de la 2ᵉ.

La 2ᵉ avait

$15 : 2 = 7$ ans $1/2$; il y a de cela $32 - 7\ 1/2 = $ **24 ans 1/2.**

3° Quand il était quadruple, la différence des âges égalait :

4 fois — 1 fois = 3 fois l'âge de la 2ᵉ.

La 2ᵉ avait $15 : 3 = 5$ ans ; il y a de cela $32 - 5 = $ **27 ans.**

363. *Une personne est âgée de 47 ans, une autre a 32 ans. Quel âge avait la seconde : 1° quand l'âge de la première était le double de celui de la seconde ; 2° quand il était triple ; 3° quand il était quadruple ?*

On a trouvé (Probl. 362) :

R. — 1° **15 ans** ;   2° **7 ans 1/2** ;   3° **5 ans.**

364. *Trouver l'âge d'un père et de son fils, sachant qu'il y a 8 ans l'âge du père valait 4 fois celui du fils et que dans 12 ans l'âge du père sera double de celui du fils.*

Désignons par F l'âge qu'avait le fils il y a 8 ans ; dans 12 ans, son âge sera F + 20.

Il y a 8 ans, la différence des âges égalait 3 fois F.
Dans 12 ans, la différence des âges égalera 1 fois (F + 20).

La différence des âges n'ayant pas varié, on a :

$$3 \text{ fois } F = F + 20$$

d'où $\qquad\qquad\qquad\qquad F = 10.$

R. — Il y a 8 ans le fils avait 10 ans, donc il a **18 ans.**
Le père avait $10 \times 4 = 40$ ans, donc il a **48 ans.**

365. *En 1918, l'âge d'un père égalait 9 fois l'âge de son fils ; en 1923, l'âge du père n'était que le quintuple de celui du fils. Quel sera l'âge du père en 1940 ?*

Désignons par F l'âge du fils en 1918.

En 1918, la différence des âges valait 8 fois F.
En 1923, la différence des âges valait 4 fois (F + 5).
La différence des âges n'ayant pas varié, on a :

$$8 \text{ fois } F = 4 \text{ fois } (F + 5) = 4 \text{ fois } F + 20$$
$$4 \text{ fois } F = 20$$
$$F = 5.$$

R. — En 1918, le fils avait 5 ans et le père $5 \times 9 = $ **45 ans.**
En 1940, le père aura $45 + (1940 - 1918) = $ **67 ans.**

366. *En 1923, un père disait à son fils : Mon âge est le quintuple du tien ; mais en 1944 mon âge ne sera plus que le double du tien. En quelle année le fils est-il né, et quel sera l'âge du père en 1944 ?*

De 1923 à 1944, il s'écoulera 21 ans. Désignons par F l'âge du fils en 1923.
En 1923, la différence des âges égalait 4 fois F.
En 1944, la différence des âges égalera 1 fois (F + 21).
La différence des âges n'ayant pas varié, on a :

$$4 \text{ fois } F = F + 21$$
$$3 F = 21$$
$$F = 7.$$

En 1923, le fils avait 7 ans, et le père : $7 \times 5 = 35$ ans.

R. — Le fils est né en $1923 - 7 = $ **1916.**
En 1944, le père aura $35 + 21 = $ **56 ans.**

367. *L'âge d'un père surpasse de 5 ans la somme des âges de ses trois fils. Dans 10 ans, son âge sera le double de l'âge du fils aîné ; dans 20 ans, il sera le double de l'âge du second, et dans 30 ans, il sera le double de l'âge du troisième. Trouver les âges actuels du père et de ses fils.*

Désignons par x l'âge du père ; par a l'âge du fils aîné, par b celui du second, et par c celui du troisième. Nous pouvons écrire :

$$x - 5 = a + b + c \qquad\qquad (1)$$

puis, successivement :

$$x + 10 = 2(a + 10) \qquad\qquad (2)$$
$$x + 20 = 2(b + 20) \qquad\qquad (3)$$
$$x + 30 = 2(c + 30). \qquad\qquad (4)$$

Additionnons membre à membre les 3 dernières égalités, nous aurons :

$$3x + 60 = 2(a + b + c + 60)$$

ou, en remplaçant $a + b + c$ par sa valeur tirée de (1)

$$3x + 60 = 2(x - 5 + 60).$$

D'où l'on tire $x = 50.$

En portant cette valeur de x dans chacune des égalités (2) ; (3), (4), on trouve.

$$50 + 10 = 2a + 20, \quad \text{d'où} \quad a = 20$$
$$50 + 20 = 2b + 40, \quad \text{d'où} \quad b = 15$$
$$50 + 30 = 2c + 60, \quad \text{d'où} \quad c = 10.$$

R. — Le père a 50 ans ; le fils aîné 20 ans ; le second 15 ans, et le troisième 10 ans.

368. *Un commerçant reçoit 20 caisses de savon qui lui reviennent toutes au même prix. Il en revend 14 pour 1 296ᶠ,75, mais la vente des 6 autres qui ont subi une avarie, n'a produit que 344ᶠ,25. Le commerçant gagne ainsi sur chacune des 14 premières caisses autant qu'il perd sur chacune des autres. Trouver à quel prix lui revient chaque caisse.*

Si elles avaient subi une avarie, les 14 caisses n'auraient produit que

$$\frac{344^f,25 \times 14}{6} = 803^f,25.$$

En vendant 14 caisses pour 1 296ᶠ,75 et 14 caisses pour 803ᶠ,25 le bénéfice compenserait la perte.

R. — Prix de revient d'une caisse : $\dfrac{1\ 296^f,75 + 803^f,25}{28} = $ **75ᶠ**.

369. *Une personne a pris 140 repas, tantôt dans un restaurant où elle dépense 8ᶠ,75, tantôt dans un autre où elle ne débourse que 3ᶠ,25, et pourtant sa note, dans ce dernier, surpasse de 359ᶠ celle qu'elle a dû payer dans le premier. On demande combien de repas elle a pris dans chaque restaurant.*

Si les 140 repas avaient été pris dans le 2ᵉ restaurant, la note aurait été de 3ᶠ,25 × 140 = 455ᶠ.

La différence des notes aurait été de 455ᶠ, donc trop forte de 455ᶠ — 359ᶠ = 96ᶠ.

Pour chaque repas pris dans le 1ᵉʳ restaurant la différence des notes diminue de 8ᶠ,75 + 3ᶠ,25 = 12ᶠ.

R. — Nombre de repas pris dans le 1ᵉʳ **restaurant**: 96 : 12 = **8** et dans le 2ᵉ **restaurant** 140 — 8 = **132**.

370. *Un particulier achète un terrain 7 000ᶠ l'hectare. En mesurant il trouve qu'il y a 2 ares de moins qu'il n'en a payé. Néanmoins, trouvant à revendre ce terrain 80ᶠ l'are, il ne réclame pas et dans cette vente il fait un bénéfice de 690ᶠ. Quelle est la surface du terrain ?*

S'il avait pu vendre autant d'ares qu'il en a payés, son bénéfice aurait été de

$$690^f + (80^f \times 2) = 850^f.$$

Par are, le bénéfice aurait été de 80ᶠ — 70ᶠ = 10ᶠ.

Le nombre d'ares payés est donc de 850 : 10 = 85.

R. — **Surface réelle du terrain** : 85 — 2 = **83 ares.**

371. *Un spéculateur achète à raison de 600ᶠ l'hectare une terre en mauvais état. Il y fait exécuter des améliorations qui coûtent 75 000ᶠ. Il revend alors le tiers de la propriété à raison de 1 200ᶠ l'hectare et le reste à 1 100ᶠ l'hectare, et réalise ainsi un bénéfice de 45 000ᶠ. On demande la contenance de cette terre.*

$$\text{Analyse.} \quad\text{Surface} = \frac{\text{Total des frais et du bénéfice.}}{\text{Frais + bénéfice par ha.}}$$

Total des frais et du bénéfice : 75 000ᶠ + 45 000ᶠ = 120 000ᶠ.

$$\text{L'ha. a été vendu en moyenne :} \quad \frac{1\,200^f + (1\,100 \times 2)}{3} = \frac{3\,400^f}{3}$$

Frais + bénéfice par hectare = (prix de V. — prix d'A.).

$$\frac{3\,400^f}{3} - 600^f = \frac{1\,600^f}{3}$$

R. — **Surface du terrain :** $120\,000 : \dfrac{1\,600}{3} =$ **225 hectares.**

372. *Un jardinier a deux carrés de salades dont le 2ᵉ compte 44 pieds de plus que le 1ᵉʳ. Il arrose le 1ᵉʳ carré à raison de 1 arrosoir d'eau pour 10 pieds, et le 2ᵉ carré à raison de 1 arrosoir pour 12 pieds. Sachant qu'il lui a fallu 22 arrosoirs d'eau, trouver le nombre total de pieds de salades.*

Si le jardinier avait employé les 22 arrosoirs pour le 2ᵉ carré, on en conclurait que celui-ci compte 12 × 22 = 264 pieds ; et que le 1ᵉʳ carré n'en compte aucun.

La différence entre les nombres de pieds des deux carrés serait trop forte de 264 — 44 = 220 pieds.

En employant un arrosoir pour le 1ᵉʳ carré, cette différence diminue de 10 + 12 = 22 pieds.

Il a fallu 220 : 22 = 10 arrosoirs pour le 1ᵉʳ carré et par suite, 22 — 10 = 12 arrosoirs pour le 2ᵉ carré.

R. — Le 1ᵉʳ carré compte 10 × 10 = **100 pieds** et le 2ᵉ carré : 12 × 12 = **144.**

373. *Une personne achète 7ᵐ,50 de soie, 13ᵐ,50 de toile, 9ᵐ,60 de drap et paye le tout 540ᶠ,45. Elle rapporte au marchand 6ᵐ de drap et reçoit en échange 3ᵐ,50 de soie et 6ᵐ de toile plus 33ᶠ. Trouver le prix du mètre de chaque étoffe, sachant que le mètre de soie coûte 16ᶠ,50 de plus que le mètre de toile.*

Marche à suivre. — Remplacer les 7ᵐ,50 de soie et les 9ᵐ,60 de drap par un nombre équivalent de mètres de toile.

$$7^m,50 \text{ de soie valent : } (1^m \text{ de toile} + 16^f,50) \times 7,50$$
$$= 7^m,50 \text{ de toile} + 123^f,75.$$

6^m de drap valent : $3^m,50$ de soie $+ 6^m$ de toile $+ 33^f,$

ou $\quad (1^m$ de toile $+ 16^f,50) \times 3,50 + 6^m$ de toile $+ 33^f,$

ou $\qquad 3^m,50$ de toile $+ 57^f,75 + 6^m$ de toile $+ 33^f,$

ou $\qquad\qquad 9^m,50$ de toile $+ 90^f,75.$

$9^m,60$ de drap équivalent donc à :

$$\frac{9^m,50 \text{ de toile} \times 9,60}{6} + \frac{90^f,75 \times 9,60}{6} = 15^m,20 \text{ de toile} + 145^f,20.$$

Le prix d'achat total $540^f,45$ représente donc la valeur de $7^m,50$ de toile $+ 123^f,75 + 13^m,50$ de toile $+ 15^m,20$ de toile $+ 145^f,20$

ou $\qquad\quad 36^m,20$ de toile $+ 268^f,95.$

R. — Prix du mètre de toile : $\dfrac{540^f,45 - 268^f,95}{36,20} = \mathbf{7^f,50}.$

$$\text{soie} : 7^f,50 + 16,50 = \mathbf{24^f}.$$

$$\text{drap.} : \frac{(7^f,50 \times 9,5) + 90,75}{6} = \mathbf{27^f}.$$

374. *Deux ouvriers travaillent ensemble un certain nombre de jours. Le 1er qui gagne 3^f de plus par jour que le second reçoit le jour du payement 30^f de plus bien qu'il ait travaillé 4 jours de moins. Si au contraire il avait travaillé 4 jours de plus que le second, il aurait reçu 174^f de plus que lui. Trouver le salaire de chaque ouvrier.*

1° Dans le second cas, le 1er ouvrier travaillerait $4 + 4 = 8$ jours de plus que dans le premier cas, et recevrait pour ces 8 jours $174 - 30 = 144^f.$

R. — Le 1er **ouvrier** gagne donc par jour $144^f : 8 = \mathbf{18^f}$ et le 2e **15^f**.

2° Si le 1er avait fourni le même nombre de journées que le second il aurait reçu $30^f + 18^f \times 4 = 102^f$ de plus que ce dernier. Comme il reçoit 3^f de plus par jour, il aurait travaillé $102 : 3 = 34$ jours

R. — Le 2e a travaillé **34 jours** et le 1er **30 jours**.

375. *Un marchand a vendu 3 pièces de toile : la 1re à 13^f le mètre, la 2e à 12^f et la 3e à 10^f. Le prix de vente total de la 2e pièce est égal à celui de la 3e, et les pièces ensemble ont été vendues $957^f,50$. Calculer la longueur de chaque pièce sachant que la longueur de la 1re est le tiers de la longueur totale.*

Prix moyen du mètre des 2 dernières pièces $\left\{\begin{array}{l} \text{La } 2^e \text{ et la } 3^e \text{ pièce ayant mêmes valeurs totales,} \\ \text{leurs longueurs sont en raison inverse des prix du} \\ \text{mètre ; elles sont donc entre elles comme 10 est à} \\ 12, \text{ ou comme 5 est à 6.} \\ \text{Prix moyen du mètre} : \dfrac{12^f \times 5 + 10^f \times 6}{11} = \dfrac{120^f}{11} \end{array}\right.$

Pour 1^m à 13^f, le marchand vend 2^m à 120/11 et il retire

$$13^f + \frac{120^f}{11} \times 2 = \frac{143 + 240}{11} = \frac{383^f}{11}.$$

R. — La 1re pièce mesure : 957,50 : $\frac{383}{11} = 27^m,50$.

Les deux autres pièces mesurent ensemble 27^m,50 × 2 = 55^m.

La 2e pièce a $\frac{55 \times 5}{11} = 25^m$, et la 3e pièce $\frac{55 \times 6}{11} = 30^m$.

376. *Un terrain a été vendu en 3 lots : le 1er contenant le tiers du terrain à raison de 50^f l'are ; le 2e de 35^a,20 de superficie à 60^f l'are ; le 3e à 80^f l'are. La vente a produit 12 272^f. On demande la surface du terrain.*

Si l'are du 2e lot avait été vendu 80^f, c'est-à-dire 20^f de plus la vente totale du terrain aurait produit :

$$12\ 272^f + (20^f \times 35,20) = 12\ 976^f.$$

Une vente de 3 ares comprendrait 1 are à 50^f et 2 ares à 80^f et produirait : 50^f + 80^f × 2 = 210^f.

Dans ces conditions, le tiers du terrain aurait été vendu 50^f l'are et les deux autres tiers 80^f l'are.

L'are aurait été vendu en moyenne : $\frac{50^f + 80 \times 2}{3} = 70^f$.

R. — La surface du terrain est donc : 12 976 : 70 = **185^a,37.**

377. *Un marchand a vendu une pièce d'étoffe de la manière suivante : la moitié de la pièce à 15^f le mètre ; puis 12^m à 16^f le mètre et enfin le reste de la pièce à 15^f,75 le mètre. La vente totale a produit 987^f. Quelle était la longueur de la pièce ?*

Si les 12^m avaient été vendus 15^f,75 c'est-à-dire 0^f,25 de moins, la vente totale aurait produit :

$$987^f - 0^f,25 \times 12 = 984^f.$$

Dans ces conditions, la moitié de la pièce aurait été vendue 15^f le mètre et l'autre moitié 15^f,75.

Le mètre aurait été vendu en moyenne

$$(15^f + 15^f,75) : 2 = 15^f,375.$$

R. — Longueur de la pièce : 984 : 15,375 = **64^m.**

378. *Un particulier a 2 tonneaux de vin de qualités différentes. Un litre de la 1re qualité vaut 2^f et un litre de l'autre vin 1^f,60. Il retire 75^l de vin de chaque tonneau, puis il verse les 75^l de 1re qualité dans le tonneau de vin à 1^f,60 et réciproquement. Le litre de chacun de ces mélanges revient à 1^f,85. Quelle est la capacité de chaque tonneau ?*

Le vin tiré du 1er tonneau vaut $2^f \times 75 = 150^f$.

Le vin tiré du 2e tonneau vaut $1^f,60 \times 75 = 120^f$.

Les mélanges étant effectués, la valeur du vin du 1er tonneau a diminué de $150^f - 120^f = 30^f$.

La diminution de valeur par litre est de : $2^f - 1^f,85 = 0^f,15$.

R. — Capacité du 1er **tonneau** : $30 : 0,15 = 200^l$.

La valeur du vin du 2e tonneau a augmenté de 30^f.

L'augmentation de valeur par litre est de : $1^f,85 - 1^f,60 = 0^f,25$.

R. — Capacité du 2e **tonneau** : $30 : 0,25 = 120^l$.

379. *Une pièce de percale d'une valeur de 324^f, a 45^m de plus qu'une pièce de serge estimée 162^f ; 1 mètre de serge coûte autant que 2 mètres de percale. Trouver la longueur de chaque pièce et le prix du mètre de chaque étoffe.*

Si le mètre de serge avait la même valeur que le mètre de percale, la pièce de serge ne vaudrait que $162^f : 2 = 81^f$.

La différence de valeur des 2 pièces serait de $324^f - 81^f = 243^f$ et représenterait la valeur des 45^m que la 1re pièce compte de plus que la 2e.

R. — **Prix du mètre de percale** : $243^f : 45 = 5^f,40$.

    Prix du mètre de **serge** : $5^f 40 \times 2 = 10^f,80$.

    Longueur de la pièce de percale : $324 : 5,40 = 60^m$.

    Longueur de la pièce de **serge** : $162 : 10,8 = 15^m$.

380. *Un cultivateur achète 2 chevaux et s'acquitte en versant le prix de vente de 45 sacs de blé et une somme de $1\,550^f$. Quelque temps après, il livre encore 24 sacs de blé aux conditions précédentes et trouve à revendre ses chevaux avec un bénéfice de 150^f par tête. Sachant que la vente des 24 sacs de blé et des 2 chevaux lui a rapporté en tout $8\,060^f$, trouver le prix de vente d'un sac de blé et le prix d'achat d'un cheval.*

Si les chevaux avaient été revendus au prix d'achat, le cultivateur aurait retiré du second marché :

$$8\,060^f - 150^f \times 2 = 7\,760^f.$$

En représentant alors par x le prix d'achat d'un cheval et par y le prix de vente d'un sac de blé, on peut écrire les deux équations suivantes :

$$2x = 45y + 1\,550.$$
$$2x + 24y = 7\,760 \quad \text{ou} \quad 2x = 7\,760 - 24y.$$

D'où $45y + 1\,550 = 7\,760 - 24y$

          $45y + 24y = 7\,760 - 1\,550$

          $y = 90.$

R. — **Prix de vente d'un sac de blé : 90^f.**

Prix d'achat d'un cheval : $\dfrac{90^f \times 45 + 1\,550^f}{2} = 2\,800^f$.

381. *Une somme a été partagée entre 3 personnes : A,
B et C. La somme des parts de A et B surpasse de 500ᶠ la
part de C, la somme des parts de A et C surpasse de 330ᶠ
la part de B ; la somme des parts de B et C surpasse de
60ᶠ la part de A. Trouver la somme partagée et la part de
chaque personne.*

Si l'on convient que la lettre qui désigne chaque personne désigne
aussi son avoir, on peut écrire :

$$A + B = C + 500 \qquad (1)$$
$$A + C = B + 330 \qquad (2)$$
$$B + C = A + 60 \qquad (3)$$
$$2(A + B + C) = (A + B + C) + 890.$$

D'où $\qquad A + B + C = 890.$ $\qquad\qquad (4)$

En remplaçant $A + B$ par $C + 500$ dans (4), on a :

$$C + 500 + C = 890 ; \quad \text{d'où l'on tire } C = 195.$$

(1) donne alors $A + B = 195 + 500 = 695$

(2) donne $\qquad A - B = 330 + 195 = 135$

Connaissant $A + B$ et $A - B$ on en tire $A = 415 ; B = 280$

R. — Part de **A, 415ᶠ** ; part de **B, 280ᶠ** ; part de **C, 195ᶠ**.

DIVISIBILITÉ

---

382. *Parmi les nombres 18, 28, 35, 84, 90, 142, 446, 870, 1 100, 3 008, quels sont ceux qui sont divisibles 1° par 4 ? 2° par 5 ? 3° par 25 ?*

1° sont divisibles par 4 :   28,   84,   1 100,   3 008.
2° sont divisibles par 5 :   35,   90,   870,   1 100.
3° est divisible par 25 :   1 100.

383. *Quels restes obtient-on en divisant 1° par 5 ; 2° par 4 ; 3° par 25 les nombres suivants : 16, 26, 60, 180, 204, 364, 1 802 ?*

Nombres :	16,	26,	60,	180,	204,	364,	1 802.
Restes par 5 :	1	1	0	0	4	4	2.
Restes par 4 :	0	2	0	0	0	0	2.
Restes par 25 :	16	1	10	5	4	14	2.

384. *Quels restes obtient-on en divisant : 1° par 3 ; 2° par 9 les nombres suivants : 118, 507, 588, 675, 1 009, 3 627, 5 108 ?*

Nombres :	118,	507,	588,	675,	1 009,	3 627,	5 108.
Restes par 3 :	1	0	0	0	1	0	2.
Restes par 9 :	1	3	3	0	1	0	5.

385. *Quel est le plus petit nombre qu'il faut retrancher de 2 847 pour avoir un nombre divisible : 1° par 3 ? 2° par 4 ? 3° par 5 ? 4° par 9 ? 5° par 25 ?*

1° Il faut retrancher **3** ;   2 847 --- 3 = 2 844 = m.3
2°   ---   **3** ;   2 847 --- 3 = 2 844 = m.4
3°   ---   **2** ;   2 847 --- 2 = 2 845 = m.5
4°   ---   **3** ;   2 847 --- 3 = 2 844 = m.9
5°   ---   **22** ;   2 847 --- 22 = 2 825 = m.25.

386. *On donne le nombre 18x43y. Quels chiffres peut-on mettre à la place de x et de y pour que le nombre obtenu soit divisible par 9 ?*

On doit avoir : $1 + 8 + x + 4 + 3 + y = m.9$

ou $16 + x + y = m.9$.

La somme $16 + x + y$ a pour valeur maximum $16 + 9 + 9 = 34$; comme elle doit être divisible par 9, elle doit être égale à 18 ou à 27.

Avec $16 + x + y = 18$,   on a : $x + y = 2$

Avec $16 + x + y = 27$,   on a : $x + y = 11$.

Il faut donc donner à x et y les valeurs suivantes :

0 et 2 ;   1 et 1 ;   2 et 9 ;   3 et 8 ;   4 et 7 ,   5 et 6.

387. *Quels sont les nombres de 3 chiffres dont le chiffre des dizaines est 5 et qui sont divisibles à la fois par 4 et par 9 ?*

Soit N l'un des nombres cherchés.

1° N étant divisible par 4, le nombre formé par ses deux derniers chiffres à droite est divisible par 4, et comme ce nombre est compris entre 50 et 59 il égale 52 ou 56.

Ainsi le chiffre des **unités** de N est 2 ou 6.

2° N étant divisible par 9, la somme des valeurs absolues de ses chiffres est un multiple de 9. Donc, en désignant par x le chiffre des centaines, on a, selon que le chiffre des unités est 2 ou 6 :

$x + 5 + 2 = m9$;   ou $x + 7 = 9$;   d'où $x = 2$
$x + 5 + 6 = m9$;   ou $x + 11 = 18$;   d'où $x = 7$.

Ainsi le chiffre des **centaines** de N est 2 ou 7.

R. — Les nombres cherchés sont donc **252** et **756**.

388. *Trouver les nombres de 4 chiffres qui sont divisibles par 9 et par 4 et dont le chiffre des unités de mille est 5 et dont le chiffre des dizaines 7. Justifier la manière dont on opère.*

En raisonnant comme dans l'exercice précédent, on établirait :
1° que les nombres cherchés étant divisibles par 4, sont terminés à droite par 72 ou 76.
2° Que les nombres cherchés étant divisibles par 9, on peut écrire, en désignant par x le chiffre des centaines :

$5 + x + 7 + 2 = m. 9$; ou $x + 14 = 18$; d'où $x = 4$
$5 + x + 7 + 6 = m. 9$; ou $x + 18 = m.9$; d'où $x = 0$ ou $x = 9$.

R. — Les nombres cherchés sont donc **5 472** ; **5 076** ; **5 976**.

389. *On donne le nombre 725 400 ; quels chiffres significatifs peut-on mettre à la place des deux zéros pour former un nombre qui soit divisible à la fois par 4 et par 9 ?*

Le nombre 725 400 est divisible à la fois par 4 et par 9.

Appelons N le nombre à former et n le nombre de 2 chiffres qui doit remplacer les 2 zéros. Nous avons

$$N = 725 400 + n.$$

Or 4 et 9 divisent la somme N et l'une de ses parties 725 400 ; donc 4 et 9 divisent aussi l'autre partie n.

Ainsi n est un nombre de 2 chiffres divisible à la fois par 4 et 9.
Mais si n est divisible par 9, la somme de ses chiffres est divi-

sible par 9 et par suite est égale à **9**. Elle ne peut être égale à 18, car il faudrait pour cela qu'on ait $n = 99$ et alors n ne serait pas divisible par 4.

Or les nombres de 2 chiffres dont la somme des chiffres est 9 sont 18, 81, 27, 72, 36, 63, 45 et 54.

Parmi ces nombres, deux seulement (36 et 72) sont divisibles par 4 ; donc n égale 36 ou 72.

Les chiffres qu'on peut mettre à la place des zéros sont **3** et **6** ou **7** et **2**.

Remarque. — On pourrait dire plus rapidement en s'appuyant sur une propriété des nombres premiers entre eux (*Arith.* n° 264) :

n étant divisible par 4 et 9, nombres premiers entre eux, est divisible par leur produit 36,

Ainsi n est un multiple de 36, formé de 2 chiffres.

Donc n est égal à 36 ou à **72**.

390. *Même question pour le nombre* 10 708.

Le nombre doit être divisible par 4, donc le nombre formé par ses 2 chiffres de droite doit être divisible par 4.

Par conséquent, le zéro placé au rang des dizaines doit être remplacé par un des chiffres pairs 2, 4, 6, 8.

Le nombre doit être divisible par 9, donc la somme des valeurs absolues de ses chiffres doit être divisible par 9.

Il faut donc mettre à la place de l'autre zéro, un chiffre tel que, ajouté à la somme des 4 autres, il forme un nombre divisible par 9.

La somme des chiffres significatifs de

10 728			10 728
10 748			10 748
10 768			10 768
10 788			10 788

10 728 est 18 ; en substituant un 9 au zéro, on aura : 19 728 = *m*.9
10 748 est 20 ;   —   7   —   17 748 = *m*.9
10 768 est 22 ;   —   5   —   15 768 = *m*.9
10 788 est 24 ;   —   3   —   13 788 = *m*.9

R. — Les chiffres qu'on peut mettre respectivement au 4° rang et au 2° rang sont 9 et **2** ; **7** et **4** ; **5** et **6** ; **3** et **8**.

391. *On fait le produit des* 100 *premiers nombres. Ce produit est-il divisible par* 7 ? — *par des puissances de* 7 ? — *Quelle est la plus haute puissance de* 7 *qui divise ce produit ?*

Le produit des 100 premiers nombres est :

$$1 \times 2 \times 3 \times 4 \times 5 \times 6 \times 7 \ldots\ldots\ldots \times 100.$$

Sur ces 100 nombres, il y a $100 : 7 = 14$ multiples de 7 ; ce sont :

$$7, \ 14, \ 21, \ 28 \ldots\ldots\ldots \ 98.$$

Chacun de ces multiples renferme le facteur 7 et deux d'entre eux 49 et 98, le contiennent 2 fois.

$$49 = 7 \times 7 ; \qquad 98 = 7 \times 7 \times 2.$$

Le facteur 7 entre donc 16 *fois* dans le produit des 100 premiers nombres ; et comme un produit est divisible par chacun des facteurs qui le composent, le **produit des 100 premiers nombres est divisible par 7 et par les puissances de 7 jusqu'à la 16° puissance comprise.**

392. *On fait le produit des 49 premiers nombres. Ce produit est-il divisible par 5 ? Est-il divisible par une puissance de 5 ? Quelle est la plus grande puissance de 5 qui divisera ce produit ? Démontrer.*

Le produit des 49 premiers nombres renferme 49 : 5 = 9 multiples de 5.

$$5, 10, 15, \ldots\ldots 45.$$

Chacun de ces multiples contient le facteur 5, et l'un d'entre eux, 25, le contient 2 fois.

Le facteur 5 figure donc 9 + 1 = 10 fois dans le produit des 49 premiers nombres : **ce produit est, par suite, divisible par 5 et par les puissances de 5 jusqu'à la 10e puissance comprise.**

393. *Deux nombres sont composés des mêmes chiffres écrits dans un ordre quelconque. Démontrer que leur différence est toujours un multiple de 9. En est-il de même de leur somme ? Dans quel cas cette somme est-elle un multiple de 9 ?*

1° Soient A et B les deux nombres (A > B). Puisque A et B sont composés des mêmes chiffres, la somme de ces chiffres est la même pour les deux nombres, par suite, les restes de la division par 9 de A et de B sont égaux ; et l'on a :

$$A = m.\,9 + r \qquad (1)$$
$$B = m.\,9 + r. \qquad (2)$$

1° En retranchant membre à membre ces égalités, on a :

$$A - B = m.9.$$

Ainsi la différence des nombres est un multiple de 9.

2° En additionnant membre à membre (1) et (2), on a :

$$A + B = m.\,9 + 2r.$$

Le second terme 2r est un *nombre pair,* inférieur à 18 puisque r est inférieur à 9 ; par conséquent 2r n'est pas divisible par 9.

Puisque 9 divise m. 9 et ne divise pas 2r, **9 ne divise pas leur somme A + B**

3° La somme A + B n'est divisible par 9 que dans le cas où r est nul, c'est-à-dire **dans le cas où A et B sont des multiples de 9.**

394. *Un nombre de 4 chiffres reste le même quand on le renverse, trouver ce nombre, sachant que la somme des 4 chiffres est 20 et que l'excès du nombre formé par les deux chiffres de droite sur celui formé par les deux chiffres de gauche est 54.*

Si l'on désigne par *a* le chiffre des unités et par *b* le chiffre des dizaines, *b* sera aussi le chiffre des centaines et *a* celui des mille ; le nombre s'écrira : *a b b a* ; et l'on aura :

$$a + b + b + a = 20$$

d'où
$$a + b = 10.$$

D'autre part, le nombre formé par les 2 chiffres de droite est $10b + a$ et celui formé par les 2 chiffres de gauche $10a + b$; et l'on a :

$$10b + a - (10a + b) = 54$$
$$9b - 9a = 54$$
$$9(b - a) = 54$$
$$b - a = 6.$$

Connaissant $b + a = 10$ et $b - a = 6$, on en déduit :

$$b = \frac{10 + 6}{2} = 8 ; \qquad a = \frac{10 - 6}{2} = 2.$$

R. — Le nombre cherché est donc **2 882.**

395. *Démontrer que tout nombre entier qui en divise 2 autres* a *et* b, (a $>$ b), *divise leur somme* a $+$ b, *leur différence* a $-$ b, *et la somme ou la différence de 2 multiples quelconques de* a *et de* b, *de la forme* ma, nb.

1° Tout nombre qui divise a et b, divise $a + b$ (*Arith.*, n° 215).

2° Tout nombre qui divise a et b, divise $a - b$ (*Arith.*, n° 217).

3° Tout nombre qui divise a et b, divise les multiples ma et nb de ces nombres (*Arith.*, n° 216) ; divisant ma et nb, il divise $ma + nb$ et aussi $ma - nb$ (ou $nb - ma$ si $nb > ma$).

396. *Démontrer que tout nombre qui divise le dividende* D *et le diviseur* d *d'une division divise aussi le reste* r.

Application. — *On divise par 18 un nombre qui est un multiple de 6, mais qui n'est pas divisible par 18. Peut-on prévoir la valeur du reste de la division ?*

Démonstration (*Arith.*, n° 218).

Application. — En désignant par N le nombre, par q le quotient et par r le reste, on a :

$$N = (18 \times q) + r$$
$$\text{ou} \qquad N - 18 \times q = r.$$

Or 6 divise N par hypothèse ; 6 divise aussi 18 et par suite $18 \times q$; donc 6 divise leur différence r.

Ainsi r est un multiple de 6, inférieur à 18 le diviseur.

R. — Le reste égale par conséquent **6 ou 12.**

397. *Un nombre qui divise le dividende et le reste d'une division divise-t-il le diviseur ? divise-t-il le quotient ? Expliquer et donner des exemples.*

On a : $\qquad\qquad$ $D = d \times q + r$
et par suite $\qquad$ $D - r = d \times q.$

Tout nombre qui divise le dividende D et le reste r, divise leur différence $d \times q$; mais on ne peut en conclure qu'il divise séparément d et q.

En effet quand un nombre divise un produit de 2 facteurs, 3 cas peuvent se présenter : 1° ce nombre divise chaque facteur ;

2º il ne divise que l'un des facteurs ; 3º il ne divise aucun des facteurs

Exemples. — Soit la division de 132 par 20. Chacun des nombres 2, 3, 4, 12, divise le dividende 132 et le reste 12 et par suite le produit 20×6.

$$\begin{array}{r|l} 132 & 20 \\ \hline 12 & 6 \end{array}$$

Le 1ᵉʳ de ces nombres 2 divise à la fois le diviseur 20 et le quotient 6 ; 3 ne divise que le quotient ; 4 ne divise que le diviseur, enfin 12 ne divise ni le diviseur ni le quotient.

398. *Un élève en divisant un nombre par 8 a obtenu pour reste 4. En divisant ce même nombre par 12, il a eu pour reste 3. Démontrez qu'il a certainement commis une erreur.*

Soit N le nombre ; si l'on admet qu'il n'y a pas d'erreur commise, on peut écrire :

$$N = 8 \times q + 4$$

et

$$N = 12 \times q' + 3.$$

D'où

$$8q + 4 = 12q' + 3$$
$$12q' - 8q = 4 - 3$$
$$4(3q' - 2q) = 1.$$

La parenthèse $3q' - 2q$ est *nulle*, ou bien elle égale au moins 1 car $3q'$ et $2q$ sont des nombres *entiers* ; par conséquent en multipliant $3q' - 2q$ par 4 on ne peut, en aucun cas, trouver pour résultat 1.

Ainsi en supposant les opérations exactes, on aboutit à un résultat absurde ; l'élève a donc certainement commis une erreur.

Autre solution. — Soit N le nombre. Le 1ᵉʳ reste 4 se divise lui-même et il divise le diviseur 8, donc 4 divise N.

De même le second reste 3 se divise lui-même et divise le diviseur 12, donc 3 divise N.

N étant divisible par 4 et par 3 qui sont premiers entre eux, est divisible par leur produit 12. La division par 12 n'a donc pu donner pour reste 3 ; il y a donc erreur.

399. *Un nombre a deux chiffres. Si l'on divise ce nombre par 5 on obtient 4 pour reste ; si l'on divise ce nombre par 9, on obtient 6 pour reste. Quel est ce nombre ?*

Soit N le nombre. On peut écrire

$$N = 5 \times q + 4 = m. \; 5 + 4$$
$$N = 9 \times q' + 6 = m. \; 9 + 6.$$

La question revient à trouver un nombre qui soit à la fois un mult. de $9 + 6$ et un mult. de $5 + 4$.

Les multiples de 9 augmentés de 6 et composés de 2 chiffres sont :

$$15, \quad 24, \quad 33, \quad 42, \quad 51, \quad 60, \quad 69, \quad 78, \quad 87, \quad 96.$$

Les multiples de 5 sont terminés par 0 ou par 5 ; si on les augmente de 4 ils seront terminés par 4 ou par 9.

Il n'y a donc, dans la liste précédente que les 2 nombres 24 et 69 qui soient à la fois mult. de $9 + 6$ et mult. de $5 + 4$.

R. — Le nombre cherché est **24 ou 69.**

400. *Démontrer que le reste d'une division ne change pas si l'on ajoute au dividende ou si l'on retranche du dividende un multiple du diviseur. Déduire de ce principe la règle pratique pour trouver le reste de la division d'un nombre par 9.*

Soit :
$$D = dq + r.$$

En appelant md un multiple du diviseur, on a :

$$D \pm md = dq \pm md + r$$
$$D \pm md = d(q \pm m) + r.$$

Le quotient est augmenté ou diminué de m et le reste n'est pas modifié.

Règle pratique. — (*Arith.*, n° 231).

401. *Un nombre de trois chiffres étant donné, on renverse l'ordre des chiffres de ce nombre. Montrer que la différence entre le nouveau nombre et le premier est : 1° un multiple de 9 ; 2° un multiple de 11 ; 3° un multiple de 99 égal à 99 fois la différence entre le chiffre des centaines et le chiffre des unités.*

Application. — *La somme des chiffres d'un nombre de trois chiffres dont le chiffre des dizaines est 0, est 13. Ce nombre diminue de 297 quand on renverse l'ordre de ses chiffres. Trouver ce nombre.*

Soit abc un nombre de 3 chiffres ($a > c$). Le nombre renversé sera cba.

1° La différence des nombres est un mult. de 9. En effet, on a :

$$abc = m.\,9 + (a + b + c)$$
$$cba = m.\,9 + (c + b + a).$$

et, en retranchant membre à membre :

$$abc - cba = m.\,9 + 0 = m.\,9.$$

2° La différence des nombres est un mult. de 11. En effet, on a :

$$abc = m.\,11 + (c + a - b)$$
$$cba = m.\,11 + (a + c - b)$$

et, en retranchant membre à membre :

$$abc - cba = m.\,11 + (c + a - b) - (a + c - b)$$
$$= m.\,11 + c + a - b - a - c + b$$
$$= m.\,11.$$

3° La différence est un mult. de 99 égal à $99 \times (a - c)$. En effet, on peut écrire :

$$abc = 100a + 10b + c$$
$$cba = 100c + 10b + a.$$

et, en retranchant membre à membre :

$$abc - cba = 99a - 99c$$
$$= 99 \times (a - c).$$

Application. — Le nombre cherché peut s'écrire $a0c$ et le nombre renversé $c0a$. On a d'après ce qui précède :

$$a0c - c0a = 99 \times (a - c)$$

Or
$$99 \times (a - c) = 297$$
donc
$$a - c = 297 : 99 = 3.$$

Connaissant $a + c = 13$ et $a - c = 3$ on en déduit :

$$a = \frac{13 + 3}{2} = 8 ; \qquad c = \frac{13 - 3}{2} = 5.$$

R. — Le nombre cherché est **805**.

402. *Comment peut-on faire la preuve par 9 de l'addition ? de la soustraction ? Est-elle sûre, utile ? Appliquer en particulier au cas 8 754 — 4 355.*

Voir (*Arith.*, n° 237 et n° 238).

403. *La multiplication de 58 542 par 6 002 n'a que 2 produits partiels. En écrivant le 2°, on place le premier chiffre sous le chiffre des dizaines du 1ᵉʳ et on continue ainsi l'opération. Quel est le multiple du multiplicande qui représente l'erreur commise ? Faites la preuve par 9 et montrez qu'elle ne permet pas de constater l'erreur du produit. Pourquoi ?*

1° Disposé de cette manière, le 2° produit partiel représente le résultat de la multiplication de 58 542 par 60 et non par 6 000. Ce produit partiel, et par suite le produit total, est trop faible de

$$58\,542 \times 6\,000 - 58\,542 \times 60 = 58\,542 \times (6\,000 - 60) = 58\,542 \times 5\,940.$$

R. — L'erreur commise est égale à **5 940 fois 58 542**.

2° La preuve par 9 de l'opération n'accusera pas l'erreur commise car cette erreur est un mult. de 9. En effet :

$$58\,542 \times 5\,940 = 58\,542 \times \text{m. } 9 = \text{m. } 9.$$

Par suite, on peut écrire :

Produit exact = produit erroné + m. 9.

Le produit exact est une somme de deux parties ; 9 divise une de ces parties (*m. 9*) ; donc on obtiendra le même reste en divisant par 9 l'autre partie (*le produit erroné*) et la somme entière (*le produit exact*).

404. *On multiplie 796 par 213. On place par erreur le premier chiffre du deuxième produit partiel sous le chiffre des centaines du multiplicande, les deux autres produits sont placés suivant la règle. Dire sans refaire la multiplication ce qu'il faudrait retrancher du produit obtenu pour avoir le produit exact. Montrez aussi que la preuve par 9 n'aurait pas mis en évidence l'erreur commise.*

1° Disposé ainsi, le 2ᵉ produit partiel représente le résultat de la multiplication de 796 par 100 et non par 10. Ce produit partiel, et par suite le produit total, est donc trop fort de

$$796 \times (100 - 10) = 796 \times 90 = 71\,640.$$

Pour obtenir le produit exact, il faut retrancher **71 640** du produit erroné.

2° L'erreur commise est égale à un mult. de 9 ; donc la preuve par 9 ne l'aurait pas mise en évidence. (*Exercice précédent.*)

405. *Dans le produit* $8\,324 \times 345$, *on renverse l'ordre des chiffres du multiplicateur et on obtient* $8\,324 \times 543$. *1° Montrer que la différence des multiplicateurs est toujours divisible par 9, quel que soit le multiplicateur primitif. En conclure que la différence des produits est divisible par 9 ; 2° Établir que le reste de la division par 9 du 2ᵉ produit est égal au reste de la division par 9 du 1ᵉʳ.*

1° La différence entre le multiplicateur 543 et ce même nombre renversé est divisible par 9. (*n° 401*).

2° La différence des produits est divisible par 9. En effet :

$$8\,324 \times 543 - 8\,324 \times 345 = 8\,324 \times (543 - 345) = 8\,324 \times m.9 = m.9.$$

3° On peut écrire :

$$8\,324 \times 543 = 8\,324 \times 345 + m.9.$$

Le produit $8\,324 \times 543$ est une somme de deux parties : 9 divise une de ces parties m. 9 ; donc on obtiendra le même reste en divisant par 9 l'autre partie $8\,324 \times 345$ et la somme entière $8\,324 \times 543$.

NOMBRES PREMIERS

406. *Reconnaître si les nombres suivants sont premiers :*

407 $= 11 \times 37$ 1 009 · *nombre premier*
521 *nombre premier*   1 103 *nombre premier*
621 $= 3^3 \times 23$ 1 271 $= 31 \times 41$
667 $= 23 \times 29$ 2 609 · *nombre premier.*

407. *Trouver les facteurs premiers des nombres suivants :*

280 $= 2^3 \times 5 \times 7$ 14 700 $= 2^2 \times 3 \times 5^2 \times 7^2$
2 646 $= 2 \times 3^3 \times 7^2$ 16 335 $= 3^3 \times 5 \times 11^2$
2 970 $= 2 \times 3^3 \times 5 \times 11$ 15 147 $= 3^4 \times 11 \times 17.$

147 231 $= 3^3 \times 7 \times 19 \times 41$
839 160 $= 2^3 \times 3^4 \times 5 \times 7 \times 37$
873 425 $= 5^2 \times 7^2 \times 23 \times 31.$

408. *Trouver tous les diviseurs des nombres suivants :*

1° 100 $= 2^2 \times 5^2.$

Diviseurs : 1, 2, 4, 5, 10, 20, 25, 50, 100.

2° 360 $= 2^3 \times 3^2 \times 5$

Diviseurs : 1 2 4 8 3 6 12 24 9 18 36 72.
5 10 20 40 15 30 60 120 45 90 180 360.

3° 1 728 $= 2^6 \times 3^3.$

Diviseurs :
1 2 4 8 16 32 64
3 6 12 24 48 96 192
9 18 36 72 144 288 576
27 54 108 216 432 864 1 728.

4° 1 755 $= 3^3 \times 5 \times 13.$

Diviseurs :
1 3 9 27 5 15 45 135
13 39 117 351 65 195 585 1 755.

5° 2 646 $= 2 \times 3^3 \times 7^2.$

Diviseurs :
1 2 3 6 9 18 27 54
7 14 21 42 63 126 189 378
49 98 147 294 441 882 1 323 2 646.

6° 3 819 $= 3 \times 19 \times 67.$

Diviseurs : 1 3 19 57 67 201 1 273 3 819.

7° $5\,145 = 3 \times 5 \times 7^3$.

Diviseurs :

1	3	5	15
7	21	35	105
49	147	245	735
343	1 029	1 715	5 145.

8° $8\,398 = 2 \times 13 \times 17 \times 19$.

Diviseurs :

1	2	13	26	17	34	221	442
19	38	247	494	323	646	4 199	8 398.

9° $15\,435 = 3^2 \times 5 \times 7^3$.

Diviseurs :

1	3	9	5	15	45
7	21	63	35	105	315
49	147	441	245	735	2 205
343	1 029	3 087	1 715	5 145	15 435.

409. *Trouver le plus grand commun diviseur des nombres suivants :*

$128 = 2^7$
$192 = 2^6 \times 3$　　　$p.\,g.\,c.\,d. = 2^6 = $ **64.**

$240 = 2^4 \times 3 \times 5$
$160 = 2^5 \times 5$　　　$p.\,g.\,c.\,d. = 2^4 \times 5 = $ **80.**

$180 = 2^2 \times 3^2 \times 5$
$224 = 2^5 \times 7$　　　$p.\,g.\,c.\,d. = 2^2 = $ **4.**

$900 = 2^2 \times 3^2 \times 5^2$
$7\,290 = 2 \times 3^6 \times 5$　　$p.\,g.\,c.\,d. = 2 \times 3^2 \times 5 = $ **90.**

$24 = 2^3 \times 3$
$80 = 2^4 \times 5$　　　$p.\,g.\,c.\,d. = 2^3 = $ **8.**
$160 = 2^5 \times 5$

$72 = 2^3 \times 3^2$
$216 = 2^3 \times 3^3$　　　$p.\,g.\,c.\,d. = 2^3 = $ **8.**
$128 = 2^7$

$90 = 2 \times 3^2 \times 5$
$180 = 2^2 \times 3^2 \times 5$　$p.\,g.\,c.\,d. = 3^2 \times 5 = $ **45.**
$945 = 3^3 \times 5 \times 7$

$240 = 2^4 \times 3 \times 5$
$1\,350 = 2 \times 3^3 \times 5^2$　$p.\,g.\,c.\,d. = 2 \times 3 = $ **6.**
$1\,008 = 2^4 \times 3^2 \times 7$

410. *Trouver le plus petit commun multiple des nombres suivants :*

$60 = 2^2 \times 3 \times 5$
$81 = 3^4$　　　　$p.\,p.\,c.\,m. = 2^2 \times 3^4 \times 5 = $ **1 620.**
$90 = 2 \times 3^2 \times 5$

$70 = 2 \times 5 \times 7$
$130 = 2 \times 5 \times 13$　$p.\,p.\,c.\,m. = 2 \times 5 \times 7 \times 13 \times 19 = $ **17 290.**
$190 = 2 \times 5 \times 19$

$$506 = 2 \times 11 \times 23$$
$$759 = 3 \times 11 \times 23 \qquad p.\,p.\,c.\,m. = 2 \times 3 \times 7 \times 11 \times 23 = 10\,626.$$
$$1\,771 = 7 \times 11 \times 23$$

$$3\,168 = 2^5 \times 3^2 \times 11$$
$$6\,048 = 2^5 \times 3^3 \times 7 \qquad p.\,p.\,c.\,m. = 2^5 \times 3^3 \times 7 \times 11 \times 17 = 1\,130\,976.$$
$$4\,896 = 2^5 \times 3^2 \times 17$$

18, 24, 36 et 48. — Le *p. p. c. m.* de ces nombres est le même que celui de 36 et 48 ; car 18 est sous-multiple de 36 et 24 est sous-multiple de 48.

$$36 = 2^2 \times 3^2$$
$$48 = 2^4 \times 3 \qquad p.\,p.\,c.\,m. = 2^4 \times 3^2 = 144.$$

12, 21, 24 et 42. — Le *p. p. c. m.* de ces nombres est le même que celui de 24 et 42 (*Exercice précédent*).

$$24 = 2^3 \times 3$$
$$42 = 2 \times 3 \times 7 \qquad p.\,p.\,c.\,m. = 2^3 \times 3 \times 7 = 168.$$

$$15 = 3 \times 5$$
$$28 = 2^2 \times 7$$
$$44 = 2^2 \times 11 \qquad p.\,p.\,c.\,m. = 2^2 \times 3 \times 5^2 \times 7 \times 11 = 23\,100.$$
$$175 = 5^2 \times 7.$$

72, 135, 216 et 648. — Le *p. p. c. m.* de ces nombres est le même que celui de 135 et 648 : car 72 et 216 sont sous-multiples de 648.

$$135 = 3^3 \times 5$$
$$648 = 2^3 \times 3^4 \qquad p.\,p.\,c.\,m. = 2^3 \times 3^4 \times 5 = 3\,240.$$

411. *Quels sont les diviseurs communs aux nombres suivants :*

420 et 720 ont pour *p. g. c. d.* $2^2 \times 3 \times 5 = 60$. Leurs diviseurs communs sont les diviseurs de 60 c'est-à-dire :

$$1 \quad 2 \quad 4 \quad 3 \quad 6 \quad 12 \quad 5 \quad 10 \quad 20 \quad 15 \quad 30 \quad 60.$$

900 et 375 ont pour *p. g. c. d.* : $5^2 \times 3 = 75$. Leurs diviseurs communs sont les diviseurs de 75, c'est-à-dire :

$$1 \quad 5 \quad 25 \quad 3 \quad 15 \quad 75.$$

72, 96 et 168 ont pour p. g. c. d. : $2^3 \times 3 = 24$. Leurs diviseurs communs sont les diviseurs de 24, c'est-à-dire :

$$1 \quad 2 \quad 4 \quad 8 \quad 3 \quad 6 \quad 12 \quad 24.$$

54, 90 et 126 ont pour p. g. c. d. : $2 \times 3^2 = 18$. Leurs diviseurs communs sont les diviseurs de 18, c'est-à-dire :

$$1 \quad 2 \quad 3 \quad 6 \quad 9 \quad 18.$$

412. *Quels sont les multiples communs aux nombres suivants :*

120 et 280 ont pour p. p. c. m. 840. Leurs multiples communs sont tous les multiples de 840. C'est-à-dire

$$840 \; ; \quad 840 \times 2 \; ; \quad 840 \times 3 \; ; \quad 840 \times 4 \; ; \quad \text{etc.}$$

210 et 330 ont pour p. p. c. m. **2 310**. Leurs multiples communs sont les multiples de 2 310, c'est-à-dire.

$$2\,310\;;\;2\,310 \times 2\;;\;2\,310 \times 3\;;\;2\,310 \times 4\;;\;\text{etc.}$$

12, 35 et 48 ont pour p. p. c. m. **1 680**. Leurs multiples communs sont les multiples de 1 680.

48, 64 et 84 ont pour p. p. c. m. **1 344**. Leurs multiples communs sont les multiples de 1 344.

413. *Au moyen de la décomposition en facteurs premiers, trouver : 1° deux nombres consécutifs dont le produit soit 1 260 ; 2° deux nombres qui diffèrent de 3 et dont le produit soit 1 120.*

1° $1\,260 = 2^2 \times 3^2 \times 5 \times 7 = (2^2 \times 3^2) \times (5 \times 7) =$ **36** $\times$ **35**.
2° $1\,120 = 2^5 \times 5 \times 7 = 2^5 \times (5 \times 7) =$ **32** $\times$ **35**.

414. *Un nombre entier est inférieur au carré de 23 et n'est divisible par aucun des nombres premiers inférieurs à 23. Démontrer que ce nombre est premier.*

Soit A le nombre entier.
Si A n'était pas premier, il serait divisible par un facteur premier n égal ou supérieur à 23 ; il serait aussi divisible par q, le quotient correspondant, on aurait donc :

$$A = n \times q < 23 \times 23.$$

Mais n étant égal ou supérieur à 23, q serait inférieur à 23.
A serait donc divisible par un nombre premier (q ou un facteur premier de q) inférieur à 23, ce qui est contraire à l'hypothèse.
Donc A est premier.

415. *Démontrer que la somme de 2 nombres entiers consécutifs n'est jamais divisible par 2. Est-elle divisible par 3 ?*

1° L'un des nombres consécutifs est pair et l'autre est impair ; 2 ne divisant que l'un des deux nombres ne divise pas leur somme.

2° Un nombre entier égale soit $m\,3$, soit $m\,3 + 1$, soit $m\,3 + 2$. Si les nombres consécutifs ont pour valeur :

a) $m\,3$ et $m\,3 + 1$ (ex. 18 et 19), leur somme ne sera pas divisible par 3, puisque 3 ne divise que l'un des deux nombres ;

b) $m\,3 + 2$ et $m\,3$ (ex. 20 et 21), leur somme ne sera pas divisible par 3 pour la même raison.

c) $m\,3 + 1$ et $m\,3 + 2$ (ex. 19 et 20), leur somme sera divisible par 3.

En résumé la somme de 2 nombres entiers consécutifs n'est divisible par 3 que si aucun des 2 nombres n'est divisible par 3.

416. *Démontrer que tout nombre premier autre que 2 et 3 est un multiple de 6 augmenté de 1 ou diminué de 1. La réciproque est-elle vraie ?*

1° Soit A le nombre premier.

A est premier et différent de 2, donc A est *impair* et par suite A — 1 et A + 1 sont *pairs*.

A est premier et différent de 3, donc A n'est pas divisible par 3.

D'autre part, (A — 1), A et (A + 1) sont 3 nombres consécutifs; donc l'un des trois est divisible par 3, et puisque A n'est pas m. 3, l'un des nombres A — 1 et A + 1 est divisible par 3.

L'un des nombres A — 1 et A + 1 est donc à la fois divisible par 3 et par 2 et conséquemment par 6.

2° *La réciproque n'est pas vraie;* c'est-à-dire que si l'on augmente ou si l'on diminue de 1 un multiple de 6 on n'obtient pas toujours un nombre premier.

Exemple : 300 est un multiple de 6. 299 n'est pas premier, 301 ne l'est pas non plus.

$$299 = 13 \times 23 ; \qquad 301 = 7 \times 43.$$

417. *Tout nombre impair est premier avec la moitié du nombre pair qui le suit ou qui le précède.*

Soit $2n + 1$ un nombre impair. Le nombre pair qui le précède est $2n$, dont la moitié est n.

Il faut prouver que n et $2n + 1$ sont premiers entre eux.

En effet s'ils admettaient un diviseur commun, ce diviseur diviserait aussi $2n$ (*mult. de n*) et $2n + 1$.

Or cela est impossible puisque $2n$ et $2n + 1$ sont deux nombres entiers consécutifs et, par conséquent, premiers entre eux.

On démontrerait de la même manière que $2n — 1$ et n sont premiers entre eux.

418. *Trouver 2 nombres entiers tels que la différence de leurs carrés soit égale au nombre premier 97. — Vérification.*

Soient a et b les deux nombres $(a > b)$. On a :

$$a^2 — b^2 = 97$$

ou $\qquad (a + b)(a — b) = 97.$

Mais pour que le produit de 2 facteurs soit premier, il faut que le plus petit facteur soit égal à l'unité. Donc :

$$a — b = 1$$

et par suite $\qquad a + b = 97.$

Connaissant la somme et la différence de a et b, on en déduit :

$$a = \frac{97 + 1}{2} = 49 ; \qquad b = \frac{97 — 1}{2} = 48.$$

R. — Les deux nombres sont **48** et **49**.

Vérification. — $49^2 — 48^2 = 2\,401 — 2\,304 = 97.$

419. *Démontrer que le carré d'un nombre entier est un multiple de 3 ou un multiple de 3 plus 1.*

Soit N un nombre entier. En divisant un nombre entier par 3 on obtient pour reste 0, 1 ou 2 ; donc on a :

$$N = m.3 \quad \text{ou} \quad N = m.3 + 1 \quad \text{ou} \quad N = m.3 + 2.$$

1° Si $N = m.3$; $N^2 = m.3 \times m.3 = m.3$.
2° Si $N = m.3 + 1$; $N^2 = (m.3 + 1) \times (m.3 + 1) = m.3 + 1$.
3° Si $N = m.3 + 2$; $N^2 = (m.3 + 2) \times (m.3 + 2) = m.3 + 4 = m.3 + 1$.

420. *Deux nombres étant décomposés en leurs facteurs premiers, comment reconnaît-on que l'un est divisible par l'autre ? Comment forme-t-on le quotient de leur division ? Prendre pour exemple les 2 nombres 3 780 et 84.*

(Voir *Arith.*, n° 249 et 250.)

$$\frac{3\,780}{84} = \frac{2^2 \times 3^3 \times 5 \times 7}{2^2 \times 3 \times 7} = 3^2 \times 5 = 45.$$

421. *Trouver tous les diviseurs : 1° de 450 ; 2° de 420. Moyen pratique de déterminer immédiatement le nombre total des diviseurs d'un nombre, les facteurs premiers de ce nombre étant connus.*

1° $450 = 2 \times 3^2 \times 5^2$. Les diviseurs de 450 sont :

1	2	3	6	9	18
5	10	15	30	45	90
25	50	75	150	225	450.

2° $420 = 2^2 \times 3 \times 5 \times 7$. Les diviseurs de 420 sont :

1	2	4	3	6	12	5	10	20	15	30	60
7	14	28	21	42	84	35	70	140	105	210	420.

450 compte $(1 + 1) \times (2 + 1) \times (2 + 1) = $ **18 diviseurs.**
420 compte $(2 + 1) \times (1 + 1) \times (1 + 1) \times (1 + 1) = $ **24 diviseurs.**

422. *Tout nombre carré a un nombre impair de diviseurs et tout nombre qui n'est pas carré en a un nombre pair.*

Pour obtenir le nombre des diviseurs d'un nombre décomposé en facteurs premiers, on augmente de 1 l'exposant de chaque facteur, puis on fait le produit des exposants ainsi modifiés.

Or *quand un nombre est carré parfait*, les exposants de ses facteurs sont pairs, donc en les augmentant de 1, on obtient des nombres impairs dont le produit est **impair.**

Quand un nombre n'est pas carré parfait, l'un au moins de ses exposants est impair ; en l'augmentant de 1, on obtient un nombre pair et le produit des exposants modifiés devient **pair.**

423. *Trouver tous les diviseurs communs à 10 500, 15 400, 910.*

10 500, 15 400 et 910 ont pour p. g. c. d. **70.**
Les diviseurs communs à 10 500, 15 400 et 910 sont les diviseurs du 70, c'est-à-dire :

$$1 \quad 2 \quad 5 \quad 10 \quad 7 \quad 14 \quad 35 \quad 70.$$

424. *Former le p. g. c. d. des deux nombres 84 et 360. Prouver ensuite que le produit 84 × 360 est divisible par le carré de leur plus grand commun diviseur.*

1° $84 = 2^2 \times 3 \times 7$
   $360 = 2^3 \times 3^2 \times 5$ p. g. c. d. $= 2^2 \times 3 = \mathbf{12}$.

2° Appelons q et q' les quotients de 360 et 84 par leur p. g. c. d. nous aurons :

$$360 = 12 \times q$$
$$84 = 12 \times q'.$$

D'où en multipliant membre à membre les 2 égalités :

$$360 \times 84 = (12 \times q) \times (12 \times q') = 12^2 \times (q \times q').$$

q et q' sont des nombres entiers, leur produit est donc un nombre entier ; par conséquent le produit $\mathbf{360} \times \mathbf{84}$ est divisible par $\mathbf{12^2}$.

425. *Prouver que 3 740 et 15 561 sont premiers entre eux.*

Si l'on cherche le p. g. c. d. de 3 740 et 15 561 on obtient pour résultat 1.

Donc, par définition, ces deux nombres sont premiers entre eux.

426. *En divisant 5 327 par un nombre, on a pour reste 47 ; en divisant 4 936 par ce même nombre, on a pour reste 40. Quel est ce nombre ? Y a-t-il plusieurs solutions ?*

Représentons par d le diviseur. Nous avons :

$$5\,327 = d \times q + 47 \qquad 47 < d \qquad (1)$$
$$4\,936 = d \times q' + 40 \qquad 40 < d \qquad (2)$$

Les nombres $5\,327 - 47 = 5\,280$ et $4\,936 - 40 = 4\,896$ sont exactement divisibles par d ; ce dernier nombre est donc un diviseur commun à 5 280 et 4 896 et par conséquent un diviseur de leur p. g. c. d.

Le p. g. c. d. de 5 280 et 4 896 est 96 qui a pour diviseurs :

$$\begin{array}{cccccc} 1 & 2 & 4 & 8 & 16 & 32 \\ 3 & 6 & 12 & 24 & 48 & 96. \end{array}$$

Comme d'après les relations (1) et (2) d doit être supérieur à 47, les deux nombres 48 et 96 répondent seuls à la question.

R. — Le problème admet deux solutions : **48** et **96.**

427. *En divisant successivement 792 et 489 par un certain nombre a, on obtient pour restes respectifs 12 et 9. Déterminer le nombre a. Y a-t-il plusieurs solutions ?*

On peut écrire

$$792 = a \times q + 12 \qquad 12 < a$$
$$489 = a \times q' + 9 \qquad 9 < a.$$

Le nombre a divise exactement $792 - 12 = 780$ et $489 - 9 = 480$, et par conséquent le p. g. c. d. 60 de 780 et 480.

Or les diviseurs de 60 sont

$$1 \quad 2 \quad 4 \quad 3 \quad 6 \quad 12 \quad 5 \quad 10 \quad 20 \quad 15 \quad 30 \quad 60.$$

Comme a doit être supérieur à 12, les nombres qui répondent à la question sont 15, 20, 30 et 60.

R. — La question admet 4 solutions : **15, 20, 30 et 60.**

428. *Qu'entend-on par le plus petit commun multiple de plusieurs nombres ? Comment l'établit-on ? A quoi sert-il surtout en arithmétique ?*

Arith., n° 261 *et* 262.

Le p. p. c. m. trouve sa principale application dans la réduction des fractions au plus petit dénominateur commun.

429. *Le produit de deux nombres est 1 512 et leur plus grand commun diviseur 6 ; quel est leur plus petit commun multiple ?*

Le produit de deux nombres est égal au produit de leur p. g. c. d. par leur p. p. c. m. (*Arith.,* p. 176, th. II). Donc :

$$6 \times p.\ p.\ c.\ m. = 1\ 512.$$

D'où $\qquad\qquad p.\ p.\ c.\ m. = \dfrac{1\ 512}{6} = \mathbf{252.}$

430. *Démontrer que le plus petit commun multiple de deux nombres entiers consécutifs est le produit de ces deux nombres.*

Soient A et B les deux nombres. On peut écrire (*Solution précédente*)

$$p.\ g.\ c.\ d. \times p.\ p.\ c.\ m. = A \times B.$$

A et B étant des nombres entiers consécutifs sont premiers entre eux ; leur p. g. c. d. est donc 1. On a par conséquent :

$$p.\ p.\ c.\ m. = A \times B.$$

431. *Le p. g. c. d. de deux nombres est 12, leur p. p. c. m. est 420. Quels sont ces deux nombres, sachant que leur différence est inférieure à 30 ?*

Le p. p. c. m. de deux nombres est le produit du p. g. c. d. par le produit des facteurs non communs aux nombres proposés.

$$420 = 12 \times 35 = 12 \times 5 \times 7.$$

Si les facteurs non communs, 5 et 7, faisaient partie du même nombre, les nombres cherchés seraient 12 et 420, dont la différence est supérieure à 30. Il faut donc que 5 appartienne à l'un des nombres et 7 à l'autre.

Les nombres sont donc $12 \times 5 = 60$ et $12 \times 7 = 84$, dont la différence est inférieure à 30.

432. *Trouver un nombre qui, divisé par 4, 6, 11, 15, 18 ou 33, donne toujours 1 pour reste, et, s'il y en a plusieurs, indiquer le plus petit.*

Soit N le nombre cherché.

Le nombre N — 1 est un commun multiple de 4, 6, 11, 15, 18 et 33, et, par suite, un multiple du p. p. c. m. de ces nombres.

Le p. p. c. m. de 4, 6, 11, 15, 18, 33 ou, ce qui revient au même de 4, 15, 18, 33 est :

$$2^2 \times 3^2 \times 5 \times 11 = 1\,980.$$

A — 1 égale donc 1 980 ; 1 980 × 2 = 3 960 ; 1 980 × 3 = 5 940 ;...

Par suite A égale : 1 981 ; 3 961 ; 5 941 ;... (1 980 × n) + 1.

R. — Tout multiple du p. p. c. m. 1 980, augmenté de 1, répond à la question. Le plus petit de ces nombres est 1 981.

433. *Expliquer comment on peut trouver un nombre qui, divisé par 12, par 18 et par 45, donne toujours pour reste 11. Y a-t-il plusieurs nombres remplissant cette condition ?*

Voir la solution précédente.

Tous les multiples du p. p. c. m. de 12, 18 et 45, augmentés de 11 répondent à la question.

Le p. p. c. m. de 12, 18 et 45 est 180.

R. — Les nombres qui remplissent la condition imposée sont donc :

$$180 + 11 = 191 ; \quad 180 \times 2 + 11 = 371 ; \quad 180 \times 3 + 11 = 551 ;...$$

434. *Trouver entre 20 000 et 35 000 le plus petit et le plus grand nombre entier qui, divisés par chacun des nombres 36, 54, et 90, donnent 12 pour reste, et justifier les opérations.*

La question se ramène à la recherche de 2 communs multiples de 36, 54 et 90, l'un aussi petit, l'autre aussi grand que possible, et tels que augmentés de 12, ils soient compris entre 20 000 et 35 000.

Le p. p. c. m. de 36, 54 et 90 est 540.

Les 2 nombres cherchés sont des multiples de 540. Le plus petit des deux fournit la relation

$$(540 \times x) + 12 > 20\,000$$

d'où l'on tire : $\qquad x > 37 \dfrac{8}{540}$

Il égale donc $\quad (540 \times 38) + 12 = $ **20 532.**

Le plus grand fournit la relation :

$$(540 \times x') + 12 < 35\,000$$

d'où l'on tire $\qquad x' < 64 \dfrac{428}{540}$

Il égale donc $\quad (540 \times 64) + 12 = $ **34 572.**

R. — Les deux nombres sont : **20 532** et **34 572.**

435. *Trouver le plus petit nombre qui, divisé par 11, donne pour reste 6, ou divisé par 17, donne pour reste 12, ou divisé par 29, donne pour reste 24.*

Soit N le plus petit nombre cherché :

Chaque reste diffère du diviseur correspondant de 5 unités. Donc si l'on ajoute 5 à N, le nombre obtenu (N + 5) sera divisible à la fois par 11, 17 et 29, c'est-à-dire sera un commun multiple de ces 3 nombres ; et il sera le plus petit possible, s'il est égal au p. p. c. m. de 11, 17 et 29.

Comme ces 3 nombres sont premiers entre eux, leur p. p. c. m. est égal à leur produit. D'où

$$N + 5 = 11 \times 17 \times 29 = 5\,423.$$
$$N = 5\,423 - 5 = 5\,418.$$

R. — Le plus petit nombre cherché est **5 418.**

436. *Quel est le plus petit nombre de 5 chiffres qui, divisé par 8, 15, 32 et 46, donne respectivement pour restes 7, 14, 31 et 45 ? — Justifier le résultat.*

Solution analogue à la précédente.

Soit N le plus petit nombre cherché :

Chaque reste diffère du diviseur correspondant de 1 unité.

Donc si l'on ajoute 1 à N, le nombre obtenu (N + 1) sera commun multiple de 8, 15, 32, 46.

N + 1 sera le plus petit possible s'il est égal au p. p. c. m. de 8, 15, 32 et 46, donc s'il est égal à 11 040.

Par suite, N = 11 040 — 1 = 11 039. Ce nombre ayant 5 chiffres répond à la question.

R. — Le nombre cherché est **11 089.**

437. *Démontrer que si deux nombres sont formés des mêmes chiffres, et que le chiffre des unités soit à la fois dans ces deux nombres ou pair ou impair, la différence des deux nombres est un multiple de 18.*

Puisque ces nombres sont composés des mêmes chiffres, leur différence est divisible par 9 (*Exercice n° 393*).

Leur différence est aussi divisible par 2. En effet, s'ils sont pairs, 2 divise les deux nombres et par suite divise leur différence. S'ils sont impairs, on a, en les désignant par A et B (A > B).

$$A = m. 2 + 1$$
$$B = m. 2 + 1$$

D'où, en retranchant membre à membre :

$$A - B = m. 2.$$

La différence des nombres étant divisible à la fois par 9 et par 2, nombres premiers entre eux, est divisible par 9 × 2 ou **18.**

438. *Le nombre 7 854 est divisible par 3 et par 6 ; l'est-il par 18 ? Il est aussi divisible par 3 et par 7 ; l'est-il par 21 ? A quelle condition un nombre divisible par deux autres est-il divisible par leur produit ?*

1° 7 854 divisible par 3 et par 6 n'est pas divisible par 18.

Quand un nombre est divisible par deux nombres qui ne sont

pas premiers entre eux, il peut être divisible par leur produit, mais il ne l'est pas nécessairement.

2° 7 854 divisible par 3 et par 7 est divisible par 21.

Un nombre divisible par deux nombres *premiers entre eux* est nécessairement divisible par leur produit (*Arith*, n° 264).

439. *Montrez que la différence de deux nombres pairs divisibles par 3 est divisible par 6.*

Les deux nombres étant pairs, 2 divise ces nombres et par suite leur différence. 3 divisant les deux nombres divise aussi leur différence.

La différence étant divisible à la fois par 2 et par 3, nombres premiers entre eux, est divisible par 2×3 ou **6**

440. *Peut-on dire à l'inspection du nombre 3 780 s'il est ou non divisible par 45 ? Justifier la réponse.*

Le nombre 3 780 est terminé par un zéro, donc il est divisible par 5.

D'autre part, la somme des valeurs absolues de ses chiffres, 18, est divisible par 9, donc, 3 780 est divisible par 9.

Ce nombre étant divisible à la fois par 5 et par 9, nombres premiers entre eux, est divisible par le produit 5×9 ou **45.**

441. *Deux nombres impairs consécutifs sont premiers entre eux.*

Deux nombres impairs consécutifs ont pour différence 2.

Comme tout nombre qui en divise deux autres, divise leur différence, les nombres impairs considérés ne peuvent avoir pour diviseurs communs que 1 et 2.

Les nombres étant impairs, n'admettent pas le diviseur 2 ; ils n'ont donc d'autre diviseur commun que 1 et par conséquent, ils sont premiers entre eux.

442. *Trouver les nombres compris entre 100 et 400 qui sont divisibles à la fois par 4 et par 5.*

Les nombres cherchés étant divisibles par 4 et 5, nombres premiers entre eux, sont divisibles par 4×5 ou 20.

Le problème revient donc à chercher les multiples de 20 compris entre 100 et 400

Or $100 = 20 \times 5$ et $400 = 20 \times 20.$

Les nombres qui répondent à la question sont donc :

$20 \times 6 = 120$; $20 \times 7 = 140$; $20 \times 8 = 160$;... $20 \times 19 = 380.$

443. *Le produit de 3 nombres pairs consécutifs est divisible par 48.*

Soient A, B et C les trois nombres pairs et a, b, c les quotients de la division par 2 de ces nombres. On a :

$$A \times B \times C = 2a \times 2b \times 2c = 8abc.$$

a, b et c sont des nombres entiers consécutifs. Or sur 3 nombres entiers consécutifs il y en a un divisible par 3, par suite abc est divisible par 3. De plus, il y en a au moins un divisible par 2, par suite abc est divisible par 2.

Il s'ensuit que abc divisible à la fois par 2 et 3 est divisible par 2×3 ou 6 ; et l'on peut écrire

$$abc = 6 \times q \qquad (q \text{ nombre entier}).$$

D'où $A \times B \times C = 8abc = 8 \times 6 \times q = 48 \times q = $ mult. de 48.

444. *Démontrez que tout nombre divisible à la fois par 9 et par 11 est divisible par 99.*

Application. — *Montrer que la différence entre un nombre formé de 5 chiffres et le nombre que l'on déduit du précédent en renversant l'ordre des chiffres est un multiple de 99.*

Tout nombre divisible par 9 et par 11 est divisible par 99 (*Arith.*, n° 264).

Application. — Soit $edcba$ un nombre de 5 chiffres.

Si l'on renverse l'ordre des chiffres, on ne change pas la somme des chiffres et, par suite on ne change pas le reste de la division par 9 du nombre

$$edcba = \text{m. } 9 + r \qquad\qquad (1)$$
$$abcde = \text{m. } 9 + r.$$

De même, si l'on renverse l'ordre des chiffres, on ne change ni la somme des chiffres de rang impair, ni celle des chiffres de rang pair, par conséquent, on ne change pas le reste de la division par 11 du nombre

$$edcba = \text{m. } 11 + (a + c + e) - (b + d) = \text{m. } 11 + r \quad (2)$$
$$abcde = \text{m. } 11 + (e + c + a) - (d + b) = \text{m. } 11 + r.$$

Retranchons membre à membre les égalités (1) puis les égalités (2), nous aurons :

$$edcba - abcde = \text{m. } 9 \quad \text{et} \quad edcba - abcde = \text{m. } 11.$$

Puisque la différence est divisible à la fois par 9 et par 11, elle est divisible par **99**.

445. *Démontrer que si on fait le produit de 3 nombres consécutifs, ce produit est nécessairement divisible par 6.*

Sur 3 nombres consécutifs il y a nécessairement un mult. de 3 et au moins un mult. de 2.

Le produit des 3 nombres est donc divisible à la fois par 2 et par 3, et comme 2 et 3 sont premiers entre eux, le produit sera divisible par 2×3 ou **6**.

446. *Si on multiplie entre eux deux nombres pairs consécutifs, le produit est divisible par 24 si le nombre impair compris entre eux n'est pas multiple de 3.*

Les deux nombres pairs étant *consécutifs*, l'un des deux est divisible par 4 et l'autre par 2 ; leur produit est donc divisible par 8.

Ces nombres forment, avec le nombre impair compris entre eux, 3 nombres entiers consécutifs ; or sur ces 3 nombres il y a nécessairement un mult. de 3.

Si le nombre impair n'est pas divisible par 3, l'un des deux nombres pairs est divisible par 3.

Dans ce cas, le produit des deux nombres pairs est divisible à la fois par 8 et par 3 et par suite par 8×3 ou **24**, puisque 8 et 3 sont premiers entre eux.

447. *Si* n *est pair, le produit* $n \times (n^2 - 4)$ *est divisible par 48.*

Le produit $n \times (n^2 - 4)$ peut s'écrire : $n \times (n + 2) \times (n - 2)$.

C'est le produit de 3 nombres pairs consécutifs : $(n - 2)$, n, $(n + 2)$.

Or sur 3 nombres pairs consécutifs il y a au moins un mult. de 4 puisque les multiples de 4 sont des nombres pairs comptés de 2 en 2.

Les deux autres nombres étant pairs, le produit est de la forme :

$$4a \times 2b \times 2c ;$$

il est donc **divisible par** $4 \times 2 \times 2 = $ **16**.

D'autre part, un des 3 nombres pairs est divisible par 3. En effet, en divisant n par 3 on ne peut trouver pour reste que 0,1 ou 2.

Si le reste est 0, n est divisible par 3 ;
Si le reste est 1, $(n + 2)$ est divisible par 3 ;
Si le reste est 2, $(n - 2)$ est divisible par 3.

Par suite, le produit des 3 nombres est **divisible par 3.**

Le produit étant divisible à la fois par 16 et par 3, nombres premiers entre eux, est **divisible par** 16×3 ou **48.**

448. *Si* p *est premier avec* 2 *et* 3, $p^2 - 1$ *est divisible par 24.*

$p^2 - 1$ peut s'écrire $(p + 1) \times (p - 1)$.

Puisque p est premier avec 2 il est impair ; par suite $p + 1$ et $p - 1$ sont des nombres pairs et comme ils sont consécutifs, l'un est divisible par 4 et l'autre par 2.

Le produit $(p + 1) \times (p - 1)$ est donc **divisible par 8.**

D'autre part les nombres $(p - 1)$, p, $(p + 1)$ sont 3 nombres consécutifs ; donc l'un des 3 est divisible par 3 et puisque p est premier avec 3 ; $p + 1$ ou $p - 1$ est divisible par 3.

Par suite, le produit $(p + 1) \times (p - 1)$ est **divisible par 3.**

Le produit $(p + 1) \times (p - 1)$ ou $p^2 - 1$ étant divisible à la fois par 8 et par 3, nombres premiers entre eux, est **divisible par** 8×3 ou **24.**

449. *Démontrer que* $n \times (n + 1) \times (2n + 1)$ *est toujours divisible par* 6, *quel que soit le nombre entier* n.

Le produit $n \times (n + 1) \times (2n + 1)$ est **divisible par 2,** car l'un des facteurs n ou $(n + 1)$ est pair.

Ce produit est aussi **divisible par 3,** car l'un des 3 facteurs est divisible par 3. En effet, en divisant n par 3 on ne peut obtenir pour reste que 0, 1 ou 2.

Si le reste est 0, le facteur n est divisible par 3.
Si le reste est 1, — $(2n + 1)$ est divisible par 3.
Si le reste est 2, — $(n + 1)$ est divisible par 3.

Le produit donné étant divisible à la fois par 2 et 3, nombres premiers entre eux, est **divisible par** 2×3 ou **6**.

450. *Le produit d'un nombre entier, carré parfait, par le nombre entier immédiatement inférieur est toujours divisible par 12.*

Représentons par n^2 le nombre entier carré parfait ; le nombre entier immédiatement inférieur est $(n^2 - 1)$.

Il faut prouver que $n^2 \times (n^2 - 1)$ est divisible par 12.

Ce produit peut s'écrire :

$$n \times n \times (n + 1) \times (n - 1).$$

Ce produit est **divisible par 3**. En effet, $(n - 1)$, n et $(n + 1)$ sont trois nombres entiers consécutifs ; l'un des 3 est divisible par 3 ; par suite le produit est divisible par 3.

Ce produit est **divisible par 4**, car il contient deux facteurs pairs : n et n ou bien $n + 1$ et $n - 1$.

Le produit considéré étant divisible à la fois par 3 et 4, nombres premiers entre eux, est **divisible par** 3×4 ou **12**.

451. *Montrer que le cube d'un nombre diminué de ce même nombre est divisible par 6.*

Soit n le nombre ; il faut prouver que $n^3 - n$ est divisible par 6.

On a : $n^3 - n = n (n^2 - 1)$
ou encore $n^3 - n = n \times (n + 1) \times (n - 1).$

Le second membre de cette dernière égalité est le produit de 3 nombres consécutifs : $(n - 1)$, n et $(n + 1)$. Sur ces 3 nombres il y en a un divisible par 3 et au moins un divisible par 2.

Donc le produit considéré est divisible à la fois par 2 et par 3, et conséquemment par 2×3 ou 6, puisque 2 et 3 sont premiers entre eux.

Questions supplémentaires.

* **452.** *Un nombre est divisible par 4, si le chiffre de ses unités, augmenté du double du chiffre des dizaines, donne une somme divisible par 4.*

Soit N un nombre quelconque. En représentant par u le chiffre des unités, par d le chiffre des dizaines et par c le nombre des centaines, on peut écrire :

$$N = 100\,c + 10d + u$$
$$= 100\,c + (8 + 2)d + u$$
$$= 100\,c + 8d + 2d + u$$
$$= \textbf{mult. de 4} + (2d + u).$$

Ainsi le nombre N se décompose en une somme de 2 parties ;

la 1re est un multiple de 4, et la 2e est formée du chiffre des unités augmenté de deux fois le chiffre des dizaines. Si cette 2e partie est divisible par 4, N est divisible par 4.

*** 453.** *Démontrer qu'un nombre est divisible par 8, si le chiffre de ses unités, augmenté du double du chiffre de ses dizaines, et de 4 fois celui des centaines, donne une somme divisible par 8.*

Soit N un nombre quelconque. En représentant par u le chiffre des unités, par d le chiffre des dizaines, par c le chiffre des centaines et par m le nombre des mille, on peut écrire :

$$N = 1\,000\,m + 100\,c + 10\,d + u$$
$$= 1\,000\,m + (96 + 4)c + (8 + 2)d + u$$
$$= 1\,000\,m + 96\,c + 4c + 8d + 2d + u$$
$$= 1\,000\,m + 96\,c + 8d + (4c + 2d + u)$$
$$= \textbf{mult. de 8} + \textbf{(4c + 2d + u)}.$$

Ainsi le nombre N se décompose en une somme de 2 parties ; la 1re est un multiple de 8, et la 2e est formée du chiffre des unités augmenté de 2 fois le chiffre des dizaines et de 4 fois le chiffre des centaines.

Si cette 2e partie est divisible par 8, N est divisible par 8.

*** 454.** *Prouver qu'un nombre quelconque est égal à un multiple de 6, plus le chiffre des unités augmenté de 4 fois la somme des autres chiffres.*

1º Montrons d'abord que toute puissance de 10 est un multiple de 6 augmenté de 4.

$$10 = 6 + 4 = \text{m. } 6 + 4$$
$$100 = 96 + 4 = \text{m. } 6 + 4$$
$$1\,000 = 996 + 4 = \text{m. } 6 + 4$$
$$10\,000 = 9\,996 + 4 = \text{m. } 6 + 4.$$

2º Soit le nombre 5 832 ; il égale 5 000 + 800 + 30 + 2. Or

$$5\,000 = 1\,000 \times 5 = (\text{m. } 6 + 4) \times 5 = \text{m. } 6 + 4 \times 5$$
$$800 = 100 \times 8 = (\text{m. } 6 + 4) \times 8 = \text{m. } 6 + 4 \times 8$$
$$30 = 10 \times 3 = (\text{m. } 6 + 4) \times 3 = \text{m. } 6 + 4 \times 3$$
$$2 = \dots\dots\dots\dots\dots\dots\dots\dots\dots\dots 2.$$

Additionnons membre à membre, nous aurons :

$$5\,832 = \text{m. } 6 + 4 \times 5 + 4 \times 8 + 4 \times 3 + 2$$
ou
$$5\,832 = \textbf{m. 6} + \textbf{4} \times (5 + 3 + 8) + 2.$$

*** 455.** *Quand on multiplie par 9 un nombre de 1 chiffre autre que 1 on obtient un nombre de 2 chiffres, la somme de leurs valeurs est toujours 9, pourquoi ? — Si on calcule tous les produits, les valeurs des chiffres de gauche sont en progression croissante et celle des chiffres de droite en progression décroissante, pourquoi ?*

1º En multipliant par 9 les nombres de 1 chiffre autres que 1, on obtient les produits :

$$2 \times 9 ; \quad 3 \times 9 ; \quad 4 \times 9 ; \dots 9 \times 9.$$

Ce sont des nombres de 2 chiffres dont le plus petit est 18 et le plus grand 81.

Chacun de ces nombres est divisible par 9, par conséquent la somme de ses chiffres est divisible par 9.

Mais la somme des chiffres d'un nombre de 2 chiffres, inférieur à 99, ne peut être égale à 18, donc si cette somme est divisible par 9 elle est nécessairement égale à 9.

2° Chacun des produits considérés est égal au précédent augmenté de 9 ou de $10 - 1$.

Mais ajouter $10 - 1$ à un nombre, revient à **augmenter de 1** le chiffre des dizaines et à **diminuer de 1** le chiffre des unités.

En écrivant la suite des produits, on constatera donc que le chiffre des dizaines est en progression croissante et le chiffre des unités en progression décroissante.

*456. *Énoncez un caractère de divisibilité par 8. La différence des carrés de 2 nombres impairs consécutifs est-elle un multiple de 8 ? Le démontrer. Le carré d'un nombre impair diminué de 1 est-il un multiple de 8 ?*

En vous appuyant sur l'un ou l'autre des principes énoncés ci-dessus, dites si la fraction $\dfrac{121 - 81}{17^2 - 1}$ est irréductible ?

1° *Un nombre est divisible par 8 lorsque ses 3 derniers chiffres à droite sont des zéros, ou forment un nombre divisible par 8.*

2° *La différence des carrés de 2 nombres impairs consécutifs est toujours divisible par 8.*

En effet, soient $2n - 1$ et $2n + 1$ deux nombres impairs consécutifs. On a :

$$(2n + 1)^2 - (2n - 1)^2 = 4n^2 + 4n + 1 - (4n^2 - 4n + 1)$$
$$= 4n^2 + 4n + 1 - 4n^2 + 4n - 1$$
$$= 8n.$$

3° *Le carré d'un nombre impair, diminué de 1 est toujours un multiple de 8.*

Soit $2n + 1$ un nombre impair. Si l'on diminue de 1 le carré de ce nombre on aura :

$$(2n + 1)^2 - 1 = (2n + 1 + 1) \times (2n + 1 - 1)$$
$$= (2n + 2) \times 2n.$$

Or $2n + 2$ et $2n$ sont deux nombres pairs consécutifs, donc l'un est divisible par 4 et l'autre par 2 ; par conséquent leur produit est divisible par 8.

4° *Soit la fraction* $\dfrac{121 - 81}{17^2 - 1}$.

Le numérateur $121 - 81$ est égal à $11^2 - 9^2$.

Or la différence des carrés de 2 nombres impairs consécutifs est un multiple de 8. Donc le numérateur est divisible par 8.

Le dénominateur $17^2 - 1$, est le carré d'un nombre impair diminué de 1 ; c'est donc un multiple de 8.

La **fraction proposée n'est donc pas irréductible** puisque ses 2 termes sont divisibles par 8.

*** 457.** *Démontrer qu'en divisant deux nombres par leur différence les deux divisions donnent le même reste.*

Soient A le grand nombre, B le petit nombre et C la différence ; on a :

$$A = B + C.$$

Si nous divisons d'abord B par la différence, nous aurons, en désignant le quotient par q et le reste par r :

$$B = (C \times q) + r \quad \text{avec} \quad r < C$$

et, en ajoutant C aux deux membres de l'égalité :

$$B + C = C \times q + C + r$$

ou

$$A = C \times (q + 1) + r \quad \text{avec} \quad r < C.$$

Ces deux dernières relations prouvent que la division de A par C donne le même reste que la division de B par C.

*** 458.** *Si deux nombres divisés par le même diviseur donnent le même reste, leur différence est un multiple du diviseur.*

Soient A et B les nombres (A > B), d le diviseur commun et r le reste. On a :

$$A = d \times q + r$$
$$B = d \times q' + r$$

et, en retranchant membre à membre :

$$A - B = (d \times q) - (d \times q') = d \times (q - q').$$

Or q et q' étant des nombres entiers, $q - q'$ est un nombre entier. Par conséquent A — B, produit de d par un nombre entier, est un multiple de d.

*** 459.** *Soit le nombre 638 ; reconnaître, par l'examen du chiffre des unités, si ce nombre peut être : 1° carré parfait ; 2° le produit d'un nombre par 3 ; par 5.*

1° Le nombre 638 ne peut être un carré parfait ; en effet, le dernier chiffre d'un carré est toujours le dernier chiffre du carré des unités de sa racine, or les carrés des 9 premiers nombres ne sont en aucun cas terminés par 8.

2° Si l'on ne considère que le chiffre des unités, 638 peut être le produit d'un nombre par 3, puisque on a 6 × 3 = 18.
Cependant comme la somme des chiffres de 638 n'est pas divisible par 3, ce nombre n'est pas multiple de 3.
638 n'est pas le produit d'un nombre par 5, car le produit d'un nombre par 5 se termine par 0 ou par 5.

*** 460.** *Si deux nombres 8 et 15, par exemple, sont premiers entre eux, démontrer que leur somme et leur produit sont également des nombres premiers entre eux.*

Si la somme 8 + 15 et le produit 8 × 15 n'étaient pas des nombres premiers entre eux, ils seraient divisibles par un facteur premier n différent de 1.

n divisant le produit 8 × 15 diviserait l'un des facteurs, 8 par exemple.

D'autre part, *n* divisant la somme 8 + 15 et l'une de ses parties 8, diviserait l'autre partie 15.

Mais alors 8 et 15 divisibles tous deux par *n*, ne seraient plus premiers entre eux, ce qui est contraire à l'hypothèse.

Donc 8 + 15 et 8 × 15 sont premiers entre eux.

Remarque. — Il en est de même de 15 — 8 et 15 × 8.

*** 461.** *A et B étant premiers entre eux, A + B et A — B ne peuvent admettre d'autres diviseurs communs que 1 et 2.*

Tout nombre qui divise A + B et A — B, divise la somme 2A et la différence 2B de ces quantités.

Mais 2A et 2B n'ont qu'un seul facteur commun 2, puisque A et B sont, par hypothèse, premiers entre eux.

Donc A + B et A — B ne peuvent avoir d'autre diviseur commun que 2.

*** 462.** *Démontrer que si l'on divise le plus petit commun multiple de 2 nombres par chacun de ces nombres, les quotients obtenus sont premiers entre eux.*

Étendre la propriété au cas où l'on divise le plus petit commun multiple de plusieurs nombres par chacun de ces nombres.

1° *Cas de 2 nombres.* — Soient A et B les nombres, D leur p. g. c. d. et M leur p. p. c. m.

On sait que le p. p. c. m. de deux nombres est égal au quotient du produit de ces nombres par leur p. g. c. d. (*Arith.*, p. 176.)

$$M = \frac{A \times B}{D}.$$

Divisons le p. p. c. m. par chacun des nombres ; nous aurons :

$$\frac{M}{A} = \frac{A \times B}{D \times A} = \frac{B}{D}$$

$$\frac{M}{B} = \frac{A \times B}{D \times B} = \frac{A}{D}.$$

Or les quotients obtenus $\frac{B}{D}$ et $\frac{A}{D}$ sont bien premiers entre eux

puisqu'ils représentent les quotients de la division de deux nombres A et B par leur p. g. c. d. D. (*Arith.*, p. 173. Th. *III*.)

2° *Cas de plusieurs nombres.* — Si l'on divise le p. p. c. m. de plusieurs nombres par chacun de ces nombres, les quotients sont premiers entre eux *dans leur ensemble* et, dans certains cas, premiers entre eux *deux à deux*.

*** 463.** *La somme de deux nombres est 162 ; leur p. g. c. d. est 18. Trouver ces deux nombres.*

Soient a et b les deux nombres et q et q' les quotients de la division de ces nombres par leur p. g. c. d. nous aurons :

$$\frac{a}{18} = q ; \qquad \frac{b}{18} = q' \qquad (q \text{ et } q' \text{ premiers entre eux}).$$

d'où $\qquad\qquad a = 18 \times q \qquad\qquad b = 18 \times q'.$

Additionnons membre à membre ces dernières égalités :

$$a + b = 18 \times q + 18 \times q'$$
ou $\qquad\qquad\qquad 162 = 18 \times (q + q')$

d'où $\qquad\qquad q + q' = \dfrac{162}{18} = 9.$

Pour obtenir les valeurs de q et de q', il suffit de chercher tous les groupes de nombres premiers entre eux dont la somme est 9. On trouve : 1 et 8 ; 2 et 7 ; 4 et 5.

En multipliant ces valeurs par le p. g. c. d. 18, nous obtiendrons les valeurs correspondantes de a et de b.

R. — Valeurs de a et b : **18** et **144** ; **36** et **126** ; **72** et **90**.

Le problème admet donc 3 solutions.

*** 464.** *Deux nombres ont pour p. g. c. d. 108 ; le plus grand de ces nombres est 756 ; calculer le plus petit.*

On sait que les quotients obtenus en divisant deux nombres par leur p. g. c. d. sont premiers entre eux.

Or, en divisant le plus grand nombre par le p. g. c. d. on obtient pour quotient : 756 : 108 = 7.

Donc en divisant le plus petit nombre par le p. g. c. d. on doit obtenir pour quotient un nombre premier avec 7 et plus petit que 7 ; c'est-à-dire l'un des nombres suivants :

$$1, 2, 3, 4, 5 \text{ ou } 6.$$

En multipliant ces nombres par le p. g. c. d. 108, on obtiendra les diverses valeurs que peut prendre le petit nombre ; soit :

$$1 \times 108 ; 2 \times 108 ; 3 \times 108 ; 4 \times 108 ; 5 \times 108 ; 6 \times 108.$$

R. — Valeurs du petit nombre : **108 ; 216 ; 324 ; 432 ; 540 ; 648.**

Le problème admet donc 6 solutions.

*** 465.** *Trouver deux nombres dont le p. g. c. d. est 20 et le p. p. c. m. 420. Ce problème admet-il plusieurs solutions ?*

Soient a et b les deux nombres et d leur p. g. c. d. ; on a :

$$\frac{a}{d} = q \qquad \text{et} \qquad \frac{b}{d} = q'$$

d'où $\qquad\qquad a = dq \qquad \text{et} \qquad b = dq'$

et, en multipliant membre à membre :

$$a \times b = dq \times dq'.$$

D'autre part on sait que le p. p. c. m. de deux nombres est égal au produit de ces nombres divisé par leur p. g. c. d. ; on a donc :

$$\text{p. p. c. m.} = \frac{a \times b}{d} = \frac{dq \times dq'}{d} = dqq'.$$

et, en remplaçant le p. p. c. m. et le p. g. c. d. par leur valeur :

$$420 = 20 \times qq' ; \quad \text{d'où} \quad qq' = 420 : 20 = 21.$$

Les quotients q et q' sont premiers entre eux ; pour avoir leur valeur il suffit de chercher les groupes de 2 nombres premiers entre eux dont le produit égale 21.

On trouve 1 et 21 et 3 et 7.

En multipliant ces résultats par le p. g. c. d. 20, on obtiendra les valeurs correspondantes de a et b.

R. — Valeurs de a et b : **20 et 420 ; 60 et 140.**

Le problème admet 2 solutions.

*** 466.** *Démontrer que le plus grand commun diviseur de 2 688 et 312 est le même que celui des nombres 2 688 + 312 et 312.*

Soit d le p. g. c. d. de 2 688 et 312. Si l'on divise ces 2 nombres par d, les quotients seront premiers entre eux. On aura :

$$\frac{2\,688}{d} = q ; \qquad \frac{312}{d} = q'$$

$$2\,688 = d \times q$$
$$312 = d \times q'$$

et, en additionnant membre à membre :

$$2\,688 + 312 = d \times q + d \times q'$$
$$\text{ou} \qquad 2\,688 + 312 = d \times (q + q').$$

Pour établir que d est aussi le p. g. c. d. de 2 688 + 312 et 312, il suffit de prouver que q' et $q + q'$ sont premiers entre eux.

Si q' et $q + q'$ admettaient un diviseur commun, ce nombre divisant la somme $q + q'$ et l'une de ses parties, diviserait l'autre, de sorte que q et q' ne seraient pas premiers entre eux.

Donc q' et $q + q'$ sont premiers entre eux et par suite d est le p. g. c. d. de 312 et 2 688 + 312.

*** 467.** *On divise 2 nombres par 25, on trouve pour quotients 34 et 51 ; 25 est-il leur p. g. c. d. ? Dans le cas d'une réponse négative dire le p. g. c. d. des 2 nombres.*

1° Soient A et B les deux nombres.

Si 25 est le p. g. c. d. de A et B, les quotients de la division de A et B par 25 seront premiers entre eux.

Or les quotients trouvés : $34 = 2 \times 17$ et $51 = 3 \times 17$ sont tous les deux divisibles par 17 ; donc **25 n'est pas le p. g. c. d. de A et B.**

2° L'énoncé fournit les égalités :

$$A = 25 \times 34 \qquad \text{ou} \qquad A = 25 \times 17 \times 2$$
$$B = 25 \times 51 \qquad\qquad\qquad B = 25 \times 17 \times 3.$$

Divisons A et B par le produit des facteurs communs 25×17

$$\frac{A}{25 \times 17} = \frac{25 \times 17 \times 2}{25 \times 17} = 2 \; ; \qquad \frac{B}{25 \times 17} = \frac{25 \times 17 \times 3}{25 \times 17} = 3.$$

Les quotients 2 et 3 de A et de B par 25×17 sont premiers entre eux, donc 25×17 ou 425 est le p. g. c. d. de A et B.

*** 468.** *Le p. g. c. d. de deux nombres est 12 ; les quotient successifs obtenus en cherchant ce p. g. c. d. sont 8, 2, 7. Trouver les 2 nombres.*

Puisqu'il y a 3 quotients, il y a eu 3 divisions successives ; la dernière avait pour diviseur le p. g. c. d. 12, pour quotient 7 et pour reste 0. Nous pouvons donc trouver le dividende de la dernière division et remonter ensuite jusqu'à la première opération.

Le dividende de la 3e division était $\quad 12 \times 7 + 0 = 84$
$\qquad\qquad -\qquad$ 2e division $\quad - \quad 84 \times 2 + 12 = 180$
$\qquad\qquad -\qquad$ 1re division $\quad - \quad 180 \times 8 + 84 = 1\,524.$

R. — Les deux nombres sont **1 524** et **180.**

		8	2	7
VÉRIFICATION.	1 524	180	84	12
	84	12	0	

*** 469.** *Le p. g. c. d. de 2 nombres est 14 ; on demande quels sont ces 2 nombres, sachant que la série des quotient qu'on obtient dans la recherche de leur p. g. c. d. est 3, 8, 2, 4.*

Il y a 4 quotients, donc il y a eu 4 divisions (*Exercice 468*).

Le dividende de la 4e division était $\quad 14 \times 4 + 0 = 56$
$\qquad\qquad -\qquad$ 3e division $\quad - \quad 56 \times 2 + 14 = 126$.
$\qquad\qquad -\qquad$ 2e division $\quad - \quad 126 \times 8 + 56 = 1\,064$
$\qquad\qquad -\qquad$ 1re division $\quad - \quad 1\,064 \times 3 + 126 = 3\,318.$

R. — Les deux nombres sont **3 318** et **1 064.**

*** 470.** *Trouver deux nombres ayant pour somme 581, sachant que le quotient de leur p. p. c. m. par leur p. g. c. d. est 240.*

Soient a et b les deux nombres et d leur p. g. c. d. On a : (*Exercice 465*)

$$a = dq \; ; \qquad b = dq'$$

et, en additionnant membre à membre :

$$a + b = d \times (q + q') = 581. \qquad\qquad (1)$$

D'autre part, on a :

$$\text{p. p. c. m.} = \frac{a \times b}{d} = \frac{dq \times dq'}{d} = d \times qq'$$

d'où

$$\frac{\text{p. p. c. m.}}{d} = \frac{d \times qq'}{d} = qq' = 240. \qquad\qquad (2)$$

En rapprochant les égalités (1) et (2), on remarque que q et q' sont *deux nombres premiers entre eux* dont le *produit égale* 240 et *dont la somme divise* 581.

Les diviseurs de 240 sont : 1, 2, 3, 4, 5, 6, 8, 10, 12, 15, 16, 20, 24, 30, 40, 48, 60, 80, 120, 240.

Avec ces diviseurs, on peut former 4 groupes de deux nombres premiers entre eux et dont le produit est 240 :

$$1 \text{ et } 240 ; \quad 3 \text{ et } 80 ; \quad 5 \text{ et } 48 ; \quad 15 \times 16.$$

Le 2e groupe est le seul dont la somme des termes divise 581. Donc q égale 3 et q' égale 80.

L'égalité (1) $d \times (q + q') = 581$ devient alors :

$$d \times (3 + 80) = 581 ; \quad \text{d'où} \quad d = 7$$

Par suite $a = 7 \times 3 = \mathbf{21}$ et $b = 7 \times 80 = \mathbf{560}$.

* **471.** *Trouver deux nombres sachant que la somme des quotients obtenus en les divisant par leur p. g. c. d. est 7 et que leur produit divisé par ce même p. g. c. d. est 60.*

Soient a et b les deux nombres et d leur p. g. c. d. On a (*Exercice* 465) :

$$\left. \begin{array}{l} a = d \times q \\ b = d \times q' \end{array} \right\} \quad (1)$$

D'autre part, l'énoncé fournit l'égalité $q + q' = 7$. Comme q et q' sont premiers entre eux, ils ont respectivement pour valeur :

$$1 \text{ et } 6 ; \quad 2 \text{ et } 5 \quad \text{ou} \quad 3 \text{ et } 4.$$

En portant ces valeurs dans les égalités (1) on a :

$1°$ $\left\{ \begin{array}{l} a = d \times 1 \\ b = d \times 6 \end{array} \right.$ alors $\dfrac{a \times b}{d} = \dfrac{d \times 6d}{d} = 6d = 60 ; \quad$ d'où $d = 10$

$2°$ $\left\{ \begin{array}{l} a = d \times 2 \\ b = d \times 5 \end{array} \right.$ alors $\dfrac{a \times b}{d} = \dfrac{2d \times 5d}{d} = 10d = 60 ; \quad$ d'où $d = 6$

$3°$ $\left\{ \begin{array}{l} a = d \times 3 \\ b = d \times 4 \end{array} \right.$ alors $\dfrac{a \times b}{d} = \dfrac{3d \times 4d}{d} = 12d = 60; \quad$ d'où $d = 5$.

Le problème admet donc les 3 solutions suivantes :

$1°$ $\left\{ \begin{array}{l} a = 10 \times 1 = \mathbf{10} \\ b = 10 \times 6 = \mathbf{60} \end{array} \right.$ $2°$ $\left\{ \begin{array}{l} a = 6 \times 2 = \mathbf{12} \\ b = 6 \times 5 = \mathbf{30} \end{array} \right.$ $3°$ $\left\{ \begin{array}{l} a = 5 \times 3 = \mathbf{15} \\ b = 5 \times 4 = \mathbf{20}. \end{array} \right.$

* **472.** *Trouver deux nombres ayant pour p. p. c. m. 7 560, sachant que si on les augmente chacun du 1/3 de leur valeur, le p. g. c. d. des nombres ainsi obtenus est 84. Dire si la question comporte plusieurs solutions.*

Soient a et b les nombres cherchés et d leur p. g. c. d.

Augmenter ces nombres du 1/3 de leur valeur, revient à les multiplier par 4/3.

Mais quand on multiplie 2 nombres par un troisième leur p. g. c. d. est multiplié par ce troisième.

84 représente donc les 4/3 du p. g. c. d. de *a* et *b*. Par conséquent le p. g. c. d. de *a* et *b* est

$$84 \times 3/4 = 63.$$

D'autre part, on a (*Exercices* 465 et 470)

$$a = dq \quad \text{et} \quad b = dq'$$

et $$\text{p. p. c. m.} = d \times qq'$$

donc $$7\,560 = 63 \times qq'$$

d'où $$qq' = 7\,560 : 63 = 120.$$

Pour obtenir *q* et *q'* il suffit de chercher les groupes de 2 nombres premiers entre eux dont le produit égale 120.

Les diviseurs de 120 sont :

$$1,\ 2,\ 3,\ 4,\ 5,\ 6,\ 8,\ 10,\ 12,\ 15,\ 20,\ 24,\ 30,\ 40,\ 60,\ 120.$$

4 groupes conviennent : 1 et 120 ; 3 et 40 ; 5 et 24 ; 8 et 15.

En multipliant ces nombres par le p. g. c. d. 63 on obtiendra les valeurs correspondantes de *a* et *b*.

R. — Valeurs de *a* et *b* : **63 et 7 560 ; 189 et 2 520 ; 315 et 1 512 ; 504 et 945.**

Problèmes.

473. *Deux volumes ont l'un 192 pages, l'autre 240 pages. Ils sont formés de fascicules qui ont tous un même nombre de pages supérieur à 30. Trouver : 1° le nombre de pages de chaque fascicule ; 2° le nombre de fascicules de chaque volume.*

Le nombre de pages de chaque fascicule doit être un diviseur commun à 192 et 240 et par conséquent un diviseur du p. g. c. d. de ces nombres.

$$192 = 2^6 \times 3$$
$$240 = 2^4 \times 3 \times 5. \qquad \text{p. g. c. d.} = 2^4 \times 3 = 48.$$

Les diviseurs de 48 sont :

$$1,\ 2,\ 3,\ 4,\ 6,\ 8,\ 12,\ 16,\ 24,\ 48.$$

Parmi ces diviseurs, 48 est le seul qui soit supérieur à 30, donc le seul qui convienne au problème.

R. — Chaque fascicule compte **48 pages.**
Le 1er volume comprend 192 : 48 = **4 fascicules.**
Le 2° volume comprend 240 : 48 = **5 fascicules.**

474. *On veut planter le long des bords d'une plate-bande rectangulaire un certain nombre de rosiers également espacés, de manière que la distance d'un rosier au suivant soit au moins de 1 mètre, mais moindre que 2 mètres, et qu'il y ait un rosier à chaque coin de la plate-bande. La longueur de celle-ci est de 14ᵐ,84 et sa largeur de 10ᵐ,60. Combien faut-il avoir de rosiers ?*

La distance entre deux rosiers doit être un diviseur commun à 1 484^{cm} et 1 060^{cm} et, par conséquent un diviseur du p. g. c. d. de ces nombres.

$$1\,484 = 2^2 \times 7 \times 53$$
$$1\,060 = 2^2 \times 5 \times 53 \qquad P.\,g.\,c.\,d. = 2^2 \times 53 = 212.$$

Les diviseurs de 212 sont : 1, 2, 4, 53, 106, 212.

Le seul diviseur qui convienne est 106 puisque la distance cherchée doit être comprise entre 100^{cm} et 200^{cm}.

Les rosiers seront donc espacés de 106^{cm} ou 1^m,06.

Le périmètre de la plate-bande est

$$(14^m,84 + 10^m,60) \times 2 = 50^m,88.$$

R. — Il faudra donc : 50,88 : 1,06 = **48 rosiers.**

475. *On veut planter le long des diagonales d'une plate-bande en forme de losange, un certain nombre de rosiers également espacés, de manière que la distance d'un rosier au suivant soit comprise entre 1^m et 2^m et qu'il y ait un rosier à chaque sommet de la plate-bande. La longueur de la grande diagonale est 16^m,94 et celle de la petite 12^m,10. Combien peut-on planter de rosiers.*

En raisonnant comme dans le problème précédent on est amené à chercher les diviseurs du p. g. c. d. de 1694 et 1210.

$$1\,694 = 2 \times 7 \times 11^2$$
$$1\,210 = 2 \times 5 \times 11^2 \qquad P.\,g.\,c.\,d. = 2 \times 11^2 = 242.$$

Les diviseurs de 242 sont : 1, 2, 11, 22, 121 et 242.

Le seul diviseur qui soit compris entre 100 et 200 est 121.

Les rosiers seront donc espacés de 121^{cm} ou 1^m,21.

Sur la grande diagonale, il y aura : $\dfrac{1\,694}{121} + 1 = 15$ rosiers.

Sur la petite diagonale, il y aura : $\dfrac{1\,210}{121} + 1 = 11$ rosiers.

Ces deux nombres étant impairs, il y aura un rosier qui appartiendra aux 2 diagonales et, par suite, sera à leur point de croisement.

R. — On plantera en tout (15 + 11) — 1 = **25 rosiers.**

476. *On veut faire une couverture de 2^m,64 de long sur 2^m,16 de large, avec des carrés d'étoffe dont le côté soit inférieur à 15^{cm} et supérieur à 7^{cm}, tout en mesurant un nombre exact de centimètres. Quelles sont les longueurs des côtés des carrés pouvant servir séparément à l'exécution de ce travail et combien faudra-t-il en employer suivant les cas ? Pourrait-on faire le travail avec des carrés de 11^{cm} de côté ? Quelle serait la plus grande dimension possible à donner au côté des carrés et combien, dans ce cas, faudrait-il de carrés ?*

Le côté des carrés employés doit être un diviseur commun à 264^{cm} et 216^{cm} et par conséquent un diviseur du p. g. c. d. de ces nombres.

$$264 = 2^3 \times 3 \times 11$$
$$216 = 2^3 \times 3^3$$

$$P.\ g.\ c.\ d. = 2^3 \times 3 = 24.$$

Les diviseurs de 24 sont : 1, 2, 3, 4, 6, 8, 12, 24.

R. — Le côté des carrés, devant être compris entre 7^{cm} et 15^{cm}, pourra mesurer 8^{cm} ou 12^{cm}.

S'il mesure 8^{cm}, il faudra $\dfrac{216}{8} = 27$ bandes de $\dfrac{264}{8} = 33$ carrés chacune, soit en tout :

$$33 \times 27 = \textbf{891 carrés.}$$

S'il mesure 12^{cm}, il faudra $\dfrac{216}{12} = 18$ bandes de $\dfrac{264}{12} = 22$ carrés chacune, soit en tout :

$$22 \times 18 = \textbf{396 carrés.}$$

R. — L'ouvrage ne pourrait pas s'exécuter avec des carrés de 11^{cm} de côté, parce que 11 n'est pas un commun diviseur de 264 et 216.

R. — La plus grande dimension possible à donner au côté est le p. g. c. d. de 264 et 216 c'est-à-dire 24^{cm}.

Il faudrait alors $\dfrac{216}{24} = 9$ bandes de $\dfrac{264}{24} = 11$ carrés chacune soit en tout :

$$11 \times 9 = \textbf{99 carrés.}$$

477. *Calculer le périmètre d'un terrain rectangulaire sachant que sa surface est $3\,024^{m2}$ et que la plus grande dimension que l'on puisse porter un nombre exact de fois dans la longueur et la largeur est 6^m.*

Soient L et l les deux dimensions ; 6 est leur p. g. c. d.
Divisons L et l par leur p. g. c. d. ; nous aurons :

$$\frac{L}{6} = q \quad \text{et} \quad \frac{l}{6} = q' \qquad (q \text{ et } q' \text{ premiers entre eux})$$

d'où $\qquad L = 6 \times q \quad$ et $\quad l = 6 \times q'$

et en multipliant membre à membre :

$$L \times l = 36 \times qq'$$

ou $\qquad\qquad 3\,024 = 36 \times qq'$

d'où $\qquad\qquad qq' = 84.$

Pour obtenir la valeur de q et q', il suffit de chercher les groupes de deux nombres premiers entre eux qui ont pour produit 84.
Or les diviseurs de $84 = 2^2 \times 3 \times 7$ sont :

$$1,\ 2,\ 3,\ 4,\ 6,\ 7,\ 12,\ 14,\ 21,\ 28,\ 42,\ 84.$$

Les valeurs qui conviennent à q et q' sont :

$$1 \text{ et } 84, \quad 3 \text{ et } 28, \quad 4 \text{ et } 21, \quad 7 \text{ et } 12.$$

Ces valeurs portées dans les égalités : $L = 6q$ et $l = 6q'$ fournissent 4 solutions :

1° $L = 6 \times 84 = 504$; $l = 6 \times 1 = 6$: *Périmètre* $= (504 + 6) \times 2 = 1\,020^m$;
2° $L = 6 \times 28 = 168$; $l = 6 \times 3 = 18$: *Périmètre* $= (168 + 18) \times 2 = 372^m$;
3° $L = 6 \times 21 = 126$; $l = 6 \times 4 = 24$: *Périmètre* $= (126 + 24) \times 2 = 300^m$;
4° $L = 6 \times 12 = 72$; $l = 6 \times 7 = 42$: *Périmètre* $= (72 + 42) \times 2 = 228^m$.

478. *Un thermomètre porte en degrés entiers seulement, la graduation centigrade et la graduation Réaumur (dans ces graduations, le 0 est commun et le 80° degré Réaumur correspond au 100° degré centigrade). Déterminer, entre — 20°, et 60° centigrades, quels sont les degrés des deux échelles qui sont sur une même ligne.*

Un degré Réaumur vaut $\dfrac{100}{80} = \dfrac{5}{4}$ de degré centigrade.

Donc 4° Réaumur valent $\dfrac{5 \times 4}{4} = 5°$ centigrade.

La distance du 0 au premier point de coïncidence est donc égale à 4 divisions sur l'échelle Réaumur et à 5 divisions sur l'échelle centigrade et il en est de même des autres distances qui séparent les divisions communes aux 2 échelles.

Les degrés des 2 échelles qui sont sur une même ligne se présentent donc de 5 en 5 sur l'échelle centigrade et de 4 en 4 sur l'échelle Réaumur, à partir du zéro et dans les deux sens.

Échelle centigrade — 20 — 15 — 10 — 5   0 + 5 + 10 + 15... + 60.
Échelle Réaumur — 16 — 12 — 8 — 4   0 + 4 + 8 + 12... + 48.

Nota. — Au lieu de *centigrade* on dit aujourd'hui *centésimal*.

479. *Les roues de devant d'une voiture ont* $2^m,75$ *de circonférence, les roues de derrière ont* $3^m,30$. *Quelle est la plus petite distance que doit parcourir la voiture pour que les roues de devant et les roues de derrière aient fait chacune un nombre entier de tours ?*

La plus petite distance cherchée, exprimée en centimètres, est le p. p. c. m. de 275 et 330.

$275 = 5^2 \times 11$
$330 = 2 \times 3 \times 5 \times 11$ $p.\,p.\,c.\,m. = 2 \times 3 \times 5^2 \times 11 = 1\,650$.

R. — La distance cherchée est $16^m,50$.

480. *En comptant les marches d'un escalier 2 par 2, il en reste 1 ; en les comptant 3 par 3, il en reste 2 ; en les comptant 5 par 5, il en reste 4. Quel est le nombre des marches de cet escalier, sachant qu'il est moindre que 100 ?*

Dans les 3 cas, le reste est inférieur d'une unité au diviseur.
Donc si l'on augmente d'une unité le nombre de marches, on obtiendra un nombre exactement divisible par 2, 3 et 5, c'est-à-dire un commun multiple de ces nombres et, par suite, un multiple de leur p. p. c. m.

Le *p. p. c. m.* de 2, 3 et 5 est $2 \times 3 \times 5 = 30$.

Trois multiples de 30 sont inférieurs à 100 ; ce sont, 30, 60 et 90. Le problème a donc 3 solutions :

R. — Le nombre des marches est **29, 59 ou 89.**

481. *En comptant les trous d'une tôle perforée 2 par 2 il en reste 1 ; 3 par 3 il en reste 2 ; 4 par 4 il en reste 3 ; 5 par 5 il en reste 4 ; 6 par 6 il en reste 5. Quel est le nombre de trous, sachant qu'il est compris entre 200 et 250 ?*

Solution analogue à la précédente.

Le nombre de trous, augmenté de 1, est un commun multiple de 2, 3, 4, 5 et 6, et par suite de 3, 4 et 5.

Le *p. p. c. m.* de ces nombres est 60.

240 est le seul multiple de 60 qui soit compris entre 200 et 250.

R. — La tôle est percée de $240 - 1 = $ **239 trous.**

482. *On veut entourer d'arbres un champ rectangulaire ayant pour dimensions 525^m et 285^m. Les arbres devront être régulièrement espacés, et la distance entre deux arbres consécutifs sera un nombre exact de mètres inférieur à 6 ; de plus, il y aura un arbre à chaque sommet du rectangle. On demande : 1° la distance comprise entre deux arbres ; 2° le nombre d'arbres nécessaires pour entourer le champ.*

La distance entre deux arbres doit être un diviseur commun à 525 et 285 et, par conséquent, un diviseur du *p. g. c. d.* de ces nombres.

$$525 = 3 \times 5^2 \times 7 \qquad P. \, g. \, c. \, d. = 3 \times 5 = 15.$$
$$285 = 3 \times 5 \times 19$$

Les diviseurs de 15 sont : 1, 3, 5, 15.

Les 3 premiers diviseurs sont inférieurs à 6, donc le problème admet 3 solutions.

Cependant les 2 premières solutions représentant une distance trop faible dans la pratique, nous ne conserverons que la 3°.

R. — La distance entre les arbres sera de **5 mètres.**

Le périmètre du champ est $(525 + 285) \times 2 = 1\,620^m$.

R. — Il faudra : $1\,620 : 5 = $ **324 arbres.**

483. *On place à côté l'une de l'autre trois règles de manière qu'elles se touchent et qu'elles aient une extrémité commune. Chacune est divisée en parties égales, mais les divisions de la première valent 7^{mm}, celles de la deuxième 12^{mm} et celles de la troisième 20^{mm}. Déterminer les traits de division qui coïncident sur les trois règles.*

Les distances qui séparent les divisions communes aux 3 règles sont toutes égales au *p. p. c. m.* de 7, 12 et 20.

Le *p. p. c. m.* de ces nombres est $2^2 \times 3 \times 5 \times 7 = 420$.

Les premiers traits en coïncidence marqueront les divisions suivantes :

$$\frac{420}{7} = 60^e \text{ div.} \qquad \frac{420}{12} = 35^e \text{ div.} \qquad \frac{420}{20} = 21^e \text{ div.}$$

Les autres traits en coïncidence se présenteront de 60 en 60 divisions sur la 1re échelle, de 35 en 35 sur la 2e, et de 21 en 21 sur la 3e.

484. *Deux roues dentées s'engrènent l'une dans l'autre. La 1re porte 64 dents et fait 18 tours par minute ; la 2e porte 24 dents. 1° Combien la 2e roue fait-elle de tours par minute ? 2° Au bout de combien de temps les deux roues auront-elles fait chacune un nombre entier de tours ?*

1° En 1 minute il s'est produit entre les roues dentées

$$64 \times 18 = 1\,152 \text{ contacts.}$$

Ces 1 152 contacts ont exigé de la 2e roue 1 152 : 24 = 48 tours.

R. — La 2e roue fait 48 tours par minute.

2° Lorsque les roues auront fait ensemble, pour la 1re fois, un nombre entier de tours, le nombre de contacts sera le *p. p. c. m.* de 64 et 24.

Le *p. p. c. m.* de 64 et 24 est $2^6 \times 3 = 192$.

La 1re roue aura fait 192 : 64 = 3 tours.

R. — Il se sera donc écoulé : $\dfrac{3}{18} = \dfrac{1}{6}$ de minute, soit **10 secondes.**

485. *Deux jardins carrés sont tels que le côté de chacun d'eux contient les longueurs* 3^m*,* $3^m,50$ *et* 4^m*. La différence de leurs superficies est* $3^{hh},528$*. Calculer la longueur du côté de chaque jardin.*

Les côtés des carrés sont des multiples communs à 30^{dm}, 35^{dm} et 40^{dm} et par conséquent des multiples de leur *p. p. c. m.*

Le *p. p. c. m.* de 30, 35 et 40 est $2^3 \times 3 \times 5 \times 7 = 840$.

Les côtés des carrés sont donc égaux à 840^{dm} ou 84^m multiplié par des facteurs entiers x et y.

Soit $84x$ le côté du plus grand carré et $84y$ le côté du plus petit.

On a :
$$(84x)^2 - (84y)^2 = 35\,280$$
$$84^2 \times (x^2 - y^2) = 35\,280.$$
$$x^2 - y^2 = 5$$
$$(x + y) \times (x - y) = 5.$$

5 est un nombre premier ; il n'admet donc comme facteurs que 1 et 5 ; par conséquent le facteur $x + y$ égale 5 et le facteur $x - y$ égale 1.

D'où $\quad x = \dfrac{5 + 1}{2} = 3 ; \qquad y = \dfrac{5 - 1}{2} = 2.$

R. — Côtés des jardins : $84^m \times 3 = 252^m$ et $84^m \times 2 = $ **168.**

486. *Un omnibus part de la gare ; il met 55ᵐⁿ pour effectuer son trajet, stationne 11ᵐⁿ, revient à son point de départ en 50ᵐⁿ et repart après 10ᵐⁿ de stationnement. Un second omnibus part du même point pour une autre destination ; il effectue son trajet en 46ᵐⁿ, stationne 9ᵐⁿ, revient au point de départ en 45ᵐⁿ et repart après 8ᵐⁿ de stationnement. Ces deux omnibus sont partis en même temps à 6 heures du matin de la gare. A quelle heure repartiront-ils de nouveau en même temps pour la première fois ?*

Entre deux départs successifs, du 1ᵉʳ omnibus, il s'écoule :

$$55 + 11 + 50 + 10 = 126 \text{ minutes.}$$

Entre deux départs successifs du 2ᵉ omnibus, il s'écoule :

$$46 + 9 + 45 + 8 = 108 \text{ minutes.}$$

Les omnibus partiront de nouveau ensemble pour la 1ʳᵉ fois après un nombre de minutes qui sera le p. p. c. m. de 126 et 108.

$$126 = 2 \times 3^2 \times 7$$
$$108 = 2^2 \times 3^3 \qquad p.\ p.\ c.\ m. = 2^2 \times 3^3 \times 7 = 756.$$

R. — Ils repartiront ensemble pour la 1ʳᵉ fois à :

$$6^h + 756^m = 6^h + 12^h36^m = 18^h36^m.$$

487. *Un tas d'oranges en contient plus de 500 et moins de 1 000 ; si on les compte 4 par 4, 5 par 5, 6 par 6, il en reste toujours une. Si on les compte 7 par 7, il n'en reste pas. Combien y a-t-il d'oranges ?*

Le nombre des oranges, diminué d'une unité, est exactement divisible par 4, 5 et 6. C'est donc un commun multiple de ces nombres et par conséquent un multiple de leur p. p. c. m.

Le p. p. c. m. de 4, 5 et 6 est $2^2 \times 3 \times 5 = 60$.

Les multiples de 60 compris entre 500 et 1 000 vont de $60 \times 9 = 540$ à $60 \times 16 = 960$, ce sont :

$$540 ; \quad 600 ; \quad 660 ; \quad 720 ; \quad 780 ; \quad 840 ; \quad 900 ; \quad 960.$$

Le nombre des oranges ne peut donc être que :

$$541 ; \quad 601 ; \quad 661 ; \quad 721 ; \quad 781 ; \quad 841 ; \quad 901 ; \quad 961.$$

Comme d'autre part, le nombre des oranges doit être divisible par 7, le nombre 721 est le seul qui remplisse les conditions exigées.

R. — Il y a **721 oranges**.

488. *Des arbres, en nombre inférieur à 700, peuvent être disposés en un nombre exact de rangées de 11 arbres, mais, si on cherche à les disposer en rangées de 6 arbres, ou de 8, ou de 10, ou de 12 arbres, on trouve, à la fin de chacun de ces quatre essais, un reste de 5 arbres. Quel est le nombre des arbres ?*

Solution analogue à la précédente.

Le nombre des arbres, diminué de 5, est un commun multiple de 6, 8, 10 et 12, donc un multiple du p. p. c. m. de ces nombres.

Le *p. p. c. m.* de 6, 8, 10 et 12 est $2^3 \times 3 \times 5 = 120$.

Les multiples de 120, inférieurs à 700 sont :

$$120, \quad 240, \quad 360, \quad 480, \quad 600.$$

Le nombre des arbres ne peut être que :

$$125, \quad 245, \quad 365, \quad 485, \quad 605.$$

Mais d'autre part, le nombre des arbres doit être divisible par 11, et l'on constate que seul le nombre 605 remplit cette condition.

R. — On dispose de **605 arbres**.

489. *Un bataillon qui compte moins de 1 000 hommes fait l'exercice sur un champ de manœuvres. En le voyant se mettre en colonne : 1º par files de 8 hommes, 2º par files de 15 hommes, 3º par files de 25 hommes, un spectateur qui a remarqué que dans les trois cas, la dernière file était incomplète et ne comprenait que 5 hommes, affirme que si les soldats se mettaient en colonne par files de 11 hommes, toutes les files seraient complètes. Trouver le nombre des hommes et montrer qu'il satisfait à toutes les conditions énoncées.*

Si l'on diminue de 5 le nombre des hommes du bataillon, le nombre restant sera un commun multiple de 8, 15 et 25 et par conséquent un multiple du p. p. c. m. de ces nombres.

Le *p. p. c. m.* de 8, 15 et 25 est $2^3 \times 3 \times 5^2 = 600$.

Le seul multiple de 600 qui soit inférieur à 1 000 est 600.

Le nombre des hommes est donc $600 + 5 = 605$. Ce nombre est en effet divisible par 11.

R. — Le bataillon compte **605 hommes**.

Vérification. — $605 = 8 \times 75 + 5$; $605 = 15 \times 40 + 5$; $605 = 25 \times 24 + 5$, et $605 = 11 \times 55$.

490. *Deux horloges sont mises à l'heure au même moment. L'une avance de 8^{mn} en 12 heures, l'autre retarde de 3^{mn} dans le même temps. Au bout de combien de jours marqueront-elles l'heure exacte en même temps ?*

Pour marquer à nouveau l'heure exacte, la 1ʳᵉ horloge devra avancer de 24^h ou de $60^{mn} \times 24 = 1\ 440^{mn}$. Comme elle avance de 8^{mn} en 12^h ou de 16^{mn} par jour, il lui faudra pour cela :

$$1\ 440 : 16 = 90 \text{ jours.}$$

La 2ᵉ horloge pour marquer l'heure exacte devra retarder de $1\ 440^{mn}$. Comme elle retarde de 6^{mn} par jour, il lui faudra :

$$1\ 440 : 6 = 240 \text{ jours}$$

Les deux horloges marqueront de nouveau l'heure exacte ensemble après un nombre de jours qui sera le p. p. c. m. de 90 et 240.

$$90 = 2 \times 3^2 \times 5$$
$$240 = 2^4 \times 3 \times 5 \qquad p.\ p.\ c.\ m. = 2^4 \times 3^2 \times 5 = 720.$$

R. — Le temps cherché est 720 jours ou **1 an et 355 jours**.

491. *Deux montres sont mises à l'heure le 1ᵉʳ septembre 1924, à midi. L'une retarde de 4ᵐ30ˢ par jour ; l'autre avance de 7ᵐ30ˢ dans le même temps. A quelle date marqueront-elles midi ensemble pour la première fois, cette indication étant exacte ?*

Solution analogue à la précédente.

La 1ʳᵉ montre marquera à nouveau midi exactement quand elle aura retardé de 1 440ᵐⁿ ; donc au bout de :

$$1\ 440 : 4,5 = 320 \text{ jours.}$$

La 2ᵉ montre marquera midi exactement quand elle aura avancé de 1 440ᵐⁿ ; donc au bout de :

$$1\ 440 : 7,5 = 192 \text{ jours.}$$

Toutes deux marqueront exactement midi après un nombre de jours qui sera le p. p. c. m. de 320 et 192.

$$320 = 64 \times 5$$
$$192 = 64 \times 3 \qquad p.\ p.\ c.\ m. = 3 \times 5 \times 64 = 960.$$

R. — Elles marqueront midi ensemble au bout de 960 jours ou 2 ans et 230 jours. Ce sera par conséquent le **18 avril 1927**.

492. *A partir du point A, on a planté sur une route des bornes kilométriques et des poteaux télégraphiques espacés de 84ᵐ. Quelle est la plus petite distance qu'on puisse parcourir sur cette route à partir de A pour trouver ensemble une borne et un poteau ? Combien comptera-t-on de bornes et de poteaux ?*

La distance du point A à l'endroit où l'on trouve ensemble une borne et un poteau est le p. p. c. m. de 1 000ᵐ et 84ᵐ.

$$1\ 000 = 2^3 \times 5^3$$
$$84 = 2^2 \times 3 \times 7 \qquad P.\ p.\ c.\ m. = 3 \times 7 \times 1\ 000 = 21\ 000.$$

R. — La plus petite distance à parcourir est 21 km.

On comptera $\dfrac{21\ 000}{1\ 000} + 1 = $ **22 bornes** et $\dfrac{21\ 000}{84} + 1 = $ **251 poteaux**.

493. *Un terrain a la forme d'un rectangle de 29ᵐ,68 de long sur 21ᵐ,20 de large. On l'entoure de bornes également espacées. Une borne doit être placée à chaque coin et une au milieu de chaque côté du terrain. On demande le plus petit nombre de bornes qu'il faudra employer pour enclore le terrain.*

La demi-longueur vaut 2 968 : 2 = 1 484^{cm} et la demi-largeur 2 120 : 2 = 1 060^{cm}.

Pour que le nombre des bornes soit le plus petit possible, il faut que l'espace entre les bornes soit *le plus grand* possible.

On est donc amené à chercher le plus grand nombre qui soit contenu dans la demi-longueur et dans la demi-largeur, c'est-à-dire le p. g. c. d. de 1 484 et 1 060. On trouve 212.

La demi-longueur comprendra 1 484 : 212 = 7 intervalles et la demi-largeur : 1 060 : 212 = 5 intervalles.

R. — Le périmètre du champ comprendra (14+10)×2 = 48 intervalles ; il y aura par conséquent **48 bornes.**

494. *On veut construire un escalier avec le moins de marches possible et tel que ses 3 parties respectivement de 3^m,36, 4^m,48 et 5^m,28 comprennent chacune un nombre entier de marches égales. Quel est le nombre total des marches ?*

Le nombre des marches sera le plus petit possible si la hauteur des marches est aussi grande que possible.

Cette hauteur, qui doit être contenue exactement dans 336^{cm}, 448^{cm} et 528^{cm} sera le p. g. c. d. de ces 3 nombres.

$$336 = 2^4 \times 3 \times 7 \; ; \quad 448 = 2^6 \times 7 \; ; \quad 528 = 2^4 \times 3 \times 11$$

$$P.\ g.\ c.\ d. = 2^4 = 16.$$

R. — Il y aura : $\dfrac{336}{16} + \dfrac{448}{16} + \dfrac{528}{16} = 21 + 28 + 33 = $ **82 marches.**

TROISIÈME PARTIE

FRACTIONS ORDINAIRES

EXERCICES SUR LES FRACTIONS

495. *Représenter graphiquement les fractions 5/8, 3/5, 7/12, 3/14 ; l'unité sera pour les deux premières un cercle et pour les deux autres un rectangle.*

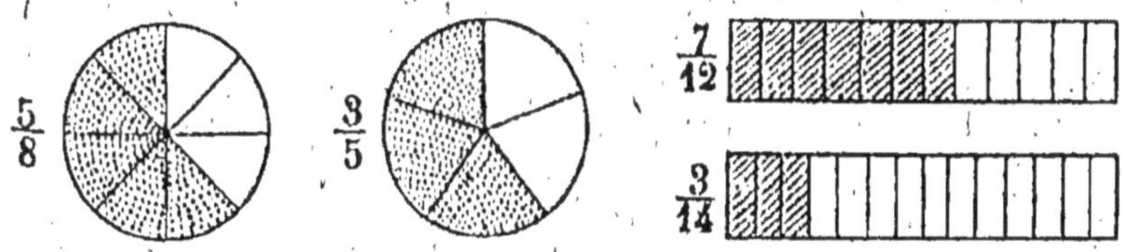

496. *Deux fractions égales peuvent-elles représenter des surfaces inégales ? Exemple.*

Oui ; ainsi le 1/3 de la surface d'une ardoise n'égale pas le 1/3 de la surface de la classe.

497. *Deux fractions inégales peuvent-elles représenter des longueurs égales ? Exemple.*

Oui ; ainsi le 1/4 du double mètre représente la même longueur que la 1/2 du mètre.

498. *Citez une fraction supérieure à l'unité et ayant :* 1° *pour numérateur 30 ;* 2° *pour dénominateur 56.*

$$1° \quad \frac{30}{29}, \quad \frac{30}{28}, \quad \frac{30}{27} \quad \text{etc...} \qquad 2° \quad \frac{57}{56}, \quad \frac{58}{56}, \quad \frac{59}{56}, \quad \text{etc...}$$

499. *Citez une fraction inférieure à l'unité et ayant :* 1° *pour numérateur 25 ;* 2° *pour dénominateur 105.*

$$1° \quad \frac{25}{26}, \quad \frac{25}{27}, \quad \frac{25}{28} \quad \text{etc...} \qquad 2° \quad \frac{104}{105}, \quad \frac{103}{105}, \quad \frac{102}{105}, \quad \text{etc...}$$

1er *cas.* — On réduit les fractions au plus petit dénominateur commun.

On obtient $\dfrac{21}{36} < \dfrac{22}{36}$; donc $\dfrac{7}{12} < \dfrac{11}{18}$.

2e *cas.* — On réduit les fractions au même numérateur. On trouve

$$\frac{4}{194} < \frac{4}{191}; \quad \text{donc} \quad \frac{2}{97} < \frac{4}{191}.$$

3e *cas.* — On cherche ce qui manque à chaque fraction pour égaler l'unité. Il manque :

$$\text{à la 1}^{\text{re}} \left(1 - \frac{319}{497}\right) = \frac{178}{497}; \quad \text{à la 2}^{\text{e}} \left(1 - \frac{324}{502}\right) = \frac{178}{502}$$

or $\qquad\qquad\qquad \dfrac{178}{497} > \dfrac{178}{502}.$

Puisqu'il manque plus à la 1re fraction qu'à la 2e pour égaler l'unité, la 1re est la plus petite : $\dfrac{319}{497} < \dfrac{324}{502}.$

563. *Remplacer les fractions* $\dfrac{3}{5}$, $\dfrac{4}{7}$ *et* $\dfrac{11}{12}$ *par trois fractions équivalentes, telles que le dénominateur de la première soit égal au numérateur de la deuxième, et le dénominateur de la deuxième, égal au numérateur de la troisième.*

Multiplions les deux termes de la 1re fraction, par le numérateur de la 2e, et les deux termes de celle-ci par le dénominateur de la 1re. Nous obtenons :

$$\frac{3 \times 4}{5 \times 4} \quad \text{et} \quad \frac{4 \times 5}{7 \times 5} \quad \text{ou} \quad \frac{12}{20} \quad \text{et} \quad \frac{20}{35}.$$

Multiplions de même les deux termes de la 2e fraction modifiée par le numérateur de la 3e, et les deux termes de celle-ci par le dénominateur de la 2e. Nous avons :

$$\frac{20 \times 11}{35 \times 11} \quad \text{et} \quad \frac{11 \times 35}{12 \times 35} \quad \text{ou} \quad \frac{220}{385} \quad \text{et} \quad \frac{385}{420}.$$

En multipliant ensuite par 11 les deux termes de la 1re fraction modifiée, nous aurons les fractions cherchées :

$$\frac{132}{220}; \quad \frac{220}{385}; \quad \frac{385}{420}.$$

564. *Démontrer que les fractions* $\dfrac{3}{4}$, $\dfrac{33}{44}$, $\dfrac{333}{444}$ *sont équivalentes.*

La 2e fraction est égale à la 1re. En effet :

$$\frac{33}{44} = \frac{30 + 3}{40 + 4} = \frac{(3 \times 10) + 3}{(4 \times 10) + 4} = \frac{3 \times (10 + 1)}{4 \times (10 + 1)} = \frac{3}{4}.$$

De même la 3e fraction est égale à la 1re. En effet :

$$\frac{333}{444} = \frac{300+30+3}{400+40+4} = \frac{3\times(100+10+1)}{4\times(100+10+1)} = \frac{3\times111}{4\times111} = \frac{3}{4}.$$

Les 3 fractions sont donc bien équivalentes.

565. *Les fractions* $\dfrac{513}{999}$ *et* $\dfrac{513\,513}{999\,999}$ *sont-elles équivalentes?*

$$\frac{513\,513}{999\,999} = \frac{513\,000+513}{999\,000+999} = \frac{513\times(1\,000+1)}{999\times(1\,000+1)} = \frac{513}{999}.$$

566. *Étant données les 3 fractions égales* $\dfrac{2}{5} = \dfrac{4}{10} = \dfrac{6}{15}$, *démontrer que la fraction formée en prenant comme numérateur la somme des 3 numérateurs et pour dénominateur la somme des 3 dénominateurs est égale à chacune d'elles.*

Il suffit de justifier l'égalité $\dfrac{2+4+6}{5+10+15} = \dfrac{2}{5}$. En effet, on a :

$$\frac{2+4+6}{5+10+15} = \frac{2+(2\times2)+(2\times3)}{5+(5\times2)+(5\times3)} = \frac{2\times(1+2+3)}{5\times(1+2+3)} = \frac{2}{5}.$$

Généralisation. — Soient les fractions égales $\dfrac{a}{b} = \dfrac{c}{d} = \dfrac{e}{f}$ et soit $\dfrac{k}{l}$ la fraction irréductible égale à chacune de ces fractions.

Il suffit de prouver que $\dfrac{a+c+e}{b+d+f} = \dfrac{k}{l}$.

Les fractions $\dfrac{a}{b}$, $\dfrac{c}{d}$, $\dfrac{e}{f}$ ont pour termes des équimultiples de k et l; donc on peut écrire :

$$\frac{a+c+e}{b+d+f} = \frac{kn+kn'+kn''}{ln+ln'+ln''} = \frac{k(n+n'+n'')}{l(n+n'+n'')} = \frac{k}{l}.$$

567. *On donne 2 fractions égales* $\dfrac{28}{35} = \dfrac{12}{15}$; *démontrer qu'en les retranchant terme à terme on obtient une nouvelle fraction égale aux fractions données.*

Ces fractions sont égales à la fraction irréductible 4/5 ; il suffit donc de prouver que :

$$\frac{28-12}{35-15} = \frac{4}{5}.$$

En effet : $\dfrac{28-12}{35-15} = \dfrac{4\times7-4\times3}{5\times7-5\times3} = \dfrac{4\times(7-3)}{5\times(7-3)} = \dfrac{4}{5}.$

568. *On ajoute 12 au numérateur de la fraction 28/63. Quel nombre faut-il ajouter en même temps au dénominateur pour que la fraction finale reste équivalente à la première.*

Soit n le nombre à ajouter au dénominateur. La nouvelle fraction sera $\dfrac{28 + 12}{63 + n}$ ou $\dfrac{40}{63 + n}$. Elle doit être égale à $\dfrac{28}{63}$ et par suite à la fraction irréductible correspondante 4/9. Ses termes seront, par conséquent, des équimultiples de 4 et 9.

Or le numérateur 40 égale 10 fois 4. Donc le dénominateur $63 + n$ doit être égal à 10 fois 9 ou 90.

D'où $$n = 90 - 63 = 27.$$

R. — Le nombre à ajouter au dénominateur est **27**.

569. *Quels nombres peut-on ajouter l'un au numérateur l'autre au dénominateur de la fraction* 9/21 *sans modifier la valeur de cette fraction ? Trouver 2 de ces nombres sachant que leur somme est égale à* 220.

Soient a et b deux nombres que l'on peut ajouter l'un au numérateur, l'autre au dénominateur de 9/21 sans modifier sa valeur.

La nouvelle fraction $\dfrac{9 + a}{21 + b}$ étant égale à $\dfrac{9}{21}$ est aussi égale à la fraction irréductible correspondante 3/7 ; par conséquent elle a pour termes des équimultiples de 3 et 7. On a donc :

$$9 + a = 3n \quad \text{et} \quad 21 + b = 7n.$$

De $9 + a = 2n$, on tire : $a = 3n - 9 = 3 \times (n - 3)$.
De $21 + b = 7n$, on tire : $b = 7n - 21 = 7 \times (n - 3)$.

Ainsi les nombres a et b doivent être des **équimultiples de 3 et 7.**
D'une manière générale, *les nombres que l'on peut ajouter aux termes d'une fraction sans en modifier la valeur, doivent être des équimultiples des termes de la fraction irréductible correspondante.*

570. *Étant donnée la fraction* 8/15, *comment choisir les nombres entiers* m *et* p *pour que la fraction* $\dfrac{8 + m}{15 + p}$ *soit égale à* 8/15 ?

(*Voir la solution précédente, n° 569.*)

La fraction donnée est irréductible.
Les nombres m et p doivent être des **équimultiples de 8 et 15.**

571. *On donne la fraction* 7/18 ; *quelles modifications subit-elle :* 1° *Lorsqu'on ajoute* 35 *au numérateur ?* 2° *Lorsqu'on retranche* 12 *au dénominateur ?* 3° *Lorsque, simultanément, on ajoute* 21 *au numérateur et qu'on retranche* 9 *au dénominateur ?*

1° Si l'on ajoute 35 au numérateur, on obtient :

$$\frac{7 + 35}{18} = \frac{7 \times (1 + 5)}{18} = \frac{7}{18} \times 6.$$

La fraction est multipliée par 6.

2° Si l'on retranche 12 du dénominateur, on a :

$$\frac{7}{18-12} = \frac{7}{6}.$$

Le dénominateur est devenu 3 fois plus petit ; **la fraction est donc multipliée par 3.**

3° Si l'on ajoute 21 au numérateur et qu'on retranche 9 du dénominateur, on a :

$$\frac{7+21}{18-9} = \frac{7 \times (1+3)}{9} = \frac{7 \times 4}{9}.$$

Le numérateur est multiplié par 4 et le dénominateur est divisé par 2 ; donc **la fraction est multipliée par 4 $\times$ 2 ou 8.**

572. *Une fraction devient 2 fois plus petite soit qu'on ajoute 9 à son dénominateur, ou qu'on retranche 4 à son numérateur. Quelle est cette fraction ?*

Soit $\frac{a}{b}$ la fraction ; la fraction 2 fois plus petite est $\frac{a}{2b}$.

On a d'abord $$\frac{a}{b+9} = \frac{a}{2b}.$$

Les numérateurs de ces fractions égales, étant égaux, les dénominateurs le sont aussi ; donc : $b+9 = 2b$; d'où $b = 9$.

On a ensuite : $$\frac{a-4}{b} = \frac{a}{2b}.$$

En multipliant par 2 les deux termes de la 1re fraction, les dénominateurs et par suite les numérateurs des deux fractions seront égaux ; on aura : $2a-8 = a$, d'où **a = 8.**

R. — La fraction cherchée est $\frac{8}{9}$.

573. *Si l'on augmente le numérateur d'une fraction de 32, cette fraction devient égale à 1. Si l'on augmente le dénominateur de cette même fraction de 69, elle devient égale à 1 /2. Quelle est la fraction primitive ?*

Soit $\frac{a}{b}$ la fraction primitive. On a par hypothèse :

1° $$\frac{a+32}{b} = 1, \text{ d'où l'on tire } a+32 = b \qquad (1)$$

2° $$\frac{a}{b+69} = \frac{1}{2}, \text{ d'où l'on tire } b+69 = 2a. \qquad (2)$$

Dans l'égalité (2), remplaçons b par sa valeur $a+32$, nous aurons :

$$a+32+69 = 2a ; \text{ d'où } \textbf{a = 101.}$$

Par suite : **b = 101 + 32 = 133.**

R. — La fraction cherchée est $\frac{101}{133}$.

602. *Même exercice :*

$1^o \quad 8\frac{5}{11} - \left(7\frac{3}{4} - 4\frac{5}{6}\right) = 8\frac{5}{11} - 2\frac{11}{12} = 5\frac{71}{132}.$

$2^o \quad 12\frac{5}{19} - \left(8\frac{5}{13} - 3\frac{8}{15}\right) = 12\frac{5}{19} - 4\frac{166}{195} = 7\frac{1\,526}{3\,705}.$

603. *Additionner 8/15, 35/21 et 28/63, et dire ce qu'il faudrait ajouter au total pour obtenir 5 8/15.*

On a d'abord : $\dfrac{8}{15} + \dfrac{35}{21} + \dfrac{28}{63} = \dfrac{8}{15} + \dfrac{5}{3} + \dfrac{4}{9} = \dfrac{119}{45}.$

R. — Il faudra ajouter : $5\dfrac{8}{15} - \dfrac{119}{45} = 2\dfrac{8}{9}.$

604. *Une pièce d'étoffe a été partagée en 3 coupons. Le 1er égale les 2/11 de la pièce ; le 2e les 3/8 et le 3e le reste. Quel est le plus long des 3 coupons ?*

Les 2 premiers coupons représentent ensemble les

$$\frac{2}{11} + \frac{3}{8} = \frac{16}{88} + \frac{33}{88} = \frac{49}{88} \text{ de la pièce.}$$

Le 3e coupon égale les $\dfrac{88 - 49}{88} = \dfrac{39}{88}$ de la pièce.

R. — Le 3e coupon est le plus long.

605. *Un commissionnaire porte 3 colis qui pèsent : le 1er 4kg2/5 ; le 2e 1kg3/5 de moins que le 1er, et le 3e autant que les deux autres ensemble. Il les a mis dans un sac qui pèse 5/8 de kg. Quelle charge porte-t-il ?*

Poids du 1er colis....................		4kg2/5
— 2e colis, 4kg2/5 — 1kg3/5.....	=	2kg4/5
— 3e colis, 4kg2/5 + 2kg4/5.....	=	7kg1/5
	Total............	14kg2/5

R. — Charge totale : 14kg2/5 + 5/8 de kg. = **15kg1/40.**

606. *Deux fontaines rempliraient un bassin : la 1re en 8h et la 2e en 12h ; un robinet, placé à la base, le viderait en 15h. Le bassin étant rempli au tiers, si l'on ouvre les 2 fontaines et le robinet pendant une heure, quelle fraction du bassin restera-t-il à remplir ?*

En 1h, la 1re fontaine remplit 1/8 du bassin et la 2e 1/12, pendant que le robinet en vide 1/15.

La fraction du bassin remplie en 1h est donc :

$$\left(\frac{1}{8} + \frac{1}{12}\right) - \frac{1}{15} = \frac{17}{120}.$$

R. — Il restera à remplir $\dfrac{120}{120} - \left(\dfrac{1}{3} + \dfrac{17}{120}\right) = \dfrac{21}{40}$ du bassin.

MULTIPLICATION DES FRACTIONS

607. *Effectuer les multiplications suivantes :*

1º $\dfrac{11}{13} \times 26 = 22.$

2º $\dfrac{19}{51} \times 17 = 6\dfrac{1}{3}.$

3º $54 \times \dfrac{5}{9} = 80.$

4º $108 \times \dfrac{7}{12} = 63.$

5º $\dfrac{2}{7} \times \dfrac{6}{7} = \dfrac{12}{49}.$

6º $\dfrac{3}{5} \times \dfrac{5}{24} = \dfrac{1}{8}.$

7º $\dfrac{5}{8} \times \dfrac{12}{25} = \dfrac{3}{10}.$

8º $\dfrac{9}{14} \times \dfrac{98}{162} = \dfrac{7}{18}.$

9º $4\dfrac{2}{7} \times 3\dfrac{2}{5} = 14\dfrac{4}{7}.$

10º $6\dfrac{9}{10} \times 7\dfrac{3}{4} = 53\dfrac{19}{40}.$

11º $14\dfrac{5}{13} \times 12\dfrac{2}{7} = 176\dfrac{66}{91}.$

12º $2\dfrac{4}{15} \times 4\dfrac{2}{7} = 9\dfrac{5}{7}.$

608. *Effectuer les produits suivants :*

1º $\quad 3\dfrac{5}{8} \times 35 \times \dfrac{11}{15} = \dfrac{2\,233}{24} = 98\dfrac{1}{24}.$

2º $\quad \dfrac{7}{10} \times \dfrac{4}{15} \times \dfrac{9}{28} \times \dfrac{25}{77} = \dfrac{3}{154}.$

609. *Prendre les* $\dfrac{6}{11}$ *des* $\dfrac{3}{4}$: 1º *de* 88 ; 2º *de* 308 ; 3º *de* 507.

Les $\dfrac{6}{11}$ des $\dfrac{3}{4}$: 1º de 88 valent $\dfrac{88 \times 3 \times 6}{4 \times 11} = 36.$

— — 2º de 308 — $308 \times \dfrac{3}{4} \times \dfrac{6}{11} = 126.$

— — 3º de 507 — $507 \times \dfrac{3}{4} \times \dfrac{6}{11} = 207\dfrac{9}{22}.$

610. *Effectuer les calculs suivants :*

1º $\quad \left(\dfrac{5}{8} + \dfrac{3}{5}\right) \times \left(\dfrac{3}{7} + \dfrac{4}{9}\right) = 1\dfrac{5}{72}.$

2º $\quad \left(8 - \dfrac{3}{5}\right) \times \left(\dfrac{25}{3} - 4\dfrac{2}{5}\right) = 29\dfrac{8}{75}.$

3º $\quad \left(\dfrac{4}{7} \times \dfrac{5}{11}\right) + \left(8 \times \dfrac{7}{18}\right) - \dfrac{3}{4} \times \left(5 - \dfrac{5}{7}\right) = \dfrac{31}{198}.$

DIVISION DES FRACTIONS

611. *Effectuer les divisions suivantes :*

$1^o \quad \dfrac{5}{8} : 14 = \dfrac{5}{112}.$ $\qquad 7^o \quad \dfrac{14}{15} : \dfrac{7}{10} = 1\dfrac{1}{3}.$

$2^o \quad \dfrac{7}{9} : 35 = \dfrac{1}{45}.$ $\qquad 8^o \quad \dfrac{15}{17} : \dfrac{5}{7} = 1\dfrac{4}{17}.$

$3^o \quad 9 : \dfrac{3}{2} = 6.$ $\qquad 9^o \quad 7\dfrac{1}{5} : 4\dfrac{1}{4} = 1\dfrac{59}{85}.$

$4^o \quad 6 : \dfrac{4}{9} = 13\dfrac{1}{2}.$ $\qquad 10^o \quad 11\dfrac{2}{3} : 9\dfrac{1}{8} = 1\dfrac{61}{219}.$

$5^o \quad 12 : \dfrac{12}{13} = 13.$ $\qquad 11^o \quad 15\dfrac{5}{6} : 19\dfrac{10}{11} = \dfrac{1\,045}{1\,314}.$

$6^o \quad 35 : \dfrac{14}{19} = 47\dfrac{1}{2}.$ $\qquad 12^o \quad 104\dfrac{1}{2} : 11\dfrac{4}{9} = 9\dfrac{27}{206}.$

612. *Effectuer les calculs suivants :*

$1^o \quad \left(\dfrac{4}{5} + \dfrac{7}{11} + \dfrac{19}{35}\right) : \dfrac{35}{45} = \dfrac{762}{385} \times \dfrac{9}{7} = 2\dfrac{1\,468}{2\,695}.$

$2^o \quad \left(8 - \dfrac{11}{15}\right) : \dfrac{7}{8} = \dfrac{109}{15} \times \dfrac{8}{7} = 8\dfrac{32}{105}.$

$3^o \quad \left(\dfrac{2}{3} - \dfrac{2}{7}\right) : \dfrac{2}{5} + \dfrac{3}{8} : \left(\dfrac{4}{9} - \dfrac{3}{8}\right) = \dfrac{20}{21} + \dfrac{27}{5} = 6\dfrac{37}{105}.$

613. *Effectuer les calculs suivants :*

$1^o \quad \dfrac{\left(\dfrac{5}{8} + \dfrac{3}{4}\right) \times \dfrac{2}{3}}{\left(\dfrac{76}{95} - \dfrac{69}{92}\right) \times 11} = \dfrac{\dfrac{11}{12}}{\dfrac{11}{20}} = \dfrac{11}{12} \times \dfrac{20}{11} = 1\dfrac{2}{3}.$

$2^o \quad \dfrac{8 - 5\dfrac{2}{7}}{\dfrac{81}{3} - 7\dfrac{4}{9}} = \dfrac{\dfrac{19}{7}}{\dfrac{176}{9}} = \dfrac{19}{7} \times \dfrac{9}{176} = \dfrac{171}{1\,232}.$

$3^o \quad \dfrac{\dfrac{269}{10} - 13}{\dfrac{3}{130}} \times \dfrac{69}{3\,197} = \dfrac{\dfrac{139}{10}}{\dfrac{3}{130}} \times \dfrac{3}{139} = \dfrac{139}{10} \times \dfrac{130}{3} \times \dfrac{3}{139} = 13.$

$4^o \quad \dfrac{\dfrac{64}{12} - 5}{35} \times \dfrac{15}{28} = \dfrac{\dfrac{1}{3}}{35} \times \dfrac{15}{28} = \dfrac{1 \times 15}{3 \times 35 \times 28} = \dfrac{1}{196}.$

Exercices théoriques sur les fractions.

614. *De combien augmente une fraction, si l'on ajoute son dénominateur à son numérateur ?*

La fraction augmente de 1. En effet :

Soit $\dfrac{a}{b}$ la fraction ; $\dfrac{a+b}{b}$ surpasse $\dfrac{a}{b}$ de $\dfrac{a+b-a}{b} = \dfrac{b}{b} = 1$.

615. *Quel est le nombre que l'on augmente de son douzième en y ajoutant 6 ?*

Le $\dfrac{1}{12}$ du nombre égale 6, donc le **nombre égale** $6 \times 12 = \mathbf{72}$.

616. *Si on ajoute à une fraction, cette même fraction renversée, on obtient toujours une somme supérieure à 2.*

Soit la fraction $\dfrac{a}{b}$, avec $a < b$. Il faut prouver que :

$$\frac{a}{b} + \frac{b}{a} > 2.$$

En effet, $\dfrac{a}{b}$ équivaut à $\quad 1 - \dfrac{b-a}{b}$

et $\dfrac{b}{a}$ équivaut à $\quad\quad 1 + \dfrac{b-a}{a}$.

Donc $\quad\quad \dfrac{a}{b} + \dfrac{b}{a} = 2 + \left(\dfrac{b-a}{a} - \dfrac{b-a}{b} \right)$

Les deux fractions $\dfrac{b-a}{a}$ et $\dfrac{b-a}{b}$ ayant même numérateur,

la plus grande est la première qui a le plus petit dénominateur.
Donc la quantité entre parenthèses a une valeur positive m, et l'on a :

$$\frac{a}{b} + \frac{b}{a} = 2 + m \quad \text{et par suite} \quad \frac{a}{b} + \frac{b}{a} > 2.$$

617. *Trouver une fraction ordinaire telle que, si après avoir ajouté son dénominateur à ses deux termes, on la retranche du résultat, le reste soit égal à la première fraction.*

Soit a/b la fraction cherchée. On doit avoir :

$$\frac{a+b}{b+b} - \frac{a}{b} = \frac{a}{b}$$

ou $\quad\quad \dfrac{a+b}{2b} = \dfrac{a}{b} + \dfrac{a}{b} = \dfrac{2a}{b}$

ou encore $\quad\quad \dfrac{a+b}{2b} = \dfrac{4a}{2b}$

Les dénominateurs de ces fractions égales étant égaux, on a ainsi :

$$a + b = 4a \quad \text{d'où} \quad b = 3a.$$

R. — La fraction cherchée est donc $\dfrac{a}{3a} = \dfrac{1}{8}$.

618. *Quelle est la fraction ayant 12 pour dénominateur qu'il faut ajouter à la fraction 3/7 pour que le total soit compris entre 8/11 et 11/12 ?*

Soit $\dfrac{x}{12}$ la fraction cherchée. On doit avoir :

$$\frac{8}{11} < \left(\frac{3}{7} + \frac{x}{12}\right) < \frac{11}{12}.$$

Ou en réduisant au même dénominateur :

$$\frac{672}{924} < \left(\frac{396}{924} + \frac{77x}{924}\right) < \frac{847}{924}$$

Multiplions tous les membres par 924 puis retranchons 396 :

$$672 < (396 + 77x) < 847.$$
$$276 < 77x < 451.$$

D'où en divisant par 77 :

$$3\,\frac{45}{77} < x < 5\,\frac{6}{7}.$$

Ainsi x peut être égal à 4 ou à 5.

R. — La fraction cherchée est $\dfrac{4}{12}$ ou $\dfrac{5}{12}$.

619. *Le total de deux fractions dont l'une est 3 fois plus grande que l'autre, est 660/1584. Trouver ces fractions.*

Soit F la plus petite fraction ; la plus grande sera 3F ; et l'on aura :

$$3F + F = 4F = \frac{660}{1\,584}.$$

d'où
$$F = \frac{660}{1\,584} : 4 = \frac{165}{1\,584} = \frac{5}{48}.$$

et
$$3F = \frac{5}{48} \times 3 = \frac{5}{16}.$$

R. — Les deux fractions sont $\dfrac{5}{48}$ et $\dfrac{5}{16}$.

620. *La somme de 2 fractions dont l'une vaut les 2/3 de l'autre est 165/121. Trouver ces 2 fractions.*

Soit F la plus grande fraction ; la plus petite sera $\dfrac{2F}{3}$ et l'on aura :

$$F + \dfrac{2F}{3} = \dfrac{5F}{3} = \dfrac{165}{121}.$$

d'où

$$F = \dfrac{165 \times 3}{121 \times 5} = \dfrac{9}{11}.$$

et

$$\dfrac{2F}{3} = \dfrac{9 \times 2}{11 \times 3} = \dfrac{6}{11}.$$

R. — Les deux fractions sont $\dfrac{6}{11}$ et $\dfrac{9}{11}$.

621. *Quel est le nombre que l'on diminue de son septième en retranchant 9 de ce nombre ?*

Le $\dfrac{1}{7}$ du nombre égale 9 ; donc **le nombre est 9 $\times$ 7 = 63.**

622. *A quelle fraction manque-t-il 1 /3 pour égaler 17 /24 ?*

La fraction cherchée est $\dfrac{17}{24} - \dfrac{1}{3} = \dfrac{9}{24} = \dfrac{3}{8}$.

623. *La somme de deux fractions est 8 /9, leur différence est 1 /36. Quelles sont ces fractions ?*

Soient F la plus grande fraction et f la plus petite ; on a :

$$F = \dfrac{\text{somme} + \text{différence}}{2} = \dfrac{4}{9} + \dfrac{1}{72} = \dfrac{33}{72} = \dfrac{11}{24}.$$

$$f = \dfrac{\text{somme} - \text{différence}}{2} = \dfrac{4}{9} - \dfrac{1}{72} = \dfrac{31}{72}.$$

624. *Quel est le nombre que l'on diminue de 12 en le multipliant par 3 /5 ?*

Multiplier un nombre par 3 /5, c'est en prendre les 3 /5, c'est donc le diminuer de ses 2 /5.

Puisque les 2/5 du nombre valent 12, le nombre égale $\dfrac{12 \times 5}{2} = $ **30.**

625. *Quel est le nombre que l'on augmente de 16 en le multipliant par 5 /3 ?*

Multiplier un nombre par 5 /3, c'est en prendre les 5 /3, c'est-à-dire les 3 /3 plus les 2 /3 ; c'est donc l'augmenter de ses 2 /3.

Puisque les 2/3 du nombre valent 16, le nombre égale $\dfrac{16 \times 3}{2} = $ **24.**

626. *Par quelle fraction faut-il multiplier 12 pour obtenir 6 /7 ?*

Soit f la fraction cherchée ; on doit avoir :

$$12 \times f = \frac{6}{7} \quad \text{d'où} \quad f = \frac{6}{7} : 12 = \frac{6}{7 \times 12} = \frac{1}{14}.$$

627. *Par quelle fraction faut-il multiplier 9 3/4 pour obtenir 15 3/5 ?*

On doit avoir (*Exercice précédent*) :

$$9\frac{3}{4} \times f = 15\frac{3}{5} \quad \text{d'où} \quad f = 15\frac{3}{5} : 9\frac{3}{4} = \frac{78}{5} \times \frac{4}{39} = \frac{8}{5}.$$

628. *Par quel nombre faut-il multiplier 11/13 pour avoir 682 ?*

Soit x le nombre ; on doit avoir :

$$\frac{11}{13} \times x = 682 ; \quad \text{d'où} \quad x = 682 : \frac{11}{13} = \frac{682 \times 13}{11} = \mathbf{806}.$$

629. *Par quel nombre faut-il multiplier 78 pour l'augmenter de ses 3/13 ?*

Pour augmenter 78 de ses 3/13, il suffit de prendre les 16/13 de ce nombre et par conséquent de multiplier 78 par **16/13**.

630. *Par quel nombre faut-il multiplier 140 pour diminuer ce nombre de ses 4/7 ?*

Pour diminuer 140 de ses 4/7, il suffit de prendre les 3/7 de ce nombre et par conséquent de multiplier 140 par **3/7**.

631. *Démontrer que le produit de 7/11 par 3/4 est plus petit que 7/11 et que 3/4.*

1° **Le produit** $\frac{7}{11} \times \frac{3}{4}$ **est plus petit que** $\frac{7}{11}$.

En effet multiplier 7/11 par 3/4 c'est prendre les 3/4 de 7/11 ; le résultat est donc plus petit que 7/11.

2° **Le produit** $\frac{7}{11} \times \frac{3}{4}$ **est plus petit que** $\frac{3}{4}$.

En effet $\frac{7}{11} \times \frac{3}{4} = \frac{3}{4} \times \frac{7}{11}$. (*Arith.*, n° 325.) Mais multiplier 3/4 par 7/11 c'est prendre les 7/11 de 3/4 ; le résultat est donc plus petit que 3/4.

632. *Le produit de* $\frac{4}{5} \times \frac{5}{6} \times \frac{6}{7}$ *est inférieur à chacune de ces fractions.*

1° **Le produit** $\frac{4}{5} \times \frac{5}{6} \times \frac{6}{7}$ **est inférieur à** $\frac{4}{5}$.

En effet, soit P le produit des 2 premières fractions. Ce produit est inférieur à 4/5 ; il n'en est que les 5/6.

Si nous multiplions P par la 3º fraction, le produit P × 6/7 sera inférieur à P, il n'en sera que les 6/7 ; il sera donc à plus forte raison, inférieur à 4/5. On a donc :

$$P \times \frac{6}{7} < \frac{4}{5} \quad \text{et par conséquent} \quad \frac{4}{5} \times \frac{5}{6} \times \frac{6}{7} < \frac{4}{5}.$$

2º **Le produit** $\dfrac{4}{5} \times \dfrac{5}{6} \times \dfrac{6}{7}$ est inférieur à $\dfrac{5}{6}$ et à $\dfrac{6}{7}$.

En effet : $\dfrac{4}{5} \times \dfrac{5}{6} \times \dfrac{6}{7} = \dfrac{5}{6} \times \dfrac{4}{5} \times \dfrac{6}{7} = \dfrac{6}{7} \times \dfrac{4}{5} \times \dfrac{5}{6}$ (*Arith.*, nº 325).

Or d'après ce qui précède (1º) on peut écrire :

$$\frac{5}{6} \times \frac{4}{5} \times \frac{6}{7} < \frac{5}{6} \quad \text{et} \quad \frac{6}{7} \times \frac{4}{5} \times \frac{5}{6} < \frac{6}{7}.$$

On a donc aussi :

$$\frac{4}{5} \times \frac{5}{6} \times \frac{6}{7} < \frac{5}{6} \quad \text{et} \quad \frac{4}{5} \times \frac{5}{6} \times \frac{6}{7} < \frac{6}{7}.$$

633. *Démontrer qu'en prenant les 5/8 des 2/15 de 654, on obtient le même résultat qu'en prenant les 2/15 des 5/8 de 654.*

Les $\dfrac{5}{8}$ des $\dfrac{2}{15}$ de 654 valent $\dfrac{654 \times 2 \times 5}{15 \times 8}$.

Les $\dfrac{2}{15}$ des $\dfrac{5}{8}$ de 654 valent $\dfrac{654 \times 5 \times 2}{8 \times 15}$.

Or **ces fractions sont égales** puisque, d'après le principe de l'interversion des facteurs, leurs numérateurs et leurs dénominateurs sont respectivement égaux.

634. *La somme de deux nombres est 132. On multiplie le plus grand par 4/3 et en même temps le plus petit par 2/3. Montrer que la somme augmente du 1/3 de la différence des deux nombres. Sachant que cette augmentation est de 6, trouver les deux nombres.*

Soient a et b les deux nombres ($a > b$). On a :

$$a + b = 132.$$

Si l'on multiplie a par 4/3 et b par 2/3, la somme sera augmentée

de

$$\frac{4a}{3} + \frac{2b}{3} - (a + b)$$

ou de

$$\frac{4a}{3} + \frac{2b}{3} - \frac{3a}{3} - \frac{3b}{3}$$

ou enfin de

$$\frac{a - b}{3}.$$

L'énoncé donne $\dfrac{a - b}{3} = 6$ d'où $a - b = 18$.

Connaissant $a + b$ et $a - b$, on en déduit :

$$a = \frac{132 + 18}{2} = 75 \;; \qquad b = \frac{132 - 18}{2} = 57.$$

R. — Les deux nombres sont **75 et 57.**

635. *Dans un produit de deux facteurs on augmente un des facteurs des 3/4 de sa valeur et en même temps, on diminue l'autre des 3/7 de la sienne. Par quel nombre est multiplié chaque facteur ? Expliquer ce que devient le produit.*

1° En augmentant le 1er facteur des 3/4 de sa valeur, on a pris les 4/4 plus les 3/4 soit les 7/4 de ce facteur, on l'a donc **multiplié par 7/4.**

2° En diminuant le 2° facteur des 3/7 de sa valeur, on n'a pris que les 4/7 de sa valeur, on l'a donc **multiplié par 4/7.**

3° Soient m et n les 2 facteurs ; leur produit devient ainsi :

$$\left(m \times \frac{7}{4} \right) \times \left(n \times \frac{4}{7} \right) = mn \times \frac{7 \times 4}{4 \times 7} = mn.$$

Le produit n'a pas changé de valeur.

636. *Calculer une fraction, sachant que si l'on augmente le numérateur de 78 sans toucher au dénominateur, ou si l'on multiplie le numérateur par 23/17 sans changer le dénominateur, cette fraction devient, dans les deux cas, égale à l'unité.*

Soit a/b la fraction. On doit avoir :

$$\frac{a + 78}{b} = 1 \quad \text{et} \quad \frac{a \times 23/17}{b} = 1.$$

Les dénominateurs de ces fractions égales étant égaux, les numérateurs le sont aussi ; donc :

$$a + 78 = a \times 23/17.$$

Mais multiplier a par 23/17 c'est prendre les 17/17 plus les 6/17 de a, c'est donc augmenter a de ses 6/17.

Par conséquent 6/17 de $a = 78$, d'où $a = \dfrac{78 \times 17}{6} = 221.$

D'autre part, de $\dfrac{a+78}{b} = 1$ on tire $b = a + 78 = 221 + 78 = 299.$

R. — La fraction cherchée est $\dfrac{221}{299}.$

637. *Par quel nombre multiplierait-on la fraction 7/9 si l'on ajoutait : 1° 5 à son numérateur ; 2° 5 à son dénominateur ; 3° 5 à chacun de ses deux termes ?*

Représentons par x le nombre cherché. On doit avoir :

$$1^o \quad \frac{7}{9} \times x = \frac{7+5}{9}, \quad \text{d'où} \quad x = \frac{12}{9} : \frac{7}{9} = \frac{12 \times 9}{9 \times 7} = \frac{12}{7}.$$

$$2^o \quad \frac{7}{9} \times x = \frac{7}{9+5}, \quad \text{d'où} \quad x = \frac{7}{14} : \frac{7}{9} = \frac{7 \times 9}{14 \times 7} = \frac{9}{14}.$$

$$3^o \quad \frac{7}{9} \times x = \frac{7+5}{9+5}, \quad \text{d'où} \quad x = \frac{12}{14} : \frac{7}{9} = \frac{12 \times 9}{14 \times 7} = \frac{54}{49}.$$

638. *Par quel nombre multiplie-t-on la fraction 5/7 en diminuant de 3 son dénominateur et en augmentant de 2 son numérateur ?*

Soit x le nombre cherché. On doit avoir :

$$\frac{5}{7} \times x = \frac{5+2}{7-3}, \text{ d'où } x = \frac{7}{4} : \frac{5}{7} = \frac{7 \times 7}{4 \times 5} = \frac{49}{20}.$$

R. — La fraction est multipliée par $\frac{49}{20}$.

639. *Le produit de 2 nombres entiers, a × b, augmente de 20 si l'on multiplie un des facteurs par 3/4 et si l'on divise l'autre par 5/8. Trouver ce produit. Quels peuvent être les facteurs a et b de ce produit ?*

Diviser un facteur par 5/8 revient à le multiplier par 8/5. Or si l'un des facteurs est multiplié par 3/4 et l'autre par 8/5, le produit est multiplié par :

$$\frac{3}{4} \times \frac{8}{5} \text{ soit } \frac{6}{5}$$

il est donc augmenté de 1/5 de sa valeur, ou d'après l'énoncé, de 20.

Le produit $a \times b$ égale donc $20 \times 5 = 100$.

Il reste à chercher les groupes de 2 facteurs dont le produit égale 100.

Les diviseurs de 100 sont : 1, 2, 4, 5, 10, 20, 25, 50, 100.

R. — Les valeurs de a et b sont donc :

1 et 100 ; 2 et 50 ; 4 et 25 ; 5 et 20 ; 10 et 10.

640. *Trouver les 2 facteurs d'un produit, sachant que le second est les 4/5 du premier, et que si on augmente chaque facteur d'une unité le produit augmente de 28.*

Soient a et b les deux facteurs. Leur produit est ab.

Si l'on ajoute 1 à chaque facteur le produit devient :

$$(a+1) \times (b+1) = ab + b + a + 1$$

il augmente de $a + b + 1$. Or, d'après l'énoncé, on a :

$$a + b + 1 = 28$$

d'où

$$a + b = 27$$

mais puisque b égale les 4/5 de a, l'égalité précédente devient :

$$a + \frac{4a}{5} = 27$$

d'où $a = 15$ et par suite, $b = 27 - 15 = 12$.

R. — Les deux facteurs sont **15** et **12**.

641. *Divisez 3/4 par 5/6 et expliquez l'opération. Donnez la règle. Dites ensuite si le quotient est plus grand ou plus petit que le dividende, et pourquoi.*

(*Arith.*, n° 235).

Le quotient $\frac{3}{4} : \frac{5}{6}$ est égal au produit $\frac{3}{4} \times \frac{6}{5}$. Il est **supérieur au dividende** puisqu'il en égale les 6/5.

642. *Comment divise-t-on 8 2/5 par 3 ? Procéderait-on de même pour diviser 18 9/13 par 3 ?*

1° **Division de 8 2/5 par 3** ; on réduira le dividende en expression fractionnaire :

$$8\frac{2}{5} : 3 = \frac{42}{5} : 3 = \frac{42 : 3}{5} = \frac{14}{5}.$$

2° **Division de 18 9/13 par 3** ; le dividende est une somme $(18 + 9/13)$ dont chaque partie est divisible par 3 ; on aura :

$$18\frac{9}{13} : 3 = 18 : 3 + \frac{9 : 3}{18} = 6\frac{3}{13}.$$

643. *Que devient le produit de deux facteurs, si on multiplie le premier par 2/3 et le second par 5/7 ?*
Que devient le quotient de deux nombres si on multiplie le dividende par 1/3 et le diviseur par 1/4 ?

1° Soient a et b les facteurs ; leur produit est ab. Le nouveau produit sera :

$$a \times \frac{2}{3} \times b \times \frac{5}{7} = ab \times \frac{2 \times 5}{3 \times 7} = ab \times \frac{10}{21}.$$

R. — Le produit est multiplié par $\frac{10}{21}$.

2° Soient a le dividende et b le diviseur ; le quotient est $\frac{a}{b}$. Le nouveau quotient sera :

$$\frac{a \times \frac{1}{3}}{b \times \frac{1}{4}} = \frac{\frac{a}{3}}{\frac{b}{4}} = \frac{a}{3} : \frac{b}{4} = \frac{a}{3} \times \frac{4}{b} = \frac{a}{b} \times \frac{4}{3}.$$

R. — Le quotient est multiplié par $\frac{4}{3}$.

644. *Quel est le nombre que l'on diminue de 35 en le divisant par 6 ?*

Diviser un nombre par 6 c'est en prendre le 1/6, c'est donc le diminuer de ses 5/6.

Puisque les $\frac{5}{6}$ du nombre valent 35, le nombre égale $\frac{35 \times 6}{5} = 42$.

R. — Le nombre est **42.**

645. *Par quel nombre faut-il diviser 12 pour obtenir 3/4 ?*

Le dividende 12 est un produit dont la fraction 3/4 et le nombre cherché x sont les facteurs. On a donc :

$$x \times \frac{3}{4} = 12 \; ; \; \text{d'où } x = 12 : \frac{3}{4} = \frac{12 \times 4}{3} = 16.$$

R. — Le nombre cherché est **16.**

646. *Par quelle fraction faut-il diviser 9 pour obtenir le même résultat que si l'on ajoutait 3 à ce nombre ?*

Le dividende 9 est le produit du diviseur cherché x par le quotient 9 + 3 ou 12.

$$x \times 12 = 9 \; ; \; \text{d'où } x = \frac{9}{12} = \frac{3}{4}.$$

R. — La fraction cherchée est $\frac{3}{4}$.

647. *Par quel nombre faut-il diviser 4 1/5 pour obtenir 5 ?*

Le dividende $4\frac{1}{5} = x \times 5$; d'où $x = \frac{21}{5} : 5 = \frac{21}{25}$.

R. — Il faut diviser $4\frac{1}{5}$ par $\frac{21}{25}$.

648. *Par quelle fraction faut-il diviser 9 3/4 pour obtenir 15 3/5 ?*

Le dividende $9\frac{3}{4} = x \times 15\frac{3}{5}$; d'où $x = \frac{39}{4} : \frac{78}{5} = \frac{39 \times 5}{4 \times 78} = \frac{5}{8}$.

R. — Il faut diviser $9\frac{3}{4}$ par $\frac{5}{8}$.

649. *Par quelle fraction divise-t-on 18/13 quand on retranche 9 de chacun de ses termes ?*

Le dividende $\frac{18}{13}$ est un produit, dont le quotient $\frac{18-9}{13-9}$ et la fraction cherchée f sont les facteurs. On a donc :

$$\frac{18-9}{13-9} \times f = \frac{18}{13} \; ; \; \text{d'où } f = \frac{18}{13} : \frac{9}{4} = \frac{18 \times 4}{13 \times 9} = \frac{8}{13}.$$

R. — On divise $\frac{18}{13}$ par $\frac{8}{13}$.

650. *Par quelle fraction divise-t-on 5/7 lorsqu'on ajoute 5 à chacun de ses termes ?*

(*Voir solution précédente.*) On a :

$$\frac{5+5}{7+5} \times 1 = \frac{5}{7}; \quad \text{d'où} \quad 1 = \frac{5}{7} : \frac{10}{12} = \frac{5 \times 12}{7 \times 10} = \frac{6}{7}.$$

R. — On divise $\frac{5}{7}$ par $\frac{6}{7}$.

651. *On a ajouté 3 au dénominateur de la fraction 3/5. Par quel nombre aurait-il fallu 1º multiplier, 2º diviser cette fraction pour obtenir le même résultat ?*

$$1º \text{ On a } \frac{3}{5} \times x = \frac{3}{5+3}; \quad \text{d'où} \quad x = \frac{3}{8} : \frac{3}{5} = \frac{3 \times 5}{8 \times 3} = \frac{5}{8}.$$

$$2º \text{ Le dividende } \frac{3}{5} = x \times \frac{3}{5+3}; \quad \text{d'où} \quad x = \frac{3}{5} : \frac{3}{8} = \frac{3 \times 8}{5 \times 3} = \frac{8}{5}.$$

R. — Il eût fallu 1º **multiplier par** $\frac{5}{8}$; 2º **diviser par** $\frac{8}{5}$.

652. *On a retranché 3 du numérateur de la fraction 5/6. Par quel nombre aurait-il fallu 1º multiplier, 2º diviser cette fraction pour obtenir le même résultat ?*

Soit x le nombre cherché. On a :

$$1º \frac{5}{6} \times x = \frac{5-3}{6}; \quad \text{d'où} \quad x = \frac{2}{6} : \frac{5}{6} = \frac{2 \times 6}{6 \times 5} = \frac{2}{5}.$$

$$2º \text{ Le dividende } \frac{5}{6} = x \times \frac{5-3}{6}; \quad \text{d'où} \quad x = \frac{5}{6} : \frac{2}{6} = \frac{5 \times 6}{6 \times 2} = \frac{5}{2}.$$

R. — Il eût fallu : 1º **multiplier par** $\frac{2}{5}$; 2º **diviser par** $\frac{5}{2}$.

653. *La somme de deux fractions est 1 1/5, leur quotient est 1 4/7. Quelles sont ces deux fractions ?*

Soient F et f les fractions cherchées. On doit avoir :

$$F + f = 1\frac{1}{5} = \frac{6}{5} \quad (1) \quad \text{et} \quad \frac{F}{f} = 1\frac{4}{7} = \frac{11}{7}. \quad (2)$$

L'égalité (2) donne : $\quad F = \frac{11}{7}f$.

Portons cette valeur de F dans l'égalité (1), nous aurons :

$$\frac{11}{7}f + f = \frac{6}{5} \quad \text{ou} \quad \frac{18}{7}f = \frac{6}{5}$$

d'où $\qquad f = \frac{6}{5} : \frac{18}{7} = \frac{6 \times 7}{5 \times 18} = \frac{7}{15}.$

Par suite $\qquad F = \frac{11}{7} \times \frac{7}{15} = \frac{11}{15}.$

R. — Les fractions demandées sont $\frac{7}{15}$ et $\frac{11}{15}$.

654. *La différence de deux fractions est 11/24, leur quotient est 2 4/7. Quelles sont ces deux fractions ?*

En raisonnant comme au n° précédent, on a :

$$F - f = \frac{11}{24} \quad \text{et} \quad F = f \times 2\frac{4}{7} = \frac{18}{7}f.$$

Portons cette valeur de F dans la 1re égalité : nous aurons :

$$\frac{18}{7}f - f = \frac{11}{24}, \quad \text{ou} \quad \frac{11}{7}f = \frac{11}{24};$$

d'où

$$f = \frac{11}{24} : \frac{11}{7} = \frac{11 \times 7}{24 \times 11} = \frac{7}{24}.$$

Par suite

$$F = \frac{18}{7} \times \frac{7}{24} = \frac{3}{4}.$$

R. — Les fractions demandées sont $\frac{7}{24}$ et $\frac{3}{4}$.

655. *Par quel nombre faut-il multiplier 3/4 pour obtenir 6/7 et par quel nombre faut-il diviser 3/4 pour avoir 6/7 ?*

Soit x le nombre cherché ;

$$1° \quad \frac{3}{4} \times x = \frac{6}{7}; \quad \text{d'où} \quad x = \frac{6}{7} : \frac{3}{4} = \frac{6 \times 4}{7 \times 3} = \frac{8}{7}.$$

$$2° \quad \text{Le dividende } \frac{3}{4} = x \times \frac{6}{7}; \quad \text{d'où} \quad x = \frac{3}{4} : \frac{6}{7} = \frac{3 \times 7}{4 \times 6} = \frac{7}{8}.$$

R. — Il faut : 1° multiplier par $\frac{8}{7}$; 2° diviser par $\frac{7}{8}$.

656. *On divise 5/8 par une certaine fraction et le quotient obtenu est les 11/3 du dividende. Quel est le diviseur ?*

Soit x le diviseur. Le quotient égale $\frac{5 \times 11}{8 \times 3} = \frac{55}{24}$.

Donc $\frac{5}{8} = x \times \frac{55}{24}$; d'où $x = \frac{5}{8} : \frac{55}{24} = \frac{5 \times 24}{8 \times 55} = \frac{3}{11}$.

R. — Le diviseur est $\frac{3}{11}$.

657. *Dans une division exacte, on divise le dividende par 3/7 et le diviseur par 11/8 ; le quotient est alors égal à 3. Quel était le quotient primitif ?*

Soient a le dividende et b le diviseur ; le quotient est $\frac{a}{b}$. Le nouveau quotient sera :

$$\frac{a : 3/7}{b : 11/8} = \frac{7a/3}{8b/11} = \frac{7a}{3} : \frac{8b}{11} = \frac{7a \times 11}{3 \times 8b} = \frac{77}{24} \times \frac{a}{b}.$$

Or $\quad \dfrac{77}{24} \times \dfrac{a}{b} = 3$; donc $\dfrac{a}{b} = \dfrac{3 \times 24}{77} = \dfrac{72}{77}$.

R. — Le quotient primitif est $\dfrac{72}{77}$.

658. *Trouver un nombre tel qu'en le divisant par 41/57 le quotient obtenu surpasse le nombre primitif de 544.*

Soit N le nombre cherché.

Pour obtenir le quotient de N par 41/57, on multiplie N par 57/41, ce qui revient à prendre les 57/41 de N, et par conséquent à augmenter N de ses 16/41.

Puisque les 16/41 de N valent 544, N vaut $\dfrac{544 \times 41}{16} = 1\,394$.

R. — Le nombre cherché est 1 394.

659. *On multiplie le dividende et le diviseur d'une division par 5/8. Il arrive ainsi que le reste de la deuxième division est inférieur de 15 unités au premier reste. Trouver le diviseur et le quotient de la première division, le dividende étant 136.*

En multipliant le dividende et le diviseur par 5/8, on multiplie le reste par 5/8, on le diminue donc de ses 3/8. Si les 3/8 du reste valent 15, le reste vaut $\dfrac{15 \times 8}{3} = 40$.

La relation fondamentale de la division devient alors :
$$136 = d \times q + 40 \quad \text{avec} \quad d > 40.$$
d'où $\qquad\qquad\qquad d \times q = 96.$

Le problème se ramène donc à la recherche des groupes de 2 nombres dont le produit est 96, avec la condition que l'un des deux sera supérieur à 40.

Les diviseurs de $96 = 2^5 \times 3$ sont :
$$1\quad 2, 3, 4, 6, 8, 12, 16, 24, 32, 48, 96.$$

R. — On peut prendre comme *diviseurs* : **96** et **48** ; les *quotients* correspondants seront **1** et **2**.

660. *On propose : 1° de diminuer la fraction 225/273 des 5/18 de sa valeur en opérant seulement sur le dénominateur ; 2° d'augmenter la fraction 943/2324 des 7/23 de sa valeur en opérant seulement sur le numérateur.*

1° La fraction 225/273 diminuera des 5/18 de sa valeur si on n'en prend que les 13/18, donc si on la multiplie par 13/18.

Mais pour multiplier une fraction par un nombre (entier ou fractionnaire) on peut diviser son dénominateur par ce nombre. En divisant 273 par 13/18, on aura:
$$273 : \dfrac{13}{18} = \dfrac{273 \times 18}{13} = 378.$$

R. — La fraction est devenue $\dfrac{225}{378}$.

2º La fraction augmentera des 7/23 de sa valeur, si on en prend les 30/23, donc si on la multiplie par 30/23.

Mais pour multiplier 943/2 324 par un nombre, il suffit de multiplier le numérateur 943 par ce nombre ; on aura :

$$\frac{943 \times 30}{23} = 1\ 230.$$

R. — La fraction est devenue $\dfrac{1\ 230}{2\ 324}$.

661. *Rendre 35 fois plus petite la fraction 14/17 en opérant en même temps sur les 2 termes.*

Pour diviser la fraction donnée par 35, c'est-à-dire par 7 × 5, on peut la diviser d'abord par 7 puis par 5.

On la divisera par 7 en divisant son numérateur par 7 ; on la divisera par 5 en multipliant son dénominateur par 5.

$$\textbf{R.} \quad \frac{14}{17} : 35 = \frac{14 : 7}{17 \times 5} = \frac{2}{85}.$$

662. *Trois nombres divisés par le même diviseur ont donné pour quotients 3/7, 5/21 et 1/3. Quelle est la somme des 3 nombres ?*

Soient a, b, c, les 3 nombres et d le diviseur. On a :

$$a = d \times \frac{3}{7}; \quad \text{d'où} \quad a + b + c = d \times \left(\frac{3}{7} + \frac{5}{21} + \frac{1}{3} \right)$$

$$b = d \times \frac{5}{21} \qquad a + b + c = d \times \frac{21}{21}$$

$$c = d \times \frac{1}{3} \qquad a + b + c = d.$$

R. — La somme des 3 nombres est égale au **diviseur**.

663. *Trouver le plus petit nombre entier qui, divisé par la fraction 91/156, donne un quotient qui soit un nombre entier.*

Soit n le nombre cherché. Le quotient de n par la fraction est :

$$n : \frac{91}{156} = \frac{n \times 156}{91} = \frac{n \times 12}{7}.$$

Pour que ce quotient représente un nombre entier, il faut que le numérateur soit divisible par le dénominateur et par conséquent que $n \times 12$ soit divisible par 7. Or 7 est premier avec 12, donc 7 divise n (*Arith.*, nº 263) ; d'où :

R. — La plus petite valeur à donner à n est **7**.

*** 664.** *Quelle est la série des nombres entiers qui, divisés par les fractions 8/25, 24/42, 10/13, donnent des quotients entiers ? Expliquer la marche suivie pour résoudre la question.*

Soit n le plus petit des nombres cherchés.

Ce nombre étant divisible par les fractions données, est aussi divisible par les fractions irréductibles correspondantes : 8 /25, 4 /7, 10 /13.

Les quotients de n par ces fractions sont

$$n : \frac{8}{25} = \frac{n \times 25}{8}$$

$$n : \frac{4}{7} = \frac{n \times 7}{4}$$

$$n : \frac{10}{13} = \frac{n \times 13}{10}.$$

Or 8 est premier avec 25 ; 4 est premier avec 7 et 10 est premier avec 13.

Il faut donc pour que les quotients soient des nombres entiers que n soit divisible par 8, par 4 et par 10, c'est-à-dire que n soit le p. p. c. m. de 8, 4 et 10.

Or   p. p. c. m. de 8, 4 et 10 = 40.

Le plus petit nombre entier qui réponde à la question est **40** ; les autres nombres cherchés sont **tous les multiples de 40.**

*** 665.** *Le quotient de 2 fractions irréductibles peut-il être un nombre entier ?*

Soient a /b et c /d deux fractions irréductibles ; leur quotient est :

$$\frac{a}{b} : \frac{c}{d} = \frac{a \times d}{b \times c}.$$

Ce quotient sera un nombre entier si le dénominateur $b \times c$ est contenu exactement dans le numérateur $a \times d$. Pour cela, il faut :

1° que b, qui est premier avec a, divise d,

2° que c, qui est premier avec d, divise a.

Règle. — *Le quotient de deux fractions irréductibles est un nombre entier si le dénominateur de la fraction dividende divise le dénominateur de la fraction diviseur et si le numérateur de la fraction diviseur, divise le numérateur de la fraction dividende.*

*** 666.** *Étant donnée une fraction a /b irréductible, en trouver une autre irréductible telle que la somme de ces deux fractions soit égale à leur produit. A quelles conditions le problème est il possible ? Donner des exemples.*

Soit c /d la fraction irréductible cherchée. On doit avoir :

$$\frac{a}{b} + \frac{c}{d} = \frac{ac}{bd}$$

ou $$\frac{ad + bc}{bd} = \frac{ac}{bd}.$$

Les dénominateurs de ces fractions égales étant égaux, les numérateurs le sont aussi ; on a donc

$$ad + bc = ac$$

ou, en divisant les deux membres par ac :

$$\frac{ad}{ac} + \frac{bc}{ac} = \frac{ac}{ac}$$

$$\frac{d}{c} + \frac{b}{a} = 1$$

d'où

$$\frac{d}{c} = 1 - \frac{b}{a} = \frac{a-b}{a}$$

par suite

$$\frac{c}{d} = \frac{a}{a-b}.$$

Ces deux fractions étant irréductibles, sont identiques.

R. — **La fraction cherchée c /d** a donc pour numérateur le numérateur de la fraction irréductible proposée et pour dénominateur, le numérateur de cette dernière diminuée de son dénominateur.

Pour que le problème soit possible il faut que l'on ait $a > b$, c'est-à-dire que la fraction donnée soit supérieure à l'unité.

EXEMPLE. — Soit $\frac{a}{b} = \frac{15}{8}$; la fraction cherchée sera $\frac{15}{15-8}$ ou $\frac{15}{7}$.

On aura : $\frac{15}{8} + \frac{15}{7} = \frac{225}{56}$ et $\frac{15}{8} \times \frac{15}{7} = \frac{225}{56}$.

* **667.** *Pour quelle valeur de N la division d'un nombre entier N par la fraction 9 /11 donne-t-elle pour quotient un nombre entier ? — D'après cela, trouver le nombre N, sachant qu'il a 3 chiffres, que celui du milieu est égal à la demi-somme des deux autres, et que celui de gauche surpasse celui de droite de 4 unités.*

1° La division de N par 9 /11 donne pour quotient :

$$N : \frac{9}{11} = \frac{N \times 11}{9}.$$

Ce quotient est un nombre entier si 9 qui est premier avec 11 divise N.

R. — **Il faut que N soit un multiple de 9.**

2° Soient x le chiffre des centaines, y celui des dizaines et z celui des unités. On aura :

$$N = 100x + 10y + z.$$

D'autre part, $x = z + 4$ et $y = \frac{x+z}{2} = \frac{z+4+z}{2} = \frac{2z+4}{2} = z + 2.$

Donc $N = 100 \times (z + 4) + 10 \times (z + 2) + z = 111z + 420.$

Mais $111z$ = mult. de 111, et $420 = 111 \times 3 + 87$ = mult. de $111 + 87$.

D'où $$N' = m. 111 + 87.$$

Ainsi N est un nombre de 3 chiffres, multiple de 9, et multiple de 111 plus 87.

En augmentant de 87 les 8 premiers multiples de 111 on trouve 2 nombres qui remplissent les conditions imposées ; ce sont :

$$111 \times 4 + 87 = 531 \quad \text{et} \quad 111 \times 7 + 87 = 864.$$

R. — Le problème a 2 solutions : **N = 531** et **N = 864**.

668. *Que devient la fraction 7/8 quand on ajoute la fraction m/n à ses deux termes ? Trouver la fraction m/n telle que si on l'ajoute aux deux termes de 7/8 on obtienne une fraction comprise entre 7/8 et 8/9 et ayant pour dénominateur 60.*

1° La fraction augmente de valeur. En effet :

à $\dfrac{7}{8}$ il manque $\dfrac{1}{8}$ pour égaler l'unité ;

à $\dfrac{7 + m/n}{8 + m/n}$ il manque $\dfrac{1}{8 + m/n}$ pour égaler l'unité ;

or $\dfrac{1}{8} > \dfrac{1}{8 + m/n}$; donc $\dfrac{7}{8} < \dfrac{7 + m/n}{8 + m/n}$.

2° La nouvelle fraction $\dfrac{7 + m/n}{8 + m/n}$ peut s'écrire $\dfrac{7n + m}{8n + m}$.

Comme le dénominateur doit être 60, on a :

$$8n + m = 60$$
d'où $$m = 60 - 8n.$$

La nouvelle fraction devient ainsi :

$$\frac{7n + m}{8n + m} = \frac{7n + 60 - 8n}{60} = \frac{60 - n}{60}.$$

Or on doit avoir : $\quad \dfrac{7}{8} < \dfrac{60 - n}{60} < \dfrac{8}{9}$

et par suite $\quad 315 < 360 - 6n < 320$

d'où l'on tire $\quad 6\ 2/3 < n < 7\ 1/2.$

Ainsi $n = 7$ et par suite $m = 60 - 8n = 60 - 56 = 4.$

R. — La fraction $\dfrac{m}{n}$ égale $\dfrac{4}{7}$.

669. *Trouver les fractions équivalentes à 119/221 dont la somme des termes soit divisible par 4 et par 5 et la différence de ces mêmes termes divisible par 9. Y a-t-il une de ces fractions qui ait 273 pour dénominateur ?*

La fraction 119/221 est égale à la fraction irréductible 7/13. Les fractions cherchées sont donc de la forme :

$$\frac{7 \times m}{13 \times m} \qquad (m, \text{ facteur entier}).$$

La somme des termes $7m + 13m = 20m$, est un multiple de 20, donc elle est divisible par 4 et par 5.

La différence des termes est $13m - 7m = 6m$. Pour qu'elle soit divisible par 9, on doit avoir :

$$6m = 9 \times q \qquad (q, \text{ facteur entier}).$$

d'où

$$m = \frac{9 \times q}{6} = \frac{3 \times q}{2}.$$

m est un nombre entier, donc 2 divise $3 \times q$, et comme 2 est premier avec 3, 2 divise q ; ainsi q est un nombre *pair*.

On a donc :

$$m = \frac{3 \times 2}{2} = 3 ; m = \frac{3 \times 4}{2} = 6 ; m = \frac{3 \times 6}{2} = 9 ; \ldots m = \text{mult. de } 3.$$

Les fractions cherchées s'obtiendront donc en multipliant 7 et 13 par la suite des multiples de 3.

$$\textbf{R.} \quad \frac{7 \times 3}{13 \times 3} = \frac{21}{39} ; \frac{7 \times 6}{13 \times 6} = \frac{42}{78} ; \frac{7 \times 9}{13 \times 9} = \frac{63}{117} \cdots ; \frac{7 \times 3n}{13 \times 3n}.$$

2º On a $273 = 13 \times 21$; ce nombre étant le produit de 13 par un multiple de 3 est le dénominateur de l'une des fractions cherchées.

*** 670.** *Trouver deux fractions équivalentes à 15/4 et 5/12 et telles que la somme de leurs numérateurs soit égale à la somme de leurs dénominateurs. On se bornera à indiquer les deux fractions les plus simples qui répondent à la question.*

Les fractions 15/4 et 5/12 étant irréductibles, les fractions qui leur sont égales sont respectivement de la forme :

$$\frac{15 \times m}{4 \times m} \quad \text{et} \quad \frac{5 \times n}{12 \times n}.$$

Or, d'après l'énoncé, on doit avoir :

$$15m + 5n = 4m + 12n$$

d'où

$$15m - 4m = 12n - 5n$$
$$11m = 7n$$
$$\frac{m}{n} = \frac{7}{11}.$$

Toute fraction égale à la fraction irréductible 7/11 a pour termes des équimultiples de 7 et 11. On a donc :

$$\frac{m}{n} = \frac{7 \times q}{11 \times q}.$$

Les deux plus petites valeurs de m et n correspondent à $q = 1$; ce sont :

$$m = 7 \times 1 = 7 \quad \text{et} \quad n = 11 \times 1 = 11.$$

R. — Les deux fractions les plus simples qui répondent à la question sont donc :

$$\frac{15 \times 7}{4 \times 7} \quad \text{et} \quad \frac{5 \times 11}{12 \times 11}.$$

*** 671.** *Trouver les fractions irréductibles, inférieures à l'unité, dont les termes ont pour produit 84.*

Le problème revient à décomposer 84 en produits de deux facteurs premiers entre eux.

Les diviseurs de $84 = 2^2 \times 3 \times 7$ sont, par ordre de grandeur :

$$1, \quad 2, \quad 3, \quad 4, \quad 6, \quad 7, \quad 12, \quad 14, \quad 21, \quad 28, \quad 42, \quad 84.$$

Les groupes de deux nombres premiers entre eux et qui ont pour produit 84 sont :

$$1 \text{ et } 84 \; ; \quad 3 \text{ et } 28 \; ; \quad 4 \text{ et } 21 \; ; \quad 7 \text{ et } 12.$$

R. — Les fractions cherchées sont : $\dfrac{1}{84}$; $\dfrac{3}{28}$; $\dfrac{4}{21}$; $\dfrac{7}{12}$.

*** 672.** *Trouver la plus petite fraction qui, divisée par chacune des fractions 8/35, 9/25 et 2/5, donne des quotients entiers. Indiquer une règle générale pour résoudre ce genre de questions.*

Soit a/b la fraction cherchée que nous supposons irréductible.

Les quotients de $\dfrac{a}{b}$ par $\dfrac{8}{35}$; de $\dfrac{a}{b}$ par $\dfrac{9}{25}$, et de $\dfrac{a}{b}$ par $\dfrac{2}{5}$

peuvent s'écrire $\dfrac{a \times 35}{b \times 8}$; $\dfrac{a \times 25}{b \times 9}$; $\dfrac{a \times 5}{b \times 2}$.

Pour que ces quotients soient des nombres *entiers*, il faut que les dénominateurs divisent les numérateurs correspondants.

Donc b qui est premier avec a, doit diviser 35, 25 et 5.

De même 8, 9 et 2 qui sont respectivement premiers avec 35, 25 et 5 doivent diviser a.

Ainsi a est un commun multiple de 8, 9 et 2, et b est un diviseur commun à 35, 25 et 5.

La fraction a/b sera aussi petite que possible si a est aussi petit que possible et b aussi grand que possible, donc :

1° Si a est le p. p. c. m. de 8, 9 et 2,   c'est-à-dire si $a = 72$

2° Si b est le p. g. c. d. de 35, 25 et 5   —   si $b = 5$.

R. — La fraction cherchée est $\dfrac{72}{5}$.

Règle. — *La fraction cherchée doit avoir pour numérateur le* **p. p. c. m.** *des numérateurs des fractions données et pour dénominateur le* **p. g. c. d.** *des dénominateurs de ces fractions.*

*** 673.** *Démontrer que les trois fractions :* $\dfrac{n}{n+1}$, $\dfrac{n}{2n+1}$, $\dfrac{2n+1}{3n+1}$ *sont irréductibles.*

1º $\dfrac{n}{n+1}$. Les deux termes n et $n+1$ étant des nombres consécutifs, sont premiers entre eux ; la fraction est donc irréductible.

2º $\dfrac{n}{2n+1}$. $2n+1$ est un nombre impair et n est la moitié du nombre pair qui le précède ; ces deux termes sont donc premiers entre eux (Exercice nº 417), par conséquent la fraction est irréductible.

3º $\dfrac{2n+1}{3n+1}$. Si cette fraction n'était pas irréductible, ses deux termes admettraient un diviseur commun d. Le nombre d divisant $2n+1$ et $3n+1$ diviserait leur différence n et par suite diviserait $2n$.

Mais alors $2n$ et $2n+1$ qui sont deux nombres consécutifs et par conséquent premiers entre eux, admettraient un diviseur commun d, ce qui est impossible. La fraction est donc irréductible.

*** 674.** *Dans quel cas le produit de 2 fractions irréductibles est-il aussi une fraction irréductible ?*

Soient a/b et c/d deux fractions irréductibles. Leur produit est

$$\frac{a \times c}{b \times d}.$$

Pour que ce produit soit une fraction irréductible il faut qu'il n'y ait aucun facteur commun aux deux termes ; il faut donc que a qui est premier avec b soit aussi premier avec d, et c qui est premier avec d soit aussi premier avec b.

Règle. — *Le produit de deux fractions irréductibles est une fraction irréductible quand le numérateur de chaque fraction est premier avec le dénominateur de l'autre.*

*** 675.** *Si* a/b *est une fraction irréductible, il en est de même de la fraction* $\dfrac{a+b}{ab}$.

Si la fraction a/b est irréductible, ses termes a et b sont premiers entre eux.

Mais si a et b sont premiers entre eux, la somme $a+b$ et le produit ab sont aussi premiers entre eux. (Démonstration nº 460.)

Donc la fraction $\dfrac{a+b}{ab}$ est irréductible.

*** 676.** *Montrer qu'un nombre entier ne peut être le carré d'un nombre fractionnaire.*

Tout nombre fractionnaire peut se mettre sous la forme d'une expression fractionnaire *irréductible*. Ainsi

$$4\,\frac{5}{7}\ \text{égale}\ \frac{33}{7}\,.$$

Représentons par a/b l'expression fractionnaire irréductible égale au nombre fractionnaire. Le carré de a/b est :

$$\frac{a \times a}{b \times b}.$$

Cette fraction est irréductible ; en effet a et b sont premiers entre eux, donc il n'existe aucun diviseur commun aux deux termes.

Le carré d'un nombre fractionnaire étant une fraction irréductible, ne peut être un nombre entier.

*** 677.** *Démontrer que si la fraction* a $/b$ *est irréductible, il en est de même de la fraction* $\dfrac{a + 4b}{a + 5b}\cdot$

Si la fraction $\dfrac{a + 4b}{a + 5b}$ n'était pas irréductible, ses termes admettraient un diviseur commun d. Ce nombre, divisant $a + 4b$ et $a + 5b$, diviserait leur différence b et par suite $4b$ un multiple de b.

Mais d divisant $4b$ et $a + 4b$, diviserait a. Les nombres a et b ne seraient donc pas premiers entre eux et par conséquent la fraction a/b ne serait pas irréductible, ce qui est contraire à l'hypothèse.

*** 678.** *Démontrer que si on extrait les entiers d'une expression fractionnaire irréductible, la fraction complémentaire que l'on obtient est aussi irréductible.*

Soit l'expression fractionnaire irréductible $\dfrac{464}{55}$ égale à $8\,\dfrac{24}{55}$. Il faut prouver que la fraction complémentaire $24/55$ est irréductible.

Si $24/55$ n'était pas irréductible, 24 et 55 admettraient un diviseur commun d. Ce nombre d divisant 24 et 55 diviserait 24 et 55×8 et par conséquent la somme $(55 \times 8 + 24)$ ou 464. Les nombres 464 et 55 étant divisibles par d, la fraction $464/55$ ne serait pas irréductible, ce qui est contraire à l'hypothèse.

*** 679.** *Démontrer que le carré d'un nombre impair est un multiple de 8 augmenté de 1.*

Application : *La fraction* $\dfrac{91 - 3}{19^2 - 1}$ *est-elle irréductible ?*

Soit $2n + 1$ un nombre impair. On aura :

$$(2n + 1)^2 = 4n^2 + 4n + 1$$

ou, en mettant $4n$ en facteur commun :

$$(2n + 1)^2 = 4n\,(n + 1) + 1.$$

Or n et $n + 1$ sont deux nombres consécutifs ; donc l'un des deux est pair ; le produit $4n (n + 1)$ est, par conséquent divisible par 4×2 ou 8 ; et l'on a

$$(2n + 1)^2 = \text{m. } 8 + 1$$

Application. — Le numérateur est un *multiple de* 8. En effet :

$$91 - 3 = 88 = 8 \times 11.$$

Le dénominateur est aussi un *multiple de* 8. En effet, d'après ce qui précède on peut écrire :

$$19^2 - 1 = (\text{mult. de } 8 + 1) - 1 = \text{mult. de } 8.$$

La fraction proposée n'est donc pas irréductible.

*** 680.** *Démontrer que la différence des carrés de 2 nombres impairs consécutifs est un multiple de 8.*

Application : *La fraction* $\dfrac{225 - 169}{104}$ *est-elle irréductible ?*

(*Voir la démonstration n° 456.*)

Application. — Le dénominateur est un *multiple de* 8. En effet :

$$104 = 8 \times 13.$$

Le numérateur est aussi un *multiple de* 8, car il représente la différence des carrés de deux nombres impairs consécutifs. En effet :

$$225 - 169 = 15^2 - 13^2.$$

La fraction proposée n'est donc pas irréductible.

FRACTIONS DÉCIMALES

EXERCICES SUR LES FRACTIONS DÉCIMALES

Mettre sous forme de fractions ordinaires réduites à leurs plus simples termes les fractions décimales suivantes :

681. $0,45 = \dfrac{45}{100} = \dfrac{9}{20}$

682. $0,185 = \dfrac{185}{1\,000} = \dfrac{37}{200}$

683. $0,5 = \dfrac{5}{10} = \dfrac{1}{2}$

684. $0,25 = \dfrac{25}{100} = \dfrac{1}{4}$

685. $0,24 = \dfrac{24}{100} = \dfrac{6}{25}$

686. $0,125 = \dfrac{125}{1\,000} = \dfrac{1}{8}$

687. $0,0625 = \dfrac{625}{10\,000} = \dfrac{1}{16}$

688. $0,3244 = \dfrac{3\,244}{10\,000} = \dfrac{811}{2\,500}$

689. $0,064 = \dfrac{64}{1\,000} = \dfrac{8}{125}$

690. $0,195 = \dfrac{195}{1\,000} = \dfrac{39}{200}$

991. $0,4532 = \dfrac{4\,532}{10\,000} = \dfrac{1\,133}{2\,500}$

692. $0,625 = \dfrac{625}{1\,000} = \dfrac{5}{8}$.

Réduire en fractions décimales les fractions suivantes :

693. $\dfrac{1}{5} = 0,2$

694. $\dfrac{1}{8} = 0,125$

695. $\dfrac{12}{15} = 0,8$

696. $\dfrac{7}{8} = 0,875$

697. $\dfrac{2}{3} = 0,6\,666\ldots$

698. $\dfrac{1}{7} = 0,142\,857\,142\,857\ldots$

699. $\dfrac{1}{9} = 0,111\ldots$

700. $\dfrac{10}{11} = 0,90\,90\,90\ldots$

701. $\dfrac{5}{6} = 0,8\,333\ldots$

702. $\dfrac{4}{13} = 0,307\,692\,307\,692\ldots$

703. $\dfrac{5}{45} = 0,1111\ldots$

704. $\dfrac{11}{24} = 0,458\,333\ldots$

705. $\dfrac{7}{64} = 0{,}109\,375$

706. $\dfrac{7}{60} = 0{,}11666\,6\ldots$

707. $\dfrac{6}{25} = 0{,}24$

708. $\dfrac{6}{75} = 0{,}08.$

Chercher la fraction génératrice des fractions décimales périodiques suivantes :

709. $0{,}666\,6\ldots = \dfrac{6}{9} = \dfrac{2}{3}$

710. $0{,}777\,7\ldots = \dfrac{7}{9}$

711. $0{,}23\,2\,3\,23\ldots = \dfrac{23}{99}$

712. $0{,}91\,9\,1\,91\ldots = \dfrac{91}{99}.$

713. $\qquad 0{,}108\,108\ldots = \dfrac{108}{999} = \dfrac{4}{37}.$

714. $\quad 0{,}254\,333\,3\ldots = \dfrac{2\,543 - 254}{9\,000} = \dfrac{2\,289}{9\,000} = \dfrac{763}{3\,000}.$

715. $\qquad 0{,}016\,666\ldots = \dfrac{16 - 1}{900} = \dfrac{1}{60}.$

716. $0{,}32\,548\,548\ldots = \dfrac{32\,548 - 32}{99\,900} = \dfrac{32\,516}{99\,900} = \dfrac{8\,129}{24\,975}.$

717. $\qquad 22{,}45\,45\,45\ldots = 22 + \dfrac{45}{99} = 22\,\dfrac{5}{11}.$

718. $254{,}394\,75\,7\,5\,75\ldots = 254 + \dfrac{39\,475 - 394}{99\,000} = 254\,\dfrac{13\,027}{33\,000}.$

Faire la somme des quantités suivantes :

719. $\dfrac{2}{3} + 0{,}448 = \dfrac{2}{3} + \dfrac{448}{1\,000} = \dfrac{2}{3} + \dfrac{56}{125} = \dfrac{418}{375} = 1\,\dfrac{43}{375}.$

720. $\dfrac{4}{7} + 0{,}91 = \dfrac{4}{7} + \dfrac{91}{100} = \dfrac{400 + 637}{700} = \dfrac{1\,037}{700} = 1\,\dfrac{337}{700}.$

721. $2{,}36 + 5\,\dfrac{1}{9} = 2\,\dfrac{36}{100} + 5\,\dfrac{1}{9} = 7\,\dfrac{424}{900} = 7\,\dfrac{106}{225}$

722. $2\,\dfrac{4}{7} + 8{,}45 + 0{,}625 = \dfrac{18}{7} + \dfrac{845}{100} + \dfrac{625}{1\,000}$

ou $\quad \dfrac{18\,000 + 59\,150 + 4\,375}{7\,000} = \dfrac{81\,525}{7\,000} = 11\,\dfrac{181}{280}.$

723. $5\,\dfrac{3}{4} + 2\,\dfrac{7}{8} + 9{,}75 = 5{,}75 + 2{,}875 + 9{,}75 = 18{,}375.$

724. $2{,}66 + 1\,\dfrac{3}{7} + 8\,\dfrac{4}{9} = \dfrac{266}{100} + \dfrac{10}{7} + \dfrac{76}{9}$

ou $\quad \dfrac{16\,758 + 9\,000 + 53\,200}{6\,300} = \dfrac{78\,958}{6\,300} = 12\,\dfrac{1\,679}{3\,150}.$

Trouver la différence des quantités suivantes :

725. $\dfrac{5}{7} - 0,225 = \dfrac{5}{7} - \dfrac{225}{1\,000} = \dfrac{5}{7} - \dfrac{9}{40} = \dfrac{137}{280}.$

726. $\dfrac{11}{12} - 0,495 = \dfrac{11}{12} - \dfrac{495}{1\,000} = \dfrac{5\,060}{12\,000} = \dfrac{253}{600}.$

727. $4,28 - \dfrac{2}{9} = 4\dfrac{28}{100} - \dfrac{2}{9} = 4 + \dfrac{63}{225} - \dfrac{50}{225} = 4\dfrac{13}{225}.$

728. $5,016 - 1\dfrac{3}{7} = 5\dfrac{2}{125} - 1\dfrac{3}{7} = 5\dfrac{14}{875} - 1\dfrac{375}{875} = 3\dfrac{514}{875}.$

Effectuer les multiplications suivantes :

729. $\dfrac{5}{6} \times 0,156 = \dfrac{5}{6} \times \dfrac{156}{1\,000} = \dfrac{13}{100} = 0,13.$

730. $1\dfrac{3}{7} \times 3,458 = \dfrac{10}{7} \times \dfrac{3\,458}{1\,000} = \dfrac{494}{100} = 4,94.$

731. $0,572 \times 5\dfrac{2}{11} = \dfrac{572}{1\,000} \times \dfrac{57}{11} = \dfrac{52 \times 57}{1\,000} = 2,964.$

732. $8,35 \times 4\dfrac{5}{6} = \dfrac{835}{100} \times \dfrac{29}{6} = \dfrac{4\,843}{120} = 40\dfrac{43}{120}.$

733. $0,454\,545\ldots \times 3,276\,666\ldots = \dfrac{45}{99} \times 3\dfrac{276 - 27}{900};$

ou $\quad \dfrac{45}{99} \times \dfrac{2\,949}{900} = \dfrac{983}{660} = 1\dfrac{323}{660}.$

Trouver à moins d'un millième le quotient des divisions suivantes :

734. $\dfrac{2}{3} : 0,16 = \dfrac{2}{3} \times \dfrac{100}{16} = \dfrac{25}{6} = 4,166.$

735. $1\dfrac{5}{7} : 0,96 = \dfrac{12}{7} \times \dfrac{100}{96} = \dfrac{25}{14} = 1,785.$

736. $1,96 : 1\dfrac{6}{7} = \dfrac{1,96 \times 7}{13} = \dfrac{13,72}{13} = 1,055.$

737. $3,45 : 5\dfrac{5}{11} = \dfrac{3,45 \times 11}{60} = \dfrac{2,53}{4} = 0,632.$

738. $2,425\,454\ldots : 0,272\,7\ldots = \dfrac{24\,012}{9\,900} \times \dfrac{99}{27} = 2\dfrac{4\,254 - 12 : 27}{9\,900 \quad 99};$

ou $\quad \dfrac{24\,012}{9\,900} \times \dfrac{99}{27} = \dfrac{26,68}{3} = 8,893.$

739. *Toutes les fractions ordinaires sont-elles réductibles exactement en fractions décimales ?*

Arith., nº 348.

740. *Toutes les fractions décimales sont-elles réductibles exactement en fractions ordinaires ?*

Oui, on peut toujours trouver une fraction ordinaire équivalente à une fraction décimale limitée ou périodique.

741. *Quand une fraction ordinaire irréductible donne-t-elle lieu à une fraction décimale périodique simple ?*

Arith., nº 351. I.

742. *Quand une fraction ordinaire irréductible donne-t-elle lieu à une fraction décimale périodique mixte ?*

Arith., nº 351. II.

743. *La fraction 18/30 est-elle réductible exactement en fraction décimale ?*

En réduisant 18/30 à sa plus simple expression, on obtient 3/5 ; cette fraction est réductible en fraction décimale limitée (Arith., nº 348) ; elle égale 0,6.

744. *Même question pour les fractions suivantes : 3/5, 1/7, 5/6, 9/12, 5/8, 41/64, 3/14, et dire pourquoi. Si ces fractions ne sont pas réductibles, à quelle sorte de fractions périodiques donnent-elles lieu ?*

Arith. nᵒˢ 348 et 351.

3/5 donne lieu à une **fraction décimale limitée** ; 0,6
1/7 — **fraction périodique simple**; 0,142857142857...
5/6 — **fraction périodique mixte** ; 0,833 3...
9/12 = 3/4 — **fraction décimale limitée** ; 0,75
5/8 — **fraction décimale limitée** ; 0,625
41/64 — **fraction décimale limitée** ; 0,640 625
3/14 — **fraction périodique mixte** ; 0,2142857142...

745. *Parmi les fractions $\dfrac{a}{13}$, $\dfrac{b}{40}$, $\dfrac{c}{28}$, $\dfrac{d}{24}$, $\dfrac{e}{20}$, $\dfrac{f}{11}$, que l'on supposera irréductibles, quelles sont celles qui donnent un quotient décimal exact et celles qui donnent naissance à une fraction périodique simple ou mixte ? Dire pour ces dernières le nombre de chiffres de la partie non périodique.*

1º Fractions qui donnent un quotient décimal exact (nº 348) :

$$\frac{b}{40} \; ; \quad \frac{e}{20}.$$

2º Fractions qui donnent naissance à une fraction périodique simple (nº 351) :

$$\frac{a}{13} \; ; \quad \frac{f}{11}.$$

3° Fractions qui donnent naissance à une fraction périodique mixte (n° 351) :

$$\frac{c}{28} = \frac{c}{2^2 \times 7} \; ; \qquad \frac{d}{24} = \frac{d}{2^3 \times 3} :$$

La partie non périodique comptera dans le 1er cas **2 chiffres** et dans le 2e cas, **3 chiffres.**

746. *On multiplie un nombre par 0,125, d'autre part on le divise par 8 et on trouve le même résultat ; pourquoi ?*

Soit A un nombre quelconque. Il faut prouver que

$$A \times 0{,}125 = \frac{A}{8}.$$

En effet, $A \times 0{,}125 = A \times \frac{125}{1\,000} = A \times \frac{1}{8} = \frac{A}{8}.$

747. *Démontrer ce que doit être en fraction décimale le diviseur d'une division dont le quotient est égal à 16 fois le dividende.*

Soient D le dividende, d le diviseur et q le quotient. On doit avoir :

$$d = \frac{D}{q} = \frac{D}{16D} = \frac{1}{16} = 0{,}0625.$$

R. — Le diviseur égale **0,0625.**

748. *Quelle condition doit remplir le nombre entier a pour que la fraction a /360 soit égale à une fraction décimale dont le dénominateur contienne 2 zéros ?*

On a :

$$\frac{a}{360} = \frac{a}{2^3 \times 3^2 \times 5}.$$

Pour que cette fraction soit égale à une fraction décimale dont le dénominateur contienne 2 zéros, il faut qu'en la réduisant à sa plus simple expression, on puisse faire disparaître le facteur 3^2 du dénominateur et ramener le facteur 2 à la 2e puissance.

Mais cela n'est possible que si a renferme les facteurs 2 et 3^2, c'est-à-dire que si **a est un multiple de** $2 \times 3^2 =$ **18.**

On a alors :

$$\frac{a}{360} = \frac{18 \times m}{360} = \frac{m}{20} = \frac{5m}{100}.$$

749. *Pour quelles valeurs de a la fraction $\frac{a}{2a + 1}$ se réduit-elle en fraction décimale exacte ?*

Les termes de cette fraction sont premiers entre eux. En effet les nombres qui divisent a, divisent $2a$ et comme ils ne divisent pas 1, ils ne peuvent diviser $2a + 1$.

La fraction $\frac{a}{2a + 1}$ est donc irréductible.

Pour qu'elle se réduise en fraction décimale exacte, il faut que son dénominateur ne contienne que les facteurs 2 et 5. Comme $2a + 1$ est un nombre impair, il ne contient pas le facteur 2 ; par conséquent la réduction n'est possible que si $2a + 1$ est une puissance de 5. C'est-à-dire si :

$$2a + 1 = 5^m$$

d'où
$$a = \frac{5^m - 1}{2}.$$

$$\text{R.} - a = \frac{5 - 1}{2} = 2 ; \quad a = \frac{5^2 - 1}{2} = 12 ; \quad a = \frac{5^3 - 1}{2} = 62, \text{ etc.}$$

750. *Comment peut-on convertir en fraction décimale la fraction 324/375 sans faire la division du numérateur par le dénominateur ?*

Peut-on prévoir d'avance si cette opération pourra se faire exactement ? énoncer la condition nécessaire.

On a
$$\frac{324}{375} = \frac{108}{125} = \frac{108}{5^3}.$$

Le dénominateur de cette dernière fraction ne contenant que le facteur 5, la transformation est possible (*Arith.* n° 348). En effet, en multipliant les 2 termes par 2^3, on a :

$$\frac{108 \times 2^3}{5^3 \times 2^3} = \frac{108 \times 8}{1.000} = \frac{864}{1.000}.$$

PROBLÈMES SUR LES FRACTIONS

Trouver un nombre connaissant une fraction de ce nombre.

Série I. — 751. *Une personne a vendu les 3/4 d'un panier d'œufs pour 75f,60, à raison de 3f,60 la douzaine. Combien le panier contenait-il d'œufs ?*

Les 3/4 du panier représentent 75,6 : 3,6 = 21 douz.

R. — Le panier contenait 12 × 21 × 4/3 = **336 œufs.**

752. *Un fonctionnaire touche chaque mois 256f,50, déduction faite du 20e qui est retenu pour la caisse des retraites. Quel est son traitement annuel ?*

Traitement mensuel sans déduction : $\dfrac{256^f,5 \times 20}{19} = 270^f$.

R. — Traitement annuel : 270f × 12 = **3 240f.**

753. *Une marchandise avariée a été revendue 231[f] avec une perte égale aux 3/10 du prix d'achat. Quel était le prix d'achat ?*

231[f] représentent les 7/10 du prix d'achat.

R. — Le prix d'achat égale : 231[f] × 10/7 = **330[f]**.

Série II. — 754. *Un marchand achète les 2/5 d'une pièce de drap et revend les 3/4 de son coupon pour 1 278[f] à raison de 35[f],50 le mètre. Quelle était la longueur de la pièce entière ?*

Le marchand a vendu les $\frac{2}{5} \times \frac{3}{4} = \frac{3}{10}$ de la pièce.

Ces 3/10 mesurent : 1 278 : 35,5 = 36[m].

R. — La pièce entière mesure : 36[m] × 10/3 = **120[m]**.

755. *Quatre roues s'engrènent successivement, et chacune d'elles n'a que les 2/3 du nombre des dents de la roue qui la précède ; la plus petite a 48 dents, combien la plus grande en a-t-elle ?*

R. — La plus grande roue a : $48 \times \frac{3}{2} \times \frac{3}{2} \times \frac{3}{2} = $ **162 dents.**

756. *Une balle élastique tombe d'un balcon, et en rebondissant pour la 3e fois, s'élève à 0[m],16. Trouver la hauteur du balcon en admettant que cette balle rebondit chaque fois aux 2/7 de la hauteur d'où elle tombe.*

R. — Hauteur du balcon : $0^m,16 \times \frac{7}{2} \times \frac{7}{2} \times \frac{7}{2} = $ **6[m],86.**

757. *Une bille tombe d'une certaine hauteur sur une table de marbre ; en rebondissant pour la 4e fois, elle remonte à 7 centimètres. De quelle hauteur est-elle tombée sachant qu'après chaque chute, elle s'est élevée aux 2/3 de la hauteur d'où elle est partie ?*

R. — Hauteur cherchée : $7^{cm} \times \frac{3}{2} \times \frac{3}{2} \times \frac{3}{2} \times \frac{3}{2} = 35^{cm} \frac{7}{16}.$

758. *Un réservoir est plein d'eau ; on en ôte les 3/5 des 5/8, et il en reste encore 62[hl],5. Combien ce réservoir peut-il contenir d'eau ?*

On a ôté les $\frac{5}{8} \times \frac{3}{5} = \frac{3}{8}$ de l'eau ; il en reste les $\frac{5}{8}$.

R. — Le réservoir peut contenir : $\dfrac{62^{hl},5 \times 8}{5} = $ **100[hl] ou 10[m³].**

Série III. — **759.** *Une marchandise a été vendue 322^f avec un bénéfice égal aux 3/11 du prix d'achat. Trouver le prix d'achat.*

322^f représentent $\dfrac{11}{11} + \dfrac{3}{11} = \dfrac{14}{11}$ du prix d'achat.

R. — Le prix d'achat égale : $\dfrac{322^f \times 11}{14} = 253^f$.

760. *L'eau en se congelant augmente de 1/14 de son volume. Trouver d'après cela combien un bloc de glace de 36^{dm3} donnera de litres d'eau en se fondant.*

Les 36^{dm3} de glace représentent $\dfrac{14}{14} + \dfrac{1}{14} = \dfrac{15}{14}$ du volume de l'eau de fusion.

R. — Le volume de l'eau est donc : $\dfrac{36^l \times 14}{15} = 33^l,6$.

761. *Le prix de la doublure d'une étoffe est les 2/7 de celui de l'étoffe. Si 18^m d'étoffe doublée valent 178^f,20, quelle est la valeur d'un mètre d'étoffe non doublée ?*

Prix du mètre d'étoffe doublée : 178^f,20 : 18 = 9^f,90.

9^f,90 représentent les 7/7 + 2/7 = 9/7 du prix du mètre d'étoffe non doublée.

R. — Prix du mètre d'étoffe non doublée : $\dfrac{9^f,90 \times 7}{9} = 7^f,70$.

762. *Une personne a fait 3 achats qui représentent respectivement les 3/5, les 8/11 et les 9/15 de son avoir. Elle s'est ainsi endettée de 714^f. Calculer l'avoir de cette personne.*

$$\frac{3}{5} + \frac{8}{11} + \frac{9}{15} = \frac{33 + 40 + 33}{55} = \frac{106}{55}$$

714^f représentent $\dfrac{106}{55} - \dfrac{55}{55} = \dfrac{51}{55}$ de l'avoir.

R. — Avoir de la personne : $\dfrac{714^f \times 55}{51} = 770^f$.

763. *Le 1/3 plus le 1/5 plus le double d'un héritage représentent une somme de 22 800^f. Quel est le montant de cet héritage ?*

$$\frac{1}{3}\,H + \frac{1}{5}\,H + 2\,H = \frac{38}{15}\,H = 22\,800^f.$$

R. — Montant de l'héritage : $\dfrac{22\,800^f \times 15}{38} = 9\,000^f$.

764. *Pendant une 1ʳᵉ année, une personne augmente son avoir des 2/7. L'année suivante elle augmente son nouvel avoir des 2/7 et possède alors 123 039ᶠ. Trouver son avoir primitif.*

Au bout de la 1ʳᵉ année, elle possédait les 9/7 de l'avoir primitif, et au bout de la 2ᵉ année les 9/7 × 9/7 = 81/49 de l'avoir primitif, soit 123 039ᶠ.

R. — Avoir primitif : $\dfrac{123\ 039^f \times 49}{81} = $ **74 431ᶠ.**

765. *Un spéculateur a augmenté au bout d'un an sa fortune des 2/17 de sa valeur ; l'année suivante, des 6/17 de sa nouvelle valeur ; enfin, la troisième année, des 7/18 de sa nouvelle valeur. Cette fortune est alors de 442 462ᶠ,50. On demande sa fortune primitive.*

Au bout de la 1ʳᵉ année, il possédait les 19/17 de F (fortune primitive).

Au bout de la 2ᵉ année, les $\dfrac{19}{17} \times \dfrac{23}{17}$ de F.

Au bout de la 3ᵉ année, les $\dfrac{19}{17} \times \dfrac{23}{17} \times \dfrac{25}{18} = \dfrac{10\ 925}{5\ 202}$ de F.

R. — **Fortune primitive :** $\dfrac{442\ 462^f,50 \times 5\ 202}{10\ 925} = $ **210 681ᶠ.**

766. *Une propriété est ensemencée, le 1/3 en blé, les 2/5 en pommes de terre et le reste en maïs : il y a 32 ares de plus en pommes de terre qu'en blé. Combien rapporte cette propriété, l'are donnant en moyenne 6ᶠ,50 de revenu net ?*

32 ares représentent $\dfrac{2}{5} - \dfrac{1}{3} = \dfrac{6-5}{15} = \dfrac{1}{15}$ de la surface totale.

Surface totale de la propriété : 32ᵃ × 15 = 480 ares.

R. — **Revenu** de la propriété : 6ᶠ,50 × 480 = **3 120ᶠ.**

767. *Un négociant déclaré en faillite ne peut donner que les 2/5 de ce qu'il doit à ses créanciers. S'il avait 12 250ᶠ de plus, il pourrait acquitter les 75/100 de sa dette. Combien lui reste-t-il en caisse ?*

12 250ᶠ représentent les $\dfrac{75}{100} - \dfrac{2}{5} = \dfrac{7}{20}$ de la dette.

La dette s'élève à 12 250ᶠ × 20/7 = 35 000ᶠ.

R. — **Le négociant a en caisse :** 35 000ᶠ × 2/5 = **14 000ᶠ.**

768. *Une personne a engagé 2 sommes égales dans deux entreprises différentes. Au bout d'un certain temps, la 1ʳᵉ somme est devenue les 165/100, et la 2ᵉ, les 7/9 de ce* qu'elles étaient au début. La 1re surpasse alors la 2e de 18 526^f. Trouver les sommes placées.

$$18\,526^f \text{ représentent } \frac{165}{100} - \frac{7}{9} = \frac{297 - 140}{180} = \frac{157}{180} \text{ d'une somme.}$$

R. — Sommes placées : $\dfrac{18.526^f \times 180}{157} = 21\,240^f$.

769. *Quelle est la longueur d'une pièce de drap dont les 2/5, plus les 5/9, valent 430^f, si les 4/5 d'un mètre valent 0^f,50 de moins que les 5/6 ?*

$$\frac{2}{5} + \frac{5}{9} = \frac{43}{45}; \qquad \frac{5}{6} - \frac{4}{5} = \frac{1}{30}.$$

Prix total de la pièce : $\dfrac{430^f \times 45}{43} = 450^f$.

Prix du mètre : $0^f,50 \times 30 = 15^f$.

R. — Longueur de la pièce : $450 : 15 = $ **30 mètres.**

770. *Un marchand a vendu successivement le 1/6, les 2/7 et les 3/8 d'une pièce d'étoffe. Le reste, vendu 3^f,50 le mètre, a produit 30^f,45. Quelle était la longueur de la pièce ?*

Le marchand a vendu $\dfrac{1}{6} + \dfrac{2}{7} + \dfrac{3}{8} = \dfrac{139}{168}$ de la pièce.

Il lui en reste les $\dfrac{168 - 139}{168} = \dfrac{29}{168}$ mesurant $\dfrac{30,45}{3,5} = 8^m,70$.

R. — Longueur de la pièce : $\dfrac{8^m,70 \times 168}{29} = $ **50^m,40.**

771. *On a vendu à une personne les 2/5 d'un tonneau de vin ; à une deuxième personne les 2/13 du même tonneau, et le reste du tonneau à une troisième personne, qui a payé 159^f,50. Combien chacune des deux premières a-t-elle dû payer ?*

Ensemble les deux premières personnes ont acheté les

$$\frac{2}{5} + \frac{2}{13} = \frac{26 + 10}{65} = \frac{36}{65} \text{ du tonneau.}$$

159^f,50 représentent donc le prix des $\dfrac{65 - 36}{65} = \dfrac{29}{65}$ du tonneau.

R. — La 1re a payé $\dfrac{159^f,50 \times 26}{29} = $ **143^f.**

La 2e a payé $\dfrac{159^f,50 \times 10}{29} = $ **55^f.**

772. *Une famille économise annuellement une somme de 3 074^f,40 ; or on sait qu'elle dépense en nourriture les 3/8 de son revenu, pour son logement 1/8, pour ses vêtements*

1 /12 et en autres menus frais 1 /15. Quel est le revenu total et quelle est la dépense de cette famille ?

Montant des dépenses : $\dfrac{3}{8} + \dfrac{1}{8} + \dfrac{1}{12} + \dfrac{1}{15} = \dfrac{39}{60}$ du revenu.

Montant des économies $\dfrac{60 - 39}{60} = \dfrac{21}{60}$ du revenu.

R. — **Revenu :** $\dfrac{3\ 074^{\mathrm{f}},40 \times 60}{21} = $ **8 784f.**

Dépense : $\dfrac{8\ 784^{\mathrm{f}} \times 39}{60} = $ **5 709f,60.**

Série IV. — **773.** *Un maître auquel on demandait combien il avait d'élèves répondit : Si le nombre de mes élèves était augmenté des 2 /3 et de 15, j'en aurais 85. Combien avait-il d'élèves ?*

Les 5 /3 du nombre des élèves plus 15 font 85.
Les 5 /3 du nombre valent donc : 85 — 15 = 70.

R. — **Nombre des élèves :** $\dfrac{70 \times 3}{5} = $ **42.**

774. *Deux frères se partagent un champ ; le 1er qui a eu le 1 /3 du champ plus 17 ares revend sa part 19f,25 l'are et en retire 1 559f,25. Quelle est la superficie du champ ?*

La part du 1er est de : 1 559,25 : 19,25 = 81 ares.

Donc   1 /3 du champ + 17 ares = 81 ares.
        1 /3 du champ = 81^{a} — 17^{a} = 64 ares.

R. — **Superficie du champ :** 64^{a} × 3 = **192 ares.**

775. *Deux personnes ont le même revenu. La 1re en a économisé dans l'année 1 /7 ; la 2e, qui a dépensé 510f de plus que la 1re, a fait 205f de dettes. Quel est le revenu de ces personnes ?*

L'excédent de dépenses de la 2e personne comprend :

1 /7 du revenu + 205f.

Le 1 /7 de son revenu égale donc 510f — 205f = 305f.

R. — **Revenu de chaque personne :** 305f × 7 = **2 135f.**

776. *Un marchand a vendu le 1 /5 d'une pièce d'étoffe, puis le 1 /3 et enfin 9m. Quelle était la longueur de cette pièce, sachant qu'il n'en reste plus que 15m,50 ?*

$\left(\dfrac{1}{5} + \dfrac{1}{3}\right)$ de la pièce + 9^{m} + 15^{m},50 = longueur totale.

Ou $\dfrac{8}{15}$ de la pièce + 24^{m},50 = $\dfrac{15}{15}$ de la pièce.

Donc 24^{m},50 représentent les $\dfrac{15 - 8}{15} = \dfrac{7}{15}$ de la pièce.

R. — **Longueur de la pièce :** 24^{m},50 × 15 /7 = **52m,50.**

777. *Un jeune homme dépense les 3/4 des 5/9 de son avoir, puis il prête 25ᶠ à un ami ; il lui reste encore 31ᶠ. Quel était son avoir ?*

$$\frac{3}{4} \text{ des } \frac{5}{9} \text{ de l'avoir} + 25^f + 31^f = \text{avoir total;}$$

ou $\dfrac{5 \times 3}{9 \times 4} = \dfrac{5}{12}$ de l'avoir $+ 56^f = \dfrac{12}{12}$ de l'avoir total.

Donc 56ᶠ représentent les 7/12 de l'avoir total.

R. — Le jeune homme avait $56^f \times 12/7 =$ **96ᶠ.**

778. *Une marchande vend les 5/6 d'une caisse d'oranges ; puis elle rejette 12 oranges avariées et vend le restant pour 3ᶠ,80 à raison de 0ᶠ,10 pièce. Combien la caisse contenait-elle d'oranges ?*

Le restant comprenait : 3,80 : 0,10 = 38 oranges.

5/6 du nombre total + 12 + 38 = nombre total ;
ou   5/6 du nombre total + 50 = 6/6 du nombre total.

Donc 50 oranges représentent 1/6 du nombre cherché.

R. — La caisse contenait : 50 × 6 = **300 oranges.**

779. *Trois pêcheurs se partagent une provision de sardines. Le 1ᵉʳ en a 1/4 plus 25 ; le 2ᵉ les 2/3 moins 36 et le 3ᵉ le reste. Sachant que celui-ci a pour sa part 124 sardines, on demande la part des deux premiers.*

Les deux premiers ont ensemble :

$$\left(\frac{1}{4} + \frac{2}{3}\right) \text{ du nombre} + 25 - 36 = \frac{11}{12} \text{ du nombre} - 11.$$

Le 3ᵉ a le reste soit $\dfrac{1}{12}$ du nombre + 11.

1/12 du nombre total égale 124 — 11 = 113.
Le nombre total est donc 113 × 12.

R. — Part du 1ᵉʳ $\dfrac{113 \times 12}{4} + 25 =$ **864 sardines.**

Part du 2ᵉ $\dfrac{113 \times 12 \times 2}{3} - 36 =$ **868 sardines.**

780. *Trois héritiers ont à se partager une somme. Le 1ᵉʳ en prend les 2/3 moins 600ᶠ, le 2ᵉ le quart, le 3ᵉ la moitié moins 4 000ᶠ. On demande l'héritage total et la part de chaque héritier.*

L'héritage total (H) est égal à la somme des 3 parts.

Ce dernier reste est la part du 4ᵉ et vaut 6 000ᶠ. D'où :

R. — Somme partagée : 6 000ᶠ × 5 = 30 000ᶠ.

$$1^{re}\ \text{part} : 30\ 000^f \times 1/2 = 15\ 000^f\ ;$$
$$2^e\ \ \text{part} : 30\ 000^f \times 1/6 = 5\ 000^f\ ;$$
$$3^e\ \ \text{part} : 30\ 000^f \times 2/15 = 4\ 000^f\ ;$$
$$4^e\ \ \text{part} : 6\ 000^f.$$

786. *Une personne dispose de sa fortune comme suit : elle donne les 5/8 à ses héritiers, 1/10 du reste à un hospice, les 3/5 du nouveau reste aux pauvres de la localité ; enfin elle destine 4 914ᶠ qui restent de son avoir à l'amélioration du matériel d'une école. Calculer la fortune de cette personne.*

Les héritiers ayant reçu les 5/8 de la fortune, il restait à en distribuer 3/8.

Quand l'hospice a reçu le 1/10 de ce reste, il en restait les 9/10

ou $$\frac{3 \times 9}{8 \times 10} = \frac{27}{80}$$ de la fortune.

Quand les pauvres ont reçu 3/5 du nouveau reste, il en restait les 2/5 ou

$$\frac{27 \times 2}{80 \times 5} = \frac{27}{200}$$ de la fortune.

R. — Puisque ce dernier reste égale 4 914ᶠ, la fortune s'élevait à

$$\frac{4\ 914^f \times 200}{27} = 36\ 400^f.$$

787. *On a partagé une somme entre quatre personnes ; la 1ʳᵉ a reçu 1/5 de la somme totale, la 2ᵉ les 4/9 du reste, la 3ᵉ les 2/5 du deuxième reste, et la 4ᵉ, qui a eu le dernier reste pour sa part, a reçu 2 400ᶠ. Trouver le montant de la somme à partager, et la part de chaque personne.*

La 1ʳᵉ personne ayant eu le 1/5 de la somme, il restait 4/5 de la somme

La 2ᵉ a eu $\frac{4}{9}$ de ce reste, soit $\frac{4}{5} \times \frac{4}{9} = \frac{16}{45}$ de la somme ; il restait alors $\frac{4}{5} \times \frac{5}{9} = \frac{4}{9}$ de la somme.

La 3ᵉ a eu $\frac{2}{5}$ du nouveau reste soit $\frac{4}{9} \times \frac{2}{5} = \frac{8}{45}$ de la somme ;

Il restait alors $\frac{4}{9} \times \frac{3}{5} = \frac{4}{15}$ de la somme.

Or ce dernier reste égale 2 400ᶠ ; d'où

R. — Somme à partager : $\dfrac{2\ 400 \times 15}{4} = 9\ 000^f.$

1ʳᵉ part : 9 000ᶠ × 1/5 = **1 800ᶠ** ;
2ᵉ part : 9 000ᶠ × 16/45 = **3 200ᶠ** ;
3ᵉ part : 9 000ᶠ × 8/45 = **1 600ᶠ** ;
4ᵒ part : **2 400ᶠ.**

788. *Trois frères se partagent un héritage. D'après le testament, la part de l'aîné doit être les 3/8 de la somme totale. Le 2ᵉ doit avoir les 2/3 du reste moins 10 000ᶠ. Le 3ᵉ reçoit pour sa part 36 000ᶠ. On demande le montant de l'héritage.*

Additionnons les 3 parts de l'héritage (H) ; nous aurons :

$$\frac{3}{8} \text{ de H} + \frac{5 \times 2}{8 \times 3} \text{ de H} - 10\ 000^f + 36\ 000^f$$

ou
$$\frac{19}{24} \text{ de H} + 26\ 000^f.$$

D'où l'on conclut que les $\dfrac{5}{24}$ de H égalent 26 000ᶠ.

R. — Montant de l'héritage : $\dfrac{26\ 000^f \times 24}{5} = $ **124 800ᶠ.**

789. *Trois héritiers se partagent une somme ; le 1ᵉʳ a 1/3 de la totalité, le second a les 2/3 de ce qu'a eu le premier, et le 3ᵉ 1/4 de ce qu'ont eu les deux premiers ; le reste sert à payer les frais. Sachant que les parts réunies des trois héritiers s'élèvent à 7 525ᶠ, on demande combien a eu chaque héritier.*

Le 2ᵒ héritier a eu $\dfrac{1}{3} \times \dfrac{2}{3} = \dfrac{2}{9}$ de l'héritage.

Le 3ᵒ héritier a eu $\left(\dfrac{1}{3} + \dfrac{2}{9}\right) \times \dfrac{1}{4} = \dfrac{5}{36}$ de l'héritage.

Ensemble, les trois héritiers ont eu :

$$\frac{1}{3} + \frac{2}{9} + \frac{5}{36} = \frac{12 + 8 + 5}{36} = \frac{25}{36} \text{ de l'héritage.}$$

Leurs parts sont proportionnelles à 12 8 et 5.

R. — 1ʳᵉ part : $\dfrac{7\ 525 \times 12}{25} = $ **3 612ᶠ** ;

2ᵒ part : $\dfrac{7\ 525 \times 8}{25} = $ **2 408ᶠ** ;

3ᵒ part : $\dfrac{7\ 525 \times 5}{25} = $ **1 505ᶠ.**

Problèmes se ramenant à l'une des séries précédentes.

790. *J'ai dépensé 1 /4 plus 1 /5 de mon argent, plus 5^f, et il me reste encore la moitié de ce que j'avais. Combien avais-je ?*

Avoir total = Argent dépensé + Argent restant.

L'avoir total égale : $\left(\dfrac{1}{4} + \dfrac{1}{5}\right)$ de l'avoir $+$ 5^f $+$ $\dfrac{1}{2}$ de l'avoir

soit $\dfrac{19}{20}$ de l'avoir $+$ 5^f.

Donc 5^f représentent 1 /20 de l'avoir.

R. — J'avais 5^f $\times$ 20 $=$ **100^f.**

791. *Après avoir vendu les 5 /9 d'une pièce de drap, il en reste 1 /7 plus 28^m,50. Quelle était la longueur de la pièce ?*

Longueur totale = Longueur vendue + Longueur restante.

Longueur totale $=$ $\dfrac{5}{9}$ de la pièce $+$ $\dfrac{1}{7}$ de la pièce $+$ 28^m,50.

ou $\dfrac{44}{63}$ de la pièce $+$ 28^m,50.

Donc 28^m,50 représentent $\dfrac{63 - 44}{63} = \dfrac{19}{63}$ de la pièce.

R. — Longueur de la pièce : $\dfrac{28^m,50 \times 63}{19} =$ **94^m,50.**

792. *On a employé les 4 /9 d'une pièce de drap, et il en reste les 2 /3 moins 8^m. Quelle était la longueur de la pièce ?*

Longueur totale $=$ $\dfrac{4}{9}$ de la pièce $+$ $\dfrac{2}{3}$ de la pièce $-$ 8^m.

ou $\dfrac{10}{9}$ de la pièce $-$ 8^m.

8^m représentent 1 /9 de la pièce.

R. — Longueur de la pièce : 8^m $\times$ 9 $=$ **72^m.**

793. *Un joueur a perdu les 3 /5 de son argent ; il lui en reste la moitié moins 12^f. Quelle somme a-t-il perdue, et combien avait-il avant de jouer ?*

Avoir primitif $= \frac{3}{5}$ de l'avoir $+ \frac{1}{2}$ de l'avoir $- 12^f.$

ou $\qquad \frac{11}{10}$ de l'avoir $- 12^f.$

12^f représentent 1/10 de l'avoir.

R. — **Avoir primitif** : $12^f \times 10 = 120^f$,
Somme perdue : $120^f \times 3/5 = 72^f.$

794. *Un caissier a déboursé les 3/8 de ce qu'il avait en caisse ; d'autre part, il a reçu 870^f, de sorte que la valeur primitive de l'encaisse se trouve augmentée du 1/4. Combien avait-il d'abord en caisse ?*

Avoir primitif = Argent déboursé + Arg. restant — Arg. reçu.

Avoir primitif $= \frac{3}{8}$ de l'avoir $+ \frac{5}{4}$ de l'avoir $- 870^f.$

ou $\qquad \frac{13}{8}$ de l'avoir $- 870^f.$

On en conclut que 870^f représentent 5/8 de l'avoir.

R. — **En caisse primitive** : $\dfrac{870 \times 8}{5} = 1\,392^f.$

795. *Un joueur sortant du jeu dit qu'il a perdu les 3/4 de son argent et qu'il lui en resterait le 1/3 s'il avait perdu 6^f de moins. Quelle somme avait-il avant d'entrer au jeu ?*

Avoir primitif $= \frac{3}{4}$ de l'avoir $+ \frac{1}{3}$ de l'avoir $- 6^f$

ou $\qquad \frac{13}{12}$ de l'avoir $- 6^f.$

Donc 6^f représentent 1/12 de l'avoir primitif.

R. — **Le joueur avait donc** : $6^f \times 12 = 72^f.$

796. *Une personne fait un 1er héritage qui augmente son avoir de moitié, puis fait un 2e héritage de 9 000^f. Sa fortune est alors le triple de son avoir primitif. Calculer son avoir primitif et le montant du 1er héritage.*

Après le 1er héritage elle a les $\frac{3}{2}$ de son avoir primitif.

Après le 2e héritage, elle a $\frac{3}{2}$ de cet avoir $+ 9\,000^f.$

Or elle possède alors le triple ou les $\frac{6}{2}$ de l'avoir primitif.

Donc 9 000^f représentent les $\dfrac{6 - 3}{2} = \dfrac{3}{2}$ de l'avoir primitif.

R. — **Avoir primitif :** $\dfrac{9\,0000 \times 2}{3} =$ **6 000**^{f}.

Montant du 1ᵉʳ héritage : 6 000^f : 2 = 3 000^f

797. *Deux employés ont des salaires annuels dont la somme s'élève à 8 800^f. Le premier dépense tous les ans les 2/3 de son salaire et le deuxième les 3/4 du sien. Le montant de leurs économies s'élève à 2 620^f. On demande le salaire de chacun.*

Par an, le 1ᵉʳ économise 1/3 de son salaire et le second 1/4.

On a donc : $\dfrac{1}{3}$ du 1ᵉʳ salaire $+ \dfrac{1}{4}$ du 2ᵉ salaire $= 2\,620^f$

d'autre part : $\dfrac{1}{4} \quad\quad\quad + \dfrac{1}{4} \quad\quad\quad = \dfrac{8\,800^f}{4}$.

D'où, en retranchant, $\dfrac{1}{12}$ du 1ᵉʳ salaire $\ldots\ldots\ldots = 420^f$.

R. — **Salaire du 1ᵉʳ :** 420^f × 12 = **5 040**^{f}

     Salaire du 2ᵉ : 8 800^f — 5 040^f = **3 760**^{f}

Solution algébrique. — **Soit** x le salaire du 1ᵉʳ employé, celui du 2ᵉ sera 8 800 — x.

Le 1ᵉʳ économise $\dfrac{x}{3}$ et le 2ᵉ $\dfrac{8\,800 - x}{4}$. On a donc :

$$\frac{x}{3} + \frac{8\,800 - x}{4} = 2\,620.$$

D'où l'on tire : $x = 5\,040$ (*le reste comme ci-dessus*).

798. *La somme des appointements de deux employés est de 12 000^f. Le 1ᵉʳ dépense chaque année les 2/3 de son traitement ; le 2ᵉ économise chaque année les 3/11 du sien, et la somme de leurs économies s'élève à 3 600^f. Quel est le traitement annuel de chaque employé ?*

Le 1ᵉʳ économise 1/3 de son traitement et le second 3/11. On a donc :

$\dfrac{1}{3}$ du 1ᵉʳ traitement $+ \dfrac{3}{11}$ du 2ᵉ traitement $=$ 3 600^f

$\dfrac{1}{3} \quad\quad\quad + \dfrac{1}{3} \quad\quad\quad = \dfrac{12\,000^f}{3}$

D'où, en retranchant : $\dfrac{2}{33}$ du 2ᵉ traitement $= 400^f$.

R. — **Traitement du 2ᵉ :** 400^f × 33/2 = **6600**^{f}.

     Traitement du 1ᵉʳ : 12 000^f — 6 600^f = **5 400**^{f}.

Calcul d'une quantité au moyen d'une quantité supposée.

Indication générale. — *On suppose une quantité qui se prête aisément aux calculs indiqués dans l'énoncé. — On fait la vérification du problème avec cette quantité supposée. Le résultat, comparé à celui qu'il faut obtenir montre combien de fois la quantité supposée est trop grande ou trop petite.*

799. *Une personne achète des oranges à $22^f,50$ le cent ; elle en revend les 2/5 à $0^f,30$ pièce et livre le reste à raison de 3 oranges pour $0^f,70$. De cette manière elle gagne en tout $42^f,35$. Combien avait-elle acheté d'oranges ?*

Supposons un achat de 500 oranges. La marchande revendra :

1° 200 oranges pour $0^f,30 \times 20 = 60^f$

2° 300 oranges pour $\dfrac{0^f,70 \times 300}{3} = 70^f$.

Prix de vente des 500 oranges : $60^f + 70^f = 130^f$.

Prix d'achat — $22^f,50 \times 5 = 112^f,50$.

Bénéfice réalisé : $130^f - 112^f,50 = 17^f,50$.

Autant de fois ce bénéfice est contenu dans le bénéfice réel, autant de fois la marchande a acheté 500 oranges.

R. — La marchande a acheté $500 \times \dfrac{42\ 35}{17,50} = 1\ 210$ oranges.

Solution algébrique. — Soit x le nombre d'oranges achetées ; on a

$$\frac{2x}{5} \times 0,30 + \frac{3x}{5} \times \frac{0,70}{3} = \frac{x}{100} \times 22,50 + 42,35.$$

d'où l'on tire : $x = 1\ 210$.

800. *Une pièce d'étoffe achetée $13^f,75$ le mètre, a été vendue la moitié à 15^f le mètre, les 2/5 à $15^f,50$ et le reste à $13^f,25$. Le bénéfice total a été de 153^f. Trouver la longueur de la pièce.*

Supposons la longueur de 100^m. On aurait revendu

1° la 1/2 de la pièce soit 50^m pour $15^f \times 50 = 750^f$
2° les 2/5 — soit 40^m pour $15^f,50 \times 40 = 620^f$
3° le reste — soit 10^m pour $13^f,25 \times 10 = 132^f,50$

Prix de vente total des 100^m .... $1\ 502^f,50$

Prix d'achat des 100^m ; $13^f,75 \times 100 = 1\ 375^f$.

Bénéfice réalisé : $1\ 502^f,50 - 1\ 375^f = 127^f,50$.

R. — Longueur réelle : $100^m \times \dfrac{153}{127,50} = 120^m$.

801. *Un marchand avait acheté des poulets au prix moyen de $9^f,50$ la pièce. Il en a vendu d'abord les 2/3 à*

23^f la couple, les 4/7 du reste à 24^f la couple et enfin le reste à 9^f pièce. Combien avait-il acheté de poulets sachant que son bénéfice total a été de 73^f.

1re Vente = $\frac{2}{3}$ ou $\frac{14}{21}$ du nombre ; 2e = $\frac{1}{3} \times \frac{4}{7} = \frac{4}{21}$ du nombre.

Supposons un achat de 21 poulets. Le marchand revend :

1°   14 poulets pour $\dfrac{23^f \times 14}{2} = 161^f$;

2°   4 poulets pour $\dfrac{24^f \times 4}{2} = 48^f$.

3° le reste soit 3 poulets pour 9^f × 3 = 27^f.

Prix de vente des 21 poulets.......... 236^f.

Prix d'achat des 21 poulets : 9^f,50 × 21 = 199^f,50.

Bénéfice réalisé : 236^f — 199^f,50 = 36^f,50.

R. — **Nombre de poulets achetés** : $21 \times \dfrac{73}{36,5} = 42$.

802. *Deux frères héritent d'une vigne et d'un champ dont les superficies sont entre elles comme 3 est à 4 1/4. La vigne est estimée 76^f l'are et le champ 50^f l'are. Celui qui prend le champ donne 248^f à celui qui a la vigne, et le partage est alors également fait. On demande la contenance de chaque parcelle.*

Supposons 3 ares de vigne et 4^a,25 de champ.

Prix de 3 ares de vigne : 76^f × 3 = 228^f.
Prix de 4^a,25 de champ : 50^f × 4,25 = 212^f,50.

Différence : 15^f,50.

Pour que les parts soient égales, celui qui prend les 3 ares de vigne devra verser à l'autre la *moitié de la différence* des valeurs soit 7^f,75

R. — **Superficie de la vigne** : $3^a \times \dfrac{248}{7,75} = 3^a \times 32 =$ **96 ares.**

Superficie du champ : 4^a,25 × 32 = **136 ares.**

2e *Solution.* — Les surfaces des terrains étant proportionnelles à 3 et 4,25 leurs prix sont dans le rapport suivant :

$$\frac{3 \times 76}{4,25 \times 50} \text{ ou } \frac{228}{212,5} \text{ ou } \frac{456}{425}.$$

La différence des valeurs des deux terrains est de 248^f × 2 = 496^f ; elle représente les $\dfrac{456 - 425}{425} = \dfrac{31}{425}$ du prix du champ.

Valeur du champ $\dfrac{496 \times 425}{31}$; superficie $\dfrac{496 \times 425}{31 \times 50} =$ **136^a.**

Valeur de la vigne $\dfrac{496 \times 456}{31}$; superficie $\dfrac{496 \times 425}{31 \times 76} =$ **96^a.**

803. *Une personne a payé 550ᶠ pour 6ᵐ de drap et le 1/3 d'une pièce de toile à 14ᶠ le mètre. Si elle avait acheté, outre le drap, les 3/5 de la pièce de toile elle aurait payé le mètre de toile 12ᶠ,50, et sa dépense totale aurait été de 720ᶠ. Calculer la longueur de la pièce de toile et le prix du mètre de drap.*

La différence des sommes dépensées 720ᶠ — 550ᶠ = 170ᶠ, résulte de la différence de prix et de longueur du coupon de toile acheté.

Supposons que la pièce de toile mesure 30ᵐ. Le coupon acheté coûterait :

dans le 1ᵉʳ cas : 14ᶠ × (30 × 1/3) = 140ᶠ ;
dans le 2ᵉ cas : 12ᶠ,50 × (30 × 3/5) = 225ᶠ.
Différence des sommes dépensées : 225ᶠ — 140 = 85ᶠ.

R. — **Longueur de la pièce de toile** : $30^m \times \dfrac{170}{85} = 60^m$.

Prix du mètre de drap : $\dfrac{550^f - (14^f \times 20)}{6} = 45^f$.

Partages.

2 parts. — *On connaît la **somme** et le **rapport** des parts.*

804. *La somme de 2 nombres est 1 007 ; l'un est égal aux 8/11 de l'autre. Quels sont ces nombres ?*

La somme 1 007 représente $\dfrac{11}{11} + \dfrac{8}{11} = \dfrac{19}{11}$ du grand nombre.

R. — **Le grand nombre vaut donc** : $\dfrac{1\,007 \times 11}{19} = 583$.

Le petit nombre vaut 1 007 — 583 = 424.

805. *On a acheté un jardin et une vigne pour 18 681ᶠ, à raison de 239ᶠ,50 l'are. Calculer la superficie de chaque terrain, celle du jardin étant les 2/7 des 5/9 de celle de la vigne.*

Superficie totale : 18 681 : 239,50 = 78 ares.

La surface du jardin est les $\dfrac{5}{9} \times \dfrac{2}{7} = \dfrac{10}{63}$ de celle de la vigne.

78ᵃ représentent donc $\dfrac{63}{63} + \dfrac{10}{63} = \dfrac{73}{63}$ de la surface de la vigne.

R. — **Superficie de la vigne** : $\dfrac{78^a \times 63}{73} = 67^a,31$.

Superficie du jardin : 78ᵃ — 67ᵃ,31 = 10ᵃ,69.

818. *Un terrain est divisé en deux parties inégales, dont la différence est de 48ª,48. Les 2/7 de la 1ʳᵉ partie égalent les 6/33 de la 2ᵉ partie. Quelle est la superficie de ce terrain ?*

La 2ᵉ partie égale les $\dfrac{2 \times 33}{7 \times 6} = \dfrac{11}{7}$ de la 1ʳᵉ partie.

48ª,48 représentent $\dfrac{11}{7} - \dfrac{7}{7} = \dfrac{4}{7}$ de la 1ʳᵉ partie.

Superficie de la 1ʳᵉ partie : $\dfrac{48ª,48 \times 7}{4} = 84ª,84$.

R. — **Superficie totale :** 84ª,84 + (84ª,84 + 48ª,48) = **218ª,16.**

819. *Deux barriques sont pleines d'un vin qui vaut 0ᶠ,85 le litre ; elles sont vendues à des prix qui diffèrent de 42ᶠ. On sait que les 5/6 de la capacité de la 1ʳᵉ valent les 12/13 de la capacité de la 2ᵉ. Quelle est la capacité de chaque barrique ?*

La capacité de la 1ʳᵉ barrique égale les $\dfrac{12 \times 6}{13 \times 5} = \dfrac{72}{65}$ de celle de la 2ᵉ.

La différence des capacités est $\dfrac{42}{0,85}$ litres et représente les

$\dfrac{72 - 65}{65} = \dfrac{7}{65}$ de la capacité de la 2ᵉ barrique.

R. — Capacité de la 2ᵉ barrique : $\dfrac{42 \times 65}{0.85 \times 7} = \mathbf{458^l,82.}$

Capacité de la 1ʳᵉ barrique : $\dfrac{42 \times 72}{0,85 \times 7} = \mathbf{508^l,23.}$

820. *Un débitant achète 2 barriques de vin à 1ᶠ,20 le litre. L'une des 2 barriques coûte 54ᶠ de plus que l'autre, et quand le débitant a vendu les 5/13 de la 1ʳᵉ et le 1/5 de la 2ᵉ, les 2 fûts contiennent le même nombre de litres. Quelle est, en litres, la capacité de chaque barrique ?*

Les $\dfrac{8}{13}$ de la capacité de la 1ʳᵉ valent les $\dfrac{4}{5}$ de celle de la 2ᵉ.

La capacité de la 2ᵉ égale les $\dfrac{8 \times 5}{13 \times 4} = \dfrac{10}{13}$ de celle de la 1ʳᵉ.

La différence des capacités est 54 : 1,2 = 45ˡ, et représente les

$\dfrac{13}{13} - \dfrac{10}{13} = \dfrac{3}{13}$ de la capacité de la 1ʳᵉ.

R. — Capacité de la 1ʳᵉ barrique : $\dfrac{45^l \times 13}{3} = \mathbf{195^l.}$

Capacité de la 2ᵉ barrique : $\dfrac{195^l \times 10}{13} = \mathbf{150^l.}$

Trouver 3, 4, 5... parts.

821. *Partager 117^f en trois parts telles que la 1re soit les 5/7 de la 2e et que la 3e soit les 5/8 des deux premières réunies.*

Si l'on désigne par x la 2e part, la 1re sera $\dfrac{5x}{7}$, et la 3e part :

$$\left(\frac{5x}{7} + x\right) \times \frac{5}{8} = \frac{25x}{56} + \frac{5x}{8} = \frac{15x}{14}.$$

On a donc : $\dfrac{5x}{7} + x + \dfrac{15x}{14} = 117$

ou $\dfrac{39x}{14} = 117$; d'où $x = \dfrac{117 \times 14}{39} = 42.$

R. — 1re part $\dfrac{42^f \times 5}{7} = 30^f$; 2e part 42^f; 3e part $\dfrac{42 \times 15}{14} = 45^f.$

822. *Partager 472^f entre 3 personnes de façon que la 2e ait 45^f de plus que la 1re et que la 3e ait les 3/5 de la somme des deux autres parts.*

Si l'on désigne par x la 1re part, la 2e sera $x + 45$, et la 3e :

$$(x + x + 45) \times \frac{3}{5} = (2x + 45) \times \frac{3}{5} = \frac{6x}{5} + 27.$$

Et l'on aura : $x + (x + 45) + \left(\dfrac{6x}{5} + 27\right) = 472$

ou $\dfrac{16x}{5} + 72 = 472$

d'où l'on tire : $x = 125.$

R. — 1re part 125^f ; 2e part 125^f + 45^f = 170^f ;

3e part $\dfrac{125^f \times 6}{5} + 27 = 177^f.$

823. *On a partagé une somme de 20 400^f en 4 parts. La 1re part est la moitié de la 2e ; celle-ci est le 1/3 de la 3e ; enfin la 3e égale les 3/4 de la 4e. Trouver les 4 parts.*

Soit x la 4e part ;

La 3e sera $\dfrac{3x}{4}$; la 2^e $\dfrac{3x}{4} \times \dfrac{1}{3} = \dfrac{x}{4}$ et la 1re $\dfrac{x}{4} \times \dfrac{1}{2} = \dfrac{x}{8}.$

Et l'on a : $\dfrac{x}{8} + \dfrac{x}{4} + \dfrac{3x}{4} + x = 20\ 400$

d'où l'on tire $x = 9\ 600.$

R. — 1re part : 9 600^f : 8 = 1 200^f ;
2e part : 9 600^f : 4 = 2 400^f ;
3e part : 9 600^f × 3/4 = 7 200^f ;
4e part : 9 600^f.

824. *Trois pièces d'étoffe mesurent ensemble 290^m. La longueur de la 2e égale les 5/8 de la 1re plus 17^m ; la 3e a 14^m de moins que la 2e. Trouver la longueur des 3 pièces.*

Soit x la longueur de la 1re pièce ; celle de la 2e pièce sera $\frac{5x}{8} + 17^m$ et celle de la 3e : $\left(\frac{5x}{8} + 17\right) - 14$ ou $\frac{5x}{8} + 3$.

Et l'on aura : $x + \left(\frac{5x}{8} + 17\right) + \left(\frac{5x}{8} + 3\right) = 290$

d'où l'on tire $x = 120$.

R.— 1re pièce : 120^m ; 2e pièce : $\dfrac{120^m \times 5}{8} + 17 = 92^m$;

3e pièce : $\dfrac{120^m \times 5}{8} + 3 = 78^m$.

825. *Un marchand de nouveautés a acheté 225 paires de gants de 3 qualités différentes qu'il met en vente. Le nombre de paires de gants de la 2e qualité égale les 2/3 de celui de la 1re et le nombre de paires de la 3e qualité égale la demi-somme de ceux de la 1re et de la 2e. S'il vend la paire de la 2e qualité 2^f,50 de moins que celle de la 1re et la paire de la 3e, 1^f,50 de moins que celle de la 2e, il reçoit en tout 1 012^f,50. Combien a-t-il de paires de chaque qualité, et quel est le prix de vente correspondant à une paire ?*

1° Le nombre total de paires de gants de 1re et de 2e qualité est égal aux 3/3 + 2/3 = 5/3 du nombre de paires de 1re qualité. Le nombre de paires de 3e qualité est la moitié de la somme précédente soit les 5/6 du nombre de paires de 1re qualité.

Le nombre total 225, représente donc $\dfrac{5}{3} + \dfrac{5}{6} = \dfrac{45}{18} = \dfrac{5}{2}$ du nombre de paires de 1re qualité.

R. — Nombre de paires : 1re qualité : $\dfrac{225 \times 2}{5} = 90$;

2e qualité : $\dfrac{90 \times 2}{2} = 60$; 3e qualité : $\dfrac{90 + 60}{3} = 75$.

2° Si les paires de 2e et de 3e qualité étaient vendues aux mêmes conditions que celles de 1re qualité le prix de vente total serait :

1 012^f,50 + 2^f,50 × 60 + (2^f,50 + 1^f,50) × 75 = 1 462^f,50.

R. — Prix des paires : 1re qualité : 1 462,50 : 225 = 6^f,50 ; 2e qualité : 6^f,50 — 2^f,50 = 4^f ; 3e qualité : 4^f — 1^f,50 = 2^f,50.

826. *Partager 4 600^f en 4 parts de façon que la 2e soit le triple de la 1re, que la 3e soit les 3/5 de la somme des deux premières et que la 4e part égale les 14/17 de la 1re et de la 3e parts réunies.*

Si l'on désigne par x la 1re part, la 2e sera $3x$; la 3e :

$$(x + 3x) \times \frac{3}{5} = \frac{12x}{5}, \text{ et la } 4^e \left(x + \frac{12x}{5} \right) \times \frac{14}{17} = \frac{14x}{5}.$$

Et l'on aura : $\quad x + 3x + \dfrac{12x}{5} + \dfrac{14x}{5} = 4\,600^f.$

D'où l'on tire : $\quad\quad\quad x = 500^f,$

R. — 1re part : 500^f ; 2e part : $500^f \times 3 = 1\,500^f$;

$\quad\quad 3^o$ part : $\dfrac{500^f \times 12}{5} = 1\,200^f$; $\quad 4^o$ part : $\dfrac{500^f \times 14}{5} = 1\,400^f.$

827. *Un enfant qui a 256 billes, en a formé 3 tas : les deux premiers tas sont égaux et les 7/8 du 3e tas moins 6 billes égalent les 3/4 du 1er tas plus 8 billes. Combien y a-t-il de billes dans chaque tas ?*

On a : $\quad\quad \dfrac{7}{8}$ du 3e tas — 6 $= \dfrac{3}{4}$ du 1er tas $+ 8$

d'où $\quad\quad\quad \dfrac{7}{8}$ du 3e tas $= \dfrac{3}{4}$ du 1er tas $+ 14$

3° tas $= \dfrac{3 \times 8}{4 \times 7}$ du 1er tas $+ \dfrac{14 \times 8}{7} = \dfrac{6}{7}$ du 1er tas $+ 16.$

Les 2 premiers tas étant égaux, la somme des 3 tas peut s'écrire :

$$1^{er} + 1^{er} + \left(\frac{6}{7} \text{ du } 1^{er} + 16 \right) = 256.$$

d'où $\quad\quad\quad \dfrac{20}{7}$ du 1er tas $= 240.$

R. — Le 1er tas et le 2e comptent chacun $\dfrac{240 \times 7}{20} = $ **84 billes.**

et le 3° tas $\dfrac{84 \times 6}{7} + 16 = $ **88 billes.**

Calcul de 2, 3... quantités, de 2, 3... prix.

828. *En revendant une pièce d'étoffe $3^f,80$ les 2/3 de mètre, on ferait un bénéfice de $48^f,40$. En la revendant $3^f,15$ les 3/4 de mètre, on ferait une perte de $24^f,80$. Quelle est la longueur de la pièce et quel est son prix d'achat ?*

Différence des prix de vente : $48^f,40 + 24^f,80 = 73^f,20.$
Différence par mètre :

$$\frac{3^f,80 \times 3}{2} - \frac{3^f,15 \times 4}{3} = 5^f,70 - 4^f,20 = 1^f,50.$$

R. — **Longueur de la pièce** : $73,20 : 1,50 = $ **$48^m,80.$**

Prix d'achat de la pièce : $5^f,70 \times 48,80 - 48^f,40 = $ **$229^f,76.$**

829. *Un hôtelier a acheté 35ᵏᵍ de bœuf et 20ᵏᵍ de veau pour 290ᶠ. Trouver les prix du kg. de bœuf et du kg. de veau, sachant que le premier égale les 8 /15 du second.*

35^{kg} de bœuf ont même valeur que $\dfrac{8 \times 35}{15} = \dfrac{56}{3}$ kg de veau.

Donc 290^f sont le prix de $20^{kg} + \dfrac{56^{kg}}{3} = \dfrac{116^{kg}}{3}$ de veau.

R. — **Prix du kg. de veau** : $\dfrac{290^f \times 3}{116} = 7^f,50$.

Prix du kg. de bœuf : $7^f,50 \times 8 /15 = 4^f$.

830. *Un fermier consacre une partie de sa récolte en vin à l'achat d'un cheval. S'il ne vendait que 8 barriques de vin, il manquerait à la somme ainsi obtenue 1 /13 du prix du cheval. Il livre alors 9 barriques ; sur le produit de cette vente, il paye le cheval et il lui reste 60ᶠ. Trouver le prix de vente de la barrique et la valeur du cheval.*

Le prix de 8 barriques égale 12 /13 du prix du cheval.

— 1 barrique égale $\dfrac{12}{13 \times 8} = \dfrac{3}{26}$ du prix du cheval.

— 9 barriques égale $\dfrac{3 \times 9}{26} = \dfrac{27}{26}$ du prix du cheval.

On en conclut que 60^f représentent 1 /26 du prix du cheval.

R. — **Prix du cheval** : $60^f \times 26 = 1\,560^f$.

Prix d'une barrique : $1\,560^f \times 3 /26 = 180^f$.

831. *Un agriculteur a acheté du nitrate et du superphosphate, en tout 2 900ᵏᵍ. La livraison de nitrate comprend 5 quintaux de moins que la livraison de superphosphate et coûte néanmoins 612ᶠ de plus. Trouver le prix du quintal de nitrate et le prix du quintal de superphosphate, le premier de ces prix étant les 17 /4 du second.*

La somme et la différence des quantités d'engrais étant connues, on a : Poids de nitrate $= \dfrac{29 - 5}{2} = 12$ quintaux ;

poids de superphosphate : $29 - 12 = 17$ quintaux.

Les 12 quintaux de nitrate ont même valeur que $12 \times 17 /4 = 51^{kg}$ de superphosphate. 612^f représentent donc le prix de $51 - 17 = 34^q$ de superphosphate.

R. — **Prix du quintal de superphosphate** : $612^f : 34 = 18^f$.

Prix du quintal de nitrate : $18^f \times 17 /4 = 76^f,50$.

832. *En 1914, un laitier avait acheté des vaches pour une somme totale de 10 400ᶠ. En 1924, il en a acheté 2 de moins* et cependant il a payé 57.600ᶠ. En déduire le prix moyen d'une vache laitière en 1914 et en 1924, le premier de ces prix étant les 13/80 de l'autre.

Si, en 1914, le prix moyen des vaches avait été le même qu'en 1924, le laitier aurait payé 10.400ᶠ × 80/13 = 64.000ᶠ.

La différence 64.000ᶠ — 57.600ᶠ = 6.400ᶠ résulte de la différence des nombres de vaches achetées en 1914 et 1924 ; elle représente par conséquent le prix de 2 vaches.

R. — Prix moyen d'une vache en **1924** : 6.400ᶠ : 2 = **3.200ᶠ**.

—   —   en **1914** : 3.200ᶠ × 13/80 = **520ᶠ**.

833. *Deux pièces de vin ont coûté : l'une 330ᶠ, l'autre 273ᶠ,60. La 1ʳᵉ pièce contient 8ˡ de moins que la 2ᵉ, mais le litre de vin de la 2ᵉ pièce ne coûte que les 4/5 du prix du litre de la 1ʳᵉ. Calculer le prix du litre de chaque sorte de vin ainsi que la contenance de chaque pièce.*

Si le vin de la 2ᵉ pièce était de même qualité que celui de la 1ʳᵉ, la 2ᵉ pièce coûterait 273ᶠ,60 × 5/4 = 342ᶠ.

La différence de valeur des 2 pièces serait de 342ᶠ — 330ᶠ = 12ᶠ et représenterait le prix des 8 litres que la 2ᵉ pièce contient en plus.

R. — Prix du litre de vin de chaque pièce :

2ᵉ pièce : 12ᶠ : 8 = 1ᶠ,50 ;   1ʳᵉ pièce : 1ᶠ,50 × 4/5 = **1ᶠ,20**.

Contenance de chaque pièce :

2ᵉ pièce : 273,60 : 1,20 = **228ˡ** ;   1ʳᵉ pièce : 330 : 1,5 = **220ˡ**.

834. *Deux ouvriers travaillent ensemble ; le 1ᵉʳ gagne par jour 1/3 de plus que le 2ᵉ. Au bout d'un certain temps, le 1ᵉʳ, qui a travaillé 5 jours de plus que le 2ᵉ, a reçu 400ᶠ, tandis que l'autre n'a reçu que 240ᶠ. Combien chacun gagnait-il par jour ?*

Si le 2ᵉ ouvrier avait eu le même salaire journalier que le 1ᵉʳ, il aurait reçu 240ᶠ × 4/3 = 320ᶠ.

La différence de leurs gains serait 400ᶠ — 320ᶠ = 80ᶠ et représenterait la valeur des 5 journées que le 1ᵉʳ a fournies en plus.

R. — Prix d'une **journée du 1ᵉʳ** : 80ᶠ : 5 = **16ᶠ**.

Prix d'une **journée du 2ᵉ** : 16ᶠ × 3/4 = **12ᶠ**.

835. *Un tailleur a acheté du drap et de la doublure, en tout 33ᵐ pour 762ᶠ. Le coupon de doublure mesure les 4/7 du coupon de drap. Trouver la longueur et le prix du mètre de chaque étoffe, sachant que 2ᵐ de drap coûtent autant que 17ᵐ de doublure.*

1° 33ᵐ représentent les $\frac{4}{7} + \frac{7}{7} = \frac{11}{7}$ du coupon de drap.

R. — Longueur du coupon de drap : $\dfrac{33 \times 7}{11} = 21^m$.

Longueur du coupon de doublure : 33ᵐ — 21ᵐ = **12ᵐ**.

2º Les 21^m de drap ont même valeur que $21 \times 17/2 = 178^m,50$ de doublure. Donc 762^f sont le prix de :

$$178^m,50 + 12^m = 190^m,50 \text{ de doublure.}$$

R. — **Prix du mètre de doublure : $762^f : 190,5 = 4^f$.**
Prix du mètre de drap : $4^f \times 17/2 = 84^f$.

836. *Un fabricant a vendu pour 46 200^f deux pièces de drap mesurant ensemble 1 520^m. La longueur de la 1re pièce n'est que les 8/11 de celle de la 2e pièce, mais le mètre de la 1re vaut les 11/7 du mètre de la 2e. Trouver le prix de vente du mètre de chaque pièce.*

1 520^m représentent les $\dfrac{8}{11} + \dfrac{11}{11} = \dfrac{19}{11}$ de la 2e pièce.

Longueur de la 2º pièce : $1\,520 \times 11/19 = 880^m$.
Longueur de la 1re pièce : $1\,520^m - 880^m = 640^m$.
Les 880^m de la 2e pièce ont même valeur que $880 \times 7/11 = 560^m$ de la 1re pièce. Donc 46 200^f représentent le prix de

$$640^m + 560^m = 1\,200^m \text{ de la 1}^{ro} \text{ pièce.}$$

R. — **Prix du mètre de la 1ro pièce : $46\,200^f : 1\,200 = 38^f,50$.**
Prix du mètre de la 2º pièce : $38^f,50 \times 7/11 = 24^f,50$.

Déchets.

837. Toile écrue, toile lavée. — *Une étoffe se réduit, après avoir été mouillée, de 1/15 de sa longueur et de 1/16 de sa largeur. Quelle longueur d'étoffe neuve faut-il employer pour avoir 102^{m2},90 d'étoffe après le lavage ? Cette étoffe, avant d'être mouillée, a 0^m,80 de largeur.*

Largeur de l'étoffe après lavage : $\dfrac{0^m 80 \times 15}{16} = 0^m 75$.

Le coupon employé devra donc avoir, après lavage une longueur de $102,9 : 0,75 = 137^m,20$.
Cette longueur n'est que les 14/15 de la longueur primitive.

R. — **Le coupon non lavé mesurait : $\dfrac{137^m,20 \times 15}{14} = 147^m$.**

838. *Une couturière a besoin de 17^m,85 de toile de 1^m,20 de largeur, mais elle ne trouve à acheter que de la toile ayant 1^m,10 et qu'elle devra d'ailleurs faire laver avant de l'utiliser. Sachant que le lavage fait diminuer cette toile de 1/52 de sa longueur et de 1/22 de sa largeur, on demande combien elle devra en acheter.*

Surface de toile nécessaire : $17,85 \times 1,20 = 21^{m2},42$.

Largeur du coupon acheté, après lavage : $\dfrac{1^m,10 \times 21}{22} = 1^m 05$.

Ce coupon doit avoir, après lavage, une longueur de :

$$21,42 : 1.05 = 20^m,40.$$

Cette longueur n'est que les 51/52 de la longueur achetée.

R. — Longueur du coupon acheté : $\dfrac{20^m,40 \times 52}{51} = 20^m,80.$

839. *Un marchand a acheté une pièce de toile de 112^m et l'a fait laver. La toile s'est rétrécie sur la longueur des 3/48. Si le marchand revendait alors chaque mètre au prix d'achat, il perdrait $36^f,40$. Combien doit-il revendre le mètre pour réaliser un bénéfice de $135^f,35$.*

Puisque les 3/48 de la pièce valent $36^f,40$, la pièce entière coûte :

$$\frac{36^f,40 \times 48}{3} = 36^f,40 \times 16 = 582^f,40.$$

La pièce doit être revendue : $582^f,40 + 135^f 35 = 717^f,75.$

Il reste à vendre : $112^m - \left(\dfrac{112 \times 3}{48}\right) = 112^m - 7^m = 105^m.$

R. — Prix de vente du mètre : $\dfrac{717^f,75}{105} = 6^f,835$ $6^f,85$ *par excès.*

840. *Un commerçant reçoit une commande de 38 douzaines de chemises pour la confection desquelles il emploie de la toile écrue qui lui coûte $2^f,85$ le mètre. Au lavage, cette toile se réduit des 5/100 de sa longueur primitive. Chaque chemise, une fois lavée, contient $2^m,50$ de toile, et la façon d'une douzaine de chemises coûte au commerçant $44^f,75$. On demande le prix de revient de la totalité de la commande et celui d'une chemise.*

Nombre de mètres de toile lavée employée à la confection des chemises :

$$2^m,50 \times 12 \times 38 = 1\,140^m.$$

La toile écrue qui s'est réduite à $1\,140^m$, mesurait avant le lavage :

$$\frac{1\,140 \times 100}{95} = 1\,200^m$$

Prix d'achat de la toile : $2^f,85 \times 1\,200 = 3.420^f.$
Prix de la façon : $44^f,75 \times 38 = 1\,700^f,50.$

R. — Prix de revient total : $3\,420^f + 1\,700,50 = 5\,120^f,50.$
   Prix d'une chemise : $5.120^f,50 : (12 \times 38) = 11^f,2$ *par excès.*

841. *Une dame confectionne des draps avec de la toile de coton écrue de $0^m,80$ de largeur. Ces draps sont faits avec 2 largeurs d'étoffe. La toile employée se retire au blanchissage de $0^m,012$ par mètre sur la longueur et de $0^m,015$ sur la largeur. Quelle largeur auront les draps après le blanchissage si le surjet du milieu prend $0^m,015$ d'étoffe ?*

Quelle longueur de toile écrue faut-il employer par drap pour que chacun ait, après le blanchissage, 2^m,80 de long, si les ourlets des 2 extrémités prennent chacun 0^m,018 d'étoffe ?

Largeur des draps avant le lavage :

$$(0^m,80 \times 2) - 0^m,015 = 1^m,585.$$

R. — Largeur des draps après le lavage : $\dfrac{1^m,585 \times 985}{1\,000} = 1^m,56.$

Les draps ayant 2^m,80 de long après le lavage, mesuraient, avant le lavage : $\dfrac{2^m,80 \times 1\,000}{988} = 2^m,834.$

et avant d'être ourlés : $2^m,834 + (0^m,018 \times 2) = 2^m,87.$

R. — Il a fallu pour chaque drap $2^m,87 \times 2 = 5^m,74$ de toile écrue.

842. *On confectionne des draps de lit en mettant deux lés de largeur, avec une pièce de toile écrue de 36^m de longueur et 0^m,80 de largeur. Cette toile se retire, par le blanchissage, de 0^m,012 par mètre sur la longueur, et de 0^m,015 par mètre sur la largeur. On demande : 1° quelle largeur auront les draps après le blanchissage, si la couture prend 0^m,003 sur chaque lé ; 2° quelle longueur de toile écrue il faut pour un drap, si les ourlets des deux extrémités prennent chacun 0^m,008, pour que le drap cousu et blanchi ait juste 2^m,80 ; 3° combien on peut confectionner de draps avec la pièce, et combien il reste de toile ?*

Largeur des draps avant le blanchissage :

$$(0^m,8 \times 2) - 0,006 = 1^m,594$$

R. — Largeur des draps après le blanchissage :

$$\frac{1^m,594 \times 985}{1\,000} = 1^m,57.$$

Longueur des draps avant le blanchissage :

$$\frac{2^m,80 \times 1\,000}{988} = 2^m,834.$$

Avant d'être ourlés, ils avaient : $2^m,834 + 0,016 = 2^m,85.$

R. — Pour chaque drap il faudra :

$$2^m,85 \times 2 = 5^m,70 \text{ de toile écrue.}$$

R. — On pourra faire avec la pièce :

$$36 : 5,70 = 6 \text{ draps et il restera } 1^m,80 \text{ de toile.}$$

843. *Une lingère achète pour 134^f,40 une pièce de toile nécessaire à la confection de 6 douzaines de torchons qui, après lavage, doivent mesurer chacun 70^{cm} de long et 48^{cm} de large ; mais la toile employée a subi un retrait de 1/16 de sa longueur et de 1/17 de sa largeur. On demande : 1° le* *prix d'un mètre de toile ; 2° la perte en surface éprouvée par la toile après lavage.*

1° Largeur de la toile avant le lavage : $\dfrac{0^m,48 \times 17}{16} = 0^m,51.$

Longueur des torchons avant le lavage : $\dfrac{0^m,70 \times 16}{15} = \dfrac{224^m}{300}.$

Longueur de toile achetée : $\dfrac{224}{300} \times 12 \times 6 = 53^m,76.$

R. — **Prix du mètre de toile :** $134^f,40 : 53,76 = 2^f,50.$

2° La surface après le lavage est les $\dfrac{15}{16} \times \dfrac{16}{17} = \dfrac{15}{17}$ de la surface primitive. La perte égale donc les 2/17 de la surface primitive.

R. — **La perte en surface** est de :

$$0^m,51 \times \dfrac{224}{300} \times \dfrac{2}{17} \times 72 = 3^{m2},2256.$$

Confitures. — **844.** *Une personne a acheté 20^kg de groseilles pour faire des confitures. On demande combien elle devra employer de sucre, et combien elle obtiendra de confitures, sachant : 1° qu'il faut 850^g de sucre par litre de jus ; 2° que 7^kg de groseilles rendent 5 litres de jus ; 3° qu'un litre de jus pèse 970^g et perd 1/8 de son poids par la cuisson.*

Quantité de jus obtenue : $\dfrac{5^l \times 20}{7} = \dfrac{100^l}{7}.$

Poids de ce jus : $0^{kg},97 \times \dfrac{100}{7} = 13^{kg},857.$

R. — **Poids du sucre à employer :** $0^{kg},85 \times \dfrac{100}{7} = 12^{kg},143.$

Poids total du jus sucré :

1° avant la cuisson : $13^{kg},857 + 12^{kg},143 = 26^{kg}.$

2° après la cuisson : $26^{kg} \times \dfrac{7}{8} = 22^{kg},75.$

R. — On obtiendra **22^kg,75 de confitures.**

845. *Les groseilles fournissent les 3/4 de leur poids total de jus. En ajoutant à ce jus un poids égal de sucre, on obtient par la cuisson un poids de confiture égal aux 2/3 du poids total du jus et du sucre mélangés. Le prix de revient de 6^kg de confiture est de 18^f,60. Calculer le prix du kg. de groseilles si le sucre employé a coûté 3^f,20 le kg.*

Les 6^kg de confitures proviennent de $6 \times \dfrac{3}{2} = 9^{kg}$ de jus et de sucre mélangés.

Ce mélange contenait 4^kg,5 de sucre et 4^kg,5 de jus de groseilles.

Prix du sucre : $3^f 20 \times 4,5 = 14^f,40.$

Prix du jus de groseilles : $18^f,60 - 14^f,40 = 4^f,20$.

Les $4^{kg},5$ de jus provenaient de $\dfrac{4^{kg},5 \times 4}{3} = 6^{kg}$ de groseilles.

R. — Prix du kg. de groseilles : $4^f,20 : 6 = 0^f,70$.

846. *On achète $5^{kg},320$ de groseilles pour faire des confitures. Ces groseilles fournissent les 4/7 de leur poids de jus et ce jus est mêlé à un poids égal de sucre. Le mélange est ensuite chauffé et clarifié, ce qui lui fait perdre 3/152 de son poids. L'opération terminée, la confiture est mise dans des pots de $0^l,149$ de capacité. On demande combien on pourra remplir de ces pots, sachant que le litre de confitures pèse autant que $1^l,25$ d'eau.*

Poids de jus obtenu : $5^{kg},32 \times \dfrac{4}{7} = 3^{kg},04$.

Poids du mélange de jus et de sucre : $3^{kg},04 \times 2 = 6^{kg},08$.

Poids du mélange après la cuisson : $6^{kg},08 \times \dfrac{149}{152} = 5^{kg},96$.

Poids de confitures par pot : $1^{kg},25 \times 0,149 = 0^{kg},18625$.

R. — On pourra remplir $5,96 : 0,18625 = $ **32 pots.**

847. *On veut faire 12^{kg} de confitures avec des cerises que l'on paie $0^f,80$ le kg. Pour cela, on enlève les noyaux dont le poids est le 1/3 de celui des cerises employées et l'on met poids égal de cerises ainsi préparées et de sucre à $3^f,20$ le kg. La cuisson fait perdre le 1/4 du poids de ce mélange. Quelle sera la dépense ?*

Les 12^{kg} de confitures proviennent de $12^{kg} \times \dfrac{4}{3} = 16^{kg}$ de mélange de sucre et de cerises sans noyaux.

Poids des cerises : $16^{kg} : 2 = 8^{kg}$.

Poids des cerises avec les noyaux : $8^{kg} \times \dfrac{4}{3} = \dfrac{32}{3}$ kg.

Prix des cerises achetées : $0^f,80 \times \dfrac{32}{3} = 8^f,53$.

Prix du sucre : $3^f,20 \times 8 = 25^f,6$.

R. — Montant de la dépense : $8^f,53 + 25^f,60 = $ **34^f,13.**

Actions simultanées.

Fontaines. — 848. *Un robinet remplirait un bassin en 3/4 d'heure ; un autre le remplirait en 4/5 d'heure. Quel temps faudra-t-il aux deux robinets pour remplir ensemble le bassin ?*

En 1 heure, les deux robinets verseraient ensemble une quantité d'eau égale aux $\frac{4}{3} + \frac{5}{4} = \frac{31}{12}$ du bassin.

R. — Pour remplir le bassin, ils mettraient donc $\frac{12}{31}$ d'heure.

849. *Deux machines à vapeur épuiseraient un stock de charbon : la 1re en 12h, la 2e en 14h. On fait marcher les machines ensemble pendant 3h. Quelle fraction du stock ont-elles consommée ? Sachant qu'il reste 15 tonnes, on demande de calculer le stock primitif en quintaux.*

En 1h, la 1re machine consomme $\frac{1}{12}$ du stock ; et la 2e, $\frac{1}{14}$.

R. — En 3h, elles ont consommé ensemble :

$$\left(\frac{1}{12} + \frac{1}{14}\right) \times 3 = \frac{13}{28} \text{ du stock.}$$

Les 15 tonnes ou 150 quintaux qui restent représentent 15/28 du stock primitif.

R. — Le **stock primitif** était de $\dfrac{150 \times 28}{15} = 280$ **quintaux.**

850. *Une pompe épuiserait un bassin en 6h 3/4 ; une autre l'épuiserait en 5h 1/2. Quel temps faudra-t-il aux deux pompes, fonctionnant ensemble, pour mettre à sec le bassin rempli aux 3/11 ?*

$$6^h\,\frac{3}{4} \text{ valent } \frac{27}{4} \text{ d'h. ; } \quad 5^h\,\frac{1}{2} \text{ valent } \frac{11}{2}\,^h.$$

Ensemble, les deux pompes épuiseront en 1 heure :

$$\frac{4}{27} + \frac{2}{11} = \frac{98}{297} \text{ du bassin.}$$

R — **Temps cherché :** $\dfrac{3}{11} : \dfrac{98}{297} = \dfrac{3 \times 297}{11 \times 98} = \dfrac{81}{98}$ d'h. $= 49^m\,\dfrac{29}{49}$.

851. *Une fontaine verse 8 litres 1/2 d'eau en 2 secondes ; une autre en verse 12 litres en 3 secondes 1/2. Quelle est la plus abondante et combien donne-t-elle de plus que l'autre par minute ?*

Débit des fontaines par seconde :

$$1^{re} \quad 8^l\,\frac{1}{2} : 2 = \frac{17}{4} \text{ de litre ; } \quad 2^o \quad 12^l : 3\frac{1}{2} = \frac{24}{7} \text{ de litre.}$$

Or $\qquad \dfrac{17}{4} - \dfrac{24}{7} = \dfrac{23}{28}$.

R. — **La 1re fontaine est plus abondante.**

En 1 minute, elle donne $\dfrac{23 \times 60}{28} = 49^l\,\dfrac{2}{7}$ **de plus.**

852. *Un robinet remplirait un bassin en 15ʰ, un autre en 24ʰ. On laisse couler le 1ᵉʳ pendant 6ʰ puis le 2ᵉ pendant 5ʰ. Pour achever de remplir le bassin, on les ouvre alors tous les deux. Combien de temps faudra-t-il les laisser couler ?*

En 6ʰ, le 1ᵉʳ robinet remplirait $\frac{1}{15} \times 6 = \frac{2}{5}$ du bassin.

En 5ʰ, le 2ᵉ robinet remplirait $\frac{1}{24} \times 5 = \frac{5}{24}$ du bassin.

Le bassin serait alors rempli aux $\frac{2}{5} + \frac{5}{24} = \frac{73}{120}$.

Les deux robinets coulant ensemble auraient à remplir :

$\frac{120 - 73}{120} = \frac{47}{120}$ du bassin, à raison de $\frac{1}{15} + \frac{1}{24} = \frac{13}{120}$ par heure.

R. — Temps cherché : $\frac{47}{120} : \frac{13}{120} = \frac{47 \times 120}{120 \times 13} = \frac{47}{13}$ d'h. $= 3^h \frac{8}{13}$.

853. *Une fontaine peut remplir un bassin en 7ʰ ; un robinet peut le vider en 11ʰ. Le 1/3 du bassin étant déjà plein, on laisse couler la fontaine et on ouvre le robinet. Au bout de combien d'heures les 3/4 du bassin seront-ils remplis ?*

En 1 heure la fontaine remplit 1/7 du bassin, et le robinet vide 1/11 du bassin.

Si l'on ouvre la fontaine et le robinet, il s'emplit par heure : $\frac{1}{7} - \frac{1}{11} = \frac{4}{77}$ du bassin.

Or, on veut remplir $\frac{3}{4} - \frac{1}{3} = \frac{5}{12}$ du bassin.

R. — Il faudra donc : $\frac{5}{12} : \frac{4}{77} = \frac{5 \times 77}{12 \times 4} = \frac{385}{48}$ d'h. $= 8^h \frac{1}{48}$.

854. *Une fontaine peut remplir un réservoir en 8ʰ ; un robinet peut le vider en 12ʰ. Le réservoir étant vide, on laisse couler la fontaine pendant 5ʰ, puis on fait couler ensemble la fontaine et le robinet. On demande au bout de combien de temps le réservoir sera rempli.*

En 5ʰ, la fontaine a rempli $\frac{1}{8} \times 5 = \frac{5}{8}$ du réservoir.

La fontaine et le robinet étant alors ouverts, il s'emplit par heure :

$\frac{1}{8} - \frac{1}{12} = \frac{1}{24}$ du réservoir.

Comme il reste à en remplir les 3/8, la fontaine et le robinet devront fonctionner pendant :

$$\frac{3}{8} : \frac{1}{24} = \frac{3 \times 24}{8} = 9 \text{ heures.}$$

R. — Le réservoir sera rempli au bout de $5^h + 9^h = $ **14 heures.**

855. *Trois fontaines coulent dans un bassin : la 1re seule le remplirait en $1^h 1/4$, la 2e en $2^h 2/3$, la 3e en $4^h 4/7$; par un robinet inférieur le bassin se viderait en $2^h 2/5$. En combien de temps le bassin, rempli aux 7/16, sera-t-il plein, si l'on ouvre en même temps les fontaines et le robinet ?*

$$1^h \frac{1}{4} = \frac{5}{4} \text{ d'h. } ; 2^h \frac{2}{3} = \frac{8}{3} \text{ d'h. } ; 4^h \frac{4}{7} = \frac{32}{7} \text{ d'h. } ; 2^h \frac{2}{5} = \frac{12}{5} \text{ d'h.}$$

Si l'on ouvre les fontaines et le robinet, il s'emplit par heure :

$$\frac{4}{5} + \frac{3}{8} + \frac{7}{32} - \frac{5}{12} = \frac{223}{160} - \frac{5}{12} = \frac{469}{480} \text{ du bassin.}$$

Or il reste à remplir les 9/16 du bassin.

R. — Le bassin sera rempli au bout de :

$$\frac{9}{16} : \frac{469}{480} = \frac{9 \times 480}{16 \times 469} = \frac{270}{469} \text{ d'h. } = 34^m 32^s.$$

856. *Deux pompes fonctionnant ensemble, épuiseraient un fossé en $3^h 1/4$; l'une des deux le viderait, à elle seule, en $6^h 1/15$. Quel temps faudrait-il à l'autre pour vider seule le fossé ?*

En 1^h, les deux pompes videraient ensemble $\frac{4}{13}$ du fossé.

L'une d'elles en viderait par heure $\frac{15}{91}$, donc l'autre en viderait :

$$\frac{4}{13} - \frac{15}{91} = \frac{1}{7}.$$

R. — La 2e pompe viderait le bassin en **7 heures.**

857. *Une cuve est munie de trois robinets. Si on ouvre les trois robinets, elle se vide en 2 heures ; si l'on ouvre les deux premiers seulement, elle se vide en $2^h 1/5$. En combien de temps le troisième seul viderait-il la cuve ?*

En 1 heure, les 3 robinets vident 1/2 de la cuve, et les deux premiers les 5/11.

Donc le 3e robinet seul, en vide $\frac{1}{2} - \frac{5}{11} = \frac{1}{22}$ par heure.

R. — Pour vider la cuve, le 3e mettrait **22 heures.**

858. *On fait couler ensemble 2 robinets dans un réservoir, le 1er pendant 2^h35^m, le 2e pendant 1^h57^m et on recueille ainsi*

2^{m3} 319 d'eau. Sachant que si on les faisait couler ensemble pendant 1/4 d'heure on obtiendrait 252 litres ; trouver le débit de chaque robinet par heure.

Les 2 robinets ont coulé ensemble pendant 1^{h}57^m ou 117^m et ils ont versé alors, à raison de 252 litres en 15 minutes :

$$\frac{252^l \times 117}{15} = 1\,965^l,60.$$

Le 1er robinet a coulé seul pendant 2^{h}35^m — 117^m = 38^m ; il a versé pendant ce temps :

$$2\,319^l — 1\,965^l,60 = 353^l,40.$$

En 15 minutes, le 1er verse $\dfrac{353^l,40 \times 15}{38} = 139^l\,50.$

En 15 minutes, le 2e verse 252^l — 139^l,50 = 112^l,50.

R. — En 1 heure le 1er **robinet** verse 139^l,50 $\times$ 4 = **558^l.**

— 2e **robinet** — 112^l,50 $\times$ 4 = **450^l.**

859. *Deux fontaines donnent 440 litres d'eau, la 1re coulant pendant 2^h et la 2e pendant 5^h. Si on laissait couler la 1re pendant 5^h et la 2e pendant 2^h, elles donneraient 365 litres. Combien de litres chaque fontaine donne-t-elle en 1 heure ?*

Si l'on représente par x le nombre de litres fournis par la 1re fontaine en 1 heure et par y le nombre de litres fournis par la 2e fontaine en 1 heure, on peut écrire.

$$2x + 5y = 440 \qquad (1)$$
$$5x + 2y = 365. \qquad (2)$$

En additionnant membre à membre (1) et (2), on a :

$$7x + 7y = 805.$$
$$x + y = 115.$$

En retranchant (2) de (1), on a :

$$— 3x + 3y = 75$$
$$y — x = 25.$$

Connaissant $y + x$ et $y — x$, on en déduit :

$$y = \frac{115 + 25}{2} = 70 \qquad x = \frac{115 — 25}{2} = 45.$$

R. — La 1re **fontaine** verse par heure **45^l** et la 2e **70^l.**

860. *Deux robinets A et B sont disposés au-dessus d'un bassin. Si on laisse A ouvert pendant 1^h 1/2 et B pendant 54^{mn}, on recueille dans le bassin 427^l,50 d'eau. Mais si on avait ouvert A pendant 54^{mn} et B pendant 1^h 1/2, on n'aurait obtenu que 386^l,10 d'eau. On demande combien chaque robinet fournit d'eau en 1 heure.*

(Voir solution précédente.)

Représentons par x et y les débits par minute de A et B ; on a :

$$90x + 54y = 427,5 \tag{1}$$
$$54x + 90y = 386,1. \tag{2}$$

En additionnant et en retranchant (1) et (2), on obtient successivement :

$$x + y = 5,65 ; \qquad x - y = 1,15.$$

D'où : $x = \dfrac{5,65 + 1,15}{2} = 3,40 ; \quad y = \dfrac{5,65 - 1,15}{2} = 2,25.$

R. — La 1re verse par heure $3^l,40 \times 60 = 204^l$.
La 2° verse — $2^l,25 \times 60 = 135^l$.

861. *Un bassin qui peut contenir* 3^{m3} *d'eau, est alimenté par deux robinets dont le 1er fournit 8 litres par minute. Les deux robinets coulant simultanément, rempliraient les 7/10 du bassin en 2^h30^m. Le bassin étant vide, on laisse couler le 1er robinet seul, puis le 2° seul, et au bout de 7^h le bassin est rempli. Pendant combien de temps a-t-on laissé couler chaque robinet ?*

1° *Calcul du débit du 2° robinet en 1 heure.*

En 1 heure, les deux robinets ensemble versent :

$$\frac{3\,000^l \times 7}{10} : 2^h30^m = \frac{300 \times 7}{2,50} = 840^l.$$

Or, en 1 heure, le 1er verse : $8^l \times 60 = 480^l$.
Donc en 1 heure, le 2° verse : $840^l - 480^l = 360^l$.

2° *Problème de fausse position.* — Si le 1er robinet avait seul fonctionné pendant 7^h, il aurait versé $480 \times 7 = 3\,360$ litres.
L'excédent aurait été de $3\,360^l - 3\,000^l = 360^l$.
Or si l'on ouvre pendant 1 heure, le 2° robinet au lieu du 1er, cet excédent diminue de $480^l - 360^l = 120^l$; pour qu'il disparaisse le 2° robinet devra fonctionner pendant $360 : 120 = 3$ heures.

R. — Le 1er robinet a coulé pendant 4^h et le 2° pendant 3^h.

862. *Dans un réservoir qui contient déjà* $1\,200^l$ *d'eau, on amène de l'eau par un robinet qui peut débiter 640^l en 80^{mn}. Dans un second réservoir qui contient déjà 200^l d'eau, on amène également de l'eau par un robinet qui peut débiter 960^l en 2^h. On ouvre les robinets en même temps. On demande de calculer : 1° au bout de quel temps il y aura dans le premier réservoir trois fois autant d'eau que dans le second ; 2° quelle quantité il y aura alors dans chaque réservoir.*

En 1 minute, le 1er robinet débite $\dfrac{640^l}{80} = 8^l$ et le 2° $\dfrac{960^l}{120} = 8^l$.

Représentons par x le temps au bout duquel le 1er réservoir contiendra 3 fois plus d'eau que le second. Pendant ce temps chaque robinet aura fourni $8x$ litres. D'où l'équation :

$$\frac{1\,200 + 8x}{200 + 8x} = \frac{3}{1}.$$

En effectuant, on a :

$$(200 + 8x) \times 3 = 1\,200 + 8x$$
$$600 + 24x = 1\,200 + 8x$$
$$16x = 600$$
$$x = 37\,1/2.$$

R. — Le temps cherché est 37 minutes 30 secondes.

Le 1er réservoir contiendra $1\,200^l + (8^l \times 37,5) = 1\,500^l$.

Le 2e réservoir   — $200^l + (8^l \times 37,5) = 500^l$.

863. *Trois robinets peuvent couler dans un bassin de 45^l. Le 1er et le 2e coulant ensemble le rempliraient en 25^{mn}, le 1er et le 3e ensemble en 27^{mn}. On sait que le débit du 3e est les 3/5 de celui du 2e. Quel est le débit de chaque robinet et le temps qu'ils mettraient ensemble à remplir le réservoir ?*

Si l'on remplace le débit du 3e robinet par les 3/5 du débit du 2e, on peut écrire :

Débit du 1er + débit du 2e, par heure, $= \dfrac{45^l \times 60}{25} = 108^l$.

Débit du 1er + $\dfrac{3}{5}$ du débit du 2e — $= \dfrac{45^l \times 60}{27} = 100^l$.

En retranchant membre à membre, on a :

$$\dfrac{2}{5} \text{ du débit du } 2^e = 8 \text{ litres.}$$

R. — Débit du 2e **robinet** : $8^l \times 5/2 = \mathbf{20^l}$.

Débit du 1er **robinet** : $108^l - 20^l = \mathbf{88^l}$.

Débit du 3e **robinet** : $100^l - 88^l = \mathbf{12^l}$.

Pour remplir le réservoir ils mettraient ensemble :

$$\dfrac{45}{88 + 20 + 12} = \dfrac{45}{120} = \dfrac{3}{8} \text{ d'heure} = \mathbf{22^m 30^s}.$$

864. *Trois fontaines coulent dans un bassin. La 1re et la 2e coulant ensemble le rempliraient en 2^h ; la 1re et la 3e le rempliraient en 1^{h}12^m ; la 2e et la 3e le rempliraient en 1^h 1/2. On demande en combien de temps chaque fontaine coulant seule pourrait remplir le bassin.*

$1^h 12^m = 1^h 1/5 = 6/5$ d'h. ; $1^h 1/2 = 3/2^h$.

L'énoncé permet d'écrire :

1re + 2^e en 1 heure remplissent $\dfrac{1}{2}$ du bassin

1re + 3^e —   — $\dfrac{5}{6}$

2e + 3^e —   — $\dfrac{2}{3}$ —

La 1ʳᵉ fontaine, la 2ᵉ et la 3ᵉ remplissent ensemble en 1 heure :

$$\left(\frac{1}{2} + \frac{5}{6} + \frac{2}{3}\right) : 2 = \frac{3 + 5 + 4}{6} : 2 = \frac{12}{6} : 2 = \frac{6}{6} \text{ du bassin.}$$

Donc, la 1ʳᵉ remplit à l'heure : $\frac{3}{3} - \frac{2}{3} = \frac{1}{3}$ du bassin

la 2ᵉ $\frac{6}{6} - \frac{5}{6} = \frac{1}{6}$

la 3ᵉ $\frac{3}{2} - \frac{2}{2} = \frac{1}{2}$

R. — Pour remplir le bassin, la 1ʳᵉ fontaine mettrait 3 heures ; la 2ᵉ fontaine 6 heures, et la 3ᵉ fontaine 2 heures.

865. *Une fontaine remplirait un bassin A en 5ʰ10ᵐ ; une autre fontaine le remplirait en 8ʰ45ᵐ. On les fait couler ensemble dans un autre bassin B qu'elles remplissent en 12ʰ. Quel temps faudrait-il à chaque fontaine coulant seule pour remplir le bassin B ?*

$$5^h 10^m = 5^h \frac{1}{6} = \frac{31}{6} \text{ d'h. } ; \quad 8^h 45^m = 8^h \frac{3}{4} = \frac{35}{4} \text{ d'h.}$$

En 1 heure, les fontaines coulant ensemble, peuvent remplir :

soit $\frac{6}{31} + \frac{4}{35} = \frac{334}{1\,085}$ de A ; soit $\frac{1}{12}$ de B.

On en conclut que $\frac{1}{12}$ de B égale $\frac{334}{1\,085}$ de A ; d'où

$$B = \frac{334}{1\,085} \times 12 = \frac{4\,008}{1\,085} \text{ de A.}$$

Par conséquent les fontaines mettraient, pour remplir séparément B, les $\frac{4\,008}{1\,085}$ du temps qu'il leur faudrait pour remplir A.

R. — La 1ʳᵉ fontaine mettrait : $\frac{31}{6}$ d'h. $\times \frac{4\,008}{1\,085} = 19^h \frac{3}{35}$.

La 2ᵉ fontaine $\frac{35}{4}$ d'h. $\times \frac{4\,008}{1\,085} = 32^h \frac{10}{31}$.

Équipes d'ouvriers. — **866.** *Un ouvrage peut être fait en 2 jours par un ouvrier et en 3 jours par un autre. Combien ces ouvriers travaillant ensemble mettront-ils de temps pour faire cet ouvrage ?*

Les deux ouvriers font ensemble en 1 jour :

$$\frac{1}{2} + \frac{1}{3} = \frac{5}{6} \text{ de l'ouvrage.}$$

R. — Ils mettront $\frac{6}{5}$ de jour ou 1 jour $\frac{1}{5}$.

867. *Un ouvrier ferait un ouvrage en 3 jours ; un autre le ferait en 4 jours. Quelle fraction d'un ouvrage 5 fois plus difficile feraient-ils ensemble en 3/4 de jours ?*

En 1 jour, les deux ouvriers feraient ensemble :

$\dfrac{1}{3} + \dfrac{1}{4} = \dfrac{7}{12}$ de l'ouvrage, et par suite $\dfrac{7}{12 \times 5} = \dfrac{7}{60}$ d'un ouvrage 5 fois plus difficile.

En $\dfrac{3}{4}$ de jour ils feraient $\dfrac{7 \times 3}{60 \times 4} = \dfrac{7}{80}$ de ce dernier ouvrage.

R. — Fraction cherchée : $\dfrac{7}{80}$ **de l'ouvrage.**

868. *Deux compagnies d'ouvriers peuvent faire un ouvrage : la 1re en 90 jours; la 2e en 120 jours. Si l'on n'emploie que le 1/4 des ouvriers de la 1re compagnie et le 1/6 de ceux de la 2e, en combien de jours l'ouvrage sera-t-il fait ? On suppose que tous les ouvriers d'une même compagnie font la même besogne dans le même temps.*

Le 1/4 des ouvriers de la 1re compagnie fera en 1 jour :

$$\dfrac{1}{90} \times \dfrac{1}{4} = \dfrac{1}{360}\ \text{de l'ouvrage.}$$

Le 1/6 des ouvriers de la 2e compagnie fera en 1 jour.

$$\dfrac{1}{120} \times \dfrac{1}{6} = \dfrac{1}{720}\ \text{de l'ouvrage.}$$

En 1 jour les ouvriers employés feront en tout :

$$\dfrac{1}{360} + \dfrac{1}{720} = \dfrac{1}{240}\ \text{de l'ouvrage.}$$

R. — Pour faire l'ouvrage, il faudra **240 jours.**

869. *Trois équipes d'ouvriers pourraient faire le même travail, la 1re en 8 jours, la 2e en 10 jours et la 3e en 12 jours. On prend la moitié de la 1re équipe, 1/3 de la 2e et 3/4 de la 3e. En combien de jours et fraction de jour l'ouvrage entier sera-t-il terminé ?*

Fraction de l'ouvrage faite en 1 jour par :

$$\text{la } \dfrac{1}{2} \text{ de la 1}^{\text{re}} \text{ équipe : } \dfrac{1}{8} \times \dfrac{1}{2} = \dfrac{1}{16}$$

$$\text{le } \dfrac{1}{3} \text{ de la 2}^{\text{e}} \text{ équipe : } \dfrac{1}{10} \times \dfrac{1}{3} = \dfrac{1}{30}$$

$$\text{les } \dfrac{3}{4} \text{ de la 3}^{\text{e}} \text{ équipe : } \dfrac{1}{12} \times \dfrac{3}{4} = \dfrac{1}{16}.$$

L'ensemble des ouvriers employés fera, en 1 jour :

$$\frac{1}{16} + \frac{1}{30} + \frac{1}{16} = \frac{19}{120} \text{ de l'ouvrage.}$$

R. — L'ouvrage sera terminé en $\frac{120}{19}$ j. = **6 jours** $\frac{6}{19}$.

870. *Une équipe d'ouvriers a mis 31 jours pour faire un certain travail de terrassement : diminuée d'un sixième, cette équipe est chargée d'un travail analogue qu'elle fait en 24 jours ; les deux tâches sont payées ensemble 5 155ᶠ. Combien, au total, est-il dû aux ouvriers qui ont pris part aux deux entreprises ? — Combien est-il dû aux autres ?*

Si les 5/6 de l'équipe font le 2ᵉ travail en 24 jours, l'équipe entière le ferait en $\dfrac{24^j \times 5}{6}$ = 20 jours.

Donc 5 155ᶠ représentent le gain de l'équipe entière travaillant pendant 31 + 20 = 51 jours.

En 31ʲ l'équipe entière a gagné $\dfrac{5\ 155^f \times 31}{51}$;

Le $\dfrac{1}{6}$ de l'équipe a reçu pour ces 31ʲ $\dfrac{5\ 155^f \times 31}{51 \times 6}$ = 522ᶠ,25.

Les autres ouvriers ont reçu : 5 155ᶠ — 522ᶠ,25 = 4 632ᶠ,75.

R. — Les ouvriers qui ont participé aux deux entreprises ont gagné ensemble **4 632ᶠ,75** et les autres **522ᶠ,25**.

871. *On dispose de 3 ouvriers pour exécuter un travail. Le 1ᵉʳ le ferait seul en 12 jours en travaillant 10ʰ par jour ; le 2ᵉ le ferait en 15 jours en travaillant 6ʰ par jour ; le 3ᵉ le ferait en 9 jours en travaillant 8ʰ par jour.*

On demande : 1° en combien de journées de 10ʰ les 3 ouvriers travaillant ensemble feront l'ouvrage ; 2° quelle est la fraction du travail total fait par chacun des ouvriers ; 3° la somme gagnée par chacun, la valeur totale du travail étant estimée à 432ᶠ.

Les 12 journées de 10ʰ du 1ᵉʳ ouvrier font 120ʰ.
Les 15 journées de 6ʰ du 2ᵉ   —   —   90ʰ.
Les 9 journées de 8ʰ du 3ᵉ   —   —   72ʰ.
Ensemble, les 3 ouvriers font en une heure.

$$\frac{1}{120} + \frac{1}{90} + \frac{1}{72} = \frac{3+4+5}{360} = \frac{1}{30} \text{ de l'ouvrage.}$$

Et en une journée de 10ʰ, ils en feront 10/30 ou 1/3.

R. — Les ouvriers mettront **3 jours** pour faire l'ouvrage.

Le 1ᵉʳ en fera $\dfrac{1 \times 10 \times 3}{120} = \dfrac{1}{4}$ et recevra $\dfrac{432^f}{4}$ = **108ᶠ**.

Le 2ᵉ en fera $\dfrac{1 \times 10 \times 3}{90} = \dfrac{1}{8}$ et recevra $\dfrac{432^f}{3}$ = **144ᶠ**.

Le 3ᵉ en fera $\dfrac{1 \times 10 \times 3}{72} = \dfrac{5}{12}$ et recevra $\dfrac{432^f \times 5}{12}$ = **180ᶠ**.

872. *Une mère et sa fille travaillent à une tapisserie ; ensemble, elles la termineraient en 15 jours ; après y avoir travaillé toutes les deux pendant 6 jours, la fille seule achève la tapisserie en 30 jours. Combien de temps chacune de ces personnes mettrait-elle pour faire séparément cette tapisserie ?*

Ensemble, la mère et la fille font en 1 jour, 1/15 de la tapisserie et, en 6 jours, les 6/15 ou les 2/5

Si la fille achève en 30 jours les 3/5 qui restent à faire, elle fait par jour :

$$\frac{3}{5 \times 30} \quad \text{ou} \quad \frac{1}{50} \quad \text{de la tapisserie.}$$

R. — La fille seule ferait donc la tapisserie en **50 jours.**

En 1 jour, la mère fait $\dfrac{1}{15} - \dfrac{1}{50} = \dfrac{7}{150}$ de l'ouvrage.

R. — La **mère** seule ferait la tapisserie en $\dfrac{150}{7}$ j. $= $ **21 j.** $\dfrac{3}{7}$.

873. *Un ouvrier ferait un certain ouvrage en 5 jours ; un autre ouvrier le ferait en 4 jours. On leur adjoint un 3ᵉ ouvrier et en travaillant ensemble, ils font l'ouvrage en 1 jour 3/5. Combien de temps aurait mis le 3ᵉ ouvrier s'il avait travaillé tout seul ?*

Les 3 ouvriers ensemble font l'ouvrage en 1 j. 3/5 ou 8/5 de jour ; donc en 1 jour, ils en font les 5/8.

Les deux premiers ensemble font en 1 jour :

$$\frac{1}{5} + \frac{1}{4} = \frac{9}{20} \quad \text{de l'ouvrage.}$$

Le 3ᵉ ouvrier fait donc par jour les

$$\frac{5}{8} - \frac{9}{20} = \frac{25 - 18}{40} = \frac{7}{40} \quad \text{de l'ouvrage.}$$

R. — Le 3ᵉ **ouvrier** seul ferait l'ouvrage en $\dfrac{40}{7}$ j. $= $ **5 j.** $\dfrac{5}{7}$.

874. *Deux ouvriers entreprennent ensemble un travail que le 1ᵉʳ pourrait faire en 10 jours et le 2ᵉ en 12 jours, en travaillant 8ʰ par jour. Au bout de 3 jours le 1ᵉʳ étant tombé malade, on adjoint au second un 3ᵉ ouvrier et ceux-ci achèvent l'ouvrage en 3 jours et 3 heures. Quel temps le 3ᵉ ouvrier seul mettrait-il à faire tout le travail ?*

Le 1ᵉʳ ouvrier en 3 jours a fait $\dfrac{1}{10} \times 3 = \dfrac{3}{10}$ de l'ouvrage.

Le 2ᵉ ouvrier a travaillé 3 j. $+ 3$ j. $\dfrac{3}{8} = 6$ j. $\dfrac{3}{8} = \dfrac{51}{8}$ j. et a fait :

$$\frac{1}{12} \times \frac{51}{8} = \frac{17}{32} \quad \text{de l'ouvrage.}$$

Donc le 3e ouvrier a fait : $1 - \left(\dfrac{3}{10} + \dfrac{17}{32}\right) = \dfrac{27}{160}$ de l'ouvrage.

R. — Le **3e ouvrier** fait les 27/160 de l'ouvrage en 3 j. 3/8 ou 27/8 de jour, il fera donc l'ouvrage en entier en

$$\dfrac{27 \times 160}{8 \times 27} = 20 \text{ jours.}$$

875. *Deux ouvriers se présentent pour défricher un terrain. Le 1er ferait l'ouvrage en 12 jours 1/2 et le 2e en 10 jours. Le propriétaire les fait travailler ensemble ; mais au bout de 2 jours 1/2, le 1er ne peut plus faire que les 3/4 de ce qu'il faisait auparavant. Au bout de combien de temps le travail sera-t-il terminé ?*

Le 1er ouvrier, en 2 j. $\dfrac{1}{2}$, a fait $\dfrac{2}{25} \times \dfrac{5}{2} = \dfrac{1}{5}$ de l'ouvrage.

Le 2e ouvrier — $\dfrac{1}{10} \times \dfrac{5}{2} = \dfrac{1}{4}$ —

Au bout de 2 j. 1/2 il reste à faire :

$$1 - \left(\dfrac{1}{5} + \dfrac{1}{4}\right) = \dfrac{11}{20} \text{ de l'ouvrage.}$$

A partir de ce moment, les ouvriers font ensemble par jour :

$$\left(\dfrac{2}{25} \times \dfrac{3}{4}\right) + \dfrac{1}{10} = \dfrac{3}{50} + \dfrac{5}{50} = \dfrac{4}{25} \text{ de l'ouvrage.}$$

R. — Le travail sera terminé en $\dfrac{11}{20} : \dfrac{4}{25} = $ **3 jours** $\dfrac{7}{16}$.

876. *Pour faire un ouvrage, on a employé deux ouvriers. Le 1er a travaillé seul pendant 8 jours, puis les deux ouvriers ont travaillé ensemble pendant 9 jours. Enfin, le 1er cessant de travailler, le 2e termine l'ouvrage en 18 jours. Sachant que le 1er aurait mis 32 jours pour faire l'ouvrage, on demande : 1° la fraction de l'ouvrage faite par chaque ouvrier; 2° le temps nécessaire au second travaillant seul pour faire tout l'ouvrage.*

R. — Le 1er ouv. en 8 + 9 = 17 j. a fait $\dfrac{1}{32} \times 17 = \dfrac{17}{32}$ de l'ouvrage.

Le 2e **ouv.** en 9 + 18 = 27 j. a fait $\dfrac{32 - 17}{32} = \dfrac{15}{32}$ de l'ouvrage.

Le 2e seul, aurait fait l'ouvrage en $\dfrac{27 \times 32}{15} = $ **57 jours** $\dfrac{3}{5}$.

877. *On a engagé un journalier et son fils pour bêcher un jardin. On sait que le père et le fils, travaillant ensemble, mettraient 12ʰ pour faire tout le travail et que le père tout seul mettrait 20ʰ. Ils ont travaillé un jour ensemble pendant*

8ʰ, et, le lendemain, le père achève les 90 centiares qui restaient à bêcher. On demande : 1° combien de temps le père a travaillé le 2ᵉ jour ; 2° la contenance du jardin ; 3° combien de m² chacun a bêchés.

Le 1ᵉʳ jour, le père et le fils ont fait les $\frac{8}{12} = \frac{2}{3}$ de l'ouvrage.

R. — 1° Le père qui ferait tout le travail en 20ʰ, en fera le dernier $\frac{1}{3}$ en $\frac{20}{3}$ d'h. ou 6ʰ40ᵐ.

2° La surface du jardin est de 90ᶜᵃ × 3 = 270ᶜᵃ.

3° Le père, qui a travaillé 8ʰ + 6ʰ $\frac{2}{3} = \frac{44}{3}$ d'h., a bêché $\frac{270^{m2} \times 44}{20 \times 3}$ = 198ᵐ² ; et le fils : 270ᵐ² — 198ᵐ² = 72ᵐ².

878. *Une jeune fille commence le matin une dentelle au fuseau qu'elle compte avoir terminée à 11ʰ. Quand elle a fini la 1/2 de sa besogne, elle se blesse à la main, et ne pouvant plus aller aussi vite, elle ne termine son travail qu'à midi. Sachant que la jeune fille faisait 18ᶜᵐ de dentelle par heure avant son accident, et 12 après, calculer la longueur de la dentelle, et déterminer l'heure à laquelle la jeune fille a commencé son travail.*

Après l'accident, le travail de la jeune fille n'est que les 12/18 ou les 2/3 de ce qu'il était auparavant.

Donc pour achever la seconde moitié de l'ouvrage elle mettra les 3/2 du temps prévu, soit :

$$\frac{1}{2} \times \frac{3}{2} = \frac{3}{4} \text{ du temps total prévu.}$$

La durée de son travail est donc augmentée de $\frac{3}{4} - \frac{1}{2} = \frac{1}{4}$ ou de 1ʰ.

Le travail devait durer 1ʰ × 4 = 4ʰ.

R. — **Longueur de dentelle à fabriquer :** 18ᶜᵐ × 4 = **72ᶜᵐ.**
Le travail a commencé à 11ʰ — 4ʰ = 7ʰ.

879. *Deux ouvrières ont travaillé ensemble à la confection d'un costume pendant 24ʰ. L'une d'elles quitte le travail et l'autre achève en y travaillant 22ʰ. Combien d'heures chacune d'elles, travaillant seule, aurait-elle mis pour faire le costume, sachant que, si l'une ne s'était pas retirée, le travail aurait été terminé 10ʰ plus tôt.*

Les 2 ouvrières travaillant ensemble, font l'ouvrage en

$$24 + 22 - 10 = 36 \text{ heures.}$$

Donc, en 1 heure, elles font 1/36 de l'ouvrage ; et en 24 heures : $\frac{1}{36} \times 24 = \frac{24}{36} = \frac{2}{3}$ de l'ouvrage.

La 2º ouvrière exécute le tiers restant en 22ʰ, donc, en 1ʰ,

la 2º fait $\dfrac{1}{3 \times 22} = \dfrac{1}{66}$ de l'ouvrage, et la 1ʳᵉ $\dfrac{1}{36} - \dfrac{1}{66} = \dfrac{5}{396}$.

R. — La 1ʳᵉ seule ferait le costume en $\dfrac{396}{5}$ d'h. $= 79^{\text{h}}\,\dfrac{1}{5}$.

La 2º seule — en **66 heures.**

880. *Un entrepreneur construit deux sections de chemin de fer d'égale importance et d'égale difficulté au point de vue du travail. Il emploie 75 ouvriers dans chacune d'elles. Au bout de 48 jours, il constate que l'on a fait les 5/8 du travail dans la 1ʳᵉ section et les 3/5 dans la 2º. Combien faut-il qu'il ajoute d'ouvriers de la 1ʳᵉ section à ceux de la 2º pour que le travail de la 2º section se termine le 72º jour?*

Travail
de la 2º section $\left\{\begin{array}{l} \text{En 48 j. la 2º section a fait 3/5 de l'ouvrage.} \\[4pt] \text{En 72 j. elle en fera les } \dfrac{3 \times 72}{5 \times 48} = \dfrac{9}{10}. \end{array}\right.$

Donc les ouvriers empruntés à la 1ʳᵉ section auront à faire 1/10 de l'ouvrage en 72-48 = 24 jours.

Travail
d'un ouvrier
de la 1ʳᵉ section
en 24 jours. $\left\{\begin{array}{l} \text{En 1 j., il fait } \dfrac{5}{8 \times 48 \times 75} = \dfrac{1}{5\,760} \text{ de l'ouvrage.} \\[4pt] \text{En 24 j. il fait } \dfrac{24}{5\,760} = \dfrac{1}{240} \text{ de l'ouvrage.} \end{array}\right.$

R. — Il faut ajouter : $\dfrac{1}{10} : \dfrac{1}{240} = $ **24 ouvriers de la 1ʳᵉ section.**

881. *Un entrepreneur construit 2 sections de chemin de fer de même importance au point de vue du travail ; il emploie 20 ouvriers à chacune. Au bout de 60 jours, les ouvriers du 1ᵉʳ groupe n'ont fait que les 3/4 de leur travail, tandis que ceux du 2º, plus habiles, ont terminé le leur. Combien l'entrepreneur doit-il alors joindre d'ouvriers du 2º groupe à ceux du 1ᵉʳ pour que le travail soit terminé au bout de 10 jours ?*

Travail
du 1ᵉʳ groupe
en 70 jours $\left\{\begin{array}{l} \text{En 60 j. le 1ᵉʳ groupe a fait 3/4 du travail.} \\[4pt] \text{En 70 j. il en fera les } \dfrac{3 \times 70}{4 \times 60} = \dfrac{7}{8}. \end{array}\right.$

Donc les ouvriers empruntés au 2º groupe auront à faire 1/8 du travail en 10 jours.

Travail
d'un ouvrier
du 2º groupe
en 10 jours $\left\{\begin{array}{l} \text{En 1 j., il fait } \dfrac{1}{60 \times 20} \text{ du travail} \\[4pt] \text{En 10 j., il en fera } \dfrac{10}{60 \times 20} = \dfrac{1}{120}. \end{array}\right.$

R. — Il faut ajouter : $\dfrac{1}{8} : \dfrac{1}{120} = \dfrac{120}{8} = $ **15 ouvriers du 2º groupe.**

Revision.

882. *Lorsque le vin coûtait 72^f l'hectolitre, un ménage en consommait par an 6^{hl},50. Le prix s'étant élevé, la consommation est devenue moindre ; mais la dépense s'est néanmoins accrue des 3/8. Étant donné que la valeur du vin est devenue les 13/8 de ce qu'elle était, cherchez de combien la consommation a été diminuée.*

La dépense totale était d'abord de 72^f × 6,5.

Elle est devenue 72^f × 6,5 × $\dfrac{11}{8}$ = 643^f,50.

Le prix de l'hl. est devenu : 72^f × $\dfrac{13}{8}$ = 117^f.

Nombre d'hl. consommés : 643,5 : 117 = 5^h,50.

R. — La consommation a été diminuée de 6^{hl},5 — 5^{hl},5 = 1^{hl}.

883. *Deux attelages peuvent labourer un terrain A le 1er en 12^h, le 2e en 16^h 1/2. On les emploie sur un autre terrain B qu'ils labourent ensemble en 8^{h}48^m. Quel temps mettraient-ils chacun à labourer séparément le terrain B ?*

$$16^h\tfrac{1}{2} = \tfrac{33}{2}\text{h.} \; ; \qquad 8^h48^m = 8^h\tfrac{4}{5} = \tfrac{44}{5}\text{ d'h.}$$

En 1 heure, les attelages travaillant ensemble, peuvent labourer :

$$\dfrac{1}{12} + \dfrac{2}{33} = \dfrac{19}{132}\text{ de A} ; \qquad \text{ou encore } \dfrac{5}{44}\text{ de B.}$$

Il s'ensuit que les 5/44 de B égalent les 19/132 de A ; d'où :

$$B = \dfrac{19 \times 44}{132 \times 5} = \dfrac{19}{15}\text{ de A.}$$

Par conséquent, les attelages mettront, pour labourer séparément le terrain B, les 19/15 du temps qu'il leur faut pour labourer le terrain A.

R. — Le 1er attelage mettra 12^h × 19/15 = 15^h 1/5.
Le 2e attelage mettra 16^h 1/2 × 19/15 = 20^h 9/10.

884. *On a deux pièces de toile dont l'une est les 6/7 de l'autre. Avec la plus grande on peut faire 12 draps de lit et il restera 3^m. Pour faire 12 draps de lit avec la plus petite il manquerait 6^m. Trouver : 1° la longueur de chaque pièce ; 2° le nombre de mètres nécessaires pour faire un drap de lit.*

Grande pièce = Longueur de 12 draps + 3^m.
Petite pièce = Longueur de 12 draps — 6^m.
La différence des pièces égale 1/7 de la grande, ou 9^m.

R. — Longueur de la grande pièce : 9^m × 7 = 63^m.
Longueur de la petite pièce : 9^m × 6 = 54^m.
Longueur d'un drap de lit : (63^m — 3^m) : 12 = 5^m.

885. *Un hôtelier achète pour 188ᶠ,60 une caisse contenant 7 pigeons, 4 poulets, 2 lièvres et une dinde. La caisse seule vaut 1/40 du contenu. Sachant que 2 poulets valent 3 pigeons, que 3 lièvres valent 5 poulets et que la dinde seule vaut les 5/18 du prix des autres marchandises, trouver les prix respectifs de la caisse seule, d'un pigeon, d'un poulet, d'un lièvre et de la dinde.*

La caisse et son contenu valent $\frac{1}{40} + \frac{40}{40} = \frac{41}{40}$ du contenu.

Prix du contenu : $\dfrac{188^f,60 \times 40}{41} = 184^f.$

R. — **Prix de la caisse : 188ᶠ,60 — 184ᶠ = 4ᶠ,60.**

La dinde et les autres provisions valent $\frac{5}{18} + \frac{18}{18} = \frac{23}{18}$ du prix de ces dernières provisions.

Prix de ces provisions : $\dfrac{184^f \times 18}{23} = 144^f.$

R. — **Prix de la dinde : 184ᶠ — 144ᶠ = 40ᶠ.**

7 pigeons valent autant que $\dfrac{2 \times 7}{3} = \dfrac{14}{3}$ poulets, et 2 lièvres autant que $\dfrac{5 \times 2}{3} = \dfrac{10}{3}$ poulets.

Pigeons, poulets, lièvres valent $\dfrac{14}{3} + 4 + \dfrac{10}{3} = 12$ poulets.

R. — **Prix d'un poulet** 144ᶠ : 12 = **12ᶠ.**

Prix d'un pigeon $\dfrac{12^f \times 2}{3} = $ **8ᶠ.** — **Prix d'un lièvre** $\dfrac{12^f \times 5}{3} = $ **20ᶠ.**

886. *Dans une famille de fonctionnaire n'ayant d'autre ressource que le traitement du chef de famille, on économisait jadis 1/5 du traitement. Mais les dépenses s'étant accrues de 1 665ᶠ, on n'économise plus que le 1/16 du traitement du père, bien que ce traitement ait été augmenté de 1/10. Trouver le traitement actuel du père et la dépense annuelle de la famille.*

Les dépenses égalaient jadis les 4/5 du traitement ; actuellement elles égalent les 15/16 du nouveau traitement ou encore :

les $\dfrac{11}{10} \times \dfrac{15}{16} = \dfrac{33}{32}$ du traitement primitif.

1 665ᶠ représentent donc $\dfrac{33}{32} - \dfrac{4}{5} = \dfrac{37}{160}$ du traitement primitif.

Montant du traitement primitif : $\dfrac{1\ 665 \times 160}{37} = 7\ 200^f.$

R. — **Traitement actuel : 7 200ᶠ + 720ᶠ = 7 920ᶠ.**
  Dépense annuelle : 7 920ᶠ × 15/16 = 7 425ᶠ.

887. *Deux sœurs, réunissant leurs économies, ont ensemble 74ᶠ. Au jour de la fête de leur mère, elles lui font un cadeau pour lequel l'aînée donne la moitié de ses économies et la plus jeune les 7/10 de ce que donne sa sœur. Le cadeau fait, les deux sœurs ont encore 40ᶠ ; à combien s'élevaient les économies de l'une et de l'autre ? Vérifiez les résultats.*

Prix du cadeau : 74ᶠ — 40ᶠ = 34ᶠ.

Cette somme représente la moitié des économies de l'aînée, plus les 7/10 de cette moitié, soit :

$$\frac{1}{2} + \left(\frac{1}{2} \times \frac{7}{10}\right) = \frac{17}{20} \text{ des économies de l'aînée.}$$

R. — Économies de l'aînée : $\dfrac{34^f \times 20}{17} = 40^f.$

Économies de la **plus jeune** : 74ᶠ — 40ᶠ = **34ᶠ**.

888. *Deux fûts sont remplis de vin de même prix, 1ᶠ,65 le litre. Le 1/3 de la contenance du premier vaut la moitié de la capacité du second, et la différence entre les valeurs du vin des deux fûts est de 222ᶠ,75. Trouver la capacité des deux fûts.*

La contenance du 1ᵉʳ fût vaut $\dfrac{1}{2} \times 3 = \dfrac{3}{2}$ de celle du 2ᵉ.

La différence des contenances égale 222,75 : 1,65 = 135ˡ.

Cette différence égale 3/2 — 2/2 = 1/2 de la capacité du 2ᵉ fût.

R. — Capacité du **1ᵉʳ fût** : 135ˡ × 3 = **405ˡ**.

Capacité du **2ᵉ fût** : 135ˡ × 2 = **270ˡ**.

889. *Deux personnes possèdent chacune une somme ; celle de la 1ʳᵉ est double de celle de la 2ᵉ ; celle-ci augmente son avoir des 2/3 ; elle possède alors 10 000ᶠ. La 1ʳᵉ, au contraire, perd les 2/5 de ce qu'elle a. On demande ce que possède actuellement la 1ʳᵉ, et ce que possédait primitivement la 2ᵉ.*

Les $\dfrac{3}{3} + \dfrac{2}{3} = \dfrac{5}{3}$ de l'avoir primitif de la 2ᵉ personne valent 10 000ᶠ.

La 2ᵉ personne avait d'abord $\dfrac{10\ 000^f \times 3}{5} = 6\ 000^f.$

La 1ʳᵉ personne avait d'abord 6 000ᶠ × 2 = 12 000ᶠ.

Elle n'a plus que $\dfrac{12\ 000^f \times 3}{5} = 7\ 200^f.$

R. — La 1ʳᵉ personne a 7 200ᶠ ; la 2ᵉ avait d'abord 6 000ᶠ.

890. *Une personne a employé successivement trois ouvriers pour faire un certain travail. Le 1ᵉʳ en a fait les 5/8 ; le 2ᵉ a fait les 16/35 de ce qu'a fait le 1ᵉʳ, et le 3ᵉ a* fait le reste. Sachant que le 1er a reçu 168f de plus que les deux autres réunis, on demande quel est le prix total de l'ouvrage et ce que chaque ouvrier a reçu.

Ensemble les deux premiers ouvriers ont fait :

$$\frac{5}{8} + \left(\frac{5 \times 16}{8 \times 35}\right) = \frac{5}{8} + \frac{2}{7} = \frac{35 + 16}{56} = \frac{51}{56} \text{ du travail.}$$

Donc le 3º ouvrier a fait les $\frac{56 - 51}{56} = \frac{5}{56}$ du travail.

Le 1er a fait $\frac{35}{56} - \left(\frac{16}{56} + \frac{5}{56}\right) = \frac{14}{56} = \frac{1}{4}$ du travail de plus que les deux autres ensemble, et cet excédent a été payé 168f.

R. — **Prix total de l'ouvrage : 168f × 4 = 672f.**

Le 1er a reçu $\frac{672 \times 5}{8}$ **420f** ; le 2º $\frac{672^f \times 2}{7} = $ **192f** ;

le 3º $\frac{672^f \times 5}{56} = $ **60f.**

891. Une pièce de toile doit être vendue 15f le mètre. Par suite d'un accident qui défraîchit l'étoffe, les 3/7 de la pièce ne sont vendus que 13f le mètre, et le reste est cédé à 11f le mètre. Il en est résulté une perte de 198f. Quelle était la longueur de cette pièce ?

Perte par mètre
$\left\{\begin{array}{l} \text{Sur } 7^m \text{ on en vend :} \\ \text{3 à 13}^f \text{ le mètre et on perd } (15^f - 13^f) \times 3 = 6^f \text{ ;} \\ \text{4 à 11}^f \text{ le mètre et on perd } (15^f - 11^f) \times 4 = 16^f. \\ \text{Perte par mètre : } \dfrac{6^f + 16^f}{7} = \dfrac{22^f}{7}. \end{array}\right.$

R. — Longueur de la pièce : $198 : \frac{22}{7} = \frac{198 \times 7}{22} = 63^m.$

892. Une marchande achète des pommes, moitié à 2 pour 0f,05, et moitié à 3 pour 0f,10. Elle en revend le tiers à 0f,05 pièce et le reste à 2 pour 0f,15. Combien aura-t-elle vendu de pommes quand elle aura gagné 45f ?

Prix d'achat d'une pomme
$\left\{\begin{array}{l} \text{Prix d'achat de 12 pommes :} \\ \dfrac{5^c}{2} \times 6 + \dfrac{10^c}{3} \times 6 = 15^c + 20^c = 35^c \\ \text{Prix d'achat d'une pomme : } \dfrac{35^c}{12}. \end{array}\right.$

Prix de vente d'une pomme
$\left\{\begin{array}{l} \text{Prix de vente de 12 pommes :} \\ (5^c \times 4) + \left(\dfrac{15^c}{2} \times 8\right) = 20^c + 60^c = 80^c. \\ \text{Prix de vente d'une pomme } \dfrac{80^c}{12}. \end{array}\right.$

Bénéfice réalisé par pomme $\dfrac{80^c - 35^c}{12} = \dfrac{45^c}{12} = \dfrac{15^c}{4}$.

R. — La marchande aura vendu : $4\,500 : \dfrac{15}{4} = 1\,200$ pommes.

893. *Une barrique est aux 3/4 remplie d'huile. On retire une 1ʳᵉ fois les 5/7 de cette huile ; une 2ᵉ fois, on retire les 9/11 de ce qui reste ; enfin, ce qui reste au fond de la barrique est vendu pour 10ᶠ,50. Le litre d'huile pèse 910ᵍ, et le prix d'un kg. d'huile est de 3ᶠ,45. Quelle est la capacité de la barrique ?*

La 1ʳᵉ fois, il reste les $\dfrac{2}{7}$ de l'huile, soit $\dfrac{3 \times 2}{4 \times 7} = \dfrac{3}{14}$ de la barrique.

La 2ᵉ fois, il reste les $\dfrac{2}{11}$ du reste précédent, soit :

$$\dfrac{3 \times 2}{14 \times 11} = \dfrac{3}{77} \text{ de la barrique.}$$

La barrique pleine d'huile vaudrait $\dfrac{10^f,50 \times 77}{3} = 269^f,50$.

Or le litre d'huile vaut $\dfrac{3^f,45 \times 910}{1\,000} = 3^f,1395$.

R. — **Capacité de la barrique** : $269,5 : 3,1395 = 85^l,84$.

894. *Un marchand achète à la campagne des œufs à 0ᶠ,25 pièce, et les revend en ville 4ᶠ,50 la douzaine. Il a gagné 75ᶠ sur son marché. On demande combien il a vendu d'œufs, sachant que les frais de transport sont la moitié des droits d'entrée en ville, et ces droits 1/15 du prix d'achat.*

Prix d'achat de la douzaine : $0^f,25 \times 12 = 3^f$.

Prix de revient de la douzaine.			
Prix d'achat :	$0^f 25 \times 12$	$= 3^f$
Droits d'entrée :	$3^f : 15$	$= 0^f,20$
Frais de transport :	$0^f,20 : 2$	$= 0^f,10$
Total :		$3^f,30$

Bénéfice par douzaine : $4^f,50 - 3^f,30 = 1^f,20$.

R. — Le marchand a vendu : $12 \times \dfrac{75}{1,2} = 750$ œufs.

895. *Si l'on retranchait 13 ans 1/3 du double de mon âge en 1925, on en aurait les 3/4 plus les 5/6. En quelle année suis-je né ?*

13 ans $\dfrac{1}{3} = \dfrac{40}{3}$ d'année ; $\left(\dfrac{3}{4} + \dfrac{5}{6}\right)$ de l'âge $= \dfrac{19}{12}$ de l'âge.

13 ans $\dfrac{1}{3}$ est la différence entre le double et les $\dfrac{19}{12}$ de l'âge.

Ainsi : $\dfrac{40}{3}$ d'année $= \left(\dfrac{24}{12} - \dfrac{19}{12}\right)$ de l'âge $= \dfrac{5}{12}$ de l'âge.

L'âge demandé est $\dfrac{40 \times 12}{3 \times 5} = 32$ ans.

R. — L'année de la naissance est 1925 — 32 = **1893.**

896. *Si aux 3/7 de l'âge d'une personne on ajoute les 2/5 de son âge plus 15 ans, on obtient l'âge que cette personne aura dans 6 ans. Quel est son âge actuel ?*

Si aux $\dfrac{3}{7} + \dfrac{2}{5} = \dfrac{29}{35}$ de son âge on n'ajoutait que 15 — 6 = 9 ans, on aurait l'âge actuel de la personne :

Donc 9 ans représentent les $\dfrac{35 - 29}{35} = \dfrac{6}{35}$ de l'âge cherché.

R. — La personne a actuellement $\dfrac{9 \times 35}{6} = $ **52 ans** $\dfrac{1}{2}$.

897. *Un capitaine répartit également un certain nombre d'obus entre 3 pièces d'artillerie. La 1re pièce tire les 2/9 de ce nombre plus 7 ; la 2e les 3/7 moins 6 et la 3e le reste. Trouver : 1° le nombre total d'obus ; 2° le nombre tiré par chaque pièce. Vérifier.*

Puisque les obus sont répartis également entre les 3 pièces, chaque pièce reçoit 1/3 du nombre total.

Donc $\quad \dfrac{2}{9}$ du nombre + 7 obus $= \dfrac{1}{3}$ du nombre

ou $\quad \dfrac{2}{9}$ du nombre + 7 obus $= \dfrac{3}{9}$ du nombre

d'où $\quad \dfrac{1}{9}$ du nombre = 7 obus.

R. — Nombre total d'obus : $7 \times 9 = $ **63 obus.**

Chaque pièce tire : $63 : 3 = $ **21 obus.**

Vérification. — 1re pièce : (2/9 de 63) + 7 donnent bien 14 + 7 = 21 obus.

2e pièce : (3/7 de 63) — 6 donnent aussi 27 — 6 = 21 obus.

3e pièce : 63 — (21 + 21) = 21 obus.

898. *Après avoir perdu successivement les 3/8 de sa fortune, 1/9 du reste, puis les 5/12 du nouveau reste, une personne hérite de 60.800ᶠ. La 1/2 de sa fortune primitive se trouve alors reconstituée. On demande : 1° combien cette personne possédait d'abord ; 2° combien elle a successivement perdu.*

Après la 1re perte, il lui reste 5/8 de la fortune (F).

Après la 2e perte, il lui reste $\dfrac{5}{8} \times \dfrac{8}{9} = \dfrac{5}{9}$ de F.

Après la 3e perte, il lui reste $\dfrac{5}{9} \times \dfrac{7}{12} = \dfrac{35}{108}$ de F.

Or $\dfrac{35}{108}$ de F $+$ 60 800f $= \dfrac{54}{108}$ de F.

60 800f représentent donc $\dfrac{54 - 35}{108} = \dfrac{19}{108}$ de F.

R. — Cette personne possédait d'abord $\dfrac{60\,800^f \times 108}{19} = $ 345 600f.

Elle a perdu : la 1re fois 345 600f $\times$ 3/8 $=$ **129 600f** ;
la 2e fois : (345 600f—129 600f) $\times$ 1/9 $=$ 216 000f $\times$ 1/9 $=$ **24 000f** ;
la 3e fois : (216 000f — 24 000f) $\times$ 5/12 $=$ 192 000f $\times$ 5/12 $=$ **80 000f**.

899. *Quatre ouvrières travaillant ensemble achètent en commun une machine de 675f. La 1re et la 2e paient ensemble les 3/5 de ce prix, la 2e donnant 36f de moins que la 1re ; la 3e et la 4e paient ensemble le reste, la 4e donnant 60f de plus que la 3e. Au bout d'un an, la machine a donné un bénéfice de 3 375f.*

1° Quelle a été la mise de chaque ouvrière ? 2° Combien par franc d'achat la machine a-t-elle rapporté ? 3° Quelle sera la part de bénéfice de chaque ouvrière ?

Somme des mises des deux premières : $\dfrac{675 \times 3}{5} = $ 405f.

R. — Mise de la 1re ouvrière : $\dfrac{405^f + 36^f}{2} = $ **220f 50**.

Mise de la 2e ouvrière : 405f — 220f,50 $=$ **184f 50**.

Somme des mises des deux dernières : 675f — 405f $=$ 270f.

R. — Mise de la 3e ouvrière : $\dfrac{270^f - 60^f}{2} = $ **105f**.

Mise de la 4e ouvrière : 270f — 105f $=$ **165f**.

R. — 1 franc d'achat a rapporté 3 375 : 675 $=$ **5f**.

R. — Puisque chaque franc d'achat donne 5f de bénéfice, la 1re ouvrière recevra : 5f $\times$ 220,50 $=$ **1 102f 50** ; la 2e 5f $\times$ 184f,50 $=$ **922f 50** ; la 3e 5f $\times$ 105 $=$ **525f** et la 4e 5f $\times$ 165 $=$ **825f**.

900. *Un écolier distribue à parts égales un nombre de pommes à trois de ses camarades. Au 1er il donne 2/9 du nombre de ses pommes, plus une pomme 1/3 ; au 2e les 3/7 du nombre, moins une pomme 1/7 ; le 3e a eu le reste. Combien cet écolier avait-il de pommes ?*

Puisque les parts sont égales, chaque élève reçoit le 1/3 du nombre total des pommes.

Donc le triple de la 1re part est égal au nombre total :

$$\left(\frac{2}{9} \text{ du nombre total} + \frac{4}{3} \text{ de pomme}\right) \times 3 = \text{Nombre total.}$$

$$\frac{2}{3} \text{ du nombre total} + 4 \text{ pommes} = \frac{3}{3} \text{ du nombre total.}$$

Donc 4 pommes représentent 1/3 du nombre total.

R. — L'élève avait : $4 \times 3 = $ **12 pommes.**

901. *Un entrepreneur se charge d'un travail sur le devis primitif duquel il a consenti un rabais de 1/15. Pour intéresser ses ouvriers, il leur abandonne, en dehors de leur paye journalière, 1/20 de ce qui lui est dû après le rabais, et enfin, sur le reste, il prélève 1/50, qu'il verse à une caisse d'assurances. Tous ces décomptes faits, il lui revient la somme de 52 136ᶠ. Dire à combien s'élevait le devis estimatif, la somme distribuée aux ouvriers et celle qui a été versée à la caisse d'assurances.*

Il est dû à l'entrepreneur les $\frac{14}{15}$ du montant du devis.

Quand il aura donné 1/20 de cette somme aux ouvriers, il lui restera :

$$\frac{14}{15} \times \frac{19}{20} = \frac{133}{150} \text{ du devis.}$$

Après avoir versé 1/50 de cette dernière somme à la caisse d'assurances, il lui restera :

$$\frac{133}{150} \times \frac{49}{50} = \frac{6\,517}{7\,500} \text{ du devis.}$$

R. — **Montant du devis :** $\dfrac{52\,136 \times 7\,500}{6\,517} = $ **60 000ᶠ.**

Somme donnée aux ouvriers : $60\,000^{\text{f}} \times \dfrac{14}{15} \times \dfrac{1}{20} = $ **2 800ᶠ.**

Somme versée à la caisse : $60\,000^{\text{f}} \times \dfrac{133}{150} \times \dfrac{1}{50} = $ **1 064ᶠ.**

902. *La viande désossée pèse les 5/6 de la viande avec os ; le rôtissage lui fait perdre encore 1/7 de son poids et il y a dans la viande cuite 1/9 inutilisable. D'après cela, combien une ménagère qui prépare un repas pour 7 personnes doit-elle acheter de viande avec os, pour avoir 180ᵍ nets de viande rôtie par personne ?*

La viande achetée fournira les 5/6 de son poids de viande désossée, ou les $\dfrac{5}{6} \times \dfrac{6}{7} = \dfrac{5}{7}$ de viande rôtie, ou les $\dfrac{5}{7} \times \dfrac{8}{9} = \dfrac{40}{63}$ de viande utilisable.

Les 180ᵍ × 7 = 1 260ᵍ de viande que la ménagère veut servir représentent les 40/63 de ce qu'elle doit acheter.

R. — Elle doit acheter $\dfrac{1\,260^g \times 63}{40} = 1\,984^g\,50$ de viande avec os.

903. *Une personne dispose d'un capital avec lequel elle désire acheter une propriété dont la valeur est les 19/20 du capital ; or, les divers frais d'achat s'élèvent aux 8/95 du prix de la propriété. Quelle fraction du capital manque à la personne pour réaliser son achat et payer les frais accessoires ?*

Le prix de la propriété égale les $\dfrac{19}{20}$ du capital.

Les frais divers représentent les $\dfrac{19}{20} \times \dfrac{8}{95} = \dfrac{2}{25}$ du capital.

R. — Il lui manque :

$$\left(\dfrac{19}{20} + \dfrac{2}{25}\right) - 1 = \dfrac{103}{100} - \dfrac{100}{100} = \dfrac{3}{100} \text{ du capital.}$$

904. *Un agriculteur a vendu sa récolte de blé pour une somme totale de 3 216ᶠ : savoir les 3/8 à 72ᶠ le quintal, 8 quintaux à 80ᶠ et le reste à 88ᶠ. Combien a-t-il vendu de quintaux de blé ?*

Si les 8 quintaux avaient été vendus à 88ᶠ au lieu de 80ᶠ, le prix de vente total aurait été de :

$$3\,216^f + 8^f \times 8 = 3\,280^f.$$

Dans ce cas, chaque fois qu'il aurait vendu 3 quintaux à 72ᶠ il en aurait vendu 5 à 88ᶠ.

Prix moyen de vente : $\dfrac{72^f \times 3 + 88^f \times 5}{8} = 82^f.$

R. — Nombre de quintaux vendus : 3 280 : 82 = **40**.

905. *Une compagnie de tramway fait payer 0ᶠ,20 en 1ʳᵉ classe 0ᶠ,15, en 2ᵉ classe. Elle transporte journellement en moyenne 15 012 voyageurs de 1ʳᵉ classe et 45 012 en 2ᵉ. Si elle réduit ses tarifs de 5 centimes dans chaque classe, elle prévoit une augmentation de trafic de 1/2 en 1ʳᵉ classe et du quart en 2ᵉ. Y a-t-il avantage pour la compagnie à faire la modification de tarifs ?*

En 1ʳᵉ classe, le nombre des voyageurs serait multiplié par 3/2 et le prix du billet par 15/20 ou 3/4.

La nouvelle recette serait les $\dfrac{3}{2} \times \dfrac{3}{4} = \dfrac{9}{8}$ de la recette actuelle.

L'augmentation serait de $\dfrac{0^f,20 \times 15\,012}{8} = 375^f,30.$

En 2e classe, le nombre des voyageurs serait multiplié par 5/4 et le prix du billet par 10/15 ou 2/3.

La nouvelle recette serait les $\dfrac{5}{4} \times \dfrac{2}{3} = \dfrac{5}{6}$ de la recette actuelle.

La *diminution* serait de $\dfrac{0^f,15 \times 45\,012}{6} = 1\,125^f,30.$

R. — **Il y a avantage à ne pas mofidier les tarifs :** Cette modification entraînerait une perte de 1 125^f,30 — 375^f,30 = **750^f.**

906. *Les élèves d'un internat payent les uns 1 600^f l'an et les autres 1 200^f. Le nombre total des élèves est de 61 parmi lesquels 4 sont admis gratuitement dont 3 de la 1re catégorie et 1 de la 2e. La somme représentant le prix de la pension de ces 4 élèves est égale aux 5/72 de la rétribution totale des autres. On demande combien l'école reçoit d'élèves de chaque catégorie.*

1° *Calcul de la rétribution totale.*

Prix de la pension des 4 élèves non payants :

$$1\,600^f \times 3 + 1\,200^f = 6\,000^f.$$

Rétribution totale des 61 — 4 = 57 élèves payants :

$$\frac{6\,000^f \times 72}{5} = 86\,400^f.$$

2° *N. d'élèves de chaque catégorie* (Probl. de fausse position.)
Si les 57 élèves appartenaient à la 1re catégorie, la rétribution s'élèverait à 1 600^f × 57 = 91 200^f. Elle surpasserait la somme reçue de 91 200^f — 86 400^f = 4 800^f.
En remplaçant un élève de la 1re catégorie par un de la 2e, la recette diminue de 1 600^f — 1 200^f = 400^f.
N. d'élèves payants de la 2e catégorie : 4 800 : 400 = 12.
N. d'élèves payants de la 1re catégorie : 57 — 12 = 45.

R. — **1re catégorie : 45 + 3 = 48 élèves ; 2e catégorie : 13.**

907. *Une école recevait 98 élèves, dont 7 gratuitement et les autres moyennant une rétribution de 8^f par élève de la 1re classe et de 6^f par élève de la 2e classe. Les élèves gratuits appartenaient 3 à la 1re classe et 4 à la 2e classe, et la somme représentant le prix de leur écolage était les 12/157 de la rétribution totale payée par les autres élèves. Combien cette école recevait-elle d'élèves de chaque classe ?*

(*Voir la solution précédente.*)

Prix de la pension des 7 élèves non payants :

$$8^f \times 3 + 6^f \times 4 = 24^f + 24^f = 48^f.$$

Rétribution totale : $\dfrac{48^f \times 157}{12} = 628^f.$

Supposons les 91 élèves payants de la 1re catégorie. La rétribution s'élèverait à 8f × 91 = 728f. Elle serait trop forte de 728f — 628f = 100f.

En remplaçant un élève de la 1re catégorie par un de la 2e, la recette diminue de 2f.

N d'élèves payants de la 2e catégorie 100 : 2 = 50.

N. d'élèves payants de la 1re catégorie 91 — 50 = 41.

R. — 1re catégorie : 41 + 3 = 44 ; 2e catégorie : 50 + 4 = 54.

908. *A la rentrée des classes, le cours supérieur d'une école comprenait le quart de l'effectif total, le cours moyen les 7/20 et le cours élémentaire le reste. Six mois après, l'effectif était double ; le cours supérieur comprenait alors le 1/5 du nouvel effectif, le cours moyen les 3/8 et le cours élémentaire le reste. Sachant qu'à ce moment le cours supérieur comprenait 15 élèves de plus qu'à la rentrée, on demande quels étaient aux deux époques les effectifs de chaque cours.*

Six mois après la rentrée, le C. supérieur qui s'est accru de 15 élèves, comprend le 1/5 du nouvel effectif et, par suite, les 2/5 de l'effectif primitif puisque celui-ci n'est que la moitié de l'autre.

Donc 15 élèves représentent $\dfrac{2}{5} - \dfrac{1}{4} = \dfrac{3}{20}$ de l'effectif primitif.

R. — Effectif primitif total : $\dfrac{15 \times 20}{3} = 100$ élèves.

C. S. $\dfrac{100}{4} = 25$; C. M. $\dfrac{100 \times 7}{20} = 35$; C. E. 100 — (25 + 35) = 40.

R. — Effectif nouveau : 200 élèves.

C. S. $\dfrac{200}{5} = 40$; C. M. $\dfrac{200 \times 3}{8} = 75$; C. E. 200 — (40 + 75) = 85.

909. *Dans une école le nombre des élèves du cours supérieur et du cours moyen réunis est les 4/5 de celui des élèves du cours élémentaire, et le cours moyen comprend 18 élèves de plus que le cours supérieur. Sachant de plus que le nombre des élèves du cours élémentaire est égal à 4 fois celui des élèves du cours supérieur, calculer le nombre des élèves de chacun des cours de l'école.*

L'effectif du C. supérieur est le 1/4 de celui du C. élémentaire.

L'effectif du C. moyen est donc les $\dfrac{4}{5} - \dfrac{1}{4} = \dfrac{11}{20}$ de celui du C. élém.

La différence des effectifs du C. S. et du C. M., qui est de 18 élèves est égale aux $\dfrac{11}{20} - \dfrac{1}{4} = \dfrac{6}{20}$ du C. E.

R. — Le C. E. compte donc $\dfrac{18 \times 20}{6} = 60$ élèves.

Le C. M. $\dfrac{60 \times 11}{20} = 33$ élèves et le C. S. $\dfrac{60}{4} = 15$ élèves.

910. *Une personne possédait une fortune égale à 1 fois 1/2 celle d'une autre personne ; la 1ʳᵉ ayant dépensé les 2/7 de sa fortune et la 2ᵉ les 2/5 de la sienne, il reste à la 1ʳᵉ 13 200ᶠ de plus qu'à la 2ᵉ. Quels sont les avoirs actuels de ces deux personnes ?*

Soit F la fortune primitive de la 2ᵉ personne ; celle de la 1ʳᵉ personne sera 3/2 F. Après leurs dépenses, il reste :

$$\text{à la } 1^{re}\ \frac{3F}{2} \times \frac{5}{7} = \frac{15F}{14}, \text{ et à la } 2^o\ \frac{3F}{5}.$$

Or, d'après l'énoncé, $\dfrac{15F}{14} = \dfrac{3F}{5} + 13\,200^f.$

d'où $\dfrac{75F}{70} - \dfrac{42F}{70} = 13\,200^f.$

$$\frac{33F}{70} = 13\,200^f.$$

$$F = 28\,000^f.$$

R. — **Avoir actuel de la 1ʳᵉ : 28 000ᶠ × 15/14 = 30 000ᶠ.**
Avoir actuel de la 2ᵉ : 28 000ᶠ × 3/5 = 16 800ᶠ.

911. *On a mis en bouteilles une pièce de vin ; les bouteilles ont une contenance de 4/5 de litre. Si elles n'avaient contenu que 5/7 de litre, il en aurait fallu 48 de plus. Trouver d'après cela, la contenance de la pièce.*

Entre le nombre de bouteilles de 4/5 de litre nécessaire pour vider la pièce et le *même nombre* de bouteilles de 5/7 de litre, il y a une différence de contenance totale de :

$$\frac{5}{7} \text{ de litre} \times 48 = \frac{240}{7} \text{ de litre.}$$

Différence de contenance par bouteille : $\dfrac{4}{5} - \dfrac{5}{7} = \dfrac{3}{35}$ de litre.

Nombre de bouteilles de 4/5 de litre : $\dfrac{240}{7} : \dfrac{3}{35} = 400.$

R. — Contenance de la pièce : $\dfrac{4}{5}l \times 400 = 320$ litres.

Solution algébrique. — Soit x la contenance en litres.

On a : $\left(x : \dfrac{4}{5}\right) + 48 = x : \dfrac{5}{7}$

ou $\dfrac{5x}{4} + 48 = \dfrac{7x}{5}$

d'où l'on tire : $x = 320.$

912. *Le tiers de la valeur d'une pièce de soie est égal au 1/5 de la valeur d'une pièce de toile. Sachant que la différence des prix des deux pièces est de 100ᶠ,80, que le mètre de toile vaut 10ᶠ,50 et que la longueur de la pièce de soie* *est les 3/10 de la longueur de la pièce de toile, trouver la longueur et la valeur de chaque pièce.*

La pièce de soie vaut $\dfrac{1}{5} \times 3 = \dfrac{3}{5}$ de la pièce de toile.

La différence 100f,80 représente donc $\dfrac{5}{5} - \dfrac{3}{5} = \dfrac{2}{5}$ du prix de la toile.

R. — Prix de la pièce de toile : $\dfrac{100^f,80 \times 5}{2} = 252^f$.

Prix de la pièce de soie : $252^f - 100^f,80 = \mathbf{151^f,20}$.

Longueur de la pièce de toile : $252 : 10,5 = \mathbf{24}$ **mètres.**
Longueur de la pièce de soie : $24 \times 3/10 = \mathbf{7^m,20}$.

913. *On a vendu les 7/12 d'une propriété à 1 280f l'ha. et le reste à 1 125f l'ha. Si l'on avait vendu la propriété tout entière à 1 209f,65 l'ha., on aurait perdu 1 695f. Trouver l'étendue de la propriété et le prix qu'on en a retiré par la vente en deux lots.*

La vente de 12ha aux conditions indiquées produirait :
$(1\ 280^f \times 7) + (1\ 125^f \times 5) = 8\ 960^f + 5\ 625^f = 14\ 585^f$.

La vente de ces 12ha à 1 209f,65 l'ha. ne produirait que :
$$1\ 209^f,65 \times 12 = 14\ 515^f,80.$$

La perte serait de $14\ 585^f - 14\ 515,80 = 69^f,20$.

La propriété compte autant de fois 12ha que cette perte de 69f,20 est contenue de fois dans la perte totale.

R. — Étendue de la propriété : $12^{ha} \times \dfrac{1\ 695}{69,20} = \mathbf{298^{ha},93}$.

Prix du 1er lot : $\dfrac{1\ 280^f \times 293,93 \times 7}{12} = 219\ 467^f,70$.

Prix du 2e lot : $\dfrac{1\ 125^f \times 293,93 \times 5}{12} = 137\ 779^f,70$.

R. — Prix total : $219\ 467^f,70 + 137\ 779^f,65 = \mathbf{357\ 247^f,40}$.

914. *Les 4/5 d'une pièce de toile ont été vendus 66f,50. Le reste est vendu 0f,05 de plus par mètre et la vente totale a produit ainsi 83f,60. Dire la longueur de la pièce et le prix de vente du mètre dans le premier cas.*

Si le reste avait été vendu au même prix que les 4/5 de la pièce, la vente totale n'aurait produit que :
$$\dfrac{66^f,5 \times 5}{4} = 83^f,125.$$

Ainsi en vendant le reste 0f,05 de plus par mètre, on a augmenté la recette totale de $83^f,60 - 83^f,125 = 0^f,475$.
Le reste mesurait donc $0,475 : 0,05 = 9^m,50$.

R. — Longueur de la pièce : $9^m,50 \times 5 = \mathbf{47^m,50}$.

Prix du mètre dans le 1er cas : $\dfrac{66^f,50}{9^m,50 \times 4} = \dfrac{66^f,50}{38} = \mathbf{1^f,75}$.

915. *Un marchand a vendu les 2/7 d'une pièce de toile à raison de 13^f,50 le mètre, 25^m à 14^f et le reste à 12^f. Le prix de vente s'élève à 1 094^f. Trouver la longueur de la pièce.*

Si les 25^m avaient été vendus 12^f le mètre au lieu de 14^f, le prix de vente total aurait été de :

$$1\ 094^f - (14^f - 12^f) \times 25 = 1\ 094^f - 50^f = 1\ 044^f.$$

Mais alors les 2/7 de la pièce auraient été vendus 13^f,50 et les 5/7 12^f. Le prix moyen de vente aurait été de :

$$\frac{(13^f,50 \times 2) + (12^f \times 5)}{7} = \frac{87^f}{7}.$$

R. — **Longueur de la pièce** : $1\ 044 : \dfrac{87}{7} = \dfrac{1\ 044 \times 7}{87} = \mathbf{84^m}$.

916. *Un chapelier a vendu un certain nombre de chapeaux pour 1 747^f. Les 3/4 du nombre des chapeaux ont été vendus à 8^f l'un, 26 à 9^f,50 l'un, et le reste à 12^f, 50 l'un. Il a gagné en moyenne 2^f,25 par chapeau. Quel est le bénéfice total ?*

Si les 26 chapeaux avaient été vendus 12^f,50 au lieu de 9^f,50, le prix de vente total aurait été de :

$$1\ 747^f + (12^f,50 - 9^f,50) \times 26 = 1\ 747^f + 78^f = 1\ 825^f.$$

Mais alors les 3/4 des chapeaux auraient été vendus 8^f et 1/4 à 12^f,50. Le prix moyen de vente aurait été de :

$$\frac{8^f \times 3 + 12^f,50}{4} = 9^f,125.$$

Nombre de chapeaux vendus : $1\ 825 : 9,125 = 200$.

R. — **Bénéfice total** : $2^f,25 \times 200 = \mathbf{450^f}$.

917. *Une personne achète une pièce d'étoffe. Elle en revend les 2/7 à raison de 3^f le mètre et gagne 20^f sur cette vente. Elle revend le reste à 3^f,40 le mètre et fait sur cette vente un bénéfice de 90^f. Trouver la longueur de la pièce d'étoffe et le prix d'achat du mètre.*

Si dans la 1re vente, le mètre avait été vendu 3^f,40 comme dans la 2e vente, les bénéfices auraient été proportionnels aux longueurs.

Le bénéfice de la 1re vente aurait été de $\dfrac{90^f \times 2}{5} = 36^f$.

L'augmentation de bénéfice aurait été de $36^f - 20^f = 16^f$.
L'augmentation par mètre aurait été de $3^f,40 - 3^f = 0^f,40$.
La longueur des 2/7 de la pièce égale donc $16 : 0,40 = 40^m$.

R. — **Longueur de la pièce entière** : $\dfrac{40^m \times 7}{2} = \mathbf{140^m}$.

Bénéfice réel par mètre dans la 1re vente : $20^f : 40 = 0^f,50$.

R. — **Prix d'achat du mètre** : $3^f - 0,50 = \mathbf{2^f,50}$.

918. *Pendant une 1ʳᵉ année, une personne augmente son avoir des 2/15 de sa valeur ; pendant la 2ᵉ année elle augmente des 2/15 de sa valeur ce qu'elle possédait à la fin de la 1ʳᵉ année. Si chaque fois l'augmentation, au lieu d'être des 2/15, eût été de 1/5, cette personne aurait eu au bout de la 2ᵉ année 24 500ᶠ de plus. Calculer l'avoir primitif de cette personne.*

Au bout de la 1ʳᵉ année, l'avoir de cette personne est les 17/15 de son avoir primitif.

Au bout de la 2ᵉ année, il en est les $\dfrac{17}{15} \times \dfrac{17}{15} = \dfrac{289}{225}$.

Dans le second cas, son avoir au bout de la 1ʳᵉ année serait les 6/5 de l'avoir primitif.

Au bout de la 2ᵉ année, il en serait les $\dfrac{6}{5} \times \dfrac{6}{5} = \dfrac{36}{25}$.

Donc 24 500ᶠ représentent les $\dfrac{36}{25} - \dfrac{289}{225} = \dfrac{35}{225}$ de l'avoir primitif.

R. — Avoir primitif : $\dfrac{24\ 500^{f} \times 225}{35} = $ **157 500ᶠ.**

919. *Un négociant achète les 11/15 d'une pièce de drap à 30ᶠ le mètre. Il vend les 20/21 de son achat pour la somme de 7 140ᶠ ; de cette façon, il gagne 210ᶠ et le reste de l'étoffe qu'il a achetée. On demande la longueur de la pièce entière et le gain réalisé sur la partie vendue.*

La partie achetée coûte 7 140ᶠ — 210ᶠ = 6 930ᶠ ; elle mesure par conséquent : 6 930 : 30 = 231ᵐ.

R. — Longueur de la pièce entière : $\dfrac{231 \times 15}{11} = $ **315ᵐ.**

Longueur de la partie vendue　231ᵐ × 20/21 = 220ᵐ.
Prix d'achat de la partie vendue : 30ᶠ × 220 = 6 600ᶠ.

R. — Bénéfice réalisé : 7 140ᶠ — 6 600ᶠ = **540ᶠ.**

920. *Un fermier qui veut acheter une propriété fait le raisonnement suivant : Si je vends ma récolte de blé 80ᶠ le quintal, j'aurai de quoi payer la propriété et il me restera 8 000ᶠ ; si je ne la vends que 72ᶠ le quintal, il me manquera 1/25 du prix de mon acquisition. On demande : 1° combien le fermier a récolté de quintaux de blé ; 2° le prix de la propriété.*

72ᶠ ne représentent que les 24/25 du prix auquel il faudrait vendre le quintal pour que la vente du blé produise exactement le prix d'achat de la propriété.

Le prix de vente du quintal devrait donc être $\dfrac{72^{f} \times 25}{24} = 75^{f}$.

En le vendant 80ᶠ il y a un excédent total de 8 000ᶠ et un excédent par quintal de 80ᶠ — 75ᶠ = 5ᶠ. D'où :

R. — **Nombre de quintaux de blé : 8 000 : 5 = 1 600 quintaux.**

Prix de la propriété : 75ᶠ × 1 600 = 120 000ᶠ.

921. *Une ouvrière employée dans une maison de confec-*
tion a reçu pour 22 journées de travail une somme de 51ᶠ
et 5 mètres de drap. Pour 15 jours de travail, pendant
lesquels son salaire journalier a été augmenté de 1/5, elle
a reçu une somme de 99ᶠ et 2ᵐ,50 de drap de même qualité
que le premier. Calculer le nouveau salaire de cette ouvrière
et le prix du mètre de drap.

$$\text{Prix de 22 j.} = 51^f + 5^m \qquad\qquad (1)$$
$$\text{Prix de 15 j.} = 99^f + 2^m,50. \qquad\qquad (2)$$

Simplifions les égalités en divisant par 2 les termes de (1) et
en divisant par 5 les termes de (2). De plus, supposons que le
salaire journalier a été aussi augmenté de 1/5 dans la 1ʳᵉ période
de travail, pour cela multiplions le second membre de l'égalité (1)
par 6/5 ; nous aurons :

$$\text{Prix de 11 j.} = 30^f,60 + 3^m \qquad\qquad (3)$$
$$\text{Prix de 3 j.} = 19^f,80 + 0^m,50. \qquad\qquad (4)$$

Multiplions (3) par 3 et (4) par 11. Nous aurons :

$$\text{Prix de 33 j.} = 91^f,80 + 9^m$$
$$\text{Prix de 33 j.} = 217^f,80 + 5^m,50.$$

On en conclut que

$$9^m - 5^m,50 = 3^m,50 \text{ valent } 217^f,80 - 91,80 = 126^f.$$

R. — **Prix du mètre de drap : 126ᶠ : 3,5 = 36ᶠ.**

Nouveau salaire de l'ouvrière : L'égalité (4) donne :

$$\frac{19^f,80 + 36^f \times 0,5}{3} = \frac{37^f,8}{3} = 12^f,60.$$

922. *Une ménagère gagne 12ᶠ,60 en torréfiant chez elle*
les 18ᵏᵍ de café que consomme sa famille par an. Le prix
du café vert est les 2/3 de celui du café torréfié du commerce,
mais le café perd 1/5 de son poids ; les frais pour le griller
s'élèvent au 1/10 du prix du café vert. Trouver le prix du kg.
de café torréfié du commerce.

Pour avoir 18ᵏᵍ de café torréfié, il a fallu griller :

$$18^{kg} \times \frac{5}{4} = 22^{kg},5 \text{ de café vert.}$$

La dépense totale représente le prix de :

$$\frac{22^{kg},5 \times 11}{10} = 24^{kg},75 \text{ de café vert.}$$

Ce prix total équivaut au prix de :

$$\frac{24^{kg},75 \times 2}{3} = 16^{kg},5 \text{ de café torréfié.}$$

Le bénéfice est égal au prix de $18^{kg} - 16^{kg},5 = 1^{kg},5$ de café torréfié.

R. — **Prix du kg. de café torréfié** : $12^f,60 : 1,5 = 8^f,40.$

923. *Deux petits tonneaux pleins de vin ont la même capacité. Avec le vin du premier, on a pu remplir exactement des bouteilles de 3/4 de litre ; avec celui du second, des bouteilles de 5/6 de litre. On compte les bouteilles de chaque sorte, leur nombre diffère de 1. Quelle est la contenance en litres de chaque tonneau ? Serait-il possible de remplir, avec le vin d'un seul tonneau, le même nombre de bouteilles de 3/4 et de 5/6 de litre ? Pourquoi ?*

(Solution arithmétique analogue à celle du n° 911).

Solution algébrique. — Soit x le nombre de litres de chaque tonneau. On a rempli

$$x : \frac{3}{4} = \frac{4x}{3} \text{ bouteilles de } \frac{3}{4} \text{l. et } x : \frac{5}{6} = \frac{6x}{5} \text{ bouteilles de } \frac{5}{6}\text{l.}$$

On a donc

$$\frac{4x}{3} + 4 = \frac{6x}{5}$$

d'où l'on tire

$$x = 30.$$

R. — La contenance de chaque tonneau est de **30 litres.**

Si l'on pouvait remplir avec 30^l le même nombre de bouteilles de 3/4 et de 5/6 de litre, 30 serait divisible par la somme de ces fractions :

$$\frac{3}{4} + \frac{5}{6} = \frac{19}{12}$$

par suite 30 serait divisible par le numérateur 19 ce qui n'a pas lieu.

924. *On donne un certain temps à un candidat pour faire une composition de mathématiques. Il emploie 1/12 de ce temps à écrire le sujet, puis perd 5 minutes. Ensuite, il se met au travail, et trouve la solution dans les 10/21 du temps qui lui reste. Pour rédiger et relire son devoir, il lui faut 1/6 du temps donné pour la composition. Enfin, il remet son devoir 35 minutes avant l'heure fixée. Quel était le temps donné pour cette composition ?*

Désignons par T le temps cherché. Quand le candidat a employé 1/12 du temps pour écrire le sujet et qu'il a perdu 5 minutes, il lui reste :

$$\frac{11}{12} \text{ du T} - 5^{mn}.$$

Pour trouver la solution, il emploie les 10/21 de ce temps, soit :

$$\left(\frac{11}{12} \text{ du T} - 5^{mn}\right) \times \frac{10}{21} = \frac{110}{252} \text{ du T} - \frac{50^{mn}}{21}.$$

À ce moment, le candidat a employé :

$$\frac{1}{12} \text{ du T} + 5^{mn} + \frac{110}{252} \text{ du T} - \frac{50^{mn}}{21} \; ;$$

en y ajoutant 1/6 du temps pour la rédaction définitive de la composition et les 35^{mn} inutilisées, on aura le temps total :

$$\frac{1}{12} \text{ du T} + 5^{mn} + \frac{110}{252} \text{ du T} - \frac{50^{mn}}{21} + \frac{1}{6} \text{ du T} + 35^{mn} = \text{T}$$

ou $$\left(\frac{1}{12} + \frac{110}{252} + \frac{1}{6}\right) \text{ du T} + \left(5^{mn} - \frac{50^{mn}}{21} + 35^{mn}\right) = \text{T}$$

ou encore $$\frac{173}{252} \text{ du T} + \frac{790^{mn}}{21} = \text{T}.$$

On en conclut que $$\frac{252 - 173}{252} \text{ ou } \frac{79}{252} \text{ du T} = \frac{790^{mn}}{21}.$$

R. — Temps cherché : $$\frac{790^{mn} \times 252}{21 \times 79} = 120^{mn} = 2^h.$$

925. *Une personne achète une vigne, une terre et un pré. Le prix du pré est les 2/3 du prix de la vigne moins 119^f; celui de la terre surpasse de 500^f celui de la vigne. Elle revend le pré avec un bénéfice égal au 1/7 de son prix d'achat et la terre avec un bénéfice égal aux 2/25 de son prix d'achat. Ces deux bénéfices étant égaux, trouver le prix d'achat de la vigne, de la terre et du pré.*

L'énoncé permet d'exprimer le prix d'achat de la terre et celui du pré en fonction du prix de la vigne :

Prix de la terre = Prix de la vigne + 500^f
Prix du pré = 2/3 Prix de la vigne — 119^f.

Alors pour indiquer l'égalité des bénéfices réalisés dans la vente de la terre et du pré, au lieu d'écrire :

$$\frac{2}{25} \text{ Prix de la terre} = \frac{1}{7} \text{ Prix du pré}$$

nous pouvons écrire :

$$\frac{2}{25} \text{ (Prix de la vigne} + 500^f) = \frac{1}{7} \left(\frac{2}{3} \text{ Prix de la vigne} - 119^f\right)$$

ou $$\frac{2}{25} \text{ P. de la vigne} + 40^f = \frac{2}{21} \text{ P. de la vigne} - 17^f$$

$$40^f + 17^f = \left(\frac{2}{21} - \frac{2}{25}\right) \text{ P. de la vigne}$$

$$57^f = \frac{8}{525} \text{ P. de la vigne.}$$

R. — Prix de la vigne : 57^f × 525/8 = **3740^f,625.**
Prix du pré : (3 740^f,625 × 2/3) — 119^f = **2 374^f,75.**
Prix de la terre : 3 740^f,625 + 500^f = **4 240^f,625**

926. *Une personne lègue sa fortune à trois de ses parents de la manière suivante ; elle donne d'abord à chacun d'eux 1/5 de son avoir total, puis une certaine somme pour chacun des fils et les 2/3 de cette somme pour chacune des filles. Calculer la fortune à partager et la part de chaque parent, sachant que le 1ᵉʳ a deux garçons et trois filles, le 2ᵉ un garçon et deux filles, le 3ᵉ deux garçons et deux filles et que ce dernier a reçu pour sa part et pour celle de ses enfants 19 600ᶠ.*

Marche à suivre. — Calculer d'abord quelle fraction de la fortune totale représente la part d'un garçon. Cette fraction connue, on peut calculer, à l'aide de la 3ᵉ part, la fortune totale et les deux premières parts.

L'ensemble des parts des enfants représente les 2/5 de la fortune. Les $2+1+2=5$ garçons ont reçu 5 parts de garçon.

Les $3+2+2=7$ filles ont reçu $\dfrac{2}{3} \times 7 = \dfrac{14}{3}$ de part de garçon.

Les $\dfrac{2}{5}$ de la fortune ont donc été répartis en $5 + \dfrac{14}{3} = \dfrac{29}{3}$ de part de garçon.

La part d'un garçon égale $\dfrac{2}{5} : \dfrac{29}{3} = \dfrac{2 \times 3}{5 \times 29} = \dfrac{6}{145}$ de la fortune, et la part d'une fille : $\dfrac{6}{145} \times \dfrac{2}{3} = \dfrac{4}{145}$ de la fortune.

Donc

$$19\ 600^f = \dfrac{1}{5} \text{ de la fortune} + 2 \text{ parts de garçon} + 2 \text{ parts de fille}$$

ou

$$19\ 600^f = \dfrac{1}{5} \text{ de la fortune} + \left(\dfrac{6}{145} \times 2 + \dfrac{4}{145} \times 2\right) \text{ de la fortune,}$$

ou

$$19\ 600^f = \dfrac{49}{145} \text{ de la fortune.}$$

R. — **Montant de la fortune** : $\dfrac{19\ 600^f \times 145}{49} = $ **58 000ᶠ.**

Part du 1ᵉʳ $= \dfrac{1}{5}$ de la fortune $+$ part de 2 garçons $+$ part de 3 filles.

Part du 1ᵉʳ $= \dfrac{1}{5} + \left(\dfrac{6}{145} \times 2\right) + \left(\dfrac{4}{145} \times 3\right) = \dfrac{53}{145}$ de la fortune.

R. — **Part du 1ᵉʳ** : $\dfrac{58\ 000 \times 53}{145} = $ **21 200ᶠ.**

Part du 2ᵉ $= \dfrac{1}{5}$ de la fortune $+$ part de 1 garçon $+$ part de 2 filles.

Part du 2ᵉ $= \dfrac{1}{5} + \dfrac{6}{145} + \left(\dfrac{4}{145} \times 2\right) = \dfrac{43}{145}$ de la fortune.

R. — **Part du 2ᵉ** $= \dfrac{58\ 000^f \times 43}{145} = $ **17 200ᶠ.**

927. *Un particulier a acheté une ferme qu'il a payée en trois fois. La 1ʳᵉ fois, il a donné 1 500ᶠ pour les frais d'acquisition, plus les 2/5 du prix d'achat ; la 2ᵉ fois il a payé la 1/2 du reste moins 100ᶠ. Enfin, il s'est acquitté définitivement en versant 6 100ᶠ. Quel est le prix d'achat de la ferme ?*

La 2ᵉ fois il a payé $\dfrac{3}{5} \times \dfrac{1}{2} = \dfrac{3}{10}$ du prix d'achat moins 100ᶠ.

Il a payé en deux fois : $\dfrac{2}{5} + \dfrac{3}{10}$ ou $\dfrac{7}{10}$ du prix d'achat moins 100ᶠ.

Il lui restait alors à payer $\dfrac{3}{10}$ du prix d'achat + 100ᶠ, soit 6 100ᶠ.

R. — **Prix d'achat de la ferme :** $\dfrac{(6\,100^f - 100^f) \times 10}{3} = \mathbf{20\,000^f.}$

928. *Une ménagère porte au marché 7 paires de volailles, poules et canards. Elle vend ses poules 10ᶠ,50 pièce et ses canards 18ᶠ,20 pièce, et reçoit pour le tout 193ᶠ,20. Elle calcule qu'elle a fait ainsi un bénéfice de 61ᶠ,60 sur le prix de revient et que chaque poule lui procure un bénéfice égal aux 5/8 du bénéfice fait sur 1 canard. Combien avait-elle de poules et de canards ? A combien lui revenait chaque poule et chaque canard ?*

(*Probl. de fausse position*). — Si la fermière n'avait vendu que des canards, la vente aurait produit :

$$18^f,20 \times 2 \times 7 = 254^f,80.$$

L'excédent aurait été de 254ᶠ,80 — 193ᶠ,20 = 61ᶠ,60.

La substitution d'une poule à un canard diminue cet excédent de 18ᶠ,20 — 10ᶠ,50 = 7ᶠ,70. Donc :

R. — **Elle avait :** 61,60 : 7,70 = **8 poules** et 14 — 8 = **6 canards.**

2ᵒ Le bénéfice fait sur les 8 poules est égal au bénéfice fait sur $\dfrac{5}{8} \times 8 = 5$ canards.

Donc 61ᶠ,60 représentent le bénéfice fait sur 5 + 6 = 11 canards. Bénéfice réalisé dans la vente d'un canard : 61ᶠ,60 : 11 = 5ᶠ,60.

R. — **Prix de revient d'un canard :** 18ᶠ,20 — 5,60 = **12ᶠ,60.**

Prix de revient d'une poule : 10ᶠ,50 — (5,60 × 5/8) = **7ᶠ.**

929. *Un propriétaire voudrait vendre à de certaines conditions sa récolte de blé et de vin. Au moment de la vente, il doit diminuer de 3ᶠ le prix de l'hectolitre de vin, mais il augmente de 6ᶠ le prix de l'hectolitre de blé. S'il vendait à ces conditions la totalité des deux récoltes, il recevrait 120ᶠ de moins que ce qu'il avait prévu. Il vend alors la totalité du blé, mais il ne vend que les 4/5 du vin et il retire de cette vente partielle ce qu'il en aurait retiré en l'effectuant aux conditions qu'il s'était primitivement fixées. Combien a-t-il vendu d'hl. de blé et d'hl. de vin ?*

Si le propriétaire avait vendu le vin restant, il aurait perdu 120ᶠ à raison de 3ᶠ par hl.

Il lui reste donc 120 : 3 = 40 hl ; c'est le 1/5 de sa récolte.

R. — Il a donc vendu 40ʰˡ × 4 = **160ʰˡ de vin.**

La perte faite sur ces 160ʰˡ est de : 3ᶠ × 160 = 480ᶠ.

Donc la vente du blé lui a donné 480ᶠ de bénéfice.

R. — Il a donc vendu 480 : 6 = **80ʰˡ de blé.**

930. *Un vase rempli d'eau perd, pendant la première heure, le tiers de sa contenance ; pendant la deuxième heure il perd le tiers du reste, et ainsi de suite. Après 5 heures, il reste 5 litres d'eau dans le vase. Quelle est la contenance du vase ?*

Après chaque heure, il reste dans le bassin les 2/3 de l'eau qui y était au commencement de cette heure. Après 5 heures, il restera :

$$\text{les } \frac{2}{3} \times \frac{2}{3} \times \frac{2}{3} \times \frac{2}{3} \times \frac{2}{3} = \frac{32}{243} \text{ de l'eau soit 5 litres.}$$

R. — Contenance du vase : $\dfrac{5^{l} \times 243}{32} = 37^{l},968.$

931. *Une personne remplit de vin pur son verre dont la capacité est de 30ᶜˡ ; elle en boit d'abord le quart, elle achève de le remplir avec de l'eau et en boit la moitié. Elle achève enfin de le remplir avec de l'eau, et elle le boit tout entier. On demande combien elle a bu de centilitres d'eau et de vin à chaque fois et combien elle a bu en tout de centilitres de liquide.*

1ʳᵉ fois : Elle boit 30ᶜˡ × $\dfrac{1}{4}$ = **7ᶜˡ,5 de vin.**

2ᵉ fois $\begin{cases} \text{Il y avait 30}^{cl} \times \dfrac{3}{4} = \text{22}^{cl}\text{,5 de vin et 7}^{cl}\text{,5 d'eau.} \\[1em] \text{Elle boit 22}^{cl}\text{,5} \times \dfrac{1}{2} = \textbf{11}^{cl}\textbf{,25 de vin} \\[1em] \text{et 7}^{cl}\text{,5} \times \dfrac{1}{2} = \textbf{3}^{cl}\textbf{,75 d'eau.} \end{cases}$

3ᵉ fois $\begin{cases} \text{Il y avait 22}^{cl}\text{,5} \times \dfrac{1}{2} = \text{11}^{cl}\text{,25 de vin} \\[1em] \text{et 30}^{cl} - \text{11}^{cl}\text{,25} = \text{18}^{cl}\text{,75 d'eau.} \\[0.5em] \text{Elle boit } \textbf{11}^{cl}\textbf{,25 de vin et 18}^{cl}\textbf{,75 d'eau.} \end{cases}$

R. — **Elle a bu :**

7ᶜˡ,5 + 11ᶜˡ,25 + 3ᶜˡ,75 + 30ᶜˡ = **52ᶜˡ,5 de liquide.**

932. *Un tonneau est plein de vin. On enlève le 1/7 du contenu et on le remplace par de l'eau. Ensuite on enlève encore 1/7 du contenu qu'on remplace par de l'eau. La* quantité de vin pur qui reste dans le tonneau après la seconde opération surpasse de 11 litres 1/3 les 2/3 de la capacité totale. Calculer cette capacité.

La 1re fois il reste $\dfrac{6}{7}$, et la 2e fois $\dfrac{6}{7} \times \dfrac{6}{7} = \dfrac{36}{49}$ de vin pur.

Donc $11^l \dfrac{1}{3}$ représentent $\dfrac{36}{49} - \dfrac{2}{3} = \dfrac{10}{147}$ de la capacité totale.

R. — **Capacité du tonneau** : $\dfrac{11^l\,1/3 \times 147}{10} = \mathbf{166^l,60}$.

933. *Un vase A renferme 10^l de vin et 5^l d'eau ; un 2e vase B contient 7^l de vin et 5^l d'eau. On tire 5^l de chacun de ces vases et on met les 5^l provenant du vase A dans le vase B et les 5^l du vase B dans le vase A. On demande la quantité de vin et d'eau qui se trouve dans chaque vase.*

Dans le vase A il y a $\dfrac{10}{15}$ ou $\dfrac{2}{3}$ de vin et dans le vase B, $\dfrac{7}{12}$.

On a donc enlevé de A : $5^l \times \dfrac{2}{3} = \dfrac{10}{3}$ de litre de vin et de B

$$5^l \times \dfrac{7}{12} = \dfrac{35}{12} \text{ de litre de vin.}$$

Or $\dfrac{10}{3} - \dfrac{35}{12} = \dfrac{40-35}{12} = \dfrac{5}{12}.$

Après la substitution, le vase A contiendra 5/12 de litre de vin de moins et par suite 5/12 de litre d'eau de plus.

Le vase B contiendra 5/12 de litre de vin de plus et 5/12 de litre d'eau de moins.

R. — Il y aura dans A : $9^l \dfrac{7}{12}$ de vin et $5^l \dfrac{5}{12}$ d'eau,

B : $7^l \dfrac{5}{12}$ de vin et $4^l \dfrac{7}{12}$ d'eau.

934. *Dans un vase A, il y a 12^l de vin et 4^l d'eau et dans un vase B, 8^l de vin et 3^l d'eau. On retire 4^l du vase A et 4^l du vase B et on les change de vase. Combien y aura-t-il de vin et d'eau dans chacun des vases ?*

Dans le vase A il y a $\dfrac{12}{16}$ ou $\dfrac{3}{4}$ de vin et dans le vase B $\dfrac{8}{11}$.

On a donc retiré de A : $4^l \times \dfrac{3}{4} = 3^l$ de vin et du vase B :

$$4^l \times \dfrac{8}{11} = 2^l \dfrac{10}{11} \text{ de vin.}$$

Après la substitution, le vase A contiendra 1/11 de litre de vin de moins et par suite 1/11 de litre d'eau de plus.

Le vase B contiendra 1/11 de litre de vin de plus et 1/11 de litre d'eau de moins.

R. — Il y aura dans **A** : $11^l \frac{10}{11}$ de vin et $4^l \frac{1}{11}$ d'eau.

— **B** : $8^l \frac{1}{11}$ de vin et $2^l \frac{10}{11}$ d'eau.

935. *Un vase plein d'eau contient 1^{kg} de sel en dissolution. On vide 1/4 du vase, puis on le remplit d'eau ; on vide ensuite 1/3 du vase, que l'on remplit encore d'eau ; enfin on vide 1/2 du vase. Après ces trois opérations, quelle quantité de sel y a-t-il en dissolution dans le vase ?*

La 1re fois on perd $\frac{1}{4}$ du sel, il en reste donc les $\frac{3}{4}$.

La 2e fois on perd $\frac{1}{3}$ du sel restant ; il en reste les $\frac{2}{3}$, ou

$$\frac{3}{4} \times \frac{2}{3} = \frac{1}{2} \text{ kg.}$$

La 3e fois on perd $\frac{1}{2}$ du sel restant ; il en reste la 1/2, ou

$$\frac{1}{2} \times \frac{1}{2} = \frac{1}{4} \text{ de kg.}$$

R. — **Le vase contient encore 1/4 de kg. ou 250ᵍ de sel.**

936. *Un vase renferme 35^{cl} d'eau salée. On enlève 14^{cl} qu'on remplace par 14^{cl} d'eau pure. On retire encore 14^{cl} de ce mélange que l'on remplace de nouveau par de l'eau pure. On prend alors 8^{cl} de la nouvelle dissolution que l'on fait évaporer et l'on trouve que ces 8^{cl} contiennent 36^{cg} de sel. Combien y avait-il de grammes de sel dans les 35^{cl} que renfermait d'abord le vase ?*

La 1re fois, on a enlevé les 14/35 ou les 2/5 du sel ; il en restait donc les 3/5.
La 2e fois, on a enlevé les 14/35 ou les 2/5 du sel restant ; il en restait donc les 3/5, soit :

$$\frac{3}{5} \times \frac{3}{5} = \frac{9}{25} \text{ du sel de la 1re dissolution.}$$

Or la dissolution finale contient $\dfrac{36^{cg} \times 35}{8} = 157^{cg},5$ de sel.

R. — **La 1re dissolution contenait :** $\dfrac{1^g,575 \times 25}{9} = 4^g,875$ **de sel.**

937. *Deux personnes ont l'une $127^f,50$ et l'autre $252^f,75$. Elles dépensent chacune la même somme et ce qui reste alors à la 1re égale les 3/8 de ce qui reste à la 2e. Quelle est la dépense commune ?*

Ces personnes ayant dépensé des sommes égales, la différence de leurs avoirs n'a pas varié.

Cette différence est de $252^f,75 - 127^f,50 = 125^f,25$;

elle représente les $\frac{8}{8} - \frac{3}{8} = \frac{5}{8}$ de ce qui reste à la 2e.

La 2e personne a encore $\dfrac{125^f,25 \times 8}{5} = 200^f,40.$

R. — **Dépense commune** : $252^f,75 - 200^f,40 = 52^f,35.$

938. *Un joueur perd le 1/4 de son argent, puis il gagne 3^f. Il perd ensuite la 1/2 de ce qu'il a, puis gagne 2^f. Il perd alors le 1/7 de ce qu'il a, et il se retire avec 12^f dans sa poche. Combien avait-il avant de se mettre au jeu ?*

Représentons par A l'avoir primitif du joueur.

Avant de perdre pour la 2e fois, il lui restait :

$$\frac{3}{4}\text{ de A} + 3^f.$$

Il perd la 1/2 de cette somme, donc il en conserve l'autre moitié à laquelle s'ajoute un gain de 2^f. Il a alors :

$$\left(\frac{3}{4}\text{ de A} + 3^f\right) \times \frac{1}{2} + 2^f = \frac{3}{8}\text{ de A} + 1^f,50 + 2^f = \frac{3}{8}\text{ de A} + 3^f,50.$$

Il perd alors le 1/7 de cette somme, donc il en conserve les 6/7,

ou $\left(\dfrac{3}{8}\text{ de A} + 3^f,50\right) \times \dfrac{6}{7} = \dfrac{18}{56}\text{ de A} + 3^f.$

Or ce dernier reste est égal à 12^f. Donc :

R. — **Avoir primitif** : $\dfrac{(12^f - 3^f) \times 56}{18} = 28^f.$

RACINES

RACINE CARRÉE

939. *Quels sont les carrés des quantités suivantes :*

1° 346 ;   **R. 119,716**   4° 0,015;   **R. 0,000 225**
2° 5,25 ;   **R. 27,5625**   5° 5/12 ;   **R. 25/144 = 0,1736**
3° 0,38 ;   **R. 0,1444**   6° 3 4/7;   **R. 12,7551.**

940. *Trouver la racine carrée de chacun des nombres suivants :*

1° 196 ;   **R. 14**   4° 283 024 ;   **R. 532**
2° 729 ;   **R. 27**   5° 4 460 544 ;   **R. 2 112**
3° 15 876 ;   **R. 126**   6° 4 422 609 ;   **R. 2 103**

941. *Quelle est la racine carrée de chacun des nombres suivants :*

1° 2,0164 ;   **R. 1,42**   4° 0,005 929 ;   **R. 0,077**
2° 0,0361 ;   **R. 0,19**   5° 0,416 025 ;   **R. 0,645.**
3° 16,5649 ;   **R. 4,07**

942. *Quelle est la racine carrée de chacune des valeurs suivantes : 1° en fraction ; 2° en décimales.*

1° $\dfrac{121}{144}$ **R.** $\dfrac{11}{12} = 0,916\,66.$

2° $\dfrac{625}{1\,681}$ **R.** $\dfrac{25}{41} = 0,6097.$

3° $\dfrac{324}{9\,604}$ **R.** $\dfrac{18}{98} = \dfrac{9}{49} = 0,1836.$

4° $\dfrac{225 \times 121}{64 \times 49}$ **R.** $\dfrac{165}{56} = 2,9464.$

5° $\dfrac{250 \times 72 \times 80}{27 \times 507 \times 256}$ **R.** $\dfrac{1\,200}{1\,872} = \dfrac{25}{39} = 0,641.$

943. *Quelle est, à moins de 0,1, la racine carrée des quantités suivantes :*

1° 345   **R. 18,6**   4° 12 560,5   **R. 112,1**
2° 45 689   **R. 213,7**   5° 17 424/76   **R. 15,1**
3° 945,8   **R. 30,8**   6° 223 69/75   **R. 15.**

944. *Quelle est, à moins de 0,01, la racine carrée des quantités suivantes :*

1º 496	**R. 22,27**	4º 811,394	**R. 28,48**
2º 52,743	**R. 7,26**	5º 0,036	**R. 0,19**
3º 7,25	**R. 2,69**	6º 54 /32	**R. 1,30.**

945. *Quelle est, à moins de 0,01, la racine carrée des quantités suivantes :*

1º 23,5	**R. 4,85**	4º 3 /5	**R. 0,78**
2º 1,456 327	**R. 1,21**	5º 7 /9	**R. 0,88**
3º 0,032 354 1	**R. 0,18**	6º 5 /11	**R. 0,67.**

946. *Trouver, à moins de 0,0001, la racine carrée des quantités suivantes :*

1º 2	**R. 1,4142**	4º 8	**R. 2,8284**
2º 3	**R. 1,7321**	5º 1 /5	**R. 0,4472**
3º 5	**R. 2,2361**	6º 1 /11	**R. 0,3015.**

947. *A quoi est égal le carré : 1º d'une dizaine ; 2º d'un centième ; 3º d'un dixième ; 4º d'une centaine ?*

1º Le carré d'une dizaine est **une centaine** : $10^2 = 100$
2º — d'un centième est **un dix-millième** : $(0,01)^2 = 0,0001$
3º — d'un dixième est **un centième** : $(0,1)^2 = 0,01$
4º — d'une centaine est **une dizaine de mille** : $100^2 = 10\,000.$

948. *De quoi se compose le carré d'un nombre formé de dizaines et d'unités ?*

Voir arith. B. E. nº 360.

949. *On augmente un nombre de 5, de combien son carré est-il augmenté ?*

Soit a le nombre. Son carré est a^2 et le carré de $a + 5$ est :

$$(a + 5)^2 = a^2 + 10a + 25$$

R. — Le carré est augmenté de **10 fois le nombre** et de **25.**

950. *On sait que le carré de 25 est 625 ; d'après cela dites : 1º quel est le carré de 24 ; 2º quel est le carré de 26.*

$24^2 = 25^2 - (2 \times 24 + 1) = 625 - 49 = \mathbf{576.}$ (*Arith. nº 361*)
$26^2 = 25^2 + (2 \times 25 + 1) = 625 + 51 = \mathbf{676.}$ (—).

951. *Comment obtient-on rapidement les carrés des nombres suivants : 19, 21, 29, 49, 51, 81, 99, 101 ?*

$19^2 = 20^2 - 39 =$	**361**	$51^2 = 50^2 + 101 =$	**2 601**
$21^2 = 20^2 + 41 =$	**441**	$81^2 = 80^2 + 161 =$	**6 561**
$29^2 = 30^2 - 59 =$	**841**	$99^2 = 100^2 - 199 =$	**9 801**
$49^2 = 50^2 - 99 =$	**2 401**	$101^2 = 100^2 + 201 =$	**10 201.**

952. *Combien faut-il retrancher du carré de 815 pour avoir le carré de 814 ?*

Il faut retrancher : $2 \times 814 + 1 = \mathbf{1\,629.}$ (*Arith. nº 361.*)

953. *Combien faut-il ajouter au carré de 535 pour avoir le carré de 536 ?*

Il faut ajouter : $2 \times 535 + 1 = 1\ 071$. (*Arith.* n° 361.)

954. *Quels sont les deux nombres consécutifs qui ont pour différence de leurs carrés : 1° 49 ; 2° 85 ; 3° 439 ; 4° 723 ?*

La différence des carrés de deux nombres consécutifs étant égale à 2 fois le petit nombre plus 1, on trouvera le petit nombre en divisant par 2 la différence des carrés diminuée de 1.

R. — 1° **24 et 25** ; 2° **42 et 43** ; 3° **219 et 220** ; 4° **361 et 362.**

955. *Combien de nombres entiers de deux chiffres sont des carrés parfaits.*

Il y en a 6 ; ce sont : **16, 25, 36, 49, 64, 81.**

956. *Combien de nombres entiers de trois chiffres sont des carrés parfaits ?*

Il y a **22 nombres entiers de trois chiffres qui sont des carrés** ; ce sont les carrés des nombres entiers 10, 11, 12, 13... 31.

On trouve le premier de ces nombres en prenant la racine carrée du plus petit nombre de trois chiffres, 100, et le dernier en prenant, à une unité près, la racine carrée du plus grand nombre de trois chiffres, 999.

957. *Dans l'extraction de la racine carrée d'un nombre N, on a trouvé 46 pour racine ; le reste est le plus grand possible. Trouver la valeur de N.*

Puisque le reste est le plus grand possible il est égal au double de la racine (*Arith.* n° 361, *Rem.*). On a par conséquent :

$$N = 46^2 + 2 \text{ fois } 46 = 2\ 116 + 92 = 2\ 208.$$

958. *A quoi est égale la différence des carrés de deux nombres qui diffèrent entre eux de deux unités ? Exemple 25 et 27.*

Soient $a + 2$ et a les deux nombres. On a :

$$(a + 2)^2 - a^2 = a^2 + 4a + 4 - a^2 = 4a + 4 = 4(a + 1).$$

R. — La différence des carrés égale **4 fois le nombre intermédiaire.**

959. *Connaissant le carré de 36, comment pourrez-vous trouver facilement le carré de 38 ?*

38 et 36 sont des nombres qui diffèrent de 2 unités, donc (n° 958) la différence de leurs carrés égale 4 fois 36 + 4. On a donc :

$$38^2 = 36^2 + 4 \times 36 + 4.$$

R. — Il faut ajouter **4 fois 37** au carré de 36.

D'ailleurs on aurait pu écrire directement :

$$38^2 = (36 + 2)^2 = 36^2 + 4 \times 36 + 4 = 36^2 + 37 \times 4.$$

960. *Quels sont les deux nombres pairs consécutifs dont la différence des carrés est : 1º 36 ; 2º 52 ; 3º 412 ; 4º 2 084 ?*

La différence des carrés de 2 nombres pairs consécutifs est égale à 4 fois le nombre intermédiaire (nº 958). Donc on trouvera le nombre intermédiaire en divisant par 4 la différence des carrés.

R. — 1º 8 et 10 ; 2º 12 et 14 ; 3º 102 et 104 ; 4º 520 et 522.

961. *Les nombres terminés par les chiffres 2, 3, 7, 8, peuvent-ils être des carrés ? Pourquoi ?*

Les nombres terminés par 2, 3, 7, 8 ne peuvent pas être des carrés ; car le dernier chiffre d'un carré est toujours le dernier chiffre du carré de ses unités, et les carrés des neuf premiers nombres sont terminés par les chiffres 1, 4, 5, 6, 9.

962. *Un nombre terminé par un nombre impair de zéros, peut-il être un carré ? Pourquoi ?*

Non, car le carré d'un nombre terminé par des zéros a un nombre de zéros double de celui de sa racine, c'est-à-dire un nombre pair de zéros.

Donc un nombre terminé par un nombre impair de zéros n'est pas un carré.

963. *Un nombre dont la partie décimale n'a pas un nombre pair de chiffres, peut-il être un carré ? Pourquoi ?*

Non, car le carré d'un nombre ayant des dixièmes donne des centièmes ; celui d'un nombre ayant des centièmes donne des dix-millièmes ; celui d'un nombre ayant des millièmes donne des millionièmes, etc. Le carré d'un nombre décimal a toujours un nombre pair de chiffres décimaux.

964. *Démontrer que le carré d'un nombre terminé par 5 est terminé par 25.*

Tout nombre terminé par 5 est de la forme $10d + 5$. Son carré est :

$$(10d + 5)^2 = 100d^2 + 100d + 25,$$
$$= 100 \times (d^2 + d) + 25.$$

Or le nombre $100 \times (d^2 + d)$ représente des centaines ; il se termine donc par 2 zéros. Par suite le carré d'un nombre terminé par 5 est terminé par 25.

965. *Démontrer que la somme de tous les nombres contenus dans la table de Pythagore est un carré parfait.*

Somme des nombres de la 1re ligne horizontale :

$$\frac{1 + 9}{2} \times 9 = 45.$$

La 2º ligne horizontale contient les nombres de la 1re ligne multipliés par 2. La somme de ces nombres est donc 45×2.

La 3º ligne horizontale contient les nombres de la 1ʳᵉ ligne multipliés par 3. La somme de ces nombres est donc 45×3. Et ainsi de suite.

La somme des nombres de la table est par conséquent :

$$45 + 45 \times 2 + 45 \times 3 \ldots 45 \times 9$$

ou, en mettant 45 en facteur commun ;

$$45 \times (1 + 2 + 3 \ldots + 9) = 45 \times 45 = \mathbf{45^2}.$$

966. *Sans extraire la racine carrée, peut-on dire si les nombres 1045, 3225 et 5625 sont carrés parfaits ? Condition nécessaire et suffisante pour qu'un nombre entier terminé par le chiffre 5 soit carré parfait.*

A. — *Condition nécessaire.* — Lorsqu'un nombre entier, carré parfait, est terminé par 5 sa racine est terminée par 5 et est de la forme $10a + 5$.

Ce nombre est donc lui-même de la forme $(10a + 5)^2$.

Or

$$\begin{aligned}(10a + 5)^2 &= 100a^2 + 100a + 25 \\ &= 100a \times (a + 1) + 25.\end{aligned}$$

Ce résultat montre :

1° que le nombre est terminé par 25 ;

2° que le nombre de ses centaines est égal au produit de 2 nombres entiers consécutifs.

Condition suffisante. — Soit le nombre $100n \times (n + 1) + 25$ qui répond aux conditions précédentes, je dis qu'il est carré parfait. En effet :

$$\begin{aligned}100n \times (n + 1) + 25 &= 100n^2 + 100n + 25 \\ &= (10n + 5)^2.\end{aligned}$$

B. — Parmi les nombres 1 045, 3 225 et 5 625, le 3º seul remplit les 2 conditions indiquées ; il est donc seul carré parfait.

967. *La somme des carrés de deux nombres est 1625 ; le plus grand de ces nombres est 40 ; quel est le petit ?*

R. — Le petit nombre est $\sqrt{1\,625 - 1\,600} = \sqrt{25} = \mathbf{5}$.

968. *Comment trouve-t-on la racine carrée du produit de plusieurs carrés parfaits ? Application : $25 \times 16 \times 64$.*

On fait le produit des racines carrées des facteurs.

$$\sqrt{25 \times 16 \times 64} = \sqrt{25} \times \sqrt{16} \times \sqrt{64} = 5 \times 4 \times 8 = \mathbf{160}.$$

969. *Quel est le plus petit nombre par lequel il faut multiplier 1692 pour obtenir un carré parfait ? Quel est ce carré parfait et quelle est sa racine ? Expliquer.*

Pour qu'un nombre décomposé en facteurs soit carré parfait il faut que les exposants de tous ses facteurs soient *pairs* (nº 367).

Or : $1\,692 = 2^2 \times 3^2 \times 47.$

Pour obtenir un carré parfait, il faut multiplier $1\,692$ par 47.

R. — Le carré sera : $1\,692 \times 47 = \mathbf{79\,524.}$
   Sa racine sera : $2 \times 3 \times 47 = \mathbf{282.}$

970. *Calculer le côté d'un carré, sachant que si ce côté avait un mètre de plus, la surface serait augmentée de* 57m^2.

Soit a le côté du carré. On a :

$$(a + 1)^2 - a^2 = 57$$
$$a^2 + 2a + 1 - a^2 = 57$$
$$2a + 1 = 57$$
$$a = 28.$$

R. — **Côté du carré 28 mètres.**

971. *Faire le carré de* $10\,d + u$. *Si* $u = 5$, *peut-on tirer de cette opération un procédé rapide pour élever au carré un nombre terminé par 5 ? Appliquer le procédé au calcul des carrés suivants :* 35^2, 65^2, 85^2, 115^2, 135^2.

$$(10d + u)^2 = 100d^2 + 20du + u^2.$$

Si $u = 5$, l'égalité devient :

$$(10d + 5)^2 = 100d^2 + 100d + 25$$

et en mettant $100d$ en facteur commun :

$$(10d + 5)^2 = 100d \times (d + 1) + 25.$$

Règle. *Pour élever au carré un nombre terminé par 5 on multiplie le nombre des dizaines par le nombre immédiatement supérieur et on écrit 25 à la droite du résultat.*

  35^2 ; on dit $3 \times 4 = 12$; $\mathbf{1\,225.}$ $115^2 = \mathbf{13\,225.}$
  65^2 ; on dit $6 \times 7 = 42$; $\mathbf{4\,225.}$ $135^2 = \mathbf{18\,225.}$
  85^2 ; on dit $8 \times 9 = 72$; $\mathbf{7\,225.}$

972. *Combien y a-t-il de carrés parfaits de* $3\,200$ *à* $8\,600$? *Quel est le nombre qui, ajouté à son carré, donne* $2\,970$?

1° Les carrés parfaits compris entre $3\,200$ et $8\,600$ ont leur racine comprise entre :

$$\sqrt{3\,200} \quad \text{et} \quad \sqrt{8\,600}, \quad \text{c'est-à-dire entre 56 et 92.}$$

R. — **Nombre des carrés parfaits :** $92 - 56 = \mathbf{36.}$

  Le plus petit est 57^2 et le plus grand 92^2.

2° On a : $2\,970 = 2 \times 3^3 \times 5 \times 11$
              $= 54 \times 55$
              $= 54 \times (54 + 1) = 54^2 + 54.$

R. — **Le nombre cherché est 54.**

2ᵉ *Solution.* — Soit x le nombre. On doit avoir :

$$x^2 + x = 2\,970$$

d'où

$$x(x + 1) = 2\,970.$$

Or

$$x^2 < x(x + 1) < (x + 1)^2$$

donc

$$x^2 < 2\,970 < (x + 1)^2.$$

Cette expression montre que x est la racine carrée à 1 près par défaut de 2 970 ; en effectuant, on a : $x = 54$.

R. — Le nombre cherché est 54.

973. *Trouver 1º un nombre qui, étant augmenté de son carré, donne 272 ; 2º un nombre qui, étant retranché de son carré, donne 600 ; 3º un nombre dont le carré et le double font 195 363.*

1º On a :

$$272 = 2^4 \times 17$$
$$= 16 \times (16 + 1)$$
$$= 16^2 + 16.$$

R. — Le nombre est 16.

2º On a :

$$600 = 2^3 \times 3 \times 5^2$$
$$= 24 \times 25$$
$$= (25 - 1) \times 25 = 25^2 - 25.$$

R. — Le nombre est 25.

3º On a :

$$x^2 + 2x = 195\,363.$$

Ajoutons 1 aux deux membres ; il vient :

$$x^2 + 2x + 1 = 195\,364$$

ou

$$(x + 1)^2 = 195\,364$$

d'où

$$x + 1 = \sqrt{195\,364} = 442.$$

R. — Le nombre est 441.

2ᵉ *Solution.* — 1º On a : $x^2 + x = 272$

ou

$$x(x + 1) = 272.$$

Or

$$x^2 < x(x + 1) < (x + 1)^2$$

donc

$$x^2 < 272 < (x + 1)^2.$$

R. — Le nombre x est la racine carrée de 272 ; il égale 16.

2º On a :

$$x^2 - x = 600,$$

ou

$$x(x - 1) = 600.$$

Or :

$$(x - 1)^2 < x(x - 1) < x^2$$

donc

$$(x - 1)^2 < 600 < x^2.$$

Le nombre $x - 1$ est la racine carrée de 600, il égale 24.

R. — Le nombre cherché égale 24 + 1 ou 25.

3º On a :

$$x^2 + 2x = 195\,363.$$

Or

$$x^2 < x^2 + 2x < (x + 1)^2 \qquad \text{(nº 361)}$$

ou

$$x^2 < 195\,363 < (x + 1)^2.$$

R. — Le nombre x est la racine carrée de 195 363 ; il égale 441,

974. *Un jardin qui a 90^m de long et 40^m de large doit être échangé contre un autre de même valeur et de forme carrée ; quelles sont les dimensions de ce dernier ?*

Surface du 1er jardin : $90 \times 40 = 3\,600^{m2}$.

R. — Le jardin carré aura $\sqrt{3\,600} = $ **60^m de côté.**

975. *Un terrain rectangulaire a 625^m de longueur sur 400 de largeur ; on demande de combien il faudrait diminuer la longueur et augmenter la largeur pour que le terrain fût un carré ayant la même superficie que le rectangle.*

Surface du terrain rectangulaire : $625 \times 400 = 250\,000^{m2}$.

Le carré équivalent aura $\sqrt{250\,000} = 500^m$ de côté.

R. — Il faudrait **diminuer la longueur** de $625 - 500 = $ **125^m.**
et — **augmenter la largeur** de $500 - 400 = $ **100^m.**

976. *Un jardinier plante des pommes de terre en carré plein ; s'il en met un certain nombre par rangée, il lui en reste 25 ; s'il en met une de plus par rangée, il lui en manque 142. Combien a-t-il de pommes de terre ? Raisonnez.*

La différence entre les nombres de pommes de terre nécessaires dans chaque cas est $25 + 142 = 167$.

S'il en met n par rangée dans le 1er cas, il en mettra $n + 1$ dans le second cas ; et l'on aura :

$$(n + 1)^2 - n^2 = 167$$
$$n^2 + 2n + 1 - n^2 = 167$$
$$2n + 1 = 167$$
$$n = 83.$$

R. — Le jardinier avait : $n^2 + 25 = 83^2 + 25 = $ **6 914 pommes de terrre.**

977. *Un pépiniériste veut planter de petits arbres, également espacés, un terrain carré de 234^m de côté. S'il plantait ses arbres à 1^m,20 de distance, il lui en manquerait 3 000. Combien le pépiniériste a-t-il de ces petits arbres, et combien en aurait-il de reste s'il les plantait à la distance de 1^m,30 ?*

Si la distance entre les arbres était de 1^m,20, sur chaque côté il y en aurait :
$$(234 : 1,2) + 1 = 196.$$

La plantation en contiendrait : $196^2 = 38\,416$.

R. — Le pépiniériste a $38\,416 - 3\,000 = $ **35 416 arbres.**

Si la distance entre les arbres était de 1^m,30, sur chaque côté il y en aurait :
$$(234 : 1,3) + 1 = 181.$$

La plantation en contiendrait : $181^2 = 32\,761$.

R. — Il lui resterait $35\,416 - 32\,761 = $ **2 655 arbres.**

978. *Un jardinier a un certain nombre d'arbres qu'il voudrait planter en carré plein. En mettant un certain nombre d'arbres par rangée, il lui en resterait 11 ; s'il mettait un arbre de plus par rangée, il lui en manquerait 16. De combien d'arbres le jardinier dispose-t-il ? Ne pouvant les mettre en carré, il les plante en lignes parallèles formant un rectangle ; de combien de façons pourra-t-il les disposer ? Dans chaque cas, combien y aura-t-il de lignes et d'arbres dans chaque ligne ?*

1° (*Voir Probl. n° 976*). Différence entre les nombres d'arbres nécessaires dans chaque cas :

$$11 + 16 = 27.$$

On a donc : $(n + 1)^2 - n^2 = 27,$

d'où l'on tire $n = 13.$

R. — **Le jardinier dispose de** $n^2 + 11 = 13^2 + 11 = $ **180 arbres.**

2° Représentons par b le nombre de rangées parallèles et par a le nombre d'arbres de chaque rangée. Nous aurons :

$$a \times b = 180.$$

Pour trouver a et b, il suffit de chercher tous les groupes de deux nombres dont le produit est 180.

Cherchons les diviseurs de 180 et plaçons-les par ordre de grandeur croissante :

1, 2, 3, 4, 5, 6, 9, 10, 12, 15, 18, 20, 30, 36, 45, 60, 90, 180.

On voit que le jardinier pourra former :

2 rangées de **90** arbres		**6** rangées de **30** arbres
3 — 60 —		9 — 20 —
4 — 45 —		10 — 18 —
5 — 36 —		12 — 15 —

979. *On veut former un carré plein avec des pièces de 5^f d'argent mises en contact et disposées par files parallèles. On essaie deux dispositions : pour la première, il reste 39 pièces, pour la seconde, obtenue en mettant une pièce de plus par file, il en manque 50. On demande : 1° Combien on avait de pièces ; 2° Les surfaces des carrés formés en joignant les centres des quatre pièces extrêmes dans la première et dans la dernière disposition. (Le diamètre d'une pièce de 5^f est 37^{mm}.)*

La différence entre les nombres de pièces nécessaires dans chacune des dispositions est $39 + 50 = 89.$

Soit a le nombre de pièces d'une file dans la 1re disposition. Le nombre de pièces dans la 2e disposition sera $a + 1$, et l'on aura :

$$(a + 1)^2 - a^2 = 89$$

d'où l'on tire (*Pr. 976*) $a = 44.$

R. — **On avait** $a^2 + 39 = 44^2 + 39 = $ **1 975 pièces.**

La distance d'un centre à l'autre des pièces extrêmes d'une file égale

dans la 1re disposition : $37^{mm} \times (44 - 1) = 1\ 591^{mm} = 1^m,591,$
dans la 2e disposition : $37^{mm} \times (45 - 1) = 1\ 628^{mm} = 1^m,628.$

R. — Surface du 1er carré : $(1,591)^2 = 2^{m2}531\ 281.$
Surface du 2e carré : $(1,628)^2 = 2^{m2}650\ 384.$

980. *Un général a un certain nombre de soldats qu'il veut ranger en carré. S'il forme un carré à centre plein, il a 96 hommes de reste ; mais en faisant un carré à centre vide, il peut mettre 3 hommes de plus dans le rang extérieur et tous ses hommes sont employés. Combien ce général a-t-il d'hommes, sachant qu'il lui faudrait 225 hommes pour remplir le vide du carré à centre vide ?*

Si l'on suppose rempli le vide du carré à centre vide la différence entre les nombres d'hommes nécessaires pour former les deux carrés égale $96 + 225 = 321.$

Soit n le nombre d'hommes du rang extérieur dans le 1er cas, ce nombre sera $n + 3$ dans le 2e cas et l'on aura :

$$(n + 3)^2 - n^2 = 321$$

d'où (*Pr.* 976) $n = 52.$

R. — Le général a $n^2 + 96 = 52^2 + 96 = 2\ 800$ **hommes.**

RACINE CUBIQUE

*** 981.** *Quand un nombre entier terminé par des zéros, peut-il être un cube ?*

Un nombre entier terminé par des zéros ne peut être un cube que lorsque le nombre des zéros qui le termine est divisible par 3 ; car le cube d'un nombre terminé par des zéros a un nombre de zéros triple de celui de sa racine.

*** 982.** *Pourquoi un nombre, dont la partie décimale n'a pas un nombre de chiffres décimaux divisible par 3, ne peut-il pas être un cube ?*

Parce que le cube d'un nombre décimal a toujours un nombre de chiffres décimaux triple de celui de sa racine.

*** 983.** *Quels sont les cubes des quantités suivantes :*

1°	$(19)^3$	$= 6,859$	5°	$\left(\dfrac{2}{7}\right)^3$	$= \dfrac{8}{343}$
2°	$(138)^3$	$= 2\ 628\ 072$			
3°	$(1,50)^3$	$= 3,375$	6°	$\left(\dfrac{11}{17}\right)^3$	$= \dfrac{1\ 331}{4\ 913}.$
4°	$(0,185)^3$	$= 0,006\ 331\ 625$			

*** 984.** *Quelle est la racine cubique des nombres suivants :*

1°	185 193	**R.** 57	4°	300 763 000	**R.** 670
2°	1 367 631	**R.** 111	5°	47 637,3541	**R.** 36,250
3°	96 071 912	**R.** 458	6°	736,314 927	**R.** 9,030.

*** 985.** *Quelle est, à 0,001 près, la racine cubique des nombres suivants :*

1° 5 **R. 1,710**   4° 0,518 **R. 0,803**
2° 7 **R. 1,913**   5° 0,12 965 **R. 0,506.**
3° 11 **R. 2.224**

*** 986.** *Quelle est, à moins d'un millième, la racine cubique de chacune des fractions suivantes :* 1° 64 /125 ; 2° 2979 /42875 ?

$$1° \quad \sqrt[3]{\frac{64}{125}} = \frac{4}{5} = 0,800 \qquad 2° \quad \sqrt[3]{\frac{2\,979}{42\,875}} = \frac{14,388}{35} = 0,411.$$

*** 987.** *Trouver* 1° *un nombre dont le cube et le carré font* 252 ; 2° *un nombre dont le cube moins le carré égale* 448 ; 3° *un nombre dont le cube, le triple carré et le triple font* 39.303.

1° Représentons par a le nombre. Nous aurons :

$$a^3 + a^2 = 251$$
$$a^2 (a + 1) = 252.$$

Or : $\qquad a^3 < a^2(a + 1) < (a + 1)^3$
donc $\qquad a^3 < 252 < (a + 1)^3.$

$$a < \sqrt[3]{252} < a + 1.$$

R. — Le nombre est la racine cubique de 252 ; il **égale 6.**

2°
$$a^3 - a^2 = 448$$
$$a^2 (a - 1) = 448.$$

Or : $\qquad (a - 1)^3 < a^2 (a - 1) < a^3$
donc $\qquad (a - 1)^3 < 448 < a^3.$

$$(a - 1) < \sqrt[3]{448} < a.$$

Le nombre $a - 1$ est la racine cubique de 448 ; il égale 7.

R. — Le nombre cherché est 7 + 1 = **8.**

3° $\qquad a^3 + 3a^2 + 3a = 39.303.$

Ajoutons 1 aux deux membres de l'égalité, il vient

$$a^3 + 3a^2 + 3a + 1 = 39\,304$$
ou $\qquad (a + 1)^3 = 39\,304$

d'où $\qquad a + 1 = \sqrt[3]{39\,304} = 34.$

R. — Le nombre **égale 33.**

*** 988.** *Un cube a un volume de* 0^{m3},009261 ; *exprimer son arête en centimètres.*

R. — Arête du cube : $\sqrt[3]{9\,261} = $ **21**^{cm}.

QUATRIÈME PARTIE

SYSTÈME DES MESURES LÉGALES

MESURES DE LONGUEUR

989. *Combien y a-t-il de décimètres : 1° dans un hecto-mètre ; 2° dans un mégamètre ; 3° dans un décamètre ?*

1° **1 000**^{dm} ;   2° **10 000 000**^{dm} ;   3° **100**^{dm}.

990. *Combien y a-t-il de microns : 1° dans un centimètre ; 2° dans 6 millimètres ; 3° dans 1^m,55 ?*

1° **10 000** ;   2° **6 000** ;   3° **1 550 000**.

991. *Exprimer en centimètres la longueur représentée par 1 000 globules du sang de 6 π de diamètre, placés les uns à la suite des autres.*

R. — 0^m,000 006 $\times$ 1 000 = 0^m,006 = 0^{cm},**60**.

992. *Donner le total suivant en kilomètres :*

235^{dam} + 17^{Mm},85 + 197^{hm} + 18 595^{dm}.

R. — 2^{km},35 + 17 850^{km} + 19^{km},7 + 1^{km},8595 = 17 873^{km},**9095**.

993. *Un fil de cuivre de 1 mètre s'allonge de 0^{mm},018 quand il s'échauffe de 1 degré. Exprimer : 1° en centimètres ; 2° en microns l'allongement du fil téléphonique qui relie deux localités distantes de 4^{hm},700, si la température est montée de 22 à 31 degrés.*

La variation de température est de 31 — 22 = 9 degrés.
Le fil s'allongera de : 0^{mm},018 $\times$ 9 $\times$ 470 = 76^{mm},14.

R. — Cet allongement est égal à 7^{cm},**614** ou à **76 140 microns**.

Mesures fausses. — **994.** *Un double mètre à ruban s'est allongé, à l'usage, de 12^{mm}. Quelle est la longueur exacte d'une de ses divisions marquée 1^{cm} ?*

Le double mètre mesure : 2 000^{mm} + 12^{mm} = 2 012^{mm}.
Il porte 200 divisions marquant chacune 1^{cm}.

R. — Chaque division mesure donc : 2 012^{mm} : 200 = 10^{mm},**06**.

995. *Une ménagère a acheté pour 302ᶠ,40 un coupon de 36ᵐ de toile, mais qui avait été mesuré avec un mètre trop court de 15ᵐᵐ. Chercher : 1° combien cette personne a eu de mètres de toile en réalité ; 2° quelle perte elle a éprouvée.*

Le mètre employé mesurait 1ᵐ — 0ᵐ,015 = 0ᵐ,985.

R. — La ménagère n'a eu que : 0ᵐ,985 × 36 = **35ᵐ,46.**

Elle a reçu en moins : 36ᵐ — 35ᵐ,46 = 0ᵐ,54.
Elle a payé le mètre : 302ᶠ,40 : 36 = 8ᶠ,40.

R. — **Perte éprouvée** : 8ᶠ,40 × 0,54 = **4ᶠ,54.**

996. *On a mesuré la distance de deux villages avec un décamètre à roulette qui est trop long de 60ᵐᵐ, et l'on a trouvé 4 350ᵐ. Quelle est la vraie distance de ces deux villages ?*

Le décamètre employé avait 10ᵐ,060.
Or on a trouvé 435 décamètres en mesurant la distance des villages.

R. — **La vraie distance** est 10ᵐ,060 × 435 = **4 376ᵐ,10.**

997. *Une pièce d'étoffe a été mesurée avec un mètre qui n'avait que 98ᶜᵐ ; la longueur trouvée est de 94ᵐ,50. Quelle est la perte éprouvée par l'acheteur si cette étoffe lui a été cédée à raison de 19ᶠ le mètre ?*

Il manquait à chaque mètre 1ᵐ — 0ᵐ,98 = 0ᵐ,02.
Il manquait à la pièce : 0ᵐ,02 × 94,5 = 1ᵐ,89.

R. — **Perte éprouvée** : 19ᶠ × 1,89 = **35ᶠ,91.**

998. *On a vendu du drap à 50ᶠ le mètre. En le mesurant avec un mètre trop court, on a fait perdre à l'acheteur 20ᶠ par 12ᵐ,50. Quelle est la longueur du mètre employé ?*

Perte par mètre : 20ᶠ : 12,5 = 1ᶠ,60.

Cette perte représente une longueur d'étoffe de $\frac{1,6}{50}$ = 0ᵐ,032.

R. — **Le mètre mesurait** : 1ᵐ — 0ᵐ,032 = **0ᵐ,968.**

Intervalles. — 999. *Du 1ᵉʳ au 16ᵉ poteau d'une ligne télégraphique il y a 720ᵐ. Trouver la distance entre 2 poteaux.*

Du 1ᵉʳ au 16ᵉ poteau il y a 15 intervalles.

R. — **Distance de deux poteaux** : 720ᵐ : 15 = **48ᵐ.**

1000. *Quelle distance aura franchie un piéton qui, parti d'une borne kilométrique, aura rencontré 37 bornes hectométriques ?*

Quand il a parcouru 1ᵏᵐ, il a rencontré 9 bornes hectométriques. Or 37 égale 4 fois 9 et il reste 1.

R. — **Le piéton aura parcouru** 4ᵏᵐ et 1ʰᵐ soit **4ᵏᵐ,100.**

1001. *Une avenue est plantée des 2 côtés d'un même nombre de platanes. La distance entre 2 arbres voisins est de 8ᵐ,25, et la distance entre les arbres extrêmes, de 99ᵐ. Quel est le nombre total de platanes ?*

Nombre d'intervalles dans chaque rangée : $\dfrac{99}{8,25} = 12$.

Nombre de platanes dans chaque rangée : $12 + 1 = 13$.

R. — **Nombre total de platanes : $13 \times 2 = 26$.**

1002. *Une avenue a été plantée des deux côtés en arbres fruitiers : sur 1/10 de sa longueur en cerisiers, sur les 2/9 du reste en pruniers, sur la moitié du nouveau reste en poiriers, sur le tiers de ce dernier reste en pommiers, les 84ᵐ restants ont été plantés en noyers. Les arbres sont espacés de 6ᵐ. Trouver la longueur de l'avenue et le nombre total des arbres.*

Les cerisiers plantés, il reste les $\dfrac{9}{10}$ de la longueur totale.

Les pruniers plantés, il reste les 7/9 du reste, soit :

$$\dfrac{9}{10} \times \dfrac{7}{9} \text{ de la longueur totale.}$$

Les poiriers plantés, il reste la 1/2 du reste précédent soit :

$$\dfrac{9}{10} \times \dfrac{7}{9} \times \dfrac{1}{2} \text{ de la longueur totale.}$$

Les pommiers plantés, il reste les 2/3 du dernier reste, soit :

$$\dfrac{9}{10} \times \dfrac{7}{9} \times \dfrac{1}{2} \times \dfrac{2}{3} = \dfrac{7}{30} \text{ de la longueur totale, ou 84ᵐ.}$$

R. — **Longueur de l'avenue :** $\dfrac{84^{m} \times 30}{7} = 360^{m}$.

Nombre d'arbres par rangée : $\dfrac{360}{6} + 1 = 61$ arbres.

R. — **Nombre total des arbres : $61 \times 2 = 122$ arbres.**

1003. *Une échelle a une longueur de 3ᵐ,80. Sachant que l'espace terminal à chaque extrémité est à 2ᵈᵐ et que l'écartement des échelons est de 17ᶜᵐ, dire quel est le nombre des échelons.*

Distance des échelons extrêmes : $3^{m},80 - (0^{m},2 \times 2) = 3^{m},40$.

R. — **Nombre des échelons :** $\dfrac{3,4}{0,17} + 1 = 21$ **échelons.**

1004. *Tout autour d'un terrain rectangulaire à l'intérieur et à 4ᵐ,25 des bords on plante des arbres distants les uns des autres de 4ᵐ,25. Sachant que l'achat des arbres et les frais de plantation ont coûté ensemble 15 750ᶠ, que chaque*

*arbre a coûté 5ᶠ et que les frais de plantation s'élèvent aux
2/5 du prix des arbres, trouver le nombre d'arbres et la
largeur du terrain, la longueur mesurant 323ᵐ.*

L'achat des arbres et les frais de plantation coûtent ensemble :

$$\frac{5}{5} + \frac{2}{5} = \frac{7}{5}$$ du prix d'achat des arbres.

Prix d'achat des arbres : $\dfrac{15\,750^f \times 5}{7} = 11\,250^f.$

R. — **Nombre des arbres :** 11 250ᶠ : 5 = **2 250 arbres.**

Dans le sens de la longueur, il y a :

323 : 4,25 = 76 intervalles, donc 75 arbres.

Dans le sens de la largeur, il y a :

2.250 : 75 = 30 arbres, donc 31 intervalles.

R. — **Largeur du champ :** 4ᵐ,25 × 31 = **131ᵐ,75.**

MESURES DE SURFACE

1005. *Additionner les nombres suivants en prenant pour
unité : 1° le* m² *; 2° l'*hm²*.*

1°   135ᵐᵐ² + 7ᵈᵐ² + 0ᵈᵃᵐ²,427 + 16 845ᵏᵐ² ;

2°   425ᵐ² + 9ᵈᵃᵐ² + 3ᵏᵐ²,055 + 47 128ᵈᵐ².

R. — 1° **44ᵐ²,454 635** ; 2° **305ʰᵐ²,679 628.**

1006. *Effectuer les sommes suivantes en prenant l'are
pour unité.*

1°   25ʰᵃ,117 + 815ᶜᵃ + 5ʰᵃ3ᵃ8ᶜᵃ + 50 014ᶜᵃ ;

2°   45ᵐ²,055 + 618ʰᵐ² + 8ᵈᵃᵐ²,075 + 8ʰᵃ7ᶜᵃ.

R. — 1° **3 523ᵃ,07** ; 2° **62 608ᵃ,595 55.**

1007. *Quelle fraction de l'hectomètre carré représentent :
1° 1 250 mètres carrés ; 2° 75 décamètres carrés ; 3° 50 décimètres carrés ?*

R. — 1° $\dfrac{1\,250}{10\,000} = \dfrac{1}{8}$ hm² ; 2° $\dfrac{7\,500}{10\,000} = \dfrac{3}{4}$ hm² ; 3° $\dfrac{0,5}{10\,000} = \dfrac{1}{20\,000}$ hm².

1008. *Dans le nombre 5,803246179, le kilomètre carré
étant pris pour unité, que représente chacun des chiffres
suivants : le 7, le 9, le 6, le 2 ?*

Le 7 représente des décimètres carrés, le 9 des dixièmes de
décimètre carré ou des dizaines de centimètre carré, le 6 des
mètres carrés, le 2 des décamètres carrés.

Remarque. — On peut changer le nom de l'unité et demander aux
élèves ce que représente tel ou tel chiffre. Cet exercice est très utile.

1009. *Quelle fraction de l'hectare représentent :*
1° 1 250 mètres carrés ; 2° 25 décimètres carrés ; 3° 1 /10 de
mètre carré ?

1° 1 250^{m2} valent $\dfrac{1\,250}{10\,000} = \dfrac{1}{8}$ d'hectare ;

2° 25^{dm2} valent $\dfrac{1}{4}$ de m², donc $\dfrac{1}{40\,000}$ d'hectare ;

3° $\dfrac{1}{10}$ de m² vaut $\dfrac{1}{100\,000}$ d'hectare.

Mesures agraires. — 1010. *Un particulier vend le 1 /3*
de sa propriété à 85^f l'are, le 1 /4 du reste à 2^f,10 le m² et
les 60 600m² qui restent à 4 500^f l'ha. Quelle somme a-t-il
retirée de la vente de sa propriété.

La 2° vente comprend $\dfrac{2}{3} \times \dfrac{1}{4} = \dfrac{1}{6}$ de la propriété.

La 3° vente comprend $1 - \left(\dfrac{1}{3} + \dfrac{1}{6}\right) = \dfrac{1}{2}$ de la propriété.

Superficie de la propriété : 606^a × 2 = 1 212 ares.

Le 1er lot mesure : 1 212^a : 3 = 404 ares.
Le 2° lot mesure : 1 212^a : 6 = 202 ares.

La vente du 1er lot rapporte : 85^f × 404 = 34 340^f
— 2° lot — 210^f × 202 = 42 420^f
— 3° lot — 45^f × 606 = 27 270^f

R. — Prix de vente total .... 104 030^f.

1011. *Un domaine de 20^{ha}8^{a}5^{ca} a été partagé entre deux*
héritiers. Le 1er a reçu 807^{m2} de plus que le 2°. Exprimer
en dam² la part de chaque héritier.

On connaît la somme et la différence des parts. On a donc :

1° $\dfrac{200\,805+807}{2} = 100\,806^{m2}$; 2° $\dfrac{200\,805-807}{2} = 99\,999^{m2}$.

R. Part du 1er : 1008^{dam2},06 ; part du 2° 999^{dam2},99.

1012. *Ma vigne avait 4 300^{m2} de plus que celle de mon*
voisin. Je lui ai vendu une partie de la mienne de sorte qu'il
s'en faut de 7 ares qu'il ne possède 2 000^{m2} de plus que moi.
Quelle est l'étendue de la partie cédée ?

Mon voisin possède 2 000^{m2} — 700^{m2} = 1 300^{m2} de vigne de
plus que moi.
Si je ne lui avais cédé que 4 300^{m2} : 2 = 2 150^{m2} de mon terrain, nos vignes seraient devenues égales.
Pour que la sienne ait 1 300^{m2} de plus que la mienne, j'ai dû
lui céder encore 1 300^{m2} : 2 = 650^{m2}.

R. — Étendue cédée : 2 150^{m2} + 650^{m2} = 2 800^{m2}.

1013. *On achète un champ de 44ª,50 et un jardin de 225ᵐ² pour une somme totale de 3 568ᶠ. Le prix du jardin est les 45/178 du prix du champ. Calculer le prix du mètre carré de chaque terrain.*

3 568ᶠ représentent les $\dfrac{178}{178} + \dfrac{45}{178} = \dfrac{223}{178}$ du prix du champ.

Prix du champ : $\dfrac{3\,568^f \times 178}{223} = 2\,848^f.$

Prix du jardin : 3 568ᶠ — 2 848ᶠ = 720ᶠ.

R. — **Prix du m² de champ** : 2 848ᶠ : 4.450 = 0ᶠ,64.
Prix du m² de jardin : 720ᶠ : 225 = 3ᶠ,20.

1014. *Deux champs produisent ensemble 195ʰˡ de blé, le 1ᵉʳ rendant 12ʰˡ par hectare et le 2ᵉ 15ʰˡ. Si le 2ᵉ avait la même superficie que le 1ᵉʳ, il produirait 24ʰˡ,75 de plus que le 1ᵉʳ. Trouver la surface de chaque champ.*

Si le 2ᵉ champ avait même superficie que le 1ᵉʳ, la différence totale des rendements serait de 24ʰˡ,75 et la différence par hectare de 15 — 12 = 3ʰˡ.
La superficie commune serait de 24,75 : 3 = 8ʰª,25.

R. — **Superficie réelle du 1ᵉʳ champ** : 8ʰª,25.

Le 1ᵉʳ champ a produit : 12ʰˡ × 8,25 = 99ʰˡ.
Le 2ᵉ champ a produit : 195ʰˡ — 99ʰˡ = 96ʰˡ.

R. — **Superficie du 2ᵉ champ** : 96 : 15 = 6ʰª,40.

1015. *Une propriété se compose d'un champ estimé 65ᶠ l'are, d'une vigne valant 7 500ᶠ l'ha. et d'une maison. La valeur de la vigne est les 7/4 de celle du champ et la valeur de la maison est supérieure de 11 175ᶠ à celle de la vigne. Calculer la contenance du champ et celle de la vigne, la valeur totale de la propriété étant de 28 725ᶠ.*

Désignons le prix du champ par Ch., celui de la vigne par V et celui de la maison par M. On a :

$$28\,725^f = \text{Ch} + \text{V} + \text{M}$$

ou $$28\,725^f = \text{Ch} + \frac{7}{4}\,\text{Ch} + \frac{7}{4}\,\text{Ch} + 11\,175^f.$$

$$28\,725^f = \frac{18}{4}\,\text{Ch} + 11\,175^f.$$

Prix du champ : $\dfrac{(28\,725^f - 11\,175^f) \times 4}{18} = 3\,900^f.$

Prix de la vigne : 3 900ᶠ × 7/4 = 6 825ᶠ.

R. — **Surface du champ** : 3 900 : 65 = **60 ares.**
Surface de la vigne : 6 825 : 75 = **91 ares.**

1016. *Une prairie de 72ª est composée de deux parties égales en surface, mais de qualités différentes. La 1ʳᵉ vaut 30ᶠ l'are et l'autre 25ᶠ. On propose de retrancher de la 1ʳᵉ une parcelle telle que, si on l'ajoute à la seconde, les deux lots devenus inégaux en étendue aient la même valeur.*

Surface de chaque lot : 72ª : 2 = 36 ares.
Différence des valeurs : (30ᶠ — 25ᶠ) × 36 = 180ᶠ.
La parcelle à retrancher du 1ᵉʳ lot doit avoir pour valeur :

$$180^f : 2 = 90^f.$$

R. — La parcelle à retrancher mesure : 90 : 30 = **3 ares.**

1017. *Pour 2 terrains mesurant ensemble 8 200ᵐ² on a payé 14 820ᶠ. Les 5/6 de la surface du 1ᵉʳ égalent les 7/8 de celle du 2ᵉ, et 5ᵐ² du 1ᵉʳ terrain valent autant que 7ᵐ² du 2ᵉ. Calculer le prix de l'are et la contenance de chaque terrain.*

La surface du 1ᵉʳ terrain égale les $\dfrac{7 \times 6}{8 \times 5} = \dfrac{21}{20}$ de celle du 2ᵉ.

Donc 8 200ᵐ² représentent $\dfrac{21}{20} + \dfrac{20}{20} = \dfrac{41}{20}$ de la surface du 2ᵉ.

R. — Surface du 2ᵉ terrain : $\dfrac{8\,200 \times 20}{41} = 4\,000^{m2} = \textbf{40}^a.$

Surface du 1ᵉʳ terrain : 8 200ᵐ² — 4 000ᵐ² = 4 200ᵐ² = **42ª.**

Les 42ª du 1ᵉʳ terrain ont même valeur que $\dfrac{7 \times 42}{5} = 58^a,8$ du 2ᵉ.

Donc 14 820ᶠ représentent le prix de 58ª,8 + 40ª = 98ª,8 du 2ᵉ terrain.

R. — Prix de l'are du 2ᵉ terrain : 14 820ᶠ : 98,8 = **150ᶠ.**

Prix de l'are du 1ᵉʳ terrain : $\dfrac{150^f \times 7}{5} = \textbf{210}^f.$

1018. *Une propriété a été vendue en 3 lots. Le 1ᵉʳ est un bois estimé 3 200ᶠ l'ha. et qui représente le 1/4 de la superficie totale. Le 2ᵉ comprend 20ʰᵃ de terres labourables valant 5 200 l'ha. Le 3ᵉ est une prairie estimée 4 400ᶠ l'ha. Sachant que la vente a produit en tout 262 000ᶠ, trouver la superficie de la propriété.*

Supposons que les 20ʰᵃ de terres labourables soient remplacés par 20ʰᵃ de prairies ; le prix de vente total diminuera de (5 200ᶠ — 4 400ᶠ) × 20 = 16 000ᶠ. Il égalera :

$$262\,000^f — 16\,000^f = 246\,000^f.$$

Mais alors le 1/4 de la propriété vaut 3 200ᶠ l'ha. et le reste, c'est-à-dire les 3/4, 4 400ᶠ l'ha.

Prix moyen de l'ha. : $\dfrac{3\,200^f + 4\,400^f \times 3}{4} = 4\,100^f.$

R. — Superficie de la propriété : 246 000 : 4 100 = **60ʰᵃ.**

1019. *Un terrain de 618ᵃ est partagé en deux parties de même surface mais de valeur différente, la 1ʳᵉ valant 50ᶠ l'are et la 2ᵉ 3 500ᶠ l'hectare. On veut le diviser en 3 parties inégales en surface, mais ayant même valeur. Combien d'ares faudra-t-il enlever à chacune des parties primitives pour constituer la 3ᵉ ? Quel sera le prix moyen d'un are de la 3ᵉ partie ?*

Chacune des 2 parties du terrain mesure : 618ᵃ : 2 = 309ᵃ.

La 1ʳᵉ partie vaut : 50ᶠ × 309 = 15 450ᶠ

La 2ᵉ partie vaut : 35ᶠ × 309 = 10 815ᶠ

Valeur totale du terrain   26 265ᶠ.

Lorsque le terrain sera partagé en 3 parties d'égale valeur, chaque partie vaudra : 26 265ᶠ : 3 = 8 755ᶠ.

Valeur des ares à enlever au 1ᵉʳ lot : 15 450ᶠ — 8 755ᶠ = 6 695ᶠ.

R. — Nombre d'ares à enlever au 1ᵉʳ lot : 6 695 : 50 = 133ᵃ,90.

Valeur des ares à enlever au 2ᵉ lot : 10 815ᶠ — 8 755ᶠ = 2 060ᶠ.

R. — Nombre d'ares à enlever au 2ᵉ lot : 2 060 : 35 = 58ᵃ,85.

Surface de la 3ᵉ partie : 133ᵃ,90 + 58ᵃ,85 = 192ᵃ,75.

R. — Prix moyen d'un are de la 3ᵉ partie : $\dfrac{8\,755^f}{192,75}$ **= 45ᶠ,42.**

1020. *On a acheté un terrain de 14ᵃ. On en revend 10ᵃ pour le triple de leur prix d'achat, puis les 4ᵃ restants avec une perte de 12ᶠ par are. Cette vente a produit un bénéfice net de 400ᶠ. Trouver le prix d'achat de l'are du terrain.*

Si les 4 ares restants avaient été vendus sans perte, le bénéfice total aurait égalé :

$$400^f + 12^f \times 4 = 448^f.$$

Le bénéfice fait dans la vente de chacun des 10 ares étant équivalent au prix d'achat de 2 ares, le bénéfice total 448ᶠ équivaudrait au prix d'achat de 2 × 10 = 20 ares.

R. — Prix d'achat d'un are : 448ᶠ : 20 = 22ᶠ,40.

1021. *Un particulier achète un champ, un pré et une vigne. La surface totale du terrain acheté est de 3ʰᵃ,50. La superficie du pré est les 3/5 de celle du champ plus 50ᵐ², celle de la vigne surpasse de 200ᵐ² le pré et le champ réunis. Le champ a coûté 60ᶠ l'are, le pré 800ᶠ l'ha., la vigne 1 200ᶠ l'hm². Combien les trois pièces de terre ont-elles coûté en tout ?*

Représentons la surface du champ par Ch., celle du pré par P. et celle de la vigne par V. Nous avons :

$$\text{Surface totale} = \text{Ch.} + \text{P.} + \text{V.}$$

ou

$$350 \text{ ares} = \text{Ch.} + \left(\frac{3}{5}\,\text{Ch.} + 50^{m2}\right) + \left(\text{Ch.} + \frac{3}{5}\,\text{Ch.} + 50^{m2} + 200^{m2}\right)$$

d'où

$$350 \text{ ares} = \frac{16}{5}\,\text{Ch.} + 3 \text{ ares.}$$

Surface du champ : $\dfrac{(350^a - 3^a) \times 5}{16} = 108^a,4375$.

Prix du champ : $60^f \times 108,4\,375 = 6\,506^f,25$.

Surface du pré : $\dfrac{108^a,4375 \times 3}{5} + 0^a,50 = 65^a,5625$.

Prix du pré : $8^f \times 65,5625 = 524^f,50$.

Surface de la vigne : $\dfrac{350^a + 2^a}{2} = 176$.

Prix de la vigne : $12^f \times 176 = 2\,112^f$.

R. — **Prix total** : $6\,506^f,25 + 524^f,50 + 2\,112^f = 9\,142^f,75$.

1022. *Un particulier achète un terrain ayant* 178^m *de long sur* 50^m *de large, au prix de* 240^f *l'are. Il en revend une partie à raison de* 350^f *l'are et le reste à raison de* 2^f *le* m^2, *et il réalise un bénéfice de* $4\,000^f$. *Calculer la superficie des deux terrains.*

Surface du terrain : $178 \times 50 = 8\,900^{m2} = 89$ ares.

Prix d'achat du terrain : $240^f \times 89 = 21\,360^f$.

(*Pr. de fausse position.*) S'il revendait tout le terrain au prix de 350^f l'are, son bénéfice serait de $(350^f - 240^f) \times 89 = 9\,790^f$.

Il surpasserait le bénéfice réel de $9\,790^f - 4\,000^f = 5\,790^f$.

En revendant 1 are à 2^f le m^2, le bénéfice diminue de $350^f - 200^f = 150^f$.

R. — **Nombre d'ares à 2^f le m^2** : $5\,790 : 150 = \mathbf{38^a,60}$.

   Nombre d'ares à 350^f : $89^a - 38^a,6 = \mathbf{50^a,4}$.

Rectangle et carré.

1023. *On veut entourer un champ rectangulaire d'une clôture qui vaut* $3^f,10$ *le mètre. Trouver les dimensions de ce champ, sachant que la dépense s'est élevée à* $1\,116^f$ *et que la longueur égale 3 fois la largeur.*

Périmètre du champ : $1\,116 : 3,1 = 360^m$.

Demi-périmètre du champ : $360^m : 2 = 180^m$.

180^m représentent 1 fois + 3 fois = 4 fois la largeur du champ.

R. — **Largeur** : $180^m : 4 = \mathbf{45^m}$; **longueur** $45 \times 3 = \mathbf{135^m}$.

1024. *Un terrain rectangulaire de* $1^{ha},1088$ *de surface a* 72^m *de largeur. Il est entouré de piquets placés à* 4^m *les uns des autres. Quel est le nombre de piquets ?*

Longueur du terrain : $11\,088 : 72 = 154^m$.

Périmètre   — $(154^m + 72^m) \times 2 = 452^m$.

R. — **Nombre de piquets** : $452 : 4 = \mathbf{113}$ **piquets**.

rence représentent la surface d'un rectangle ayant même largeur que les deux terrains et 200ᵐ de longueur.

Largeur des terrains : 30 000 : 200 = 150ᵐ.

R. — Longueur du plus grand terrain : 75.000 : 150 = **500ᵐ.**

Longueur du plus petit : 45.000 : 150 = **300ᵐ.**

1032. *Pour border un tapis rectangulaire dont la longueur a 0ᵐ,75 de plus que la largeur, on a employé 24ᵐ,50 de bordure. Quelles sont les dimensions du tapis et combien faudrait-il de mètres de toile de 0ᵐ,90 de largeur pour le doubler sur toute la surface ?*

Longueur + largeur du tapis : 24ᵐ,50 : 2 = 12ᵐ,25.

$$\text{R.} - \text{Longueur} = \frac{12^m,25 + 0,75}{2} = 6^m,50 \; ;$$

$$\text{largeur} = \frac{12^m,25 - 0^m,75}{2} = 5^m,75.$$

Surface du tapis : 6,50 × 5,75 = 37ᵐ²,375.

R. — Longueur de doublure : 37,375 : 0,90 = **41ᵐ,53.**

1033. *J'ai acheté un jardin carré 72ᶠ l'are et je l'ai fait entourer d'un treillage qui m'a coûté 384ᶠ, à raison de 3ᶠ le mètre. Combien ai-je dépensé en tout ?*

Périmètre du jardin : 384 : 3 = 128ᵐ.
Côté du carré : 128 : 4 = 32ᵐ.
Surface du jardin : 32 × 32 = 1 024ᵐ².
Prix d'achat : 72ᶠ × 10,24 = 737ᶠ,28.

R. — **Dépense totale** : 737ᶠ,28 + 384ᶠ = **1 121ᶠ,28.**

1034. *Une palissade autour d'un jardin carré est soutenue par des pieux à 5ᵐ les uns des autres. Sachant qu'il a fallu utiliser 72 pieux, on demande la valeur du jardin à 2ᶠ,45 le m².*

Périmètre du jardin : 5ᵐ × 72 = 360ᵐ.
Côté du carré : 360 : 4 = 90ᵐ.
Surface du jardin : 90 × 90 = 8 100ᵐ².

R. — **Valeur du jardin** : 2ᶠ,45 × 8.100 = **19 845ᶠ.**

1035. *Un terrain rectangulaire dont la longueur est double de la largeur a été payé 450ᶠ l'are. On l'entoure d'une palissade valant 3ᶠ,50 le mètre carré et dont la hauteur est de 0ᵐ,90. Si la hauteur n'était que de 0ᵐ,80, on dépenserait 126ᶠ de moins. Calculer la surface et le prix du terrain.*

Si la palissade n'avait que 0ᵐ,80 de hauteur, sa surface serait diminuée de celle d'un rectangle de

$$126 : 3,5 = 36^{m2}.$$

La hauteur de ce rectangle vaudrait :

$$0^m,90 - 0^m,80 = 0^m,10$$

et sa longueur serait celle de la palissade.

Longueur de la palissade : 36 : 0,10 = 360^m.
Longueur + largeur du terrain : 360^m : 2 = 180^m.
Or 180^m représentent 2 fois + 1 fois = 3 fois la largeur.
Largeur du terrain : 180^m : 3 = 60^m ; longueur 60^m × 2 = 120^m.

R. — Surface du terrain : 120 × 60 = 7 200^{m2} = **72^a**.

Prix du terrain : 450^f × 72 = **32 400^f**.

1036. *On achète un champ rectangulaire dont la largeur est les 5/8 de la longueur. On l'entoure d'un treillage qui revient, à raison de 1^f,50 le mètre, aux 13/270 du prix d'achat du terrain. La dépense totale pour l'achat du terrain et du treillage s'élève à 8 490^f. On demande les deux dimensions du champ.*

La dépense totale égale les $\dfrac{270 + 13}{270} = \dfrac{283}{270}$ du prix d'achat.

Prix du treillage : $\dfrac{8\ 490^f \times 13}{283}$ = 390^f.

Périmètre du champ : 390 : 1,5 = 260^m.
Longueur + largeur du champ : 260^m : 2 = 130^m.

R. — Longueur : $\dfrac{130 \times 8}{13}$ = **80^m**.

Largeur : 130 — 80 = **50^m**.

1037. *On entoure un tapis d'un galon qui coûte 2^f le mètre. Ce tapis a la forme d'un rectangle dont la largeur est les 13/17 de la longueur. La façon a coûté les 10/7 du prix du galon qui coûte lui-même les 4/27 du prix brut du tapis. Quelles sont les dimensions de ce tapis, sachant que tout préparé il revient à 154^f,20 ?*

Dépense totale = P. de la façon + P. du galon + P. brut du tapis.

Donc   154^f,20 $= \left(\dfrac{10}{7} + 1 + \dfrac{27}{4}\right)$ du prix du galon

ou   154^f,20 $= \dfrac{257}{28}$ du prix du galon.

Prix du galon : $\dfrac{154^f,20 \times 28}{257}$ = 16^f,80.

Périmètre du tapis : 16,80 : 2 = 8^m,40.

Le demi-périmètre est 4^m,20 et représente $\dfrac{17 + 13}{17} = \dfrac{30}{17}$ de la longueur du tapis.

R. — Longueur du tapis : $\dfrac{4^m,20 \times 17}{30}$ = **2^m,38**.

Largeur : 4^m,20 — 2^m,38 = **1^m,82**.

1038. *Le toit à deux pentes d'un hangar est constitué par deux rectangles ayant chacun 7^m,10 de long sur 4^m,25 de* large. Pour couvrir ce hangar, on emploie des tuiles plates rectangulaires dont les dimensions sont $0^m,35$ et $0^m,25$. En se recouvrant, les tuiles perdent les 2/7 de leur surface. La dépense totale est de 675^f. Les frais de transport se sont élevés à 1/8 et les frais de pose à 1/9 du prix d'achat. Calculer le prix d'achat du cent de tuiles.

Dépense totale = P. d'achat + frais de transport + frais de pose.

$$675^f = \left(1 + \frac{1}{8} + \frac{1}{9}\right) \text{ du P. d'achat} = \frac{89}{72} \text{ du P. d'achat.}$$

Prix d'achat des tuiles : $\dfrac{675 \times 72}{89} = 546^f,05$ par défaut.

Nombre de tuiles
| Surface totale à couvrir : $7,10 \times 4,25 \times 2 = 60^{m2},35$.
| Surface utile d'une tuile : $0,35 \times 0,25 \times 5/7 = 0^{m2},0625$.
| Nombre de tuiles achetées : $60,35 : 0,0625 = 966$.

R. — Prix du cent de tuiles : $\dfrac{546,05}{9,66} = 56^f,55$ par excès.

1039. Deux terrains rectangulaires mesurent, le premier $4\,752^{m2}$, le deuxième $5\,512^{m2}$. On sait que la longueur du 1er est les 9/13 de celle du 2e et que la différence des largeurs est 13^m. Dire quel est le terrain le plus large et déterminer les dimensions de chaque terrain.

Si le 1er terrain avait la même longueur que le 2e, sa surface égalerait :

$$4\,752^{m2} \times 13/9 = 6\,864^{m2}.$$

Ce résultat montre que le 1er terrain est le plus large, puisque les longueurs étant égales, sa surface est supérieure à celle du 2e.

Dans cette hypothèse, la différence des surfaces devient :

$$6\,864^{m2} - 5\,512^{m2} = 1\,352^{m2} ;$$

et elle représente le produit de la longueur du 2e terrain par la différence des largeurs, 13^m.

R. — Longueur du 2e terrain : $1\,352 : 13 = 104^m$.
Largeur   — $5\,512 : 104 = 53^m$.
Longueur du 1er terrain : $104 \times 9/13 = 72^m$.
Largeur   — $53^m + 13^m = 66^m$.

1040. Avec 1.200 tuiles dont les dimensions sont dans le rapport de 2 à 3, on peut recouvrir les deux versants d'un toit de 6^m de haut et de 5^m de large. Les tuiles sont placées les unes à côté des autres dans le sens de la largeur du toit, mais se recouvrent de 5^{cm} dans le sens de la hauteur qui est aussi celui de leur plus grande dimension. On sait que 1 000 tuiles auraient suffi si le couvreur les avait simplement mises les unes à côté des autres. Trouver, d'après cela, les dimensions des tuiles. De combien doivent-elles dépasser le bord inférieur de la toiture pour qu'elles puissent être utilisées toutes en entier ?

Chaque versant mesure :

Dimensions des tuiles

$6 \times 5 = 30^{m2}$ et porte : $1\ 200 : 2 = 600$ tuiles.

Sa surface est égale à celle de $1\ 000 : 2 = 500$ tuiles.

Surface d'une tuile : $30^{m2} : 500 = 0^{m2},06 = 6\ dm^2$.

Les dimensions étant dans le rapport de 2 à 3 et leur produit étant 6 ; l'une égale 3^{dm} et l'autre 2^{dm}.

Une rangée dans le sens de la largeur mesure 50^{dm} et compte :

$$50 : 2 = 25 \text{ tuiles.}$$

Une rangée dans le sens de la hauteur compte :

$$600 : 25 = 24 \text{ tuiles.}$$

Sur ces 24 tuiles, il y en a 23 qui ne couvrent chacune qu'une longueur de $0^m,30 - 0^m,05 = 0^m,25$. La dernière compte pour sa longueur totale .

Une rangée dans le sens de la hauteur mesure donc :

$$(0^m,25 \times 23) + 0^m,30 = 6^m,05.$$

R. — Les tuiles dépasseront de $6^m,05 - 6^m = 0^m,05$.

1041. *Le périmètre d'un terrain rectangulaire mesure $1\ 008^m$ et on sait que 36 est le plus grand commun diviseur des nombres qui mesurent ses côtés. Calculer ces côtés. Le problème n'admet-il qu'une solution ?*

Longueur + largeur du terrain : $1\ 008^m : 2 = 504^m$.
Soient a et b les deux dimensions. On aura :

$$\frac{a}{36} + \frac{b}{36} = \frac{a+b}{36} = \frac{504}{36} = 14.$$

On sait que lorsqu'on divise deux nombres par leur p. g. c. d. les quotients obtenus sont premiers entre eux. Ainsi :

$$\frac{a}{36} \text{ et } \frac{b}{36}$$

sont deux nombres premiers entre eux. Comme leur somme est 14, ces nombres peuvent être :

$$1 \text{ et } 13 \text{ ; ou } 3 \text{ et } 11 \text{ ; ou } 5 \text{ et } 9.$$

Dans le 1ᵉʳ cas ; $a = 36 \times 1 = $ **36** et $b = 36 \times 13 = $ **468**.
— 2ᵉ cas ; $a = 36 \times 3 = $ **108** et $b = 36 \times 11 = $ **396**.
— 3ᵉ cas ; $a = 36 \times 5 = $ **180** et $b = 36 \times 9 = $ **324**.

R. — Le problème admet 3 solutions.

Échelle des plans. — 1042. *Sur une carte de l'état-major à l'échelle de $1/80\ 000$, un bois est représenté par un rectangle de 45^{mm} sur 28^{mm}. Quelle est en ha. la superficie réelle de ce bois ?*

Longueur réelle : $45^{mm} \times 80\ 000 = 3\ 600\ 000^{mm} = 36^{hm}$.
Largeur réelle : $28^{mm} \times 80\ 000 = 2\ 240\ 000^{mm} = 22^{hm},4$.

R. — Superficie du bois : $36 \times 22,4 = $ 806ʰᵃ,40.

1043. *Le plan cadastral d'une commune étant à l'échelle de 1/1250, quelle surface occupe sur ce plan un champ rectangulaire d'une superficie de 85 ares ?*

La surface réelle 85^a égale $85\ 000\ 000^{cm2}$.

R. — Surface sur le plan :

$$\frac{L}{1\ 250} \times \frac{l}{1\ 250} = \frac{85\ 000\ 000}{1\ 250 \times 1\ 250} = 54^{cm2},40.$$

1044. *Quelle est la surface réelle d'un terrain à bâtir qu'on a représenté à l'échelle de 1/250 par une surface de 26 cm².*

Soient a et b les dimensions sur le plan.
Les dimensions réelles sont $a \times 250$ et $b \times 250$.

R. — Surface réelle : $a \times 250 \times b \times 250 = ab \times 250^2 = 26^{cm2} \times 250^2$
$$= 1\ 625\ 000^{cm2} = 1^a,625.$$

1045. *Deux frères se partagent un terrain rectangulaire estimé 320ᶠ l'are et dont les dimensions sur le plan cadastral à l'échelle de 1/1250 sont 0ᵐ,24 et 0ᵐ,18. Le lot du 1ᵉʳ est égal aux 11/7 de celui du 2ᵉ. Quelle est la valeur de chaque part ?*

Longueur réelle du terrain : $0^m,24 \times 1\ 250 = 300^m$,
Largeur réelle : — $0^m,18 \times 1\ 250 = 225^m$.
Surface du terrain : $300 \times 225 = 67\ 500^{m2} = 675^a$.

Cette surface représente les $\dfrac{11}{7} + \dfrac{7}{7} = \dfrac{18}{7}$ du 2ᵉ lot.

Surface du 2ᵉ lot : $675^a \times 7/18 = 262^a,50$.
Surface du 1ᵉʳ lot : $675^a - 262^a,50 = 412^a,5$.

R. — Valeur du 1ᵉʳ lot : $320^f \times 412,5 = 132\ 000^f$
Valeur du 2ᵉ lot : $320^f \times 262,5 = 84\ 000^f$.

Mesures fausses. — 1046. *Un terrain rectangulaire dont la largeur est les 3/8 de la longueur a été acheté 54ᶠ l'are. Ses dimensions ayant été mesurées avec un décamètre trop court de 1ᵈᵐ, on a trouvé pour somme des deux dimensions 125ᵐ. Calculer : 1° les dimensions réelles ; 2° le prix d'achat du champ.*

Chaque fois que l'on comptait 10ᵐ, il n'y avait en réalité que $10^m - 0^m,10 = 9^m,90$.
Les dimensions réelles sont donc les 99/100 des dimensions trouvées, et, par suite, la somme des dimensions réelles est :

$$\frac{125^m \times 99}{100} = 123^m,75.$$

Cette somme représente les $\dfrac{8}{8} + \dfrac{3}{8} = \dfrac{11}{8}$ de la longueur.

R. — **Longueur** du terrain : $\dfrac{123^m,75 \times 8}{11} = \mathbf{90^m}$.

Largeur — $123^m,75 - 90^m = \mathbf{33^m,75}$.

R. — **Prix d'achat :**

$0^f,54 \times (90 \times 33,75) = 0^f,54 \times 3\,037,5 = \mathbf{1\,640^f,25}$.

1047. *En mesurant un champ de forme rectangulaire, on a trouvé 182^m de long sur 41^m de large. Ce champ a été acheté au prix de 20^f l'are. Sachant que la chaîne d'arpenteur dont on s'est servi mesurait 10^m,012 au lieu de 10^m, trouver à combien revient réellement l'are de ce terrain.*

Surface supposée : $182 \times 41 = 7\,462^{m2} = 74^a,62$.
Prix d'achat : $20^f \times 74,62 = 1\,492^f,40$.

Surface réelle $\left\{ \begin{array}{l} \text{Longueur réelle} : 10^m,012 \times 18,2 = 182^m,218. \\ \text{Largeur réelle} : 10^m,012 \times 4,1 = 41^m,049. \\ \text{Surface réelle} : 182,218 \times 41,049 = 7\,480^{m2} \text{ par excès.} \end{array} \right.$

R. — **L'are revient à** $1\,492^f,40 : 74,80 = \mathbf{19^f,95}$.

2° solution. — Ce que l'on considérait comme un are mesurait en réalité :

$$10,012 \times 10,012 = 100^{m2},24 = 1^a,0024.$$

R. — **L'are revient à** $20^f : 1,0024 = \mathbf{19^f,95}$.

1048. *Un champ mesuré avec une chaîne d'arpenteur qui n'avait que 9^m,96 a été trouvé de 3^{ha}16^a20^{ca}. Quelle est l'étendue réelle du champ ?*

Un are déterminé au moyen de cette chaîne ne mesure que :

$$9,96 \times 9,96 = 99^{m2},2\,016 = 0^a,992\,016.$$

Les $316^a,20$ trouvés ne valent donc que :

$$0^a,992\,016 \times 316,2 = 313^a,6754.$$

R. — **Étendue réelle du champ :** $\mathbf{3^{ha}13^a67^{ca}}$.

1049. *En mesurant les dimensions d'une bande rectangulaire d'étoffe, on l'a étirée de 1/20 dans le sens de la longueur et de 1/15 dans le sens de la largeur ; on s'est en outre servi d'un mètre trop court de 4^{cm} et on a trouvé comme surface de la bande 6^{m2},16. Quelle est la surface exacte ?*

La longueur actuelle est les 21/20 de la longueur réelle.
La largeur actuelle est les 16/15 de la largeur réelle.

La surface actuelle est donc les $\dfrac{21}{20} \times \dfrac{16}{15} = \dfrac{28}{25}$ de la surface réelle.

D'autre part une surface marquée 1^{m2} ne vaut en réalité que :

$$0,96 \times 0,96 = 0^{m2},9216.$$

1069. *La surface d'un tapis rectangulaire est de 14m²,40. On enlève sur toute la largeur une bande de 0m,45 et la superficie n'est plus alors que les 9/10 de ce qu'elle était. Quelles étaient les dimensions du tapis ?*

Surface de la bande enlevée : 14m²,40 × 1/10 = 1m²,44.
La longueur de cette bande est la largeur du tapis ; elle mesure :

$$1,44 : 0,45 = 3^m,20.$$

La longueur du tapis était donc : 14,4 : 3,2 = 4m,50.

R. — Longueur du tapis 4m,50 ; largeur 3m,20.

1070. *Un pavillon de 18m de long sur 8m de large est entouré d'une grille placée à 6m,40 de distance de chaque mur. On demande la longueur totale de la grille et la surface comprise entre la grille et le pavillon.*

La grille forme un rectangle qui a pour dimensions :
longueur : 18m + (6m,40 × 2) = 30m,80 ;
largeur :   8m + (6m,40 × 2) = 20m,80.

R. — Longueur de la grille : (30m,80 + 20m,80) × 2 = 103m,20.

Surface limitée par la grille : 30,8 × 20,8 = 640m²,64.
Surface occupée par le pavillon : 18 × 8 = 144m²

R. — Surface entre la grille et le pavillon : $\overline{496^{m2},64.}$

1071. *Tout autour d'une maison de 12m,50 de long sur 8m,40 de large, on fait établir un pavage de 2m,30 de large. Calculer le prix du pavage, à raison de 28f,50 le m².*

Dimensions du rectangle total (maison et pavage) :
longueur : 12m,50 + (2m,30 × 2) = 17m,10 ;
largeur :   8m,40 + (2m,30 × 2) = 13m.
Surface du rectangle total : 17,10 × 13 = 222m²,30.
Surface occupée par la maison : 12,5 × 8,4 = 105m².
Surface du pavage : 222m²,30 — 105m² = 117m²,30.

R. — Prix du pavage : 28f,50 × 117,30 = 3 343f,05.

1072. *Une table rectangulaire a une longueur de 1m,80, et sa largeur est les 2/3 de la longueur. On veut la recouvrir d'une toile cirée qui déborde tout autour de 0m,25. Combien coûtera cette toile, au prix de 8f,50 le m² ?*

Largeur de la table : 1m,80 × 2/3 = 1m,20
Longueur de la toile cirée : 1m,80 + (0m,25 × 2) = 2m,30.
Largeur   —   1m,20 + (0m,25 × 2) = 1m,70.
Surface   —   2m,30 × 1m,70 = 3m²,91.

R. — Prix de la toile cirée : 8f,50 × 3,91 = 33f,23 soit 33f,25.

1073. *Un jardin carré a été entouré d'un mur de 0m,45 d'épaisseur, ce qui l'a diminué de 42m²,93. Quel était le côté du carré ?*

La surface occupée par le mur peut être décomposée en 4 carrés (*un à chaque angle*) ayant une surface totale de

$$(0,45 \times 0,45) \times 4 = 0^{m2},81.$$

et en 4 rectangles ayant chacun pour surface :

$$\frac{42^{m2},93 - 0^{m2},81}{4} = 10^{m2},53.$$

Longueur d'un rectangle : $10,53 : 0,45 = 23^m,40$.

R. — **Côté du jardin carré** : $23^m,40 + (0^m,45 \times 2) = \mathbf{24^m,30}$.

2ᵉ *Solution.* — Soit a le côté du jardin, on a :

$$(a - 9)^2 = a^2 - 4\,293$$
$$a^2 - 18a + 81 = a^2 - 4\,293$$

d'où

$$a = \frac{4\,293 + 81}{18} = 24^m,30.$$

1074. *Un pavillon carré est entouré d'une grille placée à 4^m des murs. La surface comprise entre la grille et le pavillon est de 200^{m2}. Trouver la surface occupée par le pavillon.*

La surface extérieure au pavillon comprend 4 carrés d'une surface totale de :

$$(4 \times 4) \times 4 = 64^{m2} ;$$

et 4 rectangles ayant chacun pour surface :

$$\frac{200^{m2} - 64^{m2}}{4} = 34^{m2}.$$

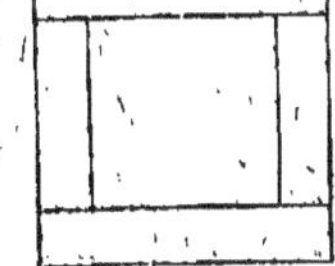

Longueur d'un rectangle : $34 : 4 = 8^m,50$.

Cette longueur est égale au côté du pavillon carré.

Surface du pavillon : $8,50 \times 8,50 = 72^{m2},25$.

R. — **Étendue totale** : $200^{m2} + 72^{m2},25 = \mathbf{272^{m2},25}$.

2ᵉ *Solution.* — Soit a le côté du pavillon, on a :

$$(a + 8) - a^2 = 200 \quad \text{d'où} \quad a = 8^m,50.$$

1075. *Un vitrier découpe tout autour d'une feuille de verre rectangulaire une bande rectangulaire de 12^{cm} de largeur. Cette bande a 49^{dm2},44 de surface. La largeur primitive de la feuille de verre était les 11/12 de la longueur primitive. Trouver le prix de la feuille restante à 15^f le m².*

La surface de la bande découpée équivaut à celle d'un rectangle ayant pour largeur $0^m,12$ et pour longueur 2 fois la longueur primitive plus 2 fois la largeur finale de la feuille de verre. On a donc :

2 fois long. primitive + 2 fois larg. finale $= \dfrac{0,4944}{0,12} = 4^m,12$.

long. primitive + larg. finale $= 4^m,12 : 2 = 2^m,06$.

long. primitive + larg. primitive $= 2^m,06 + (0^m,12 \times 2) = 2^m,30$.

La somme des dimensions représente $\frac{12}{12} + \frac{11}{12} = \frac{23}{12}$ de la longueur.

Longueur primitive : $2^m,30 \times 12/23 = 1^m,20$.

Largeur primitive : $2^m,30 - 1^m,20 = 1^m,10$.

Surface de la feuille : $1,20 \times 1,10 = 1^{m2},32$.

Surface restante : $1^{m2},32 - 0^{m2},4944 = 0^{m2},8256$.

R. — Prix de la feuille restante : $15^f \times 0,8256 = 12^f,384$.

1076. *Une place rectangulaire a des dimensions telles qu'une personne met 10^m30^s pour la traverser dans le sens de la longueur et 6^m18^s dans le sens de la largeur. On l'a entourée d'un trottoir de $1^m,50$ de large qui a réduit sa surface à $5\,529^{m2}$. Trouver les dimensions primitives de la place.*

(*Voir* n° 1075.) La surface du trottoir équivaut à celle d'un rectangle ayant pour largeur $1^m,50$ et pour longueur, 2 fois la longueur primitive plus 2 fois la largeur finale. On a donc :

2 fois long. primitive $+$ 2 fois larg. finale $= \dfrac{5\,529}{1,5} = 3\,686^m$.

long. primitive $+$ larg. finale $= 3\,686^m : 2 = 1\,843^m$.

long. primitive $+$ larg. primitive $= 1\,843^m + (1^m,5 \times 2) = 1\,846^m$.

D'autre part les dimensions primitives sont entre elles comme les temps nécessaires pour les parcourir, donc comme 630^s et 378^s ou comme 5 et 3.

R. — Longueur de la place : $\dfrac{1\,846 \times 5}{5 + 3} = 1\,153^m,75$.

Largeur : $1\,846^m - 1\,153^m,75 = 692^m,25$.

1077. *Un champ rectangulaire après avoir été réduit de $1/14$ de sa largeur et de $1/15$ de sa longueur, a encore une superficie de $1^{ha},4560$. On demande de calculer sa longueur primitive, sa largeur primitive étant de 112^m.*

Largeur finale du champ : $\dfrac{112^m \times 13}{14} = 104^m$.

Longueur finale : $\dfrac{\text{surf. finale}}{\text{larg. finale}} = \dfrac{14\,560}{104} = 140^m$.

R. — Longueur primitive : $140^m \times 15/14 = 150^m$.

1078. *Une cour rectangulaire était telle que sa longueur valait les $7/4$ de sa largeur. On l'a agrandie en augmentant de $1/3$ chacune de ses dimensions ; son étendue actuelle surpasse de $1\,764^{m2}$ son étendue primitive. Trouver les dimensions actuelles de cette cour.*

Surface primitive de la cour : $L \times l$.

Surface actuelle : $\left(L \times \dfrac{4}{3}\right) \times \left(l \times \dfrac{4}{3}\right) = L \times l \times \dfrac{16}{9}$.

L'augmentation représente les 7/9 de la surface primitive.

La surface primitive était donc $\dfrac{1\ 764^{m2} \times 9}{7} = 2\ 268^{m2}$.

Puisque la longueur égale les 7/4 de la largeur, on a :

$$L \times l = \frac{7}{4}l \times l = \frac{7}{4}l^2 = 2\ 268.$$

D'où $\quad l^2 = \dfrac{2\ 268 \times 4}{7}$; et $\quad l = \sqrt{1\ 296} = 36$.

R. — **Longueur primitive** : $36^m \times 7/4 = $ **63^m** ; **largeur** : **36^m**.

1079. *Une chambre a $5^m,40$ de long sur $4^m,80$ de large. On y fait poser un tapis qui couvre le parquet jusqu'à $0^m,45$ des murs. Pour faire ce tapis, on a employé de l'étoffe de $1^m,30$ de large à $8^f,90$ le mètre, une doublure de $0^m,65$ de large à $1^f,85$ le mètre et une bordure valant $2^f,05$ le mètre. On a payé au tapissier $12^f,45$ de façon. A combien revient le tapis ?*

Prix de l'étoffe
- Longueur du tapis : $5^m,40 - (0^m,45 \times 2) = 4^m,50$.
- Largeur — $4^m,80 - (0^m,45 \times 2) = 3^m,90$.
- Surface du tapis : $4,5 \times 3,90 = 17^{m2},55$.
- Longueur de l'étoffe : $17,55 : 1,3 = 13^m,50$.
- Prix de l'étoffe : $8^f,90 \times 13,50 = 120^f,15$.

Prix de la doublure
- Long. de la doublure : $17,55 : 0,65 = 27^m$.
- Prix de la doublure : $1^f,85 \times 27 = 49^f,95$.

Prix de la frange
- Périmètre du tapis : $(4^m,50 + 3^m,90) \times 2 = 16^m,80$.
- Prix de la frange : $2^f,05 \times 16,8 = 34^f,44$ soit $34^f,45$.

R. — **Prix de revient** : $120^f,15 + 49^f,95 + 34^f,45 + 12^f,45 = $ **217^f**.

1080. *Les dimensions d'une salle rectangulaire sont $4^m,25$ et $3^m,75$. On veut recouvrir le parquet d'un tapis distant de $0^m,15$ de chacun des 4 murs. La moquette employée a $0^m,75$ de largeur et vaut $32^f,75$ le mètre courant. Le tapis est en outre doublé et bordé. La doublure vaut $2^f,75$ le mètre et sa largeur est les 4/5 de la moquette. La bordure vaut 24^f la pièce de 50^m. Sachant en outre que la façon a été payée $15^f,50$ on demande : 1° le prix de revient du tapis ; 2° le prix moyen du m^2 de ce tapis.*

Prix de la moquette
- Longueur du tapis : $4^m,25 - (0^m,15 \times 2) = 3^m,95$.
- Largeur — $3^m,75 - (0^m,15 \times 2) = 3^m,45$.
- Surface du tapis : $3,95 \times 3,45 = 13^{m2},6275$.
- Longueur de la moquette : $13,6275 : 0,75 = 18^m,17$.
- Prix de la moquette : $32^f,75 \times 18,17 = 595^f,05$.

Longueur de la doublure : $18^m,17 \times 5/4 = 22^m,72$ par excès.

Prix de la doublure : $2^f,75 \times 22,72 = 62^f,48$ soit $62^f,50$.

Longueur de la bordure : $(3^m,95 + 3^m,45) \times 2 = 14^m,80$.

Prix de la bordure : $\dfrac{24^f \times 14,8}{50} = 7^f,10$.

R. — Prix de revient total :

$$595^f,05 + 62^f,50 + 7^f,10 + 15^f,50 = \mathbf{680^f,15}.$$

Prix du m² : $680^f,15 : 13,6275 = \mathbf{49^f,91}.$

1081. *Pour réparer un tapis rectangulaire qui mesure $2^m,40$ sur $3^m,10$, on a enlevé tout autour une bande de 15^{cm} de large ; puis on a doublé le reste du tapis avec une étoffe de 75^{cm} de large, coûtant $175^f,50$ la pièce de 78^m. Enfin on l'a bordé avec un galon qui coûte $13^f,50$ les 30^m. A combien revient la réparation du tapis ? De combien de dm² a-t-on réduit la surface ?*

Longueur du tapis réparé : $3^m,10 — (0^m,15 \times 2) = 2^m,80$.

Largeur   — $2^m,40 — (0^m,15 \times 2) = 2^m,10$.

Surface du tapis réparé : $2,80 \times 2,10 = 5^{m2},88$.

Longueur de la doublure : $5,88 : 0,75 = 7^m,84$.

Prix de la doublure : $\dfrac{175^f,50 \times 7,84}{78} = 17^f,65$.

Longueur du galon : $(2^m,80 + 2^m,10) \times 2 = 9^m,80$.

Prix du galon : $\dfrac{13^f,50 \times 9,80}{30} = 4^f,41$.

R. — Les fournitures reviennent à $17^f,65 + 4^f,41 = \mathbf{22^f,06}.$

Surface primitive du tapis : $3,10 \times 2,40 = 7^{m2},44$.

R. — Diminution de surface: $7^{m2},44 — 5^{m2},88 = 1^{m2},56$ ou $\mathbf{156^{dm2}}.$

1082. *Un tapis rectangulaire a ses deux dimensions proportionnelles aux nombres 5 et 6. On veut l'agrandir en l'entourant d'une bordure de 20^{cm} de largeur. Trouver les dimensions de ce tapis, sachant que la bordure coûte $22^f,20$ à raison de 15^f le m².*

Soit L la longueur du tapis exprimée en dm.

La largeur sera $\dfrac{5L}{6}$ et la surface $L \times \dfrac{5L}{6} = \dfrac{5}{6} L^2$.

La surface du tapis agrandi sera :

$$(L + 4) \times \left(\dfrac{5L}{6} + 4\right) = \dfrac{5}{6} L^2 + \dfrac{10L}{3} + 4L + 16.$$

L'augmentation de surface égale $\dfrac{22,20}{15} = 1^{m2},48 = 148^{dm2}.$

On a donc :

$$\frac{5}{6} L^2 + \frac{10}{3} L + 4L + 16 - \frac{5}{6} L^2 = 148$$

ou

$$\frac{22L}{3} = 132.$$

R. — Longueur du tapis : $\dfrac{132 \times 3}{22} = 18^{\mathrm{dm}} = 1^{\mathrm{m}},80.$

Largeur   — : $1^{\mathrm{m}},80 \times 5/6 = 1^{\mathrm{m}},50.$

1083. *Un tapis de forme rectangulaire est bordé avec une frange de $0^{\mathrm{m}},10$ de large. Quand on borde tous les côtés du tapis, on trouve que la surface a augmenté de 57^{dm2}. Lorsqu'on borde seulement 3 côtés du tapis, on trouve que la surface augmente de $0^{\mathrm{m2}},4050$. On demande les dimensions du tapis.*

Soient m et n les dimensions du tapis. Si l'on borde les 4 côtés la surface (en cm^2) devient :

$$(m + 20) \times (n + 20) = mn + 20n + 20m + 400. \quad (1)$$

Si l'on ne borde que 3 côtés, la surface devient :

$$(m + 20) \times (n + 10) = mn + 20n + 10m + 200. \quad (2)$$

L'augmentation de surface est :

dans le 1er cas : $20n + 20m + 400 = 5\,700 \qquad (3)$
dans le 2e cas : $20n + 10m + 200 = 4\,050 \qquad (4)$

d'où, en retranchant : $\quad 10m + 200 = 1\,650$
$$10m = 1\,450$$
$$m = 145^{\mathrm{cm}}$$

Cette valeur de m, portée dans l'égalité (4) donne :

$$20n + 1\,450 + 200 = 4\,050$$
$$20n = 2\,400$$
$$n = 120^{\mathrm{cm}}.$$

R. — Longueur du tapis $1^{\mathrm{m}},45$; largeur $1^{\mathrm{m}},20.$

1084. *Une cour de forme carrée doit être bordée d'un trottoir sur chacun des côtés. Ce trottoir doit avoir une largeur uniforme égale aux $4/99$ du côté du carré sur lequel on veut l'établir. On doit employer à cet effet 38 000 dalles carrées de $0^{\mathrm{m}},12$ de côté. Calculer la longueur du côté de cette cour.*

Surface d'une dalle : $0,12 \times 0,12 = 0^{\mathrm{m2}},0144.$
Surface du trottoir : $0^{\mathrm{m2}},0144 \times 38\,000 = 547^{\mathrm{m2}},20.$
Si l'on désigne par a, le côté de la cour, le côté du carré intérieur limité par le trottoir sera :

$$a - \frac{8}{99} a = \frac{91}{99} a.$$

La surface du trottoir étant la différence entre les surfaces du carré extérieur et du carré intérieur, on a :

$$a^2 - \left(\frac{91}{99}\,a\right)^2 = 547^{\text{m2}},20$$

$$a^2 - \frac{8\,281}{9\,801}\,a^2 = \frac{1\,520}{9\,801}\,a^2 = 547^{\text{m2}},20.$$

D'où
$$a^2 = \frac{547,20 \times 9\,801}{1\,520} = 3\,528,36.$$

R. — Côté de la cour : $a = \sqrt{3\,528,36} = 59^{\text{m}},40.$

1085. *On veut border d'un trottoir sur chacun de ses côtés une cour de forme carrée. Le trottoir doit avoir une largeur uniforme égale à 1/50 du côté de la cour. On emploie pour le faire 19 600 dalles carrées de 15^{cm} de côté, coûtant 65^{f} le mille ; les frais de pose s'élèvent à 2^{f},50 par mètre carré. Calculer d'après cela : 1º la dépense totale faite pour l'établissement du trottoir ; 2º la longueur du côté de la cour.*

Surface d'une dalle : $0,15 \times 0,15 = 0^{\text{m2}},0225.$
Surface du trottoir : $0^{\text{m2}},0225 \times 19\,600 = 441^{\text{m2}}.$
Prix des dalles : $65^{\text{f}} \times 19,6 = 1\,274^{\text{f}}.$
Frais de pose : $2^{\text{f}},50 \times 441 = 1\,102^{\text{f}},50.$

R. — Dépense totale : $1\,274^{\text{f}} + 1\,102^{\text{f}},50 = 2\,376^{\text{f}},50.$

Si l'on désigne par a le côté de la cour, le côté du carré intérieur sera :

$$a - \frac{2a}{50} = \frac{24}{25}\,a$$

et on peut écrire (*Voir solution précédente*) :

$$a^2 - \left(\frac{24}{25}\,a\right)^2 = 441.$$

D'où l'on tire :
$$a = \sqrt{5\,625} = 75.$$

R. — Côté de la cour : 75^{m}.

1086. *Un rectangle a 142^{m} de périmètre. Si on doublait la largeur et si l'on triplait la longueur, il aurait 376^{m} de tour. Trouver les dimensions et la surface du rectangle.*

L'énoncé fournit les deux égalités suivantes :

$$2\text{L} + 2l = 142^{\text{m}}. \tag{1}$$
$$6\text{L} + 4l = 376^{\text{m}}. \tag{2}$$

Divisons par 2 les termes de l'égalité (2) :

$$3\text{L} + 2l = 188. \tag{3}$$

En retranchant (1) de (3), nous avons :

$$\text{L} = 46.$$

Cette valeur de L portée dans l'égalité (1) donne :

$$l = 25.$$

R. — Longueur 46^{m} ; largeur 25^{m}.

1087. *Un jardin rectangulaire a une longueur de 28^m. Si l'on augmente cette dimension de 1^m et que l'on diminue la largeur d'autant, la surface diminue de 14^{m2}. Quelle est la largeur ?*

La surface du jardin est L $\times$ l ou 28 $\times$ l.

Si l'on modifie les dimensions la surface sera :

$$(L + 1) \times (l - 1) = Ll + l - L - 1.$$

La diminution égale (L + 1) — l ; on a donc :

$$(28 + 1) - l = 14 \quad \text{où} \quad 29 - 14 = l.$$

d'où
$$l = 15.$$

R. — **La largeur du jardin est 15^m.**

1088. *En bordure de la même rue, deux maisons carrées ont des façades dont le rapport est 3/5. Trouver la longueur de chaque façade sachant que les deux maisons recouvrent, au total, une superficie de 850^{m2}.*

Soit a une commune mesure contenue 3 fois dans la longueur de la façade de la 1re maison et 5 fois dans celle de la 2e. On a :

$$(3a)^2 + (5a)^2 = 850$$
$$9a^2 + 25a^2 = 34a^2 = 850.$$
$$a^2 = 25$$
$$a = 5.$$

R. — **1re façade : 5^m $\times$ 3 = 15^m ; 2e façade : 5^m $\times$ 5 = 25^m.**

1089. *La somme des surfaces de deux carrés est de 545^{m2}. Le rectangle ayant pour longueur le côté du premier et pour largeur le côté du second a une surface de 272^{m2}. Calculer le côté de chacun des carrés.*

Soient a et b les côtés des deux carrés. L'énoncé permet d'écrire :

$$a^2 + b^2 = 545 \qquad (1)$$
$$ab = 272. \qquad (2)$$

et, en multipliant par 2 les deux membres de (2) :

$$2ab = 544. \qquad (3)$$

Additionnons membre à membre (1) et (3) ; nous aurons :

$$a^2 + 2ab + b^2 = 1\,089$$

ou
$$(a + b)^2 = 1\,089$$
$$a + b = \sqrt{1\,089} = 33.$$

Retranchons (3) de (1) ; nous aurons :

$$a^2 - 2ab + b^2 = 1$$
$$(a - b)^2 = 1$$
$$a - b = \sqrt{1} = 1.$$

Connaissant $a + b$ et $a - b$, on en déduit :

$$a = \frac{33 + 1}{2} = 17 ; \qquad b = \frac{33 - 1}{2} = 16.$$

R. — **Côtés des carrés : 17^m et 16^m.**

1090. *Les dimensions d'un rectangle sont proportionnelles aux nombres 3 et 5. En augmentant la largeur de 4^m et en diminuant la longueur de 6^m la surface ne varie pas. Calculer cette surface et les dimensions du 1er rectangle.*

La longueur du rectangle vaut les 5/3 de la largeur.

Sa surface égale donc : $\dfrac{5}{3} l \times l = \dfrac{5}{3} l^2$.

En modifiant les dimensions, la surface devient :

$$\left(\frac{5}{3} l - 6\right) \times (l + 4) = \frac{5}{3} l^2 - 6l + \frac{20}{3} l - 24.$$

Puisque la surface n'a pas varié c'est que :

$$\frac{20}{3} l = 6l + 24$$

d'où l'on tire $\qquad l = 36$.

R. — **Longueur du rectangle** : $36^m \times 5/3 = 60^m$; **largeur** 36^m.
Surface du rectangle : $60 \times 36 = 2\,160^{m2}$.

1091. *Les dimensions d'un rectangle mesurent 60^m et 45^m. On augmente la longueur de 12^m. De combien doit-on diminuer la largeur pour que la surface du nouveau rectangle soit équivalente à celle du premier ? Le périmètre du second rectangle est-il égal à celui du premier ?*

Soit x le nombre à retrancher de la largeur. La surface du rectangle modifié sera :

$$(60 + 12) \times (45 - x) = 60 \times 45 + 12 \times 45 - 60x - 12x$$
$$= 60 \times 45 + 540 - 72x.$$

Puisque la surface n'a pas varié, c'est que :

$$72x = 540 \; ; \; \text{d'où } x = 7{,}50.$$

R. — **Il faut diminuer la largeur de $7^m{,}50$.**

Périmètre du 1er rectangle : $(L + l) \times 2 = 2L + 2l$.
Périmètre du 2e rectangle :

$$(L + 12 + l - 7{,}5) \times 2 = 2L + 24 + 2l - 15 = 2L + 2l + 9.$$

R. — **Le périmètre du 2e rectangle surpasse celui du 1er de 9^m.**

1092. *Un champ de forme rectangulaire dont le périmètre mesure 234^m est divisé en 2 parties ; l'une est carrée, l'autre rectangulaire ; la surface de la 1re est les 5/3 de celle de la 2e.*

1° On demande la longueur des côtés du champ ; 2° On veut diviser la 1re partie en lots égaux de forme carrée ayant pour côté un nombre entier supérieur à 4^m. Peut-on faire cette division de plusieurs manières ? Combien obtient-on de lots ? 3° Est-il possible de diviser la 2e partie en lots carrés de même étendue que les précédents ? Combien en obtient-on ?

Appelons A la partie carrée et B la partie rectangulaire du champ.

A et B ayant même largeur, leurs longueurs sont entre elles comme leurs surfaces. La longueur de A est donc les 5/3 de celle de B. Il s'ensuit que le demi-périmètre du champ, qui vaut 234 : 2 = 117^m, représente :

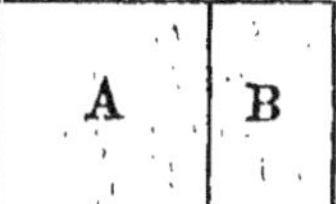

$$\frac{5}{3} + \frac{5}{3} + \frac{3}{3} = \frac{13}{3} \text{ de la longueur de B.}$$

Long. de B : $\dfrac{117 \times 3}{13} = 27^m$, long. de A : $\dfrac{27 \times 5}{3} = 45^m$.

R. — Longueur du terrain : 45^m + 27^m = 72^m ; largeur : 45^m.

2° D'après l'énoncé, le côté de chaque carré doit être un diviseur de 45 supérieur à 4.

Or les diviseurs de 45 sont : 1, 3, 5, 9, 15, 45.

Les diviseurs 5, 9 et 15 conviennent seuls à la question.

a) On peut former $\dfrac{45^2}{5^2}$ = **81 lots** de 5^m de côté.

b) — $\dfrac{45^2}{9^2}$ = **25 lots** de 9^m de côté.

c) — $\dfrac{45^2}{15^2}$ = **9 lots** de 15^m de côté.

3° La partie rectangulaire a pour dimensions 27 et 45 dont le p. g. c. d. est 9. Ce nombre répond seul à la question.

On pourra former $\dfrac{27 \times 45}{9^2}$ = **15 lots.**

1093. *Un propriétaire possède un champ qui a 280^m de périmètre. Il ajoute sur la longueur de ce champ un bosquet de 4^m de large. Par contre, il fait sur la largeur un chemin de 3^m de large en empiétant sur le terrain et sur le bosquet. Après cela, le nouveau terrain a 93^{m2} de plus que l'autre. On demande la surface du nouveau champ.*

Après les transformations, la longueur du champ est L — 3, la largeur l + 4 et la surface :

$$(L — 3) \times (l + 4) = Ll — 3l + 4L — 12.$$

Et l'on a : $4L = 3l + 12 + 93 = 3l + 105$

d'où $L = \dfrac{3l}{4} + \dfrac{105}{4}$.

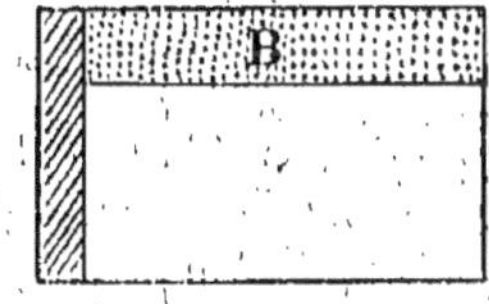

D'autre part le périmètre étant 280, on a :

$$L + l = 140$$

et, en remplaçant L par sa valeur :

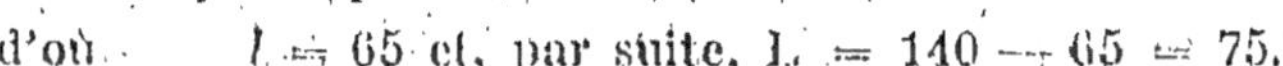

$$\frac{3l}{4} + \frac{105}{4} + l = 140$$

d'où $l = 65$ et, par suite, L = 140 — 65 = 75.

Dimensions du nouveau champ : L — 3 = 72 ; l + 4 = 69.

R. — Surface du nouveau champ : 72 × 69 = 4 968^{m2}.

1094. *Si on augmente de 5^m chacune des dimensions d'un terrain rectangulaire, on obtient un nouveau rectangle dont la superficie est supérieure de 2 ares à celle du premier. Si on augmente de 5^m la longueur et si on diminue de 5^m la largeur, le terrain rectangulaire obtenu a la même superficie que le premier. Quelles sont les dimensions du terrain ?*

Dans la 1re hypothèse, la surface du champ est :

$$(L + 5) \times (l + 5) = Ll + 5l + 5L + 25$$

et l'on a : $5L + 5l + 25 = 200$

d'où $5L + 5l = 175$

$$L + l = 35. \qquad (1)$$

Dans la 2e hypothèse, la surface du champ est :

$$(L - 5) \times (l + 5) = Ll - 5l + 5L - 25$$

et l'on a : $5L - 5l - 25 = 0$

$5L - 5l = 25$

$$L - l = 5. \qquad (2)$$

Les égalités (1) et (2) donnent la somme et la différence des dimensions du terrain ; par suite :

$$L = \frac{35 + 5}{2} = 20 ; \qquad l = \frac{35 - 5}{2} = 15,$$

R. — **Longueur du terrain : 20^m ; largeur : 15^m.**

1095. *Un tapis a la forme d'un rectangle ayant 15^m,60 de périmètre. Si la longueur était augmentée de 1/6 et la largeur diminuée de 1/6, le périmètre du tapis serait augmenté de 0^m,20 et la valeur diminuée de 1^f,05. On demande quelle est la valeur du tapis sachant que cette valeur est en raison directe de la surface.*

L'énoncé fournit les deux égalités :

$$L + l = 156^{dm} : 2 = 78^{dm}$$

$$\frac{7}{6}L + \frac{5}{6}l = 158^{dm} : 2 = 79^{dm}$$

d'où $\begin{cases} L = 4^m,20 \\ l = 3^m,60. \end{cases}$

La surface du tapis transformé serait :

$$\frac{7}{6}L \times \frac{5}{6}l = \frac{35}{36}Ll.$$

La surface, et par suite la valeur, diminuerait de 1/36 :

R. — **La valeur du tapis est donc : 1^f,05 × 36 = 37^f,80.**

Plantations d'arbres. — 1096. *Un terrain rectangulaire de 7^m,90 de long sur 4^m,30 de large a été planté de poiriers placés à 0^m,35 des bords et à 1^m,20 les uns des autres. Combien a-t-il fallu de poiriers ?*

Une rangée parallèle à la longueur compte :

$$\frac{7,90 - (0,35 \times 2)}{1,2} + 1 = 7 \text{ arbres.}$$

Une rangée parallèle à la largeur compte :

$$\frac{4,30 - (0,35 \times 2)}{1,2} + 1 = 4 \text{ arbres.}$$

R. — Il a fallu : $7 \times 4 =$ **28 poiriers.**

1097. *Un terrain rectangulaire de 75ᵐ de long sur 52ᵐ,50 de large est planté d'arbres espacés de 2ᵐ,50 en tous sens, et placés à 2ᵐ,50 du bord du champ. Combien y a-t-il d'arbres dans le terrain ?*

Une rangée parallèle à la longueur compte :

$$\frac{75 - (2,50 \times 2)}{2,5} + 1 = 29 \text{ arbres.}$$

Une rangée parallèle à la largeur compte :

$$\frac{52,50 - (2,50 \times 2)}{2,5} + 1 = 20 \text{ arbres.}$$

R. — Le terrain est planté de $29 \times 20 =$ **580 arbres.**

1098. *Dans un terrain carré de 3ʰᵃ,61, on a planté 576 pommiers en carré plein. Les rangées extrêmes sont à 3ᵐ des bords. Trouver : 1° le nombre de pommiers dans chaque rangée ; 2° la distance entre 2 arbres consécutifs.*

Racine carrée de 576 : $\sqrt{576} = 24$.

R. — Il y a **24 pommiers par rangée.**

Côté du terrain carré : $\sqrt{36\,100} = 190^m$.

Distance entre les arbres extrêmes d'une rangée :

$$190^m - (3^m + 3^m) = 184^m.$$

R. — **Distance entre deux arbres consécutifs :** $\dfrac{184^m}{24 - 1} = 8^m$.

1099. *Une pépinière de forme rectangulaire est plantée de 4 995 jeunes arbustes espacés de 1ᵐ,50, en tous sens et placés à 0ᵐ,40 des bords. La largeur du terrain égale 54ᵐ,80. Quelle en est la longueur ?*

Une rangée parallèle à la largeur compte :

$$\frac{54,80 - (0,40 \times 2)}{1,5} + 1 = 37 \text{ arbres.}$$

Une rangée parallèle à la longueur compte $4\,995 : 37 = 135$ arbres et comprend $135 - 1 = 134$ intervalles de 1ᵐ,50 ; elle mesure donc $1^m,50 \times 134 = 201^m$.

R. — **Longueur du terrain :** $201^m + (0^m,40 \times 2) =$ **201ᵐ,80.**

1100. *Un jardin rectangulaire a 65ᵐ,50 de long et 26ᵐ,50 de large. A 2ᵐ du bord, on plante une ligne de rosiers sur le pourtour et à l'intérieur de cette bordure deux lignes en croix se coupant au centre du jardin. Les rosiers sont espa-*

cés de 1^m,50. *Combien coûteront-ils en tout au prix de 15^f la douzaine ?*

La ligne de rosiers du pourtour mesure :

$$[65^m,50 - (2^m \times 2) + 26^m,50 - (2^m \times 2)] \times 2$$

ou $$(61^m,50 + 22^m,50) \times 2 = 168^m.$$

Elle compte donc : 168 : 1,50 = 112 rosiers.

Les lignes de rosiers en croix comptent :

l'une (61,50 : 1,50) — 1 = 40 rosiers ;
l'autre (22,50 : 1,50) — 1 = 14 rosiers.

Nombre total de rosiers : 112 + 40 + 14 = 166.

R. — Prix des rosiers : $\dfrac{15^f \times 166}{12} = 207^f,50.$

Remarque. — Les lignes en croix comptent chacune un nombre pair de rosiers, donc il n'y a pas de rosier au point de croisement des lignes.

1101. *Dans un champ rectangulaire mesurant 725^m sur 547^m, on plante des pieds de betterave distants du bord de 1^m,50 et espacés de 0^m,25 les uns des autres. Chaque pied de betterave pèse en moyenne 725^g et fournit ses 21/300 de poids de sucre. Calculer le poids du sucre de la récolte annuelle.*

Une ligne dans le sens de la longueur compte :

$$\frac{725 - (1,50 \times 2)}{0,25} + 1 = 2\,889 \text{ pieds.}$$

Dans le sens de la largeur on compte :

$$\frac{547 - (1,50 \times 2)}{0,25} + 1 = 2\,177 \text{ rangées.}$$

Nombre de pieds : 2 889 × 2 177 = 6 289 353.

R. — Poids de sucre : $\dfrac{0^{kg},725 \times 6\,289\,353 \times 21}{300} = 319\,184^{kg}.$

1102. *Tout autour d'un champ rectangulaire dont la longueur et la largeur ont ensemble 160^m, on veut planter, à 5^m en dedans du bord, des arbres espacés de 4^m ; la largeur du champ est les 7/9 de la longueur. Trouver le nombre d'arbres que cette plantation exigera, et la superficie de la portion du champ comprise entre les rangées d'arbres et les bords extérieurs.*

160^m représentent les $\dfrac{9}{9} + \dfrac{7}{9} = \dfrac{16}{9}$ de la longueur du champ.

Longueur : $\dfrac{160 \times 9}{16} = 90^m$; largeur 160 — 90 = 70^m.

Les rangées d'arbres ont une longueur totale de :

$$[90 - (5 \times 2) + 70 - (5 \times 2)] \times 2 = (80 + 60) \times 2 = 280^m$$

R. — Nombre d'arbres plantés : 280 : 4 = **70 arbres.**

Superficie comprise entre les arbres et les bords.

$$(90 \times 70) - (80 \times 60) = 6\,300 - 4\,800 = 1\,500^{m2}.$$

1103. *On a planté 324 arbustes sur un terrain rectangulaire ABCD. Ces arbustes forment des rangées équidistantes parallèles à AB (la première étant sur AB et la dernière sur DC) et des rangées équidistantes parallèles à BC (la première sur BC et la dernière sur DA). La distance de deux rangées parallèles consécutives est de 4ᵐ et l'un des côtés du rectangle est de 32ᵐ. Trouver l'autre côté du rectangle et la surface de ce rectangle. Peut-il se faire que la distance de deux arbustes consécutifs soit de 0ᵐ,80 et, si cela est possible, combien le terrain contiendrait-il d'arbustes ?*

Le côté connu du rectangle compte (32 : 4) + 1 = 9 arbres.

L'autre côté compte : 324 : 9 = 36 arbres et comprend 36 — 1 = 35 intervalles de 4ᵐ. Il mesure donc :

$$4^m \times 35 = 140^m.$$

R. — **L'autre côté mesure :** $4^m \times 35 = 140^m$.

La surface du rectangle est : $140 \times 32 = 4\ 480^{m2}$.

Les deux dimensions du terrain sont exactement divisibles par 0,80 ; donc la distance de deux arbustes pourrait être de 0ᵐ,80. Dans ce cas, il y aurait en tout :

$$\left(\frac{32}{0,8} + 1\right) \times \left(\frac{140}{0,8} + 1\right) = 41 \times 176 = 7\ 216 \text{ arbres.}$$

1104. *Un terrain rectangulaire a 163ᵐ,20 de long sur 136ᵐ de large. On désire placer sur ses côtés des bornes équidistantes, de telle façon qu'il y ait une borne à chaque sommet et une au milieu de chaque côté. Quelle sera la distance entre deux bornes consécutives, sachant que cette distance doit être comprise entre 3ᵐ et 4ᵐ ? Combien faudra-t-il de bornes ?*

1° La distance entre deux bornes consécutives doit être telle, qu'elle soit contenue un nombre exact de fois dans la moitié de la longueur et dans la moitié de la largeur, c'est-à-dire dans :

$$1\ 632^{dm} : 2 = 816^{dm} \quad \text{et} \quad 1\ 360^{dm} : 2 = 680^{dm}.$$

Le nombre qui exprime cette distance est donc un commun diviseur de 816 et 680 et par conséquent un diviseur du p. g. c. d. de ces nombres.

$$816 = 2^4 \times 3 \times 17$$
$$680 = 2^3 \times 5 \times 17$$

P. g. c. d. $= 2^3 \times 17 = 136.$

Les diviseurs de 136 sont : 1, 2, 4, 8, 17, 34, 68, 136.

Parmi ces nombres de décimètres, il n'y a que 34 qui soit compris entre 3ᵐ et 4ᵐ.

R. — **Distance entre deux bornes consécutives :** $3^m,4$.

2° Périmètre du champ : $(163^m,20 + 136^m) \times 2 = 598^m,40$.

R. — **Nombre de bornes :** $598,40 : 3,40 = 176$ **bornes.**

1105. *Un terrain rectangulaire est bordé extérieurement sur chacun de ses côtés par une allée que l'on veut planter d'arbustes de la manière suivante. On partage cette allée en carrés égaux dont la surface soit la plus grande possible et dans chacun de ces carrés, on plante un arbuste. Quel sera leur nombre sachant que l'allée a une largeur constante de 16ᵐ,50 ; que la surface totale est un rectangle dont l'aire égale 2 419ᵃ,20 et dont le rapport des dimensions est 7/15.*

Surface du terrain bordé :

$$L \times l = L \times \frac{7}{15} L = 241\ 920^{m2}$$

d'où

$$L^2 = \frac{241\ 920 \times 15}{7} = 518\ 400.$$

Longueur du terrain bordé : $\sqrt{518\ 400} = 720^m$.

Largeur   — $720^m \times 7/15 = 336^m$.

Le côté des carrés que l'on veut former doit être contenu un nombre exact de fois dans les dimensions du terrain bordé et dans la largeur de l'allée, c'est-à-dire dans 720, 336 et 16ᵐ,50 ou dans 7 200ᵈᵐ, 3 360ᵈᵐ et 165ᵈᵐ : c'est donc un diviseur commun de ces nombres et comme il doit être le plus grand possible, on le prendra égal à 15 le p. g. c. d. de ces nombres. Les carrés auront donc 1ᵐ,50 de côté.

Ensemble les bandes A et A′ compteront :

$$\frac{720}{1,5} \times \frac{16,5}{1,5} \times 2 = 480 \times 11 \times 2 = 10\ 560 \text{ arbres.}$$

Les bandes B et B′ en compteront :

$$\frac{336 - (16,5 \times 2)}{1,5} \times \frac{16,5}{1,5} \times 2 = 4\ 444.$$

R. — Il y aura donc : 10 560 + 4 444 = **15 004 arbres.**

Allées de jardins.

1106. *Autour d'un jardin rectangulaire de 26ᵐ de long sur 12ᵐ de large, on établit une plate-bande de 1ᵐ,20 de largeur. Calculer la surface de cette plate-bande.*

Surface totale du jardin : 26 × 12 = 312ᵐ².

Surface de la partie restante : (26 — 2,4) × (12 — 2,4) = 226ᵐ²,56.

R. — **Surface de la plate-bande** : 312ᵐ² — 226ᵐ²,56 = **85ᵐ²,44.**

1107. *Un jardin de forme carrée a 140ᵐ,80 de pourtour ; on établit tout autour une allée de 0ᵐ,80 de large. On demande : 1° ce qu'il reste de surface cultivable ; 2° le prix du terrain transformé en allée, à raison de 85ᶠ l'are.*

Côté du carré extérieur : 140^m,80 : 4 = 35^m,20.
Côté du carré intérieur : 35^m,20 — (0^m,80 × 2) = 33^m,60.

R. — **Surface cultivable** : 33,6 × 33,6 = **1 128^{m2},96.**
   Surface totale du jardin : 35,20 × 35,20 = 1 239^{m2},04.
   Surface de l'allée : 1 239^{m2},04 — 1 128^{m2},96 = 110^{m2},08.
   P. du terrain transformé en allée : 85^f × 1,1008 = **93^f,56.**

1108. *Un jardin rectangulaire mesure 44^m,50 sur 24^m. Il est entouré d'une allée intérieure large de 0^m,90 et placée à 1^m,20 des limites du jardin. Trouver la surface de la partie cultivable.*

L'allée peut être décomposée en 4 rectangles, A, A′, B, B′ (*voir fig.*), égaux 2 à 2.

Les rectangles A et A′ ont pour largeur 0^m,90 et pour longueur :

   44^m,50 — (1^m,20 + 1^m,20) = 42^m,10.

Les rectangles B et B′ ont pour largeur 0^m,90 et pour longueur :

24^m — (1^m,2 + 0^m,9 + 0^m,9 + 1^m,2) = 19^m,80.

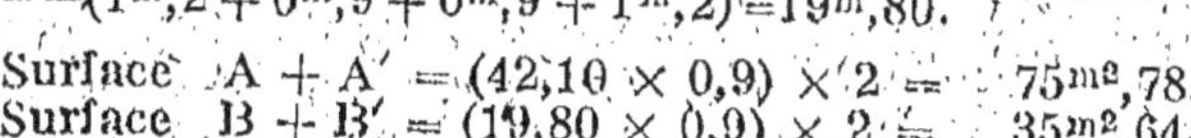

Surface A + A′ = (42,10 × 0,9) × 2 = 75^{m2},78.
Surface B + B′ = (19,80 × 0,9) × 2 = 35^{m2},64.
Surface totale de l'allée .... 111^{m2},42.
Surface totale du jardin : 44,5 × 24 = 1 068^{m2}.

R. — **Surface cultivable** : 1 068^{m2} — 111^{m2},42 = **956^{m2}58.**

1109. *Un jardin rectangulaire a 25^m de long sur 18^m de large. Tout autour à l'intérieur et à 0^m,90 des limites, on trace une allée de 1^m,20 de large. Quelle est la surface de l'allée ?*

L'allée peut être décomposée en 4 rectangles A, A′, B, B′ (*fig. précédente*).

Les rectangles A et A′ ont pour largeur 1^m,2 et pour longueur :

   25^m — (0^m,90 + 0^m,90) = 23^m,2.

Les rectangles B et B′ ont pour largeur 1^m,2 et pour longueur :

   18^m — (0^m,9 + 1^m,2 + 1^m,2 + 0^m,9) = 13^m,8.

Surface A + A′ = (23,2 × 1,2) × 2 = 55^{m2},68.
Surface B + B′ = (13,8 × 1,2) × 2 = 33^{m2},12.

R. — **Surface totale de l'allée** 88^{m2},80.

1110. *Sur le parquet d'une salle qui mesure 15^m sur 9^m on veut mettre un courant en linoléum qui suivra exactement les murs. Ce courant aura 0^m,90 de large et pour faire les coins, on ajustera les morceaux en biais. 1° Quelle sera la dépense si le courant vaut 12^f le mètre ? 2° Quelle surface du parquet se trouvera ainsi recouverte ? 3° Quelle surface de linoléum devra-t-on enlever aux coins ?*

Arithmétique. (Liv. M.)   11

Pour pouvoir ajuster les coins, la personne achètera une longueur de courant égale à 2 fois la longueur et 2 fois la largeur de la salle.

R. — **Longueur de courant achetée :** $(15^m + 9^m) \times 2 = $ **48^m.**
Dépense : $12^f \times 48 = $ **576^f.**

Surface du rectangle extérieur : $15 \times 9 = 135^{m2}$.
Surface du rectangle intérieur : $(15 - 1,8) \times (9 - 1,8) = 95^{m2},04$.

R. — **Surface recouverte :** $135^{m2} - 95^{m2},04 = $ **39^{m2},96.**
Surface du linoléum acheté : $0,90 \times 48 = 43^{m2},20$.
Surface du linoléum à enlever à cause des coins :
$$43^{m2},20 - 39^{m2},96 = 3^{m2},24.$$

1111. *Un jardin rectangulaire mesure* 24^m *sur* 14^m. *On y trace 2 allées en croix ayant* $1^m,90$ *de large et qui le partagent en 4 parties égales. Quelle est la surface cultivable ?*

R. — **La surface cultivable égale :**
$$(24 - 1,90) \times (14 - 1,90) = 22,10 \times 12,10 = 267^{m2},41.$$

1112. *Un terrain rectangulaire a* 65^m *de long et* 36^m *de large. Une allée intérieure de* $1^m,40$ *de large en fait le tour. 2 autres allées, de* 1^m *de large, qui se coupent à angle droit, le partagent en parties égales. Calculer la surface de la partie cultivable.*

En assemblant les 4 parties limitées par les allées, on forme un rectangle qui a pour dimensions :
longueur $= 65^m - (1^m,40 \times 2 + 1^m) = 65^m - 3^m,80 = 61^m,20,$
largeur $= 36^m - (1^m,40 \times 2 + 1^m) = 36^m - 3^m,80 = 32^m,20.$

R. — **Surface de la partie cultivable :** $61,2 \times 32,2 = $ **1 970^{m2},64.**

1113. *Un jardin rectangulaire a* 91^m *de long sur* 45^m *de large. On établit tout autour une allée de* $1^m,20$ *de large ; puis on partage le reste en 4 rectangles égaux par deux allées de* $1^m,20$ *de large perpendiculaires entre elles. On demande quelle est la surface qui reste à cultiver.*

En assemblant les 4 rectangles égaux, on forme un rectangle qui a pour dimensions :
longueur $= 91^m - (1^m,20 \times 2 + 1^m,20) = 87^m,40,$
largeur $= 45^m - (1^m,20 \times 2 + 1^m,20) = 41^m,40.$

R. — **Surface cultivable :** $87,4 \times 41,4 = $ **3 618^{m2},36.**

1114. *Un jardin carré est partagé en 3 bandes égales par 2 allées de même largeur. Chaque bande a une largeur de* $9^m,20$, *et chaque allée une largeur de* $1^m,10$. *Calculer la surface totale du jardin, la surface de chaque bande et la surface de chaque allée.*

Côté du carré : $(9^m,20 \times 3) + (1^m,10 \times 2) = 29^m,80$.

R. — **Surface totale** : $29,80 \times 29,80 = 888^{m2},04$.
   Surface de chaque bande : $29,80 \times 9,20 = 274^{m2},16$.
   Surface de chaque allée : $29,80 \times 1,10 = 32^{m2},78$.

1115. *Dans un champ rectangulaire de* 55ª,86, *on pratique parallèlement à la longueur une allée de* 1ᵐ,50 *de large ; la surface cultivée est ainsi réduite à* 54ª,60. *Calculer, d'après cela, les dimensions de ce champ.*

Surface de l'allée : $55^a,86 - 54^a,60 = 1^a,26 = 126^{m2}$.

R. — **Longueur du champ** $= \dfrac{surf.\ de\ l'allée}{largeur} = \dfrac{126}{1,5} = 84^m$.

Largeur $= \dfrac{Surf.\ du\ champ}{longueur} = \dfrac{5\ 586}{84} = 66^m,50$.

1116. *Un champ rectangulaire a été acheté au prix de* 91ᶠ *l'are. On a cédé, à raison de* 162ᶠ,50 *l'are, pour établir un chemin qui le parcourt dans toute sa longueur, une bande de terrain égale au* 1/25 *de sa largeur. En revendant le reste* 12 175ᶠ *l'ha., on a fait un bénéfice de* 4 857ᶠ. *On demande la surface restante de ce champ.*

Si la surface du champ était de 25 ares, la partie transformée en chemin mesurerait 1 are et la surface restante serait de 24ª.
   La vente du champ aurait procuré un bénéfice de :

$(162^f,50 - 91) + (121^f,75 - 91) \times 24 = 71^f,50 + 738^f = 809^f,50$.

R. — **Surface restante** : $\dfrac{24^a \times 4\ 857}{809,5} = 144$ ares.

1117. *Un jardin rectangulaire dont la largeur est les* 2/5 *de la longueur, est traversé par deux allées perpendiculaires ayant* 2ᵐ *de largeur ; il a été acheté au prix de* 35ᶠ *l'are. On l'entoure d'une haie qui revient à* 1ᶠ,50 *le mètre courant et qui occasionne une dépense de* 168ᶠ ; *puis on recouvre les allées d'une couche de sable coûtant* 0ᶠ,45 *par* m² *recouvert. Quel est le prix de revient total ?*

Périmètre du jardin : $168 : 1,50 = 112^m$.
Longueur + largeur : $112^m : 2 = 56^m$.

56ᵐ représentent les $\dfrac{5}{5} + \dfrac{2}{5} = \dfrac{7}{5}$ de la longueur.

Longueur du jardin : $56^m \times 5/7 = 40^m$.
Largeur — $56^m - 40^m = 16^m$.
Surface du jardin : $40 \times 16 = 640^{m2} = 6^a,40$.
Prix d'achat du jardin : $35^f \times 6,40 = 224^f$.
Longueur totale des allées : $40^m + 16^m - 2^m = 54^m$.
Surface des allées : $54 \times 2 = 108^{m2}$.
Prix du sable étendu : $0^f,45 \times 108 = 48^f,60$.

R. — **Prix total** : $224^f + 48^f,60 + 168^f = 440^f,60$.

1118. *Un jardin rectangulaire a 100ᵐ de long et 50ᵐ de large, une allée dont la largeur est 1ᵐ,50 en fait le tour ; au milieu, une allée parallèle au grand côté du rectangle a une largeur de 1ᵐ,75. Il y a en outre 5 allées transversales parallèles à la largeur et dont la largeur est 0ᵐ,90 ; le reste est cultivé. Quelle est la surface cultivée ?*

En assemblant les 12 parties cultivables (*faire la fig.*) on forme un rectangle qui a pour dimensions :
Longueur : 100ᵐ — (1ᵐ,50 + 0ᵐ,90 × 5 + 1ᵐ,50) = 92ᵐ,50.
Largeur :   50ᵐ — (1ᵐ,50 + 1ᵐ,75 + 1ᵐ,50) = 45ᵐ,25.

R. — Surface cultivable : 92,50 × 45,25 = 4 185ᵐ²,625.

1119. *On découpe dans un morceau de carton un losange dont la petite diagonale égale 0ᵐ,12 et qui a pour surface 1ᵈᵐ²,02. Calculer la grande diagonale.*

R. — Grande diagonale : $\dfrac{102}{6}$ = 17ᶜᵐ.

1120. *Un champ en forme de parallélogramme a 126ᵐ,50 de long sur 75ᵐ,2 de large. Si l'on creuse à l'intérieur et le long de chacune des grandes dimensions un fossé de 0ᵐ,80 de large, quelle sera la surface de la partie cultivable ?*

Largeur de la partie cultivable : 75ᵐ,20 — (0ᵐ,80 × 2) = 73ᵐ,60.

R. — Surface cultivable : 126,50 × 73,60 = 9 310ᵐ²,40.

Trapèze. — 1121. *Un trapèze, dont l'une des bases est le triple de l'autre et dont la hauteur est de 24ᵐ,50, a une superficie de 950ᵐ²,60. Calculer la longueur des bases.*

Somme des bases : $\dfrac{950,60}{24,5:2}$ = $\dfrac{950,60}{12,25}$ = 77ᵐ 60.

77ᵐ,60 représentent 3 fois + 1 fois = 4 fois la petite base.
R. — Petite base : 77ᵐ,60 : 4 = 19ᵐ,40.
Grande base : 19ᵐ,40 × 3 = 58ᵐ,20.

1122. *Un cultivateur a vendu, à raison de 3 570ᶠ l'hectare, un champ d'une superficie de 16 800ᵐ². Ce champ a la forme d'un trapèze de 32ᵐ de hauteur ; la petite base égale les 5/9 de la grande. Calculer la longueur des bases.*

Somme des bases : $\dfrac{16\ 800}{32:2}$ = $\dfrac{16\ 800}{16}$ = 1 050ᵐ.

Cette somme égale les $\dfrac{9}{9} + \dfrac{5}{9} = \dfrac{14}{9}$ de la grande base.

R. — Grande base : 1 050 × 9/14 = 675ᵐ.
Petite base   1 050ᵐ — 675ᵐ = 375ᵐ.

1123. *Un champ a la forme d'un trapèze. La somme des bases et de la hauteur égale 378ᵐ. La hauteur est les 3/4* *de la grande base, et la petite base les 2/3 de la hauteur. Quelle est la valeur de ce champ à 65ᶠ le dam² ?*

On a, d'après l'énoncé : $B + b + h = 378^m$.

et $$B + \left(\frac{3}{4} B \times \frac{2}{3}\right) + \left(\frac{3}{4} B\right) = 378^m$$

ou $$B + \frac{1}{2} B + \frac{3}{4} B = 378^m$$

d'où l'on tire : $B = 168^m$.

Par suite : $b = 168 \times 1/2 = 84$ et $h = 168^m \times 3/4 = 126^m$.

Surface du trapèze : $\dfrac{168 + 84}{2} \times 126 = 15\,876^{m2}$.

R. — Valeur du champ : $65^f \times 158{,}76 = \mathbf{10\,319^f{,}40}$.

1124. *Un emplacement a la forme d'un trapèze dont la hauteur est les 3/8 de la grande base. La somme des deux bases est de 76^m,40, et leur différence est de 11^m,60. On divise cet emplacement en deux lots dont le 1ᵉʳ est vendu 8ᶠ le m², et le 2ᵉ 7ᶠ,25. Le prix total de la vente est de 4908ᶠ,90. Calculer la superficie de chaque lot.*

Surface du trapèze
$$\begin{cases} \text{Grande base : } \dfrac{76^m{,}40 + 11^m{,}60}{2} = 44^m. \\[2mm] \text{Hauteur : } 44^m \times 3/8 = 16^m{,}50. \\[2mm] \text{Surface du trapèze : } \dfrac{76{,}40}{2} \times 16{,}5 = 630^{m2}{,}30. \end{cases}$$

(*Probl. de fausse position.*) Si tout le terrain était vendu 8ᶠ le m², le prix de vente total serait $8^f \times 630{,}30 = 5\,042^f{,}40$.

Il surpasserait le prix de vente réel de

$$5\,042^f{,}40 - 4\,908^f{,}90 = 133^f{,}50.$$

En vendant 1^{m2} à $7^f{,}25$ au lieu de 8^f, l'excédent diminue de $8^f - 7^f{,}25 = 0^f{,}75$. Pour qu'il disparaisse il faudra vendre : $133{,}50 : 0{,}75 = 178^{m2}$ à $7^f{,}25$.

R. — Le lot à 8ᶠ le m² mesure $630^{m2}{,}30 - 178^{m2} = \mathbf{452^{m2}{,}30}$.

Le lot à 7ᶠ,25 le m² mesure **178^{m2}**.

1125. *Un cultivateur achète, à raison de 46ᶠ,50 le dam² une prairie ayant la forme d'un trapèze dont la hauteur mesure 8/5 d'hm. Pour la payer, il vend sa récolte de vin à 185ᶠ la barrique, et il lui manque 258ᶠ. S'il avait vendu la barrique 200ᶠ, il aurait eu 822ᶠ de trop. Calculer : 1º la superficie de la prairie en dam² ; 2º les 2 bases, sachant qu'elles diffèrent de 35^m.*

Différence des deux prix de vente : $258^f + 822^f = 1\,080^f$.
Différence de prix par barrique : $200^f - 185^f = 15^f$.
Nombre de barriques vendues : $1\,080 : 15 = 72$ barriques.
Prix du terrain : $(185^f \times 72) + 258^f = 13\,578^f$.

R. — Superficie du terrain : $13\,578 : 46{,}5 = \mathbf{292^{dam2}}$.

Hauteur du trapèze : $100^m \times 8/5 = 160^m$.

Somme des bases $= \dfrac{Surface}{h/2} = \dfrac{29\ 200}{80} = 365^m$.

La somme et la différence des bases étant connues, on a :

R. — Grande base : $\dfrac{365 + 35}{2} = 200^m$.

Petite base : $\dfrac{365 - 35}{2} = 165^m$.

1126. *Un champ en forme de trapèze dont la hauteur est 150^m et la différence des bases 70^m, a été payé 10 320^f à raison de 3 200^f l'hectare. On en a cédé, au prix coûtant, une partie pour laquelle on a reçu 3 870^f, et on a délimité la partie cédée par une droite qui part du milieu de la petite base. Calculer à quelles distances de ses deux extrémités la grande base sera coupée par cette droite de séparation.*

Dimensions du champ
$$\text{Surface : } \dfrac{10\ 320}{3\ 200} = 3^{ha},225 = 32\ 250^{m2}.$$
$$\text{Somme des bases : } \dfrac{32\ 250}{150 : 2} = 430^m.$$
$$\text{Grande base} = \dfrac{somme + diff.}{2} = \dfrac{430 + 70}{2} = 250^m.$$
$$\text{Petite base : } 430^m - 250^m = 180^m.$$

Dimensions de la partie cédée
Elle a la forme d'un trapèze de 150^m de hauteur.
$$\text{Surface : } \dfrac{3\ 870}{3\ 200} = 1^{ha},209\ 375 = 12\ 093^{m2},75.$$
$$\text{Somme des bases : } \dfrac{12\ 093,75}{150 : 2} = 161^m,25.$$
L'une des bases est la moitié de la petite base du champ, elle a donc $180^m : 2 = 90^m$.
L'autre mesure $161^m,25 - 90^m = 71^m,25$.

R. — La droite de séparation rencontre la grande base en un point situé à **$71^m,25$ d'une extrémité** et à $250 - 71,25 = $ **$178^m,75$ de l'autre.**

1127. *Un terrain a la forme d'un trapèze dont les bases mesurent 18^m,50 et 25^m,80 et la hauteur 14^m. On le divise en 2 lots dont le 1er est vendu 9^f le m^2 et le 2e 7^f,50. Le prix total de vente étant 2 633^f,25, calculer la surface de chaque lot.*

Surface du terrain : $\dfrac{25,80 + 18,50}{2} \times 14 = 310^{m2},10.$

(*Pr. de fausse position.*) — Si tout le terrain était vendu $7^f,50$ le m^2, le prix de vente total serait $7^f,50 \times 310,10 = 2\ 325^f,75.$

Il serait inférieur au prix de vente réel de

$$2\;633^f,25 - 2\;325^f,75 = 307^f,50.$$

En vendant 1^{m2} à 9^f au lieu de $7^f,50$, cette différence diminuera de $1^f,50$.

Il faut donc vendre : $307,5 : 1,5 = 205^{m2}$ à 9^f

et $\qquad 310^{m2},10 - 205^{m2} = 105^{m2},10$ à $7^f,50$.

R. — Le lot à 9^f mesure 205^{m2} et le lot à $7^f,50$, $105^{m2},10$.

1128. *Un champ ayant la forme d'un trapèze dont l'une des bases a 40^m de plus que l'autre et dont la hauteur est 50^m, a été divisé en 3 parties de surface inégale. La 1re comprenant le $1/5$ du terrain a été vendue 25^f l'are. La 2e d'une surface de 25^a a été vendue 35^f l'are et la 3e 40^f l'are. La vente totale a produit $1\;725^f$. On demande : $1°$ de calculer la longueur de chaque base ; $2°$ de mener par une extrémité de la petite base du trapèze une droite qui le partage en deux parties équivalentes.*

Si les 25^a de la 2e partie avaient été vendus 40^f l'are au lieu de 35^f, le prix de vente total aurait été augmenté de $(40^f - 35^f) \times 25 = 125^f$; il serait devenu égal à $1\;725^f + 125^f = 1\;850^f$.

Dans ces conditions, on aurait vendu 1 are à 25^f contre 4 ares à 40^f et le prix de vente de ces 5 ares eût été :

$$25^f + 40^f \times 4 = 185^f.$$

Autant de fois ce prix est contenu dans le prix de vente total autant de fois le champ compte 5 ares :

Surface du champ : $\dfrac{5^a \times 1\;850}{185} = 50^a = 5\;000^{m2}$.

Somme des bases du trapèze : $\dfrac{5\;000}{50 : 2} = 200^m$.

R. — Grande base : $\dfrac{200 + 40}{2} = 120^m$; **petite base :** $\dfrac{200 - 40}{2} = 80^m$.

$2°$ La droite qui doit partager le champ en 2 parties équivalentes, déterminera un triangle et un trapèze ayant tous deux pour surface $5\;000^{m2} : 2 = 2\;500^{m2}$ et pour hauteur la hauteur du trapèze primitif.

La base du triangle sera égale à $\dfrac{2\;500}{50 : 2} = 100^m$.

R. — La droite menée par une extrémité de la petite base aboutira donc à $120^m - 100 = 20^m$ de l'extrémité opposée de la grande base.

1129. *Un champ a la forme d'un trapèze dont la hauteur est de 45^m. Il est vendu en 3 lots, savoir : le 1er lot, qui comprend les $4/9$ de la superficie totale, à raison de 32^f l'are ; le 2e lot, qui mesure une surface de $2\;835^{ca}$, à raison de 36^f le dam^2, et le reste, qui constitue le 3e lot, à raison de $0^f,44$ le centiare. La vente totale a produit $3\;322^f,80$. On* demande : 1° *la superficie du 3ᵉ lot ; 2° la longueur de chaque base sachant que l'une est le double de l'autre.*

Si l'are du 2ᵉ lot avait été vendu au même prix que l'are du 3ᵉ lot, le prix de vente total aurait été augmenté de

$$(44^f - 36^f) \times 28,35 = 226^f,80,$$

et il aurait égalé :

$$3\ 322^f,80 + 226^f,80 = 3\ 549^f,60.$$

Dans ces conditions, on aurait vendu 4 ares à 32ᶠ contre 5 ares à 44ᶠ et le prix de vente de ces 9 ares eût été de :

$$32^f \times 4 + 44^f \times 5 = 128^f + 220^f = 348^f.$$

Autant de fois ce prix de vente est contenu dans le prix de vente total, autant de fois le champ compte 9 ares.

Surface du champ : $\dfrac{9^a \times 3\ 549,60}{348} = 91^a,80.$

Surface du 1ᵉʳ lot : $91^a,80 \times 4/9 = 40^a,80.$
Surface des deux autres lots : $91^a,80 - 40^a,80 = 51^a.$

R. — Surface du 3ᵉ lot : $51^a - 28^a,35 = \textbf{22}^a\textbf{,65.}$

Somme des bases du trapèze : $\dfrac{9\ 180}{45 : 2} = 408^m.$

Cette somme vaut 2 fois + 1 fois = 3 fois la petite base.

R. — Petite base : $408 : 3 = \textbf{136}^m$; **grande base :** $136^m \times 2 = \textbf{272}^m.$

1130. *Un champ de forme rectangulaire a un périmètre égal à 820ᵐ. La différence entre les deux dimensions vaut 168ᵐ. Calculer : 1° la surface d'un losange qui aurait pour diagonales les deux dimensions du champ ; 2° la surface du trapèze qui aurait pour bases ces mêmes dimensions et pour hauteur la moyenne proportionnelle entre ces bases.*

Somme des dimensions : $820^m : 2 = 410^m$; différence 168^m.

Longueur $= \dfrac{410^m + 168^m}{2} = 289^m$; largeur $\dfrac{410^m - 168^m}{2} = 121^m$

R. — Surface du losange : $\dfrac{289 \times 121}{2} = \textbf{17 484}^{m2}\textbf{,50.}$

Surface du trapèze : $\dfrac{289 + 121}{2} \times \sqrt{289 \times 121} = \textbf{38335}^{m2}.$

Cercle et couronne. — 1131. *Un bassin circulaire de 12ᵐ de diamètre est entouré d'une allée circulaire de 4ᵐ,40 de large, située à 0ᵐ,80 du bord. Cette allée est couverte d'un carrelage qui coûte 35ᶠ le mᵉ. Quel en est le prix ?*

La surface de l'allée est la surface d'une couronne.
Rayon du grand cercle : $6^m + 4^m,40 + 0^m,80 = 11^m,20.$
Rayon du petit cercle : $6^m + 0^m,80 = 6^m,80.$
Surface de l'allée : $3,1416 \times (11,20^2 - 6,8^2) = 248^{m2},815.$

R. — Prix du carrelage : $35^f \times 248,815 = \textbf{8 708}^f\textbf{,50.}$

1132. *Un réservoir circulaire de 39ᵐ,27 de tour est entouré d'une bordure de pierre qui a 1ᵐ,40 de large. Quelle est la surface de l'ensemble ?*

Diamètre du réservoir : 39,27 : 3,1416 = 12ᵐ,50.
Diamètre du cercle total : 12ᵐ,50 + (1ᵐ,40 × 2) = 15ᵐ,30.

R. — **Surface totale** : $3,1416 \times \left(\dfrac{15,30}{2}\right)^2 = $ **183ᵐ²,8192.**

1133. *Un bassin circulaire est entouré d'une pelouse dont la largeur est uniformément de 7ᵐ,50. Sachant que le bord extérieur de cette pelouse mesure 73ᵐ,83, calculer la superficie du bassin.*

Diamètre du cercle total : 73,83 : 3,1416 = 23ᵐ,50.
Diamètre du bassin : 23ᵐ,50 — (7ᵐ,5 × 2) = 8ᵐ,50.

R. — **Superficie du bassin** : $3,1416 \times \left(\dfrac{8,50}{2}\right)^2 = $ **56ᵐ²,745.**

1134. *On veut recouvrir d'un tapis carré une table de 0ᵐ,75 de rayon à cette condition que les pointes du tapis tomberont chacune à 0ᵐ,32 du bord de la table. Calculer : 1° la surface de la table ; 2° le prix du tapis à raison de 12ᶠ,25 le mètre carré.*

R. — Surface de la table : $3,1416 \times 0,75^2 = $ 1ᵐ²,767.

Diagonale du tapis carré : 0ᵐ,75 × 2 + 0ᵐ,32 × 2 = 2ᵐ,14.
On sait que le côté d'un carré est égal au quotient de la diagonale par la racine de 2 (V. Géométrie). On a donc :

Côté du tapis carré : $\dfrac{2,14}{1,4142} = $ 1ᵐ,513.

R. — **Prix du tapis** : $12^f,25 \times (1,513)^2 = $ **28ᶠ,05.**

1135. *Les rayons d'une rondelle mesurent respectivement 13ᶜᵐ et 5ᶜᵐ. Quel doit être le rayon d'une circonférence qui divisera la surface de cette rondelle en deux parties équivalentes ?*

Surface du grand cercle : $\pi \times 13^2 = 169\pi$.
Surface du petit cercle : $\pi \times 5^2 = 25\pi$.
Surface de la rondelle : $169\pi - 25\pi = 144\pi$.

Le cercle dont la circonférence divisera la rondelle en deux parties équivalentes aura pour surface la surface du petit cercle augmentée de la demi-surface de la rondelle, soit :

$$25\pi + 72\pi = 97\pi.$$

Il reste à trouver le rayon d'un cercle dont on connaît la surface :

R. — On a $r = \sqrt{\dfrac{S}{\pi}} = \sqrt{\dfrac{97\pi}{\pi}} = \sqrt{97} = $ 9ᶜᵐ,84.

1136. *Dans un terrain circulaire, on creuse un bassin circulaire ayant le même centre que le terrain mais dont le rayon n'est que le 1/15 du rayon du terrain. Sachant que la surface cultivable du terrain se trouve ainsi réduite à 450ᵃ,56, trouver le rayon du terrain et celui du bassin. (Prendre $\pi = 22/7$.)*

Soient R le rayon du terrain et r celui du bassin, on a :

$$\pi R^2 - \pi r^2 = 45\,056$$

mais d'après l'énoncé $r = R/15$, on a donc :

$$\pi R^2 - \pi \frac{R^2}{15^2} = 45\,056$$

ou

$$\pi\left(R^2 - \frac{R^2}{15^2}\right) = \frac{22}{7} \times \frac{224 R^2}{225} = 45\,056$$

d'où

$$R^2 = \frac{45\,056 \times 7 \times 225}{22 \times 224} = 14\,400$$

$$R = \sqrt{14\,400} = 120.$$

R. — **Rayon du terrain 120ᵐ ; rayon du bassin 120 : 15 = 8ᵐ.**

1137. *Dans un terrain carré on creuse un bassin circulaire. Calculer le côté du carré et le rayon du cercle connaissant le rapport 16/3 de ces longueurs et la superficie, réduite à 1ʰᵃ11ᵃ58ᶜᵃ du terrain restant autour du bassin. (Prendre $\pi = 22/7$.)*

Soit a le côté du carré ; le rayon du bassin sera $3a/16$ et l'on aura :

$$a^2 - \pi\left(\frac{3a}{16}\right)^2 = 11\,158^{m2}$$

ou

$$a^2 - \frac{22}{7} \times \frac{9a^2}{16^2} = 11\,158^{m2}$$

$$1.594\,a^2 = 11\,158 \times 7 \times 256$$

$$a = \sqrt{\frac{11\,158 \times 7 \times 256}{1\,594}} = \sqrt{7 \times 7 \times 256} = 7 \times 16 = 112.$$

R. — **Côté du carré : 112ᵐ ; rayon du cercle : 112ᵐ × 3/16 = 21ᵐ**

1138. *Un bassin a la forme d'un rectangle prolongé à chaque extrémité par un demi-cercle dont le diamètre est égal à la largeur du bassin. Le rectangle a 48ᵐ de long et chaque demi-cercle 15ᵐ,708 de tour. On établit autour de ce bassin une grille à 4ᵐ,20 des bords. Trouver la longueur de cette grille et la surface comprise entre la grille et le bassin.*

Longueur du diamètre du demi-cercle : $\dfrac{15^m,708 \times 2}{3.1416} = 10^m.$

La grille se composera de 2 lignes droites de 48ᵐ de long et de 2 demi-circonférences ayant comme diamètre :

$$10^m + (4,20 \times 2) = 18^m,40.$$

Les 2 demi-circonférences forment une circonférence d'une longueur de :

$$3,1416 \times 18,4 = 57^m,805.$$

R. — Longueur de la grille : $48^m + 48^m + 57^m,805 = \mathbf{153^m,805.}$

La surface comprise entre le bassin et la grille se compose de 2 rectangles de 48ᵐ sur 4ᵐ,20 et d'une couronne de 18ᵐ,4 et 10ᵐ de diamètre .

Surface des rectangles : $48 \times 4,20 \times 2 = 403^{m2},20.$
Surface de la couronne : $\pi \times (9,2^2 - 5^2) = 187^{m2},365.$

R. — Surface cherchée : $403^{m2},20 + 187^{m2},365 = \mathbf{590^{m2},565.}$

1139. *Le dessus d'une table est formé d'un rectangle prolongé par un demi-cercle à chacune de ses extrémités ; le diamètre de chacun de ces cercles, égal à la largeur de la table, est de 1ᵐ,20, et la longueur totale de cette table, rectangle et demi-cercles compris, est les 13/6 de sa largeur. On demande : 1° combien de personnes pourraient prendre place à cette table si, pour chacune, il faut un espace de 0ᵐ,50 ; 2° combien coûterait un tapis recouvrant exactement le dessus de la table, si le tapissier compte 16ᶠ,20 par mètre carré pour l'étoffe du tapis et 1ᶠ,40 par mètre linéaire pour la frange qu'il met en bordure.*

1° Longueur totale de la table : $\dfrac{1^m,20 \times 13}{6} = 2^m,60.$

La longueur du rectangle est égale à la longueur totale diminuée de 2 fois le rayon ou du diamètre des demi-cercles ; elle égale :

$$2^m,60 - 1^m,20 = 1^m,40.$$

Circonférence du cercle équivalent aux 2 demi-cercles :

$$1^m,20 \times 3,1416 = 3^m,7699 \text{ soit } 3^m,77.$$

Périmètre de la table : $1^m,40 + 1^m,40 + 3^m,77 = 6^m,57.$

R. — On pourra placer : $\dfrac{6,57}{0,50} = \mathbf{13}$ **personnes.**

2° Surface du rectangle : $1,40 \times 1,20 = 1^{m2},68.$
Surface du cercle équivalent aux 2 demi-cercles :

$$3,1416 \times \left(\frac{1,2}{2}\right)^2 = 1^{m2},13097 \text{ soit } 1^{m2},131.$$

Surface du tapis : $1^{m2},68 + 1^{m2},131 = 2^{m2},811.$
Prix de l'étoffe : $16^f 20 \times 2,811 = 45^f 538.$
Prix de la frange : $1^f 40 \times 6,57 = 9^f,198.$

R. — Prix du tapis : $45^f,538 + 9^f,198 = 54^f,736$ soit $\mathbf{54^f,75.}$

MESURES DE VOLUME

MESURES DE CAPACITÉ

1140. *Effectuer la somme suivante et exprimer le résultat en* dm³ :

$$14\ 007^{dm3} + 1^{dm3},508 + 1\ 500^{dm3},7 + 0^{dm3},018\ 545 + 3\ 800^{dm3}$$
$$= \mathbf{19\ 309^{dm3},226\ 545}.$$

1141. *Écrire chacun des nombres de l'exercice précédent en prenant successivement pour unité :* 1º *le décalitre ;* 2º *le centilitre ;* 3º *l'hectolitre.*

1º 1 400^{dal},7 ; 0^{dal},1 508 ; 150^{dal},07 ; 0^{dal},001 8545 ; 380^{dal}.
2º 1 400 700^{cl} ; 150^{cl},8 ; 150 070^{cl} ; 1^{cl},8545 ; 380 000^{cl}.
3º 140^{hl},07 ; 0^{hl},015 08 ; 15^{hl},007 ; 0^{hl}000 185 45 ; 38^{hl}.

1142. *Combien les* 3/4 *des* 7/15 *du* m³ *valent-ils de* dm³ ?

$$\mathbf{R.} - 1\ 000^{dm3} \times \frac{7}{15} \times \frac{3}{4} = 1\ 000^{dm3} \times \frac{7}{20} = \mathbf{350^{dm3}}.$$

1143. *On paye* 2^f,70 *pour transporter* 1^{m3} *de sable à une distance de* 1^{km}. *Un voiturier ayant fait* 7 *voyages avec un tombereau de* 875^{dm3} *pour transporter un tas de sable à* 3^{km} *de distance, trouver combien il lui est dû pour le transport et quelle longueur de chemin il a parcourue.*

Volume du tas de sable : 0^{m3},875 × 7 = 6^{m3},125.

R. — **Somme due** : 2^f,70 × 6,125 × 3 = 49^f,61 soit **49^f,65.**
Chemin parcouru : 3^{km} × 2 × 7 = **42^{km}.**

1144. *Un chêne peut donner* 2st,45 *de bois. Combien en tirera-t-on de planches ayant chacune* 2^m,25 *de long.,* 0^m,26 *de large et* 12^{mm},5 *d'épaisseur, s'il y a* 1/35 *de déchet ?*

Volume d'une planche : 22,5 × 2,6 × 0,125 = 7^{dm3},3125.

Volume total des planches : $\dfrac{2^{m3},45 \times 34}{35} = 2^{m3},380.$

R. — **Nombre de planches** : 2 380 : 7,3125 = **325 planches**

1145. *Un tas de bois est vendu* 1 864^f,50 *à raison de* 56^f,50 *le stère. Trouver la hauteur du tas, sachant que la longueur des bûches est de* 1^m,30 *et la longueur du tas de* 16^m,50.

Volume du tas de bois : 1 864,5 : 56,5 = 33st = 33^{m3}.

R. — **Hauteur du tas** : $\dfrac{33}{1,3 \times 16,5} = \dfrac{33}{21,45} = \mathbf{1^m,538.}$

1146. *On a placé un tas de bois de 3st,4 entre deux piquets distants de 3^m,40. Le tas a 0^m,80 de hauteur. Quelle est la longueur des bûches ?*

R. — Longueur des bûches : $\dfrac{3,4}{3,4 \times 0,8} = $ **1^m,25.**

1147. *Un tonneau est rempli aux 3/5 de sa capacité. Il faut y ajouter 4^{dal} 1/2 pour qu'il soit plein. Combien vaudrait le vin qui remplirait ce tonneau à raison de 1^l,45 le litre ?*

Les $\dfrac{5}{5} - \dfrac{3}{5} = \dfrac{2}{5}$ de la capacité représentent 4 ^{dal} 1/2 ou 45^l.

La capacité du tonneau égale donc 45^l × 5/2 = 112^l,50.

R. — **Valeur de 112^l,50 de vin** : 1^f,45 × 112,50 = **163^f,125.**

1148. *Un verre a une capacité d'un demi-décilitre ; on y verse 30^{cm3} de vin. Combien faudra-t-il y ajouter de centilitres d'eau pour le remplir ?*

Un demi-décilitre vaut 5^{cl}, et 30^{cm3} valent 3^{cl}.

R. — Pour remplir le verre, il faut ajouter 5 — 3 = **2^{cl} d'eau.**

1149. *Un robinet fournit 14^l,50 d'eau par minute ; on le laisse couler pendant 3^h 1/2 dans un bassin qui peut contenir 5^{m3}60^{dm3}. Combien faut-il ajouter d'hl. pour achever de remplir le bassin ?*

En 3^h 1/2 le robinet fournit : 14^l,50 × 60 × 3,5 = 3 045^l.

R. — **Il faut ajouter** : 5 060^l — 3 045^l = 2 015^l = **20^{hl},15.**

1150. *On verse 75^{cm3} de vin dans un flacon qui peut contenir 1/8 de litre. Combien de centimètres cubes faut-il encore ajouter pour remplir le flacon ?*

1/8 de litre égale 0^l,125 ou 125^{cm3}.

R. — **Il faut ajouter** : 125^{cm3} — 75^{cm3} = **50^{cm3}.**

Parallélépipède. — **1151.** *Un tas de briques a la forme d'un cube de 1^m,20 d'arête et contient 1 512 briques. Combien y a-t-il de briques semblables dans un autre tas cubique de 2^m,40 de côté ? et quel est leur prix, à raison de 130^f le mille ?*

Le volume du 1er tas est a^3 et celui du 2e tas $(2a)^3 = 8a^3$.

R. — **Le 2e tas contient** : 1 512 × 8 = **12 096 briques.**

Prix des briques : 130^f × 12,096 = **1 572^f,48.**

1152. *On ficelle en long et en large un paquet rectangulaire dont la longueur égale 0^m,60. La largeur de ce paquet étant les 7/12 de la longueur et sa hauteur les 4/5 de la* *largeur, on demande la longueur de la ficelle employée, s'il en faut 0^m,11 pour faire le nœud.*

Largeur du paquet : 0^m,60 × 7/12 = 0^m,35.
Hauteur   —   0^m,35 × 4/5 = 0^m,28.
Pour le ficeler en long il faudra :

$$(0^m,60 + 0^m,28) × 2 = 1^m,76 \text{ de ficelle.}$$

Pour le ficeler en large il faudra :

$$(0^m,35 + 0^m,28) × 2 = 1^m,26 \text{ de ficelle.}$$

R. — Longueur de la ficelle : 1^m,76 + 1^m,26 + 0^m,11 = 3^m,13.

1153. *Un socle de pierre taillé sur toutes ses faces a 1^m,20 de long sur 0^m,80 de large et 0^m,75 de haut. A combien revient-il si la pierre est payée 85^f le m^3 et la taille 25^f le m^2 ?*

Volume de la pierre. : 1,20 × 0,80 × 0,75 = 0^m3,720.
Prix de la pierre : 85^f × 0,720 = 61^f,20.

Prix de la taillle
⎧ Périmètre de la base : (1^m,20 + 0^m 80) × 2 = 4^m.
⎨ Surface latérale : 4 × 0,75 = 3^m2.
⎩ Surface des bases : 1,2 × 0,8 × 2 = 1^m2,92.
  Surface totale : 3^m2 + 1^m2,92 = 4^m2,92.
  Prix de la taille : 25^f × 4,92 = 123^f.

R. — Prix de revient du socle : 61^f,20 + 123 = 184^f,20.

1154. *Une caisse a, pour dimensions 1^m,20, 0^m,90 et 0^m,80. Combien pourra-t-elle contenir de pains de savon, à base carrée de 0^m,10 de côté et de 0^m,20 de hauteur, si les 3/18 du volume de la caisse sont occupés par l'emballage ?*

Volume de la caisse : 1,20 × 0,90 × 0,80 = 0^m3,864.

Le savon occupera $\dfrac{15}{18}$ de ce volume soit : $\dfrac{864^{dm3} × 15}{18} = 720^{dm3}$.

Volume d'un pain de savon : 1 × 1 × 2 = 2^dm3.

R. — Nombre de pains de savon : 720 : 2 = 360.

1155. *Une pièce de bois équarrie mesure 2^m,75 de long, 0^m,55 de large et 0^m,40 d'épaisseur. Sachant que par le sciage elle perd 1/10 de son volume, combien pourra-t-elle fournir de planches de 0^m3,045375 ? Quelle sera l'épaisseur de ces planches, si elles ont même longueur et même largeur que la pièce de bois ?*

Volume de la pièce de bois : 2,75 × 0,55 × 0,40 = 0^m3,605.
Diminution de volume par le sciage : 0^m3,0605.
Volume restant : 0^m3,605 — 0^m3,0605 = 0^m3,5445.

R. — Nombre de planches : $\dfrac{0,5445}{0,045\,375}$ **= 12 planches.**

Surface d'une planche : 2,75 × 0,55 = 1^m2,5125.

R. — Épaisseur d'une planche : $\dfrac{45\,375\ (cm^3)}{15\,125\ (cm^2)}$ **= 8^cm.**

1156. *Trouver la capacité et les dimensions d'une boîte rectangulaire en fer blanc, sans couvercle, sachant : 1º que le fond de cette boîte est un rectangle ayant un côté double de l'autre et que la profondeur est égale au plus petit côté du rectangle ; 2º que le fer blanc dont la boîte est formée pèse 2^{dag} par dm^2 et que le poids total de la boîte vide est de 90 grammes.*

Surface totale de la boîte : $90 : 20 = 4^{dm^2},50$.

Désignons les 2 faces latérales construites sur la largeur par A et A' ; les 2 faces construites sur la longueur par L et L' et la base par B.

A et A' sont des carrés qui ont pour côté la hauteur.

L, L' et B sont des rectangles qui valent chacun 2A.

La surface totale $4^{dm^2},50$ est donc égale à 8A.

Surface de $A = 450 : 8 = 56^{cm^2},25$; côté de $A = \sqrt{56,25} = 7^{cm},5$.

R. — **Largeur et hauteur de la boîte** $0^{dm},75$.

Longueur de la boîte : $0^{dm},75 \times 2 = 1^{dm},50$.

Capacité de la boîte : $1,50 \times 0,75 \times 0,75 = 0^{dm^3},84375$.

1157. *On veut faire une boîte avec une feuille de fer blanc rectangulaire qui a 160^{cm} de périmètre et dont le rapport des dimensions est 2 /3. A chacun des angles on enlève un carré de 36^{cm^2} de surface, on relève les côtés et on les soude les uns aux autres. Déterminer la capacité de cette boîte.*

Longueur + largeur de la feuille : $160^{cm} : 2 = 80^{cm}$.

Cette somme représente $\dfrac{3}{3} + \dfrac{2}{3} = \dfrac{5}{3}$ de la longueur.

Longueur : $\dfrac{80^{cm} \times 3}{5} = 48^{cm}$; largeur : $\dfrac{80^{cm} \times 2}{5} = 32^{cm}$.

Côté du carré découpé : $\sqrt{36} = 6^{cm}$.

Longueur de la boîte : $48^{cm} - (6^{cm} \times 2) = 36^{cm}$.

Largeur de la boîte : $32^{cm} - (6^{cm} \times 2) = 20^{cm}$.

R. — **Capacité de la boîte** : $36 \times 20 \times 6 = 4\,320^{cm^3} = 4^l,32$.

1158. *Une cuve a la forme d'un parallélépipède rectangle et contient une certaine quantité d'eau. Si on enlevait les 4 /7 de cette eau, le liquide ne s'élèverait plus qu'aux 4 /11 de la hauteur du vase ; mais si au lieu de retirer de l'eau on en ajoutait $14^l,70$, le niveau atteindrait les 7 /8 de la hauteur. Calculer la contenance de la cuve.*

Puisque les 3 /7 de la quantité d'eau contenue dans la cuve rempliraient les 4 /11 de la cuve, la quantité totale d'eau remplit les

$$\frac{4 \times 7}{11 \times 3} = \frac{28}{33} \text{ de la cuve.}$$

En ajoutant alors 14^l,70 d'eau, on remplirait :

$$\frac{7}{8} - \frac{28}{33} = \frac{7}{264} \text{ de la cuve.}$$

R. — **Contenance de la cuve :** $\dfrac{14^l 70 \times 264}{7} = 554^l,40.$

1159. *Une barre de fer a pour section un carré de* 36^{mm} *de côté et pour longueur* 1^m,80. *On l'étire en la faisant passer par un orifice carré de* 28^{mm} *de côté. Quelle est alors, à* 1^{mm} *près, la longueur de la barre ?*

Volume de la barre en mm³ : $36^2 \times 1\,800$.

Le volume ne variant pas la nouvelle longueur s'obtiendra en divisant ce volume par la nouvelle section :

R. — **Longueur cherchée :** $\dfrac{36^2 \times 1\,800}{28^2} = 2\,975^{mm} = 2^m,975.$

1160. *Un réservoir a* 4^m,30 *de long et* 2^m,30 *de large. Rempli d'eau aux* 3/4, *il contient* 240^{hl},08. *Quelle est sa profondeur ?*

Surface de la base : $4,30 \times 2,30 = 9^{m2},89$.

L'eau s'élève à $\dfrac{24,008 \ (m^3)}{9,89 \ (m^2)} = 2^m,427.$

Ce nombre ne représente que les 3/4 de la profondeur.

R. — **Profondeur du réservoir :** $2^m,427 \times 4/3 = 3^m,236.$

1161. *Un bassin rectangulaire de* 3^m,50 *de long sur* 2^m,50 *de large peut contenir* 90^{hl},50 *d'eau. De combien faudrait-il l'approfondir pour augmenter sa capacité de* 5^{m}³80^{dm3} ?

Surface de la base : $3,5 \times 2,5 = 8^{m2},75$

R. — **Il faut approfondir de** $\dfrac{5\,080}{875} = 5^{dm},816$ soit de 0^m,58.

1162. *Une citerne remplie d'eau a pour base un rectangle de* 2^m,80 *sur* 2^m,50 ; *sa profondeur égale* 1^m,65. *On en retire* 32^{hl}. *Quelle est la hauteur de l'eau qui reste dans la citerne ?*

Volume de la citerne : $2,8 \times 2,5 \times 1,65 = 11^{m3},550$.
Quand on a retiré 32^{hl} ou 3^{m3},2, il reste $11,55 - 3,2 = 8^{m3},350$.
Surface de la base de la citerne : $2,8 \times 2,5 = 7^{m2}$.

R. — **Hauteur de l'eau restante :** $8,35 : 7 = 1^m,19.$

1163. *Un bassin long de* 2^m,80, *large de* 2^m,50 *et haut de* 1^m,40 *est rempli d'eau jusqu'à* 0^m,20 *du bord. Quel* temps mettra-t-il à se vider, si un robinet placé au fond laisse échapper 2^l,50 d'eau par seconde ?

Le bassin contient : 2,8 × 2,5 × (1,40 — 0,20) = 8^{m3},4 d'eau.

R. — Temps cherché : $\dfrac{8\ 400}{2,5}$ = 3 360^s = **56 minutes.**

1164. Dans un bassin de 5^m,20 de long, 4^m de large et 2^m,50 de profondeur rempli d'eau aux 3/20, on laisse couler une fontaine qui fournit 1/2 litre par seconde. Au bout de quel temps le bassin sera-t-il rempli ?

Volume du bassin : 5,2 × 4 × 2,5 = 52^{m3}.

Il reste à remplir $\dfrac{17}{20}$ du bassin soit $\dfrac{52 × 17}{20}$ = 44^{m3},2.

R. — Temps cherché : $\dfrac{44\ 200}{0,5}$ = 88 400^s = **24^{h}33^{m}20^s.**

1165. Un bassin a la forme d'un parallélépipède dont les dimensions intérieures sont proportionnelles à 2, 3, 5 (la profondeur étant la plus petite dimension). On recouvre les faces latérales et le fond d'un enduit qui revient à 150^f,40 à raison de 5^f le mètre carré. Trouvez en hl. la capacité du bassin.

Les dimensions étant proportionnelles à 2, 3 et 5, si on représente la longueur par L, la largeur sera 3/5 L et la profondeur 2/5 L.

Surface des parois ayant pour dimensions : longueur et profondeur :

$$L × \frac{2}{5}L × 2 = \frac{4}{5}L^2.$$

Surface des parois ayant pour dimensions largeur et profondeur :

$$\frac{3}{5}L × \frac{2}{5}L × 2 = \frac{12}{25}L^2.$$

Surface de la base : $L × \dfrac{3}{5}L = \dfrac{3}{5}L^2.$

Surface totale : $\dfrac{4}{5}L^2 + \dfrac{12}{25}L^2 + \dfrac{3}{5}L^2 = \dfrac{47}{25}L^2.$

Or la surface totale enduite égale : 150,40 : 5 = 30^{m2},08.

On a donc : $\dfrac{47}{25}L^2 = 30^{m2},08$

d'où $L^2 = \dfrac{30,08 × 25}{47} = 16,$ et $L = \sqrt{16} = 4^m.$

Largeur du bassin : 4 × 3/5 = 2^m,40 ;
profondeur 4 × 2/5 = 1^m,60.

R. — **Capacité du bassin :** 4 × 2,4 × 1,6 = 15^{m3},360 = **153^{hl},60.**

1166. *Un tas de blé a 4ᵐ,50 de longueur, 2ᵐ,50 de largeur et 0ᵐ,60 d'épaisseur. Pour l'aérer, on l'étend de manière à couvrir une surface de 5ᵐ de long sur 4ᵐ de large. Quelle est alors l'épaisseur de la couche de blé ?*

Volume du blé : 4,50 × 2,50 × 0,6 = 6ᵐ³,750.
Nouvelle surface recouverte : 5 × 4 = 20ᵐ².

R. — L'épaisseur est alors de $\dfrac{6,750}{20}$ **= 0ᵐ,3375.**

1167. *Un coffre de 1ᵐ,20 de long, 0ᵐ,80 de large et 0ᵐ,75 de hauteur est rempli de blé. Combien faudrait-il en ôter de doubles dal. pour réduire la hauteur du blé à 0ᵐ,55 ?*

La quantité de blé à ôter à la forme d'un parallélépipède rectangle ayant :
pour surface de base : 1,20 × 0,80 = 0ᵐ²,96.
pour hauteur : 0ᵐ,75 — 0ᵐ,55 = 0ᵐ,20;
pour volume : 0,96 × 0,20 = 0ᵐ³,192 = 192 litres.

R. — On devra ôter : 192 : 20 = **9 doubles dal. 12 litres** de blé.

1168. *Une cour en forme de trapèze a 18ᵐ de grande base, 15ᵐ de petite base et 8ᵐ de hauteur. On veut y répandre une couche de sable de 0ᵐ,06 d'épaisseur. Combien faudra-t-il amener de tombereaux de 880ᵈᵐ³ de sable ?*

Surface de la cour : $\dfrac{(18 + 15) \times 8}{2}$ = 132ᵐ².

Volume de la couche de sable : 132 × 0,06 = 7ᵐ³,920.

R. — On devra amener : $\dfrac{7,920}{0,880}$ = **9 tombereaux de sable.**

1169. *Une cour rectangulaire a 42ᵐ,35 de long, et sa largeur est les 5/7 de sa longueur. On étend sur cette cour 78 tombereaux de sable contenant chacun les 3/4 d'un mètre cube. Quelle sera, en mm., l'épaisseur moyenne de la couche de sable ?*

Largeur de la cour : 42ᵐ,35 × 5/7 = 30ᵐ,25.
Surface de la cour : 42,35 × 30,25 = 1 281ᵐ²,0875.
Volume de sable répandu : 0ᵐ³,750 × 78 = 58ᵐ³,50.

R. — Épaisseur de la couche : $\dfrac{58,5}{1\,281,0875}$ = 0ᵐ,045 = **45ᵐᵐ.**

1170. *On a répandu uniformément une couche de terreau de 4ᵐᵐ d'épaisseur sur 2 champs. Le 1ᵉʳ mesure 1ʰᵃ8ᵃ5ᶜᵃ ; le 2ᵉ est un carré de 262ᵐ de périmètre. Combien a coûté le terreau, à raison de 12ᶠ,50 le mᵈ ?*

Côté du champ carré : 262ᵐ : 4 = 65ᵐ,50.
Surface du champ carré : 65,5 × 65,5 = 4 290ᵐ²,25.
Surface des 2 champs : 10 805ᵐ² + 4 290ᵐ²,25 = 15 095ᵐ²,25.
Volume de terreau répandu : 15 095,25 × 0,004 = 60ᵐ³,381.

R. — Prix du terreau : 12ᶠ 50 × 60 381 = **754ᶠ,76.**

1171. *On a répandu sur une cour rectangulaire 8 tombereaux de sable de 1 350dm³ chacun. La couche de sable a une épaisseur de 45mm. Quelles sont les dimensions de cette cour, sachant que la largeur est les 3/5 de la longueur ?*

Volume de sable répandu : 1m³,350 × 8 = 10m³,800.

Superficie de la cour : $\frac{10,800}{0,045}$ = 240m².

Si la largeur de la cour était égale à la longueur la cour serait un carré d'une surface de :

$$\frac{240^{m2} \times 5}{3} = 400^{m2}.$$

R. — **Longueur de la cour :** $\sqrt{400}$ = **20m.**
Largeur : 20m × 3/5 = **12m.**

1172. *Autour d'un champ carré de 14m,50 de côté et à l'intérieur, on a creusé un fossé de 0m,45 de largeur et de 0m,60 de profondeur. Quel est le volume de la terre enlevée ? Quelle surface reste-t-il à cultiver ?*

Surface totale du champ : 14,50 × 14,50 = 210m²,25.
La partie cultivable est un carré qui a pour côté :

$$14^m,50 - (0^m,45 \times 2) = 13^m,60.$$

R. — **Surface cultivable :** 13,60 × 13,60 = **184m²,96.**

Surface occupée par le fossé : 210m²,25 — 184m²,96 = 25m²,29.

R. — **Volume de terre enlevée :** 25.29 × 0,60 = **15m³,174.**

1173. *Au milieu d'un jardin rectangulaire de 45m,80 de long sur 27m,50 de large, on a creusé un bassin carré de 4m,80 de côté. La terre extraite a été répandue sur le reste du terrain dont elle a élevé le niveau de 4cm. Quelle est la profondeur actuelle du bassin ?*

Surface totale du jardin : 45,80 × 27,50 = 1 259m²,50.
Surface du bassin : 4,80 × 4,80 = 23m²,04.
Surface restante : 1 259m²,50 — 23m² 04 = 1 236m²,46.
Volume de la terre extraite et répandue sur la surface restante :

$$1\ 236,46 \times 0,04 = 49^{m3},4584.$$

R. — **Profondeur actuelle :** $\frac{49,4584}{23,04}$ + 0m,04 = **2m,186.**

1174. *Un terrain rectangulaire a 26m,60 de longueur sur 22m,80 de largeur. A l'intérieur, on creuse un bassin rectangulaire ayant 3m,80 de longueur sur 2m,10 de largeur et 3m,15 de profondeur par rapport au niveau primitif du terrain. La terre extraite de ce bassin est répandue sur la partie qui l'entoure. Calculer l'épaisseur de cette couche de terre sachant que, par le travail fait, le volume de la terre extraite s'est accru de ses 3/7.*

Superficie totale du terrain : $26,6 \times 22,8 = 606^{\text{m2}},48$.
Surface du bassin : $3,80 \times 2,10 = 7^{\text{m2}},98$.
Superficie restante : $606^{\text{m2}},48 - 7^{\text{m2}},98 = 598^{\text{m2}},50$.
Volume définitif de la terre extraite du bassin :

$$7,98 \times 3,15 \times 10/7 = 35^{\text{m3}},910.$$

R. — Épaisseur de la couche : $\dfrac{35,91}{598,5} = 0^{\text{m}},06$.

1175. *Un champ rectangulaire a un périmètre de 220^{m}. La largeur est les 5/6 de la longueur. 1° Trouver sa superficie ; 2° on veut l'entourer extérieurement d'un fossé dont la section est un rectangle de $0^{\text{m}},60$ de largeur et de $0^{\text{m}},50$ de profondeur. Quel est le volume de terre à enlever ? 3° combien faudra-t-il de temps pour faire ce fossé sachant qu'on y emploie trois ouvriers, qui le creuseraient le 1er en 12 jours, le 2e en 10 jours, le 3e en 15 jours et, sachant de plus, que le 1er ne pourra travailler que pendant deux jours avec les deux autres ?*

Longueur + largeur du champ : $220^{\text{m}} : 2 = 110^{\text{m}}$.

Ce nombre représente les $\dfrac{6}{6} + \dfrac{5}{6} = \dfrac{11}{6}$ de la longueur.

Longueur : $\dfrac{110 \times 6}{11} = 60^{\text{m}}$; largeur : $110^{\text{m}} - 60^{\text{m}} = 50^{\text{m}}$.

R. — **Superficie du champ** : $60 \times 50 = \mathbf{3\,000^{\text{m2}}}$.

Ensemble le champ et le fossé forment un rectangle qui a pour surface :
$$(60 + 1,20) \times (50 + 1,20) = 3\,133^{\text{m2}},44.$$

Surface occupée par le fossé : $3\,133^{\text{m2}},44 - 3\,000^{\text{m2}} = 133^{\text{m2}},44$.

R. — **Volume de terre à enlever** : $133,44 \times 0,5 = \mathbf{66^{\text{m3}},72}$

Les 3 ouvriers travaillant ensemble, feront en 2 jours :
$$\left(\frac{1}{12} + \frac{1}{10} + \frac{1}{15}\right) \times 2 = \frac{1}{2} \text{ de l'ouvrage.}$$

Les 2 derniers en 1 jour font $\dfrac{1}{10} + \dfrac{1}{15} = \dfrac{1}{6}$ de l'ouvrage.

Pour achever l'ouvrage ils mettront $\dfrac{1}{2} : \dfrac{1}{6} = 3$ jours.

R. — Il aura fallu en tout $2 + 3 = \mathbf{5}$ **jours.**

1176. *Dans un champ en forme de triangle équilatéral de 20^{m} de côté, on creuse un puits de $1^{\text{m}},40$ de diamètre. La terre retirée est uniformément répandue sur la surface restante. La profondeur définitive du puits étant 10^{m}, trouver l'épaisseur de la couche de terre répandue.*

Surface du triangle équilatéral : $\dfrac{a}{2} \times h = \dfrac{a}{2} \times \dfrac{a}{2}\sqrt{3} = \dfrac{a^2}{4}\sqrt{3}$.

La surface du champ est donc : $\dfrac{20^2}{4} \sqrt{3} = 173^{m2},205$.

Surface du champ occupée par le puits : $3,1416 \times 0,7^2 = 1^{m2},539$.
Surface restante : $173^{m2},205 - 1^{m2},539 = 171^{m2},666$.
Si l'on ne creusait qu'à 1^m de profondeur, on enlèverait $1^{m3},539$ de terre qui, répandue sur une surface de $171^{m2},666$, formerait une couche d'une épaisseur de :

$$\frac{1,539}{171,666} = 0^m,0089.$$

Pour une profondeur définitive de $1^m + 0^m,0089$, l'épaisseur de la couche serait de $0^m,0089$.

R. — Pour une profondeur définitive de 10^m, l'épaisseur de la couche est de $\dfrac{0^m,0089 \times 10}{1,0089} = 0^m,088$.

1177. *Un mur a 25^m de long, $0^m,45$ de large et $3^m,50$ de haut. Il est construit avec des briques mesurant $0^m,22$ de long, $0^m,11$ de large et 55^{mm} d'épaisseur. Le mortier occupe le 1/5 du volume total du mur. A combien s'est élevée la dépense totale si le mille de briques a coûté 125^f et la main-d'œuvre 38^f le m^3 ?*

Volume du mur : $25 \times 0,45 \times 3,5 = 39^{m3},375$.
Volume total des briques : $39^{m3},375 \times 4/5 = 31^{m3},500$.
Volume d'une brique : $22 \times 11 \times 5,5 = 1\ 331^{cm3}$.
Nombre de briques : $31\ 500\ 000 : 1\ 331 = 23\ 667$ briques.
Prix des briques : $125^f \times 23,667 = 2\ 958^f,375$
Prix de la main-d'œuvre : $38^f \times 39,375 = 1\ 496^f,25$

R. — Dépense totale : $\qquad 4\ 454^f,625$.

1178. *Un propriétaire a entouré d'un mur de $0^m,40$ d'épaisseur sur 3^m de hauteur, un jardin rectangulaire dont la largeur se trouve être les 3/8 de la longueur ; le salaire des maçons calculé à $12^f,50$ le mètre carré de mur s'est élevé au total à $5\ 940^f$, somme qui représente les 3/5 de la dépense totale. On demande : 1° la surface du jardin ; 2° le prix de revient du mètre cube de maçonnerie.*

Surface latérale du mur : $5\ 940 : 12,5 = 475^{m2},20$.
Périmètre du mur : $475,20 : 3 = 158^m,40$.
Longueur + largeur du mur : $158^m,4 : 2 = 79^m,20$.
Longueur + largeur = $8/8 + 3/8 = 11/8$ de la longueur.

Longueur : $79^m,20 \times \dfrac{8}{11} = 57^m,60$.

Largeur : $79^m,20 - 57^m,60 = 21^m,60$.

R. — **Surface du jardin :** $57,60 \times 21,60 = 1\ 244^{m2},16$.

Surface comprise à l'intérieur du mur :

$$(57,60 - 0,80) \times (21,60 - 0,80) = 1\,181^{m2},44.$$

Surface occupée par le mur : 1 244,16 — 1 181,44 = 62^{m2},72.
Volume du mur : 62,72 $\times$ 3 = 188^{m3},16.
Prix total du mur : 5 940^f $\times$ 5/3 = 9 900^f.

R. — **Prix du m^3** : 9 900^f : 188,16 = **52^f,61**

1179. *Un terrain rectangulaire a une longueur de 35^m,70
et une largeur de 23^m,45. On construit sur ce terrain un
mur de clôture de 0^m,30 d'épaisseur et de 2^m de hauteur,
fondations comprises. On demande de calculer : 1° la contenance en ares du terrain qui reste à l'intérieur du mur de
clôture ; 2° le prix de revient de ce mur, sachant qu'il est
payé à l'entrepreneur 125^f le m^3.*

Surface du terrain : 35,70 $\times$ 23,45 = 837^{m2},165.

R. — **Surface du terrain à l'intérieur du mur :**

$$(35.70 - 0,60) \times (23,45 - 0,60) = \mathbf{802^{m2},035} = \mathbf{8^a,02.}$$

Surface occupée par le mur : 837^{m2},165 — 802^{m2},035 = 35^{m2},13.
Volume du mur : 35,13 $\times$ 2 = 70^{m3},26.

R. — **Prix de revient du mur :** 125^f $\times$ 70,26 = **8 782^f,50.**

1180. *Un propriétaire a fait creuser une citerne ayant
la forme d'un parallélépipède rectangle. Cette citerne a à
l'intérieur 6^m,50 de longueur et 4^m,25 de largeur ; les
parois latérales, en maçonnerie cimentée, ont 0^m,50 d'épaisseur. Le propriétaire a payé 12^f par m^3 de terre enlevée et
120^f par m^3 de maçonnerie. Il a ainsi dépensé 4 518^f. On
demande la profondeur et la capacité de la citerne dont le
fond sera supposé de roche imperméable.*

Avant la construction de la maçonnerie la base de la citerne
avait une surface de :

$$(6,50 + 1) \times (4,25 + 1) = 39^{m2},375.$$

La maçonnerie a réduit cette surface à : 6,5 $\times$ 4,25 = 27^{m2},625 ;
elle occupe donc une surface de : 39^{m2},375 — 27^{m2},625 = 11^{m2},75.
Supposons que la profondeur de la citerne soit de 1^m. Le volume
de la terre enlevée égalerait 39^{m3},375 et celui de la maçonnerie
11^{m3},75 ; la dépense occasionnée serait de :

$$12^f \times 39,375 + 120^f \times 11,75 = 472^f,50 + 1\,410^f = 1\,882^f,50.$$

R. — **Profondeur réelle :** $\dfrac{4\,518}{1\,882,5} = \mathbf{2^m,40.}$

Capacité de la citerne : 27,625 $\times$ 2,4 = **66^{m3},3** = **663^{hl}.**

1181. *On doit construire un dortoir de 15^m de long sur
8^m,50 de large pour y recevoir 24 pensionnaires et 1 maître
surveillant. Le mobilier occupera 1^{m3},420 par personne. On*

demande à quelle hauteur il faudra élever le plafond pour que chaque personne ait 20m3 d'air à respirer.

Volume d'air nécessaire : $20^{m3} \times 25 = 500^{m3}$.

Volume du mobilier : $1^{m3},42 \times 25 = 35^{m3},5$.

Le dortoir doit avoir un volume de : $500^{m3} + 35^{m3},5 = 535^{m3} 5$.

Surface du plancher : $15 \times 8,5 = 127^{m2},5$.

R. — Hauteur du dortoir : $535,5 : 127,5 = 4^{m},20$.

1182. *Une salle de classe a $8^{m},75$ de long, 6^{m} de large et $3^{m},75$ de hauteur. De combien faut-il augmenter la hauteur du plafond si l'on veut que l'instituteur et les 45 élèves qui y sont reçus aient chacun 5^{m2} d'air ?*

Le volume de la salle doit être de $5^{m3} \times 46 = 230^{m3}$.

La surface de base de la salle est de $8,75 \times 6 = 52^{m2},50$.

Donc la hauteur doit être de : $230 : 52,50 = 4^{m},38$.

R. — La hauteur doit être augmentée de

$$4,38 - 3,75 = 0^{m},63.$$

1183. *La somme des trois dimensions d'une salle de classe est $18^{m},90$. La longueur dépasse la hauteur de $3^{m},90$ et la hauteur a $1^{m},20$. de moins que la largeur. Combien cette classe peut-elle contenir de personnes, à raison de 5^{m3} par tête ?*

D'après l'énoncé on a : $L + l + h = 18^{m},90$

ou $\qquad (h + 3^{m},90) + (h + 1^{m},20) + h = 18^{m},90$

d'où $\qquad 3h = 18^{m},90 - (3^{m},90 + 1^{m},20) = 13^{m},80$

$\qquad h = 13^{m},80 : 3 = 4^{m},60$.

$\qquad l = 4^{m} 60 + 1^{m},20 = 5^{m},80$

$\qquad L = 4^{m},60 + 3^{m},90 = 8^{m},50$.

Volume de la salle : $8,5 \times 5,80 \times 4,6 = 226^{m3},78$.

R. — La salle peut contenir : $\dfrac{226,78}{5} = 45$ personnes.

1184. *Une salle de classe insalubre doit contenir 35 élèves et le maître ; chacun dispose actuellement de 4^{m3} d'air. La salle a un périmètre de 28^{m} et la largeur est les 3/4 de la longueur. On veut élever le plafond de manière que le cubage devienne les 6/5 du cubage minimum pour les écoles, qui est de 5^{m3}. De combien doit-on l'élever si le nombre des élèves ne change pas ? Si on n'élevait pas le plafond, arriverait-on à un cubage conforme aux règlements en démolissant une cloison, ce qui augmenterait la largeur de $1^{m},50$, sans modifier ni la longueur ni la hauteur actuelles, le nombre des élèves restant 35 ?*

Longueur + largeur de la classe : $28^{m} : 2 = 14^{m}$.

Cette somme représente les $\dfrac{4}{4} + \dfrac{3}{4} = \dfrac{7}{4}$ de la longueur.

Longueur : $\dfrac{14^m \times 4}{7} = 8^m$; largeur : $14^m - 8^m = 6^m$.

Surface du plancher : $8 \times 6 = 48^{m2}$.

Volume actuel de la classe : $4^{m3} \times 36 = 144^{m3}$.

Hauteur actuelle : $\dfrac{Volume}{Surface} = \dfrac{144}{48} = 3^m$.

On veut que le nouveau volume soit $5^{m3} \times \dfrac{6}{5} \times 36 = 216^{m3}$.

La nouvelle hauteur doit être $\dfrac{216}{48} = 4^m,50$.

R. — **Donc il faudra élever le plafond de $4^m,50 - 3^m = 1^m,50$.**

Si on démolit la cloison, la largeur devient $6^m + 1^m,50 = 7^m,50$., et le volume : $8 \times 7,5 \times 3 = 180^{m3}$.

Or le cubage conforme aux règlements est $5^{m3} \times 36 = 180^{m3}$.

R. — **On voit qu'il suffit de reculer la cloison de $1^m,50$.**

1185. *Dans un dortoir qui a 9^m de large et 4^m de haut, le cube d'air par élève est reconnu insuffisant. Pour remédier à cet inconvénient, on abat une cloison qui sépare le dortoir d'une pièce contiguë ayant même largeur, et même hauteur et 3^m de long, et on augmente ainsi le volume d'air par élève de $3^{m3},6$. L'arrivée de 9 nouveaux élèves l'année suivante le réduit au volume primitif. On demande quel était au début le nombre des élèves et la longueur du dortoir.*

L'augmentation totale du volume d'air est de :

$$9 \times 4 \times 3 = 108^{m3}.$$

Or l'augmentation par élève est de $3^{m3},60$.

R. — **Le nombre des élèves était donc de $108 : 3,6 = 30$.**

La largeur et la hauteur du dortoir restant invariables, le nombre des élèves qu'on peut y recevoir sans modifier le cube d'air est directement proportionnel à la longueur.

Pour recevoir 9 élèves il faut une longueur de dortoir de 3^m.

R. — **Pour 30 élèves il faut une longueur de $\dfrac{3 \times 30}{9} = 10^m$.**

Cylindre. — **1186.** *Une Compagnie d'électricité établit sur une ligne de 40^{km} de longueur deux fils de cuivre l'un de 10^{mm} de diamètre et l'autre de 2^{mm} de diamètre. Calculer la différence de prix des deux fils, sachant que le cuivre vaut 4^f le kg. et que sa densité égale $8,9$.*

Volume du gros fil de cuivre :

$3,1416 \times 5^2 \times 40.000.000 = 3\ 141\ 600\ 000^{mm3} = 3\ 141^{dm3},6$.

Poids du gros fil : $8^{kg},9 \times 3\ 141,6 = 27\ 960^{kg},24$.

Prix : $4^f \times 27\ 960,24 = 111\ 840^f,96$.

Le rayon du fil fin étant le 1/5 de celui du gros fil, sa section est la 1/25 partie de celle du gros fil.

Par conséquent le volume et par suite le prix du premier est la 25° partie de celui du second.

Prix du fil fin : 111.840,96 : 25 = 4.473^f,64.

R. — Différence des prix : 111 840^f,96 — 4 473^f,63 = **107 367^f,33.**

1187. *L'eau contenue dans un réservoir cylindrique de 5^m de diamètre s'élève à la hauteur de 2^m,50. Elle doit être mise dans un bassin rectangulaire de 8^m,40 de long sur 6^m,25 de large. A quelle hauteur s'élèvera-t-elle dans ce bassin ? (Prendre π = 3,1416).*

Volume du réservoir : 3,1416 × 2,5^2 × 2,5 = 49^{m3},0875.
Surface de base du bassin : 8,40 × 6,25 = 52^{m2},50.

R. — Hauteur de l'eau dans le bassin : $\dfrac{49,0875}{52,5}$ = **0^m,935.**

1188. *Un réservoir cylindrique de 1^m,40 de rayon contient de l'eau jusqu'au quart de sa hauteur. On y fait couler pendant 44^{mn} de l'eau amenée par un robinet qui débite 14^l par minute, et l'eau s'élève alors au tiers de la hauteur du réservoir. 1° Quel est le volume du réservoir ? 2° Quelle est sa profondeur ?*

Le robinet a fourni : 14^l × 44 = 616^l d'eau.

Ce volume représente $\dfrac{1}{3} - \dfrac{1}{4} = \dfrac{1}{12}$ du volume du réservoir.

R. — Volume du réservoir : 0^{m3},616 × 12 = **7^{m3},392.**

Base du réservoir : 3,1416 × 1,4^2 = 6^{m2},1575.

R. — Profondeur du réservoir : $\dfrac{7,392}{6,1575}$ = **1^m,20.**

1189. *Un tonneau de vin est rempli aux 4/5. S'il n'était rempli qu'aux 3/4, son contenu vaudrait 14^f,30 de moins. On demande quelle est sa capacité, sachant que le vin vaut 1^f,30 le litre. Ce tonneau est en tôle et de forme cylindrique. A l'intérieur, son diamètre est de 56^{cm}. Quelle est sa longueur ? (π = 22/7).*

14^f,30 représentent le prix de $\dfrac{14,30}{1,3}$ = 11^l de vin.

Ces 11 litres égalent $\dfrac{4}{5} - \dfrac{3}{4} = \dfrac{1}{20}$ de la capacité du tonneau.

R. — Capacité du tonneau : 11^l × 20 = **220^l.**

Surface de base : $\dfrac{22}{7} \times \left(\dfrac{0,56}{2}\right)^2$ = 0^{m2},2464.

R. — Longueur du tonneau : $\dfrac{\text{Volume}}{\text{Surface}} = \dfrac{0,220}{0,2464}$ = **0^m,89.**

1190. *On achète 180ᵏᵍ de tôle, pour fabriquer des tuyaux. L'épaisseur de la tôle étant de 2ᵐᵐ, quelle longueur de tuyau pourra-t-on obtenir si la largeur de la tôle permet de donner aux tuyaux un diamètre de 0ᵐ,12 tout en comptant 0ᵐ,01 pour le recouvrement et la soudure. Le dm³ de tôle pèse 7ᵏᵍ,5.*

Volume de la tôle : $\dfrac{Poids}{Densité} = \dfrac{180}{7,5} = 24^{dm3} = 0^{m3},024.$

Surface de la tôle : $\dfrac{Volume}{Épaisseur} = \dfrac{0,024}{0,002} = 12^{m2}.$

La largeur de la tôle est égale à la longueur d'une circonférence de 0ᵐ,12 de diamètre, augmentée de 0ᵐ,01 pour la soudure. Largeur de la tôle : $(0^m,12 \times 3,1416) + 0^m,01 = 0^m,386.$

R. — On obtiendra : $\dfrac{Surface}{Largeur} = \dfrac{12}{0,386} = $ **31ᵐ de tuyaux.**

1191. *On demande quel est le diamètre d'un fil de cuivre, sachant qu'un mètre cube de cuivre pèse environ 8 950ᵏᵍ, et que 1 225ᵏᵐ de ce fil pèseraient 10 000ᵏᵍ. La section du fil est supposée circulaire. (Prendre π = 22 / 7.)*

Poids de 1 centimètre de fil : $\dfrac{10\,000^g}{122\,500} = \dfrac{4}{49}$ de gramme.

Volume de 1ᶜᵐ de fil : $\dfrac{Poids}{Densité} = \dfrac{4}{49 \times 8,95}.$

On a donc ici : $\pi r^2 l = \dfrac{22}{7} \times r^2 \times 1 = \dfrac{4}{49 \times 8,95},$

d'où $\qquad r^2 = \dfrac{4 \times 7}{49 \times 8,95 \times 22} = 0,0029,$

$\qquad\qquad r = \sqrt{0,0029} = 0^{cm},054 = 0^{mm},54.$

R. — **Diamètre du fil de cuivre :** $0^{mm},54 \times 2 = 1^{mm},08.$

1192. *Un puits de 1ᵐ,30 de diamètre reçoit, outre la pluie qui tombe directement sur lui, l'eau d'un toit de 4ᵐ,85 sur 3ᵐ,60. Sachant qu'à la suite d'une pluie, l'eau s'est élevée de 0ᵐ,60 dans le puits, exprimer en millimètres la hauteur de la nappe d'eau tombée sur le sol.*

Surface du toit : $4,85 \times 3,60 = 17^{m2},46.$

Surface d'ouverture du puits : $3,1416 \times \left(\dfrac{1,30}{2}\right)^2 = 1^{m2},32\,73\,26.$

L'eau reçue par le puits est tombée sur une surface totale de : $17^{m2},46 + 1^{m2},327\,326 = 18^{m2},787\,326.$

Volume de cette eau : $1,327\,326 \times 0,60 = 0^{m3},796\,395\,6.$

R. — **Hauteur de la nappe d'eau tombée sur le sol :** $0,796\,395\,6 : 18,787\,326 = 0^m,0423 = $ **42ᵐᵐ,3.**

1193. *Dans un terrain carré de 25^m de côté, on a creusé un puits circulaire de 2^m,40 de diamètre. La terre extraite répartie sur le reste du terrain a relevé le niveau du sol de 5^{cm}. On demande de calculer la profondeur du puits.*

Surface du terrain : 25 × 25 = 625^{m2}.
Surface d'ouverture du puits : 3,1416 × 1,2² = 4^{m2},5239.
Surface du terrain restant : 625^{m2} — 4^{m2},5239 = 620^{m2},4761.
Volume de la terre extraite du puits :

$$620,4761 × 0,05 = 31^{m3},023\ 805.$$

R. — **Profondeur du puits :** $\dfrac{31.023\ 805}{4,5239} = $ **6^m,85.**

1194. *Un propriétaire a fait maçonner un puits de 3^m,75 de profondeur, 1^m,70 de diamètre extérieur et 1^m,20 de diamètre intérieur. Calculer le prix de revient de la maçonnerie à raison de 120^f le m³. Combien le puits contient-il d'hl. quand l'eau s'y élève à 1^m,50 ?*

La maçonnerie affecte la forme d'un manchon cylindrique de 3^m,75 de profondeur et dont la base est une couronne de 0^m,85 de rayon extérieur et 0^m,60 de rayon intérieur.

Surface du grand cercle : 3,1416 × 0,85² = 2^{m2},269 806.
Surface du petit cercle : 3,1416 × 0,60² = 1^{m2},130 976.
Surface de la couronne : 1^{m2},138 830.

Volume de la maçonnerie : 1,13883 × 3,75 = 4^{m3},270 612.

R. — **Prix de revient :** 120^f × 4,2706 = **512^f,47.**
Volume de l'eau : 1,130 976 × 1,50 = 1^{m3},696 464 = **16^{hl},964.**

1195. *On a fait creuser un puits circulaire de 3^m,08 de diamètre ; et l'on a fait construire autour des parois un mur cimenté de 0^m,42 d'épaisseur. La dépense totale s'est élevée à 3 016^f,86 à raison de 15^f par m³ de terre enlevée et de 140^f par m³ de maçonnerie. Calculer la profondeur et la capacité du puits, le fond étant supposé de roche imperméable. (π = 22/7).*

La base du mur est une couronne de 3^m,08 : 2 = 1^m,54 de rayon extérieur et de 1^m,54 — 0^m,42 = 1^m,12 de rayon intérieur.

Surface du grand cercle : 22/7 × 1,54² = 7^{m2},4536.
Surface du petit cercle : 22/7 × 1,12² = 3^{m2},9424.
Surface de base du mur : 3^{m2},5112.

Si l'on ne creusait qu'à 1^m de profondeur le volume de terre enlevée égalerait 7^{m3},4536 et celui de la maçonnerie 3^{m3},5112 et la dépense s'élèverait à :

$$15^f × 7,4536 + 140^f × 3,5112 = 111^f,804 + 491^f,568 = 603^f,372.$$

R. — **Profondeur du puits :** 3 016,86 : 603,372 = **5^m.**
Capacité du puits : 3,9424 × 5 = 19^{m3},7120 = **197^{hl},12.**

1196. *Au centre d'un terrain dont le périmètre mesure 126^m et dont la largeur est les 4/5 de la longueur, on creuse un bassin circulaire de 5^m de diamètre et de 0^m,60 de profondeur, puis on répand la terre extraite sur la partie restante du terrain. 1° Calculer à 1^{mm} près l'épaisseur moyenne de la couche ainsi répandue, en admettant que la terre remuée augmente de 1/5 du volume qu'elle avait. 2° Évaluer en hl. la nouvelle contenance du bassin.*

Longueur + largeur du terrain : 126 : 2 = 63^m.

Ce nombre représente $\frac{5}{5} + \frac{4}{5} = \frac{9}{5}$ de la longueur.

Longueur : 63 × 5/9 = 35^m ; largeur : 63 — 35 = 28^m.
Surface du terrain : 35 × 28 = 980^{m2}.

Surface occupée par le bassin : 3,1416 × $\left(\frac{5}{2}\right)^2$ = 19^{m2},635.

Surface restante : 980^{m2} — 19^{m2},625 = 960^{m2},365.

Volume de terre à répandre sur cette surface :

$$19,625 \times 0,60 \times 6/5 = 14^{m3},1372.$$

R. — **Épaisseur de la couche** : $\frac{14,1372}{960,365}$ = 0^m,014.

La profondeur du bassin devient ainsi : 0^m,60 + 0,014 = 0^m,614.

R. — **Capacité du bassin** : 19,635 × 0,614 = 12^{m3},055 = **120^{hl},55.**

Cône, pyramide, sphère. — **1197.** *Une meule de blé de 6^m,80 de diamètre s'élève en forme de cylindre jusqu'à 2^m,85 et se termine en cône. La hauteur totale étant de 5^m,10, quel est le volume de cette meule ?*

Vol. de la partie cylindrique :

$$3,1416 \times \left(\frac{6,80}{2}\right)^2 \times 2,85 = 103^{m3},503.$$

Hauteur de la partie conique : 5^m,10 — 2^m,85 = 2^m,25.

Vol. de la partie conique : $3,1416 \times \left(\frac{6,80}{2}\right)^2 \times \frac{2,25}{3} = 27^{m3},237.$

R. — **Volume de la meule** : 103^{m3},503 + 27^{m3},237 = **180^{m3},740.**

1198. *Un verre de forme cylindrique a 0^m,09 de profondeur et 0^m,07 de diamètre intérieur ; un autre verre de forme conique a 0^m,12 de profondeur ; quel est son diamètre sachant que sa capacité est inférieure de 0^l,0322 à celle du verre cylindrique ?*

Capacité du verre cylindrique : 3,1416 × 3,5^2 × 9 = 346^{cm3},361.
Capacité du verre conique : 346,361 — 32^{cm3},2 = 314^{cm3},161.

Surface d'ouverture du verre conique ou base du cône :

$$\frac{Volume}{h/3} = \frac{314,161}{12:3} = \frac{314,161}{4}$$

Rayon du verre conique : $\sqrt{\dfrac{314,161}{4 \times 3,1416}} = \sqrt{\dfrac{100}{4}} = 5.$

R. — Diamètre du verre conique : $5^{cm} \times 2 = 10^{cm}$.

1199. *Quelle est la hauteur d'un cône qui a pour volume* $251^{cm3},328$ *et dont la base a* $0^m,08$ *de diamètre ?*

Surface de la base : $3,1416 \times 4^2 = 50^{cm2},2656$.

R. — Hauteur : $\dfrac{251,328}{50,2656} \times 3 = 5^{cm} \times 3 = 15^{cm}$.

1200. *Un seau a la forme d'un tronc de cône dont les dimensions intérieures sont : hauteur* 30^{cm}, *diamètre de la grande base* 36^{cm}, *diamètre de la petite base* 28^{cm}. *Quelle est la valeur du lait que ce seau peut contenir à raison de* $2^l,30$ *le double-litre ?*

Rayon de la grande base 18^{cm} ; rayon de la petite base 14^{cm}.
Volume du seau :

$$3,1416 \times \frac{30}{3} \times (18^2 + 14^2 + 18 \times 14) = 24\ 253^{cm3},15.$$

R. — Valeur du lait : $\dfrac{2^l,30}{2} \times 24,253 = 27^l,90$ par excès.

1201. *Un toit conique a* $96^{m2},80$ *de surface latérale. Le diamètre de la base mesure* $6^m,60$. *Quelle est la hauteur du toit ?*

Circonférence de la base : $6^m,60 \times 3,1416 = 20^m,7345$.

Longueur de la génératrice : $\dfrac{96,80}{20,7345} \times 2 = 9^m,34$.

On a (*Th. de Pythagore*) : $h^2 = l^2 - r^2 = 9,34^2 - 3,3^2 = 76,345$.

R. — Hauteur : $h = \sqrt{76,345} = 8^m,73$.

1202. *Une pierre a la forme d'une pyramide. Sa base est un hexagone de* $0^m,10$ *de côté. Calculer sa hauteur, sachant que son volume égale* $3^{dm3},897$.

Surface de la base : $\dfrac{3a^2\sqrt{3}}{2} = \dfrac{3 \times 10^2 \times 1,73205}{2} = 259^{cm2},80$.

R. — Hauteur : $\dfrac{Volume}{Surface} \times 3 = \dfrac{3,897}{2,598} \times 3 = 1^{dm},5 = 0^m,45$.

1203. *Une pyramide a* $514^{cm3},5$ *de volume et* $1^m,26$ *de hauteur ; sa base est un carré. Calculer le périmètre de la base.*

Surface de la base : $\dfrac{514,5}{126 : 3} = \dfrac{514,5}{42} = 12^{cm2},25.$

Côté de la base carrée : $\sqrt{1225} = 35^{mm} = 0^{m},035.$

R. — Périmètre de la base : $0^{m},035 \times 4 = 0^{m},14.$

1204. *Une pyramide a pour base un rectangle de* 1^{m} *sur* 2^{m}. *Les arêtes latérales sont égales entre elles et égales à la diagonale du rectangle de base. Quel est le volume de cette pyramide.*

Diagonale du rectangle de base : $d = \sqrt{2^2 + 1^2} = \sqrt{5}.$

La hauteur tombe au point de rencontre des diagonales de la base et forme avec la demi-diagonale et l'arête un triangle rectangle. On a donc :

$$h^2 = (\sqrt{5})^2 - \left(\dfrac{\sqrt{5}}{2}\right)^2 = 5 - \dfrac{5}{4} = \dfrac{15}{4}$$

d'où
$$h = \dfrac{\sqrt{15}}{2}.$$

R. — Volume de la pyramide :

$$B \times \dfrac{h}{3} = 2 \times 1 \times \dfrac{\sqrt{15}}{6} = \dfrac{\sqrt{15}}{3} = 1^{m3},29.$$

1205. *L'obélisque de Louqsor a la forme d'un tronc de pyramide à bases carrées. Les bases ont respectivement pour côté* $2^{m},42$ *et* $1^{m},54$; *la hauteur mesure* $21^{m},60$. *Calculer le volume de cet obélisque.*

Volume : $\dfrac{21,6}{3} \times (2,42^2 + 1,54^2 + \sqrt{2,42 \times 1,54}).$

R. — $7,2 \times (2,42^2 + 1,54^2 + 2,42 \times 1,54) = 86^{m3},07456.$

1206. *Un bol hémisphérique a* 16^{cm} *de diamètre ; quelle est sa capacité ?*

R. — Capacité : $\dfrac{4}{3} \times \dfrac{3,1416 \times 8^3}{2} = 1\,072^{cm3} = 1^{l},072$

1207. *Une chaudière se compose d'un cylindre de* $0^{m},90$ *de diamètre intérieur et de* 2^{m} *de longueur, fermé à ses deux extrémités par deux hémisphères de même diamètre. Calculer le volume d'eau qu'elle contient lorsqu'elle est à moitié pleine.*

Volume de la partie cylindrique :
$$3,1416 \times 0,45^2 \times 2 = 1^{m3},272\,348.$$

Volume des deux parties hémisphériques :

$$\frac{4}{3} \times 3,1416 \times 0,45^3 = 0^{m3},381\ 704.$$

R. — Volume cherché : $\dfrac{1^{m3},272\ 348 + 0^{m3},381\ 704}{2} = 0^{m3},827\ 026.$

Cubage des bois. — **1208.** *Quel est le volume d'un arbre* **équarri** *(c'est-à-dire dépouillé de son écorce et ramené à la forme d'un prisme à base quadrangulaire)* ; 1° *s'il a* 7^m,50 *de long et une section uniforme de* 0^m,60 *sur* 0^m,55 ; 2° *s'il a* 11^m,80 *de long et si les sections des deux bouts sont des carrés de* 0^m,65 *et de* 0^m,40 *de côté ?*

1° Section du tronc : $0\ 60 \times 0,55 = 0^{m2},33.$

R. — Volume du tronc : $0,33 \times 7,5 = 2^{m3},475.$

2° Section moyenne : $\dfrac{0,65^2 + 0,40^2}{2} = 0^{m2},29125.$

R. — Volume : $0,29\ 125 \times 11,8 = 3^{m3},43675.$

1209. *Calculer le volume d'un arbre en* **grume** *(c'est-à-dire dépouillé de ses branches mais non de son écorce) dans les cas suivants :* 1° *Longueur du tronc,* 9^m ; *circonférence moyenne,* 1^m,42. 2° *Longueur du tronc,* 12^m ; *circonférences des deux bouts,* 1^m,54 *et* 1^m,12.

1° **R. — Volume** : $C^2 h \times 0,08 = 1,42^2 \times 9 \times 0,08 = 1^{m3},4518.$

2° Circonférence moyenne : $(1^m,54 + 1^m,12) : 2 = 1^m,33.$

R. — Volume : $1,33^2 \times 12 \times 0,08 = 1^{m3},698.$

1210. *Les arbres en grume s'achètent souvent, non d'après leur volume réel, mais d'après le volume qu'ils auront quand ils seront équarris. Et l'on admet que ce dernier volume est égal à celui d'un prisme ayant pour hauteur celle du tronc et pour section un carré dont le côté serait égal au* 1/4 *de la circonférence moyenne du tronc (cubage au* 1/4) *ou au* 1/5 *de cette circonférence (cubage au* 1/5). *D'après cela :* 1° *trouver le volume réel d'un arbre en grume ayant* 12^m *de long et* 1^m,20 *de circonférence moyenne ;* 2° *trouver le volume de cet arbre s'il était équarri (cubage au* 1/4).

1° **R. — Volume réel** : $1,2^2 \times 12 \times 0,08 = 1^{m3},3824.$

2° Section du tronc : $\left(\dfrac{1,20}{4}\right)^2 = (0,30)^2 = 0^{m2},09.$

R. — Volume : $0,09 \times 12 = 1^{m3},08.$

1211. *Un chêne en grume a* 11^m *de longueur et* 2^{m3},750 *de volume. Calculer sa circonférence moyenne. Quelle sera la valeur du tronc équarri à raison de* 150^f *le* m^3 *(cubage au* 1/5).

1° De $V = C^2 h \times 0,08$ on tire : $C = \sqrt{\dfrac{V}{h \times 0,08}}$.

R. — Circonférence moyenne : $\sqrt{\dfrac{2,750}{11 \times 0,08}} = 1^m,767$.

2° Section du tronc : $\left(\dfrac{1,767}{5}\right)^2 = 0^{m2},1246$.

Volume du tronc : $0,1246 \times 11 = 1^{m3},3706$.

R. — Valeur du tronc : $150^f \times 1,3706 = 205^f,60$.

MESURES DE POIDS

1212. *La densité de l'huile est de 0,915. Est-il plus avantageux d'acheter cette huile à 4^f le litre ou à $4^f,40$ le ^{kg} ? Si on achète d'après le mode le plus avantageux, combien gagnera-t-on sur une bonbonne d'huile de 12^l 1 /2 ?*

En achetant au volume, on payera :
$$4^f \times 12,5 = 50^f.$$

En achetant au poids on payera :
$$4^f,40 \times (0,915 \times 12,5) = 4^f,40 \times 11,4375 = 50^f,32 \text{ soit } 50^f,35!$$

R. — L'achat au volume donnera $0^f,35$ de bénéfice.

1213. *Dans un champ de $54^a,36$, l'épaisseur de la couche arable est en moyenne de $0^m,30$; on y veut introduire 1 /300 de chaux. Le prix de la chaux est de $2^f,25$ les 100^{kg} ; le transport coûte $1^f,15$ par tombereau contenant $0^{m3},750$; l'épandage coûte $1^f,50$ par are. Calculer la dépense si le m^3 de chaux pèse 1^t 3 /4. De combien doit s'augmenter la valeur moyenne de la récolte pendant 3 ans pour que cette augmentation couvre les frais ?*

Volume de chaux à employer :
$$\frac{\text{Vol. de terre arable}}{300} = \frac{5\,436 \times 0,30}{300} = 5^{m3},436.$$

Poids de la chaux : $1^{kg},750 \times 5\,436 = 9\,513^{kg}$.
Prix de la chaux : $2^f,25 \times 95,13 = 214^f,05$.
Nombre de tombereaux de chaux : $5,436 : 0,750 = 8$ (par excès).
Frais de transport : $1^f,15 \times 8 = 9^f,20$.
Frais d'épandage : $1^f,50 \times 54,36 = 81^f,54$.

R. — Dépense totale : $214^f,05 + 9^f,20 + 81^f,54 = 304^f,80$.
Augmentation annuelle : $304^f,80 : 3 = 101^f,60$.

1214. *Un récipient a la forme d'un parallélépipède de $1^m,20$ de longueur sur 8^{dm} de largeur. Il est rempli d'huile de graissage jusqu'aux 4 /5 de sa hauteur. Si l'on vendait*

3^f,10 le *kg*. cette huile qui a été payée 244^f l'hectolitre, on réaliserait un bénéfice de 285^f,60. Sachant qu'un litre de cette huile pèse 900^g, trouver la hauteur du récipient.

La densité étant 0,9, l'hl. de cette huile pèse 90 kg.
Prix de vente de l'hl. : 3^f,10 × 90 = 279^f.
Bénéfice par hl. 279^f — 244^f = 35^f.
Nombre d'hl. vendus : 285,6 : 35 = 8hl,16.

Capacité totale du récipient : $\dfrac{816^{dm3} \times 5}{4}$ = 1 020^{dm3}.

Surface de la base (en dm²) : 12 × 8 = 96^{dm2}.

R. — Hauteur du récipient : 1 020 : 96 = 10^{dm},625 = 1^m,0625.

1215. Une personne mange 750^g de pain par jour ; quelle étendue de terrain faut-il pour produire le blé que cette personne consomme dans une année commune, sachant que 112^{kg} de blé donnent 92^{kg} de farine, que 5^{kg} de farine donnent 6^{kg},5 de pain, et que l'on récolte 7^{kg},25 de blé sur 40^{m2} de terrain ?

Quantité de pain consommé : 0^{kg},75 × 365 = 273^{kg},75.

Farine nécessaire : $\dfrac{273^{kg},75 \times 5}{6,5}$ = 210^{kg},577.

Blé nécessaire : $\dfrac{210^{kg},577 \times 112}{92}$ = 256^{kg},3546.

R.—Il faudra cultiver : $\dfrac{256,3546 \times 40}{7,25}$ = 1 414^{m2},37 = **14^a,1437.**

1216. Deux personnes ont acheté chacune 6 tonnes de bois de chauffage de même qualité, la 1re à raison de 48^f,75 le stère, la 2e au prix de 101^f,60 les 1 000^{kg}. Laquelle des deux a fait l'achat le plus avantageux ? On sait que 1^{dm3} de ce bois pèse 780^g et qu'un stère mesuré ne fait en réalité, à cause des vides, que les 15 /21 de 1^{m3}. Quelle est la différence des prix d'achat ?

Poids d'un stère de bois : $\dfrac{780^{kg} \times 15}{21}$ = $\dfrac{780^{kg} \times 5}{7}$.

Nombre de stères à acheter pour former un poids de 6 tonnes :

$$6\ 000 : \dfrac{780 \times 5}{7} = \dfrac{6\ 000 \times 7}{780 \times 5}.$$

Prix de ces stères : $\dfrac{48^f,75 \times 6\ 000 \times 7}{780 \times 5}$ = 525^f.

La 2e personne a payé : 101^f,60 × 6 = 609^f,60.

R. — La 1re personne a fait l'achat le plus avantageux.
Différence des prix : 609^f,60 — 525^f = **84^f,60.**

1217. *Un cultivateur a récolté 1875^{dal} de pommes de terre dont il trouve acquéreur à raison de 28^f,95 le quintal. Il calcule qu'en les vendant 19^f l'hectolitre, il gagnerait 88^f,50 de plus. D'après cela déterminer le poids moyen de l'hl.*

Dans le 2º cas, la vente aurait rapporté :

$$19^f \times 187,5 = 3\ 562^f,50.$$

Donc dans le 1ᵉʳ cas, elle ne rapporterait que :

$$3\ 562^f,50 - 88^f,50 = 3\ 474^f.$$

Poids total des pommes de terre : $\dfrac{3\ 474}{28,95} = 120$ quintaux.

R. — Poids de l'hl. : 12 000^{kg} : 187,5 = 64^{kg}.

1218. *On a transformé une masse de plomb pesant 975^{kg},5 en 5 600 feuilles carrées, de même dimension et d'une même épaisseur de 0^m,001. Calculer, à 1^{mm} près le côté d'une de ces feuilles, sachant que 1^{dm3} de ce métal pèse 11^{kg},35.*

Volume total du plomb : 975,5 : 11,35 = 85^{dm3},947.
Surface totale : 85,947 : 0,01 = 8 594^{dm2},70.
Surface d'une feuille : 8 594^{dm2},70 : 5 600 = 1^{dm2},5347.

R. — Côté d'une feuille : $\sqrt{1,5347} = 1^{dm},24 = 124^{mm}$.

1219. *Des bûches de bois de chauffage, qui ont 1^m de long, sont empilées entre deux piquets verticaux, sur un terrain en pente. La partie supérieure de la pile est horizontale et mesure 4^m,50 de long. Le bois s'élève d'un côté, à 1^m,25 de hauteur, et, de l'autre, à 1^m,75. Ce bois est à vendre, à raison de 48^f le stère ou 7^f,40 le quintal. Quel est le mode d'achat qui doit paraître le plus avantageux à l'acheteur, s'il estime que les vides entre les bûches forment le quart du volume total, et si le dm^3 de ce bois pèse 0^{kg},85. Quelle est la différence des deux prix ?*

La pile de bois a la forme d'un prisme dont la base est un trapèze ayant pour dimensions : B = 1^m,75 ; b = 1^m,25 ; h = 4^m et dont la hauteur mesure 1^m.

Volume de la pile : $\dfrac{1,75 + 1,25}{2} \times 4,5 \times 1 = 6^{m3},750.$

Prix d'achat au stère : 48^f × 6,75 = 324^f.
Poids de la pile de bois : 0^{kg},85 × 6 750 × 3/4 = 4 303^{kg},125.
Prix d'achat au poids : 7^f,40 × 43,03 = 318^f,40.

R. — L'achat au poids donne un gain de 324^f — 318^f,4 = 5^f,60.

1220. *Un bûcher ayant 6^m,50 de long, 4^m,25 de large et 2^m,75 de haut est rempli aux 3/4 de bois de chauffage pesant actuellement 350^{kg} le stère. Sachant que la dessicca-*

tion lui a fait perdre 1/8 de son poids et que ce bois a été payé, vert, à raison de 6^f le quintal, on demande le prix coûtant de cette provision.

Volume du bûcher : $6,50 \times 4,25 \times 2,75 = 75^{m3},96875$.

Ce bûcher contient : $75^{st},96875 \times 3/4 = 56^{st},97656$ de bois.

Le bois vert pesait : $350^{kg} \times \dfrac{8}{7} \times 56,97656 = 22\ 790^{kg},75$.

R. — Prix de la provision : $6^f \times 227,9075 = \mathbf{1\ 367^f,45}$.

1221. *On a planté des pommes de terre dans un champ rectangulaire de* 300^m *de largeur et d'une contenance de* $36^{ha},96$. *Les pieds étaient espacés de* $0^m,60$ *en tous sens Les rangées extrêmes étaient à* $0^m,30$ *des bords du champ. Chaque pied ayant rapporté en moyenne six tubercules, on demande en hectolitres le rendement de la récolte, en admettant qu'une mesure de 50 litres contienne 550 pommes de terre.*

Longueur du champ : $369\ 600 : 300 = 1\ 232^m$.

Les rangées extrêmes étant à $0^m,30$ des bords, il y a dans chaque sens autant de rangées que d'intervalles de $0^m,60$ dans chaque dimension.

Nombre de rangées sur la largeur : $300 : 0,6 = 500$.

Nombre de pieds sur la longueur : $1\ 232 : 0,6 = 2\ 053$.

Le champ contient donc : $2053 \times 500 = 1\ 026\ 500$ pieds.

Soit : $6 \times 1\ 026\ 500 = 6\ 159\ 000$ pommes de terre.

R. — La récolte a été de : $6\ 159\ 000 : 1\ 100 = \mathbf{5\ 599^{hl},09}$.

Densité. — 1222. *Un morceau de zinc pèse* $790^g,9$; *on le plonge dans un vase plein d'eau, et il s'écoule 11 centilitres d'eau. Quelle est la densité du zinc ?*

Volume du morceau de zinc : 110^{cm3}.

R. — Densité du zinc : $790,9 : 110 = \mathbf{7,19}$.

1223. *Un flacon vide pèse* 85^g. *On y verse* 50^{cl} *d'alcool et il pèse alors* 481^g. *Quelle est la densité de l'alcool ?*

Poids de $50^{cl} = 500^{cm3}$ d'alcool : $481^g - 85^g = 396^g$.

R. — Densité de l'alcool : $396 : 500 = \mathbf{0,792}$.

1224. *Un disque en bronze a* $0^m,066$ *de diamètre et* 5^{mm} *d'épaisseur ; il pèse* $151^g,1\ 829$. *Quelle est la densité du bronze ?*

Volume du disque (en cm³) :

$$3,1416 \times 3,3^2 \times 0,5 = 17^{cm3},106.$$

R. — Densité du bronze : $151,1829 : 17,106 = \mathbf{8,838}$.

1225. *Une barrique vide pèse* $31^{kg},250$ *et pleine d'eau de mer* $246^{kg},920$. *Pleine d'huile de densité 0,9, elle ne* *pèse plus que* 220^{kg},250. *Trouver la contenance de la barrique et la densité de l'eau de mer.*

Poids de l'huile qui remplit la barrique :

$$220^{kg},250 - 31^{kg},250 = 189^{kg}.$$

R. — Contenance de la barrique : 189 : 0,9 = **210¹.**

Poids de l'eau de mer qui remplit la barrique :

$$246^{kg},920 - 31^{kg},250 = 215^{kg},670.$$

R. — Densité de l'eau de mer : $\dfrac{215,670}{210} = $ **1,027.**

1226. *On a laissé tomber un morceau de plomb dans un vase plein d'eau pure. Le poids de l'eau sortie du vase est de 650gr. Le vase et son contenu pèsent maintenant* 6^{kg},7 288 *de plus que précédemment. Quelle est la densité du plomb?*

Le volume du morceau de plomb est égal au volume d'eau sortie du vase, soit 650^{cm3}.

Poids du morceau de plomb : 6 728^g,80 + 650^g = 7 378^g,80.

R. — Densité du plomb : $\dfrac{7\ 378,8}{650} = $ **11,352.**

1227. *Une pièce de bois de* 1^m,40 *de long sur* 1^m,10 *de large et* 0^m,60 *d'épaisseur est placée dans l'eau suivant une de ses grandes faces, et s'y enfonce de* 57^{cm}. *On demande :* 1° *le poids de cette pièce ;* 2° *la densité du bois.*

Volume d'eau déplacée : 1,4 × 1,1 × 0,57 = 0^{m3},8778.

R. — Donc (*Pr. d'Archimède*) **la poutre pèse** : **877**^{kg},**8.**

Volume de la poutre : 1,4 × 1,1 × 0,60 = 0^{m3},924.

R. — Densité du bois : 877,8 : 924 = **0,95**

1228. *Quelle est la densité de l'argent monnayé au titre de 0,835, sachant que la densité de l'argent est 10,47 et celle du cuivre 8,85 ?*

Sur 1^{kg} d'argent monnayé il y a 835^g d'argent et 165^g de cuivre.

Volume de 835^g d'argent : 835 : 10,47 = 79^{cm3},751
Volume de 165^g de cuivre : 165 : 8,85 = 18^{cm3},644

Le volume de 1^{kg} d'argent monnayé est donc : 98^{cm3},395.

R. — Densité de l'argent monnayé : $\dfrac{1\ 000}{98,395} = $ **10,16.**

1229. *On mêle ensemble 18 litres d'eau de mer avec 16 litres d'eau distillée. Quelle est la densité du mélange obtenu, sachant que la densité de l'eau de mer est de 1,026?*

Poids de 18¹ d'eau de mer : 1^{kg},026 × 18 = 18^{kg},468.
Poids du mélange : 18^{kg},468 + 16^{kg} = 34^{kg},468.
Volume du mélange : 18^{dm3} + 16^{dm3} = 34^{dm3}.

R. — Densité du mélange : 34,468 : 34 = **1,0137.**

1230. *Un flacon dont la capacité est de 42^{cl}, pèse, vide 88^g. On le remplit à moitié d'un liquide et il pèse alors 2^{kg},8 539 ; calculer la densité de ce liquide.*

Poids du liquide seul : 2 853^g,90 — 88^g = 2 765^g,90
Volume du liquide : 420^{cm3} : 2 = 210^{cm3}.

R. — **Densité** : 2 765,9 : 210 = **13,17.**

1231. *On veut convertir 75^{kg} de plomb en feuilles ayant une épaisseur d'un dixième de millimètre. La densité du plomb est 11,3. On demande de calculer la surface que l'on pourrait recouvrir avec les feuilles ainsi obtenues.*

Volume du plomb : 75 : 11,3 = 6^{dm3},637 = 0^{m3},006 637.

R. — Avec les feuilles obtenues on pourra couvrir une surface de

$$\frac{0,006\ 637}{0,0001} = \textbf{66}^{m2}\textbf{,37.}$$

1232. *Un vase plein d'eau pèse 12^{kg},65 ; rempli d'huile d'olive, il pèse 11^{kg},795, la densité de l'huile est 0,91. Quel est le poids du vase vide et quelle est sa capacité ?*

Différence totale des poids : 12^{kg},65 — 11^{kg},795 = 0^{kg},855.
Différence par litre : 1^{kg} — 0^{kg}95 = 0^{kg}09.

R. — **Capacité du vase** : 0,855 : 0,09 = 9^{cm3},5 = 9^l,5
   Poids du vase vide : 12^{kg},65 — 9^{kg},5 (eau) = **3^{kg},15.**

1233. *Un vase rempli aux 3/4 d'eau pure pèse 27^{kg}. Rempli aux 5/7 de mercure, il pèse 278^{kg}. Trouver le poids du vase vide et sa capacité, sachant qu'un litre de mercure pèse 13^{kg},6.*

Indication. — *Substituer au mercure un volume d'eau ayant même poids.*

Le volume d'eau qui aurait même poids que le mercure, représenterait les $\frac{5}{7} \times 13,6 = \frac{68}{7}$ de la capacité du vase.

La différence des pesées : 278^{kg} — 27^{kg} = 251^{kg}, représente donc le poids de l'eau occupant un volume égal aux :

$$\frac{68}{7} - \frac{3}{4} = \frac{251}{28}$$ de la capacité du vase.

Poids de l'eau qui remplirait le vase : $\dfrac{251^{kg} \times 28}{251} = 28^{kg}.$

R. — **Capacité du vase : 28 litres,**
   Poids du vase vide : 27^{kg} — (28^{kg} × 3/4) = **6^{kg}.**

2e *Solution.* — Les poids des 2 liquides sont proportionnels à

$$\frac{3}{4} \times 1 = \frac{3}{4} \quad \text{et} \quad \frac{5}{7} \times 13,60 = \frac{68}{7}.$$

Le rapport de ces poids est $\dfrac{3}{4} : \dfrac{68}{7} = \dfrac{21}{272}$.

Ainsi le poids de l'eau est les $\dfrac{21}{272}$ de celui du mercure.

Poids du mercure : $\dfrac{251^{kg} \times 272}{251} = 272^{kg}$.

R. — Poids du vase : $278^{kg} - 272^{kg} = 6^{kg}$.

1234. *Dans un vase à demi plein d'eau, on plonge un corps dont la densité est 4, ce qui a pour effet de remplir les 2/3 de ce vase. Le poids du contenu est de $8^{kg},400$. Quelle est la contenance totale de ce vase et le poids du corps immergé ?*

Volume du corps : $\dfrac{2}{3} - \dfrac{1}{2} = \dfrac{4}{6} - \dfrac{3}{6} = \dfrac{1}{6}$ de la capacité du vase.

Les volumes de l'eau et du corps sont entre eux comme 3 et 1. Par suite, les poids de l'eau et du corps sont entre eux comme :

$$3 \times 1 \quad \text{et} \quad 1 \times 4 \quad \text{ou comme } 3 \text{ et } 4.$$

Le poids de l'eau égale donc les 3/7 de $8^{kg},400$ soit :

$$\dfrac{8^{kg},4 \times 3}{7} = 3^{kg},6.$$

R. — Capacité du vase : $3^{l},60 \times 2 = 7^{l},20$.

Poids du corps immergé : $8^{kg},4 - 3^{kg},6 = 4^{kg},8$.

1235. *On a pesé une barre de fer successivement dans l'eau et dans l'huile. La différence des poids obtenus est de 21^g. Calculer la longueur de cette barre, sachant que les autres dimensions sont 45^{mm} et 8^{mm} et que la densité de l'huile est de 0,9.*

Si le volume de la barre était de 1^{dm3}, la poussée dans l'eau serait de $1\,000^g$ et dans l'huile de 900^g.

La différence des poids obtenus serait de $1\,000^g - 900^g = 100^g$.

Volume réel de la barre : $1^{dm3} \times \dfrac{21}{100} = \dfrac{1\,000^{cm3} \times 21}{100} = 210^{cm3}$.

R. — Longueur de la barre : $\dfrac{210}{4,5 \times 0,8} = 58^{cm3} = 0^m,583$.

1236. *On soupçonne une statuette de cuivre d'être entièrement creuse. Son poids dans l'air est de 523^g ; dans l'eau, il n'est plus que de $447^g,5$. La densité du cuivre étant 8,8, on demande si le soupçon est fondé et, dans ce cas, quel est en cm^3 le volume de la cavité intérieure.*

Plongée dans l'eau, la statuette éprouve une poussée de :

$$523^g - 447^g,5 = 75^g,5.$$

Le volume de la statuette est donc de 75^{cm3},500.

Volume du cuivre qui la compose : $\dfrac{523}{8,8}$ = 59^{cm3},43.

R. — Volume de la cavité creuse : 75^{cm3},5 — 59^{cm3},43 = 16^{cm3},07.

1237. *On a une cuve rectangulaire dont la base a pour dimensions 0^m,63 et 0^m,51. On y a mis de l'eau salée qui, complètement évaporée, a laissé un résidu de sel marin de 4^{kg},600. Sachant qu'un kg. d'eau de mer renferme 50^g de sel et que la densité de cette eau est 1,025, on demande : 1° quel était le volume de l'eau de mer ; 2° la hauteur de l'eau dans la cuve.*

Poids de l'eau de mer : 1^{kg} $\times$ $\dfrac{4\,600}{50}$ = 92^{kg}.

R. — Volume d'eau de mer : 1^{dm3} $\times$ $\dfrac{92}{1,025}$ = 89^{dm3},756.

Hauteur de l'eau : $\dfrac{89,756}{6,3 \times 5,1}$ = 2^{dm},79 = 0^m,279.

1238. *On place sur les plateaux d'une balance deux vases de même poids et d'égale capacité ; l'un est plein d'eau, l'autre contient un morceau de cuivre de densité 9. On constate que le poids du second vase dépasse celui du 1er de 2^{kg},890. Sachant que pour remplir le second vase contenant le cuivre il faut y verser 2^l,435 d'eau et que le cuivre est alors complètement immergé, on demande : 1° le volume du cuivre ; 2° la capacité du vase.*

Si l'on remplit le 2e vase avec de l'eau, son poids surpassera celui du 1er vase de : 2^{kg},89 + 2^{kg},435 = 5^{kg},325.

Cette différence provient de ce qu'un certain volume de cuivre remplace un égal volume d'eau.

La différence de poids par dm³ est de 9^{kg} — 1^{kg} = 8^{kg}.

Le volume du cuivre est donc de 1^{dm3} $\times$ $\dfrac{5,325}{8}$ = 0^{dm3},665.

R. — Capacité des vases : 2^l,435 + 0^l,665 = 3^l,100.

1239. *Un vase plein d'eau pèse 800^g, le poids du vase seul est le 1/7 du poids de l'eau qu'il contient ; combien pèserait ce vase si au lieu d'être plein d'eau il était plein d'alcool de densité 0,875 ?*

800^g représentent $\dfrac{1}{7}$ + $\dfrac{7}{7}$ = $\dfrac{8}{7}$ du poids de l'eau du vase.

Poids de l'eau : $\dfrac{800^g \times 7}{8}$ = 700^g.

Poids du vase seul : 800^g — 700^g = 100^g.
Poids de l'alcool qui remplirait le vase : 700^g $\times$ 0,875 = 612^g,5.
R. — Poids du vase plein d'alcool : 100^g + 612^g,5 = 712^g,5.

1240. *Une laitière voulant vérifier si le lait qu'on lui vend contient de l'eau en achète 807ᵈˡ ; elle le pèse et trouve que le poids est de 827ʰᵍ. Combien ce lait contient-il de litres d'eau, sachant que la densité du lait est 1,030 ?*

Le lait devrait peser : 1ᵏᵍ,03 × 80,7 = 83ᵏᵍ,121.

Le poids trouvé est trop faible de 83ᵏᵍ,121 — 82ᵏᵍ,7 = 0ᵏᵍ,421.

1 litre d'eau substitué à 1 litre de lait diminue le poids total de

$$1\ 030^g - 1\ 000^g = 30^g.$$

R. — **Le lait contient donc :** 421 : 30 = **14ˡ,033 d'eau.**

1241. *Une bouteille de 0ˡ,75 pèse, vide, 250ᵍ et, pleine d'alcool, jusqu'aux 2/3 de sa capacité elle pèse 600ᵍ. On achète 24 bouteilles pleines de cet alcool dont le poids brut est 21ᵏᵍ,165. On demande s'il y a fraude. Dans l'affirmative, combien de litres d'eau a-t-on substitués à l'alcool ?*

L'alcool qui remplit les 2/3 d'une bouteille pèse :

$$600^g - 250^g = 350^g.$$

L'alcool qui remplit une bouteille pèse : 350ᵍ × 3/2 = 525ᵍ.
Poids d'une bouteille pleine d'alcool : 525ᵍ + 250ᵍ = 775ᵍ.
Poids des 24 bouteilles : 775ᵍ × 24 = 18 600ᵍ.
Le poids trouvé est trop fort de :

$$21\ 165^g - 18\ 600^g = 2\ 565^g.$$

Il y a donc fraude. — Chaque fois qu'on a substitué un litre d'eau à un litre d'alcool, l'augmentation de poids a été de :

$$1\ 000^g - \left(525^g \times \frac{4}{3}\right) = 300^g.$$

R.—**Nombre de litres d'eau substitués à de l'alcool :** $\dfrac{2\ 565}{300} = $ **8ˡ,55.**

1242. *Un vase plein d'eau pèse 2ᵏᵍ,650 ; plein de mercure, il pèse 25ᵏᵍ,080. Quelle est sa capacité sachant que la densité du mercure est 13,59 ? Quel devrait être le poids du vase plein d'eau pure pour que, les autres données restant les mêmes, la capacité de ce vase fût de 1ˡ 1/2 ?*

1. Différence de poids entre le vase rempli de mercure et le vase rempli d'eau : 25ᵏᵍ,080 — 2ᵏᵍ,650 = 22ᵏᵍ,430.
Différence de poids par litre : 13ᵏᵍ,59 — 1ᵏᵍ = 12ᵏᵍ,59.

R. — **Capacité du vase :** 22,430 : 12,59 = **1ˡ,78.**

2° La différence de poids entre le vase rempli de mercure et le vase rempli d'eau serait alors de 12ᵏᵍ,59 × 1,5 = 18ᵏᵍ,885.
Le vase plein de mercure pèserait encore 25ᵏᵍ,080.

R. — **Plein d'eau, il pèserait donc :**

$$25^{kg},080 - 18^{kg},885 = \mathbf{6^{kg},195.}$$

1243. *On met dans un plateau d'une balance un poids P et dans l'autre plateau un poids triple 3P. On rétablit ensuite l'équilibre en mettant dans un plateau 3ˡ d'huile* *contenus dans un récipient, et dans l'autre plateau 620ᶠ en or. Le récipient où l'huile est contenue pèse vide 400ᵍ et on sait que la densité de l'huile est 0,9. Quelle est la valeur de P ?*

Poids du vase plein d'huile : (900ᵍ × 3) + 400ᵍ = 3 100ᵍ.
Poids de la monnaie : 620 : 3,1 = 200ᵍ.
Différence de ces deux poids : 3 100ᵍ — 200ᵍ = 2 900ᵍ.
Cette différence est égale à 3P — P = 2P.

R. — Le poids P a pour valeur 2 900ᵍ : 2 = 1 450ᵍ.

1244. *Deux vases de même capacité pèsent ensemble vides 6 760ᵍ, mais le poids du 1ᵉʳ n'est que les 6/7 de celui du 2ᵉ. Quand le 2ᵉ est plein d'huile et le 1ᵉʳ plein de lait, le 1ᵉʳ pèse 415ᵍ de plus que le 2ᵉ. La densité du lait étant 1,03 et celle de l'huile 0,92, on demande le poids de chaque vase vide et leur capacité commune.*

6 760ᵍ représentent les $\dfrac{6}{7} + \dfrac{7}{7} = \dfrac{13}{7}$ du poids du 2ᵉ vase.

R. — Poids du 2ᵉ vase : $\dfrac{6\ 760ᵍ \times 7}{13} = 3\ 640ᵍ.$

Poids du 1ᵉʳ vase : 6 760ᵍ — 3 640ᵍ = 3 120ᵍ.

Différence de poids des vases vides : 3 640ᵍ — 3 120ᵍ = 520ᵍ.
Différence des poids de lait et d'huile : 520ᵍ + 415ᵍ = 935ᵍ.
Différence des poids par litre : 1 030ᵍ — 920ᵍ = 110ᵍ.

R. — Capacité commune : 935 : 110 = 8ˡ,50.

1245. *On a expédié des tonneaux pleins d'alcool et on a retourné ceux-ci dont 8 vides et les autres pleins de vin. Le poids des deux chargements est le même. Combien a-t-on expédié de tonneaux d'alcool sachant que la densité de ce liquide est 0,795 et celle du vin 0,954 ? Quelle est la contenance de chaque tonneau, si un tonneau vide pèse 23ᵏᵍ et le chargement total 9 690ᵏᵍ ?*

1º Le poids de l'alcool envoyé est égal au poids du vin reçu. Donc les volumes de ces liquides sont en raison inverse de leurs densités ; ils sont par conséquent proportionnels à :

$$\dfrac{1}{795} \text{ et } \dfrac{1}{954} \text{ ou à } 954 \text{ et } 795 \text{ ou à } 6 \text{ et } 5.$$

La différence des volumes égale $\dfrac{6}{6} - \dfrac{5}{6} = \dfrac{1}{6}$ du volume de l'alcool et elle équivaut au volume de 8 × 6 = 48 tonneaux.

R. — Nombre de tonneaux de vin : $\dfrac{48 \times 5}{6} = 40.$

2º Poids d'un tonneau plein d'alcool : 9690ᵏᵍ : 48 = 201ᵏᵍ,875
Poids de l'alcool : 201ᵏᵍ,875 — 23ᵏᵍ = 178ᵏᵍ,875.

R. — Contenance du tonneau : 178,875 : 0,795 = 225ˡ.

Solution algébrique. — Soient x la capacité d'un tonneau et y leur nombre total. On a :

$$xy \times 0{,}795 = x\,(y - 8) \times 0{,}954 \qquad (1)$$

d'où

$$\frac{xy}{x\,(y - 8)} = \frac{954}{795}$$

ou

$$\frac{y}{y - 8} = \frac{6}{5} \qquad (2)$$

L'équation (2) donne $y = 48$; en portant cette valeur dans (1) on trouve : $x = 225$.

1246. *Un vase contient une certaine quantité d'eau qui occupe le tiers de sa capacité ; on y plonge un morceau de fer dont la moitié seulement du volume est immergée, ce qui fait monter le niveau de l'eau, de façon que le volume du vase compris au-dessous de ce niveau représente les 5/8 de sa capacité. Le poids de ce morceau de fer est de* 1^{kg},716 *et sa densité* 7,8. *On demande la capacité du vase.*

Volume du morceau de fer : 1,716 : 7,8 = 0^{dm3},22 = 0^l,22.

La moitié de ce volume, soit 0^l,11, étant immergée, représente :

$$\frac{5}{8} - \frac{1}{3} = \frac{7}{24} \text{ de la capacité du vase.}$$

R. — **Capacité du vase :** $\dfrac{0^l{,}11 \times 24}{7} = 0^l{,}377.$

1247. *Un litre d'air pèse* 1^g,29 ; *à volume égal, le poids de la vapeur d'eau est les 5/8 de celui de l'air. On demande quel volume occuperaient, à l'état liquide,* 3 198 *litres de vapeur d'eau. On sait que le poids d'un corps est le même à l'état liquide et à l'état de vapeur.*

Poids d'un litre de vapeur : 1^g,29 $\times$ 5/8.

Poids de 3 198^l de vapeur : $\dfrac{1^g{,}29 \times 5 \times 3\,198}{8} = 2\,578^g{,}3875.$

R. — **Le volume d'eau qui pèse** 2 578^g,3875 **égale** 2^l,578.

1248. *Un bloc de glace de* 3^m,50 *de longueur sur* 0^m,80 *de largeur et* 0^m,12 *d'épaisseur flotte sur l'eau. De quel poids minimum devra-t-on le charger pour qu'il soit immergé ? La densité de la glace est* 0,920.

Volume du bloc de glace : 3,5 $\times$ 0,8 $\times$ 0,12 = 0^{m3},336.
Poids du bloc de glace : 0^{kg},920 $\times$ 336 = 309^{kg},120.
Pour qu'il immerge, il faut qu'il déplace 336^{dm3} ou 336^{kg} d'eau ; il faut donc qu'il pèse 336^{kg} :

R. — **Il faut le charger de** 336^{kg} — 309^{kg},120 = **26^{kg},880.**

1249. *Un réservoir à base rectangulaire de* 1^m,20 *de long sur* 0^m,90 *de large contient de l'huile d'olives qui n'occupe que les 5/8 de sa capacité. Si l'on achetait cette* huile 412ᶠ l'hl. et qu'on la revendît 495ᶠ le quintal, on gagnerait 180ᶠ,90. La densité de l'huile étant 0,9, on demande quelle est la profondeur du réservoir.

L'hectolitre d'huile pèse 90ᵏᵍ et se vend $\dfrac{495 \times 90}{100} = 445^f,50$.

Bénéfice par hl. : 445ᶠ,50 — 412ᶠ = 33ᶠ,50.

Quantité d'huile vendue : $\dfrac{180,90}{33,50} = 5^{hl},40 = 540^{dm3}$.

Volume du réservoir : 540ᵈᵐ³ × 8/5 = 864ᵈᵐ³.

R. — Profondeur : $\dfrac{Volume\ (dm^3)}{Surf.\ de\ base\ (dm^2)} = \dfrac{864}{12 \times 9} = 8^{dm} = 0^m,80$.

1250. Une cuve rectangulaire de 12ᶜᵐ de hauteur et de 0ᵐ²,027 de surface de base est remplie de mercure et d'alcool pour une somme de 100ᶠ,44. Quelle est la hauteur qu'occupe chacun de ces deux liquides dans la cuve, sachant que le mercure dont la densité est 13,6 coûte 10ᶠ, le kilogramme et l'alcool 10ᶠ le litre ?

Volume de la cuve : 0,027 × 0,12 = 0ᵐ³,00324 = 3ᵈᵐ³,24.

(*Fausse position*). — Si toute la cuve était remplie d'alcool, la valeur de son contenu serait de 10ᶠ × 3,24 = 32ᶠ,40.

Cette valeur serait trop faible de 100ᶠ,44 — 32ᶠ,40 = 68ᶠ,04.

En remplaçant 1 litre d'alcool par 1 litre de mercure, la valeur augmente de (10ᶠ × 13,6) — 10ᶠ = 126ᶠ.

Quantité de mercure à substituer à de l'alcool $\dfrac{68,04}{126} = 0^l,54$.

R. — Hauteur du mercure : $\dfrac{540\ (cm^3)}{270\ (cm^2)} = 2^{cm}$.

Hauteur de l'alcool : 12ᶜᵐ — 2ᶜᵐ = 10ᶜᵐ.

1251. Dans un récipient cylindrique ayant à l'intérieur 14ᶜᵐ de hauteur et 4ᶜᵐ,5 de rayon, on verse 254ᵍ,47 d'eau. On demande à quelle hauteur l'eau s'élèvera dans le récipient. Quel est le poids de l'huile qui pourra être ensuite versée dans le vase pour achever de le remplir, la densité de l'huile étant 0,9 ?

1° Surface de base du récipient : 3,1416 × 4,5² = 63ᶜᵐ²,6174.

254ᵍ,47 d'eau occupent un volume de 254ᶜᵐ³,470.

R. — Hauteur de l'eau : $\dfrac{254,47}{63,6174} = 4^{cm}$.

2° Volume total du vase : 63,6174 × 14 = 890ᶜᵐ³,6436.

Volume d'huile qu'il faut verser pour remplir le vase :

890ᶜᵐ³,6436 — 254ᶜᵐ³,47 = 636ᶜᵐ³,1736.

R. — **Poids de cette huile** : 0ᵍ,9 × 636,1736 = **572ᵍ,556**.

1252. *Calculer le prix de 500^m de fil de fer ayant 1^{mm},8 de diamètre, sachant : 1º que la botte de fil de fer de 5^{kg} vaut 29^f,40 ; 2º que le poids spécifique du fer est 7,8.*

La longueur du fil égale 500 000^{mm} et son rayon 0^{mm},9.

Volume du fil :

$$3,1416 \times 0,9^2 \times 500\ 000 = 1\ 272\ 348^{mm3} = 1^{dm3},272\ 348.$$

Poids du fil : 7^{kg},8 $\times$ 1,272 348 = 9^{kg},9243.

R. — **Prix des 500^m de fil de fer :** $\dfrac{29^f,4 \times 9,9243}{5} = $ **58^f,35.**

1253. *Trouver la capacité et les dimensions d'une boîte en fer blanc sans couvercle, sachant que : 1º le fond est un rectangle dont un côté est double de l'autre et que la profondeur est égale au plus grand côté du rectangle ; 2º le fer-blanc pèse 20^g par dm^2 ; 3º la boîte vide pèse 100^g,8. On met dans cette boîte du sable dont le poids est tel que, posée sur l'eau, elle s'enfonce de 6^{cm}. La densité du sable étant 3,5, quelle est la hauteur du sable dans la boîte ?*

1º Surface totale de la boîte : 100,8 : 20 = 5^{dm2},04.

Cette surface est égale à celle de 14 carrés construits sur la largeur de la boîte.

Surface de chaque carré : 5^{dm2},04 : 14 = 0^{dm2},36 = 36^{cm2}.

Côté d'un carré : $\sqrt{36}$ = 6^{cm}.

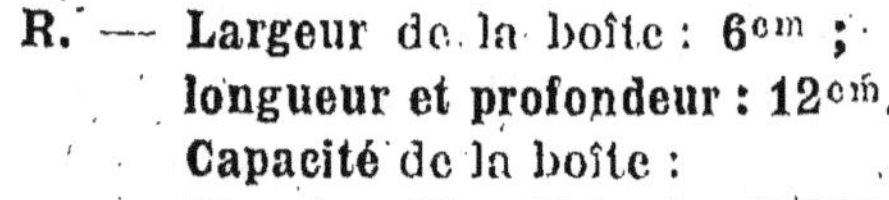

R. — **Largeur de la boîte : 6^{cm} ; longueur et profondeur : 12^{cm}.**

Capacité de la boîte :

12 $\times$ 6 $\times$ 12 = 864^{cm3} = 0^l,**864**

Quand la boîte s'enfonce dans l'eau de 6^{cm}, elle déplace

12 $\times$ 6 $\times$ 6 = 432^{cm3} d'eau.

Elle subit donc une poussée de 432^g qui fait équilibre à son propre poids (boîte et sable).

Le poids du sable est donc de : 432^g — 100^g,8 = 331^g,2.

Le volume du sable est de : 331,2 : 3,5 = 94^{cm3},628.

R. — **Hauteur du sable :** $\dfrac{94,628}{6 \times 12} = $ 1^{cm},3 = **13^{mm}.**

1254. *Un vase en cuivre a la forme d'un dm^3 et ses faces extérieures sont des dm^2. Sachant que la densité du cuivre est 8,8, que les parois ont 5^{mm} d'épaisseur et que le vase contient de l'huile de densité 0,9, trouver la hauteur de l'huile dans le vase sachant que le poids total du vase et de son contenu est 2 434^g,03.*

Hauteur intérieure du vase : 1^{dm} — 0^{dm},05 = 0^{dm},95.

Longueur et largeur intérieures : 1^{dm} — (0^{dm},05 $\times$ 2) = 0^{dm},90.

Volume intérieur du vase : $0,9 \times 0,9 \times 0,95 = 0^{dm3},7695$.

Volume occupé par les parois : $1^{dm3} - 0^{dm3},7695 = 0^{dm3},2305$.

Poids du vase vide : $8^{kg},8 \times 0,2305 = 2^{kg},0284 = 2\,028^{g},4$.

Poids de l'huile du vase : $2\,434^{g},03 - 2\,028^{g},4 = 405^{g},63$.

Volume de l'huile contenue dans le vase : $\dfrac{405,63}{0,9} = 450^{cm3},7$.

R. — Hauteur de l'huile : $\dfrac{450,7}{9 \times 9} = 5^{cm},5 = 55^{mm}$.

1255. *Un négociant a acheté 3 fûts remplis d'huile dont le poids net est de* $1086^{kg},875$. *Le fût moyen contient* 40^l *de plus que le plus petit ; le plus grand contient* 95^l *de plus que les deux autres ensemble. Sachant que le poids spécifique de l'huile est* $0^{kg},925$, *on demande la contenance de chaque fût.*

Contenance totale des 3 fûts : $1086,875 : 0,925 = 1\,175^l$.

On a : $1^{er} + 2^e + 3^e$ (le plus grand) $= 1\,175^l$.

ou $1^{er} + (1^{er} + 40^l) + (1^{er} + 1^{er} + 40^l + 95^l) = 1\,175^l$.

d'où   4 fois le $1^{er} + 175^l = 1\,175^l$.

R. — Contenance des fûts : $1^{er} = \dfrac{1\,175^l - 175^l}{4} = 250^l$;

$2^e : 250^l + 40^l = 290^l$; $3^e : 250^l + 290^l + 95^l = 635^l$.

MESURES MONÉTAIRES

1256. *Un vase, dont le poids est de 123 grammes et la contenance 35 centilitres, est rempli d'eau pure. Quelle somme en argent faut-il pour lui faire équilibre ?*

Le vase plein d'eau pèse : $123^g + 350^g = 473^g$.

R. — Pour faire équilibre il faudrait une somme de $\dfrac{473}{5} = 94^f,60$.

1257. *Une somme de* $2\,317^f$ *se compose de poids égaux de monnaie d'or, d'argent, de billon. On demande quelle valeur représente chacune de ces espèces de monnaie.*

Une somme composée de 1^g de bronze, 1^g d'argent et 1^g d'or vaudrait :

$$1 + 20 + 310 = 331 \text{ centimes.}$$

Ainsi les valeurs des monnaies de bronze, d'argent et d'or sont

respectivement égales à $\dfrac{1}{331}$, $\dfrac{20}{331}$, $\dfrac{310}{331}$ de la valeur totale.

R. — Valeur de la monnaie de bronze : $2\,317^f \times 1/331 = 7^f$.

     —   d'argent : $2\,317^f \times 20/331 = 140^f$.

     —   d'or : $2\,317^f \times 310/331 = 2\,170^f$.

1258. *On a payé une somme de 21 184ᶠ avec des poids égaux de trois sortes de monnaie, savoir : des pièces de 10ᶠ, des pièces de 5ᶠ en argent et des pièces de 0ᶠ,10. Trouver le poids et le nombre des pièces de chaque sorte.*

Les 3 sortes de monnaies ayant des poids égaux, leurs valeurs sont respectivement égales à $\dfrac{1}{331}$, $\dfrac{20}{331}$, $\dfrac{310}{331}$ de la valeur totale.

Valeur de la monnaie dé bronze : 21 184ᶠ × 1 /331 = 64ᶠ.
— d'argent : 21 184ᶠ × 20 /331 = 1 280ᶠ.
— d'or : 21 184ᶠ × 310 /331 = 19 840ᶠ.

R. — Poids de chaque espèce de monnaie : 100ᵍ×64 = 6 400ᵍ.

Nombre de pièces de bronze : 64 : 0,10 = **640 pièces de 0ᶠ,10.**
— d'argent : 1 280 : 5 = **256 pièces de 5ᶠ.**
— d'or : 19 840 : 10 = **1 984 pièces de 10ᶠ.**

1259. *Une ménagère part au marché avec de la monnaie d'argent ayant un certain poids ; ses achats effectués, il ne lui reste plus que de la monnaie de bronze dont le poids est le même. Sachant que le tiers de sa dépense a consisté dans l'achat de 2ᵏᵍ de beurre à 14ᶠ,25 le kg., on demande quelle somme elle avait emportée.*

Dépense de la ménagère pour le beurre : 14ᶠ,25 × 2 = 28ᶠ,50.
Dépense totale : 28ᶠ,50 × 3 = 85ᶠ,50.
Une somme en bronze qui a même poids qu'une somme en argent ne vaut que 1 /20 de cette dernière somme.

La dépense totale représente donc $\dfrac{20}{20} - \dfrac{1}{20} = \dfrac{19}{20}$ de la somme en argent.

R. — La somme en argent valait donc : $\dfrac{85ᶠ,50 \times 20}{19} = 90ᶠ.$

1260. *On achète deux paires de rideaux dont l'une coûte 48ᶠ de plus que l'autre. Si l'on payait la plus chère en monnaie d'argent et l'autre en monnaie de bronze le poids total serait de 1 342ᵍ,50. Trouver le prix de chaque paire de rideaux.*

Supposons que la paire la plus chère ait été achetée au même prix que l'autre paire.
Dans ce cas, en payant la 1ʳᵉ en argent et la 2ᵉ en bronze on donnerait deux sommes de même valeur et pesant ensemble :

$$1 342ᵍ,50 - (5ᵍ \times 48) = 1 102ᵍ,50.$$

A valeur égale le bronze pèse 20 fois plus que l'argent, donc 1 102ᵍ,50 représenteraient 1 fois + 20 fois = 21 fois le poids de la somme en monnaie d'argent.
La somme en argent pèserait donc 1 102ᵍ,50 : 21 = 52ᵍ,5 et

vaudrait 52,5 : 5 = 10^f,50. La somme en bronze vaudrait de même 10^f,50.

R. — **Prix de la paire la plus chère : 10^f,50 + 48^f = 58^f,50.**
Prix de l'autre paire : 10^f,50.

Solution algébrique. — Soit x le prix le plus faible. On a :

$$(x + 48) 5 + x \times 5 \times 20 = 1\,342,5$$

d'où $\qquad\qquad x = 10\ 1/2.$

1261. *La recette d'une caissière pèse* 16^{kg},325 *et elle est composée de sommes égales en or, en argent et en bronze. Trouver le montant de cette recette et le poids de chaque espèce de monnaie.*

Soit une recette de 30^f composée de 10^f en or, 10^f en argent et 10^f en bronze ; elle pèse en grammes :

$$\frac{10}{3,1} + 50 + 1\,000 = \frac{100}{31} + \frac{1\,550}{31} + \frac{31\,000}{31} = \frac{32\,650}{31}.$$

Autant de fois ce poids total est contenu dans le poids total réel (16 325^g) autant de fois la recette compte 30^f.

R. — **Montant de la recette :** $30^f \times \left(16\,325 : \dfrac{32\,650}{31}\right) = 465^f.$

Poids de la somme en or : $\dfrac{465}{3 \times 3,1} = 50^g$. **La même somme en argent pèse** 50^g × 15,5 = **775^g et en bronze** 50^g × 310 = **15 500^g.**

1262. *Deux vases de poids inégaux sont placés sur les plateaux d'une balance. Pour établir l'équilibre, on ajoute dans l'un des plateaux* 155^f *en monnaie d'or et dans l'autre* 155^f *en monnaie d'argent. On demande le poids de chaque vase sachant qu'ensemble ils pèsent* 4 800^g.

Poids de 155^f en argent : 5^g × 155 = 775^g.
Poids de 155^f en or : 775^g : 15,5 = 50^g.

La différence de poids des 2 sommes est de 775^g — 50^g = 725^g ; elle équivaut à la différence de poids des deux vases.
Connaissant la somme et la différence des poids des deux vases, on a :

R. — **Poids du 1er vase :** $\dfrac{4\,800^g - 725^g}{2} = 2\,037^g,50;$

Poids du 2e vase : 4 800^g — 2 037^g,50 = **2 762^g,5.**

1263. *D'un vase rempli d'alcool aux* 3/4, *on retire* 0^l,75 *de ce liquide. On met alors le vase dans l'un des plateaux d'une balance et on lui fait équilibre en mettant dans l'autre plateau une somme de* 340^f,50 *en monnaie d'argent. Le poids du vase vide est de* 25^{dag},11 *et le poids de l'alcool est les* 82/100 *du poids de l'eau sous le même volume. Quelle est la capacité de ce vase ?*

Quand on a retiré $0^l,75$ d'alcool, le vase et son contenu pèsent encore

$$5^g \times 340 = 1\,700^g,$$

Poids de l'alcool restant : $1\,700^g - 251^g,1 = 1\,448^g,90$.
Volume de l'alcool restant : $1\,448,90 : 0,82 = 1^l,767$.
Le vase rempli aux 3/4 contenait : $1^l,767 + 0^l,75 = 2^l,517$.

R. — Capacité du vase : $2^l,517 \times \dfrac{4}{3} = 3^l,366$.

1264. *On met dans un plateau d'une balance un poids P, et dans l'autre un poids triple 3P. Si on met 620^f en argent dans un plateau et 620^f en or dans l'autre, l'équilibre est rétabli. Quelle est la valeur de P ?*

Poids de 620^f en argent : $5^g \times 620 = 3\,100^g$.
Poids de 620^f en or : $620 : 3,1 = 200^g$.

Différence de ces deux poids : $2\,900^g$.

Cette différence est égale à $3P - P = 2P$.

R. — Valeur du poids P. : $2\,900 : 2 = 1\,450^g$.

1265. *Dans un sac se trouvent des monnaies d'or, d'argent et de bronze. L'ensemble des monnaies d'or a une valeur dix fois plus grande que l'ensemble des monnaies d'argent, et l'ensemble des monnaies d'argent a une valeur dix fois plus grande que l'ensemble des monnaies de bronze. Le tout pèse autant que l'eau qui serait contenue dans un récipient rectangulaire de 10^{cm} de long, 5^{cm} de large et $11^{cm},30$ de haut. Quelle est la valeur de la somme renfermée dans le sac ?*

Si la somme en or valait $3\,100^f$ (*valeur de 1^{kg}*), la somme en argent vaudrait 310^f et la somme en bronze 31^f.
La valeur totale serait de : $3\,100^f + 310^f + 31^f = 3\,441^f$.
Le poids total égalerait :

$$(1\,000^{kg} + 5^g \times 310) + (100^g \times 31) = 5\,650^g.$$

Le volume du récipient est : $10 \times 5 \times 11,3 = 565^{cm3}$.
Le poids réel des monnaies est donc de 565^g. Comme ce poids est 10 fois plus faible que le poids total trouvé, la valeur réelle des monnaies est aussi 10 fois plus faible que la valeur trouvée.

R. — Valeur de la somme renfermée dans le sac : $344^f,10$.

1266. *Une personne possède deux sommes A et B en numéraire français. Si A est en pièces d'or et B en pièces d'argent le total des poids des deux sommes est 975^g. Mais si A était en pièces d'argent et B en pièces d'or le total de leur poids serait $3\,150^g$. Quelles sont ces deux sommes ?*

Remarquons que le poids d'une somme quelconque en argent équivaut au poids d'une somme 15,5 fois plus forte en or. On peut donc écrire :

1 fois poids de A en or $+$ 15,5 fois poids de B en or $= 975^g$ (1)
15,5 fois poids de A en or $+$ 1 fois poids de B en or $= 3150^g$ (2)

En additionnant membre à membre, on a :

16,5 fois poids de A en or + 16,5 fois poids de B en or = 4 125^g,

d'où *poids de A en or + poids de B en or* $= \dfrac{4\,125}{16,5} = 250^g$.

En retranchant (1) de (2), on a :

14,5 fois poids de A en or — 14,5 fois poids de B en or = 2 175^g,

d'où *poids de A en or — poids de B en or* $= \dfrac{2\,175}{14,5} = 150^g$,

On connaît la somme et la différence des poids de A et de B en or ; donc :

$$\text{Poids de A en or} : \dfrac{250^g + 150^g}{2} = 200^g ;$$

$$\text{Poids de B en or} : 250^g - 200^g = 50^g.$$

R. — Valeur de A : 3^f,10 × 200 = 620^f ;
Valeur de B : 3^f,10 × 50 = 155^f.

Solution algébrique. — L'énoncé permet d'écrire :

$$\dfrac{A}{3,10} + 5B = 975$$

$$5A + \dfrac{B}{3,10} = 3\,150.$$

d'où $\qquad \begin{cases} A = 620 ; \\ B = 155. \end{cases}$

1267. *En payant une certaine somme avec de la monnaie d'or j'ai donné 150^g d'or fin. Quel serait le poids d'argent fin que je donnerais en payant la même somme moitié en pièces de 5^f et moitié en pièces de 2^f ?*

Le poids de la somme en monnaie d'or est $\dfrac{150^g \times 10}{9}$

La monnaie d'argent équivalente pèse : $\dfrac{150^g \times 10 \times 15,5}{9}$.

La moitié de cette somme en pièces de 5^f contient 0,9 de son poids d'argent fin, soit

$$\dfrac{150^g \times 10 \times 15,5 \times 9}{9 \times 2 \times 10} = 1\,162^g,5.$$

L'autre moitié, en pièces de 2^f, contient 0,835 de son poids d'argent fin, soit :

$$\dfrac{150^g \times 10 \times 15,5 \times 835}{9 \times 2 \times 1\,000} = 1078^g,541.$$

R. — Poids total d'argent fin :

$$1\,162^g,5 + 1\,078^g,541 = 2\,241^g,041.$$

1268. *On fait fondre dans un creuset 167 pièces françaises, les unes de 5^f en argent, les autres de 2^f et on obtient un alliage contenant 1 847^g,25 d'argent pur. Quel est le nombre des pièces de 5^f ?*

(Probl. de fausse position). — Si l'on faisait fondre 167 pièces de 2ᶠ on obtiendrait : $10^g \times 167 \times 0,835 = 1\ 394^g,45$ d'argent pur.

Ce poids est trop faible de $1\ 847^g,25 - 1\ 394^g,45 = 452^g,80$.

Chaque fois qu'on remplace une pièce de 2ᶠ par une pièce de 5ᶠ la quantité d'argent pur augmente de :

$$(25^g \times 0,9) - (10^g \times 0,835) = 22^g,5 - 8^g,35 = 14^g,15.$$

Pour qu'elle augmente de $452^g,8$, il faut que sur les 167 pièces il y ait $452,8 : 14,15 = 32$ pièces de 5ᶠ.

R. — Il y a 32 pièces de 5ᶠ.

1269. *Les 5/12 de la valeur d'une somme de 240ᶠ sont en pièces de bronze et le reste en pièces de 5ᶠ en argent. Quel est le poids de cette somme et quel est le poids d'argent pur qu'elle contient ?*

Valeur de la partie en bronze : $240^f \times 5/12 = 100^f$.
Poids du bronze : $100^g \times 100 = 10\ 000^g$.
Poids de l'argent : $5^g \times (240 - 100) = 5^g \times 140 = 700^g$.

R. — **Poids de la somme** : $10\ 000^g + 700^g = \mathbf{10\ 700^g}$.
Poids d'argent pur : $700^g \times 0,9 = \mathbf{630^g}$.

1270. *Avec de l'or dont la densité est 19,26, on fabrique des feuilles qui ont 1/800 de millimètre d'épaisseur. Quelle surface couvrirait, si elle était réduite à une feuille aussi mince, la quantité d'or pur que contient une pièce monnayée de 100ᶠ ?*

Poids de l'or pur contenu dans la pièce : $\dfrac{100 \times 0,9}{3,1}$ g.

Volume de l'or pur : $\dfrac{100 \times 0,9}{3,1 \times 19,26}$ cm³.

Les feuilles ont une épaisseur de $\dfrac{1}{800}$ de mm. ou de $\dfrac{1}{8\ 000}$ de cm.

La surface totale des feuilles est donc :

$$\frac{Volume}{Épaisseur} = \frac{100 \times 0,9}{3,1 \times 19,26} : \frac{1}{8\ 000} = \frac{100 \times 0,9 \times 8\ 000}{3,1 \times 19,26} = 12\ 059\ \text{cm}^2$$

R. — **Surface recouverte** : $1^{m2},2059$.

1271. *On a une somme de 54ᶠ en monnaie d'argent divisionnaire et en monnaie de bronze. Le poids total de cette somme est de 650ᵍ. Combien renferme-t-elle de monnaie de chaque espèce et quel est le poids de l'argent pur, du cuivre, de l'étain et du zinc ?*

(Probl. de fausse position.) — Si les 54ᶠ étaient en bronze la somme pèserait : $100^g \times 54 = 5\ 400^g$.

Ce poids surpasserait le poids réel de $5\ 400^g - 650^g = 4\ 750^g$.

Chaque fois qu'on remplace 1ᶠ en bronze par 1ᶠ en argent,

cet excédent de poids diminue de $100^g - 5^g = 95^g$. Pour qu'il s'annule il faut qu'il y ait : $4\,750 : 95 = 50^f$ en argent.

R. — La somme renferme 50^f en argent et 4^f en bronze.

    Poids d'argent pur : $5^g \times 50 \times 0,835 = 208^g,75$.

    Poids de cuivre contenu dans 50^f en argent et 4^f en bronze :

$(5^g \times 50 \times 0,165) + (400^g \times 0,95) = 41^g,25 + 380^g = 421^g,25$.

    Poids de l'étain : $400^g \times 0,04 = 16^g$.

    Poids du zinc : $400^g \times 0,01 = 4^g$.

1272. *Un objet composé d'or et de cuivre pèse 664^g et son volume est de 43^{cm3} ; calculer les poids d'or et de cuivre qu'il contient, la densité de l'or étant 19 et celle du cuivre 8,8. Combien faut-il faire fondre d'or pur avec cet alliage pour obtenir un nouveau lingot propre à faire des pièces de 20^f, et combien obtiendra-t-on de ces pièces ?*

    (*Probl. de fausse position.*) — Si l'objet était entièrement en cuivre il pèserait $8^g,8 \times 43 = 378^g,4$.

    Son poids serait inférieur de $664^g - 378^g,4 = 285^g,6$ au poids réel.

    Chaque fois qu'un cm³ de cuivre est remplacé par un cm³ d'or cette différence de poids diminue de $19^g - 8^g,8 = 10^g,2$; elle s'annule si l'objet contient $285,6 : 10,2 = 28$cm³ d'or.

    R. — Poids d'or : $19^g \times 28 = 532^g$.

        Poids de cuivre : $664^g - 532^g = 132^g$.

    Le nouvel alliage sera au titre de 0,9 ; les 132^g de cuivre qu'il contiendra représenteront la 10e partie de son poids ; il pèsera donc 1 320^g.

    R. — Il faudra ajouter : $1\,320^g - 664^g = 656^g$ **d'or pur.**

$$\text{Poids d'une pièce de } 20^f : \frac{5^g \times 20}{15,5} = \frac{1\,000}{155}.$$

    R. — On obtiendra : $1\,320 : \dfrac{1\,000}{155} = 204$ **pièces de 20^f.** (R. 3^g,87.)

1273. *Une somme de 2 441^f est composée de pièces d'or et de pièces d'argent dont le poids total est de 2 780^g. Trouver la valeur et le poids de chacune des deux monnaies.*

    (*Probl. de fausse position.*) — Si les 2 441^f étaient en monnaie d'argent, le poids total égalerait : $5^g \times 2\,441 = 12\,205^g$.

    Il surpasserait le poids réel de : $12\,205^g - 2\,780^g = 9\,425^g$.

    En remplaçant 310^f en argent, dont le poids égale $5^g \times 310 = 1\,550^g$, par 310^f en or, dont le poids égale $310 : 3,1 = 100^g$, l'excédent de poids diminuerait de $1\,550^g - 100^g = 1\,450^g$.

    Pour que l'excédent s'annule, il faut que la somme contienne :

$$310^f \times \frac{9\,425}{1\,450} = 2\,015^f \text{ en or.}$$

    R. — Il y a : 1° **2 015^f en or,** pesant $2\,015 : 3,1 = 650^g$.

        2° $2\,441^f - 2\,015^f = 426^f$ **en argent,** pesant $5^g \times 650 = 2\,130^g$.

1274. *La valeur d'une somme en or et en argent est de 2 360ᶠ, et le poids de cette somme est de 2 375ᵍ. Quelle est la somme en or et quelle est la somme en argent ? En admettant qu'il y ait le plus grand nombre possible de pièces de 5ᶠ quel est le poids total du cuivre contenu dans les 2 360ᶠ ?*

1° Voir la solution précédente ; ou bien procéder comme il suit :

Si les 2 375ᵍ étaient en monnaie d'argent ils auraient pour valeur : 0ᶠ,20 × 2 375 = 475ᶠ.

Cette valeur serait inférieure de 2 360ᶠ — 475ᶠ = 1 885ᶠ à la valeur réelle.

En remplaçant 1ᵍ d'argent par 1ᵍ d'or, la différence de valeur diminue de 3ᶠ,10 — 0ᶠ,20 = 2ᶠ,90. Pour qu'elle s'annule il faut qu'il y ait 1 885 : 2,9 = 650ᵍ d'or.

R. — Somme en or : 3ᶠ,10 × 650 = 2 015ᶠ.
Somme en argent : 2 360ᶠ — 2 015ᶠ = 345ᶠ.

2° La somme en argent est toute en pièces de 5ᶠ. Par conséquent la somme entière est au titre de 0,9.

R. — Poids de cuivre cherché : 2 375ᵍ × 0,1 = 237ᵍ,5.

1275. *Un orfèvre fond ensemble une cuiller d'argent pesant 85ᵍ au titre de 0,800, 17 pièces de 5ᶠ en argent et 14 pièces de 2ᶠ. Quel est le titre du lingot ?*

Poids total du lingot : 85ᵍ + 25ᵍ × 17 + 10ᵍ × 14 = 650ᵍ.
Poids de l'argent pur contenu :

1° dans la cuiller d'argent : 85ᵍ × 0,8 = 68ᵍ
2° dans les pièces de 5ᶠ : 25ᵍ × 17 × 0,9 = 382ᵍ,5
3° dans les pièces de 2ᶠ : 10ᵍ × 14 × 0,835 = 116ᵍ,9.
Poids total de l'argent pur .... 567ᵍ,4.

R. — Titre du lingot : 567,4 : 650 = 0,8729.

1276. *Quelle quantité de cuivre faut-il ajouter à un lingot d'argent pur qui pèse 2ᵏᵍ,500 pour pouvoir le transformer en pièces de 1ᶠ ? Combien pourra-t-on fabriquer de ces pièces ?*

2ᵏᵍ,500 représentent les 835/1000 du poids de l'alliage à former.

Poids de l'alliage à former : $\dfrac{2\ 500ᵍ \times 1\ 000}{835} = 2\ 994ᵍ,01.$

R. — Poids du cuivre ajouté : 2 994ᵍ,01 — 2 500ᵍ = 494ᵍ,01.
Nombre de pièces de 1ᶠ : 2 994,01 : 5 = 598. (Reste 4ᵍ,01.)

1277. *On a un lingot d'argent pur qui pèse 10 020ᵍ. Trouver quelle quantité de cuivre il faut y ajouter pour en faire de la monnaie au titre de 0,835, et combien on pourra faire de pièces de 2ᶠ et de 1ᶠ, en nombre égal, avec le nouveau lingot ainsi obtenu.*

Poids du nouveau lingot : $\dfrac{10\,020^g \times 1\,000}{835} = 12\,000^g$.

R. — **Poids du cuivre ajouté** : $12\,000^g — 10\,020^g = 1\,980^g$.

Une pièce de 2^f et une pièce de 1^f pèsent $10 + 5 = 15^g$.

R. — **Nombre de pièces de chaque sorte** : $\dfrac{12\,000}{15} = $ **800 pièces.**

1278. *Quelle quantité d'argent pur faut-il employer pour faire : 1° 250 pièces de 5^f ; 2° 500 pièces de 2^f ?*

1° Poids de 250 pièces de 5^f : $25^g \times 250 = 6\,250^g$.

R. — **Il faudra employer** : $6\,250^g \times 0,9 = $ **5 625** ^{g} **d'argent pur.**

2° Poids de 500 pièces de 2^f : $10^g \times 500 = 5\,000^g$.

R. — **Il faudra employer** : $5\,000^g \times 0,835 = $ **4 175**^{g} **d'argent pur.**

1279. *Un service en argent au titre de 0,950 pèse 115^g. Combien de grammes de cuivre faudra-t-il fondre avec ce service pour obtenir un alliage au titre des pièces de 5^f ?*

Poids de la matière précieuse contenue dans le service en argent :
$$115^g \times 0,95 = 109^g,25.$$

Ce poids représente les 9/10 du poids de l'alliage à former.

Poids de l'alliage à former : $\dfrac{109^g,25 \times 10}{9} = 121^g,39$.

R. — **On devra ajouter** : $121^g,39 — 115^g = $ **6**^{g}**,39 de cuivre.**

1280. *Combien faut-il fondre de pièces de 1^f avec $2\,600^g$ d'argent pur pour obtenir un lingot au titre de 0,900 ?*

Indication. — *Chercher d'abord combien il faut fondre d'argent pur avec une pièce de 1 franc pour obtenir un alliage au titre de 0,9.*

Poids du cuivre contenu dans une pièce de 1^f
$$5^g \times 0,165 = 0^g,825.$$

L'alliage au titre de 0,9 qui contient $0^g,825$ de cuivre, pèse :
$$0^g,825 \times 10 = 8^g,250.$$

Poids d'argent pur ajouté à 1^f : $8^g,250 — 5^g = 3^g,250$.

Autant de fois $3^g,250$ sont contenus dans $2\,600^g$, autant il faudra de pièces de 1^f.

R. — **Il faudra fondre** : $2\,600 : 3,25 = $ **800 pièces de 1^f.**

1281. *Combien faut-il fondre de pièces de 5^f en argent avec 325^g de cuivre pour obtenir un lingot au titre de 0,835 ?*

Indication. — *Chercher d'abord combien il faut fondre de cuivre avec une pièce de 5^f pour obtenir un alliage au titre de 0,835.*

Poids d'argent pur contenu dans une pièce de 5^f.
$$25^g \times 0,9 = 22^g,5.$$

1296. *Une machine à vapeur de 27,2 HP a un rendement de 0,08. Combien consomme-t-elle de charbon en une journée de 8h sachant que 1kg de charbon fournit 8 000 calories ?*

Si la chaleur fournie par la combustion du charbon était entièrement transformée en travail utile, la puissance de la machine serait de :

$$\frac{27,2 \times 100}{8} = 340 \ HP.$$

Cette puissance produirait en 8h ou $60 \times 60 \times 8 = 28\,800$s un travail de :

$$75^{kg\text{-}m} \times 340 \times 28\,800 \ \text{kg-m.}$$

Or la combustion de 1kg de charbon fournit un travail de :

$$425 \times 8\,000 \ \text{kg-m.}$$

R. — Consommation de charbon : $\dfrac{75 \times 340 \times 28\,800}{425 \times 8\,000} = \mathbf{216^{kg}.}$

1297. *Une automobile de 16 HP a un rendement de 0,25. Combien consomme-t-elle de litres d'essence, de densité 0,7, en 4h, sachant que 1kg d'essence donne en brûlant 11 000 calories.*

Si la chaleur fournie par la combustion de l'essence était intégralement transformée en travail utile, la puissance de l'automobile serait de :

$$\frac{16 \times 100}{25} = 64 \ HP.$$

Cette puissance produirait en 4h ou $60 \times 60 \times 4 = 14\,400$s un travail de :

$$75^{kg\text{-}m} \times 64 \times 14\,400 \ \text{kg-m.}$$

Or la combustion de 1kg d'essence produit un travail de :

$$425 \times 11\,000^{kg\text{-}m}.$$

R. — Consommation d'essence :

en kg : $\dfrac{75 \times 64 \times 14\,400}{425 \times 11\,000}$; en litres : $\dfrac{75 \times 64 \times 14\,400}{425 \times 11\,000 \times 0,7} = 21^l,12.$

1298. *Exprimer en kilowatts une puissance de 136 HP ; de 200 HP.*

1° **R.** — 136 HP = 0,735 kW × 136 = **99,96 kW.**

2° **R.** — 200 HP = 0,735 kW × 200 = **147 kW.**

1299. *Exprimer en chevaux-vapeur la puissance d'un moteur de 20 kW ; de 380 kW.*

1° **R.** — 20 KW = 1,36 HP × 20 = **27,2 HP.**

2° **R.** — 380 KW = 1,36 HP × 380 = **516,8 HP.**

1300. *La puissance (en watts) d'un courant électrique est égale au produit de son intensité (en ampères) par sa force (en volts), d'après cela : 1° Quelle est en kilowatts la* *puissance d'une dynamo qui fournit un courant de 360 ampères sous une force électromotrice de 2 000 volts ? 2° Si le rendement de cette dynamo est 0,85, quelle est la puissance de son moteur ?*

1° **R.** — **Puissance de la dynamo :**

$$360 \times 2\,000 = 720\,000 \text{ watts} = \mathbf{720\ kW.}$$

2° **R:** — **Puissance du moteur :** $\dfrac{720 \times 100}{85} = \mathbf{847,05\ kW.}$

1301. *Une salle a été éclairée 4ʰ par jour pendant 120 jours, par 8 lampes à incandescence de 50 bougies. Chaque lampe consomme par heure 4/11 d'ampère sous 110 volts. Calculer la dépense à raison de 1ᶠ,40 le kilowatt-heure.*

Les 8 lampes consomment : $\dfrac{4}{11} \times 110 \times 8 = 320$ watts.

Les lampes ont fonctionné pendant 4ʰ × 120 = 480ʰ.
La consommation totale est égale à :

$$320 \times 480 = 153\,600 \text{ watts} = 153,6\ kW.$$

R. — **Montant de la dépense :** 1ᶠ,4 × 153,6 = **215ᶠ,04.**

NOMBRES COMPLEXES

1302. *Convertir en minutes :* 1° 5ʲ8ʰ15ᵐ ; 2° 15ʰ4/15.
R. — 1° **7 695ᵐ** ; 2° **916ᵐ.**

1303. *Convertir en secondes :* 1° 7ʰ15ᵐ8ˢ ; 2° 1ʲ15/6.
R. — 1° **26 108ˢ** ; 2° **1 022 400ˢ.**

1304. *Ramener à la forme complexe les nombres suivants :*
1° 475 803ᵐᵐ ; 2° 177 600ˢ ; 3° 919 875ˢ.
R. — 1° **330ʲ10ʰ3ᵐ** ; 2° **2ʲ1ʰ20ᵐ** ; 3° **10ʲ15ʰ31ᵐ15ˢ.**

1305. *Quelle est la somme des deux angles suivants :*
27°35'44" *et* 19°50'28" ?
R. — Somme des angles : **47°26'12".**

1306. *Quels sont les compléments des angles suivants ?*
1° 7°15' ; 2° 65°1'47" ; 3° 59ᵍʳ,758.
R. — 1° **82°45'** ; 2° **24°58'13"** ; 3° **40ᵍʳ,242.**

1307. *Quels sont les suppléments des angles suivants ?*
1° 70°45' ; 2° 80ᵍʳ,075 ; 3° 45'15".
R. — 1° **109°15'** ; 2° **119ᵍ,925** ; 3° **179°14'45.**

1308. *Deux angles valent ensemble 90°; l'un d'eux surpasse l'autre de 18° 1/2. Quelle est la valeur de chaque angle ?*

R. — Le plus grand angle vaut : $\dfrac{90° + 18°30'}{2} = 54°15'$.

Le plus petit mesure : $90° - 54°15' = 35°45'$.

1309. *La longitude de Brest est de 6°49'42" ouest ; celle de Nice est de 4° 56'32" est. De combien diffèrent les longitudes de ces deux villes ?*

R. — 6° 49'42" + 4° 56'32" = **11°46'14"**.

1310. *La latitude de Paris est de 48°50'49", celle de Lyon est de 45°45'45". Quelle est la différence des latitudes de ces deux villes?*

R. — 48°50'49" — 45°45'45" = **3°5'4"**.

1311. *Dans un triangle, l'angle A égale 15°18'45" et l'angle B 75°57'35" ; quelle est la valeur de l'angle C.*

Somme de A et B : 15°18'45" + 75°57'35" = 91°16'20".

R. — **Valeur de C** : 180° — 91°16'20" = **88°43'40"**.

1312. *Un mobile parcourt une circonférence d'un mouvement uniforme et décrit chaque jour un arc de 12°11'26",7. Calculer en jours, heures, minutes et secondes, la durée d'une révolution complète.*

En 1 jour le mobile décrit un arc de :

$$(60'' \times 60 \times 12) + (60'' \times 11) + 26'',7 = 43\,886'',7.$$

Une révolution complète, exprimée en secondes, vaut :

$$60'' \times 60 \times 360 = 1\,296\,000''.$$

R. — **Durée d'une révolution** : $\dfrac{1\,296\,000}{43\,886,7} = 29^{j}12^{h}44^{m}2^{s}$.

1313. *Évaluer en grades : 1° un angle de 48°; 2° un angle de 75°17'; 3° un angle de 8°45'17".*

On sait que $1° = \dfrac{10}{9}$ de grade. Donc :

1° $48° = \dfrac{10}{9}$ gr. $\times 48 = $ **53ᵍʳ,333.**

2° $75°17' = \dfrac{10}{9}$ gr. $\times 75 + \dfrac{10}{9}$ gr. $\times \dfrac{17}{60} = \dfrac{4\,517}{54}$ gr. = **83ᵍʳ,648.**

3° $8° 45'17" = \dfrac{10}{9}$ gr. $\times 8 + \dfrac{10}{9}$ gr. $\times \dfrac{45}{60} + \dfrac{10}{9}$ gr. $\times \dfrac{17}{3\,600} = $ **9ᵍʳ,727.**

1314. *Évaluer en degrés : 1° un angle de 95ᵍʳ ; 2° un angle de 55ᵍʳ,25 ; 3° un angle de 35ᵍʳ,875.*

1 grade $= \dfrac{9}{10}$ de degré $= 0°,9$. Donc :

1° 95ᵍʳ $= 0°,9 \times 95 = 85°,5 =$ **85°30′**.
2° 55ᵍʳ,25 $= 0°,9 \times 55,25 = 49°,725 =$ **49°43′30″**.
3° 35ᵍʳ,875 $= 0°,9 \times 35,875 =$ **32°17′15″**.

1315. *Quelle heure est-il à Lyon quand il est midi à Paris ? Lyon est à 2° 29′10″ à l'est de Paris.*

La terre tournant devant le soleil de 360° en 24ʰ, une différence de longitude de 1° correspond à une différence d'heure de :

$$\frac{24^h}{360} = \frac{60^m \times 24}{360} = 4 \text{ minutes.}$$

Une différence de longitude de 1′ correspond à une différence d'heure de :

$$\frac{4^m}{60} = \frac{60^s \times 4}{60} = 4 \text{ secondes.}$$

D'après cela la différence d'heure entre Paris et Lyon dont a différence de longitude est 2°29′10″ ou 2° 29′1/6 sera :

$$\left(4^m \times 2\right) + \left(4^s \times 29\right) + \left(4^s \times \frac{10}{60}\right) = 8^m + 116^s + 0^s,6 = 9^m56^s,6.$$

R. — Lyon étant à l'est de Paris, quand il est midi à Paris il est **12ʰ9ᵐ56ˢ,6** à Lyon.

1316. *Quand il est 7ʰ30ᵐ du matin à Paris, quelle heure est-il à Nantes qui est à 3°53′18″ longitude ouest ?*

Différence d'heure entre Paris et Nantes :

$$\left(4^m \times 3\right) + \left(4^s \times 53\right) + \left(4^s \times \frac{18}{60}\right) = 12^m + 212^s + 1^s,2 = 15^m33^s,2.$$

R. — Nantes est à l'ouest de Paris ; il sera donc à Nantes :
$$7^h30^m - 15^m33^s,2 = \textbf{7}^h\textbf{14}^m\textbf{26}^s\textbf{,8.}$$

1317. *Quand il est midi à Quimper, quelle heure est-il à Paris ? Quimper est à 6°26′ longitude ouest.*

Différence d'heure :

$$4^m \times 6 + 4^s \times 26 = 24^m + 104^s = 25^m44^s.$$

R. — A Paris il est **12ʰ25ᵐ44ˢ.**

1318. *La latitude de Paris est de 48°50′49″ nord ; celle de Carcassonne est de 43°12′54″. Quelle est la distance en km. de ces deux villes, placées l'une et l'autre sur le même méridien ?*

Donc en 25ˢ — 7ˢ = 18ˢ, le train parcourt la longueur de la gare.

R. — **Vitesse du train :** $\dfrac{378^m \times 3\,600}{18} = 75\,600^m = 75^{km},6.$

Longueur du train : $\dfrac{378^m \times 7}{18} = 147^m.$

1326. *Un écolier part à 7ʰ40ᵐ pour se rendre à l'école. S'il parcourait 400ᵐ en 6 minutes, il arriverait 2 minutes plus tard que s'il parcourait 100ᵐ en 80 secondes. Quel est le trajet qu'il doit parcourir ?*

Entre le trajet total fait à la seconde allure et la partie du trajet qui serait faite, pendant le même temps, à la première allure, il y a une différence de :

$$\frac{400^m}{6} \times 2 = \frac{400}{3} \text{ de mètre.}$$

La différence de parcours par minute est de :

$$\frac{100 \times 60}{80} - \frac{400}{6} = \frac{25}{3} \text{ de mètre.}$$

Durée du parcours à la seconde allure : $\dfrac{400}{3} : \dfrac{25}{3} = 16^{mn}.$

R. — **Longueur du trajet :** $\dfrac{100 \times 60}{80} \times 16 = 1\,200 \text{ mètres.}$

1327. *Un bicycliste qui part en excursion calcule qu'en faisant 20ᵏᵐ à l'heure, il arriverait un quart d'heure plus tôt qu'en parcourant 920ᵐ en 3 minutes. Quelle distance a-t-il à franchir ?*

Vitesse à l'heure dans la seconde hypothèse :

$$\frac{920^m \times 60}{3} = 18\,400^m = 18^{km},400.$$

Entre le trajet total fait à la 1ʳᵉ allure et la partie du trajet qui serait faite pendant le même temps à la 2ᵉ allure il y a une différence de 18ᵏᵐ,400 : 4 = 4ᵏᵐ,600.

La différence de parcours par heure est de :

$$20^{km} - 18^{km},400 = 1^{km},600.$$

Durée du parcours à la 1ʳᵉ allure : $\dfrac{4,6}{1,6} = \dfrac{23}{8}$ d'h.

R. — **Distance à parcourir :** $20^{km} \times 23/8 = 57^{km},500.$

2ᵉ *Solution.* — Les temps mis pour faire le trajet sont inversement proportionnels aux vitesses du cycliste ; ils sont donc dans le rapport de :

$$\frac{18,4}{20} \quad \text{ou} \quad \frac{23}{25}.$$

La différence des temps, soit 15^{mn}, représente les 2/25 du temps mis dans le 2° cas.

Durée du parcours dans le 2° cas : $\dfrac{15^{mn} \times 25}{2}$ minutes.

R. — Distance parcourue : $\dfrac{0^{km},920 \times 15 \times 25}{3 \times 2} = 57^{km},5$.

1328. *Un tramway part de A pour aller à B ; pour faire ce trajet, il met 25 minutes, puis il a un arrêt de 6^{mn}, et revient en A, d'où il repart après un arrêt de 6^{mn}, et ainsi de suite. A quel endroit se trouve-t-il et dans quel sens va-t-il : 1° après 2^h4^m de service ? 2° Après 4^h49^m ?*

1° Entre un départ et le départ suivant du point A, il s'écoule $25^{mn} \times 2 + 6^{mn} \times 2 = 62$ minutes.

Or $2^h4^m = 124^{mn} = 62^{mn} \times 2$

R. — Après 2^h4^m, le tramway a fait deux voyages complets et il repart de A pour la 3° fois.

2° On a $4^h 49^m = (62^{mn} \times 4) + 31 + 10 = 289^{mn}$.

R. — Après 4^h49^m le tramway a fait 4 voyages complets ; il est allé à B pour la 5° fois et il en est reparti pour A depuis 10 minutes.

1329. *Un père marche avec son fils. Le fils est obligé de faire 5 pas pendant que le père en fait 4. Au bout de 27^{hm}, le fils a fait 1 000 pas de plus que le père. Quelle est en millimètres la longueur des pas de chacun ?*

Quand le fils a fait 1 pas de plus que le père, le premier a fait 5 pas et le second 4 pas.

Quand le fils a fait 1 000 de plus que le père, le fils a fait $5 \times 1\,000 = 5\,000$ pas et le père $4 \times 1\,000 = 4\,000$ pas.

Chacun a alors parcouru 27^{hm} ou $2\,700^m$. Donc :

R. — Le pas du père vaut : $2\,700^m : 4\,000 = 0^m,675 = 675^{mm}$.

Le pas du fils vaut : $2\,700^m : 5\,000 = 0^m,54 = 540^{mm}$.

1330. *Un père et son fils se promènent ensemble. Le père fait des pas de $0^m,75$ et le fils, des pas de $0^m,55$. Quelle distance auront-ils parcourue lorsque le fils aura fait 800 pas de plus que son père ?*

Si le fils avait fait le même nombre de pas que son père il aurait été distancé de $0^m,55 \times 800 = 440^m$.

A chaque pas, le fils se serait laissé distancer de :
$$0^m,75 - 0^m,55 = 0^m,20.$$

Le nombre de pas du père dans le parcours total serait de :
$$440 : 0,20 = 2\,200.$$

R. — Distance parcourue : $0^m,75 \times 2\,200 = 1\,650^m$.

2° *Solution.* — Les nombres de pas du père et du fils, sont en raison inverse des longueurs de pas ; ils sont donc dans le rapport de
$$\frac{0,55}{0,75} \quad \text{ou} \quad \frac{11}{15}.$$

Arithmétique. (Liv. M.)   13

La différence de ces nombres (800 pas) représente donc les 4/15 du nombre de pas du fils.

Le fils a fait $\dfrac{800 \times 15}{4} = 3000$ pas.

R. — Distance parcourue : $0^m,55 \times 3\,000 = 1\,650^{th}$.

1331. *La roue de devant d'une voiture a $3^m,40$ de circonférence et la roue de derrière $4^m,60$. Quelle est la distance parcourue par cette voiture lorsque la petite roue a fait 4 200 tours de plus que la plus grande ?*

Quand la grande roue fait 1 tour, elle parcourt $4^m,60$; pendant ce temps la petite roue parcourt de même $4^m,60$, elle fait donc :

$$\frac{4,6}{3,4} = 1 \text{ tour } \frac{6}{17} \text{ ; soit } \frac{6}{17} \text{ de tour en plus.}$$

Autant de fois cette différence est contenue dans la différence totale (4 200 tours), autant de fois le chemin parcouru mesure $4^m,60$.

R. — Distance parcourue : $4^m,60 \times \left(4\,200 : \dfrac{6}{17}\right) = 54^{km},740^m$.

1332. *Sur un parcours donné, les grandes roues d'une voiture ont fait 7 tours en 8 secondes et les petites 5 en 4 secondes. Or, les petites ont fait 10 800 tours de plus que les grandes ; quelle a été la durée du trajet et combien de tours a faits chacune des roues ? Trouver le diamètre des roues, le chemin parcouru étant de 114^{km}.*

Pour faire 1 tour la grande roue met 8/7 de seconde. Pendant ce temps la petite roue fait :

$$\frac{5 \times 8}{4 \times 7} = \frac{10}{7} \text{ de tour} = 1 \text{ tour } \frac{3}{7}.$$

Ainsi en $\dfrac{8}{7}$ de seconde, la petite roue fait $\dfrac{3}{7}$ de tour de plus que la grande roue.

Autant de fois cette différence (3/7 de tour) est contenue dans la différence totale (10 800 tours), autant de fois le parcours aura duré 8/7 de seconde.

R. — Durée du parcours : $\dfrac{8}{7} \times \left(10\,800 : \dfrac{3}{7}\right) = 28\,800^{s} = 8^{h}$.

R. — Nombre de tours de la grande roue : $28\,800 : \dfrac{8}{7} = 25\,200^{t}$.

Nombre de tours de la petite roue : $25\,200 + 10\,800 = 36\,000^{t}$.

Diamètre des roues : Ils sont entre eux comme les circonférences correspondantes : le plus grand vaut donc les 10/7 de l'autre.

R. — Diamètre de la petite roue : $\dfrac{114\,000^m}{36\,000 \times \pi} = 1^m,008$;

Diamètre de la grande roue : $1^m 008 \times 10/7 = 1^m,44$.

1333. *La roue de devant d'une bicyclette a un diamètre de 0^m,72 et celle de derrière un diamètre de 0^m,68. Calculer : 1° l'espace minimum que doit parcourir la bicyclette pour que chacune des deux roues ait fait un nombre entier de tours : 2° le chemin parcouru lorsque la petite roue a fait 1 000 tours de plus que la grande.*

Circonférence de la grande roue : 0^m,72 × 3,1416.
— petite roue : 0^m,68 × 3,1416.

L'espace minimum cherché, exprimé en millionièmes de mètre, est le p. p. c. m. des nombres 72 × 31416 et 68 × 31416.

Or :
$$72 \times 3,1416 = 2^6 \times 3^3 \times 11 \times 119.$$
$$68 \times 3,1416 = 2^5 \times 11 \times 17 \times 119.$$

P. p. c. m. = $2^6 \times 3^3 \times 11 \times 17 \times 119$ = 38 453 184 millionièmes de mètre.

R. — **Espace minimum à parcourir : 38^{m}453.**

Lorsque la grande roue fait 1 tour, la petite fait :

$$\frac{0,72 \times 3,1416}{0,68 \times 3,1416} = \frac{18}{17} \text{ de tour, soit } \frac{1}{17} \text{ de tour en plus.}$$

Autant de fois cette différence (1/17 de tour) est contenue dans la différence totale (1 000 tours) autant de fois la grande roue aura fait 1 tour c'est-à-dire, aura parcouru 0^m,72 × 3,1416.

R. — **Chemin parcouru :**

$$0^m,72 \times 3,1416 \times \left(1\,000 : \frac{1}{17} \right) = 38\,453^m = 38^{km},453.$$

2e *Solution.* — Soient n et n' les nombres de tours. On a :

$$2\pi Rn = 2\pi R'n' \; ; \quad \text{d'où} : \quad \frac{n}{n'} = \frac{R'}{R} = \frac{68}{72} = \frac{17}{18}.$$

La fraction $\frac{17}{18}$ est irréductible, donc les plus petites valeurs de n et n' sont 17 et 18.

R. — **Distance minimum :** π × 0^m,72 × 17 = **38^m,453.**
La grande roue a fait : 1 008 × 17 = **17 000 tours.**
Distance parcourue : π × 0^m,72 × 17 000 = **38^{km},453.**

1334. *Un régiment part à 4^h du matin et marche au pas de 5^{km} à l'heure. Chaque fois qu'il a parcouru 4^{km} il lui est accordé 10^{mn} de repos. Vers le milieu de l'étape, le temps de repos est porté de 10^{mn} à 1 heure. Sachant que le régiment est arrivé à midi, trouver la longueur de l'étape.*

Si le temps de repos vers le milieu de l'étape n'avait pas été prolongé de 60^{mn} — 10^{mn} = 50^{mn}, le régiment serait arrivé à 12^h — 50^m = 11^{h}10^m.

La marche avec repos réguliers de 10^{mn} aurait duré :

$$11^h10^m - 4^h = 7^h10^m = 430^m.$$

Chaque parcours de 4^{km} prend, avec le repos qui le suit :

$$\frac{60^{mn} \times 4}{5} + 10^{mn} = 48^{mn} + 10^{mn} = 58 \text{ minutes.}$$

Or : $\qquad 430^{mn} = 7 \text{ fois } 58^{mn} + 24^{mn}.$

Le régiment a donc parcouru 7 fois 4^{km} ou 28^{km} et, de plus, 2^{km}, pendant les 24 dernières minutes.

R. — Longueur de l'étape : 28^{km} + 2^{km} = 30^{km}.

1335. *Un voyageur qui veut se rendre de Marseille à Lyon, prend un train omnibus partant de Marseille à 6^{h}45^m et dont la vitesse est 32^{km} à l'heure. A Arles, distant de Marseille de 85^{km}, le voyageur quitte le train omnibus et prend le train express parti de Marseille à 8^h et qui vient de rejoindre l'omnibus à Arles. Ceci permet au voyageur d'arriver à Lyon 4^h plus tôt. Trouver : 1° la vitesse du train express ; 2° la distance de Marseille à Lyon ; 3° l'heure d'arrivée du voyageur à Lyon.*

1° *Calcul de la vitesse du train express.*

Pour faire les 85^{km} de Marseille à Arles, le train omnibus a mis :

$$\frac{85}{32} = 2^h \frac{21}{32}.$$

Le train express a franchi la même distance en :

$$2^h \frac{21}{32} - (8^h - 6^h45^m) = 2^h \frac{21}{32} - 1^h \frac{1}{4} = 1^h \frac{13}{32} = \frac{45}{32} \text{ d'h.}$$

R. — Vitesse du train express : $\dfrac{85^{km} \times 32}{45} = 60^{km} \dfrac{4}{9}$.

2° *Calcul de la distance Marseille-Lyon.*

Quand le train express est arrivé à Lyon, il avait sur le train omnibus une avance de 4^h soit de :

$$32^{km} \times 4 = 128^{km}.$$

L'avance par heure était de : $60^{km} \dfrac{4}{9} - 32^{km} = 28^{km} \dfrac{4}{9}.$

Donc la durée du parcours d'Arles à Lyon a été de :

$$128 : 28 \frac{4}{9} = \frac{128 \times 9}{256} = 4^h \frac{1}{2}.$$

Distance d'Arles à Lyon : $60^{km} \dfrac{4}{9} \times 4,5 = 272^{km}.$

R. — Distance de Marseille à Lyon : 85^{km} + 272^{km} = 357^{km}.

3° *Calcul de l'heure d'arrivée à Lyon.*

Le train express parti de Marseille à 8^h, a mis 1^h 13/32 pour atteindre Arles, puis 4^h 1/2 pour atteindre Lyon. Il était alors.

$$8^h + 1^h \frac{13}{32} 4^h + \frac{1}{2} = 13^h \frac{29}{23}; \text{ soit } 13^h54^m22^s.$$

R. — Heure d'arrivée à Lyon : 13^{h}55^m par excès.

1336. *La distance de Paris à Bordeaux est de 578*^{km}*. Un train express part de Paris à 9*^{h}*30*^{m} *et arrive à Bordeaux à 22*^{h}*34*^{m}*. On demande quelle est la vitesse de ce train et à quelle heure arrivera à Bordeaux le train rapide qui part de Paris 3/4 d'heure avant le précédent et dont la vitesse moyenne surpasse celle de l'autre de 19*^{km}*,066 par heure.*

1° Le train express a fait le trajet de Paris à Bordeaux en :

$$22^h34^m - 9^h30^m = 13^h4^m = 13^h\frac{1}{15} = \frac{196}{15}\ d'h.$$

R. — **Vitesse moyenne :** $578^{km} : \frac{196}{15} = \textbf{44}^{km}\textbf{,234.}$

2° Heure du départ du rapide : $9^h30^m - 45^m = 8^h45^m.$
Vitesse de ce train : $44^{km},234 + 19^{km},066 = 63^{km},3.$
Durée du trajet : $578 : 63,3 = 9^h7^m.$

R. — **Heure d'arrivée** du rapide : $8^h45^m + 9^h7^m = \textbf{17}^h\textbf{52}^m.$

Changement de vitesse. — 1337. *Un piéton s'est rendu de A à B en 2*^{h}*. Au retour comme il a parcouru 11 mètres de plus par minute, il a fait le trajet en 105 minutes. Trouver la distance AB.*

Si, au retour, le piéton avait adopté la même allure qu'à l'aller, au bout de 105 minutes il se serait trouvé à $11^m \times 105 = 1\ 155^m$ du but, et pour l'atteindre, il aurait dû poursuivre sa marche pendant :

$$2^h - 105^m = 120^m - 105^m = 15\ \text{minutes.}$$

Puisque en 15^{mn} il fait $1\ 155^m$, en 2^h ou 120^{mn} il fait :

$$\frac{1\ 155^m \times 120}{15} = 9\ 240^m = 9^{km},240.$$

R. — **Distance AB :** $\textbf{9}^{km}\textbf{,240.}$

1338. *Une personne a parcouru un certain chemin en 2*^{h}*50*^{m}*. Au retour comme elle a fait 5 mètres de moins par minute, elle fait le trajet en 3*^{h}*. Trouver : 1° la longueur du trajet simple ; 2° le temps employé à parcourir 1*^{km} *à l'aller et au retour ?*

Au retour, après 2^h50^m ou 170^{mn} de marche, cette personne est à une distance du but de :

$$5^m \times 170 = 850\ \text{mètres.}$$

Elle franchit cette distance en $3^h - 2^h50^m = 10$ minutes. Elle parcourt donc en 3^h ou 180^m :

$$\frac{850^m \times 180}{10} = 15\ 300^m = 15^{km},300.$$

R. — **Longueur du trajet simple :** $\textbf{15}^{km}\textbf{,300.}$

En 1 minute, elle parcourt au retour : $850^m : 10 = 85^m$ et à l'aller : $85^m + 5^m = 90^m$.

R. — Temps nécessaire pour parcourir 1 km. :

1° A l'aller : $\dfrac{1\,000}{90} = 11^m6^s$; 2° au retour : $\dfrac{1\,000}{85} = 11^m45^s$.

2e solution. — Les vitesses à l'aller et au retour, sont en raison inverse des durées du parcours.

Le rapport des durées étant $\dfrac{2^h50^m}{3^h} = \dfrac{170^{mn}}{180^{mn}} = \dfrac{17}{18}$, celui des vitesses égale 18/17.

La différence des vitesses (5^m par minute) représente donc 1/17 de la vitesse au retour.

Vitesse au retour : $5^m \times 17 \times 60 = 5\,100^m = 5^{km},1$.

R. — Longueur du trajet : $5^{km},1 \times 3 = 15^{km},3$.

1339. *Une personne se rend de A à B en $2^h2/5$; au retour, elle fait 9 mètres 6/11 de moins par minute, aussi met-elle $2^h3/4$ pour revenir à A. Quelle était sa vitesse à l'aller et quelle est la distance de A à B ?*

Au retour, après 2^h 2/5 ou 12/5 d'heure de marche cette personne est à une distance de A de

$$9^m\,\frac{6}{11} \times 60 \times \frac{12}{5} = \frac{6\,300}{11} \times \frac{12}{5} = \frac{15\,120}{11} \text{ de mètre.}$$

Elle parcourt cette distance en $2^h\,\dfrac{3}{4} - 2^h\,\dfrac{2}{5} = \dfrac{7}{20}$ d'heure.

Vitesse à l'heure au retour : $\dfrac{15\,120 \times 20}{11 \times 7} = \dfrac{43\,200}{11}$.

R. — Vitesse à l'heure à l'aller : $\dfrac{43\,200}{11} + \dfrac{6\,300}{11} = 4\,500^m$.

Distance A B : $4\,500^m \times 2\,2/5 = 10^{km},800^m$.

1340. *Un bicycliste doit parcourir 60^{km} en 3 heures. Arrivé à moitié chemin, il s'aperçoit que sa vitesse moyenne est inférieure de 2^{km} à l'heure à ce qu'elle aurait dû être. Quelle doit être sa vitesse moyenne pendant le temps qui lui reste pour arriver à l'heure fixée ?*

La vitesse du cycliste devrait être de $60^{km} : 3 = 20^{km}$.

Pendant les 30 premiers km. elle a été de $20^{km} - 2^{km} = 18^{km}$.

Pour faire ces 30^{km} il a donc mis $\dfrac{30}{18} = \dfrac{5}{3}$ d'h.

Les 30^{km} restants devront être faits en $3^h - \dfrac{5}{3}$ d'h. $= \dfrac{4}{3}$ d'h.

R. — Vitesse pendant les 30^{km} restants : $30^{km} : \dfrac{4}{3} = 22^{km},500$.

1341. *Un canotier parcourt 60^m par minute en descendant une rivière et 25^m en la remontant. Trouver à quelle distance il peut descendre d'un point donné pour que, en partant à 12^h45^m, il soit de retour au point de départ à 18^h25^m.*

Durée du voyage : 18^h25^m — 12^h45^m = 5^h40^m = 340^{mn}.

Quand le canotier s'éloigne de 1^{km} du point de départ, il met

en descendant $\dfrac{1^{mn} \times 1\,000}{60} = \dfrac{50}{3}$ de mn. et en remontant

$\dfrac{1^{mn} \times 1\,000}{25} = 40^{mn}$ soit en tout $\dfrac{50}{3} + 40 = \dfrac{170}{3}$ de mn.

Autant de fois ce dernier nombre est contenu dans 340 autant la distance cherchée compte de km.

R. — Distance cherchée : $1^{km} \times \left(340 : \dfrac{170}{3}\right) = 6^{km}.$

1342. *Un train a marché 13 heures ; s'il avait marché une heure de moins avec une vitesse plus grande de 5^{km} par heure, il aurait parcouru 5^{km} de moins. Quelle est sa vitesse ?*

Dans le second cas le train marcherait pendant 12^h.

Le trajet fait pendant ce temps surpasserait de 5^{km} × 12 = 60^{km} le trajet fait en 12^h à la première allure.

Or cet excédent est inférieur de 5^{km} à la distance parcourue par le train pendant la 13e heure.

R. — La vitesse du train est donc de 60^{km} + 5^{km} = 65^{km}.

Solution algébrique. — Soit x la vitesse du train. On a :
$$13x - 12\,(x + 5) = 5$$
d'où l'on tire :
$$x = 65.$$

1343. *Un cycliste est allé de A à B, et en est revenu par la même route. En allant, il a fait 18^{km} à l'heure, et, en revenant, 16^{km}. Il s'est arrêté 1/4 d'heure à B. Sachant que, parti à 13^h25^m, il était de retour à 18^h46^m, on demande : 1° la distance de A à B ; 2° l'heure de son arrivée à B.*

Durée du voyage, arrêt non compris :
18^h46^m — (13^h25^m + 15^m) = 5^h6^m = 5^h1/10 = 51/10 d'h.
Durée pour une distance de 1^{km} :

Aller : $\dfrac{1}{18}$ d'h. ;   retour $\dfrac{1}{16}$ d'h. ;   total $\dfrac{1}{18} + \dfrac{1}{16} = \dfrac{17}{144}$ d'h.

R. — Distance A B : $\dfrac{51}{10} : \dfrac{17}{44} = \dfrac{51 \times 44}{10 \times 17} = 43^{km},200.$

R. — Heure d'arrivée à B :

$$13^{h}25^{m} + \dfrac{43,200}{18} = 13^{h}25^{m} + 2^{h}24^{m} = 15^{h}49^{m}.$$

Autre solution. — Au retour la vitesse étant les 16/18 ou les 8/9 de celle de l'aller, la durée du parcours sera les 9/8 de celle de l'aller. En désignant la durée de l'aller par t, la durée totale, arrêt non compris, sera :

$$t + \frac{9t}{8} = \frac{17t}{8} \text{ ou } \frac{51}{10} \text{ d'heure.}$$

Durée de l'aller : $\dfrac{51 \times 8}{10 \times 17} = 2^h,4 = 2^h24^m$.

R. — **Distance A B** : $18^{km} \times 2,4 = 43^k,200$.
Heure d'arrivée : $13^h25^m + 2^h24^m = 15^h49^m$.

1344. *Un cycliste part à la vitesse horaire de 18^{km} pour une ville qu'il veut atteindre à midi précis. Parvenu au 1/3 de sa route, un accident l'oblige à réduire sa vitesse des 4/9 durant le reste du trajet. Sachant qu'il n'arrive à destination qu'à 15^h12^m, trouver : 1° la distance parcourue par le cycliste ; 2° l'heure de son départ pour la ville.*

Pendant la seconde partie du trajet, la vitesse du cycliste n'est que les 5/9 de la vitesse primitive ; donc la durée de ce parcours sera les 9/5 du temps prévu pour cette partie du trajet.

Le retard sera égal aux $\dfrac{9}{5} - \dfrac{5}{5} = \dfrac{4}{5}$ de ce même temps.

Or le retard est de $15^h12^m - 12^h = 3^h12^m = 192^{mn}$. La seconde partie du trajet devait donc s'effectuer en :

$\dfrac{192^{mn} \times 5}{4} = 240^{mn}$, et le trajet total en $\dfrac{240 \times 3}{2} = 360^{mn} = 6^h$.

R. — **Distance parcourue** : $18^{km} \times 6 = 108^{km}$.
Heure du départ : $12^h - 6^h = 6^h$.

1345. *Une personne va de A en B par la grand'route à l'aide d'une voiture qui parcourt $7^{km},500$ à l'heure. Après être restée 25 minutes en B, elle revient à pied par un sentier qui n'a que les 4/5 de la longueur de la grand'route et parcourt alors 75^m par minute. La durée totale de la course, a été de 2^h52^m. On demande la longueur de la grand'route AB.*

Vitesse de la voiture par minute : $7\,500^m : 60 = 125^m$.

La vitesse au retour est les 75/125 de celle de l'aller ; donc la durée du retour par le *même chemin*, serait les 125/75 ou les 5/3 de celle de l'aller.

Par le chemin raccourci, elle sera les $\dfrac{5}{3} \times \dfrac{4}{5} = \dfrac{4}{3}$ de la durée de l'aller. En désignant par t cette dernière part, la durée totale, arrêt non compris, peut s'écrire :

$$t + \frac{4t}{3} = \frac{7t}{3}.$$

Or la durée totale égale $2^h52^m - 25^m = 2^h27^m = 147^{mn}$.

La durée de l'aller est donc : $\dfrac{147^{mn} \times 3}{7} = 63^{mn}$.

R. — **Longueur de la route A B** : $125^m \times 63 = 7\,875^m = 7^{km},875$.

1346. *Une automobile doit mettre 4ʰ pour faire un certain trajet. Une heure après le départ, le chauffeur accélère la vitesse afin d'arriver 1/2 heure plus tôt ; il fait alors 6ᵏᵐ de plus par heure. Quel trajet avait-il à faire ?*

Le trajet total devait être fait en 4 heures ou en 8 demi-heures ; donc en arrivant une demi-heure plus tôt, le chauffeur a gagné 1/8 du trajet.

D'autre part, il a maintenu l'allure accélérée pendant 2ʰ 1/2 gagnant ainsi $6^{km} \times 2,5 = 15^{km}$.

15^{km} représentent donc 1/8 du trajet.

R. — Longueur du trajet : $15^{km} \times 8 = 120^{km}$.

1347. *Un cycliste se rend d'une ville à une autre en faisant 15ᵏᵐ à l'heure. Parvenu aux 4/5 du trajet, il augmente sa vitesse de 5ᵏᵐ à l'heure et arrive ainsi avec une avance de 7 minutes. Quelle est la distance des deux villes ?*

Pendant la 2ᵉ partie du trajet, la vitesse du cycliste est les 20/15 ou les 4/3 de la vitesse primitive, donc la durée de ce parcours ne sera que les 3/4 de la durée prévue.

L'avance de 7 minutes représente donc 1/4 du temps prévu pour la 2ᵉ partie du trajet.

Donc cette 2ᵉ partie devait être parcourue en $7^{mn} \times 4 = 28^{mn}$ et le trajet total en $28^{mn} \times 5 = 140^{mn}$.

R. — Distance des deux villes : $\dfrac{15^{km} \times 140}{60} = 35^{km}$.

1348. *Un train doit parcourir l'espace compris entre deux gares à la vitesse de 75ᵏᵐ à l'heure. Aux 2/3 du chemin, un accident de machine oblige le train à un arrêt de 30ᵐⁿ et le reste du chemin est parcouru à la vitesse de 15ᵏᵐ à l'heure. Le train arrive avec 2ʰ54ᵐ de retard. Quelle est la distance des deux gares ?*

Le retard résultant du changement de vitesse est de :

$$2^{h}54^{m} - 30^{m} = 2^{h}24^{m} = 144^{m}.$$

Pendant la 2ᵉ partie du trajet, la vitesse est les 15/75 ou le 1/5 de la vitesse primitive, donc la durée de ce parcours égalera 5 fois la durée prévue.

Le retard de 144^{mn} représente donc 5 fois — 1 fois = 4 fois la durée normale de la 2ᵉ partie du trajet.

Cette 2ᵉ partie devait être parcourue en $144^{mn} : 4 = 36^{mn}$; et le trajet total en $36^{mn} \times 3 = 108^{mn}$.

R. — Distance des gares : $\dfrac{75^{km} \times 108}{60} = 185^{km}$.

1349. *Un voyageur fait 1 500 pas par kilomètre, et 100 pas par minute ; il est éloigné de 22ᵏᵐ d'une ville où il doit arriver à minuit. A quelle heure devra-t-il se mettre en route, en supposant qu'à partir de 8ʰ du soir, sa vitesse se trouve diminuée de 1/10 ?*

1355. *Un cycliste part à une certaine heure de A pour se rendre à B ; il y arrive à midi, s'arrête 2ʰ1/2, puis revient à A par le même chemin avec une vitesse qui n'est que les 4/5 de la précédente. Sachant que son voyage a duré en tout 11ʰ30ᵐ, trouver l'heure du départ de A.*

Durée du voyage, arrêt non compris :

$$11^h30^m - 2^h30^m = 9^h.$$

Au retour la vitesse étant les 4/5 de celle de l'aller, la durée du trajet sera les 5/4 de celle de l'aller.

Donc si l'on désigne par *t*, la durée de l'aller, on a :

$$t + \frac{5t}{4} = 9^h$$

d'où
$$t = 4^h.$$

R. — Heure du départ de A : $12^h - 4^h = 8^h.$

1356. *Un piéton se rend d'une ville A dans une ville B à raison de 5ᵏᵐ à l'heure. Au retour, il profite à son départ de B d'une voiture faisant 12ᵏᵐ à l'heure et la quitte au bout d'une heure pour achever le trajet à pied avec une vitesse de 6ᵏᵐ. Si on ne tient pas compte du séjour en B, le voyage, aller et retour, a duré 10ʰ. Calculer la distance A B.*

Si les 12ᵏᵐ faits en voiture avaient été faits à pied, à raison de 6ᵏᵐ à l'heure, le piéton aurait mis pour cette partie du trajet 12 : 6 = 2 heures au lieu de 1 heure, et la durée totale de son voyage aurait été de 10ʰ + 1ʰ = 11ʰ.

Mais alors la distance A B aurait été parcourue entièrement à raison de 5ᵏᵐ à l'aller et de 6ᵏᵐ au retour ; par suite la durée du retour aurait été les 5/6 de celle de l'aller.

En désignant par *t* la durée de l'aller, on aurait alors :

$$t + \frac{5t}{6} = 11^h$$

d'où
$$t = 6^h.$$

R. — Distance A B : $5^{km} \times 6 = 30^{km}.$

1357. *Un voyageur monte à 9ʰ dans un train qui doit le conduire à une ville voisine. La vitesse normale du train est de 40ᵏᵐ, mais ce jour-là, le train subit un retard de 25ᵐⁿ entre la station où est monté le voyageur et celle où il descend. Après avoir séjourné 4ʰ dans la ville, le voyageur revient chez lui par une route qui a la même longueur que la voie ferrée. Il parcourt à pied 7ᵏᵐ en 65ᵐⁿ, s'arrête 20ᵐⁿ et prend une voiture qui parcourt 12ᵏᵐ à l'heure et qui le conduit à destination. Il est de retour à 5ʰ43ᵐ du soir. Quelle distance a-t-il parcourue en chemin de fer ?*

Supposons d'abord qu'au retour, les 7ᵏᵐ faits à pied aient été faits en voiture à raison de 12ᵏᵐ à l'heure ; la durée du voyage en aurait été diminuée de :

$$65^{mn} - \frac{60^{mn} \times 7}{12} = 65^m - 35^m = 30^{mn}.$$

Supposons de plus qu'à l'aller, aucun retard ne se soit produit ; alors le voyage se serait effectué à raison de 40^{km} à l'aller, et de 12^{km} au retour et il aurait duré, déduction faite des arrêts :

$$17^h43^m - (9^h + 30^m + 25^m + 4^h + 20^m) = 3^h28^m.$$

Au retour la vitesse étant les 12/40 ou les 3/10 de celle de l'aller, le temps du parcours sera les 10/3 de celui de l'aller.

En désignant par t le temps mis pour l'aller, on a :

$$t + \frac{10t}{3} = 3^h28^m \quad\text{ou}\quad 208^{mn}$$

d'où

$$t = \frac{208 \times 3}{13} = 48^{mn}.$$

R. — Distance parcourue : $40^{km} \times \dfrac{48}{60} = $ **32**^{km}.

1358. *Une voiture qui fait 12^{km} à l'heure part de la ville A pour la ville B. Un piéton qui fait 4^{km} à l'heure part de la ville B à la même heure que la voiture, pour faire une promenade dans la direction de la ville A. Lorsque le piéton rencontre la voiture, il y monte pour rentrer chez lui, et il met 1^{h}1/2 de moins pour le retour. On demande la distance des deux villes A et B.*

Le retour du piéton se faisant en voiture et à une allure 3 fois plus rapide qu'à l'aller, n'a duré que le 1/3 du temps employé pour l'aller.

Son avance de 1^h 1/2 représente donc les 2/3 du temps mis pour l'aller.

Durée de l'aller : 1^h 1/2 × 3/2 = 2^h 1/4.

Chemin parcouru à l'aller : 4^{km} × 2 1/4 = 9^{km}.

Chemin parcouru par la voiture pendant ce même temps :

$$12^{km} \times 2\ 1/4 = 27^{km}.$$

R. — Distance A B : 9^{km} + 27^{km} = **36**^{km}.

1359. *Un voyageur a mis 2^{h}55^m pour se rendre dans une ville distante de 55^{km}. Une partie du trajet a été faite à pied avec une vitesse de 6^{km} à l'heure ; et le reste en automobile avec une vitesse de 36^{km}. Trouver la durée du voyage à pied.*

(*Pr. de fausse position.*) — Si le voyageur avait marché à pied pendant 2^h 55^m, il aurait parcouru :

$$6^{km} \times 2\frac{55}{60} = 17^{km},5.$$

Cette distance serait trop faible de 55^{km} — 17^{km},5 = 37^{km},5.

En utilisant l'automobile pendant 1 heure, la distance franchie augmente de 36^{km} — 6^{km} = 30^{km}.

Pour qu'elle augmente de 37^{km},5, il a dû se servir de l'automobile pendant :

$$\frac{37,5}{30} = \frac{75}{60}\ \text{d'h.} = 1^h15^m.$$

R. — **Durée du voyage à pied** : 2^{h}55^m — 1^{h}15^m = **1**^{h}**40**^{m}.

Courriers de même sens.

1360. *Un cycliste part à 13h45m avec une vitesse de 15km à l'heure. 45mn plus tard, un autre cycliste part du même endroit et dans la même direction en faisant 20km à l'heure. A quelle heure et à quelle distance du point de départ commun rejoindra-t-il le premier cycliste ?*

Quand le 2e cycliste part, le 1er a déjà fait :

$$\frac{15^{km} \times 45}{60} = 11^{km},250.$$

Par heure, le 2e gagne 20km — 15km = 5km.

Pour rejoindre le 1er, il mettra $\dfrac{11,25}{5} = 2^h15^m$.

**R. — Il sera alors : 13h45m + 45m + 2h15m = 16h45m.
Distance du point de départ : 20km × 2,25 = 45km.**

Solution algébrique. — Soit x le nombre d'heures mis par le 2e cycliste pour rejoindre le 1er. Les deux cyclistes ayant parcouru la même distance, on aura :

$$15 \times \left(x + \frac{45}{60}\right) = 20x$$

d'où l'on tire $x = 2\ 1/4$.

1361. *Un voleur s'empare d'une bicyclette et s'enfuit avec une vitesse de 20km à l'heure. Après 3mn on s'en aperçoit et un bicycliste va à sa poursuite avec une vitesse de 22km à l'heure. Au bout de combien de temps le voleur sera-t-il attrapé ?*

Quand le bicycliste part, le voleur a déjà fait :
$$20^{km} \times 3/60 = 1^{km}.$$

En 1 heure le bicycliste regagne 22km — 20km = 2km.
Pour regagner 1km, il mettra donc une demi-heure.

R. — Le voleur sera atteint au bout d'une demi-heure.

1362. *Une voiture faisant 12km,5 à l'heure part de Paris à 7h ; à quelle heure part un cycliste qui, faisant 275m par minute, rejoint la voiture après 2 heures 1/2 de marche ?*

Le cycliste parcourt par heure 0km,275 × 60 = 16km,5.
En 1h, il regagne sur la voiture : 16km,5 — 12km,5 = 4km.
En 2h 1/2 il a regagné : 4km × 2,5 = 10km.
C'est le chemin que la voiture avait parcouru avant le départ du cycliste.

Pour faire ces 10km la voiture a mis : $\dfrac{60^{mn} \times 10}{12,5} = 48^{mn}$.

R. — Le départ du cycliste a eu lieu à 7h + 48mn = 7h48m.

1363. *Deux bicyclistes partent en même temps de Nîmes. L'un fait 20km en 1h20m, l'autre 8km en 40mn. Après 3h de* *marche, le 1er bicycliste qui veut attendre le second, ne fait que 15^{km} en 1^h 1/2. A quelle distance de Nîmes aura lieu la rencontre ?*

En représentant les vitesses dans l'ordre de l'énoncé par v, v' *et* v″, *donner l'expression de cette distance.*

Vitesse à l'heure du 1er : $20^{km} : 1\frac{1}{3} = 20^{km} \times \frac{3}{4} = 15^{km}$.

Vitesse à l'heure du 2° : $\frac{8^{km} \times 60}{40} = 12^{km}$.

Au bout de 3^h, le 1er a une avance de :

$$(15^{km} - 12^{km}) \times 3 = 3^{km} \times 3 = 9^{km}.$$

A ce moment, le 1er ne fera plus par heure que :

$$15^{km} : 1\frac{1}{2} = 15^{km} \times \frac{2}{3} = 10^{km}.$$

Le 2° regagnera donc par heure : $12^{km} - 10^{km} = 2^{km}$ et pour rejoindre le 1er, il mettra $9 : 2 = 4^h 1/2$.

Le 2° aura marché en tout pendant $3^h + 4^h 1/2 = 7^h 1/2$.

R. — Distance de Nîmes : $12^{km} \times 7,5 = \mathbf{90^{km}}$.

Emploi des lettres v, v′, v″. — On a alors :
Avance du 1er cycliste en 3^h : $3(v - v')$.
Gain par heure du 2° cycliste : $v' - v''$.

Temps mis par le 2° pour rejoindre le 1er : $\dfrac{3(v - v')}{v' - v''}$.

R. — Parcours total du 2° ou distance cherchée :

$$v'\left[3 + \frac{3(v - v')}{v' - v''}\right] = 3v'\left(1 + \frac{v - v'}{v' - v''}\right).$$

1364. *Une automobile ayant une vitesse de* $60^{km},8$ *à l'heure est partie de Paris pour Bordeaux par Tours à midi. Une autre automobile est partie à* 2^h *1/2 de Tours pour Bordeaux, avec une vitesse de* 48^{km} *à l'heure. On demande : 1° à quelle heure la 1re automobile a atteint la 2° ; 2° à quelle distance de Bordeaux la rencontre a eu lieu. La distance de Paris à Tours est* 232^{km}, *et celle de Paris à Bordeaux* 585^{km}.

1° Lorsque la 2° automobile part de Tours, celle qui est partie de Paris a déjà parcouru : $60^{km},8 \times 2,5 = 152^{km}$.

L'avance de celle de Tours est ainsi réduite à $232 - 152 = 80^{km}$.

Par heure celle de Paris regagne : $60^{km} 8 - 48^{km} = 12^{km} 8$.

Elle rejoindra donc celle de Tours en $\dfrac{80}{12,8} = \dfrac{25}{4} = 6^h\frac{1}{4}$.

R. — Heure de la rencontre : $2^h 1/2 + 6^h 1/4 = \mathbf{8^h 8/4}$.

2° A ce moment la 1re a parcouru : $60^{km} 8 \times 8 3/4 = 532^{km}$.

R. — Elle est donc à $585^{km} - 532^{km} = \mathbf{53^{km}}$ **de Bordeaux.**

1re de 30^{km}. *A quelle heure a eu lieu la rencontre et quelles sont les distances parcourues par chacune d'elles à la fin de la course ?*

1º Les temps mis par 2 mobiles pour parcourir le même chemin sont en raison inverse des vitesses.

Donc pour faire le trajet de Paris au lieu de rencontre, la 1re automobile a mis les 5/3 du temps mis par la 2e.

La différence des durées du parcours, soit $10^h50^m - 8^h = 2^h50^m$, représente donc les 2/3 du temps mis par la 2e.

Donc la 2e a fait le parcours en $\dfrac{2^h50^m \times 3}{2} = 4^h15^m$.

R. — Heure de la rencontre : $10^h50^m + 4^h15^m = 15^h5^m$.

2º Pendant la 2e partie du trajet, le chemin parcouru par la 1re automobile est les 3/5 de celui de la 2e. Donc la différence de leurs parcours, soit 30^{km}, représente les 2/5 du parcours de la 2e.

Parcours de la 2e automobile : $30^{km} \times 5/2 = 75^{km}$.
Vitesse de la 2e automobile : $75^{km} : 2\,1/2 = 30^{km}$.
Chemin parcouru avant la rencontre : $30^{km} \times 4\,1/4 = 127^{km},5$.

R. — Parcours total de la 2e : $127^{km},5 + 75^{km} = 202^{km},5$.
Parcours total de la 1re : $202^{km},5 - 30^{km} = 172^{km},5$.

1370. *Un bicycliste et un piéton parcourent dans le même sens* xABPy *une route rectiligne. Le bicycliste part du point A, en même temps que le piéton part du point B. La distance AB égale* 10^{km}. *La vitesse du bicycliste vaut 5 fois celle du piéton. 1º A quelle distance de B sera le piéton lorsqu'il n'aura plus sur le bicycliste qu'une avance de* 10^{km} *? 2º Déterminer la position du point P où le bicycliste atteindra le piéton. 3º Où sera le piéton lorsqu'il aura sur le bicycliste un retard de* 10^{km} *?*

Si la vitesse du cycliste vaut 5 fois celle du piéton, l'espace parcouru par le 1er vaut 5 fois l'espace parcouru par le 2e pendant le même temps ; par conséquent le nombre de km. gagnés par le cycliste égale 4 fois le parcours du piéton.

1º Lorsque le piéton n'aura plus que 10^{km} d'avance, le cycliste aura gagné $40^{km} - 10^{km} = 30^{km}$.

1re **R. — Le** piéton aura donc fait $30^{km} : 4 = 7^{km},5$; il sera à 7^{km},5 au delà de **B.**

2º Au moment de la rencontre en P, le cycliste aura gagné 40^{km} ; le piéton aura fait $40^{km} : 4 = 10^{km}$.

2e **R. — Le point P est à 10^{km} au delà de B.**

3º Quand le piéton aura un retard de 10^{km}, le cycliste aura gagné $40 + 10 = 50^{km}$; le piéton aura donc parcouru : $50^{km} : 4 = 12^{km},5$.

3e **R. — Le piéton sera à 12^{km},5 au delà de B.**

1371. *Un train omnibus qui fait 30^{km} à l'heure part d'une ville B à 14^{h}30^m pour aller à une ville C. Un train express qui fait 50^{km} à l'heure part de B à 19^{h}50^m et arrive à C 4^{h}50^m avant le premier. Quelle est la distance de B à C ?*

Le train express a gagné sur l'omnibus :

$$19^h50^m - 14^h30^m + 4^h50^m = 10^h10^m.$$

Soit une distance de :

$$30^{km} \times 10\frac{1}{6} = 30^{km} \times \frac{61}{6} = 305^{km}.$$

Or il gagne par heure 20^{km} ; donc il a marché pendant :

$$305 : 20 = 15^h 1/4.$$

R. — **Distance BC** : 50^{km} $\times$ 15,25 = **762^{km},5.**

1372. *Un express part de A pour B à 14^h et y arrive le lendemain à 15^h. Un rapide part de A à 20^h et arrive à B le lendemain à 9^h. A quelle heure rejoint-il l'express ?*

L'express fait le trajet en 24^h — 14^h + 15^h = 25^h.
Le rapide le fait en : 24^h — 20^h + 9^h = 13^h.
Quand le rapide part, l'express marchant depuis 20^h—14^h = 6^h, a déjà parcouru :

$$\frac{1}{25} \text{ du trajet} \times 6 = \frac{6}{25} \text{ du trajet.}$$

Par heure le rapide regagne $\frac{1}{13} - \frac{1}{25} = \frac{12}{325}$ du trajet.

Pour rejoindre l'express, il mettra $\frac{6}{25} : \frac{12}{325} = 6^h 1/2.$

R. — **Heure de la rencontre** : 20^h + 6^{h}30^m = 2^{h}30^m.

1373. *Un cycliste et un automobiliste partent de Bordeaux le 1er à 14^h, le 2e à 14^{h}45^m et se dirigent tous deux par la même route vers Libourne, où ils arrivent le 1er à 16^{h}10^m et le 2e à 15^{h}25^m. A quelle heure l'automobiliste a-t-il rejoint le cycliste et quelle fraction de la route chacun avait-il parcourue au moment du croisement ?*

1° Le cycliste a fait le trajet en 16^{h}10^m — 14^h = 2^{h}10^m = 130^m et l'automobiliste en 15^{h}25^m — 14^{h}45^m = 40^m.
Quand l'automobiliste part, le cycliste a déjà parcouru :

$$\frac{1}{130} \text{ du trajet} \times 45 = \frac{9}{26} \text{ du trajet.}$$

Par minute, il regagne $\frac{1}{40} - \frac{1}{130} = \frac{9}{520}$ du trajet.

Pour rejoindre le cycliste il mettra : $\frac{9}{26} : \frac{9}{520} = 20^{mn}.$

R. — **Heure de la rencontre** : 14^{h}45^m + 20^m = **15^{h}5^m.**

2° A ce moment l'automobiliste avait parcouru :

$$\frac{1}{40} \text{ du trajet} \times 20 = \frac{1}{2} \text{ du trajet.}$$

R. — Tous deux avaient parcouru la moitié du trajet.

1374. *Un train qui part de Paris à 8ʰ50ᵐ est suivi, après un certain intervalle de temps, par un second dont la vitesse est les 11/8 de celle du 1ᵉʳ. A quelle heure est parti le second train, sachant qu'il atteint le 1ᵉʳ à 15ʰ 15ᵐ ?*

Le 1ᵉʳ train a fait le trajet de Paris au point de rencontre en :

$$15^h15^m - 8^h50^m = 6^h25^m.$$

Le 2ᵉ train, qui a une vitesse égale aux 11/8 de celle du 1ᵉʳ, n'a mis que les 8/11 du temps précédent pour faire le même trajet : soit :

$$6^h \frac{25}{60} \times \frac{8}{11} = \frac{385}{60} \times \frac{8}{11} = 4^h \frac{2}{3} = 4^h40^m$$

R. — Le 2ᵉ train est parti à 15ʰ15ᵐ — 4ʰ40ᵐ = 10ʰ35ᵐ.

1375. *Un piéton part à 8ʰ d'un lieu A pour se rendre à un lieu B ; sa vitesse est de 100ᵐ par minute. Il marche pendant 50ᵐⁿ, se repose pendant 10ᵐⁿ, marche de nouveau pendant 50ᵐⁿ, se repose pendant 10ᵐⁿ après lesquelles il marche pendant 25ᵐⁿ et arrive à destination. Un cycliste part de A à 9ʰ10ᵐ et se dirige vers B sans s'arrêter. 1° Trouver le nombre de km. auquel doit être supérieure la vitesse à l'heure du cycliste, sachant que ce dernier doit arriver à B avant le piéton. 2° Trouver à quelle heure le cycliste dépassera le piéton en supposant que sa vitesse est de 16ᵏᵐ, puis en la supposant de 14ᵏᵐ.*

1° Le piéton est arrivé à destination à :

$$8^h + 50^m + 10^m + 50^m + 10^m + 25^m = 10^h25^m.$$

Il a parcouru : $100^m \times 50 + 100^m \times 50 + 100^m \times 25 = 12\,500^m$.

Pour arriver à B en même temps que le piéton, le cycliste devrait faire le trajet en $10^h25^m - 9^h10^m = 1^h15^m$.

Sa vitesse à l'heure devrait être de :

$$12^{km},5 : 1\frac{1}{4} = 12^{km},5 \times \frac{4}{5} = 10^{km}.$$

R. — Donc pour arriver à B avant le piéton, sa vitesse doit être supérieure à 10ᵏᵐ.

2° *La vitesse du cycliste égale 16ᵏᵐ.* — Quand le cycliste part, le piéton a marché pendant $50^{mn} + 10^{mn} = 60^{mn}$, et a pris une avance de $100^m \times 60 = 6\,000$ mètres.

Par minute le cycliste regagne $\dfrac{16\,000^m}{60} - 100^m = \dfrac{500}{3}$ de mètre.

Pour regagner $6\,000^m$ il mettra : $6\,000 : \dfrac{500}{3} = 36^{mn}$.

R. — Heure du croisement : 9ʰ10ᵐ + 36ᵐ = 9ʰ46ᵐ.

3° *La vitesse du cycliste égale* 14^{km}. — A 9^h,50^m, au moment où le piéton commence sa 2° halte, le cycliste a roulé pendant 40^{mn}.

A chaque minute il a regagné $\dfrac{14\,000^m}{60}$ — 100^m = $\dfrac{400}{3}$ de mètre.

En 40^{mn}, il a regagné $\dfrac{400}{3} \times 40 = \dfrac{16\,000}{3}$ de mètre.

Il lui reste à regagner 6 000 — $\dfrac{16\,000}{3} = \dfrac{2\,000}{3}$ de mètre.

Or, à partir de ce moment le piéton se reposant, le cycliste regagne par minute $\dfrac{14\,000^m}{60}$ ou $\dfrac{700^m}{3}$.

Pour atteindre le piéton il mettra : $\dfrac{2\,000}{3} : \dfrac{700}{3} = 2^m\dfrac{6}{7}$.

R. — **Heure du croisement** : 9^{h}50^m + 2^{m}51 = 9^{h}52^{m}51^s.

Courriers de sens contraire.

1376. *Deux trains partent à* 7^h *l'un de Paris, l'autre de Dijon, se dirigeant l'un vers l'autre. Le* 1er *fait* 55^{km} *à l'heure et le* 2e, 35^{km}. *La distance de Paris à Dijon est de* 315^{km}. *A quelle heure aura lieu le croisement ?*

En 1^h les trains se rapprochent de 55^{km} + 35^{km} = 90^{km}.
Pour se rencontrer, ils mettront : 315 : 90 = 3^h 1/2.

R. — **Heure du croisement** : 7^h + 3^h 1/2 = 10^h 1/2.

1377. *Deux piétons, A et B, partent en même temps de deux localités distantes de* 18^{km}3/5 *et vont l'un vers l'autre. A fait* 4^{km} 3/4 *à l'heure et B* 5^{km} 1/3. *Au bout de combien de temps se rencontreront-ils, et à quelle distance des points de départ ?*

En 1^h, les piétons se rapprochent de :

$$4^{km}\dfrac{3}{4} + 5^{km}\dfrac{1}{3} = \dfrac{121}{12}\,^{km}.$$

R. — Pour se rencontrer, ils mettront :

$$18\dfrac{3}{5} : \dfrac{121}{12} = 1^h\dfrac{511}{605} = 1^h 50^m 40^s.$$

Distance de A du point de départ : 4$^{km}\dfrac{3}{4} \times 1\dfrac{511}{605} = 8^{km}\dfrac{481}{605}$.

Distance de B du point de départ : 5$^{km}\dfrac{1}{3} \times 1\dfrac{511}{605} = 9^{km}\dfrac{507}{605}$.

1378. *Deux personnes partent en même temps de deux points A et B et se dirigent l'une vers l'autre. Elles se rencontrent lorsque la* 2e *a parcouru* 180^m *de plus que la* 1re ;

elles restent ensemble 2^mn et arrivent, la 1re en B et la seconde en A, respectivement 9^mn et 7^mn15^s après leur départ. Trouver la distance AB et les vitesses des deux personnes.

Pour parcourir la distance AB, la personne partie de A a marché pendant $9^{mn} - 2^{mn} = 7^{mn}$ et celle partie de B pendant $7^{mn} 1/4 - 2^{mn} = 5^{mn} 1/4$.

Le trajet étant le même les vitesses sont en raison inverse des temps mis à le parcourir.

Donc la vitesse de la 1re est à celle de la 2e, comme 5 1/4 est à 7 ou comme 21 est à 28 ou comme 3 est à 4.

Il s'ensuit qu'au moment de la rencontre, le parcours de la 2e valait les 4/3 du parcours de la 1re.

La différence des parcours (180^m) représente donc 1/3 du parcours de la 1re.

Parcours de la 1re : $180^m \times 3 = 540^m$.

Parcours de la 2e : $540^m \times 4/3 = 720^m$.

R. — Distance AB : $540^m + 720^m = \mathbf{1\ 260^m}$.

Vitesse de la 1re personne : $1\ 260^m : 7 = \mathbf{180^m}$.

Vitesse de la 2e : $1\ 260^m : 5\ 1/4 = \mathbf{240^m}$.

1379. *Deux stations A et B sont séparées par une distance de 780^km. Un train part de la station A à 19^h5^m et marche avec une vitesse de 65^km à l'heure. Un deuxième train part de la station B à 20^h35^m et sa vitesse est de 52^km. A quelle heure et à quelle distance de la station A aura lieu le croisement ?*

Quand le 2e train part, le 1er marche depuis

$$20^h35^m - 19^h5^m = 1^h30^m$$

et a déjà parcouru :

$$65^{km} \times 1,5 = 97^{km},50.$$

A ce moment, ils sont donc séparés par une distance de :

$$780^{km} - 97^{km},5 = 682^{km},5.$$

En 1^h, ils se rapprochent de $65^{km} + 52^{km} = 117^{km}$.

Pour se rencontrer, ils mettront : $\dfrac{682,5}{117} = 5^h50^m$.

R. — Heure de la rencontre : $20^h35^m + 5^h50^m = 2^h25^m$.

Distance de A : $97^{km},5 + (52^{km} \times 5\ 5/6) = \mathbf{400^{km},833}$.

1380. *Un train part de Paris à 7^h50^m et arrive à 11^h56^m à une ville située à 252^km,56 de Paris. Un autre train part de cette seconde ville à 10^h5^m et arrive à Paris à 16^h30^m. A quelle heure et à quelle distance de Paris se croisent les deux trains ?*

Le train de Paris a fait le trajet en $11^h56^m - 7^h50^m = 4^h6^m$.

Sa vitesse est : $252^{km},56 : 4\dfrac{1}{10} = 61^{km},6$.

L'autre train a fait le trajet en $16^h30^m - 10^h5^m = 6^h25^m$.

Sa vitesse est : $252^{km},56 : 6\dfrac{25}{60} = 39^{km},36$.

Quand le 2ᵉ train part, le 1ᵉʳ marche depuis $10^h5^m - 7^h50^m = 2^h15^m$ et a déjà parcouru :

$$61^{km}6 \times 2\ 1/4 = 61,6 \times 2,25 = 138^{km},6.$$

À ce moment ils sont donc séparés par une distance de :

$$252^{km},56 - 138^{km},6 = 113^{km},96.$$

En 1^h, ils se rapprochent de $61^{km},6 + 39^{km},36 = 100,96$.

Pour se rencontrer ils mettront : $\dfrac{113,96}{100,96} = 1^h7^m43^s$.

R. — **Heure de la rencontre** : $10^h5^m + 1^h7^m43^s = 11^h12^m43^s$.
Distance de Paris :

$$138^{km},6 + \left(61^{km},6 \times \dfrac{113,96}{100,96}\right) = 208^{km},131.$$

1381. *Deux trains partant ensemble des deux extrémités d'une ligne et allant en sens opposé, se rencontreraient au bout de 3^h36^m ; le plus rapide parcourrait toute la ligne en 6^h18^m. On demande le temps que mettra le second pour faire tout le chemin et la longueur de ce chemin sachant que le 2ᵉ train parcourt par heure 20^{km} de moins que le 1ᵉʳ.*

1° $3^h36^m = 3^h\dfrac{36}{60} = \dfrac{18}{5}$ d'h. ; $6^h18^m = 6^h\dfrac{18}{60} = \dfrac{63}{10}$ d'h.

Les trains marchant l'un vers l'autre font ensemble en 1 heure les 5/18 du trajet.

Le plus rapide seul fait en 1^h les 10/63 du trajet.

Donc l'autre, en 1 heure fait $\dfrac{5}{18} - \dfrac{10}{63} = \dfrac{5}{42}$ du trajet.

R. — Le second mettra pour faire tout le chemin :

$$\dfrac{1^h \times 42}{5} = 8^h\dfrac{2}{5} = 8^h24^m.$$

2° Les vitesses des deux trains sont en raison inverse des temps mis pour faire le trajet.
Donc la vitesse du rapide est à celle du second train comme 8^h24^m est à 6^h18^m ou en simplifiant comme 4 est à 3.
Il s'ensuit que le parcours du plus rapide vaut les 4/3 de celui du second train.
La différence de 20^{km} représente donc le 1/3 du parcours de ce dernier train en 1 heure.
Vitesse du second train : $20^{km} \times 3 = 60^{km}$.

R. — **Longueur du chemin** : $60^{km} \times 8\dfrac{2}{5} = 504^{km}$.

1382. *Deux personnes séparées par une distance de $7\ 200^m$, vont à la rencontre l'une de l'autre. Elles se croisent* *à une distance de 4 000ᵐ de l'un des points de départ. Les vitesses restant les mêmes, si la personne qui marche le moins vite était partie 9ᵐⁿ avant l'autre, la rencontre aurait eu lieu à mi-chemin. Combien chaque personne parcourt-elle de mètres par minute ?*

Désignons par A et B les deux personnes, B étant celle qui marche le moins vite.

Dans le 1ᵉʳ cas, pendant que A parcourt 4 000ᵐ, B parcourt 7 200 — 4 000 = 3 200.

La vitesse de B est donc les $\dfrac{3\,200}{4\,000}$ ou les $\dfrac{4}{5}$ de celle de A.

Dans le 2ᵉ cas, pendant que A parcourt la moitié du trajet, soit 3 600ᵐ, B parcourt :

$$\frac{3\,600^{m} \times 4}{5} = 2\,880^{m}.$$

Et puisque B a parcouru en tout 3 600ᵐ, c'est que pendant les 9 minutes qui ont précédé le départ de A, B a fait 3 600ᵐ — 2 880ᵐ = 720ᵐ.

R. — **Vitesse de B** par minute : 720ᵐ : 9 = **80 mètres.**

Vitesse de A — 80ᵐ × 5/4 = **100 mètres.**

1383. *Deux cavaliers A et B partent en même temps de deux points M et N distants de 135ᵏᵐ. Ils se rencontrent à 75ᵏᵐ du point de départ de A. Si A partait 36ᵐⁿ avant B, il aurait parcouru 79ᵏᵐ au moment de la rencontre. Trouver la vitesse des deux cavaliers.*

Dans le 1ᵉʳ cas, pendant que A parcourt 75ᵏᵐ, B parcourt :

$$135^{km} - 75^{km} = 60^{km}.$$

La vitesse de A est donc les $\dfrac{75}{60}$ ou les $\dfrac{5}{4}$ de celle de B.

Dans le 2ᵉ cas, A ayant parcouru 79ᵏᵐ, B a fait le reste, soit :

$$135 - 79 = 56^{km}.$$

Mais pendant que B a fait 56ᵏᵐ, A n'a parcouru que :

$$\frac{56^{km} \times 5}{4} = 70^{km}.$$

A a donc fait 79ᵏᵐ — 70ᵏᵐ = 9ᵏᵐ pendant les 36ᵐ qui ont précédé le départ de B.

R. — **Vitesse de A à l'heure :** $\dfrac{9^{km} \times 60}{36} = $ **15ᵏᵐ.**

Vitesse de B à l'heure : 15ᵏᵐ × 4/5 = **12ᵏᵐ.**

1384. *Un piéton met 21ᵐⁿ 6/10 pour parcourir une distance AB. Un second piéton met 27ᵐⁿ pour faire le même* *trajet. Si les deux piétons partant l'un de A et l'autre de B, allaient à la rencontre l'un de l'autre, le plus rapide, à l'instant de la rencontre, aurait parcouru 180^m de plus que l'autre. Trouver la distance AB et les vitesses par minute des cyclistes.*

(*Voir solution* n° 1378.) Les vitesses sont en raison inverse des temps mis pour faire le trajet.

Donc la vitesse du 1er est à celle du 2e comme 27 est à 21 6/10 ou en simplifiant, comme 5 est à 4.

Il s'ensuit qu'au moment de la rencontre le 1er aurait fait les 5/4 du parcours du 2e.

La différence des parcours (180^m) représenterait 1/4 du parcours du 2e.

Le 2e aurait fait 180^m × 4 = 720^m et le 1er 720^m + 180^m = 900^m.

R. — Distance AB : 720^m + 900^m = **1 620^m.**

  Vitesse du 1er : 1 620^m : 21,6 = **75^m.**

  Vitesse du 2e : 1 620 : 27 = **60^m.**

1385. *Deux cyclistes devaient partir en même temps de deux points A et B pour marcher à la rencontre l'un de l'autre. La vitesse de celui qui est en B étant les 5/3 de celle de l'autre, la rencontre se serait faite 2^h 1/2 après le moment du départ. Mais le cycliste qui est en B part 12^{mn} avant l'heure fixée et la rencontre se fait à 1^{km},875 en avant du point où elle devait se faire. Trouver la distance AB et les vitesses des deux cyclistes.*

Sur un parcours total de 8^{km}, le 1er fait 3^{km} et le 2e 5^{km} ;

Le trajet du 2e égale donc les 5/8 du trajet total ;

Puisque le 2e met 2^h 1/2 ou 150^{mn} pour parcourir cette fraction du trajet, en 1 minute il parcourt :

$$\frac{5}{8 \times 150} = \frac{1}{240} \text{ du trajet.}$$

Pendant les 12^{mn} qui précèdent le départ du 1er cycliste, le 2e parcourt :

$$\frac{1}{240} \times 12 = \frac{1}{20} \text{ du trajet.}$$

Il reste à faire les 19/20 du trajet ; le 2e en fera les 5/8 soit :

$$\frac{19}{20} \times \frac{5}{8} = \frac{19}{32} \text{ du trajet.}$$

Le 2e a fait en tout $\frac{1}{20} + \frac{19}{32} = \frac{103}{160}$ du trajet.

S'il n'avait pas devancé le départ de 12^{mn} il n'aurait parcouru que les 5/8 du trajet.

Donc 1^{km},875 représente $\frac{103}{160} - \frac{5}{8} = \frac{3}{160}$ du trajet.

R. — Distance totale AB : $\dfrac{1^{km},875 \times 160}{3} = 100^{km}$.

Vitesse du 1er : $\dfrac{100^{km} \times 3}{8 \times 2,5} = 15^{km}$.

Vitesse du 2e : $15^{km} \times 5/3 = 25^{km}$.

1386. *Deux personnes sont placées sur la même route et séparées par une distance de 27^{km}. Elles marchent dans la même direction. La plus rapide qui suit l'autre la rejoint au bout de 9^h. Ces deux personnes se seraient jointes en 3^h si elles avaient marché l'une vers l'autre. On demande à quelle vitesse marche chacune d'elles.*

Dans le 1er cas, la seconde personne a gagné 27^{km} en 9 heures, soit $27 : 9 = 3^{km}$ par heure.

La différence des vitesses égale donc 3^{km}.

Dans le 2e cas, les personnes se rapprochent de 27^{km} en 3^h, donc de $27 : 3 = 9^{km}$ par heure.

La somme des vitesses égale donc 9^{km}.

R. — Vitesses des personnes : $\dfrac{9 + 3}{2} = 6^{km}$ et $\dfrac{9 - 3}{2} = 3^{km}$.

1387. *Deux bicyclistes partent en même temps de deux villes A et B et vont à la rencontre l'un de l'autre. Le bicycliste parti de A fait 3^{km} à l'heure de plus que l'autre, mais il subit un arrêt de 15^{mn} après chaque heure de marche. L'autre parti de B, n'a qu'un seul arrêt de 12^{mn}. On sait que les bicyclistes se rencontrent au bout de 5^h au milieu de AB. On demande : 1° quelle est la distance AB ; 2° quelle est la vitesse de chacun des bicyclistes ?*

Le cycliste parti de A a fait 4 haltes, de 15^{mn} ; il a donc roulé pendant $5^h - (15^m \times 4) = 4^h$.

Pendant ce temps il a parcouru $3^{km} \times 4 = 12^{km}$ de plus que l'autre cycliste dans le même temps.

Mais ce dernier a roulé pendant $5^h - 12^m = 4^h48^m$, soit 48^{mn} de plus que le 1er.

Chaque cycliste ayant parcouru la moitié du chemin le 2e a dû parcourir, pendant les 48^{mn} supplémentaires, les 12^{km} qui lui restaient à faire.

R. — Vitesse du 2e : $\dfrac{12^{km} \times 60}{48} = 15^{km}$.

Vitesse du 1er : $15^{km} + 3^{km} = 18^{km}$.

Distance AB : $18^{km} \times 4 \times 2 = 144^{km}$.

1388. *Un bicycliste et un cavalier partent en même temps de deux localités A et B se dirigeant à la rencontre l'un de l'autre. Le premier fait par heure de marche 4^{km} de plus que le second, mais il s'arrête 24^{mn} après chaque heure de marche. Le cavalier ne s'arrête qu'une fois dans le parcours et pendant un quart d'heure. Ils se rencontrent au bout de*

3 *heures en M, au milieu de la distance AB. Trouver la vitesse de chacun des mobiles et la distance AB.*

(V. *solution précédente.*) Le cycliste a roulé pendant :

$$3^h - (24^m \times 2) = 2^h12^m = 2^h1/5.$$

Pendant ce temps, il a parcouru $4^{km} \times 2\ 1/5 = 8^{km},8$ de plus que le cavalier dans le même temps.

Mais ce dernier a marché pendant $3^h - 15^m = 2^h45^m$; soit $2^h45^m - 2^h12^m = 33^{mn}$ de plus que le cycliste.

Il s'ensuit qu'en 33^m le cavalier parcourt $8^{km},8$.

R. — **Vitesse du cavalier** : $\dfrac{8^{km},8 \times 60}{33} = 16$ **km**.

Vitesse du cycliste : $16^{km} + 4^{km} = 20^{km}$.

Distance AB : $20^{km} \times 2\ 1/5 \times 2 = 88^{km}$.

1389. *Je me trouve dans un train qui marche avec une vitesse de 40^{km} à l'heure, et je vois passer en 3 secondes un train express marchant en sens contraire et ayant 75^m de long. Dire quelle est la vitesse de ce 2ᵉ train.*

Somme des vitesses à l'heure des deux trains :

$$\frac{75^m \times 60 \times 60}{3} = 90\ 000^m = 90^{km}.$$

R. — **Vitesse du train express** : $90^{km} - 40^{km} = 50^{km}$.

1390. *Deux bateaux traînés l'un par un homme, l'autre par un âne, s'avancent dans le même sens, dans le canal du Berry. Le 2ᵉ va plus vite que le 1ᵉʳ ; quand son avant arrive à côté de l'arrière du 1ᵉʳ, il est $9^h58^m52^s$, et quand les deux bateaux se retrouvent en file, il est $10^h3^m8^s$. Sachant que l'homme marche avec une vitesse de $2^{km}3/4$ à l'heure et que les bateaux ont chacun 28^m de longueur, on demande la vitesse du second bateau.*

Au moment où les 2 bateaux se retrouvent en file, le second a gagné une distance égale à la longueur des 2 bateaux soit : $28^m \times 2 = 56^m$.

Pour prendre cette avance il a mis :

$$10^h3^m8^s - 9^h58^m52^s = 4^m16^s = 256^s.$$

En 1^h ou $3\ 600^s$, il gagne : $\dfrac{56^m \times 3\ 600}{256} = 787^m50$.

R. — **Vitesse de l'âne** : $2\ 750^m + 787^m50 = 3\ 537^m,50$.

1391. *Une route de montagne va de A en B en passant par un col C. Elle est parcourue dans les deux sens par un service d'automobiles. La vitesse de A en C est de 15^{km}, et de C en B, de 30^{km} ; au contraire de B en C elle est de 12^{km} et de C en A de 20^{km}. Calculer : 1° les distances AC et CB sachant que AC = 3CB et que le trajet AB dure*

3ʰ1/2 ; 2° *la durée du trajet BA* ; 3° *comment devrait être placé le col C pour que les départs ayant lieu ensemble de A et B, la rencontre ait lieu en C.*

1° La distance AC valant 3 fois la distance CB et la vitesse sur AC étant 2 fois plus faible que sur CB, l'automobile mettra $3 \times 2 = 6$ fois plus de temps pour parcourir AC que pour parcourir CB.

La durée du trajet AC sera donc les 6/7 de celle du trajet AB.

Durée du trajet AC : $3^h \frac{1}{2} \times \frac{6}{7} = 3^h$ et du trajet CB : $\frac{1}{2}{}^h$.

R. — Distance AC : $15^{km} \times 3 = 45^{km}$;

distance **CB** : $30^{km} \times 1/2 = 15^{km}$.

2° **R. — Durée du trajet BA** :

$$\frac{15}{12} + \frac{45}{20} = 1^h \frac{1}{4} + 2^h \frac{1}{4} = 3^h \frac{1}{2}.$$

3° Représentons par x la nouvelle distance AC ; la nouvelle distance CB sera $45 + 15(- x)$ ou $60 - x$. Les temps mis pour les parcours AC et CB seront égaux ; on aura donc :

$$\frac{x}{15} = \frac{60 - x}{12}.$$

d'où l'on tire : $x = \frac{100}{3}$ de km.

R. — Le col C devrait être à $\frac{100}{3}$ de km. de A.

1392. *Un tramway part à 8^h d'un village A pour se rendre à la ville B. À $8^h1/2$ un accident l'immobilise et les voyageurs se décident à achever leur route à pied à une vitesse égale aux 2/5 de celle du tramway. Après un arrêt d'une demi-heure, pendant laquelle les voyageurs n'ont parcouru que $2^{km},400$, le tramway, remis en état, reprend sa route et arrive en B en même temps que les piétons. On demande : 1° Les vitesses par heure du tramway et des voyageurs ; 2° L'heure d'arrivée en B ; 3° La distance entre A et B.*

Les voyageurs ont parcouru $2\,400^m$ en une demi-heure, leur vitesse horaire est donc de $2\,400^m \times 2 = 4\,800^m$.

Cette vitesse étant les 2/5 de celle du tramway, celle-ci égale :

$$\frac{4\,800^m \times 5}{2} = 12\,000^m.$$

R. — Vitesse des piétons $4^{km},800$; vitesse du tramway 12^{km}.

Après la demi-heure d'arrêt, le tramway a sur les piétons un retard de $2\,400^m$. Par heure il regagne :

$$12\,000^m - 4\,800^m = 7\,200^m.$$

Pour rejoindre les piétons, il mettra $\dfrac{2\,400}{7\,200} = \dfrac{1}{3}$ d'h. $= 20^{mn}$.

R. — **Heure d'arrivée** : $9^h + 20^m = 9^h20^m$.

3° **R.** — **Distance AB** : $12^{km} \times \left(\dfrac{30 + 20}{60}\right) = 10^{km}$.

3 mobiles.

1393. *Une voiture part d'un certain endroit avec une vitesse de* 12^{km} *à l'heure.* 1^h45^m *après, un piéton et un cycliste partent du même endroit et dans la même direction en marchant respectivement à des vitesses de* 6^{km} *et* 18^{km} *à l'heure. Dès que le cycliste a rejoint la voiture, il rebrousse chemin et se porte à la rencontre du piéton. On demande à quelle distance du point de départ commun se fera la rencontre ?*

Quand le piéton et le cycliste se mettent en marche, la voiture a déjà fait $12^{km} \times 1\ 3/4 = 21^{km}$.

Pour regagner ces 21^{km}, le cycliste qui gagne par heure $18 - 12 = 6^{km}$, a mis : $21 : 6 = 3^h\ 1/2$.

Pendant ces $3^h\ 1/2$, le cycliste a fait $18^{km} \times 3,5 = 63^{km}$ et le piéton : $6^{km} \times 3,5 = 21^{km}$.

Ces derniers sont alors séparés par une distance de

$$63 - 21 = 42^{km}.$$

Le cycliste rebroussant chemin, se rapprochera du piéton de $18 + 6 = 24^{km}$ par heure.

Pour se rencontrer, ils mettront $42 : 24 = 1^h3/4$.

R. — **La distance du point de départ** est marquée par le trajet du piéton : elle égale :

$$21^{km} + (6^{km} \times 7/4) = 31^{km},500.$$

1394. *Un piéton qui fait* 4^{km} *à l'heure se rend de M à V. A* $2^{km}\ 1/5$ *de son point de départ il est dépassé par un tramway parti du même point 11 minutes après lui. Après avoir parcouru encore* 18^{km}, *il rencontre pour la 2° fois le même tramway qui est resté* 30^{mn} *à V et qui retourne à M. Calculer la distance qui sépare M de V.*

Pour faire $2^{km}\dfrac{1}{5}$, le piéton a mis $\dfrac{60^{mn} \times 11}{4 \times 5} = 33^{mn}$.

Le tramway a fait le même trajet en $33^{mn} - 11^{mn} = 22^{mn}$; sa vitesse est donc de : $\dfrac{11 \times 60}{5 \times 22} = 6^{km}$.

Pour parcourir 18^{km} le piéton a mis : $18 : 4 = 4^h\ 1/2$.

Pendant ce temps, le tramway, qui a eu un arrêt de 30^{mn}, a parcouru $6^{km} \times 4 = 24^{km}$.

La différence de ces parcours, soit : $24^{km} - 18^{km} = 6^{km}$, représente 2 fois la distance de V au point de rencontre. Cette distance est égale à $6^{km} : 2 = 3^{km}$.

R. — Distance MV : $2^{km},2 + 18^{km} + 3^{km} = 28^{km},2$.

1395. *À 9^h35^{mn}, deux piétons partent d'un même point et dans une même direction, avec des vitesses respectives de 4^{km} et 5^{km} à l'heure. À 10^h40^m une voiture part du même point et dans la même direction, avec une vitesse de $16^{km},2$ à l'heure ; à quelle heure sera-t-elle à égale distance des deux piétons ? Vérifier.*

Supposons qu'un troisième piéton parte en même temps que les deux premiers avec une vitesse égale à leur vitesse moyenne, c'est-à-dire égale à $\dfrac{5^{km} + 4^{km}}{2} = 4^{km},5$.

Il est évident que le troisième piéton serait constamment à égale distance des deux premiers.

Le problème revient donc à chercher à quelle heure la voiture rejoindra ce piéton.

Quand la voiture part, le piéton marche depuis

$$10^h40^m - 9^h35^m = 65^m \text{ et il a parcouru :}$$

$$\frac{4^{km},5 \times 65}{60} = 4^{km},875.$$

Par heure la voiture regagne : $16^{km},2 - 4^{km},5 = 11^{km},7$.

Pour rejoindre le piéton, elle mettra : $\dfrac{60^{mn} \times 4,875}{11,7} = 25^{mn}$.

R. — La voiture sera à égale distance des piétons à
$$10^h40^m + 25^m = 11^h5^m.$$

2e solution. — Désignons par P, P' et V les deux piétons et la voiture.

Au départ de V, P a fait :

$$4^{km} \times (10^h40^m - 9^h35^m) = 4^{km} \times \frac{13}{12} = \frac{13}{3} \text{ de km. par heure,}$$

V gagne sur P : $16^{km},2 - 4^{km} = 12^{km},2$.

V atteint P dans : $\dfrac{13}{3 \times 12,2} = \dfrac{65}{183}$ d'h.

À ce moment, V et P auront fait : $16^{km},2 \times \dfrac{65}{183} = \dfrac{351}{61}$ km.
et P aura parcouru :

$$5^{km} \times \left(\frac{13}{12} + \frac{65}{183}\right) = 5^{km} \times \frac{1\,053}{732} = \frac{1\,755}{244} \text{ km.}$$

La distance de V à P sera alors nulle et la distance de V à P'.

sera de : $\dfrac{1\,755}{244} - \dfrac{351}{61} = \dfrac{351}{244}$ km.

La différence de ces distances $\left(\dfrac{351}{244} - 0 = \dfrac{351}{244}\right)$ doit être nulle.

Or, par heure la distance de V à P diminuera de $16,2 - 5 = 11^{km},2$, et la distance de V à P' augmentera de $16.2 - 4 = 12^{km},2$.

Donc par heure, la différence des distances de V à P et de V à P' diminuera de $11,2 + 12,2 = 23^{km},4$; elle sera nulle au bout de :

$$\frac{351}{244 \times 23,4} = \frac{15}{244} \text{ d'h.}$$

R. — **V est à égale distance de P et P' à :**

$$10^h40^m + \frac{65}{183} \text{ d'h.} + \frac{15}{244} \text{ d'h.} = 11^h5^m.$$

Vérification : $11^h5^m - 9^h35^m = \frac{3}{2} h$; $11^h5^m - 10^h40^m = \frac{5}{12}$ d'h.

P' a parcouru : $5^{km} \times \frac{3}{2} = 7^{km},500$

V $\quad 16^{km},2 \times \frac{5}{12} = 6^{km},750$

P $\quad 4^{km} \times \frac{3}{2} = 6^{km}.$

Distance de V à P : $6,750 - 6 = 0^{km},750$.

V à P' : $7,500 - 6,750 = 0^{km},750$.

1396. *Un train part à* 13^h30^m *d'une station A se dirigeant sur B et fait* 40^{km} *à l'heure. Une demi-heure après, un autre train part de A à la vitesse de* 72^{km} *à l'heure. Un 3e train est parti de B à l'allure de* 60^{km}. *Il marche* $3^h1/4$ *et rencontre alors le 2e train puis le 1er à* 12^{mn} *d'intervalle. On demande à quelle heure le 3e train est parti de B.*

Quand le 2e train part le 1er a une avance de

$$40^{km} \times 1/2 = 20^{km}.$$

Par heure le 2e gagne sur le 1er : $72^{km} - 40^{km} = 32^{km}$.

Pour gagner 20^{km} il mettra : $\frac{20}{32} = \frac{5}{8}$ d'h.

A partir de ce moment le 2e prend de l'avance sur le 1er.
Cette avance au moment où il croise le 3e est égale à la distance franchie en 12^{mn} par le 3e et le 1er marchant l'un vers l'autre ; elle est de :

$$\frac{(40 + 60) \times 12}{60} = 20^{km}.$$

Or on vient de voir que pour gagner 20^{km} sur le 1er le 2e met $\frac{5}{8}$ d'h.

Le 2e train rencontre le 3e à $14^h + 5/8 + 5/8 = 15^h1/4$.

R. — **Le train venant de B est parti à** $15^h 1/4 - 3^h1/4 = 12^h.$

1397. *Deux trains partent de Paris en même temps, sur deux voies différentes, avec des vitesses respectives de 45^{km} et 27^{km} à l'heure et se dirigent vers Dijon. A la même heure, un autre train part de Dijon en se dirigeant sur Paris, avec une vitesse de 54^{km} à l'heure et croise le premier train 35^{mn} avant de croiser le second. Calculer la distance de Dijon aux deux endroits où se font les croisements.*

$$\text{P}|\text{———————} \overset{L}{\bullet} \text{——} \overset{R'}{\times} \text{————} \overset{R}{\times} \text{————————————}|\text{D}$$

Soient R et R′ les endroits où se font les croisements. Lorsque le 1er train de Paris rencontre en R, le train de Dijon, le 2e train arrive en un point que nous désignerons par L.

Le 1er train de Paris a donc gagné sur le 2e la distance LR. Cette distance est telle que le train de Dijon et le 2e train de Paris, allant l'un vers l'autre, mettent 35^{mn} pour la franchir. On a donc :

$$LR = \frac{(27 + 54) \times 35}{60} = 47^{km},25.$$

Pour gagner ces 47^{km},25 le 1er train de Paris, qui gagne 45 — 27 = 18^{km} par heure, a mis :

$$\frac{1^h \times 47,25}{18} = 2^h 5/8.$$

C'est aussi le temps que le train de Dijon a mis pour parvenir à R.

R. — **Distance de R à Dijon :** 54^{km} × 2 5/8 = **141^{km},75.**

Distance de R′ à Dijon : 141,75 + $\left(\dfrac{54 \times 35}{60}\right)$ = **173^{km}25.**

1398. *Un régiment fait 5^{km} à l'heure en se reposant 10^{mn} après 50^{mn} de marche. Il part à 5^h de son cantonnement. Un cycliste qui fait 12^{km} à l'heure part du même point à 8^{h}40^m. A quelle heure rejoindra-t-il le régiment ? Ce cycliste s'arrête alors 1^h et revient à son point de départ à la vitesse de 15^{km} à l'heure. A quelle distance du cantonnement rencontrera-t-il un deuxième régiment parti de là en même temps que lui et qui marche à l'allure du premier ?*

Quand le cycliste part à 8^{h}40^m, le régiment a marché plus de 3^h, il a donc une avance de plus de 15^{km} et, pour le rejoindre, le cycliste, qui ne gagne que 7^{km} par heure, mettra plus de 2^h.

Il suffit donc de chercher ce qui lui reste à regagner à 11^h, c'est-à-dire après 2^h 1/3 de marche et au moment où le régiment se remet en route.

A 11^h le régiment a parcouru 5^{km} × 6 = 30^{km}.
— le cycliste — 12^{km} × 2 1/3 = 28^{km}.

Il doit encore regagner 2^{km} ; or par minute, il regagne :

$$\frac{12}{60} - \frac{5}{50} = \frac{1}{5} - \frac{1}{10} = \frac{1}{10} \text{ de km.}$$

Il rejoindra le régiment au bout de $1^{mn} \times 10 \times 2 = 20^{mn}$. Il sera alors $11^h 20^m$ et il se trouvera à $28^{km} + \dfrac{12 \times 20}{60} = 32^{km}$, du cantonnement.

Le cycliste repart à $12^h 20$. A $12^h 40^m$, il aura marché pendant 20^{mn} ou $1/3$ d'heure, il aura donc fait $15^{km} : 3 = 5^{km}$; et le 2e régiment parti à $8^h 40^m$ aura marché pendant 4^h et aura fait $5^{km} \times 4 = 20^{km}$. Donc à $12^h 40^m$ le cycliste se trouve à :

$$32^{km} - 5^{km} - 20^{km} = 7^{km} \text{ du régiment.}$$

Par minute il s'en rapproche de $\dfrac{15}{60} - \dfrac{5}{50} = \dfrac{7}{20}$ de km.

Il le rejoindra donc au bout de $7 : \dfrac{7}{20} = \dfrac{7 \times 20}{7} = 20^{mn}$.

R. — La distance cherchée est égale au trajet du régiment ; soit :

$$20^{km} + \dfrac{5 \times 20}{50} = 22^{km}.$$

1399. *Un cycliste part de A se dirigeant vers B en même temps que deux piétons partent de B, l'un vers A et l'autre dans le sens du prolongement de AB. Les deux piétons ont même vitesse et leur vitesse est trois fois moindre que celle du cycliste, lequel rencontre le premier piéton en P et atteint le second en P' à 6^{km} du point P. Quelle est la distance AB ?*

L'énoncé donne :

PB + BP' = 6^{km}. (1)

Comme les chemins parcourus sont proportionnels aux vitesses, on a :

$$AP = 3PB$$

donc

$$AB = 4PB$$

d'où

$$PB = \dfrac{AB}{4} \qquad (2)$$

On a d'autre part :

$$AP' = 3BP'$$

donc

$$AB = 2BP'$$

d'où

$$BP' = \dfrac{AB}{2} \qquad (3)$$

Remplaçons dans (1) PB et BP' par leurs valeurs, nous aurons :

$$\dfrac{AB}{4} + \dfrac{AB}{2} = 6 \; ; \text{ d'où } AB = 8,$$

R. — Distance AB : 8^{km}.

1400. *Trois trains A, B et C partent d'un même point P pour prendre la même direction : le 1er A à 5^h du matin avec une vitesse de 40^{km} ; le 2e B, une heure après, avec une vitesse de 60^{km}, et le 3e C, une heure après le 2e avec* une vitesse de 57^{km}. Calculer la distance au point de départ à laquelle le train C se trouvera équidistant des deux autres.

1re *solution.* — Déterminons d'abord l'heure où B rejoint A.

Lorsque B part, A a déjà parcouru 40^{km}.

En 1 heure B gagne sur A : 60^{km} — 40^{km} = 20^{km}.

Donc B rejoindra A au bout de 40 : 20 = 2 heures.

Les deux trains A et B seront alors à 60^{km} × 2 = 120^{km} de P et à 120^{km} — 57^{km} = 63^{km} du train C qui marche depuis 1^h à la vitesse de 57^{km}.

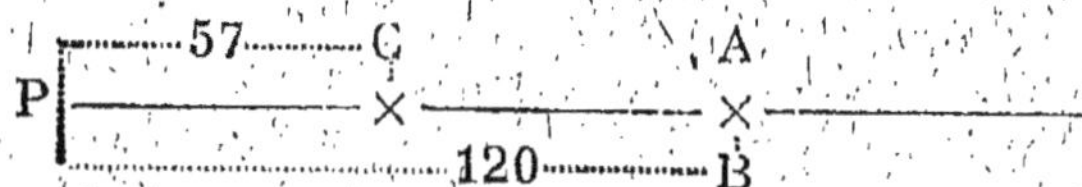

Supposons qu'à partir de ce moment, un 4e train se joigne à A et B et marche à une vitesse égale à la moyenne de leurs vitesses, soit $\dfrac{60 + 40}{2}$ = 50^{km}.

Ce train sera constamment à égale distance de A et B.

Par conséquent C sera équidistant de A et B à l'instant où il aura rejoint ce 4e train dont il est distant de 63^{km}.

En 1^h, C regagne sur le 4e train : 57^{km} — 50^{km} = 7^{km}.

Pour le rejoindre, C mettra : 63 : 7 = 9^h.

R. — Distance de C au point de départ : 57^{km} × (1 + 9) = **570**^{km}.

2e *solution.* — 1° Déterminons l'heure où C rejoint A.

Au départ de C, A a parcouru 40 × 2 = 80^{km}.

Avance de C par heure : 57 — 40 = 17^{km}.

C atteint A dans $\dfrac{80}{17}$ d'heure.

Distances parcourues à ce moment par A, B, C.

A et C ont fait : $\dfrac{57 \times 80}{17} = \dfrac{4\,560}{17}$ km.

B a fait : 60^{km} × $\left(1^h + \dfrac{80}{17}\right)$ = 60^{km} × $\dfrac{97}{17} = \dfrac{5\,820}{17}$ km.

Distance de C à B ou CB = $\dfrac{5\,820}{17} - \dfrac{4\,560}{17} = \dfrac{1\,260}{17}$ km.

Distance de C à A ou CA = 0.

Différence de ces distances $\dfrac{1\,260}{17} - 0 = \dfrac{1\,260}{17}$.

Cette différence doit s'annuler.

Par heure la distance de C à B augmente de 60 — 57 = 3^{km}.

— — C à A — 57 — 40 = 17^{km}.

donc par heure, la différence diminue de 17 — 3 = 14^{km}.

Elle sera nulle dans $\dfrac{1\,260}{17}$: 14 = $\dfrac{630}{119}$ d'h.

R. — C sera alors à 57^{km} × $\left(\dfrac{80}{17} + \dfrac{630}{119}\right)$ = **570**^{km} **de P.**

1401. *Un piéton et un cycliste marchant respectivement à la vitesse de 5^{km} et de 14^{km},500 à l'heure, sont partis ensemble d'Orléans à 8^{h}15^m pour se rendre à Blois. Une voiture automobile est partie ensuite d'Orléans à 9^{h}35^m se rendant aussi à Blois ; le conducteur ayant fait monter le piéton en voiture au moment où il l'a atteint, les trois touristes sont arrivés ensemble à destination à 12^{h}15^m. Calculer : 1° la vitesse de l'automobile ; 2° la distance d'Orléans au point où le piéton est monté en voiture ? Vérifier.*

1° Le cycliste a roulé pendant 12^{h}15^m — 8^{h}15^m = 4^h et a parcouru :

$$14^{km},500 \times 4 = 58^{km}.$$

L'automobile a fait le même trajet en :

$$12^h15^m - 9^h35^m = 2^h40^m = 160^m.$$

R. — Vitesse de l'automobile : $\dfrac{58^{km} \times 60}{160} = 21^{km},750.$

2° Quand l'automobile est partie d'Orléans, le piéton marchait depuis 9^{h}35^m — 8^{h}15^m = 1^{h}20^m = 80^{mn} et avait pris une avance de :

$$\frac{5^{km} \times 80}{60} = \frac{20}{3} \text{ de km.}$$

En 1^h, l'automobile regagne : 21^{km},75 — 5^{km} = 16^k,75.

Pour rejoindre le piéton, elle a mis $\dfrac{60^{mn} \times 20}{16,75 \times 3} = \dfrac{1\,600}{67}$ mn.

R. — Distance d'Orléans au point de rencontre :

$$\frac{21^{km},750}{60} \times \frac{1\,600}{67} = 8^{km},\frac{44}{67}.$$

1402. *Deux trains partent de Paris en même temps, avec des vitesses respectives de 45^{km} et 27^{km} à l'heure, et se dirigent vers Dijon. A la même heure, un autre train part de Dijon en se dirigeant sur Paris, avec une vitesse de 63^{km} et croise le 1er train 35^{mn} avant de croiser le 2e. Calculer : 1° la distance de Paris aux deux endroits où se font ces croisements ; 2° la distance de Paris à Dijon.*

```
            L'    R'       R
P|———————————•————×————————×—————————————————————————D
```

(V. *Solution*, n° 1 397.) — Lorsque le 1er train de Paris arrive en R, le 2e train de Paris est en L. Le 1er a donc gagné sur le 2e la distance LR.

Or :
$$LR = \frac{(27 + 63) \times 35}{60} = 52^{km},5.$$

Pour gagner ces $52^{km},5$ le 1er train de Paris a mis :
$$\frac{1^h \times 52,5}{45 - 27} = \frac{52,5}{18} \text{ d'h.}$$

Il a donc parcouru $\dfrac{45^{km} \times 52,5}{18} = 131^{km},25$.

R. — **Distances cherchées** : 1° de R à Paris : $131^{km},25$.

2° de R' à Paris : $131^{km},25 - \left(\dfrac{63^{km} \times 35}{60}\right) = 94^{km},50$.

3° de Paris à Dijon : $131^{km},25 + \left(\dfrac{63 \times 52,5}{18}\right) = 315^{km}$.

1403. *Un cavalier part de A vers B en même temps que deux piétons partent de B, l'un vers A, l'autre dans le sens du prolongement de AB. Le cavalier dont la vitesse est 5 fois celle de chacun des piétons rencontre le 1er en M et le 2e en M'. On demande d'évaluer les rapports des distances MB et M'B à AB, et de calculer AB si MM' = 20km.*

Même problème en supposant que le 2e piéton ait une vitesse égale aux 3/4 de celle du 1er et au 1/5 de celle du cavalier.

```
A                                        M    B      M'
|─────────────────────────────────────×──┬──|────────×
```

1er cas. — On a d'abord : $AM + MB = AB$.   (1)
Or d'après l'énoncé, $AM = 5MB$
l'égalité (1) devient donc $5MB + MB = AB$
ou $6MB = AB$.

R. — $MB = \dfrac{AB}{6}$ ou encore $\dfrac{MB}{AB} = \dfrac{1}{6}$.

D'autre part, on a : $AM' - BM' = AB$.   (2)
Or d'après l'énoncé $AM' = 5BM'$
l'égalité (2) devient ainsi $5BM' - BM' = AB$
ou $4BM' = AB$.

R. — $BM' = \dfrac{AB}{4}$ ou encore $\dfrac{BM'}{AB} = \dfrac{1}{4}$.

Avec $MM' = 20^{km}$
on a $MB + BM' = 20^{km}$
et par suite $\dfrac{AB}{6} + \dfrac{AB}{4} = \dfrac{5}{12} AB = 20^{km}$.

R. — $AB = \dfrac{20^{km} \times 12}{5} = 48^{km}$.

2° cas. — Le 2e piéton conserve sa vitesse, donc on a encore

$$\text{BM}' = \frac{\text{AB}}{4} \quad \text{ou} \quad \frac{\text{BM}'}{\text{AB}} = \frac{1}{4}.$$

Quant au 1er piéton, sa vitesse est égale aux 4/3 de celle du 2° et par suite égale aux $\frac{1}{5} \times \frac{4}{3} = \frac{4}{15}$ de celle du cavalier.

Par conséquent $\qquad \text{AM} = \frac{15}{4} \text{MB}.$

Donc $\qquad \frac{15}{4} \text{MB} + \text{MB} = \frac{19}{4} \text{MB} = \text{AB}.$

d'où $\qquad \text{MB} = \frac{4}{19} \text{AB} \quad \text{ou encore} \quad \frac{\text{MB}}{\text{AB}} = \frac{4}{19}.$

Avec $\qquad \text{MM}' = 20^{km}$

on aurait $\qquad \text{MB} + \text{BM}' = 20^{km}$

et par suite $\qquad \frac{4\text{AB}}{19} + \frac{\text{AB}}{4} = \frac{35\text{AB}}{76} = 20^{km}.$

$$\text{R.} - \text{AB} = \frac{20^{km} \times 76}{35} = 43^{km}\frac{3}{7} = 43^{km},428$$

Pistes circulaires

1404. *Deux cyclistes parcourent une piste circulaire, le 1er en 24^{mn} et le 2e en 18^{mn}. Ils partent ensemble du même point et dans le même sens. Au bout de combien de temps passeront-ils ensemble du point de départ ?*

R. — Le temps demandé est (*en minutes*) le p. p. c. m. de 24 et 18, soit **72^{mn}.**

1405. *Deux cyclistes parcourent une piste circulaire, le 1er en 1^m4^s et l'autre en 1^m10^s. Ils partent en même temps. Combien chacun fera-t-il de tours avant qu'ils se retrouvent ensemble au point de départ ? Combien leur faudrait-il de temps pour se retrouver ensemble si, montés sur des motocyclettes, chacun doublait sa vitesse ?*

$1^m4^s = 64^s$; $1^m10^s = 70^s$. Le temps demandé est le p. p. c. m. de 64 et 70 soit 2 240.

R. — Le 1er cycliste aura fait : 2 240 : 64 = **35 tours.**
Le 2e cycliste aura fait : 2 240 : 70 = **32 tours.**

Si les vitesses étaient doublées, le 1er ferait un tour en 32^s et le 2° en 35^s. Le p. p. c. m. de ces nombres est 1 120.

R. — **Ils se retrouveraient ensemble au bout de 1 120^s ou 18^{m}40^s.**

1410. *Une horloge A marque 9ʰ du matin quand une horloge B marque 8ʰ50ᵐ et le surlendemain A marque 10ʰ quand B indique 10ʰ25ᵐ. Quelle heure indiquent les deux horloges au moment où elles sont d'accord et quel est alors l'angle formé par les deux aiguilles d'une même horloge ?*

1º De 9ʰ du matin au surlendemain à 10ʰ, l'horloge A a marqué 24ʰ + 24ʰ + 1ʰ = 49ʰ. Pendant ce temps, l'horloge B a marqué 10ᵐ + 49ʰ + 25ᵐ = 49ʰ35ᵐ. Elle avance donc sur A de 35ᵐ en 49ʰ.

Pour que les 2 horloges soient d'accord, il faut que B gagne sur A un tour de cadran moins son avance actuelle de 25ᵐ ; soit de :

$$12^h - 25^m = 11^h 35^m = 695^{mn}.$$

Pour gagner 35ᵐⁿ, B met 49ʰ.

Pour gagner 695ᵐⁿ, B mettra $\dfrac{49^h \times 695}{35} = 973^h$.

Pendant ces 973ʰ, A aura fait 973 : 12 = 81 tours 1/12 de cadran et marquera 10ʰ + 1ʰ = 11ʰ.

R. — Les deux horloges marqueront 11ʰ.

2º *Angle des aiguilles.* — Le cadran est une circonférence divisée en 60 parties égales, valant chacune 360º : 60 = 6º. A 11ʰ la petite aiguille sera sur la 55ᵉ division et la grande sur la 60ᵉ.

R. — L'angle formé sera donc de 6º × (60 — 55) = 30º.

1411. *Deux montres ont été mises à l'heure à midi ; la 1ʳᵉ avance de 8ᵐⁿ en 24ʰ tandis que la 2ᵉ retarde de 4ᵐⁿ. Au bout de combien de temps les montres marqueront-elles, en même temps, midi pour la première fois ?*

La 1ʳᵉ montre marquera de nouveau l'heure exacte à midi, quand elle aura regagné un tour de cadran, c'est-à-dire quand son avance sera de 60ᵐⁿ × 12 = 720ᵐⁿ ; donc au bout de :

$$\frac{1 \, j. \times 720}{8} = 90 \text{ jours.}$$

La 2ᵉ montre marquera de nouveau l'heure exacte quand son retard sera égal à 60ᵐⁿ × 12 = 720ᵐⁿ ; donc au bout de :

$$\frac{1 \, j. \times 720}{4} = 180 \text{ jours.}$$

R. — Le fait se produira à la fois pour les deux montres au bout d'un nombre de jours égal au p. p. c. m. de 90 et 180 ; donc au bout de 180 j.

1412. *Deux horloges sont mises à l'heure exacte au même moment. L'une avance de 4ᵐⁿ30ˢ en 12ʰ, l'autre retarde de*

5^{mn} *dans le même temps. Au bout de combien de tours marqueront-elles de nouveau l'heure exacte en même temps ?*

Même solution qu'au n° 1411.

La 1re horloge, qui avance de 9^{mn} en 24^h, marquera de nouveau l'heure exacte au bout de :

$$\frac{1^j \times 720}{9} = 80 \text{ jours.}$$

La 2° horloge, qui retarde de 10^{mn} en 24^h, marquera de nouveau l'heure exacte au bout de :

$$\frac{1^j \times 720}{10} = 72 \text{ jours.}$$

Le p. p. c. m. de 80 et 72 est 720.

R. — Elles marqueront de nouveau l'heure exacte au bout de **720 jours.**

1413. *On partage le temps compris entre midi et minuit en 10^h, chacune de ces heures en 100 minutes, chacune de ces minutes en 100 secondes. En supposant une horloge réglée d'après ce système, on demande : 1° ce que marque cette horloge quand une horloge ordinaire marque 3^h36^m ; 2° quelle heure marquera une horloge ordinaire quand l'horloge, réglée comme il a été dit, marque 3^h15^m.*

Représentons l'heure ordinaire par h et l'heure décimale par h'. Nous avons par hypothèse :

$$12h = 10h' \quad \text{ou} \quad 6h = 5h'$$

d'où
$$h = \frac{5}{6}h' \quad \text{et} \quad h' = \frac{6}{5}h.$$

De même, représentons la minute ordinaire par m et la minute décimale par m' ; nous avons :

$$60m \times 12 = 100m' \times 10,$$

ou
$$18m = 25m'$$

d'où
$$m = \frac{25}{18}m' \quad \text{et} \quad m' = \frac{18}{25}m.$$

R. — 1° Quand l'horloge ordinaire marque 3^h36^m, l'autre marque :

$$\left(3 \times \frac{5}{6}h'\right) + \left(36 \times \frac{25}{18}m'\right) = 2h' + \frac{1}{2}h' + 50m' = 3h'.$$

R. — 2° Quand l'horloge décimale marque 3^h15 l'autre marque :

$$\left(3 \times \frac{6}{5}h\right) + \left(15 \times \frac{18}{25}m\right) = 3h + \frac{3}{5}h + 10m48^s$$

Soit $3^h46^m48^s$.

Revision

(Système des mesures légales : courriers)

1414. *Un champ de forme rectangulaire a un périmètre de 820^m ; la différence entre les dimensions est 168^m. Calculer : 1° la surface du losange qui aurait pour diagonales les dimensions du champ ; 2° la surface du trapèze qui aurait pour bases ces deux dimensions et pour hauteur leur demi-somme ; 3° le rayon d'un cercle qui aurait même superficie que le champ.*

Somme des 2 dimensions du rectangle : 820^m : 2 = 410^m.

$$\text{Longueur} = \frac{410^m + 168}{2} = 289^m \text{ ; largeur} = \frac{410^m - 168}{2} = 121^m$$

R. — Surface du losange : $\dfrac{289 \times 121}{2} = 17\,484^{m^2},50$.

R. — Surface du trapèze : $\dfrac{410}{2} \times \dfrac{410}{2} = 42\,025^{m^2}$.

Superficie du cercle : $289 \times 121 = 34\,969^{m^2}$.

R. — Rayon du cercle $\sqrt{\dfrac{34\,969}{3,1416}} = 105^m,5$.

1415. *Une salle a pour dimensions : longueur, 8^m, largeur 4^m,50, hauteur 3^m,50. Elle présente 5 ouvertures, portes et fenêtres, d'égale grandeur, ayant chacune 0^m,80 de largeur. Sachant que le papier employé pour tapisser complètement les murs a coûté 333^f,90 à raison de 4^f,20 le m², on demande la hauteur de chacune des ouvertures.*

Surface totale des 4 murs, ouvertures comprises :

$$(8 + 4,5) \times 2 \times 3,5 = 87^{m^2},50.$$

La surface tapissée n'est que de $\dfrac{166,95}{2,1} = 79^{m^2},50$.

Surface occupée par les ouvertures : $87^{m^2},50 - 79^{m^2},50 = 8^{m^2}$.
Surface de chaque ouverture : $8^{m^2} : 5 = 1^{m^2},6$.

R. — Hauteur des ouvertures : $\dfrac{1,6}{0,8} = 2^m$.

1416. *Pour l'alignement d'une rue, on a besoin d'une portion de terrain ayant la forme d'un trapèze dans lequel la somme des deux bases et de la hauteur est de 45^m,50 ; la hauteur est le 1/12 de la somme des bases. Ce terrain a été payé 25 725^f, ce qui représente les 7/10 du prix* *demandé par le propriétaire ; à combien ce dernier estimait-il le mètre carré de son terrain ?*

Le propriétaire estimait le terrain $\dfrac{25\ 725^{f} \times 10}{7} = 36\ 750^{f}$.

$45^{m},50$ représentent $\dfrac{12}{12} + \dfrac{1}{12} = \dfrac{13}{12}$ de la somme des bases.

Somme des bases : $\dfrac{45^{m},50 \times 12}{13} = 42^{m}$.

Hauteur du trapèze : $45^{m},50 - 42^{m} = 3^{m},50$.

Surface du trapèze : $\dfrac{42 \times 3,5}{2} = 73^{m2},50$.

R. — Prix d'estimation du m² : 36 750 : 73,50 = 500ᶠ.

1417. *100ᵏᵍ de houille produisent autant de chaleur que 260ᵏᵍ de bois. Dans une maison où l'on brûle 20 stères de bois par an, quelle économie pourrait-on réaliser en brûlant de la houille à 14ᶠ,40 les 100ᵏᵍ au lieu de bois à 37ᶠ,50 le stère. On sait que la densité du bois est 0,6 et que le volume du bois empilé n'est que les 0,7 du même volume en bois plein.*

Prix de 20 stères de bois : $37^{f},50 \times 20 = 750^{f}$.
Poids d'un stère de bois : $0,6 \times 0,7 = 0,42$.
Poids de 20 stères : $0^{t},42 \times 20 = 8^{t},4 = 8\ 400^{k}$.
Poids de houille qui produirait autant de chaleur :

$$100^{k} \times \frac{8\ 400}{260} = 3\ 230^{k},769.$$

Prix de la houille $14^{f},4 \times 32,307 = 465^{f},25$ par excès.

R. — Économie annuelle : 750ᶠ — 465ᶠ,25 = 284ᶠ,75.

1418. *On doit employer 330ᶠ à l'achat de bois de chauffage. On demande, s'il vaut mieux, pour en avoir la plus grande quantité possible, acheter du bois à 66ᶠ le stère ou le même bois à 165ᶠ les 1 000ᵏᵍ. On sait que la densité de ce bois est de 0,88 et qu'un stère de bois empilé ne fait, à cause des vides, que les 5/11 d'un mètre cube.*

Poids d'un stère de bois : $0^{t},88 \times \dfrac{5}{11} = 0^{t},4$.

Acheté au poids le stère serait payé :

$$165^{f} \times 0,400 = 66^{f}.$$

R. — Les conditions offertes sont également avantageuses : pour 330ᶠ on aurait dans les 2 cas l'équivalent de 330 : 66 = 5 stères.

1419. *La quantité de chaleur fournie par 1ᵏᵍ de houille est les 141/72 de celle que fournirait 1ᵏᵍ de bois. Le stère de bois pèse environ 450ᵏᵍ et l'hl. de houille pèse 82ᵏᵍ ;*

enfin 7^{hl},5 de houille coûtent 90^f. Quel devrait être, à moins d'un centime près, le prix du stère de bois pour que le chauffage au bois coûtât le même prix que le chauffage à la houille ?

Poids de la houille qui donnerait autant de chaleur que 450^k de bois :

$$\frac{450^k \times 72}{141}.$$

Prix de cette houille :

$$\frac{90^f \times 450 \times 72}{82 \times 7,5 \times 141} = 33^f,60.$$

R. — Le stère de bois devrait coûter 33^f,60.

1420. *Une échelle est composée de 41 échelons distants de* 0^m,32 *les uns des autres. A chaque extrémité, l'espace terminal est de* 0^m,16. *On dresse cette échelle contre un bâtiment et elle arrive exactement à l'appui d'une fenêtre du* 2e *étage. Le pied de l'échelle étant placé à* 3^m,20 *du mur, trouver à quelle hauteur se trouve l'appui de fenêtre.*

Longueur de l'échelle : 0^m,32 × 40 + 0^m,16 × 2 = 13^m,12.

En représentant la hauteur cherchée par x, on a, d'après les propriétés des côtés du triangle rectangle :

$$x^2 = (13,12)^2 - (3,20)^2 = 161,8944,$$

$$x = \sqrt{161,8944} = 12,72.$$

R. — Hauteur cherchée : 12^m,72.

1421. *Un trapèze a* 110^m *de hauteur et une surface de* 6.710^{m2}. *On le divise par une diagonale en deux parties dont l'une a* 19^a,184 *de plus que l'autre. Trouver les deux bases.*

La diagonale partage le trapèze en 2 triangles ayant tous deux pour hauteur la hauteur 110^m du trapèze et pour base : l'un la grande base B et l'autre la petite base b du trapèze.

D'autre part on connaît la somme et la différence des superficies des triangles : Ces superficies sont donc :

$$\frac{6\,710^{m2} + 1\,918^{m2},4}{2} = 4\,314^{m2},2 \text{ et } \frac{6\,710^{m2} - 1\,918^{m2},4}{2} = 2\,395^{m2},8.$$

Par suite : $B = \dfrac{4\,314,2 \times 2}{110} = 78,44$; $b = \dfrac{2\,395,8 \times 2}{110} = 43,56.$

R. — Grande base : 78^m,44 ; petite base : 43^m,56.

1422. *Dans un terrain de* 2^a,50 *on creuse un puits dont la section est un carré de* 1^m,50 *de côté. La terre qu'on en extrait est répandue uniformément sur tout le reste du terrain. A quelle profondeur doit-on descendre pour que la* *différence de niveau entre le fond du puits et le nouveau sol soit de 18 mètres ?*

	Volume de la terre enlevée $1,5^2 \times 1 = 2^{m3},250$.
Différence de niveau quand on creuse à 1ᵐ de profondeur.	Cette terre est répartie sur une surface de : $250^{m2} - 2^{m2},25 = 247^{m2},75$. Épaisseur de la couche : $\dfrac{2,25}{247,75} = \dfrac{9}{991}$ de m. Différence de niveau : $1^m + \dfrac{9}{991} = \dfrac{1\,000}{991}$ de m.

R. — Pour que la différence de niveau soit de 18^m il faudra

creuser à une profondeur de $18 : \dfrac{1\,000}{991} = 17^m,838$.

Solution algébrique. — Soit x l'épaisseur de la couche.

Volume de terre enlevée : $\overline{1,5}^2 (18 - x)$.

Surface recouverte : $250^{m2} - \overline{1,5}^2 = 247^{m2},75$.

On a : $\qquad\qquad \overline{1,5}^2 (18 - x) = 247,75 \times x$

d'où $\qquad\qquad\qquad\qquad x = 0,162.$

R. — $\qquad\qquad 18^m - 0^m,162 = 17^m,838.$

1423. *Une somme pèse 1^{kg}. Elle est formée de 2 parties : la 1re, composée de pièces 2^f, a une valeur égale à 5 fois la valeur de la seconde, composée de pièces de $0^f,10$. On demande de trouver la somme.*

Si la 1re partie vaut 2^f et par suite pèse 10^g, la 2e partie vaut $2^f : 5 = 0^f,40$ et pèse 40^g.

La somme totale vaudrait $2^f,40$ et pèserait 50^g.

Autant de fois ce poids total est contenu dans le poids réel $1\,000^g$, autant de fois il y aura 2^f40 dans la somme cherchée.

R. — Somme cherchée : $2^f,40 \times \dfrac{1\,000}{50} = 48^f.$

1424. *Pour fabriquer de la monnaie divisionnaire avec un alliage d'argent et de cuivre, il faudrait ajouter à cet alliage $1\,020^g$ d'argent pur, tandis qu'il faudrait lui ajouter $2\,970^g$ d'argent pur pour en faire des pièces de 5^f. Calculer le poids et le titre de l'alliage.*

La quantité de cuivre de l'alliage n'est pas modifiée ; elle représentera, dans le 1er cas, les $165/1\,000$ du lingot au titre de 0,835 et dans le 2e cas le $1/10$ du lingot au titre des pièces de 5^f.

On a donc :

$$\dfrac{165}{1\,000} \text{ du } 1^{er} \text{ lingot} = \dfrac{1}{10} \text{ du } 2^e \text{ lingot.}$$

d'où $\qquad\qquad 2^e$ lingot $= \dfrac{1\,650}{1\,000}$ du $1^{er}.$

Or les poids des 2 lingots diffèrent de :

$$2\,970^{g} - 1\,020^{g} = 1\,950^{g}.$$

Donc $1\,950^{g}$ représentent les $\dfrac{1\,650}{1\,000} - \dfrac{1\,000}{1\,000} = \dfrac{650}{1\,000}$ du 1er lingot.

Poids du 1er lingot : $\dfrac{1\,950^{g} \times 1\,000}{650} = 3\,000^{g}.$

R. — **Poids de l'alliage** : $3\,000^{g} - 1\,020^{g} = 1\,980^{g}.$

Cet alliage contient : $3\,000^{g} \times 0,165 = 495^{g}$ de cuivre et par conséquent : $1\,980^{g} - 495^{g} = 1\,485^{g}$ d'argent pur.

R. — **Titre de l'alliage** : $\dfrac{1\,485}{1\,980} = 0,750.$

1425. *On a de la monnaie d'or, d'argent et de bronze. La somme en argent surpasse de 284ᶠ celle en bronze et la somme en or surpasse de 1 570ᶠ celle en argent. Toute cette monnaie qui pèse 2 650ᵍ sert à payer un pré qu'on a acheté à 0ᶠ,50 le m². Sachant que ce pré a la forme d'un trapèze, que la petite base a 14ᵐ de moins que la grande et que ces deux dimensions sont dans le rapport de 5 à 6, calculer les trois dimensions de ce pré.*

Données. — Somme en or.... $= B + 284^{f} + 1\,570^{f}.$

— argent $= B + 284^{f}.$

— bronze $= B.$

Si du poids total, on retranche le poids de 284ᶠ en argent et le poids de $284 + 1\,570 = 1\,854^{f}$ en or, il restera le poids de 3 sommes égales chacune à B la somme en bronze.

$$2\,650^{g} - \left(5^{g} \times 284 + \frac{1\,854}{3,1}\right) = \frac{19\,590}{31}\,g.$$

Or 3 sommes en or en argent et en bronze, égales chacune à 3ᶠ,10, auraient un poids total de :

$$1^{g} + 15^{g},5 + 310^{g} = 326^{g},5.$$

Autant de fois 326,5 est contenu dans $\dfrac{19\,590}{31}$, autant de fois B égale 3ᶠ,10 :

$$B = 3^{f},10 \times \left(\frac{19\,590}{31} : 326,5\right) = \frac{3^{f},10 \times 19\,590}{31 \times 326,5} = 6^{f}.$$

Les sommes réelles en or, en argent et en bronze forment un total de :

$$(6^{f} + 1\,854^{f}) + (6^{f} + 284^{f}) + 6^{f} = 2\,156^{f}.$$

Surface du terrain : $2\,156 : 0,50 = 4\,312^{m2}.$

La différence des bases, 14ᵐ, représente $\dfrac{6}{6} - \dfrac{5}{6} = \dfrac{1}{6}$ de la grande base.

R. — **Grande base** : $14 \times 6 = 84^{m}$; petite base : $84 - 14 = 70^{m}$; hauteur : $4\,312 : \dfrac{84 + 70}{2} = \dfrac{4\,312 \times 2}{154} = 56^{m}.$

1426. *Sur de l'huile dont la densité est de 0,915 ,on pose un morceau de liège ayant la forme d'un parallélépipède rectangle dont les dimensions sont 0^m,075 pour la longueur, 0^m,032 pour la largeur et 0^m,02 pour l'épaisseur. Sachant que la densité du liège est de 0,240, de combien surnagera-t-il ? On pose sur ce liège 4 pièces de 0^f,50 ; s'il surnage encore, de combien émerge-t-il ?*

1° Volume du liège en cm³ : 7,5 × 3,2 × 2 = 48 cm³.
Poids du liège : 0^g,24 × 48 = 11^g,52.

D'après le principe des corps flottants le poids du morceau de liège est égal au poids du liquide déplacé. Donc l'huile déplacée

pèse 11^g,52 et a pour volume $\dfrac{11,52}{0,915}$ = 12 cm³,59.

Le volume d'huile déplacé est un parallélépipède de même base que le morceau de liège ; sa hauteur est donc :

$$\frac{12,59}{7,5 \times 3,2} = \frac{12,59}{24} = 0\ cm,524.$$

R. — Le liège surnage de 2 cm — 0 cm,524 = 1 cm,476.

2° Poids des 4 pièces de 0^f,50 : 2^g,5 × 4 = 10^g.

Le morceau de liège s'enfoncera de manière à déplacer 10^g d'huile,

soit un volume de $\dfrac{10}{0,915}$ = 10 cm³,929 par excès.

Il s'enfoncera donc de $\dfrac{10,929}{24}$ = 0 cm,455.

R. — Le liège émergera de 1 cm,476 — 0 cm,455 = 1 cm,021.

Autre solution. — Le volume d'huile déplacé par le morceau de liège est un parallélépipède de même poids et de même base que le parallélépipède de liège.
Il s'ensuit que les hauteurs de ces parallélépipèdes sont en raison inverse des densités : on a donc

$$\frac{h\ (hauteur\ de\ l'huile)}{2\ (hauteur\ du\ liège)} = \frac{0,24}{0,915}$$

d'où $\qquad h = \dfrac{0,24 \times 2}{0,915} = 0\ cm,524.$

Le liège surnagera de 2 cm — 0 cm,524 = 1 cm,476.

1427. *Une boîte cubique qui mesure intérieurement 0^m,1 de côté pèse pleine d'eau 1 040^g. On place dedans un certain nombre de pièces de 5^f en argent. Une partie de l'eau s'écoule et le poids de la boîte est alors 1990^g. On demande : 1° quelle est la somme en argent qui a été glissée dans la boîte ; 2° à quelle hauteur s'élèverait le niveau de l'eau dans la boîte si on en retirait les pièces. La densité de l'argent est 10,5.*

L'introduction des pièces d'argent a augmenté le poids de la boîte de : 1 990^g — 1 040^g = 950^g.

Le volume de l'argent introduit ayant remplacé un égal volume d'eau, il s'ensuit que l'augmentation de poids par cm³ d'argent introduit est seulement de :

$$10^g,5 - 1^g = 9^g,5.$$

Volume d'argent introduit : 950 : 9,5 = 100^{cm3}.
Poids de cet argent : 10^g,5 × 100 = 1 050^g.

R. — Montant de la somme : $\dfrac{1\ 050}{5} = 210^f$.

Si l'on retirait les pièces, il resterait dans la boîte :

$$1\ 000^{cm3} - 100^{cm3} = 900^{cm3}\ \text{d'eau} ;$$

soit les $\dfrac{900}{1\ 000}$ ou les $\dfrac{9}{10}$ du volume primitif.

R. — **L'eau atteindrait donc les 9/10 de la hauteur primitive.**

1428. *Dans une barre de fer dont la longueur mesure 66^{cm} et l'épaisseur 25^{mm}, on fait des saignées de 12^{mm} de largeur de manière que la barre présente une série de creux et de pleins ayant même largeur, et qu'il y ait un plein à chaque extrémité. Quelle est la profondeur des creux, sachant que le poids de la barre est diminué de 947^g,7 ? La densité du fer est 7,8.*

Nombre total des creux et des pleins : $\dfrac{660}{12} = 55$.

Puisqu'il y a un plein à chaque extrémité, il y a en tout :

$$\dfrac{55 - 1}{2} = 27\ \text{creux.}$$

Leur ensemble équivaut à un creux unique de même profondeur et mesurant 12^{mm} × 27 = 324^{mm} de long sur 25^{mm} de large.

Volume du creux (vol. du fer enlevé) : $\dfrac{947,7}{7,8} = 121^{cm3},5$.

Surface de base : 32,4 × 2,5 = 81^{cm2}.

R. — **Profondeur** : $\dfrac{Volume}{Surface} = \dfrac{121,5}{81} = 1^{cm},5 = 15^{mm}$.

1429. *Un jardin rectangulaire mesure 36^m de longueur et 28^m,50 de largeur. Au centre se trouve un bassin circulaire de 4^m de diamètre ; les allées, d'autre part, occupent 1/6 de la surface totale. Le propriétaire veut répandre sur la surface à cultiver une couche de fumier d'une épaisseur moyenne de 0^m,02. Quel volume de fumier devra-t-il se procurer ?*

La surface à cultiver est égale aux 5/6 de la surface totale, diminués de la surface d'un cercle de 2^m de rayon. Soit :

$$(36 \times 28,5) \times \dfrac{5}{6} - (3,1416 \times 2^2) = 855^{m2} - 12^{m2}5664 = 842^{m2},4336.$$

R. — **Volume de fumier nécessaire : 842,4336 × 0,02 = 16^{m3},848.**

1430. *Un verre de forme conique pèse 108ᵍ plein de vin. Le poids du verre vide est le cinquième du poids du vin qu'il renferme. Trouver : 1° le volume du vase, sachant que la densité du vin est 0,9 ; 2° le diamètre du cercle que forme le bord du verre, sachant que la hauteur égale 0ᵐ,12.*

1° Le poids total 108ᵍ représente $\dfrac{5}{5} + \dfrac{1}{5} = \dfrac{6}{5}$ du poids du vin.

Poids du vin : $\dfrac{108^g \times 5}{6} = 90^g$.

R. — Volume du vase : $\dfrac{90}{0,9} = 100^{cm3}$.

2° Surface du cercle de base du cône :

$$S = \text{Vol.} : \frac{h}{3} = \frac{\text{Vol.} \times 3}{h} = \frac{100 \times 3}{12} = 25^{cm2}.$$

Or la surface d'un cercle égale πr^2 ou encore $\dfrac{\pi d^2}{4}$.

On a donc $\dfrac{\pi d^2}{4} = 25$ d'où $d^2 = \dfrac{25 \times 4}{\pi}$.

R. — Diamètre du cercle : $d = \sqrt{\dfrac{100}{3,1416}} = \sqrt{31,8309} = 5^{cm}6$.

1431. *Les 2 plateaux d'une balance chargés, l'un de pièces de 5ᶠ en argent, l'autre de pièces en bronze, sont en équilibre. On retire du 1ᵉʳ plateau 40 pièces de 5ᶠ que l'on met dans le 2° plateau, et l'on enlève de celui-ci un certain nombre de pièces en bronze que l'on transporte sur le 1ᵉʳ plateau jusqu'à ce que l'équilibre soit de nouveau établi. Il se trouve alors que la valeur des sommes contenues dans chacun des plateaux est la même. Dire le montant des pièces de monnaie primitivement placées dans chacun des plateaux.*

Quand on a retiré du 1ᵉʳ plateau 5ᶠ × 40 = 200ᶠ d'argent, c'est-à-dire un poids de 25ᵍ × 40 = 1 000ᵍ, il a fallu pour rétablir l'équilibre retirer du 2° plateau 1 000ᵍ de bronze, soit une somme de 10ᶠ.

La valeur des sommes a diminué de 190ᶠ dans le 1ᵉʳ plateau et augmenté d'autant dans le 2° plateau. Et puisqu'elles sont ainsi devenues égales, c'est qu'elles différaient auparavant de 190ᶠ × 2 = 380ᶠ.

Or les valeurs de 2 sommes de même poids, l'une en argent, l'autre en bronze, diffèrent par gramme de :

$$0^f,20 - 0^f,01 = 0^f,19.$$

Les 2 sommes pesaient donc chacune $\dfrac{380}{0,19} = 2\,000^g$.

R. — Montant de la somme d'argent : 2 000 : 5 = **400ᶠ**.
Montant de la somme de bronze : 2 000 : 100 = **20ᶠ**.

1432. *Que faut-il ajouter à un lingot d'or et de cuivre si on veut l'employer à faire des pièces de 20^f sachant qu'il pèse 29^{kg},75 et que plongé dans l'huile il ne pèse plus que 28^{kg},22. La densité de l'or est 19, celle du cuivre 8, 8, celle de l'huile 0,9.*

Poids de l'huile déplacée par le lingot : (*Princ. d'Archimède*)

$$29^{kg},75 - 28^{kg},22 = 1^{kg},53 = 1\,530^g.$$

Volume du lingot (*ou volume de l'huile déplacée*).

$$\frac{1\,530}{0,9} = 1\,700^{cm3}.$$

Pr. de fausse position.) Si le lingot ne comprenait que du cuivre il pèserait : 8^g,8 × 1 700 = 14 960^g.

Son poids serait trop faible de 29 750^g — 14 960^g = 14 790^g.

En remplaçant 1^{cm3} de cuivre par 1^{cm3} d'or le poids du lingot augmentera de 19^g — 8^g,8 = 10^g,2.

Pour qu'il augmente de 14 790^g, il faudra que le lingot contienne :

$$\frac{14\,790}{10,2} = 1\,450^{cm3} \text{ d'or.}$$

L'or contenu dans le lingot pèse 19^g × 1 450 = 27 550^g.

Titre du lingot : $\dfrac{27\,550}{27\,950} = 0,926.$

Le titre du lingot étant supérieur au titre des pièces de 20^f, il faudra pour l'amener au titre de 0,9 lui ajouter du cuivre.

Les 27 550^g d'or représenteront les 9/10 du nouveau lingot ; celui-ci pèsera donc $\dfrac{27\,550 \times 10}{9} = 30\,611^g,1.$

R. — Poids de cuivre à ajouter : 30 611^g,1 — 29 750 = **861^g,1.**

1433. *Un objet composé d'or et de cuivre pèse 664^g et son volume est de 43^{cm3} ; calculer les poids d'or et de cuivre qu'il contient sachant que la densité de l'or est 19 et celle du cuivre 8,8.*

Combien faut-il faire fondre d'or pur avec cet alliage pour obtenir un nouvel alliage propre à faire des pièces de 20^f, et combien obtiendra-t-on de ces pièces ?

(*Pr. de fausse position.*) Voir la solution précédente.

Si l'objet était en or pur il pèserait 19^g × 43 = 817^g.

Son poids serait trop fort de 817^g — 664^g = 153^g.

En remplaçant 1^{cm3} d'or par 1^{cm3} de cuivre, le poids de l'objet diminuera de :

$$19^g - 8^g,8 = 10^g,2.$$

L'objet doit donc contenir : 153 : 10,2 = 15^{cm3} de cuivre, et, par suite : 43 — 15 = 28^{cm3} d'or.

R. — Poids d'or pur : 19^g × 28 = **532^g.**

Poids de cuivre : 8^g,8 × 15 = **132^g.**

2° Les 132^g de cuivre de l'objet représenteront le 1/10 du poids du nouvel alliage.

L'alliage pèsera donc : 132^g × 10 = 1 320^g.

R. — On devra ajouter : 1 320^g — 664^g = **656^g d'or pur.**

On obtiendra : $1\ 320 : \dfrac{20}{3,1} = $ **204 pièces de 20^f.**

1434. *Deux piétons A et B séparés par une distance de 140^{km} partent en même temps et vont l'un vers l'autre. Ils se rencontrent à 80^{km} du point de départ de A. Une autre fois A part 3^h1/2 plus tôt que B et ils se rencontrent à 89^{km} de A, tous deux marchant avec la même vitesse que la 1re fois. Quelle est la vitesse des deux piétons ?*

La 1re fois pendant que A a fait 80^{km}, B a parcouru

$$140^{km} - 80^{km} = 60^{km}.$$

La vitesse de A vaut donc les $\dfrac{80}{60}$ ou les $\dfrac{4}{3}$ de celle de B.

La 2e fois pendant que B a fait 140^{km} — 89^{km} = 51^{km}, A a parcouru :

$$\dfrac{51 \times 4}{3} = 68^{km}.$$

Le reste du parcours de A, soit 89^{km} — 68^{km} = 21^{km}, a donc été fait avant le départ de B, c'est-à-dire en 3^h 1/2.

R. — **Vitesse de A** : 21^{km} : 3,5 = **6^{km}.**
    Vitesse de B : 6^{km} × 3/4 = **4^{km},5.**

1435. *Deux trains partant ensemble des deux extrémités d'une ligne se rencontreraient au bout de 2^h48^m; le plus rapide parcourrait toute la ligne en 4^h24^m. On demande le temps que mettra le 2e pour faire tout le chemin et la longueur de ce chemin, sachant que le 2e train parcourt par heure 30^{km} de moins que le 1er.*

$$2^{h}48^{m} = 2^{h}\dfrac{4}{5} = \dfrac{14}{5}\ d'h. ;\quad 4^{h}24^{m} = 4^{h}\dfrac{2}{5} = \dfrac{22}{5}\ d'h.$$

Ensemble les 2 trains font par heure 5/14 du chemin.
Le plus rapide fait par heure 5/22 du chemin.

Donc le 2e train fait en 1^h $\dfrac{5}{14} - \dfrac{5}{22} = \dfrac{10}{77}$ du chemin.

R. — Le 2e train fait tout le chemin en $\dfrac{77}{10}$ d'h. = 7^h42^m.

La différence des vitesses (30^{km}) représente $\dfrac{5}{22} - \dfrac{10}{77} = \dfrac{15}{154}$ du chemin.

R. — **Longueur du chemin** : $\dfrac{30^{km} \times 154}{15} = $ **308^{km}.**

1436. *Deux automobilistes partent en même temps de Paris se dirigeant vers Chartres. Le 1ᵉʳ fait 17ᵏᵐ 1/4 à l'heure, le 2ᵉ 15ᵏᵐ seulement. A 10ᵏᵐ de Paris, le 1ᵉʳ rencontre un ami et revient avec lui à son point de départ où il reste 20ᵐⁿ. Il repart ensuite et arrive à Chartres en même temps que le 2ᵉ automobiliste qui avait eu une panne de 40ᵐⁿ en route. Dire la distance de Paris à Chartres et le temps qu'a mis le 1ᵉʳ automobiliste pour rejoindre le 2ᵉ.*

Supposons que pendant tout le temps qui s'est écoulé entre le départ de Paris et l'arrivée à Chartres, les deux automobilistes aient marché, sans arrêt, dans la direction Paris-Chartres.

Le 1ᵉʳ aurait dépassé Chartres de :

$$10^{km} + 10^{km} + \frac{17,25 \times 20}{60} = 25^{km},750 \; ;$$

et le 2ᵉ aurait dépassé la même ville de :

$$\frac{15^{km} \times 40}{60} = 10^{km}.$$

Différence des chemins parcourus : $25^{km},75 - 10^{km} = 15^{km},75$.
Différence par heure : $17^{km},25 - 15^{km} = 2^{km},25$.

Durée du voyage : $\dfrac{15,75}{2,25} = 7$ heures.

R. — **Distance de Paris à Chartres** : $15^{km} \times \left(7 - \dfrac{40}{60}\right) = 95^{km}$.

Le 1ᵉʳ a rejoint le 2ᵉ à Chartres au bout de 7ʰ.

1437. *Deux trains parcourent en sens inverse la distance qui sépare A et B. S'ils partaient en même temps de A et de B, ils se croiseraient en un point situé à 15ᵏᵐ,6 de B et à 10ᵏᵐ,4 de A ; pour qu'ils se croisent exactement au milieu de AB, il faudrait que le départ du train qui part de A eût lieu 10ᵐⁿ avant le départ de celui de B. Quelle est la vitesse de ces deux trains?*

Appelons 1ᵉʳ train celui qui part de A et 2ᵉ celui qui part de B.

La vitesse du 1ᵉʳ train est les $\dfrac{104}{156}$ ou les $\dfrac{2}{3}$ de celle du 2ᵉ.

Dans le 2ᵉ cas, chaque train parcourrait :

$$\frac{10^{km},4 + 15^{km},6}{2} = 13^{km}.$$

Pendant que le 2ᵉ train ferait 13ᵏᵐ, le 1ᵉʳ ne ferait que :

$$13 \times \frac{2}{3} = \frac{26}{3} \text{ de km.}$$

Donc, le reste du parcours du 1ᵉʳ, soit $13 - 26/3 = 13/3$ de km, aurait été fait pendant les 10ᵐⁿ précédant le départ du 2ᵉ. D'où :

R. — **Vitesse du 1ᵉʳ** : $\dfrac{13 \times 60}{3 \times 10} = 26^{km}$.

Vitesse du 2ᵉ : $26^{km} \times 3/2 = 39^{km}$.

1438. *Deux automobiles partent à 7ʰ de deux points A et B distants de 400ᵏᵐ et vont à la rencontre l'une de l'autre. La rencontre a lieu à 180ᵏᵐ de A. Si la 1ʳᵉ était partie 45ᵐ plus tôt, la rencontre aurait eu lieu à 194ᵏᵐ,850 de A. On demande de trouver : 1° la vitesse de chaque automobile ; 2° l'heure de la rencontre dans les deux cas.*

(*Solution arithmétique*, V. n° 1434.)

Solution algébrique. — Soit x la vitesse de la 1ʳᵉ automobile et y la vitesse de la 2ᵉ.

Dans le 1ᵉʳ cas, la 1ʳᵉ a parcouru 180ᵏᵐ, et l'autre 400ᵏᵐ — 180ᵏᵐ = 220ᵏᵐ.

Les temps de parcours étant égaux, les vitesses sont proportionnelles aux chemins parcourus. Donc :

$$\frac{x}{y} = \frac{180}{220} = \frac{9}{11} ; \qquad \text{d'où } x = \frac{9y}{11}.$$

Dans le 2ᵉ cas, la 1ʳᵉ aurait parcouru 194ᵏᵐ,85 et l'autre 400ᵏᵐ — 194ᵏᵐ,85 = 205ᵏᵐ,15.

La 1ʳᵉ aurait mis : $\dfrac{194,85}{x}$ et la 2ᵉ $\dfrac{205,15}{y}$.

Comme la différence de ces temps égale 45ᵐⁿ, on a :

$$\frac{194,85}{x} = \frac{205,15}{y} + \frac{45}{60}$$

ou
$$11\,691y = 12\,309x + 45xy$$

ou encore, en remplaçant x par $\dfrac{9y}{11}$:

$$11\,691y = \frac{12\,309 \times 9y}{11} + \frac{45 \times 9y^2}{11}.$$

D'où l'on tire : $\qquad y = 44.$

R. — **Vitesse de la 2ᵉ automobile : 44ᵏᵐ.**

Vitesse de la 1ʳᵉ : $\dfrac{44ᵏᵐ \times 9}{11} = $ **36ᵏᵐ.**

Dans le 1ᵉʳ cas, elles se rapprochent par heure de 36 + 44 = 80ᵏᵐ. Pour se rencontrer elles mettront : 400 : 80 = 5 heures.

R. — **Heure de la rencontre : 7ʰ + 5ʰ = 12ʰ.**

Dans le 2ᵉ cas, la 1ʳᵉ aurait parcouru seule : 36ᵏᵐ $\times \dfrac{45}{60} = $ 27ᵏᵐ.

Elles auraient eu à faire ensemble 400 — 27 = 373ᵏᵐ.
Elles auraient mis pour ce parcours 373 : 80 = 4ʰ39ᵐ45ˢ.

R. — **Heure de la rencontre : 7ʰ + 4ʰ39ᵐ45ˢ = 11ʰ39ᵐ45ˢ.**

1439. *Deux trains de chemin de fer partant ensemble des deux extrémités d'une ligne se rencontreraient au bout de 5ʰ12ᵐ ; le plus rapide parcourrait toute la ligne en 8ʰ24ᵐ. On demande le temps que mettra le second pour faire tout* le chemin et la longueur de ce chemin, sachant que le second train parcourt par heure 20^{km} de moins que le premier.

Si en 8^{h}24^m ou 504^{mn}, le 1er train fait le trajet total en 5^{h}12^m ou 312^{mn}, il n'en parcourt que les $\dfrac{312}{504}$.

Par suite le 2^e train parcourt pendant le même temps :

$$\frac{504}{504} - \frac{312}{504} = \frac{192}{504} \text{ du trajet.}$$

R. — Pour faire tout le trajet, le 2^e mettra :

$$\frac{312^{mn} \times 504}{192} = 819^{mn} = 13^h 39^m.$$

Le 1er fait de plus que le 2e, en 312^{mn} :

$$\frac{312}{504} - \frac{192}{504} = \frac{120}{504} \text{ du trajet; } \quad \text{et par heure : } \frac{120 \times 60}{504 \times 312} = \frac{25}{546}.$$

Les 25/546 du trajet représentent donc 20^{km}.

R. — Longueur du trajet : $\dfrac{20^{km} \times 546}{25} = 436^{km},8.$

1440. *Un autobus part à 8^h de C pour aller à M. Mais à 9^{h}1/2, il se trouve immobilisé par un arrêt du moteur et un voyageur se décide à achever la route à pied jusqu'à M. Sa vitesse n'est que le 1/4 de celle de l'autobus. Après un arrêt de 3/4 d'heure durant lequel le voyageur a parcouru 3^{km},750, l'autobus remis en état reprend sa route et arrive à M en même temps que le voyageur. On demande : 1° quelles sont les vitesses par heure de l'autobus et du voyageur; 2° à quelle heure l'autobus est arrivé à M; 3° la distance entre C et M.*

En 3/4 d'h. le voyageur a parcouru 3^{km},75 :

R. — Sa vitesse à l'heure est donc de $\dfrac{3^{km},75 \times 4}{3} = 5^{km}.$

Celle de l'autobus est de 5^{km} × 4 = 20^{km}.

Quand l'autobus a repris sa route il avait à regagner 3^{km},75 sur le voyageur à raison de 20^{km} — 5^{km} = 15^{km} par heure.

Pour le rejoindre, il a mis : $\dfrac{1^h \times 3,75}{15} = \dfrac{1}{4}$ d'h.

R. — L'autobus est donc arrivé à M à $9^h \dfrac{1}{2} + \dfrac{3}{4} + \dfrac{1}{4} = 10^h \dfrac{1}{2}.$

L'autobus a roulé pendant 1^{h}1/2 avant la panne et pendant 1/4 d'h. après la panne, soit en tout pendant 1^{h}3/4.

R. — La distance CM égale donc 20^{km} × 7/4 = 85^{km}.

1441. *Deux touristes sont séparés par une distance de 14^{km},400. S'ils allaient l'un vers l'autre, ils se rencontre-*

raient au bout de 2^h. *S'ils allaient dans le même sens, ils se rejoindraient au bout de* 36^h. *On demande, en kilomètres, la distance parcourue par chacun d'eux en une heure.*

Soient v et v' les vitesses horaires cherchées ($v > v'$).

Si les piétons vont l'un vers l'autre, ils se rapprochent par heure de $v + v'$; et en 2^h de 2 $(v + v')$. On a donc :

$$2(v + v') = 14^{km},4,$$
d'où
$$v + v' = 7^{km},2.$$

S'ils vont dans le même sens, le plus rapide regagne par heure une distance égale à $v - v'$. En 36^h, il regagne 36 $(v - v')$ c'est-à-dire les 14^{km},4 qui les séparaient. On a donc :

$$36 (v - v') = 14^{km},4 ;$$
d'où
$$v - v' = 14^{km},4 : 36 = 0^{km},4.$$

Connaissant $v + v'$ et $v - v'$, on en déduit :

$$v = \frac{7,2 + 0,4}{2} = 3^{km},8 ; \quad v' = \frac{7,2 - 0,4}{2} = 3^{km},4.$$

R. — Les vitesses horaires sont 3^{km},8 et 3^{km},4.

1442. *Deux cyclistes partent en même temps, l'un du point A pour aller en B, l'autre du point B pour aller en A, en suivant la même route. Le 1er arrive en B 6 heures après avoir rencontré le 2e qui arrive en A 2^h 2/3 après cette rencontre. Quel est le temps mis par chaque cycliste pour parcourir le chemin AB ?*

```
A              R                        B
|______________×________________________|
```

Désignons par R le point de rencontre, par x la distance AR et par y la distance RB.

Le 1er cycliste parcourt y en 6^h, sa vitesse est donc $\dfrac{y}{6}$.

Le 2e parcourt x en 2^h 2/3 ou 8/3 d'h. sa vitesse est :

$$\frac{x}{8/3} \quad \text{ou} \quad \frac{3x}{8}.$$

Pour parcourir x, le 1er a mis : $x : \dfrac{y}{6} = \dfrac{6x}{y}$.

Pour parcourir y le 2e a mis : $y : \dfrac{3x}{8} = \dfrac{8y}{3x}$.

Comme ces durées sont égales, on a : $\dfrac{6x}{y} = \dfrac{8y}{3x}$.

ou en égalant le produit des extrêmes au produit des moyens :

$$18x^2 = 8y^2$$
d'où :
$$\frac{x^2}{y^2} = \frac{8}{18} = \frac{4}{9}$$
et par suite :
$$\frac{x}{y} = \frac{2}{3}.$$

Ainsi x vaut les 2/3 de y et par conséquent les 2/5 de AB. De même y vaut les 3/5 de AB.

R. — Le 1er cycliste qui parcourt y en 6^h, fera le trajet total en :

$$\frac{6^h \times 5}{3} = 10^h.$$

Le 2e cycliste qui parcourt x en 8/3 d'h. fera le trajet total

en $$\frac{8 \times 5}{3 \times 2} = 6^h\ 2/3.$$

1443. *Un aéroplane volant dans le vent met 4^h pour parcourir une certaine distance. L'appareil et le vent étant supposés conserver les mêmes vitesses propres, l'appareil met 7^{h}30^m au retour en volant contre le vent. Sachant que la vitesse du vent est supérieure de 10^{km} au 1/5 de celle de l'aéroplane, calculer ces vitesses et la longueur du trajet. On admettra que les vitesses s'ajoutent algébriquement.*

Soit x la vitesse propre de l'aéroplane ; la vitesse du vent sera $\frac{x}{5} + 10$.

Vitesse de l'appareil à l'aller : $x + \frac{x}{5} + 10 = \frac{6x}{5} + 10.$

Vitesse au retour : $x - \left(\frac{x}{5} + 10\right) = \frac{4x}{5} - 10.$

Les vitesses sont en raison inverse des temps mis à parcourir le trajet, donc inversement proportionnelles à 4^h et à 7^{h}30^m, d'où :

$$\frac{\dfrac{6x}{5} + 10}{\dfrac{4x}{5} - 10} = \frac{7,5}{4}.$$

Le produit des extrêmes est égal au produit des moyens :
donc : $4,8x + 40 = 6x - 75$,

d'où $$x = \frac{575}{6} = 95\ \frac{5}{6}.$$

Vitesse du vent : $\frac{x}{5} + 10 = \frac{575}{6 \times 5} + 10 = \frac{175}{6} = 29\ \frac{1}{6}.$

R. — Vitesse de l'aéroplane : 95$^{km}\ \frac{5}{6}$; vitesse du vent : 29$^{km}\ \frac{1}{6}.$

Longueur du trajet : $\left(\dfrac{575 + 175}{6}\right) \times 4 = 500^{km}.$

1444. *Le même jour, deux trains ont été dirigés de Paris sur Tours : le premier, A, est parti à 8^h avec une vitesse de 51^{km} à l'heure ; le second, B, est parti à 8^{h}20^m avec une vitesse de 45^{km}. La distance de Paris à Tours est de 237^{km}.*

On demande : 1° à quelle heure le train A sera à égale distance du train B et d'un troisième train C, parti à 8ʰ de Tours pour aller à Paris avec une vitesse de 54ᵏᵐ à l'heure ; 2° à quelles distances de Paris les trois trains se trouveront à ce moment-là.

Quand B part, A et C ont déjà parcouru : le 1ᵉʳ $\frac{51}{3} = 17$ᵏᵐ, le 2ᵉ $\frac{54}{3} = 18$ᵏᵐ ; et ils sont séparés par une distance de $237 - (17 + 18) = 202$ᵏᵐ.

```
       A                      P                       C
PARIS |──────────────────────×───────────────────────| TOURS
     B
```

Représentons par P. le point de la ligne où A sera à égale distance de B et de C, et par x le temps que A mettra pour arriver à P.

En 1ʰ A gagne sur B 51ᵏᵐ $- 45$ᵏᵐ $= 6$ᵏᵐ ; en x heures il gagnera $6x$; arrivé à P, A sera donc à une distance de B égale à

$$17^{km} + 6x.$$

D'autre part A et C se rapprochent, par heure, de $51 + 54 = 105$ᵏᵐ ; au bout de x heures, ils seront à une distance de :

$$202^{km} - 105x.$$

On a donc : $17^{km} + 6x = 202^{km} - 105x.$

D'où l'on tire : $x = \dfrac{185}{111} = 1^h40^m.$

R. — A sera à égale distance de B et de C à $8^h20^m + 1^h40^m = 10^h.$

A se trouvera à $51^{km} \times 2 = 102$ᵏᵐ **de Paris.**

B   — $45^{km} \times 1\frac{40}{60} = 75$ᵏᵐ **de Paris.**

C   — $237^{km} - (54^{km} \times 2) = 129$ᵏᵐ **de Paris.**

1445. *Un cycliste parcourt une route formée de montées et descentes successives, sans parties horizontales. Il met 24ᵐⁿ de plus pour aller d'un lieu A à un autre lieu B que pour revenir de B en A. Sa vitesse moyenne est de 7ᵏᵐ à l'heure aux montées et 21ᵏᵐ à l'heure aux descentes. On demande : 1° dans quel sens la longueur des montées excède celle des descentes et de combien ; 2° quelle est la distance A B, sachant que le parcours de A vers B a lieu en 84ᵐⁿ.*

1° Si la longueur des montées surpassait de 1ᵏᵐ la longueur des descentes, la différence de durée des trajets AB et BA serait de :

$$\frac{60^{mn}}{7} - \frac{60^{mn}}{21} = \frac{120}{21} \text{ de minute.}$$

Autant de fois cette différence est contenue dans la différence totale (24^{mn}), autant il y aura de km. de différence entre la longueur des montées et celle des descentes :

$$24 : \frac{120}{21} = \frac{24 \times 21}{120} = 4^{km},2.$$

R. — La durée du trajet AB étant supérieure à celle du trajet BA, la longueur des montées est supérieure à celle des descentes dans le sens de A à B. L'excédent est de $4^{km},2$.

2° Le cycliste a fait le trajet AB en 84^{mn}. Pour parcourir les $4^{km},2$ de montée en excédent il a mis :

$$\frac{60^{mn} \times 4,2}{7} = 36^{mn}.$$

Donc pour faire le reste du trajet composé de longueurs égales de montée et de descente, il a mis :

$$84^{mn} - 36^{mn} = 48^{mn}.$$

Pour 1^{km} de montée et 1^{km} de descente, il lui faut :

$$\frac{60^{mn}}{7} + \frac{60^{mn}}{21} = \frac{80}{7} \text{ de minute.}$$

Le reste du trajet comprend donc $2^{km} \times \left(48 : \frac{80}{7}\right) = 8^{km},4$.

R. — **Distance AB** : $4^{km},2 + 8^{km},4 = 12^{km},6$.

1446. *Un vapeur de guerre poursuit un vaisseau ennemi ; la distance qui les sépare est de 44 448^m. On demande dans combien de temps le vaisseau sera atteint, sachant que le vapeur parcourt 12 milles marins à l'heure, et le vaisseau 8. Le mille marin vaut 1 852^m.*

Le vapeur gagne par heure $12 - 8 = 4$ milles.

Il doit gagner en tout $\dfrac{44\ 448}{1\ 852}$ milles.

R. — **Il atteindra le vaisseau en** $\dfrac{44\ 448}{1852 \times 4} = 6^h$.

1447. *Combien de sauts doit faire un chien pour atteindre un lièvre qui a 75 sauts d'avance, sachant que le chien fait 2 sauts quand le lièvre en fait 3, et que 5 sauts de celui-ci en valent 2 du premier ?*

Quand le chien fait 1 saut le lièvre fait $\dfrac{3}{2}$ d'un saut.

D'autre part 1 saut du chien vaut les $\dfrac{5}{2}$ d'un saut de lièvre.

Ainsi quand le chien fait 1 saut ou les $\dfrac{5}{2}$ d'un saut de lièvre, le lièvre fait les $\dfrac{3}{2}$ d'un saut ; l'avance du chien équivaut donc à

$$\frac{5}{2} - \frac{3}{2} = \frac{2}{2} = 1 \text{ saut de lièvre.}$$

Donc pour gagner 1 saut de lièvre, le chien doit faire 1 saut.

R. — Pour gagner 75 sauts de lièvre, le chien fera **75 sauts**.

1448. *Deux personnes ourlent des mouchoirs. La 1re en a ourlé 99 quand la 2e se met à l'ouvrage. Elles travaillent ensemble, la 1re ourlant 5 mouchoirs en 4h et la 2e 9 mouchoirs en 5h. Elles s'arrêtent lorsqu'elles ont ourlé le même nombre de mouchoirs. Quel est le temps employé par chacune des personnes à son travail ? Quel est le nombre de mouchoirs ourlés par chacune d'elles ?*

La 1re personne ourle $\frac{5}{4}$ de mouchoir en 1h et la 2e $\frac{9}{5}$.

Par heure, la 2e ourle $\frac{9}{5} - \frac{5}{4} = \frac{9}{20}$ de mouchoir de plus.

Pour regagner l'avance de la 1re, elle mettra :

$$99 : \frac{9}{20} = \frac{99 \times 20}{9} = 220 \text{ heures.}$$

Pendant ce temps, elle aura ourlé $\frac{9}{5} \times 220 = 396$ mouchoirs.

Pour en ourler 396, la 1re a mis $\frac{4 \times 396}{5} = 316^h48^m$.

R. — La 1re a travaillé 316h48m et la 2e 220h.
   Elles ont ourlé chacune 396 mouchoirs.

1449. *Deux terrassiers ont creusé ensemble une tranchée. Le 1er faisait 24m,30 en 3 jours et le 2e 72m en 8 jours. Le 1er a commencé à une extrémité 4 jours avant que le 2e commençât à l'autre extrémité et le 2e avait creusé les 2/5 de la tranchée quand ils se sont rencontrés. Combien a coûté ce travail, sachant qu'il a été payé à raison de 4f,80 le mètre ?*

En 1 jour, le 1er ouvrier fait 24m30 : 3 = 8m,10 de tranchée.
   — le 2e ouvrier — 72m : 8 = 9m de tranchée.

Le travail fourni par le 1er égale, donc les $\frac{81}{90}$ ou les $\frac{9}{10}$ de celui du 2e.

Avant l'arrivée du 2e, le 1er avait fait : 8m10 × 4 = 32m,40.

Pendant que le 2e a fait les 2/5 de la tranchée, le 1er en a fait les

$$\frac{2}{5} \times \frac{9}{10} = \frac{9}{25}.$$

Or le 1er a fait en tout les 3/5 de la tranchée.

Donc la différence $\frac{3}{5} - \frac{9}{25} = \frac{6}{25}$ représente les 32m,40 faits avant l'arrivée du 2e.

Longueur de la tranchée : $\frac{32^m,40 \times 25}{6} = 135^m$.

R. — Prix du travail : 4f,80 × 135 = 648f.

1450. *Deux pompes travaillent simultanément à l'épuisement d'un bassin. La 1ʳᵉ, qui enlève 4ˡ 1/2 d'eau par coup de piston, a déjà donné 40 coups quand la 2ᵉ commence. D'autre part, 3 coups de la 2ᵉ enlèvent autant d'eau que 2 de la 1ʳᵉ. Mais quand la 1ʳᵉ ne donne que 30 coups, la 2ᵉ en donne 50. Déterminer le volume du bassin, sachant que ce bassin est épuisé quand les deux pompes ont enlevé la même quantité d'eau.*

Quand la 2ᵉ pompe commence à fonctionner la 1ʳᵉ a déjà enlevé :

$$4^l,5 \times 40 = 180^l.$$

Pendant que la 1ʳᵉ donne 30 coups qui enlèvent $4^l,5 \times 30 = 135^l$,

la 2ᵉ donne 50 coups qui enlèvent $\dfrac{4^l,5 \times 2}{3} \times 50 = 3^l \times 50 = 150^l.$

Ainsi la 2ᵉ gagne $150^l - 135^l = 15^l$ quand elle a donné 50 coups de piston.

Pour regagner les 180^l d'avance de la 1ʳᵉ, la 2ᵉ devra donner :

$$\frac{50 \times 180}{15} = 600 \text{ coups de piston}$$

qui enlèveront $3^l \times 600 = 1\,800^l$, soit la moitié du bassin.

R. — Volume du bassin : $1\,800^l \times 2 = 3\,600^l = 3^{m3},6$.

1451. *Naples et New-York sont sensiblement sous la même latitude, et à cette distance du pôle la longueur du parallèle est de 30 332ᵏᵐ environ. Quelle est la distance de ces deux villes, sachant que New-York est à 76° 18' de longitude ouest et Naples à 11°54'57" de longitude est ?*

Différence de longitude des deux villes :

$76°18' + 11°54'57" = 88°12'57"$ ou $317\,577"$ ou $\dfrac{317\,577}{3\,600}$ de degré.

A cette latitude le degré vaut $\dfrac{30\,332^{km}}{360}$.

R. — Distance des 2 villes : $\dfrac{30\,332}{360} \times \dfrac{317\,577}{3\,600} = 7\,432^{km},674.$

1452. *Quelle heure est-il à Naples et à New-York lorsqu'il est midi à Paris ? (Pour la longitude de Naples et celle de New-York voir le problème précédent.)*

Différence d'heure entre Paris et New-York :

$$4^{mn} \times 76\frac{18}{60} = 305^m\frac{12}{60} = 5^h5^m12^s.$$

Différence d'heure entre Paris et Naples :

$$4^{mn} \times 11\frac{3\,297}{3\,600} = 47^{mn}\frac{2\,388}{3\,600} = 47^m39^s.$$

R. — Quand il est midi à Paris, à Naples il est $12^h + 47^m39^s$, et à New-York : $12^h - 5^h5^m12^s = 6^h54^m48^s$.

1453. *Quelle heure est-il à Paris et à Naples quand il est midi à New-York ?*

R. — **A Paris,** il est : $12^h + 5^h5^m12^s = 17^h5^m12^s$.

A Naples, il est : $12^h + 5^h5^m12^s + 47^m39^s = 17^h52^m51^s$.

1454. *Une pendule qui avance de 28 secondes par heure avait été mise à l'heure à midi. Quelle heure est-il lorsqu'elle marque 7^h15^m le lendemain matin ?*

En 1^h ou $3\,600^s$, cette pendule avance de 28^s et marque $3\,628^s$. Or dans l'intervalle de temps considéré, elle a marqué :

$$12^h + 7^h15^m = 19^h15^m = 69\,300^s.$$

Lorsqu'elle marque $3\,628^s$ il s'est écoulé $3\,600^s$. Quand elle marque $69\,300^s$ il s'est écoulé

$$\frac{3\,600^s \times 69\,300}{3\,628} = 68\,765^s.$$

R. — Il s'est écoulé $68\,765^s$ ou $19^h6^m5^s$; il est donc $7^h6^m5^s$.

1455. *La France est située entre les $42°20'$ et $51°5'$ de latitude nord. Combien cet intervalle comprend-il de kilomètres comptés sur un méridien ?*

Cet intervalle comprend : $51°5' - 42°20' = 8°45' = \dfrac{525}{60}$ de degré.

En km, il représente : $\dfrac{40\,000}{360} \times \dfrac{525}{60} = 972^{km},222$.

R. — L'intervalle considéré mesure $972^{km},222$.

CINQUIÈME PARTIE

RAPPORTS ET PROPORTIONS

1456. *Trouver le rapport :*

1° de 3 /25 à 15 /8 ;   2° de 8 3 /5 à 4 7 /9 ;
3° de 180^g à 3^{kg},6 ;   4° de 15^{mn} à 3^h.

$$\text{R.} \quad 1° \quad \frac{3/25}{15/8} = \frac{3}{25} : \frac{15}{8} = \frac{3 \times 8}{25 \times 15} = \frac{8}{125}.$$

$$2° \quad \frac{8\,3/5}{4\,7/9} = \frac{43}{5} : \frac{43}{9} = \frac{43 \times 9}{5 \times 43} = \frac{9}{5}.$$

$$3° \quad \frac{180}{3\,600} = \frac{1}{20} \; ; \quad 4° \quad \frac{15}{180} = \frac{1}{12}.$$

1457. *Trouver le rapport :*

1° de 5^{dm3},07 à 3^{hl},549 ;   2° de 49 212^{m2} à 2^{ha}5^{a}5^{ca}.

$$\text{R.} \quad 1° \quad \frac{507}{35\,490} = \frac{1}{70} \; ; \quad 2° \quad \frac{49\,212}{20\,505} = \frac{12}{5}.$$

1458. *Le rapport de deux longueurs est 3,5 ; la première vaut 5^m,95. Que vaut la seconde ?*

Le rapport de ces longueurs est $\frac{35}{10}$ ou $\frac{7}{2}$.

R. — La 2° vaut les $\frac{2}{7}$ de la 1re, soit $\dfrac{5^m,95 \times 2}{7} = 1^m,7$.

1459. *Le rapport de deux superficies est 5 3 /8 ; la seconde égale 15^{ha}4^a. Quelle est la valeur de la première ?*

Le rapport de ces superficies est 43/8.

R. — La 1re vaut les $\frac{43}{8}$ de la 2e, soit $\dfrac{15^{ha},04 \times 43}{8} = 80^{ha},84$.

1460. *Deux angles ont respectivement pour mesure : 35°15′ et 44°8′15″. Quel est le rapport du premier au second ?*

$$\text{R.} \quad \frac{35°15'}{44°8'15''} = \frac{126\,900''}{158\,895''} = \frac{940}{1\,177}.$$

1461. *La somme de deux nombres est 490 ; leur rapport est 3/7. Quels sont ces deux nombres ?*

Soient x et y les 2 nombres. On a :

$$x + y = 490 \quad \text{et} \quad \frac{x}{y} = \frac{3}{7}.$$

On en déduit : $\dfrac{x + y}{y} = \dfrac{3 + 7}{7}$ ou $\dfrac{490}{y} = \dfrac{10}{7}$

d'où

$$y = \frac{490 \times 7}{10} = 343$$

$$x = \frac{343 \times 3}{7} = 147.$$

R. — Les deux nombres sont 147 et 343.

1462. *La différence de deux nombres est 1 205 ; leur rapport est 4/9. Quels sont ces deux nombres ?*

Soient x et y les deux nombres. On a :

$$y - x = 1\,205 \quad \text{et} \quad \frac{x}{y} = \frac{4}{9}.$$

La proportion $\dfrac{x}{y} = \dfrac{4}{9}$ peut s'écrire $\dfrac{y}{x} = \dfrac{9}{4}$; d'où l'on déduit :

$$\frac{y - x}{x} = \frac{9 - 4}{4} \quad \text{ou} \quad \frac{1\,205}{x} = \frac{5}{4}$$

$$x = \frac{1\,205 \times 4}{5} = 964$$

$$y = \frac{964 \times 9}{4} = 2\,169.$$

1463. *Quel est le plus grand des deux rapports $\dfrac{x - y}{x + y}$ et $\dfrac{x^2 - y^2}{x^2 + y^2}$?*

Si l'on multiplie les 2 termes du 1er rapport par $x + y$, on ne changera pas sa valeur et on aura :

$$\frac{(x - y) \times (x + y)}{(x + y) \times (x + y)} = \frac{x^2 - y^2}{x^2 + 2xy + y^2}.$$

Or

$$\frac{x^2 - y^2}{x^2 + 2xy + y^2} < \frac{x^2 - y^2}{x^2 + y^2} ;$$

car de 2 rapports qui ont même numérateur, le plus petit est celui qui a le plus grand dénominateur. On a donc aussi :

$$\frac{x - y}{x + y} < \frac{x^2 - y^2}{x^2 + y^2}.$$

1464. *Le rapport de deux nombres est $\dfrac{4}{5}$ et la somme de leurs carrés 369. Quels sont ces nombres ?*

Soient x et y les deux nombres. On a :

$$\frac{x}{y} = \frac{4}{5} \quad \text{et} \quad x^2 + y^2 = 369.$$

On en déduit : $\dfrac{x^2}{y^2} = \dfrac{16}{25}$; d'où : $\dfrac{x^2 + y^2}{y^2} = \dfrac{16 + 25}{25}$

ou
$$\frac{369}{y^2} = \frac{41}{25}$$

$$y^2 = \frac{369 \times 25}{41} = 9 \times 25 ; \quad y = \sqrt{9 \times 25} = 3 \times 5 = 15$$

$$x = 15 \times \frac{4}{5} = 12.$$

R. — Les deux nombres sont 12 et 15.

1465. *Le rapport de deux nombres est 0,3 et la différence de leurs carrés 2 275. Quels sont ces nombres ?*

Soient x et y les deux nombres. On a :

$$\frac{x}{y} = \frac{3}{10} \quad \text{et} \quad y^2 - x^2 = 2\,275.$$

On en déduit : $\dfrac{x^2}{y^2} = \dfrac{9}{100}$; d'où $\dfrac{y^2 - x^2}{y^2} = \dfrac{100 - 9}{100}$

ou
$$\frac{2\,275}{y^2} = \frac{91}{100}.$$

Par suite
$$y^2 = \frac{2\,275 \times 100}{91} = 25 \times 100 ; \quad y = \sqrt{25 \times 100} = 5 \times 10 = 50$$

$$x = 50 \times \frac{3}{10} = 15.$$

R. — Les deux nombres sont 15 et 50.

1466. *Calculer le terme x dans les proportions suivantes :*

$1^o\ \dfrac{x}{105} = \dfrac{20}{35}$; $\qquad 2^o\ \dfrac{4,4}{x} = \dfrac{6,6}{5,4}.$

$1^o\ x = 60$; $\qquad 2^o\ x = 3,6.$

1467. *Calculer le terme x dans les proportions suivantes :*

$1^o\ \dfrac{\left(\dfrac{5}{14}\right)}{\left(\dfrac{9}{25}\right)} = \dfrac{x}{\left(\dfrac{8}{15}\right)}$; $\qquad 2^o\ \dfrac{\left(4 + \dfrac{2}{7}\right)}{\left(15 + \dfrac{2}{5}\right)} = \dfrac{\left(11\,\dfrac{2}{3}\right)}{x}.$

$1^o\ x = \dfrac{100}{189}$; $\qquad 2^o\ x = 41\,\dfrac{83}{90}.$

1468. *Trouver la quatrième proportionnelle : 1° aux nombres 4, 11, 26 ; 2° aux nombres 2/3, 4/5, 8/15.*

En désignant par x la 4e proportionnelle, on a :

1° $\dfrac{4}{11} = \dfrac{26}{x}$; d'où $x = 71,5$.

2° $\dfrac{2/3}{4/5} = \dfrac{8/15}{x}$; d'où $x = \dfrac{16}{25}$.

1469. *Trouver la troisième proportionnelle :* 1° *aux nombres 6 et 9 ;* 2° *aux nombres 7/45 et 4/15.*

En désignant par x la 3e proportionnelle, on a :

1° $\dfrac{6}{9} = \dfrac{9}{x}$; d'où $x = \mathbf{13,5}$;

2° $\dfrac{7/45}{4/15} = \dfrac{4/15}{x}$; d'où $x = \dfrac{16}{35}$.

1470. *Trouver la moyenne proportionnelle :* 1° *entre les nombres 5 et 45 ;* 2° *entre les nombres 108 et 12.*

En désignant par x la moyenne proportionnelle, on a :

1° $\dfrac{5}{x} = \dfrac{x}{45}$; d'où $x = \sqrt{5 \times 45} = \sqrt{225} = \mathbf{15}$;

2° $\dfrac{108}{x} = \dfrac{x}{12}$; d'où $x = \sqrt{108 \times 12} = \sqrt{1\,296} = \mathbf{36}$.

1471. *En utilisant les propriétés des rapports, trouver les valeurs de* **x** *et de* **m** *dans les proportions suivantes :*

$$\frac{x-13}{11} = \frac{35}{77} ; \qquad \frac{m+25}{24} = \frac{4}{3}.$$

La propriété fondamentale (n° 502) permet d'écrire :

1° $\qquad (x - 13) \times 77 = 11 \times 35$

$\qquad\qquad 77x - 1\,001 = 385$

d'où $\qquad\qquad x = \mathbf{18}.$

2° $\qquad (m + 25) \times 3 = 24 \times 4$

$\qquad\qquad 3m + 75 = 96$

d'où $\qquad\qquad m = \mathbf{7}.$

1472. *Si* $\dfrac{a}{b} = \dfrac{m}{n}$, *on a aussi* $\dfrac{a+b}{a} = \dfrac{m+n}{m}$.

En effet, la proportion $\dfrac{a}{b} = \dfrac{m}{n}$ peut s'écrire $\dfrac{b}{a} = \dfrac{n}{m}$

d'où (*Th.* 509) $\dfrac{a+b}{a} = \dfrac{m+n}{m}$.

1473. *Sachant que* $\dfrac{27}{36} = \dfrac{39}{52}$, *démontrer qu'on a aussi*

$$\frac{27}{36+27} = \frac{39}{52+39} \quad \text{et} \quad \frac{27}{36-27} = \frac{39}{52-39}.$$

Arithmétique. (Liv. M.)

En renversant les rapports on a $\dfrac{36}{27} = \dfrac{52}{39}$

d'où (*Th.* 509) $\dfrac{36 + 27}{27} = \dfrac{52 + 39}{39}$, et $\dfrac{36 - 27}{27} = \dfrac{52 - 39}{39}$.

En renversant de nouveau les rapports, on aura :

$$\dfrac{27}{36 + 27} = \dfrac{39}{52 + 39} \quad \text{et} \quad \dfrac{27}{36 - 27} = \dfrac{39}{52 - 39}.$$

1474. *Sachant que* $\dfrac{x}{13 - x} = \dfrac{1,5}{2,4}$ *et que* $\dfrac{m}{m + 15} = \dfrac{4}{9}$, *trouver* x *et* m.

La somme ou la différence des 2 premiers termes est au 1er comme la somme ou la différence des 2 derniers est au 3e (n° 1472). On a donc :

1° $\dfrac{x + (13 - x)}{x} = \dfrac{2,4 + 1,5}{1,5}$

$\dfrac{13}{x} = \dfrac{3,9}{1,5}$

d'où :   **x = 5**

2° $\dfrac{(m + 15) - m}{m} = \dfrac{9 - 4}{4}$

$\dfrac{15}{m} = \dfrac{5}{4}$

d'où :   **m = 12.**

RÈGLES DE TROIS

1475. *Un industriel a payé* 1 900^f *pour l'éclairage de son usine* 4^h *par jour pendant 95 jours. Combien devrait-il payer s'il ne l'éclairait que* 3^{h}1 /2 *par jour pendant 80 jours ?*

Pour 4^h × 95 = 380^h d'éclairage il a payé 1 900^f.

R. — Pour 3^h,5 × 80 = 280^h, il payerait : $\dfrac{1\,900^f \times 280}{380} = 1\,400^f$.

1476. *Combien le thermomètre Réaumur marque-t-il de degrés lorsque le thermomètre centésimal marque* 35° ? *On sait que* 80° *Réaumur valent* 100° *centésimaux.*

1 degré centésimal vaut $\dfrac{80}{100}$ ou $\dfrac{4}{5}$ d'un degré Réaumur.

R. — Donc 35° centésimaux valent $\dfrac{4}{5}$ × 35 = **28° Réaumur.**

1477. *L'habileté de deux ouvriers est dans le rapport de* 7 *à* 12. *Combien le second peut-il faire de mètres d'ouvrage pendant que le premier en fait* 175 ?

R. — **Le second peut faire** 175^m × $\dfrac{12}{7}$ = **300^m.**

1478. *Quinze hommes ont fait un certain ouvrage en* 24 *jours. Combien faudra-t-il de jours à* 10 *hommes pour faire un ouvrage trois fois plus considérable ?*

Pour faire le même ouvrage, 10 hommes mettraient $24^j \times \dfrac{15}{10}$.

R. — Pour faire un ouvrage 3 fois plus difficile ils mettront :

$$24^j \times \frac{15}{10} \times 3 = \textbf{108 jours.}$$

1479. *Avec* 50^{kg} *de lait on fait* 3^{kg} *de beurre. Combien faut-il de litres de lait pour obtenir* 159^{kg} *de beurre ? Densité du lait 1,03.*

Pour obtenir 3^{kg} de beurre, il faut 50^{kg} de lait ; et pour obtenir 159^{kg} de beurre, il en faut $\dfrac{50^{kg} \times 159}{3} = 2\,650^{kg}$.

R. — **Volume de lait nécessaire** : $\dfrac{2\,650}{1,03} = \textbf{2 572}^l\textbf{,816.}$

1480. *Quatre ouvriers travaillent à un ouvrage qu'ils doivent faire en 18 jours ; mais après le* 6e *jour on leur adjoint deux autres ouvriers. Au bout de combien de jours l'ouvrage sera-t-il terminé ?*

Les 4 ouvriers achèveraient l'ouvrage en $18 - 6 = 12^j$.

R. — **6 ouvriers l'achèveront en** $\dfrac{12 \times 4}{6} = \textbf{8 jours.}$

1481. *25 ouvriers peuvent faire un travail de terrassement en 37 jours. Au bout de 10 jours, on leur adjoint une autre équipe et l'ouvrage est terminé 12 jours plus tôt. De combien d'ouvriers se compose la deuxième équipe ?*

Pour achever l'ouvrage en $37 - 10 = 27^j$, il faut 25 ouvriers. Pour le terminer en $27 - 12 = 15^j$, il a fallu :

$$\frac{25 \times 27}{15} = 45 \text{ ouvriers.}$$

R. — **La** 2e **équipe comprend** : $45 - 25 = \textbf{20 ouvriers.}$

1482. *Un fermier a* $37\,800^{kg}$ *de fourrage pour nourrir 27 vaches pendant 168 jours d'hiver. Après 42 jours son bétail s'accroît de 3 vaches. Combien doit-il acheter de kg. de fourrage, s'il ne veut pas diminuer la ration ?*

Une vache consomme par jour $\dfrac{37\,800}{27 \times 168}$ kg.

3 vaches en $168^j - 42^j = 126^j$ consommeront :

$$\frac{37\,800}{27 \times 168} \times 3 \times 126 = 3\,150^{kg}.$$

R. — **Le fermier devra acheter 3 150** ^{kg} **de fourrage.**

1483. *Un cultivateur a 640 moutons qu'il peut nourrir pendant 65 jours. Combien doit-il vendre de moutons s'il veut nourrir son troupeau 15 jours de plus sans modifier la ration de chaque animal ?*

Le fermier dispose de $65 \times 640 = 41\ 600$ rations.
Elles devront durer 65 j. $+$ 15 j. $=$ 80 jours.

Donc il peut en faire consommer par jour $\dfrac{41\ 600}{80} = 520$.

R. — **Il doit vendre** : $640 - 520 = $ **120 moutons.**

1484. *Un paquebot transporte 1 800 hommes qui ont des vivres pour 21 jours, la ration de chacun étant de 1 200^g par jour. De combien de grammes doit-on réduire la ration, si le navire recueille 300 naufragés le 1er jour et si l'on veut que les vivres durent 7 jours de plus ?*

On dispose de $1\ 800 \times 21 = 37\ 800$ rations journalières.
Après avoir recueilli les naufragés, on forme avec la même quantité de vivres :

$$(1\ 800 + 300) \times (21 + 7) = 58\ 800 \text{ rations.}$$

La nouvelle ration journalière est donc les $\dfrac{37\ 800}{58\ 800}$ ou les $\dfrac{9}{14}$ de la ration primitive.

R. — **La ration est réduite de** $\dfrac{5}{14}$ soit de $\dfrac{1\ 200^g \times 5}{14} = $ **428^g,571.**

Solution algébrique. — Soit x la nouvelle ration.

On a : $\dfrac{1\ 800 \times 21}{2\ 100 \times 28} = \dfrac{x}{1\ 200}$

d'où : $x = 771,429.$

R. — Réduction de $1\ 200 - 771,429 = $ **428^g,571.**

1485. *Un navire a des vivres pour 50 jours ; il recueille 35 naufragés et il ne lui reste plus alors que 40 jours de vivres. Combien avait-il d'hommes d'abord ?*

Les nombres de jours de vivres sont en raison inverse des nombres d'hommes à bord.
Donc le nombre des hommes à bord après le naufrage est les $\dfrac{50}{40}$ ou les $\dfrac{5}{4}$ du nombre primitif.

L'augmentation de 35 hommes représente donc le 1/4 du nombre primitif.

R. — **Il y avait à bord** : $35 \times 4 = $ **140 hommes.**

Autre solution. — Les 35 naufragés consommeront en 50 jours $35 \times 40 = 1\ 400$ rations.
Ces 1 400 rations devaient suffire aux hommes primitivement à bord, pendant $50 - 40 = 10$ jours.

R. — **Il y avait primitivement à bord** : $1\ 400 : 10 = $ **140 hommes.**

1486. *On sait, d'après la loi de Mariotte, qu'à une même température les volumes occupés par les gaz sont en raison inverse des pressions qu'ils supportent. D'après cela, quel sera le volume occupé par une masse d'air sous la pression de 742^{mm}, sachant que le volume est de 4 litres 1/2 sous la pression de 760^{mm} ?*

Si la pression était de 1^{mm}, le volume de l'air serait de :

$$4^l,5 \times 760.$$

R. — Pour la pression de 742^{mm}, le volume sera :

$$\frac{4^l,5 \times 760}{742} = 4^l,60 \text{ par défaut.}$$

1487. *Un volume d'acide carbonique est de 576^{cm3} sous la pression de 763^{mm}. Quelle sera la pression si le volume devient 756^{cm3} ?*

Si le volume était de 1^{cm3}, la pression serait de :

$$763^{mm} \times 576.$$

R. — Le volume étant de 756^{cm3}, la pression sera de :

$$\frac{763^{mm} \times 576}{756} = 581^{mm},33.$$

1488. *En 10 jours, 15 ouvriers ont fait les 2/3 d'un ouvrage. A ce moment, 3 d'entre eux quittent l'atelier. Combien les autres mettront-ils de jours pour faire le reste ?*

12 ouvriers pour faire les 2/3 de l'ouvrage mettraient :

$$12^j \times \frac{15}{12}.$$

R. — Pour en faire 1/3, ils mettront $12^j \times \dfrac{15}{12} \times \dfrac{1}{2} = 7^j\dfrac{1}{2}.$

1489. *Quatorze ouvriers travaillant 6^h par jour ont mis 18 jours pour faire 540^m d'étoffe. Combien faudrait-il d'ouvriers travaillant 8^h par jour pour faire en 9 jours 180^m de la même étoffe ?*

$$\begin{array}{llll} 14 \text{ ouv.} & 6^h & 18^j & 540^m \\ x & 8^h & 9^j & 180^m \end{array} \quad x = \frac{14 \times 180 \times 6 \times 18}{540 \times 8 \times 9} = 7 \text{ ouvriers.}$$

1490. *16 terrassiers doivent creuser une tranchée en 8 journées de 9^h. Au bout de 3 jours de travail, 2 ouvriers s'en vont. Combien les autres mettront-ils de journées de 8^h pour achever l'ouvrage ?*

$$\begin{array}{lll} 16 \text{ ouv.} & 5^j & 9^h \\ 14 \text{ ouv.} & x & 8^h \end{array} \quad x = \frac{5^j \times 16 \times 9}{14 \times 8} = 6^j\frac{3}{7}.$$

Autre solution. — Au bout de 3 jours, il restait à fournir $9^h \times 5 \times 16 = 720$ heures de travail.

Les 14 ouvriers restants fourniront par jour $8^h \times 14 = 112^h$.

R. — Pour achever l'ouvrage, ils mettront : $\dfrac{720}{112} = 6^j \dfrac{3}{7}$.

1491. *Une compagnie d'ouvriers pouvait creuser en 18 jours une tranchée de 672^m de long sur 10^m de large ; mais 36 de ces ouvriers n'ayant pas travaillé pendant 10^j, la tranchée n'a été creusée qu'en 24^j. Dire combien il y avait d'hommes dans cette compagnie complète et quelle était la profondeur de la tranchée, un homme pouvant déblayer 8^{m3} par jour.*

Les 36 ouvriers auraient dû fournir : $10 \times 36 = 360$ journées de plus.

Pour réaliser ces journées, tous les ouvriers ont dû travailler 6 jours de plus.

R. — Le nombre total des ouvriers était donc de $360 : 6 = $ **60.**

Volume de la tranchée : $8^{m3} \times 60 \times 18$.
Surface de la base : 672×10.

R. — Profondeur de la tranchée : $\dfrac{8 \times 60 \times 18}{672 \times 10} = 1^m \dfrac{2}{7}$.

1492. *25 ouvriers ont fait en 21 jours, en travaillant 9^h par jour, 72^m d'un ouvrage dont la difficulté est exprimée par 3 ; combien 42 ouvriers mettront-ils de temps, en travaillant 8^h par jour, pour faire 120^m d'un ouvrage dont la difficulté est représentée par 5 ?*

$$\begin{array}{ll} \text{25 ouv.} \ 21^j \ 9^h \ 72^m3 \\ \text{42 ouv.} \ x \ \ 8^h 120^m 5 \end{array} \quad x = \frac{21 \times 25 \times 9 \times 120 \times 5}{42 \times 8 \times 72 \times 3} = 39^j 30^m.$$

1493. *Un fabricant s'est engagé à livrer une commande dans un délai de 12 jours. A cet effet, il estime qu'il doit employer 3 ouvriers qui travaillent 8^h par jour et reçoivent 18^f. Après 6 jours de travail, le client demande que la fourniture soit livrée 2 jours plus tôt. Le fabricant met alors à ce travail un ouvrier de plus et propose de porter la journée à 21^f à la condition qu'elle sera prolongée de telle façon que la commande puisse être livrée dans les délais demandés. De combien faut-il prolonger la journée et quel est le prix de chaque heure de travail supplémentaire ?*

Le travail qui reste à faire au bout de 6 jours exige :
$$8^h \times 6 \times 3 = 144 \text{ heures.}$$

Pour les fournir, il y aura $3 + 1 = 4$ ouvriers qui travailleront pendant $6 - 2 = 4$ jours.

Chaque journée devra donc compter $\dfrac{144^h}{4 \times 4} = 9$ heures.

R. — La journée devra être prolongée de $9 - 8 = $ **1 heure.**
Prix de l'heure supplémentaire : $21^f - 18^f = 3^f$.

1494. *Neuf ouvriers s'engagent à faire un ouvrage en 16 jours. Après avoir travaillé pendant 6 journées de 10^h, ils ne sont qu'au tiers de l'ouvrage. Combien devront-ils travailler pendant les 6 autres jours pour terminer dans le délai fixé ?*

Pour faire 1/3 de l'ouvrage il a fallu $10^h \times 6 = 60$ heures.
       2/3   il faudra $60^h \times 2 = 120$ heures.
Ces 120 heures seront fournies en $16 - 6 = 10$ jours.

R. — La journée sera donc de 120 : 10 = 12^h.

1495. *Un certain travail peut être fait en 44 jours par 15 ouvriers travaillant 8^h par jour. Après 10 jours, 5 ouvriers cessent de travailler ; les autres font alors 9^h par jour. Au bout de combien de temps le travail sera-t-il terminé ? Combien recevra chacun des 5 premiers ouvriers, puis chacun des 10 autres, s'ils ont reçu en tout 8 448^f.*

1º L'ouvrage total exige : $8^h \times 44 \times 15 = 5\,280$ heures.
En 10 jours, les 15 ouvriers ont fourni $8^h \times 10 \times 15 = 1\,200^h$.
Il reste à fournir : $5\,280^h - 1\,200^h = 4\,080$ heures.
Les 10 ouvriers restants fourniront par jour : $9^h \times 10 = 90^h$.

R. — Le travail sera terminé au bout de $\dfrac{4\,080}{90} = 45^{j}3^h$.

2º L'heure de travail a été payée $\dfrac{8\,448^f}{5\,280} = 1^f,60$.

Les 5 ouvriers de la 1re catégorie ont fourni $8^h \times 10 \times 5 = 400^h$.

R. — Chacun des 5 ouvriers recevra : $\dfrac{1^f,6 \times 400}{5} = 128^f$.

Les 10 ouvriers de la 2e catégorie ont fourni :

$$(8^h \times 10 \times 10) + 4\,080^h = 4\,880 \text{ heures.}$$

R. — Chacun des 10 ouvriers recevra : $\dfrac{1^f,6 \times 4\,880}{10} = 780^f,8$.

1496. *La réfection d'une route doit être terminée en 26 jours et, pour y parvenir, on devait employer 36 ouvriers travaillant 10^h par jour. Mais, au bout de 12 jours de travail, on réduit la journée d'ouvriers à 8^h en convenant que le salaire d'une journée de 8^h sera les 9/10 du salaire d'une journée de 10^h. On demande : 1º combien il faudra ajouter d'ouvriers pour terminer l'ouvrage dans les 14^j qui restent ; 2º quel était le salaire d'une journée de 10^h, sachant que le total des salaires a été de 23 976^f.*

Puisque le nombre de journées ne varie pas, le nombre d'ouvriers à employer est inversement proportionnel à la durée de la journée.

Donc si l'on remplace la journée de 10^h par la journée de 8^h, au lieu de 36 ouvriers il faudra employer $36 \times \dfrac{10}{8} = 45$ ouvriers.

R. — Il faut ajouter $45 - 36 = 9$ **ouvriers** à la 1re équipe.

Nombre de journées de 10^h payées :

$$(36 \times 12) + \left(\frac{9}{10} \times 45 \times 14\right) = 999.$$

R. — Salaire d'une journée de 10^h : $23\,976^f : 999 = 24^f.$

Règle conjointe.

1497. *Dans un atelier, on emploie 4 machines qui fournissent chacune le travail de 25 hommes. Sachant que le travail de 7 hommes équivaut à celui de 10 femmes et que celui de 5 femmes équivaut à celui de 7 enfants, calculer combien on devrait employer d'enfants pour fournir un travail égal à celui des 4 machines.*

$$
\begin{aligned}
x \text{ enfants} &= 4 \text{ machines} \\
4 \text{ machines} &= 100 \text{ hommes} \\
7 \text{ hommes} &= 10 \text{ femmes} \\
5 \text{ femmes} &= 7 \text{ enfants}
\end{aligned}
$$

$$x = \frac{4 \times 100 \times 10 \times 7}{4 \times 7 \times 5} = 200 \text{ enfants.}$$

1498. *En décembre 1924, un négociant avait à payer une traite de 300 dollars. Quelle somme en francs a-t-il dû verser, sachant que 29 dollars valaient 6 livres sterling ; 5 livres sterling valaient 58 florins des Pays-Bas, et 10 florins valaient 75 francs ?*

$$
\begin{aligned}
x &= 300 \text{ dollars} \\
29 \text{ dollars} &= 6 \text{ livres} \\
5 \text{ livres} &= 58 \text{ florins} \\
10 \text{ florins} &= 75^f.
\end{aligned}
$$

$$x = \frac{300 \times 6 \times 58 \times 75}{29 \times 5 \times 10} = 5\,400^f.$$

1499. *Un homme consomme en moyenne par an $3^{hl},8$ de blé pesant 75^{kg} l'hl. Sachant que 125^{kg} de blé donnent 100^{kg} de farine et 76^{kg} de farine 100^{kg} de pain, trouver combien cet homme dépense annuellement, pour son pain s'il le paye $1^f,40$ le kg.*

$$
\begin{aligned}
x &= 3^{hl},8 \text{ blé} \\
1^{hl} \text{ blé} &= 75^{kg} \text{ blé} \\
125^{kg} \text{ blé} &= 100^{kg} \text{ farine} \\
76^{kg} \text{ farine} &= 100^{kg} \text{ pain} \\
1^{kg} \text{ pain} &= 1^f,40.
\end{aligned}
$$

$$x = \frac{3,8 \times 75 \times 100 \times 100 \times 1,4}{1 \times 125 \times 76 \times 1} = 420^f.$$

1500. *Chaque oiseau insectivore préserve des insectes environ 4 litres de blé par an. 17ʰˡ pèsent 1 275ᵏᵍ et 364ᵏᵍ de blé donnent 273ᵏᵍ de farine. On peut avoir 32ᵏᵍ de pain avec 24ᵏᵍ de farine. Combien d'oiseaux sont nécessaires pour préserver la quantité de blé utilisée en une année par une personne qui consomme 8ʰᵍ de pain par jour ?*

$$x \text{ oiseaux} = 0^{kg},8 \times 365 \text{ pain}$$
$$32^{kg} \text{ pain} = 24^{kg} \text{ farine}$$
$$273^{kg} \text{ farine} = 364^{kg} \text{ blé}$$
$$1\ 275^{kg} \text{ blé} = 1\ 700^{l} \text{ blé}$$
$$4^{l} \text{ blé} = 1 \text{ oiseau.}$$

$$x = \frac{0,8 \times 365 \times 24 \times 364 \times 1\ 700 \times 1}{32 \times 273 \times 1\ 275 \times 4} = \textbf{98 par excès.}$$

PROBLÈMES SUR LE TANT %

Calcul du pourcentage.

1501. *Une récolte de 645ᵏᵍ de noix en coques a donné 41 % de son poids de noix épluchées. Combien de litres d'huile pourra-t-on en extraire, sachant que les noix épluchées rendent 52 % de leur poids d'huile et qu'un litre de cette huile pèse 930ᵍ ?*

Poids de noix épluchées : $\dfrac{645^{kg} \times 41}{100} = 264,45.$

Poids de l'huile extraite : $\dfrac{264^{kg},45 \times 52}{100} = 137^{kg},514.$

R. — Nombre de litres d'huile : 137,514 : 0,93 = 147ˡ,86.

1502. *La betterave donne en sucre 7 % environ de son poids ; un mètre carré produit 3ᵏᵍ,125 de betteraves et 1 000ᵏᵍ de betteraves valent 49ᶠ,50. Quelle superficie faut-il ensemencer pour fournir des betteraves à une fabrique qui doit produire annuellement 887 500ᵏᵍ de sucre ? Quelle est la valeur totale de la betterave récoltée ?*

Pour avoir 100ᵏᵍ de betteraves, ou 7ᵏᵍ de sucre, il faut ensemencer :

$$\frac{100}{3,125} = 32^{m2} \text{ de terrain.}$$

R. — Donc pour obtenir 887 500ᵏᵍ de sucre, il faudra ensemencer :

$$\frac{32^{m2} \times 887\ 500}{7} = 4\ 057\ 142^{m2} = \textbf{405}^{ha}\textbf{,7142.}$$

On obtiendra : 31 250ᵏᵍ × 405 7142 = 12 678 568ᵏᵍ,75 de betteraves.

R. — Valeur totale : 49ᶠ,5 × 12 678,568 = 627 589ᶠ,11.

1503. *Un commis voyageur touche un traitement fixe de 24^f par jour, plus une commission de 2^f,50 % sur les ventes qu'il fait. Combien lui doit son patron au bout d'une tournée qui a duré 18 jours et pendant laquelle il a vendu en moyenne pour 1 250^f par jour ?*

Montant de la commission : $\dfrac{1\ 250^f \times 2,5}{100} = 31^f,25.$

Revenu journalier total : $24^f + 31^f,25 = 55^f,25.$

R. — **Le patron doit** : $55^f,25 \times 18 = \mathbf{994^f,50.}$

1504. *Un voyageur de commerce dont les appointements sont de 4 380^f par an, reçoit une indemnité de 25^f par jour de tournée et un bénéfice de 1^f,50 % sur les commissions qu'il prend. Dans une tournée où le total des commissions s'est élevé à 56 000^f, et où la dépense quotidienne a été de 38^f,50, il a économisé 772^f,50. Combien de jours cette tournée a-t-elle duré ?*

Montant de la commission : $\dfrac{56\ 000^f \times 1,5}{100} = 840^f.$

Sur ces 840^f, il a prélevé pour ses dépenses $840^f - 772^f,5 = 67^f,5.$
Or, chaque jour, il pouvait dépenser sans toucher à la commission :

$\dfrac{4\ 380^f}{365}$ d'appointements $+ 25^f$ d'indemnité $= 37^f.$

Sa dépense journalière ayant été de 38^f,50, il a pris chaque jour sur ses commissions $38^f,50 - 37^f = 1^f,50.$

R. — **La tournée a duré** $67,5 : 1,5 = \mathbf{45\ jours.}$

1505. *Un particulier achète un terrain de 8^a au prix de 4^f le m², Les frais d'actes et autres se sont élevés à 10 % du prix d'achat. Il y construit une maison qui lui revient à 22 500^f, non compris les honoraires de l'architecte, qui s'élèvent à 5 % de cette somme. Combien doit-il revendre sa propriété pour réaliser un bénéfice de 8 % sur ses déboursés ?*

Prix d'achat du terrain : .... $4^f \times 800 = 3\ 200^f.$

Frais d'actes, etc. : .... $\dfrac{3\ 200^f \times 10}{100} = 320^f.$

Prix de la maison : .... $22\ 500^f.$

Honoraires de l'architecte : $\dfrac{22\ 500^f \times 5}{100} = 1\ 125^f.$

Total des déboursés : $27\ 145^f.$

R. — **Prix de vente de l'immeuble** (= P. de revient + Bénéf.)

$27\ 145^f + \dfrac{27\ 145 \times 8}{100} = \dfrac{27\ 145^f \times 108}{100} = \mathbf{29\ 316^f,60.}$

1506. *Un marchand de vin met en bouteilles de 0^l,75 une barrique de 225^l, qu'il a payée 150^f. Les bouteilles lui coûtent 70^f le cent, et les bouchons 20^f le mille. Trouver : 1° à combien lui revient la bouteille de vin ; 2° à quel prix il doit la revendre pour faire un bénéfice de 8 % sur le prix de revient.*

Nombre de bouteilles à acheter : 225 : 0,75 = 300.
Prix des bouteilles : 70^f × 3 = 210^f.
Prix des bouchons : 20^f × 0,3 = 6^f.
Prix de revient total : 150^f + 210^f + 6^f = 366^f.

R. — Prix de revient d'une bouteille de vin : $\dfrac{366^f}{300}$ = **1^f,22.**

Prix de vente d'une bouteille de vin :

$$\frac{1^f,22 \times 108}{100} = 1^f,317.$$

1507. *Un meuble m'a coûté 600^f. Quel prix faut-il le marquer pour qu'en faisant un escompte de 10 % je gagne néanmoins 20 % sur le prix d'achat ?*

Pour que le bénéfice soit de 20 % sur le prix d'achat, il faut que la vente du meuble rapporte : $\dfrac{600 \times 120}{100}$ = 720^f.

Or, à cause de l'escompte de 10 %, la vente ne rapporte que les 90/100 ou les 9/10 du prix marqué. 720^f représentent donc les 9/10 du prix marqué.

R. — Le prix marqué sera : $\dfrac{720 \times 10}{9}$ = **800^f.**

1508. *Un marchand de drap veut gagner 12 % sur les marchandises qu'il a achetées. Il donne à son commis de vente 6 % sur les sommes que ce commis reçoit. Combien devra être vendue une pièce de drap de 150^m,40 qui a été achetée 30^f le mètre ?*

La vente de chaque mètre devra rapporter $\dfrac{30^f \times 112}{100}$ = 33^f 6.

A cause de la commission de 6 %, ce prix ne représente que les 94/100 du prix fort.

Le mètre devra donc être vendu $\dfrac{33^f,6 \times 100}{94}$.

R. — Prix de vente de la pièce. $\dfrac{33^f,6 \times 100}{94}$ × 150,4 = **5 376^f.**

1509. *Une pièce de toile a été achetée 360^f. On en a revendu les 3/10 avec un bénéfice de 0^f,80 par mètre, et le reste avec un bénéfice de 15 % du prix d'achat. Sachant qu'on a retiré de la vente totale une somme de 408^f,60 on demande la longueur de la pièce et le prix de vente du mètre dans l'un et l'autre cas.*

Prix d'achat de la 2e partie.

$$2^e\ partie\ de\ la\ pièce,\quad \begin{cases} \text{Prix d'achat}: 360^f \times \dfrac{7}{10} = 252^f. \\[2mm] \text{Prix de vente}: \dfrac{252^f \times 115}{100} = 289^f,80. \end{cases}$$

$$1^{re}\ partie\ de\ la\ pièce\quad \begin{cases} \text{Prix de vente}: 408^f,60 - 289^f,80 = 118^f,80. \\ \text{Prix d'achat}: 360^f - 252^f = 108^f. \\ \text{Bénéfice fait dans cette vente}: 118^f,80 - 108^f = 10^f,80. \\ \text{Longueur du coupon}: 10,8 : 0,8 = 13^m,50. \end{cases}$$

R. — **Longueur totale de la pièce** : $\dfrac{13^m,50 \times 10}{3} = 45^m.$

Prix d'achat du mètre de toile : $360^f : 45 = 8^f.$

Prix de vente du mètre de la 1re partie : $8^f + 0^f,80 = 8^f,80.$

Prix de vente du mètre de la 2e partie : $\dfrac{8^f \times 115}{100} = 9^f,20.$

1510. *Un marchand a vendu pour la somme de 958ᶠ,80 un lot de velours et un lot de soie. Il a réalisé dans cette vente un bénéfice total de 106ᶠ,80. On demande le prix de revient du velours et celui de la soie, sachant qu'il a ainsi gagné 15 % sur le prix de revient du velours et 10 % sur celui de la soie.*

Prix de revient des étoffes : $958^f,80 - 106^f,80 = 852^f.$

(*Pr. de fausse position.*) — S'il n'y avait que de la soie, le bénéfice ne serait que de $852^f \times 10/100 = 85^f,20.$

Il serait trop faible de $106^f,80 - 85^f,20 = 21^f,60.$

En remplaçant 100^f de soie par 100^f de velours, le bénéfice augmentera de $15^f - 10^f = 5^f$; pour qu'il augmente de $21^f,60$

il faut que le prix du lot de velours égale $100^f \times \dfrac{21,6}{5} = 432^f.$

R. — **Prix du velours** : 432^f ; **prix de la soie** : $852 - 432^f = \mathbf{420^f.}$

1511. *Un négociant a acheté une pièce de toile de 135ᵐ à raison de 8ᶠ,75 le mètre. Il en a sacrifié 1/45 en échantillons. Combien doit-il revendre le mètre s'il établit son prix pour réaliser un bénéfice de 18 % sur le prix de vente ? Calculer dans ce cas son bénéfice % sur le prix d'achat.*

Prix d'achat de la pièce : $8^f,75 \times 135 = 1\ 181^f,25.$

Prix de vente $\dfrac{1\ 181^f,25 \times 100}{82} = 1\ 440^f,55$ (par excès).

Nombre de mètres vendus : $135 - \dfrac{135}{45} = 132^m.$

R. — **Prix de vente du mètre** : $1\ 440^f,55 : 132 = \mathbf{10^f,91}$ par défaut.

Sur 82^f d'achat il fait un bénéfice de $18^f.$

R. — **Sur 100ᶠ d'achat il fait un bénéfice de** $\dfrac{18^f \times 100}{82} = \mathbf{21^f,95.}$

1512. *Un négociant achète une pièce de calicot pour 400f.*
Il en revend le tiers à 7f le mètre, le quart à 10f et le reste à
6f. Il réalise un bénéfice de 10 % sur le prix d'achat. Quelle
est la longueur de la pièce de drap ?

Prix de vente total (*P. d'achat + Bénéf.*) : $400^f + \dfrac{400 \times 10}{100} = 440^f$.

Supposons une vente totale de 12m. Il y aurait 4m vendus à 7f ;
3m vendus à 10f et 12 — (4 + 3) = 5m vendus à 6f.

Le prix moyen de vente du mètre serait de :

$$\frac{(7^f \times 4) + (10^f \times 3) + (6^f \times 5)}{12} = \frac{88^f}{12}.$$

R. — Nombre de mètres : $440 : \dfrac{88}{12} = \dfrac{440 \times 12}{88} = \textbf{60}^m$.

Taux du pourcentage.

1513. *Je paye à mon fournisseur 4 notes : la 1re de 28f,35 ;*
la 2e de 78f,75 ; la 3e de 15f,25 et la 4e de 56f,40 ; il m'aban-
donne les centimes de chaque note. A combien % s'élève
la remise qui m'a été faite sur le tout ?

Total des 4 notes : $28^f,35 + 78^f,75 + 15^f,25 + 56^f,40 = 178^f,75$.
Montant de la remise : $0^f,35 + 0^f,75 + 0^f,25 + 0^f,40 = 1^f,75$.

R. — Remise % : $\dfrac{1^f,75 \times 100}{178,75} = \textbf{0,97 %}$.

1514. *Lorsqu'on revend 2f,60 un volume qui revient à*
2f,20, combien gagne-t-on % : 1º sur le prix d'achat ; 2º sur
le prix de vente ?

Le bénéfice est de $2^f,60 — 2^f,20 = 0^f,40$.

R. — Bénéfice % sur le prix d'achat : $\dfrac{0^f,40 \times 100}{2,2} = \textbf{18,18}$.

Bénéfice % sur le prix de vente : $\dfrac{0^f,40 \times 100}{2,6} = \textbf{15,38}$.

1515. *Lorsqu'on gagne 0f,15 sur un objet vendu 1f,50,*
combien gagne-t-on p. % sur le prix d'achat ?

Prix d'achat de l'objet : $1^f,50 — 0^f,15 = 1^f,35$.

R. — Bénéfice % sur le prix d'achat : $\dfrac{0^f,15 \times 100}{1,35} = \textbf{11}^f\textbf{,11}$.

1516. *Un marchand a acheté 31m de serge à 18f,75 le*
mètre ; il en a vendu 14m avec 11 % de gain sur le prix
d'achat, et en vendant le reste, il gagne 29f. Combien % le
marchand a-t-il gagné sur la totalité ?

Prix d'achat total : 18ᶠ,75 × 31 = 581ᶠ,25.
Bénéfice réalisé dans la vente des 14ᵐ :

$$\frac{(18^f,75 \times 14) \times 11}{100} = \frac{262^f,50 \times 11}{100} = 28^f,875.$$

Bénéfice total : 28ᶠ,875 + 29ᶠ = 57ᶠ,875.

R. — **Bénéfice %** : $\dfrac{57^f,875 \times 100}{581,25} = 9^f,95.$

1517. *On achète deux coupons de toile de même longueur pour faire trois douzaines de chemises, à raison de 3ᵐ,25 par chemise. Avant de couper la toile, on la met dans l'eau, puis on la fait sécher. On constate alors que les deux coupons n'ont plus que 56ᵐ,70 et 54ᵐ,90. On demande quelle est la perte % subie sur la longueur.*

On a acheté 3ᵐ,25 × 12 × 3 = 117ᵐ de toile.
Après le mouillage il y en a : 56ᵐ,7 + 54ᵐ,9 = 111ᵐ,6.
Perte subie : 117ᵐ — 111ᵐ,6 = 5ᵐ,40.

R. — **Perte %** : $\dfrac{5^m,40 \times 100}{117} = 4^m,61.$

1518. *Un marchand achète une pièce de serge à 18ᶠ,50 le mètre ; il en revend les 2/5 à 19ᶠ,80 le mètre, le 1/4 du reste à 20ᶠ,50 et les 2/3 du nouveau reste à 21ᶠ,90. Après ces trois ventes, il ne lui reste plus que 3ᵐ,60 de drap, qu'il vend 21ᶠ,75 le mètre. On demande : 1° combien la pièce contenait de mètres de drap ; 2° combien ce marchand a gagné % sur le prix d'achat.*

1ʳᵉ vente : $\dfrac{2}{5}$ de la pièce ;   1ᵉʳ reste : $\dfrac{3}{5}$ de la pièce ;

2ᵉ vente : $\dfrac{3}{5} \times \dfrac{1}{4} = \dfrac{3}{20}$ de la pièce ; 2ᵉ reste : $\dfrac{3}{5} \times \dfrac{3}{4} = \dfrac{9}{20}$ de la pièce ;

3ᵉ vente : $\dfrac{9}{20} \times \dfrac{2}{3} = \dfrac{3}{10}$ de la pièce ; 3ᵉ reste : $\dfrac{9}{20} \times \dfrac{1}{3} = \dfrac{3}{20}$ de la pièce.

Or ce dernier reste vaut 3ᵐ,60. Donc

R. — **La pièce entière contenait** : $\dfrac{3^m,60 \times 20}{3} = 24^m.$

Elle a coûté : 18ᶠ,5 × 24 = 444ᶠ.

Le marchand a vendu successivement : $24^m \times \dfrac{2}{5} = 9^m,6$;

$24^m \times \dfrac{3}{20} = 3^m,6$; $24^m \times \dfrac{3}{10} = 7^m,2$ et 3ᵐ,6.

Le bénéfice par mètre a été respectivement de :

$$19,8 - 18,5 = 1^f,3 \; ; \quad 20,5 - 18,5 = 2^f \; ; \quad 21,9 - 18,5 = 3^f,4 \; ;$$
$$21,75 - 18,5 = 3^f,25.$$

Bénéfice total :

$$(1^f,3 \times 9,6) + (2^f \times 3,6) + (3^f,4 \times 7,2) + (3^f,25 \times 3,6) = 55^f,85.$$

$$\textbf{R.} - \textbf{Bénéfice } \% : \frac{55^f,85 \times 100}{444} = \textbf{12}^f\textbf{,58.}$$

1519. *Un marchand achète une pièce de drap et une pièce de toile pour 1 275^f. Le 1/3 de la pièce de drap et le 1/4 de la pièce de toile valent ensemble 375^f. On demande le prix de chaque pièce. En revendant ces étoffes, il gagne 12 % du prix d'achat sur le drap, mais il perd sur la toile, de telle sorte qu'il n'a plus aucun bénéfice. Combien a-t-il perdu % sur la toile ?*

L'énoncé permet d'écrire :

Prix de $\frac{1}{3}$ de la pièce de drap $+ \frac{1}{3}$ de la pièce de toile $= \dfrac{1\,275^f}{3} = 425^f.$

Prix de $\frac{1}{3}$ de la pièce de drap $+ \frac{1}{4}$ de la pièce de toile $\ldots\ldots = 375^f.$

Prix de $\ldots\ldots\ldots\ldots\ldots \frac{1}{12}$ de la pièce de toile $\ldots\ldots = 50^f.$

$$\textbf{R.} - \textbf{Prix de la pièce de toile :} \; 50^f \times 12 = \textbf{600}^f.$$
$$\textbf{Prix de la pièce de drap :} \; 1\,275^f - 600 = \textbf{675}^f.$$

Bénéfice réalisé dans la vente du drap : $\dfrac{675^f \times 12}{100} = 81^f.$

Perte faite dans la vente de la toile : 81^f.

$$\textbf{R.} - \textbf{Perte } \% : \frac{81 \times 100}{600} = \textbf{13}^f\textbf{,50.}$$

1520. *On vend le 1/4 d'une pièce d'étoffe, puis la moitié du reste, en faisant dans les deux cas une perte de 3 %. Quel bénéfice % devra-t-on faire en vendant le dernier reste pour qu'en définitive le gain sur cette dernière vente compense la perte faite sur les deux autres ?*

Les deux premières ventes comprennent ensemble :

$$\frac{1}{4} + \left(\frac{3}{4} \times \frac{1}{2}\right) = \frac{2}{8} + \frac{3}{8} = \frac{5}{8} \text{ de la pièce.}$$

Supposons que le prix d'achat de la pièce soit de 800^f. Les 5/8 coûteraient 500^f et seraient vendus avec une perte de :

$$\frac{3^f \times 500}{100} = 15^f.$$

Il resterait à vendre 3/8 de la pièce qui coûteraient 300^f et devraient donner 15^f de bénéfice. D'où :

$$\textbf{R.} - \textbf{Bénéfice } \% \text{ dans la vente du reste :} \frac{15^f \times 100}{300} = \textbf{5}^f.$$

1521. *Un marchand ayant acheté un lot de marchandises pour 3 540ᶠ en vend le tiers avec une perte de 4 %. De combien % doit-il élever son prix de vente pour qu'après avoir vendu le reste, il ait finalement un gain de 4 % sur la totalité de son affaire ?*

La vente totale doit donner un bénéfice de 4ᶠ × 35,4 = 141ᶠ,6.
Prix d'achat du tiers de la marchandise : 3 540ᶠ : 3 = 1 180ᶠ.
Prix d'achat du reste : 1 180ᶠ × 2 = 2 360ᶠ.
Perte subie dans la 1ʳᵉ vente : 4ᶠ × 11,80 = 47ᶠ,2.
La 2ᵉ vente devra rapporter : 2 360ᶠ + 47ᶠ,2 + 141ᶠ,6 = 2 548ᶠ.8.
Si le marchand maintenait le 1ᵉʳ tarif, la 2ᵉ vente ne lui

rapporterait que $\dfrac{2\ 360^f \times 96}{100} = 2\ 265^f,60.$

Il doit donc majorer son prix de vente de :

$$2548^f,8 - 2265^f,6 = 283^f,2$$

R. — **Majoration %** : $\dfrac{283^f,2 \times 100}{2\ 265,6} = 12^f,50.$

Remarque. — Au lieu d'agir sur 3 540ᶠ, on aurait pu supposer un prix d'achat quelconque : la donnée 3 540 est inutile.

Calcul de la quantité soumise au pourcentage.

I. On donne le taux et le pourcentage.

1522. *Quel est le montant d'une facture dont l'escompte à 4 % s'élève à 80ᶠ ?*

Indication. — Si l'escompte était de 4ᶠ, la facture se monterait à 100ᶠ. Comme l'escompte est de 80ᶠ, la facture se monte à xᶠ.

R. — **Montant de la facture** : $\dfrac{100^f \times 80}{4} = 2\ 000^f.$

1523. *J'achète 125ᵐ de toile. Le marchand me fait une remise de 9 2/3 % sur le prix d'achat. S'il m'avait fait 15 % de remise, j'aurais payé 56ᶠ de moins. Quel est le prix du mètre de toile ?*

Différence des remises sur 100ᶠ d'achat : $15^f - 9^f\dfrac{2}{3} = \dfrac{16}{3}\,f.$

Une différence de remise de 56ᶠ correspond donc à un prix

d'achat de $\dfrac{100 \times 56}{16/3} = \dfrac{100 \times 56 \times 3}{16} = 1\ 050^f.$

R. — **Prix du mètre de toile** : 1 050ᶠ : 125 = 8ᶠ,40.

1524. *Un voyageur de commerce reçoit de son patron 24ᶠ par jour et 3 % de commission sur les ventes qu'il fait. Après 112ʲ de voyage, il a économisé 2 559ᶠ. Quel est le* chiffre de ses ventes, sachant qu'il a dépensé en moyenne 30^f par jour ?

Gain total $\left\{\begin{array}{l}\text{Dépenses en 112}^j\ldots\ldots\ldots\ldots \quad 30^f \times 112 = 3\,360^f. \\ \text{Économies}\ldots\ldots\ldots\ldots\ldots\ldots\ldots\ldots \quad 2\,559^f. \\ \text{Gain total en 112}^j\ldots\ldots\ldots\ldots\ldots\ldots \quad 5\,919^f.\end{array}\right.$

Indemnité fixe : $24^f \times 112 = 2\,688^f$.

Montant de la commission : $5\,919^f - 2\,688^f = 3\,231^f$.

R. — Chiffre des ventes : $100^f \times \dfrac{3\,231}{3} = \mathbf{107\,700^f}.$

1525. *Un négociant a acheté du blé à 81^f l'hl. Il en a revendu le 1/3 avec perte de 10 %, le 1/4 avec bénéfice de 20 % et le reste avec bénéfice de 10 %. Le résultat total de l'opération a été un bénéfice de 614^f,25. On demande combien il avait acheté d'hl. de blé.*

Supposons un achat de 12^{hl}. Le négociant a vendu :

$12 \times \dfrac{1}{3} = 4^{hl}$ avec une perte de $\dfrac{10^f \times 81 \times 4}{100} = 32^f,4$

$12 \times \dfrac{1}{4} = 3^{hl}$ avec un bénéfice de $\dfrac{20^f \times 81 \times 3}{100} = 48^f,6.$

$12 - 7 = 5^{hl}$ avec un bénéfice de $\dfrac{10^f \times 81 \times 5}{100} = 40^f,5.$

Soit un bénéfice total de $(48^f,6 + 40^f 5) - 32^f,4 = 56^f,7.$
Le bénéfice par hl. est de $56^f,7 : 12 = 4^f,725.$

R. — Il avait acheté : $\dfrac{614,25}{4,725} = \mathbf{130 \ hectolitres.}$

1526. *Un marchand des halles achète 350^{kg} de raisin frais. Le même jour, il en vend une partie avec un bénéfice de 20 %, mais il ne peut vendre le reste que le lendemain, avec une perte de 5 %. Il a ainsi gagné 12 % sur le tout.*
On demande : 1° combien il avait payé le kg. de raisin s'il a gagné en tout 21^f ; 2° combien il en a vendu de kg. le 1er jour ?

1° Prix d'achat total : $\dfrac{100 \times 21}{12} = 175^f.$

R. — Prix d'achat du kg. : $175^f : 350 = \mathbf{0^f,50.}$

2° (*Pr. de fausse position.*) — S'il avait vendu tout le raisin le second jour, il aurait perdu $\dfrac{175^f \times 5}{100} = 8^f,75.$

Le résultat serait inférieur au résultat réel de :
$$8^f,75 + 21^f = 29^f,75.$$

Pour 1^{kg} vendu le 1er jour au lieu du second jour, la différence de résultat est de :

$$\frac{0^f,50 \times 5}{100} + \frac{0^f,50 \times 20}{100} = 0^f,025 + 0^f,10 = 0^f,125.$$

Autant de fois cette différence est contenue dans 29,75 autant de kg. le marchand a dû vendre le 1er jour.

R. — Le 1er jour, le marchand a vendu $\dfrac{29,75}{0,125} = 238^{kg}$.

1527. *On revend une pièce de drap de la manière suivante : d'abord les 4/5 avec une perte de 6^f,25 ; puis les 3/5 du reste avec un bénéfice de 12 %, et enfin le reste avec une perte de 5 %. Le résultat final est un bénéfice de 8^f,05. Calculer le prix de la pièce.*

Supposons que la 1re vente se soit faite sans perte ; le résultat final serait alors un bénéfice de 8^f,05 + 6^f,25 = 14^f 30.

Ce bénéfice aurait été fait sur l'ensemble des 2 dernières ventes, soit sur 1/5 de la pièce.

L'une de ces ventes portant sur $\dfrac{1}{5} \times \dfrac{3}{5} = \dfrac{3}{25}$ de la pièce, donne-

rait un bénéfice égal au prix des $\dfrac{3}{25} \times \dfrac{12}{100} = \dfrac{36}{2\,500}$ de la pièce.

L'autre, portant sur $\dfrac{1}{5} - \dfrac{3}{25} = \dfrac{2}{25}$ de la pièce, occasionnerait

une perte égale au prix des $\dfrac{2}{25} \times \dfrac{5}{100} = \dfrac{10}{2\,500}$ de la pièce.

Le bénéfice de 14^f,30 fait sur les 2 dernières ventes serait donc

égal au prix des $\dfrac{36 - 10}{2\,500} = \dfrac{13}{1\,250}$ de la pièce.

R. — Prix de la pièce : $\dfrac{14^f,30 \times 1\,250}{13} = 1\,375^f$.

II. **On donne la quantité diminuée du pourcentage.**

1528. *Quel est le montant d'une facture, sachant que si l'on m'accorde une remise de 5 %, je l'acquitterai en versant 2 850^f ?*

Introduction. — En versant (100 — 5) = 95^f, je m'acquitte de 100^f ; En versant 2 850^f, je m'acquitterai de ...... x.

R. — Montant de la facture : $\dfrac{100 \times 2\,850}{95} = 3\,000^f$.

1529. *Une ménagère en payant comptant, reçoit une remise de 3 3/4 % sur une facture et paye 157^f,85. A quelle* *somme s'élevait cette facture ? En payant 1 mois plus tard, elle aurait versé 160f,31. Quelle eût été la remise % ?*

R. — **Montant de la facture :** $\dfrac{100^f \times 157,85}{100 - 3,75} = \dfrac{15785}{96,25} = 164^f.$

Montant de la remise dans le 2e cas : $164^f - 160^f,31 = 3^f,69.$

R. — **Remise % :** $\dfrac{3^f,69 \times 100}{164} = 2^f,25.$

1530. *Une personne a acheté 2 pièces d'étoffe de même qualité qui lui reviennent à 840f,84 après une réduction de 2f,50 % d'escompte. La 1re pièce a 28m de moins que la 2e, et les longueurs sont dans le rapport de 9 à 13. On demande : 1° le prix d'achat sans escompte des deux pièces ; 2° la longueur de chaque pièce ; 3° le prix d'achat du mètre.*

R. — **Prix d'achat, sans escompte, des deux pièces :**

$$\frac{100^f \times 840,84}{100 - 2,5} = \frac{84\,084}{97,5} = 862^f,40.$$

La longueur de la 1re pièce est les 9/13 de celle de la 2e. Donc la différence 28m représente les 4/13 de la 2e pièce.

R. — **Longueur de la 2e pièce :** $\dfrac{28^m \times 13}{4} = 91^m.$

Longueur de la 1re pièce : $91^m - 28^m = 63^m.$

Prix d'achat du mètre : $\dfrac{862^f,40}{91 + 63} = 5^f,60.$

1531. *Une ménagère a acheté de la toile à 9f le mètre, du velours à 50f le mètre et du drap à 39f le mètre. Elle a acheté 4 fois plus de mètres de toile que de mètres de velours, et 6 fois plus de mètres de drap que de mètres de velours. Elle a payé le tout 2 176f en profitant d'une remise de 15 % sur le prix fort de la facture. Combien a-t-elle acheté de mètres de chaque étoffe ?*

Prix fort de la facture : $\dfrac{100 \times 2\,176}{85} = 2\,560^f.$

Pour 1m de velours, la ménagère achète 4m de toile et 6m de drap et dépense :

$$50^f + 9^f \times 4 + 39^f \times 6 = 320.$$

Cette dépense est contenue $\dfrac{2\,560}{320} = 8$ fois dans la dépense réelle ; on en conclut que la ménagère a acheté :

R. — $1^m \times 8 = 8^m$ de velours ; $4^m \times 8 = 32^m$ de toile et $6^m \times 8 = 48^m$ de drap.

1532. *Un marchand vend une pièce de drap à 27f,50 le mètre à 3 clients. Le 1er prend la moitié de la pièce, le 2e 1/3 du reste et le 3e qui prend le reste, donne 485f,10.*

Sachant que le marchand a fait un escompte de 2 %, quelle est la longueur de la pièce et le nombre de mètres que chaque client reçoit ?

Le 1er client a pris $\frac{1}{2}$ de la pièce ; le 2e $\frac{1}{2} \times \frac{1}{3} = \frac{1}{6}$ de la pièce,

et le 3e le reste, soit $\frac{6}{6} - \left(\frac{1}{2} + \frac{1}{6}\right) = \frac{1}{3}$ de la pièce.

Le 3e ayant donné 485^f,10, les 3 clients ont versé en tout :

$$485^f,10 \times 3 = 1\,455^f,30.$$

Ce prix ne représente que les $\frac{98}{100}$ du prix marqué.

Sans l'escompte la pièce coûte donc $\dfrac{1\,455^f,30 \times 100}{98} = 1\,485^f.$

R. — Longueur de la pièce : 1 485 : 27,5 = 54ᵐ.
Les 3 clients ont reçu respectivement :

$$54^m \times 1/2 = 27^m ; \quad 54^m \times 1/6 = 9^m ; \quad 54^m \times 1/3 = 18^m.$$

1533. *Un marchand, en vendant 258ᵐ d'une première étoffe, à raison de 2^f,75 le mètre, a fait une perte de 23 % sur le prix d'achat ; d'un autre côté, il a vendu pour 487^f un lot d'une deuxième étoffe, qui lui avait coûté 450^f. On demande : 1º combien il a gagné ou perdu % sur l'ensemble des deux marchés ; 2º combien il aurait dû vendre le mètre de la première étoffe pour ne faire ni gain ni perte sur cet ensemble.*

Prix d'achat des 258ᵐ : $\dfrac{2^f,75 \times 258 \times 100}{77} = 921^f,40.$

Perte subie dans la vente des 258ᵐ : 23^f × 9,214 = 211^f,90.
Bénéfice réalisé dans la 2e vente : 487^f — 450^f = 37^f.
Montant de la perte sur l'ensemble des deux marchés :

$$211^f,90 — 37^f = 174^f,90.$$

R. — Perte % : $\dfrac{174^f,9 \times 100}{921,4 + 450} = 12^f,75.$

Pour ne rien perdre, il aurait dû vendre le mètre de la 1ʳᵉ étoffe :

$$\frac{921^f,4 — 37^f}{258} = 3^f,427, \text{ soit } 3^f,45.$$

1584. *Un tapissier a acheté 12ᵐ de drap pour confectionner des rideaux. Il a employé pour doubler ces 12ᵐ une étoffe dont la largeur n'est que les 3/4 de celle du drap et dont le mètre coûte les 2/9 du prix du mètre de drap. Sur le prix total, on lui a fait une remise de 10 % et il se trouve avoir payé 453^f,60 en tout. Quel est le prix fort du mètre de drap et du mètre de doublure ?*

Prix total des étoffes sans la remise : $\dfrac{453^f,60 \times 100}{90} = 504^f.$

La largeur de la doublure étant les 3/4 de celle du drap, sa longueur est les 4/3 de celle du drap, soit :

$$12^{m} \times 4/3 = 16^{m}.$$

Mais 16^{m} de doublure valent $16^{m} \times \dfrac{2}{9} = \dfrac{32^{m}}{9}$ de drap.

Par suite 504^{f} représentent le prix de $12^{m} + \dfrac{32^{m}}{9} = \dfrac{140^{m}}{9}$ de drap.

R. — **Prix du mètre de drap :** $\dfrac{504 \times 9}{140} = 32^{f},40.$

Prix du mètre de doublure : $32^{f},40 \times 2/9 = 7^{f},20.$

1535. *Un négociant achète un lot de paires de gants, à 48^{f} la douzaine de paires, et après avoir obtenu un rabais de 10 %, paye 3 456 ^{f}. Il revend une partie de ses gants avec un bénéfice de 30 % et le reste avec un bénéfice de 25 %, et la vente produit 4 417 ^{f},20. Combien a-t-il vendu de paires à 30 % et combien à 25 % de bénéfice ?*

Prix d'achat sans la remise : $3\ 456^{f} \times \dfrac{100}{90} = 3\ 840^{f}.$

Nombre de paires achetées : $12 \times \dfrac{3\ 840}{48} = 960$ paires.

(*Pr. de fausse position.*) Supposons toutes les paires vendues avec 30 % de bénéfice.

Chaque paire revenant à $\dfrac{3\ 456}{960} = 3^{f},6$ serait vendue

$$\dfrac{3^{f},6 \times 130}{100} = 4^{f},68.$$

Le prix de vente total serait de : $4^{f},68 \times 960 = 4\ 492^{f}\ 80.$ Il surpasserait le prix de vente réel de :

$$4\ 492^{f},8 - 4\ 417^{f},2 = 75^{f},6.$$

En vendant une paire avec 25 % de bénéfice au lieu de 30 % le prix de vente diminue de :

$$4^{f},68 - \dfrac{3^{f}6 \times 125}{100} = 4^{f},68 - 4^{f},50 = 0^{f},18.$$

Pour qu'il diminue de $75^{f},6$ il faudra vendre $75,6 : 0,18 = 420$ paires au 2e prix.

R. — **Nombre de paires vendues au 2e prix : 420 paires.**
1er prix : $960 - 420 = 540.$

III. On donne la quantité augmentée du pourcentage.

1536. *Une pièce de drap a été vendue 1 710 ^{f} avec un bénéfice de 14 % sur le prix d'achat. Calculer le prix d'achat.*

Indication. — Ce qu'on a vendu 114ᶠ coûtait 100ᶠ;
— 1 710ᶠ — *x*.

R. — **Prix d'achat :** $\dfrac{100^f \times 1\,710}{114} = \mathbf{1\,500^f}$.

1537. *Une personne achète* 15ᵐ,20 *de serge et les cède ensuite pour* 302ᶠ,10 ; *elle gagne à son marché* 6 % *du prix d'achat. Combien le mètre de serge lui avait-il coûté ?*

Les 15ᵐ,20 de serge ont coûté : $\dfrac{100^f \times 302,1}{106} = 285^f$.

R. — **Le mètre avait coûté :** 285ᶠ : 15,2 = **18ᶠ,75.**

1538. *Après avoir acheté deux coupons d'étoffe de même qualité, un négociant les revend ensemble* 2 160ᶠ *et réalise ainsi un bénéfice de* 20 % *sur le prix d'achat. Sachant que ces deux coupons ont une différence de longueur de* 15ᵐ, *que la largeur du plus petit est les* 5/6 *de celle du plus grand et que les prix d'achat diffèrent de* 360ᶠ, *on demande de calculer le prix du mètre et la longueur de chaque coupon.*

Prix d'achat total des coupons : $\dfrac{100^f \times 2\,160}{120} = 1\,800^f$.

L'un coûte $\dfrac{1\,800^f + 360^f}{2} = 1\,080^f$;

et l'autre $\dfrac{1\,800^f - 360^f}{2} = 720^f$.

La largeur du petit coupon n'est que les 5/6 de celle du plus grand ; supposons-la égale à celle du grand ; alors la valeur du petit coupon devient :

$$\dfrac{720^f \times 6}{5} = 864^f.$$

La différence de prix des coupons, qui est alors de 1 080ᶠ — 864ᶠ = 216ᶠ, ne provient plus que de la différence des longueurs (15ᵐ).

R. — **Prix du mètre du grand coupon :** 216ᶠ : 15 = **14ᶠ,40.**
Prix du mètre du petit : 14ᶠ,40 × 5/6 = **12ᶠ.**
Longueur du grand coupon : 1 080 : 14,4 = **75ᵐ.**
Longueur du petit : 720 : 12 = **60ᵐ.**

1539. *Une personne achète un terrain de* 5ᵃ,60. *Elle en vend les* 3/7 *pour* 2 282ᶠ, *avec un bénéfice de* 8 2/3 %. *Combien a-t-elle acheté le* m² *de terrain ? Si le reste est revendu avec un bénéfice de* 9 3/4 %, *combien a-t-on gagné pour* % *sur toute l'acquisition ?*

1° Ce qui coûte 100ᶠ est vendu $100^f + 8\dfrac{2}{3} = \dfrac{326}{3}$ de francs.

Prix d'achat des 3/7 du champ : $\dfrac{100^f \times 3 \times 2\,282}{326} = 2\,100^f$.

Prix d'achat du champ : 2 100 × 7/3 = 4 900^f.

R. — **Prix du m²** : 4 900 : 560 = **8^f,75**.

2° Bénéfice sur 700^f d'achat : $\dfrac{26}{3} \times 3 + \dfrac{30}{4} \times 4 = 65^f$.

R. — **Bénéfice %** : $\dfrac{65^f \times 100}{700} = 9^f,28$.

1540. *Un marchand a acheté 400^m d'une étoffe. Il la revend en deux lots, et gagne sur le 1er, qui comprend les 2/5 de sa marchandise, 10 % sur le prix d'achat et 15 % sur le reste. Il a retiré de sa vente une somme de 5 650^f. On demande le prix d'achat du mètre d'étoffe.*

Le 1er lot représente les 2/5 du prix d'achat total. Donc en gagnant 10 %, le marchand a fait un bénéfice égal à :

$$\dfrac{2}{5} \times \dfrac{10}{100} = \dfrac{1}{25} \text{ du prix d'achat total.}$$

Sur le 2e lot, le marchand a fait un bénéfice égal aux

$$\dfrac{3}{5} \times \dfrac{15}{100} = \dfrac{9}{100} \text{ du prix d'achat total.}$$

Le bénéfice total représente $\dfrac{1}{25} + \dfrac{9}{100} = \dfrac{13}{100}$ du prix d'achat.

Donc le prix de vente 5 650^f vaut les $\dfrac{113}{100}$ du prix d'achat.

Prix d'achat de l'étoffe : $\dfrac{5\ 650 \times 100}{113} = 5\ 000^f$.

R. — **Prix d'achat du mètre** : 5 000^f : 400 = **12^f,50**.

1541. *Un marchand a acheté deux pièces d'étoffe de même qualité, dont les prix sont entre eux comme 12 est à 19. La première a 15^m de moins que la seconde, et sa largeur n'est que les 3/4 de celle de la seconde. Il les a revendues 2 557^f,50, et a fait un bénéfice de 10 % sur le prix d'achat. On demande le prix et la longueur de chaque pièce.*

Prix d'achat des pièces : $\dfrac{100^f \times 2\ 557,5}{110} = 2\ 325^f$.

Si la 1re pièce coûtait 12^f, la 2e coûterait 19^f, et le prix des deux étoffes serait de 12^f + 19^f = 31^f. D'où :

R. — **Prix d'achat de la 1re pièce** : $\dfrac{12^f \times 2\ 325}{31} = 900^f$.

Prix d'achat de la 2e : 2 325^f — 900^f = **1 425^f**.

Si la 1re étoffe était aussi large que la 2e, elle coûterait :

$$900^f \times \dfrac{4}{3} = 1\ 200^f.$$

Mais alors la différence de prix des étoffes (1 425^f — 1 200^f = 225^f) est due seulement à la différence des longueurs (15^m). D'où :

R. — Longueur de la 2e pièce : $\dfrac{15^m \times 1\,425}{225} = 95^m$.

Longueur de la 1re pièce : 95^m — 15^m = 80^m.

1542. *Une marchande qui veut réaliser un bénéfice de 18 % sur ses achats, a des robes qui lui reviennent à 60^f et à 75^f la pièce. Un client lui achète 23 robes pour 1 787^f,70. Combien la marchande a-t-elle livré de robes de chaque sorte ?*

Prix de revient des 23 robes : $\dfrac{100^f \times 1\,787,70}{118} = 1\,515^f$.

(*Pr. de fausse position.*) Si toutes les robes étaient à 75^f, le prix de revient serait de 75^f × 23 = 1 725^f.

Le prix de revient serait trop fort de 1 725^f — 1 515^f = 210^f.

En remplaçant 1 robe à 75^f par 1 robe à 60^f, cet excédent diminue de 75^f — 60^f = 15^f. Pour qu'il s'annule il faut qu'il y ait 210 : 15 = 14 robes à 60^f.

R. — **14 robes à 60^f** et 23 — 14 = **9 robes à 75^f.**

Tant % sur le prix de vente.

Nota. — On gagne 5 %, 8 %, 14 %..., etc., sur le prix de vente quand on vend 100^f ce que l'on a acheté 95^f, 92^f, 86^f..., etc. Ce bénéfice vaut donc les $\dfrac{5}{95}$, les $\dfrac{8}{92}$, les $\dfrac{14}{86}$ du prix d'achat.

1543. *Un terrain a été acheté 6 800^f. A quel prix faut-il le revendre pour gagner 20 % sur le prix de vente ?*

Pour gagner 20 % sur le prix de vente, il faut vendre 100^f ce qu'on a acheté 80^f. Le prix de vente est dans ce cas les 100/80 du prix d'achat.

R. — **Prix de vente du terrain** : $6\,800^f \times \dfrac{100}{80} = \textbf{8 500}^f$.

1544. *Un commerçant a acheté du blé qu'il a revendu ensuite avec un bénéfice de 5 % sur le prix d'achat. Il calcule que si le bénéfice avait été les 5/100 du prix de vente, il aurait été augmenté de 30^f. Trouver le prix d'achat du blé.*

Soit A le prix d'achat du blé. Le bénéfice réalisé est égal dans e 1er cas aux $\dfrac{5}{100}$ de A et dans le 2e cas, aux $\dfrac{5}{95}$ de A.

On a donc d'après l'énoncé :

$$\frac{5}{95} \text{ de } A - \frac{5}{100} \text{ de } A = 30^f.$$

ou

$$\frac{1}{380} \text{ de } A = 30^f.$$

R. — Prix d'achat du blé : $30^f \times 380 = 11.400^f$.

1545. *En vendant une marchandise, un commerçant a gagné 15 % sur le prix d'achat. S'il l'avait vendue 55^f de plus, son bénéfice aurait été égal à 14 % du prix de vente. Calculer le bénéfice fait réellement.*

Soit A le prix d'achat de la marchandise.

Le bénéfice réalisé est égal aux $\frac{15}{100}$ de A. Dans le second cas il serait égal aux $\frac{14}{86}$ de A. On a donc, d'après l'énoncé :

$$\frac{14}{86} \text{ de } A - \frac{15}{100} \text{ de } A = 55^f.$$

ou

$$\frac{11}{860} \text{ de } A = 55^f.$$

d'où

$$A = \frac{55^f \times 860}{11} = 4\,300^f.$$

R. — Bénéfice réel : $4\,300 \times \frac{15}{100} = 645^f$.

1546. *Un négociant achète une certaine quantité de marchandises. Il les revend ensuite et le bénéfice de cette opération est exactement les 3/50 du prix de vente. D'un autre côté, si on augmentait ce bénéfice de $2\,131^f,80$ il serait le 1/10 du prix d'achat. On demande de calculer le bénéfice de l'opération.*

Le bénéfice réalisé est égal aux $\frac{3}{50}$ du prix de vente ou aux $\frac{3}{47}$ du prix d'achat. On a donc d'après l'énoncé :

$$\frac{1}{10} \text{ de } A - \frac{3}{47} \text{ de } A = 2\,131^f,80.$$

ou

$$\frac{17}{470} \text{ de } A = 2\,131^f,80.$$

d'où

$$A = \frac{2.131^f,80 \times 470}{17} = 58\,938^f.$$

R. — Bénéfice $= \frac{1}{10}$ de $A - 2\,131,8 = 5\,893^f,8 - 2\,131^f,8 = 3\,762^f$.

1547. *Un marchand vend une marchandise avec un bénéfice de 12 % sur le prix d'achat. Si la marchandise lui avait coûté 150ᶠ de plus, le prix de vente restant le même, il aurait perdu 1/4 du prix de vente. Combien lui coûtait sa marchandise ?*

Soit A le prix d'achat de la marchandise ; le prix de vente est $\dfrac{112A}{100}$.

Dans le 2ᵉ cas, le prix d'achat serait A + 150 et comme il serait égal au prix de vente plus la perte, on a :

$$A + 150 = \frac{112A}{100} + \frac{112A}{100 \times 4}$$

d'où $A = 375^f$.

R. — La marchandise coûtait 375ᶠ.

2ᵉ solution. — Dans le 1ᵉʳ cas, le bénéfice vaut 12/112 du prix de vente et dans le 2ᵉ cas, la perte égale 1/4 du même prix de vente.

La différence 150ᶠ représente donc $\dfrac{12}{112} + \dfrac{1}{4} = \dfrac{5}{14}$ du prix de vente.

Prix de vente de la marchandise : $\dfrac{150^f \times 14}{5} = 420^f$.

R. — Prix d'achat : $\dfrac{100^f \times 420}{112} = \mathbf{375^f}$.

1548. *Un spéculateur a acheté un terrain qu'il a amendé puis revendu avec un bénéfice égal aux 8/100 du prix de revient, mais inférieur de 44ᶠ,80 aux 8/100 du prix de vente. Trouver le prix d'achat du terrain, sachant que les frais d'amendement s'élèvent à 25 % de ce prix.*

Le prix de vente du terrain égale les $\dfrac{108}{100}$ du prix de revient.

Donc les $\dfrac{8}{100}$ du prix de vente valent les $\dfrac{108}{100} \times \dfrac{8}{100} = \dfrac{864}{10\,000}$ du prix de revient.

En représentant le prix de revient par R, on a d'après l'énoncé :

$$\frac{864}{10\,000} \text{ de R} - \frac{8}{100} \text{ de R} = 44^f,80.$$

$$\frac{64}{10\,000} \text{ de R} = 44^f,80.$$

$$R = 7\,000.$$

R. — Prix d'achat du terrain : $7\,000^f \times \dfrac{100}{125} = \mathbf{5\,600^f}$.

2ᵉ solution. — Le bénéfice égale les $\dfrac{8}{108}$ ou les $\dfrac{2}{27}$ du prix de vente.

Donc 44^f,80 représentent les $\dfrac{8}{100} - \dfrac{2}{27} = \dfrac{4}{675}$ du prix de vente.

Prix de vente du terrain : $\dfrac{44^f,80 \times 675}{4} = 7\,560^f$.

Prix de revient : $\dfrac{7\,560^f \times 100}{108} = \mathbf{7\,000^f}$.

R. — **Prix d'achat** : $7\,000 \times \dfrac{100}{125} = \mathbf{5\,600^f}$.

1549. *Un marchand gagne 20 % sur le prix d'achat en vendant une pièce de toile à raison de 3^f,90 le mètre. Il vend à ce prix un certain nombre de mètres de la pièce et réalise un bénéfice de 19^f,50. Voulant écouler plus rapidement sa marchandise, il vend le reste avec un rabais de 8 1/3 % sur le prix de vente. Le bénéfice ainsi réalisé dans la vente totale étant 98^f,15, on demande : 1° le prix d'achat du mètre, 2° le nombre de mètres vendus après la diminution du prix de vente ; 3° à combien % se trouve réduit le bénéfice fait dans la vente totale.*

1° R. — **Prix d'achat du mètre** : $3^f,90 \times \dfrac{100}{120} = \mathbf{3^f,25}$.

2° Dans le 2e cas, le nouveau prix de vente du mètre est égal au premier (3^f,90) diminué de 8 1/3 % ou de ses 25/300, soit :

$$3^f,90 - \left(3^f,90 \times \left(\dfrac{25}{300}\right)\right) = 3^f,575.$$

Le bénéfice par mètre est alors : $3^f,575 - 3^f,25 = 0^f,325$.
Or le bénéfice réalisé dans le 2e cas est de

$$98^f,15 - 19^f,50 = 78^f,65.$$

R. — **Nombre de mètres vendus dans le 2e cas** : $\dfrac{78,65}{0,325} = \mathbf{242^m}$.

3° Prix d'achat de la toile vendue la 1re fois avec 20 % de bénéfice :

$$\dfrac{100^f \times 19,50}{20} = 97^f,50.$$

Bénéfice % sur le prix d'achat dans la 2e vente :

$$\dfrac{0^f,325 \times 100}{3,25} = 10^f.$$

Prix d'achat de la toile vendue la 2e fois :

$$\dfrac{100^f \times 78,65}{10} = 786^f,50.$$

Prix d'achat total : $97^f,50 + 786^f,50 = 884^f$.

R. — **Bénéfice % sur la vente totale** : $\dfrac{98^f,15 \times 100}{884} = \mathbf{11^f\dfrac{7}{68}}$.

1550. *Un spéculateur achète une certaine quantité de marchandises qu'il revend ensuite. Le bénéfice brut de cette opération est exactement les 12/100 du prix de vente, et, lorsqu'on le diminue de 1 000ᶠ, il est le 1/10 du prix d'achat. Les frais de commission se sont élevés à 518ᶠ. On demande le bénéfice net de l'entreprise.*

Le bénéfice brut représente les $\frac{12}{100}$ du prix de vente ou les $\frac{12}{88}$ du prix d'achat. On a donc, en désignant par A le prix d'achat :

$$\frac{12}{88} \text{ de A} - \frac{1}{10} \text{ de A} = 1\ 000^{\text{f}}.$$

ou

$$\frac{32}{880} \text{ de A} = 1\ 000^{\text{f}}.$$

D'où

$$\text{A} = 27\ 500^{\text{f}}.$$

Bénéfice brut $= \frac{1}{10}$ de A $+ 1\ 000^{\text{f}} = 2\ 750^{\text{f}} + 1\ 000^{\text{f}} = 3\ 750^{\text{f}}.$

R. — Bénéfice net : 3 750ᶠ — 518ᶠ = 3 232ᶠ.

Prix du fabricant, du marchand.

1551. *Des confections se vendent en magasin 67ᶠ,80. Dans ces conditions, le détaillant gagne 20 % relativement au prix de fabrique. Le fabricant gagne lui-même 20 % relativement à son prix de revient. La matière première coûtant 16ᶠ,50, on demande le prix donné à l'ouvrière pour la confection.*

Pour le détaillant, 67ᶠ,80 représentent les $\frac{120}{100}$ du prix d'achat.

Mais ce prix d'achat n'est autre que le prix de vente du fabricant.

Comme le prix de vente du fabricant est les $\frac{120}{100}$ du prix de revient, il s'ensuit que :

67ᶠ,80 représentent les $\frac{120}{100} \times \frac{120}{100} = \frac{144}{100}$ du prix de revient.

Prix de revient de la confection : $\dfrac{67,80 \times 100}{144} = 47^{\text{f}},10$ par excès.

R. — L'ouvrière a reçu : 47ᶠ,10 — 16ᶠ,50 = **30ᶠ,60.**

Autre solution. — Les confections coûtaient au détaillant :

$$\frac{67,80 \times 100}{120} = 56^{\text{f}},50.$$

Elles revenaient au fabricant à :

$$\frac{56,50 \times 100}{120} = 47^{\text{f}},10 \text{ par excès.}$$

R. — L'ouvrière a reçu : 47ᶠ,10 — 16ᶠ,50 = **30ᶠ,60**

1552. *Un fabricant vend des chaussures à un marchand en réalisant un bénéfice de 25 % sur le prix de fabrication. Le marchand les cède à ses clients en faisant un bénéfice de 20 % sur le prix qu'il les a payées. Quel était le prix de fabrication d'une paire de chaussures vendue aux clients 75ᶠ ?*

Une paire de chaussures coûtait au marchand :

$$\frac{75^f \times 100}{120} = 62^f,50.$$

Elle revenait au fabricant à : $\dfrac{62^f,50 \times 100}{125} = 50^f.$

R. — Prix de fabrication : 50ᶠ.

1553. *Un fabricant vend des chaussures à un marchand en réalisant un bénéfice de 25 % sur le prix de fabrication. Le marchand les cède à ses clients en faisant un bénéfice de 20 % sur le prix qu'il les vend. Sachant que les bénéfices réalisés sur une paire de chaussures par le fabricant et par le marchand diffèrent de 3ᶠ,75, on demande de calculer :* 1° *le prix de fabrication de cette paire de chaussures ;* 2° *le prix payé par le client.*

1° Le prix d'achat du marchand n'est autre que le prix de vente du fabricant ; il égale donc les $\dfrac{125}{100}$ ou les $\dfrac{5}{4}$ du prix de fabrication.

Le bénéfice du marchand représente les $\dfrac{20}{100}$ de son prix de vente et, par suite, les $\dfrac{20}{80}$ de son prix d'achat. Il égale donc :

$$\frac{5}{4} \times \frac{20}{80} = \frac{5}{16} \text{ du prix de fabrication.}$$

Ainsi le bénéfice du fabricant vaut les $\dfrac{25}{100}$ ou le $\dfrac{1}{4}$ du prix de fabrication et celui du marchand les $\dfrac{5}{16}$;

Donc la différence des bénéfices (3ᶠ,75) représente $\dfrac{5}{16} - \dfrac{1}{4} = \dfrac{1}{16}$ du prix de fabrication.

R. — Prix de fabrication : 3ᶠ,75 $\times$ 16 = 60ᶠ.

2° Le marchand paye les chaussures : $60^f \times \dfrac{5}{4} = 75^f.$

R. — Le client les paye : $75^f \times \dfrac{100}{80} = 75 \times \dfrac{5}{4} = 93^f,75.$

1554. *Une paire de chaussures a été vendue en magasin 96ᶠ. Dans ces conditions, le détaillant a gagné 20 % sur le prix payé au fabricant. Ce dernier gagne lui-même 25 %, relativement à son prix de revient. Le salaire payé* *à l'ouvrier représente les 23/41 du coût de la matière première. Sachant que l'ouvrier a employé 1 journée 1/4 pour confectionner la paire de chaussures, on demande le prix de sa journée de travail.*

(*Voir solution* n° 1 551.) Une paire de chaussure coûte au détaillant :

$$96^f \times \frac{100}{120} = 80^f.$$

Elle revient au fabricant à : $80^f \times \frac{100}{125} = 64^f.$

Sur un prix de revient de $23^f + 41^f = 64^f$, il y a 23^f de salaire. Donc l'ouvrier a reçu 23^f pour 1 journée 1/4 ou 5/4 de journée.

R. — **Prix de la journée** : $23^f : \dfrac{5}{4} = \dfrac{23^f \times 4}{5} = \mathbf{18^f,40.}$

1555. *En vendant les bas qu'il fait fabriquer, un manufacturier gagne 25 % sur le prix qu'il paye pour la fabrication et les frais généraux. Un marchand lui a acheté une douzaine de paires de bas qu'il a vendue 90^f en gagnant 20 % sur le prix d'achat. Sachant que le manufacturier a payé 4^f,20 pour la fabrication d'une paire de bas, trouver quels ont été les frais généraux par douzaine de paires de bas.*

La douzaine de paires coûtait au marchand :

$$90^f \times \frac{100}{120} = 75^f.$$

Elle revenait au manufacturier à $75^f \times \dfrac{100}{125} = 60^f.$

La fabrication de la douzaine a coûté $4^f,20 \times 12 = 50^f,40.$

R. — **Frais généraux par douzaine** : $60^f - 50^f,40 = \mathbf{9^f,60.}$

Déchet.

1556. *Un marchand achète 1 320 assiettes à 4^f,50 la douzaine. Le transport lui coûte 10^f par quintal, et chaque douzaine pèse 3^{kg}. Si 5 douzaines ont été cassées dans son magasin, combien doit-il vendre chaque assiette pour gagner 10 % sur ses déboursés ?*

$$
\left.\begin{array}{l}
\textit{Montant} \\
\textit{des} \\
\textit{déboursés}
\end{array}\right\{
\begin{array}{l}
\text{Nombre de douzaines d'assiettes : } 1\,320 : 12 = 110. \\
\text{Prix d'achat : } 4^f,50 \times 110 = 495^f. \\
\text{Frais de transport : } 0^f,10 \times (3 \times 110) = 33^f. \\
\text{Montant des déboursés : } 495^f + 33^f = 528^f.
\end{array}
$$

Bénéfice à réaliser : $\dfrac{10^f \times 528}{100} = 52^f,80.$

Prix de vente total : $528^f + 52^f,8 = 580^f,80.$
Nombre d'assiettes à vendre : $1\,320 - (12 \times 5) = 1\,260.$

R. — **Prix de vente d'une assiette** : $580,8 : 1\,260 = \mathbf{0^f,46.}$

1557. *Si on laisse sécher le savon, il perd 1/10 de son poids. Un épicier achète une certaine quantité de savon frais ; il le laisse sécher et le revend sec $3^f,20$ le kg. en gagnant 20 % sur le prix d'achat. Quel est le prix du kg. de savon frais ?*

Un kg. de savon sec coûte au marchand $\dfrac{3^f,20 \times 100}{120} = \dfrac{8}{3}$ f.

R. — Un kg. de savon frais lui coûte : $\dfrac{8}{3} \times \dfrac{9}{10} = 2^f,4.$

1558. *Par la torréfaction, le café perd 1/5 de son poids. Or un épicier vend son café torréfié $12^f,75$ le kg. et gagne ainsi 15 % du prix d'achat. A quel prix avait-il acheté les 100^{kg} de café vert ?*

100^{kg} de café vert donnent $100 \times \dfrac{4}{5} = 80^{kg}$ de café torréfié.

Prix de vente de ces 80^{kg} : $12^f,75 \times 80 = 1\,020^f.$

R. — Prix d'achat : $1\,020^f \times \dfrac{100}{115} = 886,96$ soit **$887^f.$**

1559. *Un négociant a acheté 12 balles de café pesant chacune 125^{kg}. Il en a revendu 4 avec un bénéfice de 10 % puis 6 avec un bénéfice de 15 %. Mais le reste du café, étant avarié, il l'a revendu avec une perte de 20 %. Sachant que sur ce marché, le négociant a réalisé un bénéfice total de $1\,215^f$, on demande quel était le prix d'achat du quintal de café.*

Soit A le prix d'achat d'une balle.
Bénéfice sur les 2 premières ventes :

$$4A \times \dfrac{10}{100} + 6A \times \dfrac{15}{100} = \dfrac{130A}{100}.$$

Perte sur la 3e vente : $2A \times \dfrac{20}{100} = \dfrac{40A}{100}.$

Le bénéfice net vaut $\dfrac{130A - 40A}{100} = \dfrac{90A}{100}$ ou $1\,215^f.$

D'où $A = \dfrac{1\,215 \times 100}{90} = 1350^f.$

R. — Prix d'achat du quintal : $\dfrac{1\,350^f \times 100}{125} = \textbf{1080}^f.$

1560. *On achète 250^{kg} de café vert à $6^f,20$ le kg. On paye comptant et on obtient un escompte de 3 %. Le café vert perd environ 1/5 de son poids par la torréfaction. Combien devra-t-on vendre le kg. de café torréfié pour gagner 15 % sur la somme déboursée ?*

Prix d'achat du café vert : $6^f,20 \times 250 = 1\ 550^f$.

Prix d'achat net : $1\ 550^f \times \dfrac{97}{100} = 1\ 503^f,50$.

Prix de vente du café torréfié : $\dfrac{1\ 503,5 \times 115}{100} = 1\ 729^f$ par défaut.

Poids de café torréfié obtenu : $250^{kg} \times \dfrac{4}{5} = 200^{kg}$.

R. — Prix de vente du kg. : $1\ 729^f : 200 = 8^f,65$ par excès.

1561. *Un kg. de café vert coûte, acheté en gros, $6^f,03$. La perte du poids par la torréfaction s'élève à 1/5. Calculer combien gagne % un marchand qui vend le café brûlé $5^f,15$ le demi-kg.*

Le kg. de café torréfié revient à $\dfrac{6^f,03 \times 5}{4} = 7^f,5375$.

Bénéfice du marchand par kg. : $10^f,30 - 7^f,5375 = 2^f,7625$.

R. — Bénéfice % : $\dfrac{2,7625 \times 100}{7,5375} = 36^f,65$.

1562. *Un propriétaire a acheté un pré à raison de $4\ 000^f$ l'ha. Il le revend quelque temps après à $0^f,50$ le m² ; mais en le mesurant, il s'aperçoit que la surface réelle est inférieure de 5 ares à la surface qu'il a payée lui-même. Malgré cela, il fait cependant un bénéfice de 20 % sur le prix d'achat. Trouver la surface du pré.*

Si le propriétaire avait pu vendre autant d'ares qu'il en a payés, son bénéfice aurait été augmenté de $50^f \times 5 = 250^f$.

Chaque are acheté 40^f et vendu 50^f, donnerait 10^f de bénéfice.

Le bénéfice % serait de $\dfrac{10^f \times 100}{40} = 25^f$ au lieu de 20^f.

L'augmentation de 250^f représente donc les $\dfrac{25}{100} - \dfrac{20}{100} = \dfrac{5}{100}$ du prix d'achat.

Prix d'achat du pré : $\dfrac{250^f \times 100}{5} = 5\ 000^f$.

Surface payée : $5\ 000 : 40 = 125$ ares.

R. — Surface réelle du pré : $125^a - 5^a = 120$ ares.

1563. *Un marchand reçoit d'une fabrique une pièce de toile qu'il a payée d'avance à raison de 10^f le mètre. En mesurant cette pièce, il trouve qu'elle mesure 5^m de plus que l'indique la facture, mais l'étoffe est de mauvaise qualité et il ne pourra la revendre qu'au prix de 8^f le mètre. La pièce de toile étant vendue à ce prix, le marchand fait une perte de 13 1/3 %. Quelle est la longueur de la pièce ?*

Si le marchand n'avait pas eu à vendre les 5^m en excès, sa perte aurait été augmentée de $8^f \times 5 = 40^f$.

Chaque mètre aurait subi une perte de 2ᶠ, et la perte % aurait été de $\dfrac{2 \times 100}{10} = 20^f$ au lieu de 13ᶠ 1/3.

40ᶠ représentent donc $\dfrac{20}{100} = \dfrac{40/3}{100} = \dfrac{60 - 40}{300} = \dfrac{1}{15}$ du prix d'achat.

Prix d'achat de la pièce : 40ᶠ × 15 = 600ᶠ.
Longueur d'étoffe payée : 600ᶠ : 10 = 60ᵐ.

R. — Longueur réelle de la pièce : 60ᵐ + 5ᵐ = 65ᵐ.

1564. *Un spéculateur achète un terrain 6 000ᶠ l'ha. En le mesurant, il trouve 6ᵃ de moins qu'il n'en a payé. Trouvant à revendre ce terrain 75ᶠ l'are, il ne réclame pas, et dans cette vente il fait un bénéfice de 16 2/3 %. Quelle est la surface du terrain ?*

(*Solution arithmétique : Voir n° 1562.*)

Solution algébrique. — Soit x la contenance exacte du terrain. Le prix d'achat est 60 × (x + 6) et le prix de vente 75x.

Le bénéfice étant de $\dfrac{50}{3}$ %, le prix de vente égale les $\dfrac{350}{300}$ du prix d'achat. On a donc :

$$60 \times (x + 6) \times \frac{350}{300} = 75x$$

ou
$$70x + 420 = 75x$$

d'où
$$x = 84.$$

R. — Surface du terrain : 84 ares.

1565. *Un marchand avait acheté un certain nombre de mètres d'étoffe qu'il comptait revendre 7ᶠ,95 le mètre, en faisant un bénéfice de 6 % sur le prix d'achat ; mais il laisse tacher 8ᵐ de cette étoffe qui deviennent invendables. Il élève alors de 0ᶠ,05 par mètre le prix de vente de l'étoffe qui lui reste et de cette façon, il réussit néanmoins à faire un bénéfice total de 36ᶠ. On demande le nombre de mètres d'étoffe achetés et le bénéfice pour cent réalisé sur le prix total de l'achat.*

Prix d'achat du mètre : $7^f,95 \times \dfrac{100}{106} = 7^f,50$.

Prix de l'étoffe invendable : 7ᶠ,50 × 8 = 60ᶠ.
Pour réaliser au total un bénéfice de 36ᶠ, le marchand doit gagner dans la vente de l'étoffe restante : 60ᶠ + 36ᶠ = 96ᶠ.
Prix de vente du mètre de ce qui reste : 7ᶠ,95 + 0ᶠ,05 = 8ᶠ.
Bénéfice par mètre : 8ᶠ — 7ᶠ,50 = 0ᶠ,50.
Nombre de mètres vendus : 96 : 0,50 = 192ᵐ.

R. — Nombre de mètres achetés : 192ᵐ + 8ᵐ = 200ᵐ.

Bénéfice % : $\dfrac{36 \times 100}{7,5 \times 200} = \dfrac{36}{15} = 2^f,40.$

Tant % et 13 pour 12.

1566. *Un papetier achète à un éditeur 78 agendas marqués 2ᶠ,50, avec 15 % de remise, et 13 pour 12. Faites le compte de ce qu'il doit.*

Le libraire payera $\frac{78}{13}$ = 6 douzaines, soit 72 agendas.

Montant de la facture : 2ᶠ,50 × 72 = 180ᶠ.
Remise 15 % : 15ᶠ × 1,8 = 27ᶠ.

R. — **Le libraire doit** : 180ᶠ — 27ᶠ = **153ᶠ**.

1567. *Un éditeur a livré à un instituteur 156 exemplaires d'un ouvrage pour la somme nette de 421ᶠ,20. Il a donné un exemplaire de plus par douzaine, et, en outre, il a fait un escompte de 10 % sur le montant de la facture. On demande le prix fort d'un exemplaire de cet ouvrage.*

L'exemplaire revient à 421ᶠ,2 : 156 = 2ᶠ,70.

Montant brut de la facture : $\frac{421^f,20 \times 100}{90}$ = 468ᶠ.

Nombre d'exemplaires payés : $\frac{12 \times 156}{13}$ = 144.

R. — **Prix fort de l'exemplaire** : 468ᶠ : 144 = **3ᶠ,25**.

1568. *Un éditeur publie un livre ; les frais d'impression et autres s'élèvent à 2 000ᶠ. Il vend ce livre par douzaines en faisant d'abord la remise de 25 % sur le prix fort qui est de 4ᶠ l'exemplaire puis la remise du 13ᵉ. Dans ces conditions, il gagne 5 200ᶠ, lorsque toute l'édition est écoulée. On demande à combien d'exemplaires l'ouvrage a été tiré ?*

Recette totale de l'éditeur : 2 000ᶠ + 5 200ᶠ = 7 200ᶠ.

Chaque livre payé a rapporté 4ᶠ — $\left(4^f \times \frac{25}{100}\right)$ = 3ᶠ.

Nombre de livres payés : 7 200 : 3 = 2 400.

R. — **Nombre d'exemplaires tirés** : 2 400 × $\frac{13}{12}$ = **2 600**.

1569. *Un libraire a reçu 884 volumes pour lesquels il a payé 1 187ᶠ,10. Le vendeur lui a fait une remise de 25 % sur le prix marqué (ou prix fort) et lui a donné 13 volumes pour 12. On sait qu'il y a des volumes à deux prix forts : 2ᶠ,80 et 1ᶠ,50. Trouver combien de volumes de chaque sorte a reçus le libraire.*

Nombre de volumes payés : 884 × $\frac{12}{13}$ = 816 volumes.

Prix fort de l'ensemble des volumes : 1 187ᶠ,10 × $\frac{100}{75}$ = 1 582ᶠ 80.

(*Pr. de fausse position.*) Si les 816 volumes payés étaient tous à 1ʳ,50 le prix total serait de 1ʳ,50 × 816 = 1 224ʳ.

Ce prix serat trop faible de 1 582,80 — 1 224ʳ = 358ʳ,80.

En remplaçant un volume à 1ʳ,50 par un volume à 2ʳ,80, on diminuera cette différence de 2ʳ,80 — 1ʳ,50 = 1ʳ,30.

Nombre de volumes à 2ʳ,80 : $\dfrac{358,80}{1,3}$ = 276.

Nombre de volumes à 1ʳ,50 : 816 — 276 = 540.

R. — **Le libraire a reçu** : 276 × 13/12 = **299 volumes à 2ʳ,80** et 540 × 13/12 = **585 volumes à 1ʳ,50.**

1570. *Un libraire a vendu 400 exemplaires d'un ouvrage, la moitié au prix du catalogue, l'autre moitié avec une remise de 10 % sur ce prix. Il avait obtenu lui-même de l'éditeur une remise de 25 % sur la totalité de la livraison. Il a gagné ainsi 280ʳ. Quel est le prix porté au catalogue ?*

La remise obtenue par le libraire représente les 25/100 du prix total de la livraison.

La remise accordée par le libraire représente les 10/100 de la moitié du prix de la livraison ou encore les 5/100 du prix total de la livraison.

Les 280ʳ de bénéfice représentent donc $\dfrac{25}{100} - \dfrac{5}{100} = \dfrac{20}{100}$ du prix de la livraison.

Prix total de la livraison : $\dfrac{280ʳ \times 100}{20}$ = 1 400ʳ.

R. — **Prix d'un ouvrage au catalogue** : 1 400ʳ : 400 = **3ʳ,50.**

1571. *Un libraire a vendu 350 exemplaires d'un même ouvrage. 1/5 a été vendu au prix du catalogue et le reste avec une remise de 10 %. Il a obtenu lui-même de l'éditeur une remise de 30 % sur la totalité de la livraison. On demande quel est le prix du catalogue sachant que le bénéfice réalisé par le libraire a été de 231ʳ.*

(*Solution arithmétique, voir* nᵒ 1 570.)

Solution algébrique. — Soit x le prix du catalogue.

Le libraire a déboursé $350x \times \dfrac{70}{100}$. Il a retiré de la 1ʳᵉ vente $\dfrac{350x}{5}$ et de la 2ᵉ vente : $\dfrac{350 \times 4}{5} \times x \times \dfrac{90}{100}$.

On a donc :

$$\left(350x \times \frac{70}{100}\right) + 231 = \frac{350x}{5} + \left(\frac{350 \times 4}{5} \times x \times \frac{90}{100}\right),$$

ou $245x + 231 = 70x + 252x$

d'où $x = 3.$

R. — **Prix du catalogue** : 3ʳ.

1572. *Un libraire vend 420 exemplaires d'un ouvrage, le premier tiers avec une remise de 10 % sur le prix fort, le second tiers avec une remise de 12 % et le reste avec une remise de 15 %. Il avait obtenu lui-même de l'éditeur une remise de 25 %. Sachant qu'il a dépensé 17ᶠ pour le transport et qu'il a fait sur cette vente un bénéfice net de 142ᶠ,60, on demande quel était le prix de l'ouvrage porté au catalogue.*

Le libraire a vendu chaque fois 420 : 3 = 140 volumes.
Il a retiré de ces ventes :

la 1ʳᵉ fois : $140 \times \dfrac{90}{100} = 126$ fois le prix fort d'un volume.

la 2ᵉ fois : $140 \times \dfrac{88}{100} = 123,2$ fois

la 3ᵉ fois : $140 \times \dfrac{85}{100} = 119$ fois

Au total. . . . . . . 368,2 fois le prix fort d'un volume.

Il avait payé à l'éditeur $420 \times \dfrac{75}{100} = 315$ fois le prix fort d'un volume.

Son gain total 17ᶠ + 142ᶠ,60 = 159ᶠ,60 représente, par conséquent, 368,2 — 315 = 53,2 fois le prix fort d'un volume.

R. — Prix fort d'un volume : 159ᶠ,6 : 53,2 = **3ᶠ.**

1573. *Trois libraires vendent le même ouvrage dans les conditions suivantes ; le 1ᵉʳ fait une remise de 25 % sur le prix marqué ; le 2ᵉ accorde seulement 18 3/4 % de remise, mais il donne 13 volumes pour 12 ; le 3ᵉ fait une remise de 22,50 % sans le 13ᵉ par douzaine ; mais il accorde en outre un escompte de 3 % sur le prix réduit. Quel est celui qui offre à l'acheteur les conditions les plus avantageuses ?*

Sur 13 volumes, le 2ᵉ libraire accorde :

1º le prix fort d'un volume, 2º les $\dfrac{18,75}{100}$ du prix fort de 12

volumes ou les $\dfrac{18,75 \times 12}{100} = \dfrac{225}{100}$ du prix fort d'un volume.

Sa remise sur 13 volumes livrés représente donc $1 + \dfrac{225}{100} = \dfrac{325}{100}$ du prix fort d'un volume.

Sa remise par volume égale donc $\dfrac{325}{100 \times 13} = \dfrac{25}{100}$ ou 25 % du prix fort.

La remise du 3ᵉ représente $\dfrac{22,5}{100}$ plus $\dfrac{3}{100}$ des $\dfrac{77,5}{100}$ du prix fort.

Soit : $\dfrac{225}{1\,000} + \dfrac{775 \times 3}{100\,000} = \dfrac{24\,825}{100\,000}$ du prix fort, soit 24,825 %.

R. — Les deux premiers libraires qui accordent chacun 25 % offrent les conditions les plus avantageuses.

Autre solution. Supposer un prix fort, 5^f par exemple.

Le 1er ferait payer le volume $5^f - \left(5 \times \dfrac{25}{100}\right) = \mathbf{3^f,75}$.

Pour 13 volumes le 2e ferait payer :

$$5^f \times 12 - \left(\frac{(5^f \times 12 \times 18,75)}{100}\right) = 48^f,75 ;$$

le volume reviendrait au client à 48,75 : 13 = **3^f,75**.

Le 3e ferait payer le volume $5^f - \left(5 \times \dfrac{22,5}{100}\right) = 3^f,875$, mais il

accorderait sur ce prix une remise de $3,875 \times 3/100 = 0^f,11625$.
Le volume reviendrait au client à $3^f,875 - 0,11625 = \mathbf{3^f,75875}$.

1574. *Ayant reçu d'un éditeur 260 volumes marqués au catalogue la moitié à 1^f,80, et l'autre moitié à 3^f,20 un libraire en fait la livraison à une commune à laquelle il consent une remise de 15 % sur les prix du catalogue. Le libraire ne paie à l'éditeur que 12 volumes sur 13 et avec réduction de 30 % sur les prix du catalogue. De plus l'éditeur lui fait un escompte de 2 % sur le prix de facture. Les frais de port à la charge du libraire se sont élevés à 23^f,60. Calculer : 1° ce que la commune doit au libraire ; 2° ce que le libraire paie à l'éditeur ; 3° le bénéfice % du libraire sur ses déboursés.*

1° Prix fort des volumes achetés par la commune :

$$\left(1^f,80 \times \frac{260}{2}\right) + \left(3^f,20 \times \frac{260}{2}\right) = 234^f + 416^f = 650^f.$$

R. — **La commune payera :** $650^f \times \dfrac{85}{100} = \mathbf{552^f,50}.$

2° Le libraire ne payera que $\dfrac{12 \times 260}{13} = 240$ ouvrages qui lui reviendront à :

$$(1^f,80 \times 120 + 3^f,20 \times 120) \times \frac{70}{100} = 600 \times \frac{70}{100} = 420^f.$$

Montant de l'escompte : $2^f \times 4,2 = 8^f,4.$

R. — **Le libraire doit à l'éditeur** $420^f - 8^f,4 = \mathbf{411^f,60}.$

3° Prix de revient total : $411^f,60 + 23^f,60 = 435^f,20.$
Bénéfice du libraire : $552^f,50 - 435^f,20 = 117^f,30.$

R. — **Bénéfice %** : $\dfrac{117,3 \times 100}{435,2} = \mathbf{26^f,95}.$

1575. *Un libraire achète 5 douzaines de livres dont le prix fort est de 3^f,50 par exemplaire. On lui donne 13 exemplaires pour 12 et on lui fait en outre une remise de 25 % sur le prix fort. Calculer : 1° le montant net de son achat ; 2° le bénéfice pour % qu'il fera sur son prix d'achat sachant qu'il accorde à ses clients une remise de 10 % sur le prix* fort de chacun de ses exemplaires et qu'il en cède trois gratuitement.

1º Prix d'achat sans la remise : $3^f,50 \times 12 \times 5 = 210^f$.

Montant de la remise : $25^f \times 2,1 = 52^f,50$.

R. — Montant net de l'achat : $210^f — 52^f,5 = 157^f,50$.

2º Nombre d'exemplaires à vendre : $(13 \times 5) — 3 = 62$.

Prix de vente brut : $3^f,50 \times 62 = 217^f$.

Montant de la remise : $10^f \times 2,17 = 21^f,70$.

Prix de vente net : $217^f — 21^f,70 = 195^f,30$.

Bénéfice réalisé : $195^f,30 — 157^f,50 = 37^f,80$.

R. — Bénéfice % : $\dfrac{37^f,8 \times 100}{157,5} = 24^f$.

1576. *Une administration verse 6 557ᶠ en paiement de livres à un libraire. Celui-ci avait consenti une remise de 17 % sur le prix fort. Calculer le bénéfice du libraire, sachant que les éditeurs lui ont fait une remise de 24 % sur le même prix fort, qu'il a reçu 13 volumes pour 12 facturés et qu'il a payé 2 1/2 % du prix d'achat net pour frais de transport et de brochage.*

Prix fort des livres : $6\ 557^f \times \dfrac{100}{83} = 7\ 900^f$.

Le libraire n'a dû payer aux éditeurs que les 12/13 de cette somme, soit :

$$7\ 900^f \times 12/13 = 7\ 292^f,30.$$

La remise de 24 % a ramené la somme à verser à :

$$7\ 292^f,30 \times \dfrac{76}{100} = 5\ 542^f,15.$$

Montant des frais : $\dfrac{2^f 5 \times 5\ 542,15}{100} = 138^f,55$.

Prix de revient net : $5\ 542^f,15 + 138^f,55 = 5\ 680^f,70$.

R. — Bénéfice du libraire : $6\ 557^f — 5\ 680^f,70 = \mathbf{876^f,30}$.

Double achat.

1577. *Une ménagère achète 3ᵐ,50 de drap et 11ᵐ d'indienne pour un prix total de 250ᶠ. Quelques jours plus tard, le fournisseur consent pour un 2ᵉ achat une remise de 4 % sur la valeur de chaque tissu et livre à la ménagère 3ᵐ de drap et 13ᵐ d'indienne, pris aux mêmes pièces, moyennant 240ᶠ. Combien vaut le mètre de chaque étoffe ?*

Sans la remise, la ménagère aurait payé la 2ᵉ fois :

$$240^f \times \dfrac{100}{96} = 250^f.$$

Donc : 3^m,50 de drap + 11^m d'indienne coûtent 250^f.
et   3^m   de drap + 13^m d'indienne coûtent 250^f.

L'examen de ces données montre que 0^m,50 de drap ont même valeur que 2^m d'indienne. Un mètre de drap vaut donc 4^m d'indienne. Par conséquent.

$$(3^m \times 4) + 13^m \text{ soit } 25^m \text{ d'indienne valent } 250^f.$$

R. — Le mètre d'indienne vaut : 250^f : 25 = **10^f**.

Le mètre de drap vaut : 10^f × 4 = **40^f**.

1578. *Une personne achète une première fois 10^m de velours et 12^m de soie, et elle paye en tout 930^f,40 en bénéficiant d'un escompte de 2 %. Une autre fois, elle achète 4^m de velours et 6^m de soie de même qualité, et elle débourse 404^f en bénéficiant d'un escompte de 4 %. Trouver le prix du mètre de chaque étoffe.*

Sans les remises, la personne aurait payé :

$$\text{la } 1^{re} \text{ fois } 930^f,40 \times \frac{100}{98} = 949^f,40 ; \quad \text{la } 2^e \text{ fois } 404^f \times \frac{100}{96} = 420^f,84.$$

On aurait alors en désignant par x le prix du mètre de velours et par y le prix du mètre de soie :

$$\begin{cases} 10x + 12y = 949,40 \\ 4x + 6y = 420,84 \end{cases} \text{ ou bien } \begin{cases} 5x + 6y = 474,70 \\ 4x + 6y = 420,84. \end{cases}$$

En résolvant le second système, on trouve :

$$x = 53,86 ;$$
$$y = 34,24.$$

R. — Le mètre de velours coûte 53^f,86 et le mètre de soie 34^f,24.

1579. *Un épicier a acheté de l'huile et du vinaigre. Une 1re fois il revend 72^l d'huile et 36^l de vinaigre pour 284^f,40, réalisant ainsi un bénéfice de 20 % sur le prix d'achat. Une 2e fois il revend 87^l d'huile et 55^l de vinaigre pour 285^f, subissant une perte de 5 % sur le prix d'achat. Calculer le prix d'achat du litre d'huile et du litre de vinaigre.*

Les prix d'achat qui correspondent à ces 2 ventes sont :

$$1^o \; 284^f,40 \times \frac{100}{120} = 237^f ; \quad 2^o \; 285^f \times \frac{100}{95} = 300^f.$$

En désignant par x le prix du litre l'huile et par y le prix du litre de vinaigre, on a :

$$72x + 36y = 237$$
$$87x + 55y = 300.$$

En résolvant ce système, on trouve $x = 2,70$ et y 1,20 par excès.

R. — Le litre d'huile coûte 2^f,70 et le litre de vinaigre 1^f,20.

1580. *Un marchand achète une 1re fois 20 sacs de blé et 12 sacs d'avoine pour 2.580^f. Dans un 2e achat il obtient une remise de 4 % sur le prix du blé et débourse pour*

*50 sacs du même blé et 20 sacs de la même avoine 5 620*f. *Calculer le prix du sac de blé et du sac d'avoine.*

Accorder une remise de 4 % sur le prix du blé, c'est faire payer 96f ce qui est facturé 100f ; c'est encore ne faire payer que 96 sacs quand on en livre 100.

D'après cela, le prix d'achat de 50 sacs avec 4 % de remise équivaut au prix d'achat de $\dfrac{96 \times 50}{100}$ = 48 sacs sans remise.

Donc, en représentant par x et y les prix d'achat d'un sac de blé et d'un sac d'avoine on peut écrire :

$$20x + 12y = 2\,580$$
$$48x + 20y = 5\,620.$$

On en déduit $x = 90$ et $y = 65$.

R. — Le sac de blé coûte 90f et le sac d'avoine 65f.

1581. *Une ménagère a payé 237*f *pour 18*kg *de café et 25*kg *de sucre. Quelques mois plus tard le prix du café étant majoré de 10 % et celui du sucre de 15 %, la ménagère paie 231*f,30 *pour 15*kg *de café et 24*kg *de sucre. Calculer le prix du kg. de chaque denrée avant la majoration.*

Le prix de 15kg de café avec majoration de 10 % équivaut au prix de $\dfrac{110^{kg} \times 15}{100}$ = 16kg,5 sans majoration

De même le prix de 24kg de sucre avec majoration de 15 % équivaut au prix de $\dfrac{115^{kg} \times 24}{100}$ = 27kg,6 sans majoration.

En représentant les prix du café et du sucre non majorés, par x et y, on peut alors écrire :

$$18x + 25y = 237$$
$$16,5x + 27,6y = 231,30.$$

Ces équations résolues donnent : $x = 9$ et $y = 3$.

R. — Avant la majoration le café coûtait 9f et le sucre 3f.

Dissolutions salines.

1582. *Dans 10*l *d'eau on a dissous 835*g *de salpêtre. Comb en faut-il ajouter d'eau à cette solution pour que 3*kg *de la nouvelle solution ne contiennent plus que 167*g *de salpêtre ?*

Quand on aura ajouté l'eau nécessaire, 167g de salpêtre se trouveront contenus dans 3kg de solution, et 835g dans

$$\dfrac{3^{kg} \times 835}{167} = 15^{kg} \text{ de solution.}$$

La solution primitive pesait 10kg + 835g = 10kg,835.

R. — Il faut ajouter 15kg **— 10**kg**,835 = 4**kg**165 ou 4**l**,165 d'eau.**

1583. *450ᵏᵍ d'eau salée contiennent 5 % de sel. On y ajoute de l'eau pure pour réduire à 2 % la proportion du sel. Quel sera le poids du nouveau mélange ? Quel sera le poids de l'eau ajoutée ?*

Les 450ᵏᵍ d'eau salée contiennent 450ᵏᵍ × 5/100 = 22ᵏᵍ,5 de sel.

Ces 22ᵏᵍ,5 représenteront les 2/100 du nouveau mélange.

R. — Poids du nouveau mélange : $\dfrac{22^k2,5 \times 100}{2}$ **= 1 125ᵏᵍ.**

Poids de l'eau ajoutée : 1 125ᵏᵍ — 450ᵏᵍ = 675ᵏᵍ.

1584. *Un tonneau vide aux 2/3 contient 77ᵏᵍ,83 d'une dissolution de sulfate de cuivre titrant 9,63 % de son poids de sel. Afin de préparer la bouillie bordelaise, on ajoute une certaine quantité d'eau de façon à obtenir une dissolution contenant 4,42 % de son poids de sulfate. Le tonneau est alors plein aux 3/4. Quelle est sa capacité ?*

Poids de sulfate de cuivre contenu dans la 1ʳᵉ dissolution :

$$77^{kg},83 \times \frac{9,63}{100}.$$

Ce poids représente 4,42 % du poids total de la nouvelle dissolution :

Poids total de la nouvelle dissolution :

$$77^{kg},83 \times \frac{9,63}{100} \times \frac{100}{4,42} = 169^{kg},57.$$

Poids de l'eau ajoutée : 169ᵏᵍ,57 — 77ᵏᵍ,83 = 91ᵏᵍ,74.
Volume de cette eau : 91ˡ,74.

L'eau ajoutée représente $\dfrac{3}{4} - \dfrac{1}{3} = \dfrac{5}{12}$ de la capacité du fût.

R. — Capacité du fût : 91ˡ,74 × $\dfrac{12}{5}$ **= 220ˡ par défaut.**

1585. *Un vase renferme 0ˡ,75 d'eau salée. On retire les 2/5 de la solution, qu'on remplace par de l'eau. On prend alors 0ˡ,32 de la nouvelle solution qu'on fait évaporer, ce qui donne 34ᵍ,56 de sel. Quel poids de sel renfermait la solution primitive ?*

La nouvelle solution a encore un volume de 75ᶜˡ, mais elle ne contient que les 3/5 du poids de sel que contenait la 1ʳᵉ solution.

Or elle contient : $\dfrac{34^g,56 \times 75}{32}$ = 81ᵍ de sel.

R. — La solution primitive contenait donc : 81ᵍ × $\dfrac{5}{3}$ **= 135ᵍ de sel.**

1586. *Un litre d'eau de mer pèse 1 026ᵍ, et contient 27ᵍ de sel. On demande à quel volume il faut réduire, par l'évaporation, 200 litres d'eau de mer pour que le nouveau liquide* renferme 15 % de son poids de sel. Quelle quantité de houille faudra-t-il consommer pour l'évaporation de cette eau, sachant que 1^{kg} de houille vaporise 7^{kg} d'eau ?

Les 200^l d'eau de mer contiennent : $27^g \times 200 = 5\,400^g$ de sel.

Le nouveau liquide devra peser : $\dfrac{5\,400^g \times 100}{15} = 36\,000^g$.

Son poids primitif était de : $1\,026^g \times 200 = 205\,200^g$.

On devra faire évaporer : $205\,200^g - 36\,000^g = 169\,200^g$ d'eau ou $169^l,2$.

R. — Le volume doit être réduit à $200^l - 169^l,2 = 30^l,8.$

Il faudra consommer : $\dfrac{169,2}{7} = 24^{kg},171$ **de houille.**

1587. *Dans de l'eau pure on a fait dissoudre du sel et on a obtenu une dissolution qui pèse 15^{kg} et contient 9 % de son poids de sel. On demande : 1° le volume de l'eau employée ; 2° combien de litres d'eau il faut ajouter à cette dissolution pour que 3^{kg} de la dissolution nouvelle ne contiennent que 90^g de sel.*

Les 15^{kg} de la dissolution contiennent $15^{kg} \times \dfrac{9}{100} = 1^{kg},35$ de sel.

Poids de l'eau pure employée : $15^{kg} - 1^{kg},35 = 13^{kg},65$.

R. — Volume de l'eau employée : $13^l,65$.

Dans la dissolution nouvelle, 90^g de sel seront contenus dans 3^{kg} de dissolution et $1\,350^g$ dans :

$$\frac{3 \times 1\,350}{90} = 45^{kg} \text{ de dissolution.}$$

R. — Il faudra donc ajouter : $45^{kg} - 15^{kg} = 30^{kg}$ ou 30^l d'eau.

1588. *Une dissolution de sucre cristallise lorsqu'elle renferme plus de 75 % de sucre. On a dans une sucrerie $12\,000^{kg}$ de sirop renfermant 1/11 de son poids de sucre. Combien faudra-t-il brûler de kg. de houille pour concentrer ce sirop jusqu'à ce qu'il renferme 75 % de sucre, sachant qu'on peut vaporiser 6^{kg} d'eau avec un kg. de houille brûlée ?*

Le sirop contient $\dfrac{12\,000^{kg}}{11}$ de sucre pur.

Quand ce sucre cristallisera, il représentera les 75/100 du poids du sirop concentré.

Poids du sirop concentré : $\dfrac{12\,000^{kg}}{11} \times \dfrac{100}{75} = \dfrac{16\,000}{11}$ de kg.

Poids d'eau à vaporiser : $12\,000 - \dfrac{16\,000}{11} = \dfrac{116\,000}{11}$ de kg.

R. — Poids de houille à brûler : $\dfrac{116\,000}{11} : 6 = 1\,757^{kg},575.$

Engrais.

1589. *Sur une prairie en forme de trapèze dont les bases ont 240^m et 160^m et la hauteur 80^m, on a répandu du nitrate de soude valant 80^f les 100^{kg}. Le rendement en foin s'est accru de 18 quintaux par ha. Le foin se vendant 20^f les 100^{kg}, le bénéfice résultant de l'emploi de nitrate a été de 384^f. A quelle dose a-t-on répandu le nitrate par hectare ?*

Surface de la prairie : $\dfrac{240 + 160}{2} \times 80 = 16\,000^{m2} = 1^{ha},6.$

Le rendement s'est accru de $18 \times 1,6 = 28,8$ quintaux qui valent $20^f \times 28,8 = 576^f$.

Le nitrate employé a coûté : $576^f - 384^f = 192^f$.

Poids de nitrate acheté : $192^f : 0,80 = 240^{kg}$.

R. — Dose par hectare : $240^{kg} : 1,6 = \mathbf{150^{kg}}$.

1590. *On veut fumer une prairie de 3^{ha} 40^a en y apportant 100^{kg} d'acide phosphorique à l'hectare. On utilise pour cela des scories renfermant 15 % d'acide phosphorique. Ces scories coûtent 17^f,50 le quintal. A combien revient la fumure de la prairie ?*

Quantité d'acide phosphorique à acheter :

$$100^{kg} \times 3,4 = 340^{kg}.$$

Pour obtenir 15^{kg} d'acide phosphorique, il faut acheter 100^{kg} de scories ; pour en obtenir 340^{kg}, il faudra acheter :

$$\frac{100^{kg} \times 340}{15} = 2\,266^{kg}.$$

R. — La fumure coûtera : $17^f,5 \times 22,66 = \mathbf{396^f,55.}$

1591. *Une récolte de 100 tonnes de betteraves enlève au sol 560^{kg} de potasse. Si on veut rendre au sol la potasse perdue, combien faut-il y mettre, pour chaque tonne de betteraves récoltée, de kg. de chlorure de potassium contenant 48 % de potasse ?*

Quantité de potasse enlevée au sol par tonne de betteraves :

$$560^{kg} : 100 = 5^{kg},6.$$

R. — Pour restituer au sol 5^{kg},6 de potasse, il faut y mettre :

$$\frac{100^{kg} \times 5,6}{48} = \mathbf{11^{kg},66}\ \text{de chlorure.}$$

1592. *Un champ ensemencé en blé a rapporté 30 quintaux de blé et 50 quintaux de paille. Le grain contient 2,2 % de son poids d'azote et la paille 0,40 %. Combien la récolte a-t-elle enlevé d'azote au sol ?*

On veut restituer intégralement au sol l'azote qu'il a

perdu : on répand à la surface un mélange de nitrate de soude à 15 % d'azote et de sulfate d'ammoniaque à 20 % d'azote fait dans la proportion de 2 parties en poids du 1er corps pour 3 du second. Quel poids du mélange faudra-t-il employer ?

Le blé a pris au sol : $3\ 000^{kg} \times \dfrac{2,2}{100} = 66^{kg}$ d'azote.

La paille — $5\ 000^{kg} \times \dfrac{0,4}{100} = 20^{kg}$ d'azote.

Poids d'azote à restituer au sol : $66^{kg} + 20^{kg} = 86^{kg}$.

2^{kg} de nitrate renferment : $\dfrac{15 \times 2\ 000}{100} = 300^{g}$ d'azote.

3^{kg} de sulfate — $\dfrac{20 \times 3\ 000}{100} = 600^{g}$ d'azote.

Ainsi un mélange de $2^{kg} + 3^{kg} = 5^{kg}$ contient $300 + 600 = 900^{g}$ d'azote.

R. — Poids du mélange à employer : $\dfrac{5^{kg} \times 86\ 000}{900} =$ **477^{kg},750.**

1593. *Un fermier a acheté $65\ 800^{kg}$ de fumier. Ce fumier dose $5\ ^o/_{oo}$ d'azote, $2,5\ ^o/_{oo}$ d'acide phosphorique et $4\ ^o/_{oo}$ de potasse. Combien doit-il payer si l'azote vaut 600^f, l'acide phosphorique 110^f et la potasse 75^f les 100^{kg} ?*

Ce fumier contient :

$5^{kg} \times 65,8 = 329^{kg}$ d'azote.
$2^{kg},5 \times 65,8 = 164^{kg},5$ d'acide phosphorique.
$4^{kg} \times 65,8 = 263^{kg},2$ de potasse.

R. — On payera :

$(600^f \times 3,29) + (110^f \times 1,645) + (75^f \times 2,632) =$ **2 352^f,35.**

1594. *On veut fumer un ha. de terre à raison de 45^{kg} d'azote et 60^{kg} d'acide phosphorique. On répand d'abord 5 tonnes métriques de fumier de ferme titrant $4\ ^o/_{oo}$ d'azote et $2\ ^o/_{oo}$ d'acide phosphorique. Calculer la composition de l'engrais complémentaire en employant du nitrate de soude à 15 % d'azote et du superphosphate de chaux à 16 % d'acide phosphorique.*

Ce fumier contient :

$4^{kg} \times 5 = 20^{kg}$ d'azote et $2^{kg} \times 5 = 10^{kg}$ d'acide phosphorique.

L'engrais complémentaire devra comprendre :

$45^{kg} — 20^{kg} = 25^{kg}$ d'azote et $60^{kg} — 10^{kg} = 50^{kg}$ d'acide phosphorique.

R. — Poids de nitrate à employer : $\dfrac{100^{kg} \times 25}{15} =$ **166^{kg} 2/3.**

Poids de superphosphate : $\dfrac{100^{kg} \times 50}{16} =$ **312^{kg} 1/2.**

1595. *Un fermier veut répandre sur un hectare de terre 85ᵏᵍ d'acide phosphorique en employant des scories qui valent 23ᶠ le quintal et du superphosphate qu'il paie 32ᶠ les 100ᵏᵍ. Les scories contiennent 17 % d'acide phosphorique et 50 % de chaux, et le superphosphate titre 20 % d'acide phosphorique. On demande quelle quantité de scories et quelle quantité de superphosphate on doit employer pour que le kg. d'acide phosphorique revienne à 1ᶠ,40, sachant que du prix des scories, il faut déduire la valeur de la chaux à raison de 5ᶠ,30 le quintal.*

Un quintal de scories contient 17ᵏᵍ d'acide phosphorique et 50ᵏᵍ de chaux.

Prix des 50ᵏᵍ de chaux : 5ᶠ,30 : 2 = 2ᶠ,65.

Prix des 17ᵏᵍ d'acide phosphorique : 23ᶠ — 2ᶠ,65 = 20ᶠ,35.

Prix du kg. d'acide phosphorique : 20ᶠ,35 : 17 = 1ᶠ,197 soit 1ᶠ,20.

Le prix du kg. d'acide phosphorique, tiré des superphosphates est :

$$32^f : 20 = 1^f,60.$$

Comme le prix de revient proposé (1ᶠ,40) est la moyenne des prix trouvés (1ᶠ,20 et 1ᶠ,60) il faudra mettre une égale quantité d'acide de chaque provenance, soit 85ᵏᵍ : 2 = 42ᵏᵍ,5.

R. — On emploiera : 42ᵏᵍ,5 × 100/20 = 212ᵏᵍ,5 de super-phosphate et 42ᵏᵍ,5 × 100/17 = 250ᵏᵍ de scories.

1596. *On veut marner une terre de manière à introduire 2 % de calcaire dans la couche de terre arable, laquelle a 0ᵐ,12 d'épaisseur. La marne qu'on a à sa disposition contient 48 % de calcaire, et pèse 1 650ᵏᵍ au mètre cube ; enfin, les tombereaux employés au transport n'en peuvent contenir chacun que 750ᵏᵍ. Cela posé, on demande combien il faudra de tombereaux de marne, si la terre a une contenance de 2ʰᵃ87ᵃ.*

1ᵐ³ de marne contient $\frac{48}{100}$ de m³ de calcaire.

Si 2ᵐ³ de calcaire correspondent à 100ᵐ³ de terre marnée, $\frac{48}{100}$ de m³ de calcaire correspondront à $\frac{100^{m3} \times 0,48}{2} = 24^{m3}$.

Ainsi il y a 1ᵐ³ de marne pour 24 — 1 = 23ᵐ³ de terre arable.

Or la couche arable a un volume de 20 087 × 0,12 = 2 410ᵐ³,44.

On devra donc amener 1ᵐ³ × $\frac{2\ 410,44}{23}$ = 104ᵐ³,8 de marne.

R. — Nombre de tombereaux : $\frac{1\ 650 \times 104,8}{750}$ = 230,56, soit **231.**

Revision.

1597. *Un marchand tailleur vend pour 85ᶠ un veston et un gilet. Il gagne ainsi 20 % sur le prix d'achat du veston et 25 % sur celui du gilet. On sait qu'il a payé le même* *prix un lot de 8 vestons et un lot de 20 gilets. Déduire de ce qui précède le prix d'achat d'un veston et celui d'un gilet.*

Indication. — Exprimer le prix de vente du veston et le prix de vente du gilet en fonction du prix d'achat du veston.

1° Le prix de vente du veston égale les $\dfrac{120}{100}$ du prix d'achat.

2° Le prix de vente du gilet égale les $\dfrac{135}{100}$ du prix d'achat du gilet ou encore les $\dfrac{135}{100}$ des $\dfrac{8}{20}$ du prix d'achat du veston; soit :

$$\frac{8 \times 135}{20 \times 100} = \frac{27}{50} \text{ du prix d'achat du veston.}$$

La somme des prix de vente (85^f) représente donc

$$\frac{120}{100} + \frac{27}{50} = \frac{87}{50} \text{ du prix d'achat du veston.}$$

R. — **Prix d'achat du veston :** $\dfrac{87^f \times 50}{87} = 50^f$.

Prix d'achat du gilet : $50^f \times 8/20 = 20^f$.

Solution algébrique. — Représentons par x le prix d'achat du veston et par y celui du gilet.

Le prix de vente du veston est égal à $\dfrac{120x}{100}$ et celui du gilet à $\dfrac{135y}{100}$.

On a donc
$$\frac{120x}{100} + \frac{135y}{100} = 87$$
et
$$8x = 20y.$$

En résolvant ces équations, on trouve $x = 50$ et $y = 20$.

1598. *Un libraire a reçu 741 volumes pour lesquels il a payé 884^f,70. La facture est faite avec une remise de 25 % et porte la mention 13/12 qui signifie que le vendeur compte une douzaine de livres alors qu'il donne 13 livres. Sachant qu'il y a des volumes à deux prix forts 2^f,50 et 1^f,20, trouver combien de volumes de chaque sorte a reçus le libraire.*

Nombre de volumes payés : $741 \times 12/13 = 684$.

Prix fort total : $\dfrac{884^f,70 \times 100}{75} = 1\,179^f,60$.

(*Pr de fausse position.*) Si tous les volumes payés étaient à 1^f,20 le prix fort total serait de $1^f,20 \times 684 = 820^f,8$. Il serait trop faible de $1\,179^f,6 - 820^f,8 = 358^f,80$.

En remplaçant un volume à 1^f,20 par un volume à 2^f,50, on augmente le prix fort de $2^f,50 - 1^f,20 = 1^f,30$. D'où :

Nombre de volumes à 2^f,5 : $358.8 : 1,3 = 276$.
Nombre de volumes à 1^f,20 : $684 - 276 = 408$.

R. — **Le libraire a reçu** $276 + \dfrac{276}{12} = 299$ **volumes à** 2^f,5

et $408 + \dfrac{408}{12} = 442$ **volumes à** 1^f,2.

1599. *Une tonne de houille produit à la distillation* 300^{m3} *de gaz,* 700^{kg} *de coke,* 50^{kg} *de goudron. On sait d'autre part qu'en distillant les goudrons, on obtient environ* 35 % *de leur poids de brai sec. Enfin, ce brai entre dans la constitution de briquettes agglomérées qui sont constituées par* 92 % *de charbon menu et* 8 % *de brai.*

La fosse à brai d'une usine d'agglomérés contient 25 000^{kg} *de brai. On demande :* 1° *le poids de houille qui, par sa distillation, a fourni le brai ;* 2° *le volume du gaz fabriqué dans la même opération et son prix de vente à* 0^f,25 *le* m^3 ; 3° *le nombre de tonnes de coke obtenu dans la même opération ;* 4° *le nombre de briquettes agglomérées qu'on peut fabriquer avec cette provision de brai, une briquette pesant* 10^{kg}.

1° *Poids de houille qui a fourni le brai.*

Poids de goudron qui a fourni les 25 000^{kg} de brai :

$$25\ 000^{kg} \times \frac{100}{35} = \frac{500\ 000}{7} \text{ de kg.}$$

Poids de houille qui a fourni ce poids de goudron :

$$\frac{1^t \times 500\ 000}{50 \times 7} = \frac{10\ 000}{7} \text{ de tonne ou } \mathbf{1\ 428}^t \frac{4}{7}.$$

2° *Volume et prix du gaz fabriqué.*

A raison de 300^{m3} de gaz par tonne de houille, on aura :

$$300^{m3} \times 1\ 428\frac{4}{7} = \mathbf{428\ 571}^{m3}\frac{3}{7}.$$

Prix de vente du gaz : 0^f,25 $\times$ 428 571$\frac{3}{7}$ = $\mathbf{107\ 142}^f\frac{6}{7}$.

3° *Nombre de tonnes de coke.*

A raison de 700^{kg} de coke par tonne de houille, on aura :

$$0^t,7 \times 1\ 428\frac{4}{7} = \mathbf{1\ 000} \text{ tonnes de coke.}$$

4° *Nombre de briquettes.*

Poids des briquettes fabriquées : 25 000^{kg} $\times \dfrac{100}{8}$.

Nombre de briquettes : $\dfrac{25\ 000 \times 100}{8 \times 10}$ = **31 250 briquettes.**

1600. *On veut fabriquer* 45 000 *briques de* 22^{cm} *de long,* 12^{cm} *de large et* 55^{mm} *d'épaisseur. La terre argileuse qui sera employée augmente de* 4 % *de son volume par le pétrissage, et l'argile pétrie perd ensuite* 1 % *de son volume par la cuisson. Calculer en quintaux le poids de la terre argileuse nécessaire, la densité de cette terre étant* 2,5.

Volume d'une brique cuite : 22 $\times$ 12 $\times$ 5,5 = 1 452^{cm3}.

Ce volume représente les 99/100 de celui de la brique crue.

Volume d'une brique crue : $\dfrac{1\ 452^{cm3} \times 100}{99}$

Volume de l'argile nécessaire à la confection d'une brique :

$$\frac{1\,452^{\text{cm}3} \times 100 \times 100}{99 \times 104}.$$

R. — **Poids de l'argile** nécessaire pour fabriquer 45 000 briques :

$$2^{\text{kg}},5 \times \frac{1,452 \times 100 \times 100 \times 45\,000}{99 \times 104} = 158\,653^{\text{kg}},86 = \mathbf{1\,586\ q,53}.$$

1601. *Un marchand vend les 2/5 d'une pièce d'étoffe en gagnant 0*f*,50 par mètre et le reste en perdant 0*f*,60 par mètre. Il a ainsi perdu 2 % du prix d'achat de la pièce. Sachant que la somme du prix d'achat et du prix de vente s'élève à 7 128*f*, trouver le prix d'achat du mètre et la longueur de la pièce.*

Si l'on vend 5ᵐ dans les conditions indiquées, on perd :

$$(0^f,60 \times 3) - (0^f,50 \times 2) = 1^f,80 - 1^f = 0^f,80.$$

Cette perte représente 2/100 du prix d'achat des 5 mètres.

R. — **Prix d'achat du mètre** : $\dfrac{0^f,80 \times 100}{2 \times 5} = 8^f.$

Prix de vente du mètre : $\dfrac{8^f \times 98}{100} = 7^f,84.$

Somme du prix d'achat et du prix de vente d'un mètre

$$8^f + 7^f,84 = 15^f,84.$$

R. — **Longueur de la pièce** : $\dfrac{7\,128}{15,84} = \mathbf{450\ mètres}.$

1602. *Un marchand veut gagner 20 % sur le prix de vente net d'une bicyclette qui lui a coûté 364*f*,80 ; mais il est obligé d'accorder lui-même à l'acheteur une remise de 20 % sur le montant brut de la facture de vente plus un escompte de caisse de 5 % sur la facture déjà réduite. Quel doit être le montant brut de la facture ?*

Soit une facture dont le montant brut est 100f.
L'acheteur profitera d'une remise de 20f et d'un escompte de caisse de $\dfrac{(100 - 20) \times 5}{100} = 4^f.$

Le marchand recevra donc $100^f - (20^f + 4^f) = 76^f.$

Son bénéfice sur cette somme doit être de $\dfrac{76^f \times 20}{100} = 15^f,20.$

Ce qu'il facture 100f lui revient donc à $76^f - 15,20 = 60^f,80.$

R. — **La bicyclette doit être facturée** : $\dfrac{100^f \times 364,80}{60,80} = \mathbf{600^f}.$

1603. *Un marchand a acheté du charbon à 141*f*,60 la tonne. Il paye 894*f*,40 de transport et de frais. Il revend ce* *charbon à raison de 19^f,80 l'hl. en faisant sur son prix de revient un bénéfice de 20 %. Le mètre cube de charbon pesant 937^{kg},50, on demande le poids du charbon qu'il a acheté.*

Poids d'un hl. de charbon : 937^{kg},50 : 10 = 93^{kg},75.

Prix de vente d'une tonne : $\dfrac{19^f,8 \times 1\,000}{93,75}$ = 252^f.

Prix de revient d'une tonne : $\dfrac{252^f \times 100}{120}$ = 210^f.

Prix de transport et frais : 210^f — 141^f,60 = 68^f,40.

R. — **Poids du charbon** : 894,40 : 68,40 = **13^t,076^{kg}**.

1604. *Un marchand a acheté deux pièces d'étoffe, la 1re de 32^m,50 à 12^f,25 le mètre, la 2e de 18^m,25 à 11^f,35 le mètre. Il revend la 1re pièce avec un bénéfice de 15 % sur le prix d'achat ; à quel prix doit-il vendre le mètre de la 2e pièce pour que le bénéfice total soit de 12 % sur le prix d'achat ?*

Prix d'achat : (12^f,25 × 32,5) + (11^f,35 × 18,25) = 605^f,25.

Prix de vente total : 605,25 × $\dfrac{112}{100}$ = 677^f,88, soit 677^f,90.

Prix de vente de la 1re pièce : 398^f,125 × $\dfrac{115}{100}$ = 457^f,85.

Prix de vente de la 2e pièce : 677^f,90 — 457^f,85 = 220^f,05.

R. — **Prix de vente du mètre** : 220,05 : 18,25 = **12^f,05.**

1605. *Une somme doit être partagée en parties égales entre un certain nombre de personnes. Après une retenue de 3 % sur le capital, chaque personne reçoit 5 111^f,90. S'il y avait 3 personnes de plus et que le capital fût soumis à une réduction de 5 %, chaque personne recevrait alors 4 005^f,20. On demande de chercher : 1° le nombre de personnes ; 2° la valeur du capital à partager.*

Sans les retenues, la valeur des parts serait :

dans le 1er cas : 5 111^f,90 × $\dfrac{100}{97}$ = 5 270^f.

et dans le 2e cas : 4 005^f,20 × $\dfrac{100}{95}$ = 4 216^f.

S'il y avait 3 personnes de plus, elles recevraient ensemble

$$4\,216^f \times 3 = 12\,648^f.$$

La somme à partager aux autres personnes serait diminuée de 12 648^f.

Chacune d'elles recevrait 5 270^f — 4 216^f = 1 054^f de moins.

R. — **Nombre primitif de personnes** : 12 648 : 1 054 = **12.**

1606. *Un marchand d'étoffes vend une pièce de toile dans les conditions suivantes : une 1re fois, il en vend les 2/9 à 8^f,50 le mètre ; une 2e fois la 1/2 du reste à 10^f,25 le mètre, enfin il cède les 14 mètres restants à 12^f le mètre. Trouver le prix de vente et la longueur de la pièce entière. Trouver le prix d'acquisition de la pièce, sachant que le négociant a fait dans l'ensemble de ces ventes un bénéfice moyen de 9 % sur le prix d'achat.*

Le dernier coupon vaut : $1 - \left(\dfrac{2}{9} + \dfrac{7}{9} \times \dfrac{1}{2}\right) = \dfrac{7}{18}$ de la pièce.

R. — Longueur de la pièce : $\dfrac{14^{m} \times 18}{7} = 36^{m}$.

R. — Prix de vente total :

$$\left(8^{f},5 \times 36 \times \dfrac{2}{9}\right) + \left(10^{f},25 \times 36 \times \dfrac{7}{18}\right) + (12^{f} \times 14) = 379^{f},50.$$

R. — Prix d'achat : $\dfrac{379^{f},50 \times 100}{109} = 348^{f},16.$

1607. *75 bœufs ont brouté en 12 jours l'herbe d'un pré de 60^a, et 81 bœufs ont brouté en 15 jours l'herbe d'un pré de 72^a. Combien faudra-t-il de bœufs pour brouter en 18 jours l'herbe d'un pré de 96^a ? On suppose que l'herbe est à la même hauteur au moment où les bœufs entrent dans le pré et qu'elle croît uniformément.* (Problème de Newton.)

En 12^j, le 1er pré a fourni 12 × 75 = 900 rations.

— le 2e pré — $\dfrac{900 \times 72}{60}$ = 1 080 rations.

Or, en 15^j, le 2e pré a donné : 81 × 15 = 1 215 rations.

C'est donc que l'herbe qui a poussé pendant 15^j — 12^j = 3^j a fourni 1 215 — 1 080 = 135 rations.

Le 3e pré, en 12^j, a donné : $\dfrac{900 \times 96}{60}$ = 1 440 rations.

Donc l'herbe qui a poussé en (18^j — 12^j) = 6^j dans ce pré a fourni $\dfrac{135 \times 6 \times 96}{3 \times 72}$ = 360 rations.

Somme des rations fournies par le 3e pré : 360 + 1 440 = 1 800.

R. — Nombre de bœufs : $\dfrac{1\,800}{18}$ = 100.

1608. *Un marchand vend les 5/8 d'une pièce de drap avec un bénéfice de 12^f, les 2/5 du reste avec une perte de 3 % et le reste avec un bénéfice de 10 %. Il réalise ainsi un bénéfice de 61^f,50. Combien lui coûtait la pièce de drap ?*

Ventes successives : $\dfrac{5}{8}$; $\dfrac{3}{8} \times \dfrac{2}{5} = \dfrac{3}{20}$; $\dfrac{3}{8} \times \dfrac{3}{5} = \dfrac{9}{40}$ de la pièce.

Bénéfice sur les deux dernières ventes :

$$\left(\frac{9}{40} \times \frac{1}{10}\right) - \left(\frac{3}{20} \times \frac{3}{100}\right) = \frac{36}{2\,000} \text{ du prix d'achat.}$$

D'autre part, ce bénéfice est égal à 61ᶠ,50 — 12ᶠ = 49ᶠ50.

R. — **Prix d'achat** : $\dfrac{49^f,50 \times 2\,000}{36} = 2\,750^f.$

1609. *Un négociant achète des marchandises : le prix du transport est égal à 15 % du prix d'achat ; il doit payer 300ᶠ de douane. Il est réduit à vendre ses marchandises avec une perte de 5 % sur le prix de revient ; mais s'il les avait vendues 394ᶠ,05 de plus, il aurait gagné 1 % sur ce prix. Quel est le prix d'achat ?*

Prix de revient : $\dfrac{115}{100}$ du prix d'achat (A) + 300ᶠ.

Montant de la perte : $\left(\dfrac{115}{100} A + 300^f\right) \dfrac{5}{100} = \dfrac{115}{2\,000} A + 15^f.$

Le produit de la vente égale le prix de revient diminué de la perte, soit :

$$\left(\frac{115}{100} A + 300^f\right) - \left(\frac{115}{2\,000} A + 15^f\right) = \frac{437}{400} A + 285^f.$$

D'autre part, pour 1 % de bénéfice sur ce même prix, la vente serait :

$$\left(\frac{115}{100} A \times \frac{101}{100}\right) + \left(300^f \times \frac{101}{100}\right)$$

soit : $\dfrac{11\,615}{10\,000} A + 303^f$;

d'où : $\dfrac{437}{400} A + 285^f + 394^f,05 = \dfrac{11\,615}{10\,000} A + 303^f,$

$$\frac{69}{1\,000} \text{ de } A = 376^f,05.$$

R. — **Prix d'achat** : $\dfrac{376,05 \times 1\,000}{69} = 5\,450^f.$

1610. *Un marchand revend de la manière suivante une pièce d'étoffe qui lui a coûté 576ᶠ : d'abord le 1/3 en faisant un bénéfice de 10 %, puis la 1/2 en réalisant un bénéfice de 12 % et enfin le reste pour la somme de 102ᶠ en faisant un bénéfice de 0ᶠ,75 par mètre. Calculer la longueur de la pièce et le bénéfice total réalisé.*

Valeur du 3ᵉ coupon : $1 - \left(\dfrac{1}{2} + \dfrac{1}{3}\right) = \dfrac{1}{6}$ de la pièce

Prix d'achat du 3ᵉ coupon : 576ᶠ : 6 = 96ᶠ.
Bénéfice réalisé : 102ᶠ — 96ᶠ = 6ᶠ.
Longueur du 3ᵉ coupon : 6 : 0,75 = 8ᵐ.

R. — Longueur de la pièce : 8ᵐ × 6 = 48ᵐ.

Bénéfice sur le 1ᵉʳ coupon : $\dfrac{576}{3} \times \dfrac{1}{10} = 19^f,20$.

Bénéfice sur le 2ᵉ coupon : $\dfrac{576}{2} \times \dfrac{1,2}{10} = 34^f,56$.

R. — Bénéfice total : 19ᶠ,20 + 34ᶠ,56 + 6 = 59ᶠ,76.

1611. *Un marchand vend une pièce de drap en trois fois :
le 1ᵉʳ coupon est les 2/7 de la pièce ; le 2ᵉ est les 4/5 du
reste et le 3ᵉ qui a une longueur de 8ᵐ est vendu 220ᶠ.
Dans chacune de ces ventes, le marchand réalise un bénéfice
de 10 %. On demande : 1º combien de mètres contenait la
pièce ; 2º le prix de vente total ; 3º le prix d'achat.*

Longueur des coupons : $\dfrac{2}{7}$ de la pièce ; $\dfrac{5}{7} \times \dfrac{4}{5} = \dfrac{4}{7}$; $\dfrac{1}{7}$ ou 8ᵐ.

R. — Longueur de la pièce : 8ᵐ × 7 = 56ᵐ.
Prix de vente total : 220ᶠ × 7 = 1 540ᶠ.

Prix d'achat total : $\dfrac{100 \times 1\,540}{110} = 1\,400^f$.

1612. *Un négociant achète une pièce de coton qu'il paye
à raison de 3ᶠ,50 le mètre. Il en vend une 1ʳᵉ fois les 3/7
avec un bénéfice de 18 % sur le prix d'achat ; une 2ᵉ fois,
il vend le 1/4 du reste avec 2ᶠ,75 de bénéfice par mètre ;
enfin le dernier reste est vendu avec une perte de 4 % sur
ce prix d'achat. On demande la longueur de la pièce, sachant
que le bénéfice total réalisé a été de 42ᶠ,20.*

Longueur des coupons : $\dfrac{3}{7}$ de la pièce ; $\dfrac{4}{7} \times \dfrac{1}{4} = \dfrac{1}{7}$; $\dfrac{3}{7}$.

Bénéfice réalisé dans les deux premières ventes :

$$\left(\dfrac{3}{7} \times \dfrac{18}{100}\right) + \left(\dfrac{1}{7} \times \dfrac{275}{350}\right) = \dfrac{54}{700} + \dfrac{275}{2\,450} = \dfrac{232}{1\,225} \text{ du prix d'achat.}$$

Perte subie dans la 3ᵉ vente : $\dfrac{3}{7} \times \dfrac{4}{100} = \dfrac{12}{700}$ du prix d'achat.

Bénéfice net : $\dfrac{232}{1\,225} - \dfrac{12}{700} = \dfrac{211}{1\,225}$ du prix d'achat.

R. — 1º Prix d'achat : $\dfrac{42^f,2 \times 1\,225}{211} = 245^f$.

2º Longueur totale : 245ᶠ : 3ᶠ,50 = 70ᵐ.

1613. *Un colporteur vend une douzaine de paires de bas
de coton 67ᶠ,80 ; il gagne ainsi 20 % sur son prix d'achat*

*dans un magasin de détail, qui, lui aussi, gagne 20 %
sur le prix de fabrique. Le fabricant gagnant lui-même
20 % sur le prix de revient et la matière première coûtant
16ᶠ,50 par douzaine, on demande à quel prix on paye à un
ouvrier son travail pour 12 douzaines.*

Prix de magasin de 12 paires : $67^f,80 \times \dfrac{100}{120} = 56^f,50$.

Prix de fabrique : $56^f,50 \times \dfrac{100}{120} = 47^f,08$.

Prix de revient : $47^f,08 \times \dfrac{100}{120} = 39^f,23$.

Prix de confection : $39^f,23 - 16^f,50 = 22^f,73$.

R. — Prix de confection de 12 douzaines : $22^f,73 \times 12 = 272^f,75$.

1614. *Un marchand achète du vin pour une somme de
1512ᶠ. Il en revend le 1/3 avec un bénéfice de 15 % et les
3/4 du reste avec un bénéfice de 12 %. Il revend enfin le
reste pour la somme de 264ᶠ en faisant un bénéfice de 0ᶠ,075
par litre. On demande la quantité de vin acheté et le bénéfice
total.*

Ventes successives :

$$\frac{1}{3} \text{ du vin} ; \quad \frac{2}{3} \times \frac{3}{4} = \frac{1}{2} ; \quad \frac{2}{3} \times \frac{1}{4} = \frac{1}{6}.$$

Prix d'achat du 1/6 : $1\,512^f : 6 = 252^f$.
Bénéfice sur cette quantité : $264 - 252 = 12^f$.

R. — Contenance totale : $\dfrac{1^l \times 12 \times 6}{0,075} = \mathbf{960^l}$.

Bénéfice sur 1/3 : $\dfrac{1\,512 \times 15}{3 \times 100} = 75^f,60$.

Bénéfice sur 1/2 : $\dfrac{1\,512 \times 12}{2 \times 100} = 90^f,72$.

R. — Bénéfice total : $12^f + 75^f,60 + 90,72 = \mathbf{178^f,32}$.

1615. *Un propriétaire a acheté une pièce de terre pour
la revendre par parcelles. Il vend à une 1ʳᵉ personne les
5/8 de la pièce, à une 2ᵉ les 3/8 du reste et à une 3ᵉ le reste.
La 2ᵉ personne a 93 ares de moins que la 1ʳᵉ. Toutes ces
ventes sont faites à raison de 92ᶠ l'are. Calculer le gain total
du propriétaire, sachant qu'il réalise ainsi un bénéfice de
15 %.*

Ventes successives :

$$\frac{5}{8} \text{ du terrain} ; \quad \frac{3}{8} \times \frac{3}{8} = \frac{9}{64} ; \quad \frac{3}{8} \times \frac{5}{8} = \frac{15}{64}.$$

Différence des deux premières parcelles : $\dfrac{5}{8} - \dfrac{9}{64} = \dfrac{31}{64}$.

Surface du terrain : $\dfrac{93^a \times 64}{31} = 192^a$.

Prix de vente total : $92^f \times 192 = 17\,664^f$.

R. — Bénéfice réalisé : $17\,664^f \times \dfrac{15}{115} = 2\,304^f$.

1616. *Un industriel engage dans une entreprise un certain capital. La 1re année, il perd 13 % de ce capital ; la 2e année, il perd 8 % de ce qui restait à la fin de la 1re année. Enfin la 3e année, il gagne 10 % du capital restant à la fin de la 2e année et il s'en faut alors de 11 358f,20 qu'il n'ait reconstitué son capital primitif. Quel était ce capital ?*

En fin d'année, le capital est successivement égal à ses

$1°\ \dfrac{87}{100}$; $\quad 2^n\ \dfrac{87}{100} \times \dfrac{92}{100} = \dfrac{8\,004}{10\,000}$; $\quad 3°\ \dfrac{8\,004}{10\,000} \times \dfrac{110}{100} = \dfrac{88\,044}{100\,000}$.

Fraction du capital à reconstituer $\left(1 - \dfrac{88\,044}{100\,000}\right) = \dfrac{11\,956}{100\,000}$.

R. — Capital : $\dfrac{11\,358,2 \times 100\,000}{11\,956} = 95\,000^f$.

1617. *Un marchand a acheté une pièce d'étoffe pour 250f, il en revend 1/3 à 4f le mètre et le reste à 3f,50 le mètre ; il réalise ainsi un bénéfice total de 10 % du prix d'achat. Calculer la longueur de la pièce.*

Prix de vente de 3^m : $4^f \times 1 + 3^f,5 \times 2 = 11^f$.

Prix d'achat de 3^m : $\dfrac{11^f \times 10}{11} = 10^f$.

R. — Longueur de la pièce : $\dfrac{3^m \times 250}{10} = 75^m$.

1618. *Un négociant achète une pièce de velours qu'il paye à raison de 16f le mètre. Il en vend une première fois les 2/9 avec un bénéfice de 25 % sur le prix d'achat ; une seconde fois le 1/3 avec 3f,50 de bénéfice par mètre. Enfin le dernier coupon est vendu 640f avec un bénéfice de 20 % sur le prix de vente. On demande : 1° la longueur totale de la pièce ; 2° le bénéfice que le négociant a fait sur son marché.*

Une vente de 640^f correspond à un achat de $640^f \times \dfrac{8}{10} = 512^f$.

Longueur du dernier coupon : $512 : 16 = 32^m$.

Ce coupon représente $1 - \left(\dfrac{2}{9} + \dfrac{1}{3}\right) = \dfrac{4}{9}$ de la pièce.

R. — Longueur de la pièce : $\dfrac{32^{m} + 9}{4} = $ **72ᵐ.**

Longueur des $\dfrac{2}{9}$ et du 1/3 : $72^{m} \times \dfrac{2}{9} = 16^{m}$; $72^{m} : 3 = 24^{m}$.

Bénéfice : 1° $16 \times 16 \times \dfrac{25}{100} = 64^{f}$; 2° $24 \times 3^{f},5 = 84^{f}$.

R. — Bénéfice total : $64^{f} + 84^{f} + (640 - 512^{f}) = $ **276ᶠ.**

1619. *Un marchand qui avait acheté de la toile écrue, la revend après blanchissage au prix de 7ᶠ,20 le mètre ; il réalise ainsi un bénéfice de 20 % sur le prix d'achat. Quel est le prix d'achat du mètre de la toile écrue sachant qu'elle perd au blanchissage les 3/20 de sa longueur ? Combien gagne le marchand sur une opération portant sur 21 pièces de toile écrue de 50ᵐ chacune ? (On ne tient pas compte des frais de blanchissage.)*

20ᵐ de toile écrue donnent 17ᵐ de toile blanchie.

Prix de vente de 17ᵐ de toile blanchie : $7^{f},20 \times 17 = 122^{f},4$.

R. — Prix d'achat du mètre de toile écrue : $\dfrac{122,4 \times 100}{120 \times 20} = $ **5ᶠ,10.**

Prix d'achat de 21 pièces : $5^{f},10 \times 50 \times 21 = 5\,355^{f}$.

Prix de vente : $7^{f},20 \times 50 \times 21 \times \dfrac{17}{20} = 6\,426^{f}$.

R. — Bénéfice : $6\,426^{f} - 5\,355^{f} = $ **1 071ᶠ.**

1620. *Un fermier recueille en moyenne 84 litres de lait par jour. Est-il plus avantageux pour lui de vendre ce lait en nature à 1ᶠ,25 le litre ou de le transformer en beurre qui vaut en moyenne 7ᶠ,40 le demi-kg. On sait que la densité du lait est 1,03, qu'il donne 15 % de son poids de crème et que le poids du beurre est les 8/10 de celui de la crème qui l'a produit. Quel bénéfice la vente la plus avantageuse lui procurerait-elle ?*

Prix du lait : $1^{f},25 \times 84 = 105^{f}$.

Poids du beurre : $1^{kg},03 \times 84 \times \dfrac{15}{100} \times \dfrac{8}{10} = 10^{kg},3824$.

Valeur du beurre : $7^{f},40 \times 2 \times 10,382 = 153^{f},65$.

Il est plus avantageux de faire du beurre.

R. — Bénéfice journalier : $153^{f},65 - 105^{f} = $ **48ᶠ,65.**

1621. *Une personne achète un lot de marchandises contenant 125ᵐ de soie, 142ᵐ de mérinos et 180ᵐ de jaconas pour la somme de 9 488ᶠ. Le prix du mètre de mérinos est* *les 3 /5 de celui du mètre de soie et le prix du mètre de jaconas est le 1 /4 du prix du mètre de mérinos. Vu l'état de la saison, la personne doit perdre 7 % sur le prix du jaconas, mais elle peut vendre le mérinos avec 15 % de profit. À quel prix doit-elle vendre le mètre de soie pour gagner 12 % sur le prix total des marchandises ?*

142^m de mérinos valent : $142 \times \dfrac{3}{5} = 85^m,20$ de soie.

180^m de jaconas valent : $180 \times \dfrac{1}{4} \times \dfrac{3}{5} = 27^m$ de soie.

Prix du mètre de soie : $\dfrac{9\,488^f}{125 + 85,20 + 17} = 40^f.$

Prix du mérinos : $40^f \times \dfrac{3}{5} \times 142 = 3\,408^f$;

Prix du jaconas : $40^f \times \dfrac{3}{5} \times \dfrac{1}{4} \times 180 = 1\,080^f.$

Bénéfice total à réaliser : $9\,488^f \times \dfrac{12}{100} = 1\,138^f,56.$

Bénéfice sur le mérinos : $3\,408^f \times \dfrac{15}{100} = 511^f,20$

Perte sur le jaconas : $1\,080^f \times \dfrac{7}{100} = 75^f,60.$

Bénéfice sur la soie : $1\,138^f,56 - 511^f,20 + 75^f,60 = 702^f,96.$
Bénéfice sur 1^m de soie : $702^f,50 : 125 = 5^f,62.$

R. — **Prix de vente du mètre de soie :** $40^f + 5^f,62 = \mathbf{45^f,62.}$

1622. *Un négociant a acheté 12 balles de café pesant chacune 125ᵏᵍ. Il en a revendu 4 avec un bénéfice de 10 %, puis 6 avec un bénéfice de 15 %. Mais le reste du café étant avarié, il l'a revendu avec une perte de 20 %. Sachant que le négociant a réalisé sur le tout un bénéfice de 1 215ᶠ, trouver le prix d'achat du quintal de café.*

Poids des livraisons de café $\begin{cases} 125^{kg} \times 4 = 500^{kg} \\ 125^{kg} \times 6 = 750^{kg} \\ 125^{kg} \times 2 = 250^{kg}. \end{cases}$

Bénéfice dans la 1ʳᵉ vente : $500^{kg} \times 10/100 = 50^{kg},$
Bénéfice dans la 2ᵉ vente : $750^{kg} \times 15/100 = 112^{kg},5.$
Perte dans la 3ᵉ vente : $250^{kg} \times 20/100 = 50^{kg}.$
Le bénéfice total est égal au prix d'achat de . . $\overline{112^{kg},5.}$

R. — **Prix d'achat du quintal de café :** $\dfrac{1\,215^f \times 100}{112,50} = 1\,080^f.$

INTÉRÊTS

Calcul mental. Calcul rapide.

1623. A 6 %, quel est l'intérêt annuel de 800^f ? de 1 500^f ? de 250^f ?

R. — Intérêt de   800^f : 6^f × 8   = **48^f**
   —   1 500^f : 6^f × 15   = **90^f**
   —   250^f : 6^f × 2,5 = **15^f**.

1624. A 4,5 %, quel est l'intérêt annuel de 200^f ? de 6 000^f ? de 8 800^f ?

R. — Intérêt de   200^f : 4^f,5 × 2   = **9^f**.
   —   6 000^f : 4^f,5 × 60 = **270^f**.
   —   8 800^f : 4^f,5 × 88 = **396^f**.

1625. Calculer l'intérêt de 2 000^f à 6 % : 1° pendant 3 mois ; 2° pendant 8 mois ; 3° pendant 18 mois.

R. — Intérêt de 2 000^f en 3 mois : 6^f × 20 × 1/4 = **30^f**.
   —   en 8 mois : 6^f × 20 × 2/3 = **80^f**
   —   en 18 mois : 6^f × 20 × 3/2 = **180^f**.

1626. Calculer l'intérêt de 800^f à 5 % : 1° pendant 72 jours ; 2° pendant 45 jours ; 3° pendant 40 jours.

R. — Intérêt de 800^f en 72 jours : 5^f × 8 × 1/5 = **8^f**.
   —   en 45 jours : 5^f × 8 × 1/8 = **5^f**.
   —   en 40 jours : 5^f × 8 × 1/9 = **4^f,44**.

1627. A quel taux faut-il placer 1 200^f pour avoir 60^f d'intérêt par an?

R. — Taux = 60 : 12 = **5 %**.

1628. A quel taux faut-il placer 900^f pour avoir 18^f d'intérêt par trimestre ?

Revenu par an : 18 × 4 = 72^f.

R. — Taux = 72 : 9 = **8 %**.

1629. *Pendant quel temps faut-il placer 800ᶠ à 5 % pour avoir 240ᶠ d'intérêt ?*

Intérêt annuel : $5 \times 8 = 40$.

R. — **Temps cherché** : $\dfrac{240}{40} =$ **6 ans.**

1630. *Pendant quel temps faut-il placer 1 200ᶠ à 4,5 % pour avoir 36ᶠ d'intérêt ?*

Intérêt annuel : $4^\text{f},5 \times 12 = 54^\text{f}$.

R. — **Temps cherché** : $\dfrac{36}{54} = \dfrac{2}{3}$ d'année = **8 mois.**

1631. *Quel est le capital qui, placé à 4 %, rapporte 80ᶠ en 3 mois ?*

Intérêt annuel : $80^\text{f} \times 4 = 320^\text{f}$.

R. — **Capital** $= 100^\text{f} \times \dfrac{320}{4} =$ **8 000ᶠ.**

1632. *Quel est le capital qui, placé à 6 %, rapporte 60ᶠ en 72 jours ?*

Intérêt annuel : $60^\text{f} \times 5 = 300^\text{f}$.

R. — **Capital** $= 100^\text{f} \times \dfrac{300}{6} =$ **5 000ᶠ.**

1633. *Calculer par la méthode des diviseurs l'intérêt :*

1º *de 8 450ᶠ placés à 4 % pendant 110 jours ;*

2º *de 4 725ᶠ placés à 6 % du 15 janvier au 18 mai suivant.*

$$1^\text{o} \; \frac{8\,450 \times 110}{9\,000} = 103^\text{f},27 \; ; \quad 2^\text{o} \; \frac{4\,725 \times 123}{6\,000} = 96^\text{f},86.$$

1634. *Calculer par la méthode des diviseurs l'intérêt total rapporté par les placements suivants à 6 % : 850ᶠ pendant 45 jours ; 280ᶠ pendant 18 jours ; 995ᶠ pendant 48 jours.*

$$\textbf{R.} \; \frac{(850 \times 45) + (280 \times 18) + (995 \times 48)}{6\,000} = 15^\text{f},17.$$

1635. *Calculer par la méthode des parties aliquotes du temps l'intérêt :*

1º *de 870ᶠ à 4 % pendant 55 jours ;*

2º *de 1 844ᶠ à 6 % pendant 248 jours ;*

3º *de 2 540ᶠ à 5 % pendant 105 jours ;*

4º *de 3 800ᶠ à 3 % pendant 92 jours.*

1º à 4 % la base est 90

55 = 45 + 9 + 1

Int. pour 45 j.....	4ᶠ,35
— 9 j.....	0ᶠ,87
— 1 j.....	0ᶠ,096
Int. pour 55 j.....	**5ᶠ,316**

2º à 6 % la base est 60

248 = 240 + 6 + 2

| Int. pour 240 j. 18,44 × 4 = 73ᶠ,76 |
| — 6 j.......... 1ᶠ,84 |
| — 2 j.......... 0ᶠ,61 |
| **Int. pour 248 j.......... 76ᶠ,21** |

3º à 5 % la base est 72

105 = 72 + 24 + 9

Int. pour 72 j....	25ᶠ,40
— 24 j....	8ᶠ,46
— 9 j....	3ᶠ,17
Int. pour 105 j.....	**37ᶠ,03**

4º à 3 % la base est 120

92 = 60 + 20 + 12

Int. pour 60 j....	19ᶠ
— 20 j....	6ᶠ,33
— 12 j....	3ᶠ,8
Int. pour 92 j....	**29ᶠ,13**

1636. *Calculer par la méthode des parties aliquotes du taux 6 % l'intérêt :*

1º de 1 250ᶠ à 3 1/2 % pendant 80 jours ;

2º de 2 458ᶠ à 4 % pendant 140 jours ;

3º de 8 400ᶠ à 5,5 % pendant 70 jours.

1º Int. à 6 % pendant 60 j...........	12ᶠ,5
— 20 j...........	4ᶠ,16
— 80 j...........	16ᶠ,66
Int. à 3 %........	8ᶠ,33
Int. à 0,5 %.......	1ᶠ,39
R. — Int. à 3,5 %........	**9ᶠ,72.**

2º Int. à 6 % pendant 60 j..........	24ᶠ,58
— 60 j..........	24ᶠ,58
— 20 j..........	8ᶠ,19
Int. à 6 % — 140 j..........	57ᶠ,35
Int. à 3 %........	28ᶠ,675
Int. à 1 %........	9ᶠ,558
R. — Int. à 4 %.........	**38ᶠ,233.**

3º Int. à 6 % pendant 60 j...........	84ᶠ
— 10 j...........	14ᶠ
Int. à 6 % — 70 j...........	98ᶠ.
Int. à 3 %.......	49ᶠ
Int. à 1,5 %.......	24ᶠ,50
Int. à 1 %.......	16ᶠ,33
R. — Int. à 5,5 %........	**89ᶠ,83.**

Calcul de l'intérêt.

1637. *Quels sont les intérêts de* 35 460^f *placés à 4 %
pendant 3 ans 5 mois 17 jours ?*

Durée du placement : $(360 \times 3 + 30 \times 5 + 17) = 1\,247$ jours.

R. — Intérêt produit : $\dfrac{4 \times 35\,460 \times 1\,247}{100 \times 360} = 4\,913^f,18.$

1638. *Une somme de* 42 750^f *est restée placée du 15 mars
au 25 novembre. Quel intérêt a-t-elle rapporté à raison de
2/5 % par mois ?*

Du 15 mars au 20 novembre, il y a 250 jours.

$\dfrac{2}{5}$ % par mois représente $\dfrac{2}{5 \times 30}$ ou $\dfrac{1}{75}$ % par jour.

R. — Intérêt rapporté : $\dfrac{1 \times 4\,2750 \times 250}{75 \times 100} = 1\,425^f.$

1639. *Une personne emprunte à 6 % une somme de*
40 000^f. *Au bout d'un an, elle verse un acompte de 5 800^f ;
au bout de la 2e année, elle verse un nouvel acompte de
12 500^f. Combien devrait-elle verser au bout de la 3e année
pour s'acquitter entièrement ?*

*Intérêts
dus*
$\left\{\begin{array}{l} \text{1re année} \ldots\ldots\ldots\ldots\ldots\ldots 6^f \times 400 = 2\,400^f \\ \text{2e année } 6^f \times (400 - 58) = 6^f \times 342 = 2\,052^f \\ \text{3e année } 6^f \times (342 - 125) = 6^f \times 217 = 1\,302^f \end{array}\right.$

Total... $\quad 5\,754^f.$

Partie du capital à restituer : 21 700^f.

R. — Somme totale à verser : $5\,754^f + 21\,700^f = 27\,454^f.$

1640. *Un propriétaire a refusé, le 20 septembre, de vendre
12 quintaux de blé à raison de 91^f,20 le quintal. Le 10 décembre, il est obligé de vendre son blé à raison de 87^f,20.
Le blé a perdu par la sécheresse 2 % de son poids. Quelle
est la perte éprouvée par le propriétaire y compris la perte
d'intérêt calculé à 4 % l'an ?*

*Produit
de la
1re vente*
$\left\{\begin{array}{l} \text{P. de vente : } 91^f,20 \times 12 = 1\,094^f,40. \\ \text{Int. de cette somme du 20 sept. au 10 déc. (81 j.)} \\ \dfrac{4^f \times 10,944 \times 81}{360} = 9^f,85. \\ \text{Total : } 1\,094^f,4 + 9,85 = 1\,104^f,25. \end{array}\right.$

Produit de la 2e vente : $87^f,2 \times 12 \times \dfrac{98}{100} = 1\,025^f,47.$

R. — Perte éprouvée : $1\,104^f,25 - 1\,025^f,47 = 78^f,78.$

1641. *Un commerçant a une camionnette qu'il a payée 18 000^f. Elle parcourt en moyenne 12 000^{km} par an et consomme 16 litres d'essence à 1^f,70 le litre et 3 litres d'huile à 3^f,80 le litre par 100^{km}. La dépense annuelle pour usure des pneumatiques, réparations, impôts, est évaluée à 1 850^f. En admettant que la camionnette sera hors d'usage au bout de 10 ans, et que le capital aurait pu être placé à 5 %, trouver le prix de revient du kilomètre parcouru.*

Dépenses
annuelles
$\left\{ \begin{array}{l} \text{Prix de l'essence : } 1^f,70 \times 16 \times 120 = 3\ 264^f \\ \text{Prix de l'huile : } \quad 3^f,80 \times 3 \times 120 = 1\ 368^f \\ \text{Frais divers : (réparations, impôts)...} \quad 1\ 850^f \\ \text{Intérêts perdus } .... \quad 900^f \end{array} \right.$

$$\text{Total...} \quad 7\ 382^f.$$

Au bout de 10 ans, la camionnette étant hors d'usage, la dépense totale s'élève à 18 000^f + 7 382 × 10 = 91 820^f.

R. — Prix de revient du km. : $\dfrac{91\ 820^f}{12\ 000 \times 10} = 0^f,765.$

Calcul du taux.

1642. *En 189 jours 4 560^f ont produit 130^f,25 d'intérêts. A quel taux cette somme était-elle placée ?*

R. — Le taux est $\dfrac{130^f,25 \times 100 \times 360}{4\ 560 \times 189} = 5,44\ \%.$

1643. *Pierre prête à Louis 25^f ; au bout de 15 jours Louis remet à Pierre 25^f,25. A quel taux l'argent de Pierre a-t-il été placé ?*

R. — Le taux est $\dfrac{0^f,25 \times 100 \times 360}{25 \times 15} = 24\ \%.$

1644. *Un particulier a placé 5 800^f pour 4 ans ; à cette époque il devra recevoir, pour le capital et les intérêts simples 6 278^f. A quel taux cet argent est-il placé ?*

R. — Le taux est $\dfrac{(6\ 278 - 5\ 800) \times 100}{5\ 800 \times 4} = 2^f,06\ \%.$

1645. *Un capital de 11 280^f a rapporté du 1er juillet 1923 au 1er mars 1924 un intérêt de 1 128^f ; à quel taux était-il placé ?*

Durée du placement : 183 j. + 61 j. = 244 j.

R. — Le taux est $\dfrac{1\ 128 \times 100 \times 360}{11\ 280 \times 244} = 14^f,75\ \%.$

1646. *On place 14 400ᶠ à un certain taux pendant un an, 24 300ᶠ à un taux double pendant 3 ans, enfin 26 100ᶠ pendant 2 ans à un taux qui dépasse le premier de 0ᶠ,50. On retire en tout 6 633ᶠ d'intérêt. Quels sont les taux ?*

Marche à suivre. — Transformer les données de manière à obtenir 3 capitaux placés au *même taux* pendant 1 an.

Si le 3ᵉ capital était placé au 1ᵉʳ taux, l'intérêt total serait réduit à : 6 633ᶠ — 0ᶠ,50 × 261 × 2 = 6 633ᶠ — 261ᶠ = 6 372ᶠ.

D'autre part l'intérêt de 24 300ᶠ en 3 ans à un taux double du 1ᵉʳ équivaut à l'intérêt de 24 300ᶠ × 3 × 2 = 145 800 en 1 an au 1ᵉʳ taux.

De même l'intérêt de 26 100ᶠ en 2 ans équivaut à celui de 26 100ᶠ × 2 = 52 200ᶠ en 1 an.

Donc 6 372ᶠ sont l'intérêt de :

(14 400 + 145 800 + 52 200) = 212 400ᶠ en 1 an au 1ᵉʳ taux.

Le 1ᵉʳ taux est $\dfrac{6\ 372 \times 100}{212\ 400} = 3\ \%$.

R. — **Les taux sont 3 %, 6 %, 3 1/2 %.**

1647. *On a placé au commencement de l'année, 6 000ᶠ à un taux inconnu ; 3 mois après, on place de nouveau 2 500ᶠ à un taux supérieur de 2ᶠ au taux précédent. Trouver le 1ᵉʳ taux, si au bout de l'année les intérêts s'élèvent à 352ᶠ,50.*

Si le 2ᵉ capital était placé au 1ᵉʳ taux, l'intérêt total serait réduit à : 352ᶠ,50 — (2ᶠ × 25 × 9/12) = 315ᶠ.

L'intérêt de 2 500ᶠ en 9 mois équivaut à celui de

2 500 × 9/12 = 1 875ᶠ en 1 an.

Donc 315ᶠ sont l'intérêt de 6 000 + 1 875 = 7 875ᶠ en 1 an.

R. — **Taux :** $\dfrac{315 \times 100}{7\ 875} = 4\ \%$.

1648. *L'examen d'un compte de dépôt dans une banque fait ressortir les opérations suivantes :*

1º 3 000ᶠ ont été déposés le 15 juin et sont restés déposés 6 mois et demi jusqu'à fin décembre ; 2º 2 400ᶠ ont été déposés le 1ᵉʳ août et sont restés placés 5 mois, jusqu'à fin décembre ; 3º le client a retiré 4 500ᶠ de la banque le 15 novembre et, de ce fait, la banque inscrit à son débit les intérêts de cette somme pendant 1 mois et demi à un taux supérieur de 2 % au taux de l'intérêt rapporté par les sommes déposées.

Le compte se solde en fin d'année par une somme de 946ᶠ,50 à l'actif du déposant. Quel est le taux de l'intérêt des sommes déposées ?

1° *Compte créditeur du déposant* : (R = taux cherché).

Intérêt de 3 000ᶠ en 6ᵐ 1/2 : $R \times 30 \times \dfrac{6,5}{12} = \dfrac{65}{4} R$.

Intérêt de 2 400ᶠ en 5ᵐ : $R \times 24 \times \dfrac{5}{12} = 10\,R$.

Avoir total : $3\,000^f + 2\,400^f + \dfrac{65}{4} R + 10\,R = 5\,400^f + \dfrac{105}{4} R$.

2° *Compte débiteur du déposant* :

Intérêt de 4 500ᶠ en 1 mois 1/2 au taux de R + 2ᶠ :

$$\left(R \times 45 \times \dfrac{1,5}{12} \right) + \left(2^f \times 45 \times \dfrac{1,5}{12} \right) = \dfrac{45}{8} R + 11^f,25.$$

Débit total : $4\,500^f + \dfrac{45}{8} R + 11^f,25 = 4\,511^f,25 + \dfrac{45}{8} R$.

La somme de 946ᶠ,50 portée à l'actif du déposant, égale donc :

$$\left(5\,400^f + \dfrac{105}{4} R \right) - \left(4\,511^f,25 + \dfrac{45}{8} R \right) = 888^f,75 + \dfrac{165}{8} R.$$

$$946^f,50 = 888^f,75 + \dfrac{165}{8} R.$$

R. — **Taux cherché** : $\dfrac{(946,5 - 888,75) \times 8}{165} = \dfrac{57,75 \times 8}{165} = 2,8\,\%$.

1649. *Une personne possède deux capitaux qui s'élèvent ensemble à 22 970ᶠ. Ils sont placés à des taux différents et ont produit en deux ans 2 202ᶠ,50 d'intérêt. Sachant que le premier surpasse le second de 4 070ᶠ et rapporte 250ᶠ,75 de plus par an, à quel taux ces deux capitaux sont-ils placés ?*

La somme et la différence des capitaux sont connues ; on a donc :

$$1^{er}\ \text{capital} : \dfrac{22\,970^f + 4\,070^f}{2} = 13\,520^f ;$$

$$2^e\ \text{capital} : \dfrac{22\,970^f - 4070^f}{2} = 9\,450^f.$$

En 1 an, les capitaux ont produit : $2\,202^f,50 : 2 = 1\,101^f,25$.

$$\text{Int. du 1}^{er} : \dfrac{1\,101^f,25 + 250^f,75}{2} = 676^f ;$$

$$\text{Int. du 2}^e : \dfrac{1\,101^f,25 - 250^f,75}{2} = 425^f,25.$$

R. — 1er taux : $\dfrac{676}{135,20} = 5\,\%$; 2° taux : $\dfrac{425,25}{94,5} = 4\ 1/2\,\%$.

1650. *On a placé à des taux différents 840ᶠ pendant 75 jours et 1 050ᶠ pendant 80 jours. Les intérêts ont été* les mêmes dans les deux cas. On demande de calculer les taux sachant que leur somme est égale à $10^f,50$ et que l'année commerciale est de 360 jours.

Int. de 840^f en 75 j. = Int. de 840×75 ou $63\,000^f$ en 1 j.
Int. de $1\,050^f$ en 80 j. = Int. de $1\,050 \times 80$ ou $84\,000^f$ en 1 j.
Les intérêts étant égaux ainsi que les temps, les taux sont inversement proportionnels aux capitaux.

Le 2e taux vaut donc les $\dfrac{63\,000}{84\,000}$ ou les $\dfrac{3}{4}$ du 1er taux.

Donc $10^f,50$ représentent $\dfrac{4}{4} + \dfrac{3}{4} = \dfrac{7}{4}$ du 1er taux.

R. — **Les taux sont** : $\dfrac{10,5 \times 4}{7} = 6\%$ et $\dfrac{6 \times 3}{4} = 4\,1/2\%$.

1651. *Un capital de $25\,000^f$ a été placé pendant 1 an 5 mois à un certain taux, et un autre capital de $21\,600^f$ a été placé pendant ce même temps à un taux inférieur au 1er de $0^f,75$. Les intérêts s'étant élevés en totalité à $2\,754^f$, quels sont les deux taux ?*

Intérêt de $21\,600^f$ à $0,75\%$ $\dfrac{0,75 \times 21\,600 \times 17}{100 \times 12} = 229^f,50$.

Les 2 capitaux, placés au 1er taux, rapporteraient ensemble :
$2754^f + 229,50 = 2\,983^f,50$.

R. — **1er taux** : $\dfrac{2\,983,5 \times 12}{466 \times 17} = 4\,1/2\%$; **2e taux** : $3^f,75\%$.

Calcul du temps.

1652. *La somme de $8\,700^f$ placée à 5% est devenue $13\,050^f$ à l'époque de son remboursement. Pendant combien de temps a-t-elle été placée ?*

Intérêt rapporté : $13\,050^f - 8\,700^f = 4\,350^f$.

R. — **Durée du placement** : $\dfrac{1 \times 4\,350}{5 \times 87} = 10$ ans.

1653. *Je dois les intérêts de $5\,000^f$ pour 6 mois à 5%. Pendant combien de temps dois-je prêter $4\,600^f$ à 4% pour compenser les intérêts que je dois ?*

Intérêts dus : $\dfrac{50 \times 5}{2} = 125^f$.

R. — **Durée du placement** : $\dfrac{12^m \times 125}{4 \times 46} = 8$ mois 4 j.

1654. *Au bout de combien de temps les intérêts simples d'un capital qui rapporte 8 % par an, forment-ils une somme égale à ce capital ?*

On a : $i = a \times \dfrac{R}{100} \times t = a$; d'où $t = \dfrac{100}{R}$.

R. — Le temps est $100 : 8 = $ **12 ans 1/2.**

1655. *Un capital, placé à 4 1/2 %, s'est accru des 2/9 de sa valeur ; combien de temps est-il resté placé à intérêts simples ?*

On a : $i = a \dfrac{R}{100} t = \dfrac{2}{9} a$ d'où $t = \dfrac{200}{9 \times R}$.

R. — **Durée du placement :** $\dfrac{200}{9 \times 4,5} = $ **4 ans 11 mois 7 jours.**

1656. *Un capital, augmenté des intérêts simples rapportés à 5 % pendant un certain temps, est devenu égal à 29 040ᶠ. Le même capital augmenté des intérêts simples rapportés à 4 % pendant le même temps, serait égal à 28 512ᶠ. Trouver le capital et la durée du placement.*

Différence des deux intérêts : $29\,040 - 28\,512 = 528.^f$

Cette différence représente l'intérêt à $(5 - 4)$ ou 1 % du capital cherché pendant le temps inconnu.

L'intérêt à 5 % du capital est donc $528^f \times 5 = 2\,640^f$.

R. — **1ᵉʳ capital :** $29\,040 - 2\,640 = $ **26 400ᶠ.**

Durée du placement : $\dfrac{1 \text{ an} \times 2\,640}{5 \times 264} = $ **2 ans.**

1657. *Un certain capital placé à 6 % pendant un temps inconnu, est devenu avec ses intérêts égal à 19 458ᶠ. Le même capital diminué des intérêts rapportés à 4,5 % pendant le même temps, se réduirait à 18 306ᶠ,50. Quel est ce capital et pendant combien de temps a-t-il été placé ?*

$$\begin{aligned}
\text{Cap.} + i &= 19\,458 \\
\text{Cap.} - i' &= 18\,306,5 \\
\hline
i + i' &= 1\,151,5
\end{aligned}$$

Dans les 2 cas, le capital est le même ainsi que le temps, par conséquent, les intérêts sont dans le même rapport que les taux.

L'intérêt à 6 % est donc les $\dfrac{6}{4,5}$ ou les $\dfrac{4}{3}$ de l'intérêt à 4,5 %.

Montant de l'intérêt à 6 % : $\dfrac{1\,151^f,5 \times 4}{7} = 658^f$.

R. — **Montant du capital :** $19\,458^f - 658^f = $ **18 800ᶠ.**

Durée du placement $\dfrac{12^m \times 658}{6 \times 188} = $ **7 mois.**

1658. *Deux capitaux ont été placés pendant le même temps le 1er à 3 % et le 2e à 4,5 %. Le 1er a produit 300f d'intérêt ; le 2e qui surpasse le 1er de 1 800f a rapporté 504f d'intérêt. On demande : 1° le temps pendant lequel ces deux capitaux ont été placés ; 2° le montant de chaque capital.*

Si le 1er capital avait été placé au même taux que le second, il aurait rapporté $\dfrac{300^f \times 4,5}{3} = 450^f$.

La différence des intérêts serait alors de 504f - 450f = 54f et représenterait l'intérêt des 1 800f d'excédent du 2e capital, pendant le temps cherché.

Or 1 800f en 1 an rapportent : 4f,5 × 18 = 81f.

R. — Le temps cherché est donc : $\dfrac{54}{81} = \dfrac{2}{3}$ d'année = **8 mois.**

Montant du 1er capital : $\dfrac{100^f \times 300 \times 12}{3 \times 8} =$ **15 000f.**

Montant du 2e capital : 15 000f + 1 800f = **16 800f.**

1659. *Un premier capital placé à 6 %, pendant un certain temps, a produit 9 000f d'intérêt. Un 2e capital qui surpasse le 1er de 20 000f et qui a été placé à 4 % pendant le même temps, a produit 10 000f. On demande : 1° quels sont ces deux capitaux ; 2° le temps pendant lequel ils sont restés placés.*

(*Voir la solution précédente.*) Le 1er capital placé à 4%, n'aurait produit que $\dfrac{9\ 000^f \times 4}{6} = 6\ 000^f$.

Différence des intérêts : 10 000f — 6 000f = 4 000f.

En 1 an, 20 000f rapportent : 4f × 200 = 800f.

R. — Temps cherché : 4 000 : 800 = **5 ans.**

Montant du 1er capital : $\dfrac{100^f \times 9\ 000}{6 \times 5} =$ **30 000f.**

Montant du 2e capital : 30 000f + 20 000f = **50 000f.**

2e *solution.* — Le rapport des capitaux devient ici :

$$\frac{a}{a'} = \frac{iR'}{i'R} = \frac{9\ 000}{10\ 000} \times \frac{4}{6} = \frac{3}{5}.$$

La différence 20 000f représente les 2/5 du 2e capital,

R. — Le 2e capital vaut : $\dfrac{20\ 000 \times 5}{2} =$ **50 000f.**

Le 1er capital égale donc **30 000f.**

Durée du placement : $\dfrac{1 \times 9\ 000 \times 100}{6 \times 30\ 000} =$ **5 ans.**

1660. *Une personne qui possède un certain capital voudrait acheter un pré qui lui coûterait, tous frais compris, les 13/15 de ce capital et une vigne qui lui en coûterait le 1/6. Calculer : 1° pendant combien de temps elle devrait placer son capital à 5 % par an pour que les intérêts simples produits fussent égaux à la somme qui lui manque pour payer les deux propriétés ; 2° quel est le capital sachant que si elle le plaçait à 5 % pendant 10 mois les intérêts produits surpasseraient de 500ᶠ la somme qui lui manque pour faire son achat.*

Intérêt à produire : $\left(\dfrac{13}{15} + \dfrac{1}{6}\right) - 1 = \dfrac{1}{30}$ du capital.

A 5 %, un capital produit $\dfrac{5}{100}$ ou $\dfrac{1}{20}$ de sa valeur en 12ᵐ.

R. — Durée du placement $\dfrac{: 12^{m} \times 20}{30} = $ **8 mois.**

L'intérêt en 10 mois est $\dfrac{1 \times 10}{20 \times 12} = \dfrac{1}{24}$ du capital.

$$\dfrac{1}{24} - \dfrac{1}{30} = \dfrac{1}{120}.$$

R. — Le capital est : $500 \times 120 = $ **60 000ᶠ.**

Calcul du capital.

1661. *On a placé une somme à 4 1/2 % et, en 10 ans, elle a donné 2 250ᶠ d'intérêts. Quelle était cette somme ?*

R. — La somme est : $\dfrac{225^{f} \times 100}{4,5} = $ **5 000ᶠ.**

1662. *Quel capital produirait 1 354ᶠ,20 en 2 ans 5 mois 10 jours au taux de 6 % ?*

Durée du placement : 29 mois $\dfrac{1}{3} = \dfrac{88}{3}$ de mois.

R. — Le capital est : $\dfrac{100 \times 1\ 354,2 \times 12 \times 3}{6 \times 88} = $ **9 233ᶠ,18.**

1663. *Un particulier a acheté une maison et un jardin qui lui ont coûté 45 000ᶠ ; il a donné un acompte de 12 500ᶠ. On demande quelle somme il devrait placer à 5 % afin de payer les intérêts de ce qu'il doit encore, le vendeur n'exigeant que 4 % d'intérêt.*

Il reste à payer : $45\ 000^{f} - 12\ 500^{f} = 32\ 500^{f}$.

Intérêts de cette somme à 4 % : $4^{f} \times 325 = 1\ 300^{f}$.

R. — Somme à placer : $\dfrac{100^{f} \times 1\ 300}{5} = $ **26 000ᶠ.**

1664. *Une personne, qui devait payer une dette le 10 novembre, ne l'a payée que le 15 janvier suivant, ce qui a augmenté la dette de 42^f. L'intérêt étant de 5 % par an, que devait cette personne ?*

Durée du retard : $20 + 31 + 15 = 66$ j.

R. — Somme due : $\dfrac{100 \times 42 \times 360}{5 \times 66} = 4\,581^f,818$.

1665. *Un spéculateur augmente sa fortune pendant la 1re année de ses 5/14 ; l'année suivante des 6/19 de ce qu'elle était à la fin de la 1re année, et la 3e année il l'augmente des 11/25 de ce qu'elle était à la fin de la 2e année. De cette manière il réalise un capital qui, placé à 3,5 % par an, rapporte 2 520^f. Quelle était la fortune primitive ?*

Le capital réalisé est : $\dfrac{100^f \times 2\,520}{3,5} = 72\,000^f$.

La nouvelle fortune est les $\dfrac{19}{14} \times \dfrac{25}{19} \times \dfrac{36}{25} = \dfrac{18}{7}$ de la fortune primitive.

R. — Fortune primitive : $\dfrac{72\,000^f \times 7}{18} = 28\,000^f$.

1666. *Deux personnes ont à calculer l'intérêt d'un capital placé pendant 48 jours au taux de 2,5 %. Les deux solutions présentent une différence de 0^f,09 ; sachant que cette différence provient de ce que l'une a supposé l'année de 360 jours, tandis que l'autre l'a considérée comme composée de 365 jours, trouver le capital.*

Différence des intérêts calculés sur 1^f de capital :

$$\dfrac{2^f,5}{100} \times \left(\dfrac{48}{360} - \dfrac{48}{365} \right) = \dfrac{1}{21\,900}.$$

R. — Le capital est : $0,09 : \dfrac{1}{21\,900} = 1\,971^f$.

1667. *Une personne place les 4/5 de ses fonds disponibles à 4 %, et le reste à 5 %. Chaque année elle recevra en tout 4 220^f d'intérêts. Quelle est la somme placée à chacun de ces taux ?*

Rapport des intérêts : $\left(\dfrac{i}{i'} = \dfrac{a}{a'} \times \dfrac{r}{r'} \right) = \dfrac{4}{1} \times \dfrac{4}{5} = \dfrac{16}{5}$.

Intérêts de la 1re somme : $\dfrac{4\,200^f \times 16}{21} = 3\,200^f$.

Intérêts de la 2e somme : $4\,200^f - 3\,200^f = 1\,000^f$.

R. — Montant de la 1re somme : $\dfrac{100^f \times 3\,200}{4} = 80\,000^f$.

Montant de la 2e somme : $80\,000^f : 4 = 20\,000^f$.

1668. *Une personne place les 2/3 d'un capital à 4f,50 % et le reste à 6 % ; elle retire ainsi 500f d'intérêts pour 120 jours. On demande quel est le capital placé.*

(*Voir n° 1667.*) Revenu annuel : $500^f \times 3 = 1\,500^f$.

Rapports des intérêts des 2 placements : $\dfrac{2}{1} \times \dfrac{4,5}{6} = \dfrac{3}{2}$.

Intérêts du 1er placement : $1\,500^f \times \dfrac{3}{5} = 900^f$.

Intérêts du 2e placement : $1\,500^f - 900^f = 600^f$.

R. — **Capital placé** : $\left(100^f \times \dfrac{900}{4,5}\right) + \left(100^f \times \dfrac{600}{6}\right) = 30\,000^f$.

1669. *Une personne place les 3/4 de son capital à 3,50 % et le reste à 5 %. L'intérêt annuel qu'elle reçoit est les 5/6 des intérêts rapportés par une somme de 43 400f placés à 4,50 % pendant un an. Trouver le capital.*

Revenu annuel du capital : $4^f,5 \times 434 \times \dfrac{5}{6} = 1\,627^f,50$.

Rapport des intérêts des 2 placements : $\dfrac{3}{1} \times \dfrac{3,5}{5} = \dfrac{21}{10}$.

Intérêts du 1er placement : $\dfrac{1\,627^f,5 \times 21}{31} = 1\,102,5$.

R. — **Le capital est** : $\dfrac{1\,102^f,50 \times 4 \times 100}{3,5 \times 3} = 42\,000^f$.

1670. *Un particulier a placé 1/3 de sa fortune à 4,25 %, les 2/5 à 5,50 % et le reste à 6 %. Les intérêts de ces sommes s'élèvent à 1 100f par trimestre. Quelle est la somme placée à chacun de ces taux ?*

Les 3 sommes valent respectivement : $\dfrac{5}{15}$, $\dfrac{6}{15}$, $\dfrac{4}{15}$ de la fortune.

Intérêt annuel total : $1\,100^f \times 4 = 4\,400^f$.

Une somme de 1 500f placée dans les conditions indiquées rapporterait par an :

$(4^f,25 \times 5) + (5^f,50 \times 6) + (6^f \times 4) = 21^f,25 + 33^f + 24^f = 78^f,25$.

Fortune totale : $1\,500^f \times \dfrac{4\,400}{78,25} = 84\,345^f$.

R. — **Sommes placées aux divers taux** :

1re $\dfrac{84\,345}{3} = 28\,115^f$;   2° $\dfrac{84\,345 \times 2}{5} = 33\,738^f$;

3° $\dfrac{84\,345 \times 4}{15} = 22\,492^f$.

1671. *Une personne a fait de son capital trois parts. La 1re a été placée à 4,50 % pendant 3 ans 8 mois ; la 2e qui* *est double de la 1re, a été placée à 5 %, pendant 3 ans 6 mois ; enfin la 3e qui est triple de la 2e, a été placée à 4 % pendant 3 ans 9 mois. Les intérêts de ces divers capitaux se sont élevés à 14 150f. Calculer les trois parts et le capital entier.*

Soient 3 capitaux dans les rapports donnés : 100f, 200f, 600f. Ils rapporteraient un intérêt annuel total de :

$$\frac{4^f,5 \times 44}{12} + \frac{5^f \times 2 \times 42}{12} + \frac{4^f \times 6 \times 45}{12} = 141^f,50.$$

R. — 1re part : $100^f \times \dfrac{14\,150}{141,5} = 10\,000^f$;   2e part : 20 000f ;

3º part : 60 000f.

1672. *Une personne place les 3/7 de son capital à 4,50 %, les 3/4 du reste à 3,5 % et le reste à 3 % ; ce dernier placement lui est remboursé au bout de 9 mois et reste 3 mois improductif. Le revenu total de l'année a été de 3 192f. Quel est le capital ?*

Parts du capital : $\dfrac{3}{7}$; $\dfrac{4}{7} \times \dfrac{3}{4} = \dfrac{3}{7}$; $\dfrac{1}{7}$.

Le 1er placement rapporte : $\dfrac{3}{7} \times \dfrac{4,5}{100} = \dfrac{135}{7\,000}$ du capital ;

Le 2e   —   rapporte : $\dfrac{3}{7} \times \dfrac{3,5}{100} = \dfrac{105}{7\,000}$ —

Le 3º   —   rapporte : $\dfrac{1}{7} \times \dfrac{3}{100} \times \dfrac{9}{12} = \dfrac{9}{2\,800}$ du capital.

Intérêt total : $\dfrac{135}{7\,000} + \dfrac{105}{7\,000} + \dfrac{9}{2\,800} = \dfrac{3}{80}$ du capital = 3 192f.

R. — Montant du capital : $\dfrac{3\,192^f \times 80}{3} = 85\,120^f.$

1673. *Une personne ayant une certaine somme à sa disposition, achète une maison et une propriété dont le prix est les 3/4 du prix de la maison. Il lui reste alors le 1/5 de la somme et elle place ce reste moitié à 4 % et moitié à 4,5 %. Ce placement lui rapporte 1 487f,50 par an. On demande : 1º le prix de la maison ; 2º le prix de la propriété ; 3º la somme totale que possédait cette personne.*

Le 1/5 de la somme est placé au taux moyen de :

$$\frac{4 + 4,5}{2} = 4,25 \%.$$

R. — Montant de la somme : $\dfrac{100^f \times 1\,487,50 \times 5}{4,25} = 175\,000^f.$

Valeur de la maison et de la propriété : $1 + 3/4 = 7/4$ du prix de la maison.

2ᵉ **R.** — **Prix de la maison** : $\dfrac{175\,000^f \times 4 \times 4}{5 \times 7} = 80\,000^f$.

Prix de la propriété : $\dfrac{80\,000^f \times 3}{4} = 60\,000^f$.

1674. *Trois capitaux ont été placés : le 1ᵉʳ à 5 % pendant 10 mois 21 jours ; le 2ᵉ à 5,50 % pendant 8 mois, et le 3ᵉ à 6 % pendant 6 mois 15 jours. Ils ont rapporté ensemble 1 163ᶠ,15. Le 1ᵉʳ capital est les 4/5 du 2ᵉ et le 3ᵉ surpasse le 2ᵉ de 1 920ᶠ. Calculer le montant de chaque capital.*

Si l'on diminue le 3ᵉ capital de 1920ᶠ, il devient égal au 2ᵉ, et le revenu total se réduit à :

$$1\,163^f,15 - \left(6^f \times 19,20 \times \frac{6,5}{12}\right) = 1\,100^f\,75.$$

Le 1ᵉʳ capital en 10ᵐ 21ʲ ou 321ʲ rapporte :

$$\frac{5}{100} \times \frac{321}{360} = \frac{107}{2400} \text{ de sa valeur, ou } \frac{4}{5} \times \frac{107}{2400} = \frac{107}{3000} \text{ du 2ᵉ cap.}$$

Le 2ᵉ capital en 8ᵐ rapporte : $\dfrac{55}{1\,000} \times \dfrac{8}{12} = \dfrac{11}{300}$ de sa valeur.

Le 3ᵉ capital (*devenu égal au 2ᵉ*) rapporte en 6ᵐ 1/2 :

$$\frac{6}{100} \times \frac{6,5}{12} = \frac{13}{400} \text{ du 2ᵉ.}$$

Donc 1 100ᶠ,75 représentent $\dfrac{107}{3\,000} + \dfrac{11}{300} + \dfrac{13}{400} = \dfrac{629}{6\,000}$ du 2ᵉ cap.

R. — **Le 2ᵉ capital vaut** : $\dfrac{1\,100^f,75 \times 6\,000}{629} = 10\,500^f$.

Le 1ᵉʳ : $10\,500^f \times 4/5 = \mathbf{8400^f}$; le 3ᵉ : $10\,500^f + 1\,920^f = \mathbf{12420^f}$.

1675. *Une personne emploie les 3/8 d'une somme et successivement les 2/5 du reste et le 1/4 du nouveau reste. Elle place à 3,60 % ce qui lui reste en dernier lieu et elle en retire un revenu annuel de 810ᶠ. Calculer la valeur de la somme primitive.*

Le dernier reste est $\dfrac{5}{8} \times \dfrac{3}{5} \times \dfrac{3}{4} = \dfrac{9}{32}$ de la somme.

R. — **La somme est** : $\dfrac{100^f \times 810 \times 32}{3,6 \times 9} = 80\,000^f$.

1676. *Une personne fait valoir sa fortune de la manière suivante : le 1/5 est placé à 5,55 % par an ; les 2/3 du reste produisent 7,40 %, et le surplus donne 660ᶠ d'intérêts* à raison de 2,75 %. D'après ces données, calculer : 1º la fortune totale de cette personne ; 2º son revenu annuel ; 3º le taux moyen auquel est placé son capital.

La 2ᵉ part vaut $\dfrac{4 \times 2}{5 \times 3} = \dfrac{8}{15}$ et la 3ᵉ $\dfrac{4}{5} \times \dfrac{1}{3} = \dfrac{4}{15}$ du capital.

R. — Fortune totale : $\dfrac{100^f \times 660 \times 15}{2,75 \times 4} = $ **90 000ᶠ.**

1ʳᵉ partie : $\dfrac{90\,000}{5} = 18\,000^f$; 2ᵉ partie : $\dfrac{90\,000 \times 8}{15} = 48\,000^f$.

R. — Revenu annuel : $(5,55 \times 180) + (7,40 \times 480) + 660 = $ **5 211ᶠ.**

R. — Taux moyen : $5\,211 : 900 = $ **5,79 %.**

1677. Une personne a placé les 2/5 de son capital à 6 % et le reste à 4,50 %. La 1ʳᵉ partie rapporte par an 939ᶠ,60. Trouver ; 1º la 2ᵉ partie ; 2º le revenu total ; 3º le taux auquel il faudrait placer le capital entier pour obtenir le même revenu.

Fortune totale : $\dfrac{100^f \times 939,6 \times 5}{6 \times 2} = 39\,150^f.$

R. — Montant du 2ᵉ placement : $\dfrac{39\,150^f \times 3}{5} = 23\,490^f.$

2º Revenu total : $939^f,6 + (0^f,045 \times 23\,490) = $ **1 996ᶠ,65.**

3º Taux unique : $\dfrac{1\,996,65}{391,50} = $ **5,10 %.**

1678. La fortune d'une personne est divisée en deux parties : la 1ʳᵉ part, qui équivaut aux 2/3 de sa fortune, rapporte 4,75 % ; la 2ᵉ part rapporte 1 800ᶠ. Le revenu annuel de cette personne étant de 6 000ᶠ, on demande : 1º combien la 2ᵉ part rapporte % ; 2º quelle est la fortune de cette personne.

Intérêt de la 1ʳᵉ partie : $6\,000^f - 1\,800^f = 4\,200^f.$

Cette partie est $\dfrac{100^f \times 4\,200}{4,75} = 88\,421^f,05.$

La 2ᵉ partie est $88\,421^f,05 : 2 = 44\,210^f,525.$

R. — La 2ᵉ partie rapporte : $\dfrac{1\,800 \times 100}{44\,210,525} = $ **4,07 %.**

R. — Montant de la fortune : $44\,210^f,525 \times 3 = $ **182 631ᶠ,58.**

1679. Un père partage sa fortune entre ses 3 enfants : à l'aîné, il donne les 3/8 de sa fortune ; au 2ᵉ il donne 2 000ᶠ de moins qu'au 1ᵉʳ. La part du 3ᵉ, placée à 6 % dans le commerce, lui donne une rente de 3 000ᶠ. Quelle était la fortune du père et quelle est la part de chaque enfant ?

Part du 3ᵉ enfant : $100^f \times \dfrac{3\,000}{6} = 50\,000^f.$

Part des deux premiers :

$$\frac{3}{8} \text{ de F} + \left(\frac{3}{8} \text{ de F} - 2\,000^f\right) = \frac{3}{4} \text{ de F} - 2\,000^f.$$

Les 50 000ᶠ du 3º valent donc $\frac{1}{4}$ de F + 2 000ᶠ.

R. — **Fortune du père** : (50 000ᶠ — 2 000ᶠ) × 4 = **192 000ᶠ**.

1ʳᵉ part : 192 000 × $\frac{3}{8}$ = **72 000ᶠ** ; 2º **70 000ᶠ** ; 3º **50 000 ᶠ**.

1680. *Une personne possède 175 000ᶠ ; elle consacre une partie de cette somme à l'acquisition d'une maison ; de plus, elle achète une propriété qui lui coûte les 5/8 du prix de la maison ; elle place le reste moitié à 5 % moitié à 4 % et ce placement lui procure une rente de 4 218ᶠ,75. Quel est le prix de la maison et celui de la propriété, et quelle est la somme placée à intérêts ?*

Taux moyen de la somme placée : $\dfrac{4 + 5}{2} = 4,5.$

R. — **Somme placée** : 421 875 : 4,5 = **93 750ᶠ**.

Valeur des deux achats : 175 000ᶠ — 93 750ᶠ = 81 250ᶠ.

R. — **Valeur de la maison** : $\dfrac{81\,250^f \times 8}{13} = $ **50 000ᶠ** ;

Valeur de la propriété : 81 250ᶠ — 50 000ᶠ = **31 250ᶠ**.

Capital primitif.

1681. *Une personne a placé un certain capital à 5 % pendant 1 an 2 mois 12 jours. Au bout de ce temps, les intérêts, joints au capital, ont produit une somme de 27 178ᶠ,40. On demande quel était le capital placé.*

Durée du placement : $12 + 2\frac{2}{5} = \frac{72}{5}$ de mois.

Au bout de ce temps 100ᶠ valent $100 + \dfrac{5 \times 72}{12 \times 5} = $ 106ᶠ.

R. — **Capital placé** : $\dfrac{27\,178,4 \times 100}{106} = $ **25 640ᶠ**.

2º *solution*. — L'intérêt annuel est $\dfrac{5}{100} = \dfrac{1}{20}$ du capital.

L'intérêt pour $\frac{72}{5}$ mois est $\dfrac{1 \times 72}{20 \times 12 \times 5} = \dfrac{6}{100}$ du capital.

Le capital est $\dfrac{27\,178^f,40 \times 100}{106} = $ **25 640ᶠ**.

1682. *En ajoutant à une certaine somme d'argent son propre tiers, on obtient une nouvelle somme qui, placée à intérêt pendant 8 mois à 6 %, devient 1 913^f,60 capital et intérêts réunis. Quelle est la somme primitive ?*

L'intérêt pour 8 mois est $\dfrac{6}{100} \times \dfrac{8}{12} = \dfrac{1}{25}$ du capital.

Donc 1 913^f,60 représentent les 26/25 de la nouvelle somme.

La nouvelle somme est : $\dfrac{1\,913,6 \times 25}{26} = 1\,840^f$.

R. — Somme primitive : $1\,840^f \times \dfrac{3}{4} = 1\,380^f$.

1683. *On a partagé une certaine somme entre 4 personnes : la 1re a eu les 2/9 de la somme totale ; la 2° les 2/5 du reste et la 3e les 3/7 du nouveau reste ; la 4e a eu le reste de la somme. Sachant que la part de la 4e placée à 4 % est devenue au bout de 5 mois, capital et intérêts compris, 2 440^f, on demande de calculer : 1° la somme qui a été partagée ; 2° la valeur de chaque part.*

Part de la 4° personne : $\dfrac{7}{9} \times \dfrac{3}{5} \times \dfrac{4}{7} = \dfrac{4}{15}$ de la somme.

Intérêt de la 4e part pour 5 mois : $\dfrac{4 \times 5}{100 \times 12} = \dfrac{1}{60}$ du capital.

R. — Valeur de la 4° part : $\dfrac{2\,440^f \times 60}{61} = 2\,400^f$.

Montant de la somme : $2\,400 \times \dfrac{15}{4} = 9\,000^f$.

1re part : $9\,000^f \times \dfrac{2}{9} = 2\,000^f$;   2° part : $7\,000^f \times \dfrac{2}{5} = 2\,800^f$;

3° part : $9\,000^f - (2\,000 + 2\,800 + 2\,400) = 1\,800^f$.

1684. *Un 1er capital est placé à 5 %. Un 2° capital, double du 1er, est placé à 4 %. Après une année, le total de ces capitaux et de leurs intérêts est égal à 62 000^f. Quels sont ces capitaux ?*

Désignons par A le 1er capital et par B le 2°.

Au bout de l'année, le 1er capital vaut $A + \dfrac{5}{100} A = \dfrac{21}{20} A$, et

le second capital : $B + \dfrac{4}{100} B = \dfrac{26}{25} B$ ou $\dfrac{52}{25} A$.

Ensemble, les capitaux valent : $\dfrac{21}{20} A + \dfrac{52}{25} A = \dfrac{313}{100} A$.

R. — Valeur primitive du 1er capital : $\dfrac{62\,600 \times 100}{313} = 20\,000^f$.

—   du 2° capital : $20\,000 \times 2 = 40\,000^f$.

2° *Solution.* — Supposer 2 capitaux l'un de 500^f et l'autre de 1 000^f...

1685. *Un négociant a 3 maisons dont la valeur totale n'est que les 11/14 du capital employé dans son commerce. Quel est son capital commercial et quelle est la valeur de chacune des trois maisons, sachant que le capital commercial lui donne à 3/8 % par mois un revenu annuel de 16 984^f,80 et que les sommes employées à l'achat des maisons sont entre elles comme les nombres 37, 45 et 28 ?*

R. — **Valeur du capital commercial :** $\dfrac{100^f \times 16\,984,80}{3/8 \times 12} = 377\,440^f.$

Valeur totale des maisons : $\dfrac{377\,440^f \times 11}{14} = 296\,560^f.$

Cette valeur est à partager en parties proportionnelles aux nombres 37, 45, 28 dont la somme est 110.

R. — **Valeur de la 1re maison :** $\dfrac{296\,560 \times 37}{110} = 99\,752^f$;

de la 2e, $\dfrac{296\,560 \times 45}{110} = 121\,320^f$; de la 3e, $\dfrac{296\,560 \times 28}{110} = 75\,488^f.$

1686. *Un capitaliste place sa fortune à 4 % ; deux ans après, il retire le 1/4 de son capital et laisse le reste porter intérêt pendant 7 mois ; après ce temps, il retire encore 1/4 du capital qui restait alors placé et laisse ce qui reste du capital produire intérêt pendant 13 mois. Le total des intérêts simples s'est élevé depuis l'origine du placement à 24 375^f. Quel était le capital primitif ?*

Les placements représentent $\dfrac{4}{4}$; $\dfrac{3}{4}$ et $\dfrac{3 \times 3}{4 \times 4} = \dfrac{9}{16}$ de la fortune.

Intérêt du capital en 2 ans : $\dfrac{1 \times 2}{25} = \dfrac{2}{25}$ du capital.

Int. des 3/4 du cap. en 7 mois : $\dfrac{1 \times 3 \times 7}{25 \times 4 \times 12} = \dfrac{7}{400}$ du capital.

Int. des 9/16 du cap. en 13 mois : $\dfrac{1 \times 9 \times 13}{25 \times 16 \times 12} = \dfrac{39}{1\,600}$ —

Somme des intérêts : $\dfrac{2}{25} + \dfrac{7}{400} + \dfrac{39}{1\,600} = \dfrac{195}{1\,600}$ du capital.

R. — **Capital primitif :** $\dfrac{24\,375^f \times 1\,600}{195} = 200\,000^f.$

1687. *L'intérêt annuel d'une somme égale 156^f. Si on augmente le taux de 0,40 %, l'intérêt pendant 15 mois, augmente de 24^f,375. On demande quel est le capital et à quel taux il est placé.*

L'augmentation annuelle est $\dfrac{24^f,375 \times 12}{15} = 19^f,50$.

R. — Le capital est : $\dfrac{100^f \times 19,5}{0,40} = 4\,875^f$.

R. — Le taux est : $\dfrac{156 \times 100}{4875} = 3,20\ \%$.

2° *solution.* Intérêt pour 15 mois : $\dfrac{156^f \times 15}{12} = 195^f$.

Intérêt au 2e taux : $195^f + 24^f,375 = 219^f,375$.

Le rapport des taux est : $\dfrac{195}{219,375} = \dfrac{8}{9}$.

R. — Le taux est : $0,40 \times 8 = 3^f,20$.

1688. *On a placé trois capitaux : le 1er à 4 % pendant 8 mois ; le 2e à 5 % pendant 4 mois ; le 3e à 6 % pendant 5 mois. La somme des intérêts produits par le 1er et le 2e est 332^f ; par le 2e et le 3e, 380^f ; par le 3e et le 1er 432^f. Quels sont ces capitaux ?*

Total des intérêts (*Probl.* n° 249) : $\dfrac{332 + 380 + 432}{2} = 572^f$.

Intérêt du 1er capital : $572 - 380 = 192^f$.

— $\quad 2^e \quad$ — $\quad 572 - 432 = 140^f$.

— $\quad 3^e \quad$ — $\quad 572 - 332 = 240^f$.

R. — Valeur du 1er capital : $\dfrac{100^f \times 192 \times 12}{4 \times 8} = 7\,200^f$.

— $\quad 2^e \quad$ — $\dfrac{100^f \times 140 \times 12}{5 \times 4} = 8\,400^f$.

— $\quad 3^e \quad$ — $\dfrac{100^f \times 240 \times 12}{6 \times 5} = 9\,600^f$.

1689. *On a placé les 2/3 d'un capital à 5 % et l'autre tiers à 4,50 %, et on a retiré au bout de l'année $15\,725^f$, capital et intérêts réunis. Trouver le capital.*

La 1re partie rapporte : $\dfrac{1}{20} \times \dfrac{2}{3} = \dfrac{1}{30}$ du capital total.

La 2e — — $\dfrac{4,5}{100} \times \dfrac{1}{3} = \dfrac{3}{200}$ — —

Donc $15\,725^f =$ cap. $+ \left(\dfrac{1}{30} + \dfrac{3}{200}\right)$ du cap. $= \dfrac{629}{600}$ du capital.

R. — Montant du capital : $\dfrac{15\,725^f \times 60}{629} = 15\,000^f$.

2° *solution.* — Soit un capital de 300^f.

L'intérêt est $5^f \times 2 + 4^f,5 = 14^f,5$.

R. — Le capital est : $\dfrac{300^f \times 15\,725}{314,50} = 15\,000^f$.

1690. *Une personne place deux capitaux : le 1er à 6 %, le 2e à 5 %. Au bout de 130 jours, elle a retiré 45 877^f,50 capital et intérêts réunis. Quels sont ces deux capitaux, sachant que le 1er est au 2e dans le rapport de 2 à 3 ?*

Soient 200^f et 300^f les 2 capitaux. L'intérêt produit serait de :

$$\frac{6^f \times 2 \times 130}{360} + \frac{5^f \times 3 \times 130}{360} = 9^f,75.$$

Au bout de 1 an 500^f valent $500^f + 9^f,75 = 509^f,75$.

R. — 1er capital : $\dfrac{200^f \times 45\,877,5}{509,75} = 18\,000^f$.

2° capital : $18\,000^f \times 3/2 = 27\,000^f$.

2° *solution.* — (*Voir Probl. n° 1684.*)

1691. *Un capital a fourni 3 placements différents : les 2/3 ont été placés à 4 % ; 1/6 à 4 1/2 % et le reste à 5 %. Au bout de 16 mois, on a retiré capital et intérêts réunis une somme de 38 991^f. On demande : 1° quelle était la valeur du capital primitif ; 2° à quel taux il eût fallu le placer tout entier pour avoir le même résultat au bout du même temps.*

(*Voir Probl. n° 1690.*)

R. — 1° 36 900^f ; 2° 4^f,25 %.

1692. *Une personne possède un capital qu'elle divise en trois parties ; elle place la 1re à 5 %, la 2e à 4 % et la 3e à 3 %. Au bout d'un an, elle retire les trois sommes placées, augmentées de leurs intérêts respectifs et touche ainsi 15 996^f,40. Calculer les capitaux placés, sachant que le premier est les 3/5 du second et le troisième, la somme des deux autres.*

(*Voir Probl. n° 1690.*)

R. — 1° 2 892^f,65 ; 2° 4 821^f,10 ; 3° 7 713^f,75.

1693. *Une personne a placé le 1/4 de sa fortune à 4 % pendant 3 mois, puis les 2/3 du reste à 3 % pendant 8 mois et enfin le reste à 4,25 % pendant 18 mois. Elle possède alors en tout, capital et intérêts réunis, 60 348^f. Quel est le montant de sa fortune ?*

Fractions du capital : $\dfrac{1}{4}$; $\dfrac{3}{4} \times \dfrac{2}{3} = \dfrac{1}{2}$; $\dfrac{1}{4}$.

Supposons 100^f à 4 % ; 200^f à 3 % ; 100 à 4^f,25 %.

Somme des intérêts :

$$\left(4^f \times \frac{3}{12}\right) + \left(3^f \times 2 \times \frac{8}{12}\right) + \left(4^f,25 \times \frac{18}{12}\right) = 1^f + 4^f + 6^f,375 = 11^f,375.$$

R. — Montant de la fortune : $\dfrac{400 \times 60\,348}{411,375} = \mathbf{58\ 680^f}.$

1694. *On a placé à 4,50 % une certaine somme le 31 janvier ; le 16 avril de la même année, on a placé une seconde somme double de la 1re à 5 %. On a retiré le 1er octobre suivant 7 384f,90, capitaux et intérêts réunis. Quelles étaient les sommes placées ?*

Durée des placements : 1er 243 j. ; 2º 168 j.

Deux sommes, l'une de 100f et l'autre de 200f, rapporteraient:

$$4^f,5 \times \frac{243}{360} = 3^f ; \qquad \frac{5 \times 2 \times 168}{360} = 4^f,667.$$

On retirerait, (cap. et int.) : $300^f + 3^f + 4^f,667 = 307^f,667.$

Capital total : $\dfrac{300^f \times 7384,9}{307,667} = \mathbf{7\ 200^f}.$

R. — Sommes placées : 1re $\dfrac{7\ 200}{3} = \mathbf{2\ 400^f}$; 2º **4 800f.**

1695. *Un propriétaire possède un terrain rectangulaire ayant 57m,20 de long et 27m,50 de large. Il le vend, emploie les 2/3 de l'argent qu'il retire à payer une dette et place le reste à 5 %. Au bout d'un an 1 mois et 6 jours, il retire pour le capital et les intérêts réunis 11 616f. On demande le prix du m².*

Durée du placement : $12 + 1 + \dfrac{1}{5} = \dfrac{66}{5}$ de mois.

Au bout de ce temps, 100f valent : $100^f + \dfrac{5^f \times 66}{12 \times 5} = 105^f,5.$

Capital placé : $\dfrac{100^f \times 11\ 616}{105,5} = 11\ 010^f,4.$

R. — Valeur du m² : $\dfrac{11\ 010^f,4 \times 3}{57,20 \times 27,5} = \mathbf{21^f}.$

1696. *Une personne achète une propriété ; les frais se sont élevés au 1/12 du prix de vente. Cette personne ne peut se libérer que 18 mois après, et le notaire lui faisant payer les intérêts simples à 5 % de toutes les sommes dues, lui réclame 97 825f. Quel est le prix de vente de la propriété?*

Pour 100f dus, le notaire réclame : $100^f + \dfrac{5 \times 18}{12} = 107^f,50.$

Montant des sommes dues : $\dfrac{97\ 825 \times 100}{107,5} = 91\ 000^f.$

R. — Prix de vente : $\dfrac{91\ 000^f \times 12}{13} = \mathbf{84\ 000^f}.$

1697. *Une personne achète une propriété qu'elle se propose de payer en deux fois. Elle effectue un 1ᵉʳ versement de 77 883ᶠ au bout de 10 mois qui acquitte la moitié du prix de la propriété plus les intérêts du prix total calculés au taux de 4,50 % par an ; un 2ᵉ versement de 74 623ᶠ,50 acquitte le reste de la dette avec ses intérêts au même taux 4,50 %. Calculer : 1° le temps qui s'est écoulé entre les deux versements ; 2° le prix d'achat de la propriété.*

L'intérêt pour 10 mois est $\dfrac{4,5 \times 10}{100 \times 12} = \dfrac{3}{80}$ du prix d'achat.

Valeur payée : $\dfrac{1}{2} + \dfrac{3}{80} = \dfrac{43}{80}$ de la propriété.

R. — Prix de la propriété : $\dfrac{77\ 883^f \times 80}{43} = 144\ 898^f,60.$

Moitié de ce prix : 72 449ᶠ,30.
Intérêts compris dans le 2ᵉ versement :

$$74\ 623^f,5 - 72\ 449^f,30 = 2\ 174^f,20.$$

R. — Intervalle demandé : $\dfrac{12^m \times 2\ 174,2 \times 100}{4,5 \times 72\ 249,3} = 8\ \text{mois.}$

2ᵉ *solution.* On peut raisonner ainsi :

Sur 100ᶠ d'achat, on verse : $50^f + \dfrac{4^f,5 \times 10}{12} = 53^f,75.$

Prix total d'achat : $\dfrac{77\ 883 \times 100}{53,75} = 144\ 898^f,60.$

1698. *Une personne a placé à intérêts simples un certain capital au taux de 5 %. Au bout de 30 mois, elle retire le capital et les intérêts et place le tout dans une entreprise qui lui rapporte 6 %. Son revenu annuel est alors de 1 660ᶠ,50. Quel était le capital primitif ?*

Montant du 2ᵉ capital : $\dfrac{100^f \times 1\ 660,5}{6} = 27\ 675^f.$

Au bout de 30 mois, 100ᶠ placés à 5 % valent :

$$100^f + \left(5 \times \dfrac{30}{12}\right) = 112^f,50.$$

R. — Capital primitif : $\dfrac{100 \times 27\ 675}{112,50} = 24\ 600^f.$

1699. *Une personne avait placé les 10/13 d'un capital à 2,5 % et le reste à 5 %. Le capital au bout de l'an lui est remboursé avec ses intérêts. Elle prélève alors une somme de 10 000ᶠ et prête le surplus à 4 % ; le revenu est alors augmenté de 450ᶠ. Quel était le capital primitivement placé ?*

Sans le prélèvement des 10 000ᶠ, l'augmentation du revenu aurait été de 450ᶠ + (4ᶠ × 100) = 850ᶠ.

Soit un capital primitif de 1 300^f. La 1re année, il aurait rapporté : $(2^f,5 \times 10) + (5^f \times 3) = 40^f$.

La 2e année, ce capital augmenté de 40^f, et placé à 4 %, aurait produit : $4^f \times 13,4 = 53^f,60$.

L'augmentation du revenu aurait été de $53^f,6 - 40^f = 13^f,6$.

R. — Capital primitif : $\dfrac{1\,300^f \times 850}{13,6} = \mathbf{81\,250^f}$.

1700. *Une personne place une certaine somme à intérêts simples au taux de 4 % et, au bout de 2 ans 3 mois, elle retire le capital et les intérêts et place le tout en rente viagère, ce qui lui procure 1 226^f,25 par trimestre. Si le taux de ce dernier placement avait été de 0^f,50 plus élevé, elle aurait eu annuellement 408^f,75 de plus. On demande de calculer : 1° le taux du placement en rente viagère ; 2° la somme primitivement placée.*

Le second placement vaut : $100^f \times \dfrac{408,75}{0,50} = 81\,750^f$.

R. — Taux du second placement : $\dfrac{(1\,226,25 \times 4) \times 100}{81\,750} = \mathbf{6\%}$.

100^f placés à 4 % valent au bout de 2 ans 3 mois ou 9/4 d'année :
$$100^f + (4^f \times 9/4) = 109^f.$$

R. — Capital primitif : $\dfrac{100^f \times 81\,750}{109} = \mathbf{75\,000^f}$.

1701. *Un capital placé à un certain taux pendant 1 an 5 mois deviendrait 4 497^f,50, capital et intérêts simples. Après 3 ans 2 mois de placement, le capital et les intérêts réunis seraient de 4 865^f. On demande quel est le capital et à quel taux il a été placé.*

$$\text{Capital} + \text{int. pour 38 mois} = 4\,865^f$$
$$\text{Capital} + \text{int. pour 17 mois} = 4\,497^f,5$$
$$\text{Intérêt pour 21 mois} = 367^f,5.$$

Intérêt pour 38 mois $= \dfrac{367,5 \times 38}{21} = 665^f$.

R. — Le capital est : $4\,865 - 665^f = \mathbf{4\,200^f}$.

Le taux est : $\dfrac{665 \times 12}{42 \times 38} = \mathbf{5\%}$.

1702. *Un capital a été placé à un taux tel que, au bout de 7 mois et 25 jours, on retire, capital et intérêts simples réunis, 51 998^f,75. Si on avait laissé ce capital produire intérêt pendant 10 mois et 15 jours on aurait obtenu, capital et intérêts réunis, 52 338^f,75. On demande de calculer le capital et le taux.*

Durée des placements : 7 m. 25 j. $= \dfrac{47}{6}$ m. ; 10 m. 15 j. $= \dfrac{63}{6}$ m.

Capital + int. pour 63/6 de mois = 52 338f,75.
Capital + int. pour 47/6 de mois = 51 998f,75.

Int. pour 16/6 de mois =   340f.

$$\text{Intérêt pour } \frac{63}{6} \text{ m.} = \frac{340 \times 63}{16} = 1\ 338,75.$$

R. — Le capital est : 52 338,75 — 1 338,75 = **51 000f.**

$$\text{Le taux est : } \frac{1\ 338,75 \times 100 \times 6 \times 12}{51\ 000 \times 63} = 3\ \%.$$

1703. *Une personne place un capital à un certain taux pendant 15 mois et reçoit au bout de ce temps 11 238f,75, capital et intérêts réunis. Elle place au même taux pendant 22 mois un deuxième capital 3 fois plus grand que le premier et retire au bout de ce temps 34 330f,50, capital et intérêts réunis. Trouver les 2 capitaux et le taux commun des deux placements.*

Le tiers du second capital est égal au 1er et devient au bout de 22 mois : 34 330f,50 : 3 = 11 443f,50.

La différence 11 443f,50 — 11 238f,75 = 204f,75 représente l'intérêt du 1er capital pendant 22 — 15 = 7 mois.

$$\text{Intérêt du 1}^\text{er} \text{ capital en 15}^\text{m} : \frac{204^f,75 \times 15}{7} = 438^f,75.$$

R. — Montant du **1er capital** : 11 238f,75 — 438f,75 = **10 800f.**
Montant du **2e capital** : 10 800f × 3 = **32 400f.**

$$\text{\textbf{Taux commun} : } \frac{438,75 \times 100 \times 12}{10\ 800 \times 15} = 3,25\ \%.$$

1704. *Un capital augmenté des intérêts qu'il produit en 10 mois devient 29 760f. Ce même capital, diminué des intérêts qu'il produit en 17 mois, égalerait 27 168f. Quel est ce capital et à quel taux est-il placé ?*

Capital + int. pour 10 mois = 29 760f.
Capital — int. pour 17 mois = 27 168f.

Int. pour 27 mois =   2 592f.

La différence entre 29 760f et 27 168f égale la somme des intérêts pour 10 m. + 17 m. ou 27 m.

$$\text{Intérêts pour 10 m.} = \frac{2\ 592^f \times 10}{27} = 960^f.$$

R. — Le capital est : 29 760f — 960f = **28 800f.**

$$\text{\textbf{R.} — Le taux est : } \frac{960 \times 12}{288 \times 10} = 4\ \%.$$

1705. *Un capital placé pendant 8 mois devient après addition de ses intérêts 42 333f. Si le même capital avait été placé pendant deux ans, mais à un taux égal aux 2/3* *du premier, il serait devenu 43 566ᶠ. Trouver le capital primitif et les deux taux.*

Dans le second cas, le capital resterait placé 3 fois plus de temps que dans le 1ᵉʳ cas (24 m. au lieu de 8 m.). Donc si le taux restait le même, le second intérêt vaudrait 3 fois le 1ᵉʳ intérêt.

Comme le second taux n'est que les 2/3 du 1ᵉʳ, le second intérêt ne vaut que : 3 fois × 2/3 = 2 fois le 1ᵉʳ intérêt.

D'où : 43 566ᶠ — 42 333ᶠ = 1 233ᶠ = 1ᵉʳ intérêt.

R. — **Le capital est :** 42 333 — 1 233 = **41 100ᶠ.**

R. — **Les taux sont :** $\dfrac{1\ 233 \times 12}{411 \times 8} = $ 4 1/2 % et 3 %.

1706. *Une personne emprunte une certaine somme pour 9 mois à un certain taux. Mais au bout de ce temps, elle ne peut rendre cette somme qui s'élève, capital et intérêts, à 13 337ᶠ,60. On lui fait une prolongation de 6 mois pendant laquelle le taux est majoré du 1/8 de ce qu'il était au début, et la somme après cette prolongation s'élève, capital et intérêts, à 13 572ᶠ,05. On demande quelle est cette somme et quel est le taux.*

Intérêts pour les 6 derniers mois :

$$13\ 572^f,05 - 13\ 337^f,60 = 234^f,45.$$

Sans la majoration du taux, les intérêts seraient de :

$$234^f,45 \times 8/9 = 208^f,40.$$

Intérêt pour 9ᵐ : $\dfrac{208^f,40 \times 9}{6} = 312^f,60.$

R. — **Capital prêté :** 13 337ᶠ,60 — 312ᶠ,60 = **13 025ᶠ.**

R. — **Taux de l'emprunt :** $\dfrac{208,4 \times 100 \times 12}{13\ 025 \times 6} = 3^f,20$ %.

1707. *Un capital placé à un certain taux pendant 8 mois, est devenu par l'addition de ses intérêts égal à 3 120ᶠ. Le même capital serait devenu égal à la même somme s'il avait été placé à un taux inférieur de 1ᶠ au précédent mais pendant 8/5 de mois de plus. Calculer le capital et le taux.*

Les intérêts étant les mêmes dans les deux cas, les taux sont inversement proportionnels aux temps.

Or le rapport des temps est $\dfrac{8}{8 + 8/5}$ ou $\dfrac{40}{48}$ ou $\dfrac{5}{6}$.

Donc, le 2ᵉ taux est égal aux 5/6 du 1ᵉʳ ; la différence des taux 1ᶠ représente, par conséquent, 1/6 du 1ᵉʳ taux.

R. — **Le 1ᵉʳ taux est 6 %.**

Capital placé : $\dfrac{3\ 120 \times 100}{104} = $ **3 000ᶠ.**

1708. *Un capital placé à intérêts simples devient, après 18 mois, les 7/6 de sa valeur primitive moins 1 010ᶠ. Après 26 mois de placement, il deviendrait les 7/6 de cette même valeur primitive moins 570ᶠ. Quels sont : 1° le capital ; 2° le taux de placement ?*

L'intérêt pour 26 m. — 18 m. = 8 m. est : 1 010 — 570 = 440ᶠ.

L'intérêt pour 18 m. est : $\dfrac{440 \times 18}{8}$ = 990ᶠ.

Cet intérêt augmenté de 1 010ᶠ est le 1/6 du capital.

R. — Le capital est : (1 010 + 990) × 6 = **12 000ᶠ**.

Le taux est : $\dfrac{990 \times 12}{120 \times 18}$ = **5 1/2 %**.

Revenus égaux. — **1709.** *Une personne disposant d'un capital de 55 673ᶠ,50 en fait deux parts : l'une est placée 5 1/4 %, l'autre à 7,5 %. On demande quelles sont ces deux parts, sachant qu'elles produisent le même revenu annuel.*

Puisque les intérêts et les temps sont les mêmes, les sommes placées sont inversement proportionnelles aux taux.

La 1ʳᵉ part vaut donc les $\dfrac{7,5}{5,25} = \dfrac{10}{7}$ de la 2ᵉ part.

R. — 1ʳᵉ part : $\dfrac{55\ 673,5 \times 10}{17}$ = **32 749ᶠ,1** ;

2ᵉ part : 55 673ᶠ,5 — 32 749,1 = **22 924ᶠ,4**.

1710. *Deux capitaux s'élevant ensemble à 1 026ᶠ, ont été placés de la manière suivante : le 1ᵉʳ à 6 % pendant 45 jours, le 2ᵉ à 4 % pendant 75 jours. L'intérêt a été le même dans les deux cas. Quels sont les capitaux et quel est l'intérêt commun ?*

Les capitaux sont inversement proportionnels aux produits des temps par les taux :

Le 1ᵉʳ capital vaut donc les $\dfrac{4 \times 75}{6 \times 45} = \dfrac{10}{9}$ du second.

R. — Les capitaux sont : $\dfrac{1\ 026ᶠ \times 10}{19}$ = **540ᶠ** ; $\dfrac{1\ 026 \times 9}{19}$ = **486ᶠ**.

L'intérêt commun est : $\dfrac{6ᶠ \times 5,4 \times 45}{360}$ = **4ᶠ,05**.

1711. *Une personne qui avait une propriété de 20 ha. en a fait deux lots ; elle a vendu le 1ᵉʳ à 3 600ᶠ l'ha. et le 2ᵉ à 32ᶠ le dam². Elle a placé l'argent provenant de la 1ʳᵉ vente à 4 % et celui provenant de la 2ᵉ à 3 %. Les deux* placements lui rapportant le même intérêt, on demande la superficie de chaque lot.

La vente d'un hectare du 1er lot produit un intérêt de :

$$4^f \times 36 = 144^f.$$

Pour obtenir le même intérêt au taux de 3 %, il a fallu vendre une superficie du 2e lot, égale à

$$\frac{100 \times 144}{3 \times 3\,200} = 1^{ha},5.$$

Les superficies des lots sont donc dans le rapport de 1 à 1,5.

R. — **Superficie du 1er lot :** $\dfrac{1^{ha} \times 20}{2,5} = $ **8 hectares.**

Superficie du 2e lot : 20 — 8 = **12 hectares.**

1712. *Une personne place les 3/7 de sa fortune à 5 % et divise le reste en deux parts qu'elle place l'une à 6 % et l'autre à 3 %. Les deux derniers placements produisent le même revenu et le revenu total de la personne est de 1 860ᶠ. Calculer la fortune de cette personne.*

Rapport des deux derniers placements 1 à 2.

Le 1er est $\dfrac{4 \times 1}{7 \times 3} = \dfrac{4}{21}$ et le 2e $\dfrac{4 \times 2}{7 \times 3} = \dfrac{8}{21}$.

Rapport des 3 placements : $\dfrac{9}{21}$, $\dfrac{4}{21}$, $\dfrac{8}{21}$.

Rapport des taux : 5, 6, 3.

Rapport des intérêts : 9×5; 4×6; 8×3.

Intérêt du 1er placement : $\dfrac{1\,860 \times 45}{45 + 24 + 24} = 900^f.$

R. — **La fortune est :** $\dfrac{900 \times 20 \times 7}{3} = $ **42 000ᶠ.**

1713. *Deux capitaux placés l'un à 3 % pendant 8 mois, l'autre à 4 % pendant 9 mois, ont produit le même intérêt. On demande quels sont ces deux capitaux, sachant que la somme de leurs revenus mensuels s'élève à 85ᶠ.*

L'intérêt du 1er placement égale les $\dfrac{3}{100} \times \dfrac{8}{12} = \dfrac{2}{100}$ du 1er capital.

L'intérêt du 2e placement égale les $\dfrac{4}{100} \times \dfrac{9}{12} = \dfrac{3}{100}$ du 2e capital.

Ces deux intérêts étant égaux, on peut écrire :

$$\frac{2}{100} \text{ du 1er capital} = \frac{3}{100} \text{ du 2e capital.}$$

Le 1er capital vaut donc les 3/2 du second. En supposant le

1er capital de 300ᶠ et le second de 200ᶠ, la somme des revenus mensuels serait de :

$$\frac{3 \times 3}{12} + \frac{4 \times 2}{12} = \frac{9}{12} + \frac{8}{12} = \frac{17}{12} \text{ de franc.}$$

R. —Montant du 1er capital :

$$300^f \times \frac{85}{17/12} = \frac{300^f \times 85 \times 12}{17} = 18\,000^f.$$

Montant du 2º capital : $18\,000^f \times 2/3 = 12\,000^f.$

1714. *Trois personnes se partagent inégalement une somme. La 1ʳᵉ dépense les 3/8 de sa part et place le reste à 4 % ; la 2ᵉ dépense les 2/5 de la sienne et place le reste à 5 % ; enfin la 3ᵉ dépense les 2/7 de la sienne et place le reste à 4,5 %. Ces 3 personnes touchent le même revenu annuel. Quelle était la somme à partager et quelles étaient les parts primitives de ces personnes, sachant que la 1ʳᵉ avait reçu 1 500ᶠ de plus que la 2ᵉ ?*

Le 1er placement rapporte $\dfrac{4}{100} \times \dfrac{5}{8} = \dfrac{1}{40}$ du 1er capital.

Le 2ᵉ placement rapporte $\dfrac{5}{100} \times \dfrac{3}{5} = \dfrac{3}{100}$ du 2ᵉ capital.

Le 3ᵉ placement rapporte $\dfrac{45}{1\,000} \times \dfrac{5}{7} = \dfrac{9}{280}$ du 3ᵉ capital.

Ces intérêts étant égaux, on peut écrire :

$$\frac{1}{40} \text{ du 1er cap.} = \frac{3}{100} \text{ du 2ᵉ cap.} = \frac{9}{280} \text{ du 3ᵉ cap.}$$

Le 1er capital vaut $\dfrac{3}{100} \times 40 = \dfrac{120}{100} = \dfrac{6}{5}$ du 2ᵉ capital.

La différence 1 500ᶠ représente donc 1/5 du 2ᵉ capital ou 1/6 du 1er.

R. — Le 1er capital vaut : $1\,500^f \times 6 = 9\,000^f.$
Le 2ᵉ capital — $1\,500^f \times 5 = 7\,500^f.$

Le 3ᵉ capital — $\dfrac{9\,000^f \times 280}{40 \times 9} = 7\,000^f.$

Somme totale : $9\,000^f + 7\,500^f + 7\,000^f = 28\,500^f.$

1715. *La différence des fortunes de deux personnes est de 5 909ᶠ,10. L'une a placé son capital à 5,50 %, l'autre a acheté un fonds de commerce qui lui rapporte net 12 %. Les revenus des deux personnes sont égaux ; quelle est la fortune de chacune ?*

Les revenus étant égaux, les sommes placées sont inversement proportionnelles aux taux .

Rapport des 2 fortunes : $\dfrac{12}{5,5} = \dfrac{24}{11}$.

Donc 5 909^f,10 représentent $\dfrac{24}{11} - \dfrac{11}{11} = \dfrac{13}{11}$ de la 2e fortune.

R. — 1re fortune : $\dfrac{5\ 909,10 \times 24}{13} = 10\ 909^f,1$; 2e 5 000^f.

1716. *Deux sommes diffèrent de 580^f. La plus petite placée à 4,50 % pendant 16 mois, produit le même intérêt que la plus grande à 4 % pendant un an. Quelles sont ces deux sommes ?*

Intérêts de 100^f en 16 mois : $\dfrac{4^f,5 \times 16}{12} = 6^f$.

Pour obtenir 6^f d'intérêt au taux de 4 % il faut placer :

$$\dfrac{100^f \times 6}{4} = 150^f.$$

Différence des placements : 150^f — 100^f = 50^f.

R. — 1re somme : $\dfrac{100 \times 580}{50} = 1\ 160^f$.

2e somme : 1 160^f + 580^f = 1 740^f.

1717. *Deux sommes diffèrent de 2 030^f. On place la plus grande à 4 % pendant 20 mois ; l'autre produit le même intérêt simple si elle est placée à 4,50 % et reste 4 mois de plus. Quelles sont ces sommes ?*

On a : $a \times \dfrac{R}{100} \times t = a' \times \dfrac{R'}{100} \times t'$,

d'où : $\dfrac{a}{a'} = \dfrac{R't'}{Rt} = \dfrac{4 \times 20}{4,5 \times 24} = \dfrac{20}{27}$.

La différence des capitaux égale $\dfrac{7}{27}$ du plus grand.

R. — Les capitaux sont : $\dfrac{2\ 030 \times 27}{7} = 7\ 830^f$ et 5 800^f.

1718. *Une certaine somme a été placée pendant un an au taux de 4 %. Cette somme, diminuée de 290^f, a été ensuite placée au taux de 4 1/2 % et au bout de 16 mois elle avait produit un intérêt égal au précédent. Quelle était la somme primitive ?*

(*Voir solution précédente.*)

Rapport des sommes placées : $\dfrac{a}{a'} = \dfrac{4,5 \times 16}{4 \times 12} = \dfrac{3}{2}$.

La différence 290^f représente 1/3 de la somme primitive.

R. — **La somme primitive est** : 290 × 3 = **870^f**.

1719. *Une personne a fait de sa fortune deux parts. L'une a été placée à 5 %, l'autre à 3 %, et elles ont rapporté le même intérêt annuel. Au bout d'un an, elles ont été retirées et, augmentées des intérêts produits, ont été placées à 4 %. On obtient alors un revenu annuel total de 1 527ᶠ,20. Quelles sont les deux parts ?*

La fortune primitive augmentée des intérêts d'un an vaut :

$$\frac{100^f \times 1\,527,20}{4} = 38\,180^f.$$

Les 2 parts rapportant des intérêts égaux, sont inversement proportionnelles aux taux 5 % et 3 %.

Donc la 1ʳᵉ part vaut les 3/5 de la 2ᵉ part.

L'intérêt de la 1ʳᵉ part étant égal à celui de la 2ᵉ part, vaut comme celui-ci, les 3/100 de la 2ᵉ part.

Par conséquent les parts primitives augmentées de leurs intérêts valent :

$$\left(\frac{5}{5} + \frac{3}{5} + \frac{3}{100} + \frac{3}{100}\right) \text{ de la 2}^e \text{ part} = \frac{166}{100} \text{ de la 2}^e \text{ part.}$$

R. — Montant de la 2ᵉ part : $\dfrac{38\,180^f \times 100}{166} = $ **23 000ᶠ.**

Montant de la 1ʳᵉ part : 23 000ᶠ × 3/5 = **18 800ᶠ.**

Différence des revenus. — 1720. *La fortune d'une personne est partagée en deux parties égales ; la première partie, placée à 5 %, rapporte annuellement 60ᶠ de plus que la seconde moitié, placée à 4 1/2 %. Quelle est la fortune de cette personne ?*

Si la fortune était de 200ᶠ, la différence des intérêts produits par les deux parties serait de 5ᶠ — 4ᶠ,50 = 0ᶠ,50.

R. — La fortune cherchée est : 200ᶠ × $\dfrac{60}{0,50} = $ **24 000ᶠ.**

1721. *Deux personnes placent la même somme, l'une à 5 %, l'autre à 3 % ; le revenu de la première surpasse de 700ᶠ celui de la seconde ; quelle est la somme placée ?*

(*Voir la solution précédente.*)

2ᵉ solution. — La différence des revenus (700ᶠ) est égale à :

$$\frac{5}{100} - \frac{3}{100} = \frac{2}{100} \text{ de la somme placée.}$$

R. — Somme placée par chaque personne : $\dfrac{700^f \times 100}{2} = $ **35000ᶠ.**

1722. *Deux spéculateurs possèdent chacun un capital qu'ils placent dans l'industrie. Celui du premier produit 6 %, et celui du second, qui surpasse de 9 000ᶠ celui du premier, produit 8 %. Sachant que le second touche annuel-*

lement, en intérêts, 1 160ᶠ de plus que le premier, on demande le montant des deux capitaux.

Si l'on diminue le 2ᵉ capital de 9 000ᶠ, on le rend égal au 1ᵉʳ, et la différence des intérêts se réduit à :

$$1\ 160^f - (8^f \times 90) = 440^f.$$

Cette différence représente alors $\dfrac{8}{100} - \dfrac{6}{100} = \dfrac{2}{100}$ du 1ᵉʳ capital.

R. — Montant du 1ᵉʳ capital : $\dfrac{440^f \times 100}{2} = 22\ 000^f.$

Montant du 2ᵉ capital : 22 000ᶠ + 9 000ᶠ = 31 000ᶠ.

1723. *Une personne fait deux parts de son capital : l'une est placée à 4 % ; l'autre, plus faible de 4 200ᶠ, est placée à 3 %. La différence des revenus annuels de ces parts est de 368ᶠ. Quel est le capital placé ?*

Si l'on augmente la 2ᵉ part de 4 200ᶠ, on la rend égale à la 1ʳᵉ et la différence des revenus se réduit à :

$$368^f - (3^f \times 42) = 242^f.$$

Cette différence représente alors $\dfrac{4}{100} - \dfrac{3}{100} = \dfrac{1}{100}$ du 1ᵉʳ capital.

Le 1ᵉʳ capital égale donc 242ᶠ × 100 = 24 200ᶠ.

R. — Capital total : 24 200ᶠ + (24 200ᶠ — 4 200ᶠ) = 44 200ᶠ.

1724. *Une personne place à 3 % un certain capital et à 3,50 % un autre capital qui surpasse le 1ᵉʳ de 4 260ᶠ. Le 2ᵉ capital rapporte par trimestre 49ᶠ,40 de plus que le 1ᵉʳ. Quels sont les deux capitaux placés ?*

Différence d'intérêt annuel : 49ᶠ,4 × 4 = 197ᶠ,60.

En diminuant le second capital de 4 260ᶠ, on réduit cette différence à :

$$197^f,60 - (3^f,5 \times 42,6) = 48^f,5.$$

48ᶠ,5 représentent $\dfrac{35}{1\ 000} - \dfrac{3}{100} = \dfrac{5}{1\ 000}$ du 1ᵉʳ capital.

R. — Montant du 1ᵉʳ capital : $\dfrac{48,5 \times 1\ 000}{5} = 9\ 700^f.$

Montant du 2ᵉ capital : 9 700ᶠ + 4 260ᶠ = 13 960ᶠ.

1725. *Les 5/8 d'un capital sont placés à 3 % et le reste à 4,5 %. Un 2ᵉ capital, inférieur de 3 000ᶠ au 1ᵉʳ, est placé à 4 %. Le revenu du 2ᵉ capital surpasse celui du 1ᵉʳ de 125ᶠ. Trouver les deux capitaux.*

Si l'on augmente le 2ᵉ capital de 3 000ᶠ, on le rend égal au 1ᵉʳ, et la différence des revenus devient :

$$125^f + (4^f \times 30) = 245^f.$$

800ᶠ du 1ᵉʳ cap. rapportent : $(3^f \times 5) + (4^f,5 \times 3) = 28^f,50$.
800ᶠ du 2ᵉ cap. rapportent : $4^f \times 8 = 32^f$.
La différence des revenus de ces capitaux égaux est $3^f,50$.

R. — Montant du 1ᵉʳ capital : $800^f \times \dfrac{245}{3,5} = $ **56 000ᶠ**.

Montant du 2ᵉ capital : $56\,000^f - 3\,000 = $ **53 000ᶠ**.

1726. *Une personne place les 3/4 de son avoir à 4 % et le reste à 5 %. Après avoir retiré 8 000ᶠ et placé le reste à 4,5 %, son revenu annuel se trouve diminué de 240ᶠ. Quel est son avoir ?*

Intérêt de 8 000ᶠ à 4,5 % : $4^f,5 \times 80 = 360^f$.
Sans le prélèvement, le second revenu surpasserait le premier de $360 - 240 = 120^f$.
Si l'avoir était de 400ᶠ le second revenu surpasserait le 1ᵉʳ de :

$$(4^f,5 \times 4) - (4^f \times 3 + 5^f \times 1) = 18^f - 17^f = 1^f.$$

R. — L'avoir de la personne est de : $400^f \times 120 = $ **48 000ᶠ**.

1727. *Une personne qui avait d'abord placé les 5/7 de son avoir à 3 % et le reste à 5 %, trouve plus avantageux de faire un placement unique à 4 %. Elle gagne à cette opération une augmentation de revenu annuel égal à 172ᶠ,50. Quel est son avoir ?*

Si l'avoir était de 700ᶠ, l'augmentation de revenu serait de :

$$(4^f \times 7) - (3^f \times 5 + 5^f \times 2) = 28^f - 25^f = 3^f.$$

R. — Avoir de la personne : $\dfrac{700 \times 172,5}{3} = $ **40 250ᶠ**.

1728. *Deux capitaux étaient placés à 3,50 %. On a augmenté l'un des 2/5 de sa valeur et diminué l'autre de 900ᶠ. La différence entre les intérêts des deux nouveaux capitaux pendant 3 mois étant 21ᶠ, quelle était la valeur des capitaux primitifs ?*

Différence par an des nouveaux intérêts : $21^f \times 4 = 84^f$.
Ce nombre est la somme des intérêts annuels de 900ᶠ, et des intérêts des 2/5 du capital cherché.
L'intérêt annuel de 900ᶠ est égal à : $3^f,5 \times 9 = 31^f,50$.
Donc l'intérêt des 2/5 du capital est : $84^f - 31^f,5 = 52^f,50$.

Ces 2/5 du capital valent donc : $\dfrac{100 \times 52,50}{3,5} = 1\,500^f$.

R. — Capital primitif : $1\,500^f \times 5/2 = $ **3 750ᶠ**.

Rapport des revenus. — 1729. *Une personne désire placer 30 400ᶠ partie à 3 % et partie à 4 %, de manière que le revenu annuel de la partie placée à 4 % soit les 4/5 du* *revenu annuel de la partie placée à 3 %. Calculer ces deux parties et le revenu total.*

Un capital de 1 000^f placé à 3 % produirait en 1 an 30^f.

Les 4/5 de cet intérêt valent $30 \times 4/5 = 24^f$.

Pour obtenir 24^f d'intérêt au taux de 4 %, il faut placer :

$$\frac{100^f \times 24}{4} = 600^f.$$

Donc si le capital à placer était 1 000^f + 600^f = 1 600^f, il faudrait placer 1 000^f à 3 % et 600^f à 4 %.

R. — **Capital placé à 3 %** : $\dfrac{1\,000^f \times 30\,400}{1\,600} = $ **19 000^f**.

Capital placé à 4 % : 30 400 — 19 000^f = **11 400^f**.

1730. *Une personne divise une somme de 2 400^f en deux parts. Elle place la 1re à 6 % et la 2e à 4 %. Sachant que la 2e a rapporté en 1 an le double de ce qu'a rapporté la 1re, calculer à combien s'élève le revenu total de la personne.*

Pour avoir 6^f d'intérêt, à 6 %, il faut placer 100^f.

Pour avoir un intérêt double, à 4 %, il faudra placer :

$$\frac{100 \times 12}{4} = 300^f.$$

Le rapport des parts est donc $\dfrac{100}{300}$ ou $\dfrac{1}{3}$. D'où :

1re part : $\dfrac{2\,400^f}{4} = 600^f$;   2e part : 600^f × 3 = 1 800^f.

R. — **Revenu total** : $(6^f \times 6) + (4^f \times 18) = 36^f + 72^f = $ **108^f**.

1731. *Deux capitaux font ensemble 25 300^f. Le 1er placé à 4,50 % pendant 8 mois, a donné un revenu double de celui du 2e placé à 3 % pendant 5 mois. Quels sont ces deux capitaux ?*

100^f au taux de 4,5 rapportent en 8 mois : $4^f,5 \times \dfrac{8}{12} = 3^f$.

Pour avoir la moitié de cet intérêt en 5 mois, à 3 % il faudra placer : $\dfrac{100^f \times 1,5 \times 12}{3 \times 5} = 120^f$.

Rapport des capitaux : $\dfrac{100}{120} = \dfrac{5}{6}$.

R. — **1er capital** : $\dfrac{25\,300^f \times 5}{11} = $ **11 500^f**.

2e capital : 25 300^f — 11 500^f = **13 800^f**.

1732. *Un capital de 1 500^f a été divisé en deux sommes inégales, placées à intérêts simples : la 1re à 4 1/2 % pendant 3 ans, la seconde à 5 % pendant 2 ans 8 mois. L'intérêt* *produit par le 1ᵉʳ placement est les 81/160 de celui que rapporte le 2° placement. Trouver la valeur de chacune des sommes placées.*

Somme qui, placée à 4,5 %, produit 81ᶠ d'intérêt en 3 ans.

$$\frac{100^f \times 81}{4,5 \times 3} = 600^f.$$

Somme qui, placée à 5 %, produit 160ᶠ d'intérêt en 32 mois :

$$\frac{100^f \times 160 \times 12}{5 \times 32} = 1\,200^f.$$

Rapport des sommes placées : $\dfrac{600}{1\,200} = \dfrac{1}{2}.$

R. — 1ᵉʳ capital : $\dfrac{1\,500^f}{3} = 500^f$; 2° capital : $1\,500^f \times \dfrac{2}{3} = 1\,000^f.$

1733. *On a placé en même temps deux capitaux à intérêts simples, l'un à 4 %, l'autre à 3 % par an. Le premier rapporte autant en 5 mois que le second en 8. Au bout de 16 mois, la somme des intérêts produits par ces deux capitaux a été de 860ᶠ. Quels étaient ces deux capitaux ?*

Intérêt de 100ᶠ à 4% pendant 5 mois : $4^f \times \dfrac{5}{12} = \dfrac{5}{3}$ de franc.

Capital qui, à 3 %, produirait cet intérêt en 8 mois :

$$\frac{100^f \times 5 \times 12}{3 \times 3 \times 8} = \frac{500}{6} \text{ de franc.}$$

Rapport des deux capitaux : $\dfrac{100}{500/6} = \dfrac{6}{5}.$

600ᶠ du 1ᵉʳ capital et 500ᶠ du 2°, rapporteraient en 16ᵐ :

$$\left(4^f \times 6 \times \frac{16}{12}\right) + \left(3^f \times 5 \times \frac{16}{12}\right) = 52^f.$$

R. — 1ᵉʳ capital : $\dfrac{600^f \times 860,6}{52} = 9\,980^f.$

2° capital : $\dfrac{500 \times 860,6}{52} = 8\,275^f.$

1734. *Une personne place les 3/8 de sa fortune à 5 % et le reste à 4 %. La deuxième partie rapporte en 9 mois 600ᶠ de plus que la première en 6 mois. Quel est le montant de la fortune ?*

Les $\dfrac{3}{8}$ du capital rapportent en 6ᵐ : $\dfrac{5 \times 3 \times 6}{100 \times 8 \times 12} = \dfrac{15}{1\,600}$ du capital.

Les $\frac{5}{8}$ du capital rapportent en 9^m : $\frac{4 \times 5 \times 9}{100 \times 8 \times 12} = \frac{30}{1\,600}$ du capital.

Différence de ces intérêts $\frac{15}{1\,600}$ du capital, ou 600^f.

R. — **La fortune est** : $\dfrac{600^f \times 1\,600}{15} = $ **64 000^f.**

1735. *Le rapport de 2 capitaux est égal à 7/8. Si on augmente chacun de 1 000^f, leur rapport devient égal à 68/77. On demande : 1° le montant de ces 2 capitaux; 2° le taux auquel est placé le 2° capital, sachant que le taux du 1er est 4^f,50 et que le rapport de leurs intérêts annuels est 63/52.*

Soient a et b les 2 capitaux. On a :

$$\frac{a}{b} = \frac{7}{8} \quad (1) \quad \text{et} \quad \frac{a + 1\,000}{b + 1\,000} = \frac{68}{77} \quad (2).$$

En réduisant (2) au même dénominateur, on trouve

$$77a + 77\,000 = 68b + 68\,000$$

d'où : $68b - 77a = 9\,000.$

De (1) on tire $b = \dfrac{8a}{7}.$

$$68 \times \frac{8a}{7} - 77a = 9\,000.$$

R. — **1er capital** : $a = $ **12 600^f**; **2° capital** : $b = $ **14 400^f**.
Intérêt de a : $4,5 \times 126 = 567^f$.

R. — **Taux de b** : $\dfrac{567 \times 52}{63 \times 144} = $ **3 1/4 %.**

Combinaisons diverses.

Fausse position. — **1736.** *Une personne fait deux parts d'un capital de 45 000^f et place la 1re à 5 1/2 %, et la 2° à 4 %. Son revenu annuel est de 2 025^f. Quelles sont ces deux parts ?*

Si toute la somme était placée à 4 %, le revenu serait de :

$$4^f \times 450 = 1\,800^f.$$

Il différerait du revenu réel de : 2 025^f — 1 800^f = 225^f.
Différence des taux : 5,5 — 4 = 1^f,5.

Somme à placer à 5 1/2 % : $\dfrac{100 \times 225}{1,5} = $ 15 000^f.

R. — **15 000^f à 5 1/2 %** ; **30 000 à 4 %.**

1737. *Une personne a divisé un capital de 42 000ᶠ en deux parties ; elle a placé la 1ʳᵉ à 6 % pendant 84 jours et la 2ᵉ à 4 % pendant 72 jours. La somme des intérêts est de 446ᶠ,40. Trouver le montant des sommes placées.*

42 000 à 4 % rapporteraient : $\dfrac{4 \times 420 \times 72}{360} = 336^f.$

Ce revenu est trop faible de : 446ᶠ,40 — 336ᶠ = 110ᶠ,40.
En remplaçant 100ᶠ à 4 % par 100ᶠ à 6 %, l'intérêt augmente de

$$\frac{6^f \times 84}{360} - \frac{4^f \times 72}{360} = 0^f,60.$$

R. — Somme à placer à 6 % : $\dfrac{110,4 \times 100}{0,60} = 18\ 400^f.$

Somme à placer à 4 % : 42 000ᶠ — 18 400ᶠ = **23 600ᶠ.**

1738. *On a acheté pour 32 000ᶠ un champ de 3ʰᵃ09ᵃ. Une partie de ce champ ensemencée en blé, a rapporté 4 1/4 % ; l'autre, ensemencée en seigle, n'a rapporté que 3 1/2 %. Le total des intérêts s'élève à 1 260ᶠ. Quelle est la superficie de chacune des parties du champ ?*

Si tout le champ était ensemencé en blé, le revenu serait de :

$$4^f,25 \times 320 = 1\ 360^f.$$

Excédent à annuler : 1 360ᶠ — 1 260ᶠ = 100ᶠ.
Différence des taux : 4,25 — 3,5 = 0ᶠ,75.
Valeur de la surface ensemencée en seigle :

$$\frac{100 \times 100}{0,75} = \frac{40\ 000^f}{3}.$$

Valeur de la partie en blé : $32\ 000^f - \dfrac{40\ 000^f}{3} = \dfrac{56\ 000^f}{3}.$

Rapport des prix : $\dfrac{40\ 000}{56\ 000} = \dfrac{5}{7}.$

R. — Surface en blé : $\dfrac{30\ 900^{m2} \times 7}{12} = 1^{ha}80^a25^{ca}.$

Surface en seigle : 3ʰᵃ09ᵃ — 1ʰᵃ80ᵃ25ᶜᵃ = **1ʰᵃ28ᵃ75ᶜᵃ.**

1739. *Un capital de 30 000ᶠ a été placé partie à 5 %, partie à 3 %. L'intérêt annuel produit par la 1ʳᵉ somme surpasse de 319ᶠ,20 l'intérêt de la 2ᵉ. Quelles sont ces deux sommes ?*

Si la 1ʳᵉ partie était égale au capital total 30 000ᶠ, la 2ᵉ partie serait nulle, et la différence des intérêts serait de 5ᶠ×300=1 500ᶠ.
Cette différence surpasserait la différence réelle de

$$1\ 500^f - 319^f,20 = 1\ 180^f,80.$$

En remplaçant 100ᶠ à 5 % par 100ᶠ à 3 %, cette différence diminue de 5 + 3ᶠ = 8ᶠ. D'où :

$$\text{R. — Somme à 3 \% : } 100^f \times \frac{1\,180,8}{8} = 14\,760^f.$$

$$\text{Somme à 5 \% : } 30\,000^f - 14\,760^f = 15\,240^f.$$

1740. *On dispose d'un capital de 20 000ᶠ. On divise ce capital en 2 parties : on place la 1ʳᵉ à 3 % par an et la 2ᵉ à 4 % par an. La 2ᵉ partie rapporte en un an 140ᶠ de plus que la 1ʳᵉ en 6 mois. Combien a-t-on placé à 4 % et combien à 3 % ?*

Si la 2ᵉ partie était égale au capital total 20 000ᶠ, la 1ʳᵉ partie serait nulle. La 2ᵉ partie rapporterait alors en 1 an, 4ᶠ × 200 = 800ᶠ et la 1ʳᵉ en 6 mois ne rapporterait rien.

L'excédent d'intérêt de la 2ᵉ partie serait trop fort de 800ᶠ — 140ᶠ = 660ᶠ.

En diminuant la 2ᵉ partie de 100ᶠ et en augmentant la 1ʳᵉ de 100ᶠ, l'intérêt annuel de la 2ᵉ diminue de 4ᶠ et l'intérêt semestriel de la 1ʳᵉ augmente de 1ᶠ,50, donc la différence des intérêts diminuera de 4ᶠ + 1ᶠ,5 = 5ᶠ,5. D'où :

$$\text{R. — Somme placée à 3 \% : } 100^f \times \frac{660}{5,5} = 12\,000^f.$$

$$\text{Somme placée à 4 \% : } 20\,000 - 12\,000 = 8\,000^f.$$

Interversion des taux. — 1741. *Une personne place une partie de son capital à 5 % et l'autre à 4 %. Son revenu annuel est de 3 700ᶠ ; ce revenu serait de 3 860ᶠ si la somme placée à 4 % était placée à 5 % et réciproquement. Trouver le capital et les deux parties.*

L'énoncé fournit les relations suivantes :

$$\frac{5}{100} \text{ de la 1ʳᵉ partie} + \frac{4}{100} \text{ de la 2ᵉ partie} = 3\,700^f.$$

$$\frac{4}{100} \quad\quad\quad - \quad\quad + \frac{5}{100} \quad\quad - \quad\quad = 3\,680^f.$$

$$\text{D'où } \frac{9}{100} \text{ de la 1ʳᵉ partie} + \frac{9}{100} \text{ de la 2ᵉ partie} = 7\,380^f.$$

Les 9/100 du capital total valent donc 7 380ᶠ.

$$\text{R. — Capital total : } \frac{7\,380^f \times 100}{9} = 82\,000^f.$$

Par soustraction, les deux premières relations donnent :

$$\frac{1}{100} \text{ de la 1ʳᵉ partie} - \frac{1}{100} \text{ de la 2ᵉ partie} = 20^f.$$

Par suite :   1ʳᵉ partie — 2ᵉ partie = 2 000ᶠ.

Connaissant la somme et la différence des 2 parties, on a :

$$\text{R.} - 1^{re} \text{ partie} : \frac{82\,000 + 2\,000}{2} = 42\,000^f ; \quad 2^e \text{ partie} : 40\,000^f.$$

Remarque. — Le capital total 82 000^f étant trouvé, on pouvait déterminer les 2 parties par *fausse position*.

1742. *Deux propriétés valant ensemble 168 600^f rapportent, l'une 3 3/4 %, l'autre 5 1/2 %. Si les conditions de fermage de l'une étaient appliquées à l'autre, et vice versa, le revenu du propriétaire s'accroîtrait de 738^f,50. Calculer le revenu du propriétaire et la valeur de chacune des propriétés.*

Puisque l'interversion des conditions de fermage amènerait une augmentation de revenu, c'est que la propriété qui a le plus de valeur ne rapporte que 3,75 %.

Chaque centaine de francs de l'excédent de valeur de cette propriété sur l'autre, rapportant 5^f,5 au lieu de 3^f,75, entraînerait une augmentation d'intérêt de 5^f,5 — 3^f,75 = 1^f,75.

L'excédent de valeur de la 1re propriété sur la 2e est donc de

$$100^f \times \frac{738,5}{1,75} = 42\,200.$$

On connaît alors la somme et la différence des valeurs des propriétés ; on en déduit :

$$\text{R.} - \text{Prix de la } 1^{re} \text{ propriété} : \frac{168\,600^f + 42\,200^f}{2} = 105\,400^f.$$

Prix de la 2e propriété : 168 600^f — 105 400^f = **63 200^f**.
Revenu total : (3^f,75 $\times$ 1 054) + (5^f,5 $\times$ 632) = **7 428^f,50**.

1743. *Deux capitaux, l'un de 4 200^f, l'autre de 5 400^f, placés à des taux inconnus, rapportent ensemble 534^f par an. Si le 1er capital était placé au taux du 2e et inversement, la somme des intérêts serait 522^f. Trouver les taux des deux placements.*

Soient x le taux du 1er capital et y celui du 2e.
Le 1er capital rapporte 42x et le 2e capital 54y.
Si l'on intervertit les taux, le 1er capital rapportera 42y et e 2e 54x. D'où les équations :

$$\begin{array}{ll} 42x + 54y = 534 & \\ 42y + 54x = 522 \end{array} \quad \text{ou} \quad \begin{array}{ll} 7x + 9y = 89 & (1) \\ 7y + 9x = 87 & (2) \end{array}$$

En additionnant puis en retranchant les équations (1) et (2), membre à membre, on obtient :

1° 16x + 16y = 176 ; d'où $x + y = 11$.
2° 2y — 2x = 2 ; d'où $y - x = 1$.

Par suite $x = \dfrac{11 - 1}{2} = 5$; $y = \dfrac{11 + 1}{2} = 6$.

R. — Taux du 1er capital : 5 % ; taux du 2e : 6 %.

1744. *Deux capitaux ont été placés pendant 2 mois, l'un à 3 % l'an, l'autre à 5 % l'an et la somme des intérêts rapportés est 106ᶠ. Si, pendant 4 mois, on avait placé le 1ᵉʳ à 5 % et le 2ᵉ à 3 %, la somme des intérêts rapportés aurait été de 204ᶠ. Quels sont ces capitaux ?*

Dans le 1ᵉʳ cas, les capitaux, placés pendant 4 mois au lieu de 2 mois, auraient rapporté $106^f \times 2 = 212^f$.

La somme des capitaux, placée pendant 4 mois au taux de 8 % (5 + 3) rapporterait $212^f + 204^f = 416^f$.

$$\text{Somme des capitaux : } \frac{100^f \times 416 \times 12}{8 \times 4} = 15\,600^f.$$

(*Détermination des 2 capitaux par fausse position.*) Supposons les 15 600ᶠ placés à 3 % pendant 2 mois :

L'intérêt serait de $3^f \times 156 \times 1/6 = 78^f$. Il serait trop faible de $106^f - 78^f = 28^f$.

En remplaçant 100ᶠ à 3 % par 100ᶠ à 5 %, le revenu augmentera en 2 mois de :

$$\frac{5 \times 2}{12} - \frac{3 \times 2}{12} = \frac{5}{6} - \frac{1}{2} = \frac{1}{3} \text{ de franc.}$$

$$\text{R.} - \text{Capital à 5 \% : } 100^f \times \frac{28}{1/3} = 8\,400^f.$$

$$\text{Capital à 3 \% : } 15\,600^f - 8\,400^f = 7\,200^f.$$

1745. *Un capital de 8 640ᶠ est divisé en 2 parties qui sont placées l'une à 3 1/2 %, l'autre à 5 %. Au bout de 2 ans, les taux des 2 parties sont intervertis et le placement se prolonge encore pendant 3 ans. Le montant-total des intérêts acquis à la fin des 5 années est de 1 847ᶠ,10. Déterminer les 2 parties du capital.*

La 1ʳᵉ partie a rapporté en 2 ans à 3,5 %, puis en 3 ans à 5 % :

$$\frac{35 \times 2}{1\,000} + \frac{5 \times 3}{100} = \frac{22}{100} \text{ de sa valeur.}$$

La 2ᵉ partie a rapporté en 2 ans à 5 %, puis en 3 ans à 3,5 % :

$$\frac{5 \times 2}{100} + \frac{35 \times 3}{1\,000} = \frac{41}{200} \text{ de sa valeur.}$$

D'après l'énoncé :

$$\frac{22}{100} \text{ de la 1ʳᵉ partie} + \frac{41}{200} \text{ de la 2ᵉ partie} = 1\,847^f,10.$$

D'autre part :

$$\frac{22}{100} \text{ de la 1ʳᵉ partie} + \frac{22}{100} \text{ de la 2ᵉ partie} = \frac{8\,640^f \times 22}{100}$$

Par soustraction on a : $\dfrac{3}{200}$ de la 2ᵉ partie $= 53^f,7$.

$$\text{R.} - \text{2ᵉ partie du capital : } \frac{53^f,7 \times 200}{3} = 3\,580^f.$$

$$\text{1ʳᵉ partie du capital : } 8\,640^f - 3\,580^f = 5\,060^f.$$

1746. *Une personne a engagé sa fortune dans deux entreprises dont l'une rapporte 7 % et l'autre 5,50 %. Elle retire de la 1ʳᵉ un bénéfice supérieur de 2 625ᶠ à celui de la 2ᵉ. Trouver ces deux capitaux sachant que si cette personne avait mis dans chacune le capital qu'elle a mis dans l'autre, les deux entreprises auraient rapporté le même bénéfice.*

Puisque le 1ᵉʳ capital placé à 5,5 % donnerait le même revenu que le 2ᵉ placé à 7 %, les deux capitaux sont inversement proportionnels aux taux.

Le 1ᵉʳ capital vaut donc les $\dfrac{70}{55}$ du 2ᵉ et celui-ci les $\dfrac{55}{70}$ du 1ᵉʳ.

L'intérêt du 1ᵉʳ est égal aux $\dfrac{7}{100}$ de sa valeur.

L'intérêt du 2ᵉ est égal aux $\dfrac{55}{70} \times \dfrac{55}{1\,000} = \dfrac{121}{2\,800}$ du 1ᵉʳ capital.

Donc 2 625ᶠ représentent $\dfrac{7}{100} - \dfrac{121}{2\,800} = \dfrac{3}{112}$ du 1ᵉʳ capital.

R. — 1ᵉʳ capital : $\dfrac{2\,625^f \times 112}{3} = $ **98 000ᶠ.**

2ᵉ capital : $\dfrac{98\,000 \times 55}{70} = $ **77 000.**

Genre « double achat ». — **1747.** *En plaçant 9 600ᶠ à un certain taux et 16 000ᶠ à un autre taux, on se ferait un revenu total annuel de 1 008ᶠ. Mais si on plaçait 12 800ᶠ au premier taux et seulement 10 000ᶠ au second, le revenu total ne serait plus que de 834ᶠ. Calculer les deux taux de placement.*

Soient x et y les taux ; on a :

$$96x + 160y = 1\,008$$
$$128x + 100y = 834$$

d'où

$$x = 3.$$
$$y = 4\ 1/2.$$

R. — Taux : 3 % et 4 1/2 %.

1748. *Un particulier a placé 9 500ᶠ à un certain taux et 4 200ᶠ à un autre taux ; il s'est fait ainsi un revenu annuel total de 632ᶠ. S'il avait placé 1 000ᶠ de moins au 1ᵉʳ taux et 2 800ᶠ de plus au 2ᵉ taux, son revenu aurait été augmenté de 128ᶠ. Calculer les deux taux.*

Placements { 9 500ᶠ — 1 000ᶠ = 8 500ᶠ au 1ᵉʳ taux.
dans le 2ᵉ cas { 4 200ᶠ + 2 800ᶠ = 7 000ᶠ au 2ᵉ taux.

Revenu annuel total dans le 2ᵉ cas : 632ᶠ + 128ᶠ = 760ᶠ.
Soient alors x et y les 2 taux ; on a :

$$95x + 42y = 632$$
$$85x + 70y = 760$$

d'où

$$x = 4.$$
$$y = 6.$$

R. — Taux : 4 % et 6 %.

1749. *Deux capitaux l'un de 80 000^f, l'autre de 40 000^f placés à des taux différents ont rapporté ensemble 4 640^f d'intérêt en 8 mois. Si l'on avait augmenté de 20 000^f le montant de chaque capital et de 10 mois la durée des placements, l'intérêt total aurait été de 13 950^f. Trouver les deux taux.*

Cherchons l'intérêt annuel dans les 2 cas :

$$1^{er}\text{ cas} : \frac{4\ 640^f \times 12}{8} = 6\ 960^f ; \quad 2^o\text{ cas} : \frac{13\ 950^f \times 12}{18} = 9\ 300^f.$$

Soient alors x et y les taux ; on a :

$$\begin{aligned} 800x + 400y &= 6\ 960 \\ 1\ 000x + 600y &= 9\ 300 \end{aligned} \quad \text{d'où} \quad \begin{aligned} x &= 5,7 \\ y &= 6. \end{aligned}$$

R. — Taux : 5,7 % et 6 %.

1750. *Une personne qui vient de faire un héritage en fait deux parts. Elle place la 1re à 3 % et la 2e à 4 % et elle se procure ainsi une rente de 2 500^f. Si elle n'avait placé que le 1/5 de la 1re part à 3 % et les 3/4 de la 2e à 4 % elle n'aurait eu que 1 050^f de rente. Quelle est la valeur de son héritage ?*

L'énoncé fournit les deux égalités suivantes :

$$\frac{3}{100} \text{ de la 1}^{re} \text{ part} + \frac{4}{100} \text{ de la 2}^o \text{ part} = 2\ 500^f \quad (1)$$

$$\frac{1}{5} \times \frac{3}{100} \text{ de la 1}^{re} \text{ part} + \frac{3}{4} \times \frac{4}{100} \text{ de la 2}^o \text{ part} = 1\ 050^f. \quad (2)$$

Si l'on multiplie par 5 les termes de la 2° égalité, on a :

$$\frac{3}{100} \text{ de la 1}^{re} \text{ part} + \frac{15}{100} \text{ de la 2}^o \text{ part} = 5\ 250^f. \quad (3)$$

En retranchant membre à membre (1) de (3), on trouve :

$$\frac{11}{100} \text{ de la 2}^o \text{ part} = 2\ 750^f.$$

Montant de la 2e part : $\dfrac{2\ 750^f \times 100}{11} = 25\ 000^f.$

Intérêt de la 2e part : $4^f \times 250 = 1\ 000^f.$
Intérêt de la 1re part : $2\ 500^f - 1\ 000^f = 1\ 500^f.$

Montant de la 1re part : $\dfrac{100 \times 1\ 500}{3} = 50\ 000^f.$

R. — Valeur de l'héritage : 50 000 + 25 000^f = 75 000^f.

Genre courrier. — 1751. *Deux sommes, l'une de 24 000^f, l'autre de 25 000^f, placées pendant le même temps, la 1re à 5 %, la 2e à 4 %, ont acquis au bout de ce temps, par l'addition de l'intérêt au capital, la même valeur. On* *demande : 1º la durée du placement ; 2º la valeur commune acquise.*

Différence des intérêts totaux : 25 000 — 24 000 = 1 000ᶠ.
Différence des intérêts annuels : 240 × 5 — 250 × 4 = 200ᶠ.

R. — Durée du placement : 1 000 : 200 = 5 ans.

Valeur commune acquise : 24 000ᶠ + (5ᶠ × 240 × 5) = 30 000ᶠ.

1752. *Une personne doit 1 825ᶠ, dont elle paye l'intérêt à 6 %. Pour s'acquitter, elle place 4 000ᶠ à 5 %. On demande dans combien de temps la dette pourra être remboursée par les intérêts du capital placé (intérêts simples).*

Intérêt annuel de 1 825ᶠ : 6 × 18,25 = 109ᶠ,50.
Intérêt annuel de 4 000ᶠ : 5ᶠ × 40 = 200ᶠ.
La dette diminue par an de 200ᶠ — 109ᶠ,50 = 90ᶠ,50.

R. — Pour éteindre la dette, il faudra : $\dfrac{1\,825}{90,5}$ = **20 ans 2 mois.**

1753. *Deux personnes placent le 1ᵉʳ janvier à intérêts simples : la première 76 788ᶠ à 5 % et la seconde, 76 395ᶠ à 6 %. On demande la date du jour où les deux personnes devront se présenter à leurs maisons de banque pour retirer exactement la même somme (capital et intérêts réunis).*

Au jour demandé, l'excédent de l'intérêt du 2ᵉ capital sur celui du 1ᵉʳ, sera : 76 788ᶠ — 76 395ᶠ = 393ᶠ.
Par an l'excédent est de : 6ᶠ × 763,95 — 5ᶠ × 767,88 = 744ᶠ,30.

Temps nécessaire : $\dfrac{360 \times 393}{744,3}$ = 190 j.

R. — Date demandée : 10 juillet.

1754. *Une personne a placé à 3,50 % une somme de 15 600ᶠ et 8 mois plus tard, une somme de 14 900ᶠ au taux de 4,50 %. Au bout de combien de temps après le 1ᵉʳ placement, les intérêts rapportés par chacune de ces sommes seront-ils égaux.*

Intérêt de 15 600ᶠ en 8 mois : 3,5 × 156 × $\dfrac{8}{12}$ = 364ᶠ.

Différence des intérêts annuels des deux capitaux :

$$4ᶠ,5 \times 149 — 3ᶠ,5 \times 156 = 124ᶠ,5.$$

R. — Temps cherché : $\dfrac{364}{124,5}$ + 8 m. = **43 mois 2 j.**

1755. *Deux capitaux ont une valeur totale de 459 000ᶠ et l'un égale les 6/11 de l'autre. Le 1ᵉʳ a été placé à 4,40 % et le 2ᵉ à 5,60 % 45 jours après le 1ᵉʳ. Au bout de combien de temps les deux capitaux auront-ils produit le même intérêt ?*

Le 1er capital est : $\dfrac{459\,000^f \times 11}{17} = 297\,000^f$.

Le 2e capital est : $459\,000^f - 297\,000^f = 162\,000^f$.

Avance d'intérêts du 1er capital :

$$4^f,40 \times 2\,970 \times \frac{45}{360} = 1\,633^f,50.$$

Différence des intérêts mensuels :

$$\frac{4^f,4 \times 2\,970}{12} - \frac{5^f,6 \times 1\,620}{12} = 333^f.$$

R. — **Temps cherché** : $\dfrac{1\,633,50}{333} = 4$ **m, 27 j.** après le 2e placement.

Revision.

1756. *Une personne a deux capitaux ; il s'en faut de 600^f que le second soit triple du 1er. En plaçant le 1er pendant 9 mois à 3,50 % et le second pendant 7 mois à 3 %, la somme des intérêts produits est de 115^f,50. On demande quels sont ces capitaux.*

Si l'on augmente le 2e capital de 600^f, la somme des intérêts devient : $115^f,50 + (3^f \times 6 \times 7/12) = 126^f$.

En supposant alors deux capitaux dans le rapport donné : l'un de 100^f l'autre de 300^f, la somme des intérêts serait :

$$\left(3^f,50 \times \frac{9}{12}\right) + \left(3^f \times 3 \times \frac{7}{12}\right) = 7^f,875.$$

R. — **Le 1er capital est donc** : $100^f \times \dfrac{126}{7,875} = 1\,600^f$.

Le 2e capital est : $(1\,600^f \times 3) - 600^f = 4\,200^f$.

1757. *On place les 3/4 d'un capital à 3 %, et le reste à 5 % ; au bout d'un an, on retire les intérêts sur lesquels on prélève 2 100^f et dont on place le reste à 4 %. Quel était le capital primitif, sachant que les intérêts de la 2e année ont été, au total, de 112^f supérieurs aux intérêts de la 1re année ?*

112^f d'intérêt proviennent de $\dfrac{100^f \times 112}{4} = 2\,800^f$.

Les intérêts de la 1re année se sont donc élevés à :

$$2\,800^f + 2\,100^f = 4\,900^f.$$

Supposons un capital primitif de 400^f ; les intérêts de la 1re année se seraient élevés à : $(3^f \times 3) + (5^f \times 1) = 14^f$. D'où :

R. — **Capital primitif** : $400^f \times \dfrac{4\,900}{14} = 140\,000^f$.

1758. *Un particulier emprunte* 16 000ᶠ, *à condition de payer un intérêt annuel de* 6 %. *Au bout de* 90 *jours, il donne un acompte de* 10 000ᶠ ; *mais,* 50 *jours après ce remboursement, il emprunte encore* 2 000ᶠ. *Enfin, après un certain temps, il paye complètement sa dette en versant* 8 498ᶠ. *Combien de jours s'est-il écoulé entre son premier emprunt et son dernier remboursement ?*

Le jour du règlement définitif le débiteur devait :

1° Le reste du capital emprunté :

$$16\ 000^f - 10\ 000^f + 2\ 000^f = 8\ 000^f.$$

2° L'intérêt de 16 000ᶠ pour 90 j. soit : $6^f \times 160 \times \dfrac{90}{360} = 240^f$.

3° L'intérêt de 16 000ᶠ — 10 000ᶠ = 6 000ᶠ pour 50 j., soit :

$$6^f \times 60 \times \dfrac{50}{360} = 50^f.$$

4° L'intérêt de 6 000ᶠ + 2 000 = 8 000ᶠ pour le temps compris entre le dernier emprunt et le règlement définitif.

Total des 3 premières sommes : 8 000ᶠ + 240ᶠ + 50ᶠ = 8 290ᶠ.
Montant de la 4ᵉ somme : 8 498ᶠ — 8 290ᶠ = 208ᶠ.
Temps nécessaire à 8 000ᶠ placés à 6 % pour rapporter 208ᶠ :

$$\dfrac{360 \times 208 \times 100}{6 \times 8\ 000} = 156 \text{ jours.}$$

R. — Intervalle de temps cherché :

$$90 \text{ j.} + 50 \text{ j.} + 156 \text{ j.} = \textbf{296 jours.}$$

1759. *Une personne place une certaine somme à intérêts simples à* 3 %. *Au bout de* 8 *mois, elle retire* 8 568ᶠ *capital et intérêts réunis. Avec cette somme, elle achète un terrain rectangulaire d'une longueur de* 85ᵐ *dont le tiers vaut* 2ᶠ,40 *le* m² *et le reste* 160ᶠ *l'are. On demande :* 1° *la somme placée ;* 2° *la surface ainsi que la largeur du terrain.*

Au bout de 8 mois 100ᶠ valent 100ᶠ + (3ᶠ × 2/3) = 102ᶠ.

R. — Somme placée : $\dfrac{100^f \times 8\ 568}{102} = 8\ 400^f$.

Prix de 3 m² du terrain : 2ᶠ,40 + 1ᶠ,60 × 2 = 5ᶠ,60.

R. — Surface du terrain : $3^{m2} \times \dfrac{8\ 568}{5,60} = 4\ 590^{m2}$.

Largeur du rectangle : 4 590 : 85 = **54ᵐ.**

1760. *On a placé pendant le même temps deux capitaux, le* 1ᵉʳ *à* 3 % *et le* 2ᵉ *à* 3 1/2 %. *Le premier, qui surpasse le second de* 4 000ᶠ, *a rapporté* 1 600ᶠ ; *le second a rapporté* 1 400ᶠ. *On demande la valeur de chaque capital et la durée du placement.*

Placé au même taux que le second, le 1er capital aurait produit :

$$\frac{1\,600 \times 3,5}{3} = \frac{5\,600}{3} \text{ de franc.}$$

Les 4 000ᶠ ont donc produit pendant la durée du placement :

$$\frac{5\,600^f}{3} - 1\,400^f = \frac{1\,400^f}{3} \text{ d'intérêt.}$$

Or 4 000ᶠ produisent par an : 3,5 × 40 = 140ᶠ d'intérêt.

R. — **Durée du placement** : $\dfrac{1\,400}{3 \times 140} = \dfrac{10}{3}$ d'année = 3ᵃ4ᵐ.

1er capital : $\dfrac{100^f \times 1\,600 \times 3}{3 \times 10} =$ **16 000ᶠ.**

2e capital : 16 000ᶠ — 4 000ᶠ = **12 000ᶠ.**

1761. *Un capital est divisé en trois parties telles que la 2e est les 5/6 de la 1re et la 3e les 4/5 de la 2e. On place la 1re à 3 %, la 2e à 4 % et la 3e à 5 %. On a alors un revenu annuel de 2 900ᶠ. On demande de trouver le capital total placé ainsi que chacune des trois parts.*

Si l'on représente par A la 2e partie du capital, la 1re partie sera $\dfrac{6A}{5}$ et la 3e partie $\dfrac{4A}{5}$. Les parts sont donc proportionnelles à

6, 5 et 4   ou à   600, 500 et 400

600ᶠ à 3 % ; rapportent par an	3ᶠ × 6	= 18ᶠ
500ᶠ à 4 %	—	4ᶠ × 5	= 20ᶠ
400ᶠ à 5 %	—	5ᶠ × 4	= 20ᶠ

Un capital de 1 500ᶠ rapporterait . . . . 58ᶠ.

R. — **Capital total** : $1\,500^f \times \dfrac{2\,900}{58} =$ **75 000ᶠ.**

Les parts étant proportionnelles à 6,5 et 4 dont la somme est 15, valent :

$$\frac{75\,000^f \times 6}{15} = 30\,000^f ; \quad \frac{75\,000^f \times 5}{15} = 25\,000^f ; \quad \frac{75\,000^f \times 4}{15} = 20\,000^f.$$

1762. *Un capital a été placé pendant 9 ans 8 mois 12 jours, et l'on a reçu 198 814ᶠ pour le remboursement du capital et des 3/4 de l'intérêt simple. Si ce capital avait été placé pendant 1 an 5 mois 19 jours, le rapport du capital à l'intérêt aurait été de 51 à 3. On demande quel est le capital et à quel taux il a été placé. On comptera l'année de 360 jours et le mois de 30 jours.*

Durées : 1 an 5 m. 19 j. = 529 j. ;   9 ans 8 m. 12 j. = 3.492 j.

R. — **Taux du placement** : $\dfrac{3 \times 100 \times 360}{51 \times 529}$ = 4 %.

$\dfrac{3}{4}$ de l'intérêt de 100^f en 3 492 j. : $\dfrac{4 \times 3\,492 \times 3}{360 \times 4}$ = 29^f,10.

Ainsi pour un capital de 100^f, on aurait reçu 129^f,10 au bout de 34 92 jours.

R. — Le capital est donc : $\dfrac{100^f \times 198\,814}{129,10}$ = 154 000^f.

1763. *Un capital ayant été placé pendant 13 ans 5 mois et 12 jours, on a reçu, au terme fixé, une somme de 10 682^f,35 pour remboursement de ce capital et des 6/7 de l'intérêt simple. On demande le montant du capital placé et le taux du placement, sachant que le capital et l'intérêt qu'il produit en 1 an 1 mois 6 jours sont dans le rapport de 82 à 3. On supposera chaque année de 360 jours et chaque mois de 30 jours.*

(*Voir la solution précédente.*) Durées : 396 j. ; 4 842 j.

Intérêt de 100^f en 4 842 j. : $\dfrac{3^f \times 100 \times 4\,842}{82 \times 396}$ = 44^f,73.

Après ce temps, on retire : 100^f + $\dfrac{44,73 \times 6}{7}$ = 138^f,34.

R. — Capital : $\dfrac{100 \times 10682,35}{138,34}$ = 7 721^f,80.

Taux : $\dfrac{3 \times 100 \times 360}{82 \times 396}$ = 3,32 %.

1764. *Une personne possède trois capitaux qui valent ensemble 114 800^f. Les deux premiers sont égaux et les deux derniers sont placés au même taux. Les intérêts respectifs sont proportionnels aux nombres 40, 45 et 36. Le revenu total de cette personne est égal à 4 961^f. Trouver les capitaux et les taux.*

Les 2 derniers capitaux étant placés au même taux, sont proportionnels aux intérêts qu'ils rapportent.
Le 3° capital est donc les 36/45 ou les 4/5 du second.
D'autre part, le 1er est égal au second. On a donc :

2° cap. + 2° cap. + $\dfrac{4}{5}$ du 2° cap. = $\dfrac{14}{5}$ du 2° cap. = 114 800^f.

R. — Valeur du 2° capital : $\dfrac{114\,800^f \times 5}{14}$ = 41 000^f.

Valeur du 1er : 41 000^f. Valeur du 3° : 41 000 × 4/5 = 32 800^f.
Somme des nombres proportionnels : 40 + 45 + 36 = 121.

Intérêts produits par les deux premiers capitaux :

$$\frac{4\ 961^f \times 40}{121} = 1\ 640^f\ ;\qquad \frac{4\ 961^f \times 45}{121} = 1\ 845^f.$$

R. — Taux du 1er placement : $\dfrac{1\ 640 \times 100}{41\ 000} = 4\ \%.$

Taux des 2 autres placements : $\dfrac{1\ 845 \times 100}{41\ 000} = 4,5\ \%.$

1765. *Un capital inconnu, placé à un taux inconnu, a produit en 9 mois 45^f d'intérêt. Un deuxième capital, supérieur de 700^f au premier, placé à un taux qui est les 5/3 du 1er taux, a produit en 8 mois 90^f d'intérêt. Quels sont les deux capitaux et les deux taux ?*

En 1 an, le 1er capital rapporte $\dfrac{45^f \times 12}{9} = 60^f.$

— le 2e capital — $\dfrac{90^f \times 12}{8} = 135^f.$

Si le second capital était placé au même taux que le 1er, son intérêt annuel serait réduit à :

$$\frac{135^f \times 3}{5} = 81^f.$$

La différence des intérêts : 81^f — 60^f = 21^f, représente alors l'intérêt de 700^f en 1 an au 1er taux.

R. — 1er taux : $\dfrac{21 \times 100}{700} = 3\ \%\ ;$ 2e taux : $\dfrac{3 \times 5}{3} = 5\ \%.$

1er capital : $\dfrac{100^f \times 60}{3} = 2\ 000^f\ ;$ 2^e $\dfrac{100^f \times 135}{5} = 2\ 700^f.$

1766. *Un capital a été divisé en 2 parties inégales ; la 1re a rapporté 150^f d'intérêt en 5 mois ; la 2e, qui surpasse la 1re de 3 000^f, et dont le taux de placement est les 15/10 du taux de la 1re, a produit 393^f,75 en 7 mois. Calculer le montant de ce capital et les taux auxquels on a placé les 2 parties.*

(*Voir solution précédente.*) Intérêt annuel des 2 parts :

1re : $\dfrac{150^f \times 12}{5} = 360^f\ ;$ 2e : $\dfrac{393^f,75 \times 12}{7} = 675^f.$

Intérêt de la 1re partie supposée placée au taux de la 2e :

$$\frac{360^f \times 15}{10} = 540^f.$$

Différence des intérêts : 675^f — 540^f = 135^f = int. de 3 000^f.

R. — 1er taux : $\dfrac{135 \times 100}{3\ 000} = 4,5\ \%\ ;$ 2e taux : $\dfrac{4,5 \times 10}{15} = 3\ \%.$

Capital total : $\dfrac{100^f \times 360}{3} + \dfrac{100^f \times 675}{4,5} = 27\ 000^f.$

1767. *Une somme placée à 3 % pendant un certain temps est devenue, capital et intérêts compris, 11 577ᶠ. La même somme, placée à 3,50 % et pendant un an de plus, donne 1 963ᶠ,50 d'intérêts. Quelle est la valeur de cette somme et pendant combien de temps a-t-elle été placée dans le premier cas ?*

Si dans le 2ᵉ cas, on maintenait le 1ᵉʳ taux 3 %, les intérêts produits ne s'élèveraient qu'à :

$$1\ 963^f,50 \times \frac{3}{3,5} = 1\ 683^f.$$

Ce nombre représente les intérêts produits pendant le temps réel, plus les intérêts produits en 1 an à 3 % :

$$1\ 683^f = \text{int. pendant le temps réel} + \frac{3}{100}\ \text{du capital.}$$

Or, 11 577ᶠ = int. pendant le temps réel + capital total.

Donc en retranchant 1 683ᶠ de 11 577ᶠ, on obtiendra le capital cherché diminué de ses 3/100, c'est-à-dire les 97/100 du capital.

R. — **Capital cherché :** $\dfrac{(11\ 577^f - 1\ 683^f) \times 100}{97} = 10\ 200^f.$

Intérêt produit pendant le temps cherché :

$$11\ 577^f - 10\ 200^f = 1\ 377^f.$$

Intérêt annuel : $3^f \times 102 = 306^f.$

R. — **Durée du placement :** $\dfrac{1\ 377}{306} = 4\ \text{ans}\ \frac{1}{2}.$

1768. *Un capital placé à 5 % devient, au bout d'un certain temps, avec ses intérêts 55 950ᶠ. Le même capital, placé à 6 % pendant le même temps, rapporterait 390ᶠ de plus. Calculer : 1° le montant du capital placé ; 2° la durée du placement.*

Le capital et le temps restant les mêmes, les intérêts sont entre eux comme les taux. Le second intérêt est donc les 6/5 du 1ᵉʳ.

La différence des intérêts (390ᶠ) représente donc $\dfrac{6}{5} - \dfrac{5}{5} = \dfrac{1}{5}$ du 1ᵉʳ intérêt.

Montant du premier intérêt : $390^f \times 5 = 1\ 950^f.$

R. — **Capital placé :** $55\ 950^f - 1\ 950^f = 54\ 000^f.$

Durée du placement : $\dfrac{12 \times 1\ 950 \times 100}{5 \times 54\ 000} = $ **8 mois 20 jours.**

1769. *Une personne place un capital à 4 % l'an ; 9 mois après ce placement, elle en touche l'intérêt, qu'elle conserve, retire 3 500ᶠ du capital et place le reste à 6 % l'an. Un an après cette opération, elle touche un intérêt qui surpasse de 120ᶠ l'intérêt qu'elle a conservé. Trouver la valeur du capital.*

Si les 3 500^f n'avaient pas été retirés, l'augmentation de l'intérêt aurait été dans le 2° cas, de 120^f + (6^f × 35) = 330^f.

Avec 100^f de capital, l'augmentation est de 6^f — $\left(\dfrac{4^f \times 9}{12}\right)$ = 3^f.

R. — Le capital est : 100^f × $\dfrac{330}{3}$ = 11 000^f.

1770. *Un rentier a placé 1/3 de sa fortune à 5 %, les 2/5 à 4,5 % et le reste à 4 %. Les deux premiers placements lui rapportent ensemble 1 560^f. 1° Quelle est la fortune de ce rentier ? 2° Trouver chacun des trois placements ; 3° Quel est le revenu total ?*

Les placements représentent respectivement $\dfrac{5}{15}$, $\dfrac{6}{15}$, $\dfrac{4}{15}$ de la fortune.

Si la fortune était de 1 500^f, les placements vaudraient 500^f, 600 et 400^f.

Les deux premiers rapporteraient ensemble :
$$(5^f \times 5) + (4^f,5 \times 6) = 52^f.$$

R. — **Fortune du rentier** : $\dfrac{1\ 500^f \times 1\ 560}{52}$ = **45 000^f**.

Montant de chacun des 3 placements :

$$500^f \times \dfrac{1\ 560}{52} = 15\ 000^f\ ;\quad 600^f \times \dfrac{1\ 560}{52} = 18\ 000^f\ ;$$

$$400^f \times \dfrac{1\ 560}{52} = 12\ 000^f.$$

R. — **Revenu total** : 1 560^f + (4^f × 120) = **2 040^f**.

1771. *On a placé à des taux différents 880^f pendant 75 jours et 350^f pendant 120 jours. Les intérêts produits par les deux sommes sont égaux. Calculer les taux sachant que leur somme égale 9^f.*

On a : $\qquad a \times \dfrac{R}{100} \times t = a' \times \dfrac{R'}{100} \times t'$,

d'où $\qquad \dfrac{R}{R'} = \dfrac{a' \times t'}{a \times t} = \dfrac{350 \times 120}{880 \times 75} = \dfrac{7}{11}.$

R. — 1er Taux : $\dfrac{9^f \times 7}{18}$ = 3 1/2 % ; 2e taux : $\dfrac{9^f \times 11}{18}$ = 5 1/2 %.

Solution algébrique. — Soient x et y les deux taux.

Intérêt de la 1re somme : $x \times 8,8 \times \dfrac{75}{360} = \dfrac{11}{6} x.$

Intérêt de la 2e somme : $y \times 3,5 \times \dfrac{120}{360} = \dfrac{7}{6} y.$

L'énoncé fournit les deux équations

$$\dfrac{11}{6} x = \dfrac{7}{6} y \qquad \text{d'où} \qquad x = 3,5$$
$$x + y = 9 \qquad\qquad\qquad y = 5,5$$

R. — 1er taux 8,5 % ; 2e taux 5,5 %.

1772. *J'ai emprunté une somme. Au bout de 8 mois, je dois payer 666^f,40. L'intérêt est 6 %; les frais de commission sont de 1/8 % du capital. On demande la somme que j'ai empruntée.*

Intérêt de la somme empruntée : $\dfrac{6}{100} \times \dfrac{8}{12} = \dfrac{4}{100}$ de la somme.

Frais de commission : $\dfrac{1}{800}$ de la somme.

Donc 666^f,40 représentent : $\dfrac{100}{100} + \dfrac{4}{100} + \dfrac{1}{800} = \dfrac{833}{800}$ de la somme.

R. — Somme empruntée : $\dfrac{666^f,40 \times 800}{833} = 640^f$.

1773. *Une personne place un certain capital au taux de 4 % pendant 2 ans ; au bout de ce temps, elle retire 1/5 du capital initial ; 9 mois après, elle ajoute 4 000^f. Enfin 3 mois après, elle retire en tout, pour le capital et les intérêts, 81 104^f. Quel était le capital initial ?*

Représentons le capital initial par C. Les intérêts comprennent :

1° L'intérêt de C à 4 % pendant 2 ans, soit : $\dfrac{4}{100} \times 2 = \dfrac{2}{25}$ de C.

2° L'intérêt des $\dfrac{4}{5}$ de C pendant 1 an, soit : $\dfrac{4}{5} \times \dfrac{4}{100} = \dfrac{4}{125}$ de C.

3° L'intérêt de 4 000^f pendant 3 mois, soit : $4^f \times 40 \times \dfrac{3}{12} = 40^f$.

La somme retirée 81 104^f, est donc égale à :

$\dfrac{4}{5}$ de C $+ 4 000^f + \dfrac{2}{25}$ de C $+ \dfrac{4}{125}$ de C $+ 40^f = \dfrac{114}{125}$ de C $+ 4 040^f$.

Par suite, $\dfrac{114}{125}$ de C $= 81 104^f - 4 040^f = 77 064^f$.

R. — Capital initial : $\dfrac{77 064^f \times 125}{114} = 84 500^f$.

1774. *Un capitaliste place au taux de 3 1/4 % une certaine somme qui lui donne le même revenu qu'une autre somme placée au taux de 4,75 %. Ces deux sommes augmentées de leurs intérêts simples respectifs, sont retirées au bout de 5 ans et le tout est placé au taux de 4,20 % ; le revenu annuel est alors de 1 603^f,35. Calculer les deux sommes primitives.*

Somme produisant 1 603^f,35 d'int. : $\dfrac{100^f \times 1603,35}{4,2} = 38 175^f$.

Les revenus des sommes primitives étant égaux, ces sommes sont dans le rapport inverse des taux, donc dans le rapport :

$$\dfrac{4,75}{3,25} = \dfrac{19}{13}.$$

Supposons la 1re somme de 1 900^f, la 2e sera de 1 300^f.

Intérêt de 1 900^f à 3,25 % : 3^f,25 × 19 = 61^f,75.

Intérêt des deux sommes en 5 ans (61^f,75 × 2) × 5 = 617^f,5.

Le capital retiré est : 1 900 + 1 300 + 617,5 = 3 817^f,5.

$$\text{Capital primitif} : \frac{3\ 200^f \times 38\ 175}{3\ 817,50} = 32\ 000^f.$$

$$\textbf{R.} — \textbf{Montant de la 1}^{re}\textbf{ somme} : \frac{32\ 000 \times 19}{32} = \textbf{19 000}^f ;$$

$$\textbf{2}^e\textbf{ somme} : \frac{32\ 000 \times 13}{32} = \textbf{13 000}^f.$$

2e solution. — Les sommes primitives rapportant le même intérêt annuel, sont inversement proportionnelles à leurs taux.

La 2e somme est donc les $\frac{3,25}{4,75}$ ou les $\frac{13}{19}$ de la 1re.

Ensemble les 2 sommes valent $\frac{19 + 13}{19} = \frac{32}{19}$ de la 1re.

L'intérêt de la 1re somme, en 5 ans, est les $\frac{3,25}{100} \times 5 = \frac{16,25}{100}$ de cette somme.

Comme l'intérêt de la 2e somme est égal à celui de la 1re, l'intérêt total des deux sommes, en 5 ans, représente :

$$\frac{16,25 \times 2}{100} \text{ ou } \frac{13}{40} \text{ de la 1}^{re}\text{ somme.}$$

Donc au bout de 5 ans, les 2 sommes augmentées de leurs intérêts valent :

$$\frac{32}{19} \text{ de la 1}^{re} + \frac{13}{40} \text{ de la 1}^{re} = \frac{1\ 527}{760} \text{ de la 1}^{re}.$$

ou encore :

$$\frac{100^f \times 1\ 603,35}{4,2} = 38\ 175^f.$$

$$\textbf{R.} — \textbf{Montant de la 1}^{re}\textbf{ somme} : \frac{38\ 175^f \times 760}{1\ 527} = \textbf{19 000}^f.$$

$$\textbf{2}^e\textbf{ somme} : 19\ 000^f \times 13/19 = \textbf{13 000}^f.$$

1775. *On a placé à des taux différents 3 sommes : 3 600^f, 3 200^f et 3 000^f pendant 18 mois. L'intérêt a été le même pour chaque somme ; de plus, le total des sommes avec leurs intérêts est de 10 286^f. Quel était le taux de chaque placement ? Vérifier.*

Total des 3 capitaux : 3 600^f + 3 200^f + 3 000^f = 9 800^f.

Les intérêts et les temps étant les mêmes, les produits des capitaux par les taux sont égaux. En effet, on a alors :

$$\frac{aRt}{100} = \frac{a'R't}{100} = \frac{a''R''t}{100} \quad \text{d'où} \quad aR = a'R' = a''R''.$$

Donc si l'on représente les taux par x, y, z on a :

$$3\,600x = 3\,200y = 3\,000z \text{ ou } 18x = 16y = 15z.$$

d'où
$$y = \frac{9}{8}x \text{ et } z = \frac{6}{5}x.$$

Total des intérêts des 3 capitaux en 18 mois ou 3/2 année :

$$\left[36x + \left(32 \times \frac{9}{8}x \right) + \left(30 \times \frac{6}{5}x \right) \right] \times \frac{3}{2} = 162\,x.$$

Par conséquent : $10\,286^f = 9\,800^f + 162x$

d'où
$$x = 3.$$

R. — 1er taux : 3 % ; 2e taux : $\dfrac{3 \times 9}{18} = 3{,}375$ %$_1$;

3e taux : $\dfrac{3 \times 6}{5} = 3{,}6$ %.

Vérification. — Intérêt du 1er cap. : $\dfrac{3^f \times 36 \times 18}{12} = 162^f$;

int. du 2e : $\dfrac{3^f,375 \times 32 \times 18}{12} = 162^f$; int. du 3e : $\dfrac{3^f,6 \times 30 \times 18}{12} = 162^f$.

Total des capitaux et des intérêts : $9\,800^f + (162^f \times 3) = 10\,286^f$.

1776. *Une personne qui disposait d'un capital de 36 500^f, en a placé une partie à 3 %, une autre à 3,5 % et le reste à 4 %. Ces parties sont telles qu'elles donnent le même revenu annuel. Calculer la valeur de chacune d'elles et leur revenu total.*

Les intérêts et les temps étant les mêmes, les capitaux sont inversement proportionnels aux taux ; ils sont donc entre eux

comme $\dfrac{1}{3}$, $\dfrac{1}{3,5}$, $\dfrac{1}{4}$ ou comme 28, 24, 21.

La somme des nombres proportionnels est $28 + 24 + 21 = 73$.

R. — La 1re part vaut donc : $\dfrac{36\,500^f \times 28}{73} = 14\,000^f$;

la 2e : $\dfrac{36\,500^f \times 24}{73} = 12\,000^f$; la 3e : $\dfrac{36\,500^f \times 21}{73} = 10\,500^f$.

R. — Revenu total : $(3^f \times 140) \times 3 = 1\,260^f$.

1777. *Un individu a touché une certaine somme. Il place le 1/3 de cette somme à 3 % l'an ; avec le 1/4 de ce qui lui reste il achète une maison qu'il loue annuellement 1 440^f nets, ce qui représente 6 % du prix d'achat ; enfin il place le reste à 5 % l'an : 1° Quelle somme a-t-il touchée ? 2° Quel est son revenu annuel ? 3° A quel taux aurait-il dû placer la somme totale pour avoir le même revenu ?*

Prix d'achat de la maison : $\dfrac{100 \times 1\,440}{6} = 24\,000^f$.

Ces 24 000^f représentent : $\dfrac{2}{3} \times \dfrac{1}{4} = \dfrac{1}{6}$ de la somme.

R. — Somme touchée : $24\,000 \times 6 =$ **144.000^f**.

Le 1er placement rapporte : $3^f \times \dfrac{1\,440}{3} = 1\,440^f$.

Le 3e placement égale $\dfrac{2}{3} \times \dfrac{3}{4} = \dfrac{1}{2}$ de la somme et rapporte :

$$5^f \times \dfrac{1\,440}{2} = 3\,600^f.$$

R. — Revenu total : $1\,440^f + 1\,440^f + 3\,600^f =$ **6 480^f**.

Taux unique : $\dfrac{100 \times 64\,80}{144\,000} =$ **4,5 %**.

1778. *On achète à raison de 54 000^f l'ha. deux terrains dont le 2e a la moitié de la contenance du 1er moins 3 ares. Au bout de 15 mois, on paye, prix d'achat et intérêts à 4 % compris, la somme de 139 482^f. Trouver la surface des deux terrains.*

Au bout de 14 mois, 100^f deviennent $100^f + \dfrac{4 \times 15}{12} = 105^f$.

Valeur totale des terrains : $\dfrac{100 \times 139\,482}{105} = 132\,840^f$.

Superficie totale : $\dfrac{132\,840}{540} = 246$ ares.

Soit $2x$ la superficie du 1er terrain, celle du 2e sera $x - 3$ et l'on aura :

$$2x + (x - 3) = 246 \text{ d'où } x = 83.$$

R. — Surface du 1er terrain : $83^a \times 2 =$ **166 ares**.
Surface du 2e terrain : $83^a - 3^a =$ **80 ares**.

1779. *On engage le 1/3 d'un capital dans une entreprise où le bénéfice est de 12 %, puis le 1/4 du même capital dans une autre affaire où il rapporte 15 % et le reste est placé à 10 %. Le bénéfice total est tel que, augmenté des 3/4 de ses 0,8, il est égal à 24 024^f. Déterminer le capital engagé, les capitaux partiels et les bénéfices qu'ils ont produits.*

Les $\dfrac{3}{4}$ de 0,8 égalent $\dfrac{0,8 \times 3}{4} = 0,6$ ou $\dfrac{3}{5}$.

Le bénéfice égale $24\,024 : \dfrac{8}{5} = 3\,003 \times 5 = 15\,015^f$.

Le reste, placé à 10 %, est les $1 - \left(\dfrac{1}{3} + \dfrac{1}{4}\right) = \dfrac{5}{12}$ du capital.

Pour un capital de 1 200ᶠ, la 1ʳᵉ partie rapporterait 12ᶠ × 4 = 48ᶠ.
La 2ᵉ partie, 15ᶠ × 3 = 45ᶠ, et la 3ᵉ, 10ᶠ × 5 = 50ᶠ ;
Le bénéfice total serait de 48ᶠ + 45ᶠ + 50ᶠ = 143ᶠ.

$$\text{R.} - \text{Capital engagé} : \frac{1\,200^f \times 15\,015}{143} = 126\,000^f.$$

$$\text{Capitaux partiels}
\begin{cases}
1^{er} & \dfrac{126\,000^f}{3} = 42\,000^f; & \text{bénéfice } 12^f \times 420 = 5\,040^f. \\[2mm]
2^e & \dfrac{126\,000^f}{4} = 31\,500^f; & \text{»} \quad 15^f \times 315 = 4\,725^f. \\[2mm]
3^e & \dfrac{126\,000^f \times 5}{12} = 52\,500^f; & \text{»} \quad 10^f \times 525 = 5\,250^f.
\end{cases}$$

1780. *Une personne consacre les 3/4 de son capital à l'achat d'un terrain ; avec les 3/4 du reste, elle achète une maison. Le capital qui lui reste, placé les 4/7 à 4,50 % et les 3/7 à 6 %, produit un intérêt annuel de 5 436ᶠ. On demande quel est le capital primitif, le prix du terrain et le prix de la maison.*

$$1^{er} \text{ placement} = \frac{3}{4} \text{ du cap.} ; \qquad 2^e = \frac{1 \times 3}{4 \times 4} = \frac{3}{16} \text{ du cap.} ;$$

$$3^e = \frac{1 \times 1}{4 \times 4} = \frac{1}{16} \text{ du cap.}$$

700ᶠ de la partie du capital placée à intérêts rapportent :

$$(4^f,50 \times 4) + (6^f \times 3) = 36^f.$$

Montant de cette partie du capital : $700^f \times \dfrac{5\,436}{36} = 105\,700^f.$

R. — Capital total : $105\,700^f \times 16 = 1\,691\,200^f.$

$$\text{Valeur du terrain} : \frac{1\,691\,200^f \times 3}{4} = 1\,268\,400^f.$$

$$\text{Valeur de la maison} : \frac{1\,691\,200^f \times 3}{16} = 317\,100^f.$$

1781. *On a placé à intérêt simple deux capitaux qui sont entre eux comme 3 3/4 et 4 5/6. Le 1ᵉʳ placé pendant 6 ans 4 mois à 4 %. a produit 1 071ᶠ,60 de plus que le 2ᵉ pendant 2 ans 1/2 à 3 %. Quels sont ces deux capitaux ?*

Rapport des capitaux : $2\dfrac{3}{4} : 4\dfrac{5}{6} = \dfrac{45}{58}.$

Si le 1ᵉʳ capital valait 4 500ᶠ et le 2ᵉ 5 800ᶠ, la différence des intérêts produits serait de :

$$\left(4^f \times 45 \times 6\frac{1}{3}\right) - \left(3^f \times 58 \times 2\frac{1}{2}\right) = 1\,140^f - 435^f = 705^f.$$

$$\text{R.} - 1^{er} \text{ capital} : \frac{4\,500^f \times 1\,071,6}{705} = 6\,840^f ;$$

$$2^e \text{ capital} : \frac{5\,800^f \times 1\,071,6}{705} = 8\,816^f.$$

1782. *Le rapport de deux capitaux est égal à 5/7. Si l'on augmente chacun d'eux de 500^f, leur rapport devient égal à 8/11. On demande : 1° le montant de chacun de ces capitaux ; 2° le taux auquel est placé le 2e, sachant que le taux du 1er est 4 % et que le rapport de l'intérêt produit par le 1er capital en 6 mois à l'intérêt du 2e capital en 4 mois est 5/7.*

On a : $\dfrac{a}{b} = \dfrac{5}{7}$; $\dfrac{a + 500}{b + 500} = \dfrac{8}{11}$ d'où $a = 7\,500$. $b = 10\,500$.

R. — Le 1er capital est 7 500^f et le 2e 10 500^f.

Le 1er capital en 6^m rapporte : $4^f \times 75 \times \dfrac{6}{12} = 150^f$.

Le 2e capital en 4^m rapporte : $150^f \times \dfrac{7}{5} = 210^f$.

R. — Taux du second capital : $\dfrac{210^f \times 100 \times 12}{10\,500 \times 4} = 6$ %.

1783. *L'intérêt rapporté en 8 mois par une somme A placée au taux annuel de 4,50 % est supérieur de 220^f à l'intérêt rapporté en un an par une somme B placée au taux annuel de 5 %. La somme A dépasse de 4 000^f le double de la somme B. Trouver les sommes A et B.*

Intérêt de la somme A : $\dfrac{4,5 \times A \times 8}{100 \times 12} = \dfrac{3A}{100}$.

Intérêt de la somme B : $\dfrac{5B}{100}$.

Puisque le 1er intérêt surpasse le 2e de 220^f, on peut écrire :

$$\dfrac{3A}{100} = \dfrac{5B}{100} + 220$$

d'où l'on tire $A = \dfrac{5B + 22\,000}{3}$

D'autre part, A surpasse de 4 000^f le double de B ; on a donc :

$$A = 2B + 4\,000^f.$$

Par suite $\dfrac{5B + 22\,000}{3} = 2B + 4\,000$

d'où l'on tire : $B = 10\,000$; $A = 2B + 4\,000 = 24\,000$.

R. — Valeur de A : 24 000^f ; valeur de B : 10 000^f.

1784. *Une personne a divisé sa fortune en deux parties. Les deux placements lui assurent un revenu annuel total de 1 300^f. On demande de calculer la fortune de cette personne, sachant : 1° que le taux du 1er placement est 4 % et celui du 2e placement 5 % ; 2° que le 1/4 du montant du 1er placement rapporte autant en trois mois que le 1/6 du montant du 2e placement en deux mois.*

Soient x et y les deux parties de la fortune ; on a :

$$\frac{4x}{100} + \frac{5y}{100} = 1\ 300$$

$$\frac{4x \times 3}{100 \times 4 \times 12} = \frac{5y \times 2}{100 \times 6 \times 12}$$

Ces équations simplifiées deviennent :

$$4x + 5y = 130\ 000 \qquad \text{d'où} \qquad x = 10\ 000$$
$$9x = 5y \qquad\qquad\qquad y = 18\ 000$$

R. — La fortune est égale à 10 000^f + 18 000^f = **28 000^f**.

1785. *Un capital augmenté de ses intérêts simples à 4 % est devenu 19 920^f. S'il avait été placé un an de plus et à 4 1/2 % au lieu de 4 %, les intérêts se seraient élevés à 2 970^f. Quel est ce capital ? Combien de temps a-t-il été placé ?*

Si dans le second cas, on maintenait le 1er taux 4 %, les intérêts produits ne s'élèveraient qu'à :

$$2\ 970^f \times \frac{4}{4,5} = 2\ 640^f.$$

Ce nombre représenterait les intérêts produits pendant le temps réel plus les intérêts produits en 1 an à 4 % :

$$2\ 640^f = \text{int. pendant le temps réel} + \frac{4}{100} \text{ du capital.}$$

Or, 19 920^f = int. pendant le temps réel + capital total.

Donc, en retranchant 2 640^f de 19 920^f, on obtiendra le capital cherché diminué de ses 4/100, c'est-à-dire les 96/100 du capital.

R. — Capital cherché : $\dfrac{(19\ 920^f - 2\ 640^f) \times 100}{96} = $ **18 000^f**.

Intérêt total : 19 920^f — 18 000^f = 1 920^f.

Intérêt annuel : 4^f × 180 = 720^f.

R. — Durée du placement : $\dfrac{1\ 920}{720} = \dfrac{8}{3}$ d'année = **2 ans 8 mois.**

1786. *Une personne achète une propriété qu'elle paye dans les conditions suivantes : 6 mois après l'achat, elle fait un 1er versement de 39 187^f,50 qui acquitte les intérêts à 4 1/2 % l'an de la somme due et la moitié du prix d'achat ; quelque temps après, elle fait un 2e versement de 38 625^f qui la libère de sa dette et de ses intérêts au même taux 4 1/2 %. On demande : 1° le prix d'achat de la propriété ; 2° combien de temps après le 1er versement elle a opéré le 2e versement ; 3° à quel taux elle a placé son argent, sachant que 18 mois après l'achat, elle a revendu sa propriété 83 018^f,75.*

Si le prix d'achat était de 100^f, le 1er versement serait de :

$$50^f + \left(4^f\!,5 \times \frac{6}{12}\right) = 52^f\!,25.$$

R. — **Montant du prix d'achat** : $100^f \times \dfrac{39\,187,50}{52,25} =$ **75 000^f**.

Il reste dû 75 000^f : 2 = 37 500^f dont l'intérêt à 4,5 % jusqu'au moment du 2e versement, s'élève à 38 625^f — 37 500^f = 1 125^f.

R. — **Intervalle entre les 2 versements** : $\dfrac{12 \times 100 \times 1\,125}{37\,500 \times 4,5} =$ **8^m**.

Les deux sommes versées ont rapporté un intérêt de :

$$83\,018^f\!,75 - (39\,187^f\!,50 + 38\,625^f) = 5\,206^f\!,25.$$

Int. de 39 187,5 en 12 mois = Int. de 39 187,5 × 12 = 470 250^f en 1^m.
Int. de 38 625 en 4 mois = Int. de 38 625 × 4 = 154 500^f en 1^m.
Intérêt des deux sommes = Intérêt de 624 750^f en 1^m.

R. — **Taux du placement** : $\dfrac{5\,206,25 \times 100 \times 12}{624\,750} =$ **10 %**.

1787. *Une maison est louée 2 875^f par an. Les impôts restés à la charge du propriétaire, sont de 157^f et les dépenses d'entretien s'élèvent à 180^f par année, en moyenne. En admettant que le revenu net de la propriété soit de 2^f,80 %, on demande : 1° quel capital cette maison représente ; 2° à quel prix elle devrait être louée pour rapporter un revenu net de 3^f,50 %.*

Revenu net de la maison : 2 875^f — (157^f + 180) = 2 538^f.

R. — **Capital équivalent** : $\dfrac{1\,000^f \times 2\,538}{28} =$ **90 642^f,80**.

Intérêt à 3,5 % de ce capital : $\dfrac{3^f\!,5 \times 90\,642,80}{100} =$ 3 172^f,50.

R. — **Prix de la location** : 3 172^f,5 + (157^f + 180^f) = **3 509^f,50**.

1788. *Une personne possède un capital qu'elle place partie à 3 %, partie à 4 % et partie à 5 %. Elle a ainsi un revenu annuel de 1 450^f. Si la somme entière était placée à 4 %, son revenu augmenterait de 150^f. Calculer le montant du capital et des sommes placées aux divers taux, sachant que la somme placée à 5 % est le 1/3 de celle qui est placée à 4 %.*

Placé à 4 %, le capital total rapporterait : 1 450^f + 150^f = 1 600^f.

R. — **Montant du capital** : $\dfrac{100^f \times 1\,600}{4} =$ **40 000^f**.

Supposons les 40 000^f placés à 3 % ; l'intérêt annuel serait de 3^f × 400 = 1 200^f ; il serait inférieur à l'intérêt réel de 1 450^f — 1 200^f = 250^f.

En remplaçant 400ᶠ à 3 % par 300ᶠ à 4 % et 100ᶠ à 5 %, l'intérêt augmentera de $(4^f \times 3 + 5^f) - 3^f \times 4 = 17^f - 12^f = 5^f$. Pour qu'il augmente de 250ᶠ il faudra placer :

$$300^f \times \frac{250}{5} = 15\,000^f \text{ à } 4 \% \;; \quad 100^f \times \frac{250}{5} = 5\,000^f \text{ à } 5 \%$$

et par suite : $40\,000^f - (15\,000 + 5\,000) = 20\,000^f$ à 3 %.

R. — Les 3 parties du capital sont : 20 000ᶠ ; 15 000ᶠ ; 5 000ᶠ.

1789. *Une personne a placé à intérêts simples deux sommes : l'une en or à 4 1/2 %, l'autre en argent à 6 %. Les deux sommes ont même poids et la différence de leurs intérêts annuels est 2 295ᶠ. Quelles sont ces deux sommes ?*

Les deux sommes ayant même poids, sont dans le rapport de 155 à 10.

Pour 1 550ᶠ en or rapportant $4^f,50 \times 15,5 = 69^f,75$ d'intérêt, il y a 100ᶠ en argent qui produisent 6ᶠ d'intérêt.

Différence des deux revenus : $69^f,75 - 6^f = 63^f,75$

R. — Somme en or : $1\,550^f \times \dfrac{2\,295}{63,75} = \textbf{55\,800}^f.$

Somme en argent : $100^f \times \dfrac{2\,295}{63,75} = \textbf{3\,600}^f.$

ESCOMPTE

Escompte commercial.

Calcul de l'escompte. — **1790.** *Quelle diminution subira un billet de 780ᶠ, escompté à 5 % pour 2 ans ?*

R. — **La diminution sera de** : $5 \times 7{,}8 \times 2 =$ **78ᶠ.**

1791. *Je fais escompter à 6 % un billet de 2 400ᶠ, payable dans 18 jours. Que me rendra le banquier s'il retient 1 /10 % de commission et 1 /4 % de change de place ?*

Escompte du billet : $6^f \times 24 \times \dfrac{18}{360} = 7^f{,}20.$

Commission et change : $\left(\dfrac{1}{10} + \dfrac{1}{4} \right) \times 24 = 8^f{,}40.$

R. — **Le banquier me rendra** : $2400^f - (7^f{,}20 + 8^f{,}40) =$ **2 384ᶠ,40.**

1792. *Escompter le 10 mai, à 6 %, un billet de 2 400ᶠ, payable le 15 novembre de la même année.*

Du 10 mai au 15 novembre : 189 j.

Escompte : $6^f \times 24 \times \dfrac{189}{360} = 75^f{,}60.$

R. — **Billet escompté** : $2\,400^f - 75^f{,}60 =$ **2 324ᶠ,40.**

1793. *Je dois la somme de 2 571ᶠ,10, savoir : 800ᶠ payables dans 10 mois, 616ᶠ dans 9 mois, et le reste dans 12 mois ; si j'obtiens de payer comptant avec escompte de 4 % par an, combien payerai-je ?*

Valeur de la 3ᵉ somme : $2\,571^f{,}10 - (800^f + 616^f) = 1\,155^f{,}10.$

Escompte de la 1ʳᵉ somme : $4^f \times 8 \times \dfrac{10}{12} = 26^f{,}666 ;$

$\qquad\qquad$ 2ᵉ — $\quad 4^f \times 6{,}16 \times \dfrac{9}{12} = 18^f{,}48 ;$

$\qquad\qquad$ 3ᵉ — $\quad 4^f \times 11{,}55 = 46^f{,}2.$

Remise totale : $26^f{,}666 + 18^f\,48 + 46^f{,}204 = 91^f{,}35.$

R. — **Je dois payer** : $2\,571^f{,}0 - 91^f{,}35 =$ **2 479ᶠ,35.**

1794. *On remet à un banquier deux billets : l'un de 1 000ᶠ payable dans 60 jours, l'autre de 1 500ᶠ payable* *dans 36 jours ; le banquier escompte les deux billets au taux de 6 % et retient en outre 1 /10 % de commission sur la somme portée sur chaque billet. Que doit-il remettre au porteur des deux billets ?*

L'escompte des deux billets s'élève à :

$$\left(6^{\text{f}} \times 10 \times \frac{60}{360} \right) + \left(6^{\text{f}} \times 15 \times \frac{36}{360} \right) = 10^{\text{f}} + 9^{\text{f}} = 19^{\text{f}}.$$

La commission prélevée sur 2 500^{f} est de 0^{f},10 $\times$ 25 = 2^{f},50.

R. — Le banquier remettra : 2 500^{f} — (19^{f} + 2^{f},50) = **2 478^{f},50.**

1795. *Une personne qui devait 1 200^{f} payables le 15 novembre 1924 a voulu régler son compte le 2 septembre 1924. Elle a donné en acompte un billet de 630^{f} payable le 31 décembre 1924 et le reste en argent comptant. Le taux de l'escompte étant 4,50 %, combien a-t-elle donné d'argent comptant ?*

Du 2 septembre au 15 novembre il y a : 28 + 31 + 15 = 74 jours.

Escompte de 1 200^{f} pour 74 jours : 4^{f},50 $\times$ 12 $\times$ $\frac{74}{360}$ = 11^{f},10.

Dette réelle au 2 septembre : 1 200^{f} — 11^{f},10 = 1 188^{f},90.
Le billet de 630^{f} est payable dans 28 + 31 + 30 + 31 = 120 j.
Le 2 septembre il ne vaut que :

$$630^{\text{f}} - \left(4^{\text{f}},5 \times 6,3 \times \frac{120}{360} \right) = 620^{\text{f}},55.$$

R. — Somme à verser en espèces : 1188^{f},9 — 620^{f},55 = **568^{f},35.**

1796. *Un commerçant a deux effets à négocier : le 1er de 800^{f} à 90 jours d'échéance, le 2e de 2 500^{f} à 60 jours d'échéance. Il peut s'adresser à deux banquiers dont le premier prend 6 % d'escompte et 1 /4 % de commission, tandis que le second prend 5 % d'escompte et 1 /2 % de commission. Auquel des deux banquiers devra s'adresser le commerçant pour chacun de ses effets ?*

1° *Négociation du premier billet.*

Le 1er banquier retient	Escompte : $\dfrac{6 \times 8}{4}$ = 12^{f}.	
	Commission : 1/4 % = 2^{f}.	
	Total. . 14^{f}.	

Le 2e banquier retient	Escompte : $\dfrac{5 \times 8}{4}$ = 10^{f}.	
	Commission : 1/2 % = 4^{f}.	
	Total. . . 14^{f}.	

R. — Les frais sont les mêmes chez les deux banquiers.

2º Négociation du deuxième billet :

Le 1er
banquier
retient
$\left\{\begin{array}{l} \text{Escompte : } \dfrac{6 \times 25}{6} = 25^f. \\[2mm] \text{Commission : } 1/4\ \% = 6^f,25. \\[1mm] \text{Total. . . } 31^f,25. \end{array}\right.$

Le 2e
banquier
retient
$\left\{\begin{array}{l} \text{Escompte : } \dfrac{25 \times 5}{6} = 20^f,83. \\[2mm] \text{Commission : } 1/2\ \% = 12^f,50. \\[1mm] \text{Total. . . } \overline{33^f,33.} \end{array}\right.$

R. — Pour ce 2e billet, il est avantageux de s'adresser **au premier banquier** ; on y gagne $33^f,33 - 31^f,25 = 2^f,08$.

1797. *Un négociant vend du vin à 115ᶠ l'hl. L'acheteur lui fait un billet à 72 jours. Le négociant porte ce billet chez un banquier qui le lui escompte à 5 %. Le négociant calcule alors que s'il avait vendu son vin 125ᶠ l'hl., le banquier lui aurait remis 724ᶠ,75 de plus. Trouver le nombre d'hl. vendus.*

Valeur actuelle de l'hl. de vin dans les deux cas :

$$1º \quad 115^f - \left(5^f \times 1,15 \times \frac{72}{360} \right) = 113^f,85 \; ;$$

$$2º \quad 125^f - \left(5^f \times 1,25 \times \frac{72}{360} \right) = 123^f,75.$$

Différence par hl. : $123^f,75 - 113^f,85 = 9^f,90$.

R. — **Nombre d'hl. :** $724,75 : 9,9 = 73^{hl},20$.

1798. *On achète une propriété que l'on paie de la façon suivante : On donne 1º 30 % du prix d'achat ; 2º les 17/21 de ce qu'on restait devoir ; 3º enfin un billet de 12 798ᶠ payable dans trois mois et représentant le reste du prix d'achat, plus l'intérêt de ce reste calculé à 5 % pendant 3 mois. Quel est le prix d'achat de la propriété ?*

Intérêt de 100ᶠ en 3 mois : $5^f : 4 = 1^f,25$.

Il faudra donc un billet de 101ᶠ,25 pour payer 100ᶠ.

Le billet de 12 798ᶠ acquittera : $\dfrac{100^f \times 12\ 798}{101,25} = 12\ 640^f.$

Cette dernière somme représente : $1 - \left(\dfrac{30}{100} + \dfrac{70 \times 17}{100 \times 21} \right) = \dfrac{2}{15}$ du prix d'achat.

R. — **Prix d'achat de la propriété :** $\dfrac{12\ 640^f \times 15}{2} = 94\ 800^f.$

Calcul du taux. — **1799.** *Une facture, montant à 3 600ᶠ, escomptée pour 5 mois, a été réduite à 3 525ᶠ. Quel a été le taux de l'escompte ?*

Escompte de la traite : 3 600 — 3 525ᶠ = 75ᶠ.

$$\text{R. — Taux : } \frac{75^f \times 12}{36^f \times 5} = 5\ \%.$$

1800. *Un négociant reçoit pour valeur d'un billet de 1 600ᶠ, payable dans 63 jours, une somme de 1 583ᶠ,20. A quel taux le banquier a-t-il calculé l'escompte ?*

Valeur de l'escompte : 1 600ᶠ — 1 583ᶠ,20 = 16ᶠ,80.

$$\text{R. — Taux : } \frac{16,8 \times 360}{16 \times 63} = 6\ \%.$$

1801. *Un banquier escompte à 6 %, pour 3 mois, un billet de 780ᶠ ; il retient, outre l'escompte, 1/10 % de commission et 1/8 % pour change de place. A quel taux réel a été fait l'escompte ?*

Sur 100ᶠ, le banquier retient :

$$\left(6^f \times \frac{3}{12}\right) + \frac{1}{10} + \frac{1}{8} = 1^f,725.$$

$$\text{R. — Taux réel : } 1,725 \times \frac{12}{3} = 6,90\ \%.$$

1802. *Deux personnes entrent chez un banquier, la première avec un billet de 1 500ᶠ payable dans 6 mois, la seconde avec un billet de 1 470ᶠ payable dans 10 jours ; le banquier escompte les deux billets au même taux et donne à la seconde personne 12ᶠ,55 de plus qu'à la première. Quel est le taux de l'escompte ?*

Différence de valeur des 2 billets : 1 500ᶠ — 1 470ᶠ = 30ᶠ.
Différence des deux escomptes : 30ᶠ + 12ᶠ,55 = 42ᶠ,55.
Cette différence représente l'escompte pour 1 jour de :

$$1\ 500^f \times 180 — 1\ 470^f \times 10 = 255\ 300^f.$$

$$\text{R. — Taux : } \frac{42,55 \times 100 \times 360}{255\ 300} = 6\ \%.$$

1803. *Une personne porte chez un banquier un billet de 1 000ᶠ payable dans 60 jours. Le banquier donne en échange un billet de 920ᶠ payable dans 30 jours et une somme de 76ᶠ,40. Quel a été le taux de l'escompte commercial ?*

Différence de valeur des 2 billets : 1 000ᶠ — 920ᶠ = 80ᶠ.
Différence des deux escomptes : 80 — 76,4 = 3ᶠ,60.
Cette différence est l'escompte de 1 000 × 60 — 920 × 30 pour 1 jour.

$$60\ 000^f — 920^f \times 30 = 32\ 400^f.$$

$$\text{R. — Taux : } \frac{3,6 \times 100 \times 360}{32\ 400} = 4\ \%.$$

1804. *Trois personnes présentent à un banquier des billets dont les valeurs nominales respectives sont : 10 400ᶠ, 11 000ᶠ et 10 560ᶠ. Le banquier donne la même somme à chacune d'elles après avoir escompté les trois billets au même taux. Quel est ce taux et quelle est l'échéance du deuxième billet, sachant que le premier était payable au bout de 2 mois 20 jours et le troisième au bout de 6 mois 20 jours ?*

1° 2ᵐ 20ʲ = 8/3 de mois ; 2° 6ᵐ 20ʲ = 20/3 de mois.

Soit x le taux commun.

Escompte du 1ᵉʳ billet : $\dfrac{x \times 104 \times 8}{12 \times 3} = \dfrac{208}{9}x$;

Escompte du 3ᵉ billet : $\dfrac{x \times 105,60 \times 20}{12 \times 3} = \dfrac{528x}{9}$.

Par hypothèse : $10\,400 - \dfrac{208x}{9} = 10\,560 - \dfrac{528x}{9}$.

d'où $x = 4,5$.

R. — Taux commun : 4,5 %

Valeur de chaque billet : $10\,400 - \dfrac{4,5 \times 104 \times 8}{12 \times 3} = 10\,296^ᶠ$.

Escompte du 2° billet : $11\,000 - 10\,296 = 704^ᶠ$.

R. — Échéance du 2ᵉ billet : $\dfrac{1^{an} \times 100 \times 704}{11\,000 \times 4,50} = 1^{an}5^m2^j$.

1805. *Trois personnes font escompter au même taux, la 1ʳᵉ un billet de 800ᶠ à 54 jours d'échéance, la 2ᵉ un billet de 1 320ᶠ à 60 jours et la 3ᵉ un billet de 1 200ᶠ à 45 jours. Le banquier leur remet en tout 3 295ᶠ,50. Quel est le taux de l'escompte ?*

Valeur nominale des billets : $800^ᶠ + 1\,320^ᶠ + 1\,200^ᶠ = 3\,320^ᶠ$.
Montant de l'escompte : $3\,320^ᶠ - 3\,295^ᶠ,40 = 24^ᶠ,50$.
Cet escompte équivaut à celui d'une somme de :

$800^ᶠ \times 54 + (1\,320^ᶠ \times 60) + (1\,200^ᶠ \times 45) = 176\,400^ᶠ$.

escomptée pour 1 jour.

R. — Taux : $\dfrac{24^ᶠ,5 \times 360}{1\,764} = 5$ %.

Calcul de l'échéance. — 1806. *Louis a acheté des marchandises pour 1 640ᶠ à 20 mois de crédit. A quelle époque a-t-il payé, sachant qu'il a obtenu 2/3 % d'escompte par mois et qu'il n'a déboursé que 1 519ᶠ ?*

Escompte total : $1\,640^ᶠ - 1\,519^ᶠ = 121^ᶠ$.
Escompte de 100ᶠ pour 1 an : $2/3 \times 12 = 8^ᶠ$.

R. — Temps cherché : $\dfrac{12 \times 100 \times 121}{1\,640 \times 8} = 11^m2^j$ avant le terme
ou encore, 8^m28^j après l'achat.

1807. *J'ai acheté pour 218 568ᶠ de drap à 15 mois de crédit ; mais si je paye avant le temps, j'obtiendrai 5 % d'escompte par an. A quelle époque dois-je payer pour ne débourser que 208 160ᶠ ?*

Escompte : 218 568ᶠ — 208 160ᶠ = 10 408ᶠ.

R. — Temps : $\dfrac{12^m \times 100 \times 10\,408}{5 \times 218\,568}$ = **11ᵐ 12ʲ avant le terme** ou encore, **3ᵐ18ʲ après l'achat.**

1808. *Un marchand a acheté pour 2 560ᶠ de marchandises, à un an de terme pour le payement, avec un escompte de 4 % par an s'il paye avant le terme fixé. Il se libère quelque temps après l'achat en donnant 2 480ᶠ,65. Après combien de mois et de jours a-t-il payé ?*

Escompte : 2 560ᶠ — 2 480ᶠ,65 = 79ᶠ,35.

R. — Temps : $\dfrac{12^m \times 79,35 \times 100}{4 \times 2560}$ = **9ᵐ9ʲ avant le terme** ou encore, **2ᵐ21ʲ après l'achat** des marchandises.

1809. *Le 10 juillet on négocie deux billets, l'un de 840ᶠ, l'autre de 1 560ᶠ. Le 1ᵉʳ est payable 40 jours plus tôt que le 2ᵉ, et l'escompte du 2ᵉ surpasse de 24ᶠ,80 celui du 1ᵉʳ. Le taux étant de 6 %, dire la date de l'échéance de chacun des billets.*

Si le 1ᵉʳ billet était payable à la même date que le 2ᵉ son escompte serait augmenté de : $\dfrac{6^f \times 840 \times 40}{100 \times 360}$ = 5ᶠ,60.

La différence des escomptes (24ᶠ,8) serait réduite à :

24ᶠ,80 — 5ᶠ,60 = 19ᶠ,20.

Différence des valeurs nominales : 1 560ᶠ — 840ᶠ = 720ᶠ.

Échéance du 2ᵉ billet : $\dfrac{360^j \times 19,2 \times 100}{6 \times 720}$ = 160 j.

R. — Date de l'échéance des billets :

1ᵉʳ billet : 10 juillet + 120 j. = **7 novembre.**

2ᵉ billet : 10 juillet + 160 j. = **17 décembre.**

Calcul de la valeur nominale. — **1810.** *Quel était le montant d'un billet qui, escompté à 6 % pour 1 an, s'est trouvé réduit à 2 360ᶠ ?*

La valeur nominale du billet est les $\dfrac{100}{94}$ de sa valeur actuelle.

R. — Montant du billet : $\dfrac{2\,360^f \times 100}{94}$ = **2 510ᶠ,65.**

1811. *Quel est le montant d'un billet payable dans 45 jours, pour lequel le banquier a pris un escompte de 3ᶠ,20 à 6 % ?*

Escompte de 100ᶠ pour 45 j. : $\dfrac{6^f \times 45}{360} = 0^f,75$.

R. — Montant du billet : $\dfrac{100^f \times 3,20}{0,75} = $ **426ᶠ,65.**

1812. *Une personne présente à la banque, le 20 juillet, un billet payable le 25 août suivant et reçoit, déduction faite de l'escompte, une somme de 3 429ᶠ,30. On demande quelle était la valeur portée sur le billet, le taux de l'escompte étant de 6 % par an.*

Du 20 juillet au 25 août on compte 36 jours.

L'escompte de 100ᶠ pour 36 j. égale 0ᶠ,60. Valeur actuelle d'un billet de 100ᶠ : 100ᶠ — 0,60 = 99ᶠ,40.

R. — Valeur nominale du billet : $\dfrac{100^f \times 3\,429,30}{99,4} = $ **3 450ᶠ.**

1813. *Un effet de commerce payable dans 36 jours est présenté à un banquier qui, outre l'escompte à 6 %, prélève une commission de 1/2 %. Le banquier doit 2 749ᶠ,43. Quelle était la somme portée sur le billet ?*

Somme retenue sur 100ᶠ : $\dfrac{6^f \times 36}{360} + 0^f,50 = 1^f,10$.

R. — Somme inscrite sur le billet : $\dfrac{100^f \times 2\,749,42}{98,90} = $ **2 780ᶠ.**

1814. *Un tapissier achète, à raison de 135ᶠ la pièce, un certain nombre de fauteuils. Il paye 1/3 comptant, 1/3 avec une lettre de change à 60 jours d'échéance, et le reste par une seconde lettre à 90 jours. Si, au jour du payement de la première lettre, on escomptait en dehors la seconde au taux de 5 %, on recevrait 15ᶠ de moins que sa valeur nominale. Combien le tapissier a-t-il acheté de fauteuils ?*

L'escompte de la 2ᵉ lettre pour 30 j. égale 15ᶠ.

Valeur de cette lettre : $\dfrac{100^f \times 15 \times 360}{5 \times 30} = $ 3 600ᶠ.

R. — Nombre de fauteuils : $\dfrac{3\,600^f \times 3}{135} = $ **80.**

1815. *Deux billets payables, l'un dans 60 jours, l'autre dans 90 jours, ont été escomptés tous les deux au taux de 5 %. Trouver la valeur nominale des 2 billets sachant que la somme des valeurs nominales est égale à 12 400ᶠ et que la somme des escomptes est égale à 130ᶠ.*

(*Probl. de fausse position.*) Supposons les 12 400^f payables dans 90 j. ; l'escompte s'élèverait à $5^f \times 124 \times \dfrac{90}{360} = 155^f$ et surpasserait l'escompte réel de $155^f - 130^f = 25^f$.

En escomptant 100^f pour 60 j. au lieu de 90 j., l'escompte diminue de $\dfrac{5^f \times 90}{360} - \dfrac{5^f \times 60}{360} = \dfrac{5}{12}$. D'où :

R. — **Montant du 2e billet :** $100^f \times \dfrac{25 \times 12}{5} = $ **6 000^f**.

Montant du 1er billet : $12 400^f - 6 000^f = $ **6 400^f**.

1816. *Deux billets sont payables le 1er dans 36 jours, le 2e dans 54 jours. Ils sont escomptés le 1er à 5 % et le 2e à 6 %. Leurs valeurs actuelles sont égales. Trouver leurs valeurs nominales, sachant que leur somme égale 4 965^f.*

Soient n et n' les valeurs nominales.

Valeur actuelle du 1er billet : $n - \dfrac{5 \times n \times 36}{100 \times 360} = \dfrac{995n}{1 000}$.

Valeur actuelle du 2e billet : $n' - \dfrac{6 \times n' \times 54}{100 \times 360} = \dfrac{991n'}{1 000}$.

Par hypothèse : $\dfrac{995n}{1 000} = \dfrac{991n'}{1 000}$; d'où $n = \dfrac{991n'}{995}$.

L'énoncé donne : $n + n' = 4 965^f$.

On a donc : $\dfrac{991n'}{995} + n' = 4 965^f$.

D'où l'on tire : $n' = 2 487^f,5$ et $n = 2 477^f,50$.

R. — **Les deux valeurs nominales sont :** 2 477^f,50 **et** 2 487^f,50.

1817. *Deux billets payables, l'un dans 60 jours, l'autre dans 90 jours, ont été escomptés, le 1er au taux de 4,80 % et le 2e au taux de 4 %. Trouver la valeur nominale de chacun des billets sachant que la somme des valeurs nominales est 7 000^f et la somme des escomptes 61^f.*

(*Probl. de fausse position.*) Si les 7 000^f étaient escomptés à 4 % pour 90 j. l'escompte s'élèverait à :

$$\dfrac{4^f \times 7 000 \times 90}{100 \times 360} = 70^f.$$

Il surpasserait l'escompte réel de $70^f - 61^f = 9^f$.

En remplaçant 100^f escomptés à 4 % pour 90 j. par 100^f escomptés à 4,8 % pour 60 j., l'escompte diminuera de :

$$\dfrac{4^f \times 90}{360} - \dfrac{4^f,8 \times 60}{360} = 1^f - 0^f,80 = 0^f,20.$$

R. — **Montant du 1er billet** (4,8 %, 60 j.) : $100^f \times \dfrac{9}{0,2} = $ **4 500^f**.

Montant du 2e billet (4 %, 90 j.) : $7 000^f - 4 500^f = $ **2 500^f**.

1818. *Un banquier escompte au taux de 5 % deux billets payables l'un dans 72 jours, l'autre dans 90 jours. En même temps il prélève 1/8 % de commission. Le porteur des billets reçoit 4 936^f,25. Sachant que la somme des valeurs nominales des billets est 5 000^f, trouver la valeur nominale de chacun.*

Escompte et commission : 5 000^f — 4 936^f,25 = 63^f,75.

Escompte seul : 63^f,75 — $\dfrac{1 \times 5\ 000}{8 \times 100}$ = 57^f,50.

(*Fausse position.*) Escompte de 5 000^f pour 90 j. :

$$5^f \times 50 \times \frac{90}{360} = 62^f,5.$$

Ce nombre surpasse l'escompte réel de 62^f,5 — 57^f,50 = 5^f.
En remplaçant 100^f à 90 j. par 100^f à 72 j., l'escompte diminue de :

$$\frac{5^f \times 90}{360} - \frac{5^f \times 72}{360} = 0^f,25.$$

R. — Montant du 1er billet (à 72 j.) : 100^f $\times \dfrac{5}{0,25}$ **= 2 000^f.**

Montant du 2e billet (à 90 j.) : 5 000^f — 2 000^f **= 3 000^f.**

1819. *Trois billets de même échéance sont escomptés le même jour. Le 1er, dont la valeur nominale est inférieure de 972^f à celle du 2e, est escompté à 5 %. Le 3°, dont la valeur nominale est supérieure de 4 860^f à celle du 2°, est escompté à 3 %. Les trois escomptes sont égaux et valent chacun la 100e partie de la valeur nominale du 2e billet. On demande : 1° les trois valeurs nominales ; 2° le temps pour lequel les billets sont escomptés ; 3° le taux d'escompte du 2e billet.*

Escompte de 972^f à 5 % pour 1 an : 5^f × 9,72 = 48^f,60.
Escompte de 4 860^f à 3 % pour 1 an : 3^f × 48,6 = 145^f,80.
L'escompte du 1er billet à 5 % pour 1 an, est égal aux

$\dfrac{5}{100}$ du 1er billet ou encore aux $\left(\dfrac{5}{100} \text{ du 2}^e \text{ billet} - 48^f,60\right)$.

L'escompte du 3° billet à 3 % pour 1 an, est égal aux

$\dfrac{3}{100}$ du 3e billet ou encore aux $\left(\dfrac{3}{100} \text{ du 2}^e \text{ billet} + 145^f,80\right)$.

Puisque les escomptes des 3 billets sont égaux, on peut écrire :

$$\frac{5}{100} \text{ du 2}^e \text{ billet} - 48^f,60 = \frac{3}{100} \text{ du 2}^e \text{ billet} + 145,80.$$

d'où $\dfrac{2}{100}$ du 2e billet = 194^f,40.

R. —- Valeur nominale du 2ᵉ billet : $\dfrac{194^{\mathrm{f}},40 \times 100}{2} = 9\,720^{\mathrm{f}}$.

Valeur du 1ᵉʳ : $9\,720^{\mathrm{f}} — 972^{\mathrm{f}} = 8\,748^{\mathrm{f}}$.

Valeur du 3ᵉ : $9\,720^{\mathrm{f}} + 4\,860^{\mathrm{f}} = 14\,580^{\mathrm{f}}$.

Montant de l'escompte de chaque billet :

$$9\,720^{\mathrm{f}} : 100 = 97^{\mathrm{f}},2.$$

R. — Échéance des billets :

$$\frac{12^{\mathrm{m}} \times 97,2 \times 100}{5 \times 8\,740} = 2^{\mathrm{m}}20^{\mathrm{j}} \quad \text{ou} \quad 80^{\mathrm{j}}.$$

R. — Taux du 2ᵉ billet : $\dfrac{97,2 \times 100 \times 360}{9\,720 \times 80} = 4,5\ \%$.

1820. *Une personne possède deux billets de même valeur nominale, payables l'un dans 3 mois, l'autre dans 7 mois. Elle fait escompter le 1ᵉʳ à 6 % et le 2ᵉ à 6 1/2 et reçoit 13ᶠ,20 de plus pour le 1ᵉʳ que pour le 2ᵉ. Calculer la valeur nominale des billets.*

L'escompte du 1ᵉʳ billet représente $\dfrac{6}{100} \times \dfrac{3}{12} = \dfrac{3}{200}$ de sa valeur nominale.

L'escompte du 2ᵉ billet représente $\dfrac{6,5}{100} \times \dfrac{7}{12} = \dfrac{455}{12\,000}$ de sa valeur nominale.

La différence des valeurs actuelles ($13^{\mathrm{f}},2$) est égale à la différence des escomptes ; on a donc :

$$13^{\mathrm{f}},20 = \frac{455}{12\,000} - \frac{3}{200} = \frac{275}{12\,000} \text{ de la valeur nominale.}$$

R. — Valeur nominale de chaque billet : $\dfrac{13^{\mathrm{f}},20 \times 12\,000}{275} = 576^{\mathrm{f}}$.

1821. *Un billet payable dans 45 jours est escompté à 6 %. Un autre billet payable dans 35 jours est escompté également à 6 %, et l'escompte du 2ᵉ est les 3/4 de l'escompte du 1ᵉʳ. Calculer les valeurs nominales de ces deux billets, sachant que leur somme est 6 600ᶠ. Vérifier que les escomptes sont bien dans le rapport de 3 à 4.*

L'escompte du 1ᵉʳ billet représente $\dfrac{6}{100} \times \dfrac{45}{360} = \dfrac{3}{400}$ de sa valeur nominale.

L'escompte du 2ᵉ billet représente $\dfrac{6}{100} \times \dfrac{35}{360} = \dfrac{7}{1\,200}$ de sa valeur nominale.

D'après l'énoncé, l'escompte du 2ᵉ vaut les 3/4 de l'escompte du 1ᵉʳ ; il est donc égal aux $\dfrac{3}{400} \times \dfrac{3}{4} = \dfrac{9}{1\,600}$ de la valeur nominale du 1ᵉʳ.

On a donc : $\dfrac{7}{1\,200}$ du 2ᵉ billet $= \dfrac{9}{1\,600}$ du 1ᵉʳ billet ;

$$2^{\mathrm{e}} \text{ billet} = \frac{9 \times 1\,200}{1\,600 \times 7} = \frac{27}{28} \text{ du 1}^{\mathrm{er}} \text{ billet.}$$

La somme des deux billets 6 600^f, représente donc $\dfrac{27+28}{28} = \dfrac{55}{28}$ du 1er.

R. — **Valeur nominale du 1er billet** : $\dfrac{6\ 600^f \times 28}{55} = $ **3 360^f.**

Valeur nominale du 2e billet : 6 600^f — 3 360^f = 3 240^f.

1822. *Un marchand achète du drap et de la toile, en tout 70^m, pour la somme de 2 380^f. Le mètre de drap coûte 4 fois autant que le mètre de toile et le nombre de mètres de drap est égal à 4 fois celui des mètres de toile. Le marchand devait payer son achat comptant, mais il obtient de se libérer en deux billets, l'un de 1 600^f payable dans un mois ; l'autre payable dans 3 mois. Calculer : 1º les nombres de mètres de drap et de toile ; 2º le prix du mètre de chaque étoffe ; 3º la valeur nominale du 2e billet, le taux de l'escompte étant 6 %.*

Le nombre de mètres de toile est le 1/5 du nombre total de mètres.

R. — Il y a donc : $\dfrac{70^m}{5} = $ **14^m** de toile et **14^m** × 4 = **56^m** de **drap.**

Les 14^m de toile ont même valeur que 14 : 4 = 3^m,5 de drap, donc 2 380^f représentent le prix de 56^m + 3^m,5 = 59^m,5 de drap;

R. — **Prix du mètre de drap** : 2 380^f : 59,5 = **40^f.**
Prix du mètre de toile : 40^f : 4 = 10^f.

Valeur actuelle du 1er billet : 1 600^f — $\dfrac{6 \times 16}{12} = $ 1 592^f.

La valeur actuelle du 2e billet doit être de 2 380^f — 1 592^f = 788^f. Or la valeur actuelle de 100^f escomptés à 6 % pour 3 mois égale :

$$100^f - \frac{6^f \times 3}{12} = 98^f,50.$$

R. — **Valeur nominale du 2e billet** : 100^f × $\dfrac{788}{98,5} = $ **800^f.**

Escompte rationnel.

*** 1823.** *Quel est l'escompte en dedans et à 6 % d'un billet de 4 580^f, payable dans 48 jours ?*

Intérêt de 100^f en 48 jours : $\dfrac{6^f \times 48}{360} = $ 0^f,80.

Donc sur 100^f,80 de valeur nominale on retiendra 0^f,80.

R. — **Montant de l'escompte** : $\dfrac{0^f,80 \times 4\ 580}{100,80} = $ **36^f,35.**

***1824.** *En tenant compte de l'escompte en dedans et à 6 %, quelle est la valeur actuelle d'un billet de 1 600ᶠ, payable dans 112 jours ?*

Intérêt de 100ᶠ en 112 jours : $\dfrac{6^f \times 112}{360} = \dfrac{28^f}{15}$.

Un billet de 100ᶠ $+ \dfrac{28^f}{15} = \dfrac{1\ 528^f}{15}$ a pour valeur actuelle 100ᶠ.

R. — **Valeur actuelle cherchée :** $\dfrac{100^f \times 15 \times 1\ 600}{1\ 528} = 1\ 570^f,70$ par excès.

***1825.** *Un banquier remet 1 245ᶠ,60 en échange d'un billet qu'il a escompté en dedans et à 4,5 % pour 90 jours. Quel était le montant du billet ?*

Intérêt de 100ᶠ en 90 jours : $\dfrac{4^f,5 \times 90}{360} = 1^f,125$.

Le banquier remet 100ᶠ pour un billet de 101ᶠ,125.

R. — Il remet 1 245,60 pour un billet de :

$$\dfrac{101^f,125 \times 1\ 245,6}{100} = 1\ 259^f,6.$$

***1826.** *Si l'on escomptait en dedans et à 1/2 % par mois un billet payable dans 7 mois, la retenue serait de 23ᶠ,30. Quelle est la valeur nominale de ce billet ?*

Intérêt de 100ᶠ en 7 mois : 0ᶠ,50 $\times$ 7 $= 3^f,50$.

R. — Valeur nominale cherchée : $\dfrac{103^f,50 \times 23,3}{3,5} = 689^f$.

***1827.** *Quelle est la différence entre l'escompte en dedans et l'escompte en dehors d'un billet de 2 540ᶠ payable dans 180 jours ? Le taux de l'escompte est 6 % ?*

L'intérêt de 100ᶠ à 6 % pendant 180 j. égale 3ᶠ.
Escompte en dehors : 3ᶠ $\times$ 25,40 $= 76^f,20$.

— rationnel : $\dfrac{3^f \times 2\ 540}{103} = 73^f,98$.

R. — **Différence :** 76ᶠ,20 $-$ 73ᶠ,98 $= 2^f,22$.

***1828.** *Deux billets escomptés, l'un en dedans et l'autre en dehors, pour 78 jours et à 6 %, ont été réduits à la même somme 1 964ᶠ,40. Quel était le montant de chacun de ces billets ?*

Intérêt de 100^f en 78 jours : $\dfrac{6^f \times 78}{360} = 1^f,30$

R. — Valeur du billet escompté en dehors :

$$\dfrac{100^f \times 1\,964,4}{98,7} = 1\,990^f,27.$$

R. — Valeur du billet escompté en dedans :

$$\dfrac{101^f,3 \times 1\,964,4}{100} = 1\,989^f,953.$$

*** 1829.** *On escompte en dehors un billet de 2 560^f pour 154 jours, à 6 %. Pour quel temps aurait-il fallu l'escompter en dedans pour que le billet se réduisît à la même somme ?*

Escompte en dehors : $\dfrac{6^f \times 2\,560 \times 154}{100 \times 360} = 65^f,70.$

Valeur actuelle du billet : $2\,560 - 65,70 = 2\,494^f,30.$

R. — Échéance : $\dfrac{360^f \times 65,7 \times 100}{6 \times 2\,494,30} = 158$ **jours.**

*** 1830.** *Une personne doit à une autre 5 500^f. Elle lui fait un billet payable dans 24 mois ; taux 6 %. Calculer la valeur nominale du billet par les deux escomptes.*

1º Escompte en dehors.

Escompte de 100^f pour 2 ans : $6^f \times 2 = 12^f.$

R. — Valeur nominale du billet : $\dfrac{100^f \times 5\,500}{88} = 6\,250^f.$

2º Escompte rationnel.

R. — Valeur nominale du billet : $\dfrac{112^f \times 5\,500}{100} = 6\,160^f.$

*** 1831.** *Un agriculteur a vendu les 3/8 de sa récolte de blé à 81^f le quintal, 8 quintaux à 90^f et le reste à 99^f, le tout pour une somme de 3 618^f. Il a reçu en payement deux billets qui, escomptés à 4 % pour 90 jours, l'un en dehors, l'autre en dedans ont donné le même escompte. Trouver la valeur nominale de chaque billet et le nombre de quintaux de blé récoltés.*

1º L'escompte du 1er billet vaut $\dfrac{4}{100} \times \dfrac{90}{360} = \dfrac{1}{100}$ de sa valeur nominale.

L'escompte du 2º billet vaut $\dfrac{1}{101}$ de sa valeur nominale.

Puisque ces deux escomptes sont égaux on peut écrire :

$$\dfrac{1}{100} \text{ du 1}^{er} \text{ billet } (val.\ nom.) = \dfrac{1}{101} \text{ du 2}^{o} \text{ billet } (val.\ nom.)$$

d'où $\qquad$ 1er billet $= \dfrac{100}{101}$ du 2º billet.

Donc 3 618^f représentent $\dfrac{100}{101}$ du 2e billet $+$ 2e billet $= \dfrac{201}{101}$ du 2e.

R. — Valeur nominale du 2e billet : $\dfrac{3\,618^f \times 101}{201} = 1\,818^f$.

Valeur nominale du 1er billet : 3 618^f — 1 818^f = **1 800^f**.

2º Si les 8 quintaux avaient été vendus au même prix que les quintaux restants, le prix de vente total aurait été de :

$$3\,618^f + (99^f - 90^f) \times 8 = 3\,618^f + 72^f = 3\,690^f.$$

Dans ces conditions, une vente de 8 quintaux aurait produit :

$$(81^f \times 3) + (99^f \times 5) = 243^f + 495^f = 738^f.$$

R. — Nombre de quintaux récoltés : $8 \times \dfrac{3\,690}{738} = $ **40.**

*** 1832.** *La différence entre l'escompte en dedans et l'escompte en dehors d'un billet escompté pour 180 jours, à 6 %, est de 5^f,40. Quelle est la valeur nominale du billet ?*

1re *Solution.* — L'intérêt de 100^f à 6 % pour 180 jours égale 3^f.

Dans l'escompte rationnel une valeur nominale de 103^f subirait un escompte de 3^f.

Dans l'escompte commercial, la même valeur nominale de 103^f subirait un escompte de $\dfrac{3^f \times 103}{100} = 3^f,09$.

Différence des escomptes : 3^f,09 — 3^f = 0^f,09 pour un billet de 103^f.

R. — Valeur nominale du billet : $103^f \times \dfrac{5,4}{0,09} = $ **6 180^f.**

2e *Solution.* — La différence des deux escomptes (5^{f}40) est égale à l'intérêt simple de l'escompte rationnel (*Arith.* n° 562 ; *Rem.*)

L'escompte rationnel vaut donc $\dfrac{100^f \times 5,40}{3} = 180^f$.

Or cet escompte est égal à l'intérêt simple de la valeur actuelle.

Valeur actuelle du billet : $\dfrac{100^f \times 180}{3} = 6\,000^f$.

R. — Valeur nominale : 6 000^f + 180^f = **6 180^f.**

*** 1833.** *On présente à un banquier un billet payable dans 9 mois ; il l'escompte en dehors au taux de 4 %. Si on avait appliqué l'escompte en dedans, la retenue faite sur le billet aurait été plus faible de 6^f,30, le taux étant toujours de 4 %. On demande quelle est la valeur nominale du billet.*

(Voir les solutions précédentes.)

Autre solution. — Intérêt de 100^f pour 9 m. : $\dfrac{4^f \times 9}{12} = 3^f$.

Avec l'escompte commercial le banquier retient 3^f sur 100^f de valeur nominale.

Avec l'escompte rationnel on retiendrait 3^f sur 103^f de valeur nominale.

L'escompte est donc dans le 1er cas, les $\dfrac{3}{100}$ et dans le 2e cas les $\dfrac{3}{103}$ de la valeur nominale.

Donc la différence $6^f,30$ représente $\dfrac{3}{100} - \dfrac{3}{103} = \dfrac{9}{10\,300}$ de la valeur nominale du billet.

R. — **Valeur nominale du billet** : $\dfrac{6^f,30 \times 10\,300}{9} = 7\,210^f.$

*** 1834.** *Un effet de commerce payable dans 72 jours est escompté au taux de 5 % suivant la méthode commerciale. Calculer sa valeur nominale, sachant qu'on recevrait la même valeur actuelle en négociant à 4 %, suivant la méthode rationnelle, un autre effet, dont la valeur nominale, inférieure de $20^f,20$ à celle du 1er effet, serait payable dans 45 jours.*

L'escompte commercial du 1er billet est égal à :

$$\dfrac{5}{100} \times \dfrac{72}{360} = \dfrac{1}{100} \text{ de sa valeur nominale.}$$

La valeur actuelle du 1er billet est donc les $\dfrac{99}{100}$ de la valeur nominale.

L'escompte rationnel du 2e billet est égal à :

$$\dfrac{4}{100} \times \dfrac{45}{360} = \dfrac{1}{200} \text{ de sa valeur actuelle.}$$

La valeur nominale du 2e billet est donc les $\dfrac{201}{200}$ de sa valeur actuelle ; et celle-ci est les $\dfrac{200}{201}$ de la valeur nominale.

Les valeurs actuelles des 2 billets étant égales, on peut écrire :

$$\dfrac{99}{100} \text{ du 1er billet (}val.\ nom.\text{)} = \dfrac{200}{201} \text{ du 2e billet (}val.\ nom.\text{)}$$

d'où 2e billet $= \dfrac{99}{100} \times \dfrac{201}{200} = \dfrac{19\,899}{20\,000}$ du 1er billet.

La différence $20^f,20$ vaut : $1 - \dfrac{19\,899}{20\,000} = \dfrac{101}{20\,000}$ du 1er billet.

R. — **Valeur nominale du 1er billet** : $\dfrac{20^f,20 \times 20\,000}{101} = 4\,000^f.$

Problèmes sur l'échéance.

1835. *Un commerçant a souscrit deux billets : l'un de 1 200^f payable dans 30 jours, l'autre de 2 400^f payable dans 72 jours. Il convient de les remplacer par un billet unique payable dans 45 jours. Quel sera le montant de ce billet ? Escompte 6 %.*

Valeur actuelle du 1er billet : $1\ 200^f - \dfrac{6^f \times 12 \times 30}{360} = 1\ 194^f.$

$$- \quad 2^e \quad - \quad 2\ 400^f - \dfrac{6^f \times 24 \times 72}{360} = 2\ 371^f,20.$$

Valeur actuelle du billet unique : $1\ 194^f + 2\ 371^f,2 = 3\ 565^f,20.$

Valeur actuelle de 100^f : $100^f - \dfrac{6^f \times 45}{360} = 99^f,25.$

R. — Montant du billet : $\dfrac{100 \times 3\ 565,20}{99,25} = \mathbf{3\ 592^f,15.}$

1836. *Une personne a souscrit trois billets, le 1er de 1 200^f payable dans 75 jours, le 2e de 1 800^f payable dans 90 jours et le 3e de 2 000^f payable dans 120 jours. Elle désire les remplacer par un billet unique payable dans 80 jours. Quel sera le montant de ce billet ? Escompte 6 %.*

Valeur act. du 1er billet : $1\ 200^f - \dfrac{6^f \times 12 \times 75}{360} = 1\ 185^f,60.$

$$2^o \text{ billet} : 1\ 800^f - \dfrac{6^f \times 18 \times 90}{360} = 1\ 773^f.$$

$$3^o \text{ billet} : 2\ 000^f - \dfrac{6^f \times 20 \times 120}{360} = 1\ 960^f.$$

Valeur actuelle du billet unique .... $\overline{4\ 918^f,60.}$

Valeur actuelle de 100^f du billet unique : $100^f - \dfrac{6 \times 80}{360} = \dfrac{296^f}{3}.$

R. — Montant du billet : $\dfrac{100^f \times 3 \times 4\ 918^f,60}{296} = \mathbf{4\ 985^f,05.}$

1837. *Pour acquitter une dette de 8 410^f,80, on donne en payement : 1° un billet de 3 528^f payable dans 25 jours ; 2° un billet de 2 523^f payable dans 53 jours ; 3° un troisième billet, payable dans 60 jours. On demande quel est le montant de ce troisième billet ? Le taux de l'escompte est de 6 % par an.*

Valeur actuelle du 1er billet : $3\ 528^f - \dfrac{6^f \times 25 \times 35,28}{360} = 3\ 513^f,30.$

Valeur actuelle du 2e billet : $2523^f - \dfrac{6^f \times 53 \times 25,23}{360} = 2\,500^f,70.$

Valeur actuelle du 3e billet :

$$8\,410^f,80 - (3\,513^f,30 + 2\,500^f,70) = 2\,396^f,80.$$

Valeur actuelle de 100^f du billet unique : $100^f - \dfrac{6 \times 60}{360^f} = 99^f.$

R. — **Valeur nominale** : $\dfrac{100^f \times 2\,396,80}{99} = 2\,421^f.$

1838. *Un négociant a souscrit deux billets : l'un de 1 812ᶠ payable dans 25 jours, l'autre de 1 500ᶠ payable dans 190 jours ; il désire remplacer ces deux billets par un seul dont le montant soit égal à la somme des deux autres. Dans combien de jours ce billet devra-t-il être payable ?*

Esc. de 1 812ᶠ en 25 j. = Esc. de 1 812ᶠ × 25 = 45 300ᶠ en 1 j.
Esc. de 1 500ᶠ en 190 j. = Esc. de 1 500ᶠ × 190 = 285 000ᶠ en 1 j.

Esc. de 3 312ᶠ en x j. = Esc. de .... 330 300ᶠ en 1 j.

$$x = \frac{330\,300}{3\,312} = 99 \text{ j. } \frac{67}{92}.$$

R. — **Le billet sera payable dans 100 jours.**

1839. *Un négociant doit les sommes suivantes : 7 420ᶠ payables comptant, 2 600ᶠ dans 8 mois, 2 600ᶠ dans 12 mois ; comme il ne peut effectuer le premier payement, il propose à son créancier de n'en faire qu'un seul pour toutes ces sommes. Quand doit-il le faire pour qu'ils ne perdent ni l'un ni l'autre ?*

Le négociant a droit aux intérêts de :

$$(2\,600^f \times 8) + (2\,600^f \times 12) = 52\,000^f \text{ en 1 mois.}$$

La somme qui produira cet intérêt s'élève à :

$$7\,420^f + 2\,600^f + 2\,600^f = 12\,620.$$

R. — **Échéance du billet unique** : $1^m \times \dfrac{52\,000}{12\,620} = 4^m\,3^j.$

1840. *Une personne avait souscrit trois billets : le 1er de 200ᶠ payable dans 5 mois ; le 2e de 600ᶠ payable dans 7 mois et le 3e de 1 000ᶠ payable dans 8 mois. Deux mois après, elle a fait remplacer les 3 billets par un billet unique égal à leur somme. Calculer l'échéance de ce billet ; l'escompte est de 6 %.*

Au bout de 2 mois, l'échéance du 1er billet est à 3 mois, celle du 2e à 5 mois et celle du 3e à 6 mois.

Cette personne a donc droit aux intérêts de :

$$(200^f \times 3) + (600^f \times 5) + (1\,000^f \times 6) = 9\,600^f \text{ en 1 mois.}$$

La somme qui produira cet intérêt s'élève à :

$$200^f + 600^f + 1\,000^f = 1\,800^f.$$

R. — Échéance : $\dfrac{1^m \times 9\,600}{1\,800} = 5^m 10^j$ après le remplacement.

1841. *Un négociant devait* 3 600^f *payables dans 6 mois,* 4 000^f *dans 8 mois et* 9 500^f *dans 10 mois. Or il paye* 12 800^f *au bout de 4 mois. Combien de temps peut-il garder le reste ?*

Le négociant avait droit aux intérêts de :

$$(3\,600^f \times 6) + (4\,000^f \times 8) + (9\,500 \times 10) = 148\,600^f \text{ en 1 mois.}$$
$$\text{Il a joui des intérêts de } 12\,800^f \times 4 = \underline{\quad 51\,200^f} \text{ en 1 mois.}$$
$$\text{Il a droit encore aux intérêts de } \ldots\ldots\ldots\ldots \quad 97\,400^f \text{ en 1 mois.}$$

La somme qui doit produire ces intérêts égale :

$$(3\,600^f + 4\,000^f + 9\,500^f) - 12\,800^f = 4\,300^f.$$

R. — **Temps cherché** : $1^m \times \dfrac{97\,400}{4\,300} =$ **22 mois 19 jours.**

1842. *Un négociant donne à son créancier deux billets ; l'un de* 650^f *payable dans 65 jours, l'autre de* 725^f *payable dans 220 jours ; 40 jours plus tard, il offre de remplacer ces deux billets par un seul, payable dans un an. Le créancier accepte, mais à la condition que le billet sera de* 1 426^f. *A quel taux celui-ci prête-t-il son argent ?*

Au bout de 40 j., le négociant a encore droit aux intérêts de :

$$(650^f \times 25) + (725^f \times 180) = 146\,750^f \text{ en 1 jour.}$$

ou de $650^f + 725^f = 1\,375^f$ en $\dfrac{146\,750}{1\,375} = 107$ jours.

Il donne $1\,426^f - 1\,375^f = 51^f$ de plus pour garder la somme $360^j - 107^j = 253^j$ de plus. D'où :

R. — **Taux** : $\dfrac{51^f \times 100 \times 360}{1\,375 \times 253} =$ **5^f,27 %.**

1843. *Pour s'acquitter d'une dette, une personne a donné à son créancier deux billets : l'un de* 860^f, *payable dans 8 mois ; l'autre de* 580^f, *payable dans 11 mois. Trois mois plus tard, elle offre de remplacer ces deux billets par un seul, payable dans un an ; le créancier accepte, mais à condition que le billet sera de* 1 480^f. *A quel taux prête-t-il son argent ?*

La 1re somme, qui devait être payée dans $8^m - 3^m = 5$ mois, restera 7 mois de plus entre les mains du débiteur, et la seconde 4 mois de plus.

Pour les intérêts de ces sommes, ou les intérêts de :

$$(860^f \times 7) + (580 \times 4) = 8\,340^f \text{ en 1 mois:}$$

le créancier recevra 1 480^f — $(860^f + 580^f) = 40^f$ de plus.

R. — Taux de l'intérêt : $\dfrac{40^f \times 100 \times 12}{8\,340} = 5{,}75\ \%$.

1844. *Un débiteur demande à son créancier de lui remplacer deux billets : l'un de 540^f payable à 60 jours, l'autre de 720^f payable à 70 jours, par un billet unique payable à 90 jours. Le créancier accepte et fait souscrire à son débiteur un billet unique de 1 265^f,75. A quel taux le créancier calcule-t-il l'escompte ?*

La 1re somme restera 30 j. de plus entre les mains du débiteur et la seconde 20^j de plus.

Pour les intérêts de ces sommes, ou les intérêts de :

$$(540^f \times 30) + (720^f \times 20) = 30\,600^f \text{ en 1 jour.}$$

le créancier recevra : 1 265^f,75 — $(540^f + 720^f) = 5^f,75$ de plus.

R. — Taux de l'escompte : $\dfrac{5^f,75 \times 100 \times 360}{30\,600} = 6{,}76\ \%$.

1845. *Un petit marchand achète, le 15 mars, pour 125^f de marchandises payables dans 90 jours et le 1er mai pour 180^f à 90 jours ; 20 jours plus tard il donne un acompte de 100^f et il prie son créancier de ne faire qu'une seule traite de 205^f. Quelle doit être l'échéance de cette traite ?*

Du 15 mars au 21 mai, il y a 67 jours.

Le 21 mai, le marchand avait encore droit aux intérêts de 125^f pendant 90^j — 67^j = 23^j et de 180^f pendant 70^j, soit de :

$$(125^f \times 23) + (180^f \times 70) = 15\,475^f \text{ pendant 1 jour.}$$

La somme qui produira ces intérêts égale :

$$125^f + 180^f — 100^f = 205^f.$$

Temps nécessaire : 15 475 : 205 = 76 jours par excès.

R. — Échéance de la traite : 21 mai + 76^j = **5 août.**

1846. *Un marchand achète, le 5 janvier, pour 230^f de marchandises payables dans 90 jours ; le 18 mars, il achète encore pour 300^f de marchandises payables dans 90 jours. Le 30 mars, il donne un acompte de 200^f et prie son créancier de ne faire qu'une seule traite payable le 1er juin. Quel sera le montant de cette traite, le taux de l'escompte étant 6 % ?*

Du 5 janvier au 30 mars, il y a 84^j et du 18 mars au 30, 12^j.

Le 30 mars, le marchand a encore droit aux intérêts de 230^f pendant 90^j — 84^j = 6 jours, et aux intérêts de 300^f pendant 90^j — 12^j = 78 jours ; soit aux intérêts de :

$$(230^f \times 6) + (300^f \times 78) = 24\,780^f \text{ pendant 1 jour.}$$

La somme qui doit produire ces intérêts s'élève à :

$$230^f + 300^f - 200^f = 330^f.$$

Il pourrait jouir de cette somme pendant $\dfrac{24\,780}{330} = 75$ jours.

S'il s'acquittait complètement le 30 mars, il obtiendrait un escompte de $\dfrac{6^f \times 75 \times 330}{360 \times 100} = 4^f,15$ par excès.

Il verserait donc : $330^f - 4^f,15 = 325^f,85$.

Cette somme est aussi la valeur escomptée de la traite payable e 1er juin, c'est-à-dire 63j plus tard.

Escompte de 100^f à 6 % pour 63j : $\dfrac{6^f \times 63}{360} = 1^f,05$.

Donc si l'on devait $100^f - 1^f,05 = 98^f,95$ le 30 mars, la traite payable le 1er juin serait de 100^f. D'où :

R. — Montant de la traite : $\dfrac{100^f \times 330}{98,95} = \mathbf{333^f,50}$.

1847. *On a fait escompter à 6 %, le même jour, deux effets, dont l'un était payable au bout de 30 jours, et l'autre au bout de 45 jours. Il a été prélevé en outre une commission de 1/2 %. Quelles étaient les sommes énoncées dans les deux billets, sachant qu'elles valent ensemble 3 600^f et qu'on a touché 3 557^f,25 ?*

Escompte et commission : $3\,600 - 3\,557,25 = 42^f,75$.
Escompte seul : $42^f,75 - (0^f,50 \times 36) = 24^f,75$.

(*Fausse position*). — Escompte de $3\,600^f$ pour 45j :

$$\frac{6^f \times 36 \times 45}{360} = 27^f.$$

Ce nombre surpasse l'escompte réel de $27^f - 24^f,75 = 2^f,25$.
En remplaçant 100^f à 45j par 100^f à 30j, l'escompte diminue de :

$$\frac{6^f \times 45}{360} - \frac{6^f \times 30}{360} = 0^f,25.$$

R. — Montant du 1er billet (à 30j) : $100^f \times \dfrac{2,25}{0,25} = \mathbf{900^f}$.

Montant du 2e billet : $3\,600^f - 900^f = \mathbf{2\,700^f}$.

1848. *On présente à un banquier deux billets payables, l'un dans 50 jours, l'autre dans 120 jours. Il prend 6 % d'escompte et retient une somme de 260^f. Si les deux billets avaient été escomptés 20 jours plus tard, la retenue aurait été moins forte de 66^f 2/3. On demande le montant de chacun des deux billets.*

L'escompte des 2 billets pour 20j étant de 66^f 2/3, s'élèverait pour 50j à $\dfrac{66^f\,2/3 \times 50}{20} = \dfrac{500}{3}$ de f. On a donc :

Esc. du 1er billet pour 50j + Esc. du 2e pour 50j = 500/3 de fr.
Esc. du 1er billet pour 50j + Esc. du 2e pour 120j = 260f.

d'où

Esc. du 2e pour 70j = 280/3 de fr.

Escompte du 2e billet pour 120 jours : $\dfrac{280^f \times 120}{3 \times 70} = 160^f.$

Escompte du 1er billet pour 50 jours : $260^f - 160^f = 100^f.$

R. — Montant du 1er billet : $\dfrac{100^f \times 100 \times 360}{6 \times 50} = 12\,000^f.$

Montant du 2e billet : $\dfrac{100^f \times 160 \times 360}{6 \times 120} = 8\,000^f.$

1849. *On doit une somme de 1 200^f et on voudrait la payer par trois billets égaux payables, le 1er dans 60 jours, le 2e dans 80 jours, le 3e dans 120 jours. Quel doit être le montant de chaque billet, le taux de l'escompte étant 4 1/2 % ?*

Soient 3 billets de 100^f. L'escompte total serait de :

$$\frac{4^f,5 \times 60}{360} + \frac{4^f,5 \times 80}{360} + \frac{4^f,5 \times 120}{360} = 3^f,25.$$

Valeur actuelle totale des 3 billets : $300^f - 3^f,25 = 296^f,75.$

R. — Montant de chaque billet : $100^f \times \dfrac{1\,200}{296,75} = 404^f,40$ par excès.

RENTES. ACTIONS. OBLIGATIONS

Rentes.

Nota. — *Dans les problèmes sur les rentes, on ne tiendra compte des frais accessoires que si l'énoncé l'indique clairement.*

Prix de la rente. — **1850.** *Si l'on ne tient pas compte des frais, quelle somme faut-il débourser pour avoir :*

1° 3 650^f *de rente 4 % au cours de* 62^f,85 ?

2° 7 300^f *de rente 5 % au cours de* 78^f,50 ?

R. — 1° $\dfrac{62,85 \times 3.650}{4} = 57\ 350^f,62$;

2° $\dfrac{78,5 \times 7\ 300}{5} = 114\ 610^f$.

1851. *En tenant compte des frais, établir les bordereaux des achats suivants :*

1° 160^f *de rente 3 % au cours de* 58^f ;

2° 365^f *de rente 4 % au cours de* 61^f,80.

1° Acheté 160^f de rente 3 % à 58^f	3 093^f,35
Courtage 0,15 %	4^f,64
Impôt 0,0125 °/₀₀	0^f,05
Timbre	1^f
R. — Somme à payer..............	3 099^f,04

2° Acheté 365^f rente 4 % à 61^f,80	5 639^f,25
Courtage	8^f,45
Impôt	0^f,08
Timbre	1^f
R. — Somme à payer	5 649^f,78

1852. *Établir les bordereaux des ventes suivantes :*

1° 700^f *de rente 5 % au cours de* 78^f ;

2° 1 200^f *de rente 6 % au cours de* 96^f.

1° Prix de vente .... $\dfrac{78^f \times 700}{5} = 10\ 920^f$.

Courtage 0,15 %	16,40	
Impôt 0,0125 °/₀₀	0,14	17^f,54
Timbre	1	
Somme reçue.............		10 902^f,46

$$2^o \text{ Prix de vente} \ldots\ldots\ldots\quad \frac{96^f \times 1\,200}{6} = 19\,200^f.$$

Courtage 0,15 % . . . . $28^f,80$
Impôt 0,0125 °/₀₀ . . . . $0^f,25$ } $30^f,05$
Timbre . . . . 1^f

Somme reçue . . . .   **19 169^f,95.**

1853. *Les 2/5 d'un capital placés à 3 % et le reste placé
à 4 1/2 % ont produit ensemble au bout d'une année,
capital et intérêts compris, une somme qui a permis d'acheter 3 117^f de rente 3 % alors au cours de 90^f,20. Calculer
le capital primitif.*

$$\text{Prix d'achat de la rente : } \frac{90^f,20 \times 3\,117}{3} = 93\,717^f,80.$$

Supposons un capital de 500^f. Au bout d'un an il devient :

$$500^f + (3^f \times 2 + 4^f,5 \times 3) = 519^f,50.$$

$$\textbf{R. — Capital primitif : } 500^f \times \frac{93\,717,80}{519,50} = \textbf{90 200}^f.$$

1854. *Une personne ayant en sa possession un titre de
rente perpétuelle 3 % de 40^f a souscrit, le 3 décembre 1915,
pour 150^f de rente à l'Emprunt français 5 % émis à cette
époque au prix de 88^f. Elle s'est libérée immédiatement de
cette souscription :*

*1° en faisant accepter au cours de 66^f le titre qu'elle pos-
sédait ; 2° en donnant un coupon trimestriel de cette rente
3 % au paiement duquel elle avait droit ; 3° En versant
en numéraire le complément nécessaire. Dire quel est ce
complément.*

$$\text{Prix d'achat de 150}^f \text{ de rente : } \frac{88^f \times 150}{5} = 2\,640^f.$$

$$\text{Valeur du titre de 40}^f : \frac{66^f \times 40}{3} = 880^f.$$

Valeur du coupon : $40^f : 4 = 10^f.$

$$\textbf{R. — Complément à verser : } 2\,640^f - (880^f + 10^f) = \textbf{1 750}^f.$$

1855. *Une personne dépose une certaine somme chez un
banquier qui lui paye l'intérêt à 4,80 %. Au bout de 5 mois,
elle retire capital et intérêts et achète 300^f de rente 3 %
au cours de 58^f,40. Les frais accessoires, qui représentent
1/584 du prix d'achat, étant payés, il lui reste 627^f. Quelle
était la somme déposée ?*

$$\text{Prix d'achat de 300}^f \text{ de rente : } \frac{58^f,40 \times 300}{3} = 5\,840^f.$$

Montant des frais : $5\,840 : 584 = 10^f.$

La somme retirée de la banque s'élevait donc à :

$$5\ 840^f + 10^f + 627^f = 6\ 477^f.$$

100^f au bout de 5 mois valent : $100^f + \dfrac{4^f,8 \times 5}{12} = 102^f$.

R. — **Somme déposée** : $\dfrac{100^f \times 6\ 477}{102} = \textbf{6 350}^f$.

Montant du titre. — **1856.** *Si l'on ne tient pas compte des frais, quelle rente se fera-t-on en achetant :*

1° *pour* 850^f *de rente* 5 % *au cours de* 87^f,50 ?

2° *pour* 6 500^f *de rente* 6 % *au cours de* 90^f,70 ?

R. — 1° Une rente de $\dfrac{5^f \times 850}{87,5} = \textbf{48}^f$.   (Reliquat 10^f.)

2° Une rente de $\dfrac{6^f \times 6.500}{90,7} = \textbf{429}^f$.   (Reliquat 14^f,95.)

1857. *Avec* 9 360^f, *j'achète un terrain qui me rapporte net* 415^f *par an. Quel revenu aurais-je obtenu de plus en employant mon argent à l'achat de rentes* 3 % *au cours de* 58^f,50 ?

Montant du revenu en rentes : $\dfrac{3^f \times 9\ 360}{58,5} = \textbf{480}^f$.

R. — **Augmentation de revenu** : 480^f — 415^f = **65^f.**

1858. *En tenant compte des frais, calculer le montant du titre de rente* 5 % *que l'on peut obtenir avec* 12 800^f *au cours de* 85^f,50. *Faire le bordereau d'achat.*

Capital déposé		12 800^f
Courtage 0,15 %	19^f,20	
Impôt 0,0125 °/₀₀	0^f,15	20^f,35
Timbre.......................	1	
Somme disponible		12 779^f,65.

Montant de la rente : $\dfrac{5 \times 12.779,65}{85,5} = \textbf{747}^f$.

Bordereau d'achat		
	Acheté 747^f de rente 5 % à 85^f,5	12 773^f,70
	Courtage 0,15 %	19^f,15
	Impôt 0,0125 °/₀₀	0^f,15
	Timbre.......................	1
	Prix de revient	12 794^f,00
	Reliquat....................	6^f,00
	Capital déposé.............	12 800^f,00.

1859. *Quelle serait la différence des rentes que l'on obtiendrait en achetant du* 3 % *au cours de* 58^f,50 *ou du* 5 % *au cours de* 75^f,10 *si l'on pouvait disposer de* 45 500^f ?

Montant de la rente 3 % : $\dfrac{3^f \times 45\,500}{58,5} = 2\,333^f.$

Montant de la rente 5 % : $\dfrac{5^f \times 45\,500}{75,1} = 3\,029^f.$

R. — Différence : $3\,029^f - 2\,333^f = \mathbf{696^f}.$

1860. *Un spéculateur achète pour 30 000ᶠ de rentes 5 % au cours de 75ᶠ,10. Quelque temps après, il revend ses rentes au cours de 75ᶠ,95. Quel bénéfice a-t-il réalisé ? (Tenir compte des frais.)*

Somme disponible pour l'achat des rentes :

$30\,000^f - (0^f,15 \times 300 + 0^f,0125 \times 30 + 1^f) = 29\,953^f,60.$

Montant du titre acheté : $\dfrac{5^f \times 29\,953,6}{75,1} = 1\,994^f.$

Prix de cette vente...... $\dfrac{75^f,10 \times 1\,994}{5} = 29\,949^f,90$

Frais : $(0^f,15 \times 299,5 + 0^f,0125 \times 30 + 1^f) = 46^f,30$

Somme déboursée .... $29\,996^f,20.$

Prix de vente du titre .... $\dfrac{75^f,95 \times 1\,994}{5} = 30\,288^f,85$

Frais à déduire : $(0^f,15 \times 302,88) + (0^f,0125 \times 31) + 1^f = 46^f,80$

Somme reçue .... $30\,242^f,05.$

R. — Bénéfice réalisé : $30\,242^f,05 - 29\,996^f,2 = \mathbf{245^f,85}.$

1861. *Avec le bénéfice réalisé pendant l'année, un commerçant, qui gagne en moyenne 15 % sur le prix d'achat de ses marchandises, a souscrit à l'Emprunt national 6 % émis au pair. Si, baissant le prix de ses marchandises, il n'avait gagné que 10 % sur leur prix de vente, il aurait eu 210ᶠ de rente de moins qu'il n'a eu réellement. Calculer : 1º Le prix total des ventes qu'il a réalisées pendant l'année ; 2º Le montant de la rente qu'il a reçue.*

Valeur des 210ᶠ de rente : $\dfrac{100 \times 210}{6} = 3\,500^f.$

Cette somme représente la différence des bénéfices dans les deux cas.

Or dans le 1ᵉʳ cas, le bénéfice vaut les $\dfrac{15}{100}$ ou les $\dfrac{3}{20}$ du prix d'achat et dans le 2º cas, les $\dfrac{10}{90}$ ou le $\dfrac{1}{9}$ du prix d'achat.

Donc 3 500ᶠ représentent $\dfrac{3}{20} - \dfrac{1}{9} = \dfrac{7}{180}$ du prix d'achat.

Prix d'achat des marchandises : $\dfrac{3\,500^f \times 180}{7} = 90\,000^f,$

Bénéfice réalisé : $\dfrac{90\ 000 \times 3}{20} = 13\ 500^f$.

R. — **Prix de vente** : $90\ 000^f + 13\ 500^f = 103\ 500^f$.

R. — **Montant de la rente** : $\dfrac{6^f \times 13\ 500}{100} = 810^f$.

1862. *Un marchand avait acheté 28 chapeaux et 5 manteaux pour 2 928ᶠ. Il revend tous les chapeaux pour 819ᶠ et tous les manteaux pour 2 410ᶠ, gagnant ainsi 3 fois plus sur un manteau que sur un chapeau. Il affecte ce capital à l'achat de rentes 4 % au cours de 68ᶠ,60. On demande : 1° Les prix d'achat d'un chapeau et d'un manteau ; 2° Le montant de la rente achetée qui doit être un multiple de 4 ; 3° Le bénéfice total réalisé au bout de 6 ans sur le capital souscrit, s'il vend à cette époque son titre de rente au pair.*

Prix de vente d'un chapeau : $819^f : 28 = 29^f,25$.

— manteau : $2\ 410^f : 5 = 482^f$.

Bénéfice total : $2\ 410^f + 819^f - 2\ 928^f = 301^f$.
Sur 5 manteaux, on gagne autant que sur 15 chapeaux.
Donc 301^f représentent le bénéfice sur $28 + 15 = 43$ chapeaux.
Bénéfice sur 1 chapeau : $301^f : 43 = 7^f$.

R. — **Prix d'achat d'un chapeau** : $29^f,25 - 7^f = 22^f,25$.

— manteau : $482^f - 3 \times 7 = 461^f$.

R. — Avec le prix de vente $819^f + 2\ 410^f = 3\ 229^f$, on a pu

acheter : $\dfrac{3\ 229}{68,6} = 47$ titres de 4^f, soit 188^f de rente $(r = 48^f)$.

Le bénéfice total se compose des rentes touchées pendant 6 ans plus la différence entre le prix de vente et le prix d'achat de ces titres : soit :

R. — **Bénéfice total** : $188^f \times 6 + 47\ (100^f - 68^f,6) = 2\ 603^f,80$.

1863. *Une personne achète de la rente 5 % au cours de 88ᶠ,50 et de la rente 4 % au cours de 72ᶠ. Elle dépense pour cet achat une somme de 7 125ᶠ, sans tenir compte des frais. Le revenu de la partie de cette somme constituée en rente 5 % surpasse de 100ᶠ celui de la partie constituée en 4 %. On demande quel est le revenu total que la personne s'est assuré par son achat.*

Prix d'achat de 100^f de rente 5 % : $\dfrac{88^f,5 \times 100}{5} = 1\ 770^f$.

Le reste du prix d'achat ($7\ 125^f - 1\ 770^f$) ou $5\ 355^f$ représente le prix de sommes égales de rente 5 % et de rente 4 %.
Achat de 1^f de rente de chaque titre, soit 2^f :

$$\frac{88^f,5}{5} + \frac{72^f}{4} = 35^f,70.$$

Prix moyen de 1^f de rente : $35^f,70 : 2 = 17^f,85$.
Avec $5\ 355^f$, on a eu une rente de $5\ 355 : 17,85 = 300^f$.

R. — **Revenu total** : $300^f + 100^f = 400^f$.

1864. *En 1915, une personne a souscrit pour 2 250ᶠ de rente à l'Emprunt national 5 % émis au cours de 88ᶠ. Elle s'est libérée pour 1/3 en titres de rente 3 % que l'État a repris au cours de 66ᶠ. Trouver : 1° le capital que cette personne a dû verser en numéraire ; 2° la majoration d'intérêt dont elle a bénéficié sur les titres qu'elle a fait transformer.*

Prix d'achat des 2 250ᶠ de rente : $\dfrac{88^f \times 2\,250}{5} = 39\,600^f$.

Le tiers de cette somme, soit 13 200ᶠ, a été payé en titres 3 %.

R. — Capital versé en numéraire : 13 200ᶠ × 2, = 26 400ᶠ.

Les 13 200ᶠ rapportaient par an : $\dfrac{3^f \times 13\,200}{66} = 600^f$.

Ils rapporteront désormais : $\dfrac{5^f \times 13\,200}{88} = 750^f$.

R. — Majoration d'intérêt : 750ᶠ — 600ᶠ = 150ᶠ.

1865. *Un particulier possède 2 titres de rente : l'un de 5 % acheté au cours de 88ᶠ,05, l'autre de 4 % acheté au cours de 68ᶠ,70. Les 2 titres ont coûté ensemble 8 676ᶠ,50 et ce capital produit un revenu annuel moyen de 5ᶠ,76 % (à moins de 0ᶠ,01 près par défaut). Calculer les montants des 2 titres de rente et leurs prix d'achat respectifs. (On ne tient pas compte des frais d'achat.)*

Revenu total : $\dfrac{5^f,76 \times 8\,676,50}{100} = 499^f,76$ donc 500ᶠ.

Soient x le nombre entier de francs de rente à 5 % et y le nombre entier de francs de rente à 4 %. On a :

$$x + y = 500 \qquad\qquad (1)$$

et $$\dfrac{88,05 \times x}{5} + \dfrac{68,70 \times y}{4} = 8\,676,50 \qquad (2)$$

ou $$3\,522x + 3\,435y = 1\,735\,300. \qquad\qquad (3)$$

L'équation (1) donne : $x = 500 - y$.
L'équation (3) devient alors :

$$3\,522\,(500 - y) + 3\,435y = 1\,735\,300.$$

d'où l'on tire $y = 295$.

R. — Montant du 2ᵉ titre (4 %) : 295ᶠ.

Montant du 1ᵉʳ titre (5 %) : 500 — 295 = 205ᶠ.

Prix d'achat du 1ᵉʳ titre : $\dfrac{88^f,05 \times 205}{5}$ **= 3 610ᶠ,05.**

Prix d'achat du 2ᵉ titre : 8 676,5 — 3 610,05 = 5 066ᶠ,45.

1866. *Une personne qui possède un capital de 35 850ᶠ le divise en 2 parties. Avec l'une de ces 2 parties, elle achète* *de la rente 3 % au cours de 63ᶠ et avec l'autre du 5 % au cours de 88ᶠ. Elle revend ses titres : le 3 % au cours de 60ᶠ,50 et le 5 % au cours de 89ᶠ,25. Cette vente reproduit le capital primitif. On demande quelles étaient les deux parties du capital et la rente annuelle que fournissait chacune d'elles.*

Quand cette personne vend un titre 3 % elle perd 2ᶠ,50.

Quand elle vend un titre 5 % elle gagne 1ᶠ,25.

Puisque le gain compense la perte et que 1ᶠ,25 est la moitié de 2ᶠ,50, elle a vendu 2 titres 5 % contre 1 titre 3 % ; donc, au moment de l'achat, elle a dépensé 2 fois 88ᶠ ou 176ᶠ en rentes 5 % contre 1 fois 63ᶠ en rentes 3 %.

Il faut donc partager 35 850ᶠ proportionnellement à 176 et 63.

R. — 1ʳᵉ partie du capital : $\dfrac{35\,850^f \times 63}{239} = 150 \times 63 = 9\,450^f.$

2ᵉ partie du capital : $150^f \times 176 = 26\,400^f.$

La 1ʳᵉ partie rapportait $\dfrac{9\,450^f \times 3}{63} = 450^f$ de rente.

La 2ᵉ partie rapportait $\dfrac{26\,400^f \times 5}{88} = 1\,500^f$ de rente.

Taux. — 1867. *A quel taux place-t-on son argent quand on achète de la rente 3 % au cours de 58ᶠ,50 ?*

R. — Taux : $\dfrac{3^f \times 100}{58,5} = 5,13\ \%.$

1868. *Une personne qui a acheté de la rente 4 % au cours de 70ᶠ,80, touche 360ᶠ de rente par trimestre. A quel taux a-t-elle placé son argent ?*

R. — Taux : $\dfrac{4^f \times 100}{70,8} = 5,64\ \%.$

1869. *Une personne consacre une partie de son capital à l'achat de rentes 4 % au cours de 67ᶠ,25 et le reste à l'achat de rentes 6 % au cours de 97ᶠ. Les titres de ces deux rentes lui rapportent en tout 1 100ᶠ par an ; sachant que leur valeur au pair serait de 20 000ᶠ, quelle est leur valeur au cours d'achat ? A quel taux se trouve placée chaque partie du capital ?*

Si la valeur au pair des 2 titres était employée en achat de rentes 4 %, le revenu serait de 4ᶠ × 200 = 800ᶠ.

Il serait inférieur de 1 100ᶠ — 800ᶠ = 300ᶠ au revenu réel.

En achetant du 6 % au lieu de 4 % pour une somme de 100ᶠ, le revenu augmente de 2ᶠ. Pour qu'il augmente de 300ᶠ, il faut acheter du 6 % pour une valeur de $100^f \times \dfrac{300}{2} = 15\,000^f.$

Montant de la rente 6 % : $6^f \times 150 = 900^f$.

Montant de la rente 4 % : $1\,100^f - 900^f = 200^f$.

R. — Valeur des titres au cours d'achat.

$$\frac{67^f,25 \times 200}{4} + \frac{97^f \times 900}{6} = 3\,362^f,5 + 14\,550^f = \mathbf{17\,912^f,5.}$$

R. — Le 4 % est au taux de $\dfrac{4^f \times 100}{67,25} = \mathbf{5,948}$ %.

Le 6 % est au taux de $\dfrac{6^f \times 100}{97} = \mathbf{6,185}$ %.

Cours de la rente. — 1870. *Quel est le cours de la rente 4 %, lorsque l'on paye* $29\,155^f$ *pour avoir* $1\,700^f$ *de rente ?*

R. — Il faut placer $\dfrac{29\,155 \times 4}{1\,700} = \mathbf{68^f,60.}$

1871. *Quel est le cours de la rente 6 % s'il faut payer* $8\,054^f,50$ *pour obtenir* 534^f *de rente ? A quel taux l'argent est-il placé ?*

R. — Cours de la rente : $\dfrac{8\,054,5 \times 6}{534} = \mathbf{90^f,50.}$

Taux du placement : $\dfrac{6 \times 100}{90,50} = \mathbf{6^f,63}$ par excès.

1872. *A quel cours devrait être la rente 5 % pour rapporter 8 % ?*

8^f sont rapportés par un capital de 100^f.

5^f seront rapportés par un capital de $\dfrac{100^f \times 5}{8} = \mathbf{62^f,5.}$

R. — Cours de la rente 5 % : 62^f,50.

1873. *Une personne achète de la rente 4 %. Le capital qu'elle y emploie se trouve ainsi placé à* 6 2/3 %. *Dire à quel cours la rente a été achetée.*

6^f 2/3 sont rapportés par un capital de 100^f.

4^f sont rapportés par un capital de $\dfrac{100^f \times 3 \times 4}{20} = \mathbf{60^f.}$

R. — Cours de la rente 4 % : 60^f.

1874. *Quel devrait être le cours de la rente 3 % pour qu'en achetant de cette rente :* 1° *on plaçât son argent à 4 % ;* 2° *on le plaçât à 3 % ?*

Voir les 2 solutions précédentes.

R. — 1° Le **cours du 3 %** doit être de : $\dfrac{100 \times 3}{4} = \mathbf{75^f.}$

2° Le **cours du 3 %** doit être de : $\dfrac{100 \times 3}{3} = \mathbf{100^f.}$

1875. *Lorsque le 4 % est au cours de 60^f,95, quel devrait être le cours du 5 % pour qu'il fût indifférent d'acheter de l'une ou de l'autre rente ?*

R. — Le 5 % devrait être au cours de : $\dfrac{60,95 \times 5}{4} = $ **76^f,18.**

1876. *Un capitaliste a déboursé 21 498^f,50, frais compris, pour avoir 1 350^f de rentes 6 %. Quel était le cours de la rente ?*

Si de 21 498^f,50 nous retranchons les frais d'impôt et de timbre, il restera le prix d'achat de la rente plus le courtage, soit :

$$21\,498^f,50 - (0^f,0125 \times 22 + 1^f) = 21\,497^f,20.$$

Or un prix d'achat de 1 000^f augmenté du courtage devient :

$$1\,000^f + 1^f,50 = 1\,001^f,50.$$

Prix d'achat de la rente : $\dfrac{1\,000^f \times 21\,497,2}{1001,5} = $ 21 465^f.

R. — Cours de la rente : $\dfrac{21\,465^f \times 6}{1\,350} = $ **95^f,40.**

Actions et Obligations.

1877. *Un actionnaire d'une compagnie minière a 48 actions qui lui ont coûté chacune 420^f ; il reçoit en moyenne 11^f par action et par semestre. Trouver le revenu annuel de cet actionnaire.*

R. — Revenu annuel : 11^f × 2 × 48 = **1 056^f.**

1878. *Combien aurait-on de rentes pour 1 540^f en obligations de 500^f, portant 15^f d'intérêt, les obligations coûtant 385^f ?*

Nombre d'obligations : 1 540 : 385 = 4.

R. — Elles rapportent : 15^f × 4 = **60^f.**

1879. *Un particulier a acheté 360^f une obligation qui rapporte un intérêt annuel de 15^f. Au bout de cinq ans, son obligation lui est remboursée 500^f. A quel taux son argent aura-t-il été placé ?*

Intérêts rapportés en 5 ans : 15^f × 5 = 75^f.
Prime de remboursement : 500^f — 360^f = 140^f.
Revenu total : 75^f + 140^f = 215^f.

R. — Taux du placement : $\dfrac{215^f \times 100}{360 \times 5} = $ **11,94 %.**

1880. *Un particulier avait deux obligations de 500ᶠ qui lui coûtaient chacune 310ᶠ. Le revenu annuel de chaque obligation était de 15ᶠ ; or, après un an, ses deux obligations lui sont remboursées à leur valeur nominale. On demande ce que lui a rapporté son capital et à combien % son argent a été placé.*

La prime de remboursement est de 500ᶠ — 310ᶠ = 190ᶠ.

Le capital engagé : 310ᶠ + 310ᶠ = 620ᶠ, a donc rapporté :

$$(15ᶠ + 190ᶠ) \times 2 = 410ᶠ.$$

R. — **Taux du placement** : $\dfrac{410ᶠ \times 100}{620}$ = **66,12 %.**

1881. *A combien % place-t-on son argent quand on achète, au cours de 1 425ᶠ, des actions de 500ᶠ, si le dividende est de 55ᶠ ?*

R. — **Taux** : $\dfrac{55 \times 100}{1\ 425}$ = **3,85 %.**

1882. *Lorsque les actions de 500ᶠ sont au cours de 1 418ᶠ, quel doit être le dividende pour que ces actions rapportent 5 % ?*

R. — **Le dividende doit être** : $\dfrac{5ᶠ \times 1\ 418}{100}$ = **70ᶠ,90.**

1883. *J'ai à placer une somme de 28 500ᶠ. Je puis acheter de la rente 4 % au cours de 75ᶠ ou des obligations rapportant net 14ᶠ,50 au cours de 420ᶠ. De combien mon revenu sera-t-il plus élevé en employant le plus avantageux des deux placements ?*

Le 1ᵉʳ placement rapporterait : $\dfrac{4ᶠ \times 28\ 500}{75}$ = 1 520ᶠ.

Le 2ᵉ placement rapporterait : $\dfrac{14ᶠ,5 \times 28\ 500}{420}$ = 983ᶠ,93.

R. — **Le 1ᵉʳ placement donne un bénéfice supérieur de** :

$$1\ 520ᶠ — 983ᶠ,95 = 536ᶠ,05.$$

1884. *Un particulier a acheté 18 obligations du Crédit Foncier et reçoit tous les ans 257ᶠ,40 d'intérêt. Sachant que son argent lui rapporte 3,70 %, trouver le prix d'achat total des obligations.*

R. — **Prix d'achat total** : $\dfrac{100ᶠ \times 257,4}{3,7}$ = **6 956ᶠ,75.**

1885. *Un capital a été placé à un taux tel que, après 4 mois le capital et ses intérêts formaient une somme de 9 150ᶠ et au bout de 10 mois une somme de 9 375ᶠ. 1° Déterminer le capital et le taux ; 2° calculer le revenu annuel (impôt non déduit) que l'on pourrait s'assurer en consacrant le capital* *précédent réuni à ses intérêts d'un an, à l'achat d'obligations de 500ᶠ émises à 480ᶠ et rapportant 6 % de leur valeur nominale. Combien pourrait-on acquérir d'obligations ? Quelle somme resterait inutilisée ?*

$$\text{Capital + intérêt pour 10 mois} = 9\,375^f$$
$$\text{Capital + intérêt pour 4 mois} = 9\,150^f$$
$$\text{Intérêt pour 6 mois} = 225^f.$$

En 10 mois l'intérêt est de : $\dfrac{225^f \times 10}{6} = 375^f.$

R. — Montant du capital : $9\,375^f — 375^f = \mathbf{9\,000^f}.$

Taux du placement : $\dfrac{375 \times 12 \times 100}{10 \times 9\,000} = \mathbf{5\,\%}.$

Somme consacrée à l'achat des obligations :
$$9\,000^f + (5^f \times 90) = 9\,450^f.$$

R. — On achètera $\dfrac{9\,450}{480} = \mathbf{19}$ **obligations** et il restera $330^f.$

Revenu annuel : $\dfrac{6^f \times 500 \times 19}{100} = \mathbf{570^f}.$

Caisse d'épargne.

1886. *Un particulier qui avait, le 1ᵉʳ janvier 1924, 550ᶠ sur son livret de Caisse d'épargne, a versé 600ᶠ le 25 janvier, 520ᶠ le 20 avril et 800ᶠ le 8 juin. Il a demandé le remboursement total de son livret le 10 décembre 1924. Quelle somme a-t-il reçue ? Taux de l'intérêt 3,5 %.*

550ᶠ en 22 quinzaines rapportent : $3^f,5 \times 5,5 \times \dfrac{22}{24} = 17^f,645.$

600ᶠ en 20 —   — $3^f,5 \times 6 \times \dfrac{20}{24} = 17^f,50$

520ᶠ en 14 —   — $3^f,5 \times 5,2 \times \dfrac{14}{24} = 10^f,616$

800ᶠ en 11 —   — $3^f,5 \times 8 \times \dfrac{11}{24} = 12^f,833$

$$\overline{2\,470^f} \qquad\qquad\qquad \overline{58^f,594.}$$

R. — Il recevra $2\,470^f + 58^f,60 = \mathbf{2\,528^f,60.}$

1887. *Une personne retire son avoir de la Caisse d'épargne pour acheter de la rente 6 % au cours de 81ᶠ. Elle augmente ainsi son revenu de 23ᶠ par an. Quelle somme a-t-elle retirée de la Caisse d'épargne, cette Caisse servant un intérêt de 4 % ?*

En achetant de la rente 6 % au cours de 81^f, cette personne place son argent au taux de $\dfrac{6 \times 100}{81} = \dfrac{200}{27}$ %.

L'augmentation d'intérêt pour 100^f de capital est de :

$$\frac{200}{27} - 4 = \frac{200 - 108}{27} = \frac{92}{27} \text{ de franc.}$$

Autant de fois cette augmentation est contenue dans l'augmentation totale, autant de fois la somme retirée comprend 100^f :

R. — Somme retirée : $100^f \times \dfrac{23 \times 27}{92} = \textbf{675}^f$.

1888. *Un ouvrier avait 800^f sur son livret de Caisse d'épargne le 1er janvier : le 25 février, il a fait un versement de 480^f ; le 20 juin, il a retiré une partie de son avoir. Sachant que le montant de ce qui lui reste s'élève à 758^f,50, on demande quelle est la somme prélevée le 20 juin. L'intérêt sera calculé à 3,75 %.*

800^f en 11 quinzaines ont rapporté $3^f,75 \times 8 \times \dfrac{11}{24} = 13^f,75$

480^f en 7 — $3^f,75 \times 4,8 \times \dfrac{7}{24} = 5^f,25$

$\overline{1.280^f}$ $\overline{19^f,00.}$

Avoir de l'ouvrier, au 20 juin : $1\,280^f + 19^f = 1\,299^f$.

R. — **Montant de la somme retirée** : $1\,299^f - 758^f,50 = \textbf{540}^f\textbf{,50.}$

1889. *Une personne a acheté le 10 mai 1911 un titre de rente française 3 % de 30^f, au cours de 95^f,60. Le 10 mai 1919, elle vend ce titre au cours de 63^f,10. Quel avantage eût-elle eu à placer son argent à la Caisse d'épargne, au taux de 3 %, en tenant compte dans les deux cas des intérêts simples pendant la période du placement ?*

Du 10 mai 1911 au 10 mai 1919, il y a 8 ans.
Le titre de rente de 30^f a rapporté $30^f \times 8 = 240^f$.

La vente de ce titre a produit $\dfrac{63^f,10 \times 30}{3} = 631^f$.

Au total on a touché $631^f + 240^f = 871^f$.
En 1911, au lieu d'acheter un titre de rente, la personne aurait pu placer $\dfrac{95^f,6 \times 30}{3} = 956^f$ à la caisse d'épargne.

En 8 ans, cette somme aurait rapporté $\dfrac{3^f \times 956 \times 8}{100} = 229^f,44$.

Le 10 mai 1919, elle aurait touché à la caisse d'épargne :
$$956^f + 229^f,44 = 1\,185^f,44.$$

R. — **Elle aurait gagné** : $1\,185^f,44 - 871^f = \textbf{314}^f\textbf{,44} \text{ de plus.}$

1890. *Une ouvrière A gagne 0ᶠ,70 de plus par jour qu'une autre ouvrière B, pendant les 309 jours de travail de l'année. Mais elle dépense en moyenne 0ᶠ,62 de plus par jour que B. Cette dernière portant à la Caisse d'épargne ses économies annuelles en deux versements égaux le 1ᵉʳ janvier et le 1ᵉʳ juillet, retire au 1ᵉʳ janvier suivant, soit un an après le 1ᵉʳ versement, la somme de 316ᶠ,10. On demande la somme que retirerait A en plaçant ses économies dans les mêmes conditions. Taux de la Caisse d'épargne 3,50 %.*

En une année, A dépense 0ᶠ,62 × 365 = 226ᶠ,30 de plus que B.
Mais elle gagne 0ᶠ,70 × 309 = 216ᶠ,30 de plus que B.
Donc elle économise 226,30 — 216,30 = 10ᶠ de moins que B.
Si A faisait un placement à chaque semestre, comme B, elle verserait chaque fois 5ᶠ de moins que B.
Au bout de l'année, A aurait en moins les 10ᶠ, plus les intérêts de ces 10ᶠ.

Le premier versement de 5ᶠ produirait $\dfrac{3^f,50 \times 5}{100} = 0^f,175$.

Le deuxième produirait la moitié du précédent, soit 0ᶠ,0875.
A toucherait en moins que B : 10ᶠ + 0ᶠ,175 + 0ᶠ,0875 = 10ᶠ,262.

R. — A retirerait : 316ᶠ,10 — 10ᶠ,262 = **305ᶠ,83.**

1891. *Une personne dépose à la Caisse d'épargne 50ᶠ dans la 1ʳᵉ quinzaine de chaque mois et 75ᶠ dans la 2ᵉ quinzaine. Sachant que la Caisse d'épargne sert un intérêt de 3,50 %, on demande quelle sera la valeur du livret au bout d'un an. Quelle quantité de rente 3 % pourrait-on acheter avec ce capital si cette rente est au cours de 62ᶠ,15 ?*

Chaque mois, la personne dépose 50ᶠ + 75ᶠ = 125ᶠ.
Au bout d'un an, elle a déposé 125ᶠ × 12 = 1 500ᶠ.
Les 50ᶠ versés dans la 1ʳᵉ quinzaine du 1ᵉʳ mois portent intérêt pendant 23 quinzaines ; de même, le versement du 2ᵉ mois produit intérêt pendant 21 quinzaines... et les 50ᶠ versés dans la 1ʳᵉ quinzaine du 12ᵉ mois produisent intérêt pendant une quinzaine.
On peut dire que 50ᶠ rapportent intérêt pendant un nombre de quinzaines égal à 23 + 21 + 19... 3 + 1.
Ces nombres forment une progression arithmétique de 12 termes dont la somme est :

$$\frac{23 + 1}{2} \times 12 = 144.$$

Même raisonnement pour les 75ᶠ versés dans la 2ᵉ quinzaine de chaque mois en remarquant que les 75ᶠ versés le dernier mois ne rapportent rien.
Ainsi 75ᶠ rapportent intérêt pendant 22 + 20 + 18... + 4 + 2 quinzaines.
Ces nombres forment une progression arithmétique de 11 termes dont la somme est :

$$\frac{22 + 2}{2} \times 11 = 132.$$

Intérêt des versements de 50ᶠ : $\dfrac{3^f,5 \times 50 \times 144}{100 \times 24} = 10^f,50.$

Intérêt des versements de 75ᶠ : $\dfrac{3^f,5 \times 75 \times 132}{100 \times 24} = 14^f,43.$

R. — Valeur du livret : $1\,500^f + 10^f,50 + 14^f,45 = \mathbf{1\,524^f,95.}$

R. — Montant du titre de rente 3 % : $\dfrac{3^f \times 1\,524,95}{62,15} = \mathbf{73^f.}$
(Reliquat 37ᶠ,9.)

1892. *Une personne verse* 100ᶠ *à la Caisse d'épargne municipale au commencement de chaque trimestre. Quel sera son avoir à la fin de la deuxième année ? L'intérêt est compté par semaines et au taux de 3,50 %.*

Les versements successifs de la 1ʳᵉ année rapporteront :

le 1ᵉʳ $\dfrac{3^f,5 \times 51}{52}$; le 2ᵉ $\dfrac{3^f,5 \times 38}{52}$; le 3ᵉ $\dfrac{3^f,5 \times 25}{52}$; le 4ᵉ $\dfrac{3^f,5 \times 12}{52}$

ou $\dfrac{3^f,5}{52} (51 + 38 + 25 + 12) = \dfrac{3^f,5}{52} \times 126 = 8^f,45.$

L'avoir au bout de la 1ʳᵉ année, sera donc de 408ᶠ,45.
Cette somme rapportera intérêt pendant la 2ᵉ année et deviendra : (les fractions de franc ne rapportant pas intérêt)

$$408^f,45 + \dfrac{3^f,5 \times 408}{100} = 422^f,73.$$

Les versements de la 2ᵉ année deviendront à leur tour 408ᶠ,45.

R. — L'avoir total sera donc de : $422^f,73 + 408^f,45 = \mathbf{831^f,18.}$

1893. *Un jeune homme reçoit de son parrain* 500ᶠ *pour ses étrennes, et les place le* 1ᵉʳ *dimanche de l'année à la Caisse d'épargne municipale ; trois semaines après il place encore* 300ᶠ *; mais, au premier dimanche de l'année suivante, il retire* 200ᶠ*. Quel sera son avoir à la fin de la troisième année ? Taux* 3,75 °/₀.

Les 500ᶠ rapporteront pendant l'année : $\dfrac{3^f,75 \times 500 \times 51}{100 \times 52} = 18^f,38.$

Les 300ᶠ rapporteront pendant l'année : $\dfrac{3^f,75 \times 300 \times 48}{100 \times 52} = 10^f,38.$

Avoir du jeune homme à la fin de la 1ʳᵉ année :
$$500^f + 300^f + 18^f,38 + 10^f,38 = 828^f,76.$$

Comme il retire 200ᶠ, il lui restera 628ᶠ,76.
Avoir à la fin de la 2ᵉ année :
$$628^f,76 + (3^f,75 \times 6,28) = 652^f,31.$$

R. — Avoir à la fin de la 3ᵉ année :
$$652^f,31 + (3^f,75 \times 6,52) = \mathbf{676^f,76.}$$

PARTAGES PROPORTIONNELS

1894. *Partager 3 029ᶠ en parties proportionnelles aux nombres 2, 7, 8 et 9.*

Somme des nombres proportionnels : $2 + 7 + 8 + 9 = 26$.

R. — 1ʳᵉ part : $\dfrac{3\,029^f \times 2}{26} = 233^f$; 2ᵉ part : $\dfrac{3\,029^f \times 7}{26} = 815^f,50$;

3ᵉ part : $\dfrac{3\,029^f \times 8}{26} = 932^f$; 4ᵉ part : $\dfrac{3\,029^f \times 9}{26} = 1\,048^f,50$.

1895. *Une certaine somme a été partagée entre 3 personnes de manière que les parts soient proportionnelles aux nombres 2, 3, 5. La 3ᵉ personne a reçu 1 000ᶠ de plus que la 2ᵉ. Quelle était la somme à partager ?*

La 3ᵉ a reçu les 5/10 de la somme et la 2ᵉ, les 3/10.

Donc 1 000ᶠ représentent $\dfrac{5 - 3}{10} = \dfrac{1}{5}$ de la somme.

R. — **Somme à partager** : $1\,000^f \times 5 = 5\,000^f$.

1896. *On veut accorder une gratification de 440ᶠ à 4 ouvriers, proportionnellement à leur assiduité. Sur 300 jours de travail, le premier a une absence, le deuxième 4, le troisième 6 et le quatrième 8. Combien auront-ils chacun ?*

Le 1ᵉʳ a travaillé 299 jours ; le 2ᵉ 296 ; le 3ᵉ 294 ; le 4ᵉ 292.
Somme des nombres proportionnels :

$$299 + 296 + 294 + 292 = 1\,181.$$

R. — **Les ouvriers recevront** :

le 1ᵉʳ $\dfrac{440^f \times 299}{1\,181} = 111^f,40$; le 2ᵉ $\dfrac{440^f \times 296}{1\,181} = 110^f,25$;

le 3ᵉ $\dfrac{440^f \times 294}{1\,181} = 109^f,55$; le 4ᵉ $\dfrac{440^f \times 292}{1\,181} = 108^f,80$.

1897. *Quatre marchands ont acheté 180 tonneaux de vin à 180ᶠ le tonneau, et on leur a fait une remise de 1 1/4 % en raison de ce qu'ils ont payé comptant. Le premier prend 1/3 du marché, le second 1/6, le troisième 3/8 et le quatrième prend le reste. Combien chacun doit-il payer ?*

Prix d'achat du vin : 180ᶠ × 180 = 32.400ᶠ.
Montant de la remise : 1ᶠ,25 × 324 = 405ᶠ.
Somme à payer : 32.400ᶠ — 405ᶠ = 31.995ᶠ.

R. — Les marchands payeront :

le 1ᵉʳ 31.995ᶠ : 3 = **10.665ᶠ** ; le 2ᵉ 31.995ᶠ : 6 = **5.332ᶠ,50** ;
le 3ᵉ 31.995ᶠ × 3/8 = **11.998ᶠ,10** ; le 4ᵒ 31.995ᶠ : 8 = **3.999ᶠ,40.**

1898. *Un négociant a un passif de 212.800ᶠ, son actif est de 116.300ᶠ ; les frais de justice s'élèvent à 4.650ᶠ. On propose d'établir les comptes de 2 créanciers, sachant qu'il était dû 42.000ᶠ au 1ᵉʳ et 28.000ᶠ au 2ᵉ.*

Somme à répartir : 116.300ᶠ — 4.650ᶠ = 111.650ᶠ.

R. — Le 1ᵉʳ créancier recevra : $\dfrac{111.650^f \times 42.000}{212.800} = 22.036^f,20.$

Le 2ᵉ — : $\dfrac{111.650^f \times 28.000}{212.800} = 14.690^f,80.$

1899. *L'actif d'un failli n'est que 32 % de son passif, lequel s'élève à 62.800ᶠ. Un créancier est intéressé pour 17.048ᶠ, un second pour 8.960ᶠ, et un troisième pour 11.240ᶠ. Combien revient-il à chacun, si les frais de justice s'élèvent à 6 1/4 % du passif, et combien % chacun recevra-t-il ?*

Actif net : 32 % — 6,25 % = 25,75 % du passif.

R. — Le 1ᵉʳ créancier recevra : 25ᶠ,75 × 170,48 = **4.389ᶠ,85.**
Le 2ᵉ — — : 25ᶠ,75 × 89,60 = **2.307ᶠ,20.**
Le 3ᵉ — — : 25ᶠ,75 × 112,40 = **2.894ᶠ,30.**

R. — **Chaque créancier recevra 25ᶠ,75 % de sa créance.**

1900. *La poudre de chasse française contient 78 % de son poids de salpêtre, 12 % de charbon et 10 % de soufre. Combien faudra-t-il de chacune de ces substances pour faire 25 litres de poudre de chasse ? Le litre de poudre de chasse pèse 904 grammes.*

Poids des 25ˡ de poudre : 0ᵏᵍ,904 × 25 = 22ᵏᵍ,600.

R. — **Le salpêtre pèsera :** 22,6 × 0,78 = **17ᵏᵍ,628.**
Le charbon — : 22,6 × 0,12 = **2ᵏᵍ,712.**
Le soufre — : 22,6 × 0,10 = **2ᵏᵍ,260.**

1901. *Un oncle avait d'abord partagé sa fortune entre ses 3 neveux proportionnellement aux nombres 7, 6 et 5. Par un 2ᵉ testament, il refait le partage proportionnellement aux nombres 6, 5 et 4. L'un des neveux a eu ainsi 1.200ᶠ de plus qu'auparavant. Quelle est la valeur de l'héritage et quelles sont les 3 parts ?*

Fraction de la fortune revenant à chaque neveu :

$$1^{er}\ \text{cas} : \frac{7}{18},\ \frac{6}{18},\ \frac{5}{18}\ ;\qquad 2^e\ \text{cas} : \frac{6}{15},\ \frac{5}{15},\ \frac{4}{15}$$

$$\text{ou}\quad 1^{er}\ \text{cas} : \frac{35}{90},\ \frac{30}{90},\ \frac{25}{90}\ ;\qquad 2^e\ \text{cas} : \frac{36}{90},\ \frac{30}{90},\ \frac{24}{90}.$$

Dans le second partage la part du 1er seule a augmenté.

Donc 1 200ᶠ représentent $\dfrac{36 - 35}{90} = \dfrac{1}{90}$ de la fortune.

R. — Montant de l'héritage : 1 200ᶠ × 90 = 108 000ᶠ.

1ʳᵉ part : 1 200ᶠ × 36 = 43 200ᶠ ; 2ᵉ part : 1 200ᶠ × 30 = 36 000ᶠ ;
3ᵉ part : 1 200ᶠ × 24 = 28 800ᶠ.

1902. *Une somme d'argent doit être partagée entre deux personnes. Le total de ce qu'elles demandent dépasse de 4 090ᶠ le montant de la somme. Le partage étant fait proportionnellement à leurs demandes, la 1ᵉʳ personne recevrait 20 250ᶠ et la 2ᵉ 16 560ᶠ. Combien chacune réclame-t-elle ?*

Somme reçue : 20 250ᶠ + 16 560ᶠ = 36 810ᶠ.
Somme réclamée : 36 810ᶠ + 4 090ᶠ = 40 900ᶠ.

La somme reçue est donc les $\dfrac{3\ 681}{4\ 090}$ de la somme réclamée.

$$\textbf{R. — La 1}^{re}\textbf{ réclamait} : \frac{20\ 250^f \times 4\ 090}{3\ 681} = \textbf{22 500}^f.$$

La 2ᵉ réclamait : 40 900ᶠ — 22 500ᶠ = 18 400ᶠ.

1903. *Deux communes, l'une de 1 300 habitants, l'autre de 1 440 ont fait construire un chemin à frais communs. Les terrassements exécutés, il ne reste plus qu'à faire l'empierrement de la chaussée sur une longueur de 3 500ᵐ, une largeur de 6ᵐ,50 et une épaisseur de 0ᵐ,25. On demande ce que chaque commune devra payer au prorata de sa population si la pierre coûte 14ᶠ le m³.*

Volume de pierre : 3 500 × 6,5 × 0,25 = 5 687ᵐ³,5.
Dépense totale : 14ᶠ × 5 687,5 = 79 625ᶠ.

Dépense par habitant : $\dfrac{79\ 625^f}{1\ 300 + 1\ 440} = 29^f,0602.$

R. — La 1ʳᵉ payera : 29ᶠ,0602 × 1 300 = 37 778ᶠ,30.
La 2ᵉ payera : 29ᶠ,0602 × 1 440 = 41 846ᶠ,70.

1904. *3 pièces d'étoffe, A, B, C, de même qualité, ont coûté ensemble 228ᶠ. A et B ont la même longueur, B et C la même largeur. La somme des longueurs est 110ᵐ, et la somme des largeurs 2ᵐ,10. On sait en outre que les prix*

*des 3 pièces sont proportionnels aux nombres 5, 8 et 6.
Calculer les dimensions des 3 pièces.*

Les 2 premières pièces ayant même longueur, leurs largeurs sont proportionnelles à leurs prix, donc proportionnelles à 5 et 8.

Les 3 largeurs sont, par conséquent, proportionnelles aux nombres 5, 8, 8 dont la somme est 21. D'où :

R. — Largeur de A : $\dfrac{2^m,10 \times 5}{21} = 0^m,50.$

Largeur de B et C : $\dfrac{2^m,10 \times 8}{21} = 0^m,80.$

B et C ayant même largeur, leurs longueurs sont proportionnelles à leurs prix, donc proportionnelles à 8 et 6 ou à 4 et 3.

Les 3 longueurs sont donc proportionnelles aux nombres 4, 4, 3 dont la somme est 11. D'où :

R. — Longueur de A et B : $\dfrac{110^m \times 4}{11} = 40^m.$

Longueur de C : $\dfrac{110^m \times 3}{11} = 30^m.$

1905. *Partager 481ᶠ en parties proportionnelles aux fractions 2/5 et 3/11.*

(*Voir Arith. p. 479.*)

R. — 286ᶠ et 195ᶠ.

1906. *Partager 3 912ᶠ en parties proportionnelles aux fractions 1/2, 3/5, 2/7, 1/6.*

(*Voir Arith. p. 479.*)

R. — 1 260ᶠ ; 1 512ᶠ ; 720ᶠ ; 420ᶠ.

1907. *Une personne partage un capital en trois parts proportionnelles aux fractions 3/8, 5/12 et 1/3. La 1ʳᵉ part, placée à 4 % pendant 2 ans et 7 mois est devenue, capital et intérêts réunis, 2 492ᶠ,50. Calculer la valeur du capital total.*

100ᶠ deviennent avec les intérêts produits à 4 % pendant 31 mois

$$100^f + \frac{4 \times 31}{12} = \frac{331}{3} \text{ de franc.}$$

La 1ʳᵉ part vaut donc : $\dfrac{100^f \times 3 \times 2\,492,5}{331} = 2\,259^f.$

Les parts sont proportionnelles à $\dfrac{3}{8}, \dfrac{5}{12}, \dfrac{1}{3}$ ou à 9, 10, 8.

La 1ʳᵉ part représente donc $\dfrac{9}{9 + 10 + 8} = \dfrac{1}{3}$ du capital total.

R. — Capital total : 2 259ᶠ × 3 = **6 777ᶠ.**

1908. *Un propriétaire a réalisé un bénéfice de 7 344ᶠ sur l'exploitation de ses terres. Les 3/7 de sa propriété étaient ensemencés en blé, les 3/8 en avoine et le reste composé de 2ʰᵃ20, est constitué par des prairies. On demande son bénéfice par ha. sur chaque espèce de récolte sachant que si l'on représente par 1 le bénéfice donné par un ha. de prairie, les bénéfices produits par l'ha. de blé et par l'ha. d'avoine sont représentés respectivement par 3/4 et 7/9.*

Le blé couvre $\frac{24}{56}$ de la propriété, l'avoine $\frac{21}{56}$, le pré $\frac{11}{56}$.

Les surfaces respectives sont :

$$2^{ha},20 \times \frac{24}{11} = 4^{ha},80 \;;\quad 2^{ha},20 \times \frac{21}{11} = 4^{ha},20 \;;\quad 2^{ha},20.$$

Les bénéfices sur les diverses récoltes sont proportionnels à :

$$4,8 \times \frac{3}{4} \;;\quad 4,2 \times \frac{7}{9} \;;\quad 2,2 \quad \text{ou à} \quad 54,\; 49,\; 33.$$

Somme de ces nombres : $54 + 49 + 33 = 136$.

R. — **Bénéfice par ha. de blé :** $\dfrac{7\,344^f \times 54}{136 \times 4,8} = 607^f,50.$

d'avoine : $\dfrac{7\,344^f \times 49}{136 \times 4,2} = 630^f.$

de prairie : $\dfrac{7\,344^f \times 33}{136 \times 22} = 810^f.$

1909. *Trois personnes ont mis chacune une certaine somme dans une spéculation. La mise de la 2ᵉ est les 0,75 de celle de la 1ᵉʳ ; celle de la 3ᵉ est les 0,50 de celle de la 2ᵉ. Elles ont fait un bénéfice de 2 635ᶠ, qui représente 20 % du capital engagé. Trouver ce qu'il revient à chacune de ce bénéfice, et le capital engagé.*

Le bénéfice doit être partagé proportionnellement aux mises. Or les mises sont proportionnelles à :

$$1, \quad \frac{3}{4} \quad \text{et} \quad \frac{3}{4} \times \frac{1}{2} = \frac{3}{8} \quad \text{ou à} \quad 8,\; 6 \text{ et } 3.$$

R. — **Part de bénéfice de chaque personne :**

$$1^{re} \; \frac{2\,635^f \times 8}{17} = 1\,240^f;\quad 2^e \; \frac{2\,635^f \times 6}{17} = 930^f;\quad 3^e \; \frac{2\,635^f \times 3}{17} = 465^f.$$

R. — **Capital engagé :** $2\,635^f \times \dfrac{100}{20} = 13\,175^f.$

1910. *Partager 150 en trois parts, de manière que la première soit à la deuxième comme 5 est à 4, et la première à la troisième comme 7 est à 3.*

	1re part	2e part	3e part
1er rapport	5	4	
2e rapport	7		3

Multiplions par 7 les deux termes du 1er rapport et par 5 ceux du second ; nous aurons :

	35	28	
	35		15

Nombres proportionnels : 35, 28, 15.

En partageant 150 proportionnellement à ces nombres, on trouve :

R. — 1re part : 67^f,30 ; 2e part : 53^f,85 ; 3e part : 28^f,85.

Remarque. — *On aurait pu raisonner ainsi :*

La 2e part est les $\frac{4}{5}$ de la 1re, et la 3e en est les $\frac{3}{7}$.

Les parties proportionnelles sont donc 1, $\frac{4}{5}$ et $\frac{3}{7}$ ou 35, 28 et 15, etc.

1911. *Un particulier partage 17 010^f en quatre parts, de manière que la première soit à la troisième comme 5 est à 7 ; la deuxième à la troisième comme 3 est à 8, et la troisième à la quatrième comme 4 est à 9. Quelle sera chaque part ?*

1er rapport :	5		7	
2e		3	8	
3e			4	9

Multiplier par 2 les termes du 3e rapport.

	5		7	
		3	8	
			8	18

Multiplier par 8 les termes du 1er et par 7 ceux du 2e et du 3e.

	40		56	
		21	56	
			56	126

Nombres proportionnels : 40, 21, 56, 126.

En partageant 17 010^f proportionnellement à ces nombres on trouve :

R. — 1o 2 800^f ; 2o 1 470^f ; 3o 3 920^f ; 4o 8 820^f.

Autre solution. — La 3ᵉ part est les $\frac{7}{5}$ de la 1ʳᵉ ;

La 2ᵉ égale les $\frac{3}{8}$ de la 3ᵉ ou $\frac{7}{5} \times \frac{3}{8} = \frac{21}{40}$ de la 1ʳᵉ ;

La 4ᵉ égale les $\frac{9}{4}$ de la 3ᵉ ou $\frac{7}{5} \times \frac{9}{4} = \frac{63}{20}$ de la 1ʳᵉ.

Les parties proportionnelles sont 1, $\frac{21}{40}$, $\frac{7}{5}$, $\frac{63}{20}$ ou 40, 21, 56 et 126.

(*La suite comme ci-dessus.*)

1912. *Un homme possède trois terrains. La surface du 1ᵉʳ est à celle du 2ᵉ comme 3 est à 5 : celle du 2ᵉ est à celle du 3ᵉ comme 4 est à 7. Si on vendait ces terrains 6ᶠ,25 le m², le 3ᵉ coûterait 862ᶠ,50 de plus que le 1ᵉʳ. Quelles sont la surface et la valeur de chacun de ces trois terrains ?*

La surface du 2ᵉ terrain est les 4/7 de celle du 3ᵉ.

Celle du 1ᵉʳ est les $\frac{3}{5}$ de celle du 2ᵉ ou les $\frac{4}{7} \times \frac{3}{5} = \frac{12}{35}$ de celle du 3ᵉ.

Or le 3ᵉ mesure $862,5 : 6,25 = 138^{m2}$ de plus que le 1ᵉʳ.

Donc 138^{m2} représentent $\frac{35 - 12}{35} = \frac{23}{35}$ de la surface du 3ᵉ.

La surface du 3ᵉ terrain égale donc $\frac{138 \times 35}{23} = 210^{m2}$.

R. — **Surf. du 1ᵉʳ :** $\frac{210^{m2} \times 12}{35} = 72^{m2}$. **Valeur :** $6^{f},25 \times 72 = \mathbf{450^{f}}$.

R. — **Surf. du 2ᵉ :** $\frac{210^{m2} \times 4}{7} = 120^{m2}$. **Valeur :** $6^{f},25 \times 120 = \mathbf{750^{f}}$.

R. — **Surf. du 3ᵉ :** 210^{m2}. **Valeur :** $6^{f},25 \times 210 = \mathbf{1\ 312^{f},50}$.

1913. *Partager une somme de 1 200ᶠ entre trois personnes de façon que les parts des deux premières soient entre elles comme les nombres 5 et 7 et que la part de la 3ᵉ dépasse de 120ᶠ la moyenne des parts des deux premières.*

La moyenne des nombres 5 et 7 est : $\frac{5 + 7}{2} = 6$.

Si de la somme totale on ôte 120ᶠ en faveur de la 3ᵉ personne, il suffira de partager la somme restante (1 200ᶠ — 120ᶠ) en parties proportionnelles aux nombres 5, 7, 6. Les parts seront : 300, 420, 360.

R. — 1ʳᵉ part : 300ᶠ ; 2ᵉ : 420ᶠ ; 3ᵉ : 360ᶠ + 120ᶠ = **480ᶠ**.

1914. *Trois personnes se sont associées pour placer dans une entreprise une somme d'argent qui s'est augmentée du quart de sa valeur et est ainsi devenue 60 500ᶠ. Trouver la part de chaque personne dans le bénéfice, sachant que la*

1re *avait déposé les 3/8 de la somme, la 2e les 2/5 et la 3e le reste.*

Le bénéfice de l'entreprise est de 60 500^{f} : 5 = 12 100^{f}.

Il doit être partagé proportionnellement aux mises, donc proportionnellement à $\frac{3}{8}$, $\frac{2}{5}$ et $\frac{9}{40}$ ou à 15, 16 et 9.

R. — Les parts sont : 1° 4 537^{f},50 ; 2° 4 840^{f} ; 3° 2 722^{f},50.

1915. *Un professeur veut donner 75 bons points à 4 élèves pour une composition ; le premier a fait une faute, le second en a fait 2, le troisième 3 et le quatrième en a fait 4. Combien chacun aura-t-il de bons points, proportionnellement à son mérite ?*

Les points doivent être partagés en parties inversement proportionnelles aux fautes :

Nombres proportionnels : 1, $\frac{1}{2}$, $\frac{1}{3}$, $\frac{1}{4}$ ou 12, 6, 4, 3.

R. — Les parts seront : 36, 18, 12, 9.

1916. *Une personne charitable a fait don à trois orphelins d'un certain capital qu'elle a réparti d'une façon inversement proportionnelle à leur âge, 7 ans, 9 ans, 13 ans. Ce capital a été converti en rente française 4 % au cours de 69^{f},40. Le plus jeune dispose ainsi d'un revenu annuel de 468^{f}. Quel est le revenu des deux autres et le montant du capital distribué ?*

Le partage a été fait en parties directement proportionnelles à

$$\frac{1}{7}, \quad \frac{1}{9}, \quad \frac{1}{13} \quad \text{ou à } 117, 91, 63.$$

Le revenu est proportionnel au capital ; donc le revenu du plus jeune est les $\frac{117}{91}$ de celui du second et les $\frac{117}{63}$ de celui du 3°.

R.—Revenu du 2e : $\dfrac{468^{\text{f}} \times 91}{117} = 364^{\text{f}}$. **Revenu du 3e :** $\dfrac{468^{\text{f}} \times 63}{117} = 252^{\text{f}}$.

Capital du plus jeune : $\dfrac{69^{\text{f}},40 \times 468}{4} = 8\ 119^{\text{f}},80$

Son capital représente les $\dfrac{117}{117+91+63} = \dfrac{117}{271}$ du capital total.

R. — Capital total : $\dfrac{8\ 119^{\text{f}},80 \times 271}{117} = 18\ 807^{\text{f}},40.$

1917. *Partager 390^{f} en parties inversement proportionnelles aux fractions 2/3, 3/8, et 4/9.*

Nombres proportionnels : $\frac{3}{2}$, $\frac{8}{3}$, $\frac{9}{4}$ ou 18, 32, 27.

R. — 91^{f},15 ; 162^{f},10 ; 136^{f},75.

1918. *Partager 2 540ᶠ en parties inversement proportionnelles aux nombres 4 3/5 et 5 7/8.*

$$4\frac{3}{5} = \frac{23}{5}\ ;\qquad 5\frac{7}{8} = \frac{47}{8}.$$

Nombres proportionnels : $\frac{5}{23}$, $\frac{8}{47}$ ou 235, 184.

R. — Les parts sont 1 424ᶠ,60 et 1 115ᶠ,40

1919. *Partager 4 000ᶠ en parties inversement proportionnelles aux fractions décimales 0,15, 0,25 et 0,08.*

Les inverses de ces nombres sont $\frac{100}{15}$, $\frac{100}{25}$, $\frac{100}{8}$.

Nombres proportionnels : $\frac{40}{6}$, $\frac{24}{6}$, $\frac{75}{6}$ ou 40, 24, 75.

R. — Les parts sont : 1 151ᶠ,10 ; 690ᶠ,65 ; 2 158ᶠ,25.

1920. *Trois ouvriers travaillent de telle sorte que le 1ᵉʳ ferait en 3 heures ce que le 2ᵉ ferait en 4 heures et le 3ᵉ, en 5 heures. Réunis, ils mettent 30 heures pour faire un travail. Combien chaque ouvrier mettrait-il pour faire ce travail s'il était seul ?*

Le travail de ces ouvriers est directement proportionnel à

$$\frac{1}{3},\ \frac{1}{4},\ \frac{1}{5}\quad \text{ou à}\quad 20,\ 15,\ 12.$$

Somme des nombres proportionnels : $20 + 15 + 12 = 47$.
En 1ʰ, les 3 ouvriers ont fait ensemble 1/30 du travail.

Pendant cette heure le 1ᵉʳ a fait $\frac{1}{30} \times \frac{20}{47} = \frac{2}{141}$ du travail ;

le 2ᵉ $\frac{1}{30} \times \frac{15}{47} = \frac{1}{94}$; et le 3ᵉ $\frac{1}{30} \times \frac{12}{47} = \frac{2}{235}$.

R. — Pour faire le travail ils mettraient :

$$\text{le } 1^{er}\ \frac{141}{2} = 70^h\frac{1}{2}\ ;\quad \text{le } 2^e\ 94^h\ ;\quad \text{le } 3^e\ \frac{235}{2} = 117^h\frac{1}{2}.$$

1921. *Partager un capital de 64 750ᶠ en deux parties telles qu'elles produisent la même somme, l'une étant augmentée de ses intérêts simples à 4 % pendant 6 ans, l'autre de ses intérêts simples à 4 % pendant 7 ans.*

Un capital de 100ᶠ augmenté de ses intérêts à 4 % devient :

$$\text{Au bout de 6 ans} : 100^f + (4^f \times 6) = 124^f.$$
$$\text{Au bout de 7 ans} : 100^f + (4^f \times 7) = 128^f.$$

Pour toucher dans le 2ᵉ cas la même somme (124ᶠ) que dans le 1ᵉʳ cas, il faut placer : $\dfrac{100^f \times 124}{128} = \dfrac{3\ 100}{32}$ de fr.

Le capital total 64 750^f doit donc être partagé proportionnellement à :

$$100 \text{ et } \frac{3\ 100}{32} \text{ ou à } 32 \text{ et } 31.$$

R. — Les deux parties égalent 32 888^f,70 et 31 861^f,30.

1922. *Un oncle laisse en mourant une somme de 88 000^f
à deux neveux, âgés l'un de 16, l'autre de 11 ans. Le testament prescrit que cette somme sera partagée de telle sorte que
les deux parts étant placées à 5 %, chacun des deux neveux
touche une somme égale le jour de sa majorité. Faire le
partage.*

(*Voir* n° 1921.) Durée des placements : 5 ans et 10 ans.
Un capital de 100^f augmenté de ses intérêts à 5 % devient :

au bout de 5 ans : 100^f + (5^f × 5) = 125^f.
au bout de 10 ans : 100^f + (5^f × 10) = 150^f.

Dans le 2e cas pour toucher 125^f, il faut placer :

$$\frac{100 \times 125}{150} = \frac{250}{3} \text{ de fr.}$$

Nombres proportionnels : 100 et $\frac{250}{3}$ ou 6 et 5.

R. — Le 1er aura 48 000^f et le 2e 40 000^f.

1923. *Une personne possède un capital de 291 049^f dont
elle fait 3 parts. Elle place la 1re à 3 %, la 2e à 4 % et la
3e à 5 %. Au bout d'un an, ces 3 parts, augmentées de leurs
intérêts, deviennent égales. On demande quelles sont ces
trois parts.*

3 capitaux de 100^f placés respectivement à 3 %, 4 % et 5 %
deviennent au bout d'un an : 103^f, 104^f et 105^f, capital et intérêts.
Pour retirer au bout de l'année 3 sommes égales, de 1^f chacune,
il eût fallu placer :

$$\frac{100}{103}, \quad \frac{100}{104}, \quad \frac{100}{105}.$$

La somme totale 291 049^f doit donc être partagée proportionnellement à ces fractions ou proportionnellement aux nombres
10 920, 10 815 et 10 712.

R. — Les 3 parts sont : 97 052^f,20 ; 97 010^f,35 ; 96 986^f,45.

1924. *Un marchand vend à crédit une bicyclette dont la
valeur au comptant est 480^f. Elle lui sera payée en deux
versements égaux, le premier 6 mois après la vente, le
deuxième 1 an après la vente. Comme ce marchand veut
que son argent lui rapporte 5 %, quel devra être le montant
de chaque versement ?*

La valeur au comptant 480^f doit être partagée en 2 parties
telles que la 1re augmentée de ses intérêts à 5 % pour 6 mois,
soit égale à la 2e augmentée de ses intérêts à 5 % pour 1 an.

Or au bout de 6 mois, 100^f à 5 % deviennent 102^f,50
et — 12 mois, 100^f à 5 % — 105^f.

Comme les payements doivent être égaux, cherchons la somme qui, au bout de 12 mois, devient 102^f,5. On trouve :

$$\frac{100^f \times 102,5}{105} = \frac{2\,050}{21} \text{ de fr.}$$

Les 480^f doivent donc être partagés proportionnellement à :

$$100 \text{ et } \frac{2\,050}{21} \text{ ou à } 42 \text{ et } 41.$$

1re partie des 480^f : $\dfrac{480^f \times 42}{83} = 242^f,90.$

2e partie — : 480^f — 242^{f}90, = 237^f,10.

Montant du 1er payement : 242^f,90 $+ \dfrac{5 \times 242,90}{100 \times 2} = 248^f97,$

R. — Prix de vente de la bicyclette : 248^f,97 $+$ 248^f,97 = **497^f,95**.

1925. *Dans une composition, l'élève classé premier n'a pas fait de faute, le 2e a fait 1 /4 de faute, le 3e 3 /4 de faute, le 4e une faute et le 5e 1 faute 1 /2. Combien chacun de ces 5 élèves aura-t-il de bons points sur 312 qui leur sont destinés si la quantité donnée au 2e est les 2 /3 de celle donnée au 1er ?*

Le 2e, pour $\dfrac{1}{4}$ de faute, reçoit $\dfrac{2}{3}$ des points du 1er.

Le 3e — $\dfrac{3}{4}$ — recevra $\dfrac{2}{3 \times 3} = \dfrac{2}{9}$ des points du 1er.

Le 4e — 1 — $\dfrac{2}{3 \times 4} = \dfrac{1}{6}$

Le 5e — 1 1/2 — $\dfrac{2}{3 \times 2 \times 3} = \dfrac{1}{9}$

Nombres proportionnels : 1, $\dfrac{2}{3}$, $\dfrac{2}{9}$, $\dfrac{1}{6}$, $\dfrac{1}{9}$; ou 18, 12, 4, 3, 2.

R. — Le 1er aura 144 BP; le 2e 96; le 3e 32; le 4e 24; le 5e 16.

1926. *Partager une gratification de 1 710^f entre 3 employés en raison directe de leurs années de service et en raison inverse de leurs appointements : le 1er a 18 ans de service et 6 000^f d'appointements ; le 2e a 15 ans de service et 5 400^f d'appointements ; le 3e a 12 ans de service et 4 500^f d'appointements.*

La gratification doit être partagée en parties proportionnelles à :

$$18 \times \frac{1}{6\,000} ; \quad 15 \times \frac{1}{5\,400} ; \quad 12 \times \frac{1}{4\,500} ; \quad \text{ou à } 27, 25, 24.$$

R. — Les parts égalent : 607^f,50 ; 562^f,50 ; 540^f.

Arithmétique. (Liv. M.) 20

1927. *Trois frères, A, B, C, ont acheté un jardin avec les économies qu'ils ont réalisées en travaillant chacun pendant 240 jours. Si chacun d'eux avait voulu payer le terrain avec ses seules économies, A aurait dû travailler pendant les 3/4 du temps nécessaire à B, et B pendant les 4/5 du temps nécessaire à C ; 1° quelle est la surface de terrain payée par chacun des 3 frères ? — 2° pendant combien de jours chacun aurait-il dû travailler pour payer tout le terrain ?*

Pour payer le terrain à lui seul, A aurait dû travailler pendant les 3/4 du temps nécessaire à B ou pendant les $\frac{4}{5} \times \frac{3}{4} = \frac{3}{5}$ du temps nécessaire à C.

Les temps sont donc entre eux comme $\frac{3}{5}$, $\frac{4}{5}$, 1 ou comme 3, 4, 5.

Si les temps deviennent égaux, les économies réalisées et, par suite, les surfaces acquises seront proportionnelles à

$$\frac{1}{3}, \frac{1}{4}, \frac{1}{5} \text{ ou à } 20, 15, 12.$$

R. — Surface acquise par A : $\frac{20}{47}$ de la surface totale.

— — B : $\frac{15}{47}$

— — C : $\frac{12}{47}$

A, B, et C ont travaillé 240^j chacun.

R. — A seul devrait travailler : $240^j \times \frac{47}{20} = 564^j$.

B — $240^j \times \frac{47}{15} = 752^j$.

C — $240^j \times \frac{47}{12} = 940^j$.

Partages composés. — 1928. *Trois ouvriers ont à se partager une somme de 174^f. Le premier a travaillé pendant 8^j de 10^h ; le deuxième pendant 9^j de 8^h, et le troisième pendant 10^j de 8^h. Combien chacun aura-t-il ?*

R. — 1er 60^f ; 2e 54^f ; 3e 60^f.

1929. *Deux marchands de bœufs ont loué une prairie pour la somme de 1 040^f ; le premier y met 150 bœufs pendant 180 jours et 10 heures par jour, et le second 160 pendant 130 jours et 8 heures par jour. Combien chacun doit-il payer ?*

Le 1er aura à payer pour 10h × 150 × 180 = 270 000 heures.
Le 2e aura à payer pour 8h × 160 × 130 = 166 400 heures.
On partagera 1 040f proportionnellement à 2 700 et 1 664.

R. — Le 1er payera 643f,40, et le 2e 396f,60.

1930. *On a acheté pour 133f,50, 8kg de sucre, 7kg de chocolat et 2kg de thé. On sait que 3kg de chocolat ont la même valeur que 5kg de sucre, et que 2kg de thé valent autant que 6kg de chocolat. Combien vaut le kg. de chacune de ces trois substances ?*

Les 7kg de chocolat valent $\frac{5}{3} \times 7 = \frac{35}{3}$ kg. de sucre.

Les 2kg de thé valent $\frac{5}{3} \times 6 = 10$kg de sucre.

Donc $8 + \frac{35}{3} + 10 = \frac{89}{3}$ kg. de sucre valent 133f,50.

R. — Prix du kg. de sucre : $\dfrac{133^f,50 \times 3}{89} = 4^f,50.$

    — du kg. de chocolat : 4f,50 × 5/3 = 7f,50 ;
    — du kg. de thé : 4f,50 × 5 = 22f,50.

1931. *On a employé, pour faire un certain ouvrage, 25 hommes, 12 femmes et 30 enfants. Le salaire d'une femme est les 2/3 de celui d'un homme, et le salaire d'un enfant est les 3/4 de celui d'une femme. Le prix total du travail s'élevant à 1 612f,80, comment devra-t-on faire la répartition ?*

Le salaire d'une femme vaut $\frac{2}{3}$ du salaire d'un homme.

Le salaire d'un enfant vaut $\frac{2}{3} \times \frac{3}{4} = \frac{1}{2}$ du salaire d'un homme.

Le prix total du travail représente donc le salaire de :

$$25 + \left(\frac{2}{3} \times 12\right) + \left(\frac{1}{2} \times 30\right) = 48 \text{ hommes}.$$

R. — Chaque homme recevra : 1 612f,80 : 48 = 33f,60 ; chaque femme : 33f,60 × 2/3 = 22f,40 ; et chaque enfant : 33f,60 : 2 = 16f,80.

1932. *Pour recueillir un héritage de 131 000f, il se présente : 5 parents de 4e degré, 3 parents de 5e degré, 2 parents de 6e degré ; le partage doit être fait en raison inverse du degré de parenté. Quelle sera la part de chaque héritier ?*

S'il n'y avait qu'un parent de chaque degré, les parts seraient proportionnelles à $\frac{1}{4}$, $\frac{1}{5}$ et $\frac{1}{6}$.

En tenant compte du nombre de parents, les nombres proportionnels seront :

$$\frac{1 \times 5}{4}, \quad \frac{1 \times 3}{5}, \quad \frac{1 \times 2}{6} \quad \text{ou} \quad 75, \ 36, \ 20.$$

R. — Part de chaque héritier :

4e degré : 15 000f ; 5e degré : 12 000f ; 6e degré : 10 000f.

1933. *Deux fermiers ont vendu ensemble du blé pour 4 650f ; le 1er a vendu 5hl de moins que le 2e. Si chacun des fermiers avait vendu la moitié de la quantité totale vendue par les deux, le 1er aurait reçu 2 160f et le 2e 2 460f. Combien chacun des fermiers a-t-il vendu d'hectolitres et à quel prix a-t-il vendu l'hl. ?*

Si chaque fermier vendait la moitié de la quantité totale, le prix de vente total serait inférieur au prix de vente réel de :

$$4\ 650^f - (2\ 160^f + 2\ 460^f) = 30^f.$$

Cette différence proviendrait de ce que $5^{hl} : 2 = 2^{hl},5$ du 2e fermier seraient remplacés par $2^{hl},5$ du 1er fermier.

La différence de prix par hl est donc de $30^f : 2,5 = 12^f$.

Comme dans le 2e cas les quantités vendues sont égales, les prix de l'hectolitre sont proportionnels aux résultats des ventes.

Ces prix de l'hl. sont donc dans le rapport $\dfrac{2\ 160}{2\ 460}$ ou $\dfrac{36}{41}$.

Par conséquent la différence des prix de l'hl. (12^f) représente les 5/41 du prix de l'hl. du 2e blé ou les 5/36 du prix de l'hl. du 1er blé.

R. — **Prix de l'hl. du 1er :** $\dfrac{12^f \times 36}{5} = \mathbf{86^f,40.}$

2e : $\dfrac{12^f \times 41}{5} = \mathbf{98^f,40.}$

Dans le second cas, les fermiers auraient vendu chacun :

$$2\ 160 : 86,40 = 25 \text{ hectolitres.}$$

R. — **Le 1er a vendu 25hl — 2hl,5 = 22hl,5 et le 2e 25hl + 2hl,5 = 27hl,5.**

1934. *Dans une fabrique on dépense 91 200f pour le salaire des ouvriers. Ces ouvriers sont divisés en trois catégories ; ceux de la 1re catégorie reçoivent 120f par tête et par semaine, ceux de la 2e 140f et ceux de la 3e 160f. On compte 4 ouvriers de la 1re catégorie pour 12 de la 2e et 4 de la 2e pour 5 de la 3e. Quel est le nombre des ouvriers de chaque catégorie ?*

1o	2o	3o		1o	2o	3o
4	12	(1)		4	12	(2)
	4	5			12	15

En multipliant par 3 les termes du rapport 4 à 5, dans (1), on constate que les nombres d'ouvriers sont dans le rapport 4, 12, 15.

Rapport des salaires des 3 catégories :

$$120 \times 4 \; ; \quad 140 \times 12 \; ; \quad 160 \times 15 \quad \text{ou} \quad 2, \; 7, \; 10.$$

La 1re catégorie touche $\dfrac{91\,200^{\text{f}} \times 2}{19} = 9\,600^{\text{f}}$.

R. — Salaire total et nombre d'ouvriers de chaque catégorie :

1re catégorie : $\dfrac{91\,200^{\text{f}} \times 2}{19} = 9\,600^{\text{f}}$; $\quad \dfrac{9\,600^{\text{f}}}{120} = \textbf{80 ouvriers.}$

2e — $\dfrac{91\,200^{\text{f}} \times 7}{19} = 33\,600^{\text{f}}$; $\quad \dfrac{33\,600^{\text{f}}}{140} = \textbf{240}$ —

3e — $\dfrac{91\,200^{\text{f}} \times 10}{19} = 48\,000^{\text{f}}$; $\quad \dfrac{48\,000^{\text{f}}}{160} = \textbf{300}$ —

1935. *Partager 55 500^{f} entre 2 neveux, 3 nièces et 5 cousins, sachant que la part d'un cousin est les 3/4 de celle d'une nièce, et que celle d'une nièce ne vaut que les 4/5 de celle d'un neveu. On dira ce qui revient à chaque partageant.*

La part d'un cousin est les 3/4 et celle d'un neveu les 5/4 de celle d'une nièce ; donc s'il n'y avait qu'un parent de chaque catégorie la somme serait à partager proportionnellement à :

$$\frac{5}{4}, \quad \frac{4}{4}, \quad \frac{3}{4}.$$

En tenant compte du nombre de parents, les parts seront proportionnelles à :

$$\frac{5}{4} \times 2 \; ; \quad \frac{4}{4} \times 3 \; ; \quad \frac{3}{4} \times 5 \quad \text{ou} \quad \text{à} \quad 10, \; 12, \; 15.$$

R. — Chaque neveu aura : $\dfrac{55\,500 \times 10}{37 \times 2} = 7\,500^{\text{f}}$.

— nièce — $7\,500^{\text{f}} \times 4/5 = \textbf{6\,000}^{\text{f}}.$

— cousin — $6\,000^{\text{f}} \times 3/4 = \textbf{4\,500}^{\text{f}}.$

1936. *Une lingère doit fournir un trousseau en 20 jours. Elle emploie 9 ouvrières travaillant 8^{h} par jour et recevant 9^{f},60. Au bout de 10 journées de travail, la cliente demande que le trousseau soit livré 2 jours plus tôt. La lingère ne peut adjoindre qu'une ouvrière à celles déjà employées. De combien la journée de travail doit-elle être augmentée pour que la cliente obtienne satisfaction ? Quel sera, dans ces conditions, le gain journalier des ouvrières si les heures supplémentaires sont payées à un tarif double de leurs heures régulières ?*

Nombre d'heures nécessaires pour faire le trousseau :

$$8^{\text{h}} \times 9 \times 20 = 1\,440^{\text{h}}.$$

La 2e moitié du trousseau exigera 720 heures qui seront fournies par 10 ouvrières en 8 jours.

La journée sera de : $\dfrac{720}{10 \times 8} = 9$ heures.

R. — La journée sera prolongée de 1 heure.

L'heure ordinaire est payée : $9^f,60 : 8 = 1^f,20$.
L'heure supplémentaire est payée : $1^f,20 \times 2 = 2^f,40$.

R. — Gain journalier : $9^f,60 + 2^f,40 = 12^f$.

1937. *36 ouvriers, travaillant 10^h par jour, devaient effectuer un certain ouvrage en 26 jours. Après 12 jours de travail, on réduit à 8^h la durée de la journée d'ouvrier, le salaire devant être, pour la journée de 8^h, les 9/10 de ce qu'il était pour la journée de 10^h.*

Le total des sommes payées pour les salaires étant de 17 982^f, on demande de trouver : 1° le nombre d'ouvriers qu'il sera nécessaire d'adjoindre à la première équipe pour que l'ouvrage soit terminé dans les 14 jours restants ; 2° le montant des salaires journaliers pendant les 12 premiers jours et pendant les 14 derniers jours.

1° Nombre d'heures nécessaires : $10^h \times 36 \times 26 = 9\,360^h$.
Heures fournies en 12^j : $10^h \times 36 \times 12 = 4\,320^h$.
Il reste à fournir : $9\,360^h - 4\,320^h = 5\,040^h$.
Heures fournies en 14^j : $8^h \times 36 \times 14 = 4\,032^h$.
Il manque encore : $5\,040 - 4\,032 = 1\,008^h$.

R. — Il faudra adjoindre : $\dfrac{1\,008}{8 \times 14} = 9$ ouvriers.

2° Journées de 10^h : $12^j \times 36 = 432^j$.
    8^h : $14^j \times 45 = 630^j$.

Le salaire de ces 630^j de 8^h est égal à celui de

$$630 \times 0,9 = 567^j \text{ de } 10^h.$$

17 982^f représentent donc le salaire de $432 + 567 = 999$ journées de 10^h.

R. — Salaire d'une journée de 10^h : $17\,982^f : 999 = 18^f$.
        8^h : $18^f \times 0,9 = 16^f,20$.

Problèmes sur la règle de société.

1938. *Trois personnes se réunissent pour acheter une propriété qui leur coûte 96 000^f. La première donne 40 000^f, la deuxième 30 000^f, et la troisième le reste. Elles revendent la propriété 114 000^f et se partagent le bénéfice proportionnellement à la mise de chacune. Quel est le bénéfice de chacune d'elles ?*

La mise de la 3ᵉ personne égale 26 000ᶠ.

Le bénéfice est de 114 000ᶠ — 96 000ᶠ = 18 000ᶠ et doit être partagé proportionnellement à 40 000, 30 000, 26 000 ou à 20, 15, 13.

R.—Bénéfice de la 1ʳᵉ : 7 500ᶠ; de la 2ᵉ : 5 625ᶠ; de la 3ᵉ : 4 875ᶠ.

1939. *Quatre hommes ayant fait un fonds commun ont gagné 2 400ᶠ ; le premier a reçu 800ᶠ pour son gain, le second 600ᶠ, le troisième 590ᶠ ; et le quatrième, qui avait placé 1 640ᶠ, a reçu le reste du gain. On demande la mise de chacun ?*

Gain du 4ᵉ : 2 400ᶠ — (800ᶠ + 600ᶠ + 590ᶠ) = 410ᶠ.

Les mises valent : $\dfrac{1\ 640}{410}$ = 4 fois les gains. D'où :

R. — Mise du 1ᵉʳ : 800ᶠ × 4 = **3 200ᶠ**.

— 2ᵒ : 600ᶠ × 4 = **2 400ᶠ**.

— 3ᵉ : 590ᶠ × 4 = **2 360ᶠ**.

1940. *Trois négociants font un commerce et y consacrent 32 000ᶠ. On demande la mise de chacun, sachant que le premier a eu 3 000ᶠ sur le bénéfice, le deuxième 1 900ᶠ et le troisième 1 500ᶠ.*

Les mises sont proportionnelles à leurs revenus ; il faut donc partager 32 000ᶠ en parties proportionnelles à :

3 000, 1 900, 1 500 ou à 30, 19, 15.

R. — Les mises égalent : **15 000ᶠ, 9 500ᶠ, 7 500ᶠ.**

1941. *Une entreprise faite par trois personnes a produit 915ᶠ de bénéfice net. L'une d'elles a eu pour sa part des bénéfices 345ᶠ ; les deux autres ont reçu, tant pour leur mise de fonds que pour leur part des bénéfices, l'une 2 365ᶠ, l'autre 3 905ᶠ. Quelle a été la mise de chaque personne ?*

Total des bénéfices des deux dernières : 915ᶠ — 345ᶠ = 570ᶠ.
Total de leurs mises et bénéfices : 2 365 + 3 905 = 6 270ᶠ.
Total de leurs mises : 6 270ᶠ — 570ᶠ = 5 700ᶠ.

R. — Mise de la 1ʳᵉ : $\dfrac{5\ 700 \times 345}{570}$ = **3 450ᶠ**.

— 2ᵉ : $\dfrac{5\ 700 \times 2\ 365}{6\ 270}$ = **2 150ᶠ**.

— 3ᵉ : $\dfrac{5\ 700 \times 3\ 905}{6\ 270}$ = **3 550ᶠ**.

1942. *Le bénéfice net pour une année, réalisé dans l'exploitation d'une industrie, est de 59 800ᶠ. La mise de fonds a été faite par trois particuliers qui ont versé respectivement 80 000ᶠ, 75 000ᶠ et 45 000ᶠ ; un autre apporte un brevet qui, d'après les conventions, lui donne droit à 1/4*

*des bénéfices nets. En outre, un commis voyageur doit avoir
2 % des bénéfices nets. Combien revient-il à chacun des
4 associés.*

Commission du voyageur : 598 × 2 = 1 196^f.
Bénéfice du titulaire du brevet : 59 800 : 4 = 14 950^f.

Bénéfice à répartir entre les 3 premiers associés :

$$59\ 800^f - (1\ 196^f + 14\ 950^f) = 43\ 654^f.$$

Nombres proportionnels : 80 ; 75 ; 45 ou 16 ; 15 ; 9.

**R. — Le 1er recevra 17 461^f,6 ; le 2e 16 370^f,25 ; le 3e 9 822^f,15
et le 4e (titulaire du brevet) 14 950^f.**

1943. *Trois personnes se sont associées pour une entreprise : la 1re a mis les 4/9 des fonds ; la 2e a mis 15 000^f
de moins que la 1re, et la 3e 5 000^f de moins que la 2e. Les
frais se sont élevés aux 17/140 de la mise totale, et le bénéfice brut aux 2/5 de cette même mise. Calculer : 1° la mise
de chaque associé ; 2° le bénéfice net de l'entreprise ; 3° la
part de chaque associé dans ce bénéfice.*

La somme des mises égale

$$\frac{4}{9} + \left(\frac{4}{9} - 15\ 000^f\right) + \left(\frac{4}{9} - 20\ 000^f\right) = \frac{12}{9}\ \text{des fonds} - 35\ 000^f.$$

Donc les 3/9 ou le 1/3 des fonds égale 35 000^f.
Les fonds versés s'élèvent à 35 000^f × 3 = 105 000^f.

R. — Mise de la 1re : 105 000^f × $\frac{4}{9}$ = 46 666^f,65.

— 2e : 46 666^f,65 — 15 000^f = 31 666^f,65.

— 3e : 46 666^f,65 — 20 000^f = 26 666^f,65.

R. — Le bénéfice net égale les $\frac{2}{5} - \frac{17}{140} = \frac{39}{140}$ des mises ;

soit : $$105\ 000^f \times \frac{39}{140} = 29\ 250^f.$$

En partageant ce bénéfice proportionnellement aux mises, c'est-
à-dire proportionnellement à 46 666,65, 31 666,65, 26 666,65 on
trouve :

R. — 1re part : 1 3000^f ; 2e part : 8 821^f,45 ; 3e part : 7 428^f,55.

1944. *Deux marchands se sont associés et ont mis 8 000^f
dans un commerce qui leur a donné 1 500^f de bénéfice.
L'opération terminée, le 1er marchand a retiré 5 700^f,
mise et bénéfice compris. On demande la mise de chacun
et le bénéfice du 2e.*

Le bénéfice est égal aux : $\dfrac{1\ 500}{8\ 000} = \dfrac{3}{16}$ du capital.

Pour chaque associé la mise augmentée du bénéfice représente les $\frac{19}{16}$ de la mise.

R. — Mise du 1er : $\dfrac{5.700^f \times 16}{19} = 4\,800^f$.

Mise du 2e : $8\,000^f - 4\,800^f = 3\,200^f$.

Bénéfice du 2e : $3\,200^f \times \dfrac{3}{16} = 600^f$.

1945. *Trois associés, lorsque leur société a été dissoute, ont retiré, mise et gain compris : le 1er, 39 352f ; le 2e, 32 624f ; le 3e, 13 984f. Sachant que le gain a été de 10 745f, on demande quels sont les mises et les gains de chacun des associés.*

Les 3 associés ont retiré : $39\,352^f + 32\,624^f + 13\,984^f = 85\,960^f$.

Le gain égale $\dfrac{10\,745}{85.960}$ ou $\dfrac{1}{8}$ des sommes retirées et par suite $\dfrac{1}{7}$ des mises.

R. — On aura donc :

Gain du 1er : $39\,352^f : 8 = 4\,919^f$; mise du 1er : $4\,919^f \times 7 = 34\,433^f$.

— 2e : $32\,624^f : 8 = 4\,078^f$; — 2e : $4\,078^f \times 7 = 28\,546^f$.

— 3e : $13\,984^f : 8 = 1\,748^f$; — 3e : $1\,748^f \times 7 = 12\,236^f$.

1946. *Trois négociants ont fait un fonds de 13 300f : le premier a mis 3 800f pour 8 mois, le second 4 500f pour 15 mois, le troisième 4 000f pour 6 mois et le reste pour 12 mois. On demande quelle part chacun doit avoir sur le gain, montant à 1 500f.*

Le reste égale : $13\,300^f - (3\,800^f + 4\,500^f + 4\,000^f) = 1\,000^f$
On partagera le gain total en parties proportionnelles à :
$$3\,800 \times 8 = 30\,400 ; \quad 4\,500 \times 15 = 67\,500 ;$$
$$(4\,000 \times 6 + 1\,000 \times 12) = 36\,000 ;$$
ou à : $\qquad 304, \; 675, \; 360.$

R. — Les parts seront : $340^f,55$; $756^f,15$; $403^f,30$.

1947. *Trois négociants firent un fonds commun : le premier, qui eut 800f de bénéfice, avait mis 2 400f pour 8 mois ; le second avait mis 2 400f pour 10 mois et le troisième 2 520f pour 7 mois. On demande quel fut le gain total de la société et celui des deux derniers associés.*

Les mises des 3 négociants équivalent :

la 1re, à une mise de $2\,400^f \times 8 = 19\,200^f$ pour 1 mois ;
la 2e, — $2\,400^f \times 10 = 24\,000^f$ —
la 3e, — $2\,520^f \times 7 = 17\,640^f$ —

au total, à une mise de .... 60.840^f pour 1 mois.

Le bénéfice est égal à $\dfrac{800}{19\ 200}$ ou $\dfrac{1}{24}$ de la mise totale.

R. — Bénéfice total de la société : 60 840^f : 24 = **2 535^f.**
— **du 2º associé :** 24 000^f : 24 = **1 000^f.**
— **du 3º associé :** 17 640^f : 24 = **735^f.**

1948. *Une personne qui a fondé un établissement avec un capital de 100 000^f, s'associe une autre personne deux mois après. Au bout de l'année, le partage des bénéfices a lieu dans le rapport de 3 à 5. Quelle somme la seconde personne a-t-elle apportée dans l'association ?*

Lorsque la 1re personne a 3^f pour 12 mois, ou $\dfrac{3}{12}$ = 0^f,25 pour un mois, la seconde a 5^f pour 10 mois ou 0^f,5 pour un mois.

Le gain de la 2º étant double de celui de la 1re dans le même temps, sa mise doit aussi être double.

R. — La seconde personne a mis 20 000^f.

1949. *Trois entrepreneurs ont construit une maison qui leur a été payée 123 650^f. Le 1er avait avancé 42 000^f pendant 8 mois ; le 2º 26 000^f pendant 15 mois ; le 3º 31 000^f pendant 4 mois. Quel est le bénéfice de chacun ?*

Total des sommes versées : 42 000^f + 26 000^f + 31 000^f = 99 000^f.
Bénéfice total : 123 650^f — 99 000^f = 24 650^f.
Cette somme doit être partagée en parties proportionnelles à :

42 000 × 8 ; 26 000 × 15 ; 31 000 × 4 ou à 168, 195, 62.

R. — Bénéfice du 1er : 9 744^f ; du 2º : 11 310^f ; du 3º : 3 596^f.

1950. *Deux associés ont fondé une maison de commerce. Le 1er a apporté 56 000^f et le 2º 75 000^f. Six mois après, ils s'adjoignent un 3º associé qui apporte 125 000^f. Au bout de l'année, les 3 associés ont à se partager un bénéfice net de 15 750^f, sur lequel le 1er des associés qui a géré l'entreprise doit prélever, avant tout partage, 15 %. Combien revient-il à chacun ?*

Le 1er associé prélève $\dfrac{15\ 750^f \times 15}{100}$ = 2 362^f,50.

Il reste à partager 15 750^f — 2 362^f,50 = 13 387^f,50.

Une mise de 125 000^f pour 6 mois équivaut à une mise de 125 000 : 2 = 62 500^f pour 1 an.

On partagera donc 13 387,5 en parties proportionnelles à :

56 000, 75 000, 62 500 ; ou à 112, 150, 125.

R. — Le 1er recevra 3 874^f,42 + 2 362^f,50 = 6 236^f,92, soit 6 236^f,90.
Le 2º recevra 5 188^f,95 et le 3º : 4 324^f,15.

1951. *Trois associés ont constitué un fonds social de 56 134^f ; la mise du 2º dépasse de 1 512^f les 2/3 de celle* du 1er, la mise du 3e s'élève aux 3/4 de celle du 2e, plus 1 488^f. D'autre part, la première mise est restée 1 mois dans l'association ; la seconde 2 mois ; la troisième 3 mois, et le bénéfice réalisé est de 514^f,45. Combien revient-il à chacun ?

Soit x la mise du 1er ; l'énoncé permet d'écrire :

$$x + \left(\frac{2x}{3} + 1\,512\right) + \left[\left(\frac{2x}{3} + 1\,512\right)\frac{3}{4} + 1\,488\right] = 56\,134 ;$$

ou

$$x + \left(\frac{2x}{3} + 1\,512\right) + \left(\frac{x}{2} + 2\,622\right) = 56\,134$$

d'où l'on tire

$$x = 24\,000.$$

La mise du 2e vaut $\dfrac{24\,000^f \times 2}{3} + 1\,512^f = 17\,512^f$.

La mise du 3e vaut $\dfrac{24\,000^f}{2} + 2\,622^f = 14\,622^f$.

On partagera le bénéfice en parties proportionnelles à :

24 000 ; 17 512×2 ; 14 622×3 ; ou à 12 000, 17 512, 21 933.

R. — Il revient au 1er : 175^f,12 ; au 2e : 120^f ; au 3e : 219^f,33.

1952. *Un négociant commence une entreprise avec une somme de 12 000^f. Huit mois plus tard, un associé s'y intéresse pour une somme de 180 000^f et 14 mois plus tard un nouvel associé s'y intéresse pour une somme de 300 000^f. L'entreprise, après avoir duré 6 ans, donne un bénéfice de 148 000^f. Sachant que le 1er négociant doit prélever une prime de 6 % avant tout partage sur le bénéfice, on demande ce qui revient à chacun des trois associés.*

Le 1er négociant prélève d'abord $\dfrac{6^f \times 148\,000}{100} = 8\,880^f$.

Il reste à partager : 148 000^f — 8 880^f = 139 120^f.

La mise du 1er est restée 6 ans ou 72 mois dans l'entreprise ; celle du 2e, 72 — 8 = 64 mois, et celle du 3e, 64 — 14 = 50 mois.

On partagera donc 139 120^f en parties proportionnelles à :

12 000×72 ; 180 000×64 ; 300 000×50 ou à 36, 480, 625.

R. — Part de bénéfice du 1er : 4 389^f,48 + 8 880 = 13 279^f,48.
Part du 2e : 58 525^f,51. Part du 3e : 76 205^f,08.

1953. *Un commerçant A entreprend une affaire avec un capital de 15 000^f ; au bout de 4 mois il s'associe avec un commerçant B qui fait un apport de 25 000^f ; 3 mois plus tard A et B prennent un nouvel associé C avec un capital de 50 000^f ; mais ce dernier reprend 3 mois plus tard 25 000^f. Au bout de l'année, l'affaire donne un bénéfice de 50 170^f. Que revient-il à chacun ?*

La mise de A est restée dans l'entreprise pendant 12 mois et celle de B pendant 8 mois. C a laissé 50 000ᶠ pendant 3 mois et 25 000ᶠ pendant 2 mois.

On partagera donc les 50 170ᶠ de bénéfice en parties proportionnelles à :

$$15\,000 \times 12\,; \quad 25\,000 \times 8\,; \quad (50\,000 \times 3 + 25\,000 \times 2)\,; \quad \text{ou à } 9,\ 10,\ 10.$$

R. — Part de A : 15 570ᶠ ; part de B : 17 300ᶠ ; part de C : 17 300ᶠ.

1954. *A et B sont associés. A dirige l'association et prélève à ce titre 18 % sur les bénéfices avant partage. Les bénéfices se sont élevés à 13 300ᶠ,50. A a retiré en tout, mise comprise, 27 506ᶠ,50. Quelle est la mise de chacun et combien % a rapporté le capital, sachant que les mises de A et de B sont proportionnelles à 5 et à 9 ?*

A prélève d'abord $\dfrac{13\,300^f,5 \times 18}{100} = 2\,394^f,10.$

Il reste donc à partager 13 300ᶠ,5 — 2 394ᶠ,10 = 10 906ᶠ,40 en parties proportionnelles à 5 et à 9.

A recevra : $\dfrac{10\,906^f,4 \times 5}{14} = 3\,895^f,15$ et B : $\dfrac{10\,906^f,4 \times 9}{14} = 7\,011^f,25.$

R. — Mise de A : 27 506ᶠ,50 — (2 394ᶠ,10 + 3 895ᶠ,15) = 21 217ᶠ,25.

Mise de B : 21 217ᶠ,25 × 9/5 = 38 191ᶠ,05.

Total des mises : 21 217ᶠ,25 + 38 191ᶠ,05 = 59 408ᶠ,30.

R. — Bénéfice % : $\dfrac{13\,300,5 \times 100}{59\,408,3} = $ **22,4 %.**

1955. *Trois négociants associés dans une entreprise ont fait un bénéfice de 124 615ᶠ,33. Trouver la part qui reviendra à chacun, sachant que leurs mises sont proportionnelles aux nombres 1, 2, 3 et que les temps pendant lesquels elles sont restées engagées sont entre eux comme les fractions 1/2, 2/3, 3/4.*

Le bénéfice de 124 615ᶠ,33 est à partager en parties proportionnelles à :

$$1 \times \frac{1}{2}\,; \quad 2 \times \frac{2}{3}\,; \quad 3 \times \frac{3}{4} \quad \text{ou à } 6,\ 16,\ 27.$$

R. — Les parts seront : 15 259ᶠ,02 ; 40 690ᶠ,72 ; 68 665ᶠ,59.

1956. *Deux personnes qui ont des fortunes égales ont mis : la 1ʳᵉ les 3/4, la 2ᵉ les 5/9 de leur avoir dans une affaire qui a rapporté 8 460ᶠ de bénéfice. Après avoir prélevé l'une et l'autre sur ce bénéfice 2 % du capital mis en commun, elles se partagent le reste proportionnellement à leurs mises. Sachant que ce reste représente encore 5 % du capital employé, on demande quelle a été la mise de chaque associé et sa part totale dans le bénéfice.*

Les deux personnes ont prélevé sur les bénéfices chacune 2 % du capital engagé soit au total 4 % de ce capital.

Le bénéfice restant est alors égal à 5 % du capital engagé.

Le bénéfice total 8 460^f représente donc 9 % du capital engagé.

Ce capital vaut donc $\dfrac{8\,460^f \times 100}{9} = 94\,000^f$.

Les mises des 2 personnes sont entre elles comme

$$\frac{3}{4} \quad\text{et}\quad \frac{5}{9} \quad\text{ou comme}\quad 27 \quad\text{et}\quad 20.$$

R. — Mise de la 1re : $\dfrac{94\,000^f \times 27}{47} = $ **54 000^f.**

Mise de la 2e : 94 000^f — 54 000^f = **40 000^f.**

Prélèvements de chaque associé : $\dfrac{94\,000^f \times 2}{100} = 1\,880^f$.

Le bénéfice restant, soit $\dfrac{94\,000^f \times 5}{100} = 4\,700^f$, doit être partagé proportionnellement aux mises. D'où :

R. — Part totale de la 1re : $\dfrac{4\,700^f \times 27}{47} + 1\,880^f = $ **4 580^f.**

Part totale de la 2e : $\dfrac{4\,700^f \times 20}{47} + 1\,880^f = $ **3 880^f.**

MÉLANGES

Problème. — 1957. On a mélangé 80^l d'huile à 3^f,60 ; 95^l à 4^f,20 et 120^l à 3^f,80. Quel est le prix moyen du litre de ce mélange ?

```
 80ˡ à 3ᶠ,60 valent : 3ᶠ,60 ×  80 =   288ᶠ
 95ˡ à 4ᶠ,20    —     4ᶠ,20 ×  95 =   399ᶠ
120ˡ à 3ᶠ,80    —     3ᶠ,80 × 120 =   456ᶠ
295ˡ de mélange valent .........  1 143ᶠ
```

R. — Le prix moyen du litre est : $\dfrac{1\,143^l}{295} = $ **3^f,875.**

1958. *Un épicier a mélangé* 20^{kg} *de café à* 13^f *le kg.,* 150^{kg} *à* 9^f,50 *et* 200^{kg} *à* 11^f,40. *Combien doit-il vendre le demi-kg. de ce mélange s'il veut gagner* 660^f *sur le tout ?*

Prix du mélange : 13^f × 20 + 9^f,50 × 150 + 11^f,4 × 200 = 3 965^f.

Prix de vente total : 3 965^f + 660^f = 4 625^f.

R. — Prix de vente du 1/2 kg. : $\dfrac{4\,625}{370 \times 2} = $ **6^f,25.**

1959. *Un particulier a mélangé* 30^l *de vin à* 1^f,50 *le litre avec* 18^l *de vin d'une qualité inférieure. Le litre du* *mélange revient à 1ᶠ,20. Calculer le prix du litre de 2ᵉ qualité.*

Prix du mélange 1,2 × 48 = 57ᶠ,6.
Prix des 30ˡ de 1ʳᵉ qualité : 1ᶠ,50 × 30 = 45ᶠ.
Prix des 18ˡ de 2ᵉ qualité : 57ᶠ,6 — 45ᶠ = 12ᶠ,60.

R. — **Prix du litre de 2ᵉ qualité :** $\dfrac{12^f,60}{18} = 0^f,70.$

1960. *Un marchand avait une barrique de 228ˡ de vin à 1ᶠ,10 le litre. Après en avoir vendu les 5/6, il verse dans la barrique 95ˡ de vin à 90ᶠ l'hl. et il achève de la remplir avec du vin à 80ᶠ l'hl. A quel prix devra-t-il revendre le litre de ce mélange s'il veut réaliser un bénéfice de 20 % ?*

La barrique remplie contient :

1° 228ˡ × 1/6 = 38ˡ à 1ᶠ,10   valant 1ᶠ,10 × 38 = 41ᶠ,80
2° 95ˡ à 0ᶠ,90   — 0ᶠ,90 × 95 = 85ᶠ,50
3° 228ˡ — (38ˡ + 95ˡ) = 95ˡ à 0ᶠ,80   — 0ᶠ,80 × 95 = 76ᶠ,00

au total 228ˡ   — 203ᶠ,30.

R. — **Prix de vente du litre :** $\dfrac{203^f,30 \times 120}{100 \times 228} = 1^f,05$ par défaut.

1961. *On a rempli une barrique de 228ˡ avec des vins à 1ᶠ,20, 1ᶠ,45 et 1ᶠ,80 le litre. Il y a 3 fois plus de vin du dernier prix que du premier et 4 fois moins du deuxième prix que du troisième. Combien doit-on vendre le litre du mélange pour réaliser un bénéfice de 25 % sur le prix de vente ?*

Pour 12 litres du 3ᵉ prix il y a 4 litres du 1ᵉʳ prix et 3 du 2ᵉ prix.
Prix de revient du litre de mélange :

$$\frac{(1^f,20 \times 4) + (1^f,45 \times 3) + (1^f,80 \times 12)}{19} = \frac{30,75}{19}.$$

R. — **Prix de vente du litre :** $\dfrac{30^f,75 \times 100}{19 \times 75} = 2^f,15$ par défaut.

1962. *On a mélangé 80ᵏᵍ de farine de blé avec 32ᵏᵍ de farine de maïs. Combien faudrait-il ajouter de kg. de farine de blé pour que le rapport de celle-ci à celle de maïs fût 13/4 ?*

Les 32ᵏᵍ de farine de maïs représenteront les 4/13 du poids de la farine de froment.

Le poids de la farine de froment sera de : $\dfrac{32^{kg} \times 13}{4} = 104^{kg}.$

R. — **Il faut ajouter** 104ᵏᵍ — 80ᵏᵍ = 24ᵏᵍ **de farine de froment.**

1963. *Un marchand a du café Moka et du café du Brésil. Le kg. du 1ᵉʳ lui coûte 3ᶠ,60 plus cher que le kg. de l'autre. Il fait un mélange d'une partie de Moka contre deux parties de Brésil et revend ce mélange au prix de revient du Moka.*

Il gagne ainsi 20 % du prix de revient du mélange. Quel est le prix auquel lui revient le kg. de Moka ?

La vente de 3^{kg} du mélange donne un bénéfice de :

$$3^f,60 \times 2 = 7^f,20.$$

Ce bénéfice représente les $\frac{20}{100}$ ou le $\frac{1}{5}$ du prix de revient des 3^{kg}.

Prix de revient des 3^{kg} : 7^f,20 $\times$ 5 $=$ 36^f,00.
Prix de vente des 3^{kg} : 36^f $+$ 7^f,20 $=$ 43^f,20.
Ce prix de vente est égal au prix de revient de 3^{kg} de moka ; d'où :

R. — Prix de revient du kg. de moka : 43^f,2 : 3 $=$ 14^f,40.

1964. *On a un mélange composé pour les 3/7 de vin à 1^f,20 le litre et pour les 4/7 de vin à 0^f,75 le litre ; ce mélange est vendu 1^f,05 le litre, seulement pendant les manipulations de détail, 10 litres ont été perdus. Malgré cette perte, l'opération a donné un bénéfice de 27^f. Combien a-t-on pris de vin de chaque espèce ?*

Sans la perte des 10^l, l'opération aurait donné un bénéfice de :

$$27^f + (1^f,05 \times 10) = 37^f,50.$$

Prix de revient de 7^l de mélange : 1^f,2 $\times$ 3 $+$ 0^f,75 $\times$ 4 $=$ 6^f,6.
Prix de vente des 7^l : 1^f,05 $\times$ 7 $=$ 7^f,35.
Bénéfice sur les 7^l : 7^f,35 $-$ 6^f,6 $=$ 0^f,75.

Nombre de litres mélangés : $\dfrac{7 \times 37,5}{0,75} = 350^l$.

R. — Nombre de litres à 1^f,20 : 350^l $\times$ 3/7 $=$ 150^l.
0^f,75 : 350^l $-$ 150^l $=$ 200^l.

Composition du mélange.

Proportion du mélange. — 1965. On a du vin à 1^f,10 et 1^f,60 le litre. Combien faut-il en prendre de chaque qualité pour que le litre de mélange revienne à 1^f,40 ?

(Voir livre de l'élève, page 492.)

1966. *Un épicier a du café à 10^f,50 et à 13^f le kg. Dans quelle proportion doit-il les mélanger, s'il veut revendre le kg. de mélange 14^f,50 en gagnant 16 % sur le prix de revient ?*

Prix de revient du kg. de mélange : $\dfrac{14^f,50 \times 100}{116} = 12^f,50.$

$$
\begin{array}{lll}
10^f,50 & \searrow & 0,50 \ \ldots\ldots\ 1^{kg} \text{ à } 10^f,50. \\
& 12^f,50 & \nearrow \\
13^f,00 & \nearrow\searrow & 2,00 \ \ldots\ldots\ 4^{kg} \text{ à } 13^f,00.
\end{array}
$$

1967. *Dans quelle proportion faut-il mélanger deux sortes de farines valant l'une 108ᶠ, l'autre 132ᶠ le quintal pour obtenir du pain revenant à 1ᶠ,12 le kg. ? On sait que 100ᵏᵍ de farine donnent 125ᵏᵍ de pain et que pour une fournée de 100ᵏᵍ de pain, les frais de main-d'œuvre et de cuisson s'élèvent à 16ᶠ.*

La farine qui entre dans 100ᵏᵍ de pain reviendra à :

$$112^f - 16^f = 96^f.$$

Poids de cette farine : $100^{kg} \times \dfrac{100}{125} = 80^{kg}.$

Prix de revient de 100ᵏᵍ de farine : $\dfrac{96^f \times 100}{80} = 120^f.$

Proportion du mélange
$$\begin{cases} 108 & \searrow & & \nearrow & 12 \\ & & 120 & & \\ 132 & \nearrow & & \searrow & 12 \end{cases}$$

R. — On prendra des poids égaux des deux farines.

L'une des quantités est donnée. — 1968. Combien faut-il mélanger de litres de vin à 1ᶠ,10, avec 240ˡ à 1ᶠ,60 pour que le mélange revienne à 1ᶠ,40 le litre ?

(Voir livre de l'élève, page 493.)

1969. *Combien faut-il ajouter de litres de vin à 1ᶠ le litre à 200 litres à 1ᶠ,20, si l'on veut que le mélange revienne à 1ᶠ,10 le litre ?*

Le prix de revient 1ᶠ,10 diffère autant de 1ᶠ que de 1ᶠ,20.
Il s'ensuit qu'on doit prendre autant de litres à 1ᶠ qu'à 1ᶠ,20.

R. — On doit ajouter 200ˡ à 1ᶠ.

1970. *Un marchand a 560ˡ de vin à 1ᶠ le litre. Combien doit-il en ajouter à 1ᶠ,40 pour qu'il puisse vendre l'hl. du mélange 162ᶠ,50 en gagnant 20 % sur le prix de vente ?*

Prix de revient du litre de mélange : $\dfrac{162^f,5 \times 80}{100 \times 100} = 1^f,30.$

Proportion du mélange
$$\begin{cases} 1 & \searrow & & \nearrow & 0,10 & \dots\dots & 1\ \text{litre à } 1^f. \\ & & 1,30 & & \\ 1,40 & \nearrow & & \searrow & 0,30 & \dots\dots & 3\ \text{litres à } 1^f,40. \end{cases}$$

R. — On doit ajouter : 560ˡ × 3 = 1 680ˡ à 1ᶠ,40.

La quantité totale du mélange est donnée. — 1971. On a du vin à 1ᶠ,10 le litre et à 1ᶠ,60. On veut en faire un mélange de 900ˡ qui revienne à 1ᶠ,40 le litre. Combien doit-on prendre de vin de chaque qualité ?

(Voir livre de l'élève, page 493.)

1972. *Un négociant a des vins à 1^f,10 et à 1^f,70 le litre. Il veut en faire un mélange de 240^l de manière qu'en le vendant 184^f l'hl., il réalise un bénéfice de 15 % sur le prix de revient. Combien doit-il prendre de litres de chaque sorte ?*

Prix de revient du litre de mélange : $\dfrac{1^f,84 \times 100}{115} = 1^f,60.$

Proportion du mélange
$$\begin{cases} 1,10 \\ 1,70 \end{cases} \searrow\,1,60\,\nearrow \quad 0,10 \ldots\ldots \text{1 litre à } 1^f,10. \\ \quad 0,50 \ldots\ldots \textbf{5 litres à } 1^f,\textbf{70.}$$

R. — Il prendra $\dfrac{240}{6} = \textbf{40}^l$ **à 1^f,10** et $\dfrac{240 \times 5}{6} = \textbf{200}^l$ **à 1^f,70.**

1973. *Un marchand a reçu 2 caisses contenant chacune 150^{kg} de thé. Il a payé pour le tout 9 600^f et l'une des caisses lui coûte 1 200^f de plus que l'autre. Le marchand veut faire un mélange de 60^{kg} de thé qui lui reviennent à 3 000^f les 100^{kg}. Combien doit-il en prendre de chaque espèce ?*

Prix des caisses (la somme et la différence étant connues) :

$$\dfrac{9\ 600^f + 1\ 200^f}{2} = 5\ 400^f\,;\qquad \dfrac{9\ 600^f - 1\ 200^f}{2} = 4\ 200^f.$$

Prix du kg. de thé de 1re qualité : 5 400^f : 150 = 36^f.
Prix du kg. de thé de 2e qualité : 4 200^f : 150 = 28^f.

Proportion du mélange
$$\begin{cases} 36 \\ 28 \end{cases} \searrow\,30\,\nearrow \quad 2 \ldots\ldots \text{1}^{kg} \text{ à 36}^f. \\ \quad 6 \ldots\ldots \textbf{3}^{kg} \textbf{ à 28}^f.$$

R. — Il prendra $\dfrac{60}{4} = \textbf{15}^{kg}$ **à 36^f** et $\dfrac{60 \times 3}{4} = \textbf{45}^{kg}$ **à 28^f.**

1974. *60 hl. de blé ont été vendus 4 056^f avec un bénéfice de 4 % sur le prix d'achat. Ces 60 hl. résultent du mélange de deux sortes de blé valant l'une 60^f, l'autre 72^f l'hl. Sachant que l'hl. de la 1re sorte pèse 75^{kg} et l'hl. de la 2e 79^{kg}, trouver combien il entre de quintaux de chaque sorte dans les 60^{hl} de mélange.*

Prix de revient des 60^{hl} : $\dfrac{4\ 056^f \times 100}{104} = 3\ 900^f.$

Prix de revient de l'hectolitre : 3 900^f : 60 = 65^f.

Proportion du mélange
$$\begin{cases} 60 \\ 72 \end{cases} \searrow\,65\,\nearrow \quad 7 \ldots\ldots \text{7}^{hl} \text{à 60}^f. \\ \quad 5 \ldots\ldots \text{5}^{hl} \text{à 72}^f.$$

On prendra $\dfrac{60^{hl} \times 7}{12} = 35^{hl}$ à 60^f et $\dfrac{60^{hl} \times 5}{12} = 25^{hl}$ à 72^f.

R. — **Il y aura** $75^{kg} \times 35 = 2\ 625^{kg}$ ou $26^q,25$ **de la 1re sorte.**

et $\qquad 79^{kg} \times 25 = 1\ 975^{kg}$ ou $19^q,75$ **de la 2e sorte.**

1975. *Un négociant a reçu deux ballots de café pesant chacun* 575^{kg} ; *il les a payés* $14\ 172^f$. *L'un de ces ballots a coûté* $1\ 740^f$ *de moins que l'autre. Quel poids devra-t-il prendre de chacun d'eux pour obtenir un mélange de* 783^{kg} *revenant à* 12^f *le kg. ? Donner sous forme de fraction ordinaire aussi simple que possible le rapport exact des poids des deux cafés ainsi mélangés.*

Prix des ballots :

$$\frac{14\ 172^f + 1\ 740^f}{2} = 7\ 956^f \ ; \qquad \frac{14\ 172^f - 1\ 740^f}{2} = 6\ 216^f.$$

Prix du kg. de chaque qualité : $\dfrac{7\ 956}{575}$ f. et $\dfrac{6\ 216}{575}$ f.

Le prix de revient du kg. de mélange est 12^f ou $\dfrac{6\ 900}{575}$ f.

Proportion du mélange $\left\{ \begin{array}{l} 7\ 956 \\ \\ 6\ 216 \end{array} \right.$ $\quad 6\ 900 \quad$ $\begin{array}{l} 684 \quad \ldots\ 57^{kg} \text{ de 1}^{re}\text{ qualité.} \\ \\ 1\ 056 \quad \ldots\ 88^{kg} \text{ de 2}^e\text{ qualité.} \end{array}$

R. — **On prendra :** $\dfrac{783^{kg} \times 57}{57 + 88} = 307^{kg},8$ **de 1re qualité ;**

et $783^{kg} - 307^{kg},8 = 475^{kg},2$ **de 2e qualité.**

1976. *Un négociant a des cafés à* 14^f, $12^f,50$ *et* 10^f. *Il en fait un mélange de* 300^{kg}, *contenant autant de kg. de la 1re qualité que des deux dernières ensemble et qui lui revient à* $12^f,70$ *le kg. Combien entre-t-il de kg. de chaque espèce dans le mélange ?*

Les 300^{kg} de mélange reviennent à $12^f,70 \times 300 = 3\ 810^f$.
Ils comprennent 150^{kg} à 14^f, valant : $14^f \times 150 = 2\ 100^f$; et 150^{kg} à $12^f,50$ et 10^f qui reviennent à $3\ 810 - 2\ 100 = 1\ 710^f$, soit à $1\ 710^f : 150 = 11^f,40$ le kg.

Proportion du mélange des cafés à $12^f,5$ et 10^f $\left\{ \begin{array}{l} 12,50 \\ \\ 10 \end{array} \right.$ $\quad 11,40 \quad$ $\begin{array}{l} 1,40 \quad \ldots\ 14^{kg} \text{ à } 12^f,50. \\ \\ 1,10 \quad \ldots\ 11^{kg} \text{ à } 10^f. \end{array}$

Les 150^{kg} de la seconde moitié du poids total, se composent de

$$\frac{150^{kg} \times 14}{25} = 84^{kg} \text{ à } 12^f,50 \qquad \text{et} \qquad \frac{150^{kg} \times 11}{25} = 66^{kg} \text{ à } 10^f.$$

R. — **Le mélange comprend :** 150^{kg} **à** 14^f ; 84^{kg} **à** $12^f,5$; 66^{kg} **à** 10^f.

Mélange de plus de deux substances.

Problème. — **1977.** Dans quelle proportion faut-il mélanger des farines à 80^f, 85^f, 92^f et 105^f le quintal pour avoir un mélange qu'on puisse donner sans gain ni perte à raison de 90^f le quintal.

(*Voir livre de l'élève*, p. 494.)

1978. *Un marchand a mélangé des beurres à 12^f, 13^f, 16^f et 18^f le kg. Les beurres à 12^f et à 13^f entrent dans le mélange dans le rapport de 5 à 2 et les beurres à 16^f et 18^f, à parties égales. Combien y a-t-il de kg. de beurre de chaque espèce dans un mélange de 165^{kg} valant 7^f,50 le demi-kg. ?*

Les beurres à 12^f et 13^f du mélange reviennent à :

$$\frac{(12^f \times 5) + (13^f \times 2)}{7} = \frac{86}{7} \text{ de fr. le kg.}$$

et les beurres à 16^f et 18^f reviennent à 17^f le kg.

Cherchons dans quelle proportion il faut mélanger du beurre à $\frac{86}{7}$ et à ou $\frac{119}{7}$ pour avoir un mélange à 15^f ou $\frac{105}{7}$.

$$\text{Proportion du mélange} \begin{cases} 86 \diagdown \quad 14 \quad \cdots\cdots 14^{kg} \text{ à } \frac{86}{7} \\ \quad \quad 105 \\ 119 \diagup \quad 19 \quad \cdots\cdots 19^{kg} \text{ à } 17^f. \end{cases}$$

R. — Sur 165^{kg} de mélange il y aura :

1° $\dfrac{165^{kg} \times 14}{33} = 70^{kg}$ à $\dfrac{86}{7}$ f ; soit **50^{kg} à 12^f et 20^{kg} à 13^f.**

2° $\dfrac{165^{kg} \times 19}{33} = 95^{kg}$ à 17^f ; soit **47^{kg},5 à 16^f et 47^{kg},5 à 18^f.**

1979. *Un épicier a des cafés à 11^f,40, 13^f,80 et 16^f,20 le kg. Il a vendu pour 6 555^f un mélange de 400^{kg} qui lui a procuré un bénéfice de 15 %. Sachant que ce mélange contenait 75^{kg} de la 2e qualité, trouver quel poids il avait mis des deux autres qualités.*

Prix de revient du mélange : $\dfrac{6\,555^f \times 100}{115} = 5\,700^f$.

Prix de revient des 75^{kg} de la 2e qualité : 13^f,8 $\times$ 75 = 1 035^f.
Le reste du mélange revient à 5 700^f — 1 035^f = 4 665^f.

(*Fausse position.*) Si le reste du mélange, soit 400^{kg} — 75^{kg} = 325^{kg}, était composé de café à 16^f,20, il reviendrait à 16^f,20 $\times$ 325 = 5 265^f.
Ce prix surpasserait le prix réel de 5 265^f — 4 665^f = 600^f.

En remplaçant 1^{kg} à $16^f,20$ par 1^{kg} à $11^f,40$ l'excédent diminuerait de $16^f,20 - 11^f,40 = 4^f,8$.

R. — Nombre de kg. à $11^f,40$: $\dfrac{600}{4,8} = 125^{kg}$.

Nombre de kg. à $16^f,20$: $325^{kg} - 125^{kg} = 200^{kg}$.

1980. *Un marchand a 20^{kg} de café à $11^f,70$ le kg. Quel poids de café doit-il acheter à $12^f,60$ et à $11^f,40$ pour qu'en les mélangeant au 1er il obtienne 100^{kg} de café, qu'il puisse revendre $13^f,80$ le kg. en gagnant 15 % sur le prix de revient?*

Prix de revient des 100^{kg} de mélange :

$$\frac{13^f,80 \times 100 \times 100}{115} = 1\ 200^f.$$

Les 20^{kg} à $11^f,70$ ont coûté $11^f,70 \times 20 = 234^f$.
Le reste du mélange revient donc à $1\ 200^f - 234^f = 966^f$.
Soit à $966^f : 80 = 12^f,075$ le kg.

Composition du reste du mélange

$12,6 \searrow \qquad 0,675 \ldots\ldots 9^{kg}$ à $12^f,6$.

$\qquad 12,075$

$11,4 \nearrow \qquad 0,525 \ldots\ldots 7^{kg}$ à $11^f,4$.

R. — Il devra acheter : $\dfrac{80^{kg} \times 9}{16} = 45^{kg}$ à $12^f,6$

et $\dfrac{80^{kg} \times 7}{16} = 35^{kg}$ à $11^f,40$.

Mouillage des vins.

1981. *Un particulier a 78^l de vin à $1^f,40$ le litre, combien doit-il y ajouter de litres d'eau pour avoir un mélange qui revienne à $1^f,30$ le litre ?*

(Voir livre de l'élève, page 495.)

1982. *Dans un ménage, on a mélangé 80^l de vin à $0^f,90$, avec 120^l à $1^f,50$ et une certaine quantité d'eau. Le litre du mélange revient à 1^f. Calculer la quantité d'eau ajoutée.*

Le vin qui entre dans le mélange revient à :

$$\frac{(0^f,90 \times 80) + (1^f,50 \times 120)}{200} = 1^f,26.$$

Proportion du mélange

$0 \searrow \qquad 0,26 \ldots\ldots 13^l$ d'eau

$\qquad 1$

$1,26 \nearrow \qquad 1 \ldots\ldots 50^l$ de vin.

R. — Quantité d'eau ajoutée : $\dfrac{200^l \times 13}{50} = 52$ litres.

Autre solution. — Prix de revient total du mélange :
$$(0^f,90 \times 80) + (1^f,50 \times 120) = 252^f.$$

Nombre de litres mélangés (vin et eau) : $252 : 1 = 252^l$.

R. — **Quantité d'eau ajoutée**: $252^l - (80 + 120) = 52^l$.

1983. *Pour remplir un tonneau de 450^l, un restaurateur emploie une certaine quantité d'eau et trois espèces de vin valant 120^f, 132^f et 165^f l'hl. Pour un litre à $1^f,20$ il en met 3 à $1^f,32$ et pour 24^l de ce mélange il met 1 litre d'eau. En revendant le tout $1^f,80$ le litre il a gagné 162^f. Combien a-t-il employé de litres de chaque liquide ?*

Prix de vente des 450^l de mélange : $1^f,80 \times 450 = 810^f$.
Prix de revient des 450^l de mélange : $810^f - 162^f = 648^f$.
Prix de revient du litre : $648^f : 450 = 1^f,44$.
Dans le mélange préparatoire des 2 premiers vins avec de l'eau, il y a, sur 25 litres : 1^l d'eau et 24^l de vin dont 6^l à $1^f,20$ et 18^l à $1^f,32$. Le litre de ce mélange revient donc à :
$$\frac{(1^f,20 \times 6) + (1^f,32 \times 18)}{25} = \frac{30,96}{25} = 1^f,2384.$$

Il s'agit de former un mélange de 450^l à $1^f,44$ avec des vins à $1^f,2384$ et $1^f,65$.

Proportion du mélange :

$$1,2384 \quad\quad 0,21 \dots\dots 25^l \text{ à } 1^f,2384.$$
$$1,44$$
$$1,65 \quad\quad 0,2016 \dots\dots 24^l \text{ à } 1^f,65.$$

On prendra donc :
$$\frac{450^l \times 25}{49} = 229^l,60 \text{ à } 1^f,2384 \quad\text{et}\quad \frac{450^l \times 24}{49} = 220^l,40 \text{ à } 1^f,65.$$

R. — **Le restaurateur a employé** :
$$\frac{229^l,60 \times 6}{25} = 55^l,10 \text{ à } 1^f,20 ; \quad \frac{229^l,60 \times 18}{25} = 165^l,30 \text{ à } 1^f,32 ;$$

$$\frac{229^l,60}{25} = 9^l,20 \text{ d'eau et } 220^l,4 \text{ à } 1^f,65.$$

1984. *Dans une barrique de 228^l il reste 147^l de vin. On y ajoute de l'eau, de telle sorte qu'une bouteille de $0^l,80$ remplie de ce mélange, contienne ses 7/10 de vin pur. Quelle est la quantité d'eau ajoutée ?*

Vin pur contenu dans une bouteille : $0^l,80 \times 7/10 = 0^l,56$.

Nombre de bouteilles pour 175^l de vin : $\dfrac{147}{0,56} = \dfrac{14\,700}{56}$.

Volume du liquide contenu dans ces bouteilles :
$$\frac{0^l,80 \times 14\,700}{56} = 210 \text{ litres.}$$

R. — **Quantité d'eau ajoutée** : $210^l - 147^l = \textbf{63 litres.}$

1985. *Un domestique devait préparer 75¹ de boisson en mélangeant du vin et de l'eau dans le rapport de 15 à 1. Il a, par erreur, employé 1 litre d'eau pour 5 litres de vin. Combien faut-il ajouter de vin à ce mélange pour rétablir la proportion voulue ?*

Quantité d'eau contenue dans le mélange défectueux :

$$75^1 \times \frac{1}{6} = 12^1,5.$$

Le nouveau mélange contiendra la même quantité d'eau mais cette eau ne représentera que 1/16 du mélange.
Volume du nouveau mélange : 12¹,5 × 16 = **200¹**.

R. — Il faudra ajouter : 200¹ — 75¹ = **125¹ de vin.**

1986. *Une barrique contient 190¹ de vin titrant 7 % d'alcool. Combien faudrait-il y ajouter d'alcool à 90° pour que le mélange contienne 12 % d'alcool ?*

$$\text{Proportion du mélange} \begin{cases} 7° & \searrow \\ & 12° \\ 90° & \nearrow \end{cases} \begin{matrix} 78 & \ldots\ldots 78 \text{ litres à } 7°. \\ \\ 5 & \ldots\ldots 5 \text{ litres à } 90°. \end{matrix}$$

R. — Il faut ajouter : $190^1 \times \dfrac{5}{78} = $ **12¹,18 d'alcool à 90°.**

1987. *On a 540¹ d'alcool à 90° ; on les mélange avec 810¹ d'un alcool à 72°. On demande : 1° le degré du mélange en alcool ; 2° quelle quantité d'eau on devra y ajouter pour obtenir un mélange à 60°.*

Volume du mélange : 540¹ + 810¹ = 1 350¹.
Contenance en alcool : (540 × 0,9) + (810 × 0,72) = 1 069¹,2.

1ʳᵉ R. — Degré du mélange : $\dfrac{1\,069,2 \times 100}{1\,350} = 79°,2.$

$$\text{Proportion du mélange} \begin{cases} 79,2 & \searrow \\ & 60 \\ 0 & \nearrow \end{cases} \begin{matrix} 60 & \ldots\ldots 25^1 \text{ à } 79°,2 \\ \\ 19,2 & \ldots\ldots 8^1 \text{ d'eau.} \end{matrix}$$

2° R. — On devra ajouter : $1\,350^1 \times \dfrac{8}{52} = $ **432¹ d'eau.**

1988. *Un litre de mélange d'alcool et d'eau pèse 740ᵍ ; et se compose de 65 % d'alcool et de 35 % d'eau, en volume. On ajoute trois litres d'alcool à ce mélange ; quelle est la composition en poids d'un litre du nouveau mélange ?*

Les 0¹,35 d'eau du litre de mélange pèsent 350ᵍ.
Les 0¹,65 d'alcool du litre de mélange pèsent 740ᵍ — 350ᵍ = 390ᵍ.

Poids du litre d'alcool : $\dfrac{390^g \times 100}{65} = 600^g.$

Poids des 3^l d'alcool ajoutés : $600 \times 3 = 1\,800^g.$

R. — Chacun des 4^l du nouveau mélange se compose de :

$\dfrac{350^g}{4} = 87^g,5$ d'eau et $\dfrac{390^g + 1\,800^g}{4} = 547^g,50$ d'alcool.

ALLIAGES

Problème. — 1989. On fond ensemble 560^g d'or au titre de 0,950, 450^g au titre de 0,580 et 670^g au titre de 0,705. Trouver le titre de l'alliage.

(Voir livre de l'élève, page 496.)

1990. *On fond ensemble 3 lingots d'or. Le 1er, au titre de 0,927, pèse 7^{kg},2 ; le 2e, au titre de 0,892, pèse 8^{kg},4 ; le 3e, au titre de 0,900, pèse 10^{kg}. Quel est le titre de l'alliage ?*

7^{kg},2 du 1er lingot contiennent $7,2 \times 0,927 = 6^{kg},6744$ d'or pur

8^{kg},4 du 2e — — $8,4 \times 0,892 = 7^{kg},4928$ —

10^{kg} du 3e — — $10 \times 0,900 = 9^{kg}$ —

25^{kg},6 23^{kg},1672.

R. — Titre de l'alliage : $\dfrac{23,1672}{25,6} = 0,9049.$

1991. *On fond ensemble deux objets d'or, l'un pesant 165^g au titre de 0,920, l'autre pesant 210^g au titre de 0,840 ; on ajoute à cet alliage 18^g,5 d'or pur et 3^g,2 de cuivre. Calculer le titre du nouvel alliage.*

Le 1er objet contient : $165 \times 0,92 = 151^g,8$ d'or pur.

Le 2e objet contient : $210 \times 0,84 = 176^g,4$ d'or pur.

Poids total d'or pur : $151^g,8 + 176^g,4 + 18^g,5 = 346^g,7.$

Poids total de l'alliage : $165^g + 210^g + 18^g,5 + 3^g,2 = 396^g,7.$

R. — Titre de l'alliage : $\dfrac{346,7}{396,7} = 0,874.$

1992. *On a retiré de la circulation et fondu ensemble 510 pièces d'argent de 5^f, 2 500 pièces de 2^f et 1 800 pièces de 1^f. Ces pièces avaient perdu par l'usure 1/100 de leur poids. Trouver le titre de l'alliage obtenu.*

Pièces (Poids réel : $25^g \times 510 \times 0,99 = 12\,622^g,5$;

de 5^f (Poids d'argent pur : $12\,622^g,5 \times 0,9 = 11\,360^g,25.$

Pièces de 2^f { Poids réel : $(10^g \times 2\,500 + 5^g \times 1\,800) \times 0,99 = 33\,660^g.$
et de 1^f { Poids d'argent pur : $33\,660^g \times 0,835 = 28\,106^g,1.$

Poids total de l'alliage : $12\,622^g,5 + 33\,660^g = 46\,282^g,5.$
Poids total d'argent pur : $11\,360^g,25 + 28\,106^g,1 = 39\,466^g,35.$

R. — Titre de l'alliage : $\dfrac{39\,466,35}{46\,282,5} = \mathbf{0,852.}$

1993. *Un alliage d'argent et de cuivre pèse 5 600^g et est au titre de 0,725. Il a été obtenu en fondant ensemble 2 lingots dont l'un contenait 2 100^g d'argent pur et était au titre 0,6. Trouver le poids et le titre du 2e lingot.*

Poids du 1er lingot : $2\,100 : 0,6 = 3\,500^g.$

R. — Poids du 2e lingot : $5\,600^g - 3\,500^g = \mathbf{2\,100^g.}$
Poids d'argent pur de l'alliage : $5\,600 \times 0,725 = 4\,060^g.$
Poids d'argent pur du 2e lingot : $4\,060^g - 2\,100^g = 1\,960^g.$

R. — Titre du 2e lingot : $\dfrac{1\,960}{2\,100} = \mathbf{0,9333.}$

1994. *Quel doit être le titre d'un alliage d'argent pesant 3^{kg},75 pour qu'en le fondant avec 5^{kg} d'argent pur on obtienne un nouvel alliage au titre de 0,835 ?*

Le nouvel alliage pèsera $3^{kg},75 + 5^{kg} = 8^{kg},75.$
Il contiendra $8^{kg},75 \times 0,835 = 7^{kg},30625$ d'argent pur.
Le 1er alliage contenait $7,30625 - 5 = 2^{kg},30625$ d'argent pur.

R. — Titre du 1er alliage : $\dfrac{2,30625}{3,75} = \mathbf{0,615.}$

1995. *On fond ensemble 300^g d'un lingot d'argent au titre de 0,7 avec 500^g d'un autre lingot d'argent à un titre inconnu. Sachant que 40^g de l'alliage obtenu contiennent 30^g,50 de métal fin, trouver le titre du 2e lingot.*

Poids total de l'alliage : $300^g + 500^g = 800^g.$

Poids d'argent pur de l'alliage : $800^g \times \dfrac{30,5}{40} = 610^g.$

Poids d'argent pur du 1er lingot : $300^g \times 0,7 = 210^g.$
Poids d'argent pur du 2e lingot : $610^g - 210^g = 400^g.$

R. — Titre du 2e lingot : $\dfrac{400}{500} = \mathbf{0,800.}$

1996. *Un lingot d'argent pur a été fondu avec un lingot d'argent au titre de 0,600. Le poids du 2e lingot est au 1er comme 3 est à 5. Quel est le titre de l'alliage obtenu ?*

Sur 8^g d'alliage, il y a 5^g d'argent pur et 3^g au titre de 0,6 contenant $3 \times 0,6 = 1^g,8$ d'argent pur, il y a donc en tout $5^g + 1^g,8 = 6^g,8$ d'argent pur.

R. — Titre de l'alliage : $\dfrac{6,8}{8} = \mathbf{0,850.}$

1997. *Un lingot, alliage d'argent et de cuivre, qui a pour titre 0,84, a été obtenu en faisant fondre dans un même creuset deux lingots qui ont fourni l'un 1 417ᵍ,5 et l'autre 15 781ᵍ,5 d'argent fin. Celui qui a fourni le plus grand poids d'argent a aussi apporté 2 961ᵍ de cuivre de plus que l'autre. Quels sont les titres de ces lingots ?*

Poids d'argent pur de l'alliage : 1 417,5 + 15 781,5 = 17 199ᵍ.
Poids total de l'alliage : 17 199 : 0,84 = 20 475ᵍ.
Poids total du cuivre : 20 475ᵍ — 17 199ᵍ = 3 276ᵍ.

Poids du cuivre du 1ᵉʳ lingot : $\dfrac{3\ 276^g - 2\ 961^g}{2}$ = 157ᵍ,5.

Poids total du 1ᵉʳ lingot : 1 417ᵍ,5 + 157ᵍ,5 = 1 575ᵍ.

R. — Titre du 1ᵉʳ lingot : $\dfrac{1\ 417,5}{1\ 575}$ **= 0,900.**

Poids total du 2ᵉ lingot : 20 475ᵍ — 1 575ᵍ = 18 900ᵍ.

R. — Titre du 2ᵉ lingot : $\dfrac{15\ 781,5}{18\ 900}$ **= 0,835.**

Composition de l'alliage.

I. Proportion de l'alliage. — 1998. Dans quelle proportion faut-il allier deux lingots d'argent dont les titres sont 0 835 et 0,950, pour obtenir un alliage au titre de 0,900 ?

(*Voir livre de l'élève, page 497.*)

1999. *Un orfèvre a deux lingots d'argent : l'un au titre de 0,798, l'autre au titre de 0,867. Combien doit-il prendre de chacun pour former un troisième lingot au titre de 0,800 ?*

Proportion de l'alliage
$\left\{\begin{array}{l} 0,798 \searrow \\ \quad\quad 0,800 \\ 0,867 \nearrow \end{array}\right.$
0,067 ..... 67ᵍ à **0,798.**
0,002 ..... 2ᵍ à **0,867.**

2000. *Dans quelles proportions faut-il mélanger des lingots d'argent aux titres de 0,950 et 0,800 : 1° pour avoir un alliage au titre des pièces de 5ᶠ ; 2° pour avoir un alliage au titre des pièces divisionnaires ?*

1° Proportion de l'alliage
$\left\{\begin{array}{l} 0,950 \searrow \\ \quad\quad 0,900 \\ 0,800 \nearrow \end{array}\right.$
0,100 ..... 2ᵍ à **0,950.**
0,050 ..... 1ᵍ à **0,800.**

2° Proportion de l'alliage
$$\begin{cases} 0,950 & \searrow & 0,035 & \ldots\ldots\ & 7^g \text{ à } 0,950 \\ & 0,835 & \nearrow \searrow & \\ 0,800 & \nearrow & 0,115 & \ldots\ldots\ & 23^g \text{ à } 0,800. \end{cases}$$

II. Le poids de l'un des lingots est connu. — 2001.
Quel poids d'un lingot au titre de 0,950 faut-il ajouter à un lingot de 1 250^g au titre de 0,835 pour former un alliage au titre de 0,900 ?

Voir livre de l'élève, page 498.

2002. *On fond ensemble deux lingots d'argent, l'un de* 2^{kg} *au titre de 0,900, et l'autre au titre de 0,775. Trouver le poids du 2e lingot, sachant que le titre de l'alliage obtenu est 0,800.*

Proportion de l'alliage
$$\begin{cases} 0,900 & \searrow & 0,025 & \ldots\ldots\ & 1^g \text{ à } 0,900. \\ & 0,800 & \nearrow \searrow & \\ 0,775 & \nearrow & 0,100 & \ldots\ldots\ & 4^g \text{ à } 0,775. \end{cases}$$

R. — Poids du 2e lingot : 2^{kg} $\times$ 4 = 8^{kg}.

2003. *On demande quel poids d'un lingot d'or au titre de 0,920 il faut fondre avec un lingot du poids de 1 800^g, au titre de 0,840, pour faire un alliage au titre de 0,900.*

Proportion de l'alliage
$$\begin{cases} 0,920 & \searrow & 0,060 & \ldots\ldots\ & 3^g \text{ à } 0,920. \\ & 0,900 & \nearrow \searrow & \\ 0,840 & \nearrow & 0,020 & \ldots\ldots\ & 1^g \text{ à } 0,840. \end{cases}$$

R. — Poids du lingot au titre de 0,920 : 1 800^g $\times$ 3 = 5 400^g.

2004. *On a un lingot d'argent au titre de 0,825. On y ajoute* 2 000^g *d'argent pur, et on obtient ainsi un lingot au titre de 0,850. On demande quel était le poids du premier lingot.*

Proportion de l'alliage
$$\begin{cases} 0,825 & \searrow & 0,150 & \ldots\ldots\ & 6^g \text{ à } 0,825. \\ & 0,850 & \nearrow \searrow & \\ 1 & \nearrow & 0,025 & \ldots\ldots\ & 1^g \text{ d'argent pur.} \end{cases}$$

R. — Poids du 1er lingot : 2 000^g $\times$ 6 = 12 000^g = 12^{kg}.

2005. *En fondant des pièces de 5^f en argent avec un lingot d'argent de* 975^g *au titre de 0,800, on a obtenu un alliage au titre de 0,835. Combien a-t-on fondu de pièces de 5^f ?*

Proportion de l'alliage
$$\begin{cases} 0,900 & \searrow & 0,035 & \ldots\ldots\ & 7^g \text{ à } 0,900 \\ & 0,835 & \nearrow \searrow & \\ 0,800 & \nearrow & 0,065 & \ldots\ldots\ & 13^g \text{ à } 0,800. \end{cases}$$

Avec 975ᵍ au titre de 0,800, on a dû fondre $\dfrac{975 \times 7}{13} = 525^g$ au titre de 0,900.

R. — Nombre de pièces de 5ᶠ : $\dfrac{525}{25} = \mathbf{21}$.

III. Le poids total de l'alliage est connu. — **2006.** On a de l'argent aux titres de 0,835 et 0,950 ; on veut en faire un lingot du poids de 1ᵏᵍ, et dont le titre soit de 0,900. Combien faut-il en prendre de chaque titre ?

(Voir livre de l'élève, p. 498.)

2007. *On veut fabriquer un objet d'orfèvrerie en or du poids de 278ᵍ, au titre de 0,780, et l'on a deux lingots aux titres de 0,750 et 0,840. Quel poids de chacun des deux lingots faudra-t-il jeter dans le creuset ?*

Proportion de l'alliage
$\begin{cases} 0,750 \\ 0,840 \end{cases}$
0,780
0,060 ...... 2ᵍ à 0,750.
0,030 ...... 1ᵍ à 0,840.

R. — **On prendra** 278ᵍ × 2/3 = **185ᵍ 1/3** au titre de 0,750 ; et 278ᵍ : 3 = **92ᵍ 2/3** au titre de 0,840.

2008. *On fond ensemble un lingot d'argent au titre de 0,880 et un vase d'argent au titre de 0,800. L'alliage obtenu est au titre de 0,835 et pèse 864ᵍ. Trouver le poids du lingot et celui du vase.*

Proportion de l'alliage
$\begin{cases} 0,880 \\ 0,800 \end{cases}$
0,835
0,035 ...... 7ᵍ à 0,880
0,045 ...... 9ᵍ à 0,800.

R. $\dfrac{864^g \times 7}{16} = \mathbf{378^g}$ proviennent du lingot au titre de 0,880.

$\dfrac{864^g \times 9}{16} = \mathbf{486^g}$ — — 0,800.

2009. *On a deux lingots d'argent, l'un au titre de 0,800 et l'autre au titre de 0,950. Quel poids de chaque lingot faut-il mélanger pour faire 225 pièces de 5ᶠ ?*

Proportion de l'alliage
$\begin{cases} 0,800 \\ 0,950 \end{cases}$
0,900
0,050 ..... 1ᵍ à 0,800.
0,100 ..... 2ᵍ à 0,950.

Poids des 225 pièces : 25ᵍ × 225 = 5625ᵍ.

R. — **On prendra** 5 625ᵍ × 1/3 = **1 875ᵍ** à 0,800 ; et 5 625ᵍ × 2/3 = **3 750ᵍ** à 0,950.

2010. *On a trois lingots d'or aux titres de 0,980, 0,840 et 0,750. On veut obtenir un lingot de 3^{kg},25 au titre de 0,900. Quel poids faut-il prendre des deux premiers alliages, si l'on impose la condition d'employer 500^g du troisième ?*

Poids d'argent pur du lingot à obtenir : 3 250^g × 0,9 = 2.925^g.
Poids d'argent pur du 3e lingot : 500^g × 0,75 = 375^g.

Il s'agit donc d'ajouter au 3e lingot un alliage composé avec les 2 premiers et ayant pour caractéristiques :

Poids total : 3 250^g — 500^g = 2 750^g.
Poids d'argent pur : 2 925^g — 375^g = 2 550^g.

$$\text{Titre :} \quad \frac{2\,550}{2\,750}.$$

D'autre part, $0,980 = \dfrac{98}{100} = \dfrac{2\,695}{2\,750}$ et $0,840 = \dfrac{84}{100} = \dfrac{2\,310}{2\,750}$.

$$\begin{matrix}
\text{Proportion} \\ \text{du} \\ \text{mélange}
\end{matrix}
\left\{
\begin{matrix}
2\,695 & \searrow & & \nearrow & 240 & \ldots & 48^g \text{ au 1}^{er}\text{ titre} \\
 & & 2\,550 & & \\
2\,310 & \nearrow & & \searrow & 145 & \ldots & 29^g \text{ au 2}^e \text{ titre.}
\end{matrix}
\right.$$

R. — On prendra : $\dfrac{2\,750^g \times 48}{48 + 29} =$ **1 714^g,28 au titre de 0,980,**

et **2 750^g — 1 714^g,28 = 1.035^g,72 au titre de 0,840.**

Solution algébrique. — Soient x la quantité à prendre du 1er lingot et y celle à prendre du 3e ; on aura :

$$x + y + 500 = 3\,250.$$

$$\frac{98x}{100} + \frac{84y}{100} + \frac{500 \times 75}{100} = \frac{3\,250 \times 90}{100}.$$

En résolvant ce système, on trouve : $x =$ **1 714,28** et $y =$ **1 035,72.**

2011. *On a trois alliages d'or aux titres de 0,750, 0,840 et 0,920. On demande quel poids on doit prendre de chacun d'eux pour obtenir un alliage pesant 4 050^g au titre de 0,890. Le poids du métal tiré du 1er lingot doit être au poids tiré du 2e dans le rapport de 2 à 7.*

Soit un alliage composé de 200^g du 1er lingot et de 700^g du 2e.
Le poids total de cet alliage est 200 + 700 = 900^g.
Le poids d'or pur est (200 × 0,75) + (700 × 0,84) = 738^g.

Le titre est donc $\dfrac{738}{900} = 0,820.$

Cherchons quel poids on doit prendre de cet alliage et du 3e lingot pour obtenir un nouvel alliage au titre de 0,890.

$$\begin{matrix}
\text{Proportion} \\ \text{de} \\ \text{l'alliage}
\end{matrix}
\left\{
\begin{matrix}
0,820 & \searrow & & \nearrow & 0,030 & \ldots & 3^g \text{ à 0,820.} \\
 & & 0,890 & & \\
0,920 & \nearrow & & \searrow & 0,070 & \ldots & 7^g \text{ à 0,920.}
\end{matrix}
\right.$$

R. — On prendra donc : $\dfrac{4\,050^g \times 3}{10} = 1\,215^g$ à 0,820 soit :

$$\dfrac{1\,215 \times 2}{2 + 7} = 270^g \text{ à } 0,750 \; ; \quad \dfrac{1\,215 \times 7}{2 + 7} = 945^g \text{ à } 0,840,$$

$$\dfrac{4\,050^g \times 7}{10} = 2\,835^g \text{ à } 0,920.$$

Autre solution. Comparons le 1er titre et le 3e, puis le 2e et le 3e, au titre à obtenir :

Pour 3^g du 1er alliage, il faut 14^g du 3e ; pour 2^g il en faudra :

$$\dfrac{14 \times 2}{3} = \dfrac{28}{3} \text{ de g.}$$

Pour 3^g du 2^e alliage, il faut 5^g du 3^e ; pour 7^g, il en faudra :

$$\dfrac{5 \times 7}{3} = \dfrac{35}{3} \text{ de g.}$$

Donc pour 2^g du 1er alliage et 7^g du 2^e, il faudra :

$$\dfrac{28}{3} + \dfrac{35}{3} = \dfrac{63}{3} = 21^g \text{ du } 3^e.$$

Somme des nombres proportionnels : $2 + 7 + 21 = 30$.

R. — On prendra : $4\,050^g \times \dfrac{2}{30} = 270^g$ **du 1er alliage :**

$4\,050^g \times \dfrac{7}{30} = 945^g$ **du 2e alliage ;** $4\,050^g \times \dfrac{21}{30} = 2\,235^g$ **du 3e.**

Solution algébrique. — Soient x, y et z les poids à prendre des trois lingots. On a :

$$\dfrac{75x}{100} + \dfrac{84y}{100} + \dfrac{92z}{100} = \dfrac{4\,050 \times 89}{100}, \quad \text{ou} \quad 75x + 84y + 92z = 360\,450. \;(1)$$

$$\dfrac{x}{y} = \dfrac{2}{7} \;(2) \quad \text{et} \quad x + y + z = 4\,050. \;(3)$$

De l'équation (3) on tire $z = 4\,050 - x - y$.

Mettons cette valeur de z dans l'équation (1), nous aurons :

$$75x + 84y + 372\,600 - 92x - 92y = 360\,450,$$

ou $$17x + 8y = 12\,150.$$

De l'équation (2) on tire $y = \dfrac{7x}{2}$; d'où $8y = \dfrac{7x}{2} \times 8 = 28x$.

La dernière équation devient :

$$17x + 28x = 45x = 12\,150 ; \quad \text{d'où} \quad x = 270 \text{ gr.}$$

Mettons cette valeur dans l'équation (2), nous aurons :

$$\dfrac{270}{y} = \dfrac{2}{7} ; \quad \text{d'où} \quad y = 945 \text{ gr.}$$

De l'équation (3) on tire :

$$z = 4\,050 - (x + y) = 4\,050 - (270 + 945) = 2\,835 \text{ gr.}$$

Élever, abaisser le titre d'un alliage.

Problème I. — 2012. Un lingot d'or de 600ᵍ est au titre de 0,900. Que faut-il faire pour l'amener au titre de 0,920 ?

(Voir livre de l'élève, p. 499.)

Problème II. — 2013. Un lingot d'or de 1 200ᵍ est au titre de 0,920. Que faut-il faire pour l'abaisser au titre de 0,840 ?

(Voir livre de l'élève pages 499 et 500.)

2014. *Combien faut-il ajouter de cuivre à un lingot d'argent de 635ᵍ au titre de 0,920 pour obtenir un alliage au titre de 0,835 ?*

Poids d'argent pur du lingot : 635ᵍ × 0,92 = 584ᵍ,2.

Poids de l'alliage à former : $\dfrac{584ᵍ,2 \times 1\,000}{835} = 699ᵍ,64.$

R. — **Il faudra ajouter** : 699ᵍ,64 — 635ᵍ = **64ᵍ,64 de cuivre.**

2015. *Combien faut-il ajouter d'or pur à un lingot d'or de 548ᵍ au titre de 0,840 pour obtenir un lingot au titre de 0,900 ?*

Poids du cuivre du 1ᵉʳ lingot : 548ᵍ × 0,160 = 87ᵍ,68.
Poids du lingot à obtenir : 87ᵍ,68 × 10 = 876ᵍ,8.

R. — **Il faudra ajouter** : 876ᵍ,8 — 548ᵍ = **328ᵍ,8 d'or pur.**

2016. *Un lingot formé d'argent et de cuivre, pesant 30ᵏᵍ, est au titre de 0,850. On y ajoute 4ᵏᵍ de cuivre ; quel est le titre du nouvel alliage ? Combien faudra-t-il ajouter de cuivre à ce nouvel alliage pour abaisser le titre à 0,600 ?*

Poids d'argent pur du lingot : 30ᵏᵍ × 0,850 = 25ᵏᵍ,5.
Poids de l'alliage formé : 30ᵏᵍ + 4ᵏᵍ = 34ᵏᵍ.

R. — **Titre de l'alliage** : $\dfrac{25,5}{34} = 0,750.$

Poids du nouvel alliage : $\dfrac{25ᵏᵍ,5 \times 1\,000}{600} = 42ᵏᵍ,5.$

R. — **Il faudra ajouter** : 42ᵏᵍ,5 — 34ᵏᵍ = **8ᵏᵍ,50 de cuivre.**

2017. *On fond ensemble deux lingots d'or : le 1ᵉʳ au titre de 0,8 pèse 3ᵏᵍ ; le 2ᵉ au titre de 0,850 pèse 2ᵏᵍ. On demande 1° le titre du nouveau lingot ; 2° combien on devrait ajouter d'or pur pour que ce nouveau lingot soit au titre de 0,9.*

1° Poids total du nouveau lingot : 3ᵏᵍ + 2ᵏᵍ = 5ᵏᵍ.

Poids d'or pur du nouveau lingot :

$$(3^{kg} \times 0.8) + (2^{kg} \times 0,85) = 4^{kg},1.$$

R. — Titre du nouveau lingot : $\dfrac{4,1}{5} = 0,820.$

2º Poids de cuivre de ce lingot : $5^{kg} — 4^{kg},1 = 0^{kg},9.$

Ces $0^{kg},9$ de cuivre représentent 1/10 du poids du lingot à obtenir.

Ce dernier pèsera donc $0^{kg},9 \times 10 = 9^{kg}.$

R. — On devra ajouter : $9^{kg} — 5^{kg} = 4^{kg}$ **d'or pur.**

2018. *On fond du cuivre avec 400 pièces de 5ᶠ en argent pour fabriquer de la monnaie divisionnaire. 1º Quelle quantité de cuivre faut-il ajouter pour opérer cette transformation ? 2º Combien pourra-t-on fabriquer de pièces de 1ᶠ avec le nouvel alliage ?*

Les 400 pièces de 5ᶠ contiennent $25^{g} \times 400 \times 0,9 = 9\,000^{g}$ d'argent pur.

Le nouvel alliage pèsera : $\dfrac{9\,000 \times 1\,000}{835} = 10\,778^{g},44.$

R. —Il faut ajouter $10\,778^{g},44 — (25^{g} \times 400) = \textbf{778}^{g}\textbf{,44}$ **de cuivre.**

R. — On pourra fabriquer : $\dfrac{10\,775}{5} = \textbf{2 155 pièces de 1}^{f}.$ (Reste $3^{g},44.$)

2019. *Une lame d'or pur a 4^{dm} de longueur, 3^{cm} de largeur et un demi-mm. d'épaisseur. On la fond avec une quantité de cuivre convenable, et on en fait un alliage au titre des monnaies d'or. Combien de pièces de 10^{f} pourra-t-on fabriquer avec cet alliage ? La densité de l'or est 19.*

Volume de la lame d'or : $40 \times 3 \times 0,05 = 6^{cm3}.$
Poids de la lame d'or : $19^{g} \times 6 = 114^{g}.$

Poids de l'alliage obtenu : $\dfrac{114^{g} \times 10}{9} = 126^{g},66.$

Poids d'une pièce de 10^{f} : $\dfrac{5^{g} \times 10}{15,5} = \dfrac{100}{31}.$

R. — On pourra fabriquer : $\dfrac{114 \times 10}{9} : \dfrac{100}{31} = \textbf{39 pièces}$ (Reste $= 2^{g},4.$)

2020. *Trois lingots d'argent ont pour titres respectifs 0,95, 0,80 et 0,53 ; les poids du 1ᵉʳ et du 2ᵉ sont proportionnels à 4 et 5 ; le poids du 3ᵉ est le triple de celui du 2ᵉ. Le poids total des trois lingots est de $2\,880^{g}$. On demande : 1º le poids du cuivre ou de l'argent pur qu'il faudrait ajouter pour fabriquer des pièces de 1ᶠ avec l'alliage obtenu, en fondant ensemble les lingots ; 2º le nombre de pièces fabriquées.*

Les poids des 3 lingots sont proportionnels à 4, 5 et 15 dont la somme est 24.

Poids du 1er lingot : 2 880^g $\times \dfrac{4}{24}$ = 120 $\times$ 4 = 480^g.

— 2e — = 120 $\times$ 5 = 600^g.

— 3e — = 120 $\times$ 15 = 1 800^g.

Poids d'argent pur du 1er lingot : 480^g $\times$ 0,95 = 456^g.

— 2e — 600^g $\times$ 0,8 = 480^g.

— 3e — 1 800^g $\times$ 0,53 = 954^g.

Poids total d'argent pur : 456 + 480 + 954 = 1 890^g.

Titre de l'alliage : $\dfrac{1\ 890}{2\ 880}$ = 0,656.

Pour amener l'alliage au titre de 0,835 il faudra ajouter de l'argent pur.

Poids du cuivre de l'alliage : 2 880^g — 1 890^g = 990^g.

Poids total à obtenir : $\dfrac{990^g \times 1\ 000}{165}$ = 6 000^g.

R. — **Argent pur à ajouter** : 6 000 — 2 880 = **3 120^g.**

Nombre de pièces frappées : 6 000 : 5 = **1 200.**

2021. *On a 600^g d'or au titre de 0,750., Quel poids de cuivre faudrait-il enlever à cet alliage pour en faire un alliage au titre de la monnaie d'or ? Quel poids d'or faudrait-il au contraire y ajouter pour obtenir le même résultat ?*

1º Dans le 1er cas, le poids de l'or pur ne change pas ; or le lingot en contient : 600^g $\times$ 0,75 = 450^g.

Le lingot amené au titre de 0,9 pèsera donc $\dfrac{450 \times 10}{9}$ = 500^g.

R. — **Il faudrait enlever** 600 — 500 = **100^g de cuivre.**

2º Dans le 2e cas, le poids du cuivre ne change pas ; or le lingot en contient 600^g — 450^g = 150^g.

Le lingot amené au titre de 0,9 pèsera donc 150 $\times$ 10 = 1 500^g.

R. — **Il faudrait ajouter** 1 500 — 600 = **900^g d'or pur.**

Revision.

2022. *Un négociant veut avec trois qualités de café composer 500^{kg} d'un mélange qu'il puisse vendre à raison de 12^f le kg. en faisant un bénéfice de 25 %. Ces trois qualités lui reviennent à 11^f, 9^f,40 et 7^f. Il a 150^{kg} de la 1re qualité. Combien doit-il en acheter de chacune des deux autres ?*

Prix de revient des 500^{kg} : $\dfrac{12^f \times 500 \times 100}{125}$ = 4 800^f.

Les 150^{kg} à 11^f valent : 11^f $\times$ 150 = 1 650^f.

Le reste du mélange revient donc à 4 800^f — 1 650^f = 3 150^f ;

soit à ; $\dfrac{3\,150^f}{500 - 150} = \dfrac{3\,150}{350} = 9^f$ le kg.

Composition du reste du mélange :
$$9,4 \quad\diagdown\quad 2 \ \dots\ 5^{kg} \text{ à } 9^f,40$$
$$\quad\quad 9 \quad\diagup$$
$$7 \quad\diagup\quad 0,4 \dots\ 1^{kg} \text{ à } 7^f.$$

R. — **Il devra acheter** : $350^{kg} \times \dfrac{5}{6} = \mathbf{291^{kg}\ 2/3}$ **à 9^f,40** ;

et $350^{kg} : 6 = \mathbf{58^{kg}\ 1/3}$ à 7^f.

2023. *On a rempli un tonneau de 228^l avec trois espèces de vin estimés 75^f, 90^f et 100^f l'hl. Sachant : 1° que lorsqu'on met 2 litres à 75^f l'hl. on en met trois à 90^f l'hl. ; 2° qu'en revendant le litre du mélange 0^f,95 on réalise un bénéfice total de 19^f, trouver combien on a employé de litres de chaque espèce.*

Prix de vente du mélange : 0^f,95 × 228 = 216^f,60.
Prix de revient du mélange : 216^f,6 — 19^f = 197^f,60.

(*F. position.*) Supposons les 228^l à 1^f le litre. Le prix de revient du mélange serait 228^f : il surpasserait le prix réel de 228^f — 197^f,6 = 30^f,4.

Un litre du mélange des 2 premiers vins revient à :

$$\frac{(0^f,75 \times 2) + (0^f,90 \times 3)}{5} = 0^f,84.$$

En remplaçant 1 litre à 1^f par 1 litre à 0^f,84, le prix de revient diminue de 1^f — 0^f,84 = 0^f,16. D'où :

Nombre de litres à 0^f,84 : $\dfrac{30,4}{0,16} = 190$ litres.

R. — **On a employé** : 190^l × 2/5 = **76^l à 0^f,75** ;
    190^l — 76^l = **114^l à 0^f,90** ;
    228^l — 190^l = **38^l à 1^f**.

2024. *Un tonneau est rempli d'un mélange de 11/15 de vin de bourgogne et de 4/15 de vin du Midi. On retire 57^l de ce mélange et on les remplace par 57^l de vin de Bourgogne et l'on obtient un vin composé de 13/16 de vin de Bourgogne et de 3/16 de vin du Midi. Quelle est la contenance du tonneau ?*

Dans les 57^l de mélange retirés du tonneau, il y avait :

$$57^l \times \frac{11}{15} = \frac{627}{15} \text{ de litre de vin de Bourgogne.}$$

Arithmétique. (L. M.)

En introduisant ensuite 57^l de vin de Bourgogne on a augmenté la quantité de ce vin dans le tonneau de :

$$57^l - \frac{627}{15} = \frac{228}{15} \text{ de litre.}$$

Or cette augmentation représente $\frac{13}{16} - \frac{11}{15} = \frac{19}{240}$ de la contenance du tonneau.

R. — Contenance du tonneau : $\dfrac{228 \times 240}{15 \times 19} = $ **192 litres.**

2025. *Un tonneau contient un mélange de 2 liquides a et b dans la proportion de 4 litres de liquide a pour 1 litre de liquide b. On retire 120^l du mélange et on les remplace par 120^l du liquide a. Le nouveau mélange est tel que la quantité du liquide a qu'il renferme est les 10/11 de la contenance du tonneau. Calculer cette contenance.*

Dans les 120^l de mélange retirés du tonneau, il y avait :

$$120^l \times 4/5 = 96 \text{ litres de } a.$$

En introduisant ensuite 120^l de a, on a augmenté la quantité du liquide a de :

$$120^l - 96^l = 24 \text{ litres.}$$

Cette augmentation représente $\frac{10}{11} - \frac{4}{5} = \frac{6}{55}$ de la contenance du tonneau.

R. — Contenance du tonneau : $\dfrac{24^l \times 55}{6} = $ **220 litres.**

2026. *Un négociant veut composer un mélange de trois sortes de café qu'il vendra 11^f le kg. en faisant, sur le prix de revient, un bénéfice de 25 %. Il a en magasin 350^{kg} d'une espèce qu'il a payée, il y a plus d'un an, 7^f le kg. et qu'il estime avoir acquis 12 % de plus-value par suite du déchet de la marchandise et de l'intérêt de ses avances ; il les emploiera concurremment avec des poids inconnus de deux autres qualités valant, l'une 11^f,20 et l'autre 8^f,80 le kg., et entrant dans le mélange, la 1re pour une part et la 2e pour deux. On propose de trouver ces poids.*

Prix de revient du kg. de mélange : $\dfrac{11^f \times 100}{125} = 8^f$,80.

Valeur du kg. du café en magasin : $\dfrac{7^f \times 112}{100} = 7^f$,84.

La 3e sorte de café étant au prix de revient (8,8), on peut en mettre la quantité que l'on voudra sans changer le prix moyen du mélange. Cherchons donc dans quelle proportion il faut mélanger les cafés à 7^f,84 et à 11^f,2 :

$$\text{Proportion du mélange} \begin{cases} 7,84 \\ 11,2 \end{cases} \begin{matrix} \searrow \\ 8,8 \\ \nearrow \end{matrix} \begin{matrix} 2,4 \ \ldots\ldots\ 5^{kg}\ \text{à}\ 7,84 \\ \\ 0,96 \ \ldots\ldots\ 2^{kg}\ \text{à}\ 11,2. \end{matrix}$$

R. — Avec 350^{kg} à 7^l,84 on prendra $\dfrac{350 \times 2}{5} = 140^{kg}$ à 11^l,20 et 140$^{kg} \times 2 = 280^{kg}$ à 8^l,80.

2027. *On a deux sortes de vins. L'hectolitre du premier peut être cédé à 95^l,25, payables dans 80 jours ; l'hectolitre du second est évalué à 70^l,35, payables dans 30 jours. Combien doit-on prendre de chacun d'eux pour composer 105 hl. qu'on puisse vendre sans perte ni gain 80^l l'hl., payables dans 90 jours ? Le taux annuel de l'escompte est 6 %.*

Valeur actuelle de l'hl. du 1er vin :

$$95^l,25 - \frac{6^l \times 80 \times 95,25}{360 \times 100} = 93^l,98.$$

Valeur actuelle de l'hl. du 2e vin :

$$70^l,35 - \frac{6^l \times 30 \times 70,35}{360 \times 100} = 70^l.$$

Valeur actuelle de l'hl. de mélange :

$$80^l - \frac{6^l \times 90 \times 80}{360 \times 100} = 78^l,80.$$

$$\text{Proportion du mélange} \begin{cases} 93,98 \\ 70 \end{cases} \begin{matrix} \searrow \\ 78,80 \\ \nearrow \end{matrix} \begin{matrix} 8,80 \ \ldots\ldots\ 40^{hl}\ \text{à}\ 93^l,98 \\ \\ 15,18 \ \ldots\ldots\ 69^{hl}\ \text{à}\ 70^l. \end{matrix}$$

Somme des nombres proportionnels : 40 + 69 = 109.

R. — **On prendra** : 105$^{hl} \times \dfrac{40}{109} = 38^{hl},53$ à 93^l,98

et 105$^{hl} \times \dfrac{69}{109} = 66^{hl},47$ à 70^l.

2028. *On a un mélange de 125^l de vin à 120^l l'hl. et de 165^l d'un autre vin à 80^l l'hl. On demande combien il faut ajouter de vin de la 1re qualité pour que sur 84^l du nouveau mélange il se trouve seulement 15^l de la seconde. Déterminer le prix de l'hl. du nouveau mélange.*

Le nouveau mélange contiendra, comme le 1er, 165^l du 2e vin.

Or sur 84^l du nouveau il y a 15^l du 2e vin et 84 — 15 = 69^l du 1er vin ; le nouveau mélange contient donc 69/15.

La quantité de vin de 2e qualité sera la même dans le nouveau mélange que dans le 1er mélange soit 165^l.

Sur 84¹ du nouveau mélange il y aura 15¹ du 2ᵉ vin et 69¹ du 1ᵉʳ ;

donc, la quantité de vin de 1ʳᵉ qualité sera les $\frac{69}{15}$ de celle de 2ᵉ qualité.

Le nouveau mélange contiendra $165^1 \times \frac{69}{15} = 759^1$ du 1ᵉʳ vin.

R. — Il faut ajouter : 759¹ — 125¹ = 634¹.

Prix de l'hl. : $\dfrac{(120^f \times 69) + (80^f \times 15)}{84} = 112^f,85.$

2029. *Un négociant a du blé de deux qualités. S'il les mélange dans le rapport de 3 à 2, l'hectolitre de mélange revient à 84ᶠ,40. S'il les mélange dans le rapport de 5 à 3, l'hl. de mélange revient à 84ᶠ,25. Calculer le prix de l'hl. de chaque qualité.*

Soient x le prix de l'hl. du 1ᵉʳ blé et y celui du 2ᵉ blé. On a :

$$3x + 2y = 84,4 \times 5 = 422$$
$$5x + 3y = 84,25 \times 8 = 674.$$

En résolvant ce système, on trouve $x = 82$ et $y = 88$.

R. — Le 1ᵉʳ blé vaut 82ᶠ l'hl. et le 2ᵉ blé 88ᶠ l'hl.

2030. *Deux liquides A et B ont pour densité : le 1ᵉʳ 0,95 et le 2ᵉ 0,88. On les mélange dans la proportion de 2 volumes de A pour 5 volumes de B. Calculer le poids de l'hl. du liquide obtenu, sachant que, par suite du mélange, le volume diminue de 1/210.*

Poids de 7¹ de mélange : $(0^{kg},95 \times 2) + (0^{kg},88 \times 5) = 6^{kg},3.$

Poids de l'hl. (sans contraction) : $\dfrac{6^{kg},3 \times 100}{7} = 90^{kg}.$

En tenant compte de la contraction, 90^{kg} sont le poids de $\frac{209}{210}$ d'hl.

R. — Poids de l'hl. : $\dfrac{90^{kg} \times 210}{209} = 90^{kg},430.$

2031. *Deux substances ont des densités représentées par 4/7 et 11/12. Combien faut-il prendre de kg. de chacune pour que la densité du mélange soit exprimée par 5/6 et le poids par 116ᵏᵍ ?*

Les fractions $\frac{4}{7}$, $\frac{11}{12}$, $\frac{5}{6}$ sont respectivement égales à $\frac{48}{84}$, $\frac{77}{84}$, $\frac{70}{84}$.

Proportion du mélange
$\begin{cases} 48 \quad\nearrow\quad 7 & \dots\dots 7^{dm3} \text{ de la 1ʳᵉ substance} \\ \searrow 70 \nearrow & \\ 77 \quad\nearrow\quad\searrow\ 22 & \dots\dots 22^{dm3} \text{ de la 2ᵉ substance.} \end{cases}$

Poids des 7ᵈᵐ³ de la 1ʳᵉ substance : $\frac{4}{7}$ de kg. $\times 7 = 4^{kg} = \frac{24}{6}$ **de kg.**

Poids des 22^{dm3} de la 2e substance : $\dfrac{11}{12}$ de kg. $\times$ 22 $= \dfrac{121}{6}$ de kg.

Il faudra 24^{kg} de la 1re pour 121^{kg} de la 2e. Total 145^{kg}.

R. — **Pour obtenir 116^{kg} de mélange on prendra :**

116^{kg} $\times \dfrac{24}{145} =$ **19^{kg},2 de la 1re** et 116^{kg} $\times \dfrac{121}{145} =$ **96^{kg},8 de la 2e.**

2032. *On a deux substances de densité 0,916 et 0,820. Combien faut-il prendre de kg. de chacune pour que la densité du mélange soit 0,900 et le poids total 54^{kg} ?*

$$\text{Proportion du mélange} \begin{cases} 0,916 \\ 0,820 \end{cases} 0,900 \begin{cases} 0,080 \ \dots\ 5^{dm3} \text{ de la } 1^{re}. \\ 0,016 \ \dots\ 1^{dm3} \text{ de la } 2^e. \end{cases}$$

Poids de 5^{dm3} de la 1re substance : 0^{kg},916 $\times$ 5 $=$ 4^{kg},58
Poids de 1^{dm3} de la 2e substance : $\dots$ 0^{kg},82
                                                        —————
                                                        5^{kg},40.

R. — **Pour obtenir 54^{kg} de mélange, on prendra :**

$\dfrac{54^{kg} \times 4,58}{5,4} =$ **45^{kg},8 de la 1re** et $\dfrac{54^{kg} \times 0,82}{5,4} =$ **8^{kg},2 de la 2e.**

2033. *Un épicier a deux caisses de café, contenant l'une 85^{kg} à 14^f,50 le kg., l'autre 68^{kg} à 12^f le kg. Il tire de chaque caisse la même quantité de café et met dans la 1re ce qu'il a tiré de la 2e et vice versa. Quelle quantité de café a-t-il échangée sachant que les deux mélanges sont de même qualité ?*

La différence des prix du kg. de café égale 14^f,50 — 12^f $=$ 2^f,50 et doit être annulée.

Or, si l'on échange 1^{kg}, la valeur de la 1re caisse diminue de 2^f,50, soit de $\dfrac{2^f,50}{85} = \dfrac{1}{34}$ de fr. par kg. ; et la valeur de la 2e caisse augmente de 2^f,50, soit de $\dfrac{2^f,50}{68} = \dfrac{5}{136}$ de fr. par kg.

Ainsi quand on échange 1^{kg}, la différence des prix du kg. diminue de :

$$\frac{1}{34} + \frac{5}{136} = \frac{9}{136} \text{ de fr.}$$

R. — **Il a dû échanger : 2,50 : $\dfrac{9}{136} = \dfrac{2,50 \times 136}{9} =$ 37^{kg} $\dfrac{7}{9}$.**

2034. *Une somme de 2 317^f se compose de poids égaux de monnaie d'or, d'argent et de bronze. On demande quelle somme représente chacune des 3 espèces de monnaie. Sachant que la partie qui est en monnaie d'argent est formée de* *pièces de 5ᶠ, quelle quantité de cuivre faudrait-il y ajouter pour obtenir un alliage d'argent au titre de 0,835 ?*

Supposons 100ᵍ de chaque monnaie .
Valeur totale : 310ᶠ + 20ᶠ + 1ᶠ = 331ᶠ.

Poids de chaque monnaie : $\dfrac{100^g \times 2\,317}{331} = 700^g$.

R. — **Valeur de la monnaie d'or** : 310ᶠ × 7 = **2 170ᶠ.**
—   —   **d'argent** : 20ᶠ × 7 = **140ᶠ.**
—   —   **de bronze** : 1ᶠ × 7 = **7ᶠ.**

La monnaie d'argent contient 700ᵍ × 0,9 = 630ᵍ d'argent pur.
Cette monnaie, amenée au titre de 0,835, pèsera :

$$\frac{630^g \times 1\,000}{835} = 754^g,49.$$

R. — **Cuivre à ajouter** : 754ᵍ,49 — 700ᵍ = **54ᵍ,49.**

2035. *Un lingot d'argent est au titre de 0,720. Si on le fond avec 368 pièces de 5ᶠ, on obtient un lingot qui est au titre des pièces divisionnaires. Dites : 1° quel est le poids du 1ᵉʳ lingot ; 2° combien on pourrait faire de pièces de 0ᶠ,50 avec le lingot obtenu.*

$$\text{Proportion de l'alliage} \begin{cases} 0,720 \\ 0,900 \end{cases} 0,835 \begin{matrix} 0,065 \dots \mathbf{13^g} \text{ à } 0,720 \\ 0,115 \dots \mathbf{23^g} \text{ à } 0,900. \end{matrix}$$

Poids des 368 pièces : 25ᵍ × 368 = 9 200ᵍ.

R. — **Poids du lingot au titre de 0,720** : $9\,200^g \times \dfrac{13}{23} = \mathbf{5\,200^g}$.

On pourra fabriquer : $\dfrac{9\,200 + 5\,200}{2,5} = \mathbf{5\,760\ pièces.}$

2036. *Un objet composé d'or et de cuivre pèse 664ᵍ et son volume est de 43ᶜᵐ³. Calculer les poids d'or et de cuivre qu'il contient sachant qu'un cm³ d'or pèse 19ᵍ et qu'un cm³ de cuivre pèse 8ᵍ,8. Combien faut-il faire fondre d'or pur avec cet alliage pour obtenir un nouvel alliage propre à faire des pièces de 20ᶠ et combien obtiendra-t-on de ces pièces ?*

(*1ᵉ position.*) Si nous supposons 43ᶜᵐ³ d'or, le poids de l'objet serait de 19ᵍ × 43 = 817ᵍ ; il surpasserait le poids réel de 817ᵍ — 664ᵍ = 153ᵍ.

En remplaçant 1ᶜᵐ³ d'or par 1ᶜᵐ³ de cuivre, l'excédent de poids diminuera de 19ᵍ — 8ᵍ,8 = 10ᵍ,2. D'où :

Volume du cuivre : 153 : 10,2 = 15ᶜᵐ³.
Volume de l'or : 43ᶜᵐ³ — 15ᶜᵐ³ = 28ᶜᵐ³.

R. — **Poids d'or** : 19ᵍ × 28 = **532ᵍ** ; **de cuivre** : 8ᵍ,8 × 15 = **132ᵍ.**

Le nouvel alliage pèsera : $132^g \times 10 = 1\ 320^g$.

R. — Il faut ajouter : $1\ 320^g - 664^g = 656^g$ **d'or pur.**

On pourra fabriquer : $\dfrac{3,10 \times 1\ 320}{20} = 204$ **pièces** (R. $3^g,871$).

2037. *Une somme en argent monnayé au titre de 0,900 a été amenée au titre de 0,835 par l'addition d'une certaine quantité de cuivre. La somme fabriquée avec l'alliage a été ainsi augmentée de 5 000ᶠ. Quelle était la somme primitive ?*

La somme fabriquée avec l'alliage pèse $5^g \times 5\ 000 = 25\ 000^g$ de plus que la 1re somme.

Proportion de l'alliage :

$$
\begin{array}{lll}
0,900 & & 0,835 \ \ldots\ldots\ 167^g \text{ à } 0,900 \\
 & 0,835 & \\
0 & & 0,065 \ \ldots\ldots\ 13^g \text{ de cuivre.}
\end{array}
$$

Le poids de la somme d'argent au titre de 0,900 est les 167/13 du poids du cuivre ajouté.

Poids de la somme primitive : $25\ 000^g \times \dfrac{167}{13} = 321\ 154^g$.

R. — Montant de la somme primitive : $321\ 154 : 5 = 64\ 230^f,80$.

2038. *Le cm³ d'or pèse $19^g,3$; le cm³ d'argent pèse $10^g 5$. On propose d'allier à 250^g d'or un poids d'argent tel que le cm³ de l'alliage pèse $13^g,6$. On supposera que l'alliage se fait sans changement de volume.*

Proportion de l'alliage :

$$
\begin{array}{lll}
19,3 & & 3,1 \ \ldots\ldots\ 31^{cm3} \text{ d'or} \\
 & 13,6 & \\
10,5 & & 5,7 \ \ldots\ldots\ 57^{cm3} \text{ d'argent.}
\end{array}
$$

ou
$$
\begin{cases}
19^g,3 \times 31 = 598^g,30 \text{ d'or} \\
10^g,5 \times 57 = 598^g,50 \text{ d'argent.}
\end{cases}
$$

Avec 1^g d'or, il faudrait allier $\dfrac{598,5}{598,3}$ g. d'argent.

R. — Avec 250^g **d'or il faudra allier** $\dfrac{598,5 \times 250}{598,3} = 250^g,04$.

2039. *Un bijoutier a deux lingots d'argent pesant ensemble 187^g ; le rapport du poids du 1er au poids du 2^e est 13/21. 1º Calculer le poids des deux lingots. 2º Le bijoutier prend une 1re fois 24^g du 1er lingot et 36^g du 2e et en fait 60^g d'un alliage au titre de 0,75 ; une 2e fois il prend 14^g du 1er lingot et 36^g du 2e et il en fait 50^g d'un alliage au titre de 0,795. Quels sont les titres des deux lingots ?*

R. — Le 1er lingot pèse $187^g \times \dfrac{13}{34} = 71^g,50$.

Le 2º lingot pèse $187^g - 71^g,50 = 115^g,50$.

24^g du 1er $+ 36^g$ du 2º contiennent $60 \times 0,75 = 45^g$ d'arg. pur
14^g du 1er $+ 36^g$ du 2º   — $50 \times 0,795 = 39^g,75$ —
10^g du 1er contiennent .... $\overline{5^g,25}$ d'arg. pur.

R. — Titre du 1er lingot : $\dfrac{5,25}{10} = 0,525$.

Argent pur du 2º lingot : $45^g - (24^g \times 0,525) = 32^g,4$.

R. — Titre du 2º lingot : $\dfrac{32,4}{36} = 0,900$.

2040. *Deux lingots, alliages d'or et de cuivre, ont respective-ment pour titres 0,840 et 0,750. A eux deux ils pèsent* $1^{kg},781$ *et contiennent* $369^g,20$ *de cuivre. Quels sont les poids des deux alliages ?*

Le 1er lingot contient 0,16 de cuivre et le 2º lingot 0,25.
Soient x et y les poids des lingots ; on a :

$$x + y = 1\,781$$

$$\frac{16x}{100} + \frac{25y}{100} = 369,2.$$

En résolvant ce système on trouve : $x = 845$ et $y = 936$.

R. — **Poids des alliages : 845g et 936g.**

2041. *Un lingot d'argent et de cuivre est du titre de 0,800 et pèse* 17^{kg} *; un autre lingot formé des mêmes métaux est au titre de 0,920 et pèse* 13^{kg}. *On propose de retirer un même poids de chaque lingot, de manière que les deux lingots res-tants, fondus ensemble, donnent un alliage au titre de 0,8408.*

Proportion du nouvel alliage
$\begin{cases} 0,800 \\ \\ 0,920 \end{cases}$
$0,8408$
$0,0792$ .... 33^{kg} à 0,800
$0,0408$ ..... 17^{kg} à 0,920.
Différence .... 16^{kg}.

Puisqu'on retire un même poids de chaque lingot, la différence des lingots restants sera de $17^{kg} - 13^{kg} = 4^{kg}$.
Or les poids des lingots restants représenteront respectivement les $\dfrac{33}{16}$ et les $\dfrac{17}{16}$ de leur différence.

Poids des lingots restants : $4^{kg} \times \dfrac{33}{16} = 8^{kg},25$ et $4^{kg} \times \dfrac{17}{16} = 4^{kg},25$.

R. — **Poids à retirer :** $17^{kg} - 8^{kg},25 = 8^{kg},75$.

2042. *Un alliage de* 300^{kg} *contient 90 parties de cuivre et 10 d'étain. Quelles quantités de cuivre et d'étain faut-il lui*

a,outer pour obtenir un nouvel alliage formé de 67 parties
de cuivre et 33 d'étain et pesant 540^{kg} ?

Poids de cuivre du nouvel alliage : $\dfrac{540^{kg} \times 67}{100} = 361^{kg},80.$

Poids de cuivre de l'alliage : $\dfrac{300^{kg} \times 9}{10} = 270^{kg}.$

R. — Poids du cuivre ajouté : $361^{kg},8 - 270^{kg} = 91^{kg},8.$

Poids d'étain du nouvel alliage : $540^{kg} - 361^{kg},8 = 178^{kg},2.$
Poids d'étain du 1er alliage : $300^{kg} - 270^{kg} = 30^{kg}.$

R. — Poids de l'étain ajouté : $178^{kg},2 - 30^{kg} = 148^{kg},2.$

2043. *Trois alliages ont pour titres : 0,700, 0,800,
0,900. On veut obtenir un lingot pesant* 1^{kg},5 *au titre de
0,820. Quel poids faut-il prendre des deux premiers alliages
si l'on prend* 600^{g} *du* 3e ?

Poids à prendre des 2 premiers alliages : $1\,500^{g} - 600^{g} = 900^{g}.$
Poids d'argent pur du nouveau lingot : $1\,500^{g} \times 0,82 = 1\,230^{g}.$

— du 3e alliage : $600^{g} \times 0,9 = 540^{g}.$

— des 2 premiers alliages : $1\,230^{g} - 540^{g} = 690^{g}.$

Titre de l'alliage des 2 premiers : $\dfrac{690}{900} = \dfrac{23}{30}.$

Les 2 premiers titres 0,7 et 0,8 peuvent s'écrire $\dfrac{7}{10}$ et $\dfrac{8}{10}$
ou $\dfrac{21}{30}$ et $\dfrac{24}{30}.$

$$\text{Proportion de l'alliage} \begin{cases} 21 & \nearrow 1 \ \ldots\ 1^{g}\ \text{à } 0,7. \\ & 23 \\ 24 & \searrow 2 \ \ldots\ 2^{g}\ \text{à } 0,8. \end{cases}$$

R. — On prendra :

$900 \times 1/3 = $ **300^{g} à 0,7** et $900 \times 2/3 = $ **600^{g} à 0,8.**

2044. *Un lingot d'argent dont le titre est 0,950 pèse*
8^{kg} ; *un autre lingot au titre de 0,800 pèse* 2^{kg}. *Quel poids
de cuivre faudrait-il fondre avec ces deux lingots pour avoir
un alliage au titre de 0,900 ? Combien pourrait-on faire
de pièces de* 5^f *avec le lingot ainsi obtenu ?*

Poids total des lingots : $8^{kg} + 2^{kg} = 10^{kg}.$
Poids d'argent pur : $(8^{kg} \times 0,95) + (2^{kg} \times 0,8) = 9^{kg},20.$

Poids de l'alliage à former : $\dfrac{9^{kg},2 \times 10}{9} = \dfrac{92}{9}$ de kg.

R. — Il faudra ajouter $\dfrac{92}{9} - 10 = \dfrac{2}{9}$ **de kg. de cuivre.**

On pourra faire : $\dfrac{92\,000}{9 \times 25} = $ **408 pièces de 5^f.** (*Reste* $= 22^{g},2$).

2045. *On a fabriqué un alliage d'argent et de cuivre au titre de 0,75. Sa forme est celle d'un cube qui a pour arête 0m,03. Il s'est produit une contraction d'un vingtième en alliant les 2 métaux. Le poids spécifique de l'argent et du cuivre étant 10kg,5 et 8kg, on demande le poids de ce lingot.*

Volume de l'alliage : $3 \times 3 \times 3 = 27^{cm3}$.

Volume avant la contraction : $\dfrac{27^{cm3} \times 20}{19} = \dfrac{540}{19}$ cm³.

100g de cet alliage se composent de 75g d'argent et de 25g de cuivre, ou de $\dfrac{75}{10,5} = \dfrac{50}{7}$ cm³ d'argent et $\dfrac{25}{8}$ cm³ de cuivre.

Ainsi un volume de $\dfrac{50}{7} + \dfrac{25}{8} = \dfrac{575}{56}$ cm³ de cet alliage pèse 100g.

R. — Le poids du lingot est donc : $\dfrac{100^g \times 56 \times 540}{575 \times 19} = \mathbf{276^g,79}$.

2046. *On prend 3 lingots formés d'un alliage d'argent et de cuivre dont les titres sont respectivement 0,950, 0,750 et 0,500. Le poids du 1er est les 3/4 de celui du 2e et le poids du 2e est la 1/2 de celui du 3e. Les trois lingots fondus pèsent ensemble 3 810g. On demande quel poids d'argent ou de cuivre il faut ajouter au lingot total pour obtenir un alliage au titre de 0,835.*

En représentant le poids du 3e lingot par 1 celui du 2e sera 1/2 et celui du 1er $\dfrac{1}{2} \times \dfrac{3}{4} = \dfrac{3}{8}$.

Les poids des lingots sont donc proportionnels à

$$\dfrac{3}{8}, \ \dfrac{1}{2}, \ 1 \quad \text{ou} \quad 3, \ 4, \ 8.$$

Titre moyen des lingots : $\dfrac{3 \times 0,95 + 4 \times 0,75 + 8 \times 0,5}{15} = \dfrac{197}{300}$.

Ce titre est inférieur à 0,835 ; en effet : $0,835 = \dfrac{83,5}{100} = \dfrac{250,5}{300}$; il faudra donc ajouter de l'argent pur.

Poids du cuivre des 3 lingots : $3\,810^g \times \left(\dfrac{300 - 197}{300}\right) = 1\,308^g,10$.

Poids de l'alliage à former : $\dfrac{1\,308^g,10 \times 1\,000}{165} = 7\,927^g,87$.

R. — Poids d'argent à ajouter : $7\,927^g,87 - 3\,810^g = \mathbf{4\,117^g,87}$.

2047. *On a fait fondre un certain nombre de pièces de 5f en argent et on a amené l'alliage au titre de 0,835 par addition de cuivre. La somme qu'on a pu fabriquer en pièces divisionnaires surpasse de 520f la somme primitive. Quelle est cette dernière somme ?*

Supposons une somme de 200^f formée de pièces de 5^f. En fondant ces pièces, on obtiendra un alliage pesant 1 000^g et contenant 900^g d'argent pur. Cet alliage, amené au titre de 0,835,

$$\text{pèsera } \frac{900 \times 1\,000}{835} \text{ g. et vaudra } \frac{900 \times 1\,000}{835 \times 5} \text{ f.}$$

L'augmentation de valeur sera de

$$\frac{900 \times 1\,000}{835 \times 5} \text{ f.} - 200 \text{ f.} = \frac{2\,600}{167} \text{ f.}$$

Autant de fois cette augmentation est contenue dans 520, autant de fois la somme primitive comprend 200^f.

R. — Somme primitive : $200^f \times \dfrac{520 \times 167}{2\,600} =$ **6 680^f.**

2048. *On fait fondre dans un creuset 225 pièces de 5^f en argent ; on ajoute à la masse un lingot d'argent de 1^{kg} au titre de 0,7511. On demande quelle quantité de cuivre il faut introduire dans le creuset pour obtenir un alliage pouvant servir à fabriquer les pièces de 1^f. Quel sera le nombre de ces pièces ?*

Poids d'argent pur contenu dans les pièces de 5^f et dans le lingot de 1^{kg}.

$$(25^g \times 225 \times 0,9) + 751^g,1 = 5\,813^g,6.$$

L'alliage à obtenir pèsera $\dfrac{5\,813^g,6 \times 1\,000}{835} = 6\,962^g,39.$

R. — Quantité de cuivre à ajouter :

$$6\,962^g,39 - (25^g \times 225 + 1\,000^g) = 337^g,39.$$

R. — On pourra fabriquer :

6 962,39 : 5 = **1 392 pièces.** (*Reste* = 2^g,39.)

RÉCAPITULATION

Problèmes proposés aux examens du Brevet élémentaire depuis 1921.

Toulouse. — 2049. *Deux pièces d'étoffe ont la même longueur, 7^m de la 1re valent autant que 5^m de la 2e et le prix total de la 1re et de 5^m de la 2e est de 271^f,25. La seconde pièce coûte 65^f,10 de plus que la 1re. Quel est le prix du mètre de chaque étoffe et la longueur de chaque pièce ?*

Les pièces ayant même longueur, leurs valeurs sont entre elles comme les prix du mètre ; par conséquent la 1re pièce vaut les 5/7 de la 2e.

La différence des valeurs 65^f,10 représente donc les $\dfrac{7-5}{7} = \dfrac{2}{7}$ du prix de la 2e pièce.

Prix de la 2e pièce : $\dfrac{65^f,10 \times 7}{2} = 227^f,85$.

Prix de la 1re pièce : 227^f,85 — 65^f,10 = 162^f,75.

Prix de 5^m de la 2e pièce : 271^f,25 — 162^f,75 = 108^f,50.

R. — Prix du mètre de la 1re pièce : 108^f,5 : 7 = 15^f,50.

Prix du mètre de la 2e pièce : 108^f,5 : 5 = 21^f,70.

Longueur commune : 162,75 : 15,5 = 10^m,50.

Montpellier. — 2050. *Un négociant achète d'une part 2 755^{hl} de vin de 1re qualité et 1 729^{hl} de 2e qualité. Il veut loger ce vin, sans mélanger les qualités, dans des fûts de même contenance. Cette contenance doit être telle que le nombre de fûts employés soit le plus petit possible. On demande : 1° la contenance de chaque fût ; 2° le nombre de fûts employés pour chaque qualité.*

Le nombre qui exprime en hl. la contenance des fûts est un diviseur des nombres 2 755 et 1 729.

Pour que le nombre des fûts soit le plus petit possible il faut que le diviseur de 2 755 et 1 729 soit le plus grand possible c'est-à-dire qu'il soit égal à leur p. g. c. d. 19.

R. — Chaque fût devra contenir 19 hl.

Pour la 1re qualité il y aura 2 755 : 19 = 145 fûts.

Pour la 2e qualité il y aura 1 729 : 19 = 91 fûts.

Paris. — 2051. *Une personne achète un même nombre de mètres de calicot à 5^f,20 le mètre et de toile à 7^f,60 le mètre. Elle a payé exactement son double achat avec des billets de 10^f et a ainsi dépensé moins de 400^f. Combien a-t-elle acheté de mètres de chaque étoffe ? Combien a-t-elle dépensé ?*

Pour 1^m de chaque étoffe cette personne a payé :

$$5^f,2 + 7^f,6 = 12^f,8 \quad \text{ou } 128 \text{ décimes.}$$

La dépense totale doit donc être divisible à la fois par 128 décimes et par 10^f ou 100 décimes.

Le p. p. c. m. de 100 et 128 est 3 200.

Comme la dépense doit être inférieure à 400^f, 3 200 décimes ou 320^f est le seul nombre qui remplisse les conditions imposées.

R. — Elle a dépensé 320^f pour l'achat de $\dfrac{320}{12,8} = 25^m$ de chaque étoffe.

Corse. — 2052. *Deux fermiers ont vendu ensemble du blé pour 1 162^f,50. Le 1er a vendu 5^{hl} de moins que le 2e. Si chacun avait livré la moitié de la quantité totale vendue par les deux, le 1er aurait reçu 540^f et le second 615^f. Com-*

bien chacun des fermiers a-t-il vendu d'hl. de blé et à quel prix a-t-il vendu l'hl. ?

Solution algébrique. — (Pour la solution arithmétique voir n° 1 933).

Soient x et $x + 5$ les quantités vendues. y et y' les prix de l'hectolitre.

Nombre total d'hl. $x + (x + 5) = (2x + 5)$.

On a :
$$xy + (x + 5)y' = 1\,162\,5 \qquad (1)$$

$$\frac{(2x + 5)}{2}\,y = 540 \qquad (2)$$

$$\frac{(2x + 5)}{2}\,y' = 615. \qquad (3)$$

L'équation (1) peut s'écrire : $x(y + y') + 5y' = 1\,162\,50.$ (4)

De (2) et (3) on tire $y + y' = \dfrac{540 \times 2 + 615 \times 2}{2x + 5} = \dfrac{2\,310}{2x + 5}$

Portons ces valeurs dans (4), il vient :
$$\frac{2\,310x}{2x + 5} + \frac{5 \times 615 \times 2}{2x + 5} = 1\,162,50.$$

$$2\,310x + 6\,150 = 1\,162,5(2x + 5).$$

D'où : $x = 22\,1/2$ et par suite, $y = 21,6$; $y' = 24,6.$

R. — Le 1er fermier a vendu 22hl,5 à 21f,60.

Le 2e fermier a vendu 27hl,5 à 24f,60.

Montpellier. — **2053.** *Des amis font un repas en commun. En versant chacun 8f, il manque 5f,25 pour payer la note ; s'ils versent chacun 9f, ils ont 1f,75 de trop. Quel est le nombre de personnes et quel est le prix d'un repas ?*

Le second versement total surpasse le 1er de :
$$5^f,25 + 1^f,75 = 7^f.$$

Différence de versement par personne : $9^f - 8^f = 1^f.$

R. — Le nombre de personnes est donc de 7.

Prix d'un repas : $\dfrac{(8^f \times 7) + 5^f,25}{7} = 8^f,75.$

Solution algébrique. — Soient x le nombre de personnes et y le prix d'un repas ; on a :

$$\begin{aligned} 8x &= xy - 5,25 \\ 9x &= xy + 1,75 \end{aligned} \qquad \text{d'où} \qquad \begin{aligned} \mathbf{x} &= \mathbf{7} \\ \mathbf{y} &= \mathbf{8,75.} \end{aligned}$$

Besançon. — 2054. *Deux ouvriers A et B, d'habileté différente, ont à faire chacun un travail identique payé 48f,40. A travaille seul au sien 10h, puis le termine avec le concours de B en travaillant ensemble 8h. B travaille seul au sien 9h et le termine avec le concours de A en 8h. Finalement, chacun étant payé selon le travail fait, le gain de B surpasse celui de A de 3f,20. Calculer 1° le gain de* *chaque ouvrier à l'heure ; 2° le temps que mettrait chaque ouvrier pour faire seul son travail ainsi que le temps qu'ils mettraient ensemble.*

Les deux travaux sont payés : $48^f,40 \times 2 = 96^f,80$.

A reçoit : $\dfrac{96^f,80 - 3^f,20}{2} = 46,8$ et B : $\dfrac{96^f,80 + 3^f,20}{2} = 50^f$.

Heures de travail de A : $10^h + 8^h + 8^h = 26^h$.

— — B : $9^h + 8^h + 8^h = 25^h$.

R. — **A gagne par heure** : $46^f,80 : 26 = 1^f,80$.

B gagne par heure : $50^f : 25 = 2^f$.

R. — Pour faire seul l'un des travaux

A mettrait : $\dfrac{1^h \times 48,40}{1,8} = 26^h,53^m$ et **B** : $\dfrac{1^h \times 48,40}{2} = 24^h 12^m$.

En 1^h, A fait : $\dfrac{1,8}{48,4} = \dfrac{9}{242}$ du travail et B : $\dfrac{2}{48,4} = \dfrac{10}{242}$.

Ensemble en 1^h ils font : $\dfrac{9}{242} + \dfrac{10}{242} = \dfrac{19}{242}$ du travail.

R. — **Ensemble ils feraient le travail en** : $\dfrac{1^h \times 242}{19} = 12^h 44^m$.

Poitiers. — **2055.** *On a acheté un certain nombre de mètres de dentelle pour 540^f. Si, pour la même somme, on avait eu 3^m de plus, le mètre aurait coûté 15^f de moins. Combien a-t-on payé le mètre ?*

Soit x le nombre de mètres de dentelle achetés. On a :

$$\frac{540}{x} - \frac{540}{x+3} = 15.$$

En multipliant les deux membres par $x(x+3)$, il vient :

$$540x + 1\,620 - 540x = 15x^2 + 45x$$

ou $\qquad 15x^2 + 45x - 1\,620 = 0$

d'où $\qquad x = 9$.

R. — **Prix du mètre** : $540^f : 9 = 60^f$.

Bordeaux. — **2056.** *Un navire a des vivres pour 60 jours. Il rencontre en mer 30 naufragés qu'il recueille. Il n'a plus alors que pour 50 jours de vivres. Quel était le nombre primitif d'hommes à bord ?*

Solution arithmétique, voir n° 1485.

Solution algébrique. — Soit x le nombre primitif des hommes à bord. Avant la rencontre des naufragés, les vivres formaient $60x$ rations journalières ; après la rencontre, ils en forment

$$(x + 30) \times 50.$$

Le nombre des rations étant le même dans les 2 cas, on a :

$$60x = (x + 30) \times 50$$

d'où $$x = 150.$$

R. — Il y avait primitivement 150 hommes à bord.

Bordeaux. — 2057. *Un ouvrier pour se rendre à son travail et pour revenir chez lui, peut prendre l'autobus ou le train. L'autobus lui coûte 0ʄ,75 et le train 0ʄ,50, billet simple, et 0ʄ,80, billet d'aller et retour. Il fait deux voyages par journée de travail (un aller et un retour). Après une année de 300 jours de travail, il a pris 184 billets aller et retour et il a payé 45ʄ,70 de plus en train qu'en autobus. Combien de fois a-t-il pris l'autobus et combien de fois le train ?*

Le nombre des billets d'aller et retour étant de 184, celui des billets simples est de :

$$(300 - 184) \times 2 = 600 - 368 = 232.$$

Si l'ouvrier n'avait jamais pris l'autobus, sa dépense en train aurait été de :

$$(0ʄ,80 \times 184) + (0ʄ,50 \times 232) = 147ʄ,20 + 116ʄ = 263ʄ,20 ;$$

elle surpasserait la dépense en autobus de 263ʄ,20 ; or la différence ne doit être que de 45ʄ,70 ; elle est donc trop forte de

$$263ʄ,20 - 45ʄ,70 = 217ʄ,50.$$

Chaque fois que l'ouvrier remplace un parcours en train avec billet simple par un parcours en autobus, cette différence diminue de :

$$0ʄ,50 + 0ʄ,75 = 1ʄ,25.$$

R. — Nombre de parcours en autobus : $\dfrac{217,5}{1,25} = 174.$

— — **train : 232 — 174 = 58.**

Fractions.

Privas. — 2058. *Un marchand achète 63ʰˡ de vin de trois qualités différentes. Le nombre d'hl. de la 1ʳᵉ qualité est les 3/4 de celui de la 2ᵉ ; le nombre d'hl. de la 3ᵉ est la demi-somme des deux autres. Combien d'hectolitres de chaque qualité ce marchand a-t-il achetés ? — Il vend l'hl. de la 2ᵉ qualité 7ʄ de plus que celui de la 1ʳᵉ et celui de la 3ᵉ 7ʄ,50 de plus que celui de la 2ᵉ et reçoit autant que s'il vendait les 63ʰˡ au prix de 103ʄ l'hl. Quel est le prix de l'hl. de chaque qualité ?*

Les nombres d'hl. de chaque qualité sont proportionnels à :

$$\frac{3}{4}, \frac{4}{4} \text{ et } \left(\frac{3}{4} + \frac{4}{4}\right) : 2 \text{ ou à } \frac{6}{8}, \frac{8}{8} \text{ et } \frac{7}{8}.$$

ou encore à 6, 8 et 7 dont la somme est 21.

R. — L'achat comprend : $\dfrac{63^{hl} \times 6}{21} = 18^{hl}$ de la 1re qualité.

$$— \qquad — \qquad \frac{63^{hl} \times 8}{21} = 24^{hl} — 2^e —$$

$$— \qquad — \qquad \frac{63^{hl} \times 7}{21} = 21^{hl} — 3^e —$$

Prix total de vente : $103^f \times 63 = 6\ 489^f$.

Si les 63^{hl} étaient vendus au prix de la 1re qualité, le prix total de vente diminuerait de :

$$(7^f \times 24) + (7^f + 7^f,50) \times 21 = 472^f,50.$$

il serait égal à $6\ 489^f — 472^f,50 = 6\ 016^f,50$.

R. — **Prix de vente de l'hectolitre :**

$$1^o \ \frac{6\ 016^f,5}{63} = \mathbf{95^f,50} ; \qquad 2^o\ 95^f,50 + 7^f = \mathbf{102^f,50} ;$$

$$3^o\ 102^f,50 + 7^f,50 = \mathbf{110^f}.$$

Annecy. — **2059.** *Deux frères héritent d'une vigne et d'un champ dont les superficies sont entre elles comme 3 est à 4 1/4. La vigne est estimée 38^f l'are et le champ 25^f l'are. Celui qui prend la vigne donne 93^f à celui qui prend le champ et le partage est égal. On demande la contenance de chaque parcelle ?*

Supposons que la vigne mesure 3^a et le champ $4^a,25$.
La vigne vaudrait $38^f \times 3 = 114^f$ et le champ $25^f \times 4,25 = 106^f,25$.
Différence des valeurs : $114^f — 106^f,25 = 7^f,75$.
Pour que les parts soient égales il faut que le 1er verse au 2e la moitié de cette différence, soit : $7^f,75 : 2 = 3^f,875$. D'où :

R. — **Contenance de la vigne** : $3^a \times \dfrac{93}{3,875} = \mathbf{72\ ares.}$

Contenance du champ : $4^a,25 \times \dfrac{93}{3,875} = \mathbf{102\ ares.}$

2e solution. — La valeur de la vigne est les $\dfrac{38 \times 3}{25 \times 4,25} = \dfrac{456}{425}$ de celle du champ.

La différence des deux valeurs représente donc les $\dfrac{456 — 425}{425} = \dfrac{31}{425}$ du prix du champ. Or cette différence est de $93^f \times 2 = 186^f$.

Valeur du champ : $\dfrac{186^f \times 425}{31} = 2\ 550^f$.

Valeur de la vigne : $2\ 550^f + 93^f \times 2 = 2\ 736^f$.

R. — **Surface de la vigne** : $2\ 736 : 38 = \mathbf{72\ ares.}$
— **du champ** : $2\ 550 : 25 = \mathbf{102\ ares.}$

Constantine. — **2060.** *Un bateau transporte 345 passagers de Marseille à Alger. La distance de ces deux villes est de 800^{km}. Le prix du transport par kilomètre et par tête est de 0^f,30 en 1re classe, de 0^f,225 en 2e classe et de 0^f,165 en 3e classe. Trouvez le nombre de passagers de chaque classe, sachant que le nombre de passagers de 3e classe est égal aux 23/7 de celui de 2e classe, et que le prix total du transport est de 53 760^f.*

Prix du transport pour 7 passagers de 2e classe et 23 de 3e classe

$(0^f,225 \times 7 \times 800) + (0^f,165 \times 23 \times 800) = 1\ 260^f + 3\ 036^f = 4\ 296^f.$

Prix moyen : 4 296 : 30 = 143^f,20.
Prix du trajet en 1re classe : 0^f,30 × 800 = 240^f.

(*F. position.*) Supposons 345 passagers de 1re classe.
La recette totale s'élèverait à 240^f × 345 = 82 800^f.
L'excédent de recettes serait de 82 800^f — 53 760^f = 29 040^f
En remplaçant 1 passager de 1re classe par un passager à 143^f,20 l'excédent diminuera de 240^f — 143^f,20 = 96^f,80. D'où :

$$\text{Nombre de voyageurs à } 143^f,20 : \frac{29\ 040}{96,8} = 300.$$

R. — **Nombre de passagers en 1re classe : 345 — 300 = 45 ;**

en 2e classe : $300 \times \frac{7}{30} = 70$; en 3e classe : $300 \times \frac{23}{30} = 230.$

Paris. **2061.** *Une personne place un certain capital dans une entreprise commerciale ; son bénéfice est pour la 1re année le 1/3 du capital primitif ; pour la 2e année, les 2/5 du nouveau capital, et pour la 3e année, les 2/7 du 3e capital ; à la fin de la 3e année le capital s'élève à 96 000^f. Quel était le capital primitif ?*

En 3 ans, le capital de cette personne est devenu successivement les $\frac{4}{3}$, les $\frac{4}{3} \times \frac{7}{5} = \frac{28}{15}$, les $\frac{28}{15} \times \frac{9}{7} = \frac{36}{15}$ de sa valeur primitive.

R. — **Montant du capital primitif :** $\dfrac{96\ 000^f \times 15}{36} = 40\ 000^f.$

Alger. — **2062.** *Deux personnes ont acheté un terrain à bâtir pour 120 000^f. Pour payer tout le prix d'achat, il manquait à la 1re les 2/3 de l'avoir de la 2e et il manquait à celle-ci les 3/4 de l'avoir de la 1re. Trouver la fortune de chaque personne. Le prix d'achat du m^2 étant un nombre entier de francs, et la propriété ayant la forme d'un carré contenant un nombre exact d'hectares, trouver le côté du carré. Combien y a-t-il de solutions ?*

1º Soient x et y les deux fortunes. On a

$$x + \frac{2}{3}y = 120\ 000 \qquad \text{d'où} \quad \left\{ \begin{array}{l} x = 80\ 000 \\[2mm] y = 60\ 000. \end{array} \right.$$
$$\frac{3}{4}x + y = 120\ 000$$

R. — Fortune de la 1ʳᵉ : 80 000ᶠ ; fortune de la 2ᵉ : 60 000ᶠ.

2º La propriété est un carré contenant un nombre exact d'hectares ; donc le nombre qui exprime sa surface doit être : 1º un carré parfait ; 2º un multiple de 10 000 ou 100².

En représentant par x le prix du m² on a :

$$\frac{120\ 000}{x} = \frac{2^6 \times 3 \times 5^4}{x} = \frac{100^2 \times 2^2 \times 3}{x}.$$

Si $x = 3$ la surface du carré est $100^2 \times 2^2$ et son côté 200ᵐ ;

Si $x = 2^2 \times 3$, la surface du carré est 100^2 et son côté 100ᵐ.

R. — Il y a deux solutions : 100ᵐ et 200ᵐ.

Moulins. — 2063. *Deux ouvriers gagnent ensemble 14 100ᶠ par an. Le 1ᵉʳ dépense les 24/29 de son gain et le 2ᵉ les 8/9 du sien. Il reste alors au premier les 5/2 de ce qui reste au deuxième. Trouver le salaire annuel de chacun.*

Le 1ᵉʳ économise $\frac{5}{29}$ de son gain et le second, $\frac{1}{9}$.

Les $\frac{5}{29}$ du gain du 1ᵉʳ valent $\frac{1}{9} \times \frac{5}{2} = \frac{5}{18}$ du gain du 2ᵉ.

Le gain du 1ᵉʳ vaut donc les $\frac{5 \times 29}{18 \times 5} = \frac{29}{18}$ du gain du 2ᵉ.

14 100ᶠ représentent $\frac{29}{18} + \frac{18}{18} = \frac{47}{18}$ du gain du 2ᵉ.

R. — Salaire annuel du 2ᵉ : $\dfrac{14\ 100 \times 18}{47} = $ **5 400ᶠ.**

Salaire annuel du 1ᵉʳ : 14 100ᶠ — 5 400ᶠ = 8 700ᶠ.

Paris. — 2064. *Un fonctionnaire subit une retenue de 5 % sur son traitement pour la caisse des retraites. Sa dépense annuelle est égale aux 3/4 de ce qu'il touche, augmentés de 1 050ᶠ. Au bout de 5 ans, il a économisé les 3/4 de son traitement global. Calculer ce traitement.*

Le fonctionnaire touche par an $\frac{95}{100}$ ou $\frac{19}{20}$ de son traitement global (T). Il dépense les 3/4 de cette somme + 1 050ᶠ, donc il en économise 1/4 moins 1 050ᶠ, soit :

$$\left(\frac{19}{20}T \times \frac{1}{4} \right) - 1\ 050^f = \frac{19}{80}T - 1\ 050^f.$$

En 5 ans il a économisé $\left(\dfrac{19}{80}T - 1\,050^f\right) \times 5 = \dfrac{95}{80}T - 5\,250^f$

ou, d'après l'énoncé, les 3/4 du traitement global.

Donc 5 250^f représentent $\dfrac{95}{80} - \dfrac{3}{4} = \dfrac{7}{16}$ de T.

R. — Montant du traitement : $\dfrac{5\,250^f \times 16}{7} = 12\,000^f.$

Clermont. — **2065.** *Deux ouvriers sont employés au même travail. Le 1ᵉʳ fait les 5/4 du travail que ferait le 2ᵉ pendant le même temps et celui-ci a chômé 7 jours. Le travail ayant été terminé en 53 jours et étant payé en tout 628ᶠ,60, trouver la somme qui revient à chacun d'eux.*

Le 2ᵉ ouvrier a travaillé pendant 53 — 7 = 46 jours.

Les 46 journées du 2ᵉ valent $46 \times \dfrac{4}{5} = \dfrac{184}{5}$ j. du 1ᵉʳ.

Donc 628^f,60 sont le prix de $53 + \dfrac{184}{5} = \dfrac{449}{5}$ j. du 1ᵉʳ.

R. — Le 1ᵉʳ a reçu : $\dfrac{628^f,60 \times 5 \times 53}{449} = 371^f.$

Le 2ᵉ a reçu : $628^f,60 — 371^f = 257^f,60.$

Bordeaux. — **2066.** *Les avoirs de 2 personnes sont entre eux comme 5 est à 7. La 1ʳᵉ dépense 150ᶠ. La seconde dépense 140ᶠ. Les sommes qui leur restent sont alors dans le rapport de 5 à 8. Trouver le montant des sommes possédées en premier lieu par chacune des deux personnes.*

Soient x l'avoir primitif de la 1ʳᵉ et y celui de la 2ᵉ. On a :

$$\frac{x}{y} = \frac{5}{7},$$

$$\frac{x-150}{y-140} = \frac{5}{8},$$

En résolvant ce système, on trouve : $x = 500$; $y = 700.$

R. — La 1ʳᵉ avait 500ᶠ et la 2ᵉ 700ᶠ.

Paris. — **2067.** *Un instituteur touche par an une somme totale de 7 560ᶠ constituée par une indemnité non soumise à retenue et un traitement annuel qui est soumis à une retenue de 5 % pour lui constituer une retraite. Il dépense par an une somme égale aux 4/5 de son traitement diminué de la retenue, plus les 2/5 de son indemnité annuelle, plus encore 400ᶠ. Il économise 1 400ᶠ. On demande de calculer le traitement et l'indemnité de l'instituteur.*

Si l'instituteur dépensait 400^f de moins, il économiserait 1 400^f + 400^f = 1 800^f ; on aurait :

$$1\ 800^f = \frac{3}{5} \text{ de l'indemnité} + \frac{1}{5} \text{ du traitement net} \quad (1)$$

et, en multipliant par 5 les deux membres de l'égalité :

$$9\ 000^f = 3 \text{ fois l'indemnité} + 1 \text{ fois le traitement net.} \quad (2)$$

D'autre part :

$$7\ 560^f = 1 \text{ fois l'indemnité} + 1 \text{ fois le traitement net.} \quad (3)$$

En comparant (2) et (3) on voit que le double de l'indemnité vaut 9 000^f — 7 560^f = 1 440^f ; d'où :

R. — Montant de l'indemnité : 1 440^f : 2 = 720^f.

Montant du traitement net : 7 560^f — 720^f = 6 840^f.

R. — Montant du traitement global : $\dfrac{6\ 840^f \times 100}{95} = $ **7 200^f.**

Système métrique.

Besançon. — 2068. *La base d'un rectangle a 52^m de plus que la hauteur. Calculer ses deux dimensions, sachant que sa surface égale 16 224^{m2}.*

Soit b la base du rectangle. On a :

$$b (b - 52) = 16\ 224$$

ou

$$b^2 - 52b - 16\ 224 = 0.$$

Équation du second degré qui a pour racine : $b = 156$.

R. — Dimensions du rectangle : 156^m et 104^m.

Lyon. — 2069. *1° On augmente la longueur d'un rectangle de son 1/5 et on diminue sa largeur de son 1/5. Quelle variation subit la surface ? — 2° On augmente la longueur de son 1/3. Quelle modification faut-il faire subir à la largeur pour que la surface ne change pas ? — 3° Si on diminue la longueur de son 1/4, quelle modification doit subir la largeur pour que la surface du nouveau rectangle soit le double de celle du rectangle primitif ?*

Représentons la longueur par L et la largeur par l ; la surface sera Ll.

1° Les nouvelles dimensions sont $\dfrac{6}{5}$ L et $\dfrac{4}{5} l$; la surface devient donc :

$$\frac{6}{5} L \times \frac{4}{5} l = \frac{24}{25} L l.$$

R. — La surface est diminuée de 1/25 de sa valeur primitive.

2° On doit avoir : $\dfrac{4}{3}L \times l' = Ll$

d'où $l' = \dfrac{3}{4}l.$

R. — La largeur doit être diminuée de son 1/4.

3° On doit avoir : $\dfrac{3}{4}L \times l' = 2Ll$

d'où $l' = \dfrac{8}{3}l.$

R. — La largeur doit être augmentée de ses 5/3.

Dijon. — 2070. *Un champ rectangulaire est tel que si on augmente sa longueur de 5ᵐ et qu'on diminue sa largeur de 5ᵐ, sa surface diminue de 3ᵃ,25. Sachant que son périmètre égale 400ᵐ, trouver ses dimensions et sa valeur à raison de 15 000ᶠ l'hectare.*

Si l'on prend pour dimension du champ $L + 5$ et $l - 5$, la surface devient : $(L + 5) \times (l - 5) = Ll + 5l - 5L - 25.$

En retranchant cette surface de la surface primitive Ll, on a :

$$Ll - (Ll + 5l - 5L - 25) = 5L - 5l + 25 = 325$$
$$5L - 5l = 300$$
$$L - l = 60$$

D'autre part : $L + l = 400 : 2 = 200.$

R. — Longueur : $\dfrac{200+60}{2} = 130^m$; **largeur :** $\dfrac{200-60}{2} = 70^m.$

Valeur du champ : $1^f,50 \times 130 \times 70 = \mathbf{13\ 650^f.}$

Aix. — 2071. *Une personne achète à raison de 60ᶠ le m², deux terrains carrés dont la différence des surfaces est 75ᵐ² et la différence des périmètres 12ᵐ. Trouver le prix de chaque terrain.*

Soient a et b les côtés des deux carrés ($a > b$). On a :

$$4a - 4b = 12$$

d'où $a - b = 3.$

D'autre part, on a : $a^2 - b^2 = 75$

ou $(a + b)(a - b) = 75$

$$(a + b) \times 3 = 75$$
$$a + b = 25.$$

Connaissant $a - b$ et $a + b$, on trouve : $a = 14$ et $b = 11.$

R. — Prix des terrains : $60^f \times 14^2 = \mathbf{11\ 760^f}$ et $60^f \times 11^2 = \mathbf{7\ 260^f.}$

Poitiers. — 2072. *Deux terrains carrés ont pour différence de superficie, 2ᵃ64ᶜᵃ et pour différence de périmètre 32ᵐ. Ils ont été vendus aux conditions suivantes : 1° le grand terrain a été payé comptant ; 2° pour le petit, on a accepté* *un billet de 1 912^f,50 payable à 4 mois, capital et intérêt à 6 % compris. Le prix du $^{m^2}$ étant le même dans les deux cas, quel est ce prix ?*

(*Voir* n° 2 071.) On a : $4a - 4b = 32$

d'où $a - b = 8.$

D'autre part on a : $a^2 - b^2 = (a + b)(a - b) = 264$

$$(a + b) \times 8 = 264$$
$$a + b = 33.$$

Connaissant $a + b$ et $a - b$ on trouve : $a = 20,50$; $b = 12,50$.
Surface du petit carré : $12,5 \times 12,5 = 156^{m^2},25$.
Intérêts de 100^f à 6 % pour 4 mois : $6^f \times 1/3 = 2^f$.
Une valeur de 100^f est payée avec un billet de 102^f.

Valeur du 2° terrain : $\dfrac{100^f \times 1\,912,50}{102} = 1\,875^f$.

R. — Prix du m^2 : 1 875^f : 156,25 = 12^f.

Chambéry. — **2073.** *En entourant un champ rectangulaire d'une bordure de 10^m de large, on augmente sa surface de 57^a. En mettant cette bordure sur un grand côté et deux petits, on augmente sa surface de 40^a,50. Quelles sont les dimensions primitives du champ ?*

Soient b et h les dimensions primitives du champ.
Dans le 1er cas, les nouvelles dimensions sont $b + 20$ et $h + 20$; et l'augmentation de surface sera :

$$(b + 20)(h + 20) - bh = 5\,700$$

d'où l'on tire : $20b + 20h = 5\,300.$ (1)

Dans le 2^e cas, les nouvelles dimensions sont $b + 20$ et $h + 10$; et l'augmentation de surface sera :

$$(b + 20)(h + 10) - bh = 4\,050$$

d'où l'on tire : $10b + 20h = 3\,850.$ (2)

En retranchant (2) de (1), on trouve : $b = 145$ d'où $h = 120$.

R. — Dimensions primitives du champ : 145^m et 120^m.

Clermont. — **2074.** *Trois champs rectangulaires A, B, C, sont vendus respectivement 8 820^f, 11 025^f, et 12 600^f. A et B ont même longueur et la somme de leurs largeurs est 27^m. B et C ont même largeur et la longueur de C est 24^m. On demande les dimensions des terrains et le prix du mètre carré.*

A et B ayant même longueur, leurs largeurs sont entre elles comme leurs prix, c'est-à-dire dans le rapport de :

$$\frac{8\,820}{11\,025} \quad \text{ou} \quad \frac{4}{5}.$$

Largeur de A : $\dfrac{27^m \times 4}{9} = 12^m$; largeur de B : $27^m - 12^m = 15^m$.

La largeur de C égale celle de B, elle vaut donc 15^m.
Surface de C : 24 × 15 = 360^{m2}.

R. — Prix du m^2 : 12 600^f : 360 = 35^f.

Surface de A : 8 820 : 35 = 252^{m2}.
Longueur de A et de B : 252 : 12 = 21^m.

R. — A mesure : 21^m et 12^m ; B, 21^m et 15^m ; C, 24^m et 15^m.

Le Puy. — 2075. *Un terrain rectangulaire dont l'une des dimensions est les 4/9 de l'autre, a la même étendue qu'un autre terrain de forme carrée ayant 35^m,40 de côté : 1° Calculez les dimensions du 1er terrain. 2° Calculez les valeurs de ces terrains sachant que celle du 1er surpasse celle du 2e de 3 132^f,90 et que si on plaçait la 1re valeur à 3^f,60 % et la 2e à 4 % par an, elles produiraient le même revenu.*

1° Surface du terrain rectangulaire : 35,4 × 35,4 = 1 253^{m2},16.
En représentant la longueur du terrain par L, on a :

$$L \times \frac{4}{9}L = \frac{4}{9}L^2 = 1\ 253,16$$

d'où
$$L^2 = \frac{1\ 253,16 \times 9}{4} = 2\ 819,61$$

$$L = \sqrt{2\ 819,61} = 53\ 10.$$

R. — Longueur du terrain : 53^m,10 ;
largeur : 53,10 × 4/9 = 23^m,6.

2° Les intérêts produits sont égaux ; donc les sommes placées sont dans le rapport inverse des taux c'est-à-dire dans le rapport

$$\frac{4}{3,60} \quad \text{ou} \quad \frac{10}{9}.$$

La 1re somme surpasse la 2e de 1/9 de la 2e ou de 3 132^f,90.

R. — Valeur de la 2e somme : 3 132^f,9 × 9 = 28 196^f,10.
Valeur de la 1re somme : 3 132^f,9 × 10 = 31 329^f.

Aurillac. — 2076. *Un jardin rectangulaire a une surface de 240^{m2}. La construction d'allées diminue la longueur de 4^m et la largeur de 3^m. La surface est diminuée de 96^{m2}. Trouvez les dimensions du jardin.*

Soient x et y les dimensions du jardin.

On a : $$xy = 240 \quad \text{d'où} \quad y = \frac{240}{x} \quad (1)$$

et $$(x - 4)(y - 3) = xy - 96 \quad \text{d'où} \quad 3x + 4y = 108. \quad (2)$$

Dans (2) remplaçons y par sa valeur (1) ; nous aurons :

$$(3x + 4) \times \frac{240}{x} = 108$$

ou $$3x^2 - 108x + 960 = 0.$$

Équation du second degré qui a pour racines $x' = 20$, $x'' = 16$.

R. — 1re solution : Longueur 20^m, largeur 240 : 20 = 12^m.
2e solution : — 16^m, — 240 : 16 = 15^m.

Grenoble. — 2077. *Un tapis rectangulaire a une surface de 4^{m2},7250. Sa largeur est les 14/15 de sa longueur. Comme il est usé sur les bords, on enlève tout autour une bande de 0^m,15 de large. Calculer : 1° la surface de la bande enlevée ; 2° le rapport de la nouvelle surface du tapis à l'ancienne ; 3° les nouvelles dimensions du tapis.*

Soient L la longueur primitive (en cm.) du tapis. On a :

$$L \times \frac{14}{15} L = \frac{14}{15} L^2 = 47\,250$$

d'où :

$$L^2 = \frac{47\,250 \times 15}{14}$$

$$L = 225.$$

La longueur primitive est donc 2^m,25 et la largeur

$$\frac{2^m,25 \times 14}{15} = 2^m,10.$$

Longueur réduite : 2^m,25 — (0^m,15 $\times$ 2) = 1^m,95.
Largeur réduite : 2^m,10 — (0^m,15 $\times$ 2) = 1^m,80.
Surface réduite : 1,95 $\times$ 1,80 = 3^{m2},51.

R. — Surface de la bande enlevée : 4^{m2},725 — 3^{m2},51 = 1^{m2},215.

Rapport des surfaces : $\dfrac{3,51}{4,725} = \dfrac{26}{35}$.

Nouvelles dimensions du tapis : 1^m,95 et 1^m,80.

Nancy. — 2078. *Un tapis rectangulaire a une largeur égale aux 2/3 de sa longueur ; si on enlevait sur les 4 côtés une bande de 10^{cm} de large, la surface diminuerait de 56^{dm2}. Quelles sont les dimensions du tapis ?*

Soit L la longueur (en cm.) du tapis. Sa surface est :

$$L \times \frac{2}{3} L = \frac{2}{3} L^2.$$

La nouvelle surface serait :

$$(L - 20) \times \left(\frac{2}{3} L - 20 \right) = \frac{2}{3} L^2 - 5\,600$$

ou

$$\frac{2L^2}{3} - \frac{40L}{3} - 20L + 400 = \frac{2L^2}{3} - 5\,600$$

d'où

$$\frac{40}{3} L + 20L = 6\,000$$

$$L = 180.$$

R. — Dimensions du tapis : 1^m,80 et 1^m,80 $\times$ 2/3 = 1^m,20.

Moulins. — 2079. *On fixe un tapis sur un mur à l'aide de clous et au moyen d'une bande qui le limite sur tout son contour. Cette bande coûte 0^f,80 le mètre. Le tapis a la forme d'un rectangle dont la largeur est les 3/4 de la longueur. La* *façon et la pose ont coûté ensemble les 5/7 du prix de la bande qui est lui-même les 4/27 du prix brut du tapis. Sachant que le tapis revient à 118ᶠ,50, calculer ses dimensions.*

Le prix de la bande est égal aux 4/27 du prix brut du tapis.

La façon et la pose ont coûté les $\frac{4}{27} \times \frac{5}{7} = \frac{20}{189}$ du même prix brut.

Donc 118ᶠ,50 représentent $\frac{189}{189} + \frac{4}{27} + \frac{20}{189} = \frac{237}{189}$ du prix brut.

Prix de la bande : $\dfrac{118^f,50 \times 189 \times 4}{237 \times 27} = 14^f$.

Longueur de la bande : 14 : 0,80 = 17ᵐ,50.
Demi-périmètre du tapis : 17ᵐ,50 : 2 = 8ᵐ,75.
Le rapport des côtés étant 4/3, la longueur est les 4/7 de 8ᵐ,75.

R. — Longueur du tapis : $8^m,75 \times \dfrac{4}{7} = 5^m$;

largeur : $5^m \times \dfrac{3}{4} = 3^m,75$.

Toulouse. — **2080.** *Une table a la forme d'un rectangle prolongé par un demi-cercle à chacune de ses extrémités. Le diamètre de chacun de ces cercles est égal à la largeur de la table et cette largeur est égale au 1/4 de la longueur totale de la table. On sait que la surface de cette table est de 15ᵐ²,1416. On demande : 1° combien de personnes peuvent prendre place autour de la table si, pour chacune, il faut un espace de 0ᵐ,70 ; 2° combien coûterait un tapis qui couvrirait le dessus de la table et déborderait tout autour de 0ᵐ,20, si le tapissier compte 25ᶠ par m² pour l'étoffe et 1ᶠ,50 par mètre linéaire pour la frange qu'il met en bordure.*

1° Soit l la largeur du rectangle ; la longueur sera $3l$ et la surface de la partie rectangulaire $3l^2$.

D'autre part la surface totale des demi-cercles équivaut à celle d'un cercle de diamètre l.

La surface de la table vaut donc $3l^2 + \dfrac{\pi l^2}{4} = 15^{m2},1416$

ou $\qquad l^2 \times 3,7854 = 15^{m2},1416$

d'où $\qquad l^2 = \dfrac{15,1416}{3,7854} = 4$

$$l = 2.$$

Largeur du rectangle 2ᵐ ; longueur 6ᵐ.
Longueur totale des 2 demi-cercles : 2 × 3,1416 = 6ᵐ,2832.
Périmètre de la table : (6ᵐ × 2) + 6ᵐ,2832 = 18ᵐ,2832.

R. — On pourra placer : 18,2832 : 0,70 = **26 personnes.**

2° Largeur de la partie rectangulaire du tapis : 2ᵐ,40.
Rayon des parties semi-circulaires : 1ᵐ,20.

La surface du tapis est égale à celle d'un rectangle mesurant 6^m sur 2^m,40 augmentée de celle d'un cercle de 1^m,20 de rayon :

$$(6 \times 2,4) + (3,1416 \times 1,2^2) = 14^{m2},40 + 4^{m2},524 = 18^{m2}924.$$

Prix de l'étoffe : 25^f $\times$ 18,924 = 473^f,10.

Périmètre du tapis : (6^m $\times$ 2) + (2^m,40 $\times$ 3,1416) = 19^m,54.

Prix de la frange : 1^f,50 $\times$ 19,54 = 29^f,31, soit 29^f,30.

R. — Prix de revient du tapis : 473^{f}10 + 29^f,30 = **502^f,40.**

Paris. — 2081. *Un terrain a la forme d'un trapèze isocèle dont la hauteur est équivalente à la demi-différence des bases. Cette hauteur mesure 28^m,50. Acheté à raison de 8 500^f l'ha., ce terrain a été revendu 3 197^f,70 et on a réalisé un bénéfice de 10 %. On demande : 1º la mesure en degrés et en grades des angles du trapèze ; 2º la mesure en mètres de chacune des bases.*

1º Soit le trapèze ABCD. Du point D menons la perpendiculaire DE.

Le trapèze étant symétrique, le côté AE du triangle AED est

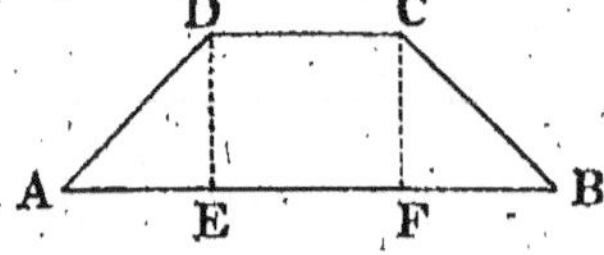

égal à la demi-différence des bases et, par suite, égal à la hauteur DE.

Le triangle AED est, par conséquent, isocèle et rectangle, par suite, ses angles aigus valent chacun 90º : 2 = 45º.

Or dans tout trapèze symétrique les angles sont égaux 2 à 2.

R. — Donc les **angles aigus** du trapèze valent chacun **45º** ou **50 gr** et les **angles obtus** 45º + 90º = **135º** ou 50^g + 100^g = **150^g.**

2º Prix d'achat du terrain : $\dfrac{3\,197^f,7 \times 100}{110} = 2\,907^f.$

Surface du terrain : $\dfrac{2\,907}{8\,500} = 0^{ha},342$ ou $3\,420^{m2}.$

Demi-somme des bases : $\dfrac{3\,420}{28,5} = 120^m.$

Connaissant la demi-somme et la demi-différence des bases, on a :

R. — Grande base : 120^m + 28^m,5 = **148^m,5.**

Petite base : 120^m — 28^m,5 = **91^m,5.**

Lyon. — 2082. *Une pépinière ABCD, de forme carrée et dont le côté mesure x mètres, (x étant un nombre entier), est plantée d'arbres. La 1re rangée est sur AB ; les arbres sont distants de 2^m ; il y en a un en A et un en B. Les autres rangées sont parallèles à la 1re et disposées de la même manière ; chaque rangée est distante de la précédente de 1^m et la dernière se trouve sur CD. Combien y a-t-il d'arbres par rangée ? Combien en tout ? Une autre pépinière carrée, dont le côté a 2^m de plus, est plantée de la* *même façon ; combien contient-elle d'arbres ? Sachant que la 2ᵉ a 161 arbres de plus que la 1ʳᵉ, trouver le côté x et la surface de la 1ʳᵉ.*

1ʳᵉ *pépinière.* — Sur le côté AB, il y a autant d'arbres, plus 1, qu'il y a de fois 2^m dans x, soit :

$$\left(\frac{x}{2} + 1\right) \text{ arbres.}$$

Le nombre de rangées semblables est égal au nombre de mètres, plus 1, contenu dans x, soit $(x + 1)$ rangées.

La pépinière compte donc $\left(\frac{x}{2} + 1\right) \times (x + 1)$ arbres.

2ᵉ *pépinière.* — Le côté est $x + 2$. Le nombre d'arbres par rangée est :

$$\frac{x + 2}{2} + 1 \quad \text{ou} \quad \frac{x + 4}{2}.$$

Le nombre de rangées égale : $x + 2 + 1$ ou $x + 3$.

La 2ᵉ pépinière compte donc $\frac{x + 4}{2} \times (x + 3)$ arbres.

Différence des deux nombres d'arbres :

$$\frac{x + 4}{2} \times (x + 3) - \left(\frac{x}{2} + 1\right)(x + 1) = 161$$

d'où l'on tire : $x = 78$.

R. — La 1ʳᵉ pépinière contient: $\frac{x}{2} + 1 = \frac{78}{2} + 1 = 40$ arbres par rangée ; et, en tout, $40 \times 79 = \mathbf{3\ 160\ arbres.}$

R. — La 2ᵉ pépinière contient : $41 \times 81 = \mathbf{3\ 321\ arbres.}$
Surface de la 1ʳᵉ pépinière : $78 \times 78 = \mathbf{6\ 084^{m2}.}$

Corse. — **2083.** *Un terrain rectangulaire a 280^m de périmètre. Si la longueur augmentait de $1/4$ et si la largeur diminuait de $1/4$, le périmètre augmenterait de 10^m, mais la valeur diminuerait de 750^f. On demande : 1° les dimensions et la valeur du terrain ; 2° les dimensions d'un trapèze dont la surface dépasse de 100^{m2} la surface du champ précédent : la hauteur de ce trapèze est égale à la demi-somme des bases et ces dernières diffèrent de 10^m.*

Demi-périmètre du terrain : $280^m : 2 = 140^m$.
En représentant la longueur par L et la largeur par l, on a :

$$L + l = 140$$

$$\frac{5}{4} L + \frac{3}{4} l = 140 + \frac{10}{2} = 145.$$

Multiplions les membres de la 1re égalité par 5, et ceux de la 2e par 4 :

$$5L + 5l = 700$$
$$5L + 3l = 580 \quad \text{d'où} \quad \begin{cases} l = 60 \\ L = 80. \end{cases}$$

R. — Longueur du terrain : 80^m ; largeur : 60^m.

Surface du terrain : $80 \times 60 = 4\,800^{m2}$.

Surface, dans le 2e cas : $\dfrac{80 \times 5}{4} \times \dfrac{60 \times 3}{4} = 100 \times 45 = 4\,500^{m2}$.

Différence de surface : $4\,800^{m2} - 4\,500^{m2} = 300^{m2}$.

R. — Valeur du terrain : $\dfrac{750^f \times 4\,800}{300} = \textbf{12 000}^f.$

Surface du trapèze : $4\,800^{m2} + 100^{m2} = 4\,900^{m2}$.

Cette surface est égale au carré de la hauteur. On a donc :

$h = \sqrt{4\,900} = 70^m$; somme des bases : $70^m \times 2 = 140^m$.

R. — Grande base : $\dfrac{140 + 10}{2} = \textbf{75}^m.$

Petite base : $\dfrac{140 - 10}{2} = \textbf{65}^m.$

Paris. — 2084. Une salle a la forme d'un rectangle dont une dimension est égale aux 3/4 de l'autre et dont la diagonale a 6^m. Combien pour faire le plancher, faudra-t-il de lames de chêne de 8^{cm} de largeur et 1^m,20 de longueur, en admettant que les coupes et raccords causent un déchet de 1/19 de la fourniture ?

La diagonale est l'hypoténuse d'un triangle rectangle ayant pour côtés la longueur (L) et la largeur (3/4 de L) de la salle.

On a donc (*Th. de Pythagore*) :

$$L^2 + \left(\frac{3L}{4}\right)^2 = 6^2$$

ou $$L^2 + \frac{9L^2}{16} = 36$$

d'où $$L = \sqrt{\frac{36 \times 16}{25}} = \frac{6 \times 4}{5} = 4,80.$$

La longueur est 4^m,80 et la largeur 4^m,80 $\times$ 3/4 = 3^m,60.
La surface du plancher est : $4,80 \times 3,60 = 17^{m2},28$.
A cause du déchet, la surface utile d'une lame de chêne est :

$$1,2 \times 0,08 \times \frac{18}{19} = \frac{0^{m2},096 \times 18}{19}.$$

R.— Il faudra donc : $17,28 : \dfrac{0,096 \times 18}{9} = \dfrac{17,28 \times 19}{0,096 \times 18} = \textbf{190 lames.}$

Nîmes. — 2085. Dans un terrain circulaire on a creusé un bassin de même forme ayant le même centre. Il ne reste plus alors autour du bassin qu'une bande circulaire ayant

86^{m2},24 de superficie. Quel est le rayon du terrain et celui du bassin, si le grand rayon est égal aux 9/5 du petit ? (Prendre pour π la valeur 22/7).

Soit r le rayon du bassin ; celui du terrain sera $\dfrac{9r}{5}$

La bande circulaire est une couronne ; on a donc :

$$\pi \left(\frac{9r}{5}\right)^2 - \pi r^2 = 86,24$$

$$\frac{81r^2}{25} - r^2 = \frac{86,24 \times 7}{22}$$

$$\frac{56r^2}{25} = 27,44$$

$$r^2 = \frac{27,44 \times 25}{56} = 12,25$$

$$r = \sqrt{12,25} = 3,5.$$

R. — **Rayon du bassin 3^m,50 ; rayon du terrain** $\dfrac{3^m,5 \times 9}{5} = 6^m,30.$

Nancy. — **2086.** *Un terrain carré a été mesuré avec une chaîne d'arpenteur trop courte de 3^{cm} et on a trouvé pour superficie 4^{ha}57^{a}96^a. Quelle est sa véritable superficie ? Quel est le côté du carré ?*

Quand on comptait 10^m, la longueur exacte était 9^m,97. Donc lorsqu'on comptait 10 × 10 ou 100^{m2}, la surface exacte était 9,97 × 9,97 = 99^{m2},4009.

R. — **Surface exacte du champ :** $\dfrac{99^{m2},4009 \times 45\,796}{100} = 45521^{m2}.$

Côté du carré : $\sqrt{45\,521} = 213^m,35.$

Rouen. — **2087.** *On mesure la base d'un terrain rectangulaire avec une chaîne d'arpenteur trop courte de 2^{cm} par mètre, et la hauteur avec une autre chaîne d'arpenteur trop longue de 5^{cm} par mètre. Le terrain ainsi inexactement mesuré a été payé 12 500^f. Quel prix aurait-il dû être payé s'il avait été mesuré exactement ?*

Lorsqu'on comptait 10^m de base et 10^m de hauteur, il y avait en réalité 9^m,90 de base et 10^{m}50 de hauteur ; la surface correspondante n'égalait donc pas 10 × 10 = 100^{m2} mais 9,90 × 10,50 = 102^{m2},90.

Ainsi la surface réelle est les $\dfrac{102,9}{100}$ de la surface trouvée.

R. — **Le terrain aurait dû être payé** $\dfrac{12\,500^f \times 102,9}{100} = 12\,862^f,50.$

Grenoble. — **2088.** *Un crémier a débité le même nombre de chacune de ses mesures de lait (décilitre excepté) qu'il vend respectivement 1^f,65, 0^f,85, 0^f,45, 0^f,20 la mesure. Quel bénéfice a-t-il fait dans sa journée s'il a vendu tout*

*le lait qu'il avait acheté 45ˡ à raison de 0ˡ,60 le litre, sauf
1 litre de déchet fait en détaillant ?*

En vendant une mesure de chaque sorte, le crémier livrait :

$$2^l + 1^l + 0^l,50 + 0^l,20 = 3^l,70 \text{ de lait},$$

et recevait : $1^l,65 + 0^l,85 + 0^l,45 + 0^l,20 = 3^l,15.$

Or il a livré en tout : $\dfrac{45}{0,60} - 1 = 75^l - 1^l = 74^l,$

et a reçu $3^l,15 \times \dfrac{74}{3,7} = 3^l,15 \times 20 = 63^l.$

R. — Bénéfice réalisé : $63^l - 45^l = 18^l.$

Lille. — **2089.** *Une personne calcule que 12 stères de
bois coûtent 39ˡ de plus que 3 580ᵏᵍ de houille; tandis que
7 stères de bois valent 39ˡ de moins que 2 500ᵏᵍ de houille.
En déduire le prix du stère de bois et celui de la tonne de
houille.*

L'énoncé fournit les relations suivantes :

$$\begin{array}{rcl}
\text{Prix de } 12^{st} = & \text{Prix de } 3\ 580^{kg} + 39^f \\
- \quad 7^{st} = & - \quad 2\ 500^{kg} - 39^f \\
\hline
\text{Prix de } 19^{st} = & \text{Prix de } 6\ 080^{kg}.
\end{array}$$

Donc 12ˢᵗ de bois valent $\dfrac{6\ 080^{kg} \times 12}{19} = 3\ 840^{kg}$ de houille.

Par suite, 39ˡ sont le prix de $3\ 840^{kg} - 3\ 580^{kg} = 260^{kg}$ de
houille.

R. — Prix de la tonne de houille : $\dfrac{39^l \times 1\ 000}{260} = 150^l.$

Prix du stère de bois : $\dfrac{(150^l \times 3,58) + 39^l}{12} = 48^l.$

Annecy. — **2090.** *On a 3 blocs de glace dont les volumes
sont les suivants : le 1ᵉʳ vaut le 2ᵉ plus 1/9 du 2ᵉ ; le
2ᵉ vaut 16/18 du 3ᵉ. La différence entre le 3ᵉ et le 1ᵉʳ est
de 1ᵐ³,005 090. L'eau en se congelant augmente de 1/8 de
son volume. On demande en hl. le volume de l'eau contenue
dans ces 3 blocs ?*

Le 1ᵉʳ bloc vaut $\dfrac{10}{9}$ du 2ᵉ ou $\dfrac{16}{18} \times \dfrac{10}{9} = \dfrac{80}{81}$ du 3ᵉ.

Volume des 3 blocs : $\dfrac{80}{81} + \dfrac{16}{18} + \dfrac{81}{81} = \dfrac{233}{81}$ du 3ᵉ.

Différence entre le 3ᵉ et le 1ᵉʳ : $\dfrac{81}{81} - \dfrac{80}{81} = \dfrac{1}{81}$ du 3ᵉ ou
1ᵐ³,005 090.

Volume total de la glace : $1^{m3},005\ 090 \times 233 = 234^{m3},18597.$

R. — Volume d'eau : $\dfrac{234^{m3},18597 \times 8}{9} = 208^{m3},165 = 2\ 081^{hl},65.$

Grenoble. — **2091.** *Deux vases de même poids contiennent des quantités d'eau différentes. Le poids total du 1ᵉʳ est les 4/5 du poids total du 2ᵉ. Si on verse le contenu du 2ᵉ dans le 1ᵉʳ, celui-ci pèse 8 fois plus que le 2ᵉ vide. Sachant que le poids de l'eau contenue dans le 2ᵉ dépasse de 50ᵍ le poids de l'eau contenue dans le 1ᵉʳ, trouver le poids de chaque vase et le poids du liquide qu'ils contenaient primitivement.*

Le poids total des liquides augmenté du poids du 1ᵉʳ vase, égale 8 fois le poids du vase. Donc le poids total des liquides vaut 7 fois le poids du vase.

D'autre part, le poids total du 1ᵉʳ vase égale les 4/5 du poids total du 2ᵉ et il en diffère de 50ᵍ. Donc le poids total du 2ᵉ vase est 50ᵍ × 5 = 250ᵍ et par suite, le poids total du 1ᵉʳ est 250ᵍ — 50ᵍ = 200ᵍ.

Or 250ᵍ + 200ᵍ ou 450ᵍ représentent 7 fois + 2 fois = 9 fois le poids d'un vase vide.

R. — Poids de chaque vase : 450ᵍ : 9 = 50ᵍ.

    Le 1ᵉʳ vase contient 200ᵍ — 50ᵍ = 150ᵍ d'eau.

    Le 2ᵉ vase contient 250ᵍ — 50ᵍ = 200ᵍ d'eau.

Solution algébrique. — Soient x le poids des vases vides et y le poids de l'eau du 1ᵉʳ vase; le poids de l'eau du 2ᵉ vase sera $y + 50$. On a :

$$x + y = \frac{(x + y + 50) \times 4}{5} \qquad \text{ou} \quad \begin{cases} x + y = 200 \\ 7x - 2y = 50 \end{cases} \quad \text{d'où} \quad \begin{cases} x = 50. \\ y = 150. \end{cases}$$

$$x + y + y + 50 = 8x$$

Paris. — **2092.** *Un agriculteur a un terrain très humide. Pour le drainer, il fait creuser autour de ce terrain dont la contenance est de 17ʰᵃ80ᵃ84ᶜᵃ et qui a la forme d'un carré parfait, un fossé de 1ᵐ,20 de large et de 1ᵐ,30 de profondeur. On demande combien coûtera ce fossé, le mètre cube de terrassement étant payé 6ᶠ,75 ? Quel exhaussement subirait le terrain si l'on répandait uniformément sur le sol la terre extraite du fossé ? On sait qu'un trou de 1ᵐ³ produit 1ᵐ³,35 de terre friable.*

Côté du terrain : $\sqrt{178\,084^{m2}} = 422^m$.

Côté du carré intérieur : $422 - 1{,}20 \times 2 = 419^m{,}60$.

Surface de ce carré : $\overline{419{,}6^2} = 176\,064^{m2}{,}16$.

Surface du fossé : $178\,084 - 176\,064{,}16 = 2\,019^{m2}{,}84$.

Volume de la terre extraite : $2\,019{,}84 \times 1{,}30 = 2\,625^{m3}{,}792$.

R. — **Dépense** : $6{,}75 \times 2\,625{,}792 = \mathbf{17\,724^f{,}10}$.

Volume de terre friable : $1^{m3}{,}35 \times 2\,625{,}792 = 3\,544^{m3}{,}819$.

R. — **Exhaussement du terrain** : $\dfrac{3\,544{,}819}{176\,064{,}16} = 0^m{,}02$.

Montauban. — **2093.** *Une boîte a la forme d'un parallé-lipipède rectangle. Pour l'entourer d'une ficelle en ABCD EFGH (fig. 1), il faut 1^m,60 de ficelle. Si la ficelle est disposée en A'B'C'D'EFGH (fig. 2), il en faut 1^m,50. Dans chaque cas, on a compté 0^m,20 de ficelle pour le nœud. Calculer les dimensions de la boîte, sachant que la longueur est double de la largeur.*

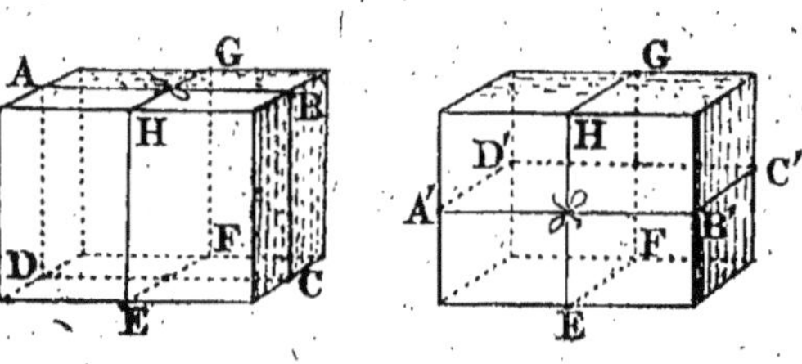

Représentons par h la hauteur de la boîte et par l la largeur ; la longueur sera $2l$.

La longueur de ficelle employée, déduction faite des 0^m,20 pour le nœud, représente dans le 1er cas : 2 fois la longueur, 2 fois la largeur et 4 fois la hauteur de la boîte.

Dans le 2° cas, la longueur de ficelle représente 2 fois la longueur, 4 fois la largeur et 2 fois la hauteur. On a donc :

(1er cas) $4l + 2l + 4h = 160 - 20 = 140$cm
(2° cas) $4l + 4l + 2h = 150 - 20 = 130$cm.

Et en réduisant :

$$\left. \begin{array}{l} 6l + 4h = 140 \\ 8l + 2h = 130 \end{array} \right\} \text{ d'où } \left\{ \begin{array}{l} h = 17 \\ l = 12. \end{array} \right.$$

R. — **Longueur de la boîte** 12^cm × 2 = **24**cm ; **largeur 12**cm ; **hauteur 17**cm.

Rouen. — **2094.** *Un vase plein d'eau pèse 825^g. On y plonge un morceau de cuivre pesant 374^g ; on pèse de nouveau le vase avec son contenu et l'on trouve 1 156^g,50. 1° Déduire de cette expérience la densité du cuivre ; 2° On vide ce vase ; il pèse seul 500^g. On le remplit d'alcool et il pèse alors 760^g ; en déduire la densité de l'alcool.*

Le vase plein d'eau et le morceau de cuivre pèsent ensemble :

$$825^g + 374^g = 1\ 199^g.$$

Placé dans le vase, le morceau de cuivre fait sortir.

$$1\ 199^g - 1\ 156^g,50 = 42^g,50 \text{ d'eau.}$$

Le volume du cuivre est donc de 42^cm3,5.

R. — **Densité du cuivre** : 374 : 42,5 = **8,8.**

Poids de l'alcool contenu dans le vase : 760^g — 500^g = 260^g.
Poids du même volume d'eau : 825^g — 500^g = 325^g.

R. — **Densité de l'alcool** : 260 : 325 = **0,8.**

Paris. — 2095. 1° *Un cylindre en bois à base circulaire, de densité 0,6, se tient verticalement dans un liquide de densité 1,5. On demande la hauteur de la partie immergée. 2° On fixe ensuite à la partie inférieure de ce cylindre, un autre cylindre de fer de même base. Quelle hauteur faudra-t-il donner à ce dernier pour que le cylindre total se tienne en équilibre lorsqu'il est plongé complètement dans le liquide ? Hauteur du cylindre de bois : $0^m,21$. Diamètre : 6^{cm}. Densité du fer : 7,8.*

1° Poids du cylindre de bois : $\pi r^2 h \times 0,60$.

Poids du liquide déplacé supposé de forme cylindrique et de même section que le cylindre de bois : $\pi r^2 h' \times 1,50$.

Ces poids étant égaux (*princ. des corps flottants*), on a :

$$\pi r^2 h \times 0,60 = \pi r^2 h' \times 1,50$$

ou

$$h \times 0,60 = h' \times 1,50.$$

d'où : $$h' = h \times \frac{0,60}{1,50} = h \times \frac{2}{5} = 21^{cm} \times \frac{2}{5} = 8^{cm},4.$$

R. — Hauteur de la partie immergée $8^{cm},4$.

2° Hauteur de la partie émergée : $21^{cm} - 8^{cm},4 = 12^{cm},6$.

Désignons par S la section du cylindre. Quand le cylindre de bois sera complètement immergé, le poids du liquide déplacé aura augmenté de $1^g,5 \times 12,6 \times S$; par conséquent le poids du cylindre de bois aura augmenté d'autant.

Or en donnant au cylindre de fer une hauteur de 1^{cm}, on augmente le poids du cylindre bois-fer de :

$$(7^g,8 - 1^g,5) \times S = 6^g,3 \times S.$$

Autant de fois cette augmentation est contenue dans l'augmentation totale, autant de fois le cylindre de fer compte 1^{cm} de hauteur.

R. — Hauteur du cylindre de fer : $\dfrac{1,5 \times 12,6 \times S}{6,3 \times S} = 3^{cm}.$

Nancy. — 2096. *Un bassin circulaire de 24^m de diamètre intérieur et $1^m,6$ de profondeur est entouré d'une maçonnerie de $0^m,6$ d'épaisseur. On demande : 1° combien une fontaine qui donne $1^l 1/3$ d'eau par seconde mettra de temps pour amener dans le bassin une masse d'eau de $1^m,25$ de profondeur ; 2° le prix de la maçonnerie entourant le bassin, à 45^f le mètre cube.*

1° Volume d'eau à amener dans le bassin :

$$\pi \times 12^2 \times 1,25 = 565^{m3},488 = 565\,488^l.$$

R. — La fontaine mettra, à raison de $1^l 1/3$ ou $4/3$ de litre par seconde :

$$\frac{565\,488 \times 3}{4} = 424\,116 \text{ secondes ou } 117^h 48^m 36^s.$$

Arithmétique. (L. M.)   22

2° Le volume de la maçonnerie est la différence des volumes de 2 cylindres de même hauteur 1^m,60 et de rayon R = 12^m,6 et r = 12^m.

$$\text{Volume} = \pi R^2 h - \pi r^2 h = \pi h (R^2 - r^2).$$
$$\text{Volume} = \pi \times 1,6 \times (12,6^2 - 12^2) = 74^{m3}192.$$

R. — **Prix de la maçonnerie** : 45^f × 74,192 = **3 338^f,65**.

Paris. — **2097.** *La surface latérale intérieure d'un vase cylindrique est égale à* 628^{cm2},32. *Le fond de ce flacon reposant sur un plan horizontal, on y verse de l'eau jusqu'à* 15^{cm} *de hauteur et on achève de le remplir avec de l'huile dont la densité est* 0,915. *Sachant que le poids de l'huile employée est les* 0,305 *du poids de l'eau versée dans le flacon, calculer la capacité de ce flacon.*

Le poids de l'huile étant les $\dfrac{305}{1\,000}$ de celui de l'eau, son volume sera :

$$\frac{305}{1\,000} : \frac{915}{1\,000} = \frac{305 \times 1\,000}{1\,000 \times 915} = \frac{1}{3} \text{ de celui de l'eau.}$$

Les hauteurs des 2 liquides dans le flacon sont dans le même rapport que les volumes. D'où :

Hauteur de l'huile dans le flacon : 15^{cm} × 1/3 = 5^{cm}.

Hauteur intérieure du flacon : 15^{cm} + 5^{cm} = 20^{cm}.

Circonférence de la base : 628,32 : 20 = 31^{cm},416.

Rayon de cette circonférence : 31,416 : (3,1416 × 2) = 5^{cm}.

R. — **Capacité du flacon** : 3,1416 × 5^2 × 20 = 1570^{cm3},80 = 1^l,5708.

Nancy. — **2098.** *Une chaudière a la forme d'un cylindre terminé par deux hémisphères de même rayon. Le rayon intérieur de base du cylindre est* 0^m,50, *la longueur du cylindre* 2^m *et l'épaisseur de la paroi* 0^m,01. *Trouver le poids de cette chaudière, la densité du métal qui la forme étant* 7,8.

Le volume du métal de la *partie cylindrique* est celui d'un manchon cylindrique de 2^m de longueur et dont la base a pour rayons 50^{cm} et 51^{cm} ; il égale donc :

$$3,1416 \times (51^2 - 50^2) \times 200 = 63\,460^{cm3},32.$$

Le volume du métal des *parties hémisphériques* est égal à la différence entre le volume d'une sphère de 51^{cm} de rayon et celui d'une sphère de 50^{cm} de rayon, soit :

$$\frac{4\pi}{3} (R^3 - r^3) = \frac{4 \times 3,1416}{3} \times (51^3 - 50^3) = 32\,048^{cm3},508.$$

Volume total : 63^{dm3},460 + 32^{dm3},048 = 95^{dm3},508.

R. — **Poids de la chaudière** : 7^{kg},8 × 95,508 = **744^{kg},95**.

Courriers.

Corse. — 2099. *Une automobile fait le service entre deux points A et B distants de 171 km. Cette auto part avec une certaine vitesse, mais au bout de 2 heures, elle s'arrête une demi-heure, puis repart en augmentant sa vitesse de 1 km. Sachant que l'auto rentre en A 10h30m après son départ, calculer sa vitesse initiale.*

L'auto a roulé pendant 10h30m — 30m = 10h.

Elle a parcouru (aller et retour) : 171 km × 2 = 342 km.

Pendant les 10 — 2 = 8 dernières heures, elle a fait 1 km de plus par heure soit en tout 8 km de plus. Donc si elle avait conservé sa vitesse initiale elle n'aurait parcouru, en 10h que :

$$342^{km} — 8^{km} = 334^{km}.$$

R. — Vitesse initiale de l'auto : 334 km : 10 = 33 km,4.

Nancy. — 2100. *Trois omnibus partent d'une même station dans trois directions différentes. Il s'écoule entre deux départs successifs du 1er 2h ; du 2e 3/4 d'heure ; du 3e 1h 1/2. Les trois omnibus partant ensemble à 7h du matin, on demande à quelle heure aura lieu le 2e départ simultané. La rentrée des voitures ayant lieu à 22h, combien y a-t-il de départs simultanés au cours d'une journée ?*

Temps compris entre deux départs successifs de chaque voiture :

$$2^h, \ \frac{3}{4} \ d'h. \ 1^h 1/2 \ ; \ \text{ou} \ \frac{8}{4} \ d'h., \ \frac{3}{4} \ d'h., \ \frac{6}{4} \ d'h.$$

L'intervalle de temps compris entre deux départs simultanés des 3 voitures devra contenir exactement 8, 3 et 6 quarts d'heure ; c'est donc un commun multiple de ces nombres.

Le p. p. c. m. de 8, 3 et 6 est 24. Donc :

R. — Le 2e départ simultané se fera dans 24/4 d'h. ou 6h, donc à 13h.

Durée du service : 22h — 7h = 15h.

Le 1er départ simultané a lieu à 7h ; le nombre des autres départs est égal au quotient entier de 15 par 6, soit 2.

R. — Nombre des départs simultanés : 1 + 2 = 3 départs.

Seine. — 2101. *Un train express part de Paris pour Marseille à 11h50m, et arrive à destination le lendemain à 6h50m. La distance des deux villes est 862 km. La vitesse moyenne du train entre Paris et Lyon a été 48 km à l'heure, tandis qu'entre Lyon et Marseille elle n'a été que 42 km. On demande de calculer la distance de Paris à Lyon.*

Durée du parcours total : 24h — 11h50m + 6h50m = 19h.

A la vitesse de 42 km à l'heure, le train ne parcourrait en 19h que 42 km × 19 = 798 km.

La différence entre ce parcours et le parcours effectué est de :

$$862^{km} — 798^{km} = 64^{km}.$$

Quand le train fait 48^{km} au lieu de 42, cette différence diminue de 6^{km} ; pour qu'elle s'annule il faut que le train parcoure 48^{km} pendant $64 : 6 = 10^h 2/3$.

R. — Distance de Paris à Lyon : $48^{km} \times 10\ 2/3 = 512^{km}$.

Dijon. — **2102.** *Un train part à 1^h de A se dirigeant vers B à une vitesse de 60^{km} à l'heure. Il est suivi 15^{mn} plus tard par un train omnibus dont la vitesse est de 40^{km} à l'heure. Un train express parti de B se dirigeant vers A à une vitesse de 50^{km} à l'heure, rencontre le rapide au bout d'une heure de marche et l'omnibus 20^{mn} plus tard. A quelle heure le train express est-il parti de B ? Vérifier le résultat à l'aide d'un graphique duquel on déduira la distance AB.*

Quand l'express a croisé le rapide, il met 20^{mn} pour rencontrer l'omnibus, c'est donc qu'il s'en trouve alors éloigné de :

$$(50^{km} + 40^{km}) \times \frac{20}{60} = 30^{km}.$$

Cette distance représente aussi l'avance que le rapide avait sur l'omnibus au moment où il a croisé l'express.

Or, au départ de l'omnibus, l'avance du rapide était seulement de $60^{km} \times 15/60 = 15^{km}$. Pour gagner 15^{km} de plus, à raison de $60 - 40 = 20^{km}$ par heure, il a dû marcher pendant :

$$\frac{1^h \times 15}{20} = \frac{3}{4}\ \text{d'h.} = 45^{mn}.$$

Le rapide a donc croisé l'express au bout de $15 + 45 = 60^{mn}$. Les 2 trains marchaient donc depuis 1 heure et tous deux étaient partis à 1^h.

R. — L'express était parti de B à 1^h.

Solution graphique. — Portons les temps en abscisses et les distances en ordonnées.

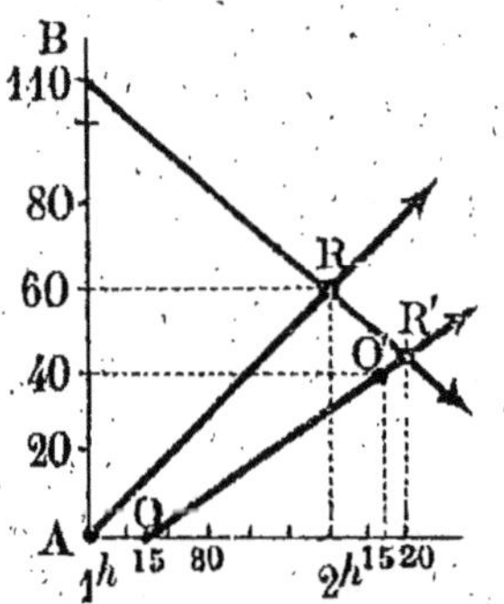

La position du rapide, au bout d'une heure de marche, est figurée par le point R (60^{km}, 2^h) et celle de l'omnibus, par le point O' (40^{km}, $2^h 15^m$). Le graphique du rapide est donc la droite AR et celui de l'omnibus la droite OO'.

D'autre part, on vient de voir que l'express a rencontré le rapide à 2^h, donc au point R, et l'omnibus à $2^h 20^m$, donc au point R'. Le graphique de l'express est donc la droite RR' prolongée jusqu'à l'axe des distances. On constate ainsi que le **point B est à 110^{km} de A.**

Moulins. — **2103.** *Deux villes A et B sont situées sur le même fleuve. A est en aval et à 42^{km} de P. Un bateau qui fait le service entre les deux villes fait 4^{km} de moins à* *l'heure lorsqu'il va de A vers B que lorsqu'il va de B vers A. 1° Calculer la vitesse du bateau dans chacun des parcours, sachant que la différence de durée des trajets est de 1^h12^m. 2° Déterminer la vitesse du courant et la vitesse propre du bateau, ces vitesses étant supposées constantes.*

1° Soient x et $x + 4$ les vitesses du bateau en km. par heure ; on a :

$$\frac{42}{x} - \frac{42}{x+4} = 1\frac{12}{60} = 1,20.$$

En effectuant on trouve après simplification :

$$x^2 + 4x - 140 = 0.$$

$$x = \frac{-4 \pm \sqrt{4^2 + 560}}{2} \quad \text{d'où} \quad x' = 10 \text{ et } x'' = -14.$$

La vitesse étant positive la valeur $x'' = -14$ est à rejeter.

R. — Vitesse de A à B : 10^{km} ; vitesse de B à A : $10 + 4 = 14^{km}$.

2° La vitesse du courant s'ajoute à celle du bateau ou s'en retranche suivant que le bateau descend ou remonte le courant. Donc en désignant par v la vitesse propre du bateau et par v' celle du courant, on aura :

$$v + v' = 14$$
$$v - v' = 10$$

d'où $\quad v = \dfrac{14 + 10}{2} = 12^{km} ; \quad v' = \dfrac{14 - 10}{2} = 2^{km}.$

R. — Vitesse propre du bateau : 12^{km} ; vitesse du courant : 2^{km}.

Clermont. — **2104.** *Deux bicyclistes partent de deux points A et B distants de 12^{km} et vont à la rencontre l'un de l'autre. Celui qui part de A se met en route 3^m après celui qui part de B, mais parcourt 4^{km} de plus que lui par heure. Quelle est la vitesse horaire de chacun, sachant qu'ils se rencontrent au milieu de AB ?*

Soit x la vitesse du cycliste parti de A ; celle du cycliste parti de B sera $x - 4$. Chacun ayant parcouru $12 : 2 = 6^{km}$, on a :

$$\frac{6}{x-4} - \frac{6}{x} = \frac{3}{60} \text{ d'heure.}$$

En effectuant, on obtient après simplification :

$$x^2 - 4x - 480 = 0$$

d'où $\quad x = \dfrac{+4 \pm \sqrt{4^2 + 1920}}{2}.$

La valeur positive de x, soit $x = 24$, convient seule.

R. — Vitesse du cycliste parti de A 24^{km} ; vitesse du second 20^{km}.

Montpellier. — **2105.** *Sur une ligne de chemin de fer, une station O est située entre deux autres stations A et B,* *inégalement distantes de O. Deux trains allant vers O partent en même temps, l'un de B, l'autre de A. Le train venant de A fait 24ᵏᵐ,300 par heure ; le train venant de B fait 37ᵏᵐ,800 dans le même temps. Au bout de 10ʰ40ᵐ de marche, les 2 trains se trouvent à égale distance de O. Calculer : 1º les distances OA et OB, sachant que OA vaut les 3/4 de OB ; 2º la distance de chacun des trains à la station O lorsqu'ils en sont à égale distance.*

Différence des vitesses des trains : 37ᵏᵐ,8 — 24ᵏᵐ,3 = 13ᵏᵐ,5.

En 10ʰ40ᵐ, le parcours du train de B surpasse celui du train de A de :

$$13^{km},5 \times 10\frac{2}{3} = 144^{km}.$$

Puisque au bout de 10ʰ40ᵐ, les 2 trains se trouvent à égale distance de O, c'est que 144ᵏᵐ représentent la différence des distances OA et OB.

D'autre part, OA vaut les 3/4 de OB. Donc 144ᵏᵐ valent 1/4 de OB.

R. — OB = 144ᵏᵐ × 4 = 576ᵏᵐ ; OA = 576ᵏᵐ × 3/4 = 432ᵏᵐ.

Distance de chaque train à la station O, au bout de 10ʰ40ᵐ :

432ᵏᵐ — (24ᵏᵐ,3 × 10 2/3) = 172ᵏᵐ,8.

Privas. — 2106. *Un bicycliste et un piéton partent en même temps de 2 points A et B distants de 45ᵏᵐ et vont dans le même sens. La vitesse du bicycliste vaut 4 fois celle du piéton. On demande : 1º de déterminer à quelle distance de A le bicycliste atteindra le piéton ; 2º de dire à quelle distance de A était le piéton lorsqu'il avait sur le bicycliste une avance de 9ᵏᵐ ; 3º le rapport des vitesses étant 5/16, déterminer à quelle distance de A sera le piéton lorsque le bicycliste aura sur lui une avance de 10ᵏᵐ.*

1º Le cycliste gagne sur le piéton 4 fois — 1 fois = 3 fois le chemin que parcourt ce dernier.

Quand le cycliste atteindra le piéton, il aura gagné 45ᵏᵐ, donc le piéton aura parcouru 45 : 3 = 15ᵏᵐ.

R. — Le point de rencontre P est à 45ᵏᵐ + 15ᵏᵐ = 60ᵏᵐ de A.

2º Quand l'avance du piéton n'était plus que de 9ᵏᵐ, le cycliste avait gagné 45ᵏᵐ — 9ᵏᵐ = 36ᵏᵐ ; le piéton avait fait pendant ce temps 36ᵏᵐ : 3 = 12ᵏᵐ.

R. — Le piéton se trouvait à 45ᵏᵐ + 12ᵏᵐ = 57ᵏᵐ de A.

3º Si la vitesse du cycliste devient les 16/5 de celle du piéton, l'avance du 1ᵉʳ sera égale aux $\frac{16}{5} - \frac{5}{5} = \frac{11}{5}$ du chemin parcouru par le second.

Donc quand le cycliste aura gagné 45ᵏᵐ + 10ᵏᵐ = 55ᵏᵐ sur le piéton, ce dernier aura parcouru : $55^{km} : \frac{11}{5} = \frac{55^{km} \times 5}{11} = 25^{km}.$

R. — Le piéton se trouvera à 45ᵏᵐ + 25ᵏᵐ = 70ᵏᵐ de A.

Caen. — 2107. *Deux villes A et B sont distantes de 22^{km}. Un piéton, marchant à la vitesse de 4^{km} à l'heure, part de A à 8^h du matin pour se rendre à B. Un second piéton part de B à 9^h du matin pour se rendre en A à la vitesse de 5^{km} à l'heure. Déterminer, à l'aide d'un graphique, l'heure de la rencontre et la position du point de rencontre. Vérifier les résultats par le calcul.*

Portons les temps en abscisses et les distances en ordonnées.

Les points A′ et B′ représentent respectivement la position du piéton parti de A et celle du piéton parti de B, au bout d'une heure de marche.

Le graphique du 1er est donc la droite AA′ et celui du 2°, la droite BB′.

Le point d'intersection R indique que les piétons se rencontrent à 11^h et à 12^{km} de A.

Vérification. — Au moment où le 2° piéton part de B, le 1er a déjà fait 4^{km} ; ils sont donc distants de 22 — 4 = 18^{km}.

En 1^h, ils se rapprochent de 4^{km} + 5^{km} = 9^{km}.

R. — Ils se rencontreront au bout de $\dfrac{18}{9}$ = 2^h ; donc à 9+2 = 11^h.

La rencontre aura lieu

à 4^{km} × 3 = 12^{km} de A   ou à   5^{km} × 2 = 10^{km} de B.

Quimper. — 2108. *Un piéton part de A pour B à la vitesse de 4^{km},500 à l'heure. A un moment donné, il monte dans un tramway allant également de A vers B à la vitesse de 16^{km},500 à l'heure et qui est parti de A 40^m après lui. Le piéton arrive ainsi en B 72^m plus tôt que s'il avait fait toute la route à pied. On demande : 1° à quelle distance de A le piéton est monté dans le tramway ; 2° la distance de A à B.*

Au moment du départ du tramway, le piéton a une avance de :

$$4^{km},5 \times \frac{40}{60} = \frac{4^{km},5 \times 2}{3} = 3^{km}.$$

En 1^h le tramway gagne sur le piéton : 16^{km},5 — 4^{km},5 = 12^{km}.

Pour regagner 3^{km}, il a mis 3/12 d'h. ou 1/4 d'h. et il a parcouru pendant ce temps : 16^{km},5 : 4 = 4^{km},125.

R. — Le piéton est monté dans le tramway à 4^{km},125 de A.

Soit x la distance que le piéton a parcourue en tramway :

La durée de ce parcours aurait été de $\dfrac{x}{4,5}$ à pied et de $\dfrac{x}{16,5}$ en tramway.

On a donc :
$$\frac{x}{4,5} - \frac{x}{16,5} = \frac{72}{60},$$

d'où l'on tire
$$x = 7,425.$$

R. — **Distance de A à B :** $4^{km},125 + 7^{km},425 = \mathbf{11^{km},550.}$

Autre manière de calculer la distance AB. — En 72^{mn}, le piéton aurait fait $\dfrac{4^{km},5 \times 72}{60} = 5^{km},4$. C'est la distance qu'il a gagnée en prenant le tramway.

Pour gagner $5^{km},4$ le tramway a fait $\dfrac{16^{km},5 \times 5,4}{12} = 7^{km},425$.

R. — **Distance AB :** $4^{km},125 + 7^{km},425 = \mathbf{11^{km}550.}$

Paris. — **2109.** *Un train omnibus part de Paris à 8^h30^m avec une vitesse moyenne de 42^{km}. Un train express, dont la vitesse moyenne est 68^{km} à l'heure, part de Paris dans la même direction et sur la même voie à 9^h20. A quelle heure aurait lieu la rencontre si l'on ne faisait pas garer à temps le train omnibus ? Pour se conformer aux règlements, on doit faire garer le train omnibus 10^m avant le passage du train express. A quelle heure et à quelle distance de Paris devra-t-on faire garer le train omnibus ? Représenter graphiquement la marche des trains et vérifier les résultats obtenus.*

Solution graphique. — Portons les temps en abscisses et les distances en ordonnées.

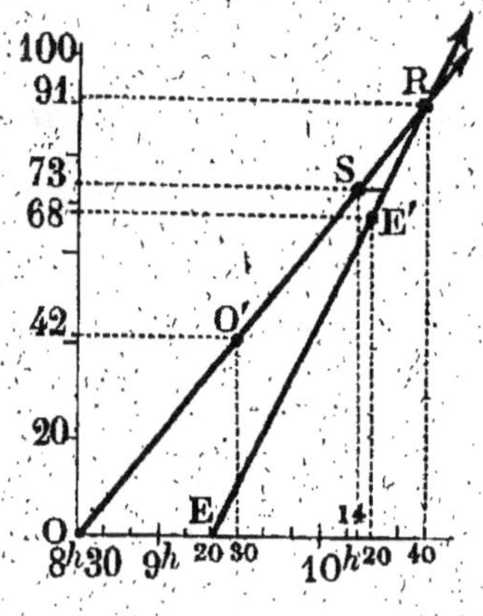

La position de l'omnibus, au bout d'une heure de marche, est figurée par le point O' (42^{km}, 9^h30^m) et celle de l'express, par le point E' (68^{km}, 10^h20^m).

Le graphique de l'omnibus est donc la droite OO' et celui de l'express la droite EE'. Le point R où ces graphiques se coupent montre que **la rencontre aurait lieu vers 10^h40^m et à environ 91^{km} de Paris.**

Pour déterminer le point où l'omnibus doit être garé, il suffit de chercher sur OO' le point dont la distance à EE' représente 10^{mn} sur l'axe des temps.

Ce point est S ; il indique que **l'omnibus doit être garé vers 10^h14 et à environ 73^{km} de Paris.**

Vérification par le calcul. — Quand l'express part, l'omnibus roule depuis $9^h20^m - 8^h30^m = 50^m$ et a une avance de :
$$\frac{42^{km} \times 50}{60} = 35^{km}.$$

En 1^h, l'express gagne sur l'omnibus : 68^{km} — 42^{km} = 26^{km}.

Pour gagner 35^{km}, il mettra : $\dfrac{1^h \times 35}{26}$ = 1^{h}20^{m}46^s.

R. — La rencontre aura lieu à 9^{h}20^m + 1^{h}20^{m}46^s = **10^{h}40^{m}46^s**.

Au moment où on gare l'omnibus, l'express s'en trouve éloigné de :

$$\frac{68^{km} \times 10}{60} = \frac{34}{3} \text{ de km.}$$

Il a donc gagné 35^{km} — $\dfrac{34}{3}$ de km. = $\dfrac{71}{3}$ de km. et pour cela

il a dû rouler pendant $\dfrac{1^h \times 71}{26 \times 3}$ = 54^{m}36^s 12/13.

R. — Il est donc à ce moment :

$$9^h20^m + 54^m36^s\frac{12}{13} = 10^h14^m36^s\frac{12}{13}.$$

L'omnibus a marché pendant :

$$10^h14^m36^s\frac{12}{13} — 8^h30^m = 1^h14^m36^s\frac{12}{13} = \frac{136}{78} \text{ d'h.}$$

R. — L'omnibus est à $\dfrac{42^{km} \times 136}{78}$ = **73^{km},231 de Paris.**

Nancy. — **2110.** *Deux coureurs, A et B, partent en même temps d'un même point sur une piste circulaire et vont dans le même sens. A dépasse immédiatement B et le rattrape 35 minutes après le départ. Sachant que B met 1^{mn} 3/4 pour faire un tour, on demande le temps que met A pour faire un tour.*

Pendant les 35^{mn} que A met à le rattraper B a fait :

$$35 : 1\frac{3}{4} = 35 : \frac{7}{4} = \frac{35 \times 4}{7} = 20 \text{ tours.}$$

A a gagné pendant ces 35^{mn} un tour entier, il a donc fait 21 tours.

R. — Pour faire un tour, A met $\dfrac{35^{mn}}{21}$ = $\dfrac{5}{3}$ de ^{mn} = **1^{mn}$\dfrac{2}{3}$.**

Tant 0/0.

Montpellier. — **2111.** *Une personne achète 2 pièces d'étoffe de même qualité qu'elle a payées 672^f,21 après une réduction de 3 % d'escompte. La 1re a 28^m de moins que la 2e et les longueurs sont dans le rapport de 9 à 13. On demande : 1° le prix d'achat, sans escompte ; 2° la longueur de chaque pièce ; 3° le prix d'achat du mètre.*

Prix d'achat des étoffes : $\dfrac{100^f \times 672,21}{97} = 693^f$.

La différence des longueurs (28^m) représente $\dfrac{13}{13} - \dfrac{9}{13} = \dfrac{4}{13}$ de la 2e pièce.

R. — Longueur de la 2e pièce : $\dfrac{28^m \times 13}{4} = 91^m$.

Longueur de la 1re pièce : $91^m - 28^m = 63^m$.

Prix d'achat du mètre : $\dfrac{693^f}{91 + 63} = \dfrac{693^f}{154} = 4^f,50$.

Bourges. — **2112.** *Une pièce de drap a été vendue en 3 parties : 1° les 3/5 avec un bénéfice de 480^f ; 2° les 3/5 du reste avec 100 % de bénéfice sur le prix d'achat ; 3° le reste avec 60 % de bénéfice sur le prix d'achat. Ces 3 ventes ont produit un bénéfice total de 765^f,60. Quel était le prix d'achat ?*

Montant des deux dernières ventes :

2^e $\dfrac{2}{5} \times \dfrac{3}{5} = \dfrac{6}{25}$ de la pièce ; 3^e $\dfrac{2}{5} \times \dfrac{2}{5} = \dfrac{4}{25}$ de la pièce.

Bénéfice réalisé dans les deux dernières ventes :

$$765^f,60 - 480^f = 285^f,60.$$

Le bénéfice de la 2e vente vaut les $\dfrac{100}{100}$ du prix d'achat du 2e lot ou les $\dfrac{100 \times 6}{100 \times 25} = \dfrac{6}{25}$ du prix d'achat total.

Le bénéfice de la 3e vente vaut les $\dfrac{60}{100}$ ou les $\dfrac{3}{5}$ du prix d'achat du 3e lot ou les $\dfrac{3}{5} \times \dfrac{4}{25} = \dfrac{12}{125}$ du prix d'achat total.

Donc 285^f,60 représentent $\dfrac{6}{25} + \dfrac{12}{125} = \dfrac{42}{125}$ du prix d'achat total.

R. — **Prix d'achat de la pièce :** $\dfrac{285^f,60 \times 125}{42} = 850^f$.

Paris. — **2113.** *Une couturière achète 5^m de velours et 6^m de soie. Le montant net de la facture est $235^f,20$ après déduction d'un escompte de 2 % sur le prix des marchandises. Une autre fois, elle achète 10^m de velours et 4^m de soie de même qualité et paie $268^f,80$ après escompte de 4 %. On demande le prix du mètre de velours et celui du mètre de soie.*

Montant des factures sans l'escompte :

$$1^{\text{re}} : \frac{100^{\text{f}} \times 235,20}{98} = 240^{\text{f}} ; \quad 2^{\text{e}} : \frac{100^{\text{f}} \times 268,80}{96} = 280^{\text{f}}.$$

Soient x le prix du mètre de velours et y le prix du mètre de soie ; on a :

$$5x + 6y = 240$$
$$10x + 4y = 280.$$

En résolvant ce système on trouve $x = 18$, $y = 25$.

R. — Prix du mètre de velours 18ᶠ ; prix du mètre de soie 25ᶠ.

Chartres. — 2114. Un épicier a acheté 500ᵏᵍ de café et 600ᵏᵍ de chocolat. On lui a fait un rabais de 3 % sur le prix de facture du café et de 2 % sur le chocolat. Il a payé 5 850ᶠ. Il vend le café avec un bénéfice de 25 %, le chocolat avec un bénéfice de 30 % du prix de facture. La vente totale lui rapporte 7 650ᶠ. On demande les prix de facture du kg. de café et du kg. de chocolat.

Profiter d'un rabais de 2 %, de 3 %... revient à ne payer que 98ᵏᵍ, 97ᵏᵍ... sur 100ᵏᵍ facturés. L'épicier a donc payé :

$$1° \text{ le prix de facture de } \frac{97^{\text{kg}} \times 500}{100} = 485^{\text{kg}} \text{ de café};$$

$$2° \text{ le prix de facture de } \frac{98^{\text{kg}} \times 600}{100} = 588^{\text{kg}} \text{ de chocolat.}$$

De même, faire un bénéfice de 25 %, de 30 % sur le prix de facture, revient à toucher le prix de facture de 125ᵏᵍ, de 130ᵏᵍ lorsqu'on vend 100ᵏᵍ.

La vente a donc rapporté à l'épicier :

$$1° \text{ le prix de facture de } \frac{125^{\text{kg}} \times 500}{100} = 625^{\text{kg}} \text{ de café };$$

$$2° \text{ le prix de facture de } \frac{130^{\text{kg}} \times 600}{100} = 780^{\text{kg}} \text{ de chocolat.}$$

En représentant par x le prix de facture de café et par y celui du chocolat, on a :

$$485x + 588y = 5\ 850 \quad \text{d'où} \quad \begin{cases} x = 6 \\ y = 5. \end{cases}$$
$$625x + 780y = 7\ 650$$

R. — Le prix de facture du café est 6ᶠ et celui du chocolat 5ᶠ.

Montpellier. — 2115. Un marchand veut gagner 20 % sur le prix de vente d'une bicyclette qui lui a coûté 182ᶠ,40 ; mais il est obligé d'accorder lui-même une remise de 20 % sur le montant brut de la facture de vente, plus un escompte de caisse de 5 % sur la facture déjà réduite. Quel doit être le montant brut de la facture ?

Quand on gagne 20 % sur le prix de vente, on vend 100^f ce que l'on a acheté 80^f ; le prix de vente représente donc les $\dfrac{100}{80}$ ou les $\dfrac{5}{4}$ du prix d'achat.

Prix de vente net de la bicyclette : $\dfrac{182^f,40 \times 5}{4} = 228^f$.

L'escompte de caisse étant de 5 %, le marchand ne touche que 95 sur une facture (*réduite*) de 100^f. La somme à toucher (228^f) représente donc les 95/100 de la facture réduite. D'où :

Montant de la facture réduite : $\dfrac{228^f \times 100}{95} = 240^f$.

De même la facture réduite représente les 80/100 du montant brut de la facture.

R. — **Montant brut de la facture** : $\dfrac{240^f \times 100}{80} = 300^f$.

Paris. — **2116.** *Une personne a acheté un terrain ayant la forme d'un trapèze dont les bases mesurent* 76^m *et* 94^m *et la hauteur* 48^m. *Elle l'a revendu avec un bénéfice de* 20 % *sur le prix d'achat. Si le bénéfice avait été de* 20 % *sur le prix de vente, la différence entre les montants des deux ventes eût été de* 1 326^f. *Calculer, d'après cela, le prix d'achat du* m^2 *de ce terrain.*

Dans le 2e cas la personne gagne 20^f sur 100^f de vente, et par suite 20^f sur 80^f d'achat ; son bénéfice représente donc 20/80 ou 1/4 du prix d'achat.

La différence entre les bénéfices réalisés dans les 2 cas soit 1 326^f, représente donc $\dfrac{1}{5} - \dfrac{1}{4} = \dfrac{1}{20}$ du prix d'achat.

Prix d'achat du terrain : 1 326^f × 20 = 26 520^f.

Surface du terrain : $\dfrac{94 + 76}{2} \times 48 = 4\ 080^{m^2}$.

R. — **Prix d'achat du** m^2 : 26 520 : 4 080 = 6^f,50.

St-Brieuc. — **2117.** *Un marchand, qui a acheté deux pièces d'étoffe pour* 1 200^f, *les revend en gagnant* 30 % *sur le prix d'achat de la première et* 25 % *sur celui de la deuxième, réalisant ainsi en tout un gain égal aux* 7/32 *du prix de vente. Calculer ce gain et le prix d'achat de chaque pièce d'étoffe.*

Gagner 7^f sur un prix de vente de 32^f revient à gagner 7^f sur un prix d'achat de 32 — 7 = 25^f.

C'est donc faire un bénéfice égal aux 7/25 du prix d'achat.

R. — Gain total du marchand : $\dfrac{1\ 200^f \times 7}{25} = 336^f.$

Si le bénéfice total avait été de 30 %, il aurait égalé :

$$30^f \times 12 = 360^f.$$

Il aurait surpassé le bénéfice réel de $360^f - 336^f = 24^f$.

Chaque centaine de francs du prix d'achat qui donne 25 % de bénéfice au lieu de 30 %, diminue cette différence de $30^f - 25^f = 5^f$.

La somme qui rapporte 25 % s'élève donc à $100^f \times \dfrac{24}{5} = 480^f.$

R. — Prix d'achat de la 1re pièce : $1\ 200^f - 480^f = 720^f$.
Prix d'achat de la 2$^\text{e}$ pièce : 480^f.

Paris. — 2118. *Un marchand qui avait acheté 5 800^f de marchandises en vend le quart avec une perte de 8 %. Que devra-t-il gagner % sur le prix de vente du reste pour faire dans l'ensemble un bénéfice de 10 % sur le montant total de l'achat ?*

Bénéfice à réaliser : $5\ 800^f : 10 = 580^f.$

Perte subie dans la 1re vente : $\dfrac{5\ 800^f}{4} \times \dfrac{8}{100} = 116^f.$

Ce qui reste à vendre a coûté : $5\ 800^f \times 3/4 = 4\ 350^f.$

Ce reste devra être vendu : $4\ 350^f + 580^f + 116^f = 5\ 046^f.$

R. — Bénéfice % : $\dfrac{(580 + 116) \times 100}{5\ 046} = \dfrac{696^f \times 100}{5\ 046} = 13^f 80.$

Paris. — 2119. *Un négociant achète des marchandises. Il en revend la moitié en faisant un bénéfice de 15 % sur le prix d'achat de cette moitié. Il revend le reste en faisant un bénéfice de 20 % sur le prix de vente de ce reste. Il réalise ainsi un bénéfice total de 1 375^f. Quel est le prix d'achat des marchandises ?*

Dans la 1re vente, le bénéfice réalisé représente les 15/100 de la moitié du prix d'achat ou les $\dfrac{15}{200} = \dfrac{3}{40}$ du prix d'achat total.

Dans la 2$^\text{e}$ vente, le bénéfice est de 20^f sur 100^f de vente ou sur 80^f d'achat ; il représente donc les $\dfrac{20}{80}$ ou le $\dfrac{1}{4}$ de la moitié du prix d'achat ou encore le $\dfrac{1}{8}$ du prix d'achat total.

Le bénéfice total 1 375^f vaut donc $\dfrac{3}{40} + \dfrac{1}{8} = \dfrac{1}{5}$ du prix d'achat total.

R. — Prix d'achat des marchandises : $1\ 375^f \times 5 = 6\ 875^f$.

Grenoble. — **2120.** *Une ville a fait construire un égout de 800^m de long dont la section a la forme d'un rectangle de 2^m de largeur intérieure surmonté d'un demi-cercle de 2^m de hauteur intérieure. La maçonnerie a une épaisseur uniforme de 0^m,50 et est recouverte de 1^m de terre dans sa partie la plus élevée. La maçonnerie est évaluée 44^f le m³, le terrassement 8^f le m³, le remblaiement 1^f,92 le m³. L'entrepreneur avait consenti un rabais de 3 % sur le devis et a réalisé un bénéfice de 16,4 % sur sa mise de fonds. Calculer le montant du devis et le bénéfice.*

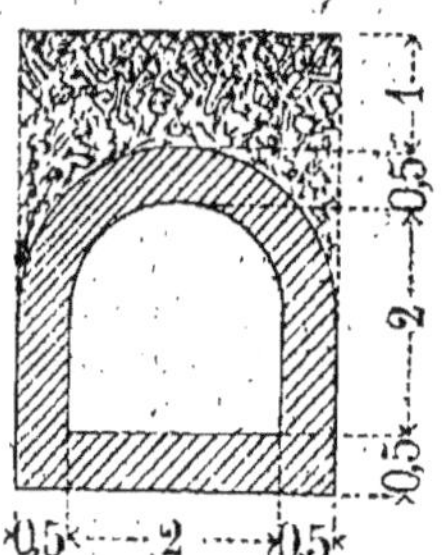

Volume du terrassement {
La tranchée que l'on a dû ouvrir a pour section un rectangle de $2^m + (0^m,50 \times 2) = 3^m$ de largeur et de $2^m + (0^m,50 \times 2) + 1^m = 4^m$ de hauteur.
Surface de la section : $3 \times 4 = 12^{m2}$.
Volume du terrassement : $12 \times 800 = 9\,600^{m3}$.

Volume intérieur de l'égout {
La section intérieure de l'égout comprend :
1° une partie rectangulaire de 2^m sur 1^m ;
2° un demi-cercle de 1^m de rayon.
Surface de la section :

$$(2 \times 1) + \frac{3,1416 \times 1^2}{2} = 3^{m2},5708$$

Volume intérieur : $3,5708 \times 800 = 2\,856^{m3},64$.

Volume total de l'égout {
La section totale de l'égout comprend :
1° un rectangle de $2^m + (0^m,5 \times 2) = 3^m$ de large sur $1^m + 0^m,50 = 1^m,50$ de haut.
2° un demi-cercle de $1^m + 0^m,50 = 1^m,50$ de rayon.
Surface de la section :

$$(3 \times 1,5) + \frac{3,1416 \times 1,5^2}{2} = 8^{m2},0343$$

Volume total de l'égout : $8,0343 \times 800 = 6\,427^{m3}44$.

Vol. de la maçonnerie : $6\,427^{m3},44 - 2\,856^{m3},64 = 3\,570^{m3},80$.
Volume du remblaiement : $9\,600^{m3} - 6\,427^{m3},44 = 3\,172^{m3},56$.

R. — Montant du devis :

$$(8^f \times 9\,600) + (44^f \times 3\,570^f,80) + (1^f,92 \times 3\,172,56) = \mathbf{240\,006^f,50}.$$

L'entrepreneur ne touchera que les 97/100 de cette somme soit :

$$\frac{240\,006^f,50 \times 97}{100} = 232\,806^f,30.$$

Cette dernière somme représente la mise de fonds, augmentée du bénéfice, soit $\frac{100}{100} + \frac{16,4}{100} = \frac{1\,164}{1.000}$ de la mise de fonds.

Montant de la mise de fonds : $\dfrac{232\ 806^{f},30 \times 1\ 000}{1\ 164}$.

R. — Bénéfice réalisé : $\dfrac{232\ 806^{f},30 \times 1\ 000 \times 16,4}{1\ 164 \times 100} = 32\ 800^{f}88.$

Grenoble. — **2121.** *Un terrain ayant la forme d'un trapèze de 64^m de hauteur et dont la différence des bases est le tiers de la plus grande, a été payé 5 040^f, à raison de 3 500^f l'hectare. On revend ce terrain en deux lots : sur le 1er on fait un bénéfice de 25 % ; sur le 2e un bénéfice de 10 % et le bénéfice total s'élève à 840^f. Trouver : 1° les deux bases du trapèze ; 2° la surface de chaque lot.*

Surface du terrain : 5 040 : 3 500 = 1^ha,44 = 14 400^m2.
Demi-somme des bases : 14 400 : 64 = 225^m.
Somme des bases : 225^m × 2 = 450^m.

Cette somme représente $\dfrac{3}{3} + \dfrac{2}{3} = \dfrac{5}{3}$ de la grande base.

R. — Grande base : $\dfrac{450 \times 3}{5} = \mathbf{270^m}$; petite base : $\dfrac{450 \times 2}{5} = \mathbf{180^m}.$

Si le bénéfice total était de 10 % il égalerait :
$$10^f \times 50,4 = 504^f.$$

Il différerait du bénéfice réel de 840^f — 504^f = 336^f.
Chaque centaine de francs du prix d'achat qui donne 25 % de bénéfice au lieu de 10 %, diminue cette différence de 25^f — 10^f = 15^f.

La somme qui rapporte 25 % s'élève donc à $100^f \times \dfrac{336}{15} = 2\ 240^f.$

Celle qui rapporte 10 % vaut 5 040^f — 2 240^f = 2 800^f.

R. — **Surface du 1er lot :** 2 240 : 3 500 = 0^ha,64 = **64 ares.**
Surface du 2e lot : 2 800 : 3 500 = 0^ha,80 = **80 ares.**

Paris. — **2122.** *Une commune avait entrepris des travaux sur le devis desquels elle avait obtenu, à l'adjudication, un rabais de 7 %. En cours d'exécution, on a reconnu la nécessité d'améliorations estimées par l'architecte au 1/3 du devis primitif, mais que l'entrepreneur n'a acceptées qu'avec une majoration de prix de 2 %. Les dépenses liquides s'étant élevées à 76 200^f, calculer : 1° le montant du devis primitif ; 2° le taux du rabais obtenu sur le total des deux devis.*

Somme payée pour les premiers travaux : $\dfrac{93}{100}$ du 1er devis.

Somme payée pour les seconds travaux : $\dfrac{1}{3} \times \dfrac{102}{100} = \dfrac{34}{100}$ du 1er devis.

Donc 76 200^f représentent les $\dfrac{93}{100} + \dfrac{34}{100} = \dfrac{127}{100}$ du 1er devis.

R. — Montant du 1ᵉʳ devis : $\dfrac{76\ 200^{f} \times 100}{127} = 60\ 000^{f}.$

Sans rabais, la commune aurait dû verser en tout :

$$60\ 000^{f} + \frac{60\ 000 \times 102}{3 \times 100} = 80\ 400^{f}.$$

Montant du rabais obtenu : $80\ 400^{f} - 76\ 200^{f} = 4\ 200^{f}.$

R. — Taux du rabais : $\dfrac{4\ 200 \times 100}{80\ 400} = 5,22\ \%.$

Tunis. — 2123. *Un marchand a acheté du café vert à* $3^{f},80$ *le kg. Il le fait griller ; le café perd dans cette opération les 3/11 de son poids ; ce café grillé est vendu, les 3/4 en gros avec un bénéfice de 12 % et le reste au détail, avec un bénéfice de 18 % du prix de revient. Le bénéfice total réalisé sur l'affaire étant de* $282^{f},15$, *calculez la quantité de café vert achetée.*

Supposons un achat de 110^{kg} de café vert :
Le prix d'achat serait de : $3^{f},80 \times 110 = 418^{f}.$
La valeur des 2 lots de café grillé obtenu serait de :

$$418^{f} \times \frac{3}{4} = 313^{f},50 \text{ et } 418 \times \frac{1}{4} = 104^{f},50.$$

Le bénéfice total s'élèverait à :

$$\frac{313^{f},5 \times 12}{100} + \frac{104^{f},50 \times 18}{100} = 56^{f},43.$$

R. — Quantité de café vert achetée : $\dfrac{110^{kg} \times 282,15}{56,43} = 550^{kg}.$

2ᵉ *solution.* — Le 1ᵉʳ bénéfice vaut $\dfrac{3}{4} \times \dfrac{12}{100} = \dfrac{9}{100}$ du prix d'achat.

Le 2ᵉ bénéfice vaut $\dfrac{1}{4} \times \dfrac{18}{100} = \dfrac{9}{200}$ du prix d'achat.

Le bénéfice total représente $\dfrac{9}{100} + \dfrac{9}{200} = \dfrac{27}{200}$ du prix d'achat :

Montant du prix d'achat : $\dfrac{282^{f},15 \times 200}{27} = 2\ 090^{f}.$

R. — Quantité achetée : $2\ 090 : 3,8 = 550^{kg}.$

Toulouse. — 2124. *Un architecte fait le compte des travaux de construction d'une maison et arrive à un total de* $61\ 000^{f}$, *non compris les honoraires et les travaux imprévus. La construction terminée le propriétaire a payé en tout* $69\ 930^{f}$ *pour travaux prévus, imprévus et honoraires de l'architecte. A combien se sont élevés les travaux imprévus si l'architecte a reçu pour ses honoraires 5 % du montant de tous les travaux.*

Les honoraires de l'architecte représentent $\frac{5}{100}$ ou $\frac{1}{20}$ du montant total des travaux.

Donc 69 930^f valent $\frac{20}{20} + \frac{1}{20} = \frac{21}{20}$ du montant de ces travaux.

Montant total des travaux : $\dfrac{69\ 930^f \times 20}{21} = 66\ 600^f.$

R. — Montant des travaux imprévus : 66 600^f — 61 000^f = 5 600^f.

Solution algébrique. — Soit x le montant des travaux imprévus.

Le montant total des travaux sera 61 000 $+ x$, et les honoraires de l'architecte (61 000 $+ x$) $\times$ 5/100. On aura :

$$(61\ 000 + x) + (61\ 000 + x) \times \frac{5}{100} = 69\ 930.$$

D'où l'on tire : $x = 5\ 600.$

Brest. — 2125. *L'eau de mer contient 3,5 % de son poids de sels divers dont les 80/100 sont de sel pur. En évaporant l'eau de mer on perd 5 % du sel pur qu'elle contient, et on obtient du sel gris contenant 95 % de son poids de sel pur. Calculer : 1° le poids de sel gris obtenu par l'évaporation d'une tonne d'eau de mer ; 2° la densité de l'eau de mer, sachant qu'un compartiment carré de marais salant de 8^m de côté, et contenant de l'eau de mer sous une épaisseur de 25^{cm}, a fourni par évaporation 459^{kg},2 de sel gris.*

Une tonne d'eau de mer contient 35^{kg} de sels divers dont :

$$\frac{35^{kg} \times 80}{100} = 28^{kg} \text{ de sel pur.}$$

Comme on perd 5 % du sel pur, on ne recueille que les 95/100 de ce poids soit :

$$\frac{28^{kg} \times 95}{100}.$$

Mais ce poids de sel pur ne représente que les 95/100 du poids du sel gris obtenu ; d'où :

R. — Poids de sel gris obtenu : $\dfrac{28^{kg} \times 95 \times 100}{100 \times 95} = 28^{kg}.$

Surface d'un compartiment de marais salant : $8 \times 8 = 64^{m2}.$
Volume d'eau de mer dans cet espace : $64 \times 0,25 = 16^{m3}.$
Si 28^{kg} de sel gris proviennent de 1 000^{kg} d'eau de mer, 459^{kg},2

proviennent de $\dfrac{1\ 000^{kg} \times 459,2}{28} = 16\ 400^{kg}$ ou 16^l,4 d'eau de mer.

R. — Densité de l'eau de mer : $\dfrac{16,4}{16} = 1,025.$

Nevers. — 2126. *Un propriétaire possède un champ dont le périmètre est 420^m. La largeur est les 3/4 de la longueur. Il décide d'y répandre une fumure qui apporte à l'hectare 45^{kg} d'azote et 120^{kg} d'acide phosphorique. Il* répand d'abord 15 quintaux de fumier de ferme qui apportent 2 % d'azote et 2 % d'acide phosphorique. Calculer, à raison de 250ᶠ les 100ᵏᵍ de nitrate de soude et de 120ᶠ les 100ᵏᵍ de phosphate de chaux, la masse et le prix de l'engrais complémentaire, sachant que le nitrate de soude fournit 15 % d'azote et le phosphate de chaux 14 % d'acide phosphorique.

Demi-périmètre du champ : $420^m : 2 = 210^m$.

Ce nombre représente les $\dfrac{4}{4} + \dfrac{3}{4} = \dfrac{7}{4}$ de la longueur. D'où :

$$\text{Longueur} = \frac{210 \times 4}{7} = 120^m \; ; \; \text{largeur} = \frac{210 \times 3}{7} = 90^m.$$

Superficie du champ : $120 \times 90 = 10\,800^{m2} = 1^{ha},08$.

La fumure comprendra en azote : $45^{kg} \times 1,08 = 48^{kg},6$ et en acide phosphorique : $120^{kg} \times 1,08 = 129^{kg},6$.

Les 1 500ᵏᵍ de fumier ont fourni : $\dfrac{1\,500^{kg} \times 2}{100} = 30^{kg}$ d'azote et 30^{kg} d'acide phosphorique.

L'engrais complémentaire devra apporter :

1º $48^{kg},6 - 30^{kg} = 18^{kg},6$ d'azote ;

2º $129^{kg},6 - 30^{kg} = 99^{kg},6$ d'acide phosphorique.

Or pour fournir au sol 15ᵏᵍ d'azote, il faut répandre 100ᵏᵍ de nitrate et pour fournir 14ᵏᵍ d'acide il faut répandre 100ᵏᵍ de phosphate.

R. — **Poids de nitrate à acheter** : $\dfrac{100^{kg} \times 18,6}{15} = 124^{kg}$.

Poids de phosphate à acheter : $\dfrac{100^{kg} \times 99,6}{14} = 711^{kg},428$.

Prix total : $\dfrac{250^f \times 124}{100} + \dfrac{120^f \times 711,428}{100} = 1\,163^f,70$.

Intérêts.

Grenoble. — **2127.** Un capital a été placé de la façon suivante : les 2/3 à 4 % ; le 1/6 à 4,5 % et le reste à 5 %. Au bout de 16 mois, on retire la totalité du capital et des intérêts et l'on touche 38 991ᶠ. On demande : 1º quel était le capital primitif ; 2º à quel taux unique ce capital aurait dû être placé pour produire le même intérêt au bout de 12 mois ; 3º les dimensions d'un terrain rectangulaire qu'on pourrait acheter avec le capital primitif, sachant que l'are de ce terrain vaut 200ᶠ et que sa largeur est les 18/41 de sa longueur.

Sur 600ᶠ de ce capital, 400ᶠ rapportent 4 % ; 100ᶠ, 4,5 %, et 100ᶠ, 5 %.

Au bout de 16 mois, on retire 600^f et les intérêts, soit :

$$600^f + \left(4^f \times 4 \times \frac{16}{12}\right) + \left(4^f{,}5 \times \frac{16}{12}\right) + \left(5^f \times \frac{16}{12}\right) = 634^f.$$

R. — Capital primitif : $\dfrac{600^f \times 38\ 991}{634} = 36\ 900^f.$

Si 600^f en 12 mois doivent produire 634^f — 600^f = 34^f.

R. — 100^f en 12 mois devront produire : $\dfrac{34 \times 100}{600} = 5^f\,\dfrac{2}{3}.$

Surface du terrain : 36 900 : 200 = 184^a,5 = 18 450^{m2}.

On a : $$L \times \frac{18L}{41} = 18\ 450$$

d'où : $$L = \sqrt{\frac{18\ 450 \times 41}{18}} = 205^m.$$

R. — Longueur : 205^m ; largeur : 205 × 18/41 = 90^m.

Lille. — **2128.** *Un capital inconnu, placé à un ta x inconnu pendant 8 mois, a produit 480^f d'intérêts. Un second capital supérieur au premier de 1 000^f et placé à un taux égal aux 6/5 du premier taux pendant 3 mois a produit un intérêt de 234^f. Calculer les deux capitaux et les deux taux.*

Le 1er capital rapporte en 1 an : $\dfrac{480^f \times 12}{8} = 720^f.$

Le 2e capital rapporte en 1 an : 234^f × 4 = 936^f et au taux du 1er capital : 936^f × 5/6 = 780^f.
Donc les 1 000^f d'excédent du 2e capital rapportent en 1 an au taux du 1er capital : 780^f — 720^f = 60^f.

R. — Taux du 1er capital : $\dfrac{60^f \times 100}{1\ 000} = 6\ \%.$

— 2e — 6 × 6/5 = 7,20 %.

Montant du 1er capital : $\dfrac{100^f \times 720}{6} = 12\ 000^f.$

— 2e — $\dfrac{100^f \times 936}{7{,}2} = 13\ 000^f.$

Solution algébrique. — Soient x le 1er capital et y le 1er taux ; le 2e capital sera $x + 1\ 000$ et le 2e taux $\dfrac{6y}{5}$. On a :

$$\frac{8xy}{1\ 200} = 480$$

$$\frac{(x + 1\ 000)6y \times 3}{1\ 200 \times 5} = 234.$$

En chassant les dénominateurs et les parenthèses, on obtient :

$$xy = 72\ 000 \qquad \text{d'où} \qquad x = 12\ 000$$
$$3xy + 8\ 000y = 234\ 000 \qquad\qquad y = 6.$$

Caen. — 2129. *Deux personnes ont placé leur fortune, l'une à 5 % et l'autre à 6 %. La fortune de la seconde dépasse de 82 000^f celle de la 1re et le revenu de la seconde surpasse celui de la 1re de 6 420^f. Calculer le revenu des deux personnes.*

Intérêt annuel de 82 000^f à 6 % : 6^f × 820 = 4 920^f.

Si l'on diminue le 2e capital de 82 000^f ; on le rend égal au 1er et la différence des revenus se réduit à 6 420^f — 4 920^f = 1 500^f.

Cette différence provient alors de la différence des taux ; le 2e taux étant les 6/5 du 1er, le 2e revenu vaut les 6/5 du 1er ; par conséquent la différence 1 500^f représente 1/5 du 1er revenu.

R. — Revenu de la 1re personne : 1 500^f × 5 = **7 500^f**.

Revenu de la 2e personne : (1 500^f × 6) + 4 920^f = **13 920^f**.

Chambéry. — 2130. *Une personne partage son capital entre 3 personnes proportionnellement aux fractions 3/8, 5/12, 1/3. La 1re partie placée à 8 % pendant 2 ans 7 mois est devenue, capital et intérêts réunis, 2 715^f. Trouver le capital total.*

La 1re partie du capital placée à 8 % pendant 2 ans 7 mois, ou 31 mois, rapporte les :

$$\frac{8}{100} \times \frac{31}{12} = \frac{62}{300} \text{ de sa valeur.}$$

Avec ses intérêts, elle égale : $\dfrac{300}{300} + \dfrac{62}{300} = \dfrac{362}{300}$ de sa valeur ou 2 715^f.

La 1re partie vaut donc : $\dfrac{2\,715^f \times 300}{362} = 2\,250^f$.

Les 3 parties du capital sont entre elles comme :

$\dfrac{3}{8}, \dfrac{5}{12}, \dfrac{1}{3}$, ou 9, 10, 8 ; or 9 + 10 + 8 = 27.

La 1re partie représente donc $\dfrac{9}{27}$ ou $\dfrac{1}{3}$ du capital total.

R. — Montant du capital total : 2 250^f × 3 = **6 750^f**.

Paris. — 2131. *Deux cousins héritent de 35 500^f ; le 1er place immédiatement sa part chez un notaire qui lui sert un intérêt de 5^f,95 %. Six mois après, le 2e engage son capital dans une entreprise qui lui rapporte 8 %. Il le retire 3 ans 6 mois plus tard et constate que l'intérêt produit est le triple de l'intérêt servi à son cousin à la même date. Quelle était la part de chaque cousin dans l'héritage ?*

La 1re part a rapporté intérêt pendant 6 mois plus 3 ans 6 mois, soit pendant 4 ans, et la 2e pendant 3 ans 6 mois ou 42 mois.

100^f de la 1re part rapportent en 4 ans : 5^f,95 × 4 = 23^f,80.

La somme qui rapporte en 12 mois, à 8 % un intérêt triple, soit $23^f,80 \times 3 = 71^f,40$, doit être égale à :

$$\frac{100^f \times 71,4 \times 12}{8 \times 42} = 255^f.$$

Les parts sont donc proportionnelles à 100 et 255.

R. — 1re part : $\dfrac{35\,500 \times 100}{355} = \mathbf{10\,000^f}$;

2e part : $\dfrac{35\,500 \times 255}{355} = \mathbf{25\,500^f}.$

2e *solution.* — L'intérêt de la 1re part représente :

$$\frac{5,95 \times 4}{100} = \frac{238}{1\,000} \text{ de la 1re part.}$$

L'intérêt de la 2e part représente :

$$\frac{8}{100} \times \frac{42}{12} = \frac{280}{1\,000} \text{ de la 2e part.}$$

Or les $\dfrac{280}{1\,000}$ de la 2e part valent $\dfrac{238}{1\,000} \times 3 = \dfrac{714}{1\,000}$ de la 1re.

La 2e part vaut donc : $\dfrac{714 \times 1\,000}{1\,000 \times 280} = \dfrac{51}{20}$ de la 1re.

Donc $35\,500^f$ valent : $\dfrac{20}{20} + \dfrac{51}{20} = \dfrac{71}{20}$ de la 1re part.

R. — 1re part : $\dfrac{35\,500 \times 20}{71} = \mathbf{10\,000^f}$;

2e part : $\dfrac{10\,000^f \times 51}{20} = \mathbf{25\,500^f}.$

Bordeaux. — **2132.** *Deux capitaux dont la somme s'élève à 33 000ᶠ sont placés : le 1er à 4 1/2 %, le 2e à 4 %. Le 1er produit un revenu annuel triple de celui du 2e. Trouver ces deux capitaux.*

Le 1er capital rapporte par an les $\dfrac{45}{1\,000}$ de sa valeur.

Le 2e rapporte par an les $\dfrac{4}{100}$ de sa valeur.

Or $\dfrac{45}{1\,000}$ du 1er capital valent : $\dfrac{4}{100} \times 3 = \dfrac{12}{100}$ du 2e.

Donc le 1er capital vaut : $\dfrac{12 \times 1\,000}{100 \times 45} = \dfrac{8}{3}$ du 2e.

$33\,000^f$ valent $\dfrac{8}{3} + \dfrac{3}{3} = \dfrac{11}{3}$ du 2e capital.

R. — 2e capital : $\dfrac{33\,000 \times 3}{11} = \mathbf{9\,000^f}$;

1er capital : $9\,000^f \times 8/3 = \mathbf{24\,000^f}.$

Solution algébrique. — Soit x la valeur du 1er capital ; celle du 2e sera 33 000 — x. On aura :

$$\frac{4,5x}{100} = \frac{(33\,000 - x) \times 4}{100} \times 3.$$

D'où l'on tire : $x = 24\,000.$

Metz. — **2133.** *On place à des taux différents, 840ᶠ pendant 75 jours et 1 050ᶠ pendant 80 jours. Les intérêts ont été les mêmes dans les deux cas. On demande de calculer les taux, sachant que la somme de ces taux est 10ᶠ,50.*

(V. solution arithmétique n° 1 650.) — **Solution algébrique.**

Soient x le 1er taux et y le second. On a :

$$x + y = 10,5. \tag{1}$$

$$\frac{x \times 840 \times 75}{100 \times 360} = \frac{y \times 1\,050 \times 80}{100 \times 360}$$

ou

$$63x = 84y. \tag{2}$$

En résolvant le système (1) et (2) on trouve $x = 6$; $y = 4,5$.

R. — **Les taux sont : 6 % et 4,5 %.**

Lille. — **2134.** *Deux capitaux sont placés le 1er à 6 % pendant 9 mois et le 2e à 5 % pendant 7 mois. Les intérêts produits sont égaux. Trouver ces capitaux sachant que, ajoutés à leurs intérêts annuels, ils forment une somme de 103 180ᶠ.*

Soient A le 1er capital et B le second. Leurs intérêts étant égaux, on a :

$$\frac{6 \times A \times 9}{100 \times 12} = \frac{5 \times B \times 7}{100 \times 12}$$

ou

$$54A = 35B$$

d'où

$$A = \frac{35B}{54}. \tag{1}$$

Augmentés de leurs intérêts annuels, ces capitaux égalent respectivement les $\frac{106}{100}$ et les $\frac{105}{100}$ de leur valeur. On a alors :

$$\frac{106}{100} \text{ de A} + \frac{105}{100} \text{ de B} = 103\,180ᶠ.$$

ou, en remplaçant A par sa valeur (1) :

$$\frac{35 \times 105}{54 \times 100} \text{ de B} + \frac{105}{100} \text{ de B} = 103\,180ᶠ.$$

ou

$$\frac{469}{270} \text{ de B} = 103\,180ᶠ.$$

R. — **Montant du 2e capital :** $\dfrac{103\,180ᶠ \times 270}{469} = 59\,400ᶠ.$

Montant du 1er capital : $59\,400ᶠ \times 35/54 = 38\,500ᶠ.$

Strasbourg. — 2135. *Deux capitaux placés au même taux, le 1ᵉʳ pendant 9 mois, le 2ᵉ pendant 6 mois, ont rapporté ensemble 1 378ᶠ d'intérêts. Le 2ᵉ supérieur au 1ᵉʳ de 3 600ᶠ, rapporte 182ᶠ de moins que le 1ᵉʳ. On demande : 1° le taux du placement ; 2° les deux capitaux.*

On connaît la somme et la différence des intérêts ; on a donc :

$$\text{Intérêt du 1ᵉʳ capital} : \frac{1\,378^f + 182^f}{2} = 780^f.$$

Intérêt du 2ᵉ capital : 1 378ᶠ — 780ᶠ = 598ᶠ.

Intérêt *annuel* de chaque capital :

$$1ᵉʳ \ \frac{780 \times 12}{9} = 1\,040^f \ ; \qquad 2ᵉ \ \frac{598^f \times 12}{6} = 1\,196^f.$$

Les taux étant égaux ainsi que les temps, les capitaux sont directement proportionnels aux revenus :

$$\text{Le 2ᵉ capital vaut donc les } \frac{1\,196}{1\,040} = \frac{299}{260} \text{ du 1ᵉʳ.}$$

$$\text{La différence 3 600ᶠ représente } \frac{299}{260} - \frac{260}{260} = \frac{39}{260} \text{ du 1ᵉʳ capital.}$$

$$\text{R. — 1ᵉʳ capital} : \frac{3\,600^f \times 260}{39} = 24\,000^f \ ;$$

$$2ᵉ \ \text{capital} : \frac{24\,000^f \times 299}{260} = 27\,600^f.$$

$$\text{Taux du placement} : \frac{1\,040 \times 100}{24\,000} = 4\ \%.$$

Paris. — 2136. *Une somme de 27 000ᶠ est divisée en deux parties. La 1ʳᵉ partie est placée à 4,50 % et la 2ᵉ à 6 %. Le rapport de la durée du placement de la 1ʳᵉ à la durée du placement de la 2ᵉ est 8 /15. Le rapport de l'intérêt de la 1ʳᵉ partie à l'intérêt de la 2ᵉ est 73 /155. Calculer les deux parties de la somme.*

En appliquant la formule générale de l'intérêt aux 2 parties du capital, on a :

$$i = \frac{aRt}{100} \qquad \text{et} \qquad i' = \frac{a'R't'}{100}$$

$$\text{d'où} \qquad \frac{i}{i'} = \frac{aRt}{a'R't'} = \frac{a}{a'} \times \frac{R}{R'} \times \frac{t}{t'}$$

$$\text{ou} \qquad \frac{73}{155} = \frac{a}{a'} \times \frac{4,5}{6} \times \frac{8}{15}$$

$$\text{ou} \qquad \frac{a}{a'} = \frac{73}{62} \qquad \text{d'où} \qquad a' = \frac{62}{73}\,a.$$

Donc 27 000^f représentent $\dfrac{73}{73} + \dfrac{62}{73} = \dfrac{135}{73}$ de a.

R. — 1re partie de la somme : $\dfrac{27\,000^f \times 73}{135} = $ **14 600^f.**

2e partie de la somme : 14 600^f × 62/73 = **12 400^f.**

Paris. — **2137.** *Une personne qui a mis un certain capital dans une entreprise, reçoit au bout de 2 ans et demi, une somme de 183 750^f, qui représente le capital engagé augmenté du bénéfice. On sait d'autre part que le bénéfice est les 9/40 du capital. Calculer le capital, le bénéfice et le taux annuel de l'intérêt que le capital a ainsi rapporté. Peut-on obtenir ce taux sans calculer le capital et le bénéfice ?*

183 750^f représentent $\dfrac{40}{40} + \dfrac{9}{40} = \dfrac{49}{40}$ du capital engagé.

R. — **Montant du capital** : $\dfrac{183\,750^f \times 40}{49} = $ **150 000^f.**

Bénéfice réalisé en 2 ans 1/2 : 183 750^f — 150 000^f = **33 750^f.**
Bénéfice par an : 33 750^f : 2,5 = **13 500^f.**

R. — **Taux de l'intérêt** : $\dfrac{13\,500 \times 100}{150\,000} = $ **9 %.**

L'intérêt rapporté en 2 ans 1/2 représente les 9/40 du capital.

L'intérêt rapporté en 1 an représente $\dfrac{9}{40 \times 2,5} = \dfrac{9}{100}$ du capital.
Donc 100^f en 1 an rapportent 9^f.

On peut donc obtenir le taux sans calculer le capital et le revenu.

Seine. — **2138.** *Une personne possède un certain capital. Elle place 2 000^f de ce capital à 6 % et le reste à 5 1/2 %. Elle touche ainsi, au bout d'un an, un intérêt supérieur de 80^f à celui qu'elle aurait obtenu en plaçant tout son capital à 5 % pendant un an. Trouver le capital.*

Si tout le capital avait été placé à 5 1/2 %, il aurait rapporté en moins :

$$\dfrac{0^f,50 \times 2\,000}{100} = 10^f.$$

Ce revenu ne surpasserait le revenu du capital total placé à 5 % que de 80^f — 10^f = 70^f. Or l'intérêt du capital total représente :

à 5 1/2 %, les $\dfrac{55}{1\,000}$ du capital et à 5 %, les $\dfrac{5}{100}$ du capital.

La différence 70^f représente donc $\dfrac{55}{1\,000} - \dfrac{5}{100} = \dfrac{1}{200}$ du capital.

R. — **Montant du capital** : 70^f × 200 = **14 000^f.**

Seine. — **2139.** *Une somme placée pendant 5 ans est devenue après addition de ses intérêts 36 400ᶠ. Une autre somme, égale aux 5/7 de la 1ʳᵉ, placée pendant 2 ans à un taux égal aux 3/4 du 1ᵉʳ, est devenue 21 800ᶠ. Trouver les deux sommes et les deux taux.*

Soient a la 1ʳᵉ somme et i son intérêt en 5 ans.

L'intérêt de la 2ᵉ somme sera : $i \times \dfrac{5}{7} \times \dfrac{3}{4} \times \dfrac{2}{5} = \dfrac{3}{14}$ de i.

On a alors les relations suivantes :

(1ʳᵉ somme) $\qquad\qquad a + i = 36\ 400 \qquad\qquad\qquad (1)$

(2ᵉ somme) $\qquad\qquad \dfrac{5a}{7} + \dfrac{3i}{14} = 21\ 800. \qquad\qquad (2)$

Multiplions par 7/5 les 2 membres de (2), il vient :

$$a + i = 36\ 400 \qquad\qquad\qquad (3)$$

$$a + \dfrac{3i}{10} = 30\ 520. \qquad\qquad\qquad (4)$$

Retranchons (4) de (3) ; on obtient :

$$\dfrac{7}{10}\,i = 5\ 880\ ; \text{ d'où } i = 8\ 400ᶠ.$$

R. — 1ʳᵉ **somme** : 36 400ᶠ — 8 400 = **28 000ᶠ.**
2ᵉ. **somme** : 28 000ᶠ × 5/7 = **20 000ᶠ.**

1ᵉʳ **taux** : $\dfrac{8\ 400 \times 100}{28\ 000 \times 5} = 6\%$; 2ᵉ **taux** : 6 × 3/4 = **4,5%.**

Bordeaux. — **2140.** *Avec le capital dont elle dispose, une personne voudrait acheter une maison et un jardin. La maison vaut les 4/5 du capital et le jardin 1/4 de ce même capital. 1º Pendant combien de mois, cette personne doit-elle laisser son capital placé à 6 % pour que, augmenté de ses intérêts, il suffise au double achat ? 2º Quel est le montant du capital, sachant qu'au bout d'un an de placement, la personne aurait 200ᶠ de plus que la somme nécessaire à l'acquisition ?*

Ensemble la maison et le jardin valent les $\dfrac{4}{5} + \dfrac{1}{4} = \dfrac{21}{20}$ du capital.

Le capital placé à 6 % devra donc rapporter 1/20 de sa valeur et 100ᶠ de ce capital devront rapporter $100 \times \dfrac{1}{20} = 5ᶠ$.

R. — **Durée du placement** : $\dfrac{12ᵐ \times 5}{6} = $ **10 mois.**

Le capital rapporte 200ᶠ en 12ᵐ — 10ᵐ = 2 mois.

R. — **Montant du capital** : $\dfrac{100ᶠ \times 200 \times 12}{6 \times 2} = $ **20 000ᶠ.**

Nice. — **2141.** *La différence de deux capitaux est de 4 000ᶠ ; ils sont placés au même taux, l'un pendant 9 mois, l'autre pendant 7 mois. L'intérêt du plus petit capital dépasse de 176ᶠ l'intérêt du plus grand et la somme de ces intérêts est de 2 416ᶠ. Trouver le taux du placement et la valeur des deux capitaux.*

La somme et la différence des intérêts étant connus, on a :

$$\text{Intérêt du 1}^{\text{er}}\text{ capital}: \frac{2\,416^{\text{f}} + 176}{2} = 1\,296^{\text{f}}.$$

Intérêt du 2ᵉ capital : 2 416ᶠ — 1 296ᶠ = 1 120ᶠ.

Si les capitaux avaient été placés pendant 1 an, ils auraient rapporté :

$$\text{le 1}^{\text{er}} \frac{1\,296^{\text{f}} \times 12}{9} = 1\,728^{\text{f}} \;;\; \text{le 2}^{\text{e}} \frac{1\,120^{\text{f}} \times 12}{7} = 1\,920^{\text{f}}.$$

Le 2ᵉ capital qui surpasse le 1ᵉʳ de 4 000ᶠ rapporterait annuellement : 1 920ᶠ — 1 728ᶠ = 192ᶠ de plus que le 1ᵉʳ.

$$\textbf{R.} — \text{Le taux du placement est donc de}: \frac{192 \times 100}{4\,000} = 4{,}80\ \%.$$

$$\text{Montant du 1}^{\text{er}}\text{ capital}: 100^{\text{f}} \times \frac{1\,728}{4{,}8} = \textbf{36 000}^{\textbf{f}}.$$

$$\text{Montant du 2}^{\text{e}}\text{ capital}: 36\,000^{\text{f}} + 4\,000^{\text{f}} = \textbf{40 000}^{\textbf{f}}.$$

Paris. — **2142.** *Une personne qui possède 300 000ᶠ en emploie une partie à l'acquisition d'une maison et place le reste à 5 %. Son revenu total s'élève à 17 000ᶠ. On sait que le revenu de la maison est les 9/25 de celui de la somme placée. Calculer le prix d'achat de la maison et le montant du placement.*

Le revenu total 17 000ᶠ égale $\dfrac{25}{25} + \dfrac{9}{25} = \dfrac{34}{25}$ du revenu de la somme placée. Ce dernier revenu égale donc :

$$\frac{17\,000^{\text{f}} \times 25}{34} = 12\,500^{\text{f}}.$$

$$\textbf{R.} — \textbf{Montant du placement}: \frac{100^{\text{f}} \times 12\,500}{5} = \textbf{250 000}^{\textbf{f}}.$$

Prix de la maison : 300 000ᶠ — 250 000ᶠ = **50 000**ᶠ.

Lille. — **2143.** *Deux capitaux, l'un de 4 200ᶠ, l'autre de 5 400ᶠ, placés à des taux inconnus, rapportent ensemble 534ᶠ par an. Si le 1ᵉʳ capital était placé au taux du 2ᵉ et réciproquement, la somme des intérêts serait 522ᶠ. Calculer les deux taux.*

Soient x le taux du 1er capital et y celui du 2e capital. On a :

dans le 1er cas : $42x + 54y = 534$ (1)
dans le 2e cas : $42y + 54x = 522$.   (2)

En additionnant (1) et (2), on a :

$$96x + 96y = 1\,056$$

d'où $$x + y = 11.$$

En retranchant (2) de (1), on a :

$$12y - 12x = 12$$

d'où : $$y - x = 1.$$

Connaissant la somme des taux et leur différence, on a :

R. — 1er taux : $\dfrac{11 + 1}{2} = $ **6 %** ; 2e taux : $\dfrac{11 - 1}{2} = $ **5 %.**

Bordeaux. — 2144. *Une personne emprunte une certaine somme à 5 %. Au bout d'un an elle donne pour acompte une somme de 950^f. L'année suivante elle se libère complètement en versant 2 310^f. Quel était le capital emprunté ?*

Les 2 310^f versés à la fin de la 2e année représentent la somme qui restait due à la fin de la 1re année et les intérêts pour 1 an de cette somme, c'est-à-dire les $\dfrac{100}{100} + \dfrac{5}{100} = \dfrac{105}{100} = \dfrac{21}{20}$ de cette somme.

Ainsi, à la fin de la 1re année, après le versement d'un acompte de 950^f, cette personne devait encore $\dfrac{2\,310^f \times 20}{21} = 2\,200^f.$

Avant de verser l'acompte elle devait 2 200^f + 950^f = 3 150^f.

Cette dernière somme représente la somme empruntée et les intérêts pour 1 an de cette somme, soit les 21/20 de cette somme.

R. — **Montant de la somme empruntée :** $\dfrac{3\,150^f \times 20}{21} = $ **3 000^f.**

Grenoble. — 2145. *Un premier capital est placé à 6 % et un deuxième à 4,50 %. Calculer ces capitaux, sachant que si le premier était en argent et le deuxième en or, ils auraient le même poids, et que leurs intérêts annuels diffèrent de 2 868^f,75.*

La somme en argent et la somme en or ont même poids ; donc leurs valeurs soit inversement proportionnelles à 15,5 et à 1 ou encore à 31 et à 2.

D'autre part, les intérêts sont directement proportionnels aux valeurs des placements et aux taux : ils sont donc proportionnels à :

2×6 et $31 \times 4,5$; ou à 12 et 139,5 ; ou à 8 et 93.

L'intérêt de la 1re somme vaut donc les 8/93 de celui de la 2e somme.

La différence 2 868^f,75 représente $\dfrac{93}{93} - \dfrac{8}{93} = \dfrac{85}{93}$ de l'intérêt de la 2e somme.

Intérêt de la 2e somme : $\dfrac{2\,868,75 \times 93}{85} = 3\,138^f,75$.

Intérêt de la 1re somme : 3 138^f,75 — 2 868^f,75 = 270^f.

R. — **Montant de la 1re somme :** $\dfrac{100^f \times 270}{6} = $ **4 500^f**.

Montant de la 2e somme : $\dfrac{100^f \times 3\,138,75}{4,5} = $ **69 750^f**.

2e *solution.* — Supposons 2 sommes l'une en argent et l'autre en or et pesant chacune 100^g :

La 1re vaudrait 0^f,20 $\times$ 100 = 20^f et rapporterait $\dfrac{6^f \times 20}{100} = 1^f,20$.

La 2e vaudrait 3^f.10 $\times$ 100 = 310^f et rapporterait

$$\dfrac{4^f,50 \times 310}{100} = 13^f,95.$$

La différence des intérêts serait de 13^f,95 — 1^f,20 = 12^f,75.

Autant de fois cette différence est contenue dans la différence totale, autant de fois la 1re somme comprendra 20^f et la 2e somme 310^f.

R. — **1re somme :** $20^f \times \dfrac{2\,868,75}{12,75} = $ **4 500^f**.

2e somme : $310^f \times \dfrac{2\,868,75}{12,75} = $ **69 750^f**.

Lyon. — **2146.** *Deux sommes, l'une de 12 000^f et l'autre de 12 800^f placées pendant le même temps : la 1re au taux de 6 %, la 2e au taux de 5 %, ont acquis au bout de ce temps la même valeur par l'addition de l'intérêt simple au capital. Quelle a été la durée du placement ?*

Différence des sommes : 12 800^f — 12 000^f = 800^f.

Les deux sommes augmentées de leurs intérêts simples sont devenues égales quand l'intérêt de la 1re a surpassé de 800^f l'intérêt de la 2e.

Or en 1 an, l'intérêt de la 1re surpasse celui de la 2e de :

$$(6^f \times 120) - (5^f \times 128) = 720^f - 640^f = 80^f.$$

R. — **Durée du placement :** 1 an $\times \dfrac{800}{80} = $ **10 ans.**

Besançon. — **2147.** *Un capital augmenté de ses intérêts simples pendant 8 mois égale 25 746^f ; diminué de ses intérêts simples pendant 7 mois, il égale 24 722^f,25. Trouver le capital et le taux.*

$$\begin{aligned}
\text{Capital} + \text{int. pour } 8 \text{ mois} &= 25\ 746^{f} \\
\text{Capital} - \text{int. pour } 7 \text{ mois} &= 24\ 722^{f},25 \\
\hline
\text{Int. pour } 15 \text{ mois} &= \ \ 1\ 023^{f},75.
\end{aligned}$$

La différence entre 25 746^{f} et 24 722^{f},25 est égale à la somme des intérêts pour 8^{m} + 7^{m} = 15 mois.

Intérêts pour 8 mois : $\dfrac{1\ 023^{f},75 \times 8}{15} = 546^{f}.$

R. — **Montant du capital** : 25 746^{f} — 546^{f} = **25 200^{f}**.

     Taux du placement : $\dfrac{546 \times 100 \times 12}{25\ 200 \times 8} =$ **3,25 %**.

Aix. — **2148.** *Une personne place une partie de sa fortune à 6 % et l'autre partie à 7 %. Elle a ainsi 8 000^{f} de revenu. Si la somme qui est placée à 6 % l'était à 7 % et réciproquement son revenu diminuerait de 270^{f}. Calculer la somme placée à 6 % et celle placée à 7 %.*

Puisque l'interversion des taux amènerait une diminution de revenu, la partie de la fortune placée à 7 % est plus élevée que la partie placée à 6 %.

Chaque centaine de francs de cet excédent ne rapportant plus que 6^{f} au lieu de 7^{f}, entraînerait une diminution de revenu de 1^{f}.

Comme la diminution totale serait de 250^{f}, la somme placée à 7 % l'emporte sur l'autre de 100^{f} × 270 = 27 000^{f}.

Ces 27 000^{f} rapportent par an 7^{f} × 270 = 1 890^{f}.

Le reste de la fortune est alors formé de 2 sommes égales placées l'une à 7 %, l'autre à 6 % et rapportant ensemble :

$$8\ 000^{f} - 1\ 890^{f} = 6\ 110^{f}.$$

Or deux sommes de 100^{f}, placées dans ces conditions, rapporteraient 7 + 6 = 13^{f}.

Les 2 sommes égales valent chacune : $100^{f} \times \dfrac{6\ 110}{13} = 47\ 000^{f}.$

R. — **Somme placée à 7 %** : 47 000^{f} + 27 000^{f} = **74 000^{f}**.
     Somme placée à 6 % : **47 000^{f}**.

2e *solution* (Voir n° 1741).

Lille. — **2149.** *La somme des fortunes de trois personnes est 376 200^{f}. Placées au même taux et à intérêts simples, la première pendant 3 ans, la seconde pendant 4 ans, la troisième pendant 6 ans, elles produisent le même intérêt. Calculer ces trois fortunes.*

Les intérêts étant égaux ainsi que les taux, les capitaux placés sont inversement proportionnels aux temps, ou directement proportionnels aux inverses de ces temps, c'est-à-dire à :

$$\frac{1}{3},\ \frac{1}{4},\ \frac{1}{6} \quad \text{ou à} \quad \frac{4}{12},\ \frac{3}{12},\ \frac{2}{12} \quad \text{ou encore à} \quad 4,\ 3,\ 2.$$

Le problème revient donc à partager 376 200^f proportionnellement aux nombres 4, 3 et 2 dont la somme est $4 + 3 + 2 = 9$.

$$\text{R.} - \text{1}^{\text{re}} \text{ fortune : } \frac{376\ 200 \times 4}{9} = 41\ 800 \times 4 = \mathbf{167\ 200^f}.$$

2º fortune : $41\ 800 \times 3 = \mathbf{125\ 400^f}$;
3º fortune : $41\ 800^f \times 2 = \mathbf{83\ 600^f}$.

Dijon. — **2150.** *Une propriété de 57*^{ha} *a été vendue en deux lots ; le 1*^{er} *à 3 600*^{f} *l'ha., le 2*^{e} *à 4 800 l'ha. L'argent de la 1*^{re} *vente est placé à 6 % et celui de la 2*^{e} *vente à 5 %. Sachant que les deux placements rapportent le même intérêt, trouver la superficie de chaque lot.*

Un hectare du 2º lot rapporte : $\dfrac{5^f \times 4\ 800}{100} = 240^f$.

Un hectare du 1er lot rapporte à 6 % : $\dfrac{6^f \times 3\ 600}{100} = 216^f$.

La fraction du 2e lot qui rapporte le même intérêt à 5 % a pour valeur : $\dfrac{100^f \times 216}{5} = 4\ 320^f$ et pour surface : $\dfrac{4\ 320}{4\ 800} = 0^{ha},9$.

Les 57^{ha} doivent donc être partagés en parties proportionnelles à :

1 et 0,9 ou à 10 et 9.

R. — Le 1er lot mesure : $57^{ha} \times \dfrac{10}{19} = 30^{ha}$; et le 2º lot : 27^{ha}.

Lyon. — **2151.** *On a vendu à raison de 3 750*^{f} *l'ha. un terrain rectangulaire dont les dimensions sont entre elles comme 5 est à 8. Le produit de la vente placé à 4 %, est devenu, au bout d'un certain temps, 1 590*^{f} *capital et intérêts réunis. Placé un an de plus mais à 5 % au lieu de 4 %, le produit de la vente aurait rapporté 187*^{f}*,50 d'intérêts. Quelles sont les dimensions du terrain ?*

Si, dans le 2º cas, le capital avait été placé à 4 % au lieu de 5 %, l'intérêt aurait été les 4/5 de 187^f,50 ; il aurait été égal à

$$187^f,50 \times 4/5 = 150^f.$$

Cette somme de 150^f représente l'intérêt du prix de vente dans le 1er cas, plus l'intérêt à 4 % du même prix de vente pendant 1 an supplémentaire.

En représentant le prix de vente du terrain par C, l'intérêt produit dans le 1er cas par i et l'intérêt rapporté en 1 an à 4 % par $\dfrac{4}{100}$ C, on a :

$$1\ 590 = C + i \qquad (1)$$

$$150 = \frac{4\ C}{100} + i \qquad (2)$$

D'où en retranchant (2) de (1) :

$$1\ 440 = \frac{96}{100}\ C.$$

Prix de vente du terrain : $\dfrac{1\ 440^f \times 100}{96} = 1\ 500.$

Surface du terrain : $1^{ha} \times \dfrac{1\ 500}{3\ 750} = 0^{ha},40 = 4\ 000^{m2}.$

Donc :

$$L \times \frac{5}{8}\ L = 4\ 000$$

$$\frac{5}{8}\ L^2 = 4\ 000$$

$$L = \sqrt{\frac{4\ 000 \times 8}{5}} = 80.$$

R. — Longueur du terrain : 80^m ; largeur : $80 \times 5/8 = \mathbf{50^m}$.

Cantal. — 2152. *La fortune d'une personne a été partagée en trois parts. Avec la 1re part, on a acheté à raison de 5 400^f l'ha. un terrain rectangulaire de 772^m de périmètre. Si ce terrain était 2 fois plus large, mais conservait sa longueur, le périmètre serait de 1 060^m. La 2e et la 3e part ont été placées l'une à 3 %, l'autre à 5 % et elles donnent le même revenu. Au bout de 3 ans, ces deux capitaux, augmentés de leurs intérêts simples, étant retirés, on reçoit une somme de 40 050^f. Quelle est la valeur de chaque part ?*

Le demi-périmètre L + *l* mesure 772^m : 2 = 386^m.
Dans le 2e cas, il égale L + *l* + *l* et mesure 1 060^m : 2 = 530^m.
La largeur du terrain vaut donc : 530^m — 386^m = 144^m ; la longueur : 386^m — 144^m = 242^m, et la surface : 242 × 144^m = 34 848^{m2}.

R. — Valeur de la 1re part : 5 400^f × 3,4848 = **18 817^f,95** par excès.

Les deux dernières parts rapportant le même intérêt, sont entre elles comme les inverses des taux donc comme :

$$\frac{1}{3}\ \text{et}\ \frac{1}{5}\ \ \text{ou comme}\ \ 5\ \text{et}\ 3.$$

Représentons la 2e part par A, la 3e sera 3/5 de A. En augmentant ces sommes de leurs intérêts en 3 ans, nous aurons :

$$\left(A + \frac{3 \times A \times 3}{100}\right) + \left(\frac{3A}{5} + \frac{5 \times 3A \times 3}{100 \times 5}\right) = 40\ 050^f.$$

$$178A = 4\ 005\ 000$$

$$A = 22\ 500^f.$$

R. — La 2e part vaut : 22 500^f, et la 3e part : 22 500 × 3/5 = 13 500^f.

Tunis. — 2153. *Un commerçant achète 3 000^f de marchandises et paye comptant pour profiter d'un escompte de 2 %. 4 mois après il vend cette marchandise à 2 mois de crédit pour 3 345^f. Il a soldé pour frais divers 22^f,80.*

En tenant compte de l'intérêt à 6 % du capital engagé, calculer le bénéfice % que cette opération a rapporté au commerçant.

Le marchand a payé : $3\ 000^f - \dfrac{2^f \times 3\ 000}{100} = 2\ 940^f$.

Il ne recevra $3\ 345^f$ que 2 mois après la vente, donc 6 mois après l'achat. Pendant ces 6 mois, le capital engagé aurait pu lui rapporter :

$$\dfrac{6^f \times 2\ 940 \times 6}{100 \times 12} = 88^f,20.$$

Bénéfice brut du marchand : $3\ 345^f - 2\ 940^f = 405^f$.
Bénéfice net : $405^f - (22^f,80 + 88^f,20) = 405^f - 111^f = 294^f$.

R. — Bénéfice % : $\dfrac{294 \times 100}{2\ 940} = 10^f$.

Mende. — 2154. *Un propriétaire emploie deux vignerons qu'il paye partie en argent et partie en vin et auxquels il donne le même salaire journalier. Il emploie le premier pendant 45 jours et le deuxième pendant 60 jours. Il donne au premier 288^f et $3^{hl},60$ de vin. Au deuxième il donne 480^f et 4^{hl} de vin. On demande : 1° Quelle est la valeur de l'hl. de vin et le prix de la journée. 2° Quel est le taux auquel le deuxième doit placer son salaire à intérêts composés pour recevoir au bout de 3 ans $1\ 143^f,37$.*

Soit x le prix de la journée et y le prix d'un hl. de vin ; on a :

$$45x = 288 + 3,6y \qquad\qquad (1)$$
$$60x = 480 + 4y. \qquad\qquad (2)$$

Ou, en divisant par 3 les termes de (1) et par 4 les termes de (2) :

$$15x = 96 + 1,2y \qquad\qquad (3)$$
$$15x = 120 + y. \qquad\qquad (4)$$

d'où :
$$96 + 1,2y = 120 + y$$
$$y = 120.$$

En portant cette valeur de y dans (4), on trouve : $x = 16$.

R. — Prix de l'hl. de vin : 120^f ; prix de la journée : 16^f.

Salaire total du 2ᵉ ouvrier : $480^f + (120^f \times 4) = 960^f$.

En appliquant la formule générale de l'intérêt composé $A = a\,(1 + r)^n$, on a :

$$960 \times (1 + r)^3 = 1\ 143,37$$
$$(1 + r)^3 = \dfrac{1\ 143,37}{960}$$

$$\log.\ 1\ 143,37 = 3,05819$$
$$\log.\qquad 960 = 2,98227$$
$$3 \log.\ (1 + r) = 0,07592$$
$$\log.\ (1 + r) = 0,02531.$$

Le nombre qui correspond à 0,02531 est 1,06.
Ainsi : $1 + r = 1,06$ d'où : $r = 0,06$.

R. — Taux du placement : 6 %.

Troyes. — 2155. *Deux billets, payables l'un dans 80 jours, l'autre dans 50 jours, ont été escomptés, le 1er au taux de 5,40 %, le 2e au taux de 5,80 %. Sachant que la somme des 2 valeurs nominales est 5 900^f et que la somme des escomptes est 60^f,15, trouver la valeur nominale de chaque billet.*

(*Solution arithmétique* : *Voir* n° 1 817.) — Soient x la valeur nominale du 1er billet et y celle du 2e ; on a :

$$x + y = 5\ 900 \qquad\qquad (1)$$

$$\frac{5,40 \times x \times 80}{100 \times 360} + \frac{5,80 \times y \times 50}{100 \times 360} = 60,15 \qquad (2)$$

ou, en simplifiant (2) :

$$216x + 145y = 1\ 082\ 700. \qquad\qquad (3)$$

En résolvant le système (1) et (3) on trouve

$$x = 3\ 200\ ;\ \ y = 2\ 700.$$

R. — Les valeurs nominales sont 3 200^f et 2 700^f.

Alger. — 2156. *Une personne reçoit d'un débiteur un billet payable dans 6 mois. Elle le fait escompter chez un banquier au taux de 6 %. Elle prête ensuite la somme qu'elle a reçue du banquier à un de ses amis au taux de 3 % pendant 8 mois. Sachant que l'escompte prélevé par le banquier est supérieur de 79^f,50 à l'intérêt donné par l'ami, on demande la valeur nominale du billet.*

L'escompte du billet à 6 % pour 6 mois représente :

$$\frac{6 \times 6}{100 \times 12} = \frac{3}{100} \text{ de la valeur nominale.}$$

La personne reçoit donc du banquier et prête à son ami les :

$$\frac{100}{100} - \frac{3}{100} = \frac{97}{100} \text{ de la valeur nominale.}$$

A 3 % et en 8 mois, cette somme rapportera :

$$\frac{3 \times 8}{100 \times 12} = \frac{2}{100} \text{ de sa valeur.}$$

L'intérêt donné par l'ami égale, par conséquent :

$$\frac{97 \times 2}{100 \times 100} = \frac{194}{10\ 000} \text{ de la valeur nominale.}$$

Les 79^f,50 de différence entre l'escompte prélevé par le banquier et l'intérêt servi par l'ami représentent donc :

$$\frac{3}{100} - \frac{194}{10\ 000} = \frac{106}{10\ 000} \text{ de la valeur nominale.}$$

R. — Valeur nominale du billet : $\dfrac{79^f,50 \times 10\ 000}{106} = 7\ 500^f.$

Valence. — 2157. *Un commerçant a subi, pour un billet payable dans 120 jours, escompté à 6 % et pour un autre billet payable dans 90 jours, escompté à 5 %, une retenue totale de 33^f. Si le premier billet avait été escompté au deuxième taux et le deuxième billet au premier taux, la retenue aurait été la même. Quelles étaient les valeurs nominales des deux billets ?*

Représentons par x la valeur nominale du 1er billet et par y celle du 2e. Dans le 1er cas la somme des escomptes est :

$$\frac{6 \times x \times 120}{100 \times 360} + \frac{5 \times y \times 90}{100 \times 360} = 33. \qquad (1)$$

Si l'on intervertit les taux, la somme des escomptes est :

$$\frac{5 \times x \times 120}{100 \times 360} + \frac{6 \times y \times 90}{100 \times 360} = 33. \qquad (2)$$

En simplifiant (1) et (2) on obtient :

$$\frac{2x}{100} + \frac{5y}{400} = 33 \qquad (3)$$

$$\frac{5x}{300} + \frac{6y}{400} = 33. \qquad (4)$$

Ce dernier système résolu donne pour résultats $x = 900$; $y = 1\,200$.

R. — Les valeurs nominales sont 900^f et 1 200^f.

Dijon. — 2158. *Un terrain rectangulaire de 75^m,50 de largeur est vendu au prix de 35^f,40 l'are. Pour payer, l'acheteur donne un billet payable dans 70 jours et dont la valeur nominale représente le prix du terrain. Ce billet escompté à 5,50 % le jour même de la vente du terrain, procure une somme de 17 200^f. Trouver la surface du terrain et sa longueur.*

Une valeur nominale de 100^f escomptée à 5,5 % pour 70^j subit

une retenue de : $\dfrac{5^f,50 \times 70}{360} = \dfrac{77}{72}$ de franc.

La valeur actuelle correspondante est : $100^f - \dfrac{77}{72} = \dfrac{7\,123}{72}$ de franc.

Puisque $\dfrac{7\,123}{72}$ de franc de val. actuelle correspondent à 100^f de val. nomin., 17 200^f de val. actuelle correspondent à une valeur nominale de :

$$\frac{100^f \times 72 \times 17\,200}{7\,123} = 17\,385^f,93 \text{ soit } 17\,386^f.$$

R. — Surface du terrain : $\dfrac{1^a \times 17\,386}{35,4} = 491^a,1299 = \mathbf{491\,130^{m2}}.$

Longueur du terrain : 491 130 : 75,5 = 650^m,50.

Lille. — 2159. *Un commerçant fait escompter deux effets :
le 1ᵉʳ payable dans 3 mois est escompté à 7 % ; le 2ᵉ
payable dans 60 jours est escompté à 6 %. Le commerçant
reçoit en tout 22 459ᶠ,50. Calculer les valeurs nominales des
deux effets, sachant que celle du 1ᵉʳ surpasse celle du 2ᵉ de
7 200ᶠ.*

Si le 2ᵉ effet avait la même valeur nominale que le 1ᵉʳ, le commerçant recevrait en plus la valeur actuelle de 7 200ᶠ, soit :

$$7\ 200^f - \frac{6^f \times 7\ 200 \times 60}{100 \times 360} = 7\ 128^f.$$

Il recevrait en tout : 22 459ᶠ,50 + 7 128ᶠ = 29 587ᶠ,50.

Or, pour 100ᶠ de valeur nominale de chacun des billets égaux
il recevrait :

$$100^f - \frac{7^f \times 3}{12} = 98^f,25 \quad \text{et} \quad 100^f - \frac{6^f \times 60}{360} = 99^f.$$

soit, en tout :　　　　98ᶠ,25 + 99ᶠ = 197ᶠ,25.

R. — Valeur nominale du 1ᵉʳ billet : $\dfrac{100^f \times 29\ 587,5}{197,25} = $ **15 000ᶠ.**

Valeur nominale du 2ᵉ billet : 15 000ᶠ — 7 200ᶠ = **7 800ᶠ**

Partage proportionnel.

Toulouse. — 2160. *Deux enfants âgés l'un de 11 ans,
l'autre de 16 ans héritent d'une somme de 145 000ᶠ. Faire
le partage de cette somme de telle façon que les parts étant
placées à intérêts simples à 6 %, chaque enfant touche la
même somme à 21 ans.*

Durée des placements : 10 ans et 5 ans.
Un capital de 100ᶠ augmenté de ses intérêts à 6 % devient :

au bout de 10 ans : 100ᶠ + (6ᶠ × 10) = 160ᶠ
au bout de　5 ans : 100ᶠ + (6ᶠ × 5) = 130ᶠ.

Dans le 2ᵉ cas, pour toucher 160ᶠ, il faudrait placer :

$$\frac{100^f \times 160}{130} = \frac{1\ 600}{13} \text{ de franc.}$$

La somme doit donc être partagée proportionnellement à :

$$100 \text{ et } \frac{1\ 600}{13} \quad \text{ou à} \quad 13 \text{ et } 16.$$

R. — Le plus jeune doit avoir : 145 000ᶠ $\times \dfrac{13}{13 + 16} = $ **65 000ᶠ**

L'aîné recevra : 145 000ᶠ — 65 000 = **80 000ᶠ.**

Tulle. — 2161. *Trois associés ont mis en commun dans
une entreprise, un capital de 102 000ᶠ. Leurs mises sont*

telles que la 2ᵉ vaut les 6/5 de la 1ʳᵉ plus 2 000ᶠ, et que la 3ᵉ vaut les 7/8 de la 2ᵉ plus 17 000ᶠ. Ces mises restent engagées pendant des temps inversement proportionnels à leur importance. Le bénéfice réalisé s'élève à 5 880ᶠ. On demande : 1º les trois mises ; 2º les temps pendant lesquels elles ont été engagées, la plus faible étant supposée avoir été engagée pendant 1 an ; 3º les trois parts de bénéfice.

1º Soit A la mise de la 1ʳᵉ ; celle de la 2ᵉ vaut $\dfrac{6A}{5} + 2\,000^f$;

et celle de la 3ᵉ $\left(\dfrac{6A}{5} + 2\,000^f\right)\dfrac{7}{8} + 17\,000^f$, soit $\dfrac{21A}{20} + 18\,750^f$.

Le total des 3 mises est égal à :

$$A + \left(\dfrac{6A}{5} + 2\,000\right) + \left(\dfrac{21A}{20} + 18\,750\right) = 102\,000^f.$$

$$65A = 1\,625\,000 \quad \text{d'où} \quad A = 25\,000^f.$$

R. — **Mise de la 1ʳᵉ : 25 000ᶠ.**

Mise de la 2ᵉ : $\dfrac{25\,000 \times 6}{5} + 2\,000 = $ **32 000ᶠ.**

Mise de la 3ᵉ : $102\,000 - (25\,000 + 32\,000) = $ **45 000ᶠ.**

2º Les temps étant en raison inverse de l'importance des mises, sont entre eux comme :

$\dfrac{1}{25}, \dfrac{1}{32}, \dfrac{1}{45}$ ou comme $\dfrac{288}{7\,200}, \dfrac{225}{7\,200}, \dfrac{160}{7\,200}$ ou comme 288, 225, 160.

R. — **La 1ʳᵉ mise est restée placée pendant 12 mois ; la 2ᵉ,** pendant $12^m \times \dfrac{225}{288} = $ **9ᵐ12ʲ** ; la 3ᵉ, pendant $12^m \times \dfrac{160}{288} = $ **6ᵐ20ʲ.**

3º Les parts de bénéfice sont proportionnelles aux produits des nombres qui représentent les mises et les durées des mises ; elles sont donc proportionnelles à :

$25\,000 \times \dfrac{1}{25}$; $32\,000 \times \dfrac{1}{32}$; $45\,000 \times \dfrac{1}{45}$ ou à 1000, 1 000, 1 000.

Les 3 parts de bénéfice sont donc égales entre elles.

R. — **Chaque part de bénéfice vaut** : $5\,880^f : 3 = $ **1 960ᶠ.**

Rouen. — **2162.** *A et B sont associés. A dirige l'association et prélève à ce titre 18 % sur le bénéfice avant le partage. Les bénéfices se sont élevés à 13 300ᶠ et A a retiré en tout, mise comprise, 27 506ᶠ,50. Quelle est la mise de chacun et combien % rapporte le capital, sachant que les mises de A et de B sont proportionnelles à 5 et à 9.*

A a d'abord prélevé sur le bénéfice: $\dfrac{18^f \times 13\,300}{100} = 2\,394^f.$

Il reste alors à partager : $13\,300^f - 2\,394^f = 10\,906^f.$

Cette somme doit être partagée proportionnellement à 5 et 9.

$$\text{A recevra : } \frac{10\,906 \times 5}{14} = 3\,895^f. \quad \text{et B } \frac{10\,906 \times 9}{14} = 7\,011^f.$$

Bénéfice total de A : $2\,394^f + 3\,895^f = 6\,289^f.$

R. — **Mise de A** : $27\,506^f,50 - 6\,289^f = 21\,217^f,50.$
    Mise de B : $21\,217^f,50 \times 9/5 = 38\,191^f,50.$

$$\text{Bénéfice \% : } \frac{13\,300 \times 100}{21\,217,50 + 38\,191,50} = \frac{1\,330\,000}{59\,409} = 22^f38.$$

Alger. — **2163.** *Une prairie de 8 ^{10a} est composée de deux parties égales en surface, mais estimées la 1re 45^f l'are et la 2e, 36^f l'are. 1° Quelle surface faut-il détacher de la 1re pour l'ajouter à la 2e, de telle sorte que les valeurs soient proportionnelles à 8 et à 7 ? Quelle surface minimum faudrait-il ajouter à celle de la prairie pour obtenir la surface d'un carré dont le côté ait un nombre exact de mètres ?*

La valeur totale de la prairie reste invariable ; elle est égale à :

$$(45^f \times 420) + (36^f \times 420) = 34\,020^f.$$

Dans le 1er cas, les surfaces des 2 parties, étant égales, leurs valeurs sont dans le rapport de 45 à 36 ou de 5 à 4. La 1re partie vaut donc les 5/9 de la valeur totale, soit

$$\frac{34\,020^f \times 5}{9} = 18\,900^f.$$

Dans le 2e cas, les valeurs des 2 parties seront dans le rapport de 8 à 7 : la 1re partie vaudra donc les 8/15 de la valeur totale, soit :

$$\frac{34\,020^f \times 8}{15} = 18\,144^f.$$

Valeur du terrain détaché : $18\,900^f - 18\,144^f = 756^f.$

R. — **Surface du terrain détaché** : $756^f : 45 = 16^a,8.$

On a : 1° $8^{40a} = 84\,000^{m2}$; 2° $\sqrt{84\,000} = 289$ avec $r = 479.$
Quand on aura ajouté à $84\,000^{m2}$ la surface minimum cherchée, on aura une superficie égale à celle d'un carré de 290^m de côté. D'où :

R. — **Surface minimum à ajouter** : $290^2 - 84\,000 = 100^{m2} = $ **1 are.**

Mélange et alliage.

Toulouse. — **2164.** *Dans quel rapport faut-il mélanger de la farine à 102^f,50 et à 98^f,75 le quintal, pour obtenir du pain à 1^f.10 le kg ? On sait que 100^{kg} de farine donnent 125^{kg} de pain et que pour une fournée de 100^{kg} de pain, les frais de main-d'œuvre et de cuisson s'élèvent à 30^f.*

La farine nécessaire à la fabrication de 100^{kg} de pain revient à :

$$110^f - 30 = 80^f.$$

Celle qui est nécessaire à la fabrication de 125^{kg} de pain, c'est-à-dire le quintal de farine, revient à :

$$\frac{80^f \times 125}{100} = 100^f.$$

Le problème revient donc à chercher dans quelle proportion il faut mélanger les deux sortes de farine, pour obtenir un mélange revenant à 100^f le quintal.

Proportion du mélange $\left\{\begin{array}{l} 102,50 \\ 98,75 \end{array}\right.$ $\searrow$ $\nearrow$ 100 $\nearrow$ $\searrow$ $\begin{array}{l} 1,25 \quad 1 \text{ quintal à } 102^f,50. \\ 2,5 \quad 2 \text{ quintaux à } 98^f,75. \end{array}$

R. — Rapport du mélange : 1 à 2.

Le Puy. — 2165. *Un marchand a 3 qualités de café qui valent respectivement 9^f, 10^f et 12^f le kg. Il veut obtenir 150^{kg} de mélange à 10^f,80 le kg. Les quantités à 9^i et à 10^f doivent être dans le rapport de 4 à 6. Trouver les quantités à mélanger.*

Le kg. de café provenant du mélange des 2 qualités inférieures revient à :

$$\frac{(9^i \times 4) + (10^i \times 6)}{10} = 9^f,60.$$

Cherchons dans quelle proportion il faut mélanger le café à 9^f,60 et le café à 12^f pour obtenir un mélange à 10^f,80 le kg.

Proportion du mélange $\left\{\begin{array}{l} 9,6 \\ 12 \end{array}\right.$ $\searrow$ $\nearrow$ 10,8 $\nearrow$ $\searrow$ $\begin{array}{l} 1,2 \quad 12^{kg} \text{ à } 9^f,6 \\ 1,2 \quad 12^{kg} \text{ à } 12^f. \end{array}$

Le mélange doit se faire par poids égaux.

R. — Les 150^{kg} de mélange seront formés de **75^{kg} à 12^f.**

et de 75^{kg} à 9^f,60, dont $\left\{\begin{array}{l} 75^{kg} \times 6/10 = \mathbf{45^{kg} \text{ à } 10^f} \\ 75^{kg} \times 4/10 = \mathbf{30^{kg} \text{ à } 9^f.} \end{array}\right.$

Toulouse. — 2166. *Un marchand met en vente un mélange de deux qualités de café : l'une à 7^f,50, l'autre à 5^f le kg. Le grillage occasionne une perte de poids de 20 %. Ce marchand fournit à l'un de ses clients un sac de 100^{kg} de café torréfié pour la somme de 937^f,50. On demande la composition du mélange, sachant que le marchand a fait un bénéfice de 20 % sur le prix de vente.*

Prix de revient des 100^{kg} de café torréfié : $\dfrac{937^f,5 \times 80}{100} = 750^f.$

Ces 100^{kg} proviennent de : $\dfrac{100 \times 100}{80} = 125^{kg}$ de café vert.

Prix moyen du kg. de café vert : $\dfrac{750^f}{125} = 6^f.$

$$\text{Proportion du mélange} \begin{cases} 7,5 & \searrow & \nearrow & 1 & 2^{kg} \text{ à } 7^f,5 \\ & & 6 & \\ 5 & \nearrow & \searrow & 1,5 & 3^{kg} \text{ à } 5^f. \end{cases}$$

R. — Il y a : $100^{kg} \times 2/5 = 40^{kg}$ à $7^f,50$
et $\quad 100^{kg} \times 3/5 = 60^{kg}$ à 5^f.

Toulouse. — 2167. *Un marchand a deux qualités de vin. Il a acheté la* 1re *à* $0^f,80$ *et la* 2e *à* $0^f,70$ *le litre. Il fait un mélange contenant* 250^l *de plus de la* 2e *qualité que de la* 1re *et qu'il revend* $1^f,10$ *le litre en réalisant un bénéfice de* $48^f,50$ *% sur le prix d'achat. Calculer le nombre de litres de chaque qualité entrant dans le mélange. (A résoudre par l'algèbre.)*

Soit x le nombre de litres à $0^f,80$ entrant dans le mélange ; le nombre de litres à $0^f,70$ sera $x + 250$.

Prix d'achat du vin du mélange :

$$0,80x + (x+250)0,70 = 1,5x + 175.$$

Prix de vente de ce vin : $(2x + 250) \times 1,10 = 2,2x + 275$.

Le bénéfice étant de 48,5 %, le prix de vente égale encore les

$\dfrac{148,5}{100}$ du prix d'achat, soit $(1,5x + 175) \times \dfrac{1\,485}{1\,000}$. On a donc

l'équation :

$$(1,5x + 175) \times \frac{1\,485}{1\,000} = 2,2x + 275$$

d'où l'on tire : $\qquad x = 550$.

R. — Le mélange comprend : 550^l à $0^f,80$ et $550 + 250 = 800^l$ à $0^f,70$.

Nancy. — 2168. *Deux tonneaux contiennent respectivement* 60^l *et* 40^l *de vin de qualités différentes. On retire un même nombre de litres de chaque tonneau, on verse dans le* 1er *ce qui a été retiré du* 2e *et on verse dans le* 2e *ce qui a été retiré du* 1er*. Les deux mélanges sont alors de même qualité. Combien a-t-on retiré de litres de chaque tonneau ?*

Soient x le nombre de litres échangés, p le prix du litre du 1er vin et p' celui du litre du 2e vin.

Le mélange du 1er tonneau vaut : $(60 - x)p + xp'$
— $\quad 2^e$ tonneau — $\quad (40 - x)p' + xp$.

Le prix du litre de mélange est le même dans les 2 tonneaux ; on a donc :

$$\frac{(60 - x)p + xp'}{60} = \frac{(40 - x)p' + xp}{40}.$$

Multiplions chaque membre par 120 et effectuons :

$$120p - 2xp + 2xp' = 120p' - 3xp' + 3xp$$

ou
$$120(p - p') = 5x(p - p')$$

d'où :
$$x = 24.$$

R. — On a échangé 24 litres.

Remarque. — Avec $p < p'$ on aurait $120 (p' - p) = 5x(p' - p)$ et $x = 24$.

La solution est indépendante de p et p', c'est-à-dire des prix des deux vins.

Privas. — 2169. *Un orfèvre a deux lingots ; le 1er renferme 270ᵍ d'or fin et 30ᵍ de cuivre et le 2e, 200ᵍ d'or fin et 50ᵍ de cuivre. On demande quelle quantité il devra prendre de chaque lingot pour composer 400ᵍ d'alliage au titre de 0,825.*

Titre du 1er lingot : $\dfrac{270}{270 + 30} = \dfrac{270}{300} = 0{,}900.$

Titre du 2e lingot : $\dfrac{200}{200 + 50} = \dfrac{200}{250} = 0{,}800.$

Proportion de l'alliage $\left\{\begin{array}{l} 0{,}900 \\ \\ 0{,}800 \end{array}\right.$ 0,825   0,025   1ᵍ à 0,900 / 0,075   3ᵍ à 0,800.

Sur 4ᵍ d'alliage il y aura 1ᵍ du 1er lingot et 3 du 2e ; donc :

R. — L'orfèvre prendra 100ᵍ du 1er lingot et 300 du 2e.

Rennes. — 2170. *On a deux lingots d'or, l'un au titre de 0,930, l'autre au titre de 0,800. On les fond ensemble en y ajoutant 2ᵏᵍ d'or pur. L'alliage ainsi obtenu pèse 25ᵏᵍ et est au titre de 0,900. Trouver le poids de chacun des deux premiers lingots.*

Poids total des deux lingots : $25^{kg} - 2^{kg} = 23^{kg}$.

Poids d'or pur des deux lingots : $(25^{kg} \times 0{,}900) - 2^{kg} = 20^{kg}{,}5$.

(*F. position.*) Si les 23ᵏᵍ avaient été au titre de 0,800, ils n'auraient donné que $23^{kg} \times 0{,}8 = 18^{kg}{,}4$ d'or pur. Il aurait manqué $20^{kg}{,}5 - 18^{kg}{,}4 = 2^{kg}{,}1$ d'or pur.

En remplaçant 1ᵏᵍ à 0,800 par 1ᵏᵍ à 0,930, on augmente la quantité d'or pur de $930^g - 800^g = 130^g$. Pour qu'elle augmente de 2 100ᵍ l'alliage doit contenir :

R. — 1° $\dfrac{1^{kg} \times 2\,100}{130} = 16^{kg}\,2/13$ **au titre de 0,930.**

2° $23^{kg} - 16^{kg}\,2/13 = 6^{kg}\,11/13$ **au titre de 0,800.**

Solution algébrique. — Soit x le poids (en kg.) du 1er lingot, celui du 2e lingot sera $23 - x$. Le poids d'or pur de l'alliage est égal à la somme des poids d'or pur des lingots composants ; on a donc :

$$0{,}930x + (23 - x)0{,}800 + 2 = 25 \times 0{,}900$$

d'où l'on tire :
$$x = 16\ 2/13.$$

Lille. — **2171.** *Un alliage d'argent et de cuivre pèse 5^{kg},17. Plongé dans l'eau, il perd 500^g de son poids. Trouver le poids de l'argent et du cuivre qu'il contient, sachant que 6^{kg},3 d'argent perdent 600^g de leur poids quand on les plonge dans l'eau et que 8^{kg},9 de cuivre en perdent 1^{kg}.*

D'après le principe d'Archimède, l'alliage déplace 500^g d'eau ; il a donc pour volume 500^{cm3}.

De même 6^{kg},3 d'argent ont un volume de 600^{cm3}, et 8^{kg},8 de cuivre un volume de 1^{dm3}.

Le poids de 1^{cm3} d'argent égale donc : $\dfrac{6\ 300^g}{600} = 10^g,5.$

$\qquad$ — $\qquad$ 1^{cm3} de cuivre $\qquad$ — $\qquad$ $\dfrac{8\ 900^g}{1\ 000} = 8^g,9.$

(*1re position.*) Si les 500^{cm3} d'alliage étaient de l'argent pur, ils pèseraient : 10^g,5 × 500 = 5 250^g.

Ce poids surpasserait le poids réel de 5 250^g — 5 170^g = 80^g.

En remplaçant 1^{cm3} d'argent par 1^{cm3} de cuivre, on diminue le poids de l'alliage de 10^g,5 — 8^g,9 = 1^g,6. D'où :

Volume du cuivre de l'alliage : 80 : 1,6 = 50^{cm3}.

R. — **Poids de l'argent** : 10^g,5 × (500 — 50) = **4 725^g.**

$\qquad$ **Poids du cuivre** : 8^g,9 × 50 = **445^g.**

Bourges. — **2172.** *Un alliage de cuivre et d'aluminium pèse 11^{kg},250 sous un volume de 3^{dm3} 1/2. 1° Quels poids de cuivre et d'aluminium renferme-t-il ? 2° Quel poids de l'un de ces métaux faut-il lui ajouter pour obtenir un bronze d'aluminium qui contienne 90 % de cuivre et 10 % d'aluminium ?*

Densité du cuivre 8,90 ; densité de l'aluminium 2,60.

Si les 3^{dm3},5 d'alliage étaient du cuivre, ils pèseraient :

$$8^{kg},9 × 3,5 = 31^{kg},15.$$

Ce poids surpasserait le poids réel de 31^{kg},15 — 12^{kg},25 = 18^{kg},90.

En remplaçant 1^{dm3} de cuivre par 1^{dm3} d'aluminium, on diminue le poids de l'alliage de 8^{kg},9 — 2^{kg},6 = 6^{kg},3. D'où :

Volume de l'aluminium : 18,9 : 6,3 = 3^{dm3}.

R. — **Poids de l'aluminium** : 2^{kg},6 × 3 = **7^{kg},8.**

$\qquad$ **Poids du cuivre** : 8^{kg},9 × (3,5 — 3) = **4^{kg},45.**

Pour obtenir un alliage contenant 90 % de cuivre pour 10 % d'aluminium c'est-à-dire 9 fois plus de cuivre que d'aluminium, il faudra ajouter du cuivre.

L'alliage contiendra : 7^{kg},8 × 9 = 70^{kg},2 de cuivre.

R. — **Il faut ajouter** : 70^{kg},2 — 4^{kg},45 = **65^{kg},75 de cuivre.**

Paris. — **2173.** *On suppose qu'une somme de 455^f se compose de pièces de 2^f et de 0^f,50 en argent monnayé, et de pièces de 0^f,10 en bronze. On sait que le poids total des pièces de 0^f,50 est les 3/8 du poids total des pièces de*

2ᶠ et que le poids total des pièces de 0ᶠ,10 est égal à deux fois et demie le poids total des pièces de 0ᶠ,50. Trouver le nombre des pièces de chaque sorte.

Les valeurs des pièces d'argent sont en raison directe de leur poids ; donc la valeur totale des pièces de 0ᶠ,50 est égale aux :

$$\frac{3}{8} \text{ de celle des pièces de } 2^f.$$

Le poids des pièces de 0ᶠ,10 égale les $\frac{3}{8} \times \frac{5}{2} = \frac{15}{16}$ du poids des pièces de 2ᶠ. Comme, à poids égal, la monnaie de bronze vaut 20 fois moins que la monnaie d'argent, la valeur totale des pièces de 0ᶠ,10

n'est que les : $\frac{15}{16 \times 20} = \frac{3}{64}$ de celle des pièces de 2ᶠ.

La somme totale 455ᶠ, représente donc : $\frac{8}{8} + \frac{3}{8} + \frac{3}{64} = \frac{91}{64}$

de la valeur des pièces de 2ᶠ et se compose de :

$$\frac{455^f \times 64}{91} = 320^f \text{ en pièces de } 2^f; \quad \text{soit de } \frac{320}{2} = 160 \text{ pièces.}$$

$$\frac{320^f \times 3}{8} = 120^f \text{ en pièces de } 0^f,50; \text{ soit de } \frac{120}{0,50} = 240 \text{ pièces.}$$

$$\frac{320^f \times 3}{64} = 15^f \text{ en pièces de } 0^f,10; \text{ soit de } \frac{15}{0,1} = 150 \text{ pièces.}$$

R. — 160 pièces de 2ᶠ ; 240 pièces de 0ᶠ,50 ; 150 pièces de 0ᶠ,10.

Solution algébrique. — Soit x le poids total des pièces de 2ᶠ ; celui des pièces de 0ᶠ,50 sera $\frac{3x}{8}$ et celui des pièces de 0ᶠ,10 $\frac{3x}{8} \times \frac{5}{2} = \frac{15x}{16}$.

Les valeurs de ces monnaies s'obtiendront en divisant par 5 le poids des monnaies d'argent et par 100 celui des monnaies de bronze. On a donc :

$$\frac{x}{5} + \frac{3x}{8 \times 5} + \frac{15x}{16 \times 100} = 455.$$

d'où l'on tire : $\qquad x = 1\,600.$

Nombre de pièces de 2ᶠ : $\qquad 1\,600 : 10 = 160$ pièces.

$$\text{—} \qquad 0^f,50 : \frac{1\,600 \times 3}{8} : 2,5 = 240 \text{ pièces.}$$

$$\text{—} \qquad 0^f,10 : \frac{1\,600 \times 15}{16} : 10 = 150 \text{ pièces.}$$

TABLE DES MATIÈRES

PREMIÈRE PARTIE

Numération

DEUXIÈME PARTIE

Addition

Soustraction

Multiplication

Division

Problèmes sur les 4 opérations

Divisibilité

Nombres premiers

TROISIÈME PARTIE

QUATRIÈME PARTIE

CINQUIÈME PARTIE

EXTRAIT DU CATALOGUE

Ouvrages pour la préparation au Brevet élémentaire

Morale, Instruction civique, Droit usuel, Economie politique.

Textes choisis de Lectures et Dictées expliquées.

Le Texte français au Brevet élémentaire.

La Composition française aux divers examens (1re Série, B. E.)

Petite Histoire de la Littérature française.

Manuel d'Histoire.

Arithmétique.

    Le même — *partie du Maître.*

Algèbre et Trigonométrie.

    Le même — *partie du Maître.*

Géométrie.

    Le même — *partie du Maître.*

Cours de Physique.

    Le même — *partie du Maître.*

Cours de Chimie.

La Géographie par l'Image et la Carte (Cours du Brevet)

En préparation

Cours d'Histoire naturelle.